TEORÍA DE CIRCUITOS II

Problemas resueltos

TEORÍA DE CIRCUITOS II

Problemas resueltos

José Fernández Moreno

UJA EDITORIAL

Fernández Moreno, José

Teoría de circuitos II : Problemas resueltos / José Fernández Moreno .
-- Jaén : Editorial Universidad de Jaén, 2022. -- (Ingeniería y Tecnología.
Techné ; 49)

680 p.; 17 x 24 cm
ISBN 978-84-9159-452-9
1. Circuitos eléctricos-Problemas y ejercicios 2. Ingeniería eléctrica I. Título
II. Jaén. Editorial Universidad de Jaén, ed.

621.3

Esta obra ha superado la fase previa de evaluación externa realizada por pares
mediante el sistema de doble ciego

Colección: Ingeniería y Tecnología
Director: Luis Alfonso Ureña López

Serie: *Techné, 49*
Coordinador de la serie: Julio Terrados Cepeda

Primera edición, junio 2022
ISBN: 978-84-9159-452-9
ISBNe: 978-84-9159-453-6
Depósito Legal: J-349-2022

EDITA
Editorial de la Universidad de Jaén
Vicerrectorado de Proyección de la Cultura y Deporte
Campus Las Lagunillas, Edificio Biblioteca
23071 Jaén (España)
Teléfono 953 212 355
web: editorial.ujaen.es

editorial@ujaen.es

IMPRIME
Gráficas «La Paz» de Torredonjimeno, S. L.

Impreso en España/*Printed in Spain*

A Carlos, Alejandro y ...

CONTENIDO

PRÓLOGO

En el libro TEORÍA DE CIRCUITOS, Teoría y problemas resueltos, publicado en el año 2011 por Editorial Paraninfo con ISBN: 978-84-283-8096-6 se exponen y analizan los asuntos de mayor interés en el campo de la ingeniería relacionados con los circuitos eléctricos. En su prólogo se explican las razones, finalidad e interés de su publicación, así como los contenidos y organización de los mismos.

En ese momento el proyecto consistió en la publicación de un tratado sobre teoría de circuitos, abordado desde un punto de vista teórico y práctico. En cada uno de los capítulos en los que está organizado se ofrece un desarrollo teórico de las materias tratadas, cumplimentado con una selección de problemas resueltos y explicados sobre los conceptos estudiados. La organización de los contenidos de forma progresiva a lo largo del texto facilita su asimilación al estudiante.

Este trabajo es una continuidad del anterior, en el que se recopilan un conjunto de problemas que van en la misma línea que los que se recogen en el citado libro, pero que antes por razones de espacio no fue posible incluir. Estos problemas han sido realizados en clase y/o puesto en exámenes en la universidad. Su numeración es continuación de la existente en cada uno de los capítulos del libro anterior. En algunos aparece el añadido "M", significando que se hace una modificación o enfoque complementario de ese problema, para dar un mejor entendimiento del asunto tratado.

También aquí los problemas están organizados temáticamente y se abordan los siguientes diez capítulos que se corresponden con los del mencionado libro: Electricidad y Electromagnetismo; Elementos y señales en los circuitos eléctricos; Métodos de análisis y resolución de circuitos; Teoremas fundamentales; Corrientes alternas monofásicas; Corrientes alternas trifásicas, sistemas equilibrados y desequilibrados; Régimen transitorio, sistemas de primer orden; Régimen transitorio, sistemas de segundo orden; Cuadripolos; Armónicos.

Todo lo comentado en el prólogo del libro de referencia es válido igualmente para este nuevo libro, que no es más que un complemento del anterior.

José Fernández Moreno

CAPÍTULO 1

Electricidad y electromagnetismo

PROBLEMA 1.9

Sea el circuito magnético anular representado en la figura 1 construido de chapa magnética con un factor de carga (parte neta de superficie de chapa de la sección del circuito) de 0,9. El flujo en el entrehierro ha de ser de 16 $*10^{-4}$ Wb, estimándose la dispersión en un 25 % de este flujo. Para el aire $\mu_0 = 4\pi\ 10^{-7}$ N/A^2 y en la figura 2 se representa la curva de inducción de la chapa. (Las medidas están en mm.). Hállese el flujo total necesario y la intensidad I para crearlo.

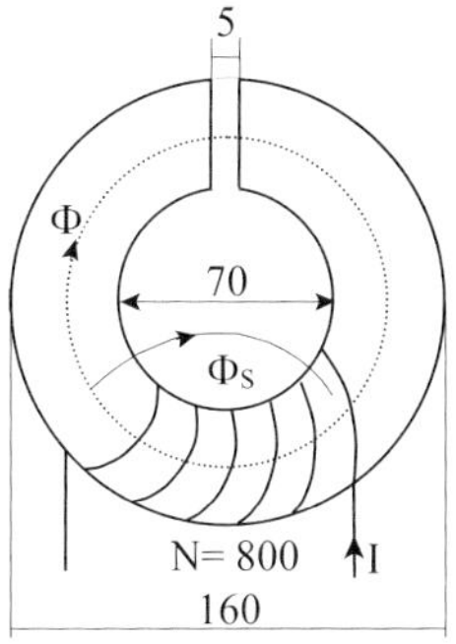

Fig. 1

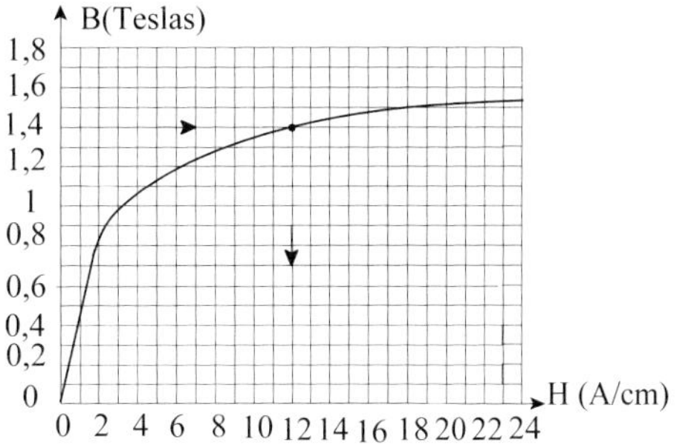

Fig. 2

Ecuaciones del circuito magnético: $B = \mu H$ $\quad \sum H\,l = \sum N\,I$

Flujo total: $\Phi_T = \Phi + \Phi_S = 16*10^{-4} + 4*10^{-4} = 20*10^{-4}$ Wb

Valores del campo magnético:

AIRE $\quad B_0 = \mu_0 H_0 \quad H_0 = \dfrac{B_0}{\mu_0} = \dfrac{1{,}006}{4*\pi*10^{-7}} = 0{,}8*10^6\ A/m = 8000\ A/cm$

C. MAGNÉT. $B_C = \mu_C H_C$ $\quad$ VER GRÁFICA $B_C = 1{,}4\ T \quad H_C = 12\ A/cm$

Usando las relaciones y ecuaciones del circuito magnético se calculan los siguientes conceptos para cada tramo del mismo: flujo, superficie inducción, campo magnético, longitud, así como los amperiovueltas. Estos cálculos se exponen de forma ordenada en la siguiente tabla:

CIRCUITO	MATERIAL	Φ Wb (V s)	S (m^2)	B (T) (V s/m^2)	H A/cm	l (cm)	H.l (A)
I	AIRE	16 $*10^{-4}$	15,9 $*10^{-4}$	1,006	8000	0,5	4000
II	CHAPA MAGNÉ	$\Phi+\Phi_s$ 20 $*10^{-4}$	0,9 * S 14,31$*10^{-4}$	1,4	12	36,1-0,5 = 35,6	427,2

Σ H l = 4427,2A

De aquí se calcula la intensidad que debe pasar por la bobina para crear el flujo especificado:

$$\sum H\,l = 4427{,}2 \text{ A vueltas } = N\,I$$

$$I = \frac{4.427{,}2}{800} = 5{,}53\ A$$

PROBLEMA 1.10

En la figura 1 se muestra un circuito magnético de dimensiones: $S_1 = 2S_2 = 10cm^2$, $l_1 = 4l_2 = 40cm$, $l_0 = 2mm$, siendo N=100 espiras y el flujo de dispersión de la bobina $\Phi_s = 0{,}01$ mWb. En la figura 2 se indica la característica B = f(H) del material. ($\mu_0 = 4 * \pi * 10^{-7}$ N/A^2). Calcúlese:

a) El valor de la intensidad I para establecer una inducción en el entrehierro de 0,6 Teslas.

b) El coeficiente de autoinducción de la bobina.

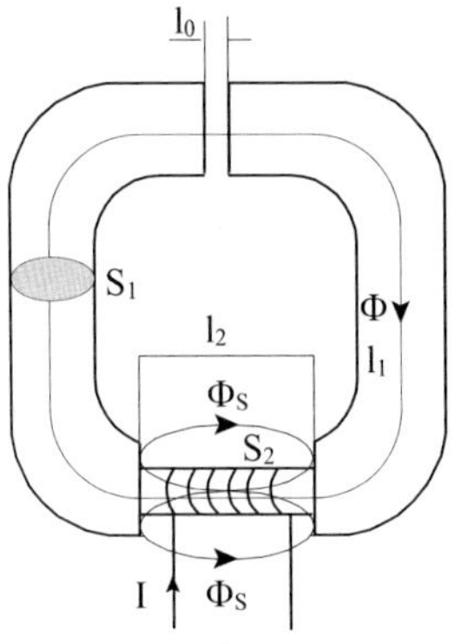

Fig. 1

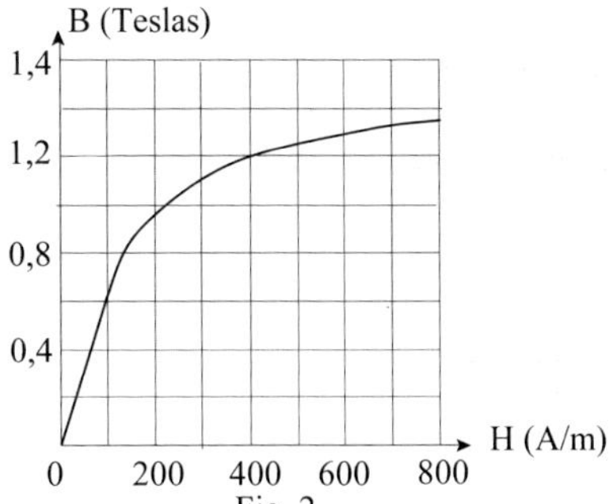

Fig. 2

Flujo en el entrehierro: $\Phi_0 = B_0\, S_0 = 0{,}6*10^{-3} = 6*10^{-4}\ \text{Wb} = \Phi_1$

Flujo creado por la bobina: $\Phi_{11} = \Phi_1 + \Phi_S = 6*10^{-4} + 10^{-5} = 6{,}1*10^{-4}\ \text{Wb}$

$$B = \mu H \qquad \sum H_k\, l_k = \sum N_k\, I_k$$

Campo magnético en el entrehierro:

$$H_0 = \frac{B_0}{\mu_0} = \frac{0{,}6}{4*\pi*10^{-7}} = \frac{0{,}6*10^7}{12{,}56} = 477707\,A/m = 4777\,A/cm$$

En la siguiente tabla se recogen los datos del circuito magnético, que se conocen, así como los que se van obteniendo con los cálculos:

CIRCUITO	Φ (Wb)	S (m²)	B (Teslas)	H (A/cm)	l (cm)	H l (A)
I	$6 * 10^{-4}$	10^{-3}	0,6	1	40	40
II	$6{,}1 * 10^{-4}$	$0{,}5 * 10^{-3}$	1,22	4	10	40
ENTREH.	$6 * 10^{-4}$	10^{-3}	0,6	4.777	0,2	955,4
					Σ H l =	**1.035,4**

La intensidad que deberá pasar por la bobina es:

$$I = \frac{\sum H_k\, l_k}{N} = \frac{1035{,}4}{100} = 10{,}35\ A$$

Y el coeficiente de autoinducción:

$$L = \frac{N\,\Phi_{11}}{I} = \frac{100 * 6{,}1 * 10^{-4}}{10{,}35} = 0{,}00589H = 5{,}89mH$$

PROBLEMA 1.11

En la figura se representa un circuito magnético constituido por material de permeabilidad relativa μ_r, con un entrehierro de 5 mm de ancho y dos bobinas con las espiras y corrientes indicadas (las medidas están en mm.). Se desea tener un flujo en el entrehierro de 2,5 mWb. Hállese:

a) La permeabilidad relativa μ_r del material.

b) Los coeficientes L_1 y L_2 de autoinducción de las bobinas y M de inducción mutua.

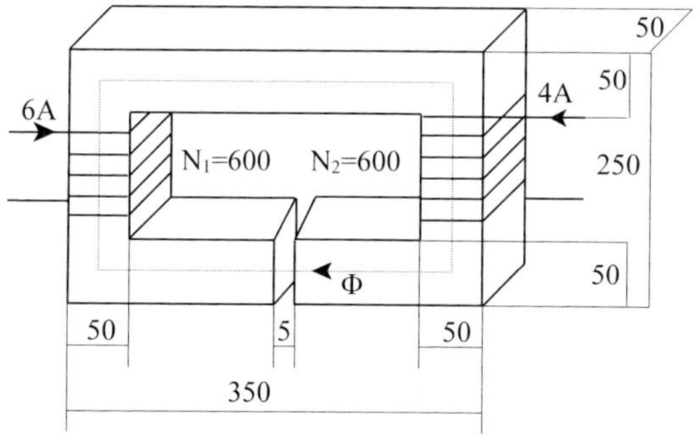

$\mu_0 = 4\pi\, 10^{-7}$ N/A^2 $\quad \Phi = 2{,}5*10^{-3}$ Wb $\quad$ S $= 25*10^{-4}$ m^2

La inducción en el entrehierro y en el resto del circuito (por ser de la misma sección) valdrá:

$$B = \frac{\Phi}{S} = \frac{25*10^{-4}\,Wb}{25*10^{-4}\,m^2} = 1\,\frac{Wb}{m^2} = 1\,Tesla$$

Se aplica la segunda ley de Kirchhoff:

$$\sum N_k I_k = \sum H_k l_k \qquad N_1 I_1 + N_2 I_2 = H_m\, l_m + H_0\, l_0$$

Donde:

$$l_m = 0{,}3 + 0{,}295 + 2\,(0{,}2) = 0{,}995\,m$$

$$H_0 = \frac{B}{\mu_0} = \frac{1}{4*\pi*10^{-7}} = \frac{10^7}{4*\pi} = 796198\,A/m \qquad l_0 = 0{,}005\,m$$

Campo magnético y permeabilidad del material:

$$\sum N_k I_k = 500*6+600*4 = 5400 Av = H_m * 0{,}955 + 796198 * 0{,}005 =$$
$$= H_m * 0{,}955 + 3981$$

$$H_m = \frac{5400-3981}{0{,}995} = 1426{,}13\ A/m \qquad \mu_m = \frac{1T}{1426{,}13} = 0{,}0007\ N/A^2$$

Así, la **permeabilidad relativa** valdrá:

$$\mu_r = \frac{\mu_m}{\mu_0} = \frac{0{,}0007}{4*\pi*10^{-7}} = 558$$

La reluctancia del circuito es:

$$\Re = \frac{1}{\mu_0}\frac{l_0}{S_0} + \frac{1}{\mu_m}\frac{l_m}{S_m} = \frac{1}{\mu_0 S}\left(l_0 + \frac{l_m}{\mu_r}\right) = \frac{10^7*10^4}{12{,}56*25}\left(0{,}005 + \frac{0{,}995}{558}\right) =$$
$$= 2160240\ A^2/Nm$$

Coeficiente de autoinducción de las bobinas:

$$L_1 = \frac{N_1\,\Phi_1}{I_1} = \frac{N_1^2}{\Re} = \frac{500^2}{2160240} = 0{,}1157\ H$$
$$L_2 = \frac{N_2^2}{\Re} = \frac{600^2}{2160240} = 0{,}1666\ H$$

Coeficiente de inducción mutua de las dos bobinas:

$$M = \frac{N_1 N_2}{\Re} = \frac{500 * 600}{2160223} = 0{,}1388\ H = \sqrt{L_1 L_2} \qquad \text{pues } k = 1$$

PROBLEMA 1.12

En el circuito magnético de la figura (las medidas están en cm.), cuya característica B=f(H) se da en la tabla, se desea tener un flujo de $7*10^{-5}$ Wb. El hilo de la bobina es de cobre de 1 mm de diámetro y una resistividad $\rho = 0{,}017 \Omega mm^2/m$. La potencia perdida por efecto Joule en la bobina es 2 W ($\mu_0 = 4\ \pi\ 10^{-7}\ N/A^2$). Calcúlese:

a) El número de espiras e intensidad que debe circular por la bobina, así como la tensión en bornes de la misma.

b) El coeficiente de autoinducción de la bobina y energía en ella almacenada.

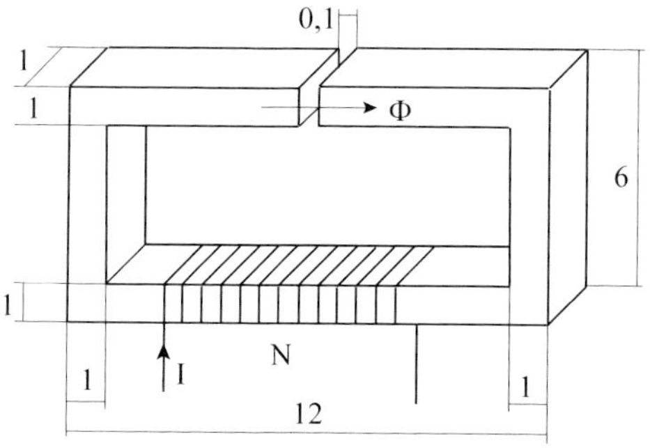

H	0..........100.........x...........350...............1000 [A/cm]
B	0............0,5........0,7.......... 1.................. 1,4 [T]

Interpolando, se tiene:

$$\left.\begin{array}{l} 0{,}5 \;----100 \\ 0{,}7 \;----x \\ 1 \;----350 \end{array}\right\} \qquad x = H_{cm} \qquad \frac{H_{cm} - 100}{350 - 100} = \frac{0{,}7 - 0{,}5}{1 - 0{,}5}$$

Campo magnético en el material y en el entrehierro:

$$0{,}5(H_{cm} - 100) = 250 * 0{,}2 \qquad H_{cm} = 200\, A/m$$

$$H_0 = \frac{B}{\mu_0} = \frac{\Phi}{\mu_0 S} = \frac{7 * 10^{-5}}{10^{-4}\,\mu_0} = \frac{0{,}7}{4 * \pi * 10^{-7}} = 557.325\, A/m$$

Se aplica la primera ley de Kirchhoff:

$$\sum H_k l_k = \sum N_k I_k \qquad H_0 l_0 + H_{cm}\, l_{cm} = N\, I$$

$$l_{cm} = 11 * 2 - 0{,}1 + 5 * 2 = 31{,}9 cm \qquad l_0 = 0{,}1 cm$$

$$557325 * 10^{-3} + 200 * 319 * 10^{-3} = 621125 * 10^{-3} = 621 A$$

Se conoce además que la potencia consumida por la resistencia de la bobina es 2W. Se plantea así un sistema de dos ecuaciones con dos incógnitas.

$$\left.\begin{array}{l} 621 = N\,I \\ 2 = R\; I^2 \end{array}\right\} \qquad \rho = 0{,}017\Omega\; mm^2/m \qquad R = \text{Resistencia del hilo de la bobina}$$

$$R = \rho\, \frac{l_h}{S_h} = 0{,}017 \frac{l_e\, N}{S_h} = 0{,}017 \frac{4 * 10^{-2}}{3{,}14 * 0{,}5^2} N = 8{,}66 * 10^{-4}\, N$$

Resolviéndolo se obtiene la **intensidad y el número de espiras de la bobina:**

$$\left.\begin{array}{l} 621 = N I \\ 2 = 8{,}66*10^{-4}\, N I^2 \end{array}\right\} \qquad 2*10^4 = 8{,}66*621*I \qquad I = \frac{20000}{8{,}66*621} = 3{,}72\,A$$

$$N = \frac{621}{3{,}72} = 167 \text{espiras}$$

Tensión en bornas de la espira:

$$U = R\,I = \frac{W}{I} = \frac{2}{3{,}72} = 0{,}54V$$

Coeficiente de autoinducción de la bobina:

$$L\,I = N\,\Phi \qquad L = \frac{N\,\Phi}{I} = \frac{167*0{,}7*10^{-5}}{3{,}72} = 315*10^{-5}\;H$$

Energía almacenada:

$$W_b = \frac{1}{2} L\,I^2 = \frac{1}{2} 315*10^{-5}*3{,}72^2 = 218*10^{-4}\;W$$

PROBLEMA 1.13

El circuito magnético de la figura está construido de material de permeabilidad relativa constante $\mu_r = 101$. La bobina, de 300 espiras, está alimentada por una tensión alterna senoidal de 50 Hz de frecuencia, 100V de valor eficaz y consume una intensidad de 10A, también de valor eficaz. Calcúlese la longitud y sección que debe tener el entrehierro, para que la inducción máxima en el mismo sea de 1 Tesla. $S_0 = S_1 = 2S_2 = 1/2S_3$.

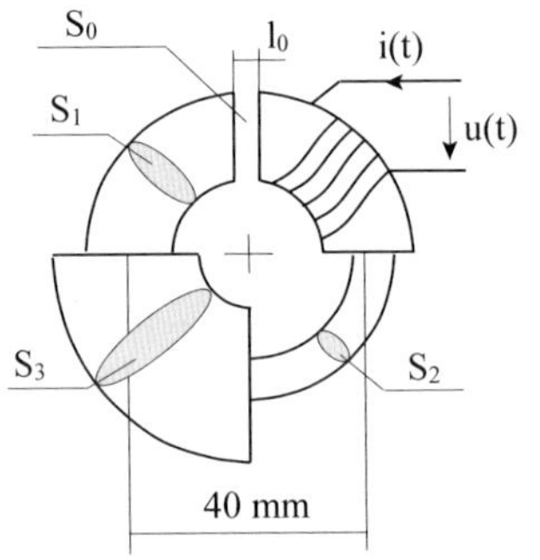

Para la intensidad y la tensión se tiene:

$$i(t) = I_{max}\ \text{sen}\ \omega t = \sqrt{2}\ 10\ \text{sen}\ \omega t$$

$$u(t)=e(t)=\frac{d\phi(t)}{dt}=L\,\frac{di(t)}{dt}=L\omega\sqrt{2}\;10\;\text{sen}\left(\omega t+\frac{\pi}{2}\right)=$$

$$=\sqrt{2}\;E\;\text{sen}\left(\omega t+\frac{\pi}{2}\right)=\sqrt{2}\;100\;\text{sen}\left(\omega t+\frac{\pi}{2}\right)$$

$$\text{De donde}:\quad L\;\omega\;\sqrt{2}\;10=\sqrt{2}\;100 \qquad L=\frac{100}{10\omega}$$

Se considera la ecuación:

$$L\,I_{max}=N\,\Phi_{max}=N\,B_{max}\,S$$

Valores de la sección y del flujo en el entrehierro:

$$S_0=\frac{L\,I_{max}}{N\,B_{max}}=\frac{100*\sqrt{2}\;*10}{10\omega*300*1}=\frac{\sqrt{2}}{942}=0{,}0015\,m^2=15\;cm^2$$

$$\Phi_0=B_0\,S_0=\frac{N\,I}{\sum\Re_i}=\frac{N\,I}{\Re_0+\Re_1+\Re_2+\Re_3} \qquad \Re_i=\text{Reluctancia}$$

La longitud media del circuito magnético es:

$$l_c=\pi D=3{,}14*40\;*10^{-3}=0{,}1256\,m$$

Cálculo de la reluctancia del circuito magnético:

$$\sum\Re_i=\frac{1}{\mu_0}\frac{l_0}{S_0}+\frac{1}{\mu_r\mu_0}\frac{l_1}{S_1}+\frac{1}{\mu_r\mu_0}\frac{l_2}{S_2}+\frac{1}{\mu_r\mu_0}\frac{l_3}{S_3}=\frac{1}{\mu_r\mu_0}\left(\frac{\mu_r\;l_0}{S}+\frac{l_1}{S}+\frac{l_2}{1/2\,S}+\frac{l_3}{2S}\right)=$$

$$=\frac{1}{\mu_r\mu_0\,S}\left(\mu_r l_0+l_1+2l_2+\frac{l_3}{2}\right)=\frac{1}{\mu_r\mu_0\,S}\left(\mu_r l_0+\frac{\pi D}{2}-l_0+2\frac{\pi D}{4}+\frac{1}{2}\frac{\pi D}{4}\right)=$$

$$=\frac{1}{\mu_r\mu_0\,S}\left((\mu_r-1)\,l_0+\frac{9}{8}\;\pi D\right)=\frac{1}{101\,\mu_0\,S}\;(100\;l_0+0{,}1413)$$

Sustituyendo en la ecuación anterior:

$$B_{max}\,S=\frac{N\,I}{\dfrac{1}{101\,\mu_0\,S}\;(100\,l_0+0{,}1413)}$$

$$B_{max}=1=\frac{101\,\mu_0\,N\,I_{max}}{100\,l_0+0{,}1413}$$

Y la **longitud del entrehierro** será:

$$l_0=\frac{1014\pi\,10^{-7}\,300\,\sqrt{2}\;10-0{,}1413}{100}=0{,}004\;m=4\;mm$$

La sección calculada es 15 cm^2.

PROBLEMA 1.14

El circuito magnético de la figura (las medidas están en cm), constituido por cuatro materiales de permeabilidades relativas μ_{r1} =350, μ_{r2} =500, μ_{r3} =6000 y μ_{r4} =400, tiene dos bobinas del mismo tipo de conductor y conectadas a la misma tensión U. Sus números de espiras son N_1=200 y N_3=50. Desea tenerse una inducción de 1 Tesla en el material de mayor permeabilidad. Calcúlese:

a) Intensidad que circulará por cada una de las bobinas.

b) Coeficiente de autoinducción de cada bobina y de inducción mutua.

c) Energía almacenada por el sistema.

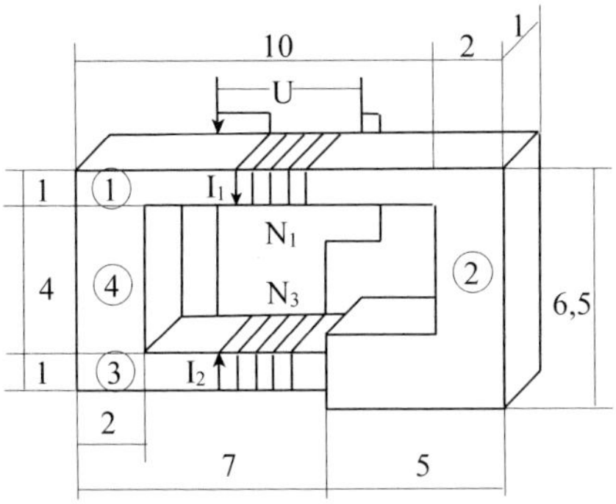

Las características de los materiales del circuito magnético son:

$\mu_{r1} = 350 \qquad l_1 = 9cm \qquad S_1 = 1cm^2$

$\mu_{r2} = 500 \qquad l_2 = 9cm \qquad S_2 = 2cm^2$

$\mu_{r3} = 6000 \qquad l_3 = 6cm \qquad S_3 = 1cm^2$

$\mu_{r4} = 400 \qquad l_4 = 4cm \qquad S_4 = 2cm^2$

El flujo que recorre el circuito es:

$$\Phi = B_3\, S_3 = 10^{-4} Wb = \frac{\sum N_k I_k}{\sum \Re_k} = \frac{N_1 I_1 + N_3 I_3}{\Re_1 + \Re_2 + \Re_3 + \Re_4} = \frac{200\, I_1 + 50\, I_3}{\Re}$$

Las reluctancias de los distintos tramos son:

$$\Re_1 = \frac{1}{\mu_r 1\, \mu_0} \frac{l_1}{S_1} = \frac{1}{350 * 4\pi * 10^{-7}} \frac{9 * 10^{-2}}{10^{-4}} = 2047316 A^2/Nm$$

$$\Re_2 = \frac{1}{500 * 4\pi * 10^{-7}} \frac{9 * 10^{-2}}{2 * 10^{-4}} = 716560 A^2/Nm$$

$$\Re_3 = \frac{1}{6.000 * 4\pi * 10^{-7}} \frac{6 * 10^{-2}}{1 * 10^{-4}} = 79618 A^2/Nm$$

$$\Re_4 = \frac{1}{400 * 4\pi * 10^{-7}} \frac{4 * 10^{-2}}{2 * 10^{-4}} = 398089 A^2/Nm$$

Y la reluctancia total:

$$\Re = \Re_1 + \Re_2 + \Re_3 + \Re_4 = 3241583 A^2/Nm$$

Se plantean las dos ecuaciones (una del circuito magnético y otra del circuito eléctrico) siguientes:

$$\left.\begin{array}{l} \Re\,\Phi = 324{,}16 = 200\,I_1 + 50\,I_3 \\ U = R_1 I_1 = R_3 I_3 \end{array}\right\}$$

Entre las resistencias de los conductores, al ser del mismo tipo, se establece la siguiente relación:

$$R_1 = \rho\,\frac{l_{esp}\,N_1}{S_h} \qquad R_3 = \rho\,\frac{l_{esp}\,N_3}{S_h} \qquad R_3 = \frac{N_3}{N_1}R_1$$

$$R_1 = 4R_3 \qquad I_3 = 4I_1$$

(NOTA: se ha empleado la notación $\Re$ para la reluctancia y R para la resistencia)

Valores de las intensidades de cada bobina:

$$200I_1 + 4 * 50I_1 = 324{,}16 \qquad I_1 = \frac{324{,}16}{400} = 0{,}81A \qquad I_3 = 3{,}24A$$

Coeficientes de autoinducción y de inducción mutua:

$$L_1 = \frac{N_1\,\Phi_1}{I_1} = \frac{N_1^2}{\Re} = \frac{200^2}{3241583} = 12{,}3\ mH$$

$$L_3 = \frac{N_3^2}{\Re} = 0{,}77\,mH$$

$$M = \frac{N_1\,N_3}{\Re} = 3\ mH$$

Energía almacenada por el sistema:

Tal como están representadas las intensidades y arrolladas las bobinas, los flujos se suman y los puntos correspondientes son los de entradas de las intensidades. La expresión para el cálculo de la energía es:

$$W = \frac{1}{2}\,L_1\,I_1^2 + \frac{1}{2}\,L_3\,I_3^2 + M I_1\,I_3 = 16 * 10^{-3}\,J$$

PROBLEMA 1.15

En la figura se representa un circuito magnético con 3 bobinas, con números de espiras $N_1 = 100$, $N_2 = 60$ y $N_3 = 40$. A la del centro (1) se aplica una tensión e(t) = 24 cos 100t y circula por ella una corriente i(t), cuyo valor máximo es $I_{max} = 5A$. Las otras dos están en circuito abierto (las medidas están en cm). Calcúlese:

a) Las tensiones $u_2(t)$ y $u_3(t)$ en las bobinas 2 y 3.

b) Flujo $\phi_1(t)$ y coeficiente de autoinducción L_1 de la bobina 1.
c) Permeabilidad relativa del material, suponiendo comportamiento lineal del mismo.

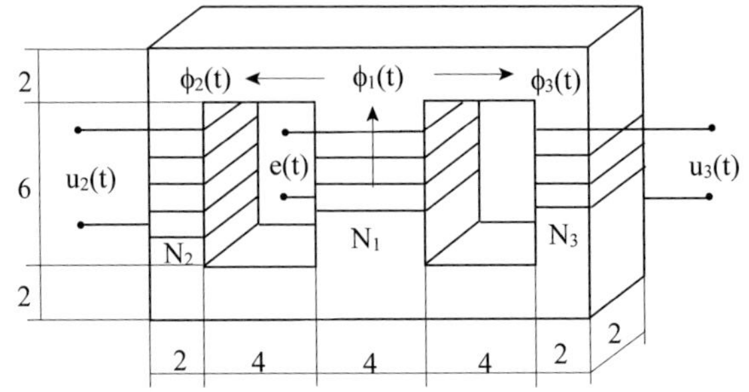

Las tensiones en cada una de las bobinas serán:

$$e(t)=N_1\frac{d\phi_1(t)}{dt} \qquad u_2(t)=N_2\frac{d\phi_2(t)}{dt} \qquad u_3(t)=N_3\frac{d\phi_3(t)}{dt}$$

Por la simetría del circuito, se tiene:

$$\phi_2(t)=\phi_3(t)=\frac{1}{2}\ \phi_1(t) \qquad \frac{d\phi_2(t)}{dt}=\frac{d\phi_3(t)}{dt}=\frac{1}{2}\ \frac{d\phi_1(t)}{dt}=\frac{1}{2}\ \frac{e(t)}{N_1}$$

Las **tensiones en las bobinas 2 y 3** son:

$$u_2\ (t)=N_2\ \frac{1}{2}\ \frac{e(t)}{N_1}=7{,}2\ \cos 100t$$

$$u_3\ (t)=N_3\ \frac{1}{2}\ \frac{e(t)}{N_1}=4{,}8\ \cos 100t$$

Flujo en la bobina 1:

$$\phi_1\ (t)=\frac{1}{N_1}\ \int e(t)\,dt=\frac{1}{100}\int 24\ \cos 100t\ dt\ =24\ *\ 10^{-4}\ \text{sen}100t$$

Cálculo del **coeficiente de autoinducción L_1**:

$$e\ (t)=\frac{d\ (L_1\ i\ (t))}{dt}=\frac{d\ (N_1\ \phi_1\ (t))}{dt} \qquad L_1\ i(t)=N_1\ \phi_1\ (t)$$

$$i\ (t)=\frac{N_1}{L_1}\ \phi_1\ (t)=\frac{100}{L_1}*24*10^{-4}\ \text{sen}\ 100t=I_{\max}\ \text{sen}\ 100t=5\ \text{sen}\ 100t$$

$$L_1=\frac{24\ *\ 10^{-2}}{5}=\frac{0{,}24}{5}=0{,}048\,H=48\ mH$$

Para el cálculo de la permeabilidad relativa se considera, por similitud con los sistemas eléctricos, el siguiente circuito, donde las $\Re$ son las reluctancias y $N_1 i(t)$ es la fmm. Por simetría se tiene que: $\Re_2 = \Re_3$ y $l_2 = l_3 = 22$ cm, $l_1 = 8$ cm.

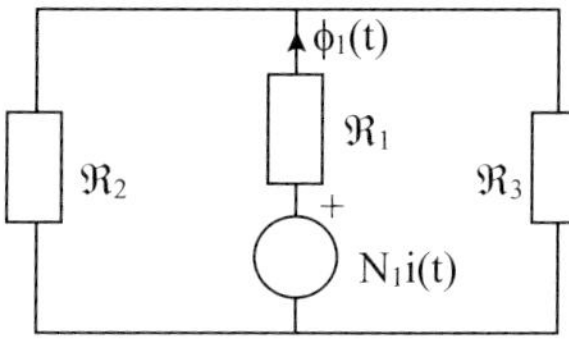

$$\Re\ \phi_1(t) = N_1\ i(t)$$

$$\phi_1(t) = \frac{N_1\ i(t)}{\Re}$$

$$\Re = \Re_1 + \frac{\Re_2\ \Re_3}{\Re_2 + \Re_3} = \Re_1 + \frac{\Re_2}{2}$$

$$\Re = \sum \frac{1}{\mu}\frac{l}{S} = \frac{1}{\mu}\left[\frac{8*10^{-2}}{8*10^{-4}} + \frac{1}{2}\ \frac{22*10^{-2}}{4*10^{-4}}\right] = \frac{375}{\mu}$$

$$\frac{375}{\mu}\ 24*10^{-4}\ \mathrm{sen}100t = 100*5\ \mathrm{sen}100t$$

Las **permeabilidades absoluta y relativa** del material son:

$$\mu = 0{,}0018\frac{N}{A^2} \qquad \mu_r = \frac{\mu}{\mu_0} = \frac{0{,}0018}{4\pi*10^{-7}} = 1433$$

PROBLEMA 1.16

El núcleo simétrico del circuito magnético de la figura tiene las siguientes dimensiones: a=5cm., b =10 cm., c =40 cm y d =35 cm. Las bobinas son iguales N_1=N_2 =600 espiras y las intensidades I_1=I_2 =10A. Calcúlese:

a) Valor de la permeabilidad relativa del material para que el flujo en el entrehierro, de 5 mm., sea de 5 mWb.

b) Valor del coeficiente M de inducción mutua del acoplamiento magnético de las bobinas.

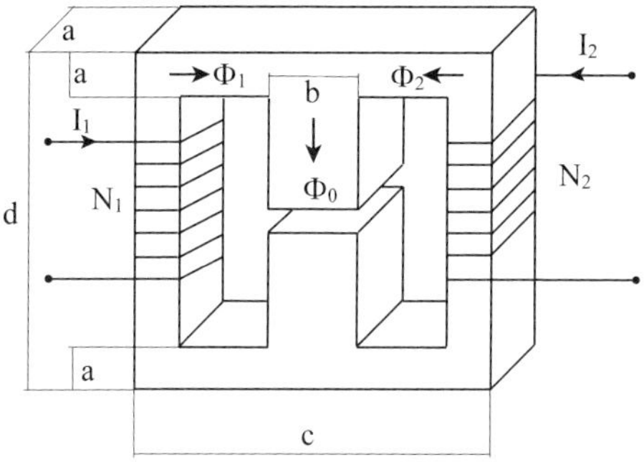

Se tienen las relaciones:

$$\mu_0 = 4 * \pi * 10^{-7}\ N/A^2 \qquad \Phi_1 = \Phi_2 = \frac{\Phi_0}{2} = \frac{5*10^{-3}}{2} = 2{,}5*10^{-3}\ Wb$$

$$S_1 = S_2 = 5*10^{-2} * 5*10^{-2} = 2{,}5*10^{-3} m^2$$

$$B_1 = B_2 = \frac{B_0}{2} = \frac{\Phi_0}{2}\frac{1}{S_1} = \frac{2{,}5*10^{-3}\ Wb}{2{,}5*10^{-3}\ m^2} = 1\ T$$

Dada la simetría del circuito, el estudio puede hacerse considerando solo la mitad del mismo. Así se tiene:

$$\sum H_k l_k = \sum N_k I_k \qquad H_{nm} l_{cm} + H_0 l_0 = N I$$

Las longitudes son:

$$l_{cm} = 0{,}15*2 + 0{,}3*2 - 0{,}005 = 0{,}895 m \qquad l_0 = 0{,}005 m$$

Valor del campo magnético en el entrehierro:

$$H_0 = \frac{B_0}{\mu_0} = \frac{1}{4*\pi*10^{-7}} = 796178\,A/m$$

Valor del campo magnético en el material:

$$H_{cm} * 0{,}895 + 796178 * 0{,}005 = 600*10$$

$$H_{cm} = \frac{6000 - 3981}{0{,}895} = \frac{2019}{0{,}895} = 2256\,A/m$$

Permeabilidades absoluta y relativa del material:

$$\mu = \frac{B}{H_{cm}} = \frac{1}{2.256} = 4{,}433 * 10^{-4}\ \frac{N}{A^2}$$

$$\mu_r = \frac{\mu}{\mu_0} = \frac{4{,}433*10^{-4}}{12{,}56*10^{-7}} = 353$$

La longitud del circuito que recorre el flujo común a las dos bobinas es:

$$l = 0{,}35*2 + 0{,}3*2 = 1{,}3 m$$

Coeficiente de inducción mutua de las bobinas:

$$M = \frac{N_1 N_2}{\Re} = \frac{N_1 N_2}{\frac{1}{\mu}\frac{l}{S}} = \mu\frac{N_1 N_2}{l} S = 4{,}433*10^{-4}\ \frac{36*10^4}{1{,}3} 2{,}5*10^{-3} = 0{,}306 H$$

PROBLEMA 1.17

El circuito magnético de la figura, construido de material de permeabilidad relativa μ_r=500, tiene una bobina de 50 espiras en el núcleo central, recorrida por una intensidad de 2A. La permeabilidad del aire es: μ_0=4*π *10^{-7} N/A^2 (las medidas están en cm.). Calcúlese:

a) El flujo magnético en la columna del lado derecho del circuito.

b) El coeficiente de autoinducción de la bobina.

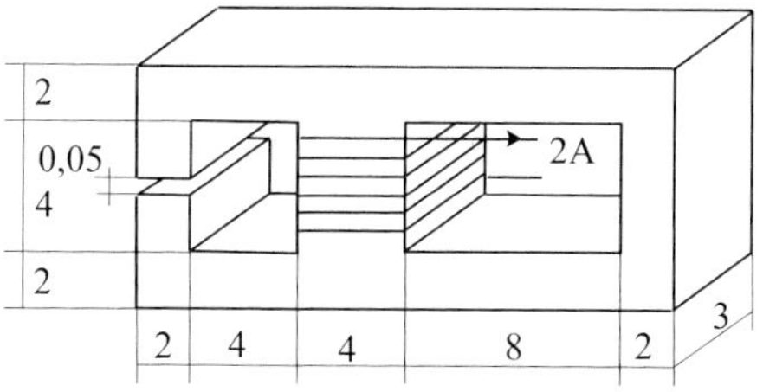

En un símil con las leyes de la electricidad, puede considerarse el siguiente circuito equivalente:

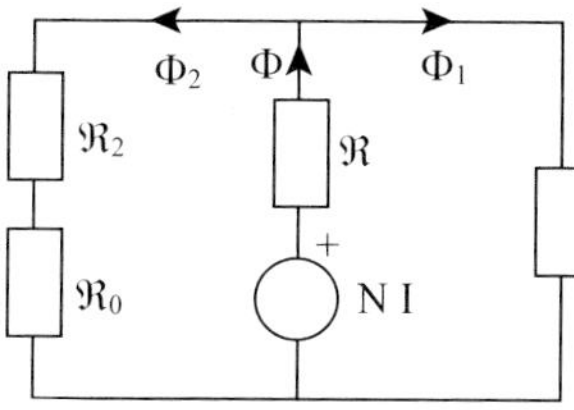

El flujo total generado por la fuerza magnetomotriz N I es:

$$\Phi = \frac{\sum N\,I}{\sum \Re} = \frac{N\,I}{\Re + \dfrac{\Re_1\left(\Re_0 + \Re_2\right)}{\Re_1 + \Re_0 + \Re_2}} = \frac{N\,I}{\Re + \dfrac{\Re_1\,\Re_2^{'}}{\Re_1 + \Re_2^{'}}} = \frac{N\,I\left(\Re_1 + \Re_2^{'}\right)}{\Re\left(\Re_1 + \Re_2^{'}\right) + \Re_1\,\Re_2^{'}}$$

Reluctancia del entrehierro:

$$\Re_0 = \frac{1}{\mu_0}\,\frac{l_0}{S_0} = \frac{1}{4\,\pi 10^{-7}}\;\frac{0{,}5\;*10^{-3}}{2\,*\,3\;*10^{-4}} = 796178\,\frac{5}{6} = 663482\,A^2/Nm$$

Reluctancia de la columna central:

$$\Re = \frac{1}{\mu_r\,\mu_0}\,\frac{l}{S} = \frac{796178}{500}\;\frac{6\;*10^{-2}}{4\,*\,3\;*10^{-4}} = 1592{,}4\,\frac{600}{12} = 79620\,A^2/Nm$$

Reluctancia de la columna de la izquierda:

$$\Re_2 = \frac{1}{\mu_r\,\mu_0}\,\frac{l_2^{'}}{S_2^{'}} = 1.592{,}4\;\frac{19{,}95\;*10^{-2}}{6\;*10^{-4}} = 529459\,A^2/Nm$$

$$\Re_2' = \Re_0 + \Re_2 = 1192941 A^2/Nm$$

Reluctancia de la columna de la derecha:

$$\Re_1 = \frac{1}{\mu_r \, \mu_0} \frac{l_1}{S_1} = 1592{,}4 \; \frac{28*10^{-2}}{6*10^{-4}} = 743120 \, A^2/Nm$$

Así pues, el flujo valdrá:

$$\Phi = \frac{50*2\,(743120+1192941)}{79620\,(743120+1192941)+743120*1192941} = 1{,}86*10^{-4} \; Wb$$

El flujo en la columna derecha valdrá:

$$\Phi_1 = \frac{\Phi}{\Re_1 + \Re_2'} \, \Re_2' = \frac{1{,}86*10^{-4}}{1936061} \; 1192941 = 1{,}146 * 10^{-4} \; Wb$$

Y el coeficiente de autoinducción:

$$L\,I = N\,\Phi \qquad L = \frac{N\,\Phi}{I} = \frac{50*1{,}86*10^{-4}}{2} = 46{,}25*10^{-4} \, H$$

PROBLEMA 1.18

En la figura se representa un circuito magnético (electroimán), construido de chapa magnética (CM) de permeabilidad relativa μ_{r1}=2000, que debe atraer una pieza (D) de peso 650Kp (1Kp=9,8N) y de permeabilidad relativa μ_{r2}=100, separada 5 mm del electroimán. Las dimensiones son las especificadas en la figura (en mm). $\mu_0 = 4 * \pi * 10^{-7}$ N/A^2.
Hállese el valor de la intensidad que debe pasar por la bobina si esta tiene 1000 espiras.

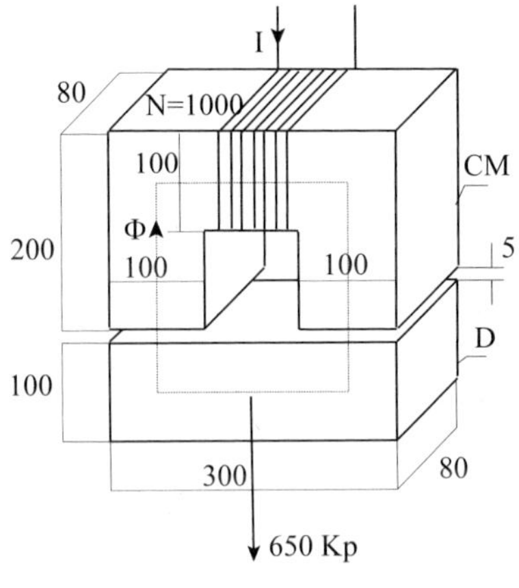

La fuerza de atracción del electroimán viene dada por la expresión:

$$F = \frac{S\,B^2}{2\,\mu_0}$$

La superficie media que puede considerarse en todo el circuito, vale:

$$S = 0{,}08 * 0{,}1 = 8 * 10^{-3}\,m^2$$

$$\mu_0 = 4 * \pi * 10^{-7}\,N/A^2 = 1{,}256 * 10^{-6}\,N/A^2$$

La fuerza de atracción que debe ejercer el electroimán será:

$$F = 650 * 9{,}8 = 6{,}37 * 10^3\,N$$

Al tener el electroimán forma de herradura, debe considerarse una superficie igual a 2S. Se tiene que:

$$B^2 = \frac{2\,\mu_0\,F}{2\,S} = \frac{1{,}256 * 10^{-6} * 6{,}37 * 10^3}{8 * 10^{-3}} = 1$$

La inducción vale:

$$B = \sqrt{1} = 1\ Wb/m^2 = 1V\,s$$

Se consideran las siguientes ecuaciones:

$$\Phi = B\,S \qquad H = \frac{B}{\mu} \qquad \sum H_k l_k = \sum N_k I_k$$

A continuación se recogen en la siguiente tabla los datos del circuito magnético que se conocen, así como los que se van obteniendo haciendo uso de las anteriores relaciones:

CIRCUITO	Φ (Wb)	S (m^2)	B (Wb/m^2)	μ (N/A^2)	H (A/cm.)	l (cm.)	H l (A)
C.MAGN.	Φ	$8 * 10^{-3}$	1	$2000\mu_0$	4	50	200
AIRE	Φ	$8 * 10^{-3}$	1	μ_0	8000	1	8000
MAT. D	Φ	$8 * 10^{-3}$	1	$100\mu_0$	80	30	2400
						Σ H l =	**10600**

La intensidad buscada vale:

$$I = \frac{10600}{N} = \frac{10600}{1000} = 10{,}6\,A$$

PROBLEMA 1.19

En la figura se representa una varilla de 1 m de longitud, 2 mm^2 de sección y resistividad ρ=0,04Ωmm^2/m, que gira en un plano horizontal alrededor de uno de sus extremos, en el seno de un campo magnético de inducción B=1Tesla. El otro extremo se desliza sobre una circunferencia de material conductor, cuya resistencia se desprecia, de radio igual a la longitud de la varilla. Entre la circunferencia y el centro de giro se conecta una resistencia de 0,2Ω. Calcúlese a que velocidad debe girar la varilla, para que por la resistencia pasen 5A.

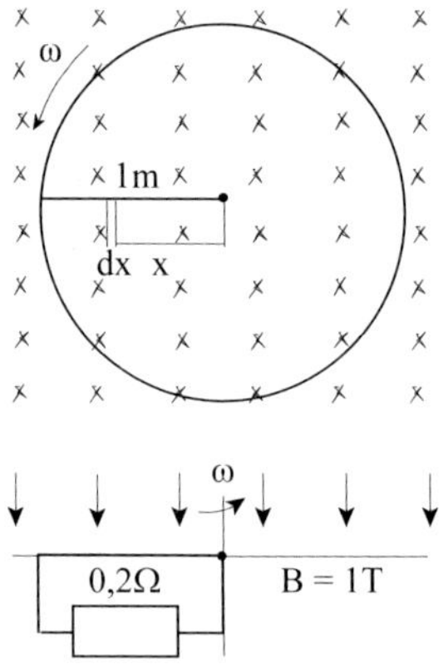

La expresión que da la fuerza electromotriz engendrada en un conductor que se mueve paralelamente a sí mismo, inmerso en un estado magnético, es:

$$e(t)=\frac{d\phi(t)}{dt}=\frac{d(B\,S)}{dt}=B\,l\,v$$

Siendo:

B = inducción del estado magnético
l = longitud del conductor
v = velocidad lineal de desplazamiento

Para este caso, como el movimiento es de rotación, para un diferencial de longitud dx a una distancia x del centro de giro, se tiene que la fuerza electromotriz inducida es:

$$d(e(t))=B\,dx\,v_x \qquad y \qquad v_x=x\,\omega$$
$$d(e(t))=B\,\omega\,x\,dx$$

La fuerza electromotriz inducida en toda la varilla se obtendrá sumando la de sus infinitos diferenciales, es decir integrando la anterior expresión:

$$e(t)=\int_0^r B\,\omega\,x\,dx=B\,\omega\left.\frac{x^2}{2}\right]_0^r=\frac{1}{2}B\,\omega\,r^2=\frac{1}{2}B\,\omega$$

La resistencia de la varilla es:

$$R_V = \rho \frac{l}{S} = 0{,}04 \ \frac{1}{2} = 0{,}02\Omega$$

Y la resistencia total del conjunto:

$$R_T = R + R_V = 0{,}2 + 0{,}02 = 0{,}22\Omega$$

Para que pasen 5A por la resistencia, la fuerza electromotriz generada debe ser:

$$e(t) = R_T \ I = 0{,}22\Omega * 5A = 1{,}1V$$

Y se tendrá la velocidad angular:

$$\frac{1}{2} B \ \omega \ = 1{,}1V \qquad \omega = \frac{2{,}2}{1} = 2{,}2 \ rad/s$$

$$\omega = \frac{2 \ \pi N}{60} \qquad N = \frac{60 \ \omega}{2\pi} = \frac{60 * 2{,}2}{6{,}28} = 21 \ r\,p\,m$$

La varilla debe girar a 21 rpm.

PROBLEMA 1.20

En la figura, el conductor **a**, de 0,2Ω de resistencia, se desplaza sobre dos raíles M y N (unidos por uno de sus extremos) a la velocidad v = 1m/s, perpendicularmente a un campo magnético de inducción B =2 Teslas. A ambos lados del conjunto y en un plano perpendicular al de los raíles, hay dos conductores **b** y **c** situados a 50 cm y 25 cm de dicho plano, por los que circulan 1000A y 2000A respectivamente (y que no son afectados por la inducción B). Los raíles se consideran conductores de resistencia cero.

Calcúlese la fuerza, y su dirección y sentido, a que está sometido el conductor **a** cuando este pase por el plano formado por los conductores b y c. El medio es el aire con una permeabilidad $\mu_0 = 4\pi 10^{-7}$ N/A^2.

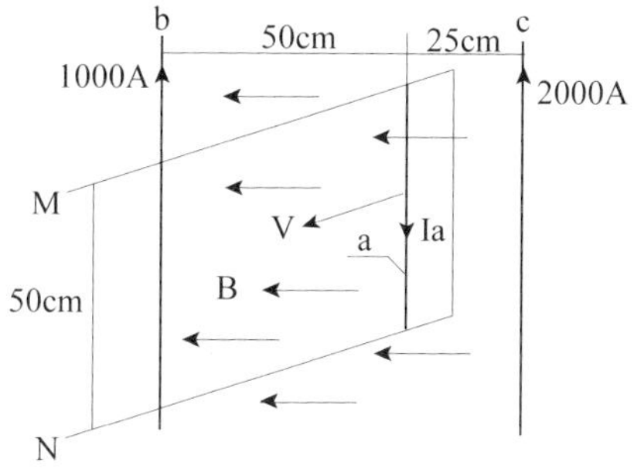

La fem e_a inducida en el conductor a, debido a su movimiento paralelo a sí mismo a velocidad v, vale:

$$e_a(t) = \frac{d\phi(t)}{dt} = \frac{d(B\,S)}{dt} = B\,l_a\,\frac{dx}{dt} = B\,l_a\,v = 2*0{,}5*1 = 1\;V$$

Y la corriente I_a que circulará por él:

$$I_a = \frac{e_a}{R} = \frac{1}{0{,}2} = 5A$$

Según la ley de Lenz I_a tiene el sentido indicado en el conductor a.

Las corrientes que circulan por los conductores b y c crearán en el conductor a las inducciones siguientes:

$$B_b = \frac{\mu_0}{2\,\pi}\,\frac{I_b}{0{,}5} = \frac{4*\pi*10^{-7}}{2\,\pi}\,\frac{1000}{0{,}5} = 4*10^{-4}T$$

$$B_c = \frac{\mu_0}{2\,\pi}\,\frac{I_c}{0{,}25} = \frac{4*\pi*10^{-7}}{2\,\pi}\,\frac{2000}{0{,}25} = 16*10^{-4}T$$

Aplicando la regla del sacacorchos, puede comprobarse que estas dos inducciones tienen sentidos opuestos, siendo la resultante:

$$B_t = B_c - B_b = 16*10^{-4} - 4*10^{-4} = 1{,}2*10^{-3}\,T$$

La fuerza de atracción valdrá:

$$F = B_t\,i_a\,l_a = 1{,}2*10^{-3}*5*0{,}5 = 3*10^{-3}\,N$$

Aplicando la regla de la mano izquierda se obtiene que la dirección de F que será perpendicular al conductor **a** y con sentido hacia el **b**.

PROBLEMA 1.21

Una espira conductora rectangular, representada en la figura, de 0,4Ω de resistencia, gira a 400 r.p.m. alrededor de un eje paralelo a la misma. El conductor 1 con r_1= 0,04m está sometido a un campo magnético radial de inducción B =0,25 Teslas y el conductor 2 con r_2 = 0,08m a un campo de 0,2 Teslas, también radial. Hállese la corriente en la espira.

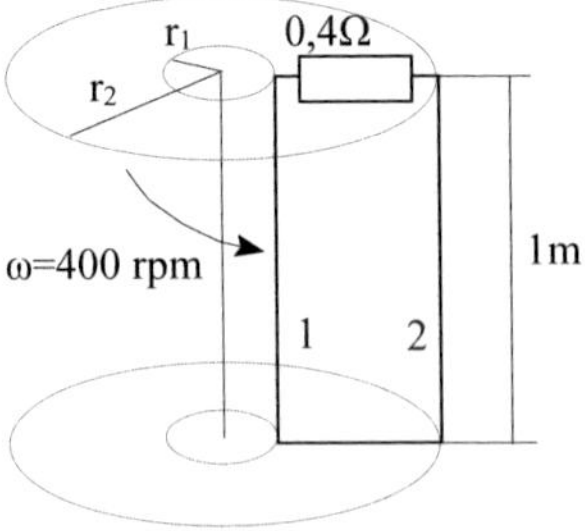

Se tiene:

$R = 0{,}4\Omega \qquad \omega = 400\ \text{rpm}$

$r_1 = 0{,}04\text{m} \qquad r_2 = 0{,}08\text{m}$

$B_1 = 0{,}25\text{Teslas} \qquad B_2 = 0{,}2\text{Teslas}$

La fuerza electromotriz que se induce en los conductores valdrá:

$$e(t) = \frac{d\phi(t)}{dt} = \frac{d(B\,S)}{dt} = \frac{d(B\,l\,x)}{dt} = B\,l\,\frac{dx}{dt} = B\,l\,v$$

Siendo v la velocidad lineal de cada conductor.

Teniendo en cuenta la inducción que corta cada conductor en su giro, las características geométricas, así como que la fem será de sentido contrario en los dos conductores, se tiene:

$$e(t) = e_2(t) - e_1(t) = 0{,}2\,l\,\frac{400*2*\pi*r_2}{60} - 0{,}25\,l\,\frac{400*2*\pi*r_1}{60} =$$

$$= \frac{2*\pi*l*400}{60}\left(0{,}2*0{,}08 - 0{,}25*0{,}04\right) =$$

$$= \frac{2*\pi*l*400}{60}\,0{,}006 = 0{,}08*\pi*l\,(V)$$

La intensidad que pasará por la espira es:

$$i(t) = \frac{e(t)}{R} = \frac{0{,}08*\pi*l}{0{,}4} = 0{,}2*\pi*l = 0{,}2*1*3{,}14 = 0{,}628\,A$$

PROBLEMA 1.22

El inducido de una máquina de corriente continua (representado simplificada y esquemáticamente en la figura) gira a n=1200 rpm. Tiene dos ranuras diametralmente opuestas en sentido longitudinal, en las cuales hay una bobina con 62 espiras y 0,2Ω de resistencia. La inducción, de sentido radial, es de 1,2 Wb/m^2. La salida está conectada a una resistencia de 9,8Ω. Hállese:

a) Tensión de salida (lectura del voltímetro V).

b) Potencia cedida por la máquina y rendimiento de la misma.

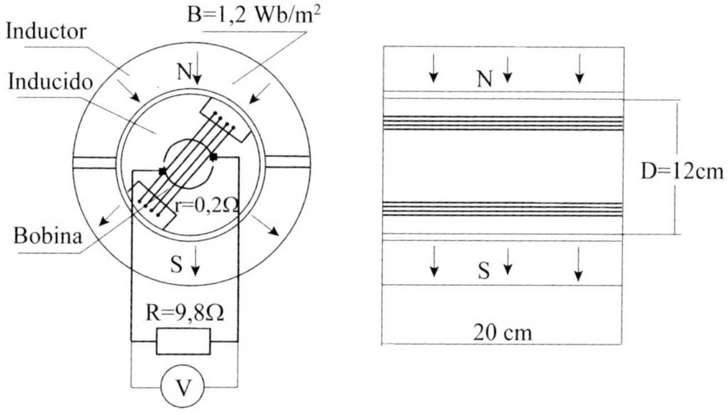

La fuerza electromotriz inducida en los conductores longitudinales, que son los únicos que interceptan líneas de inducción al girar el inducido, es:

$$e(t) = N\frac{d\phi(t)}{dt} = N\frac{d(B\,l\,x)}{dt} = N\,B\,l\frac{dx}{dt} = N\,B\,l\,v$$

Siendo N el número de conductores y v la velocidad tangencial de la periferia del inducido.

$$v = \frac{\pi\,D\,n}{60} = \frac{3{,}14*0{,}12*1200}{60} = 7{,}55\,m/s$$

Deben considerarse dos conductores por cada espira. Así la fuerza electromotriz inducida total será:

$$E = N\,B\,l\,v = 2*\left(62\text{espiras}*1{,}2Wb/m^2*0{,}2m*7{,}55m/s\right) = 225V$$

La tensión que leerá el voltímetro será:

$$V = E - r\,I = 225 - 0{,}2\,\frac{225}{0{,}2+9{,}8} = 225\left(1-\frac{0{,}2}{10}\right) = 220{,}5V$$

Potencia cedida por la máquina:

$$P_R = 220{,}5\,I = 220{,}5\,\frac{225}{10} = 4961W$$

Rendimiento:

$$\eta = \frac{V\,I}{E\,I} = \frac{V}{E} = \frac{220{,}5}{225} = 0{,}98$$

PROBLEMA 1.23

En la figura 1 se muestra un circuito magnético toroidal de permeabilidad μ y N espiras en la bobina, cortocircuitada por sus extremos. Según un eje perpendicular a su plano y por el centro hay un conductor de longitud indefinida, por el que circula una corriente i(t) que varía según la gráfica de la figura 2. El coeficiente de autoinducción de la bobina es L=3,33H, está fabricada de hilo de cobre de 1 mm de diámetro (ρ = 0,017 Ω mm²/m). Calcúlense los valores de **μ** y de **N** si por efecto Joule se consumen $4*10^{-4}$ Julios en el hilo de la bobina.

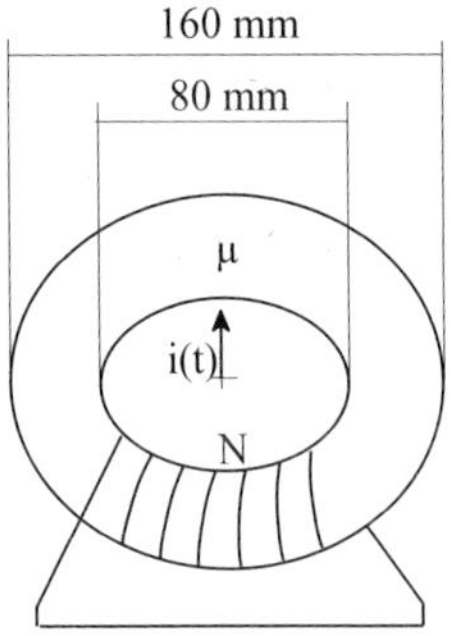

Fig. 1

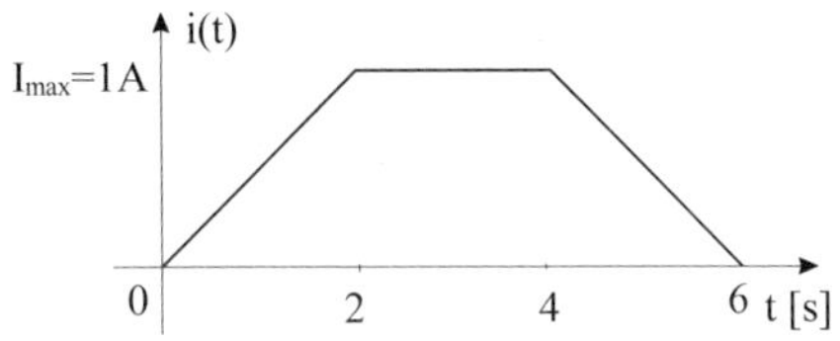

Fig. 2

Las ecuaciones del campo, la inducción y el flujo en la línea media del circuito magnético son:

$$H = \frac{1}{2\pi}\frac{i}{d} \qquad B = \mu H$$

$$\phi(t) = B(t)\, S = \mu S\, H(t) = \mu S\, \frac{1}{2\pi}\frac{i(t)}{d}$$

La expresión analítica de i(t) es:

$$i(t) = \frac{I_{\max}}{2}\, t \qquad \text{para } 0 < t < 2$$

$$i(t) = I_{\max} \qquad \text{para } 2 < t < 4$$

$$i(t) = I_{\max} - \frac{I_{\max}}{2}(t-4) \qquad \text{para } 4 < t < 6$$

La fuerza electromotriz generada en la bobina valdrá:

$$e(t) = N\,\frac{d\phi(t)}{dt} = \frac{\mu N S}{2\pi r}\,\frac{di(t)}{dt}$$

$$\text{Siendo:}\begin{cases} S = \dfrac{\pi * 0{,}04^2}{4} = \pi * 4 * 10^{-4}\, m^2 & \text{Superficie normal del cuerpo toroidal} \\ r = \dfrac{80+40}{2} = 60\, mm = 0{,}06\, m & \text{Radio medio del cuerpo toroidal} \end{cases}$$

$$e(t) = \mu N\, \frac{\pi * 4 * 10^{-4}}{2 * \pi * 0{,}06}\,\frac{di(t)}{dt} = 3{,}33 * 10^{-3}\,\mu N \frac{di(t)}{dt}$$

Y teniendo en cuenta las ecuaciones anteriores de i(t), se tiene:

$$e(t) = 3{,}33 * 10^{-3}\,\mu N \frac{I_{\max}}{2} \qquad \text{para } 0 < t < 2$$

$$e(t) = 3{,}33 * 10^{-3}\,\mu N\ 0 = 0 \qquad \text{para } 2 < t < 4$$

$$e(t) = 3{,}33 * 10^{-3}\,\mu N \frac{(-I_{\max})}{2} \qquad \text{para } 4 < t < 6$$

La expresión de la energía consumida en la resistencia R del conductor es:

$$dW(t) = p(t)\, dt = \frac{e(t)^2}{R}\, dt \qquad \text{donde:}$$

$$R = \rho\,\frac{l_e N}{S_h} = 0{,}017 * \frac{\pi * 0{,}04}{\pi * 0{,}5^2}\, N = 2{,}72 * 10^{-3}\, N$$

E integrando por tramos entre: 0-2s, 2-4s y 4-6s, se tiene el valor de la energía consumida.

$$W = \int_0^t \frac{e(t)^2}{R} dt = \int_0^2 \frac{\left(3{,}33 * 10^{-3}\right)^2 I_{\max}^2}{4 * 2{,}72 * 10^{-3} N} \mu^2 N^2 dt + 0 +$$

$$+ \int_4^6 \frac{\left(3{,}33 * 10^{-3}\right)^2 \left(-I_{\max}\right)^2}{4 * 2{,}72 * 10^{-3} N} \mu^2 N^2 dt = 10^{-3} \mu^2 N t \Big]_0^2 + 10^{-3} \mu^2 N t \Big]_4^6 =$$

$$= 4 * 10^{-3} \mu^2 N = 4 * 10^{-4} J$$

Como el coeficiente de autoinducción L es conocido, se tiene:

$$L = 33{,}3 \; H = \mu \frac{N^2}{l_m} S = \frac{\pi * 4 * 10^{-4}}{2 * \pi * 0{,}06} \mu N^2 = 3{,}33 * 10^{-3} \mu N^2$$

Se dispone así de dos ecuaciones con dos incógnitas, que permiten hallar N y μ:

$$\left.\begin{array}{l} 4 * 10^{-3} \mu^2 N = 4 * 10^{-3} \\ 3{,}33 * 10^{-3} \mu N^2 = 33{,}3 \end{array}\right\} \quad \left.\begin{array}{l} 10 \mu^2 N = 1 \\ \mu N^2 = 10^4 \end{array}\right\} \quad N = \frac{10^2}{\sqrt{\mu}}$$

Los valores de μ y N son:

$$\mu = \sqrt{\frac{1}{10^6}} = 0{,}01 \qquad N = \frac{1}{10\mu^2} = 10^3 \text{ espiras}$$

PROBLEMA 1.24

En la figura se representan tres bobinas sobre un núcleo magnético toroidal. Determínense:
a) Los puntos correspondientes (justificándolo) y dibújese su esquema plano.
b) Escríbanse las ecuaciones de la tensión de las tres bobinas en función de las inductancias propias y mutuas.
c) Expresión de la potencia entrante del sistema y de la energía almacenada.

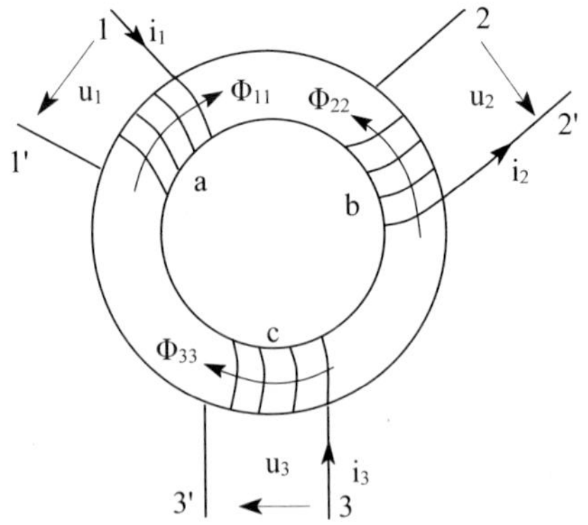

Cuando en la bobina **a** la intensidad entra por el terminal 1 se genera un flujo cuyo sentido, según la regla del sacacorchos, es el indicado por Φ_{11}. Este es contrario al flujo generado por la bobina **b** (Φ_{22}) cuando la intensidad entra por su terminal 2 y coincidente con él, cuando la corriente entra por el terminal 2'. Con respecto a la bobina **c** los flujos generados (Φ_{11} y Φ_{33}) son coincidentes cuando sus intensidades entran por los terminales 1 y 3 respectivamente.

Ello implica que son puntos correspondientes los 1 y 2' y los 1 y 3.

Para las bobinas **b** y **c** se tiene que, cuando la intensidad entra por el terminal 2 en la bobina **b** y por el 3 en la **c**, los flujos creados (Φ_{22} y Φ_{33}) tienen sentidos contrarios (según la regla del sacacorchos). Son coincidentes cuando las intensidades entran por los terminales 2' y 3.

Así pues, son correspondientes los puntos 2 y 3'.

Si el punto 1 es correspondiente del 2' y del 3, y el punto 2' es correspondiente del 3, se cumple la propiedad transitiva. Esto siempre será así en los circuitos magnéticos serie.

En el siguiente esquema plano se representan las bobinas con los sentidos asignados a las tensiones e intensidades, así como los puntos correspondientes. Con ello ya pueden establecerse directamente las relaciones entre las tensiones e intensidades sin necesidad de considerar los sentidos de los arrollamientos de las bobinas.

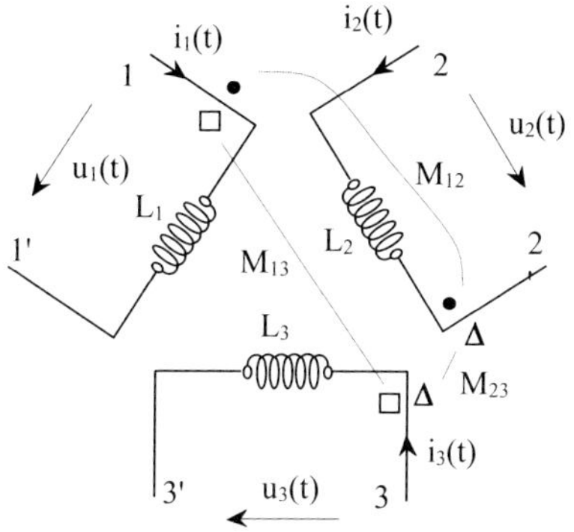

Las ecuaciones de las tensiones en las bobinas son:

$$u_1(t) = L_1 \frac{di_1(t)}{dt} - M_{12}\frac{di_2(t)}{dt} + M_{13}\frac{di_3(t)}{dt}$$

$$u_2(t) = -M_{12} \frac{di_1(t)}{dt} + L_2\frac{di_2(t)}{dt} - M_{23}\frac{di_3(t)}{dt}$$

$$u_3(t) = M_{13} \frac{di_1(t)}{dt} - M_{23}\frac{di_2(t)}{dt} + L_3\frac{di_3(t)}{dt}$$

Expresión de la **potencia entrante al sistema**:

$$p(t) = u_1 i_1 + u_2 i_2 + u_3 i_3 = L_1 i_1 \frac{di_1}{dt} - M_{12} i_1 \frac{di_2}{dt} + M_{13} i_1 \frac{di_3}{dt}$$

$$- M_{12} i_2 \frac{di_1}{dt} + L_2 i_2 \frac{di_2}{dt} - M_{23} i_2 \frac{di_3}{dt} + M_{13} i_3 \frac{di_1}{dt} - M_{23} i_3 \frac{di_2}{dt} + L_3 i_3 \frac{di_3}{dt}$$

$$= \frac{1}{2} L_1 \frac{di_1^2}{dt} - M_{12} \frac{d}{dt} (i_1 i_2) + M_{13} \frac{d}{dt} (i_1 i_3) + \frac{1}{2} L_2 \frac{di_2^2}{dt} - M_{23} \frac{d}{dt} (i_2 i_3) + \frac{1}{2} L_3 \frac{di_3^2}{dt}$$

Expresión de la **energía almacenada en el sistema**:

$$w(t) = \int_{-\infty}^{t} p(\tau)\, d(\tau) = \frac{1}{2} L_1 i_1^2 - M_{12} (i_1 i_2) + M_{13} (i_1 i_3) + \frac{1}{2} L_2 i_2^2 - M_{23} (i_2 i_3) + \frac{1}{2} L_3 i_3^2$$

PROBLEMA 1.25

En el circuito de la figura la bobina ideal, de 300 vueltas, tiene un coeficiente de autoinducción L de 3 mH y el núcleo es de aire, $\mu_0 = 4\pi 10^{-7}$ N/A^2. Calcúlese:

a) Longitud y sección de la bobina, para que la inducción magnética en su interior sea 0,1 Teslas.

b) Energía almacenada en la bobina.

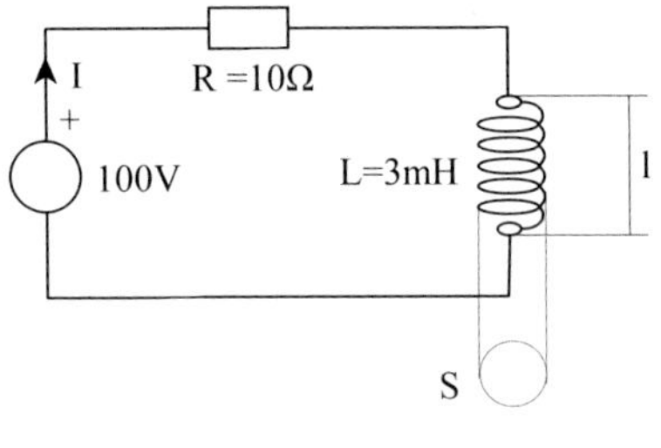

En corriente continua la bobina ideal se comporta como un conductor sin resistencia (cortocircuito). La intensidad que circula por ella solo estará limitada por la resistencia R del circuito y será:

$$I = \frac{100\,V}{10\,\Omega} = 10\,A$$

El flujo valdrá:

$$L\,I = N\,\Phi \qquad 0{,}003 * 10 = 300\,\Phi$$

$$\Phi = \frac{0{,}03}{300} = 0{,}0001\,Wb$$

Sección de la bobina:

$$B = \frac{\Phi}{S} \qquad S = \frac{\Phi}{B} = \frac{0{,}0001}{0{,}1} = 0{,}001\, m^2$$

La expresión del coeficiente de autoinducción es:

$$L = \mu_0 \frac{N^2}{l} S$$

Cálculo de la **longitud l de la bobina**:

$$l = \mu_0 \frac{N^2}{L} S = 4 * \pi * 10^{-7} \frac{300^2}{0{,}003} 0{,}001 = 12{,}56 * 3 * 10^{-3} = 0{,}03768\, m$$

Y la **energía almacenada en la bobina** es:

$$W = \frac{1}{2} L I^2 = \frac{1}{2} 0{,}003 * 10^2 = 0{,}5 * 0{,}3 = 0{,}15\, J$$

PROBLEMA 1.26

En el circuito de la figura, la bobina 1 está fija y la 2 puede girar con centro en el punto O. Los coeficientes de autoinducción L_1 y L_2 son constantes y de valor conocido. El coeficiente de inducción mutua varía senoidalmente con el ángulo de giro, siendo M=0 para $\theta=\pi/2$ y $M=M_{max}=M_M$ para $\theta=0$. Las intensidades I_1 e I_2 son constantes y de valor conocido.
Calcúlese el par T en función del ángulo θ, T = f (θ).

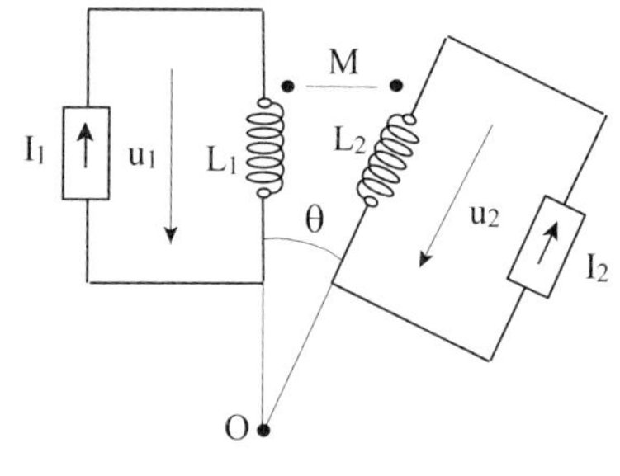

Para el coeficiente de autoinducción M se tienen las siguientes relaciones:

$$M(\theta) = M_M \cos\theta \qquad M(t) = M_M \cos\omega t$$

Las ecuaciones de $u_1(t)$ y $u_2(t)$, suponiendo que se gira a una velocidad uniforme ω desde θ = 0 hasta θ = π/2, son:

$$u_1(t) = \frac{d\,(L_1\, i_1)}{dt} + \frac{d\,(M\, i_2)}{dt}$$

$$u_2(t) = \frac{d\,(M\, i_1)}{dt} + \frac{d\,(L_2\, i_2)}{dt}$$

Como L_1, L_2, I_1 e I_2 son constantes:

$$u_1(t) = 0 + I_2 \frac{d\,M(t)}{dt} = -I_2\, M_M \omega \,\text{sen}\omega t$$

$$u_2(t) = I_1 \frac{d\,M(t)}{dt} + 0 = -I_1\, M_M \omega \,\text{sen}\omega t$$

Potencia suministrada por las fuentes:

$$p(t) = u_1(t)\, i_1(t) + u_2(t)\, i_2(t) = -I_1\, I_2\, M_M \omega \,\text{sen}\omega t - I_1\, I_2\, M_M \omega \,\text{sen}\omega t =$$
$$= -2\, I_1\, I_2\, M_M \omega \,\text{sen}\omega t$$

Energía suministrada por las fuentes:

$$w_a(t) = \int_{-\infty}^{t} p(t)\, dt = \int_{-\infty}^{t} -2\, I_1 I_2\, M_M \omega \,\text{sen}\omega t\, dt = \int_{-\infty}^{\frac{\theta}{2}} -2\, I_1 I_2\, M_M \omega \,\text{sen}\omega t\, dt =$$
$$= 2\, I_1 I_2\, M_M \cos\omega t\, \Big]_0^t = 2\, I_1 I_2\, M_M \cos\theta\, \Big]_0^\theta = 2\, I_1 I_2\, M_M \left[\cos\theta - 1\right]$$

Considerando que el giro se ha realizado entre la posición $\theta = 0^\text{o}$ y $\theta = \pi/2$, se tiene:

Para $\theta = 0 \qquad w_a(0) = 0$

Para $\theta = \dfrac{\pi}{2} \qquad w_a\left(\dfrac{\pi}{2}\right) = -2\, I_1 I_2\, M_M$

Teniendo la siguiente expresión para la energía suministrada por las fuentes de intensidad:

$$w_a = w_a\left(\frac{\pi}{2}\right) - w_a(0) = -2\, I_1 I_2\, M_M$$

Energía almacenada por las bobinas:

$$w_L(t) = \frac{1}{2}\, L_1(t)\, i_1(t)^2 + \frac{1}{2}\, L_2(t)\, i_2(t)^2 + i_1(t)\, i_2(t)\, M(t) =$$
$$= \frac{1}{2}\, L_1\, I_1^2 + \frac{1}{2}\, L_2\, I_2^2 + I_1 I_2\, M_M \cos\omega t$$

Sus valores en las posiciones de $\theta = 0^\text{o}$ y $\theta = \pi/2$ son:

$$w_L(0) = \frac{1}{2}\, L_1\, I_1^2 + \frac{1}{2}\, L_2\, I_2^2 + I_1 I_2\, M_M$$

$$w_L\left(\frac{\pi}{2}\right) = \frac{1}{2}\, L_1\, I_1^2 + \frac{1}{2}\, L_2\, I_2^2 + 0$$

La diferencia entre ambas posiciones es:

$$w_L = w_L\left(\frac{\pi}{2}\right) - w_L(0) = -I_1 I_2\, M_M$$

Trabajo realizado. Es la diferencia entre la energía aportada por las fuentes y la almacenada por las bobinas:

$$w_a(t) - w_L(t) = 2\, I_1 I_2\, M_M(\cos\omega t - 1) - \frac{1}{2}\, L_1 I_1^2 - \frac{1}{2}\, L_2 I_2^2 - I_1 I_2\, M_M \cos\omega t =$$

$$= -\,\frac{1}{2}\, L_1 I_1^2 - \frac{1}{2}\, L_2 I_2^2 + I_1 I_2\, M_M \cos\omega t - 2\, I_1 I_2\, M_M$$

Particularizando también para las posiciones de $\theta = 0^\circ$ y $\theta = \pi/2$, se tiene:

$$\left.\begin{aligned} w_T(0) &= -\frac{1}{2}\, L_1 I_1^2 - \frac{1}{2}\, L_2 I_2^2 - I_1 I_2\, M_M \\ w_T\left(\frac{\pi}{2}\right) &= -\frac{1}{2}\, L_1 I_1^2 - \frac{1}{2}\, L_2 I_2^2 + 0 - 2 I_1 I_2\, M_M \end{aligned}\right\}$$

$$w_T = w_T\left(\frac{\pi}{2}\right) - w_T(0) = -\, I_1 I_2\, M_M$$

Para el par de giro T de la bobina se tiene:

$$T\,\theta = w_T \qquad \text{Y el par valdrá :} \qquad T = \frac{I_1 I_2\, M_M}{\theta}$$

$$\text{Para} \quad \theta = \frac{\pi}{2} \qquad T = \frac{I_1 I_2\, M_M}{\dfrac{\pi}{2}} = \frac{2\, I_1 I_2\, M_M}{\pi}$$

PROBLEMA 1.27

En el circuito magnético representado en la figura se separa la armadura de la derecha desde una posición inicial de $x = x_0$ hasta otra $x = 2x_0$ a una velocidad constante en un tiempo $t = T$.

a) Demuéstrese, siendo L_0 la autoinducción en $t = 0$, que: $L(t) = \dfrac{L_0}{1 + t/T}$

b) Calcúlese u(t).

c) Hállese la energía proporcionada por la fuente.

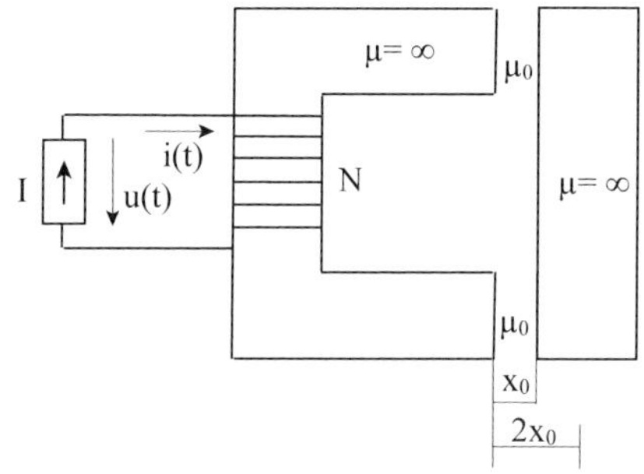

El coeficiente de autoinducción de la bobina es:

$$L = \mu \frac{N^2\, S}{l}$$

Siendo su valor en la posición inicial, teniendo en cuenta que para el núcleo y la armadura :=0:

$$L_0 = \mu_0 \frac{N^2\, S}{2x_0} \quad \text{(Teniendo en cuenta solo la influencia del entrehierro)}$$

La expresión del coeficiente de autoinducción en función del entrehierro x es:

$$L(x) = \mu_0 \frac{N^2\, S}{2x}$$

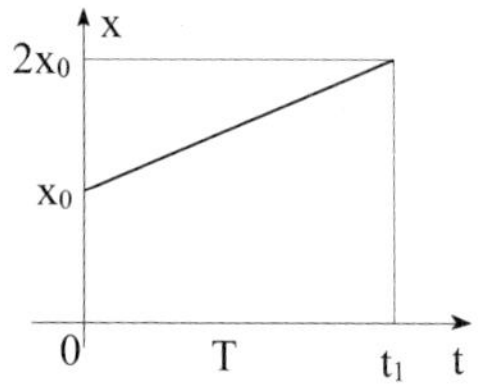

Para la longitud del entrehierro se deduce la siguiente ley de variación:

$$x(t) = x_0 + \frac{x_0}{T}\, t$$

Sustituyendo la expresión de x(t) en la de L(x), se obtiene la relación de L(t) buscada:

$$L(x) = \mu_0 \frac{N^2\, S}{2\left(x_0 + \frac{x_0}{T}\, t\right)} = \mu_0 \frac{N^2\, S}{2x_0\left(1 + \frac{t}{T}\right)} = \frac{L_0}{1 + \frac{t}{T}} = L(t)$$

Para u(t) se obtiene la siguiente expresión:

$$u(t) = \frac{d\,(L\,i)}{dt} = I\,\frac{dL(t)}{dt} = \frac{-I\,\frac{L_0}{T}}{\left(1 + \frac{t}{T}\right)^2} = -\frac{L_0\, I\, T}{T^2 + 2\,T\,t + t^2}$$

Energía suministrada por la fuente:

La expresión de la potencia es:

$$p(t) = u(t)\, i(t) = -\frac{I^2\, L_0}{T\left(1 + \frac{t}{T}\right)^2}$$

E integrando se obtiene la energía:

$$w_a(t) = \int_{-\infty}^{t} p(t)dt = \left.\frac{I^2\, L_0}{1 + \frac{t}{T}}\right]_{-\infty}^{t} = \frac{I^2\, L_0}{1 + \frac{t}{T}}$$

Particularizando para t = 0 y para t = T

$$\text{Para}: t=0 \qquad w_a(0)=I^2 L_0$$

$$\text{Para } t=T \qquad w_a(T)=\frac{I^2 L_0}{2}$$

Siendo la energía suministrada:

$$w_a = w_a(T)-w_a(0)=-\frac{I^2 L_0}{2}$$

Energía absorbida por la bobina:

Para la energía almacenada en la bobina se tiene la expresión:

$$w_L(t)=\frac{1}{2} I^2 L(t)=\frac{1}{2} I^2 \frac{L_0}{1+\frac{t}{T}} \qquad \begin{cases} \text{Para t} = 0 & w_L(0)=\frac{1}{2} I^2 L_0 \\ \text{Para t} = \text{T} & w_L(T)=\frac{1}{4} I^2 L_0 \end{cases}$$

La variación de energía almacenada entre las dos posiciones es:

$$w_L = w_L(T)-w_L(0)=-\frac{I^2 L_0}{4}$$

Energía aportada en forma de trabajo. Será la diferencia entre la aportada por la fuente y la absorbida por la bobina.

$$w_T(t)=w_a(t)-w_L(t)=\frac{1}{2}\frac{I^2 L_0}{1+\frac{t}{T}}$$

Particularizando para las posiciones de t = 0 y t = T, se tiene:

$$\left.\begin{array}{ll} \text{Para t} = 0 & w_T(0)=\frac{1}{2} I^2 L_0 \\ \text{Para t} = \text{T} & w_T(T)=\frac{1}{4} I^2 L_0 \end{array}\right\} \quad w_T = w_T(0)-w_T(T)=\frac{1}{4} I^2 L_0$$

Esta expresión coincide con la que se obtiene para t = T entre la diferencia de $w_a(t)$ y $w_L(t)$

$$w_T = w_a(t)-w_L(t)=\frac{I^2 L_0}{2}-\frac{I^2 L_0}{4}=\frac{I^2 L_0}{4}$$

PROBLEMA 1.28

En la figura se representan dos bobinas de coeficientes de autoinducción $L_1 = 1$ H y $L_2 = 0{,}25$H, acopladas magnéticamente con un coeficiente k = 0,4. A la bobina 1 se conecta una fuente de tensión $u_1(t) = 100$ sen 1000t, dejando los terminales de la bobina 2 en circuito abierto. Hállese la expresión de la tensión en la bobina 2 y su valor máximo de cresta.

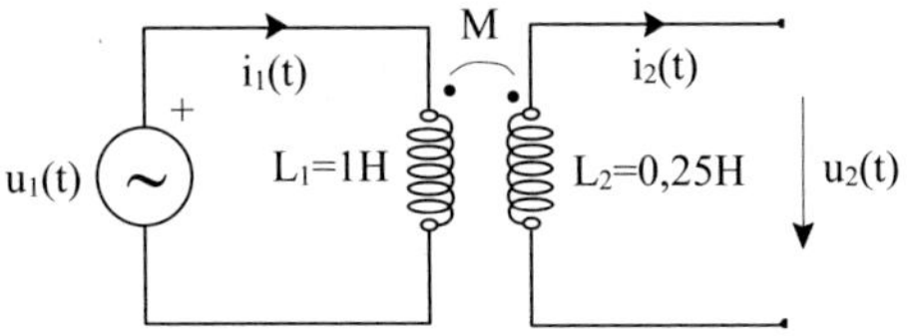

Se tiene:

$$u_1(t) = 100 \text{sen} 1000t \qquad k = 0{,}4 \qquad L_1 = 1H \qquad L_2 = 0{,}25H$$

Para los sentidos asignados a $u_1(t)$, $u_2(t)$, $i_1(t)$ y $i_2(t)$, se tienen las ecuaciones:

$$u_1(t) = L_1 \frac{di_1(t)}{dt} - M \frac{di_2(t)}{dt}$$

$$u_2(t) = M \frac{di_1(t)}{dt} - L_2 \frac{di_2(t)}{dt}$$

Con la bobina 2 en circuito abierto:

$$i_2(t) = 0 \qquad \frac{di_2(t)}{dt} = 0$$

$$\left. \begin{aligned} u_1(t) &= L_1 \frac{di_1(t)}{dt} \\ u_2(t) &= M \frac{di_1(t)}{dt} \end{aligned} \right\} \qquad \frac{u_1(t)}{u_2(t)} = \frac{L_1}{M} \qquad u_2(t) = \frac{M}{L_1} u_1(t)$$

Coeficiente de inducción mutua:

$$M = k\sqrt{L_1 L_2} = 0{,}4\sqrt{1\,\frac{1}{4}} = 0{,}4\,\frac{1}{2} = 0{,}2\,H$$

La tensión en bornas de la bobina 2 valdrá:

$$u_2(t) = \frac{M}{L_1} u_1(t) = \frac{0{,}2}{1} 100 \text{ sen } 1000t = 20 \text{ sen } 1000t$$

Y la tensión de cresta será: $\mathbf{U_{2p} = 20V}$

PROBLEMA 1.29

En el circuito de la figura, $k_1 = k_2 = 0,5$. Calcúlese:
a) Expresión de la tensión $u_2(t)$ cuando el secundario está en circuito abierto.
b) Expresión de $i_2(t)$ cuando el secundario está en cortocircuito.

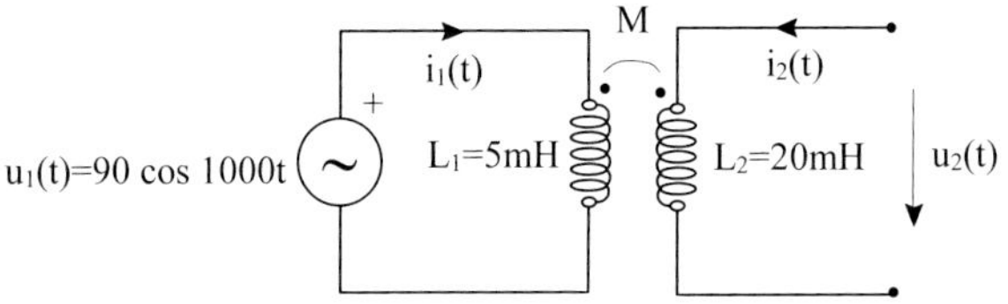

El coeficiente de acoplamiento y el de inducción mutua valdrán:

$$k = \sqrt{k_1 k_2} = 0,5$$
$$M = k\sqrt{L_1 L_2} = 0,5\sqrt{5*20} = 5mH$$

Las ecuaciones de las bobinas en función de las intensidades, teniendo en cuenta los sentidos asignados, son:

$$u_1(t) = L_1 \frac{di_1(t)}{dt} + M\frac{di_2(t)}{dt}$$
$$u_2(t) = M\frac{di_1(t)}{dt} + L_2\frac{di_2(t)}{dt}$$

1) Circuito abierto.

$$i_2(t) = 0 \quad \Rightarrow \quad \frac{di_2(t)}{dt} = 0$$

$$\left.\begin{aligned} u_1(t) &= L_1\frac{di_1(t)}{dt} \\ u_2(t) &= M\frac{di_1(t)}{dt} \end{aligned}\right\} \qquad \frac{u_1(t)}{u_2(t)} = \frac{L_1}{M} = \frac{5}{5} = 1$$

Se tiene:
$$u_2(t) = u_1(t) = 90\ \cos 1000t = 90\angle 0^\circ = u_0(t)$$

2) Cortocircuito

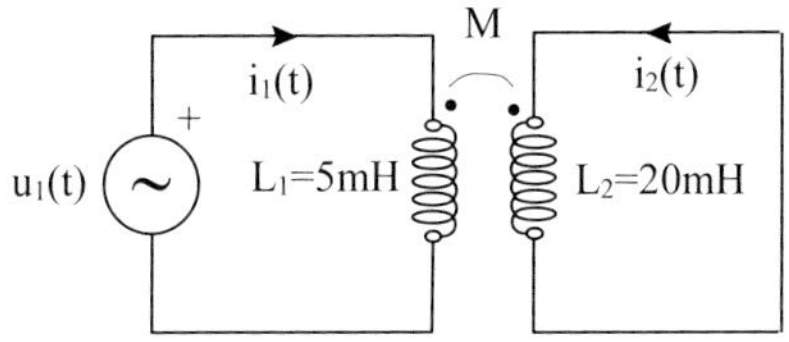

Ahora u_2 (t)= 0 y:

$$M \frac{di_1(t)}{dt} = -L_2 \frac{di_2(t)}{dt}$$
$$\frac{di_1(t)}{dt} = -\frac{L_2}{M} \frac{di_2(t)}{dt}$$

Se tiene la ecuación:

$$u_1(t) = M \frac{di_2(t)}{dt} - L_1 \frac{L_2}{M} \frac{di_2(t)}{dt} = \left(M - \frac{L_1 L_2}{M} \right) \frac{di_2(t)}{dt}$$
$$u_1(t) = \left(5 - \frac{5 * 20}{5} \right) \frac{di_2(t)}{dt} = -15 \frac{di_2(t)}{dt}$$

De donde:

$$di_2(t) = -\frac{1}{15} u_1(t)\, dt$$

E integrando:

$$i_2(t) = -\frac{1}{15} \int u_1(t)\, dt = -\frac{1}{15} 90 \int \cos 1000t\, dt = -\frac{1}{15} \frac{90}{1000} \operatorname{sen} 1000t =$$
$$= \frac{6}{1000} \cos \left(1000t + \frac{\pi}{2} \right) = \frac{6}{1000} \angle \frac{\pi}{2} = i_0(t)$$

La impedancia equivalente es:

$$\overline{Z}_{equ} = \frac{\overline{U}_0}{\overline{I}_0} = \frac{90\angle 0^{o}}{\frac{6}{1000} \angle \frac{\pi}{2}} = \frac{90000}{6} \angle -\frac{\pi}{2}$$

PROBLEMA 1.30

El circuito de la figura está alimentado por una fuente e(t) de tensión alterna senoidal y los acoplamientos magnéticos entre las bobinas son ideales. El voltímetro registra una lectura de 10V. Calcúlese la tensión de la fuente e(t), la potencia suministrada por esta y la intensidad que registrará el amperímetro.

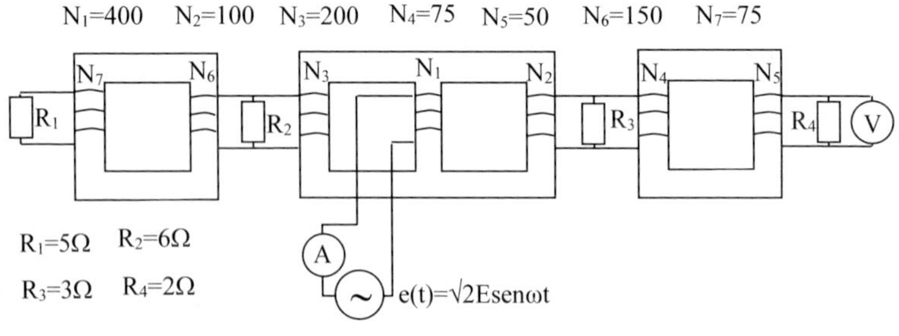

$$e(t)=\sqrt{2}E\,\text{sen}\,\omega t$$

Si el voltímetro mide 10 V la tensión que habrá en bornes de la bobina 5 será:

$$u_5(t)=\sqrt{2}10\,\text{sen}\,\omega t$$

Por ser ideal el acoplamiento magnético entre la bobina 4 y la 5, el flujo que atraviesa a las dos es el mismo y se tienen las siguientes relaciones:

$$\left.\begin{array}{l} u_4(t)=N_4\dfrac{d\phi_4(t)}{dt} \\ u_5(t)=N_5\dfrac{d\phi_5(t)}{dt}\end{array}\right\} \quad \phi_4(t)=\phi_5(t) \quad \frac{u_4(t)}{u_5(t)}=\frac{N_4}{N_5}$$

$$u_4(t)=\frac{N_4}{N_5}u_5(t)=\frac{75}{50}u_5(t)=\sqrt{2}\,15\,\text{sen}\,\omega t$$

Las bobinas 2 y 4 están sometidas a la misma tensión por estar en paralelo y se tendrá que:

$$u_2(t)=u_4(t)=\sqrt{2}\,15\,\text{sen}\,\omega t$$

Por simetría en el circuito magnético de las bobinas 1, 2 y 3 se tiene la siguiente relación de flujos:

$$\phi_1(t)=\phi_2(t)+\phi_3(t) \quad \text{y} \quad \phi_2(t)=\phi_3(t)=\frac{1}{2}\phi_1(t)$$

Luego:

$$\frac{d\phi_2(t)}{dt}=\frac{d\phi_3(t)}{dt}=\frac{1}{2}\frac{d\phi_1(t)}{dt} \qquad \frac{d\phi_2(t)}{dt}=\frac{u_2(t)}{N_2}$$

$$e(t)=u_1(t)=N_1\frac{d\phi_1(t)}{dt}=N_1 2\frac{d\phi_2(t)}{dt}=2\frac{N_1}{N_2}u_2(t)=\sqrt{2}\,120\,\text{sen}\,\omega t$$

$$u_3(t)=N_3\frac{d\phi_3(t)}{dt}=N_3\frac{d\phi_2(t)}{dt}=\frac{N_3}{N_2}u_2(t)=\sqrt{2}\,30\,\text{sen}\,\omega t$$

Las bobinas 6 y 3 están sometidas a la misma tensión por estar en paralelo y se tendrá que:

$$u_6(t)=u_3(t)=\sqrt{2}\,30\,\text{sen}\,\omega t$$

El acoplamiento magnético entre la bobina 6 y la 7 es ideal y el flujo que atraviesa las dos bobinas es el mismo. Se tienen las siguientes relaciones:

$$\left.\begin{array}{l} u_6(t)=N_6\dfrac{d\phi_6(t)}{dt} \\ u_7(t)=N_7\dfrac{d\phi_7(t)}{dt}\end{array}\right\} \quad \phi_6(t)=\phi_7(t) \quad \frac{u_6(t)}{u_7(t)}=\frac{N_6}{N_7}$$

$$u_7(t)=\frac{N_7}{N_6}u_6(t)=\frac{75}{150}u_6(t)=\sqrt{2}\,15\,\text{sen}\,\omega t$$

Potencia aportada por la fuente e(t). Será la consumida en las resistencias: R_1, R_2, R_3 y R_4.

Potencia instantánea:

$$p(t)=\frac{u_5^2(t)}{R_4}+\frac{u_2^2(t)}{R_3}+\frac{u_3^2(t)}{R_2}+\frac{u_7^2(t)}{R_1}=\left(\frac{10^2}{2}+\frac{15^2}{3}+\frac{30^2}{6}+\frac{15^2}{5}\right)2\ \mathrm{sen}^2\omega t$$
$$=640\,\mathrm{sen}^2\omega t$$

Potencia media en un periodo:

$$P=\frac{U_5^2}{R_4}+\frac{U_2^2}{R_3}+\frac{U_3^2}{R_2}+\frac{U_7^2}{R_1}=\frac{10^2}{2}+\frac{15^2}{3}+\frac{30^2}{6}+\frac{15^2}{5}=320W$$

La **intensidad suministrada por la fuente** será:

$$i(t)=\frac{p(t)}{e(t)}=\frac{p(t)}{u_1(t)}=\frac{640\,\mathrm{sen}^2\omega t}{\sqrt{2}\,120\,\mathrm{sen}\,\omega t}=\sqrt{2}\ 2{,}66\ \mathrm{sen}\,\omega t$$

Y la **lectura del amperímetro** será 2,66A.

PROBLEMA 1.31

En la figura se representa una instalación de gran longitud. Los tres conductores son de las mismas características, están en el mismo plano, separados 30 cm el 1 del 2 y 30 cm el 2 del 3, y presentan cada uno de ellos una resistencioa de 0,5Ω. $\mu_0=4\pi 10^{-7}$ N/A^2. Cálculese:
a) Las intensidades que circulan por cada uno de los conductores.
b) La inducción magnética en los puntos de cada uno de los conductores y la fuerza por unidad de longitud que se ejerce sobre ellos (considerados como unidimensionales).

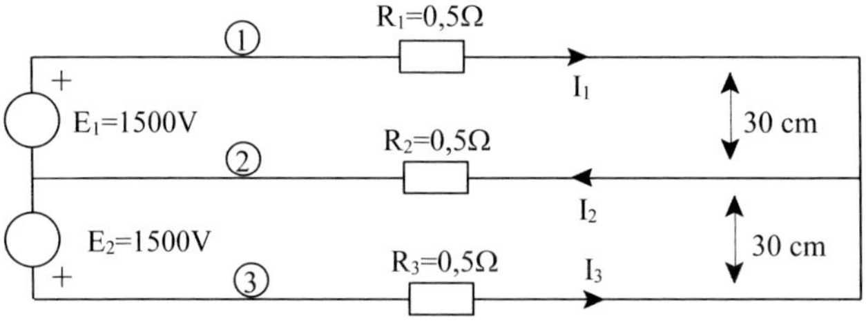

Analizando el circuito por el teorema de superposición, se tiene:

$$I_1=\frac{E_1}{R_1+\dfrac{R_2*R_3}{R_2+R_3}}-\frac{1}{2}\frac{E_2}{R_3+\dfrac{R_1*R_2}{R_1+R_2}}=\frac{1500}{0{,}75}-\frac{1}{2}\frac{1500}{0{,}75}=1000A$$

$$I_3 = \frac{E_2}{R_3 + \frac{R_1 * R_2}{R_1 + R_2}} - \frac{1}{2}\frac{E_1}{R_1 + \frac{R_2 * R_3}{R_2 + R_3}} = \frac{1500}{0,75} - \frac{1}{2}\frac{1500}{0,75} = 1000A$$

$$I_2 = I_1 + I_3 = 2000A$$

Según las leyes de Laplace:

$$B = \frac{\mu\ i}{2\pi\, d} \qquad \text{Fuerza por unidad de longitud } F = \frac{B\,i\,l}{i} = B\,i$$

Aplicando la regla del sacacorchos se deducen los sentidos de las inducciones creadas en cada conductor por cada uno de los otros dos. Para el sentido de las fuerzas se aplica la regla de la mano izquierda. Se tienen los resultados representados en las siguientes figuras que quedan justificados en los cálculos que siguen:

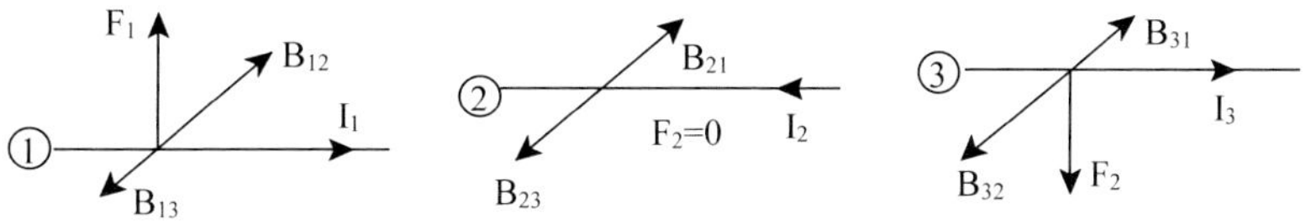

$$B_{13} = B_{31} = \frac{\mu_0}{2\pi}\frac{1000}{d} = \frac{4\pi 10^{-7}}{2\pi}\frac{1000}{0,6} = 3,33 * 10^{-4} \text{ Teslas}$$

$$B_{12} = B_{32} = \frac{\mu_0}{2\pi}\frac{I_2}{d_1} = \frac{4\pi 10^{-7}}{2\pi}\frac{2000}{0,3} = 1,333 * 10^{-3} \text{ Teslas}$$

$$B_{21} = -B_{23} = \frac{\mu_0}{2\pi}\frac{I_2}{d_1} = \frac{4\pi 10^{-7}}{2\pi}\frac{1000}{0,3} = 6,666 * 10^{-4} \text{ Teslas}$$

Las inductancias totales y las fuerzas por unidad de longitud son:

$$B_1 = B_{12} - B_{13} = 1 * 10^{-3}\, T \qquad F_1 = B_1 I_1 = 10^{-3} * 1000 = 1N$$

$$B_3 = B_{32} + B_{32} = 1 * 10^{-3}\, T \qquad F_2 = B_2 I = 10^{-3} * 1000 = 1N$$

$$B_2 = B_{21} + B_{23} = 0\, T \qquad F_2 = B_2 I_2 = 0$$

CAPÍTULO 2

Elementos y señales en los circuitos eléctricos

PROBLEMA 2.9

Por un electroimán de gran longitud, que tiene 1000 espiras y una autoinducción L = 3H, se hace pasar una corriente que aumenta linealmente desde 0 a 6,4A en 0,2s y después permanece constante a 6,4A. Suponiendo el sistema lineal (μ = constante.), calcúlese:

a) Expresión analítica y gráfica de la tensión que ha debido aplicarse a los extremos del electroimán.

b) Expresiones analíticas y gráficas del flujo magnético y de la energía acumulada en la bobina.

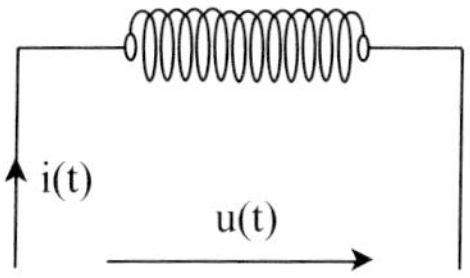

La expresión analítica y gráfica de la intensidad que pasa por la bobina es:

$$i(t)=\frac{6,4}{0,2}\ t=32\,t \qquad \text{para } 0<t<0,2\ s$$

$$i(t)=6,4 \qquad \text{para } \geq 0,2\ s$$

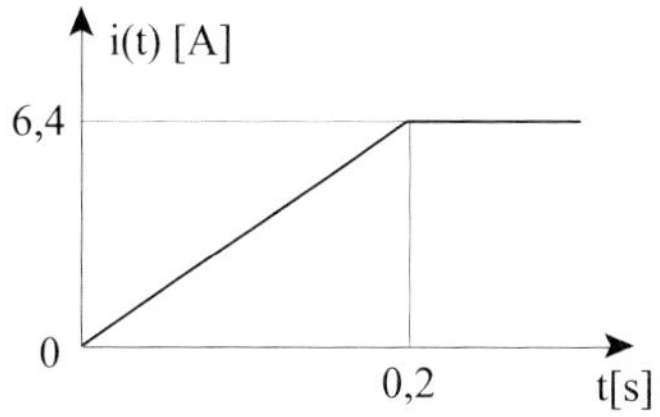

Tensión en las bornas de la bobina:

$$u(t)=L\,\frac{di(t)}{dt}=3\ \frac{6,4}{0,2}=96V$$

$$u(t)=96 \qquad \text{para } 0<t\leq\ 0,2\ s$$

$$u(t)=0 \qquad \text{para } t\ \geq 0,2\ s$$

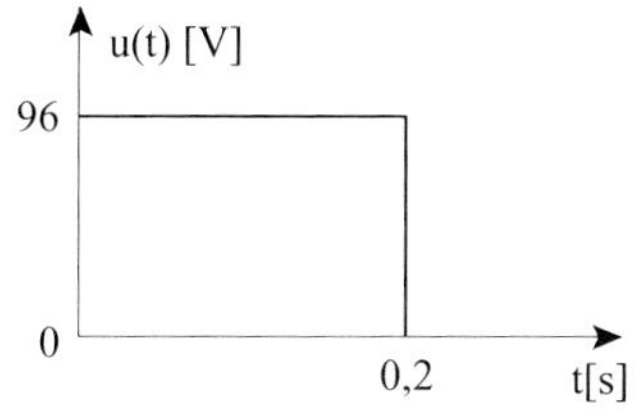

Para el flujo se tiene la expresión:

$$\phi(t)=\frac{L\,i(t)}{N}=\frac{3}{1000}\ 32\,t=0,096\,t$$

$$\phi(t)=0,096\,t \qquad \text{para } 0<t\ \leq\ 0,2\ s$$

$$\phi(t)=0,0192 \qquad \text{para } t\geq 0,2\ s$$

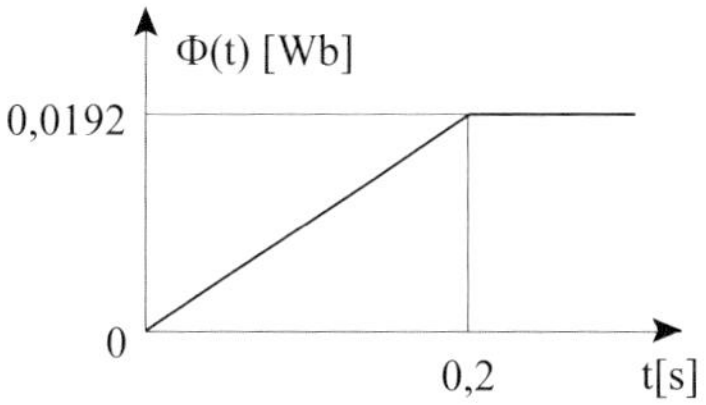

Energía almacenada en la bobina:

$$w(t)=\frac{1}{2}\ L[i(t)]^2$$

$$w(t)=\frac{3}{2}\ 32^2t^2 \qquad \text{para } 0<t\leq 0,2\ s$$

$$w(t)=61,44 \qquad \text{para } t\geq 0,2\ s$$

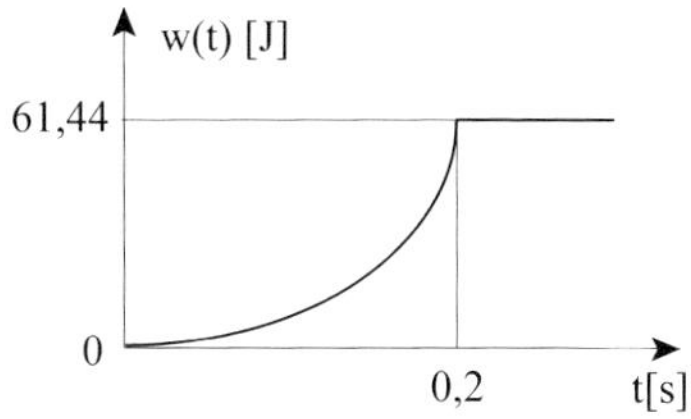

PROBLEMA 2.10

Al circuito de la figura 1 se aplica la tensión e(t), que evoluciona según la gráfica de la figura 2, siendo $i_L(0)$ =-1A. Calcúlese;

a) Forma de onda de $i_L(t)$ e i(t).

b) Valor medio de la potencia instantánea, (potencia activa) suministrada por la fuente e(t).

c) Valores eficaces de e(t) e i(t).

d) Factor de potencia que ve la fuente.

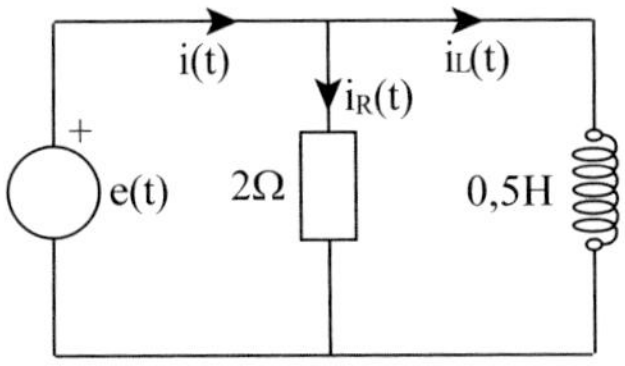

Fig. 1

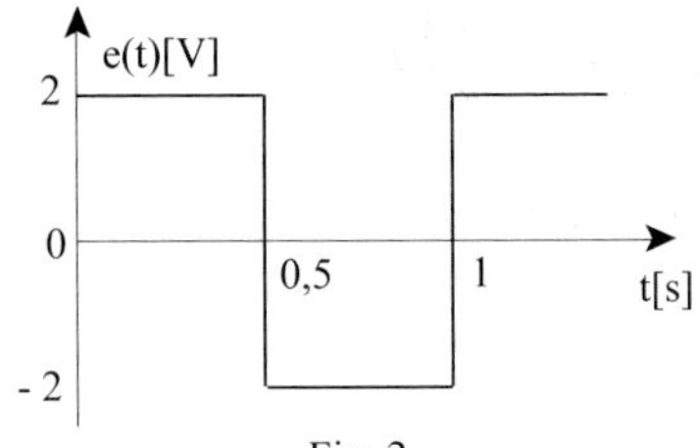

Fig. 2

Se tienen las relaciones:

$$e(t) = R\, i_R(t) = u_L(t) = L\frac{di(t)}{dt} \qquad i(t) = i_R(t) + i_L(t)$$

Cálculo de la intensidad:

Para $0 \leq t \leq 0{,}5$s

$$i_L(t) = i_L(0) + \frac{1}{L}\int_0^t e(t)dt = -1 + \frac{2}{L}\ t = -1 + 4t\Big]_0^{0,5}$$

Para t = 0,5 $\qquad i_L(0{,}5) = 1\ A$

$$i_R(t) = \frac{e(t)}{R} = \frac{e(t)}{2} = \frac{2}{2} = 1\ A$$

La intensidad i(t) será la suma de las dos anteriores:

$$i(t) = i_R(t) + i_L(t) = 1 - 1 + 4t\Big]_0^{0,5}$$

Para t = 0,5 $\qquad i(0{,}5) = 2\ A$

Para $0{,}5 \leq t \leq 1$s

$$i_L(t) = i_L(0{,}5) + \frac{1}{L}\int_{0,5}^t e(t)dt = 1 - \frac{2}{L}\ (t - 0{,}5) = 1 - 4\ (t - 0{,}5)\Big]_{0,5}^{1}$$

Para $\quad t = 1 \qquad i_L(1) = -1\ A$

$$i_R(t) = \frac{e(t)}{R} = \frac{e(t)}{2} = -\frac{2}{2} = -1\ A$$

Y para i(t):

$$i(t) = i_R(t) + i_L(t) = -1 + 1 - 4\,(t - 0{,}5)\big]_{0,5}^{1}$$

$$\text{Para} \quad t = 1 \qquad i(1) = -2\,A$$

La potencia y valores eficaces se van a calcular para un período de 0 ÷ 0,5s

Potencia media

$$P = \frac{1}{0{,}5}\int_0^{0,5} \frac{e^2(t)}{R}\,dt = \frac{1}{0{,}5}\,2t\Big]_0^{0,5} = 2W$$

Valores eficaces de e(t) e i(t)

$$E = \sqrt{\frac{1}{T}\int_0^T e^2(t)dt} = \sqrt{\frac{1}{0{,}5}\int_0^{0,5} 2^2\,dt} = 2V$$

$$I = \sqrt{\frac{1}{T}\int_0^T i^2(t)dt} = \sqrt{\frac{1}{0{,}5}\int_0^{0,5} (4\,t)^2\,dt} = \frac{2}{\sqrt{3}}\,A$$

Factor de potencia

$$K = \frac{P}{S} = \frac{P}{UI} = \frac{2}{2\frac{2}{\sqrt{3}}} = \frac{\sqrt{3}}{2} = 0{,}866$$

Representaciones gráficas:

Intensidad en la resistencia

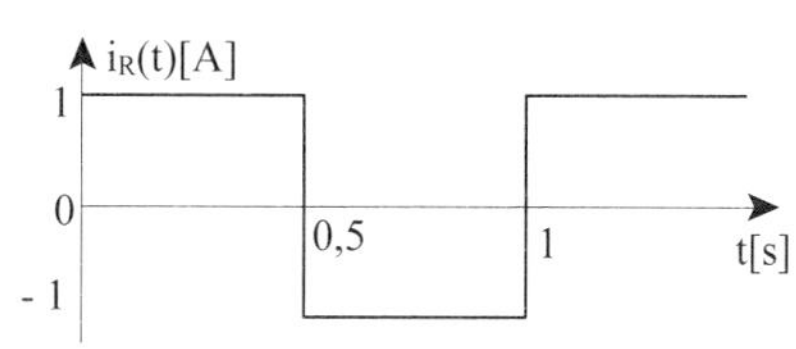

Intensidad en la bobina

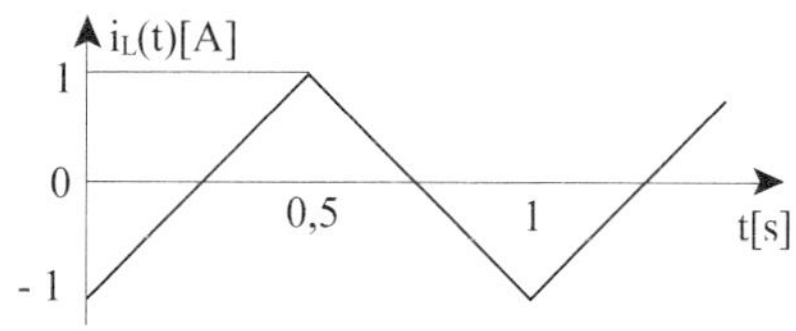

Intensidad total

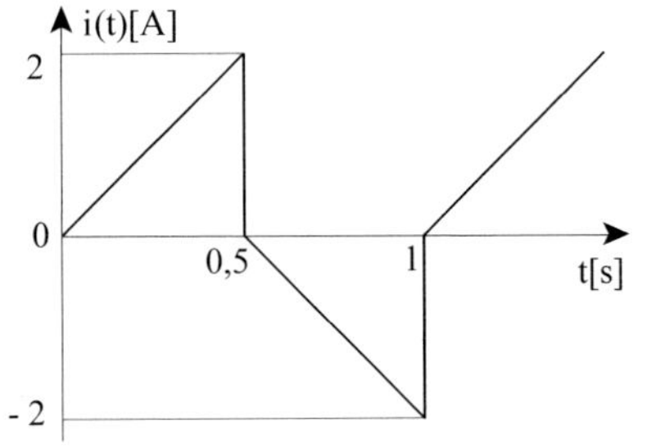

Potencia suministrada

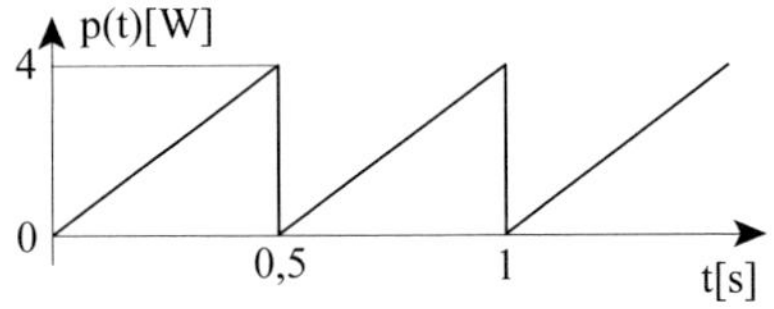

PROBLEMA 2.11

La intensidad que se aplica al circuito representado en la figura es i(t) =10 e $^{-200t}$. Determínese:
a) La forma de onda de la tensión en bornas de la fuente de intensidad.
b) Expresión analítica y representación gráfica de la potencia disipada en la resistencia.
c) Expresión analítica y representación gráfica de la energía almacenada en la bobina.

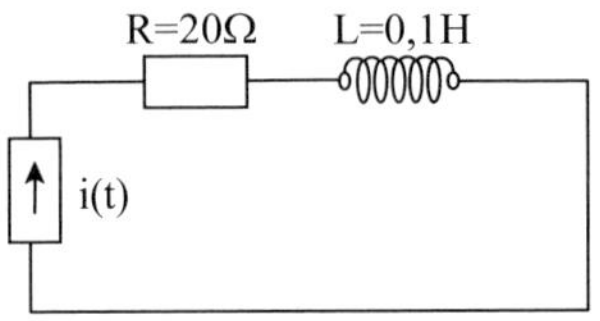

Representación gráfica de la intensidad aplicada:

$$i(t) = 10\, e^{-200t}$$

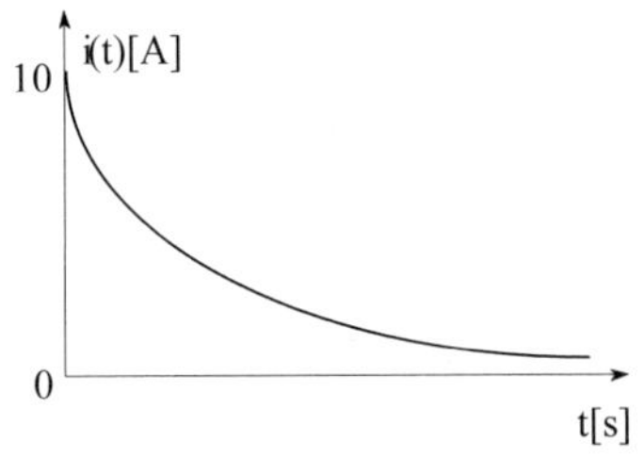

Tensión en bornas de la fuente. Se tiene la relación:

$$u(t) = u_R(t) + u_L(t) = R\, i(t) + L \frac{di(t)}{dt}$$

Aplicado a este caso será:

$$u(t)=20*10\,e^{-200t}+0{,}1\,\frac{d\left(10\ e^{-200t}\right)}{dt}=200\ e^{-200t}+0{,}1\left(-2000\ e^{-200t}\right)=$$
$$=200\ e^{-200t}-\ 200\ e^{-200t}=0V$$

Potencia disipada en la resistencia:

$$p_R(t)=R\,i(t)^2=20\,\left(10\,e^{-200t}\right)^2=$$
$$=2000\,e^{-400t}$$

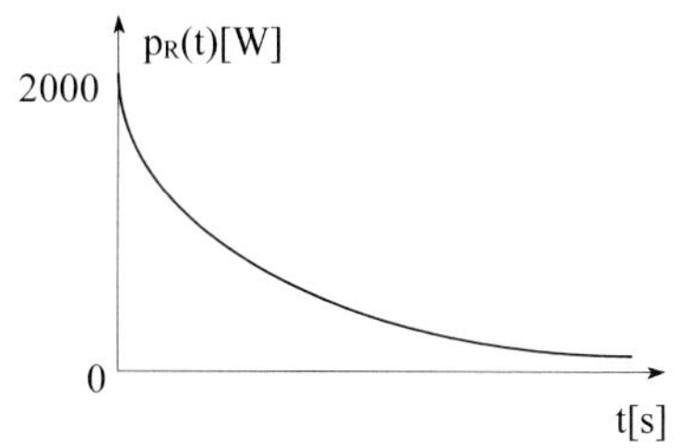

Energía almacenada en la bobina:

$$w_L(t)=\frac{1}{2}L\,i(t)^2=\frac{1}{2}*0{,}1*\left(10\ e^{-200t}\right)^2=$$
$$=5\ e^{-400t}$$

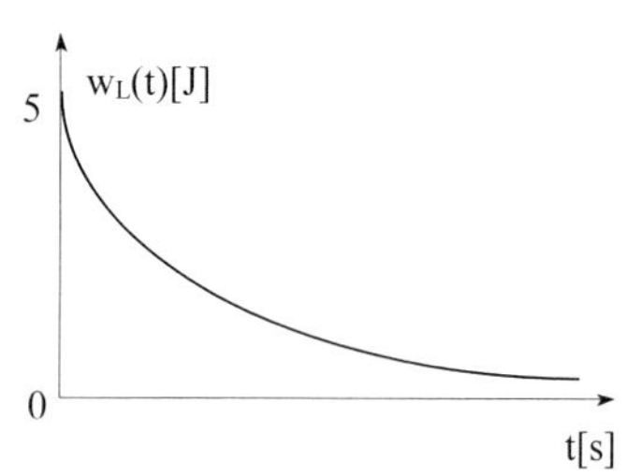

Si se hace el balance de potencias, debe ser:

$$p_{ig}(t)=p_R(t)+p_L(t)$$

Se tiene:

$$p_{ig}(t)=u(t)\,i(t)=0*10\ e^{-400t}=0$$
$$p_L(t)=\frac{dw(t)}{dt}=5*(-400)\,e^{-400t}=-2000\,e^{-400t}$$
$$p_R(t)+p_L(t)=2000\,e^{-400t}-2000\,e^{-400t}=0$$

PROBLEMA 2.12

Por el circuito de la figura 1 pasa la intensidad i(t) representada gráficamente en la figura 2. Determínense, analítica y gráficamente, las formas de onda, correspondientes a las tensiones en cada uno de los elementos pasivos. El condensador y la bobina están inicialmente descargados.

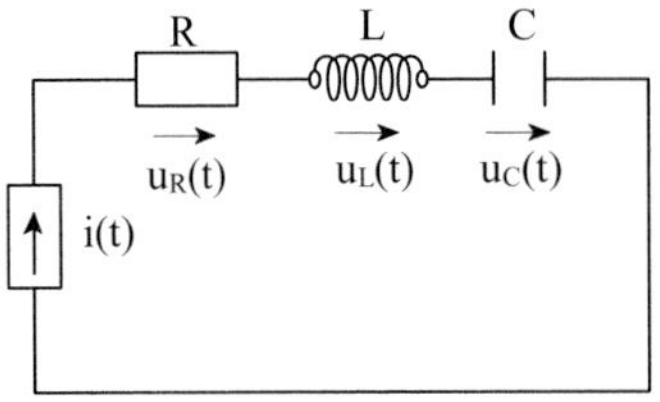

Fig.1

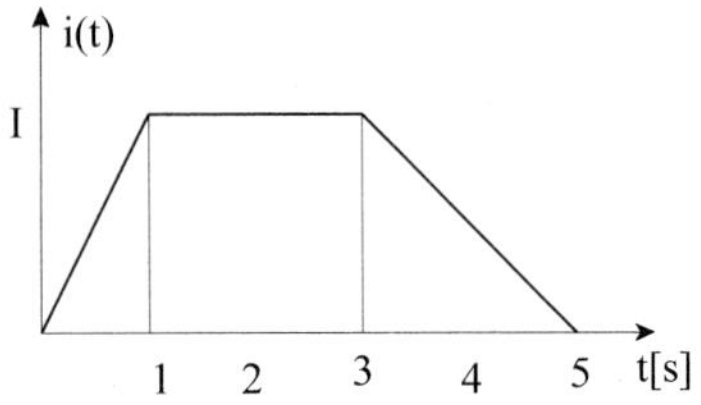

Fig. 2

Las ecuaciones de variación de la intensidad son:

$$i(t) = I\,t \qquad \text{para} \quad 0 < t \leq 1s$$

$$i(t) = I \qquad \text{para} \quad 1s \leq t \leq 3s$$

$$i(t) = I\left[1 - \frac{1}{2}(t-3)\right] \qquad \text{para} \quad 3s \leq t \leq 5s$$

Ecuaciones de la tensión en función de la intensidad en cada elemento pasivo:

$$u_R(t) = R\,i(t) \qquad u_L(t) = L\,\frac{di(t)}{dt} \qquad u_C(t) = U_0 + \frac{1}{C}\int i(t)\,dt$$

En la siguiente tabla se recogen las expresiones de las ecuaciones anteriores, para cada uno de los períodos de tiempo en que se ha definido i(t).

t	**0≤ t≤ 1s**	**1s≤ t ≤ 3s**	**3s≤ t ≤ 5s**
uR(t)	R I t	R I	R I [1 - 1/2 (t - 3)]
uL(t)	L I	0	-1/2 L I
uC(t)	$0+\frac{1}{C}\int_0^t idt$ $=\frac{I}{C}\frac{t^2}{2}$ $U_C(1)=\frac{1}{2}\frac{I}{C}$	$U_C(1)+\frac{1}{C}\int_1^t idt=$ $=\frac{1}{2}\frac{I}{C}+\frac{I}{C}(t-1)$ $U_C(3)=\frac{5}{2}\frac{I}{C}$	$U_C(3)+\frac{1}{C}\int_3^t idt =$ $=\frac{5}{2}\frac{I}{C}+\frac{I}{C}\left[(t-3)-\frac{1}{2}\frac{(t-3)^2}{2}\right]$ $U_C(5)=\frac{7}{2}\frac{I}{C}$

Representaciones gráficas:

En la resistencia

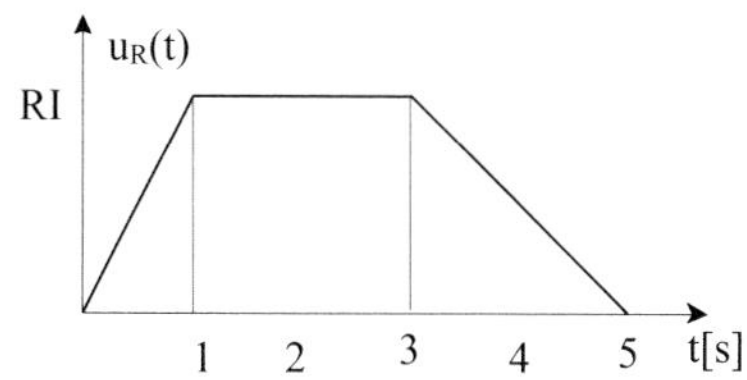

En la bobina

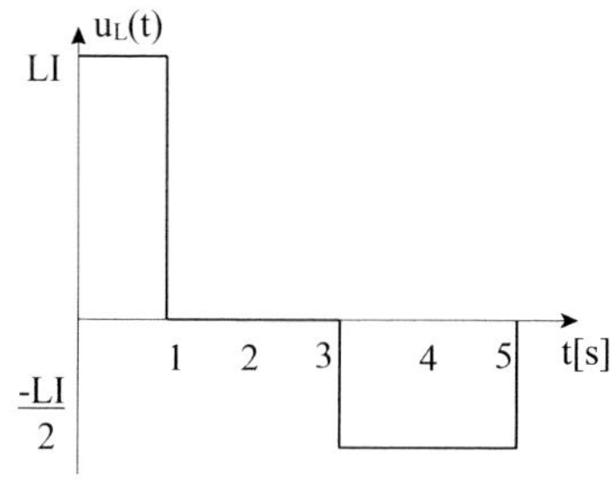

En el condensador

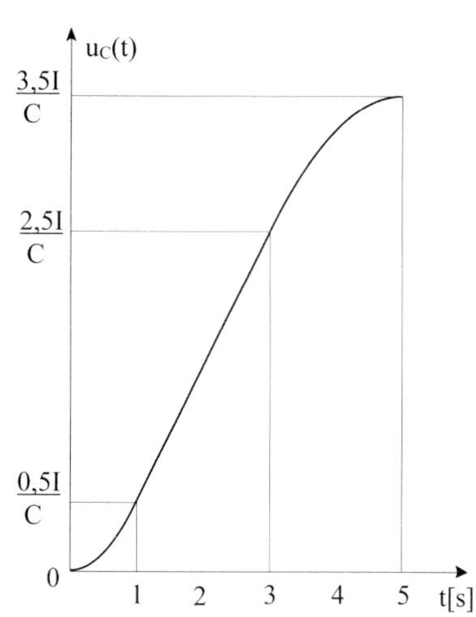

PROBLEMA 2.13

Por el circuito de la figura 1 pasa la intensidad i(t) representada gráficamente en la figura 2. Determínense, analítica y gráficamente, las formas de onda, correspondientes a las tensiones en cada uno de los elementos pasivos. El condensador y la bobina están inicialmente descargados.

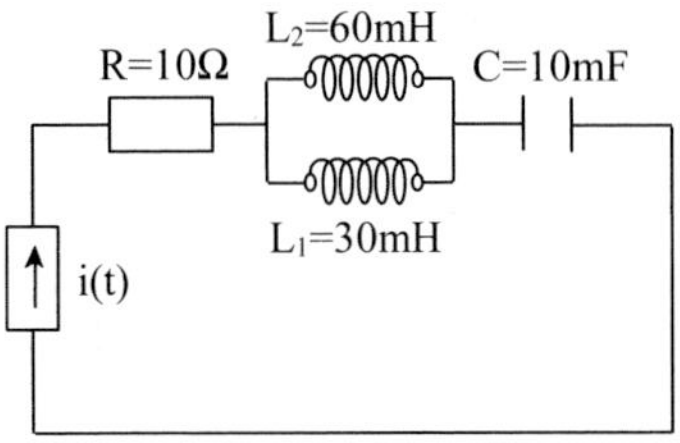

Fig.1

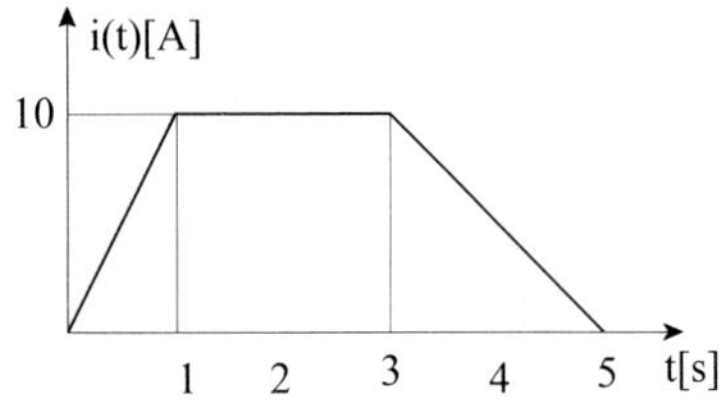

Fig. 2

Las ecuaciones de variación de la intensidad son:

$$i(t)=10\,t \qquad \text{para} \quad 0<t\leq 1s$$

$$i(t)=10 \qquad \text{para} \quad 1s \leq t \leq 3s$$

$$i(t)=10\left[1-\frac{1}{2}\,(t-3)\right] \qquad \text{para} \quad 3s \leq t \leq 5s$$

Ecuaciones de la tensión en función de la intensidad en cada elemento pasivo:

$$u_R(t)=R\,i(t) \qquad u_C(t)=U_0+\frac{1}{C}\int i(t)\,dt$$

$$L_{equ}=\frac{L_1 * L_2}{L_1+L_2}=\frac{30*60}{90}=20mH \qquad u_L(t)=u_{L1}=u_{L2}=L_{equ}\,\frac{di(t)}{dt}$$

El cálculo de la intensidad que circula por cada bobina se realiza como un divisor de intensidad, es decir, las intensidades serán inversamente proporcionales a los coeficientes de autoinducción:

$$i_{L1}(t)=\frac{L_2}{L_1+L_2}\,i(t)=\frac{60}{90}\,i(t)=\frac{2}{3}\,i(t) \qquad i_{L1}(t)=\frac{L_1}{L_1+L_2}\,i(t)=\frac{30}{90}\,i(t)=\frac{1}{3}\,i(t)$$

Y su representación gráfica será

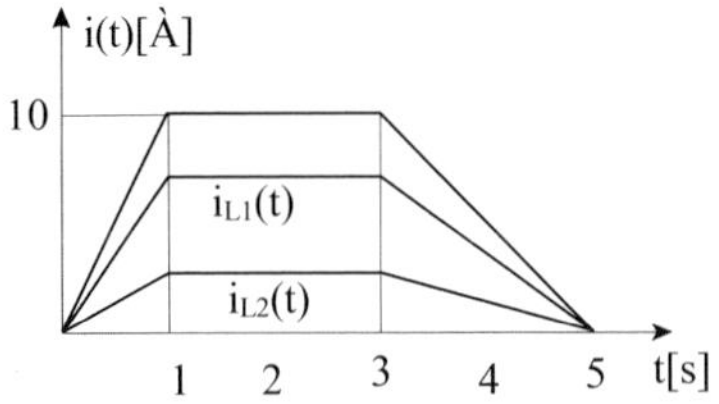

En la siguiente tabla se recogen las expresiones de las ecuaciones anteriores, para cada uno de los períodos de tiempo en que se ha definido i(t).

t	**0≤ t≤ 1s**	**1s≤ t ≤ 3s**	**3s≤ t ≤ 5s**
$u_R(t)$	100 t	100	100 [1 - 1/2 (t - 3)]
$u_L(t)$	0,2	0	-0,1
$u_C(t)$	$0+\frac{1}{C}\int_0^t idt$ $=\frac{10}{10^{-2}}\frac{t^2}{2}=500t^2$ $U_C(1)=500V$	$U_C(1)+\frac{1}{C}\int_1^t idt=$ $=500+10^3\,(t-1)$ $U_C(3)=2500V$	$U_C(3)+\frac{1}{C}\int_3^t idt=$ $=2500+10^3\left[(t-3)-\frac{1}{2}\frac{(t-3)^2}{2}\right]$ $U_C(5)=3500V$

Representaciones gráficas:

En la resistencia

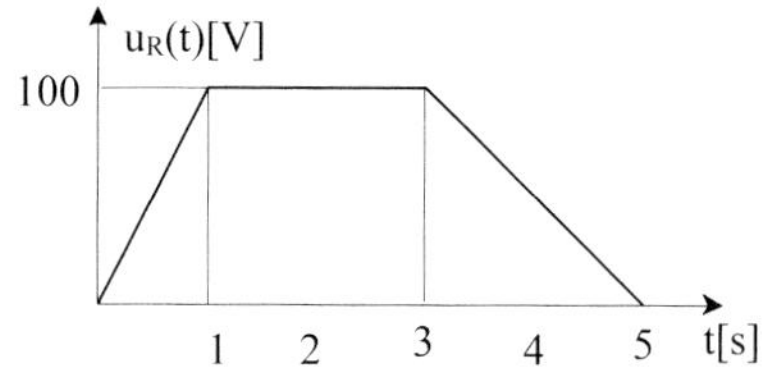

En la bobina

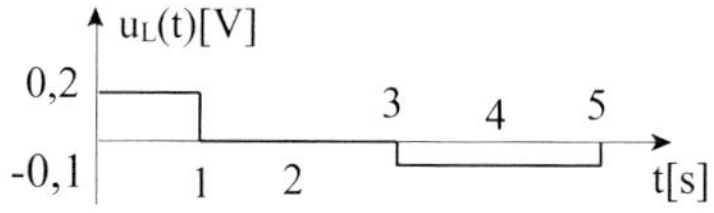

En el condensador

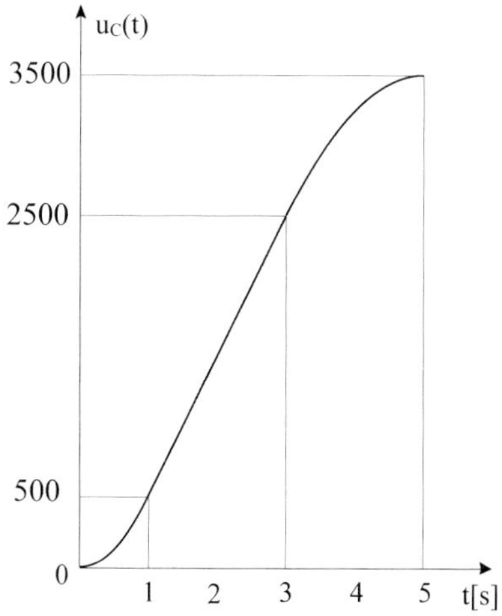

PROBLEMA 2.13.M

Por el circuito de la figura 1 pasa la intensidad i(t) representada gráficamente en la figura 2. Determínense, analítica y gráficamente, las formas de onda correspondientes a las tensiones en cada uno de los elementos pasivos, así como la intensidad en cada una de las bobinas. Las bobinas y el condensador están inicialmente descargados.

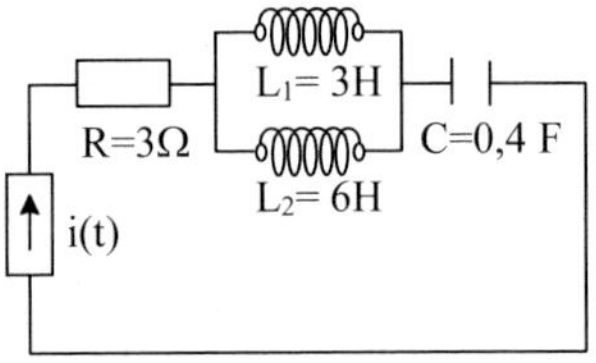

Fig. 1

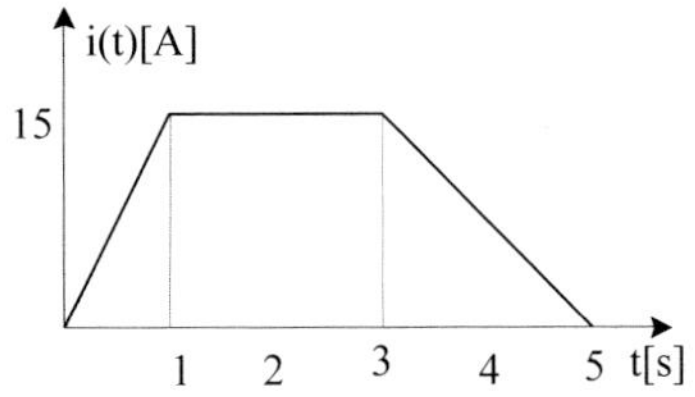

Fig. 2

Las ecuaciones de variación de la intensidad son:

$$i(t) = a\,t = 15\,t \qquad \text{para } 0 \leq t \leq 1s$$

$$i(t) = 15 \qquad \text{para } 1s \leq t \leq 3s$$

$$i(t) = 15\left[1 - \frac{1}{2}(t-3)\right] \qquad \text{para } 3s \leq t \leq 5s$$

Se recuerdan las relaciones entre la tensión y la intensidad en los elementos pasivos:

$$u_R(t) = Ri(t) \qquad u_L(t) = L\frac{di(t)}{dt} \qquad u_C(t) = U_0 + \frac{1}{C}\int i(t)dt$$

Para las dos bobinas en paralelo se tiene una bobina equivalente con el coeficiente de autoinducción L_{equ}. La tensión es común a las dos bobinas y la intensidad se reparte, según el divisor de intensidad formada por ellas, en proporción inversamente proporcional a sus inductancias.

$$L_{equ} = \frac{L_1 L_2}{L_1 + L_2} \qquad i_{L1}(t) = \frac{L_2}{L_1 + L_2}\,i(t) \qquad i_{L2}(t) = \frac{L_1}{L_1 + L_2}\,i(t)$$

Para este caso se tendrá:

$$L_{equ} = \frac{3*6}{3+6} = 2H \qquad i_{L1}(t) = \frac{6}{3+6}\,i(t) = 0{,}66i(t) \qquad i_{L2}(t) = \frac{3}{3+6}\,i(t) = 0{,}33\,i(t)$$

En la siguiente tabla se recogen las expresiones de la intensidad del circuito y de las tensiones en cada uno de los elementos pasivos, para cada uno de los períodos de tiempo en que se ha definido i(t).

t	**0≤ t≤ 1**	**1≤ t ≤ 3**	**3≤ t ≤ 5**
i(t)	15 t	15	15 [1 - 2 (t - 3)]
$\mathbf{u_R(t)}$	45 t	45	45 [1 - 2 (t - 3)]
$\mathbf{u_L(t)}$	30	0	-15
$\mathbf{u_C(t)}$	$0+\frac{1}{0,4}\int_0^t i(t)dt=$ $18,75t^2$ $u_C(1)=18,75V$	$18,75+\frac{1}{0,4}\int_1^t i(t)dt=$ $18,75+37,5(t-1)$ $u_C(3)=93,75V$	$93,75+\frac{1}{0,4}\int_3^t i(t)dt=$ $93,75+37,5\left[(t-3)-\frac{(t-3)^2}{4}\right]$ $u_C(5)=131,25V$

Representaciones gráficas:

Tensión en la resistencia

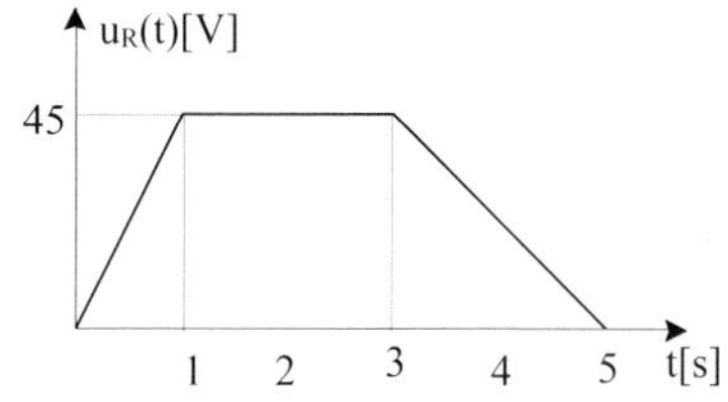

Intensidad y tensión en las bobinas

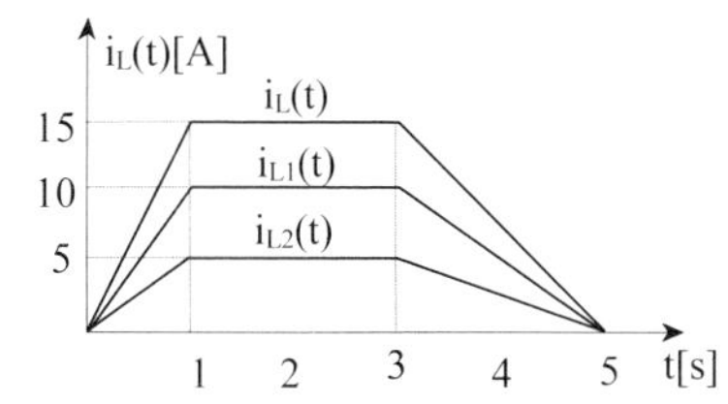

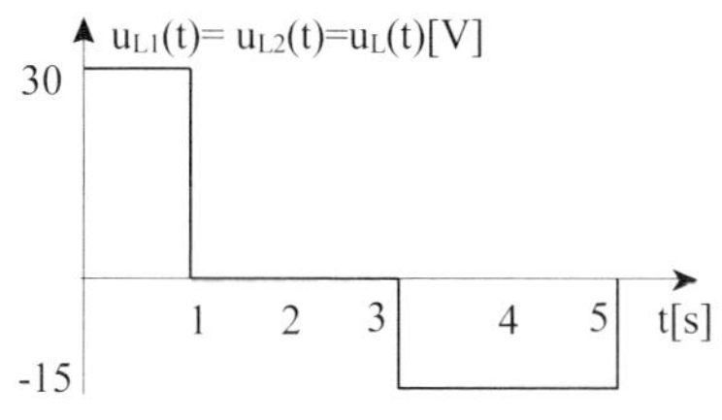

Tensión en el condensador

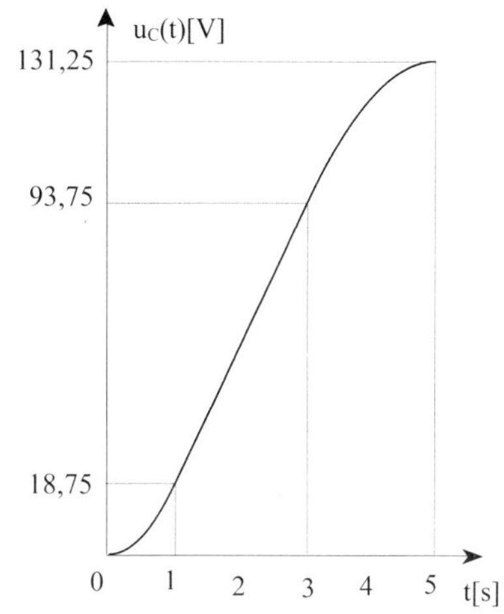

PROBLEMA 2.14

La tensión aplicada al circuito de la figura 1 es la representada en la gráfica de la figura 2. Determínese analítica y gráficamente la intensidad en cada una de las ramas del circuito, para todo t ≥ 0. El condensador y la bobina están inicialmente descargados.

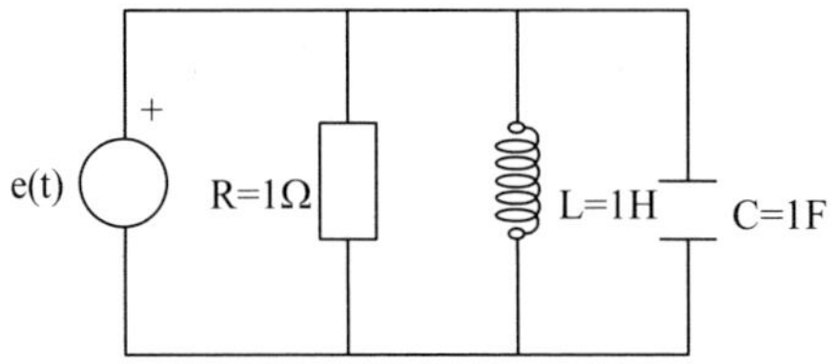

Fig. 1

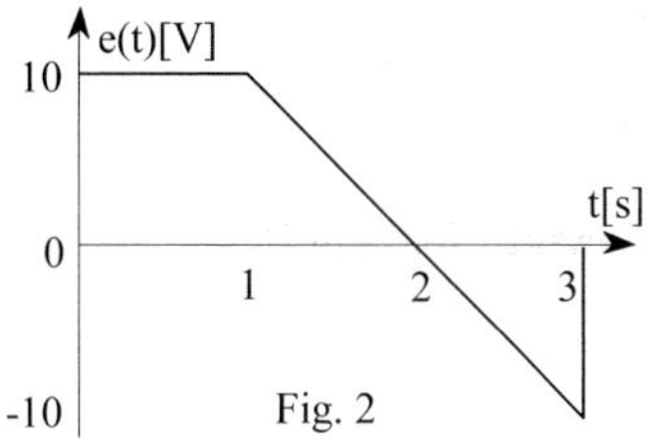

Fig. 2

Las ecuaciones de e(t) son:

$$e(t)=0 \quad \text{para} \quad 0<t$$
$$e(t)=10 \quad \text{para} \quad 0\leq t\leq 1s$$
$$e(t)=20-10t \quad \text{para} \quad 1s\leq t\leq 3s$$
$$e(t)=0 \quad \text{para} \quad t\leq 3s$$

Las intensidades en cada una de las ramas son:

$$i_R(t)=\frac{e(t)}{R}=\frac{e(t)}{1}=e(t)\ [A]$$
$$i_L(t)=I_0+\frac{1}{L}\int e(t)dt=I_0+\int e(t)dt\ [A]$$
$$i_C(t)=C\ \frac{de(t)}{dt}=\frac{de(t)}{dt}\ [A]$$

Y aplicando estas ecuaciones a cada intervalo de tiempo:

	t = 0	0≤ t ≤ 1	1≤ t ≤ 3	t > 3
$i_R(t)$	0	10	20 - 10t	0
$i_L(t)$	0	10t	$-5t^2+20t-5$ **(*)** t = 1 6 $i_L(1)$ = 10 t = 3 6 $i_L(3)$ = 10	0
$i_C(t)$	10δ(t)	0	-10 t =3 6 $i_C(3)$ =10δ(t)	0

OBSERVACIONES: (*) ($i_L(t)$ para 1≤ t ≤ 3)

$$i_L(t) = I_0 + \frac{1}{L}\int_1^t e(t)dt = 10 + \int_1^t (20 - 10t)dt = 10 + \left[20t - 5t^2\right]_1^t =$$
$$= 10 + 20t - 20 - 5t^2 + 5 = -5t^2 + 20t - 5$$

Para t =0 y t =3, $i_C(t) = 10\ \delta(t)$, pues es la derivada de una función escalón.

Representaciones gráficas:

Resistencia

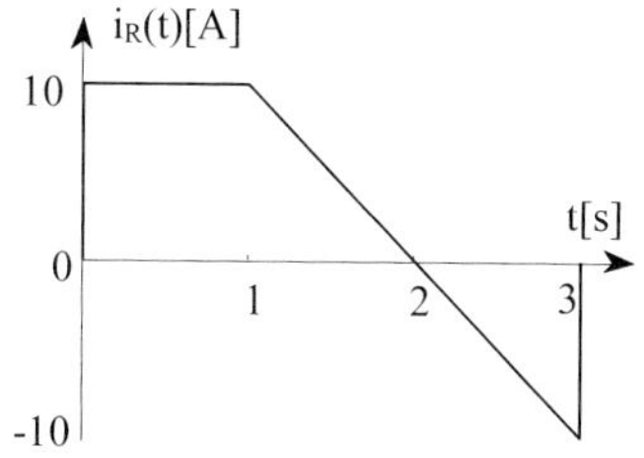

Bobina

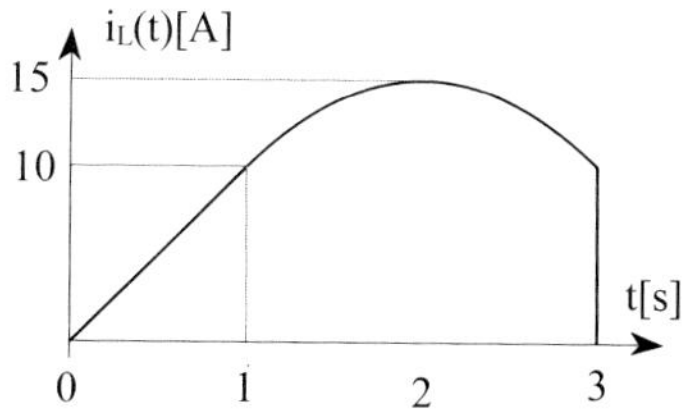

Condensador

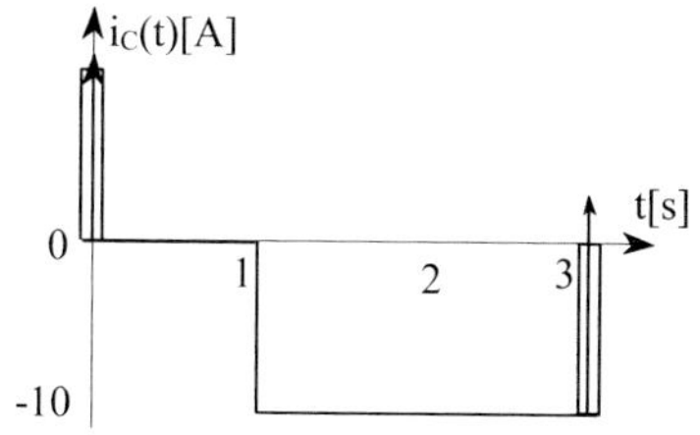

PROBLEMA 2.15

Para el circuito de la figura, calcúlense las expresiones de las intensidades (y sus representaciones gráficas) y de la energía en cada uno de los elementos pasivos, siendo: e(t) =0 para t≤0 y e(t)=Esen ωt para t ≥ 0.

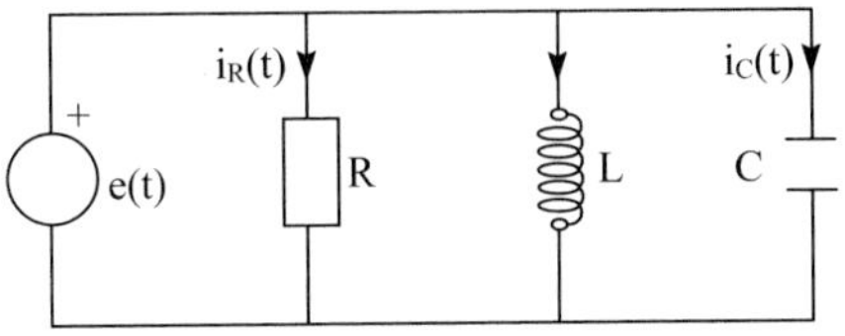

La expresión analítica y la gráfica de la tensión aplicada son:

$$e(t) = 0 \quad \text{para} \quad t \leq 0$$
$$e(t) = E\,\text{sen}\,\omega t \quad \text{para} \quad t > 0$$

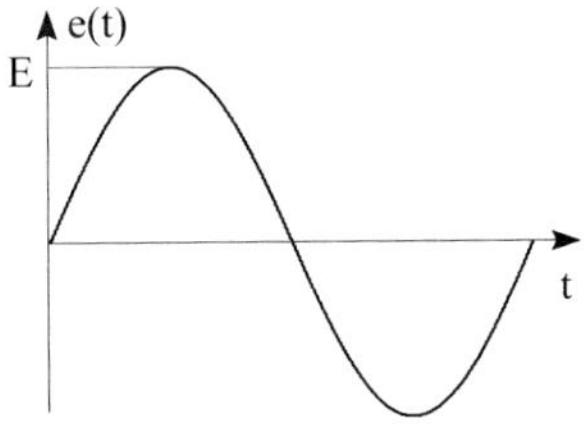

Para cada elemento se tiene:

Resistencia

$$i_R(t) = \frac{e(t)}{R} = \frac{E}{R}\,\text{sen}\,\omega t \quad \text{para } t \geq 0$$
$$p(t) = u(t)\,i_R(t) = R\,i_R^{\,2}(t) = R\,\frac{e^2(t)}{R^2} = \frac{E^2}{R}\text{sen}^2\omega t$$
$$w_R(t) = \int_0^t p(t)dt = \int_0^t \frac{E^2}{R}\,\text{sen}^2\omega t\,dt$$

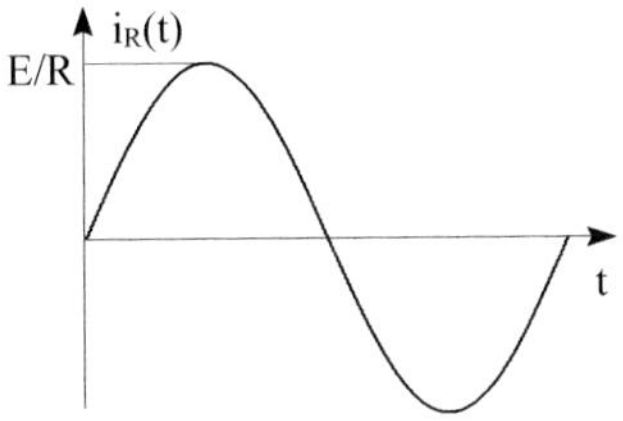

Condensador

$$i_C(t) = C\,\frac{de(t)}{dt} = C\,E\,\omega\,\cos\omega t$$
$$= C\,E\,\omega\,\text{sen}\left(\omega t + \frac{\pi}{2}\right) \quad \text{para } t \geq 0$$
$$w_C(t) = \frac{1}{2}\,C\,u_C^2(t) = \frac{1}{2}\,C\,E^2\,\text{sen}^2\omega t$$

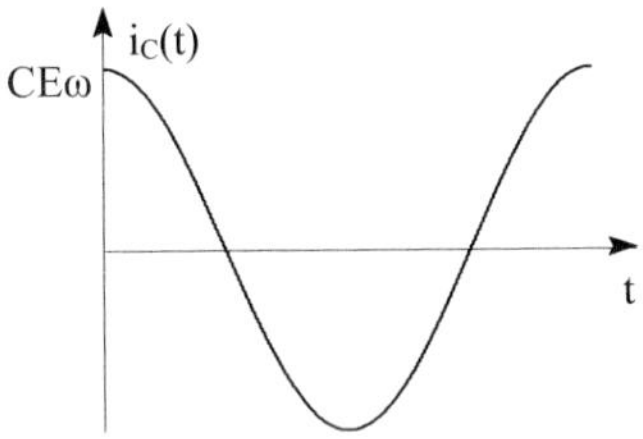

Bobina

$$i_L(t) = i_L(0) + \frac{1}{L}\int_0^t e(t)\,dt = \frac{E}{L}\int_0^t \text{sen}\omega t\,dt =$$

$$= \frac{E}{L\omega}(-\cos\,\omega t) = \frac{E}{L\omega}\,\text{sen}\left(\omega t - \frac{\pi}{2}\right) \qquad \text{para } t \geq 0$$

$$w_L(t) = \frac{1}{2}\,L\,i_L^2(t) = \frac{1}{2}\,\frac{E^2}{L\omega^2}\,\text{sen}^2\left(\omega t - \frac{\pi}{2}\right)$$

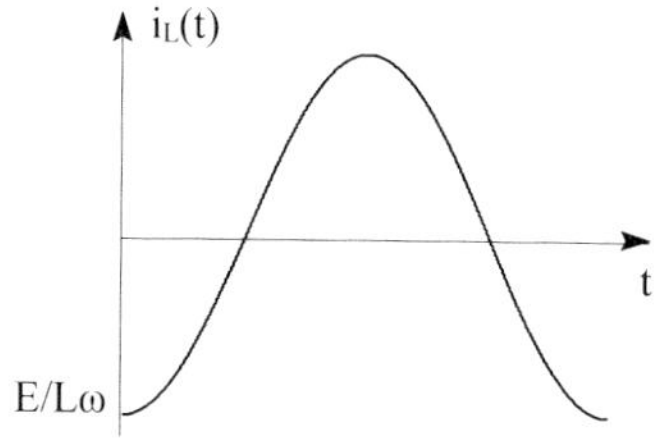

PROBLEMA 2.16

Por la rama representada en la figura pasa una corriente i(t) = 2U(t +1) + U(t), siendo U(t) la función escalón unidad. Hállese la expresión y representación gráfica de la tensión en bornas de cada elemento de la rama.

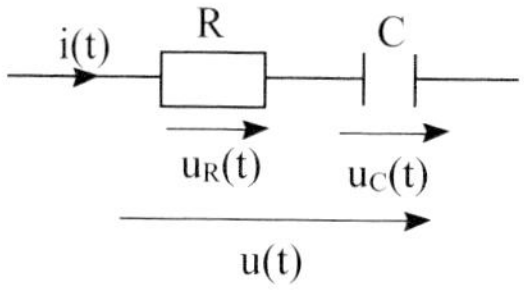

La representación gráfica de la intensidad que circula por la rama es:

$$i(t) = 2\,U(t+1) + U(t)$$

$$i(t) = 2 \qquad \text{para} \quad -1 \leq t \leq 0$$
$$i(t) = 3 \qquad \text{para} \quad t \geq 0$$

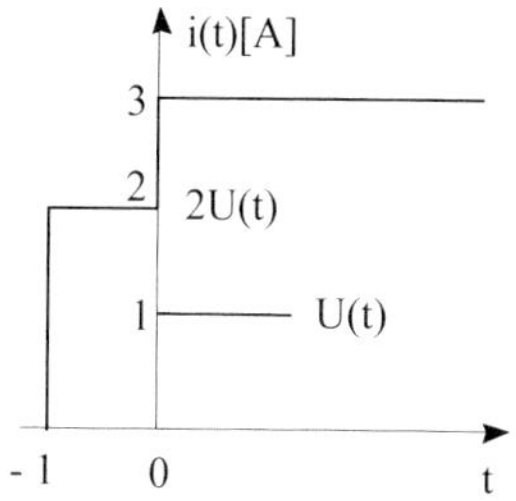

Caída de tensión en la resistencia:

$$u_R(t) = R\,[2U(t+1) + U(t)]$$

$$u_R(t) = 2\,R \qquad \text{para} \quad -1 \leq t \leq 0$$
$$u_R(t) = 3\,R \qquad \text{para} \quad t \geq 0$$

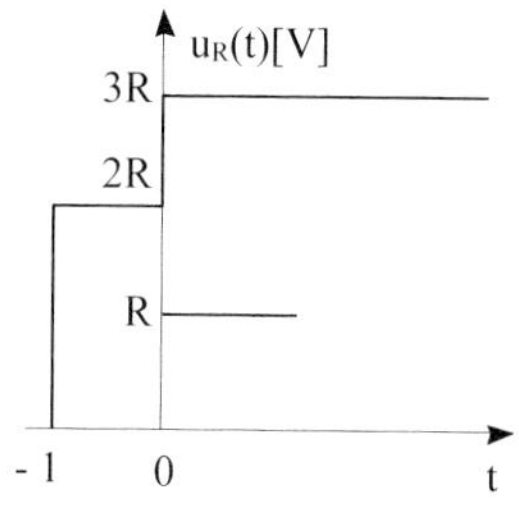

Caída de tensión en el condensador:

$$u_C(t) = U_0 + \frac{1}{C}\int_0^t i(t)dt = \frac{1}{C}\left[\int_{-1}^{0} 2dt + \int_0^t 3dt\right]$$

$$u_C(t) = \frac{2}{C}(t+1) \qquad \text{para} \qquad -1 \le t \le 0$$

$$u_C(t) = \frac{2}{C} + \frac{3}{C}t \qquad \text{para} \qquad t \ge 0$$

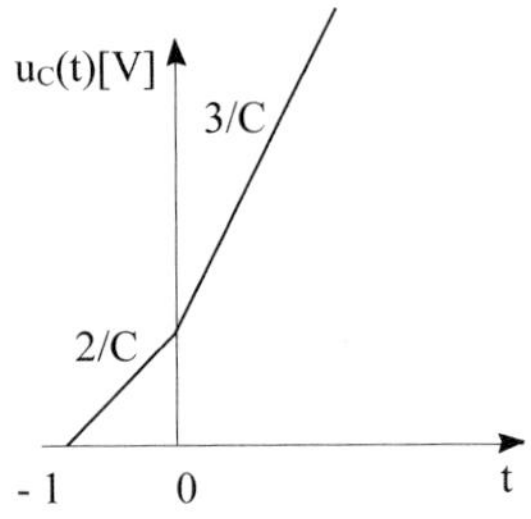

La tensión de la rama será la suma de ambas.

$$u(t) = u_R(t) + u_C(t)$$

$$u(t) = R\left[2U(t+1) + U(t)\right] + \frac{1}{C}\left[\int_{-1}^{0} 2dt + \int_0^t 3dt\right]$$

$$u(t) = 2R + \frac{2}{C}t \qquad \text{para} \quad -1 \le t \le 0$$

$$u(t) = 3R + \frac{2}{C} + \frac{3}{C}t \qquad \text{para} \quad t \ge 0$$

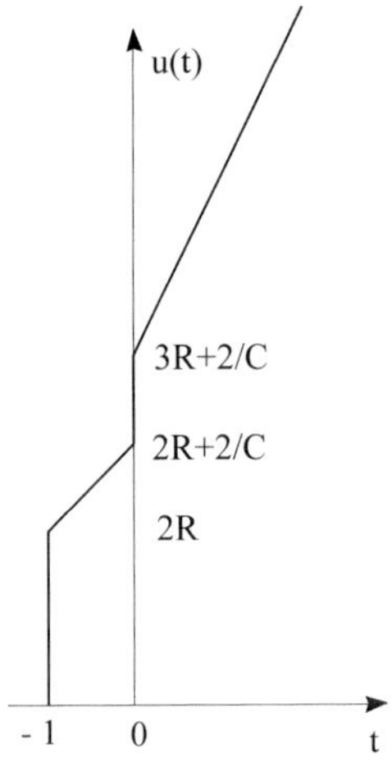

El esquema equivalente del condensador para t ≥ 0 y su representación gráfica son:

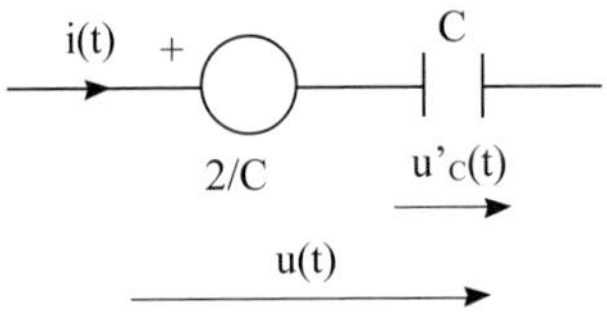

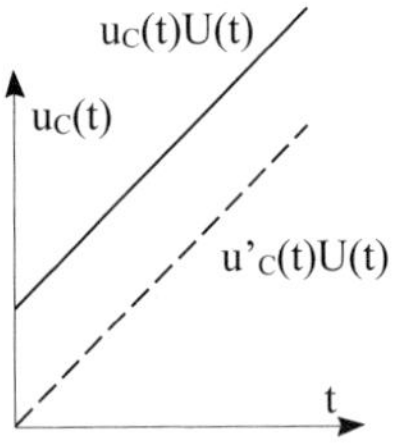

PROBLEMA 2.17

La rama representada en la figura 1 está sometida a la tensión u(t), cuya ley de variación se representa en la figura 2. Calcúlese:

a) Intensidades en la resistencia, el condensador y en la rama, y sus representaciones gráficas.

b) Potencia instantánea consumida por cada elemento y sus representaciones gráficas.

c) Expresión analítica y representación gráfica de la energía acumulada en el condensador. Análisis razonado del valor medio de la potencia y la energía en el condensador.

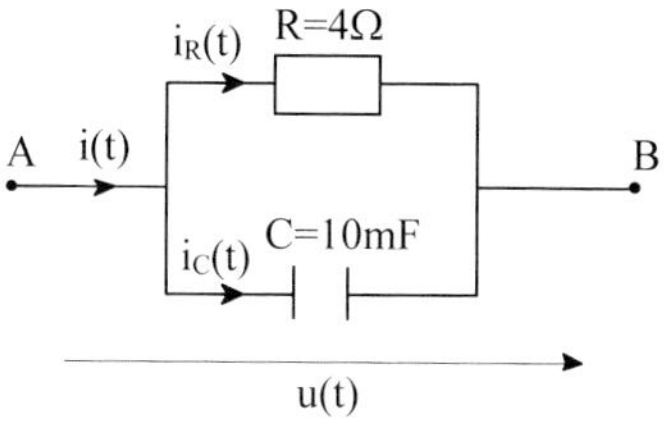

Fig. 1

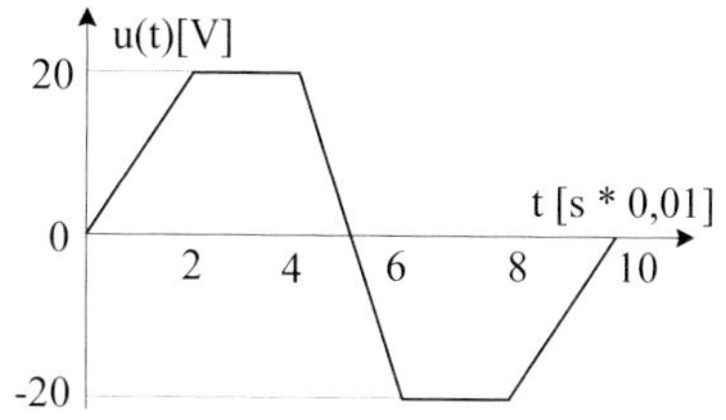

Fig. 2

Las ecuaciones de u(t) son:

$$
\begin{array}{ll}
u(t)=0 & \text{para } t \le 0 \\
u(t)=1000t & \text{para } 0 \le t \le 0{,}02\,s \\
u(t)=20\,V & \text{para } 0{,}02 \le t \le 0{,}04\,s \\
u(t)=-2000t+100 & \text{para } 0{,}04 \le t \le 0{,}06\,s \\
u(t)=-20V & \text{para } 0{,}06 \le t \le 0{,}08\,s \\
u(t)=1000t-100 & \text{para } 0{,}08 \le t \le 0{,}10\,s
\end{array}
$$

Las **intensidades en la resistencia, en el condensador y la total** son:

$$i_R(t)=\frac{u(t)}{R}=\frac{u(t)}{4} \qquad i_C(t)=C\frac{du(t)}{dt}=10^{-2}\frac{du(t)}{dt} \qquad i(t)=i_R(t)+i_C(t)$$

Y aplicando estas ecuaciones a cada intervalo de tiempo de la tensión, se tienen los valores y expresiones recogidos en la siguiente tabla:

t	0≤ t ≤0,02	0,02≤t≤0,04	0,04≤t≤0,06	0,06≤t≤0,08	0,08≤t≤0,10
u(t)	1000t	20	-2000 t+100	- 20	1000 t -100
iR(t)	250 t	5	-500 t + 25	- 5	250 t - 25
iC(t)	10	0	- 20	0	10
i(t)	250 t + 10	5	-500 t + 5	- 5	250 t - 15

Representación gráfica:

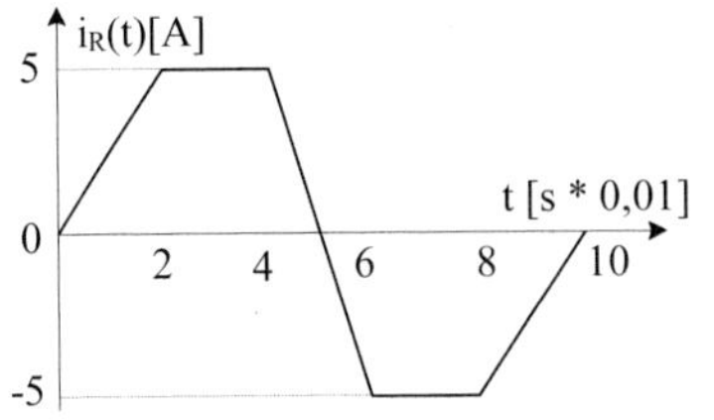

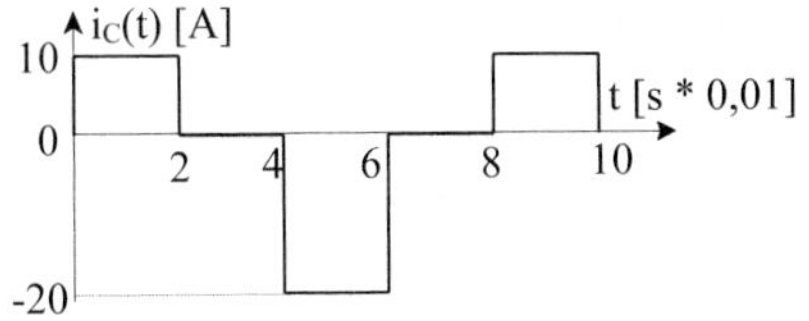

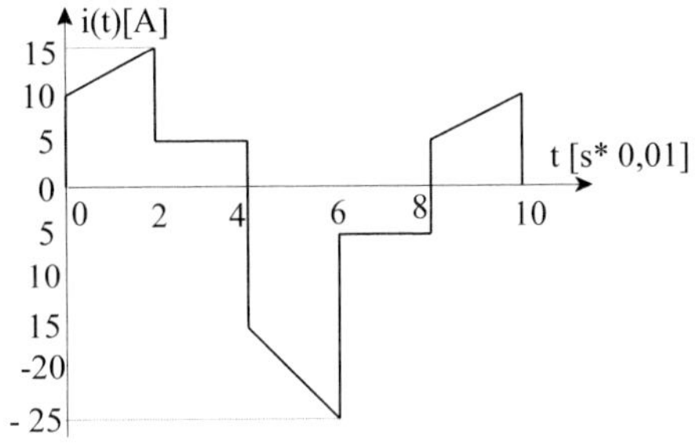

Para la potencia en la resistencia y en el condensador y la energía almacenada en el condensador se tienen las relaciones:

$$p_R(t)=u(t)\,i_R(t) \qquad p_C(t)=u(t)\,i_C(t) \qquad w_C(t)=\frac{1}{2}Cu_C(t)^2=5*10^{-3}u(t)^2$$

Que aplicadas a cada intervalo de tiempo se tienen los valores y expresiones recogidos en la tabla siguiente:

t	$0\leq t\leq 0{,}02$	$0{,}02\leq t\leq 0{,}04$	$0{,}04\leq t\leq 0{,}06$	$0{,}06\leq t\leq 0{,}08$	$0{,}08\leq t\leq 0{,}10$
$p_R(t)$	$25*10^4\,t^2$	100	$10^6\,t^2 - 10^5\,t +$ $+2500$	100	$25*10^4\,t^2 - 5*10^4 t$ $+2500$
$p_C(t)$	$10^4\,t$ t=0,02 200	0	$4*10^4\,t - 2*10^3$ t =0,04 p=-400 t=0,06 p= 400	0	$10^4\,t - 10^3$ t = 0,08 p=-200 t= 0,10 p= 0
$w_C(t)$	$5*10^3\,t^2$	2	$2*10^4\,t^2 - 2*10^3 t$ $+50$	2	$5*10^3\,t^2 - 10^3\,t$ $+50$

Y sus representaciones gráficas:

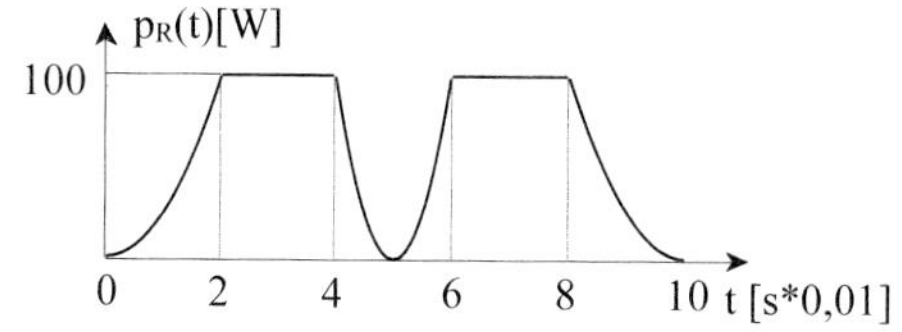

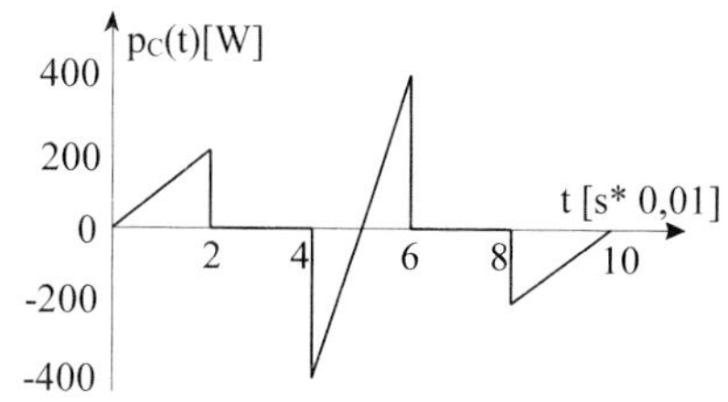

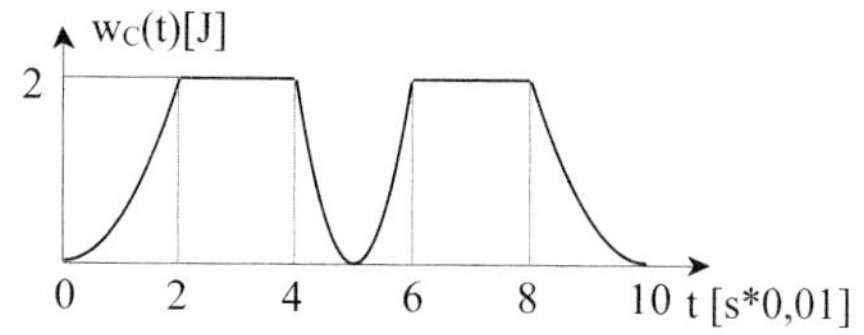

Puede apreciarse que el valor medio de la potencia en el condensador es cero. Para la energía se aprecia la acumulación y cesión de la misma en el condensador.

```
% PROGRAMA EN MATLAB

R=4; C=10*10^-3;
syms t;
u=[1000*t 20 -2000*t+100 -20 1000*t-100];% expresión de i(t)

% Tensiones en R, L y total
iR=u/R;
iC=C*diff(u);
i=iR+iC;
% Potencia consumida en la resistencia, en la bobina y energía en la bobina
pR=iR.*u;
pL=iC.*u;
wC=C*(u.*u)/2;
```

PROBLEMA 2.18

La figura 2 muestra la variación de la tensión e(t) del circuito de la figura 1. Calcúlense:

a) Las expresiones analíticas y las representaciones gráficas de la intensidad en cada uno de los elementos del circuito, sabiendo que para t = 0 la intensidad en la bobina vale 1A.

b) Energía disipada en la resistencia y almacenada en el condensador y la bobina para $0<t<0,5$s.

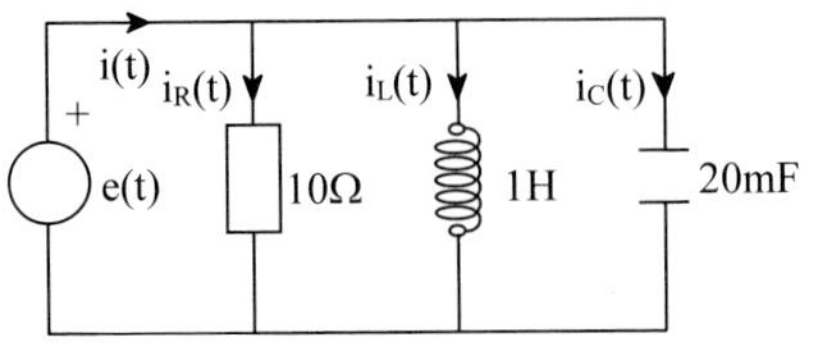

Fig. 1

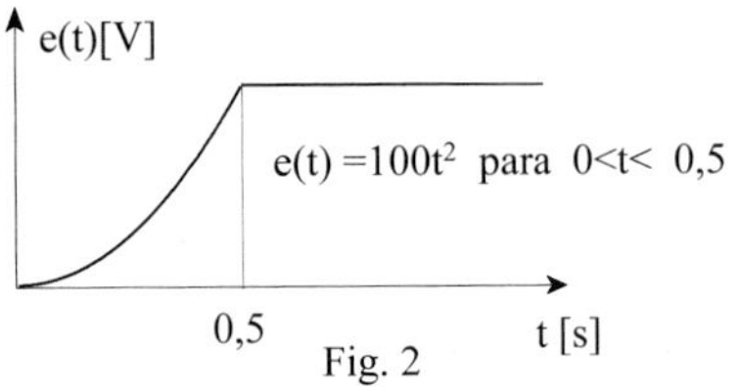

Fig. 2

Para e(t) se tiene la expresión analítica:

$$e(t)=\begin{cases}100t^2 & \text{para} \quad 0\le t\le 0{,}5\\ 25V & \text{para} \quad t\ge 0{,}5\end{cases}$$

Cálculo de intensidades:

$$i_R(t)=\frac{e(t)}{R}=\begin{cases}10t^2 & \text{para} \quad 0\le t\le 0{,}5\\ 2{,}5A & \text{para} \quad t\ge 0{,}5\end{cases}$$

$$i_L(t)=I_0+\int_0^t e(t)dt=\begin{cases}1+\int_0^t 100t^2dt=1+\dfrac{100t^3}{3} & \text{para} \quad 0\le t\le 0{,}5\\ \text{para} \quad t=0{,}5 \quad i(0{,}5)=5{,}16A & \\ 5{,}16+\int_{0,5}^t 25dt=5{,}16+25(t-0{,}5) & \text{para} \quad t\ge 0{,}5\end{cases}$$

$$i_C(t)=C\frac{de(t)}{dt}=\begin{cases}20*10^{-3}*200t=4t & \text{para} \quad 0\le t\le 0{,}5\\ \text{para} \quad t=0{,}5 \quad i_C(0{,}5)=2A & \\ 0 & \text{para} \quad t\ge 0{,}5\end{cases}$$

Cálculo de energías:

Consumida en la resistencia:

$$w_R(t)=\int_0^t e(t)i_R(t)\,dt=\int_0^t 100t^2*10t^2dt=\left.\frac{10^3}{5}t^5\right]_0^t$$

para $\quad t=0{,}5 \quad w_R(t)=6{,}25J$

Almacenada en la bobina:

$$w_L(t) = w_L(0) + \int_0^t e(t) i_L(t) dt = \frac{1}{2} L\, i_L^2(0) + \int_0^t 100t^2 * \left(1 + \frac{100t^3}{3}\right) dt =$$

$$= \frac{1}{2} 1 * 1^2 + \frac{100}{3} t^3 + \frac{5000}{9} t^6 \Bigg]_0^t \qquad \text{para } t = 0{,}5\text{s} \qquad w_L(t) = 13{,},41J$$

$$\text{O bien}: \quad w_L(0{,}5) = \frac{1}{2} L\, i_L^2(0{,}5) = \frac{1}{2} * 1 * 5{,}16^2 = 13{,}31J$$

Almacenada en el condensador:

$$w_C(t) = \int_0^t e(t) i_C(t) dt = \int_0^t 100t^2 * 4t dt = 100t^4 \Big]_0^t \qquad \text{Para } t = 0{,}5\text{s} \quad w_C(0{,}5) = 6{,}25J$$

$$\text{O bien}: \quad w_C(0{,}5) = \frac{1}{2} C\, e^2(0{,}5) = \frac{1}{2} * 20 * 10^{-3} * 25^2 = 6{,}25J$$

Representaciones gráficas:

Resistencia

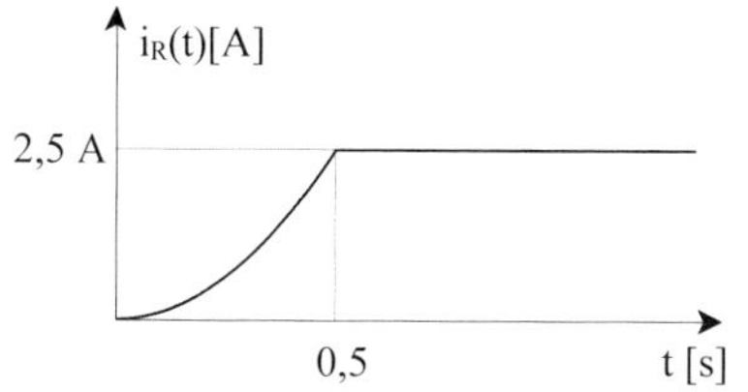

Bobina

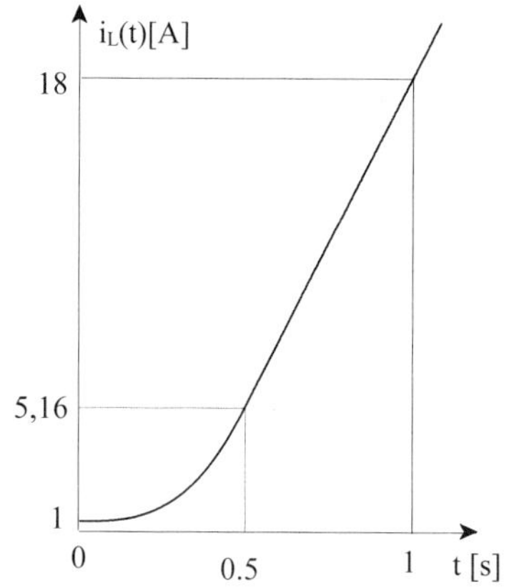

Condensador

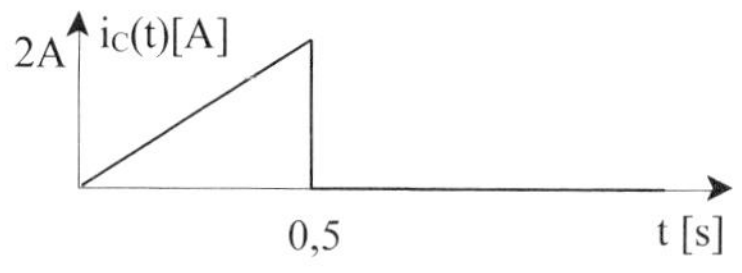

```
% PROGRAMA EN MATLAB

R=10; L=1; C=20*10^-3; I0=1;
syms t;

% Cálculo de intensidades
e1=100*t^2; e2=25;
iR1=e1/R;
iR2=e2/R;
iL1=I0+(1/L)*int(e1);
iL1F=subs(iL1,0.5,t);
iL2=iL1F+int(e2,0.5,t);
iC1=C*diff(e1);
iC2=C*diff(e2);
% Cálculo de energías
wR=int(e1*iR1);
wR05=subs(wR,0.5,t);
wL=int(e1*iL1);
wL05=L*iL1F^2/2;
wC=int(e1*iC1);
wC05=C*e2^2/2;
ezplot(e1,[0 0.5]);
pause
ezplot(iR1,[0 0.5]);
pause
ezplot(iL1,[0 0.5]);
pause
ezplot(iL2,[0.5 1]);
pause
ezplot(iC1,[0 0.5]);
```

PROBLEMA 2.19

El circuito de la figura 1 está alimentado por la fuente de intensidad i(t), cuya ley de variación se representa en la figura 2. Calcúlese:

a) La expresión analítica y representación gráfica de la tensión e intensidad en cada elemento.

b) La potencia consumida por las resistencias y la energía acumulada en cada bobina para los instantes de tiempo de $t_1 = 2s$ y $t_2 = 5s$.

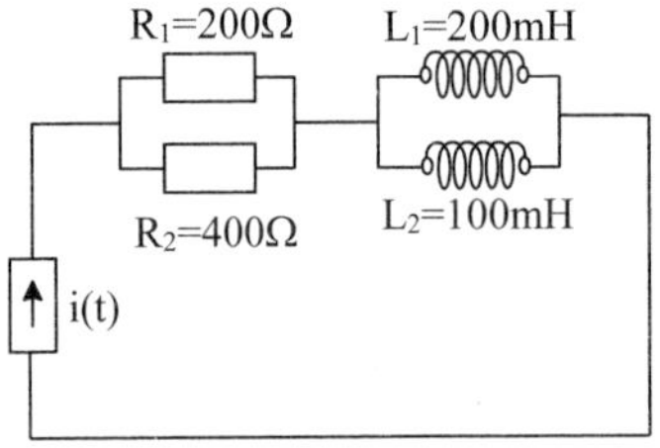

Fig. 1

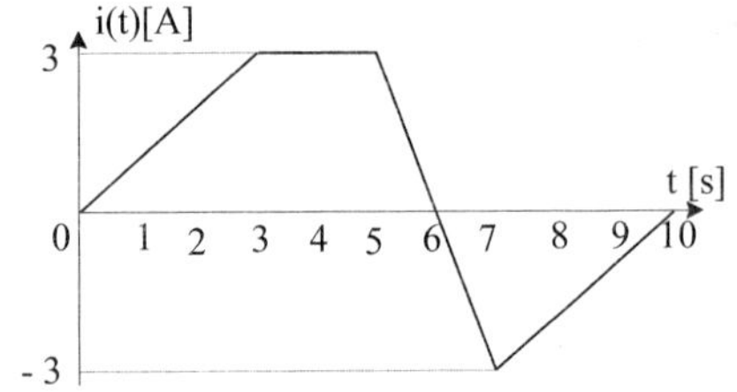

Fig. 2

Las ecuaciones de variación de la intensidad son:

$$i(t)=0 \qquad \text{para } t \leq 0$$

$$i(t)=\frac{3}{3}t=t \qquad \text{para } 0 \leq t \leq 3$$

$$i(t)=3 \qquad \text{para } 3 \leq t \leq 5$$

$$i(t)=3\left[1-(t-5)\right] \qquad \text{para } 5 \leq t \leq 7$$

$$i(t)=3\left[-1+\frac{1}{3}(t-7)\right] \qquad \text{para } 7 \leq t \leq 10$$

Por estar las resistencias en paralelo, la tensión es la misma para las dos y la intensidad se reparte inversamente proporcional a sus valores (divisor de intensidad). Igual ocurre con la tensión e intensidad de las bobinas. Se tienen las relaciones siguientes:

Intensidades:

$$i_{R1}(t)=i(t)\frac{R_2}{R_1+R_2} \qquad i_{R2}(t)=i(t)\frac{R_1}{R_1+R_2}$$

$$i_{L1}(t)=i(t)\frac{L_2}{L_1+L_2} \qquad i_{L2}(t)=i(t)\frac{L_1}{L_1+L_2}$$

Tensiones:

$$u_R(t)=R_{equ}\,i(t) \qquad u_L(t)=L_{equ}\frac{di(t)}{dt}$$

Para las **intensidades** se tiene:

$$i_{R1}(t)=i(t)\frac{400}{200+400}=\frac{2}{3}i(t) \qquad i_{R2}(t)=i(t)\frac{200}{200+400}=\frac{1}{3}i(t)$$

$$i_{L1}(t)=i(t)\frac{100}{200+100}=\frac{1}{3}i(t) \qquad i_{L2}(t)=i(t)\frac{200}{200+100}=\frac{2}{3}i(t)$$

Para el cálculo de las **tensiones** se consideran los valores equivalentes de los elementos en paralelo:

$$R_{equ}=\frac{R_1 * R_2}{R_1+R_2}=\frac{200*400}{200+400}=\frac{400}{3}\Omega \qquad L_{equ}=\frac{L_1 * L_2}{L_1+L_2}=\frac{200*100}{200+100}=\frac{200}{3}mH$$

En la siguiente tabla se recogen las expresiones de las tensiones, para cada uno de los períodos de tiempo en que se ha definido i(t), que se obtienen aplicando las relaciones anteriores.

t	t≤0	$0 \le t \le 3$	$3 \le t \le 5$	$5 \le t \le 7$	$7 \le t \le 10$
i(t)	0	t	3	3[1- (t-5)]	3[-1+ 1/3 (t-7)]
$u_R(t)$	0	$\frac{400}{3}t$	400	$400[1-(t-5)]$	$400\left[-1+\frac{1}{3}(t-7)\right]$
$u_L(t)$	0	$\frac{200}{3}10^{-3}*1= =67mV$	0	$\frac{200}{3}10^{-3}(-3)= =-200mV$	$\frac{200}{3}10^{-3}*1= =67mV$

Representaciones gráficas:

En las resistencias

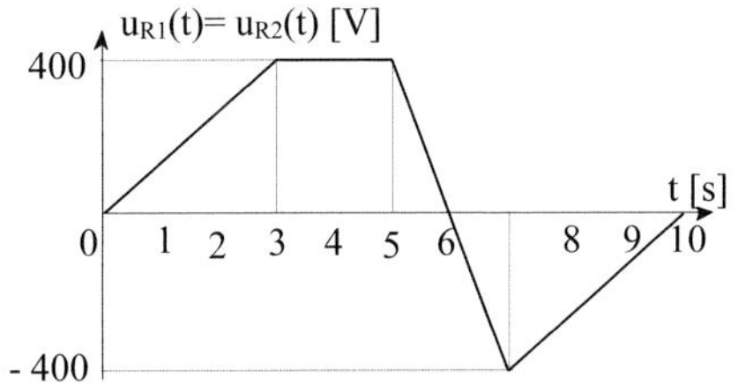

En las bobinas

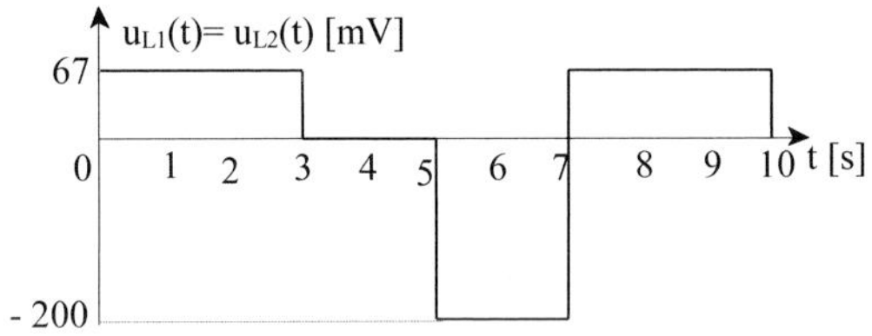

Potencia consumida en las resistencias:

$$P_{R1}(t) = R_1[i_1(t)]^2 = 200\left[\frac{2}{3}i(t)\right]^2 = \frac{800}{9}[i(t)]^2$$

$$P_{R2}(t) = R_2[i_2(t)]^2 = 400\left[\frac{1}{3}i(t)\right]^2 = \frac{400}{9}[i(t)]^2$$

Para $t = 2s \quad i(t) = 2A$ Para $t = 5s \quad i(t) = 3A$

$$P_{R1}(2) = \frac{800}{9}2^2 = 356W \qquad P_{R2}(2) = \frac{400}{9}2^2 = 178W$$

$$P_{R1}(5) = \frac{800}{9}3^2 = 800W \qquad P_{R2}(5) = \frac{400}{9}3^2 = 400W$$

Energía acumulada en las bobinas:

$$W_{L1}(2)=\frac{1}{2}L_1\,[i_1(2)]^2=\frac{1}{2}200*10^{-3}\left[\frac{1}{3}i(2)\right]^2=44{,}44mJ$$

$$W_{L2}(2)=\frac{1}{2}L_2\,[i_2(2)]^2=\frac{1}{2}100*10^{-3}\left[\frac{2}{3}i(2)\right]^2=88{,}88mJ$$

$$W_{L1}(5)=\frac{1}{2}L_1\,[i_1(5)]^2=\frac{1}{2}200*10^{-3}\left[\frac{1}{3}i(5)\right]^2=100mJ$$

$$W_{L2}(5)=\frac{1}{2}L_2\,[i_2(5)]^2=\frac{1}{2}100*10^{-3}\left[\frac{2}{3}i(5)\right]^2=200mJ$$

```
% PROGRAMA EN MATLAB

R1=200; R2=400; L1=200*10^-3;L2=100*10^-3;
syms t;
i=[t 3 3*(1-(t-5)) 3*(-1+(t-7)/3)]; % expresión de i(t)
Req=R1*R2/(R1+R2); % Resistencia equivalente
Leq=L1*L2/(L1+L2); % Inductancia equivalente
iR1=(R2/(R1+R2))*i; % Intensidad por la resistencia R1
iR2=(R1/(R1+R2))*i; % Intensidad por la resistencia R2
iL1=i*L2/(L1+L2); % Intensidad por la bobina L1
iL2=i*L1/(L1+L2); % Intensidad por la bobina L2
uR=Req*i; % Tensión en las resistencias
uL=Leq*diff(i); % Tensión en las bobinas
% Potencia consumida en las resistencia y energía en las bobinas
i=2; % t=2s
PR12=R1*(i*R2/(R1+R2))^2
PR22=R2*(i*R1/(R1+R2))^2
WL12=1/2*L1*(i*L2/(L1+L2))^2
WL22=1/2*L2*(i*L1/(L1+L2))^2
% Potencia consumida en las resistencia y energía en las bobinas
i=3; % para t=5s
PR15=R1*(i*R2/(R1+R2))^2
PR25=R2*(i*R1/(R1+R2))^2
WL15=1/2*L1*(i*L2/(L1+L2))^2
WL25=1/2*L2*(i*L1/(L1+L2))^2
```

PROBLEMA 2.20

El circuito de la figura 1 está alimentado por la fuente de intensidad i(t) cuya ley de variación se representa en la figura 2. Calcúlese:

a) La expresión analítica y representación gráfica de la tensión e intensidad en cada elemento.

b) La potencia consumida por las resistencias y la energía acumulada en cada condensador para los instantes de tiempo de t_1=2s y t_2 =5s.

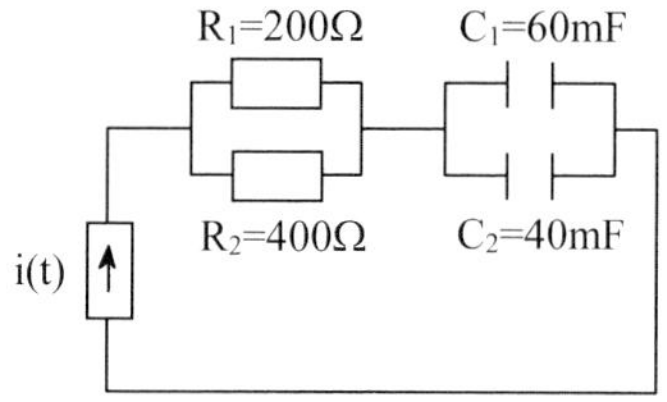

Fig. 1

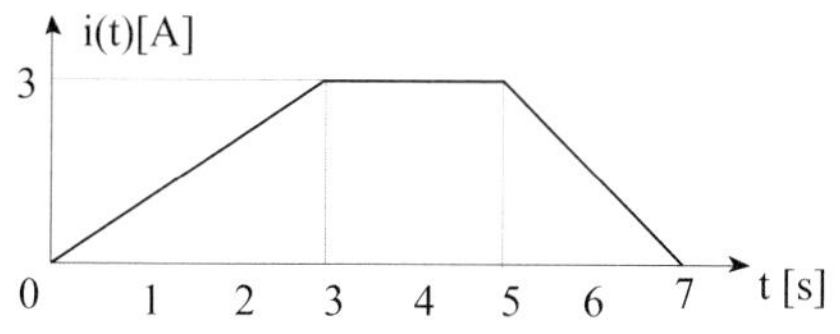

Fig. 2

Las ecuaciones de variación de la intensidad son:

$$i(t)=0 \qquad \text{para } t \leq 0$$

$$i(t)=\frac{3}{3}t=t \qquad \text{para } 0 \leq t \leq 3$$

$$i(t)=3 \qquad \text{para } 3 \leq t \leq 5$$

$$i(t)=3-\frac{3}{2}(t-5)=\frac{21}{2}-\frac{3}{2}t \qquad \text{para } 5 \leq t \leq 7$$

Por estar las resistencias en paralelo, la tensión es la misma para las dos y la intensidad se reparte inversamente proporcional a sus valores. Igual ocurre con la tensión de los condensadores y su intensidad se reparte directamente proporcional a sus capacidades. Se tienen las relaciones siguientes:

Intensidades:

$$i_{R1}(t)=i(t)\frac{R_2}{R_1+R_2} \qquad i_{R2}(t)=i(t)\frac{R_1}{R_1+R_2}$$

$$i_{C1}(t)=i(t)\frac{C_1}{C_1+C_2} \qquad i_{C2}(t)=i(t)\frac{C_2}{C_1+C_2}$$

Tensiones:

$$u_{R1}(t)=u_{R2}(t)=R_{equ}i(t) \qquad u_{C1}(t)=u_{C1}(t)=\frac{1}{C_{equ}}\int i(t)dt$$

Para las **intensidades** se tiene:

$$i_{R1}(t)=i(t)\frac{400}{200+400}=\frac{2}{3}i(t) \qquad i_{R2}(t)=i(t)\frac{200}{200+400}=\frac{1}{3}i(t)$$

$$i_{C1}(t)=i(t)\frac{60}{60+40}=0{,}6i(t) \qquad i_{C2}(t)=i(t)\frac{40}{60+40}=0{,}4i(t)$$

Para el cálculo de las **tensiones** se consideran los valores equivalentes de los elementos en paralelo:

$$R_{equ}=\frac{R_1 * R_2}{R_1+R_2}=\frac{200*400}{200+400}=\frac{400}{3}\Omega$$

$$C_{equ}=C_1+C_2=60+40=100mF=10^{-1}F$$

En la siguiente tabla se recogen las expresiones de las tensiones, para cada uno de los períodos de tiempo en que se ha definido i(t).

t	t≤0	$0 \le t \le 3$	$3 \le t \le 5$	$5 \le t \le 7$
i(t)	0	t	3	3-3/2 (t-5)
$u_R(t)$	0	$\frac{400}{3}t$	400	$-200t+1400$
$u_C(t)$	0	$0+\frac{1}{10^{-1}}\int_0^t t\,dt =$ $=5t^2$ $U_C(3)=45V$	$45+\frac{1}{10^{-1}}\int_3^t 3\,dt =$ $=30t-45$ $U_C(5)=105V$	$105+\frac{1}{10^{-1}}\int_5^t\left(\frac{21}{2}-\frac{3}{2}t\right)dt =$ $=-7{,}5t^2+105t-232{,}5$ $U_C(7)=135V$

Representaciones gráficas

En las resistencias

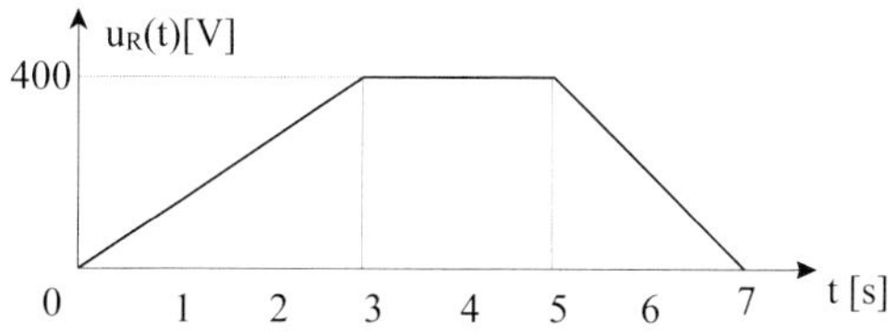

En los condensadores

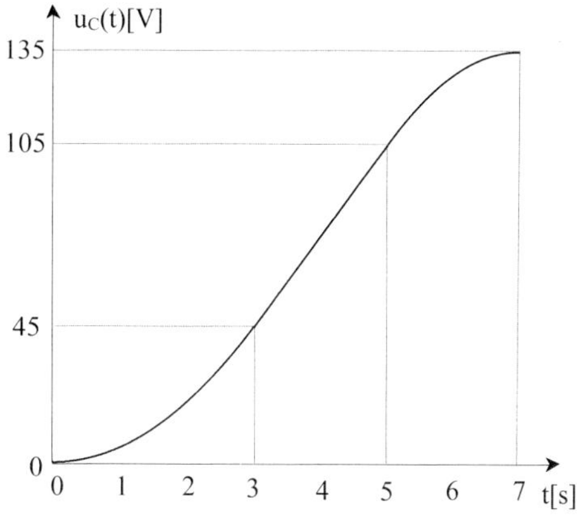

Cálculo de la potencia en las resistencias:

$$P_{R1}(t)=R_1[i_1(t)]^2=200\left[\frac{2}{3}i(t)\right]^2=\frac{800}{9}[i(t)]^2$$

$$P_{R2}(t)=R_2[i_2(t)]^2=200\left[\frac{1}{3}i(t)\right]^2=\frac{400}{9}[i(t)]^2$$

Para t = 2s $i(2) = 2\,A$ Para t = 5s $i(5) = 3\,A$

$$P_{R1}(2) = \frac{800}{9}2^2 = 356W \qquad P_{R2}(2) = \frac{400}{9}2^2 = 178W$$

$$P_{R1}(5) = \frac{800}{9}3^2 = 800W \qquad P_{R2}(5) = \frac{400}{9}3^2 = 400W$$

Cálculo de la energía acumulada en los condensadores:

$$W_{C1}(t) = \frac{1}{2}C_1[u_1(t)]^2 \qquad W_{C2}(t) = \frac{1}{2}C_2[u_2(t)]^2$$

Para t = 2s $u_1(2) = u_2(2) = 5t^2 = 20V$

Para t = 5s $u_1(5) = u_2(5) = 105V$

$$W_{C1}(2) = \frac{1}{2}60*10^{-3}20^2 = 12J \qquad W_{C2}(2) = \frac{1}{2}40*10^{-3}20^2 = 8J$$

$$W_{C1}(5) = \frac{1}{2}60*10^{-3}105^2 = 331J \qquad W_{C2}(5) = \frac{1}{2}40*10^{-3}105^2 = 221J$$

```
% PROGRAMA EN MATLAB

R1=200; R2=400; C1=60*10^-3;C2=40*10^-3;
syms t;
i=[t 3 21/2-3/2*t]; % Expresión de i(t)

Req=R1*R2/(R1+R2); % Resistencia equivalente
Ceq=C1+C2; % Inductancia equivalente
iR1=(R2/(R1+R2))*i; % Intensidad por la resistencia R1
iR2=(R1/(R1+R2))*i; % Intensidad por la resistencia R2
iC1=i*C1/(C1+C2); % Intensidad por el condensador C1
iC2=i*C2/(C1+C2); % Intensidad por el condensador C2
uR=Req*i; % Tensión en las resistencias
uC=1/Ceq*int(i); % Tensión en los condensadores
% Potencia consumida en las resistencias y energía en las bobinas
% Para t=2s
i=2; u=20;
PR12=R1*(i*R2/(R1+R2))^2;
PR22=R2*(i*R1/(R1+R2))^2;
WC12=1/2*C1*u^2
WC22=1/2*C2*u^2
% Para t=5s
i=3; u=105;
PR15=R1*(i*R2/(R1+R2))^2;
PR25=R2*(i*R1/(R1+R2))^2;
WC15=1/2*C1*u^2
WC25=1/2*C2*u^2
```

PROBLEMA 2.21

El acoplamiento magnético de las bobinas de la rama AB representada en la figura se considera ideal. Se pide:

a) Expresión de la tensión e intensidad en cada una de las bobinas en función de la intensidad i(t), así como de la energía almacenada por el sistema.

b) Los valores numéricos de las intensidades y de la energía del sistema para el instante en que i(t)=10A, suponiendo que $L_2 = 4L_1$.

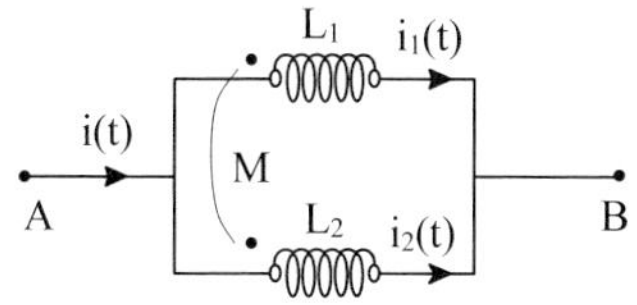

a) Las ecuaciones de la tensión en las bobinas son:

$$u_1 = L_1 \frac{di_1}{dt} + M \frac{di_2}{dt} = L_1 Di_1 + M Di_2$$

$$u_2 = M \frac{di_1}{dt} + L_2 \frac{di_2}{dt} = M Di_1 + L_2 Di_2$$

En este caso se tiene que:

$$u_1 = u_2 \qquad i = i_1 + i_2 \qquad i_1 = i - i_2 \qquad i_2 = i - i_1$$

Sustituyendo:

$$L_1 Di_1 + MD(i - i_1) = MDi_1 + L_2 D(i - i_1)$$

$$(L_1 + L_2 - 2M)Di_1 = (L_2 - M)Di$$

E igualmente para i_2:

$$(L_1 + L_2 - 2M)Di_2 = (L_1 - M)Di$$

Expresión de i_1 e i_2:

$$i_1 = \frac{L_2 - M}{L_1 + L_2 - 2M} i \qquad i_2 = \frac{L_1 - M}{L_1 + L_2 - 2M} i$$

Para las tensiones:

$$u_1 = \left(\frac{L_1 (L_2 - M)}{L_1 + L_2 - 2M} + \frac{M(L_1 - M)}{L_1 + L_2 - 2M} \right) Di = \frac{L_1 L_2 + M^2}{L_1 + L_2 - 2M} Di$$

$$u_2 = \left(\frac{M(L_2 - M)}{L_1 + L_2 - 2M} i + \frac{L_2 (L_1 - M)}{L_1 + L_2 - 2M} \right) Di = \frac{L_1 L_2 + M^2}{L_1 + L_2 - 2M} Di$$

Se comprueba que $u_1 = u_2$.

La expresión de la **energía almacenada en el sistema** es:

$$w(t) = \frac{1}{2} L_1 i_1^2 + \frac{1}{2} L_2 i_2^2 + M i_1 i_2$$

Sustituyendo i_1 e i_2 por sus expresiones anteriores:

$$w(t) = \frac{1}{2} L_1 \left(\frac{L_2 - M}{L_1 + L_2 - 2M} \right)^2 i^2 + \frac{1}{2} L_2 \left(\frac{L_1 - M}{L_1 + L_2 - 2M} \right)^2 i^2 + M \frac{(L_1 - M)(L_2 - M)}{(L_1 + L_2 - 2M)^2} i^2 =$$

$$= \frac{\frac{1}{2} L_1 (L_2 - M)^2 + \frac{1}{2} L_2 (L_1 - M)^2 + M(L_1 - M)(L_2 - M)}{(L_1 + L_2 - 2M)^2} i^2$$

b) Para $L_2 = 4L_1$. Por ser ideal el acoplamiento magnético k = 1 y:

$$M = k\sqrt{L_1 * L_2} = \sqrt{L_1 * 4L_1} = 2\ L_1$$

$$i_1 = \frac{4L_1 - 2L_1}{L_1 + 4L_1 - 4L_1} i = 2i \qquad i_2 = \frac{L_1 - 2L_1}{L_1 + 4L_1 - 4L_1} i = -i$$

Para el instante en que i = 10A: i_1 =20A; i_2 = - 10A. Según esto, para la energía almacenada en el sistema, se tiene:

$$w(t) = \frac{1}{2} L_1 4i^2 + \frac{1}{2} 4L_1 (-i)^2 + 2L_1 2i(-i) = 0$$

O bien a partir de la expresión obtenida antes para w(t):

$$w(t) = \frac{\frac{1}{2} L_1 (4L_1 - 2L_1)^2 + \frac{4}{2} L_1 (L_1 - 2L_1)^2 + 2L_1 (L_1 - 2L_1)(4L_1 - 2L_1)}{(L_1 + 4L_1 - 4L_1)^2} i^2 =$$

$$= \frac{2L_1^3 + 2L_1^3 - 4L_1^3}{L_1^2} i^2 = 0$$

Este resultado es evidente, pues se trata de un acoplamiento ideal y $M^2 = L_1 L_2$.

PROBLEMA 2.22

Las inductancias L_1 y L_2 de las ramas de las figuras 1a y 1b son iguales y valen respectivamente 20 y 45 mH y el coeficiente de acoplamiento entre ellas es k = 0,8. Se pide:

1) Calcular la inductancia equivalente del conjunto en los dos casos.

2) Hallar analítica y gráficamente, para los dos casos, la caída de tensión en la inductancia equivalente, en la resistencia R y la total de la rama, si la intensidad i(t) es la representada en la gráfica 2.

3) Expresión de la potencia en la resistencia y de la energía almacenada en la inductancia equivalente, para los dos casos, y su representación gráfica.

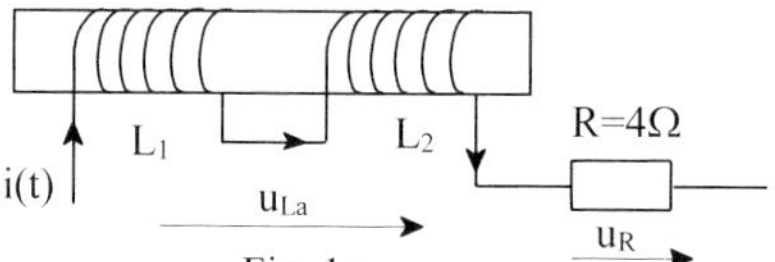

Fig. 1a

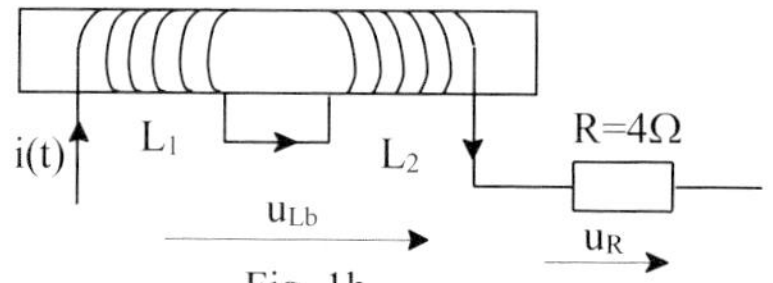

Fig. 1b

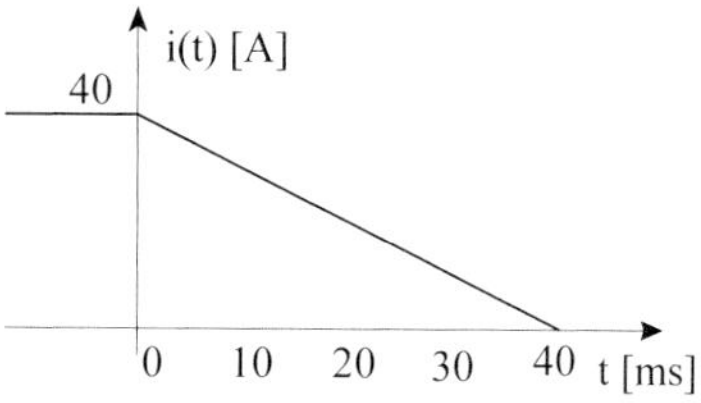

Fig. 2

1) Inductancia equivalente para las conexiones en las figuras 1a y 1b

$$M = k\sqrt{L_1 * L_2} = 0{,}8\sqrt{20*45} = 24\,mH$$

$$\left.\begin{aligned} &L_1\frac{di(t)}{dt} + L_2\frac{di(t)}{dt} + 2M\frac{di(t)}{dt} = (L_1 + L_2 + 2M)\frac{di(t)}{dt} = L_a\frac{di(t)}{dt} \\ &L_a = L_1 + L_2 + 2M = (20 + 45 + 2*24)10^{-3}H = 113\,mH \end{aligned}\right\} \quad \text{Para la figura 1a}$$

$$\left.\begin{aligned} &L_1\frac{di(t)}{dt} + L_2\frac{di(t)}{dt} - 2M\frac{di(t)}{dt} = (L_1 + L_2 - 2M)\frac{di(t)}{dt} = L_b\frac{di(t)}{dt} \\ &L_b = L_1 + L_2 - 2M = (20 + 45 - 2*24)10^{-3}H = 17\,mH \end{aligned}\right\} \quad \text{Para la figura 1b}$$

2) Tensiones. Expresiones de la intensidad:

$i(t) = 40$ para $t \leq 0$

$i(t) = 40 - 1000t$ para $0 \leq t \leq 40$ ms

$i(t) = 0$ para $t \geq 40$ ms

Circuito equivalente:

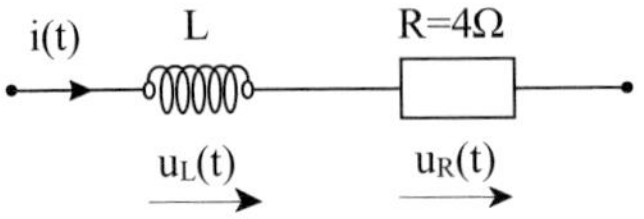

Se aplican las ecuaciones:

$$u_L(t)=L\frac{di(t)}{dt} \qquad u_R(t)=Ri(t)$$

Para la figura 1a

$$u_{La}(t)=\begin{cases}=0 & \text{para } t\le 0\\ =-113V & \text{para } 0\le t\le 40\end{cases} \qquad u_{Ra}(t)=\begin{cases}=160V & \text{para } t\le 0\\ =160-4000t & \text{para } 0\le t\le 40\,\text{ms}\end{cases}$$

$$u_a(t)=u_{La}(t)+u_{Ra}(t)=\begin{cases}=160V & \text{para } t\le 0\\ =47-4000t & \text{para } 0\le t\le 40\,\text{ms}\end{cases}$$

Para la figura 1b

$$u_{Lb}(t)=\begin{cases}=0 & \text{para } t\le 0\\ =-17V & \text{para } 0\le t\le 40\,\text{ms}\end{cases} \qquad u_{Rb}(t)=\begin{cases}=160V & \text{para } t\le 0\\ =160-4000t & \text{para } 0\le t\le 40\,\text{ms}\end{cases}$$

$$u_b(t)=u_{Lb}(t)+u_{Rb}(t)=\begin{cases}=160V & \text{para } t\le 0\\ =143-4000t & \text{para } 0\le t\le 40\,\text{ms}\end{cases}$$

Representaciones gráficas:

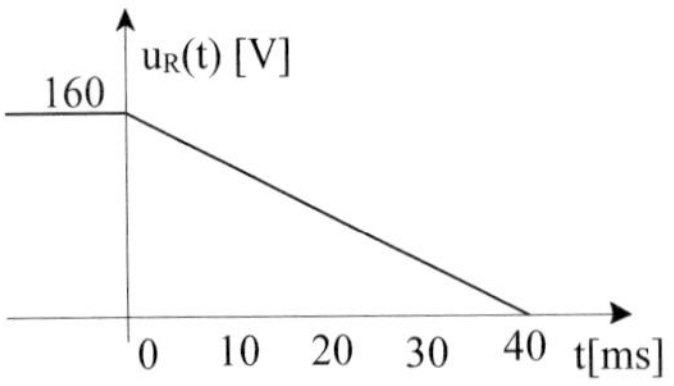

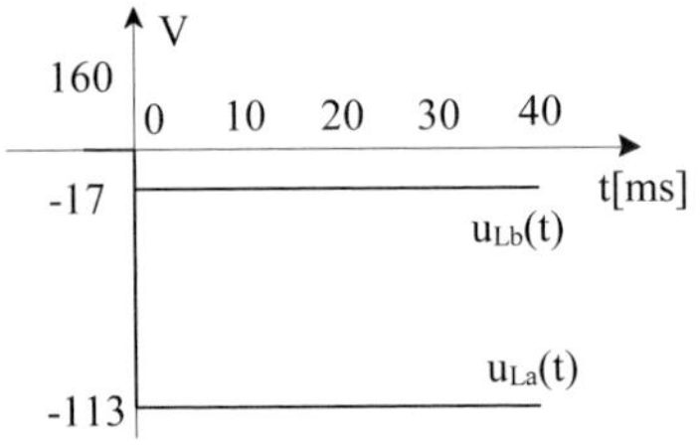

3) Potencia disipada en la resistencia y energía acumulada en la bobina

$$p_{Ra}(t) = p_{Rb}(t) = R[i(t)]^2 = \begin{cases} = 6400W & \text{para } t \leq 0 \\ = 4*10^6 t^2 - 32*10^4 t + 6400 & \text{para } 0 \leq t \leq 40\,\text{ms} \end{cases}$$

$$w_L(t) = \frac{1}{2}L[i(t)]^2 = \begin{cases} = 0 & \text{para } t \leq 0 \\ a) = 56500t^2 - 4520t + 90{,}4 & \text{para } 0 \leq t \leq 40\,\text{ms} \\ b) = 8500t^2 - 680t + 13{,}6 & \text{para } 0 \leq t \leq 40\,\text{ms} \end{cases}$$

Representación gráfica:

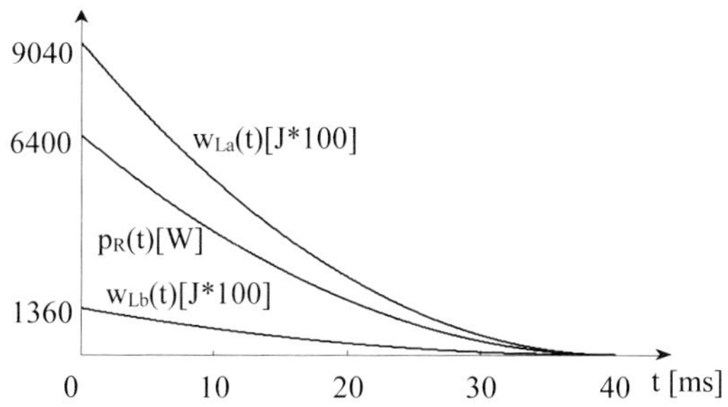


```
% PROGRAMA EN MATLAB

R=4; L1=20*10^-3; L2=45*10^-3; k=0.8;
t=[0:0.001:0.040];

% Expresión de la intensidad
it=40-1000*t;
% Coeficientes de autoinducción equivalentes
M=k*sqrt(L1*L2);
La=L1+L2+2*M;
Lb=L1+L2-2*M;
% Tensiones
uR=R*it;
uLa1=La*diff(it); uLa=[uLa1(1,1),(uLa1)];
uLb1=Lb*diff(it); uLb=[uLb1(1,1),(uLb1)];
plot(t,uR,'k',t,100*uLa,'r',t,100*uLb,'b');
pause
% Potencia consumida en R y energía almacenada en L
pR=R*it.*it;
wLa=(La*it.*it)/2;
wLb=(Lb*it.*it)/2;
plot(t,pR,'k',t,100*wLa,'r',t,100*wLb,'b');
```

PROBLEMA 2.23

Obténgase gráfica y analíticamente:

a) La señal representada en la figura 1 a partir de la función escalón unidad **U(t)** y una función rampa **at**.

b) Las tensiones en la resistencia, en la bobina y en la fuente de intensidad de la figura 2, si la intensidad i(t) que se aplica es la de la figura 1.

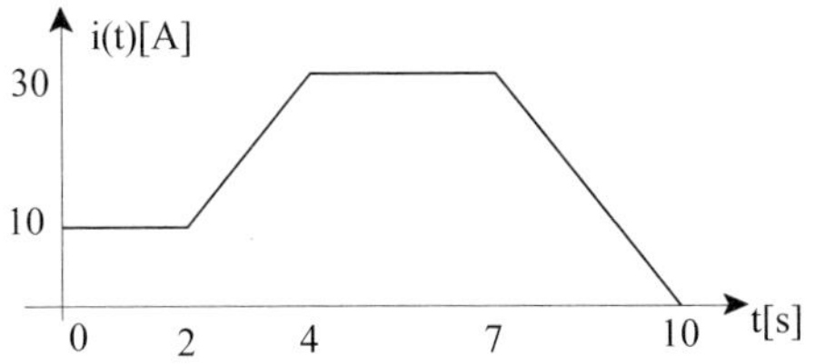

Fig. 1

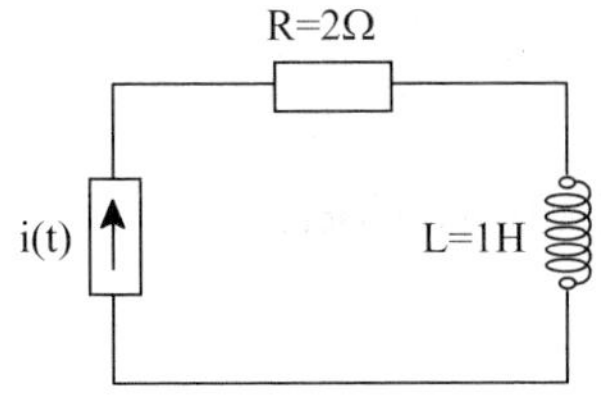

Fig. 2

a) En la gráfica de la figura 1 se ve que las pendientes en los tramos de t entre 2s a 4s y entre 7s a 10s son iguales pero de distinto signo:

$$a_1 = \frac{30-10}{2} = 10 \qquad a_2 = \frac{0-30}{10-7} = -10$$

Se consideran las funciones básicas **U(t)** y **10t** y a partir de ellas se obtienen las representadas en la siguiente figura, cuyas expresiones analíticas son:

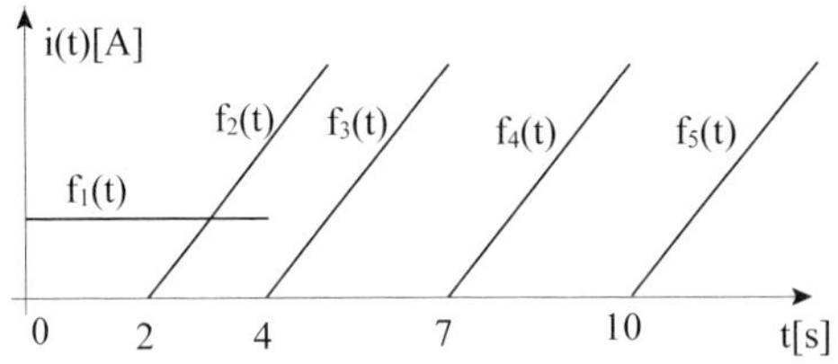

$$f_1(t) = 10\,U(t) \quad \text{para } t > 0$$
$$f_2(t) = 10\,(t-2) \quad \text{para } t > 2$$
$$f_3(t) = 10\,(t-4) \quad \text{para } t > 4$$
$$f_4(t) = 10\,(t-7) \quad \text{para } t > 7$$
$$f_5(t) = 10\,(t-10) \quad \text{para } t > 10$$

Combinando adecuadamente estas funciones puede obtenerse la gráfica de la figura 1.

Para t = 0 a 2s. Es un escalón igual a 10 veces el escalón unidad. i(t) = $f_1(t)$ = 10 U(t).

Para t = 2s a 4s. Es una rampa de pendiente 10, desplazada 10A y puede expresarse como suma de las funciones $f_1(t)$ y $f_2(t)$. i(t) = 10 + 10 (t - 2) = 10 (t - 1).

Para t = 4s a 7s. Es una función constante que puede obtenerse a partir de la función anterior restándole la rampa $f_3(t)$. i(t) = 10 (t - 1) - 10 (t - 4) = 30.

Para t =7s a 10s. Es una rampa de pendiente -10, que puede obtenerse a partir de la función anterior restándole la rampa $f_4(t)$. i(t) = 30 - 10 (t - 7) = -10 (t - 10).

Para t = > 10s. Es una constante de valor cero. Se obtiene sumando a la función anterior otra igual pero de signo distinto, que coincide con $f_4(t)$. i(t) = -10 (t - 10) +10 (t - 10) = 0.
La función analítica de la gráfica de la intensidad se resume así:

$$i(t) = f_1(t) = 10A \qquad \text{para } 0 \leq t \leq 2$$
$$i(t) = f_1(t) + f_2(t) = 10(t-1) \qquad \text{para } 2 \leq t \leq 4$$
$$i(t) = f_1(t) + f_2(t) - f_3(t) = 30A \qquad \text{para } 4 \leq t \leq 7$$
$$i(t) = f_1(t) + f_2(t) - f_3(t) - f_4(t) = -10(t-10)) \qquad \text{para } 7 \leq t \leq 10$$
$$i(t) = f_1(t) + f_2(t) - f_3(t) - f_4(t) + f_5(t) = 0 \qquad \text{para } t \geq 10$$

Se recuerdan las relaciones tensión/intensidad en la resistencia y en la bobina.

$$u_R(t) = R\,i(t) \qquad u_L(t) = L\frac{di(t)}{dt} \qquad u(t) = u_R(t) + u_L(t)$$

Operando con estas ecuaciones, en cada tramo de la intensidad aplicada, se tienen las ecuaciones y valores que se recogen en la siguiente tabla:

	t = 0	0 ≤ t≤ 2	2≤ t≤ 4	4≤ t≤ 7	7≤ t≤10	t≥10
i(t)	0 610	10	10(t-1)	30	- 10(t-7) +30	0
$u_R(t)$	(0 610) R	20	20(t-1)	60	-20(t-7)+60	0
$u_L(t)$	10 δ(t)	0	10	0	- 10	0
u(t)	.10 δ(t)	20	20(t-1)+10	60	-20(t-7)+50	0

Las **representaciones gráficas** de estas tensiones son:

En la resistencia

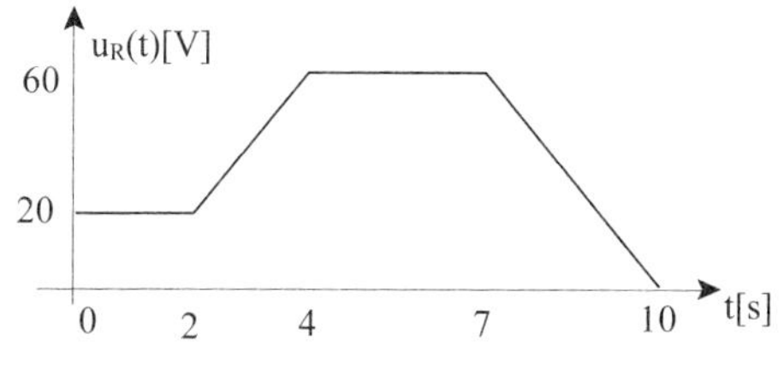

En la bobina

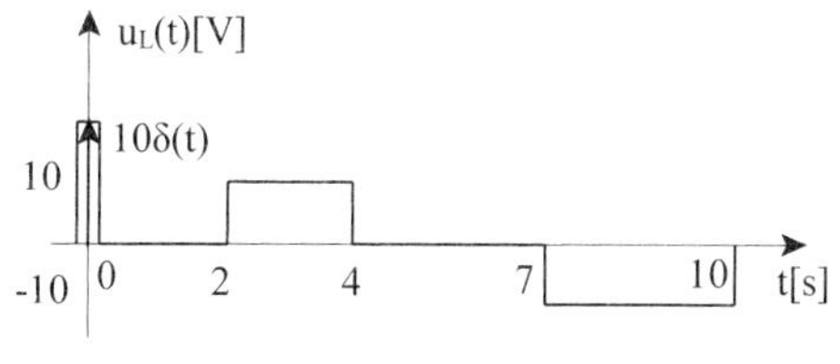

En la fuente i(t)

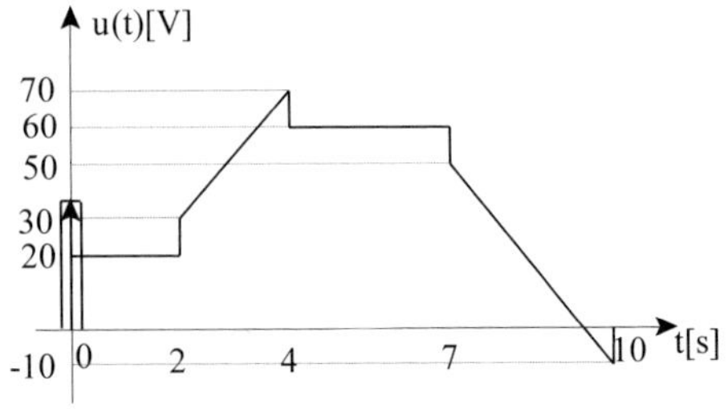

PROBLEMA 2.24

La tensión entre los extremos de la rama AB de la figura 1 es la indicada en la figura 2. Se sabe que la intensidad en la misma es cero para t = 0 y que no se producen cambios bruscos de la misma en el intervalo de tiempo estudiado. Dedúzcase qué tipo de elemento debe ser Z y su valor. Calcúlese la expresión analítica y la representación gráfica de la intensidad de la rama y de la tensión en cada uno de los elementos.

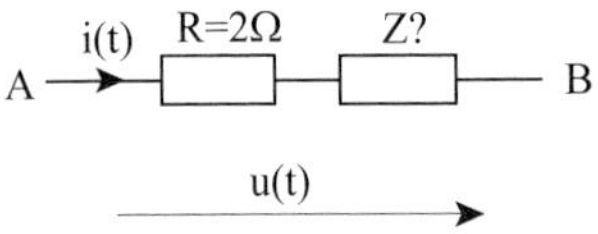

Fig. 1

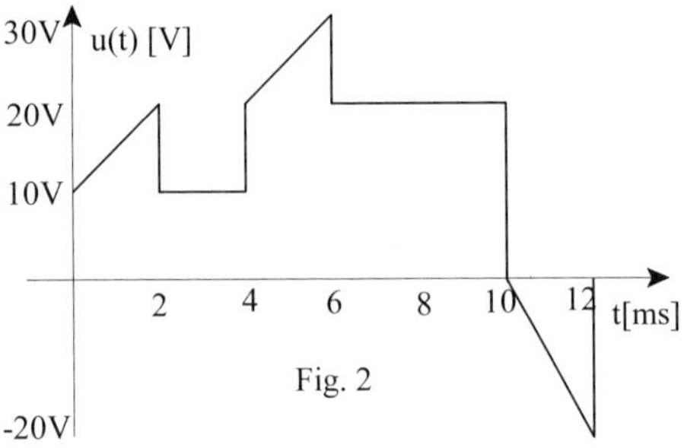

Fig. 2

Las relaciones de tensión intensidad en los elementos pasivos son:

$$u_R(t) = Ri(t) \qquad u_L(t) = L\frac{di(t)}{dt} \qquad u_C(t) = \frac{1}{C}\int i(t)dt$$

El elemento Z no puede ser una resistencia pues, si lo fuese, la tensión de la rama sería proporcional a la intensidad y esta, según se ha especificado, no cambia bruscamente en ningún punto. Si en el instante t = 0 es i(0) = 0, la intensidad crecerá de forma continua según una ley de orden uno o mayor, y si Z fuese un condensador su tensión (integral de la intensidad) evolucionaría según una curva de segundo orden o mayor. Como en la curva de tensión total de la rama no existe ningún tramo de estas características se deduce que Z no puede ser una capacidad. Z puede ser una bobina pues la expresión de la tensión en la bobina (derivada de la intensidad) puede ser una constante o cero, dependiendo del tramo. Así pues la rama será de la forma:

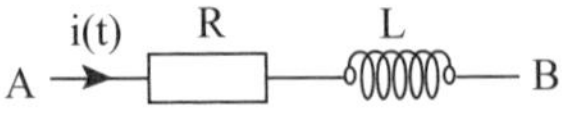

Tramo: 0 ≤ t ≤ 2 ms. La tensión puede descomponerse en la suma de una rampa y un pulso rectangular

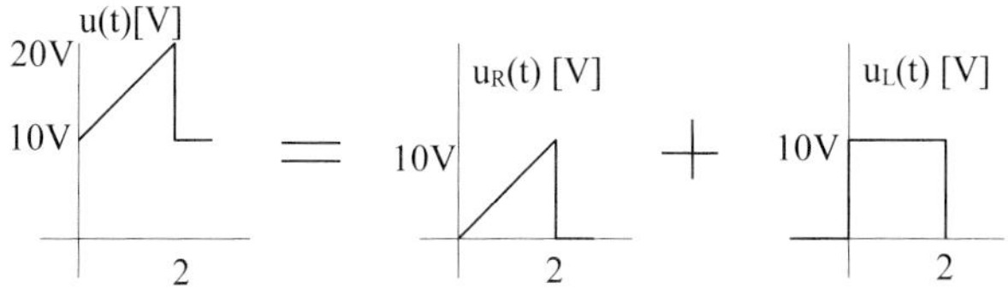

La rampa será la caída de tensión en la resistencia y el pulso rectangular, que es la derivada de la rampa, será la tensión en el condensador. A partir de aquí se puede deducir que:

Para t = 2ms: $$i_R(2) = i(2) = \frac{u_R(2)}{R} = \frac{10}{2} = 5A$$

La expresión analítica de la intensidad para este tramo y la tensión en la resistencia serán:

$$i(t) = a_1 t = \frac{\Delta i(0 \le t \le 2)}{\Delta t(0 \le t \le 2)} = \frac{5}{2*10^{-3}} t = 2500t \qquad u_R(t) = R\, i(t) = R\, a_1 t = 5000t$$

Y para la bobina:

$$10V = L\frac{di(t)}{dt} = L\frac{d}{dt}2500t = L\,2500 \qquad L = \frac{10}{2500} = 4*10^{-3} = 4\,mH$$

Tramo: 2 ≤ t ≤ 4 ms. La tensión en la bobina es cero, pues para que no fuese así la intensidad debería ser una rampa y en ese caso también lo sería la tensión en la resistencia, con lo cual la tensión total no sería constante. Por lo tanto toda la tensión está en la resistencia. Se tiene:

$$u_R(2 \le t \le 4) = 10V \qquad i(2 \le t \le 4) = \frac{u_R(2 \le t \le 4)}{R} = \frac{10}{2} = 5A$$
$$u_L(2 \le t \le 4) = 0V$$

Tramo 4 ≤ t ≤ 6 ms. Se tiene una rampa de tensión desde un valor inicial de 10V (valor final del tramo anterior que corresponde a una intensidad de 5A) hasta un valor final de 20V, pero desplazado un valor de 10V. Con un razonamiento similar al del tramo 0 ≤ t ≤ 2 ms, se deduce que esto se corresponde con una rampa de intensidad de 5A a 10A, una rampa de tensión en la resistencia, de 10V a 20V y una caída de tensión en la bobina de 10V. Es decir:

$$u_R(4 \le t \le 6) = \frac{\Delta u_R(4 \le t \le 6)}{\Delta t(4 \le t \le 6)}(t - 0{,}004) + 10 = \frac{30-20}{2*10^{-3}}(t - 0{,}004) + 10 = 5000t - 10$$
$$i(4 \le t \le 6) = a_2 t + b_2 = \frac{u_R(4 \le t \le 6)}{R} = 2500t - 5$$
$$u_L(4 \le t \le 6) = 10V$$

Se puede comprobar que se cumple que:

$$L\frac{di(4 \le t \le 6)}{dt} = L\frac{d}{dt}(2500t - 5) = L\,2500 \qquad L = \frac{10}{2500} = 4*10^{-3} = 4\,mH$$

Tramo 6 ≤ t ≤ 10 ms. Situación similar al tramo 2 ≤ t ≤ 4 ms. Se tiene:

$$u_R(6 \le t \le 8) = 20V \qquad i(6 \le t \le 8) = \frac{u_R(6 \le t \le 8)}{R} = \frac{20}{2} = 10A$$

$$u_L(2 \le t \le 4) = 0V$$

Tramo 10 ≤ t ≤ 12 ms

Se tiene una rampa de tensión desde un valor inicial de 20V (valor final del tramo anterior que corresponde a una intensidad de 10A) hasta un valor final de 0V, pero desplazado un valor de 20V. Con un razonamiento similar al del tramo 4 ≤ t ≤ 6 ms, se deduce que esto se corresponde con una rampa de intensidad de 10A a 0A, una rampa de tensión en la resistencia, de 20V a 0V, y una caída de tensión en la bobina de 20V, es decir:

$$u_R(10 \le t \le 12) = \frac{\Delta u_R(10 \le t \le 12)}{\Delta t(10 \le t \le 12)}(t - 0{,}01) + 20 = \frac{0-20}{2*10^{-3}}(t - 0{,}01) + 20 = -10000t + 120$$

$$i(10 \le t \le 12) = a_3 t + b_3 = \frac{u_R(10 \le t \le 12)}{R} = \frac{-10000t + 120}{2} = -5000t + 60$$

$$u_L(4 \le t \le 6) = -20V$$

Se puede comprobar que se cumple que:

$$L\frac{di(10 \le t \le 12)}{dt} = L\frac{d}{dt}(-5000t + 60) = -L\,5000 \qquad L = \frac{-20}{-5000} = 4*10^{-3} = 4\,mH$$

Teniendo esto en cuenta, las representaciones gráficas de la intensidad en la rama, tensión en la resistencia y tensión en la bobina son:

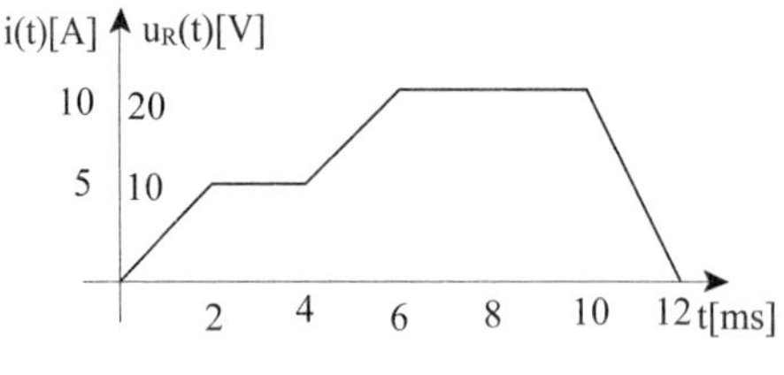

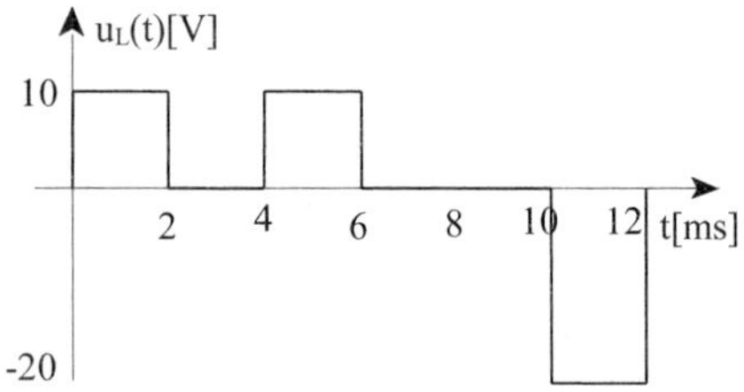

PROBLEMA 2.25

Obténgase gráfica y analíticamente:

a) La señal representada en la figura 1 a partir de una función rampa.

b) La tensión en la resistencia y en el condensador de la figura 2, si se aplica a ellos la función intensidad i(t) de la figura 1.

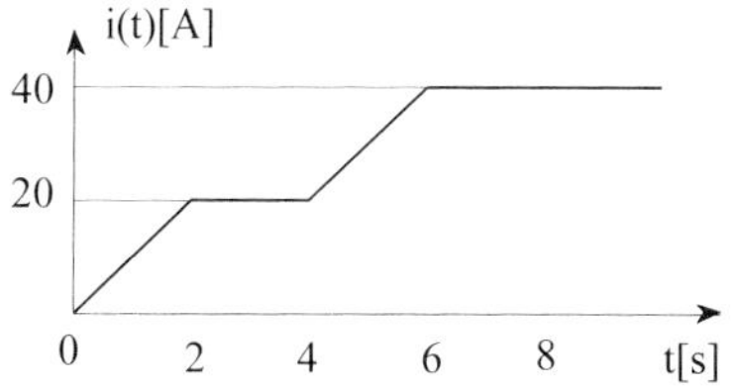

Fig. 1

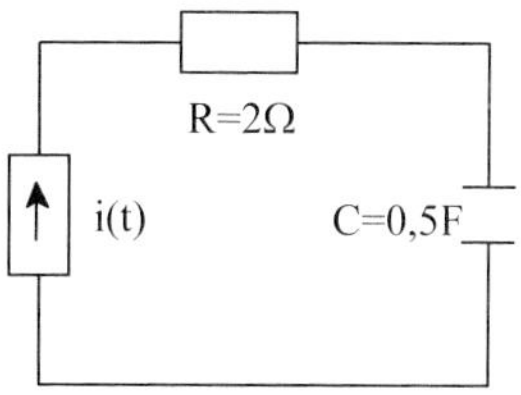

Fig. 2

Para obtener la gráfica de la figura 1, puede procederse así:

a) Se parte de una rampa $i_0(t) = at$ cuya pendiente sea igual a la de la primera rampa de la señal que se desea (puede comprobarse que las dos rampas de la señal tienen la misma pendiente) y se va desplazando en el tiempo (2s).

b) Después se combinan algebraicamente de forma adecuada.

a) Las ecuaciones de las cuatro rampas así obtenidas son:

$$i_0(t) = a\,t = \frac{20}{2}\,t = 10\,t \qquad \text{para} \quad t \geq 0$$
$$i_1(t) = 10\,(t-2) \qquad \text{para} \quad t \geq 2s$$
$$i_2(t) = 10\,(t-4) \qquad \text{para} \quad t \geq 4s$$
$$i_3(t) = 10\,(t-6) \qquad \text{para} \quad t \geq 6s$$

Y su representación gráfica:

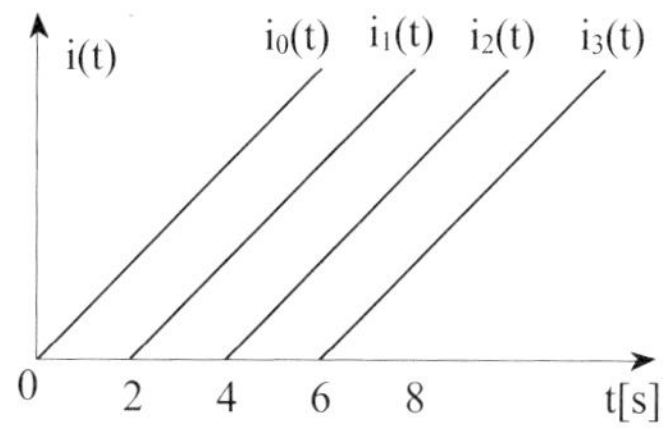

b) La señal que se desea tendrá la siguiente ecuación:

$$i(t) = i_0(t) - i_1(t) + i_2(t) - i_3(t)$$

Las expresiones de la tensión, en la resistencia y en el condensador, vienen dadas por las relaciones siguientes:

$$u_R(t) = R\, i(t) \qquad u_C(t) = u_C(0) + \frac{1}{C}\int_0^t i(t)\, dt$$

Operando con estas ecuaciones, en cada tramo de la intensidad aplicada, se tienen las expresiones y valores que se recogen en la siguiente tabla:

	0≤ t≤ 2	2≤ t≤ 4	4≤ t≤ 6	t > 6
i(t)	10 t	20	10 t - 20	40
$u_R(t)$	20 t	40	20 t -40	80
$u_C(t)$	$\frac{1}{0,5}\int_0^t 10t\, dt =$ $= 10\, t^2$ $t = 2 \quad u_C = 40V$	$40 + \frac{1}{0,5}\int_2^t 20\, dt =$ $= 40 + 40t - 80$ $t = 4 \quad u_C = 120V$	$120 + \frac{1}{0,5}\int_4^t (10t - 20) dt =$ $= 120 + 20\left[\frac{t^2}{2} - 2t\right]$ $t = 6 \quad u_C = 240V$	$240 + \frac{1}{0,5}\int_6^t 40\, dt =$ $= 240 + 80t - 480$ $t = 8 \quad u_C = 400V$

Las representaciones gráficas de estas tensiones son:

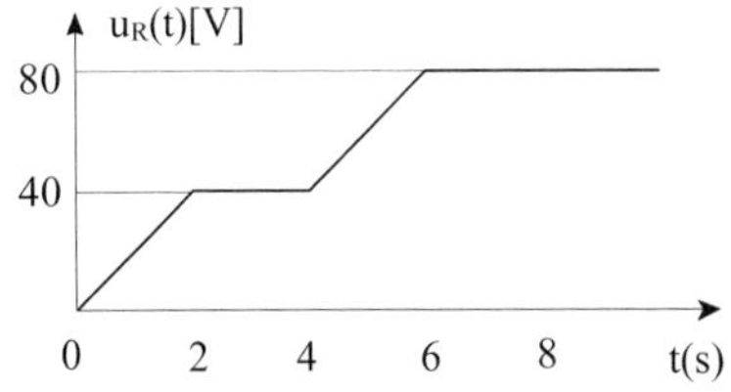

Tension en la resistencia

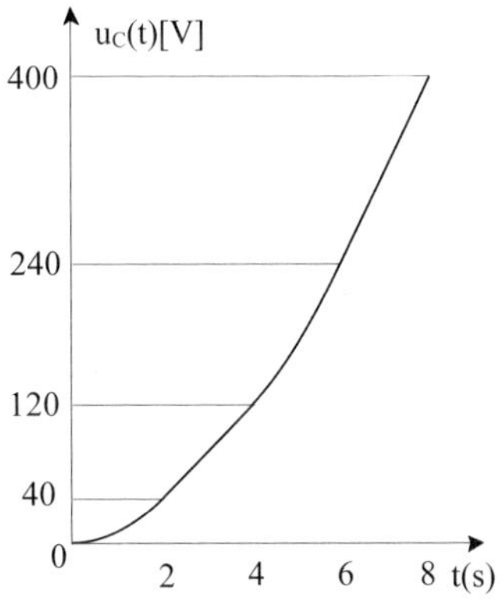

Tension en el condensador

PROBLEMA 2.26

A la bobina del circuito de la figura 1 se aplica la intensidad i(t) representada en la gráfica de la figura 2, obteniéndose la gráfica del flujo en función de la intensidad representada en la figura 3. Calcúlese u(t) analítica y gráficamente.

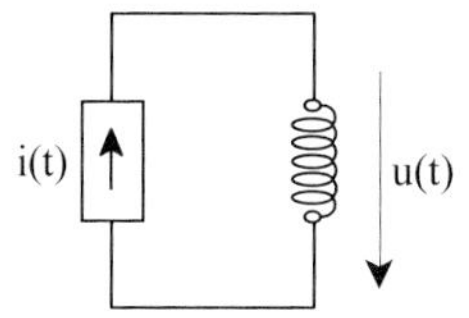

Fig. 1

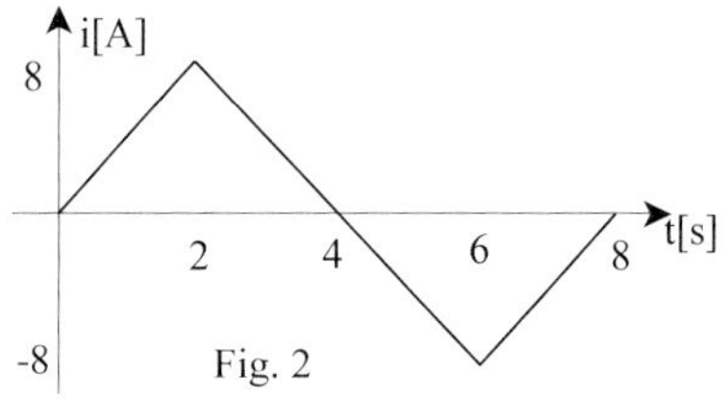

Fig. 2

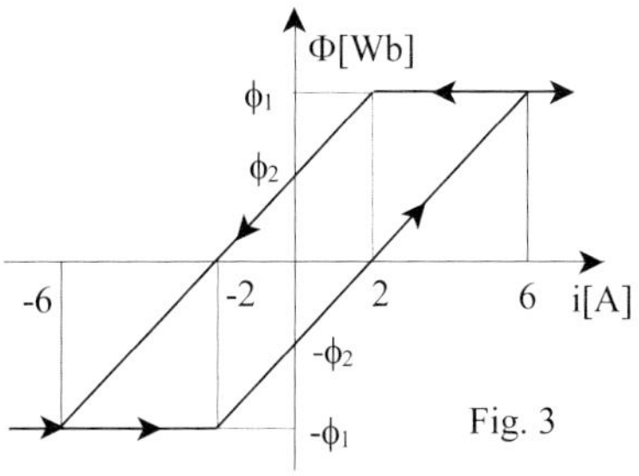

Fig. 3

Teniendo en cuenta las gráficas $\phi=\phi(i)$ e $i = i(t)$ se puede obtener la gráfica $\phi = \phi(t)$.

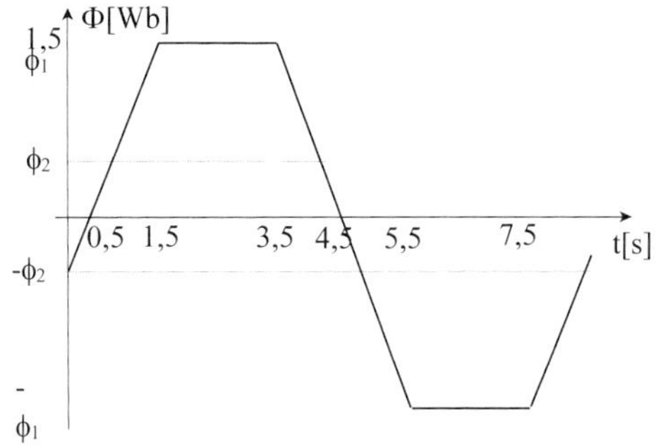

Obtención gráfica de u(t)

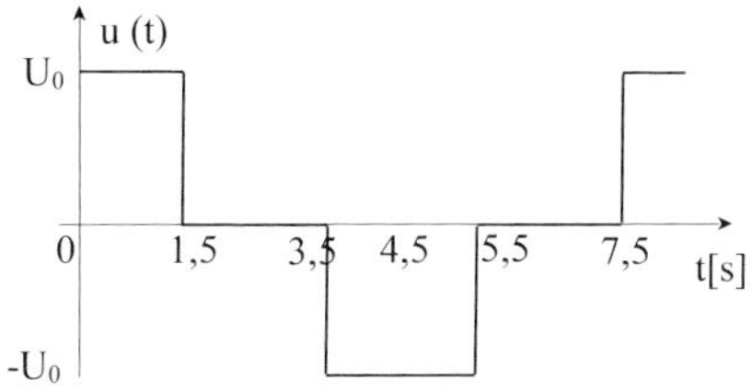

Expresión analítica de u(t):

$$u(t)=\frac{d\phi(t)}{dt}=\frac{d\phi(t)}{di}\,\frac{di}{dt}$$

Siendo su valor máximo o de cresta:

$$U_0=\frac{\phi_1-(-\phi_1)}{2}=\frac{2\,\phi_1}{2}=\phi_1$$

PROBLEMA 2.27

En el circuito de la figura 1 la fuente de tensión se aplica en el instante t=0s a la bobina no lineal, cuya ley de funcionamiento se representa en la figura 2, que se encuentra inicialmente descargada. Calcúlese la energía almacenada en la bobina al cabo de 2s.

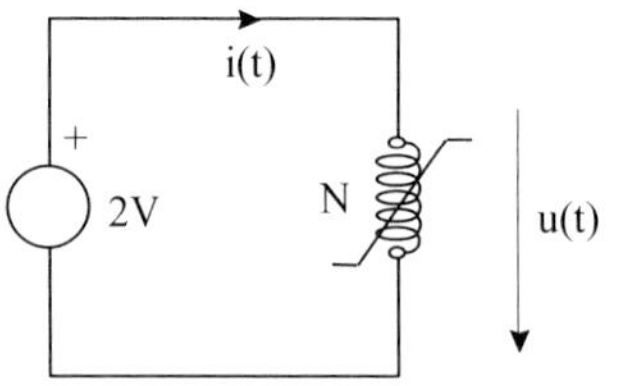

Fig. 1

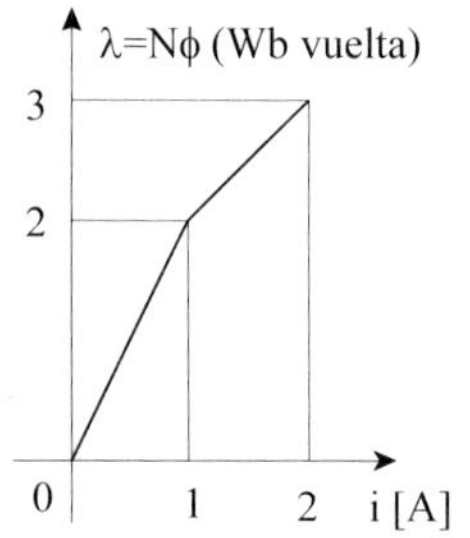

Fig. 2

Entre la concatenación de flujo λ, la intensidad i y la tensión u se dan las siguientes relaciones:

$$u(t)=\frac{d(N\phi(t))}{dt}=\frac{d\lambda}{dt} \qquad u(t)\,dt=d\lambda$$

$$u(t)=L\,\frac{di(t)}{dt} \qquad L\,di(t)=u(t)\,dt=d\lambda$$

Analizando la gráfica de la figura 2 se tiene:

Para $0<i<1$ $\lambda=a+b\,i$ $\left\{\begin{array}{ll} i=0 & \lambda=0 \\ i=1 & \lambda=2 \end{array}\right\}$ $2=0+b$ $\lambda=2\,i$

Para $1<i<2$ $\lambda=c+d\,i$ $\left\{\begin{array}{ll} i=1 & \lambda=2 \\ i=2 & \lambda=3 \end{array}\right\}$ $\left.\begin{array}{l} 2=c+d \\ 3=c+2\,d \end{array}\right\}$ $\begin{array}{l} d=1 \;\; c=1 \\ \lambda=1+i \end{array}$

Los valores de la autoinducción L en cada uno de estos dos tramos lineales son:

Para $0 < i < 1$ $L_1\, di = d\lambda = 2\, di$ $L_1 = 2$

Para $1 < i < 2$ $L_2\, di = d\lambda = di$ $L_2 = 1$

Valores de i con el tiempo:

$$u = 2V \qquad 2 = L_1 \frac{di}{dt} = 2\frac{di}{dt} \qquad 2\,di = 2\,dt \qquad i = t \quad \begin{cases} t = 0 & i = 0 \\ t = 1 & i = 1 \end{cases}$$

$$u = 2V \qquad 2 = L_2 \frac{di}{dt} = 1\frac{di}{dt} \qquad 1\,di = 2\,dt \qquad i = 2t \quad \begin{cases} t = 1 & i = 2 \\ t = 2 & i = 4 \end{cases}$$

Estudio de la energía:

$$w(t) = \int_{-\infty}^{2} p(t)dt = \int_{-\infty}^{2} u(t)i(t)dt = \int_{-\infty}^{2} L\, i(t)di = L_1 \int_{-\infty}^{1} i(t)di + L_2 \int_{1}^{2} i(t)di =$$

$$= 2\left(\frac{i(t)^2}{2}\right)_{t=-\infty}^{t=1} + 1\left(\frac{i(t)^2}{2}\right)_{t=1}^{t=2} = 2\frac{i(1)^2 - i(-\infty)^2}{2} = 1\frac{i(2)^2 - i(1)^2}{2} =$$

$$= 2\frac{1-0}{2} = 1\frac{16-4}{2} = 7J$$

PROBLEMA 2.28

Los dos transformadores del circuito de la figura se consideran ideales. Los números de espiras de los devanados son: n_1=2000, n_2=1000, n_2'=500, n_3=200 y n_4=300. La fuente de tensión conectada es e(t) =100 sen ωt.

Calcúlese la potencia que está suministrando la fuente cuando ωt = π/4. (R_1=10Ω, R_2=5Ω, R_3=4Ω, R_4=3Ω).

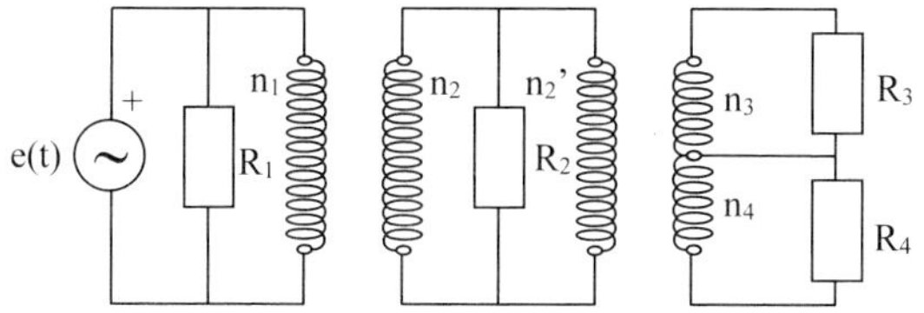

Por ser los transformadores ideales, se tendrá:

Para el primer transformador

$$\frac{u_1}{n_1} = \frac{u_2}{n_2} \qquad \frac{u_1}{2000} = \frac{u_2}{1000} \qquad u_2 = \frac{1}{2}u_1$$

Para el segundo transformador (con dos secundarios)

$$\frac{u_2}{n_2'}=\frac{u_3}{n_3}=\frac{u_4}{n_4} \qquad \frac{u_2}{500}=\frac{u_3}{200}=\frac{u_4}{300}$$

$$u_3=\frac{2}{5}u_2 \qquad u_4=\frac{3}{5}u_2$$

Así pues, en función de la tensión de entrada, las tensiones de los distintos secundarios son:

$$u_2=\frac{1}{2}u_1=0{,}5u_1 \qquad u_3=\frac{2}{5}\frac{1}{2}u_1=0{,}2u_1 \qquad u_4=\frac{3}{5}\frac{1}{2}u_1=0{,}3u_1$$

La potencia suministrada por la fuente será la suma de las potencias consumidas en las distintas resistencias.

$$P=\frac{u_1^2}{R_1}+\frac{u_2^2}{R_2}+\frac{u_3^2}{R_3}+\frac{u_4^2}{R_4}=\frac{u_1^2}{R_1}+\frac{0{,}25\,u_1^2}{R_2}+\frac{0{,}04\,u_1^2}{R_3}+\frac{0{,}09\,u_1^2}{R_4}=$$

$$=u_1^2\left(\frac{1}{R_1}+\frac{0{,}25}{R_2}+\frac{0{,}04}{R_3}+\frac{0{,}09}{R_4}\right)=u_1^2\left(\frac{1}{10}+0{,}05+0{,}01+0{,}03\right)=0{,}19\,u_1^2$$

Para ωt= π/4 = 45º: sen ωt = sen 45º = √2/2, y:

$$P=0{,}19\,u_1^2=0{,}19*100^2\ \text{sen}^2\omega t=0{,}19\ 100^2\left(\frac{\sqrt{2}}{2}\right)^2=950\ W$$

PROBLEMA 2.29

Resuélvase el problema 2.28 reduciendo las impedancias del circuito al primario del primer transformador.

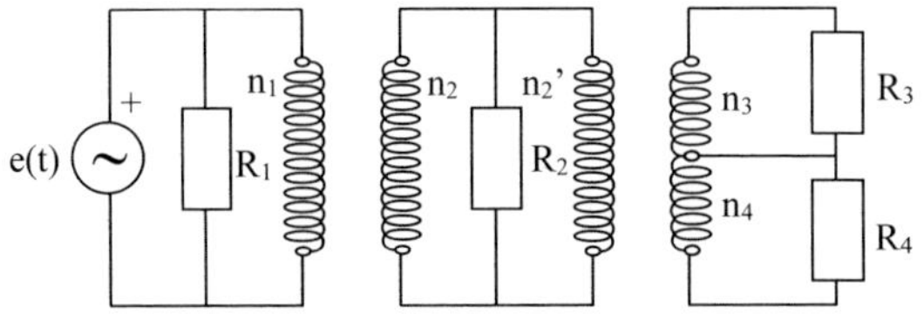

Se tiene:

$$e(t)=100\text{sen}\omega t$$

$n_1=2000$ $n_2=1000$ $n_2'=500$ $n_3=200$ $n_4=300$ $\omega t=\pi/4$

$R_1=10\Omega$ $R_2=5\Omega$ $R_3=4\Omega$ $R_4=3\Omega$

Considerando un transformador como ideal, se tiene:

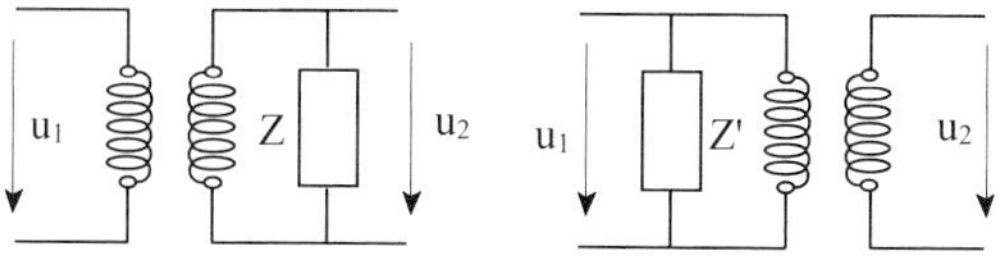

Z = Impedancia conectada al secundario.
Z' = Impedancia vista desde el primario.

Y considerando la relación de transformación:

$$a = \frac{u_1}{u_2} = \frac{i_2}{i_1} \qquad Z' = \frac{u_1}{i_1} = \frac{a\,u_2}{\frac{1}{a}\,i_2} = a^2\,\frac{u_2}{i_2} = a^2\,Z$$

Y puede considerarse el circuito equivalente:

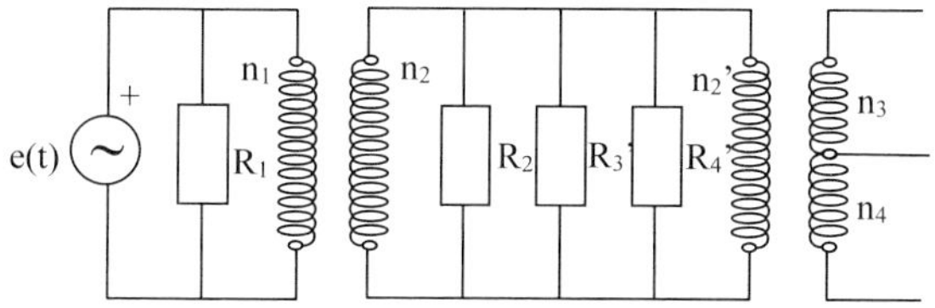

Que puede simplificarse así:

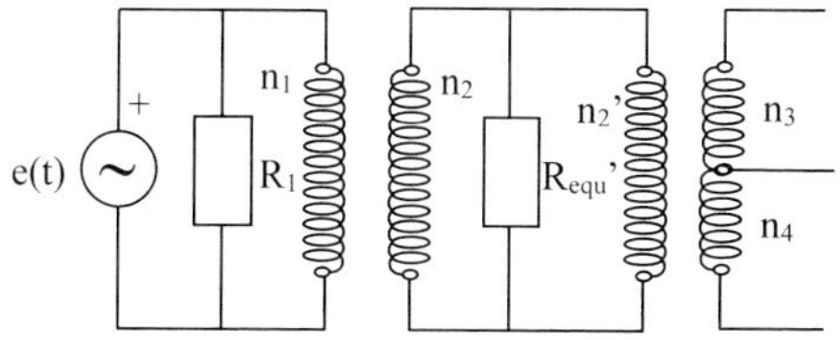

Las correspondientes resistencias vistas desde el primario del segundo transformador son:

$$R_3^{'} = a_2^2\,R_3 = \left(\frac{500}{200}\right)^2 4 = 25\Omega \qquad R_4^{'} = a_3^2\,R_4 = \left(\frac{500}{300}\right)^2 3 = 8{,}33\Omega$$

$$R_{equ}^{'} = \frac{1}{\frac{1}{R_2} + \frac{1}{R_3^{'}} + \frac{1}{R_4^{'}}} = 2{,}777\Omega$$

Esta resistencia R'_{equ} vista desde el primario del primer transformador sería:

$$R_{equ}^{''} = a_1^2\,R_{equ}^{'} = \left(\frac{2000}{1000}\right)^2 2{,}777 = 11{,}11\Omega$$

Y finalmente se tendrá el circuito equivalente:

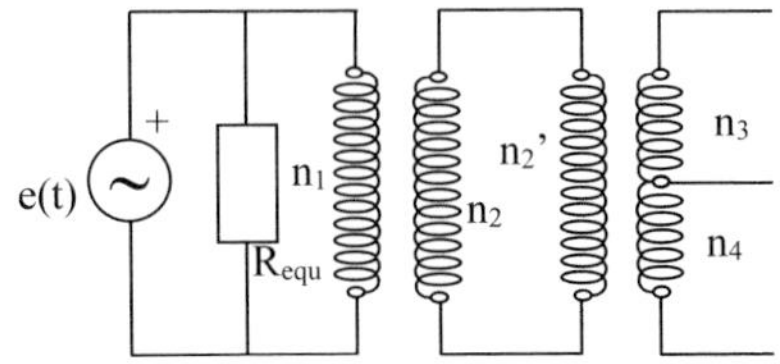

Donde:

$$R_{equ} = \frac{R''_{equ} * R_1}{R''_{equ} + R_1} = \frac{11{,}11*10}{11{,}11+10} = 5{,}26\Omega$$

Cálculo de la potencia para ωt =π/4. Se calcula ahora la potencia como si toda la carga estuviese en el primario del primer transformador.

$$P = \frac{u_1^2}{R_{equ}} = \frac{u_1^2}{5{,}26} = \frac{1}{5{,}26}100^2 \operatorname{sen}^2 \omega t = 0{,}19*100^2\left(\frac{\sqrt{2}}{2}\right)^2 = 950W$$

Como puede comprobarse, se obtiene el mismo valor que en el problema 2.28.

PROBLEMA 2.30

El circuito de la figura 1 está alimentado por la fuente de tensión e(t) cuya ley de variación se representa en la figura 2. Calcúlese la expresión analítica y representación gráfica de la intensidad en cada elemento, así como de la tensión en cada bobina y condensador.

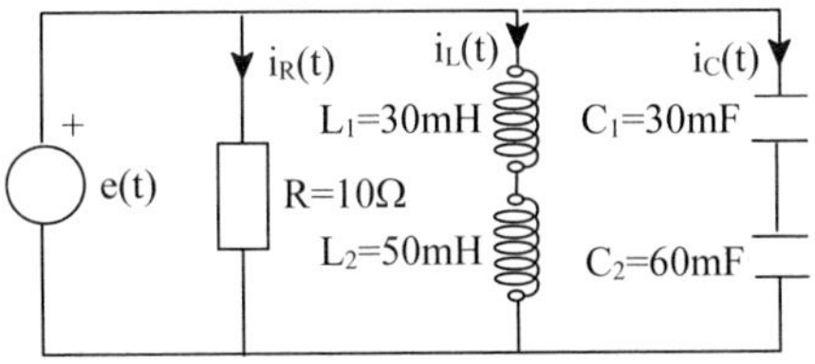

Fig. 1

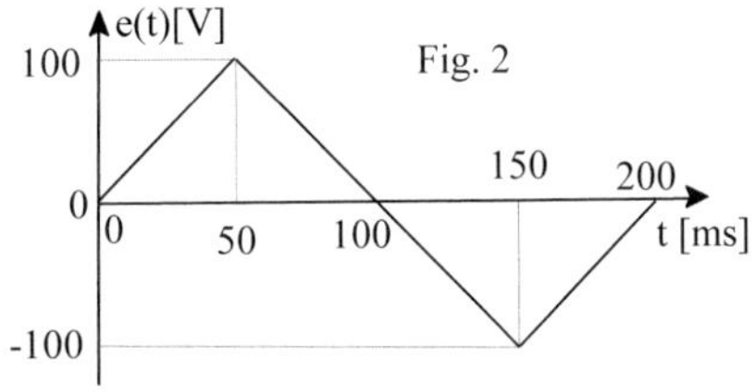

Fig. 2

La intensidad es la misma para las dos bobinas e igual ocurre con los condensadores (conexión serie). Las ecuaciones a utilizar para el cálculo de la intensidad en cada rama son:

$$i_R(t) = \frac{e(t)}{R} \qquad i_{L1}(t) = i_{L2}(t) = I_0 + \frac{1}{L_{equ}}\int e(t)dt \qquad i_{C_1}(t) = i_{C2}(t) = C_{equ}\frac{de(t)}{dt}$$

$$L_{equ} = L_1 + L_2 = 30 + 50 = 80mH \qquad C_{equ} = \frac{C_1 * C_2}{C_1 + C_2} = \frac{30*60}{30+60} = 20mF$$

La tensión en las ramas de las bobinas y en los condensadores se obtiene haciendo uso del concepto de divisor de tensión:

$$u_{L1}(t)=\frac{L_1}{L_1+L_2}e(t)=\frac{30}{30+50}e(t)=\frac{3}{8}e(t) \qquad u_{L2}(t)=\frac{L_2}{L_1+L_2}e(t)=\frac{5}{8}e(t)$$

$$u_{C1}(t)=\frac{C_2}{C_1+C_2}e(t)=\frac{60}{30+60}e(t)=\frac{2}{3}e(t) \qquad u_{C2}(t)=\frac{C_1}{C_1+C_2}e(t)=\frac{1}{3}e(t)$$

Las ecuaciones de variación de la tensión son:

$$e(t)=\frac{100}{0,05}t=2000t \qquad \text{para } 0\le t\le 3$$

$$e(t)=-2000t+200 \qquad \text{para } 3\le t\le 5$$

$$e(t)=2000t-400 \qquad \text{para } 5\le t\le 7$$

Aplicando estas relaciones se obtienen las intensidades de cada rama, para cada uno de los tramos de la función e(t), que se representan en la siguiente tabla:

t	$0\le t\le 50$ms	$50\text{ms}\le t\le 150$ms	$150\text{ms}\le t\le 200$ms
e(t)	2000t	- 2000t+200	2000t - 400
$i_R(t)$	200t	-200t+20	200t - 40
$i_{L1}(t)=$ $=i_{L2}(t)$	$0+\frac{1}{0,08}\int_0^t 200t\,dt=$ $=12500t^2$ $I_L(50)=31,25A$	$31,25+$ $+\frac{1}{0,08}\int_{50}^{t}(-2000t+200)dt=$ $=31,25+12,5(-1000t^2+200t)]_{50}^{t}$ $I_L(150)=31,25A$	$31,25+$ $+\frac{1}{0,08}\int_{150}^{t}(2000t-400)dt=$ $=31,25+12,5(1000t^2-400t)]_{150}^{t}$ $I_L(200)=0A$
$i_{C1}(t)=$ $=i_{C2}(t)$	$0,02\frac{d(2000t)}{dt}=$ $0,02*2000=40A$	$0,02\frac{d(-2000t+200)}{dt}=$ $0,02*(-2000)=-40A$	$0,02\frac{d(2000t-400)}{dt}=$ $=0,02*2000=40A$

Representaciones gráficas:

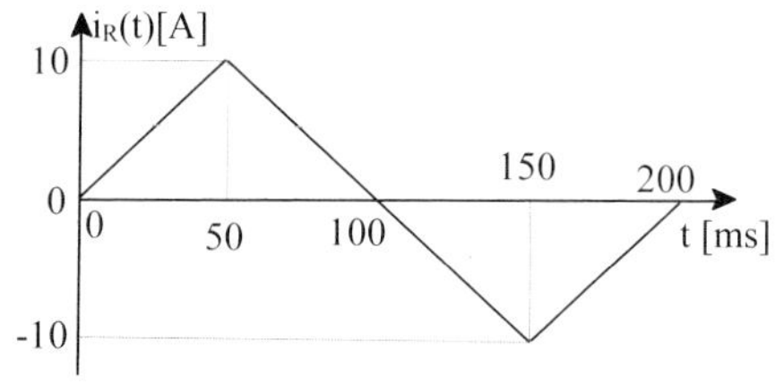

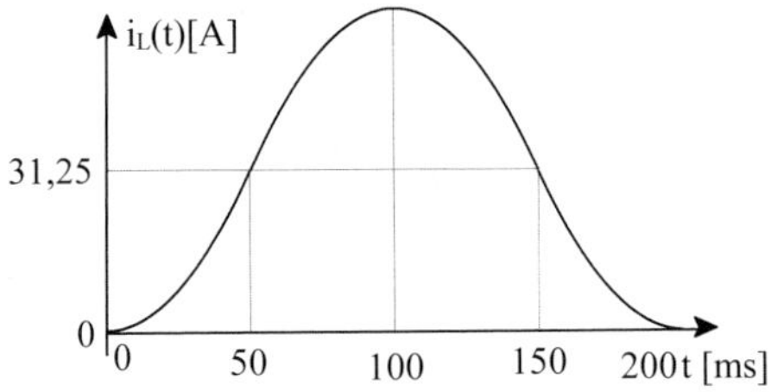

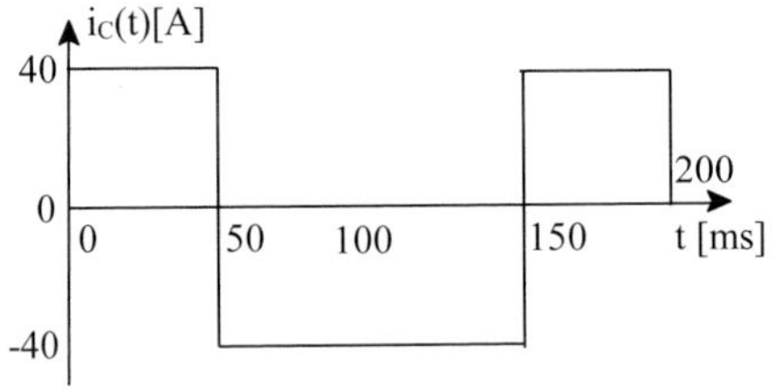

PROBLEMA 2.31

Por la rama de la figura se hace pasar una corriente que aumenta linealmente desde 0 a 20A en 2s, permanece constante a 20A durante 2s y desciende linealmente hasta cero en otros 2s. El condensador y la bobina están inicialmente descargados. Se sabe que la tensión en la bobina y en el condensador para t=1s valen: $u_L(1)$=2V y $u_C(1)$=50V, respectivamente. Determínense:

1) Los valores de L y de C.

2) Expresión analítica y gráfica de las tensiones en cada uno de los elementos pasivos para $t \geq 0$.

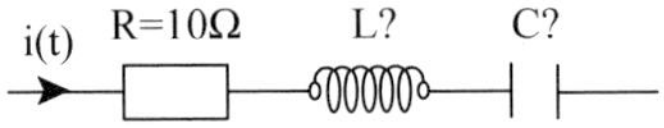

Las ecuaciones que representan esta variación de intensidad y su representación gráfica son:

$$i(t) = \frac{20}{2}t = 10t \qquad \text{para} \quad 0 < t \leq 2s$$
$$i(t) = 20 \qquad \text{para} \quad 2s \leq t \leq 4s$$
$$i(t) = -10t + 60 \qquad \text{para} \quad 4s \leq t \leq 6s$$

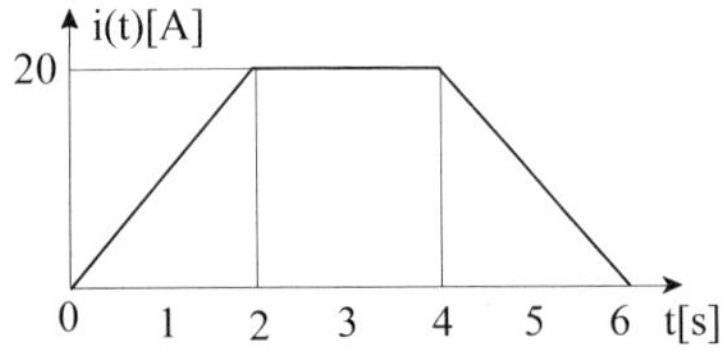

Valores de L y C, (teniendo en cuenta que U_0=0V). Como $u_L(1)$=2V y $u_C(1)$=50V:

$$u_L(t) = L\,\frac{d(10t)}{dt} = L10 = Cte. = 2 \quad \Rightarrow \quad L = \frac{2}{10} = 0{,}2H = 200mH$$

$$u_C(t) = \frac{1}{C}\int 10t\,dt = \frac{10}{C}\frac{t^2}{2} \quad \Rightarrow \quad \text{para t = 1s} \quad \frac{10}{C}\frac{1^2}{2} = 50 \quad C = \frac{10}{100} = 0{,}1F = 100mF$$

Ecuaciones de la tensión en función de la intensidad en cada elemento pasivo:

$$u_R(t) = R\,i(t) \qquad u_L(t) = L\,\frac{di(t)}{dt} \qquad u_C(t) = U_0 + \frac{1}{C}\int i(t)\,dt$$

En la siguiente tabla se recogen las expresiones de las ecuaciones anteriores, para cada uno de los períodos de tiempo en que se ha definido i(t).

t	$0 \leq t \leq 2s$	$2s \leq t \leq 4s$	$4s \leq t \leq 6s$
i(t)	10t	20	-10t+60
$u_R(t)$	100t	200	-100t+600
$u_L(t)$	2	0	-2
$u_C(t)$	$0+\frac{1}{C}\int_0^t idt$ $=\frac{10}{0,1}\frac{t^2}{2}=50t^2$ $U_C(2)=200V$	$U_C(2)+\frac{1}{C}\int_2^t idt=$ $=200+200\,(t-2)$ $U_C(4)=600V$	$U_C(4)+\frac{1}{C}\int_4^t idt=$ $=600+10\left[-5t^2+60t\right]_4^t$ $U_C(6)=800V$

Representaciones gráficas:

En la resistencia

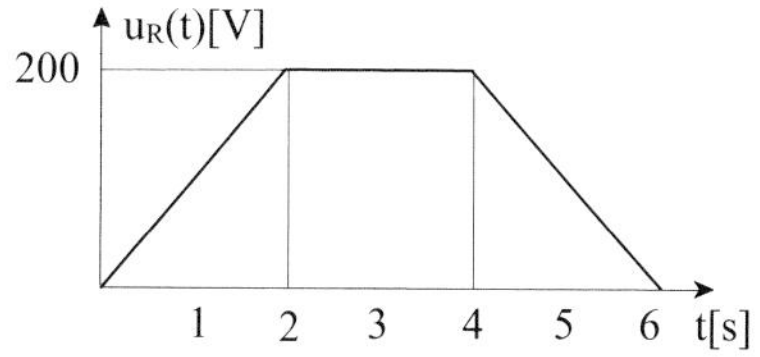

En la bobina

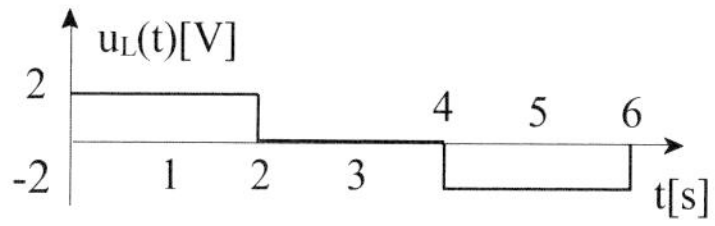

En el condensador

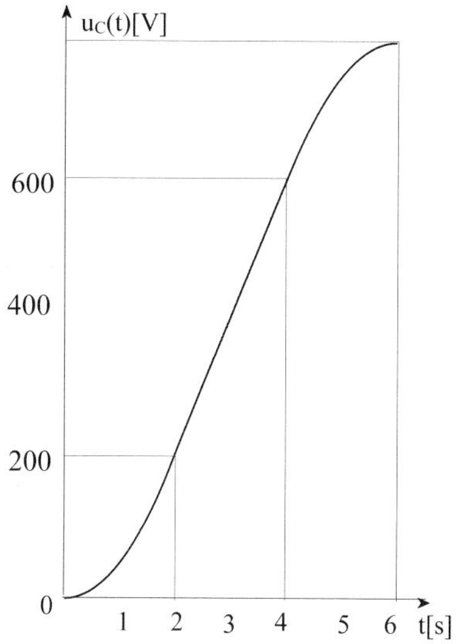

PROBLEMA 2.32

Por el circuito de la figura circula la intensidad i(t) y se sabe que desde el t=0s hasta t=1s el voltímetro registra una lectura de 30V. Desde t=1s hasta t=3s la lectura del voltímetro es cero y desde t=3s hasta t=5s la lectura es -15V. Calcúlese:

a) Exprexión análitica y representación gráfica de la intensidad i(t).

b) Las expresiones analíticas y representaciones gráficas de la intensidad y tensión en cada resistencia y en el condensador.

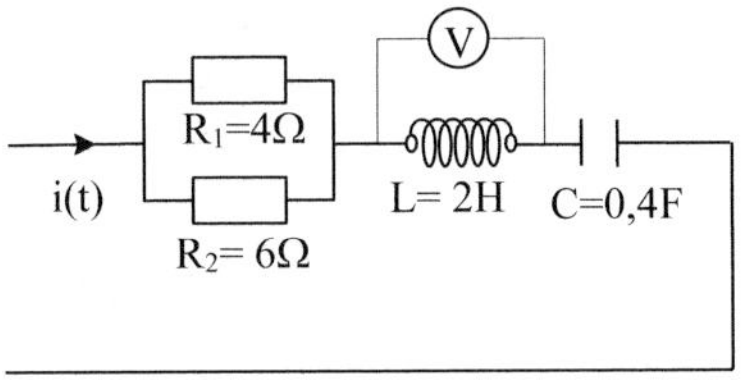

La representación gráfica y expresiones analíticas de la tensión en la bobina son:

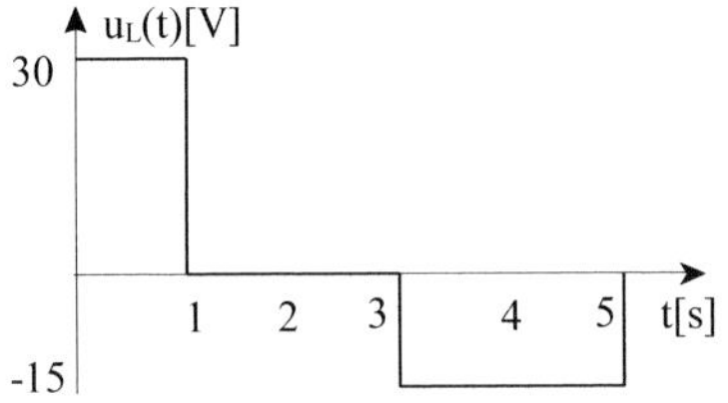

$u_L(t) = 30V$ para $0 \le t \le 1s$

$u_L(t) = 0$ para $1s \le t \le 3s$

$u_L(t) = 15\,V$ para $3s \le t \le 5s$

Las relaciones entre la tensión y la intensidad son:

$$u_L(t) = L\frac{di(t)}{dt} \qquad i_L(t) = I_0 + \frac{1}{L}\int u_L(t)dt$$

Aplicándolas se tienen las siguientes expresiones para la intensidad i(t) y su representación gráfica:

$i(t) = 15t$ para $0 \le t \le 1s$

$i(t) = 15$ para $1s \le t \le 3s$

$i(t) = 15\left[1 - \frac{1}{2}(t-3)\right]$ para $3s \le t \le 5s$

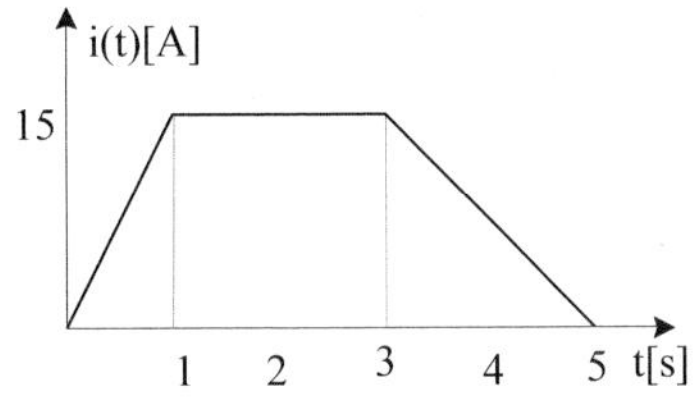

Las relaciones entre la tensión y la intensidad en la resistencia y condensador son:

$$u_R(t) = Ri(t) \qquad u_C(t) = U_0 + \frac{1}{C}\int i(t)dt$$

Para las dos resistencias en paralelo se tiene una resistencia equivalente R_{equ}. La tensión es común a las dos resistencias y la intensidad se reparte, según el divisor de intensidad formada por ellas, en proporción inversamente proporcional a sus valores.

$$R_{equ} = \frac{R_1 R_2}{R_1 + R_2} \qquad i_{R1}(t) = \frac{R_2}{R_1 + R_2} i(t) \qquad i_{R2}(t) = \frac{R_1}{R_1 + R_2} i(t)$$

Para este caso se tendrá:

$$R_{equ} = \frac{4*6}{4+6} = 2{,}4\Omega \qquad i_{R1}(t) = \frac{6}{4+6} i(t) = 0{,}6i(t) \qquad i_{R2}(t) = \frac{4}{4+6} i(t) = 0{,}4i(t)$$

En la siguiente tabla se recogen las expresiones de la intensidad del circuito y de las tensiones en la resistencia y el condensador, para cada uno de los períodos de tiempo.

t	**0≤ t≤ 1**	**1≤ t ≤ 3**	**3≤ t ≤ 5**
i(t)	15 t	15	15 [1 - 2 (t - 3)]
u_R(t)	36 t	36	36 [1 - 2 (t - 3)]
u_C(t)	$0 + \frac{1}{0{,}4}\int_0^t i(t)dt =$ $18{,}75t^2$ $u_C(1) = 18{,}75V$	$18{,}75 + \frac{1}{0{,}4}\int_1^t i(t)dt =$ $18{,}75 + 37{,}5(t-1)$ $u_C(3) = 93{,}75V$	$93{,}75 + \frac{1}{0{,}4}\int_3^t i(t)dt =$ $93{,}75 + 37{,}5\left[(t-3) - \frac{(t-3)^2}{4}\right]$ $u_C(5) = 131{,}25V$

Representaciones gráficas:

Tensión en la resistencia

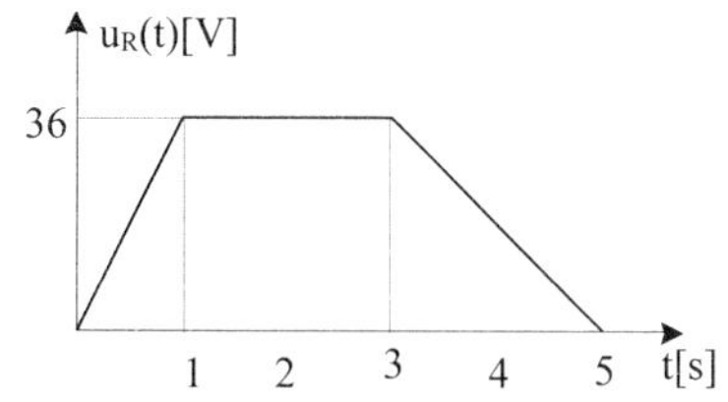

Intensidad en las resistencias

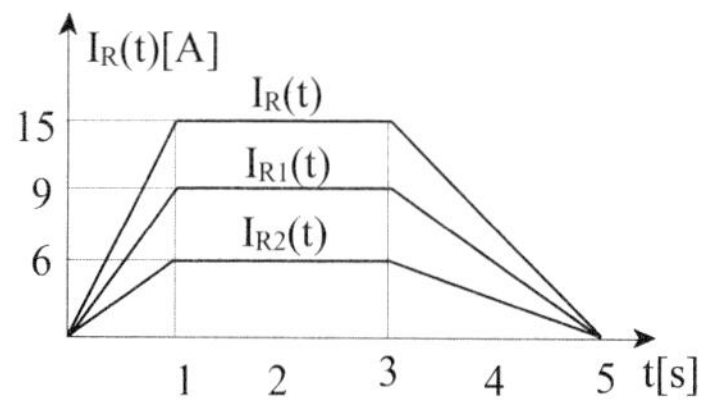

Tensión en el condensador

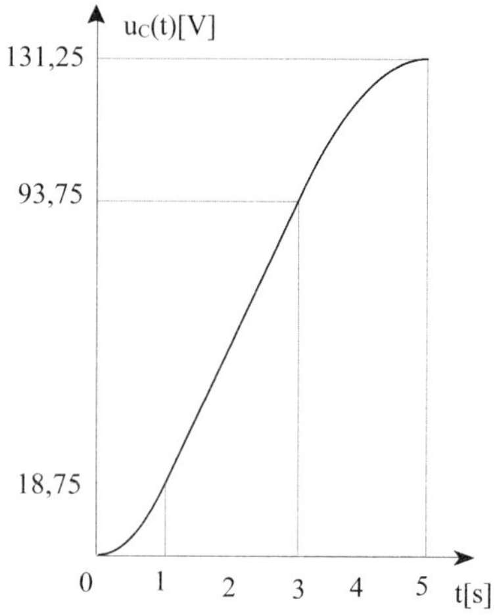

PROBLEMA 2.33

Por la rama AB del circuito de la figura 1 circula una intensidad i(t) que partiendo de cero en t=0s aumenta linealmente durante 2s; con el valor alcanzado en ese instante se mantiene constante durante 2s más y después desciende linealmente hasta el valor cero en otros 3s. Se sabe que el valor de la potencia en la resistencia R para t=3s es 200W. Calcúlese la expresión y representación gráfica de la intensidad y de la tensión en la resistencia, en la bobina y en cada condensador, para t ≥ 0.

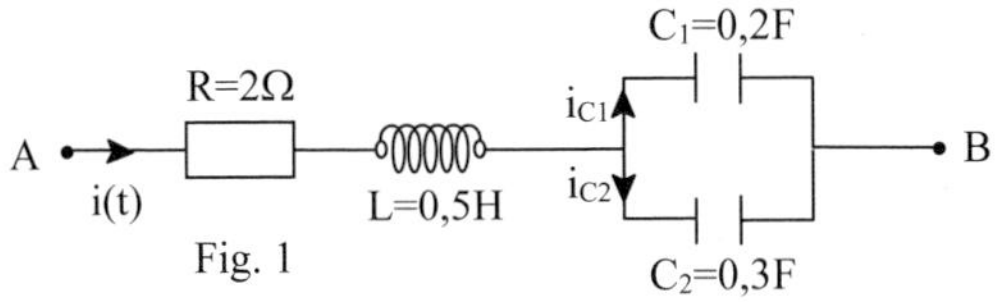

Fig. 1

La gráfica de la evolución de la intensidad debe ser así:

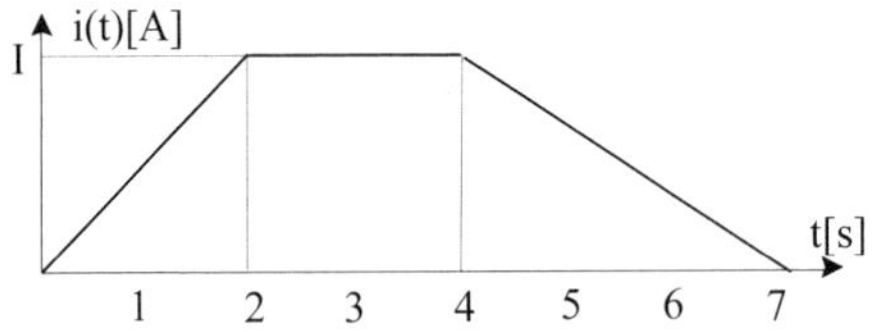

Teniendo en cuenta que la potencia disipada por R en t=3s es 200W y el valor de la intensidad en ese instante es i(3)=I, se tendrá:

$$P_R(3) = R\,I^2 = 200 \qquad I = \sqrt{\frac{P_R(3)}{R}} = \sqrt{\frac{200}{2}} = 10A$$

La ecuación de variación de la intensidad, por tramos, es:

$$i(t) = a\,t = \frac{10}{2}t = 5\,t \qquad \text{para } 0 \le t \le 2s$$

$$i(t) = 10 \qquad \text{para } 2s \le t \le 4s$$

$$i(t) = 10\left[1 - \frac{1}{3}(t-4)\right] \qquad \text{para } 4s \le t \le 7s$$

La tensión es la misma en los dos condensadores y la intensidad se reparte en ellos de forma directamente proporcional a sus capacidades (divisor de intensidad).

$$i_{C1}(t) = i(t)\frac{C_1}{C_1 + C_2} = 0{,}4\,i(t) \qquad i_{C2}(t) = i(t)\frac{C_2}{C_1 + C_2} = 0{,}6\,i(t)$$

Las expresiones a aplicar para el cálculo de tensiones son:

$$u_R(t) = Ri(t) \qquad u_L(t) = L\frac{di(t)}{dt} = 0{,}5\frac{di(t)}{dt}$$

$$u_{C1}(t) = u_{C2}(t) = \frac{1}{C_{equ}}\int i(t)dt = \frac{1}{C_1 + C_2}\int i(t)dt = \frac{1}{0{,}5}\int i(t)dt$$

En la siguiente tabla se recogen las expresiones de las tensiones, para cada uno de los períodos de tiempo en que se ha definido i(t), que resultan de aplicar las ecuaciones anteriores.

t	$0 \le t \le 2$	$2 \le t \le 4$	$4 \le t \le 7$
i(t)	5 t	10	$10\left[1 - \frac{1}{3}(t-4)\right]$
$u_R(t)$	10 t	20	$20\left[1 - \frac{1}{3}(t-4)\right]$
u_L	2,5	0	- 1,66
$u_{Cequ}(t)$	$0 + \frac{1}{0{,}5}\int_0^t 5t\,dt =$ $= 5t^2$ $U_C(2) = 20V$	$20 + \frac{1}{0{,}5}\int_2^t 10\,dt =$ $= 20 + 20(t-2)$ $U_C(4) = 60V$	$60 + \frac{1}{0{,}5}\int_4^t 10\left[1 - \frac{1}{3}(t-4)\right]dt =$ $= 60 + 20(t-4) - \frac{10}{3}(t-4)^2$ $U_C(7) = 90V$

Representaciones gráficas:

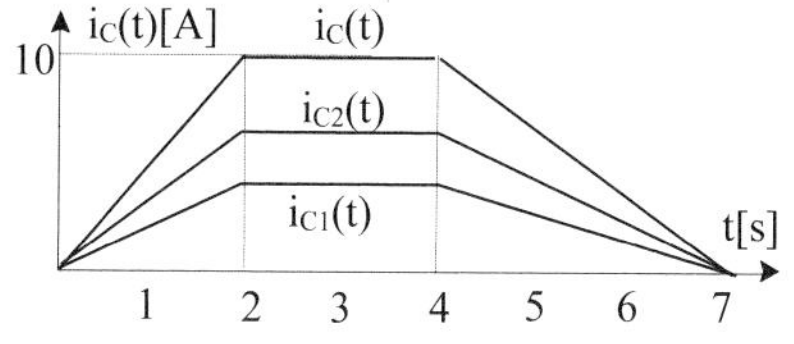

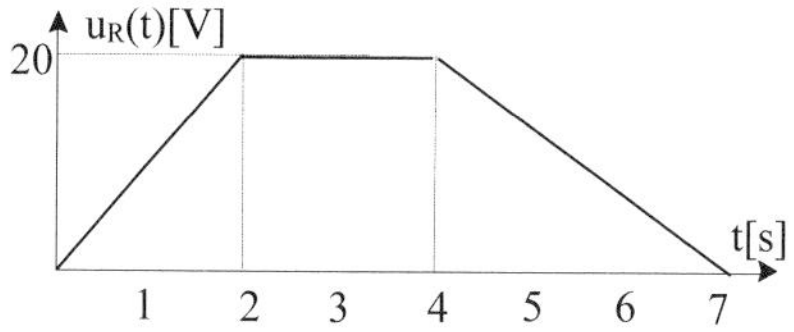

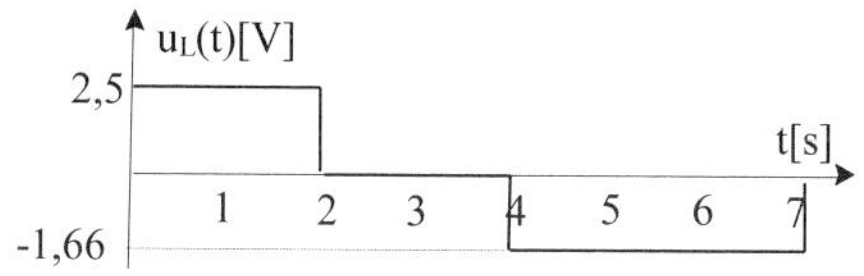

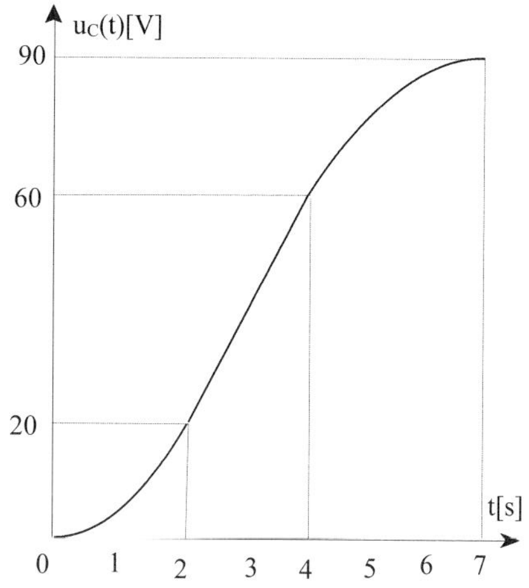

CAPÍTULO 3

Métodos de análisis y resolución de circuitos

PROBLEMA 3.2.M

Para el circuito de la figura:
a) Plantéese el sistema de ecuaciones para su resolución por el método directo de las mallas.
b) Si e_g =9V e i_g =4A resuélvase por el método directo de ecuaciones nodales.

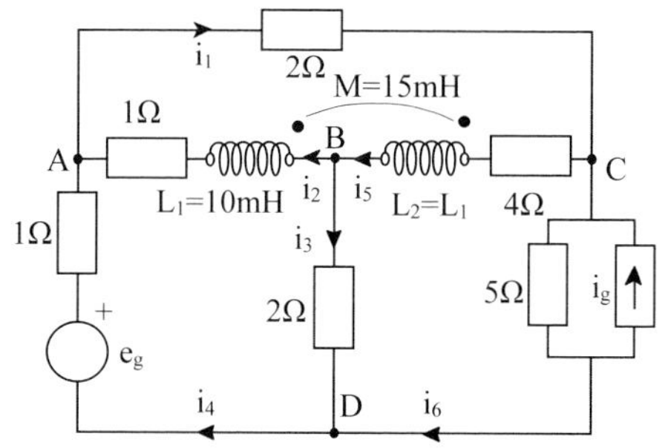

a) Se transforma la rama fuente de intensidad en rama de tensión y queda el circuito siguiente. Las ecuaciones a plantear serán:

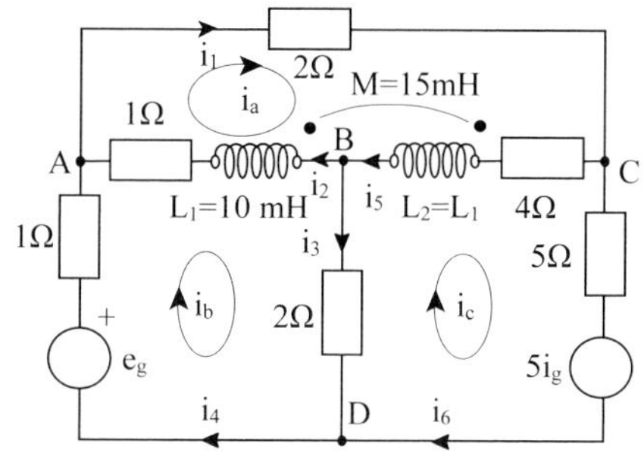

$$Z_{aa}i_a + Z_{ab}i_b + Z_{ac}i_c = e_{ga}$$
$$Z_{ba}i_a + Z_{bb}i_b + Z_{bc}i_c = e_{gb}$$
$$Z_{ca}i_a + Z_{cb}i_b + Z_{cc}i_c = e_{gc}$$

Los valores de las impedancias propias y mutuas y las tensiones de rama son:

$$Z_{aa} = 7 + \left(10^{-2} + 10^{-2} + 2*1,5*10^{-2}\right)D \qquad Z_{ab} = Z_{ba} = -1 - 10^{-2}D - 1,5*10^{-2}D$$
$$Z_{bb} = 4 + 10^{-2}D \qquad Z_{cc} = 11 + 10^{-2}D \qquad Z_{ac} = Z_{ca} = -4 - 10^{-2}D - 1,5*10^{-2}D$$
$$Z_{bc} = Z_{cb} = -2 + 1,5*10^{-2}D$$

$$e_{ga} = 0 \qquad e_{gb} = e_g \qquad e_{gc} = -5i_g$$

Sustituyendo:

$$\left(7+5*10^{-2}D\right)i_a+\left(-1-2{,}5*10^{-2}D\right)i_b+\left(-4-2{,}5*10^{-2}D\right)i_c=0$$
$$\left(-1-2{,}5*10^{-2}D\right)i_a+\left(4+10^{-2}D\right)i_b+\left(-2+1{,}5*10^{-2}D\right)i_c=e_g$$
$$\left(-4-2{,}5*10^{-2}D\right)i_a+\left(-2+1{,}5*10^{-2}D\right)i_b+\left(11+10^{-2}D\right)i_c=-5i_g$$

b) Si las fuentes son de corriente continua (e_g =9V e i_g =4A) las bobinas se comportan como cortocircuitos. Para resolver el circuito por ecuaciones nodales se transforma la rama de fuente de tensión en rama de fuente de intensidad. Tomando el nudo D como de referencia se tiene:

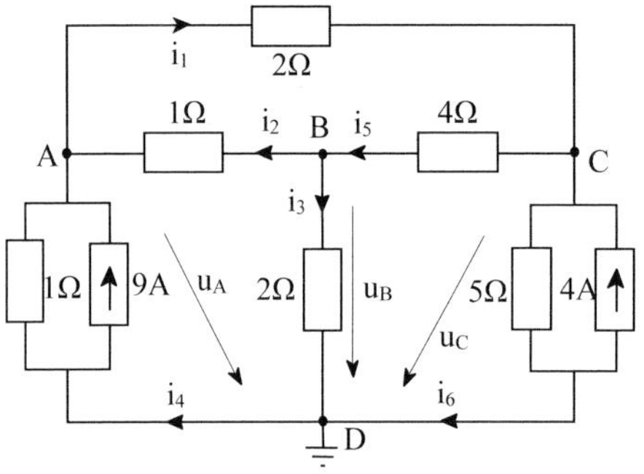

$$Y_{AA}\,u_A-Y_{AB}\,u_B-Y_{AC}\,u_C=i_{gA}$$
$$-Y_{BA}\,u_A+Y_{BB}\,u_B-Y_{BC}\,u_C=i_{gB}$$
$$-Y_{CA}\,u_A-Y_{CB}\,u_B+Y_{CC}\,u_C=i_{gC}$$

$$Y_{AA}=\frac{1}{2}+1+1=\frac{5}{2}\qquad Y_{BB}=1+\frac{1}{2}+\frac{1}{4}=\frac{7}{4}$$
$$Y_{CC}=\frac{1}{2}+\frac{1}{4}+\frac{1}{5}=\frac{19}{20}\qquad Y_{AB}=Y_{BA}=1$$
$$Y_{AC}=Y_{CA}=\frac{1}{2}\qquad Y_{BC}=Y_{CB}=\frac{1}{4}$$

Sustituyendo en las ecuaciones:

$$\left.\begin{array}{l}\frac{5}{2}\,u_A-1u_B\,-\frac{1}{2}\,u_C=9\\ -1u_A+\frac{7}{4}\,u_B-\frac{1}{4}\,u_C=0\\ -\frac{1}{2}u_A-\frac{1}{4}\,u_B+\frac{19}{20}\,u_C=4\end{array}\right\}$$

Resolviendo:
$u_A=8\ V\qquad u_B=6V\qquad u_C=10V$

A partir de estos valores se calculan las tensiones e intensidades para el circuito original.

$$u_3=u_B=6V\qquad u_6=u_C=10V\qquad u_4=-u_A=-8V\qquad u_1=u_A-u_C=-2V$$
$$u_2=u_B-u_A=-2V\qquad u_5=u_C-u_B=4V\qquad u_{R4}=9-u_A=1V$$

$$i_1=\frac{u_1}{2}=-1A\qquad i_2=\frac{u_2}{1}=-2A\qquad i_3=\frac{u_3}{2}=3A\qquad i_4=\frac{u_{R4}}{1}=1A$$
$$i_5=\frac{u_5}{4}=1A\qquad i_{R6}=\frac{u_6}{5}=2A\qquad i_6=i_{R6}-4=-2A$$

PROBLEMA 3.9

Para el circuito de la figura, hállese:
a) Tensión e intensidad en cada una de las ramas.
b) Potencia cedida por cada una de las fuentes de tensión e intensidad.

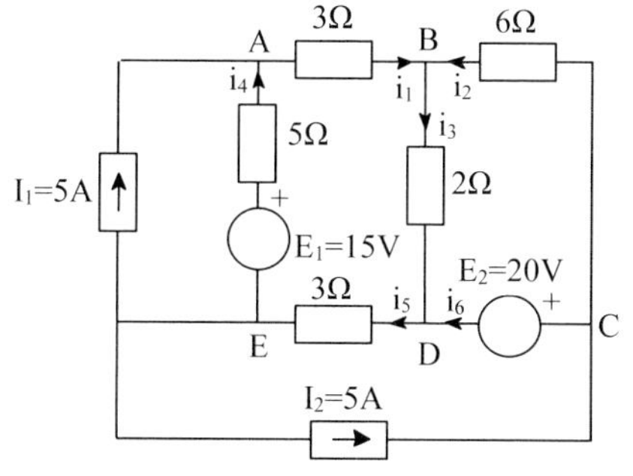

Se transforma el conjunto de las ramas de I_1 y 4 a una sola rama con una fuente de tensión.

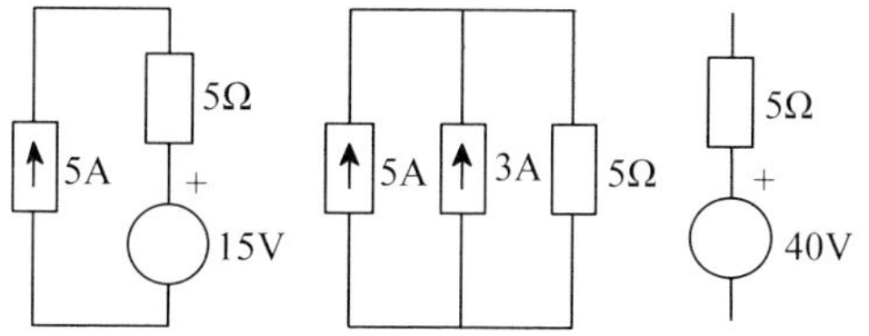

Se transforma el circuito para que solo queden fuentes de tensión.

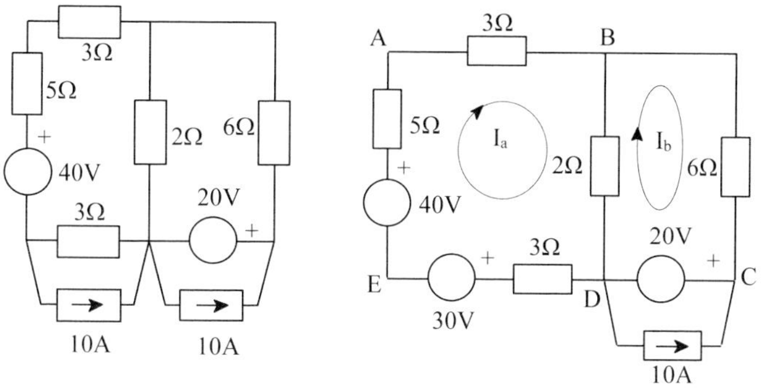

Puede ignorarse la fuente de 10A en paralelo con la de tensión de 20V, pues no afecta a la resolución por mallas. Posteriormente sí debe tenerse en cuenta para calcular la tensión e intensidad de cada rama. Planteando el sistema de ecuaciones de las dos mallas, se tiene:

$$\left.\begin{aligned}40-30=10=13I_a-2I_b\\-20=-2I_a+8I_b\end{aligned}\right\} \qquad \left.\begin{aligned}40=52I_a-8I_b\\-20=-2I_a+8I_b\end{aligned}\right\} \qquad 20=50I_a$$

$$I_a=\frac{20}{50}=0{,}4\,A \qquad I_b=\frac{10-13I_a}{-2}=-2{,}4\,A$$

Y para el circuito original se tiene:

Intensidades de rama

$$i_1=I_a=0{,}4A \quad i_2=-I_b=2{,}4A \quad i_3=i_1+i_2=2{,}8A \quad i_4=i_1-I_1=0{,}4-5=-4{,}6A$$
$$i_5=i_3+i_6=10{,}4A \quad i_6=I_2-i_2=10-2{,}4=7{,}6A$$

Tensiones de rama

$$u_{AB}=3i_1=1{,}2V \quad u_{BC}=-6i_2=-14{,}4V \quad u_{BD}=2i_3=5{,}6V$$
$$u_{DE}=3i_5=31{,}2V \quad u_{AE}=E_1-5i_4=15-(-4{,}6)5=3{,}8V$$
$$u_{EC}=u_{ED}+u_{DC}=-31{,}2-20=-51{,}2V \quad u_{CE}=51{,}2V$$

Cálculo de las **potencias cedidas por las fuentes de energía**.

$$P_{I1}=u_{AE}\,i_1=38*5=190W \quad P_{I2}=u_{CE}\,I_2=51{,}2*10=512W$$
$$P_{E1}=E_1\,i_4=15*(-4{,}6)=-69W \quad P_{E2}=E_2(-i_6)=20*(-7{,}6)=-152W$$

Y se debe cumplir que:

$$P_{I1}+P_{I2}+P_{E1}+P_{E2}=\sum R_iI_i^2=481W$$

PROBLEMA 3.10

Para el circuito de la figura:
a) Plantéense las ecuaciones para su resolución por grupos de corte básicos, de manera que aparezcan como incógnitas las tensiones u_1 y u_2.
b) Determínese la tensión, intensidad y potencia consumida en cada elemento pasivo y las cedidas por las fuentes.

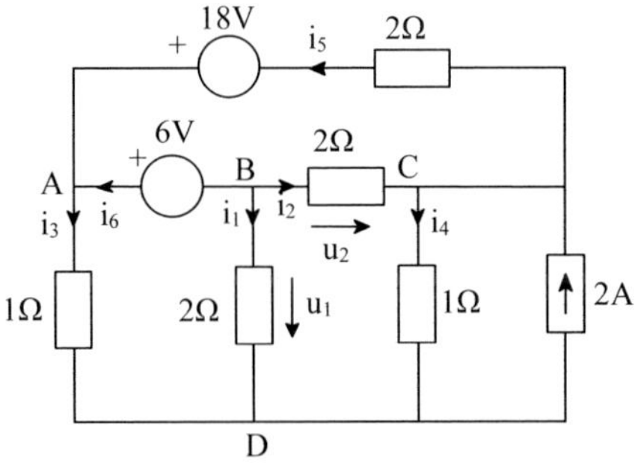

Se hace la transformación de la fuente de tensión de 6V, desdoblándola en las ramas 3 y 5.

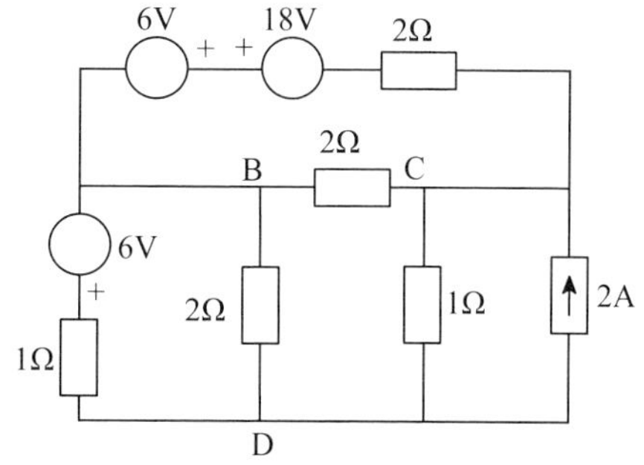

A continuación se transforman las ramas de fuentes de tensión en ramas de fuentes de intensidad.

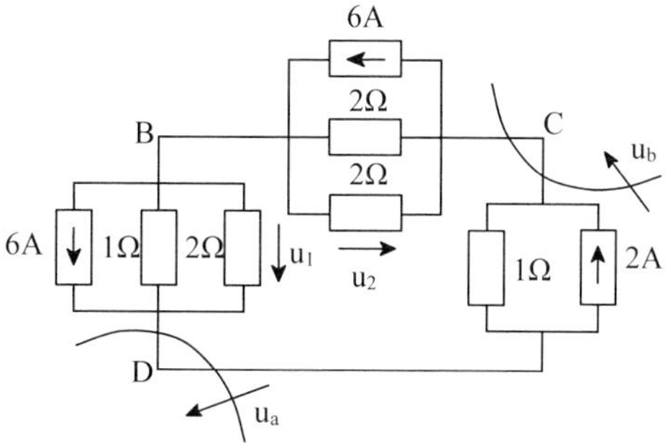

Queda un circuito equivalente, con tres nudos y dos grupos de corte. Sus ecuaciones son:

$$Y_{aa}\,u_a + Y_{ab}\,u_b = i_{ga}$$
$$Y_{ba}\,u_a + Y_{bb}\,u_b = i_{gb}$$

Y los valores de las admitancias e intensidades de los grupos de corte:

$$Y_{aa} = 1 + \frac{1}{2} + 1 = \frac{5}{2} \qquad Y_{bb} = \frac{1}{2} + \frac{1}{2} + 1 = 2 \qquad Y_{ab} = 1$$

$$i_{ga} = -6 + 2 = -4\,A \qquad i_{gb} = 6 - 2 = 4\,A$$

Sustituyendo:

$$\left.\begin{aligned} \frac{5}{2}\,u_a - u_b &= -4 \\ -u_a + 2u_b &= 4 \end{aligned}\right\} \qquad \left.\begin{aligned} 5u_a - 2u_b &= -8 \\ -u_a + 2u_b &= 4 \\ &\text{----------} \\ 4u_a \quad &= -4 \end{aligned}\right\} \qquad \left.\begin{aligned} u_a &= -\frac{4}{4} = -1V \\ u_b &= \frac{4 + u_a}{2} = \frac{3}{2}V \end{aligned}\right\}$$

Y para el circuito original se obtienen las **tensiones e intensidades de las ramas**:

$$u_1 = u_a = -1V \qquad i_1 = \frac{u_1}{2} = -\frac{1}{2}\,A \qquad u_2 = u_b = \frac{3}{2}\,V \qquad i_2 = \frac{u_2}{2} = \frac{3}{4}\,A$$

$$u_3 = 6 + u_1 = 5V \qquad i_3 = \frac{u_3}{1} = 5\,A \qquad u_4 = -u_2 + u_1 = -\frac{5}{2}\,V \qquad i_4 = \frac{u_4}{1} = -\frac{5}{2}\,A$$

$$u_{AC} = 6 + u_2 = \frac{15}{2}V \qquad u_5 = 18 - \frac{15}{2} = \frac{21}{2}\,V \qquad i_5 = \frac{u_5}{2} = \frac{21}{4}\,A \qquad i_6 = i_3 - i_5 = -\frac{1}{4}\,A$$

Potencia consumida por los elementos pasivos:

$$P_R = u_1\,i_1 + u_2\,i_2 + u_3\,i_3 + u_4\,i_4 + u_5\,i_5 = \frac{1}{2} + \frac{9}{8} + 25 + \frac{25}{4} + \frac{441}{8} = \frac{352}{4}\;W$$

Potencia cedida por las fuentes:

$$P_F = 18\,i_5 + 6\,i_6 + u_4\,2 = 18 * \frac{21}{4} - 6 * \frac{1}{4} - \frac{5}{2} * 2 = \frac{352}{4}\;W$$

PROBLEMA 3.11

En el circuito de la figura:

a) Elegir un árbol, definir los lazos básicos y escribir las matrices de conexión ramas-lazos básicos (B) y de impedancia de ramas (Z^r).

b) Resolver el circuito aplicando el sistema directo en el análisis por mallas y hallar las potencias cedidas por las fuentes de alimentación.

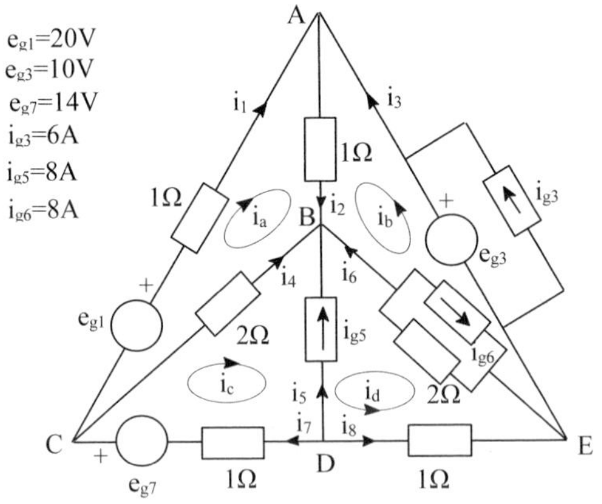

a) Estudio por lazos básicos.

Se elige el árbol formado por las ramas: AB, BC, BD y BE, y se tienen los lazos básicos a, b, c y d.

Matriz de conexión ramas - lazos básicos

$$(B)=\begin{bmatrix} 1 & 0 & 0 & 0 \\ 1 & 1 & 0 & 0 \\ 0 & 1 & 0 & 0 \\ -1 & 0 & 1 & 0 \\ 0 & 0 & -1 & -1 \\ 0 & -1 & 0 & 1 \\ 0 & 0 & 1 & 0 \\ 0 & 0 & 0 & 1 \end{bmatrix}$$

Matriz de impedancias de rama

$$(Z^r)=\begin{bmatrix} 1 & 0 & 0 & 0 & 0 & 0 & 0 & 0 \\ 0 & 1 & 0 & 0 & 0 & 0 & 0 & 0 \\ 0 & 0 & 0 & 0 & 0 & 0 & 0 & 0 \\ 0 & 0 & 0 & 2 & 0 & 0 & 0 & 0 \\ 0 & 0 & 0 & 0 & 0 & 0 & 0 & 0 \\ 0 & 0 & 0 & 0 & 0 & 2 & 0 & 0 \\ 0 & 0 & 0 & 0 & 0 & 0 & 1 & 0 \\ 0 & 0 & 0 & 0 & 0 & 0 & 0 & 1 \end{bmatrix}$$

b) Para resolver el circuito por el método directo de las mallas, se realizan las transformaciones adecuadas para que todas las fuentes sean de tensión. Así, se ignora la fuente i_{g3}, se desdobla la fuente i_{g5} en las ramas 8 y 6 y posteriormente se transforman las ramas de intensidad en ramas de tensión. Esto se ve reflejado en los dos circuitos siguientes:

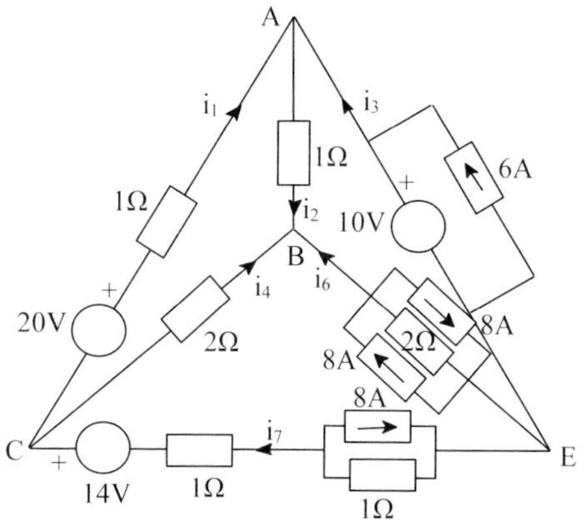

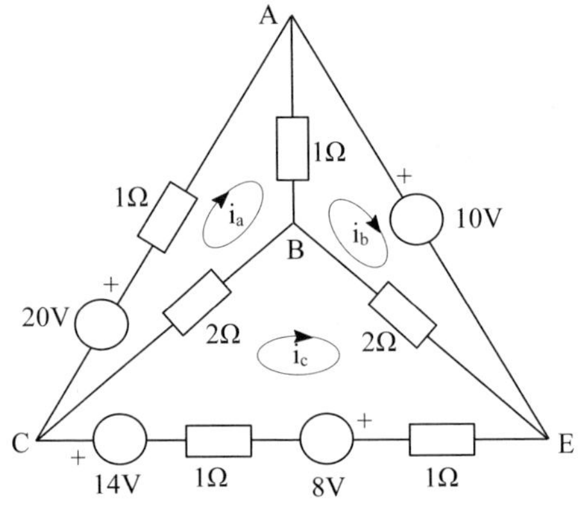

Se tiene el siguiente sistema de ecuaciones, así como su particularización para los valores de este circuito.

$$Z_{aa}\, i_a + Z_{ab}\, i_b + Z_{ac}\, i_c = e_{ga} \qquad 4i_a - i_b - 2i_c = 20$$
$$Z_{ba}\, i_a + Z_{bb}\, i_b + Z_{bc}\, i_c = e_{gb} \qquad -i_a + 3i_b - 2i_c = -10$$
$$Z_{ca}\, i_a + Z_{cb}\, i_b + Z_{cc}\, i_c = e_{gc} \qquad -2i_a - 2i_b + 6i_c = 6$$

Resolviéndolo:

$$\begin{array}{lll} 4i_a - i_b - 2i_c = 20 & -3i_a + 9i_b - 6i_c = -30 & 5i_a - 4i_b = 30 \\ i_a - 3i_b + 2i_c = 10 & -2i_a - 2i_b + 6i_c = 6 & -5i_a + 7i_b = -24 \\ \text{-----------} & \text{-----------} & \text{-----------} \\ 5i_a - 4i_b = 30 & -5i_a + 7i_b = -24 & 3i_b = 6 \end{array}$$

$$i_a = 7{,}6\,A \qquad i_b = 2\,A \qquad i_c = \frac{(4i_a - i_b - 20)}{2} = 4{,}2\,A$$

Intensidades de rama en el circuito original:

$$i_1 = i_a = 7{,}6\,A \qquad i_3 = -i_b = -2\,A \qquad i_2 = i_a - i_b = 5{,}6\,A \qquad i_4 = i_a - i_c = -3{,}4\,A$$
$$i_5 = 8\,A \qquad i_6' = i_b - i_c = -2{,}2\,A \qquad i_7 = i_c = 4{,}2\,A \qquad i_8 = -i_5 - i_7 = -12{,}2\,A$$
$$i_6 = i_6' - 8A = -10{,}2\,A \qquad i_{eg3} = i_3 - 6 = -8\,A \qquad i_{R6} = 8 + i_6 = -2{,}2\,A$$

Cálculo de las potencias cedidas por las fuentes:

$$U_{R6} = 2*(-2{,}2) = -4{,}4V \qquad U_{BD} = U_{BC} + U_{CD} = 2(-i_4) + 14 - 1\,i_7 = 16{,}6V$$

$$P_{eg1} = 20\, i_1 = 20*7{,}6 = 152W \qquad P_{eg3} = 10\, i_{g3} = 10*(-8) = -80W$$
$$P_{eg7} = 14 i_7 = 58{,}8W \qquad P_{ig3} = 6*10 = 60W$$
$$P_{ig5} = U_{BD}\, i_{g5} = 16{,}6*8 = 132{,}8W \qquad P_{ig6} = 8(-4{,}4) = -35{,}2W$$

PROBLEMA 3.11.M

En el circuito de la figura 1:

a) Plantéense las ecuaciones para su resolución por el método directo de análisis por mallas.

b) Resuélvase para el caso en que: e_{g1}=20V, e_{g3}=10V, e_{g7}=14V, i_{g5}=8A, i_{g6}=8A y calcúlense las potencias cedidas por las fuentes de alimentación.

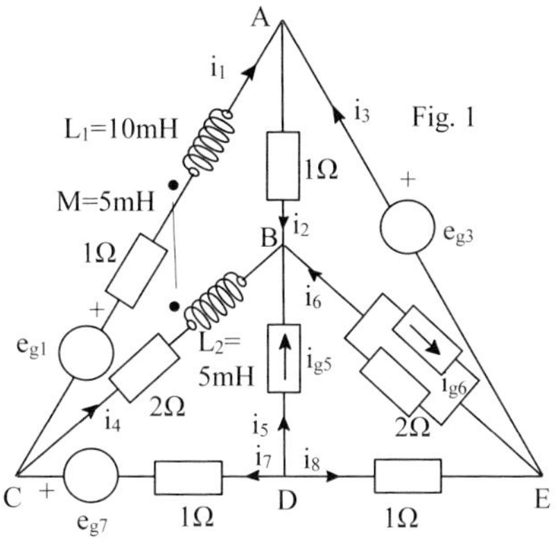

a) Resolución por el método directo de las mallas. Para ello todas las fuentes deben ser de tensión. Se desdobla la fuente i_{g5} en las ramas 8 y 6 (fig. 2). Posteriormente se transforman las ramas de fuentes de intensidad en ramas de fuentes de tensión (fig. 3). Como las fuentes i_{g5} e i_{g6} son iguales y de sentido contrario, la rama 6 estará compuesta solo por una resistencia de 2Ω.

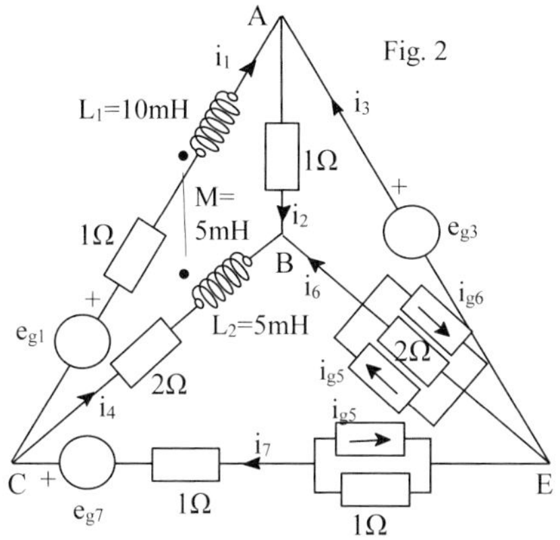

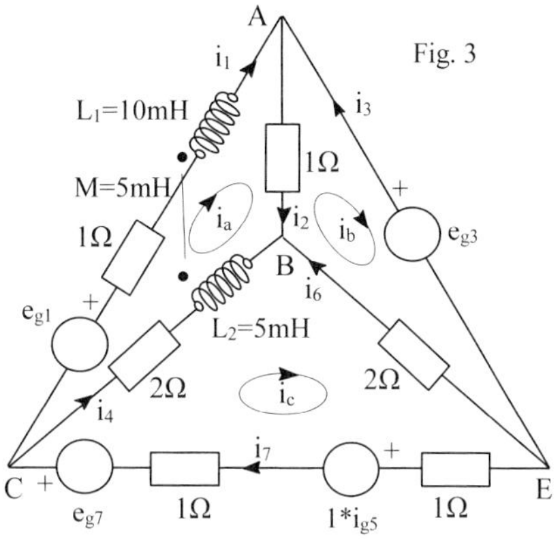

Se tienen tres mallas, a, b y c. Se plantean las ecuaciones y se obtienen sus términos:

$$Z_{aa}i_a + Z_{ab}i_b + Z_{ac}i_c = e_{ga} \qquad [4+(L_1+L_2-2M)D]i_a - i_b + [-2+(-L_2+M)D]i_c = e_{g1}$$

$$Z_{ba}i_a + Z_{bb}i_b + Z_{bc}i_c = e_{gb} \qquad -i_a + 3i_b - 2i_c = -e_{g3}$$

$$Z_{ca}i_a + Z_{cb}i_b + Z_{cc}i_c = e_{gc} \qquad [-2+(-L_2+M)D]i_a - 2i_b + (6+L_2D)i_c = -1*i_{g5}$$

b) Si las fuentes de excitación son de corriente continua las bobinas se comportan como cortocircuitos. El circuito de la figura 3 pasa a ser el de la figura 4. Las ecuaciones ahora serán:

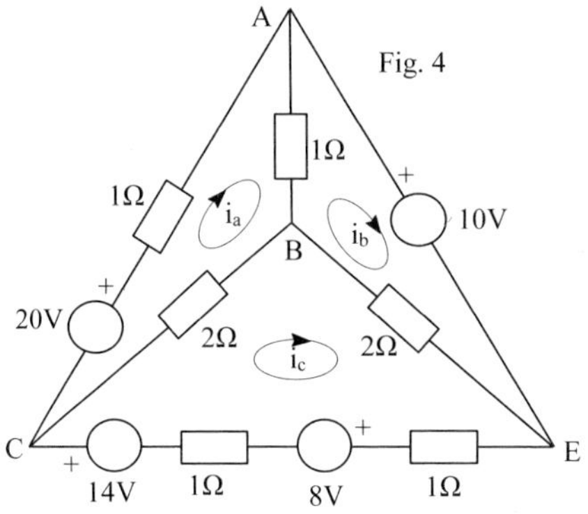

Fig. 4

$$4i_a - i_b - 2i_c = 20$$
$$-i_a + 3i_b - 2i_c = -10$$
$$-2i_a - 2i_b + 6i_c = 6$$

Resolviendo:

$$\begin{array}{ll} 4i_a - i_b - 2i_c = 20 & -3i_a + 9i_b - 6i_c = -30 \\ i_a - 3i_b + 2i_c = 10 & -2i_a - 2i_b + 6i_c = 6 \\ \hline 5i_a - 4i_b \quad = 30 & -5i_a + 7i_b \quad = -24 \end{array}$$

$$\left.\begin{array}{l} 5i_a - 4i_b = 30 \\ -5i_a + 7i_b = -24 \end{array}\right\} \quad i_a = 7{,}6\,A \quad i_b = 2\,A \quad i_c = \frac{(4i_a - i_b - 20)}{2} = 4{,}2\,A$$

Intensidades de rama en el circuito original:

$$i_1 = i_a = 7{,}6\,A \quad i_3 = -i_b = -2\,A \quad i_2 = i_a - i_b = 5{,}6\,A \quad i_4 = i_a - i_c = -3{,}4\,A$$
$$i_5 = 8\,A \quad i_6' = i_b - i_c = -2{,}2\,A \quad i_7 = i_c = 4{,}2\,A \quad i_8 = -i_5 - i_7 = -12{,}2\,A$$
$$i_6 = i_6' - 8A = -10{,}2\,A \quad i_{eg3} = i_3 = -2\,A \quad i_{R6} = 8 + i_6 = -2{,}2\,A$$

Cálculo de las potencias cedidas por las fuentes:

$$U_{R6} = 2*(-2{,}2) = -4{,}4V \qquad U_{BD} = U_{BC} + U_{CD} = 2(-i_4) + 14 - 1\,i_7 = 16{,}6V$$

$$P_{eg1} = 20\,i_1 = 20*7{,}6 = 152W \qquad P_{eg3} = 10\,i_{g3} = 10*(-2{,}2) = -22W$$
$$P_{eg7} = 14i_7 = 58{,}8W \qquad P_{ig5} = U_{BD}\,i_{g5} = 16{,}6*8 = 132{,}8W$$
$$P_{ig6} = 8(-4{,}4) = -35{,}2W$$

PROBLEMA 3.12

Para el circuito de la figura calcúlense las tensiones e intensidades para cada uno de los elementos, así como la potencia suministrada por las fuentes y la absorbida por las resistencias.

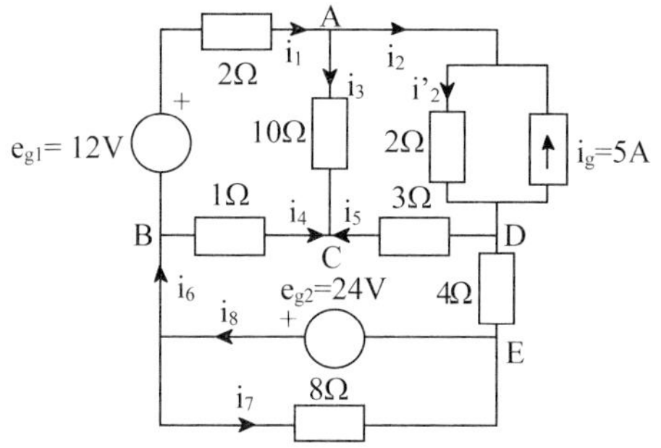

Se va a utilizar el análisis por mallas. Para ello se transforma la rama de fuente de intensidad en rama de fuente de tensión y se prescinde de la resistencia de 8Ω en paralelo con la fuente de 24V, pues no tiene influencia en el resto del circuito. Queda un circuito con tres mallas:

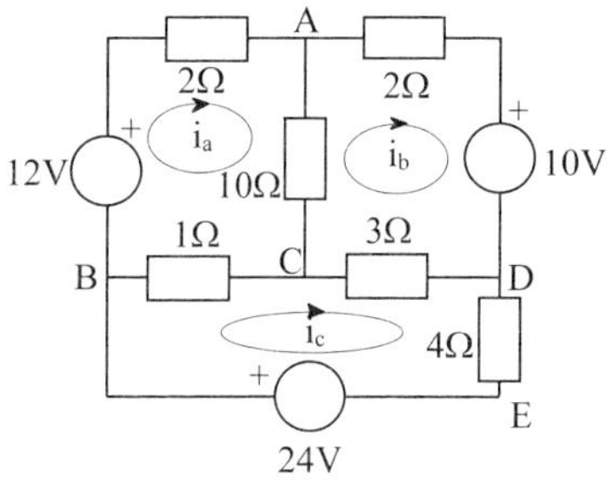

Se tienen las ecuaciones:

$$Z_{aa}i_a - Z_{ab}i_b - Z_{ac}i_c = e_{ga}$$
$$-Z_{ba}i_a + Z_{bb}i_b - Z_{bc}i_c = e_{gb}$$
$$-Z_{ca}i_a - Z_{cb}i_b + Z_{cc}i_c = e_{gc}$$

Identificando términos se tiene:

$$13i_a - 10i_b - i_c = 12$$
$$-10i_a + 15i_b - 3i_c = 12$$
$$-i_a - 3i_b + 8i_c = 24$$

Y resolviendo por Cramer:

$$i_a = \frac{\begin{vmatrix} 12 & -10 & -1 \\ -10 & 15 & -3 \\ 24 & -3 & 8 \end{vmatrix}}{\begin{vmatrix} 13 & -10 & -1 \\ -10 & 15 & -3 \\ -1 & -3 & 8 \end{vmatrix}} = \frac{1582}{568} = 2{,}78A$$

$$i_b = \frac{\begin{vmatrix} 13 & 12 & -1 \\ -10 & -10 & -3 \\ -1 & 24 & 8 \end{vmatrix}}{568} = \frac{1142}{568} = 2A \qquad i_c = \frac{\begin{vmatrix} 13 & -10 & 12 \\ -10 & 15 & -10 \\ -1 & -3 & 24 \end{vmatrix}}{568} = \frac{2330}{568} = 4{,}1A$$

A partir de estos valores se calculan las tensiones e intensidades para el circuito original.

Intensidades de rama:

$$i_1 = i_a = 2{,}78\,A \qquad i_2 = i_b = 2\,A \qquad i_3 = i_a - i_b = 0{,}78\,A$$
$$i_4 = i_c - i_a = 1{,}32\,A \qquad i_5 = i_b - i_c = -2{,}1\,A \qquad i_6 = i_c = 4{,}1\,A$$

La intensidad en la resistencia de 8Ω en paralelo con la fuente de 24V será:

$$i_7 = \frac{24}{8} = 3\,A \quad \text{Y la intensidad total de esta fuente:} \quad i_{eg2} = i_8 = i_6 + i_7 = 7{,}1\,A$$
$$i_2^{'} = i_2 + 5 = 7\,A$$

Tensiones de rama:

$$u_1 = -12 + 2i_1 = 6{,}44V \qquad u_2 = 2i_2^{'} = 14V \qquad u_3 = 10i_3 = 7{,}8V$$
$$u_4 = 1i_4 = 1{,}32V \qquad u_5 = 3i_5 = -6{,}3V \qquad u_{DE} = 4i_6 = 16{,}4V$$

Cálculo de potencias:

$$P_{eg1} = e_{g1}\, i_1 = 33{,}36W \qquad P_{eg2} = e_{g2}\, i_8 = 170{,}14W \qquad P_{ig} = i_g\, u_2 = 70W$$

$$\sum P_R = 2i_1^2 + 2i'^2_2 + 10i_3^2 + 1i_4^2 + 3i_5^2 + 4i_6^2 + 8i_7^2 = 273{,}5W$$
$$\sum P_{eg} = \sum Ri^2 = 273{,}5W$$

PROBLEMA 3.13

Para el circuito de la figura se pide:

a) Elegir un árbol, definir los grupos de corte básicos y escribir las matrices de conexión ramas-grupos de corte básicos (Q) y de admitancias de ramas (Y^r).

b) Resolver el circuito aplicando el sistema directo en el análisis por nudos y hallar las potencias cedidas por las fuentes de alimentación.

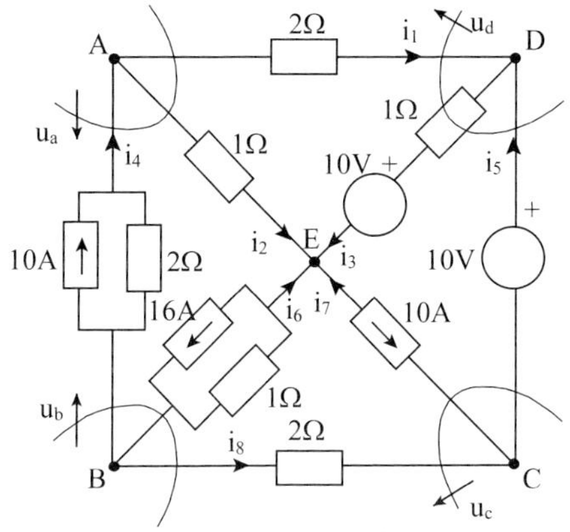

a) Se elige el árbol formado por las ramas: AE, BE, CE y DE.

Matriz de conexión ramas-grupos de corte Matriz de admitancia de ramas

$$
(Q)=\begin{bmatrix} 1 & 0 & 0 & -1 \\ 1 & 0 & 0 & 0 \\ 0 & 0 & 0 & 1 \\ -1 & 1 & 0 & 0 \\ 0 & 0 & 1 & -1 \\ 0 & 1 & 0 & 0 \\ 0 & 0 & 1 & 0 \\ 0 & 1 & -1 & 0 \end{bmatrix}
\qquad
(Y^r)=\begin{bmatrix} 1/2 & 0 & 0 & 0 & 0 & 0 & 0 & 0 \\ 0 & 1 & 0 & 0 & 0 & 0 & 0 & 0 \\ 0 & 0 & 1 & 0 & 0 & 0 & 0 & 0 \\ 0 & 0 & 0 & 1/2 & 0 & 0 & 0 & 0 \\ 0 & 0 & 0 & 0 & 0 & 0 & 0 & 0 \\ 0 & 0 & 0 & 0 & 0 & 1 & 0 & 0 \\ 0 & 0 & 0 & 0 & 0 & 0 & 1 & 0 \\ 0 & 0 & 0 & 0 & 0 & 0 & 0 & 1/2 \end{bmatrix}
$$

b) Para resolver el circuito por el método directo de los nudos, se realizan los siguientes cambios:

1. Desdoblamiento de la rama 5 para conseguir fuentes de tensión con elementos pasivos en serie

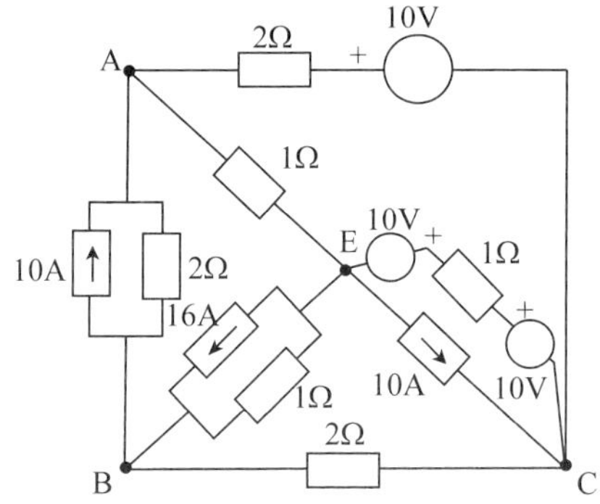

2. Transformación de las ramas de tensión en ramas de intensidad

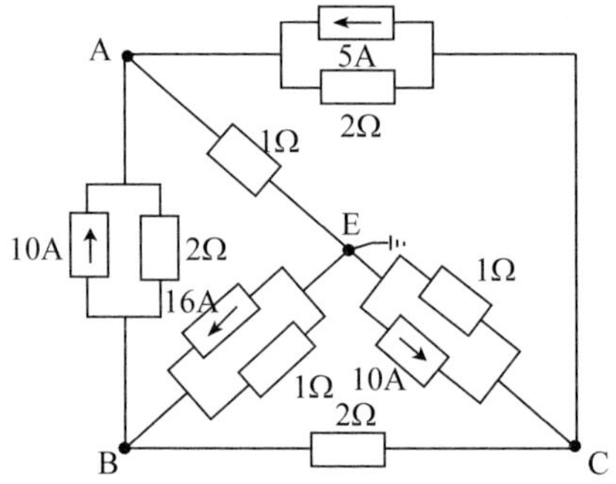

Considerando el nudo E como referencia se tienen las ecuaciones:

$$
\begin{aligned}
Y_{AA}\,u_A - Y_{AB}\,u_B - Y_{AC}\,u_C &= i_{gA}\\
-Y_{BA}\,u_A + Y_{BB}\,u_B - Y_{BC}\,u_C &= i_{gB}\\
-Y_{CA}\,u_A - Y_{CB}\,u_B + Y_{CC}\,u_C &= i_{gC}
\end{aligned}
\qquad
\left.
\begin{aligned}
\left(\frac{1}{2}+1+\frac{1}{2}\right)u_A - \frac{1}{2}\,u_B - \frac{1}{2}\,u_C &= 15\\
-\frac{1}{2}\,u_A + \left(\frac{1}{2}+1+\frac{1}{2}\right)u_B - \frac{1}{2}\,u_C &= 6\\
-\frac{1}{2}\,u_A - \frac{1}{2}\,u_B + \left(\frac{1}{2}+1+\frac{1}{2}\right)u_C &= 5
\end{aligned}
\right\}
$$

Resolviendo el sistema de ecuaciones:

$$u_A = 11{,}2V \qquad u_B = 7{,}6V \qquad u_C = 7{,}2V$$

A partir de estos valores se calculan las tensiones e intensidades para el circuito original.

$$
\begin{aligned}
&u_{AC} = u_A - u_C = 4V \qquad u_2 = u_A = 11{,}2V \qquad u_6 = u_B = 7{,}6V\\
&u_7 = u_C = 7{,}2V \qquad u_1 = u_{AC} + u_5 = -6V \qquad u_5 = -10V\\
&u_3 = -u_5 + u_7 = 17{,}2V \qquad u_4 = u_6 - u_2 = -3{,}6V \qquad u_8 = u_6 - u_7 = 0{,}4V
\end{aligned}
$$

$$i_1 = \frac{u_1}{2} = -3A \qquad i_2 = \frac{u_2}{1} = 11{,}2A \qquad i_3 = \frac{u_3 - 10}{1} = 7{,}2A$$

$$i_{R4} = \frac{u_4}{2} = -1{,}8A \qquad i_4 = 10 - 1{,}8 = 8{,}2A \qquad i_5 = i_3 - i_1 = 10{,}2A$$

$$i_{R6} = \frac{u_6}{1} = 7{,}6A \qquad i_6 = 7{,}6 - 16 = -8{,}4A \qquad i_7 = -10A \qquad i_8 = \frac{u_8}{2} = 0{,}2A$$

Potencia cedida por las fuentes:

$P_{eg3} = 10(-i_3) = -7{,}2W \qquad P_{eg5} = 10\,i_5 = 102\,W \qquad P_{ig4} = 10(-u_4) = 36W$

$P_{ig6} = 16u_6 = 121{,}6W \qquad P_{ig7} = 10u_7 = 72W$

PROBLEMA 3.14

Resuélvase el circuito de la figura por el método de los nudos y realícese el balance de potencias.

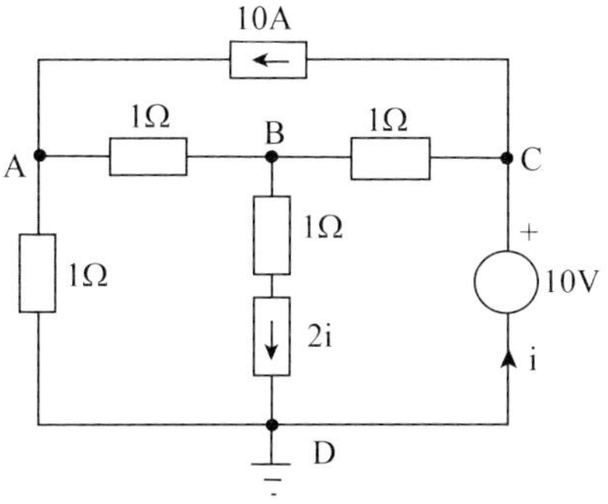

Se toma el nudo D como referencia. Al plantear las ecuaciones se ignora la resistencia de 1Ω en serie con la fuente de intensidad dependiente 2i. Se tiene:

$$2\,u_A - u_B = 10$$
$$-u_A + 2\,u_B - u_C = -2\,i$$
$$u_C = 10$$
$$u_A = -i$$

Se tienen tres incógnitas, que son u_A, u_B e i. Resolviendo el sistema se tiene:

$$i = -30\,A \qquad u_A = 30V \qquad u_B = 50V$$

Y para las otras ramas:

$$u_{BD} = 50 = 1\,(2i) - u_{2i} \qquad u_{2i} = -50 + 1*2\,(-30) = -110\,V$$
$$u_{BA} = u_B - u_A = 20\,V \qquad u_{BC} = u_B - u_C = 40V$$

Potencia cedida por las fuentes:

$P_{10A} = 10\,u_{AC} = \;200\,W$

$P_{10V} = 10\,i = \;-300\,W$

$P_{2i} = 60\,(-u_{2i}) = 6600\,W$

$\sum P_F = \qquad 6500\,W$

Potencia consumida por los elementos pasivos:

$$\sum P_R = \frac{u_{AD}^2}{1} + \frac{u_{BA}^2}{1} + \frac{u_{BC}^2}{1} + 1\,(2i)^2 = 30^2 + 20^2 + 40^2 + (-60)^2 = 6500W$$

Como puede comprobarse:

$$\sum P_F = \sum P_R = 6500W$$

PROBLEMA 3.15

Hállese la impedancia operacional Z(D) entre los puntos A y B del dipolo de la figura.

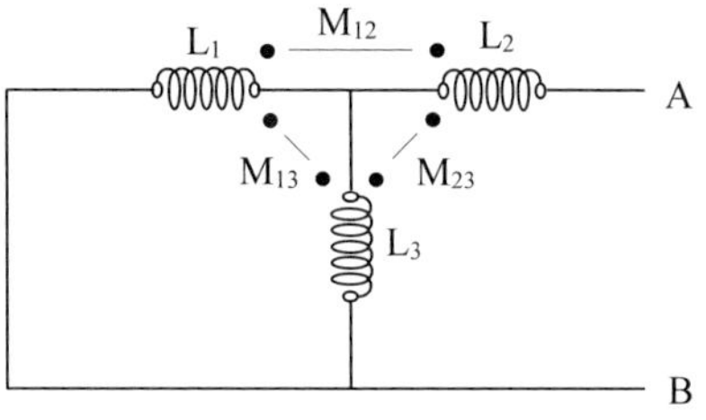

Si se considera el dipolo conectado a una fuente de tensión tal como indica la siguiente figura, se tendrá:

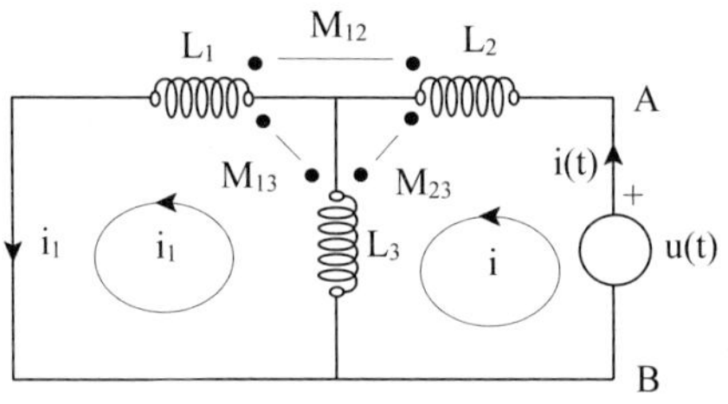

$$Z(D) = \frac{u(t)}{i(t)}$$

Las ecuaciones para la resolución por mallas de este circuito son:

$$(L_1 + L_3 - 2M_{13})D\ i_1 + (-L_3 - M_{12} + M_{23} + M_{13})D\ i = 0$$
$$(-L_3 - M_{12} + M_{23} + M_{13})D\ i_1 + (L_2 + L_3 - 2M_{23})D\ i = u$$

Realizando los cambios y sustituciones adecuadas se deja u = f(i).

$$\left[-\frac{(-L_3 - M_{12} + M_{23} + M_{13})^2\ D}{L_1 + L_3 - M_{13}} + (L_2 + L_3 - 2M_{23})D\right] i = u$$

Y finalmente:

$$Z(D) = \frac{u}{i} = \left[L_2 + L_3 - 2M_{23} - \frac{(-L_3 - M_{12} + M_{23} + M_{13})^2}{L_1 + L_3 - M_{13}}\right] D$$

Otra forma de resolverlo. Puede considerarse el siguiente circuito:

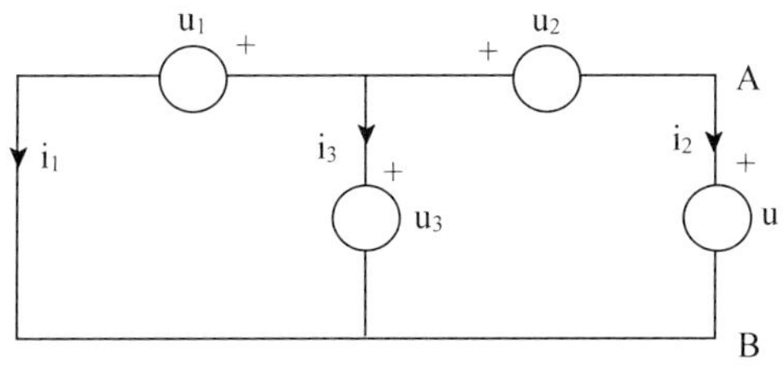

En forma matricial, las relaciones entre las tensiones de cada bobina y las intensidades, en función de las inductancias propias y comunes, son:

$$\begin{bmatrix} u_1 \\ u_2 \\ u_3 \end{bmatrix} = \begin{bmatrix} L_1 D & M_{12} D & M_{13} D \\ M_{12} D & L_2 D & M_{23} D \\ M_{13} D & M_{23} D & L_3 D \end{bmatrix} \begin{bmatrix} i_1 \\ i_2 \\ i_3 \end{bmatrix}$$

Aplicando las leyes de Kirchhoff al circuito:

$$0 = u_3 - u_1 \qquad 0 = u + u_2 - u_3 \qquad i = -i_2 \qquad i_1 + i_3 = -i_2$$

Se tienen las ecuaciones:

$$0 = M_{13}\, D\, i_1 - M_{23}\, D\, i + L_3\, D\, i_3 - L_1\, D\, i_1 + M_{12}\, D\, i_1 - M_{13}\, D\, i_3$$
$$0 = u - M_{12}\, D\, i_1 - L_2\, D\, i + M_{23}\, D\, i_3 - M_{13}\, D\, i_1 + M_{23}\, D\, i - L_3\, D\, i_3$$
$$i = i_1 + i_3 \qquad i_3 = i - i_1$$

Ordenando, se tienen de nuevo las ecuaciones:

$$\left(L_1 + L_2 - 2M_{13}\right) D\, i_1 + \left(-L_3 - M_{12} + M_{23} + M_{13}\right) D\, i = 0$$
$$\left(-L_3 - M_{12} + M_{23} + M_{13}\right) D\, i_1 + \left(L_2 + L_3 - 2M_{23}\right) D\, i = u$$

PROBLEMA 3.16

Para el circuito de la figura, escríbanse las ecuaciones para su resolución por el método directo de: a) mallas, b) nudos.

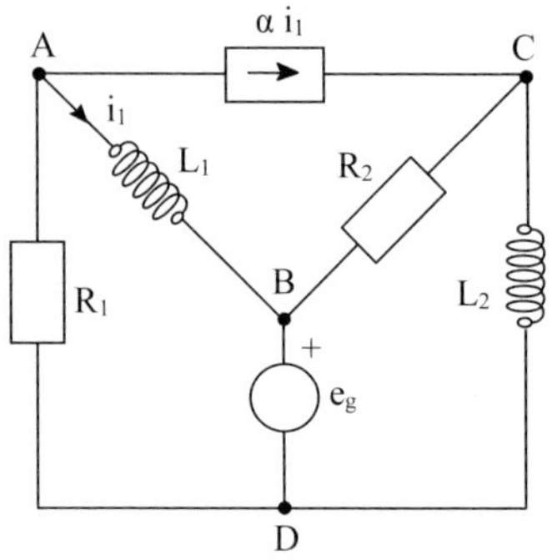

a) Por mallas. Se hacen las siguientes transformaciones:

1. Desdoblamiento de la rama de la fuente de intensidad dependiente αi_1, para que se tengan ramas de fuentes de intensidad con elementos pasivos en paralelo.

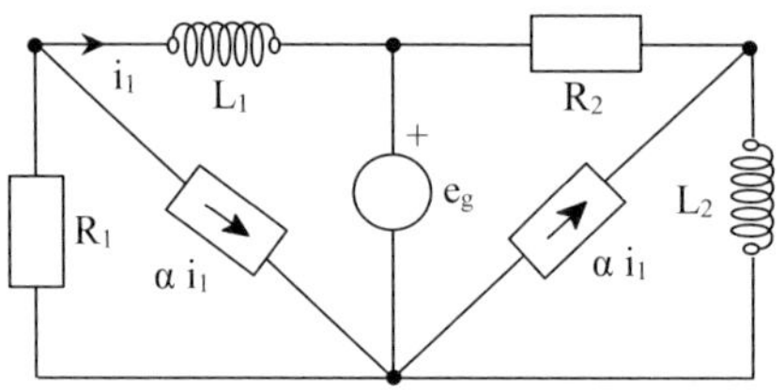

2. Transformación de las ramas de fuentes de intensidad en ramas de fuentes de tensión.

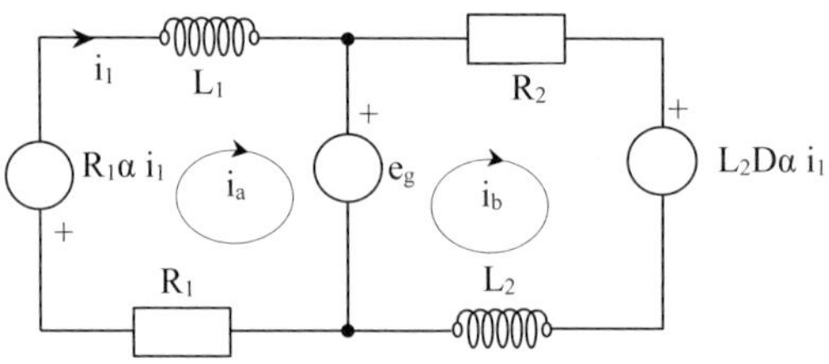

Se obtiene un circuito equivalente con dos mallas. Las ecuaciones para su resolución son:

$$\begin{aligned} Z_{aa}\, i_a - Z_{ab}\, i_b &= e_{ga} \\ -Z_{ba}\, i_a + Z_{bb}\, i_b &= e_{gb} \end{aligned} \qquad i_a = i_1$$

Las impedancias y fuentes de excitación de mallas son:

$$Z_{aa} = L_1 D + R_1 \qquad Z_{bb} = L_2 D + R_2 \qquad Z_{ab} = Z_{ba} = 0$$
$$e_{ga} = -R_1\, \alpha\, i_a - e_g \qquad e_{gb} = e_g - L_2 D\, \alpha\, i_a$$

Y sustituyendo:

$$\left.\begin{array}{l}(L_1 D + R_1)\, i_a - 0\, i_b = -R_1 \alpha\, i_a - e_g \\ -0\, i_a + (L_2 D + R_2)\, i_b = e_g - L_2 D\, \alpha\, i_a\end{array}\right\} \qquad \left.\begin{array}{l}(L_1 D + R_1 + R_1\, \alpha)\, i_a = -e_g \\ L_2 D\, \alpha\, i_a + (L_2 D + R_2)\, i_b = e_g\end{array}\right\}$$

b) Por nudos. Se hacen las siguientes transformaciones:

1. Desdoblamiento de la fuente de tensión e_g en las ramas de L_1 y R_2, consiguiendo así tener fuentes de tensión con elementos pasivos en serie.

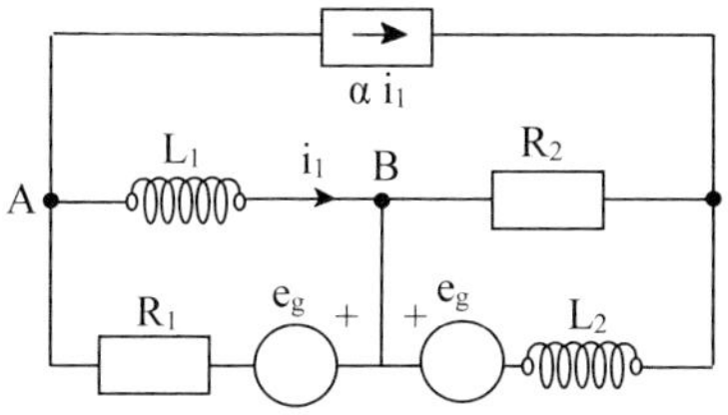

2. Transformación de las ramas de fuentes de tensión en ramas de fuentes de intensidad.

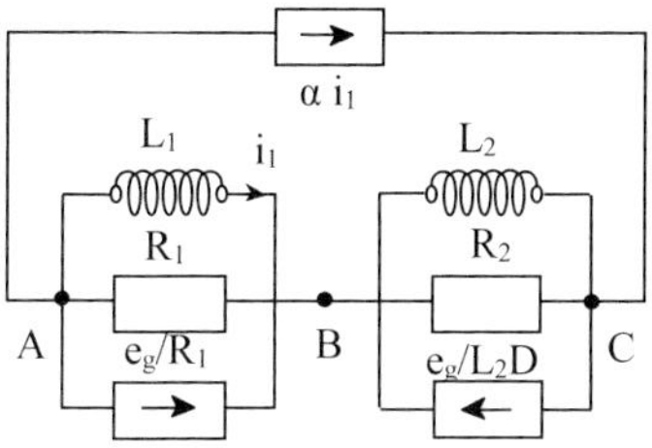

Se obtiene un circuito equivalente con tres nudos. Considerando el nudo A como referencia, las ecuaciones para su resolución son:

$$Y_{BB}\, u_B - Y_{BC}\, u_C = i_{gA}$$
$$-Y_{CB}\, u_B + Y_{CC}\, u_C = i_{gC}$$

Las admitancias y fuentes de intensidad de excitación de los nudos son:

$$Y_{BB} = \left(\frac{1}{R_1} + \frac{1}{L_1 D} + \frac{1}{R_2} + \frac{1}{L_2 D}\right) \qquad Y_{CC} = \left(\frac{1}{R_2} + \frac{1}{L_2 D}\right)$$
$$Y_{BC} = Y_{CB} = \left(\frac{1}{R_2} + \frac{1}{L_2 D}\right) \qquad i_{gB} = e_g\left(\frac{1}{R_1} + \frac{1}{L_2 D}\right) \qquad i_{gC} = \alpha\, i_1 - \frac{e_g}{L_2 D}$$

Y sustituyendo:

$$\left(\frac{1}{R_1}+\frac{1}{L_1D}+\frac{1}{R_2}+\frac{1}{L_2D}\right)u_B-\left(\frac{1}{R_2}+\frac{1}{L_2D}\right)u_C=e_g\left(\frac{1}{R_1}+\frac{1}{L_2D}\right)$$

$$-\left(\frac{1}{R_2}+\frac{1}{L_2D}-\frac{\alpha}{L_1D}\right)u_B+\left(\frac{1}{R_2}+\frac{1}{L_2D}\right)u_C=-\frac{e_g}{L_2D} \qquad \text{pues: } i_1=-\frac{u_B}{L_1D}$$

PROBLEMA 3.17

Para el circuito de la figura, escríbanse las ecuaciones para su resolución, por los métodos directos de: a) mallas, b) nudos.

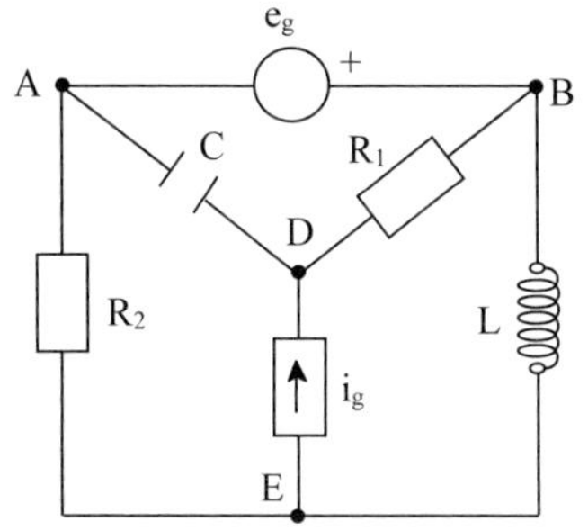

a) Por mallas. Se realizan las siguientes transformaciones:

1. Desdoblamiento de la rama de la fuente de intensidad i_g en las ramas de L y R_1, para conseguir fuentes de intensidad con elementos pasivos en paralelo.

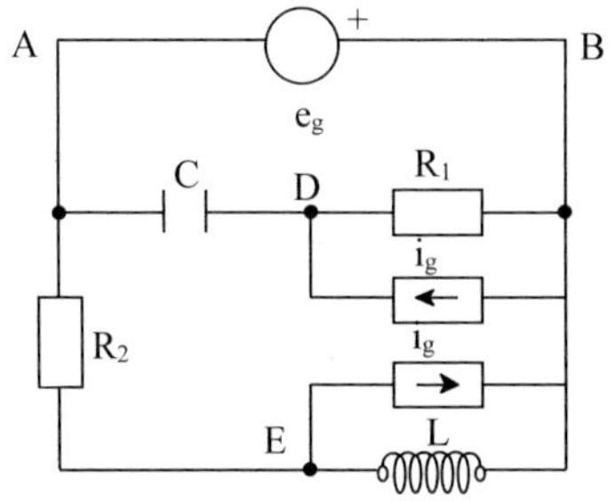

2. Transformación de las ramas de fuente de intensidad en ramas de fuente de tensión.

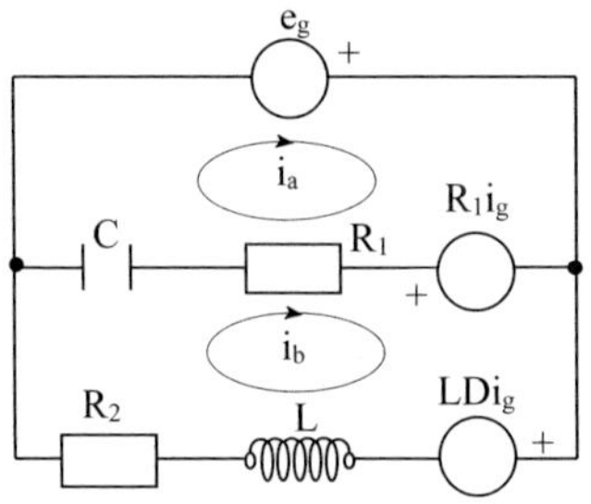

Las ecuaciones de las dos mallas del circuito son:

$$Z_{aa}\, i_a - Z_{ab}\, i_b = e_{ga}$$
$$-Z_{ba}\, i_a + Z_{bb}\, i_b = e_{gb}$$

Las impedancias y tensiones de excitación de malla son:

$$Z_{aa} = R_1 + \frac{1}{CD} \qquad Z_{bb} = R_1 + R_2 + LD + \frac{1}{CD} \qquad Z_{ab} = Z_{ba} = R_1 + \frac{1}{CD}$$

$$e_{ga} = e_g + R_1\, i_g \qquad e_{gb} = -(R_1 + LD)\, i_g$$

Y sustituyendo:

$$\left(R_1 + \frac{1}{CD}\right) i_a - \left(R_1 + \frac{1}{CD}\right) i_b = e_g + R_1\, i_g$$
$$-\left(R_1 + \frac{1}{CD}\right) i_a + \left(R_1 + R_2 + LD + \frac{1}{CD}\right) i_b = -(R_1 + LD)\, i_g$$

b) Por nudos. Se procede de forma dual a la anterior.

1. Desdoblamiento de e_g en las ramas de L y R_1 para conseguir fuentes de tensión con elementos pasivos en serie.

2. Transformación de ramas de fuentes de tensión en ramas de fuentes de intensidad.

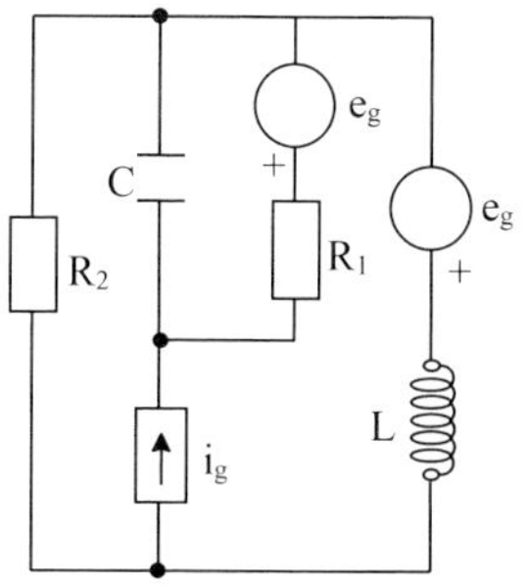

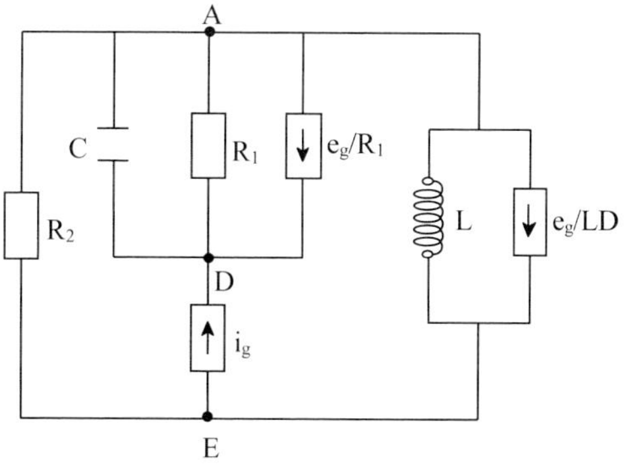

Tomando el nudo E como referencia se tienen las ecuaciones:

$$Y_{AA}\, u_A - Y_{AD}\, u_D = i_{gA}$$
$$-Y_{DA}\, u_A + Y_{DD}\, u_D = i_{gD}$$

Las admitancias e intensidades de excitación de los nudos son:

$$Y_{AA} = \frac{1}{R_1} + \frac{1}{R_2} + CD + \frac{1}{LD} \qquad Y_{DD} = \frac{1}{R_1} + CD$$

$$Y_{AD} = Y_{DA} = \frac{1}{R_1} + CD \qquad i_{gA} = -e_g\left(\frac{1}{R_1} + \frac{1}{LD}\right) \qquad i_{gD} = i_g + \frac{e_g}{R_1}$$

Y sustituyendo:

$$\left(\frac{1}{R_1}+\frac{1}{R_2}+CD+\frac{1}{LD}\right)u_A-\left(\frac{1}{R_1}+CD\right)u_D=-e_g\left(\frac{1}{R_1}+\frac{1}{LD}\right)$$

$$-\left(\frac{1}{R_1}+CD\right)u_A+\left(\frac{1}{R_1}+CD\right)u_D=i_g+\frac{e_g}{R_1}$$

PROBLEMA 3.18

Para el problema 3.3, hágase el planteamiento para la resolución del circuito por grupos de corte (ecuaciones nodales).

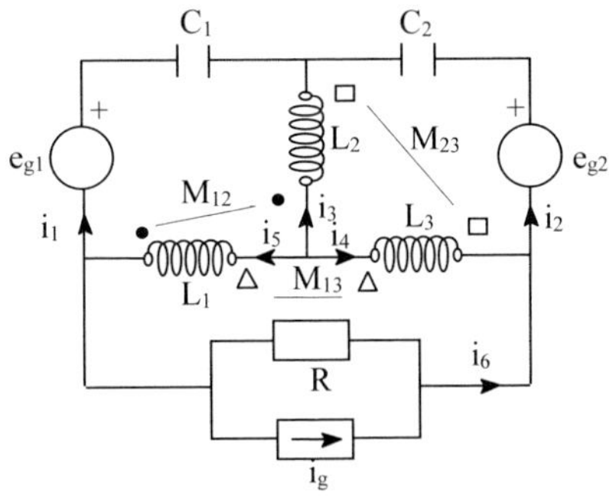

Aunque para el método general no es necesario hacerlo, se transforman las ramas de fuentes de tensión en ramas de fuentes de intensidad, obteniéndose el siguiente circuito equivalente:

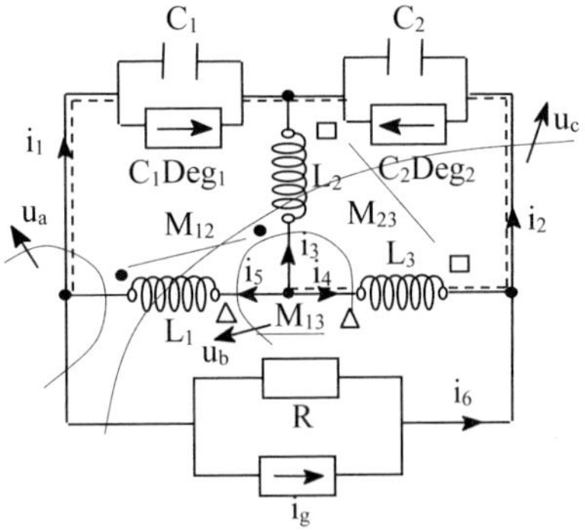

Se ha escogido el árbol formado por las ramas 1,2 y 4 y se tienen las tensiones de corte u_a, u_b y u_c. Las ecuaciones para su resolución en forma matricial son:

$$(B)^t\left(Y^r\right)(B)\left(u^C\right)=(B)^t\left[\left(i_g^r\right)-\left(Y^r\right)\left(e_g^r\right)\right]$$

Las matrices que intervienen son:

$$(B)=\begin{bmatrix}1&0&0\\0&0&1\\0&1&1\\0&1&0\\-1&1&1\\1&0&-1\end{bmatrix}\qquad (e_g)=\begin{bmatrix}0\\0\\0\\0\\0\\0\end{bmatrix}\qquad (i_g)=\begin{bmatrix}-C_1D*e_{g1}\\-C_2D*e_g^2\\0\\0\\0\\-i_g\end{bmatrix}\qquad (u^C)=\begin{bmatrix}u_a\\u_b\\u_c\end{bmatrix}$$

Para la matriz [Y^r], se escribe primero la matriz [Z^r] y de ella se obtiene su inversa.

$$(Z^r)=\begin{bmatrix}\frac{1}{C_1D}&0&0&0&0&0\\0&\frac{1}{C_2D}&0&0&0&0\\0&0&L_2D&M_{23}D&-M_{12}D&0\\0&0&M_{23}D&L_3D&M_{13}D&0\\0&0&-M_{12}D&M_{13}D&L_1D&0\\0&0&0&0&0&R\end{bmatrix}$$

$$(Y^r)=(Z^r)^{-1}=\begin{bmatrix}C_1D&0&0&0&0&0\\0&C_2D&0&0&0&0\\0&0&\frac{[L_2D]}{K}&\frac{[M_{23}D]}{K}&\frac{[-M_{12}D]}{K}&0\\0&0&\frac{[M_{23}D]}{K}&\frac{[L_3D]}{K}&\frac{[M_{13}D]}{K}&0\\0&0&\frac{[-M_{12}D]}{K}&\frac{[M_{13}D]}{K}&\frac{[L_1D]}{K}&0\\0&0&0&0&0&\frac{1}{R}\end{bmatrix}$$

Siendo:

$$K = \begin{vmatrix} L_2D & M_{23}D & -M_{12}D \\ M_{23}D & L_3D & M_{13}D \\ -M_{12}D & M_{13}D & L_1D \end{vmatrix}$$

PROBLEMA 3.19

Para el circuito de la figura, plantéese:
a) El sistema matricial para su estudio por lazos básicos.
b) El sistema de ecuaciones directo para su estudio por mallas.

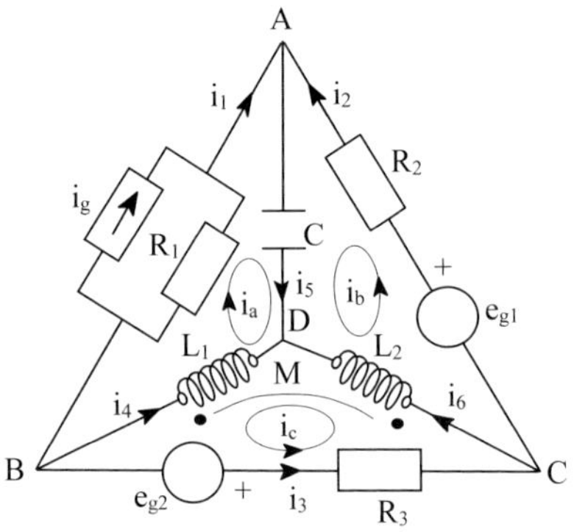

a) Estudio por lazos básicos. Se elige el árbol formado por las ramas 4, 5 y 6. La ecuación matricial y las matrices que en ella intervienen son:

$$(B)^t\left(Z^r\right)(B)\left(i^l\right)=(B)^t\left[\left(e_g^r\right)-\left(Z^r\right)\left(i_g^r\right)\right]$$

$$\left(i^l\right)=\begin{bmatrix} i_a \\ i_b \\ i_c \end{bmatrix} \qquad \left(Z^r\right)=\begin{bmatrix} R_1 & 0 & 0 & 0 & 0 & 0 \\ 0 & R_2 & 0 & 0 & 0 & 0 \\ 0 & 0 & R_3 & 0 & 0 & 0 \\ 0 & 0 & 0 & L_1D & 0 & MD \\ 0 & 0 & 0 & 0 & \dfrac{1}{CD} & 0 \\ 0 & 0 & 0 & MD & 0 & L_2D \end{bmatrix}$$

$$(B)=\begin{bmatrix}1 & 0 & 0\\0 & 1 & 0\\0 & 0 & 1\\-1 & 0 & -1\\1 & 1 & 0\\0 & -1 & 1\end{bmatrix}\qquad (e_g^r)=\begin{bmatrix}0\\e_{g1}\\e_{g2}\\0\\0\\0\end{bmatrix}\qquad (i_g^r)=\begin{bmatrix}-i_g\\0\\0\\0\\0\\0\end{bmatrix}$$

La matriz de impedancias de lazo es:

$$(B)^t\,(Z^r)(B)=(Z^l)=\begin{bmatrix}R_1+L_1D+\dfrac{1}{CD} & MD+\dfrac{1}{CD} & L_1D-MD\\ \dfrac{1}{CD}+MD & R_2+\dfrac{1}{CD}+L_2D & MD-L_2D\\ L_1D-MD & MD-L_2D & R_3+L_1D-2MD+L_2D\end{bmatrix}$$

b) Resolución por mallas. Se transforma la fuente de intensidad real en otra equivalente de tensión.

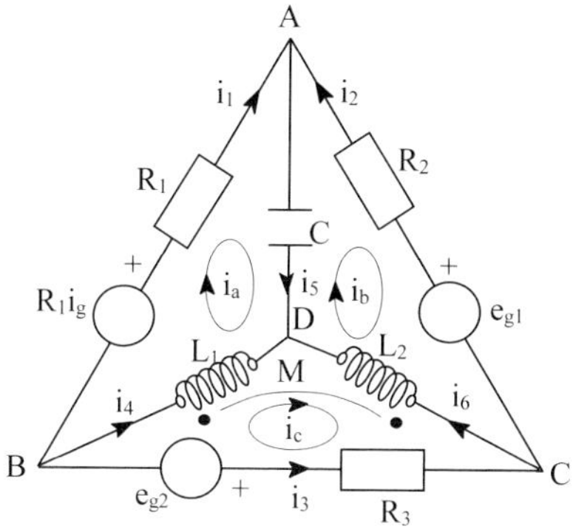

Las ecuaciones son:

$$Z_{aa}\,i_a-Z_{ab}\,i_b-Z_{ac}\,i_c=e_{ga}\qquad e_{ga}=R_1\,i_g$$
$$-Z_{ba}\,i_a+Z_{bb}\,i_b-Z_{bc}\,i_c=e_{gb}\qquad e_{gb}=-\,e_{g1}$$
$$-Z_{ca}\,i_a+Z_{cb}\,i_b-Z_{cc}\,i_c=e_{gc}\qquad e_{gc}=-e_{g2}$$

$$\left(R_1+\frac{1}{CD}+L_1D\right)i_a-\left(\frac{1}{CD}+MD\right)i_b-(L_1D-MD)\,i_c=R_1\,i_g$$
$$-\left(\frac{1}{CD}+MD\right)i_a+\left(R_2+\frac{1}{CD}+L_2D\right)i_b-(L_2D-MD)\,i_c=-e_{g1}$$
$$-(L_1D-MD)\,i_a-(L_2D-MD)\,i_b+(R_3+L_1D+L_2D-2MD)\,i_c=-e_{g2}$$

PROBLEMA 3.19.M

Para el circuito de la figura, plantéese:

a) El sistema de ecuaciones directo para su estudio por mallas.

b) Resuélvase el circuito y calcúlense las potencias cedidas por las fuentes si $e_{g1}=20V$; $e_{g2}=30V$; $i_g=8A$.

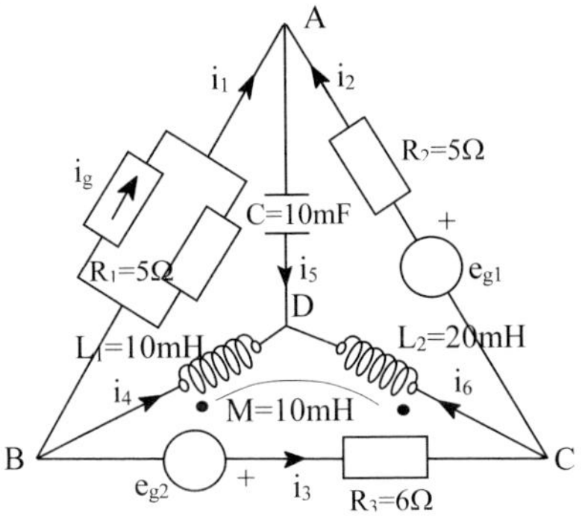

a) Resolución por mallas. Se transforma la fuente de intensidad real en otra equivalente de tensión.

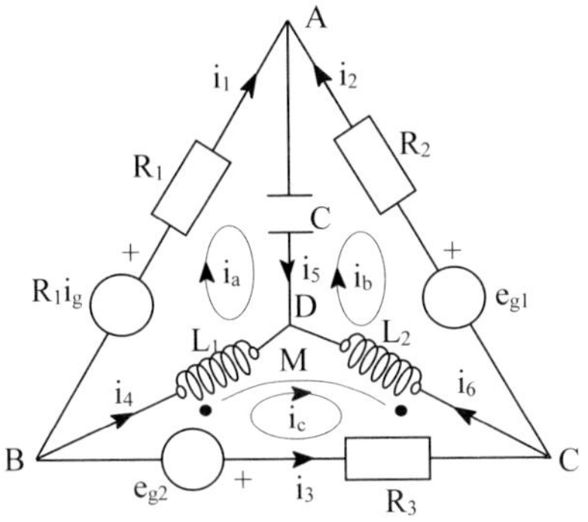

Las ecuaciones son:

$$Z_{aa}\, i_a - Z_{ab}\, i_b - Z_{ac}\, i_c = e_{ga} \qquad e_{ga} = R_1\, i_g$$

$$-Z_{ba}\, i_a + Z_{bb}\, i_b - Z_{bc}\, i_c = e_{gb} \qquad e_{gb} = -\, e_{g1}$$

$$-Z_{ca}\, i_a + Z_{cb}\, i_b - Z_{cc}\, i_c = e_{gc} \qquad e_{gc} = -e_{g2}$$

$$\left(R_1 + \frac{1}{CD} + L_1 D\right) i_a - \left(\frac{1}{CD} + MD\right) i_b - \left(L_1 D - MD\right) i_c = R_1\, i_g$$

$$-\left(\frac{1}{CD} + MD\right) i_a + \left(R_2 + \frac{1}{CD} + L_2 D\right) i_b - \left(L_2 D - MD\right) i_c = -e_{g1}$$

$$-\left(L_1 D - MD\right) i_a - \left(L_2 D - MD\right) i_b + \left(R_3 + L_1 D + L_2 D - 2MD\right) i_c = -e_{g2}$$

b) Resuélvase el circuito y calcúlense las potencias cedidas por las fuentes si e_{g1}=20V; e_{g2}=30V; i_g=8A. Por ser las fuentes de corriente continua las bobinas se comportan como cortocircuitos y los condensadores como circuitos abiertos. Se tiene el circuito siguiente, del que después de transformado se obtienen los otros dos circuitos:

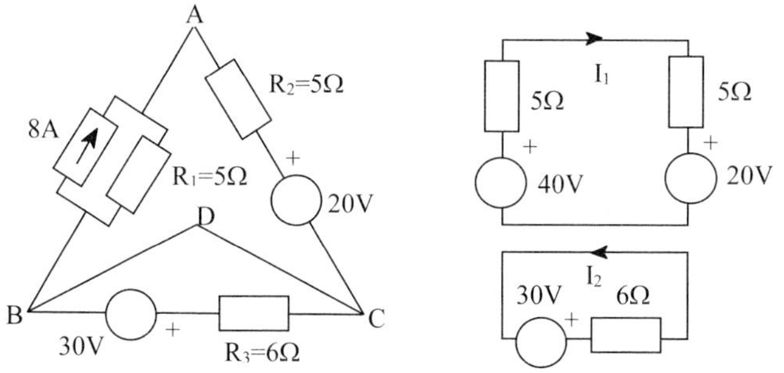

$$I_1 = \frac{40-20}{10} = 2A \qquad I_2 = \frac{30}{6} = 5A$$

$$I_{R1} = 8-2 = 6A \qquad U_{ig} = 6*5 = 30V$$

$$P_{ig} = U_{ig} i_g = 30*8 = 240W \qquad P_{eg1} = e_{g1} * (-I_1) = 20*(-2) = -40W$$

$$\sum P_R = R_1 * I_{R1}^2 + R_2 * I_1^2 = 5*6^2 + 5*2^2 = 200W$$

$$P_{ig} + P_{eg1} = 240-40 = 200W = \sum P_R$$

$$P_{eg2} = 30*5 = 150W \qquad P_{R3} = R_2 ** I_2^2 = 6*5^2 = 150W$$

PROBLEMA 3.20

Para el circuito de la figura se pide:

a) Escribir la matriz de impedancias de rama.

b) Elegir un árbol, señalar los grupos de corte y lazos básicos y escribir la matriz de transferencia ramas-lazos básicos.

c) Plantear las ecuaciones para la resolución directa del circuito por lazos básicos.

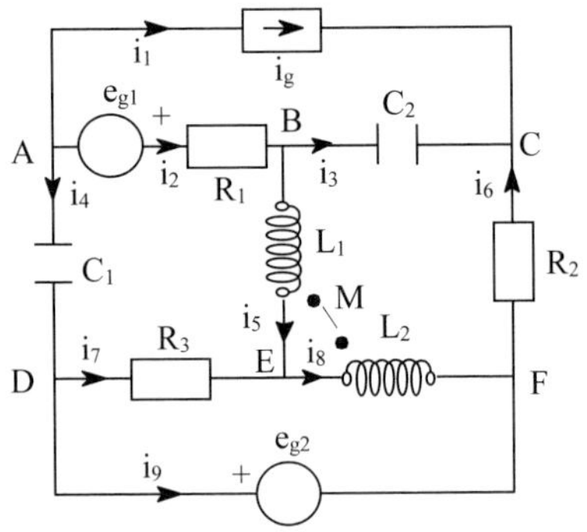

a) Matriz de impedancias de rama

$$
\left(Z^r\right)=\begin{bmatrix}
0 & 0 & 0 & 0 & 0 & 0 & 0 & 0 & 0 \\
0 & R_1 & 0 & 0 & 0 & 0 & 0 & 0 & 0 \\
0 & 0 & \dfrac{1}{C_2D} & 0 & 0 & 0 & 0 & 0 & 0 \\
0 & 0 & 0 & \dfrac{1}{C_1D} & 0 & 0 & 0 & 0 & 0 \\
0 & 0 & 0 & 0 & L_1D & 0 & 0 & -MD & 0 \\
0 & 0 & 0 & 0 & 0 & R_2 & 0 & 0 & 0 \\
0 & 0 & 0 & 0 & 0 & 0 & R_3 & 0 & 0 \\
0 & 0 & 0 & 0 & -MD & 0 & 0 & L_2D & 0 \\
0 & 0 & 0 & 0 & 0 & 0 & 0 & 0 & 0
\end{bmatrix}
$$

b) Resolución por lazos básicos. Se ha elegido el árbol formado por las ramas 2, 3, 5, 7 y 8. La matriz de transferencia ramas-lazos básicos es:

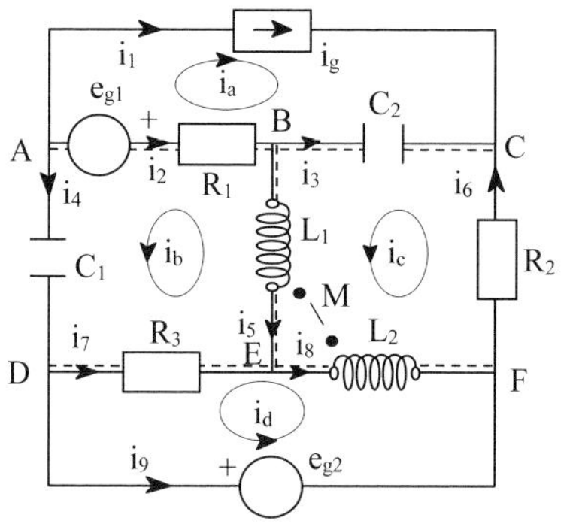

$$(B) = \begin{bmatrix} 1 & 0 & 0 & 0 \\ -1 & -1 & 0 & 0 \\ -1 & 0 & -1 & 0 \\ 0 & 1 & 0 & 0 \\ 0 & -1 & 1 & 0 \\ 0 & 0 & 1 & 0 \\ 0 & 1 & 0 & -1 \\ 0 & 0 & 1 & -1 \\ 0 & 0 & 0 & 1 \end{bmatrix}$$

c) Para plantear el método directo de resolución por lazos básicos se transforma la rama de fuente de intensidad en otras ramas de fuentes de tensión equivalentes. Se obtiene el circuito:

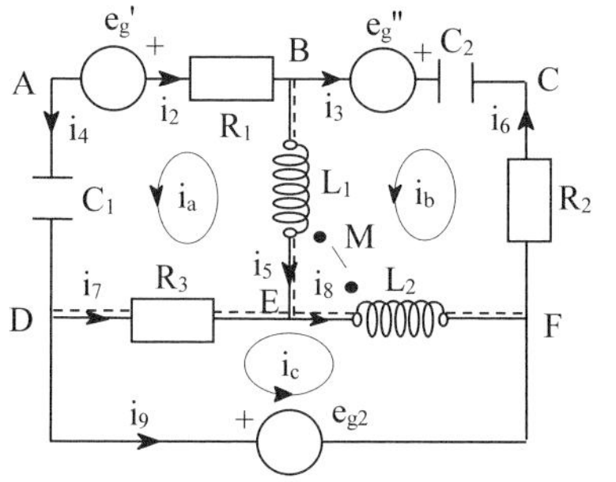

$$e_g' = e_{g1} + R_1\, i_g$$

$$e_g'' = \frac{1}{C_1 D}\, i_g$$

Ha desaparecido la rama 1. El nuevo árbol está formado por las ramas 5, 7 y 8 y hay tres lazos básicos. Las ecuaciones para su resolución son:

$$Z_{aa}\, i_a + Z_{ab}\, i_b + Z_{ac}\, i_c = e_{ga}$$

$$Z_{ba}\, i_a + Z_{bb}\, i_b + Z_{bc}\, i_c = e_{gb}$$

$$Z_{ca}\, i_a + Z_{cb}\, i_b + Z_{cc}\, i_c = e_{gc}$$

Las impedancias propias y comunes, así como las tensiones de excitación de lazo, son:

$$Z_{aa} = R_1 + L_1 D + R_3 + \frac{1}{C_1 D}$$

$$Z_{bb} = \frac{1}{C_2 D} + R_2 + L_1 D + L_2 D - 2MD$$

$$Z_{cc} = R_3 + L_2\, D$$

$$Z_{ab} = Z_{ba} = -L_1 D + MD$$

$$Z_{ac} = Z_{ca} = -R_3 - MD$$

$$Z_{bc} = Z_{cb} = -L_2 D + MD$$

$$e_{ga} = -\left(e_{g1} + R_1\, i_g\right) \qquad e_{gb} = -\frac{1}{C_2 D}\, i_g \qquad e_{gc} = -e_{g2}$$

Que se sustituirían en las ecuaciones anteriores para su resolución.

PROBLEMA 3.21

Plantéense las ecuaciones integrodiferenciales para la resolución del circuito de la figura en el análisis por lazos básicos. Son conocidos L_1, L_2, L_3, M_{12}, M_{13}, M_{23}, C, R_1, R_2, e_1 y e_2.

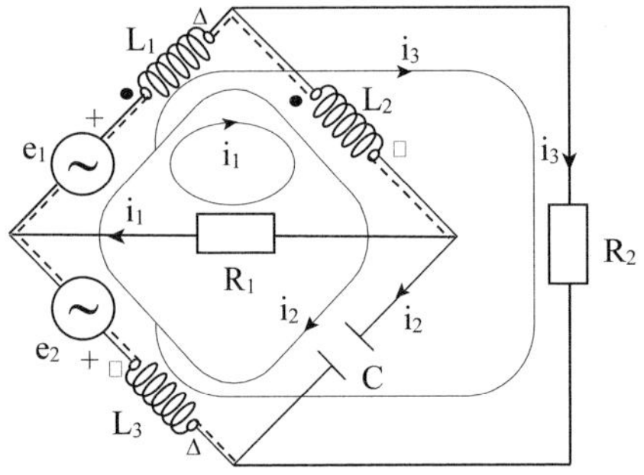

Se ha elegido el árbol formado por las tres ramas que tienen bobinas. Las ecuaciones para la resolución por lazos básicos son:

$$Z_{11}\, i_1 + Z_{12}\, i_2 + Z_{13}\, i_3 = e_{g1}$$
$$Z_{21}\, i_1 + Z_{22}\, i_2 + Z_{23}\, i_3 = e_{g2}$$
$$Z_{31}\, i_1 + Z_{32}\, i_2 + Z_{33}\, i_3 = e_{g3}$$

Teniendo en cuenta los lazos elegidos se tiene:

Impedancias de lazo:

$$Z_{11} = R_1 + L_1 D + L_2 D + M_{12} D$$
$$Z_{22} = L_1 D + L_2 D + L_3 D - 2M_{13} D + 2M_{12} D + 2M_{23} D + \frac{1}{CD}$$
$$Z_{33} = R_2 + L_1 D + L_3 D - 2M_{13} D$$
$$Z_{12} = Z_{21} = L_1 D + L_2 D + 2M_{12} D - M_{13} D + M_{23} D$$
$$Z_{13} = Z_{31} = L_1 D - M_{13} D + M_{12} D + M_{23} D$$
$$Z_{23} = Z_{32} = L_1 D + L_3 D - 2M_{13} D + M_{12} D + M_{23} D$$

Tensiones de excitación de lazo

$$e_{g1} = e_1 \qquad e_{g2} = e_1 - e_2 \qquad e_{g3} = e_1 - e_2$$

Así pues las ecuaciones serán:

$$\left[R_1 + (L_1 + L_2 + M_{12})D\right] i_1 + (L_1 + L_2 + 2M_{12} - M_{13} + M_{23})D\, i_2 + (L_1 - M_{13} + M_{12} + M_{23})\, D\, i_3 = e_1$$

$$(L_1 + L_2 + 2M_{12} - M_{13} + M_{23})D\, i_1 + \left[(L_1 + L_2 + L_3 - 2M_{13} + 2M_{12} + 2M_{23})D + \frac{1}{CD}\right] i_2 +$$
$$+ (L_1 + L_3 - 2M_{13} + M_{12} + M_{23})D\, i_3 = e_1 - e_2$$

$$(L_1 - M_{13} + M_{12} + M_{23})\, D\, i_1 + (L_1 + L_3 - 2M_{13} + M_{12} + M_{23})D\, i_2 + \left[R_2 + (L_1 + L_3 - 2M_{13})D\right] i_3 = e_1 - e_2$$

PROBLEMA 3.22

Para el circuito de la figura, se pide:
a) Escribir la matriz de impedancias de rama.
b) Plantear el sistema de ecuaciones directas, correspondiente al análisis por lazos básicos, de forma tal que aparezcan como incógnitas: i_1, i_2 e i_3.

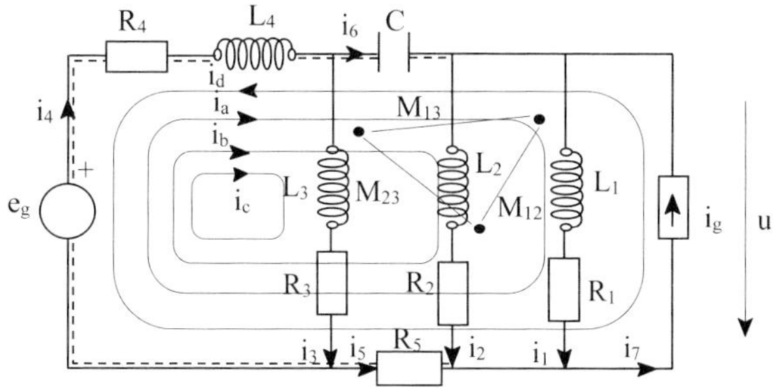

a) Matriz de impedancia de ramas

$$
(Z^r)=\begin{bmatrix} R_1+L_1D & -M_{12}D & M_{13}D & 0 & 0 & 0 & 0 \\ -M_{12}D & R_2+L_2D & -M_{23}D & 0 & 0 & 0 & 0 \\ M_{13}D & -M_{23}D & R_3+L_3D & 0 & 0 & 0 & 0 \\ 0 & 0 & 0 & R_4+L_4D & 0 & 0 & 0 \\ 0 & 0 & 0 & 0 & R_5 & 0 & 0 \\ 0 & 0 & 0 & 0 & 0 & \dfrac{1}{CD} & 0 \\ 0 & 0 & 0 & 0 & 0 & 0 & 0 \end{bmatrix}
$$

b) Resolución por lazos básicos

Para que i_1, i_2 e i_3 aparezcan como incógnitas, sus ramas deberán ser eslabones del árbol que se seleccione. Se elige el árbol formado por las ramas 4, 5 y 6. La rama formada por i_g, R_1 y L_1 no puede convertirse en una rama con fuente de tensión, pues existe un acoplamiento magnético, pero como i_g es conocido quedan como incógnitas las tres intensidades mencionadas y la tensión u de la fuente de intensidad.

La ecuación matricial es:

$$
(B)^t\,(Z^r)(B)(i^l)=(B)^t\,\left[(e_g^r)-(Z^r)\,(i_g^r)\right]
$$

Y las ecuaciones para el planteamiento directo por lazos básicos, teniendo en cuenta los sentidos de estos:

$$\begin{aligned}
Z_{aa}\, i_a + Z_{ab}\, i_b + Z_{ac}\, i_c - Z_{ad}\, i_g &= e_{ga} \\
Z_{ba}\, i_a + Z_{bb}\, i_b + Z_{bc}\, i_c - Z_{bd}\, i_g &= e_{gb} \\
Z_{ca}\, i_a + Z_{cb}\, i_b + Z_{cc}\, i_c - Z_{cd}\, i_g &= e_{gc} \\
-Z_{da}\, i_a - Z_{db}\, i_b - Z_{dc}\, i_c + Z_{dd}\, i_g &= e_{gd}
\end{aligned}$$

Donde se tiene:

Fuentes de tensiones de excitación de lazo.

$$e_{ga} = e_{gb} = e_{gc} = e_g \qquad e_{gd} = u - e_g$$

Impedancias propias de lazo.

$$\begin{aligned}
Z_{aa} &= R_4 + L_4 D + \frac{1}{CD} + R_5 + R_1 + L_1 D \\
Z_{bb} &= R_4 + L_4 D + \frac{1}{CD} + R_5 + R_2 + L_2 D \\
Z_{cc} &= R_4 + L_4 D + L_3 D + R_3 \\
Z_{dd} &= R_4 + L_4 D + \frac{1}{CD} + R_5
\end{aligned}$$

Impedancias mutuas entre lazos.

$$\begin{aligned}
Z_{ab} &= Z_{ba} = R_4 + L_4 D + \frac{1}{CD} + R_5 - M_{12} D \\
Z_{ac} &= Z_{ca} = R_4 + L_4 D + M_{13} D \\
Z_{bc} &= Z_{cb} = R_4 + L_4 D - M_{23} D
\end{aligned}$$

$$\begin{aligned}
Z_{ad} &= Z_{da} = R_4 + L_4 D + \frac{1}{CD} + R_5 \\
Z_{bd} &= Z_{db} = R_4 + L_4 D + \frac{1}{CD} + R_5 \\
Z_{cd} &= Z_{dc} = R_4 + L_4 D
\end{aligned}$$

PROBLEMA 3.23

Para el circuito de la figura, se pide:

a) Plantear el sistema de ecuaciones integrodiferenciales para su resolución por el método directo de las mallas.

b) Suponiendo que las fuentes sean de corriente continua (e_{g1}= 30V; e_{g2}=10V; i_g=4A), resuélvase el circuito y calcúlese la potencia suministrada por estas.

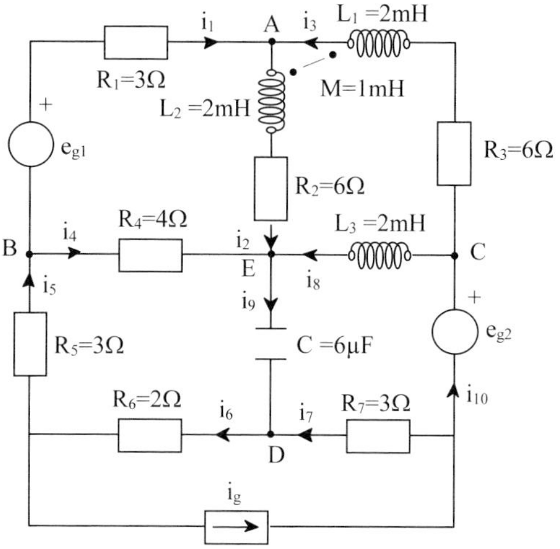

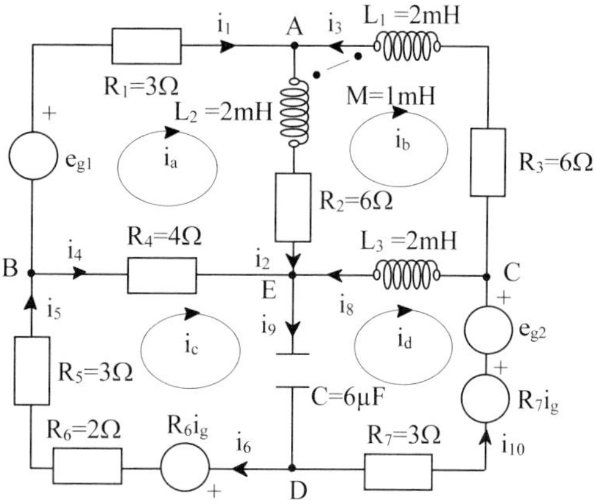

a) Se desdobla la fuente de intensidad i_g entre las ramas 6 y 7 y se transforma en fuentes de tensión.

Ecuaciones para resolución por mallas:

$$Z_{aa} i_a + Z_{ab} i_b + Z_{ac} i_c + Z_{ad} i_d = e_{ga}$$
$$Z_{ba} i_a + Z_{bb} i_b + Z_{bc} i_c + Z_{bd} i_d = e_{gb}$$
$$Z_{ca} i_a + Z_{cb} i_b + Z_{cc} i_c + Z_{cd} i_d = e_{gc}$$
$$Z_{da} i_a + Z_{db} i_b + Z_{dc} i_c + Z_{dd} i_d = e_{gd}$$

Fuentes de tensiones de excitación de malla:

$$e_{ga} = e_{g1} \qquad e_{gb} = 0 \qquad e_{gc} = -R_6 i_g \qquad e_{gd} = -R_7 i_g - e_{g2}$$

Impedancias propias de malla:

$$Z_{aa} = R_1 + R_2 + R_4 + L_2 D \qquad Z_{bb} = R_2 + R_3 + L_1 D + L_2 D + L_3 D - 2MD$$

$$Z_{cc} = R_4 + R_5 + R_6 + \frac{1}{CD} \qquad Z_{dd} = R_7 + L_3 D + \frac{1}{CD}$$

Impedancias mutuas entre mallas:

$$Z_{ab} = Z_{ba} = -R_2 - L_2 D + MD \qquad Z_{ad} = Z_{da} = 0$$

$$Z_{ac} = Z_{ca} = R_4 \rightarrow - R_4 \qquad Z_{bd} = Z_{db} = L_3 D \rightarrow - L_3 D$$

$$Z_{bc} = Z_{cb} = 0 \qquad Z_{cd} = Z_{dc} = \frac{1}{CD} \rightarrow - \frac{1}{CD}$$

Sustituyendo en las ecuaciones anteriores y resolviéndolas, se obtienen las intensidades de malla:

$$(R_1 + R_2 + R_4 + L_2 D) i_a + (-R_2 - L_2 D + MD) i_b - R_4 i_c + 0 = e_{g1}$$
$$(-R_2 - L_2 D + MD) i_a + (R_2 + R_3 + L_1 D + L_2 D + L_3 D - 2MD) i_b + 0 - L_3 D i_d = 0$$
$$-R_4 i_a + 0 + \left(R_4 + R_5 + R_6 + \frac{1}{CD}\right) i_c - \frac{1}{CD} i_d = -R_6 i_g$$
$$0 - L_3 D\, i_b - \frac{1}{CD} i_c + \left(R_7 + L_3 D + \frac{1}{CD}\right) i_d = -R_7 i_g - e_{g2}$$

b) Para el caso en que las fuentes sean de corriente continua, las bobinas se comportan como cortocircuitos y el condensador como un circuito abierto. Interpretando esto así y realizando la transformación de la fuente de intensidad en fuente de tensión, se tiene:

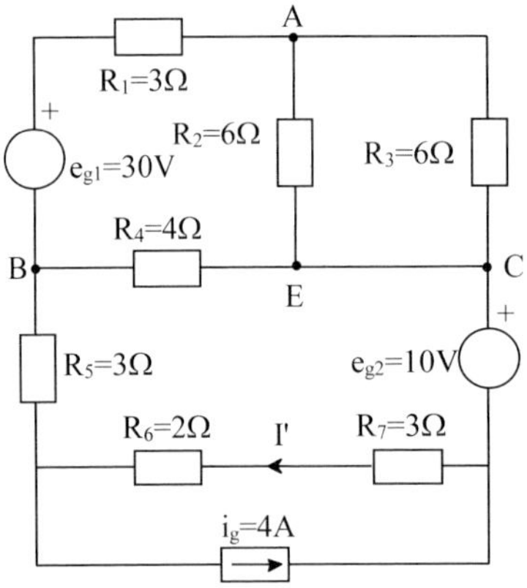

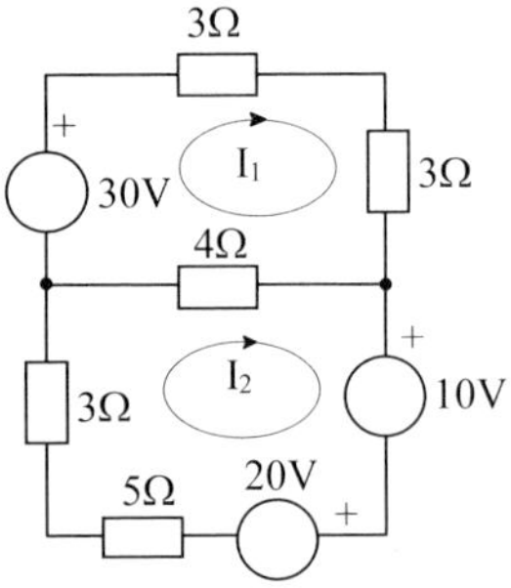

$$\left.\begin{array}{l} 10I_1 - 4I_2 = 30 \\ -4I_1 + 12I_2 = -30 \end{array}\right\}
\qquad
\left.\begin{array}{l} 30I_1 - 12I_2 = 90 \\ -4I_1 + 12I_2 = -30 \\ ---------- \\ 26I_1 = 60 \end{array}\right\}$$

$$I_1 = 2{,}31A \qquad I_2 = -1{,}75A$$

Cálculo de las potencias:

$$P_{eg1} = 30I_1 = 30 * 2{,}31 = 69{,}3W$$
$$P_{eg2} = 10(-I_2) = 10 * 1{,}75 = 17{,}5W$$
$$I_{10} = -I_2 = 1{,}75A \qquad I' = 4 + I_2 = 2{,}25A \qquad V_{ig} = 5I' = 11{,}25V$$
$$P_{ig} = V_{ig} * i_g = 11{,}25 * 4 = 45W$$

PROBLEMA 3.24

Para el circuito de la figura:
a) Plantéense las ecuaciones para su resolución por el método directo de análisis por mallas.
b) Si las fuentes son de corriente continua de valores $e_{g1} = 100V$, $e_{g2} = 60V$ e $i_g = 3A$, calcúlense las potencias cedidas por estas y la consumida por cada elemento pasivo.

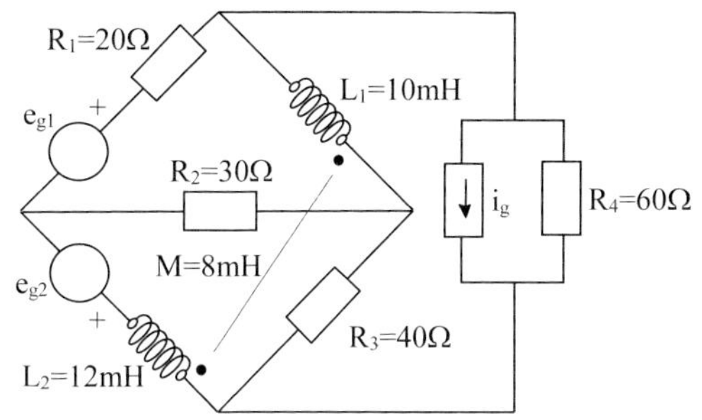

a) Para resolver el circuito por el método directo de las mallas todas las fuentes deben ser de tensión. Por ello se transforma la rama de la fuente de intensidad en rama de fuente de tensión. Se tiene el siguiente circuito con tres mallas, y sus correspondientes ecuaciones:

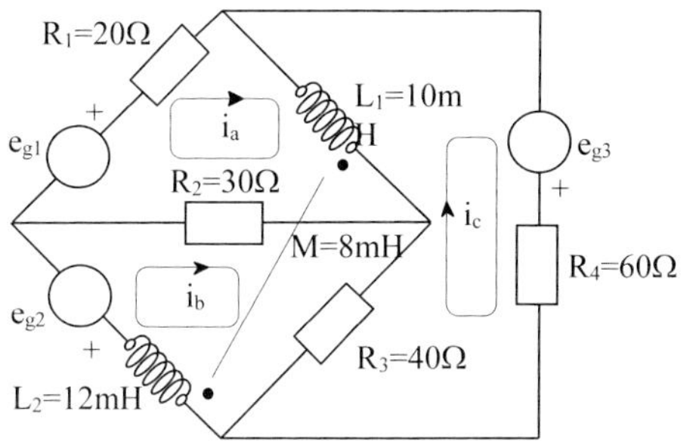

$$e_{g3} = R_4\, i_g$$

$$Z_{aa} i_a + Z_{ab} i_b + Z_{ac} i_c = e_{ga}$$
$$Z_{ba} i_a + Z_{bb} i_b + Z_{bc} i_c = e_{gb}$$
$$Z_{ca} i_a + Z_{cb} i_b + Z_{cc} i_c = e_{gc}$$

Impedancias propias y mutuas de las mallas:

$$Z_{aa} = R_1 + L_1 D + R_2 = 50 + 10^{-2} D \qquad Z_{ab} = Z_{ba} = -R_2 - MD = -30 - 8*10^{-3} D$$
$$Z_{bb} = R_2 + R_3 + L_2 D = 70 + 1{,}2*10^{-2} D \qquad Z_{ac} = Z_{ca} = -L_1 D = -10^{-2} D$$
$$Z_{cc} = R_3 + L_1 D + R_4 = 100 + 10^{-2} D \qquad Z_{bc} = Z_{cb} = -R_3 + MD = -40 + 8*10^{-3} D$$

Fuentes de tensión de mallas:

$$e_{ga} = e_{g1} \qquad e_{gb} = -e_{g2} \qquad e_{gc} = e_{g3} = R_4 I_g$$

Sustituyendo en las ecuaciones:

$$
\begin{aligned}
&\left(50+10^{-2}D\right)i_a-\left(30+8*10^{-3}D\right)i_b-10^{-2}D\,i_c=e_{g1}\\
&-\left(30+8*10^{-3}D\right)i_b+\left(70+1{,}2*10^{-2}D\right)i_b+\left(-40+8*10^{-3}D\right)i_c=-e_{g2}\\
&-10^{-2}D\,i_a+\left(-40+8*10^{-3}D\right)i_b+\left(100+10^{-2}D\right)i_c=e_{g3}=R_4 i_g
\end{aligned}
$$

b) Si las fuentes de excitación son de corriente continua, las intensidades del circuito en régimen permanente son constantes y sus derivadas serán cero, es decir, los términos LDi_k y MDi_k para cualquier i_k son cero. Las ecuaciones quedan así:

$$
\left.\begin{aligned}
50i_a-30i_b-0i_c&=100\\
-30i_a+70i_b-40i_c&=-60\\
0i_a-40i_b+100i_c&=180
\end{aligned}\right\}
$$

Cuyas soluciones son:

$$
\begin{aligned}
i_a&=3{,}2\,A\\
i_a&=2\,A\\
i_a&=2{,}6\,A
\end{aligned}
$$

También, considerando que en corriente continua las bobinas se comportan como cortocircuitos, se tendría el siguiente esquema:

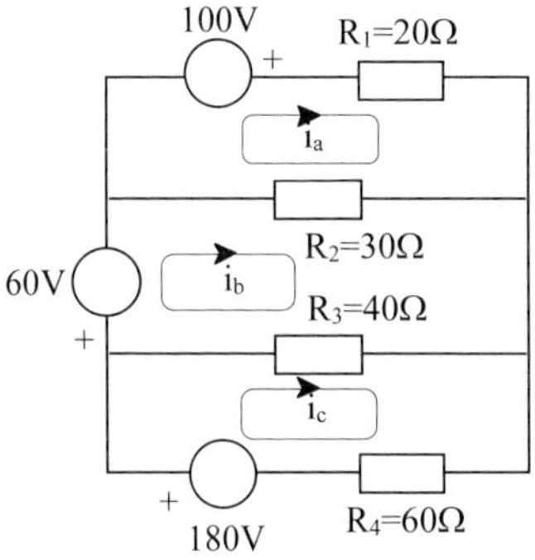

Se obtienen las mismas ecuaciones anteriores para las tres mallas:

$$
\left.\begin{aligned}
50I_a-30I_b-0I_c&=100\\
-30I_a+70I_b-40I_c&=-60\\
0I_a-40I_b+100I_c&=180
\end{aligned}\right\}
$$

$$I_a=3{,}2\,A \qquad I_b=2\,A \qquad I_c=2{,}6\,A$$

Considerando el circuito original se tiene que:

$$
\begin{aligned}
&I_{eg1}=I_{R1}=I_a=3{,}2A && I_{eg2}=-I_b=-2A\\
&I_{R2}=I_a-I_b=3{,}2-2=1{,}2A && I_{R3}=I_b-I_c=2-2{,}6=-0{,}6A\\
&I_{R4}=I_c-i_g=2{,}6-3=-0{,}4A && U_{ig}=R_4*\left(-I_{R4}\right)=60*0{,}4=24V
\end{aligned}
$$

Cálculo de las potencias:

$$
\begin{aligned}
&P_{eg1}=e_{g1}*I_{eg1}=100*3{,}2=320W && P_{eg2}=e_{g2}*I_{eg2}=60*\left(-2\right)=-120W\\
&P_{ig}=i_g*U_{ig}=3*24=72W && P=P_{eg1}+P_{eg2}+P_{ig}=272W\\
&\sum P_{Rk}=R_1I_{R1}^2+R_2I_{R2}^2+R_3I_{R3}^2+R_4I_{R4}^2=272W
\end{aligned}
$$

PROBLEMA 3.25

Para el circuito de la figura:
a) Plantéese el sistema matricial para su resolución por el método general de ecuaciones nodales.
b) Si e_{g1}=80V, e_{g2}=30V, i_{g1}=8A e i_{g2}=10A, resuélvase el circuito por el método directo de las mallas y calcúlese la potencia suministrada por cada fuente.

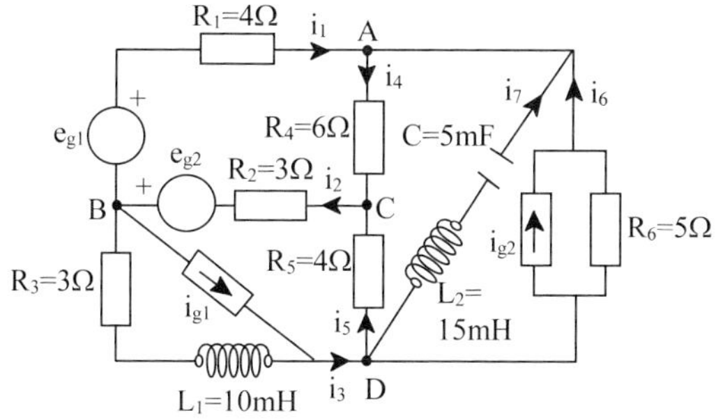

Tomando como referencia el nudo D, la ecuación general para resolución del circuito por el método de los nudos es:

$$(B)^t (Y^r)(B)(u^N) = (B)^t \left[(e_g^r) - (Y^r)(i_g^r)\right]$$

Donde:
(B) = Matriz de conexión ramas nudos.
(Y^r) = Matriz de admitancias de ramas.
(i_g^r) = Matriz de intensidades de rama.
(e_g^r) = Matriz de tensiones de rama.
(u^N) = Matriz de tensiones de nudo respecto al de referencia.

Se identifican las siguientes matrices:

$$(B) = \begin{bmatrix} -1 & 1 & 0 \\ 0 & -1 & 1 \\ 0 & 1 & 0 \\ 1 & 0 & -1 \\ 0 & 0 & -1 \\ -1 & 0 & 0 \\ -1 & 0 & 0 \end{bmatrix} \quad (i_g^r) = \begin{bmatrix} 0 \\ 0 \\ -i_{g1} \\ 0 \\ 0 \\ -i_{g2} \\ 0 \end{bmatrix} \quad (e_g^r) = \begin{bmatrix} e_{g1} \\ 0 \\ 0 \\ e_{g2} \\ 0 \\ 0 \\ 0 \end{bmatrix} \quad (u^N) = \begin{bmatrix} u_A \\ u_B \\ u_C \end{bmatrix}$$

Y la matriz de admitancias en función del operador derivativo D.

$$
\left(Y^r\right)=\begin{bmatrix}
\frac{1}{4} & 0 & 0 & 0 & 0 & 0 & 0 \\
0 & \frac{1}{3} & 0 & 0 & 0 & 0 & 0 \\
0 & 0 & \frac{1}{3+10^{-2}D} & 0 & 0 & 0 & 0 \\
0 & 0 & 0 & \frac{1}{6} & 0 & 0 & 0 \\
0 & 0 & 0 & 0 & \frac{1}{4} & 0 & 0 \\
0 & 0 & 0 & 0 & 0 & \frac{1}{5} & 0 \\
0 & 0 & 0 & 0 & 0 & 0 & \frac{1}{15*10^{-3}D+\frac{1}{5*10^{-3}D}}
\end{bmatrix}
$$

b) Para el caso de fuentes de alimentación en corriente continua, la bobina se comporta como un cortocircuito y el condensador como un circuito abierto. Se tiene el siguiente circuito:

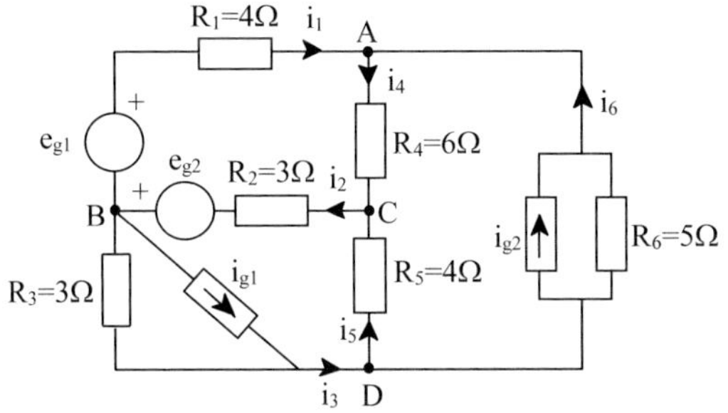

Para su resolución por el método directo de las mallas se transforman las ramas de fuentes de corriente de corriente en ramas de fuentes de tensión.

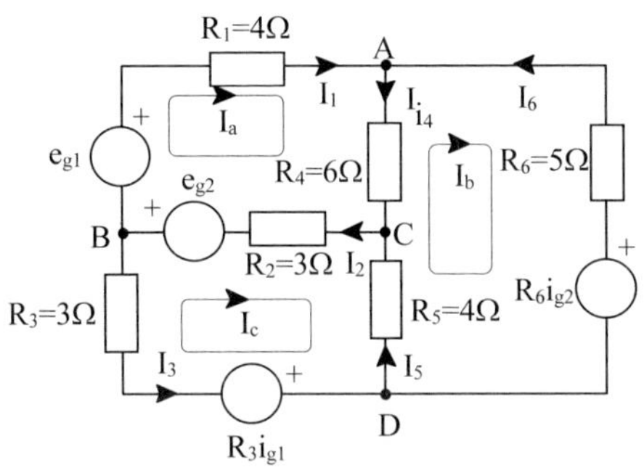

Las ecuaciones de resolución son:

$$Z_{aa}i_a - Z_{ab}i_b - Z_{ac}i_c = e_{ga}$$
$$-Z_{ba}i_a + Z_{bb}i_b - Z_{bc}i_c = e_{gb}$$
$$-Z_{ca}i_a - Z_{cb}i_b + Z_{cc}i_c = e_{gc}$$

Identificando impedancias y fuentes de tensión, se tiene:

$$\left.\begin{aligned} 13I_a - 6I_b - 3I_c &= 110 \\ -6I_b + 15I_b - 4I_c &= -50 \\ -3I_a - 4I_b + 10I_c &= -54 \end{aligned}\right\} \text{ Cuyas soluciones son: } \quad \begin{aligned} I_a &= 6{,}72\,A \\ I_b &= -1{,}73\,A \\ I_c &= -4{,}07\,A \end{aligned}$$

Se calculan las intensidades de las ramas y las tensiones en bornas de las fuentes de intensidad.

$$I_1 = I_a = 6{,}72A; \qquad I_3 = -I_c = 4{,}07A; \qquad I_6 = -I_b = 1{,}73A$$

$$U_{DB} = R_3\left(I_{g1} - I_3\right) = 11{,}79V \qquad U_{AD} = R_6\left(I_{g2} - I_6\right) = 41{,}34V$$

$$I_2 = I_a - I_c = 10{,}8A \qquad I_4 = I_a - I_b = 8{,}45A \qquad I_5 = I_b - I_c = 2{,}34A$$

Balance de potencias

Potencia cedida por las fuentes:

$$P_{eg1} = e_{g1} * I_1 = 80 * 6{,}72 = 537{,}6W \qquad P_{eg2} = e_{g2} * I_2 = 30 * 10{,}8 = 324W$$

$$P_{ig} = i_{g1} * U_{DB} = 8 * 11{,}79 = 94{,}32W \qquad P_{ig2} = i_{g12} * U_{AD} = 10 * 41{,}34 = 413{,}4W$$

$$P = P_{eg1} + P_{eg2} + P_{ig1} + P_{ig2} = 1369{,}32W$$

Potencia absorbida por las resistencias:

$$\sum P_{Rk} = R_1 I_{R1}^2 + R_2 I_{R2}^2 + R_3\left(I_3 - I_{g1}\right)^2 + R_4 I_4^2 + R_5 I_5^2 + R_6\left(I_6 - I_{g2}\right)^2 = 1369{,}32W$$

```
% PROGRAMA EN MATLAB (MÉTODO DE LAS MALLAS)

E1=80;E2=30;Ig1=8;Ig2=10;
R1=4;R2=3;R3=3;R4=6;R5=4;R6=5;
Zaa=R1+R2+R4;
Zbb=R4+R5+R6;
Zcc=R2+R3+R5;
Zab=R4;
Zac=R2;
Zbc=R5;
Z=[Zaa -Zab -Zac;-Zab Zbb -Zbc;-Zac -Zbc Zcc]; % Matriz de impedancias de
mallas
Ega=E1+E2;Egb=-(R6*Ig2);Egc=-E2-R3*Ig1;
Eg=[Ega;Egb;Egc]; % Matriz de tensiones de mallas
IM=(inv(Z)*(Eg));
I1=IM(1,1);
I3=-IM(3,1);
I6=-IM(2,1);
I2=I1+I3;
I4=I1+I6;
I5=I3-I6;
I=[I1;I2;I3;I4;I5;I6]; % Intensidades de rama
PE1=E1*I1;
PE2=E2*I2;
PIg1=(R3*(Ig1-I3))*Ig1;
PIg2=(R6*(Ig2-I6))*Ig2;
PF=PE1+PE2+PIg1+PIg2;
PR=R1*I1^2+R2*I2^2+R3*(Ig1-I3)^2+R4*I4^2+R5*I5^2+R6*(Ig2-I6)^2;
```

PROBLEMA 3.25.M

Para el circuito de la figura:

a) Plantéese el sistema de ecuaciones para su resolución por el método directo de las mallas.

b) Si e_{g1}=80V, e_{g2}=30V, i_{g1}=8A e i_{g2}=10A, resuélvase el circuito y calcúlese la potencia suministrada por cada fuente.

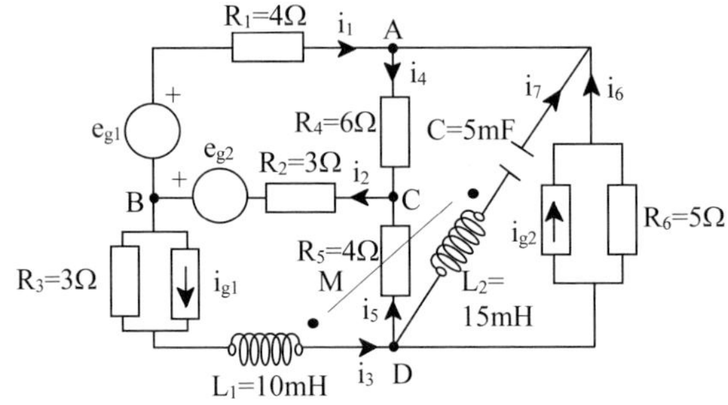

a) Transformando las fuentes de intensidad en fuentes de tensión se tiene el circuito siguiente con cuatro mallas y sus correspondientes ecuaciones:

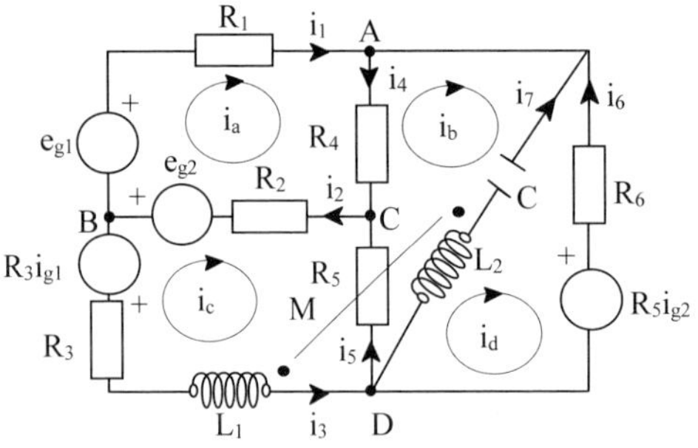

$$Z_{aa}i_a + Z_{ab}i_b + Z_{ac}i_c + Z_{ad}i_d = e_{ga}$$
$$Z_{ba}i_a + Z_{bb}i_b + Z_{bc}i_c + Z_{bd}i_d = e_{gb}$$
$$Z_{ca}i_a + Z_{cb}i_b + Z_{cc}i_c + Z_{cd}i_d = e_{gc}$$
$$Z_{da}i_a + Z_{db}i_b + Z_{dc}i_c + Z_{dd}i_d = e_{gd}$$

Fuentes de tensiones de excitación de malla:

$$e_{ga} = e_{g1} + e_{g2} \qquad e_{gb} = 0 \qquad e_{gc} = -R_3 i_{g1} - e_{g2} \qquad e_{gd} = -R_5 i_{g2}$$

Impedancias propias de malla:

$$Z_{aa} = R_1 + R_2 + R_4 \qquad Z_{bb} = R_4 + R_5 + \frac{1}{CD} + L_2 D$$

$$Z_{cc} = R_2 + R_3 + R_5 + L_1 D \qquad Z_{dd} = R_6 + L_2 D + \frac{1}{CD}$$

Impedancias mutuas entre mallas:

$$Z_{ab} = Z_{ba} = -R_4 \qquad Z_{ac} = Z_{ca} = -R_2 \qquad Z_{ad} = Z_{da} = 0 \qquad Z_{bc} = Z_{cb} = -R_5 + MD$$

$$Z_{bd} = Z_{db} = -L_2 D - \frac{1}{CD} \qquad Z_{cd} = Z_{dc} = -MD$$

Sustituyendo en las ecuaciones anteriores y resolviéndolas, se obtienen las intensidades de malla:

$$(R_1 + R_2 + R_4)i_a + (-R_4)i_b - R_2 i_c + 0 = e_{g1} + e_{g2}$$

$$(-R_4)i_a + \left(R_4 + R_5 + \frac{1}{CD} + L_2 D\right)i_b + (-R_5 + MD)i_c + \left(-L_2 D - \frac{1}{CD}\right)i_d = 0$$

$$-R_2 i_a + (-R_5 + MD)i_b + (R_2 + R_3 + R_5 + L_1 D)i_c - MD\, i_d = -R_3 i_{g1} - e_{g2}$$

$$0 + \left(-L_2 D - \frac{1}{CD}\right)i_b - MD\, i_c + \left(R_6 + L_2 D + \frac{1}{CD}\right)i_d = -R_5 i_{g2}$$

b) Para el caso de fuentes de alimentación en corriente continua, la bobina se comporta como un cortocircuito y el condensador como un circuito abierto. Se tiene el siguiente circuito:

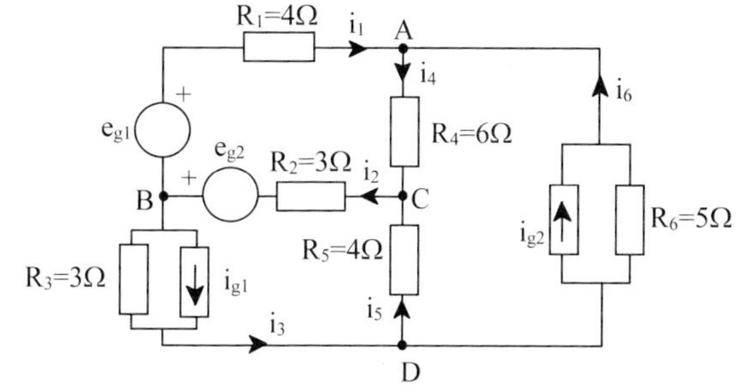

Para su resolución por el método directo de las mallas se transforman las ramas de fuentes de corriente en ramas de fuentes de tensión.

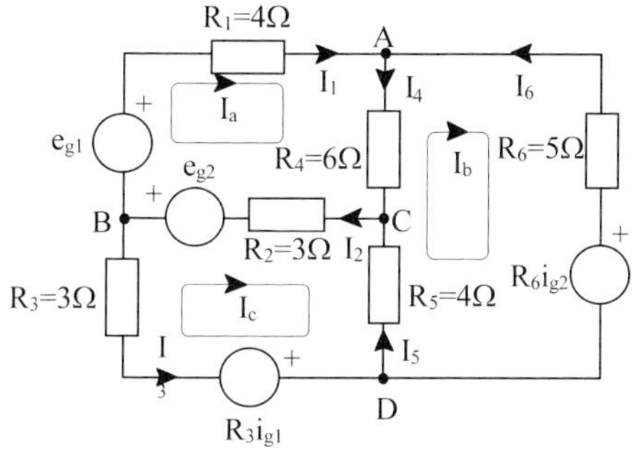

Las ecuaciones de resolución son:

$$Z_{aa}i_a - Z_{ab}i_b - Z_{ac}i_c = e_{ga}$$
$$-Z_{ba}i_a + Z_{bb}i_b - Z_{bc}i_c = e_{gb}$$
$$-Z_{ca}i_a - Z_{cb}i_b + Z_{cc}i_c = e_{gc}$$

Identificando impedancias y fuentes de tensión, se tiene:

$$\left.\begin{aligned} 13I_a - 6I_b - 3I_c &= 110 \\ -6I_b + 15I_b - 4I_c &= -50 \\ -3I_a - 4I_b + 10I_c &= -54 \end{aligned}\right\} \text{ Cuyas soluciones son: } \quad \begin{aligned} I_a &= 6{,}72\,A \\ I_b &= -1{,}73\,A \\ I_c &= -4{,}07\,A \end{aligned}$$

Se calculan las intensidades de las ramas y las tensiones en bornas de las fuentes de intensidad:

$$I_1 = I_a = 6{,}72A; \qquad I_3 = -I_c = 4{,}07A; \qquad I_6 = -I_b = 1{,}73A$$
$$U_{DB} = R_3(I_{g1} - I_3) = 11{,}79V \qquad U_{AD} = R_6(I_{g2} - I_6) = 41{,}34V$$
$$I_2 = I_a - I_c = 10{,}8A \qquad I_4 = I_a - I_b = 8{,}45A \qquad I_5 = I_b - I_c = 2{,}34A$$

Balance de potencias

Potencia cedida por las fuentes:

$$P_{eg1} = e_{g1} * I_1 = 80 * 6{,}72 = 537{,}6W \qquad P_{eg2} = e_{g2} * I_2 = 30 * 10{,}8 = 324W$$
$$P_{ig} = i_{g1} * U_{DB} = 8 * 11{,}79 = 94{,}32W \qquad P_{ig2} = i_{g12} * U_{AD} = 10 * 41{,}34 = 413{,}4W$$
$$P = P_{eg1} + P_{eg2} + P_{ig1} + P_{ig2} = 1369{,}32W$$

Potencia absorbida por las resistencias:

$$\sum P_{Rk} = R_1 I_{R1}^2 + R_2 I_{R2}^2 + R_3(I_3 - I_{g1})^2 + R_4 I_4^2 + R_5 I_5^2 + R_6(I_6 - I_{g2})^2 = 1369{,}32W$$

```
% PROGRAMA EN MATLAB (MÉTODO DE LAS MALLAS)

E1=80;E2=30;Ig1=8;Ig2=10;
R1=4;R2=3;R3=3;R4=6;R5=4;R6=5;
Zaa=R1+R2+R4;
Zbb=R4+R5+R6;
Zcc=R2+R3+R5;
Zab=R4;
Zac=R2;
Zbc=R5;
Z=[Zaa -Zab -Zac;-Zab Zbb -Zbc;-Zac -Zbc Zcc]; % Matriz de impedancias de mallas
Ega=E1+E2;Egb=-(R6*Ig2);Egc=-E2-R3*Ig1;
Eg=[Ega;Egb;Egc]; % Matriz de tensiones de mallas
IM=(inv(Z)*(Eg));
I1=IM(1,1);
I3=-IM(3,1);
I6=-IM(2,1);
I2=I1+I3;
I4=I1+I6;
I5=I3-I6;
I=[I1;I2;I3;I4;I5;I6]; % Intensidades de rama
PE1=E1*I1;
PE2=E2*I2;
PIg1=(R3*(Ig1-I3))*Ig1;
PIg2=(R6*(Ig2-I6))*Ig2;
PF=PE1+PE2+PIg1+PIg2;
PR=R1*I1^2+R2*I2^2+R3*(Ig1-I3)^2+R4*I4^2+R5*I5^2+R6*(Ig2-I6)^2;
```

PROBLEMA 3.26

Para el circuito de la figura, plantéese:
a) El sistema matricial para su estudio por ecuaciones circulares.
b) El sistema de ecuaciones para su estudio por el método directo de las mallas.
c) Calcúlese la potencia suministrada por cada fuente y la consumida por cada elemento pasivo si: i_g =10A, e_{g1} =30V, y e_{g2} =40V.

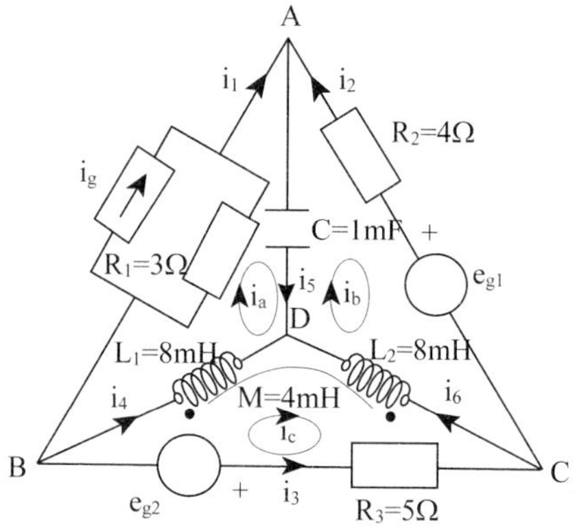

a) Estudio por ecuaciones circulares. Se tienen las tres mallas señaladas en el circuito. La ecuación matricial y las matrices que en ella intervienen son:

$$(B)^t\,(Z^r)(B)(i^m)=\left[(B)^t\,(e_g^r)-(Z^r)(i_g^r)\right]$$

$$(i^m)=\begin{bmatrix} i_a \\ i_b \\ i_c \end{bmatrix} \qquad (Z^r)=\begin{bmatrix} R_1 & 0 & 0 & 0 & 0 & 0 \\ 0 & R_2 & 0 & 0 & 0 & 0 \\ 0 & 0 & R_3 & 0 & 0 & 0 \\ 0 & 0 & 0 & L_1D & 0 & MD \\ 0 & 0 & 0 & 0 & \dfrac{1}{CD} & 0 \\ 0 & 0 & 0 & MD & 0 & L_2D \end{bmatrix}$$

$$(B)=\begin{bmatrix} 1 & 0 & 0 \\ 0 & -1 & 0 \\ 0 & 0 & -1 \\ -1 & 0 & 1 \\ 1 & -1 & 0 \\ 0 & 1 & -1 \end{bmatrix} \qquad (e_g^r)=\begin{bmatrix} 0 \\ e_{g1} \\ e_{g2} \\ 0 \\ 0 \\ 0 \end{bmatrix} \qquad (i_g^r)=\begin{bmatrix} -i_g \\ 0 \\ 0 \\ 0 \\ 0 \\ 0 \end{bmatrix}$$

La matriz de impedancias de malla es:

$$(B)^t\left(Z^r\right)(B)=\left(Z^m\right)=\begin{bmatrix} R_1+L_1D+\dfrac{1}{CD} & -MD-\dfrac{1}{CD} & -L_1D+MD \\ -\dfrac{1}{CD}-MD & R_2+\dfrac{1}{CD}+L_2D & MD-L_2D \\ -L_1D+MD & MD-L_2D & R_3+L_1D-2MD+L_2D \end{bmatrix}$$

b) Resolución por el método directo de las mallas. Se transforma la fuente de intensidad real en otra equivalente de tensión.

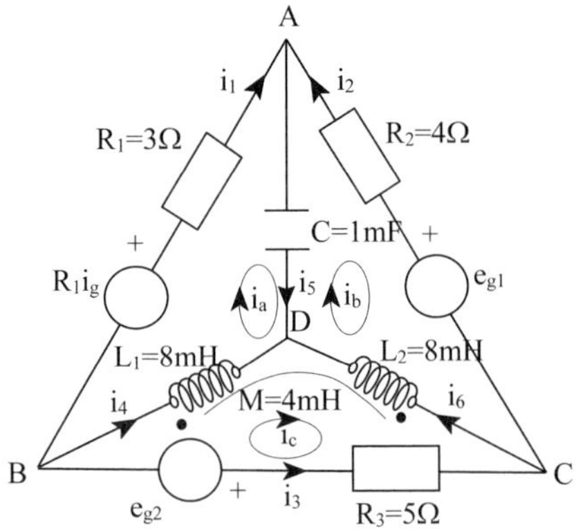

Las ecuaciones son:

$$Z_{aa}\,i_a+Z_{ab}\,i_b+Z_{ac}\,i_c=e_{ga} \qquad e_{ga}=R_1\,i_g$$
$$Z_{ba}\,i_a+Z_{bb}\,i_b+Z_{bc}\,i_c=e_{gb} \qquad e_{gb}=-e_{g1}$$
$$Z_{ca}\,i_a+Z_{cb}\,i_b+Z_{cc}\,i_c=e_{ga} \qquad e_{gc}=-e_{g2}$$

Se analizan las impedancias de malla, propias y mutuas, teniendo en cuenta que en estas los elementos comunes no acoplados a dos mallas figurarán con signo negativos y los acoplamientos se razonan en función de los puntos correspondientes.

$$\left(R_1+\frac{1}{CD}+L_1D\right)i_a-\left(\frac{1}{CD}+MD\right)i_b-\left(L_1D-MD\right)i_c=R_1\,i_g$$
$$-\left(\frac{1}{CD}+MD\right)i_a+\left(R_2+\frac{1}{CD}+L_2D\right)i_b-\left(L_2D-MD\right)i_c=-e_{g1}$$
$$-\left(L_1D-MD\right)i_a-\left(L_2D-MD\right)i_b+\left(R_3+L_1D+L_2D-2MD\right)i_c=-e_{g2}$$

Puede comprobarse que se obtiene la misma matriz de impedancias de mallas que por el método anterior.

c) Resolución del circuito si: i_g =10A, e_{g1}= 30V, y e_{g2} = 40V. Por ser valores constantes (fuentes de corriente continua) las bobinas se comportan como cortocircuitos y el condensador como un circuito abierto (ninguno de ellos consumen potencia). Se tienen los circuitos:

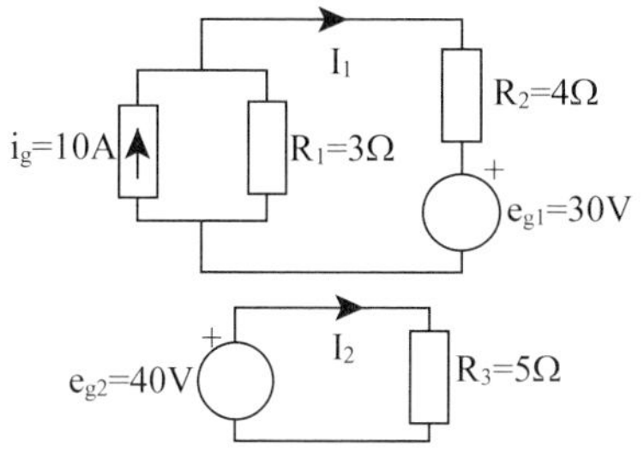

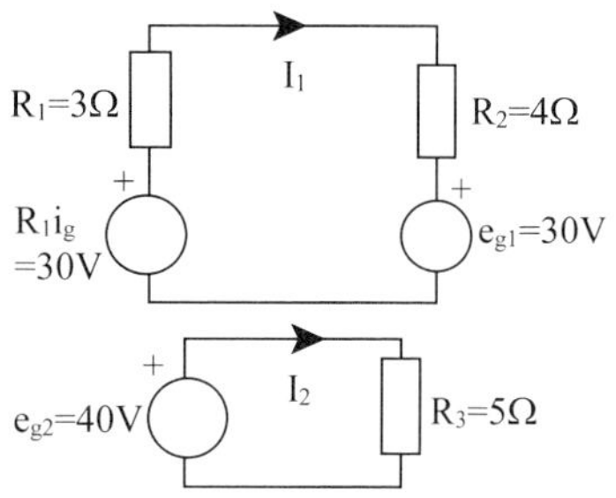

Se transforma la rama de fuente de intensidad en rama de fuente de tensión y se calculan las intensidades I_1 e I_2.

$$I_1 = \frac{R_1 i_g - e_g}{R_1 + R_2} = \frac{30-30}{3+4} = 0 \qquad P_{eg} = e_g I_1 = 0 \qquad P_{R2} = R_2 I_1^2 = 0$$

La fuente e_g no suministra potencia y la resistencia R_2 no consume potencia.

La intensidad i_g circula por la resistencia R_1 proporcionando una tensión de 30 V:

$$P_{ig} = i_g u_{ig} = 10 * 30 = 300W \qquad P_{R1} = R_1 i_g^2 = 3 * 10^2 = 300W$$

Para el otro circuito se tiene:

$$I_2 = \frac{e_{g2}}{R_3} = \frac{40}{5} = 8A$$

$$P_{eg2} = e_{g2} I_2 = 40 * 8 = 320W \qquad P_{R3} = R_3 I_3^2 = 5 * 8^2 = 320W$$

PROBLEMA 3.27

Para el circuito de la figura, se pide:

a) Plantéese el sistema de ecuaciones para su resolución por el método directo de las mallas.

b) Suponiendo que los valores de las fuentes e_{g1}= 10V, e_{g2}=20V e i_g=12A, resuélvase el circuito por el método directo de los nudos y calcúlese la potencia suministrada por estas.

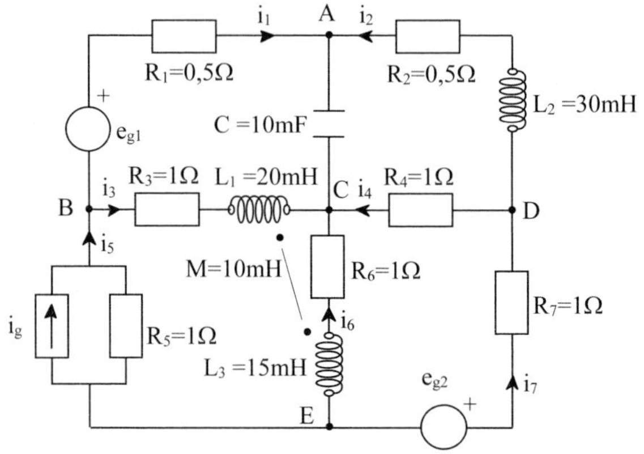

a) Para la resolución del circuito por el método directo de las mallas todas las fuentes de alimentación deben ser de tensión y por ello se transforma la rama de fuente de intensidad. Se obtiene el circuito:

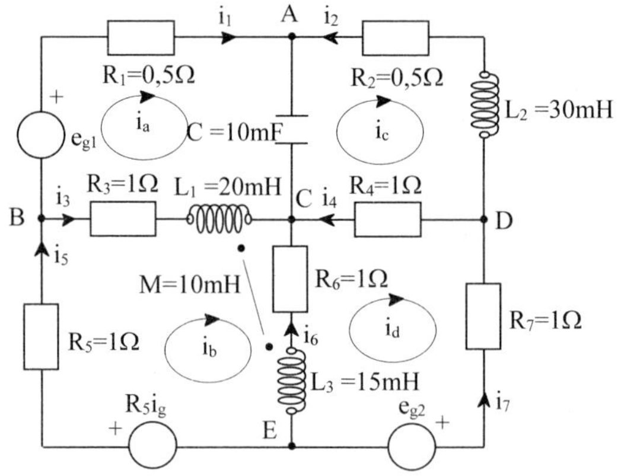

Se plantean las ecuaciones:

$$Z_{aa}i_a + Z_{ab}i_b + Z_{ac}i_c + Z_{ad}i_d = e_{ga}$$
$$Z_{ba}i_a + Z_{bb}i_b + Z_{bc}i_c + Z_{bd}i_d = e_{gb}$$
$$Z_{ca}i_a + Z_{cb}i_b + Z_{cc}i_c + Z_{cd}i_d = e_{gc}$$
$$Z_{da}i_a + Z_{db}i_b + Z_{dc}i_c + Z_{dd}i_d = e_{gd}$$

Fuentes de tensiones de excitación de malla:

$$e_{ga} = e_{g1} \qquad e_{gb} = R_5 i_g \qquad e_{gc} = 0 \qquad e_{gd} = -e_{g2}$$

Impedancias propias de malla:

$$Z_{aa} = R_1 + R_3 + \frac{1}{CD} + L_1 D \qquad Z_{bb} = R_3 + R_5 + R_6 + L_1 D + L_3 D - 2MD$$

$$Z_{cc} = R_2 + R_4 + L_2 D + \frac{1}{CD} \qquad Z_{dd} = R_4 + R_6 + R_7 + L_3 D$$

Impedancias mutuas entre mallas:

$$Z_{ab} = Z_{ba} = -R_3 - L_1D + MD \qquad Z_{ad} = Z_{da} = -MD$$

$$Z_{ac} = Z_{ca} = -\frac{1}{CD} \qquad Z_{bd} = Z_{db} = -R_6 - L_3D + MD$$

$$Z_{bc} = Z_{cb} = 0 \qquad Z_{cd} = Z_{dc} = -R_4$$

Sustituyendo en las ecuaciones anteriores y resolviéndolas, se obtienen las intensidades de malla:

$$\left(R_1 + R_3 + \frac{1}{CD} + L_1D\right)i_a + \left(-R_3 - L_1D + MD\right)i_b - \frac{1}{CD}i_c - MDi_d = e_{g1}$$

$$\left(-R_3 - L_1D + MD\right)i_a + \left(R_3 + R_5 + R_6 + L_1D + L_3D - 2MD\right)i_b + 0 + \left(-R_6 - L_3D + MD\right)i_d = R_5 i_g$$

$$-\frac{1}{CD}i_a + 0 + \left(R_2 + R_4 + L_2D + \frac{1}{CD}\right)i_c - R_4 i_d = 0$$

$$-MDi_a + \left(-R_6 - L_3D + MD\right)i_b - R_4 i_c + \left(R_4 + R_6 + R_7 + L_3D\right)i_d = -e_{g2}$$

b) Resolución del circuito por el método directo de los nudos, siendo las fuentes de alimentación de corriente continua, de valores: e_{g1}= 10V, e_{g2}=20V e i_g=12A. En este caso las bobinas se comportan como cortocircuitos y el condensador como un circuito abierto. Se transforman las ramas de fuente de tensión en ramas de fuentes de intensidad. Se tienen los circuitos:

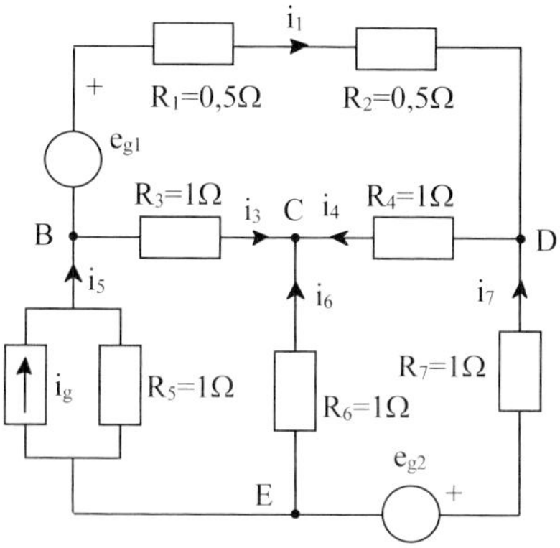

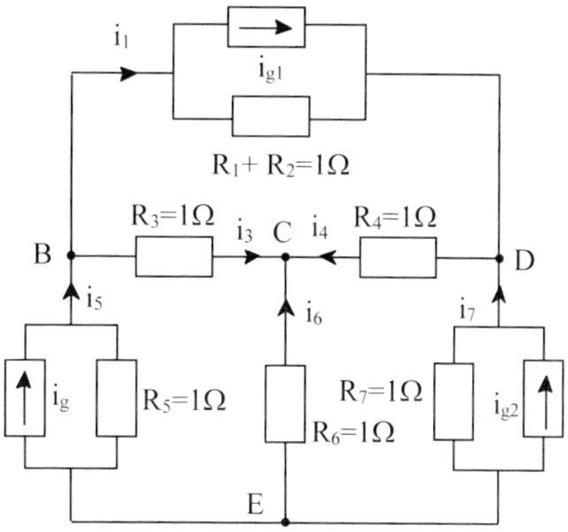

$$\text{Siendo: } i_{g1} = \frac{e_{g1}}{R_1 + R_2} = 10A \qquad i_{g2} = \frac{e_{g2}}{R_7} = 20A$$

Tomando el nudo E como referencia se plantean las ecuaciones nodales:

$$Y_{BB}u_B - Y_{BC}u_C - Y_{BD}u_D = i_{gB}$$

$$-Y_{CB}u_B + Y_{CC}u_C - Y_{CD}u_D = i_{gC}$$

$$-Y_{DB}u_B - Y_{DC}u_C + Y_{DD}u_D = i_{gD}$$

$$Y_{BB}=\frac{1}{R_1+R_2}+\frac{1}{R_3}+\frac{1}{R_5}=3 \qquad Y_{CC}=\frac{1}{R_3}+\frac{1}{R_4}+\frac{1}{R_6}=3$$

$$Y_{DD}=\frac{1}{R_1+R_2}+\frac{1}{R_4}+\frac{1}{R_7}=3 \qquad Y_{BC}=\frac{1}{R_3}=1 \qquad Y_{BD}=\frac{1}{R_1+R_2}=1 \qquad Y_{CD}=\frac{1}{R_4}=1$$

$$i_{gB}=i_g-i_{g1}=12-10=2 \qquad i_{gC}=0 \qquad i_{gD}=i_{g1}+i_{g2}=10+20=30$$

Sustituyendo, se tiene:

$$\left.\begin{array}{l} 3u_B-u_C-u_D=2 \\ -u_B+3u_C-u_D=0 \\ -u_B-u_C+3u_D=30 \end{array}\right\} \Rightarrow u_B=8{,}5V \quad u_C=8V \quad u_D=15{,}5V$$

Intensidades de las ramas:

$$U_{BD}=U_B-U_D=8{,}5-15{,}5=-7 \qquad I_1=\frac{e_{g1}+U_{BD}}{R_1+R_2}=\frac{10-7}{0{,}5+0{,}5}=3A$$

$$I_3=\frac{U_{BC}}{R_3}=\frac{8{,}5-8}{1}=0{,}5A \qquad I_4=\frac{U_{DC}}{R_3}=\frac{15{,}5-8}{1}=7{,}5A$$

$$I_6=\frac{-U_C}{R_6}=\frac{-8}{1}=-8A \qquad I_7=\frac{e_{g2}-U_D}{R_7}=\frac{20-15{,}5}{1}=4{,}5A$$

Potencia suministrada por las fuentes:

$$\left.\begin{array}{l} P_{e_{g1}}=e_{g1}*I_1=10*3=30W \\ P_{e_{g2}}=e_{g2}*I_7=20*4{,}5=90W \\ P_{i_g}=i_g*U_B=12*8{,}5=102W \end{array}\right\} \quad P_{e_{g1}}+P_{e_{g2}}+P_{i_g}=222W$$

Potencia consumida en las resistencias:

$$\sum P_R=1*I_1^2+1*I_3^2+1*I_4^2+1*I_6^2+1*I_7^2+\frac{U_B^2}{1}=222W$$

PROBLEMA 3.28

En el esquema de la figura el transformador formado por las bobinas 1 y 2 es ideal. Se conoce que $L_1=L_2=12mH$. Se pide:

a) El esquema plano, utilizando la simbología de las bobinas y los puntos correspondientes.

b) Plantéense las ecuaciones para la resolución del circuito por el método de las mallas.

c) Particularícese esta resolución para $e_g=60V$ e $i_g=25A$ y calcúlense las potencias suministradas por las fuentes.

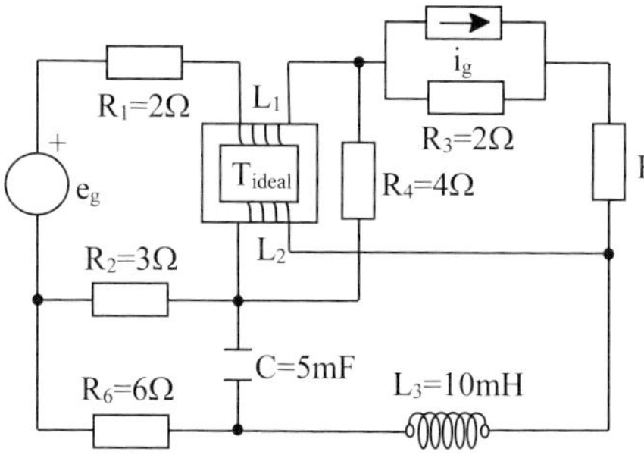

Fig. 1

En la figura 2 se destaca el transformador ideal y se ve que cuando las intensidades entran por los puntos 1 y 2' los flujos se suman, luego estos son los puntos correspondientes. Con esto se obtiene el circuito plano completo (figura 3) indicando la simbología de las bobinas 1 y 2 y sus puntos correspondientes, con el coeficiente de inducción mutua M. En este último circuito se ha transformado también la fuente de intensidad en una fuente de tensión equivalente, para realizar el estudio del circuito por mallas.

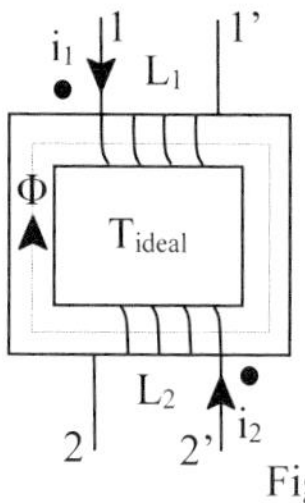

Fig. 2

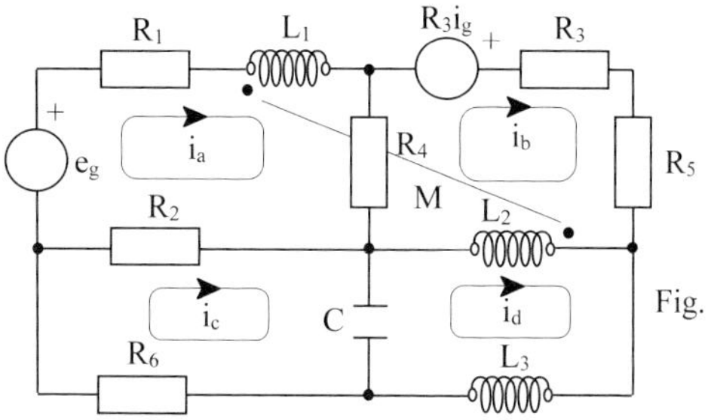

Fig. 3

Como el transformador es ideal (k=1), el coeficiente M valdrá:

$$M = k\sqrt{L_1 * L_2} = \sqrt{12*12} = 12\,mH$$

En el **análisis por mallas** del circuito de la figura 3, se tienen cuatro ecuaciones:

$$Z_{aa}i_a + Z_{ab}i_b + Z_{ac}i_c + Z_{ad}i_d = e_{ga}$$
$$Z_{ba}i_a + Z_{bb}i_b + Z_{bc}i_c + Z_{bd}i_d = e_{gb}$$
$$Z_{ca}i_a + Z_{cb}i_b + Z_{cc}i_c + Z_{cd}i_d = e_{gc}$$
$$Z_{da}i_a + Z_{db}i_b + Z_{dc}i_c + Z_{dd}i_d = e_{gd}$$

Donde:

$$Z_{aa} = R_1 + R_2 + R_4 + L_1D \qquad Z_{ab} = Z_{ba} = -R_4 + MD \qquad Z_{ac} = Z_{ca} = -R_2$$
$$Z_{bb} = R_3 + R_4 + R_5 + L_2D \qquad Z_{ad} = Z_{da} = -MD \qquad Z_{bc} = Z_{cb} = 0$$
$$Z_{cc} = R_2 + R_6 + \frac{1}{CD} \qquad Z_{bd} = Z_{db} = -L_2D \qquad Z_{cd} = Z_{dc} = -\frac{1}{CD}$$
$$Z_{dd} = L_2D + L_3D + \frac{1}{CD}$$

$$e_{ga} = e_g \qquad e_{gb} = R_3 i_g \qquad e_{gc} = 0 \qquad e_{gd} = 0$$

Sustituyendo:

$$\left(R_1 + R_2 + R_4 + L_1 D\right) i_a + \left(-R_4 + MD\right) i_b + \left(-R_2\right) i_c + \left(-MD\right) i_c = e_g$$
$$\left(-R_4 + MD\right) i_a + \left(R_3 + R_4 + R_5 + L_2 D\right) i_b + 0\, i_c + \left(-L_2 D\right) i_d = R_3 i_g$$
$$\left(-R_2\right) i_a + 0\, i_b + \left(R_2 + R_6 + \frac{1}{CD}\right) i_c + \left(-\frac{1}{CD}\right) i_d = 0$$
$$\left(-MD\right) i_a + \left(-L_2 D\right) i_b + \left(-\frac{1}{CD}\right) i_c + \left(L_2 D + L_3 D + \frac{1}{CD}\right) i_d = 0$$

Resolución para el caso en que $e_g = 60V$ e $i_g = 25A$

Por ser las fuentes de corriente continua las bobinas se comportan como cortocircuitos y el condensador como un circuito abierto. Se tiene el circuito:

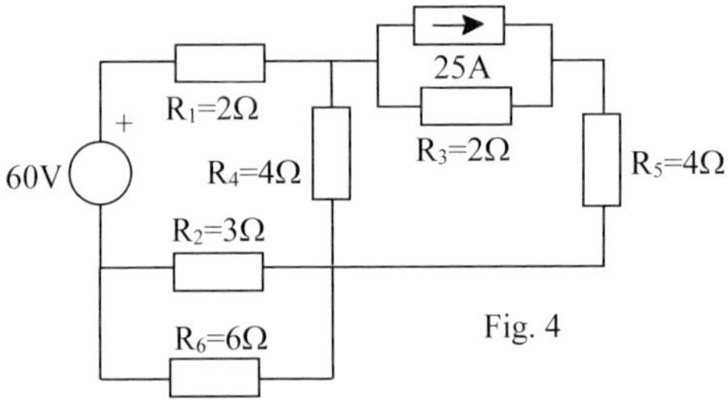

Fig. 4

Para su resolución se transforma en el circuito de la figura 5 y despues en el de la figura 6.

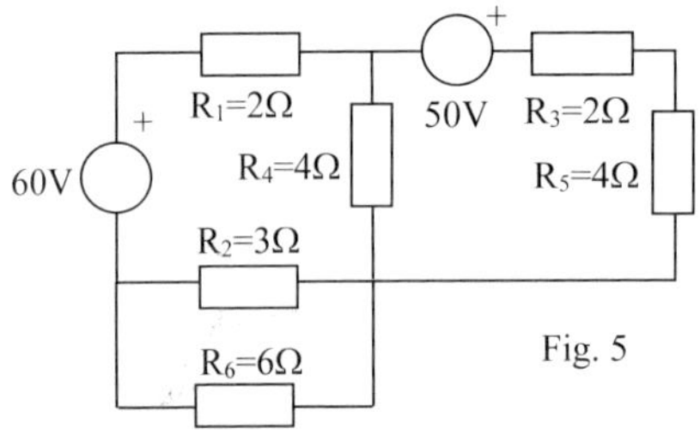

Fig. 5

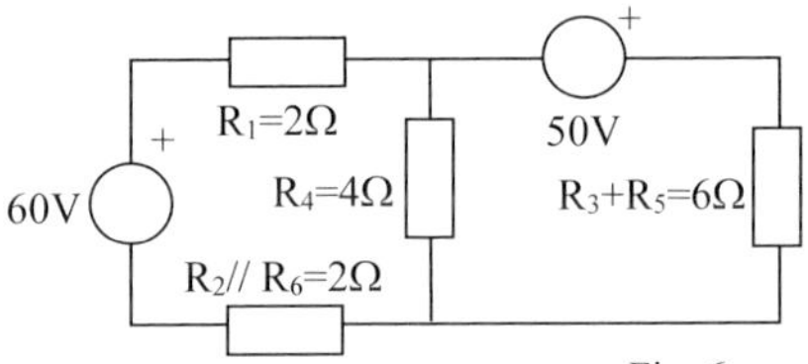

Fig. 6

Se tienen las ecuaciones:

$$\left.\begin{aligned} 8I_1 - 4I_2 &= 60V \\ -4I_1 + 10I_2 &= 50V \end{aligned}\right\} \quad I_1 = 12{,}5A; \qquad I_2 = 10A;$$

La tensión en bornas de la intensidad será:

$$U_{ig} = R_3\left(25 - I_2\right) = 30V$$

La potencia suministrada por las fuentes será:

$$P_{eg} = e_g * I = 60*12{,}5 = 750W$$
$$P_{ig} = i_g * U_{ig} = 25*30 = 750W$$

Que debe coincidir con la consumida por las resistencias (circuito de la figura 4).

$$P_R = \sum R_i I_i^2 = (R_1 + R_2 // R_6)I_1^2 + R_4(I_1 - I_2)^2 + R_3(25 - I_2)^2 + R_5 I_2^2 = 1500W$$

PROBLEMA 3.29

Plantéese el sistema de ecuaciones integrodiferenciales para el análisis por el método directo de los grupos de corte para el circuito de la figura.

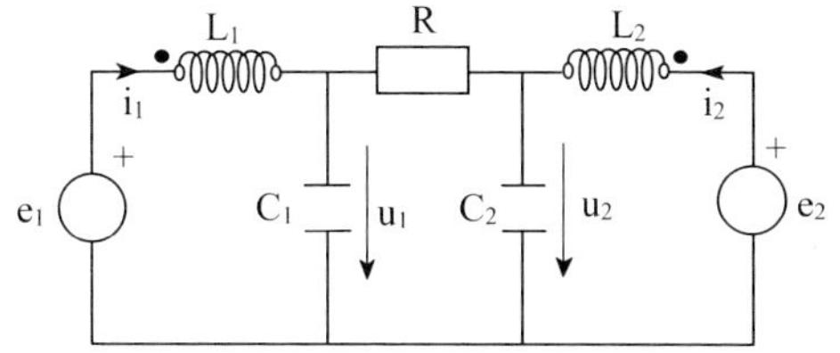

Las ecuaciones de la tensión de las bobinas en función de sus intensidades, teniendo en cuenta los puntos correspondientes, son:

$$u_{L1} = L_1 \frac{di_1}{dt} + M \frac{di_2}{dt} = L_1 D\, i_1 + MD\, i_2$$
$$u_{L2} = M \frac{di_1}{dt} + L_2 \frac{di_2}{dt} = MD\, i_1 + L_2 D\, i_2$$

Pueden plantearse las ecuaciones:

$$u_{L1} = e_1 - u_1 = L_1 D\, i_1 + MD\, i_2$$
$$u_{L2} = e_2 - u_2 = MD\, i_1 + L_2 D\, i_2$$

Y en forma matricial:

$$\begin{pmatrix} e_1 - u_1 \\ e_2 - u_2 \end{pmatrix} = \begin{pmatrix} L_1 D & MD \\ MD & L_2 D \end{pmatrix} \begin{pmatrix} i_1 \\ i_2 \end{pmatrix}$$ O bien:

$$\begin{pmatrix} i_1 \\ i_2 \end{pmatrix} = \begin{pmatrix} \frac{L_2}{\Delta} & -\frac{M}{\Delta} \\ -\frac{M}{\Delta} & \frac{L_1}{\Delta} \end{pmatrix} \begin{pmatrix} e_1 \text{-} u_1 \\ e_2 \text{-} u_2 \end{pmatrix}$$ Siendo: $\Delta = \left(L_1 L_2 - M^2\right) D$

Pueden considerarse estas ecuaciones como la transformación, de las ramas de tensión con las bobinas, en las fuentes de intensidad y se tiene el siguiente circuito:

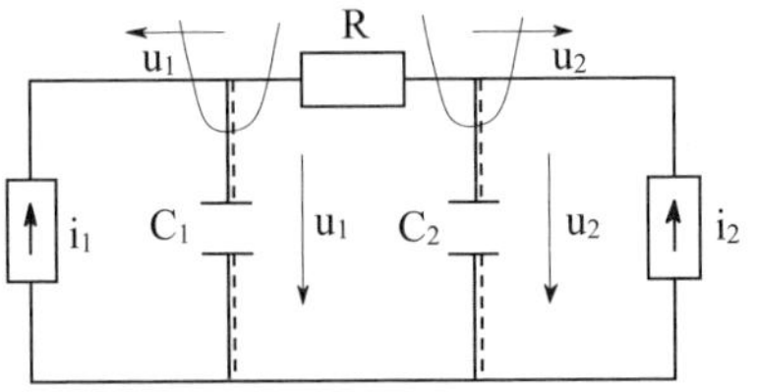

Para el planteamiento por grupos de corte básicos, se ha elegido el árbol formado por las dos ramas que tienen los condensadores. Las ecuaciones son:

$$Y_{11}\, u_1 - Y_{12}\, u_2 = i_{g1} = i_1$$
$$-Y_{21}\, u_1 + Y_{22}\, u_2 = i_{g2} = i_2$$

Siendo:

$$Y_{11} = \frac{1}{R} + C_1 D \qquad Y_{12} = Y_{21} = \frac{1}{R} \qquad Y_{22} = \frac{1}{R} + C_2 D$$

Sustituyendo se tiene el sistema:

$$\left(\frac{1}{R} + C_1 D\right) u_1 - \frac{1}{R}\, u_2 = \frac{L_2}{\Delta}\,(e_1 - u_1) - \frac{M}{\Delta}\,(e_2 - u_2)$$
$$-\frac{1}{R}\, u_1 + \left(\frac{1}{R} + C_2 D\right) u_2 = -\frac{M}{\Delta}\,(e_1 - u_1) + \frac{L_1}{\Delta}\,(e_2 - u_2)$$

Y ordenando los términos:

$$\left(\frac{1}{R} + C_1 D + \frac{L_2}{\Delta}\right) u_1 - \left(\frac{1}{R} + \frac{M}{\Delta}\right) u_2 = \frac{L_2}{\Delta}\, e_1 - \frac{M}{\Delta}\, e_2$$
$$-\left(\frac{1}{R} + \frac{M}{\Delta}\right) u_1 + \left(\frac{1}{R} + C_2 D + \frac{L_1}{\Delta}\right) u_2 = -\frac{M}{\Delta}\, e_1 + \frac{L_1}{\Delta}\, e_2$$

PROBLEMA 3.30

Escríbanse las ecuaciones integrodiferenciales correspondientes al análisis por nudos del circuito de la figura.

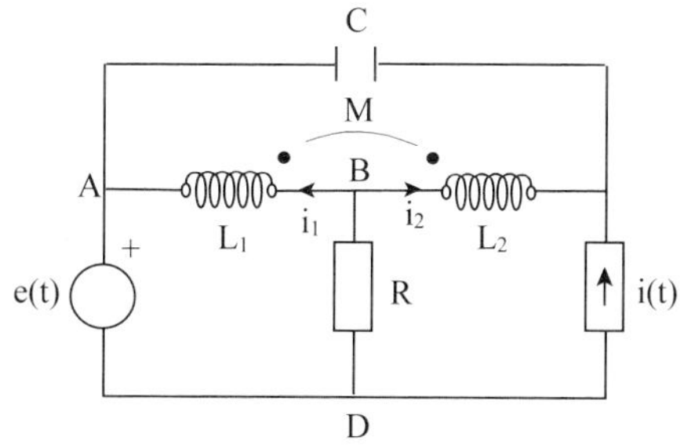

Se va a tomar el nudo D como referencia.

Se hace: $u_1 = u_B - u_A$ y $u_2 = u_B - u_C$

Las ecuaciones de la tensión de las bobinas en función de sus intensidades, teniendo en cuenta los puntos correspondientes, son:

$$u_{L1} = L_1 \frac{di_1}{dt} + M \frac{di_2}{dt} = L_1 D\, i_1 + MD\, i_2$$
$$u_{L2} = M \frac{di_1}{dt} + L_2 \frac{di_2}{dt} = MD\, i_1 + L_2 D\, i_2$$

y matricialmente:

$$\begin{pmatrix} u_1 \\ u_2 \end{pmatrix} = \begin{pmatrix} L_1 D & MD \\ MD & L_2 D \end{pmatrix} \begin{pmatrix} i_1 \\ i_2 \end{pmatrix}$$

O bien poniendo las intensidades en función de las tensiones:

$$\begin{pmatrix} i_1 \\ i_2 \end{pmatrix} = \begin{pmatrix} \frac{L_2}{\Delta} & -\frac{M}{\Delta} \\ -\frac{M}{\Delta} & \frac{L_1}{\Delta} \end{pmatrix} \begin{pmatrix} u_1 \\ u_2 \end{pmatrix} \qquad \text{Siendo :} \quad \Delta = \left(L_1 L_2 - M^2\right) D$$

Con estas ecuaciones pueden considerarse i_1 e i_2 como dos fuentes de intensidad. Se tiene el circuito equivalente siguiente en el que, tomando el nudo D como referencia, se plantean las ecuaciones:

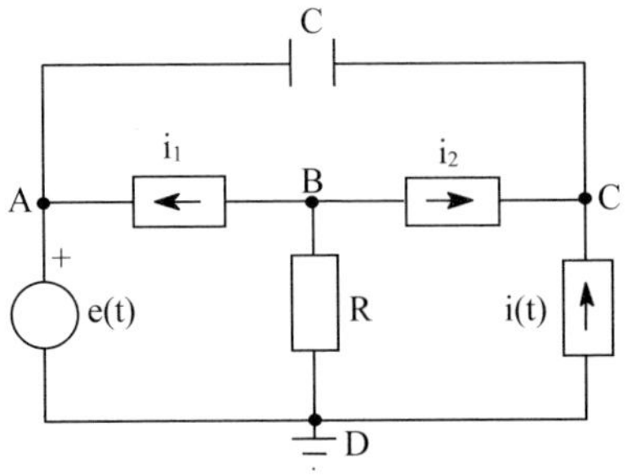

1) $u_A = e(t)$

2) $\frac{1}{R} u_B = -i_1 - i_2$

3) $CD\,(u_C - u_A) = i + i_2$

Sustituyendo los valores de i_1 e i_2 obtenidos en la ecuación matricial y los valores de u_1 y u_2 de las ecuaciones anteriores, se tiene:

En la ecuación 2)

$$2)\quad \frac{1}{R} u_B = -\frac{L_2}{\Delta}(u_B - u_A) + \frac{M}{\Delta}(u_B - u_C) + \frac{M}{\Delta}(u_B - u_A) - \frac{L_1}{\Delta}(u_B - u_C)$$

$$2')\quad -\left(\frac{L_2 - M}{\Delta}\right) u_A + \left(\frac{L_1 + L_2 - 2M}{\Delta} + \frac{1}{R}\right) u_B - \left(\frac{L_1 - M}{\Delta}\right) u_C = 0$$

En la ecuación 3)

$$3)\quad CD\,(u_C - u_A) = i(t) - \frac{M}{\Delta}(u_B - u_A) + \frac{L_1}{\Delta}(u_B - u_C)$$

$$3')\quad -\left(\frac{M}{\Delta} + CD\right) u_A - \left(\frac{L_1 - M}{\Delta}\right) u_B + \left(CD + \frac{L_1}{\Delta}\right) u_C = i(t)$$

Resolviendo el sistema formado por las ecuaciones 1, 2' y 3' se obtendrán las tensiones u_A, u_B, y u_C.

PROBLEMA 3.31

Plantéese el sistema de ecuaciones integrodiferenciales para la resolución por mallas del circuito de la figura.

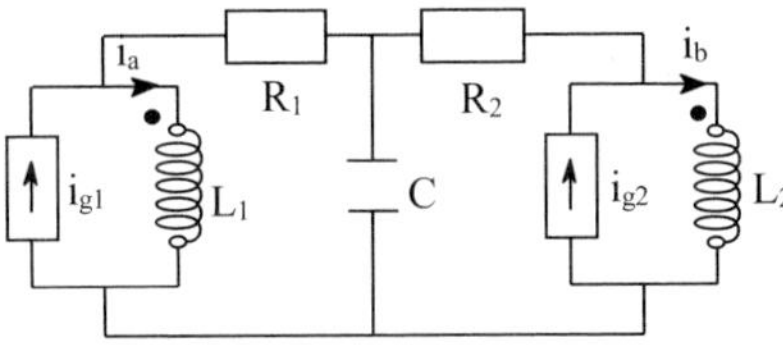

Con el objeto de que las fuentes de intensidad estén asociadas en paralelo con elementos pasivos que no estén magnéticamente acoplados, y puedan así transformarse en fuentes de tensión, se hacen las siguientes modificaciones en el circuito:

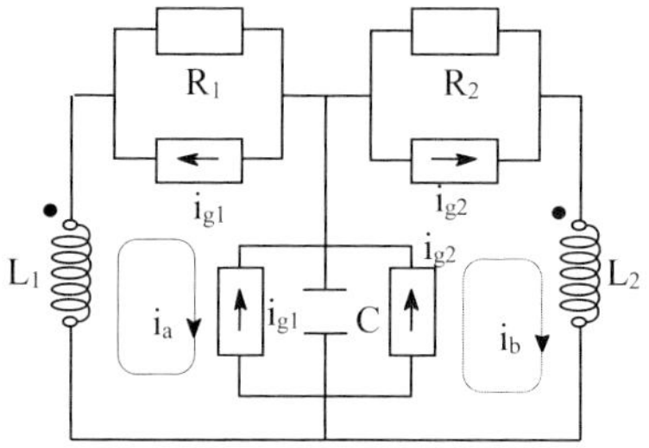

A continuación se realizaría la transformación de las ramas de fuente de intensidad en fuentes de tensión. En las ecuaciones que se plantean aparecen ya implícitamente realizadas estas transformaciones.

$$\left(R_1+\frac{1}{CD}+L_1D\right)i_a-\left(MD+\frac{1}{CD}\right)i_b=-R_1\,i_{g1}-\frac{1}{CD}\left(i_{g1}+i_{g2}\right)$$
$$-\left(MD+\frac{1}{CD}\right)i_a+\left(R_2+\frac{1}{CD}+L_2D\right)i_b=R_2\,i_{g1}+\frac{1}{CD}\left(i_{g1}+i_{g2}\right)$$

Puede plantearse de otra forma, considerando las tensiones de las bobinas como dos fuentes de tensión e_1 y e_2. Se representa en el circuito siguiente:

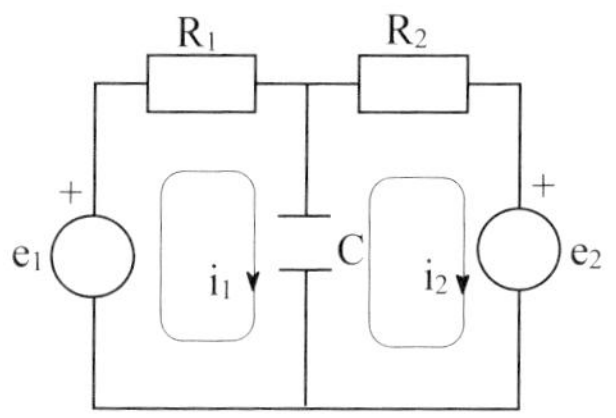

Las expresiones de i_1 e i_2 son:

$$e_1=L_1\,\frac{di_a}{dt}+M\,\frac{di_b}{dt}=L_1D\,i_a+MD\,i_b$$
$$e_2=M\,\frac{di_a}{dt}+L_2\,\frac{di_b}{dt}=MD\,i_a+L_2D\,i_b$$
$$i_a=i_{g1}-i_1 \qquad i_b=i_2-i_{g2}$$

Las ecuaciones a plantear para las mallas 1 y 2 son:

$$Z_{11}\,i_1-Z_{12}\,i_2=e_1$$
$$-Z_{21}\,i_1+Z_{22}\,i_2=e_2$$

Identificando las impedancias propias y comunes de mallas, y teniendo en cuenta las ecuaciones anteriores de e_1 y e_2, se tiene:

$$\left(R_1+\frac{1}{CD}\right)i_1-\frac{1}{CD}\,i_2=e_1=L_1D\left(i_{g1}-i_1\right)+MD\left(i_2-i_{g2}\right)$$
$$-\frac{1}{CD}\,i_1+\left(R_2+\frac{1}{CD}\right)i_2=e_2=MD\left(i_{g1}-i_1\right)+L_2D\left(i_2-i_{g2}\right)$$

Y ordenando términos:

$$\left(R_1+\frac{1}{CD}+L_1D\right)i_1-\left(\frac{1}{CD}+MD\right)i_2=L_1D\,i_{g1}-MD\,i_{g2}$$

$$\left(-\frac{1}{CD}+MD\right)i_1+\left(R_2+\frac{1}{CD}-L_2D\right)i_2=MD\,i_{g1}-L_2D\,i_{g2}$$

PROBLEMA 3.32

En la red infinita de la figura, determínese el valor de la resistencia R sabiendo que la resistencia equivalente vista desde los terminales 1-1' es también R.

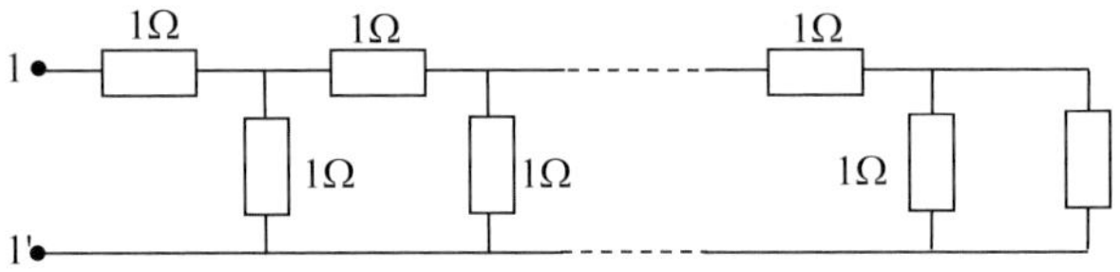

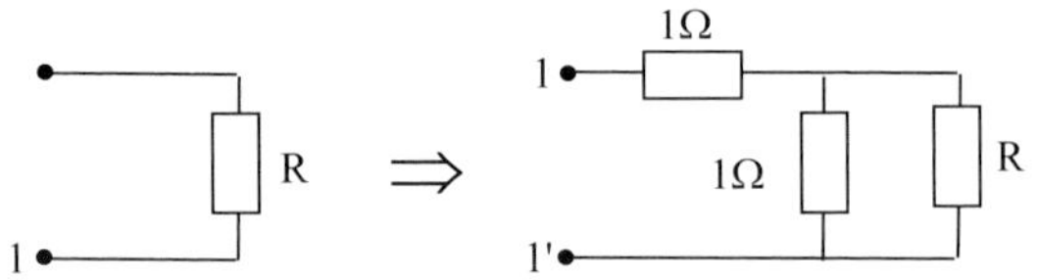

$$R_{equ}=1+\frac{R}{1+R}=R \qquad R+1+R=R+R^2$$

$$R^2-R-1=0$$

$$R=\frac{1\pm\sqrt{1+4}}{2} \qquad R=\frac{1\pm\sqrt{5}}{2}\ \Omega$$

PROBLEMA 3.33

Para el circuito de la figura:

a) Plantéense las ecuaciones integrodiferenciales para su resolución por el método directo de las mallas.

b) En el caso de que sea e_g=100V e i_g=10A hállese el circuito equivalente de Thevenin visto desde los puntos B y D y calcúlese la potencia que consumiría una resistencia R conectada entre dichos puntos para los casos en que esta valga 2Ω o 4Ω respectivamente.

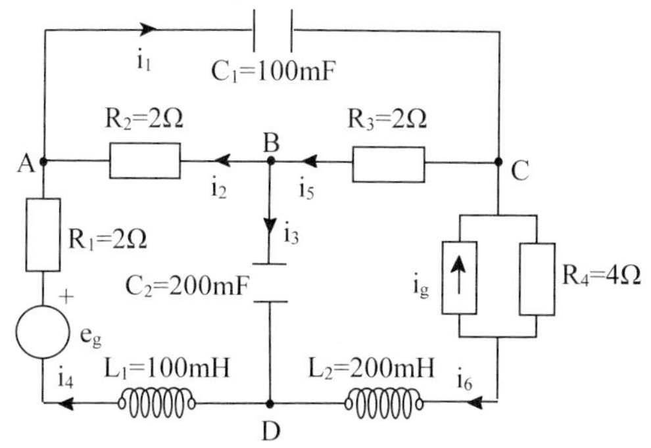

a) Para resolver el circuito por el método directo de las mallas se transforma la fuente real de intensidad en fuente real de tensión y se tiene el circuito siguiente:

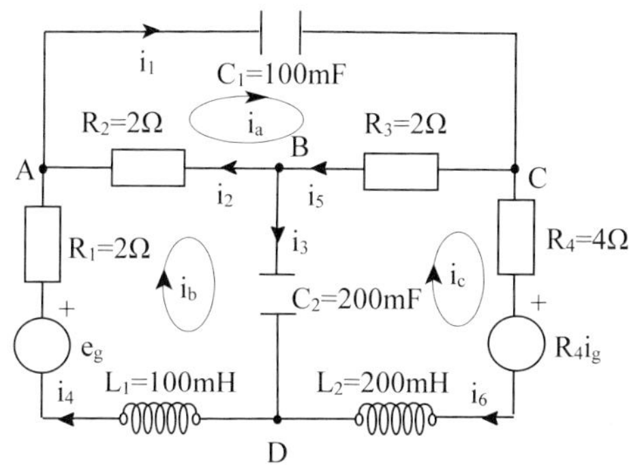

Identificando las mallas a, b y c se tienen las ecuaciones y se identifican las impedancias y fuentes de tensión de mallas:

$$\left.\begin{aligned} Z_{aa}i_a - Z_{ab}i_b - Z_{ac}i_c &= e_{ga} \\ -Z_{ba}i_a + Z_{bb}i_b - Z_{bc}i_c &= e_{gb} \\ -Z_{ca}i_a - Z_{cb}i_b + Z_{cc}i_c &= e_{gc} \end{aligned}\right\}$$

$$Z_{aa} = \frac{1}{C_1 D} + R_2 + R_3 \qquad Z_{bb} = R_1 + R_2 + \frac{1}{C_2 D} + L_1 D$$

$$Z_{cc} = R_3 + R_4 + L_2 D + \frac{1}{C_2 D} \qquad Z_{ab} = Z_{ba} = R_2$$

$$Z_{ac} = Z_{ca} = R_3 \qquad Z_{bc} = Z_{cb} = \frac{1}{C_2 D}$$

$$e_{ga} = 0 \qquad e_{gb} = e_g \qquad e_{gc} = -R_4 i_g$$

Sustituyendo:

$$\left(\frac{1}{C_1 D}+R_2+R_3\right)i_a - R_2 i_b - R_3 i_c = 0$$

$$-R_2 i_a + \left(R_1+R_2+\frac{1}{C_2 D}+L_1 D\right)i_b - \frac{1}{C_2 D}i_c = e_g$$

$$-R_3 i_a - \frac{1}{C_2 D}i_b + \left(R_3+R_4+L_2 D+\frac{1}{C_2 D}\right)i_c = -R_4 i_g$$

b) Si las fuentes de energía son de corriente continua los condensadores se comportan como circuitos abiertos y las bobinas como cortocircuitos. Se tiene el siguiente circuito:

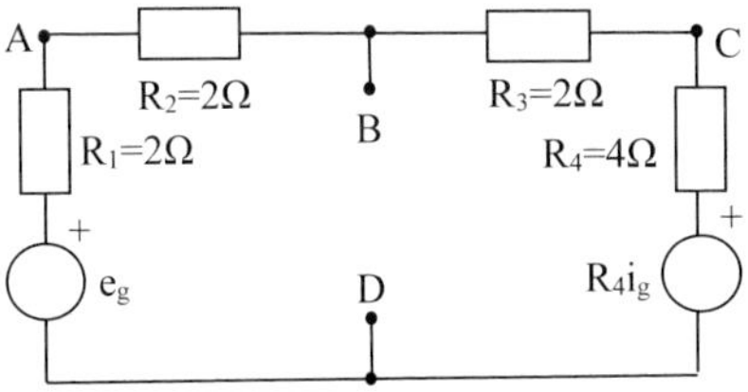

$$I = \frac{e_g - R_4 i_g}{R_1+R_2+R_3+R_4} = \frac{100-40}{10} = 6A$$

$$U_{Th} = U_{BD0} = e_g - (R_1+R_2)I = 100-4*6 = 76V$$

$$R_{Th} = \frac{(R_1+R_2)(R_3+R_4)}{R_1+R_2+R_3+R_4} = \frac{4*6}{10} = 2{,}4\Omega$$

Se tiene el circuito equivalente:

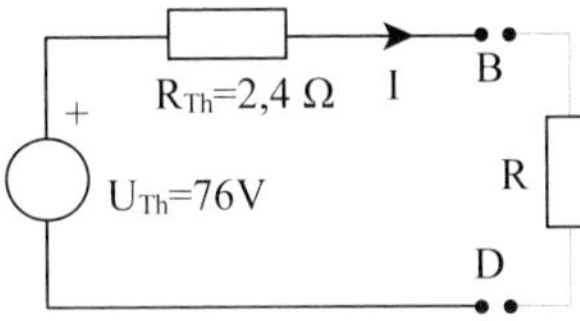

Para R = 2Ω $\begin{cases} I = \dfrac{U_{Th}}{R_{Th}+2} = \dfrac{76}{4{,}4} = 17{,}27A \\ P = RI^2 = 2*17{,}27^2 = 596{,}7W \end{cases}$

Para R = 4Ω $\begin{cases} I = \dfrac{U_{Th}}{R_{Th}+4} = \dfrac{76}{6{,}4} = 11{,}875A \\ P = RI^2 = 2*11{,}875^2 = 564W \end{cases}$

PROBLEMA 3.34

Para el circuito de la figura, se pide:

a) Plantéese el sistema de ecuaciones para su resolución por el método directo de las mallas.

b) Suponiendo que los valores de las fuentes sean: e_{g1}= 60V y e_{g2}=100V, hallénse los circuitos equivalentes de Thevenin y de Norton entre los puntos A y B y calcúlese la potencia que consumiría una resistencia R de 2Ω, conectada entre dichos puntos.

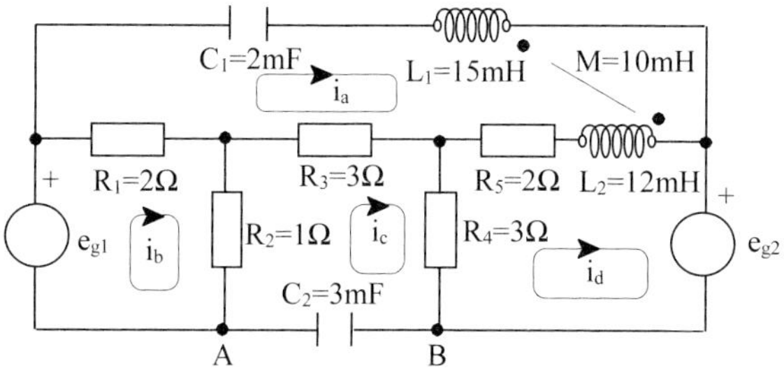

a) En el **análisis por mallas** se tienen cuatro ecuaciones:

$$Z_{aa}i_a + Z_{ab}i_b + Z_{ac}i_c + Z_{ad}i_d = e_{ga}$$
$$Z_{ba}i_a + Z_{bb}i_b + Z_{bc}i_c + Z_{bd}i_d = e_{gb}$$
$$Z_{ca}i_a + Z_{cb}i_b + Z_{cc}i_c + Z_{cd}i_d = e_{gc}$$
$$Z_{da}i_a + Z_{db}i_b + Z_{dc}i_c + Z_{dd}i_d = e_{gd}$$

Donde:

$$Z_{aa} = R_1 + R_3 + R_5 + \frac{1}{C_1D} + L_1D + L_2D - 2MD \qquad Z_{bb} = R_1 + R_2$$

$$Z_{cc} = R_2 + R_3 + R_4 + \frac{1}{C_2D} \qquad Z_{dd} = R_4 + R_5 + L_2D$$

$$Z_{ab} = Z_{ba} = -R_1 \qquad Z_{ac} = Z_{ca} = -R_3 \qquad Z_{ad} = Z_{da} = -R_5 - L_2D + MD$$
$$Z_{bc} = Z_{cb} = -R_2 \qquad Z_{bd} = Z_{db} = 0 \qquad Z_{cd} = Z_{dc} = -R_4$$

$$e_{ga} = 0 \qquad e_{gb} = e_{g1} \qquad e_{gc} = 0 \qquad e_{gd} = -e_{g2}$$

Sustituyendo:

$$\left(R_1 + R_3 + R_5 + \frac{1}{C_1D} + L_1D + L_2D - 2MD\right)i_a + (-R_1)i_b + (-R_3)i_c + (-R_5 - L_2D + MD)i_d = 0$$
$$(-R_1)i_a + (R_1 + R_2)i_b + (-R_2)i_c + 0\,i_d = e_{g1}$$
$$(-R_3)i_a + (-R_2)i_b + \left(R_2 + R_3 + R_4 + \frac{1}{C_2D}\right)i_c + (-R_4)i_d = 0$$
$$(-R_5 - L_2D + MD)i_a + 0\,i_b + (-R_4)i_c + (R_4 + R_5 + L_2D)i_d = e_{g2}$$

Si las fuentes de alimentación son de corriente continua los condensadores se comportan como circuitos abiertos y las bobinas como cortocircuitos. En estas condiciones se tiene el siguiente circuito:

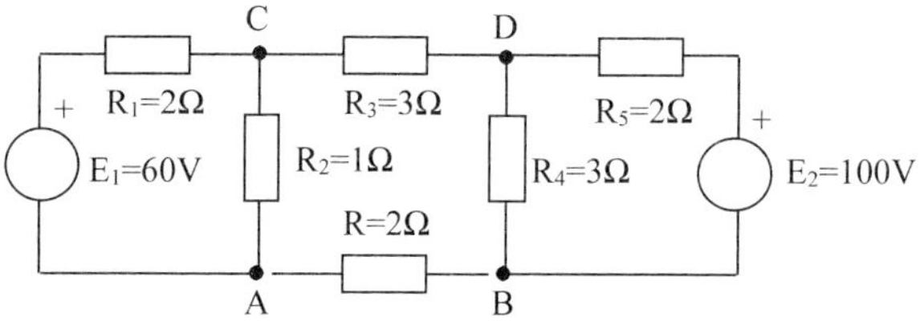

Los circuitos equivalentes de Thevenin y Norton del circuito, visto desde los puntos A y B, son:

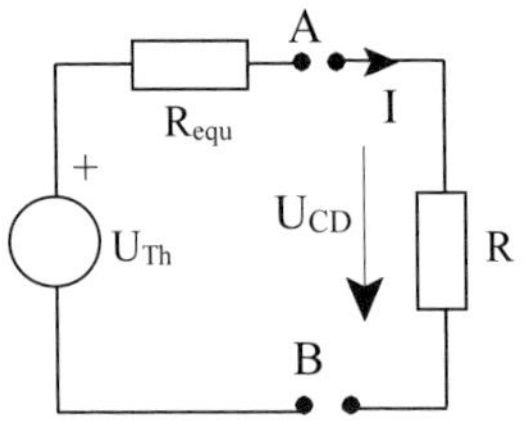

Circuito equiv. de Thevenin

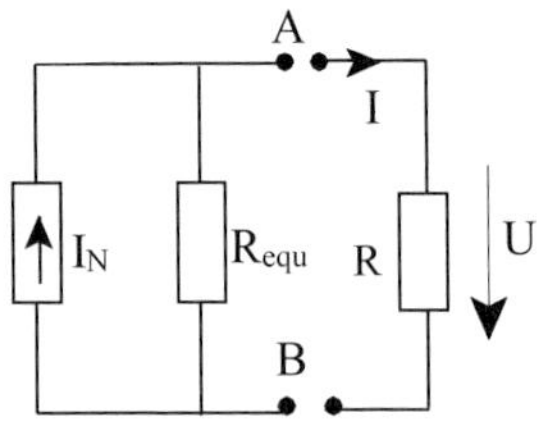

Circuito equiv. de Norton

Los valores de U_{Th}, R_{equ} e I_N son:

$$U_{Th} = U_{AC} + U_{CD} + U_{DB} = -\frac{R_2}{R_1 + R_2} E_1 + 0 + \frac{R_4}{R_4 + R_5} E_2 = 40\,V$$

$$R_{Th} = \frac{R_1 * R_2}{R_1 + R_2} + R_3 + \frac{R_5 + R_6}{R_5 + R_6} = 4{,}67\,\Omega \qquad I_N = \frac{U_{Th}}{R_{Th}} = 8{,}22\,A$$

Si se conecta la resistencia R de 2Ω entre los puntos A y B, utilizando el teorema de Thevenin, se tiene:

$$I_N = \frac{U_{Th}}{R_{Th} + R} = \frac{40}{4{,}67 + 2} = 6\,A \qquad P_R = R\,I^2 = 2 * 6^2 = 72\,W$$

CAPÍTULO 4

Teoremas fundamentales

PROBLEMA 4.9

Para el circuito de la figura, calcúlese:
a) Valor de la resistencia R a conectar entre los puntos A y B, para que la intensidad I que pase por ella sea 15A.
b) Valor que tendría esta intensidad si R vale 0,5Ω.

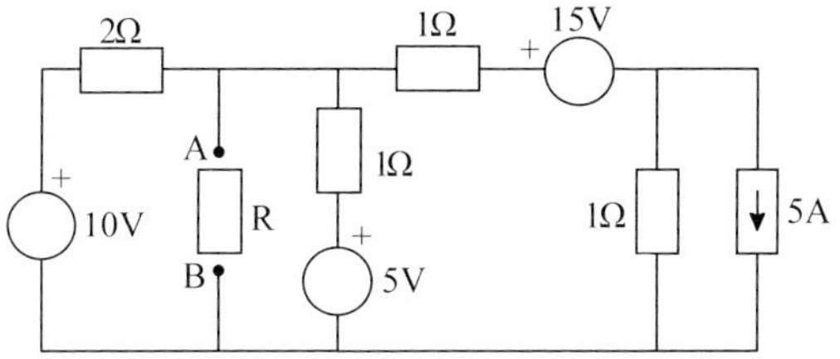

Realizando la transformación de la rama de fuente de intensidad en rama de fuente de tensión, se tienen el siguiente circuito equivalente:

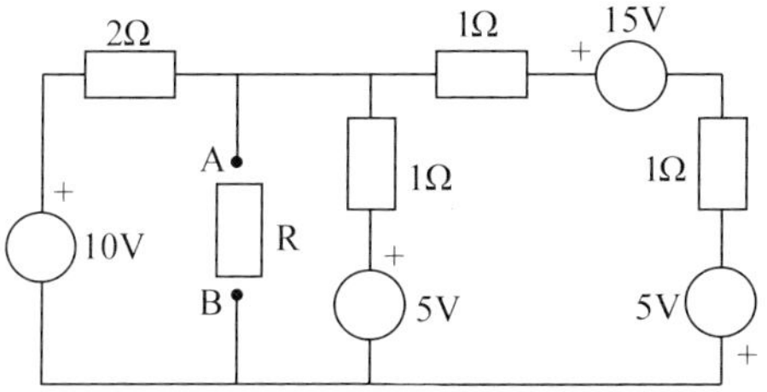

Y simplificando:

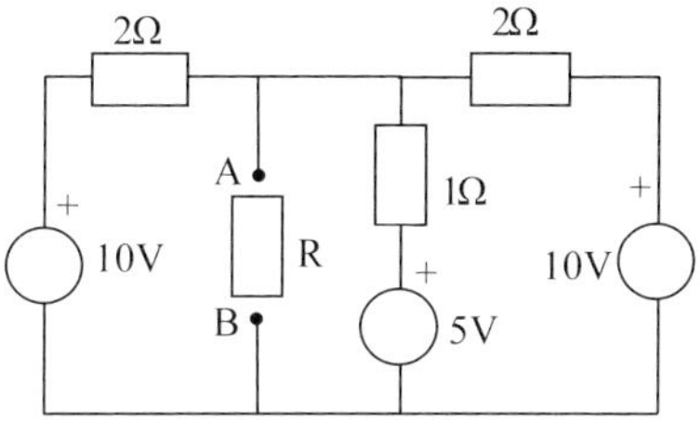

Se halla el circuito equivalente de Thevenin entre los puntos A y B.

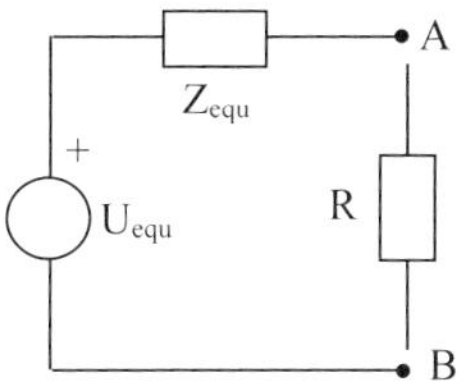

Se calcula la tensión equivalente por el teorema de Millman.

$$U_{equ} = U_{AB0} = \frac{\frac{1}{2}*10+\frac{1}{1}+5+\frac{1}{2}*10}{\frac{1}{2}+\frac{1}{1}+\frac{1}{2}} = \frac{15}{2} = 7{,}5V$$

La impedancia equivalente es:

$$Y_{equ} = \frac{1}{Z_{equ}} = \frac{1}{2}+\frac{1}{2}+1 = 2 \qquad Z_{equ} = \frac{1}{2} = 0{,}5\Omega$$

Para que sea I = 15A, se tiene:

$$I = 15\,A = \frac{7{,}5\;V}{0{,}5+R} \qquad R = 0$$

Para R = 0,5Ω:

$$I' = \frac{7{,}5}{0{,}5+0{,}5} = 7{,}5\,A$$

PROBLEMA 4.10

El circuito activo (CA) de la figura está constituido por fuentes de corriente continua y resistencias. Se conoce que:

a) Cuando Z es un condensador de 1μF de capacidad, la tensión entre A y B, U_{AB} = 20V.

b) Cuando Z es una resistencia de valor R=8Ω, esta consume 32W.

Calcúlese cuál sería la potencia disipada si fuese R = 3Ω.

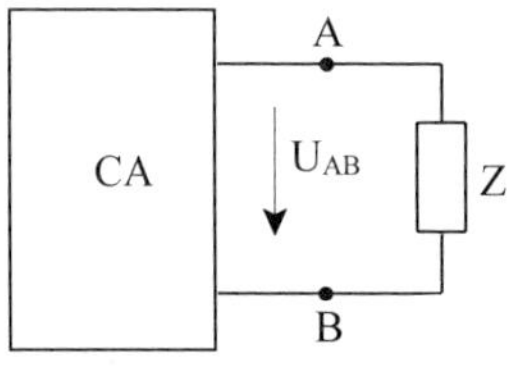

El circuito equivalente de Thevenin será:

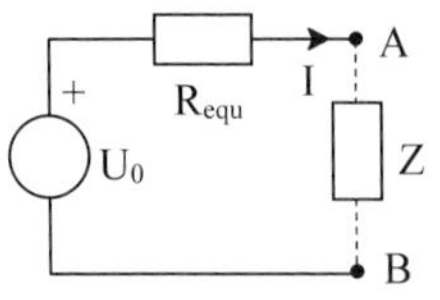

Siendo:

U_0 = Tensión entre A y B a circuito abierto.

R_{equ} = Impedancia entre A y B de la parte pasiva del circuito.

Si la carga es un condensador se tiene el circuito:

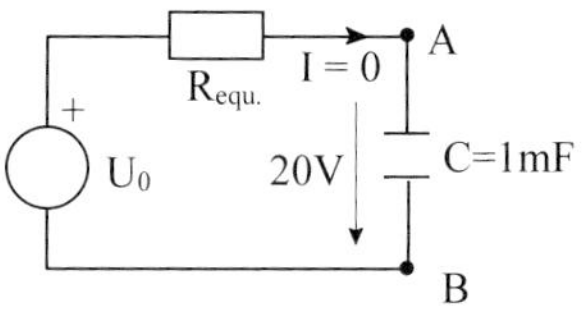

En corriente continua el condensador se comporta como un circuito abierto, siendo:

$$I = 0\,A \qquad U_{AB} = U_0 = 20\,V$$

Si la carga es una resistencia, se tiene el siguiente circuito:

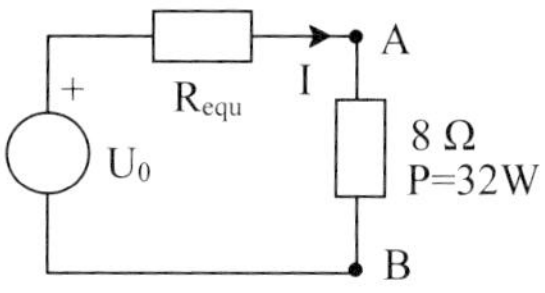

$$P = R * I^2$$

$$I = \sqrt{\frac{P}{R}} = \sqrt{\frac{32}{8}} = 2A$$

La resistencia equivalente Thevenin es:

$$R_{equ} = \frac{U_0 - R*I}{I} = \frac{20V - 8*2}{2} = \frac{4}{2} = 2\Omega$$

La potencia que consumiría R si valiese 3 Ω sería:

$$P = R*I^2 = R\left(\frac{20}{R_{equ} + R}\right)^2 = 3*4^2 = 48\,W$$

PROBLEMA 4.11

En la figura, los circuitos activos CA1 y CA2 están formados por resistencias y fuentes de corriente continua. Entre los terminales A y B se conecta la impedancia Z(D). Se conoce que en régimen permanente:

a) Si Z(D) = LD entonces I = 6A.

b) Si Z(D) = 1/CD entonces $I_2 = 0$ A.

c) Si Z(D) = R =2Ω entonces I_2 =1A y R absorbe la máxima potencia.

Determínense los circuitos equivalentes de Thevenin para CA1 y CA2 vistos desde A y B.

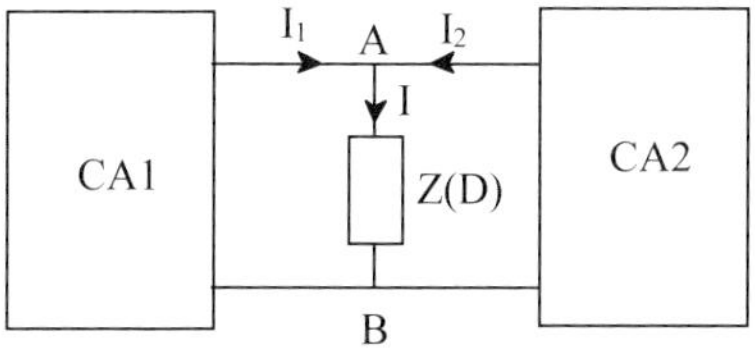

Considerando los equivalentes de Thevenin de CA1 y CA2 el circuito sería:

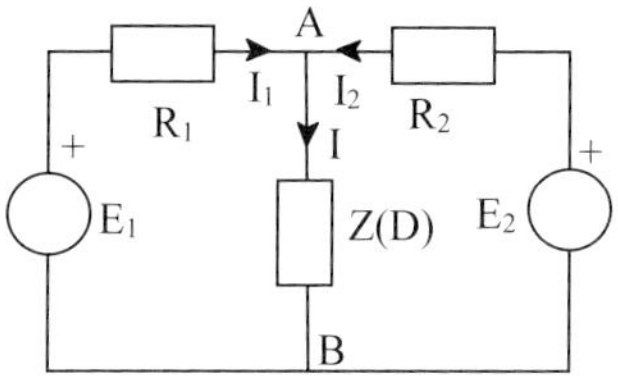

a) Para Z(D) = LD I = 6A

Una bobina se comporta como un cortocircuito en corriente continua y se tiene el circuito equivalente:

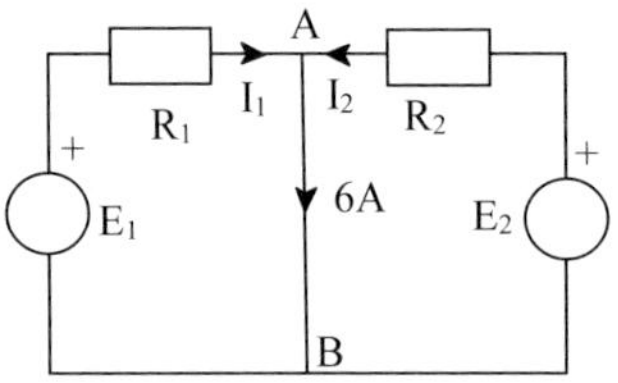

Se deduce la relación:

$$\frac{E_1}{R_1}+\frac{E_2}{R_2}=6$$

b) Para Z(D)= 1/CD I₂ = 0

Un condensador se comporta en corriente continua como un circuito abierto, y se tiene el circuito equivalente:

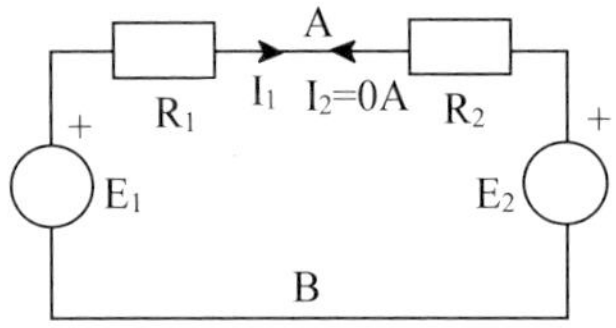

Se deduce la relación:

$$I_2=\frac{E_1-E_2}{R_1+R_2}=0 \;\rightarrow\; E_1=E_2$$

c) Para Z(D) = R= 2Ω; I₂ =1A y se produce la máxima transferencia de potencia. En estas condiciones, el equivalente de Thevenin del conjunto será:

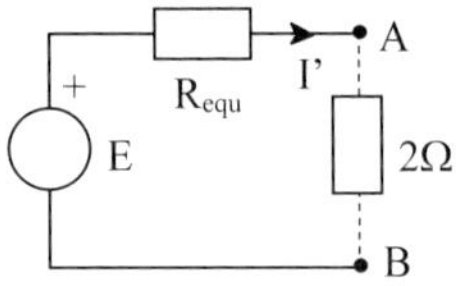

Se deduce la relación:

$$R_{equ}=\frac{R_1 * R_2}{R_1+R_2}=2\Omega$$

La intensidad de cortocircuito para el equivalente de Norton es de 6A (caso de Z(D) = LD).

Valores de las tensiones de Thevenin E_1 y E_2

$$E=2\,I_0=2*6=12V \qquad I'=\frac{12V}{4\Omega}=3A \qquad E_1=E_2=E=12V$$

$$I_1=I'-I_2=3-1=2\,A \qquad U_R=2*3=6V \qquad U_{R1}=E-U_R=12-6=6\;V$$

$$U_{R2}=E-U_R=12-6=6\;V$$

Valores de las resistencias equivalentes de Thevenin R_1 y R_2

$$R_1=\frac{U_{R1}}{I_1}=\frac{6}{2}=3\Omega \qquad R_2=\frac{U_{R2}}{I_2}=\frac{6}{1}=6\Omega$$

Los circuitos equivalentes de Thevenin de CA1 y CA2 serán:

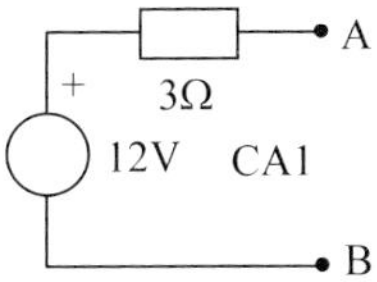

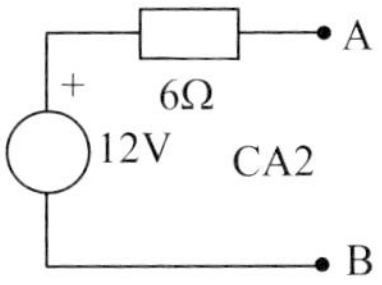

PROBLEMA 4.12

El circuito pasivo CP de los esquemas representados en las figuras 1, 2 y 3 es el mismo. Conociendo los datos indicados en estas hállese el circuito equivalente de Thevenin del circuito de la figura 3 entre los puntos A y B.

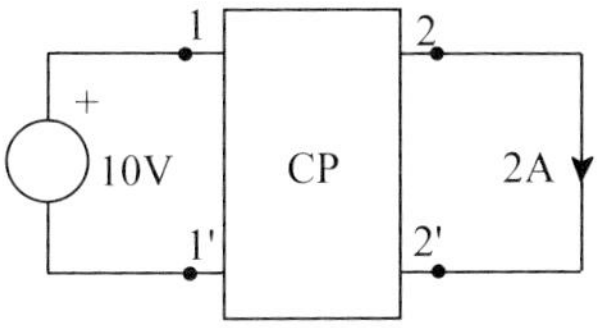

Fig. 1

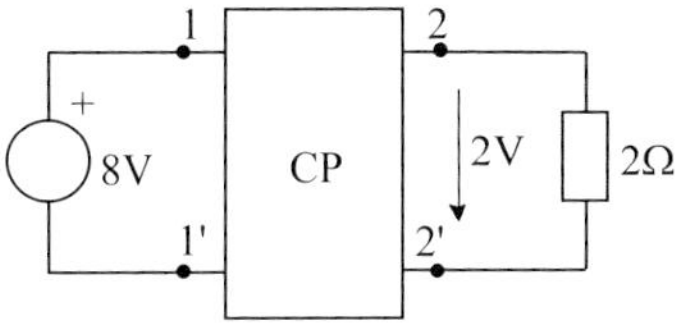

Fig. 2

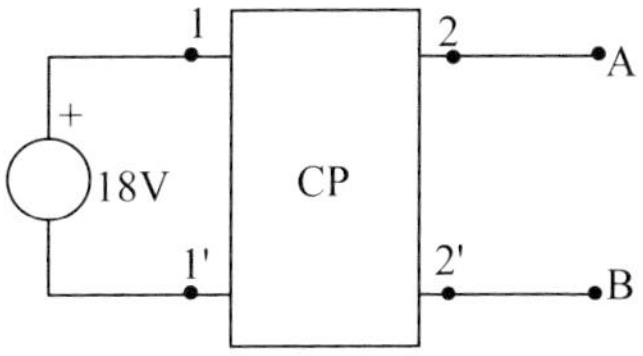

Fig. 3

El circuito equivalente de Thevenin será:

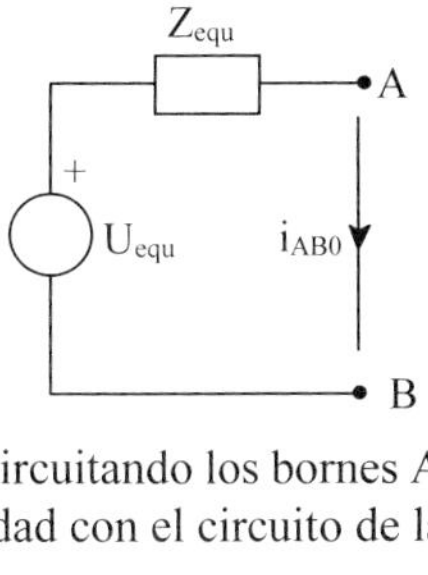

U_{equ} = Tensión a circuito abierto.
Z_{equ} = Impedancia del circuito pasivo.
$i_{AB0} = i_{equ}$ = Intensidad de cortocircuito.

Cortocircuitando los bornes A y B en el circuito de la figura 3 y haciendo uso del teorema de la linealidad con el circuito de la figura 1, se tendrá:

$$i_{AB0} = \frac{18}{10} * 2 = 3{,}6\ A$$

Consideremos el circuito:

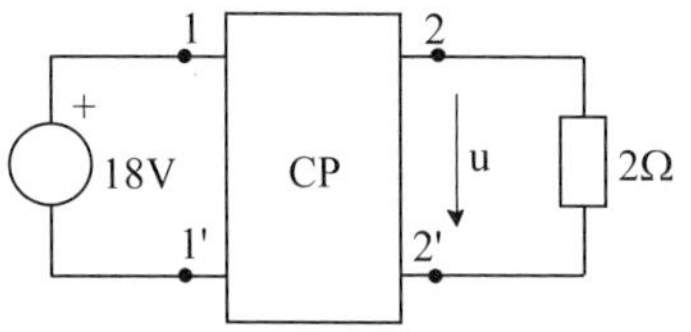

Por linealidad con el de la figura 2, se tiene:

$$u = \frac{18}{8} * 2 = 4{,}5\ V$$

El circuito equivalente que se está buscando también tendrá esta tensión entre A y B si se conecta a ellos una resistencia de 2Ω.

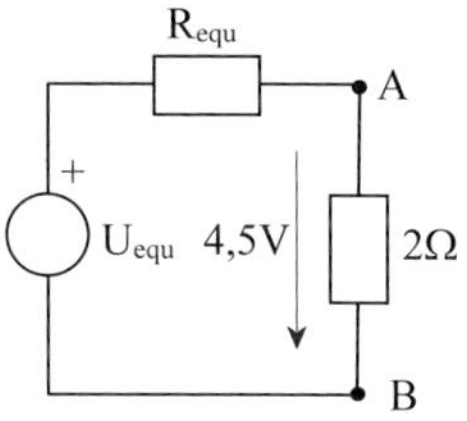

Y pueden plantearse las ecuaciones:

$$U_{equ} = \frac{4{,}5}{2}\left(R_{equ} + 2\right)$$
$$U_{equ} = 3{,}6\ R_{equ}$$

Obteniéndose:

$$U_{equ} = 12\ V \qquad R_{equ} = \frac{12}{3{,}6}\ \Omega$$

PROBLEMA 4.13

Los circuitos activos CA de las figuras 1, 2 y 3 son iguales y están compuestos por fuentes de corriente continua y resistencias. Teniendo en cuenta que las resistencias R_1 y R_2 de los circuitos 1 y 2 consumen 25W y 27W respectivamente, calcúlese la potencia P_3 consumida por la resistencia R_3 en el circuito 3.

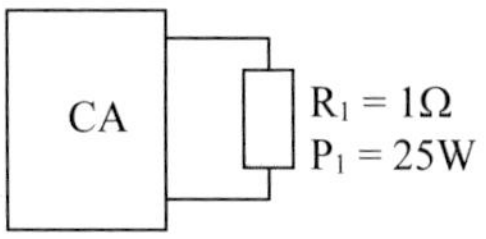

Fig. 1

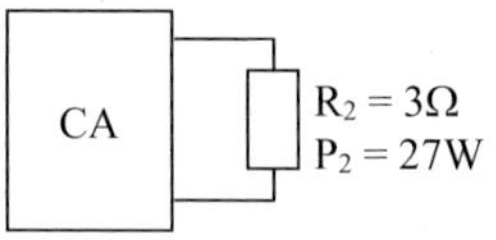

Fig. 2

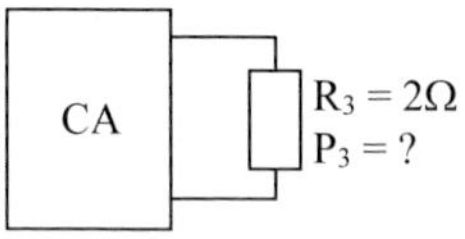

Fig. 3

Para el circuito **1**:

$$P_1 = 25 = R_1 I_1^2 = 1 * I_1^2 \qquad I_1 = \sqrt{\frac{25}{1}} = 5A \qquad U_1 = 5*1 = 5V$$

Para el circuito **2**:

$$P_2 = 27 = R_2 I_2^2 = 3 * I_2^2 \qquad I_2 = \sqrt{\frac{27}{3}} = 3A \qquad U_2 = 3*3 = 9V$$

Visto desde los bornes de las resistencias los tres circuitos CA tendrán el mismo circuito equivalente de Thevenin.

$$U_T = R_T I + U$$

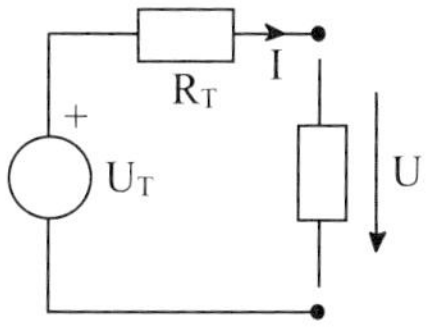

Para el caso de los circuitos 1 y 2 se tiene:

$$\left.\begin{array}{l} U_T = R_T 5 + 5V \\ U_T = R_T 3 + 9V \end{array}\right\} \quad 2R_T - 4 = 0 \quad R_T = 2\Omega$$

$$U_T = 2*5+5 = 15V$$

Para el circuito **3**:

$$I_3 = \frac{U_T}{R_T + R_3} = \frac{15}{2+2} = 3{,}75A$$

$$P_3 = 2 * I_3^2 = 2 * 3{,}75^2 = 28{,}125W$$

PROBLEMA 4.14

Sabiendo que el circuito pasivo CP de los esquemas representados en las figuras 1, 2 y 3 es el mismo, hállese la intensidad I_0 del circuito de la figura 3.

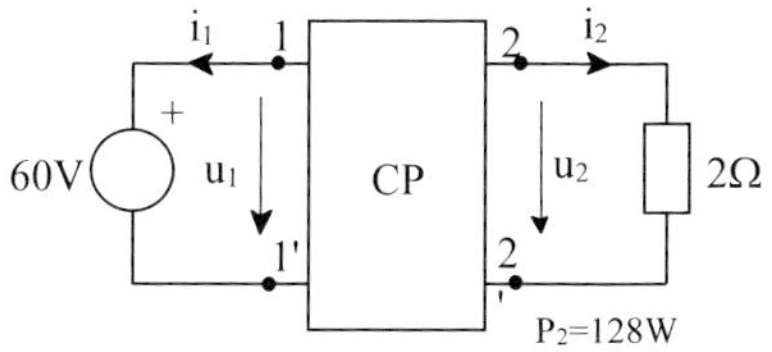

Fig. 1

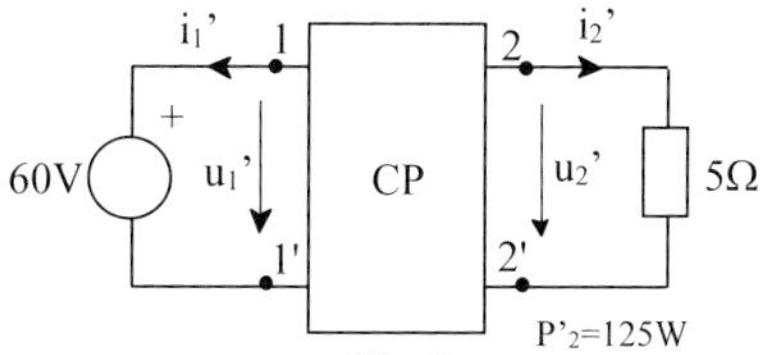

Fig. 2

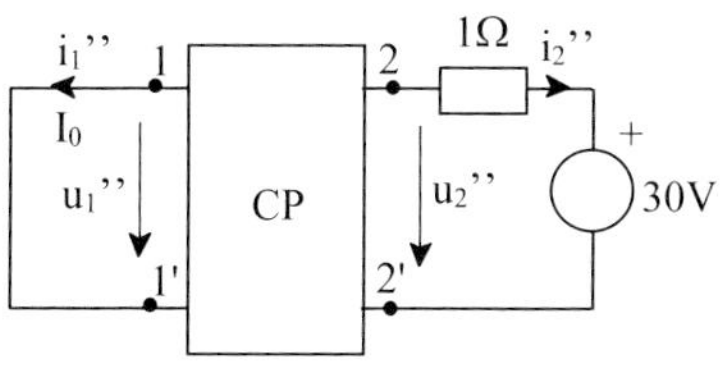

Fig. 3

Del circuito de la figura 1 se obtiene:

$$i_2 = \sqrt{\frac{P_2}{R}} = \sqrt{\frac{128}{2}} = 8A \qquad u_2 = R\, i_2 = 16V$$

Y del circuito de la figura 2, se deduce también:

$$i_2^{'} = \sqrt{\frac{P_2^{'}}{R}} = \sqrt{\frac{125}{5}} = 5A \qquad u_2^{'} = R\, i_2^{'} = 25\ V$$

Primera forma de resolución

El circuito equivalente de Thevenin para los circuitos de las figuras 1 y 2 será:

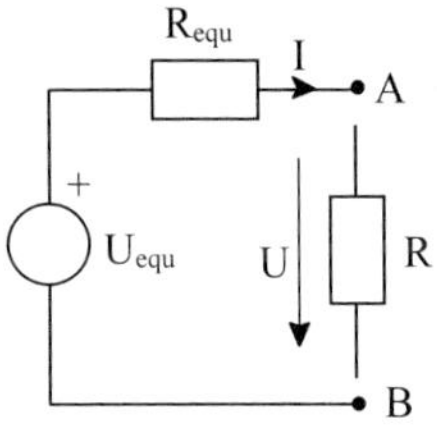

$$\left.\begin{array}{ll} \text{Si} \quad R = 2\Omega & U_{equ} = R_{equ}\ 8 + 16 \\ \text{Si} \quad R = 5\Omega & U_{equ} = R_{equ}\ 5 + 25 \end{array}\right\}$$

$$R_{equ} = 3\Omega$$

$$U_{equ} = 40\ V$$

Aplicando el teorema de reciprocidad en el circuito de la figura 3 y posteriormente el teorema de Thevenin se tiene el siguiente circuito equivalente:

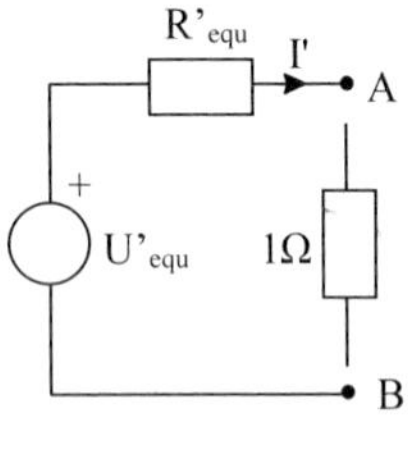

Por ser el mismo circuito pasivo que en el anterior, su resistencia equivalente será la misma y aplicando linealidad con dicho circuito, se tiene:

$$R_{equ}^{'} = R_{equ} = 3\ \Omega \qquad U_{equ}^{'} = \frac{40}{60}30 = 20\ V$$

$$I' = I_0 = \frac{U_{equ}^{'}}{R_{equ}^{'} + 1} = \frac{20}{4} = 5\ A$$

Otra forma de resolverlo

Aplicando el teorema de Telleguen a las figuras 2 y 3.

Tensiones del circuito 2 × intensidades del circuito 3 = Tensiones del circuito 3 × intensidades del circuito 2. Teniendo en cuenta que los productos para los componentes incluidos en CP son iguales para los dos circuitos, se tiene la ecuación:

$$60 i_1^{''} + 25 i_2^{''} = 5 u_2^{''}$$

Aplicando el teorema de Telleguen a las figuras 1 y 3, con las mismas consideraciones que se han realizado anteriormente, se tiene la ecuación:

$$60i_1^{''} + 16i_2^{''} = 8u_2^{''}$$

Por otro lado se tiene que: $u_2^{''} = 1i_2^{''} + 30$

Se dispone así de un sistema de tres ecuaciones con tres incógnitas, que planteado matricialmente es:

$$\begin{bmatrix} 60 & 25 & -5 \\ 60 & 16 & -8 \\ 0 & -1 & 1 \end{bmatrix} \times \begin{bmatrix} i_1^{''} \\ i_2^{''} \\ u_2^{''} \end{bmatrix} = \begin{bmatrix} 0 \\ 0 \\ 30 \end{bmatrix}$$

Y resolviendo por Cramer, se tendrá:

$$i_1^{''} = I_0 = \frac{\begin{vmatrix} 0 & 25 & -5 \\ 0 & 16 & -8 \\ 30 & -1 & 1 \end{vmatrix}}{\begin{vmatrix} 60 & 25 & -5 \\ 60 & 16 & -8 \\ 0 & -1 & 1 \end{vmatrix}} = \frac{-6000 + 2400}{960 + 300 - 480 - 1500} = 5\,A$$

PROBLEMA 4.15

El amperímetro del circuito de la figura registra una lectura de 1A. Si se desconecta R la lectura del voltímetro es 2V. Se sabe que el circuito pasivo CP consume 10W y que la máxima potencia que se puede suministrar entre los terminales A y B es 10 veces menor que la total que está suministrando la fuente de tensión E con R conectada. Calcúlese R.

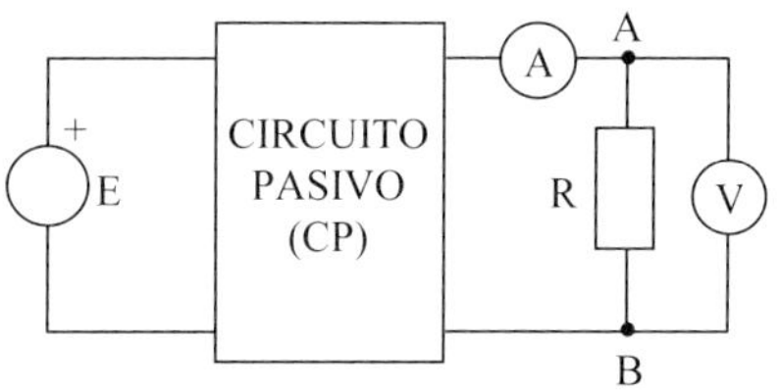

La ecuación de potencias será:

$$P_E = 10 + RI^2 = 10 + R*1$$

El circuito equivalente de Thevenin, tendría como tensión equivalente la que registra el voltímetro a circuito abierto entre A y B, es decir $U_{equ} = 2V$.

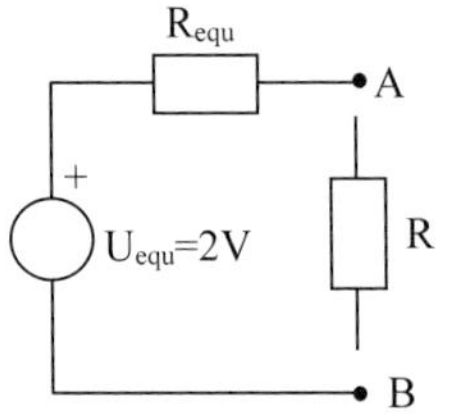

Puede plantearse la siguiente ecuación:

$$2\ V = I\ \left(R_{equ} + R\right) = 1\left(R_{equ} + R\right)$$

Por el teorema de la máxima transferencia de potencia, se sabe que la máxima potencia que puede absorber una carga que se conecte entre A y B, se dará cuando esta sea igual a la impedancia R_{equ}, y vale:

$$P_{\max} = \frac{U_{equ}^2}{4\ R_{equ}} \qquad \text{luego:} \qquad \frac{4}{4\ R_{equ}} = \frac{P_E}{10} = \frac{10 + 1 * R}{10}$$

Se tiene el sistema formado por las dos ecuaciones:

$$2 = R_{equ} + R \qquad \frac{1}{R_{equ}} = \frac{10 + R}{10}$$

Que resolviéndolo:

$$\frac{1}{2\text{-}R} = \frac{10 + R}{10} \qquad \left(2 - R\right)\left(10 + R\right) = 10$$

$$R^2 + 8R - 10 = 0 \qquad R = 1{,}1\Omega$$

PROBLEMA 4.16

Un circuito eléctrico constituido únicamente por fuentes de corriente continua y resistencias tiene tres mallas. En el análisis por el método directo de las mallas se conoce su matriz de impedancias (Z^m). Se abre el circuito por la rama externa de la malla 2 y con un voltímetro se miden 4V entre los puntos en que se ha interrumpido (circuito abierto). Calcúlense las variaciones que aparecerán en las intensidades de las tres mallas.

La matriz de impedancia de mallas es:

$$\left(Z^m\right) = \begin{bmatrix} 4 & -1 & -2 \\ -1 & 3 & -1 \\ -2 & -1 & 3 \end{bmatrix}$$

El circuito deberá tener un gráfico reticular como el siguiente y las ecuaciones serán:

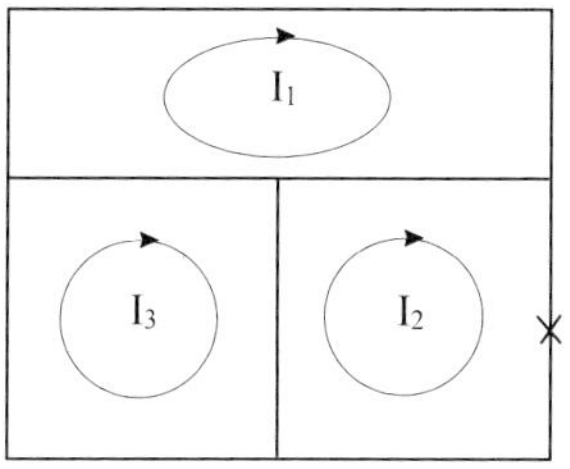

$$\begin{bmatrix} 4 & -1 & -2 \\ -1 & 3 & -1 \\ -2 & -1 & 3 \end{bmatrix} \times \begin{bmatrix} I_1 \\ I_2 \\ I_3 \end{bmatrix} = \begin{bmatrix} e_{g1} \\ e_{g2} \\ e_{g3} \end{bmatrix}$$

Destacando del circuito la rama que se abre, se tiene:

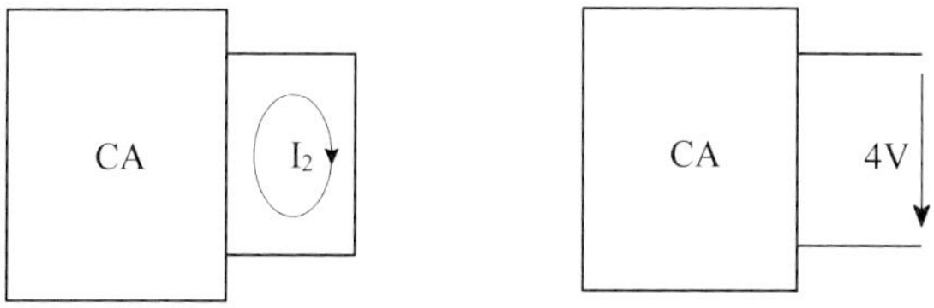

CIRCUITO INICIAL CIRCUITO MODIFICADO

Aplicando superposición, o el teorema de compensación, se considera el circuito pasivo del primitivo con una fuente de 4V (la tensión que hay a circuito abierto).

Las ecuaciones matriciales de mallas ahora son:

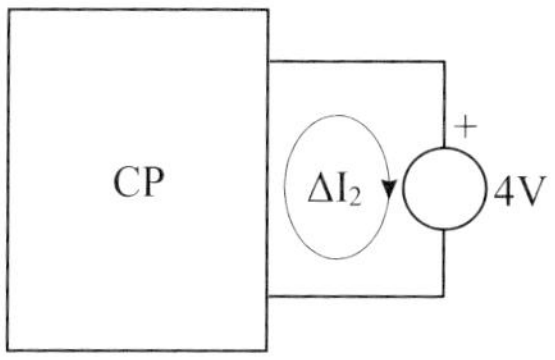

$$\begin{bmatrix} 4 & -1 & -2 \\ -1 & 3 & -1 \\ -2 & -1 & 3 \end{bmatrix} \times \begin{bmatrix} \Delta I_1 \\ \Delta I_2 \\ \Delta I_3 \end{bmatrix} = \begin{bmatrix} 0 \\ -4 \\ 0 \end{bmatrix}$$

Se tiene así el sistema de ecuaciones:

$$4\Delta I_1 - \Delta I_2 - 2\Delta I_3 = 0$$
$$-\Delta I_1 + 3\,\Delta I_2 - \Delta I_3 = -4$$
$$-2\Delta I_1 - \Delta I_2 + 3\Delta I_3 = 0$$

Y resolviéndolo:

$$\Delta I_1 = \frac{\begin{vmatrix} 0 & -1 & -2 \\ -4 & 3 & -1 \\ 0 & -1 & 3 \end{vmatrix}}{\begin{vmatrix} 4 & -1 & -2 \\ -1 & 3 & -1 \\ -2 & -1 & 3 \end{vmatrix}} = \frac{-20}{13} = -1{,}54\,A$$

$$\Delta I_2 = \frac{\begin{vmatrix} 4 & 0 & -2 \\ -1 & -4 & -1 \\ -2 & 0 & 3 \end{vmatrix}}{13} = \frac{-32}{13} = -2{,}46\,A$$

$$\Delta I_3 = \frac{\begin{vmatrix} 4 & -1 & 0 \\ -1 & 3 & -4 \\ -2 & -1 & 0 \end{vmatrix}}{13} = \frac{-24}{13} = -1{,}85\,A$$

PROBLEMA 4.17

Los circuitos pasivos de las figuras 1, 2 y 3 son iguales. Considerando los datos indicados en las tres figuras, calcúlese la tensión U y la potencia consumida en la resistencia de 8Ω de la figura 3.

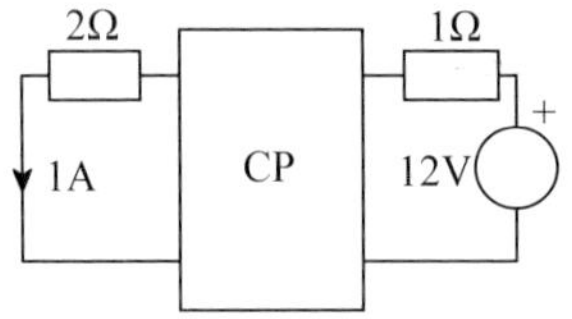

Fig. 1

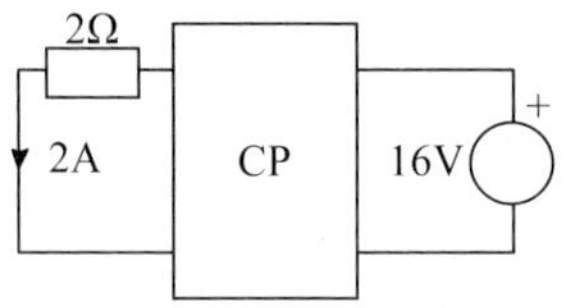

Fig. 2

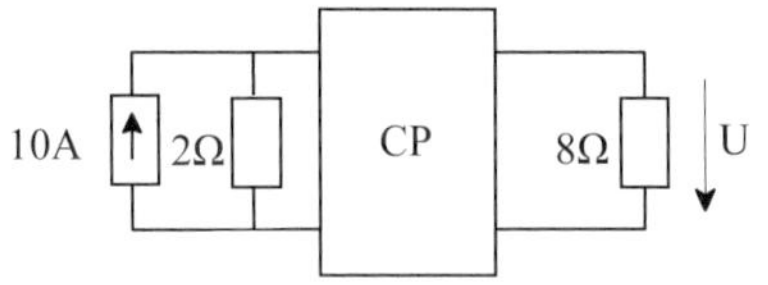

Fig. 3

Aplicando reciprocidad a los circuitos de las figuras 1 y 2 y posteriormente proporcionalidad al obtenido de la figura 1, se tienen los circuitos de las figuras 1' y 2'.

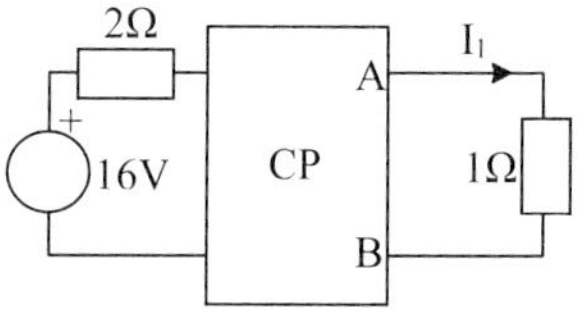

Fig. 1'

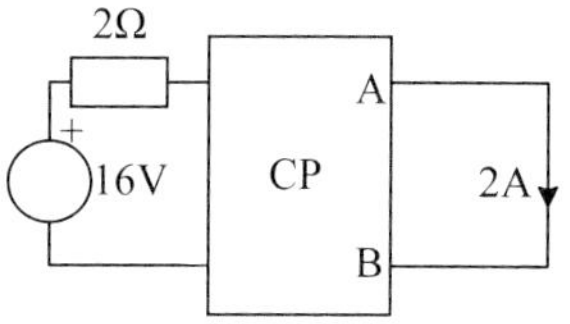

Fig. 2'

Donde: $$I_1 = \frac{16}{12} 1 = \frac{4}{3} A$$

El circuito equivalente de Thevenin de estos circuitos vistos entre los nudos A y B es:

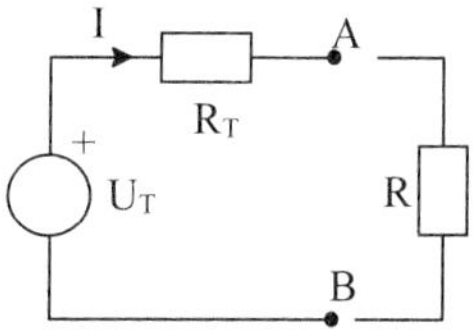

Se pueden plantear las ecuaciones:

Para R = 0 $\quad U_T = R_T 2$

Para R = 1Ω $\quad U_T = (R_T + 1)\frac{4}{3}$

$$2R_T = \frac{4}{3} R_T + \frac{4}{3} \qquad 2R_T = 4 \qquad R_T = 2\Omega \qquad U_T = 4V$$

Transformando en el circuito de la figura 3 la fuente de intensidad en fuente de tensión, se tiene el circuito de la figura 3' y su equivalente de Thevenin, que tiene la misma R_T que el anterior:

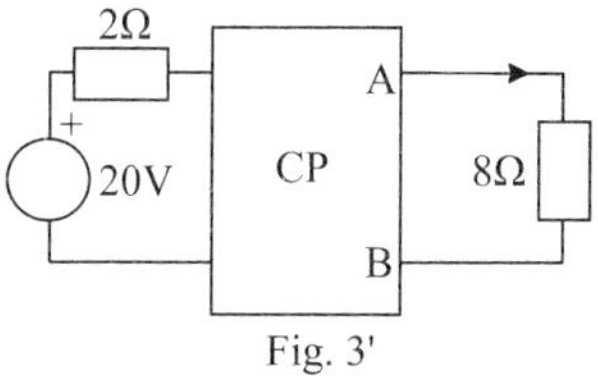

Fig. 3'

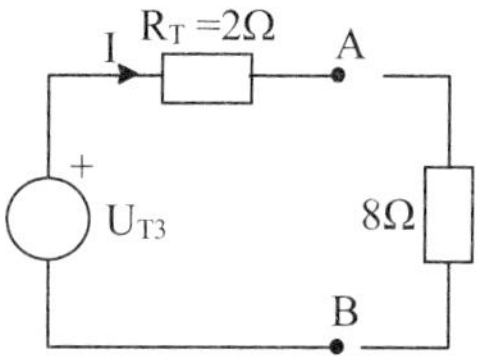

La tensión U_{T3} será proporcional a la del anterior equivalente de Thevenin:

$$U_{T3} = \frac{20}{16} 4 = 5V$$

La tensión buscada será:

$$U = \frac{U_{T3}}{8+2}8 = \frac{5}{10}8 = 4\,V \qquad P = \frac{U^2}{R} = \frac{16}{8} = 2\,W$$

PROBLEMA 4.18

Los circuitos pasivos CP de los esquemas representados en las figuras 1 y 2 son el mismo. Conociendo los datos indicados en estas, hállese el circuito equivalente de Thevenin del circuito de la figura 1 entre los puntos A y B.

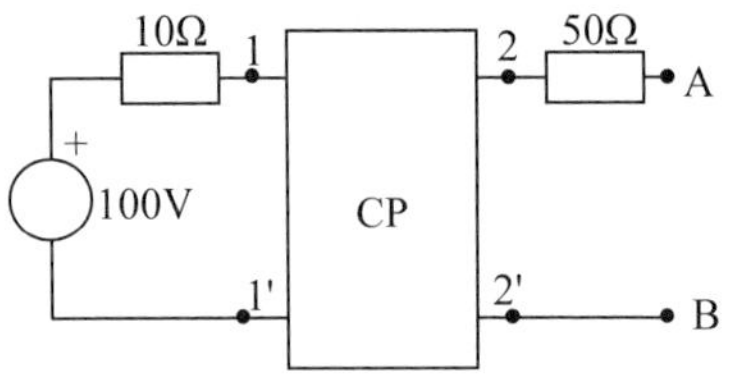

Fig. 1

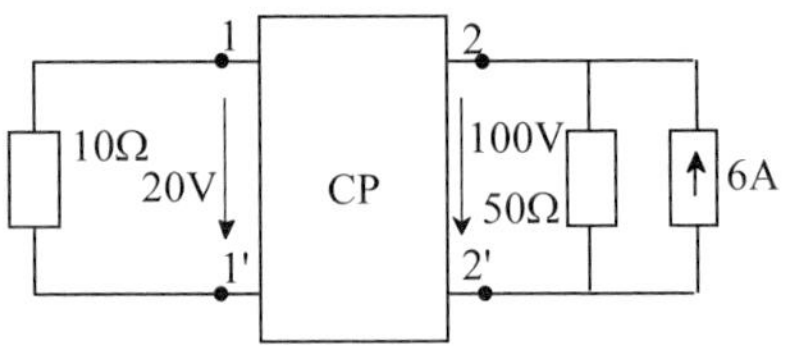

Fig. 2

Transformando la rama real de intensidad del circuito de la figura 2 en rama real de tensión, se obtiene el siguiente circuito (fig. 3).

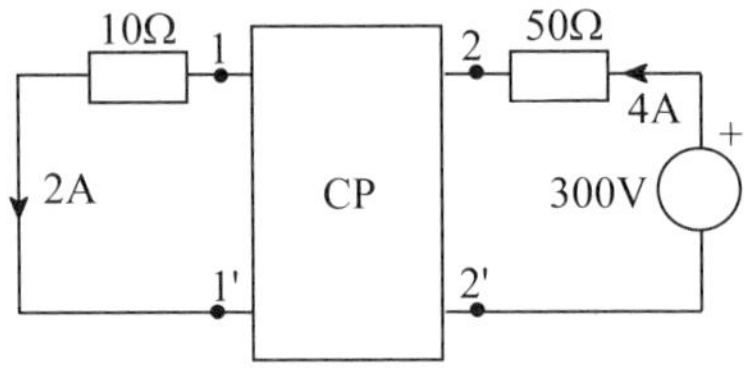

Fig. 3

La intensidad de la nueva rama serie es:

$$\frac{100\,V}{50\,\Omega} = 2\,A \qquad 6\,A - 2\,A = 4\,A$$

El circuito equivalente de Thevenin buscado será:

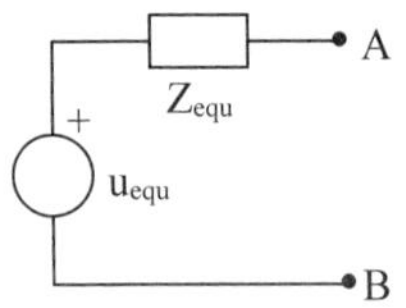

Tensión a circuito abierto $u_{equ} = u_{AB0}$

Se aplica el teorema de Telleguen entre los circuitos de la figura 1 (considerado a circuito abierto) y de la 3:

$$\left.\begin{array}{l} 100*2 + \sum u_1\, i_3 - u_{AB0}\,4 = 0 \\ 0 + \sum u_3\, i_1 + 0 = 0 \end{array}\right\}$$

En la primera ecuación se han considerado las tensiones del circuito de la figura 1 y las intensidades de la figura 3, y al contrario para la segunda ecuación.

Por ser el CP el mismo en los dos circuitos: $\sum u_1 i_3 = \sum u_3 i_1$

$$100 * 2 = 4\, u_{AB0} \qquad u_{AB0} = \frac{200}{4} = 50V$$

Intensidad de cortocircuito $i_{equ} = i_{AB0}$

Aplicando el teorema de Telleguen entre los circuitos de la figura 1, considerado en cortocircuito, y de la 3 de forma similar a la anterior, se tienen las ecuaciones:

$$\left.\begin{array}{l} 100 * 2 + \sum u_1\, i_3 + 0 = 0 \\ 0 + \sum u_3\, i_1 + 300\, i_{AB0} = 0 \end{array}\right\}$$

Que resolviendo:

$$100 * 2 = 300\, i_{AB0} \qquad i_{AB0} = \frac{200}{300} = \frac{2}{3}\, A$$

$$\text{y} \quad R_{equ} = \frac{u_{AB0}}{i_{AB0}} = \frac{50\ V}{\frac{2}{3}\ A} = 75\ \Omega$$

PROBLEMA 4.19

En el circuito de la figura, $\alpha = 2$ y $\beta = 1/3$. Calcúlense:

a) Los circuitos equivalentes de Thevenin y de Norton entre los puntos A y B.

b) La intensidad y la tensión en la carga Z para los dos casos siguientes: 1) Z está compuesta por una resistencia de 2Ω en serie con una bobina de 10 mH; 2) Z esta compuesta por una resistencia de 2Ω en paralelo con un condensador de 10 mF.

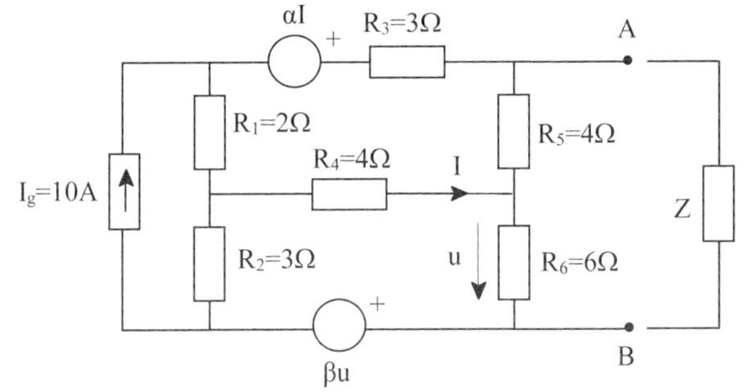

Para analizar el circuito se transforma este de forma que todas las fuentes sean de tensión. Para ello se desdobla la fuente de intensidad con las resistencias R_1 y R_2 obteniéndose dos fuentes de intensidad con sus resistencias en paralelo, que se transforman en fuentes de tensión con resistencias en serie.

$$E_1 = R_1 * I_g = 2*10 = 20V \qquad E_2 = R_2 * I_g = 3*10 = 30V$$

Se tiene el circuito siguiente:

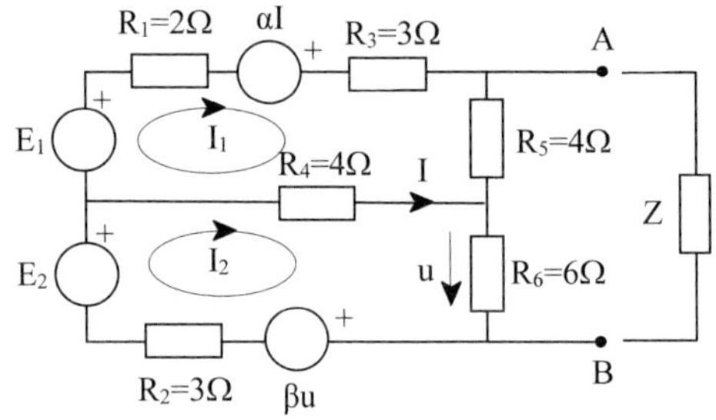

Cálculo de la tensión a circuito abierto U_{AB0} entre los puntos A y B, así como de la impedancia Z_{equ} vista desde esos puntos. Se analiza el circuito por mallas con las intensidades I_1 e I_2.

$$E_1 + \alpha I = (R_1 + R_3 + R_4 + R_5)I_1 - R_4 I_2$$
$$E_2 - \beta u = -R_4 I_1 + (R_2 + R_4 + R_6) I_2$$
$$I = I_2 - I_1 \qquad u = R_6 I_2$$

Sustituyendo y ordenando términos se tiene:

$$E_1 = (R_1 + R_3 + R_4 + R_5 + \alpha) I_1 - (R_4 + \alpha) I_2$$
$$E_2 = -R_4 I_1 + (R_2 + R_4 + R_6 + \beta R_6) I_2$$

Sustituyendo valores y resolviendo:

$$20 = 15 I_1 - 6 I_2 \qquad I_1 = 2{,}4A$$
$$30 = -4 I_1 + 15 I_2 \qquad I_2 = 2{,}64A$$

La tensión a circuito abierto valdrá:

$$U_{AB0} = R_5 I_1 + R_6 I_2 = 4*2{,}4 + 6*2{,}64 = 25{,}44V$$

Cálculo de la impedancia equivalente R_{equ}. Se considera el circuito pasivo sin las fuentes independientes alimentado por una fuente **e** que proporciona una intensidad **i**. Será:

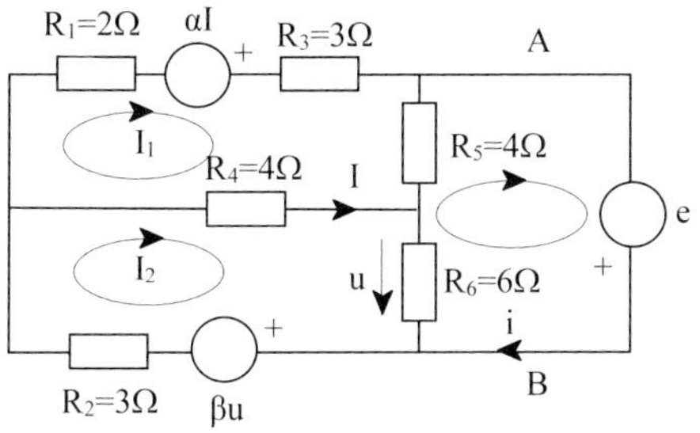

$$Z_{equ} = R_{equ} = \frac{e}{i}$$

$$\begin{aligned} &\alpha(I_2 - I_1) = 13I_1 - 4I_2 - 4i \\ &-\beta R_6(I_2 - i) = -4I_1 + 13I_2 - 6i \\ &e = -4I_1 - 6I_2 + 10i \end{aligned}$$

$$\left.\begin{aligned} 0 &= 15I_1 - 6I_2 - 4i \\ 0 &= -4I_1 + 15I_2 - 8i \\ e &= -4I_1 - 6I_2 + 10i \end{aligned}\right\} \qquad I_1 = \frac{6I_2 + 4i}{15} \qquad I_2 = \frac{136}{201} i$$

Se tiene finalmente la relación de **e** con **i**, que es la impedancia del circuito pasivo visto desde los terminales A y B.

$$e = -4\frac{6I_2 + 4i}{15} - 6\frac{136}{201} i + 10i = -\frac{24}{15}\frac{136}{201} i - \frac{16}{15} i - 6\frac{136}{201} i + 10i = \frac{11430}{3015} i$$

$$Z_{equ} = R_{equ} = \frac{e}{i} = \frac{11430}{3015} = 3{,}79\,\Omega$$

Y la intensidad de cortocircuito:

$$I_{CC} = \frac{U_{AB0}}{R_{equ}} = \frac{25{,}44}{3{,}79} = 6{,}71A$$

Los circuitos de Thevenin y de Norton serán:

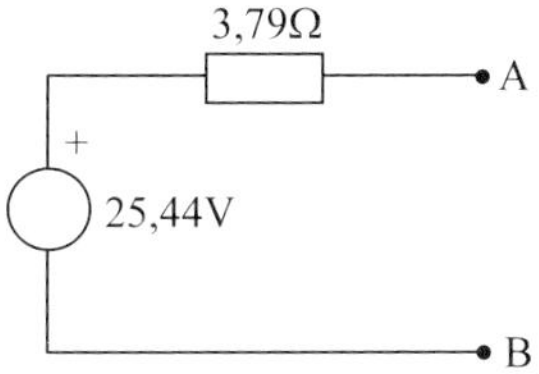

Circuito equv. de Thevenin

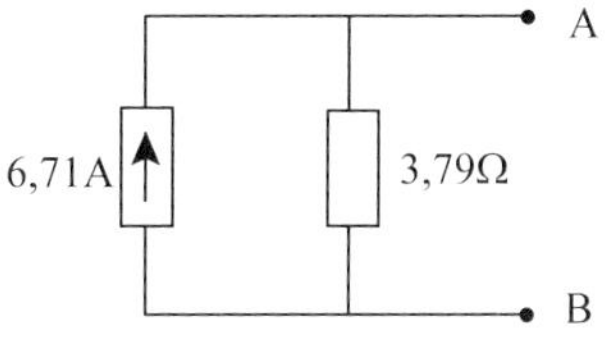

Circuito equv. de Norton

b) Intensidad y tensión en la carga Z: se utiliza uno cualesquiera de estos circuitos equivalentes, por ejemplo el de Thevenin.

1) Z es una resistencia de 2Ω en serie con una bobina de 10 mH. Para alimentación en corriente continua la bobina se comporta como un cortocircuito y es como si Z fuese solo la resistencia de 2Ω.

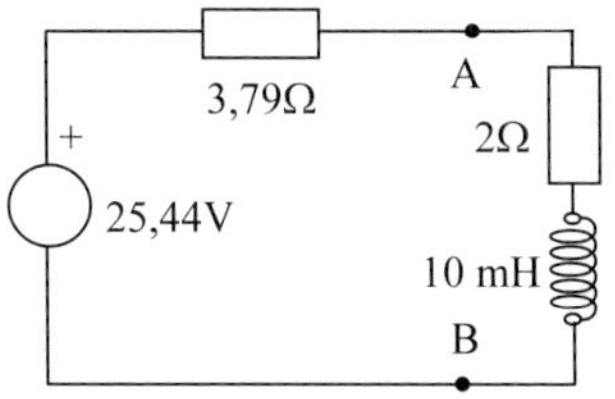

$$I = \frac{25{,}44}{3{,}79+2} = 4{,}39A$$
$$U_Z = ZI = 2*4{,}39 = 8{,}78V$$

2) Z es una resistencia de 2 Ω es paralelo con una bobina de 10 mF. El condensador se comporta como un circuito abierto, cargando a la tensión que halla en esta resistencia.

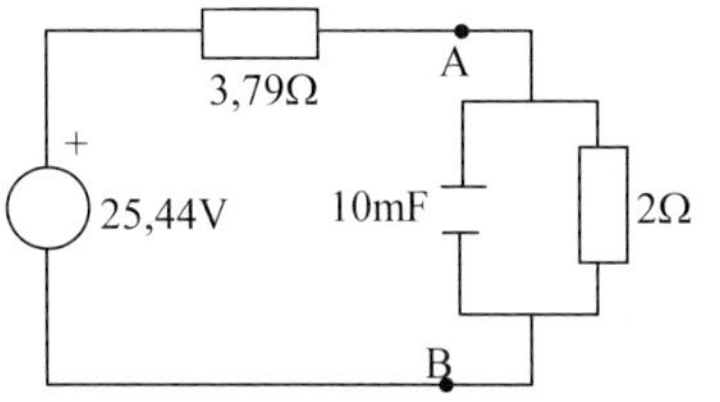

$$I = \frac{25{,}44}{3{,}79+2} = 4{,}39A$$
$$U_Z = ZI = 2*4{,}39 = 8{,}78V$$

PROBLEMA 4.20

Los circuitos pasivos CP de las figuras 1, 2 y 3 son iguales. El de la figura 1 consume 100W, la resistencia de 2Ω consume 50W y la lectura del voltímetro es 9V. Calcúlese:
a) Valor de la fuente de tensión E del circuito de la figura 1.
b) La potencia consumida por la carga Z (compuesta por una resistencia de 9Ω y una bobina de 15 mH) en el circuito de la figura 3.

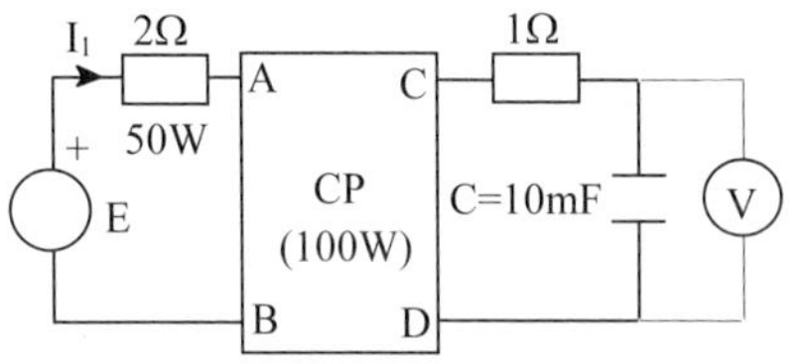

Fig. 1

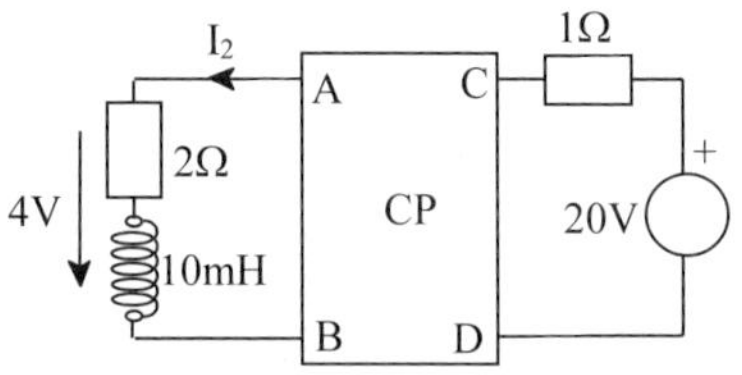

Fig. 2

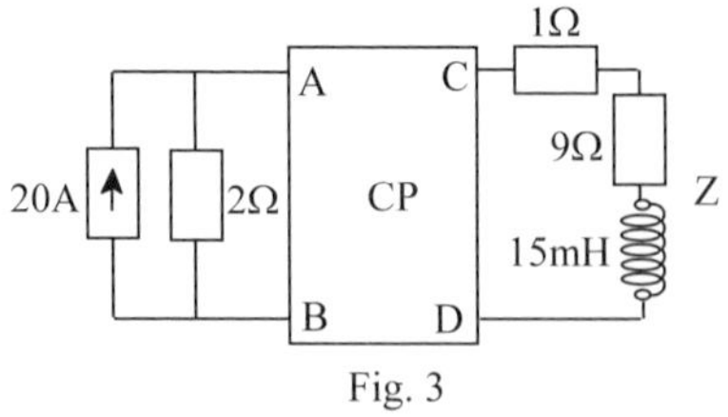

Fig. 3

Para la figura 1 se tiene:

$$P = 50 = R\,I^2 = 2\,I_1^2 \qquad I_1 = \sqrt{\frac{50}{2}} = \sqrt{25} = 5\,A$$

$$E * 5 = 50 + 100 = 150W \qquad E = \frac{150}{5} = 30V$$

Para la figura 2. La bobina se comporta como un cortocircuito para fuentes de corriente continua y se tiene:

$$I_2 = \frac{4V}{2\Omega} = 2A$$

Aplicando reciprocidad a este circuito y proporcionalidad con la fuente de tensión, suponiendo que esta fuese de 30 V), se tiene el circuito de la figura 2':

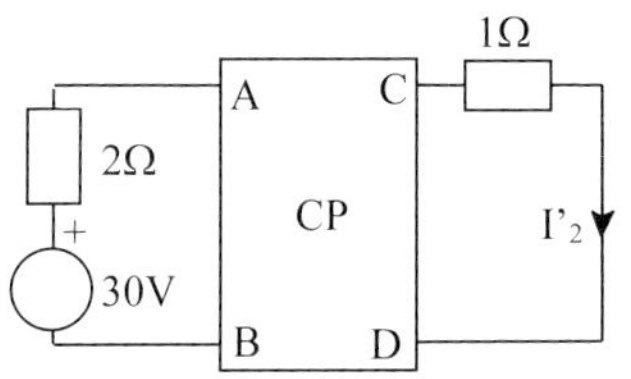

$$I_2' = \frac{30}{20} I_2 = \frac{30}{20} 2 = 3A$$

Fig. 2'

Para la figura 3, transformando la rama de fuente de intensidad en rama de fuente de tensión, se tiene:

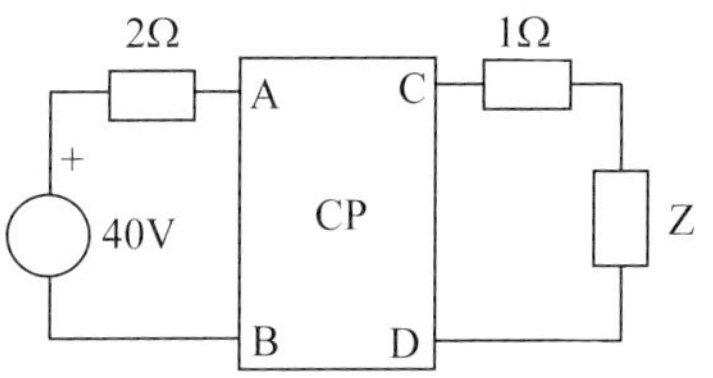

$$E_3 = 20A * 2\Omega = 40V$$

Fig. 3'

Para los circuitos de las figuras 1 y 2', vistos desde la resistencia de 1Ω, se tiene el siguiente circuito equivalente de Thevenin, en el que se van a calcular U_{Th} y R_{Th}. La tensión Thevenin será la que exista a circuito abierto en el circuito de la figura 1, que es la del condensador, es decir 9V. La intensidad de cortocircuito entre esos puntos es I_{cc} =3A. Se tiene así:

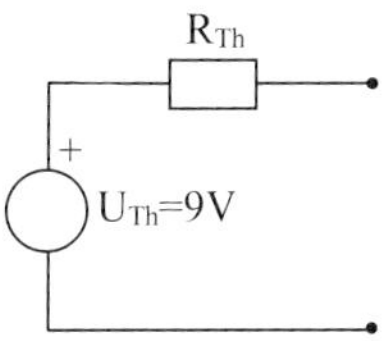

$$\left.\begin{aligned} U_{Th} &= 9V \\ I_{cc} &= 3A \end{aligned}\right\} \quad R_{Th} = \frac{U_{Th}}{I_{cc}} = \frac{9V}{3A} = 3\Omega$$

El equivalente de Thevenin del circuito 3' tendrá la misma R_{Th} pues desde el punto de vista pasivo es el mismo. Para calcular U_{Th} se aplica proporcionalidad entre los 40V del circuito 3' y los 30V del circuito 2'. Se tiene:

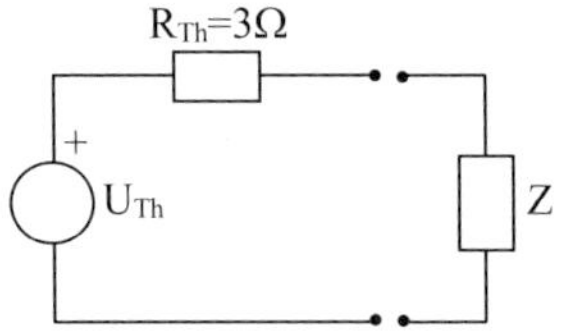

$$R_{Th} = 3\Omega \qquad U_{Th} = \frac{40}{30} 9 = 12V$$

La impedancia Z es puramente resistiva pues la bobina se comporta como un cortocircuito. Se tiene:

$$I = \frac{U_{Th}}{R_{Th} + 9} = \frac{12}{12} = 1A \qquad P_Z = R\,I^2 = 9 * 1^2 = 9W$$

PROBLEMA 4.20.M

Los circuitos pasivos CP de las figuras 1, 2 y 3 son iguales. El de la figura 1, CP consume 100W, la resistencia de 2Ω consume 50W y la lectura del voltímetro es 9V. Calcúlese:

a) Valor de la fuente de tensión E del circuito de la figura 1.

b) La potencia consumida por la carga Z (compuesta por una resistencia de 9Ω y una bobina de 15 mH) en el circuito de la figura 3.

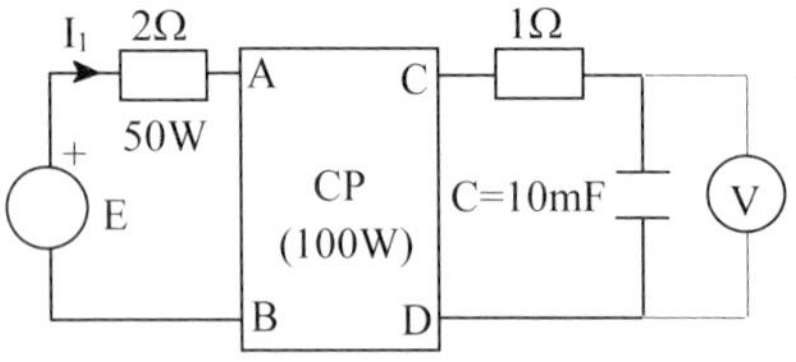

Fig. 1

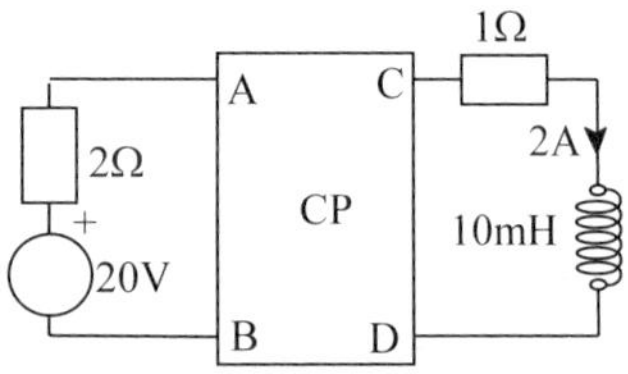

Fig. 2

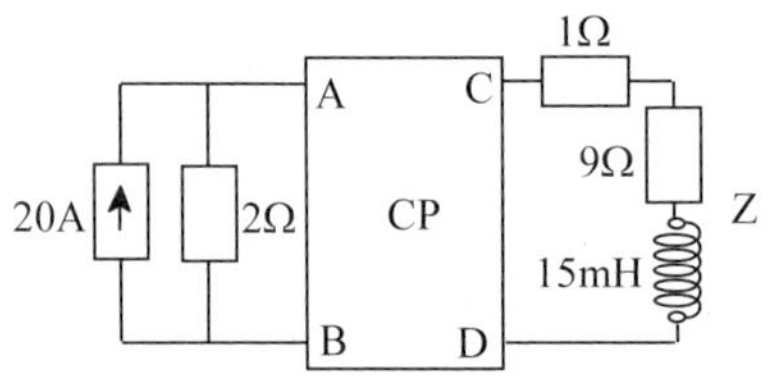

Fig. 3

Para la figura 1 se tiene:

$$P = 50 = R\,I^2 = 2\,I_1^2 \qquad I_1 = \sqrt{\frac{50}{2}} = \sqrt{25} = 5\,A$$

$$E*5 = 50 + 100 = 150W \qquad E = \frac{150}{5} = 30V$$

Para la figura 2. La bobina se comporta como un cortocircuito para fuentes de corriente continua y se tiene: $I_0 = I_2 = 2A$

Aplicando proporcionalidad con la fuente de tensión, suponiendo que esta fuese de 30 V) se tiene el circuito de la figura 2'.

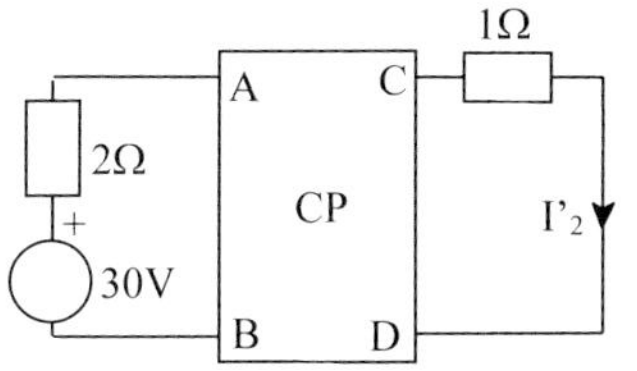

Fig. 2'

$$I_2^{'} = \frac{30}{20} I_2 = \frac{30}{20} 2 = 3A$$

Para la figura 3, transformando la rama de fuente de intensidad en rama de fuente de tensión, se tiene:

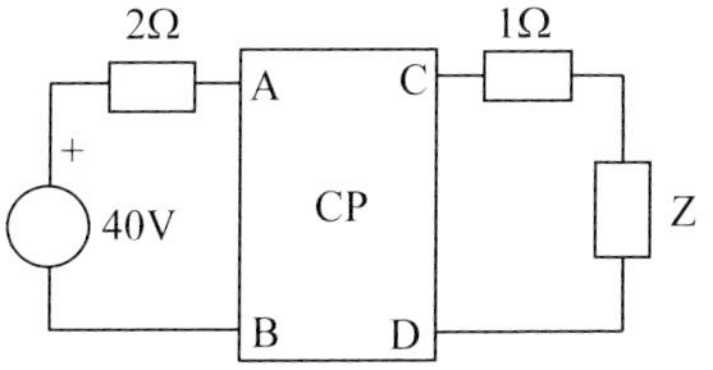

Fig. 3'

$$E_3 = 20A * 2\Omega = 40V$$

Para los circuitos de las figuras 1 y 2', vistos desde la resistencia de 1Ω, se tiene el siguiente circuito equivalente de Thevenin, en el que se van a calcular U_{Th} y R_{Th}. La tensión Thevenin será la que exista a circuito abierto en el circuito de la figura 1, que es la del condensador, es decir 9V. La intensidad de cortocircuito entre esos puntos es I_{cc} =3A. Se tiene así:

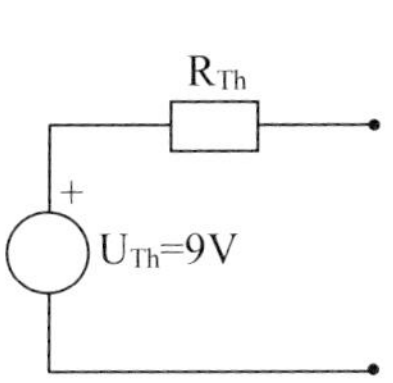

$$\left.\begin{matrix} U_{Th} = 9V \\ I_{cc} = 3A \end{matrix}\right\} \quad R_{Th} = \frac{U_{Th}}{I_{cc}} = \frac{9V}{3A} = 3\Omega$$

El equivalente de Thevenin del circuito 3' tendrá la misma R_{Th} pues desde el punto de vista pasivo es el mismo. Para calcular U_{Th} se aplica proporcionalidad entre los 40V del circuito 3' y los 30V del circuito 2'. Se tiene:

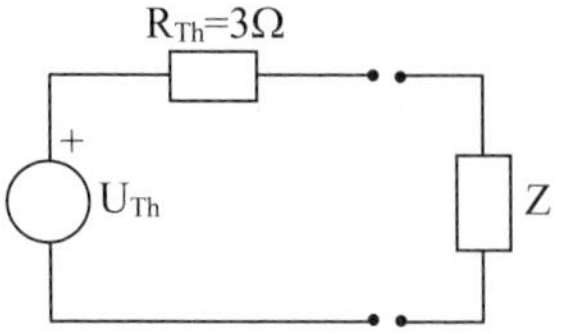

$$R_{Th} = 3\Omega \qquad U_{Th} = \frac{40}{30}9 = 12V$$

La impedancia Z es puramente resistiva pues la bobina se comporta como un cortocircuito. Se tiene:

$$I = \frac{U_{Th}}{R_{Th}+9} = \frac{12}{12} = 1A \qquad P_Z = R\,I^2 = 9*1^2 = 9W$$

PROBLEMA 4.20M.1

Los circuitos pasivos CP de las figuras 1, 2 y 3 son iguales. El de la figura 1, CP consume 100W, la resistencia de 2Ω consume 50W y la lectura del voltímetro es 9V. Calcúlese:

a) Valor de la fuente de tensión E del circuito de la figura 1.

b) La potencia consumida por la carga Z (compuesta por una resistencia de 9Ω y una bobina de 15 mH) en el circuito de la figura 3.

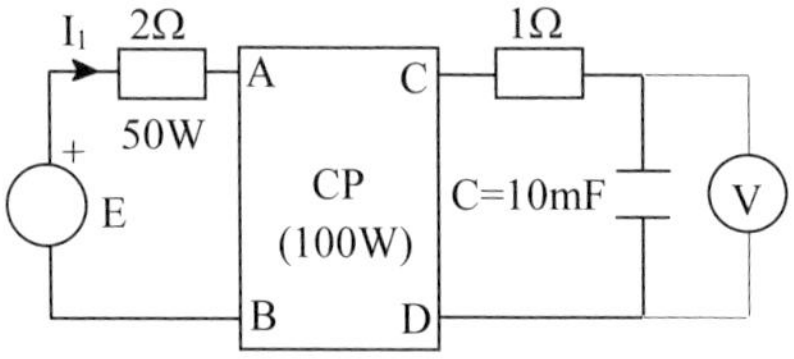

Fig. 1

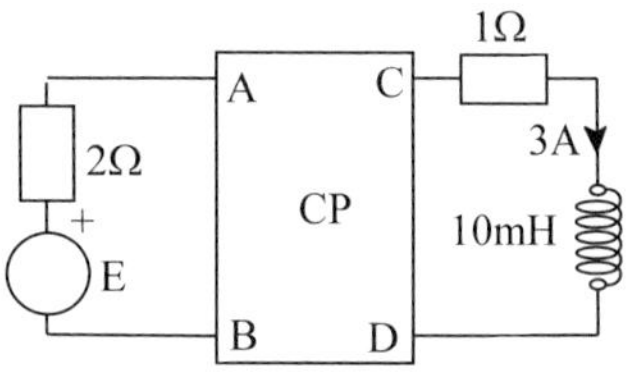

Fig. 2

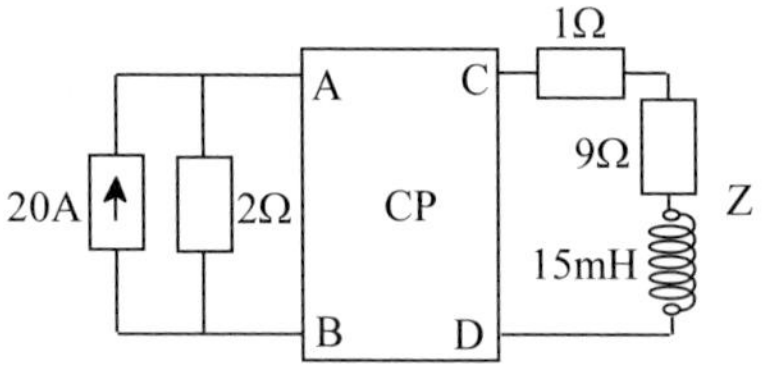

Fig. 3

Para la figura 1 se tiene:

$$P = 50 = R\,I^2 = 2\,I_1^2 \qquad I_1 = \sqrt{\frac{50}{2}} = \sqrt{25} = 5\,A$$

$$E*5 = 50+100 = 150W \qquad E = \frac{150}{5} = 30V$$

Para la figura 2. La bobina se comporta como un cortocircuito para fuentes de corriente continua y se tiene: $I_0 = I_2 = 3A$

Para la figura 3, transformando la rama de fuente de intensidad en rama de fuente de tensión, se tiene:

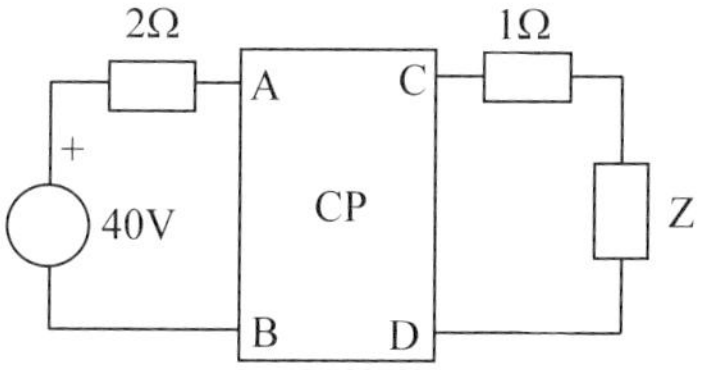

Fig. 3'

$$E_3 = 20A * 2\Omega = 40V$$

Para los circuitos de las figuras 1 y 2, vistos desde la resistencia de 1Ω, se tiene el siguiente circuito equivalente de Thevenin, en el que se van a calcular U_{Th} y R_{Th}. La tensión Thevenin será la que exista a circuito abierto en el circuito de la figura 1, que es la del condensador, es decir 9V. La Intensidad de cortocircuito entre esos puntos es I_{cc} =3A. Se tiene así:

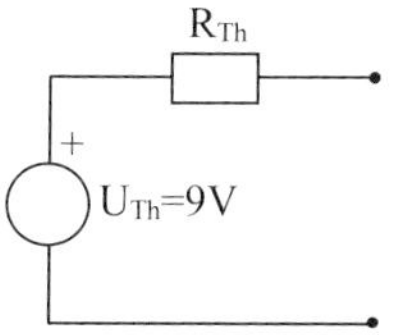

$$\left.\begin{array}{l} U_{Th} = 9V \\ I_{cc} = 3A \end{array}\right\} \quad R_{Th} = \frac{U_{Th}}{I_{cc}} = \frac{9V}{3A} = 3\Omega$$

El equivalente de Thevenin del circuito 3' tendrá la misma R_{Th} pues desde el punto de vista pasivo es el mismo. Para calcular U_{Th} se aplica proporcionalidad entre los 40V del circuito 3' y los 30V del circuito 2. Se tiene:

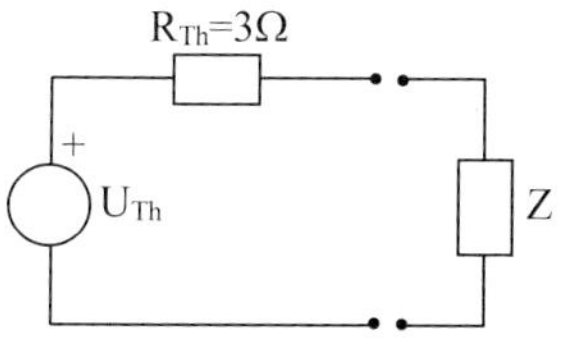

$$R_{Th} = 3\Omega \qquad U_{Th} = \frac{40}{30} 9 = 12V$$

La impedancia Z es puramente resistiva pues la bobina se comporta como un cortocircuito. Se tiene:

$$I = \frac{U_{Th}}{R_{Th} + 9} = \frac{12}{12} = 1A \qquad P_Z = R\,I^2 = 9 * 1^2 = 9W$$

PROBLEMA 4.21

En los circuitos de las figuras siguientes (a, b y c) CA es el mismo para las tres y se conoce i_1, i_2 y e. Calcúlese $i = f(i_1, i_2, e)$.

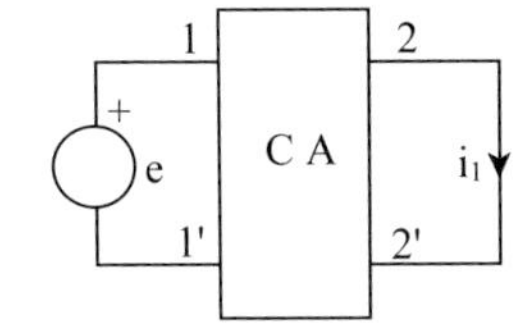

Fig. a

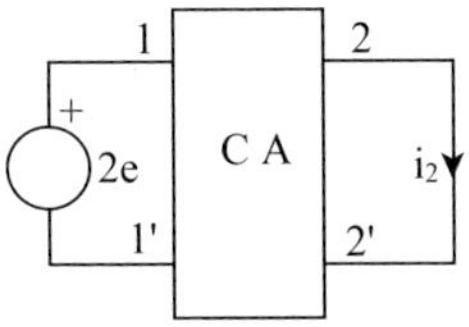

Fig. b

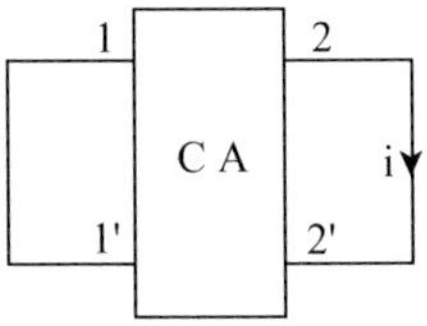

Fig. c

Aplicando el teorema de superposición a las figuras a y b, se tendrá:

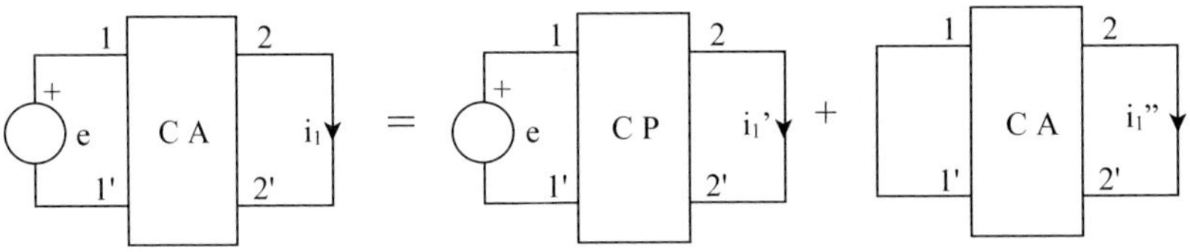

$$i_1 = i_1' + i_1'' \qquad i_1'' = i$$

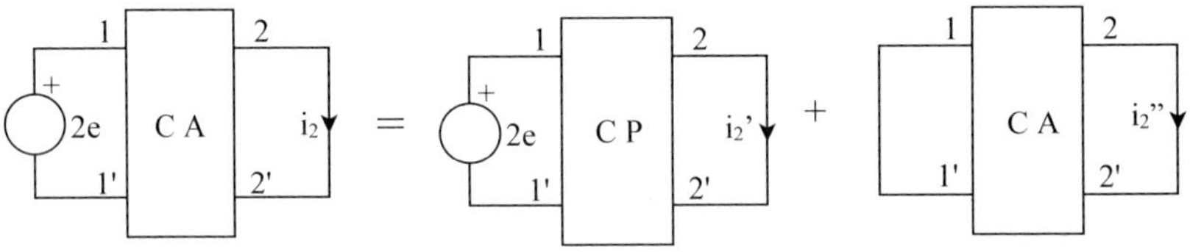

$$i_2 = i_2' + i_2'' \qquad i_2'' = i$$

Por linealidad se tiene que: $i_2' = 2\, i_1'$

Pueden plantearse las ecuaciones:

$$\left.\begin{array}{l} i_1 = i_1' + i \\ i_2 = i_2' + i = 2\, i_1' + i \end{array}\right\} \qquad \left.\begin{array}{c} -2i_1 = -2\, i_1' - 2\, i \\ i_2 = 2\, i_1' + i \\ \text{--------} \\ i_2 - 2i_1 = -i \end{array}\right\}$$

Se tiene la relación:

$$i = f(i_1, i_2) = 2\ i_1 - i_2$$

Para los circuitos anteriores puede plantearse el siguiente circuito equivalente de Thevenin:

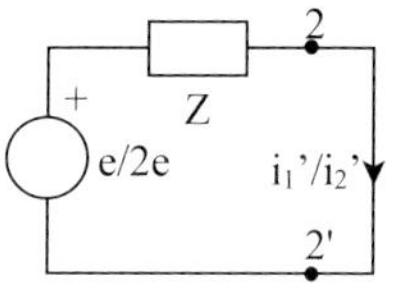

Donde:

$$i_1' = \frac{e}{Z} \qquad i_2' = \frac{2e}{Z}$$

Y se tienen las ecuaciones:

$$\left.\begin{array}{l} i = i_1 - i_1' \\ i = i_2 - i_2' \end{array}\right\} \qquad \left.\begin{array}{l} i = i_1 - \dfrac{e}{Z} \\ i = i_2 - \dfrac{2e}{Z} \end{array}\right\}$$

Ahora se tiene la relación en función de i_1, i_2 y e:

$$i = f(i_1,\ i_2,\ e) = \frac{1}{2}\left(i_1 + i_2 - 3\ \frac{e}{Z}\right)$$

PROBLEMA 4.22

El circuito activo (CA) de las figuras 1, 2 y 3, esta formado por fuentes de corriente continua y elementos pasivos lineales únicamente, siendo el mismo en las tres. Conociendo que la resistencia R disipa 1W en el circuito de la figura 1 y 9W en el de la figura 2, se pide determinar la potencia disipada en la resistencia R de la figura 3.

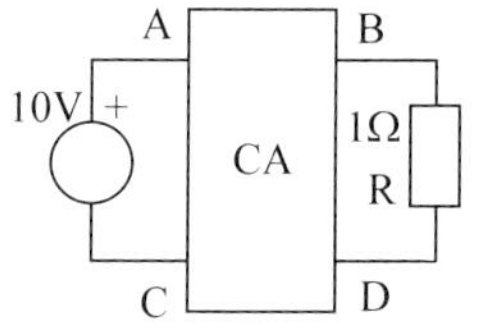

Fig.1 P_1=1W

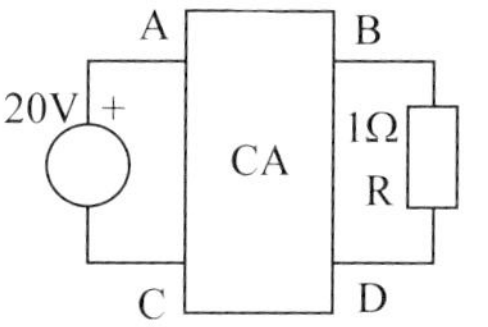

Fig.2 P_2=9W

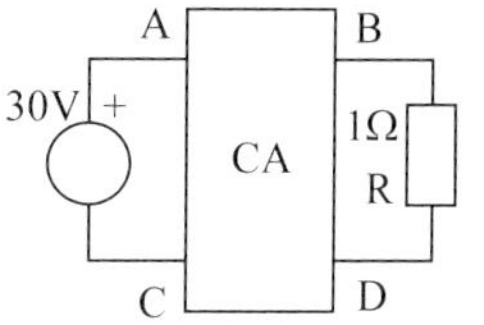

Fig.3 P_3= ?

Aplicando el teorema de superposición a los tres circuitos se tiene:

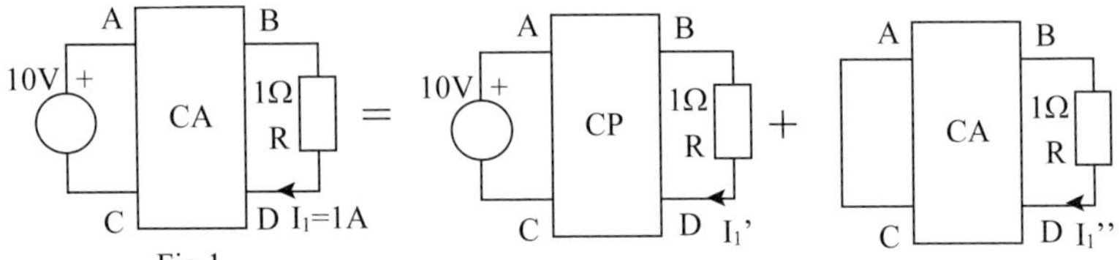

Fig.1

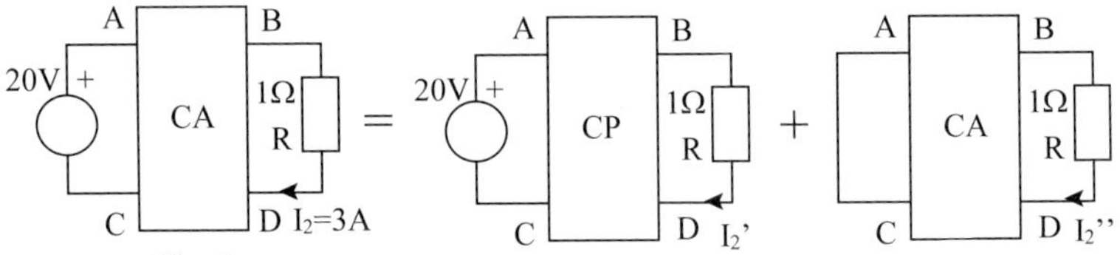

Fig. 2

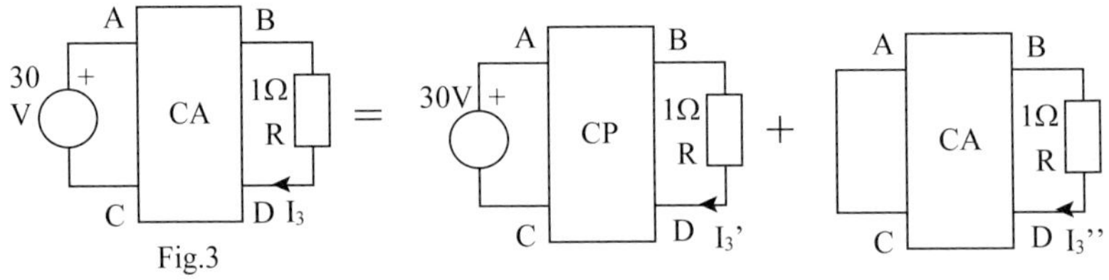

Fig.3

Las intensidades que circulan por R en los circuitos 1 y 2 son:

$$1W = RI_1^2 = 1I_1^2 \qquad I_1 = 1A$$

$$9W = RI_2^2 = 1I_2^2 \qquad I_2 = 3A$$

De la aplicación de los teoremas se deducen las relaciones siguientes:

$$I_1 = 1 = I_1' + I_1'' \qquad I_2 = 3 = I_2' + I_2''$$

$$I_2' = 2I_1' \qquad I_2'' = I_1''$$

Se tienen las ecuaciones:

$$I_1' + I_1'' = 1 \qquad 2I_1' + I_1'' = 3$$

De donde:

$$I_1' = 2A \qquad I_1'' = -1A$$

Se tienen también las relaciones:

$$I_3 = I_3' + I_3'' \qquad I_3' = 3I_1' = 6A \qquad I_3'' = I_1'' = -1A \qquad I_3 = 6 - 1 = 5A$$

La potencia consumida por R en el circuito de la figura 3 es:

$$P_3 = R\,I_3^2 = 1 * 5^2 = 25W$$

PROBLEMA 4.23

En un circuito formado solo por elementos pasivos, un condensador de 0,1F de capacidad es el único elemento con carga inicial (de 10 Culombios). Por una resistencia de 1Ω en otra rama del circuito pasa una intensidad de $2(1\text{-}e^{-0,1t})$A. Calcúlese la intensidad que pasaría por el condensador, si se pusiese una fuente de intensidad de 20A en paralelo con la resistencia de 1Ω (estando todos los demás elementos inicialmente descargados).

Sustituyendo el condensador cargado por su equivalente:

$$Q = C\,U \qquad U = \frac{Q}{C} = \frac{10\ Cul}{0{,}1F} = 100\ V$$

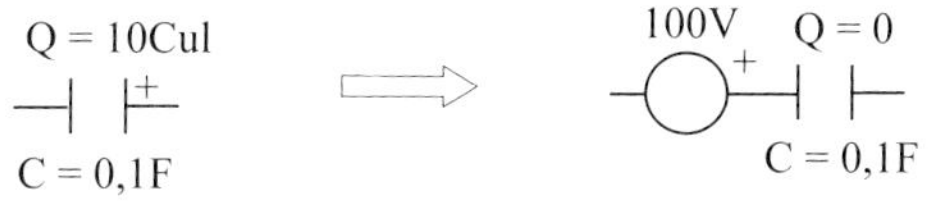

Puede considerarse el siguiente circuito:

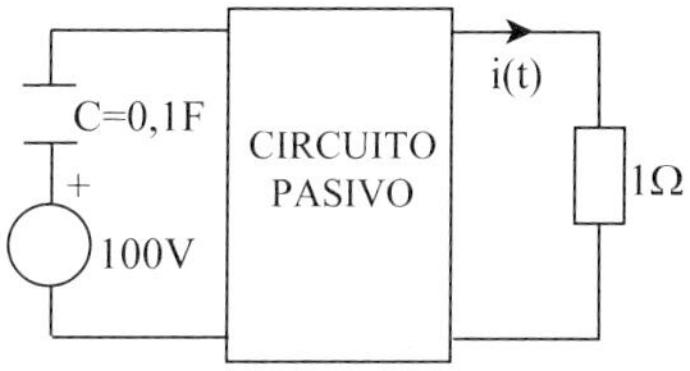

$$i(t) = 2\left(1 - e^{-0{,}1t}\right)$$

Aplicando el teorema de reciprocidad y transformando posteriormente la fuente de tensión real en fuente de intensidad real, se tiene:

$$100V / 1\Omega = 100A$$

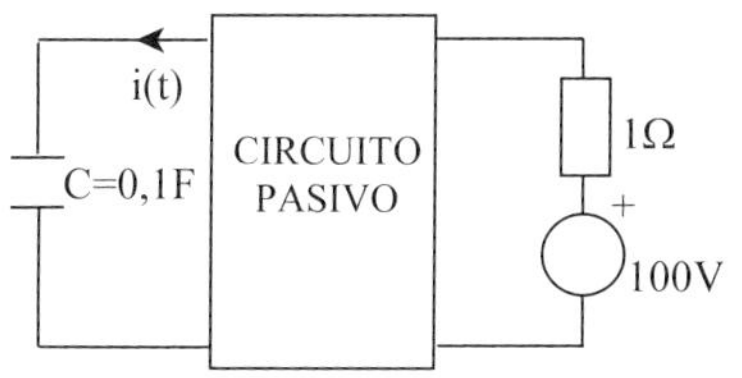

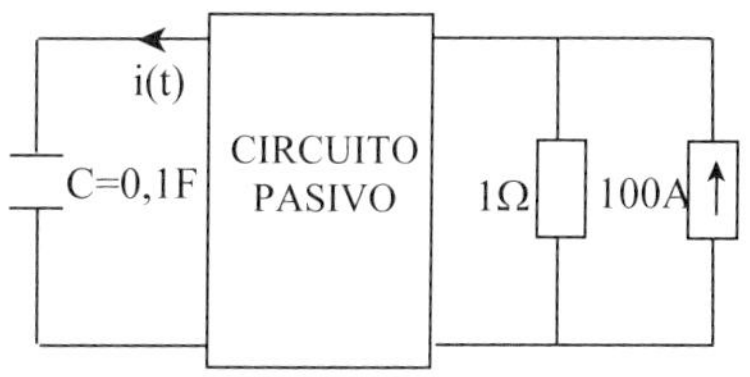

La situación que se está planteando se refleja en el circuito siguiente, que es idéntico al anterior, cambiando la fuente de 100A por otra de 20A.

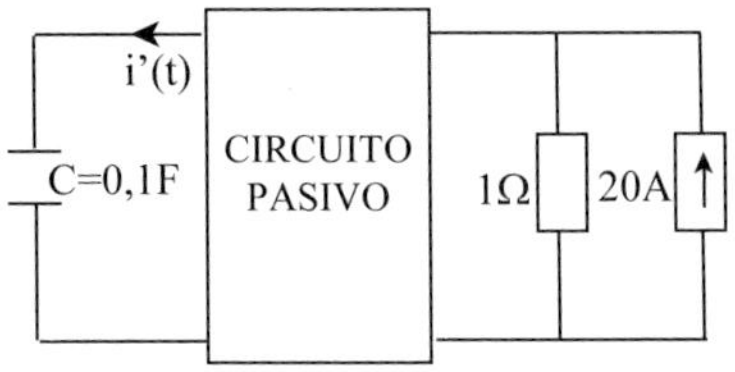

Aplicando proporcionalidad se tendrá:

$$i'(t) = \frac{20}{100}\, i(t) = 0{,}2 * 2\left(1 - e^{-0{,}1t}\right) = 0{,}4\,\left(1 - e^{-0{,}1t}\right)$$

CAPÍTULO 5

Corrientes alternas monofásicas

PROBLEMA 5.9

Para el circuito de la figura, hállese:
a) Impedancias parciales y total del circuito.
b) Intensidades I_1, I_2 e I.
c) Potencia activa consumida.
d) Diagrama vectorial para las intensidades $\bar{I}_1, \bar{I}_2$ e $\bar{I}$ y las tensiones $\overline{U}_{AB}, \overline{U}_{BC}$ y $\overline{U}_{AC}$.

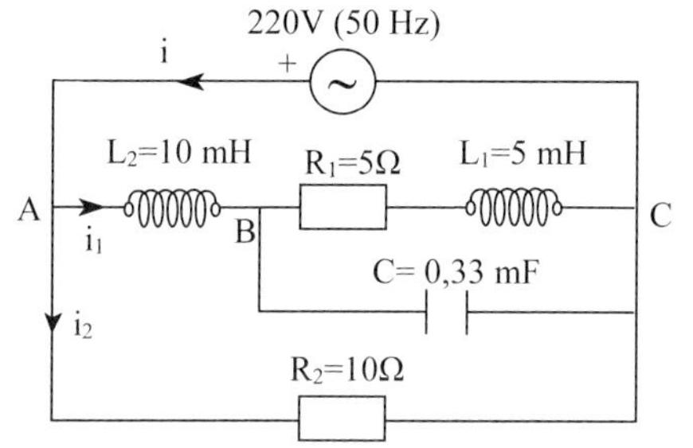

Reactancias de las bobinas y del condensador:

$$X_{L1} = L_1\,\omega = 5*10^{-3}*2\,\pi\,f = 5*10^{-3}*314 = 1{,}57\ \Omega \qquad \overline{X}_{L1} = j1{,}57$$

$$X_{L2} = L_2\,\omega = 10*10^{-3}*2\,\pi\,f = 10*10^{-3}*314 = 3{,}14\ \Omega \qquad \overline{X}_{L2} = j3{,}14$$

$$X_C = \frac{1}{C\omega} = \frac{1}{33*10^{-5}*2\,\pi\,f} = \frac{1}{33*10^{-5}*314} = 9{,}65\ \Omega \qquad \overline{X}_C = -j9{,}65$$

Cálculo de impedancias parciales y total:

$$\overline{Z}_1 = R_1 + jX_{L1} = 5 + j1{,}57 \qquad Z_1 = \sqrt{5^2+1{,}57^2} = 5{,}24\ \Omega$$

$$\overline{Z}_{BC} = \frac{\overline{Z}_1\,\overline{X}_C}{\overline{Z}_1+\overline{X}_C} = \frac{(5+j1{,}57)(-j9{,}65)}{5+j1{,}57-j9{,}65} = \frac{15{,}15-j48{,}25}{5-j8} = 5{,}19-j1{,}35$$

$$Z_{BC} = \sqrt{5{,}19^2+1{,}35^2} = 5{,}36\ \Omega$$

$$\overline{Z}_{AC1} = \overline{Z}_{BC} + jX_{L2} = 5{,}19-j1{,}35+j3{,}14 = 5{,}19+j1{,}79$$

$$Z_{AC1} = \sqrt{5{,}19^2+1{,}79^2} = 5{,}49\ \Omega$$

$$\overline{Z}_{AC} = \frac{\overline{Z}_{AC1}\,R_2}{\overline{Z}_{AC1}+R_2} = \frac{(5{,}19+j1{,}79)*10}{5{,}19+j1{,}79+10} = 3{,}5+j0{,}76$$

$$Z_{AC} = \sqrt{3{,}5^2+0{,}76^2} = 3{,}58\ \Omega$$

Cálculo de intensidades:

$$I = \frac{U_{AC}}{Z_{AC}} = \frac{220}{3{,}58} = 61{,}45\,A \qquad \cos\varphi = \frac{3{,}5}{3{,}58} = 0{,}977 \qquad \operatorname{sen}\varphi = \frac{0{,}76}{3{,}58} = 0{,}21$$

$$\overline{I} = 61{,}45\ \cos\varphi\ - j61{,}45\ \operatorname{sen}\varphi = 60 - j13$$

$$I_2 = \frac{U_{AC}}{R_2} = \frac{220}{10} = 22\,A$$

$$\overline{I}_1 = \overline{I} - \overline{I}_2 = 60 - j13 - 22 = 38 - j13 \qquad I_1 = \sqrt{38^2 + 13^2} = 40\,A$$

Cálculo de la potencia activa:

$$P = U\,I\ \cos\varphi = 220 * 60 = 13200\,W$$

Cálculo de las tensiones $\overline{U}_{AB}$ y $\overline{U}_{BC}$ (referidas a I_1):

$$\overline{U}_{AB} = jX_{L2}\,I_1 = 40 * j3{,}14 = j125{,}6$$

$$\overline{U}_{BC} = \overline{Z}_{BC}\,I_1 = 40\,(5{,}19 - j1{,}35) = 207 - j54$$

Diagrama vectorial tomando $\overline{U} = 220\angle 0^\circ$ como referencia.

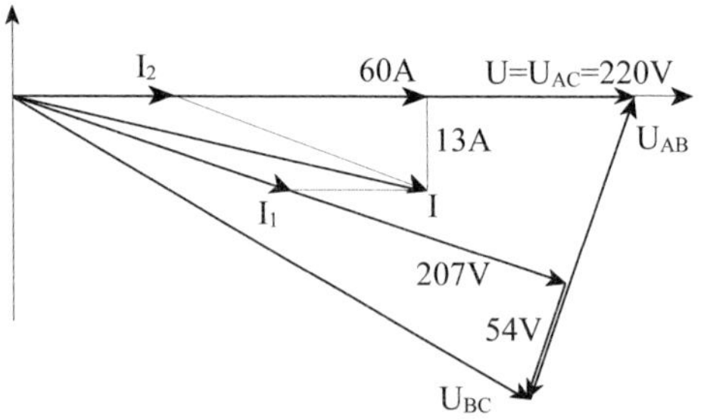

PROBLEMA 5.10

Calcúlese la impedancia del circuito de la figura, entre los nudos A y B, para corriente alterna de pulsación ω si $R^2 = L/C$.

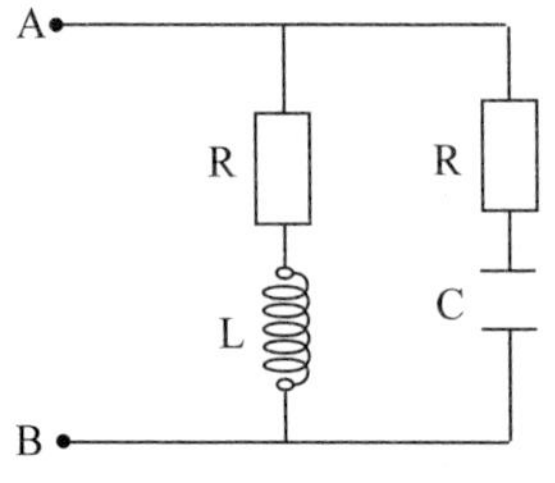

$$\overline{Z}_{equ}=\frac{\left(R+jL\omega\right)\left(R-j\dfrac{1}{C\omega}\right)}{R+jL\omega+R-j\dfrac{1}{C\omega}}=\frac{R^2+\dfrac{L}{C}+jR\left(L\omega-\dfrac{1}{C\omega}\right)}{2R+j\left(L\omega-\dfrac{1}{C\omega}\right)}$$

$$\overline{Z}_{equ}=\frac{\left(2R^2+jR\left(L\omega-\dfrac{1}{C\omega}\right)\right)\left(2R-j\left(L\omega-\dfrac{1}{C\omega}\right)\right)}{4R^2+\left(L\omega-\dfrac{1}{C\omega}\right)^2}=$$

$$=\frac{4R^3+R\left(L\omega-\dfrac{1}{C\omega}\right)^2+j\left(-2R^2\left(L\omega-\dfrac{1}{C\omega}\right)+2R^2\left(L\omega-\dfrac{1}{C\omega}\right)\right)}{4R^2+\left(L\omega-\dfrac{1}{C\omega}\right)^2}=$$

$$=\frac{R\left(4R^2+\left(L\omega-\dfrac{1}{C\omega}\right)^2\right)}{4R^2+\left(L\omega-\dfrac{1}{C\omega}\right)^2}=R$$

El circuito en estas condiciones es puramente resistivo entre los puntos A y B.

PROBLEMA 5.11

En el circuito de la figura, la carga $\overline{Z}$ es de carácter capacitivo. La distancia entre esta y el generador es de 2 Km. y la resistencia del cable es de 0,2Ω/Km. Las lecturas de los vatímetros son: W_1= 4500W y W_2 = 4000W. Se pide:

a) Intensidad y factor de potencia de la carga.
b) Factor de potencia del generador y valor de L para que sea inductivo.
c) Representación vectorial de tensiones e intensidades.

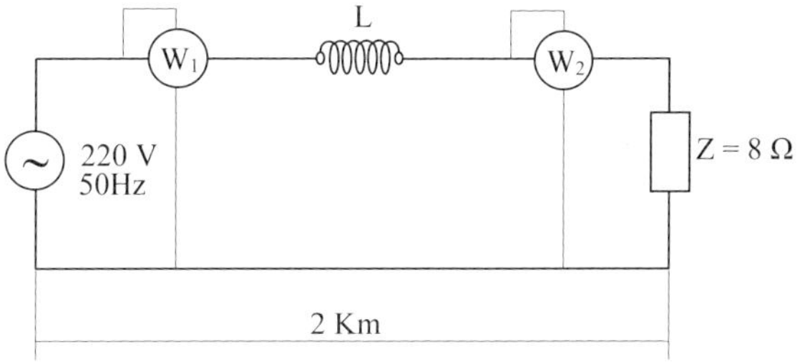

Potencia perdida en la línea:

$$P_{LIN} = W_1 - W_2 = 4500 - 4000 = 500W$$
$$P_{LIN} = R\,I^2 = 2*2\,Km*0{,}2\Omega / Km*I^2 = 0{,}8\,I^2$$

Intensidad y tensión en la carga:

$$I = \sqrt{\frac{500}{0{,}8}} = 25A \qquad U_Z = 8*25 = 200\,V$$

Factores de potencia de la carga y del condensador:

$$P_Z = U_Z\; I\;\cos\varphi_Z \qquad \cos\varphi_Z = \frac{4000}{200*25} = 0{,}8 \qquad \text{sen}\varphi_Z = 0{,}6$$
$$P_g = U_g\; I\;\cos\varphi_g \qquad \cos\varphi_g = \frac{4500}{220*25} = 0{,}818 \qquad \text{sen}\varphi_g = 0{,}575$$

Si el generador es de carácter inductivo y la carga de carácter capacitivo el diagrama vectorial de potencias debe ser:

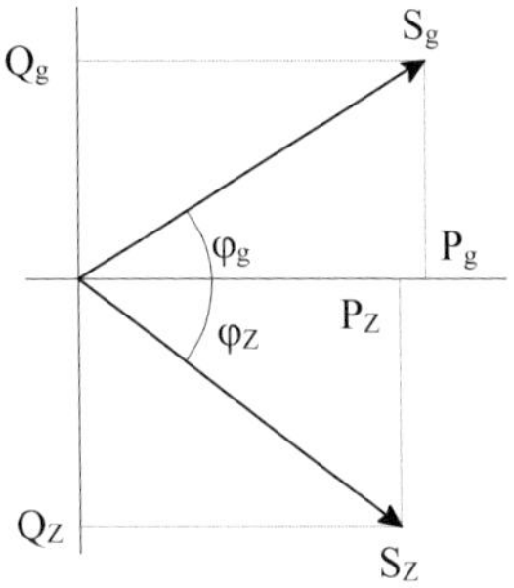

$$Q_Z = U_Z\; I\,\text{sen}\varphi_Z = 25*200*(-0{,}6) = -3000VA$$
$$Q_g = U_g\; I\,\text{sen}\varphi_g = 25*220*0{,}575 = 3162VA$$
$$Q_g = Q_Z + Q_L$$
$$Q_L = Q_g + Q_Z = 3162 - (-3000) = 6162VA$$
$$Q_L = L\,\omega\,I^2$$
$$\omega = 2\pi f = 2*3{,}14*50 = 314$$

$$L = \frac{6132}{25^2*314} = 0{,}031\,H = 31mH$$

Diagrama vectorial de intensidad y tensiones:

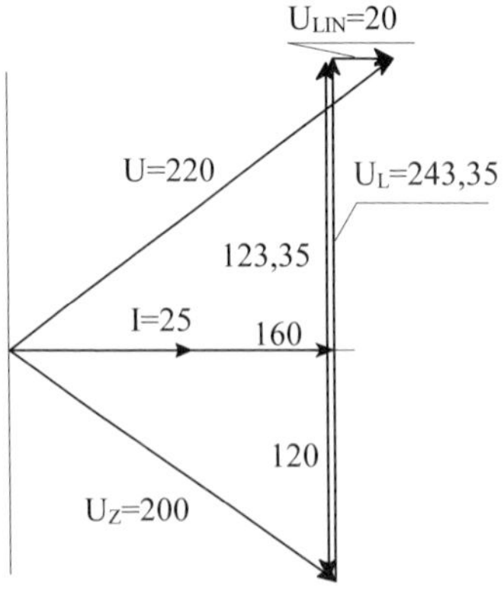

$$\overline{U}_Z = 200*0{,}8 + j200\,(-0{,}6) = 160 - j120$$
$$\overline{U}_L = jL\omega I = 243{,}35$$
$$\overline{U}_{LIN} = 0{,}8*25 = 20$$
$$\overline{U} = (160+20) + j123{,}35$$

PROBLEMA 5.12

En el circuito de la figura se conoce que: $U_1 = U_2 = E = 100V$, $I = \sqrt{3}\, I_1$, $I_1 = I_2$ y la lectura del vatímetro es 1500W. Calcúlense los valores de C, Z_1 y Z_2, así como el diagrama de tensiones e intensidades.

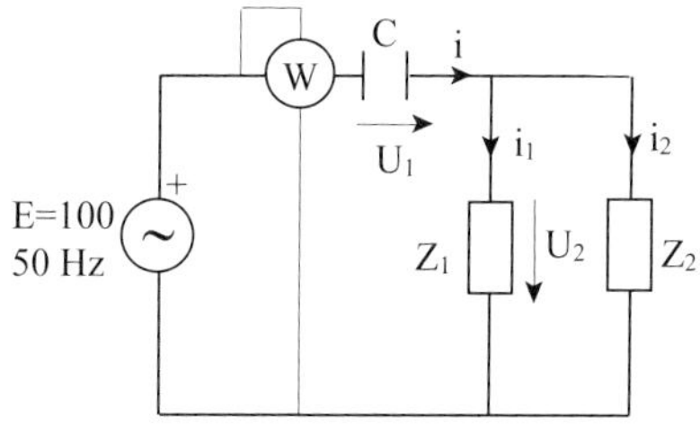

Se tiene que:

$$E = U_1 = U_2 = 100\,V \quad \text{y} \quad \overline{E} = \overline{U}_1 + \overline{U}_2$$

Por ello, los tres vectores de tensión deben formar un triángulo equilátero.

Por ser $\overline{U}_1$ puramente capacitiva debe estar 90° en retardo respecto de $\overline{I}$.
Por ser $I = \sqrt{3}\, I_1 = \sqrt{3}\, I_2$, los vectores $\overline{I}_1$ e $\overline{I}_2$ están desfasados 30° respecto de $\overline{I}$, uno en retardo y otro en adelanto. Suponiendo $\overline{I}_1$ en retardo respecto de $\overline{I}$, se tendrá el siguiente diagrama vectorial:

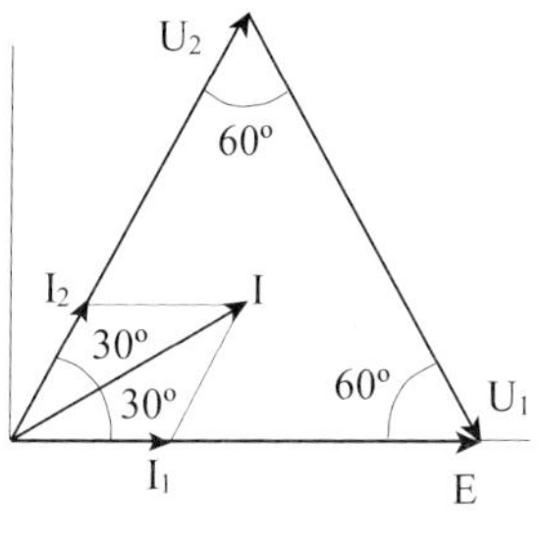

El sistema resulta capacitivo e $\overline{I}$ va en adelanto respecto de $\overline{E}$ un ángulo φ de 30°.

De la potencia consumida se tiene que:

$$P = 1500W = E\,I\,\cos\varphi = 100\,I\,\frac{\sqrt{3}}{2} = 50\sqrt{3}\,I$$

Y los valores de las intensidades:

$$I = \frac{1500}{50\sqrt{3}} = 10\,\sqrt{3}\,A \qquad I_1 = I_2 = \frac{I}{\sqrt{3}} = 10\,A$$

$\overline{I}_2$ está en fase con $\overline{U}_2$ e $\overline{I}_1$ 60° en retardo. Así, será:

$\overline{Z}_1$ = de carácter inductivo.

$\overline{Z}_2$ = puramente resistiva.

Sus valores son:

$$Z_2 = R_2 = \frac{100}{10} = 10\Omega$$

$$\overline{Z}_1 = R_1 + jX_1 = \frac{100}{10}\left(\cos 60^{\circ} + j\,\mathrm{sen}60^{\circ}\right) = 5 + j\,5\sqrt{3}$$

Y para el condensador:

$$X_C = \frac{U_1}{I} = \frac{100}{10\sqrt{3}} = \frac{10}{\sqrt{3}} = \frac{1}{C\omega}$$

$$C = \frac{\sqrt{3}}{10\omega} = \frac{\sqrt{3}}{3140} = 5{,}5*10^{-4}\ F$$

PROBLEMA 5.13

En el circuito de la figura, hállese:

a) El valor del condensador C para que las tensiones $\overline{E}_1$ y $\overline{E}_2$ estén desfasadas 90°.

b) Las relaciones E_1/E_2 e I_1/I_2 para el caso anterior.

c) Diagrama vectorial de tensiones e intensidades.

d) La relación E_1/E_2 cuando las tensiones $\overline{E}_1$ y $\overline{E}_2$ están desfasadas 45°.

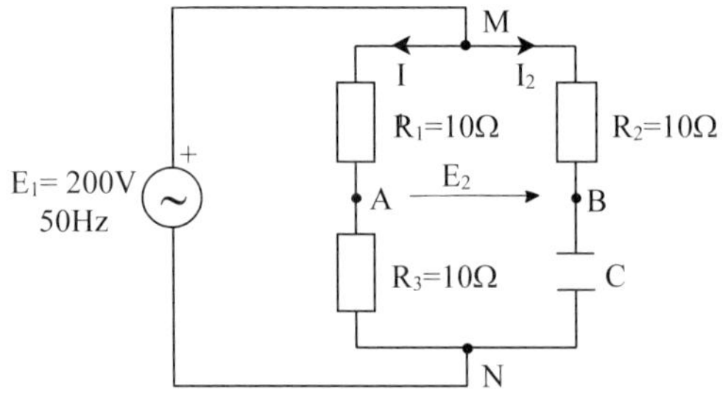

Pueden establecerse las siguientes relaciones vectoriales:

$$\overline{E}_2 = \overline{U}_{AB} = \overline{U}_{AM} + \overline{U}_{MB} = \overline{U}_{MB} - \overline{U}_{MA} \qquad \overline{U}_{MA} = \frac{\overline{E}_1}{2} \qquad \overline{U}_{AM} = -\frac{\overline{E}_1}{2}$$

$$\overline{U}_{MB} = \overline{E}_1\ \frac{R}{R - jX} = \overline{E}_1\ \frac{R^2 + jRX}{R^2 + X^2}$$

$$X = \frac{1}{C\omega} \qquad \omega = 2\,\pi\,f = 2*3{,}14*50 = 314$$

La relación entre $\overline{E}_1$ y $\overline{E}_2$ es:

$$\overline{E}_2 = \overline{E}_1 \, \frac{R^2 + jRX}{R^2 + X^2} - \frac{1}{2}\,\overline{E}_1 = \left(\frac{R^2 + jRX}{R^2 + X^2} - \frac{1}{2}\right)\overline{E}_1 =$$

$$= \left(\left(\frac{R^2}{R^2 + X^2} - \frac{1}{2}\right) + j\,\frac{RX}{R^2 + X^2}\right)\overline{E}_1 = \overline{M}\,\overline{E}_1$$

Para un ángulo de 90º de desfase entre $\overline{E}_1$ y $\overline{E}_2$:

$$Si: \quad \overline{E}_1 = E_1\angle 0^\circ \quad y \quad \overline{E}_2 = \overline{M}\,\overline{E}_1 = M E_1 \angle 90^\circ$$

Debe ser cero la parte real de $\overline{M}$:

$$\frac{R^2}{R^2 + X^2} - \frac{1}{2} = 0 \qquad R^2 = X^2 \qquad R = X = 10\,\Omega$$

$$C = \frac{1}{X\,\omega} = \frac{1}{10 * 314} = 318 * 10^{-6}\,F = 318\,\mu F$$

Relación E_1 / E_2. Por ser cero la parte real se tiene:

$$\overline{E}_2 = \frac{jRX}{R^2 + X^2}\,\overline{E}_1 = \frac{10 * 10}{10^2 + 10^2}\angle 90^\circ * 200 = 100\,\angle 90^\circ$$

$$E_2 = 100V \qquad \frac{E_1}{E_2} = 2$$

Relación I_1 / I_2:

$$I_1 = \frac{E_1}{2R} = \frac{200}{20} = 10\,A$$

$$I_2 = \frac{U_{MB}}{R} = \frac{E_1}{\sqrt{R^2 + X^2}} = \frac{E_1}{\sqrt{2}R} = \frac{200}{\sqrt{2}\,10} = 10\sqrt{2}\,A \qquad \frac{I_1}{I_2} = \frac{1}{\sqrt{2}}$$

Diagrama vectorial

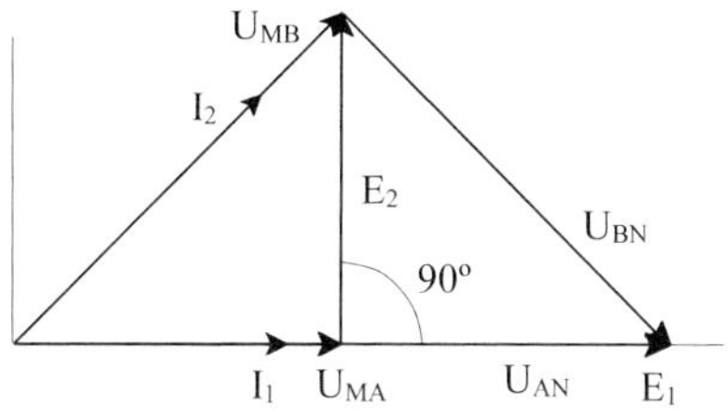

Para un ángulo de 45º se tiene:

$$\overline{E}_2 = M\angle 45^\circ\,\overline{E}_1 = \left(\left(\frac{R^2}{R^2 + X^2} - \frac{1}{2}\right) + j\,\frac{RX}{R^2 + X^2}\right)\overline{E}_1$$

Deben ser iguales la parte real y la parte imaginaria, luego:

$$\frac{2R^2 - R^2 - X^2}{2\left(R^2 + X^2\right)} = \frac{2RX}{2\left(R^2 + X^2\right)} \qquad R^2 - X^2 = 2RX \qquad X = 4{,}14\ \Omega$$

Y se tiene la relación:

$$E_2\ \angle 45^{\circ} = E_1 \angle 0^{\circ} \sqrt{2\left(\frac{RX}{R^2 + X^2}\right)^2} \angle 45^{\circ} = E_1\ \frac{10X}{10^2 + X^2}\ \sqrt{2}\angle 45^{\circ} = 0{,}5\ E_1 \angle 45^{\circ}$$

$$\frac{E_1}{E_2} = \frac{E_1}{0{,}5E_1} = 2$$

Diagrama vectorial:

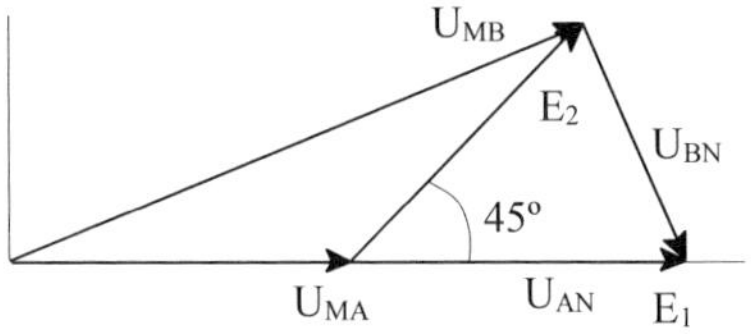

PROBLEMA 5.14

Las lecturas de los instrumentos de medida del circuito de la figura son: A_1=4A, A_2=5A, W=640W y V=160V. Calcúlese:

a) Los valores de R, C, L_1 y L_2.

b) El diagrama vectorial de tensiones e intensidades.

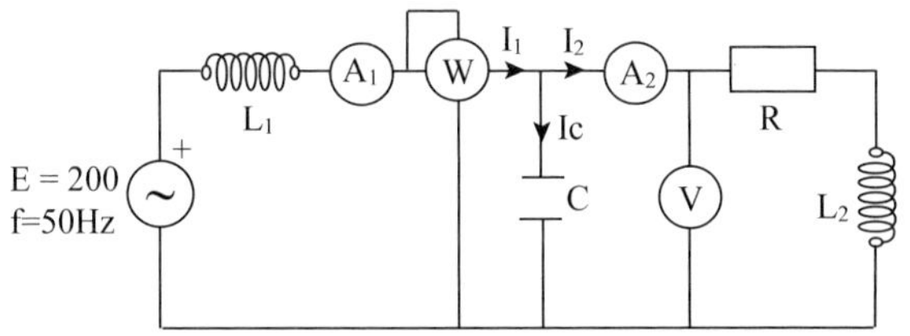

Para la carga serie R y L_2 se tiene:

$$P = R\,I_2^2 = 640W$$

$$R = \frac{640}{I_2^2} = \frac{640}{25} = 25{,}6\ \Omega$$

$$S_2 = U\,I_2 = 160*5 = 800VA \qquad Q_{L2} = \sqrt{S^2 - P^2} = \sqrt{800^2 - 640^2} = 480VAr$$

$$\cos\varphi_2 = \frac{640}{800} = 0{,}8 \qquad \text{sen}\varphi_2 = 0{,}6 \qquad \tan\varphi_2 = 0{,}75$$

$$X_{L2} = L_2\omega = R\tan\varphi_2 = 25{,}6*0{,}75 = 19{,}2 \qquad L_2 = \frac{19{,}2}{2\pi\,50} = 61{,}15\ mH$$

$$U_R = R\,I_2 = 25{,}6*5 = 128\ V \qquad U_{L2} = X_{L2}\,I_2 = \sqrt{160^2 - 128^2} = 96V$$

Para el conjunto en paralelo de la carga anterior con el condensador, se tiene la potencia aparente:

$$S_2' = U\ I_1 = 160*4 = 640VA \qquad \cos\varphi_2' = \frac{P}{S_2'} = \frac{640}{640} = 1$$

$$Q_2' = 0 \qquad \text{y} \qquad Q_{L2} = Q_C$$

Las potencias reactivas del condensador y de la bobina son iguales y de sentido contrario.

$$C\omega U^2 = L_2\,\omega I^2 = 480VAr \qquad C\,160^2 = L_2\,5^2$$

Y se tiene el valor de C:

$$C = \frac{L_2\,25}{25600} = \frac{61{,}15*25}{25600} = 0{,}0579\ mF = 60\,\mu F$$

Como cos $\varphi_2' = 1$, $\bar{I}_1$ está en fase con $\bar{U}$ e $\bar{I}_C$ en cuadratura y adelantada respecto de $\bar{U}$. También se puede considerar para el cálculo de C:

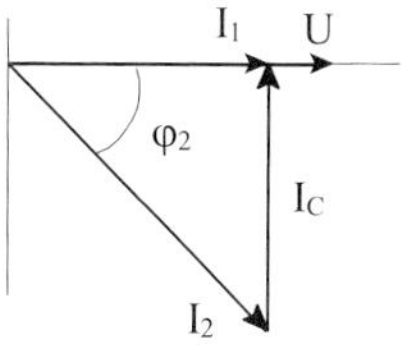

$$\frac{1}{C\omega} I_C = 160V \qquad I_C = \sqrt{5^2 - 4^2} = 3A$$

$$C = \frac{I_C}{\omega\,160} = 60\,\mu F$$

Cálculo de L₁

$$\bar{U}_{L1} = \bar{E} - \bar{U} \qquad \left(\bar{U} \text{ esta en fase con } \bar{I}_1 \text{ y } \bar{U}_{L1} \text{ en cuadratura con } \bar{I}_1\right)$$

$$U_{L1} = \sqrt{200^2 - 160^2} = 120V \qquad U_{L1} = 120V = L_1\,\omega\,I_1$$

$$L_1 = \frac{120}{314*4} = 95{,}5\ mH$$

Diagrama vectorial

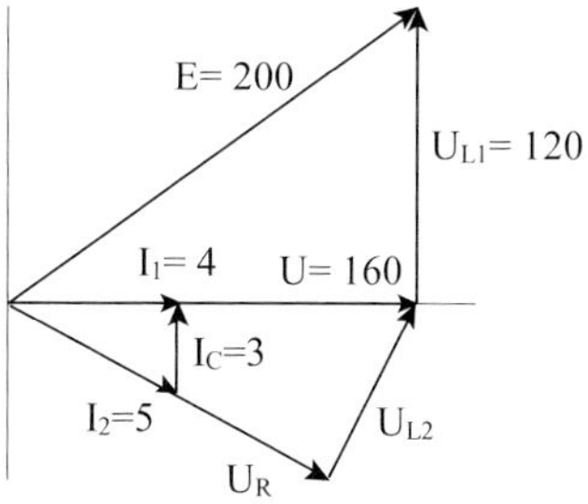

PROBLEMA 5.15

Las lecturas de los instrumentos de medida del circuito de la figura son: A = 10A, V = 100 √3V y W =1500W. Hállese:

a) Valores de R, L y C.

b) Valor de la capacidad C_1 a conectar en bornas de la fuente, para que esta suministre solo potencia activa, así como el nuevo valor de lectura del amperímetro.

c) Diagramas vectoriales.

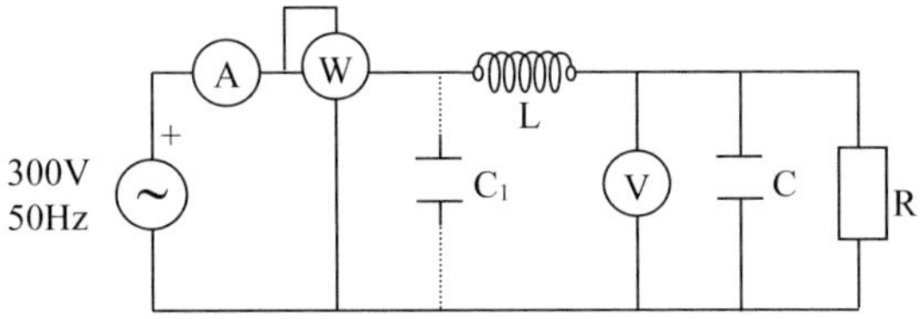

Cálculo de R y C

Para el conjunto formado por estos dos elementos, se tiene:

$$P = 1500W$$

$$S_1 = U\,I = 100\,\sqrt{3} * 10 = 1000\,\sqrt{3}\,VA \qquad Q_1 = \sqrt{S_1^2 - P^2} = 866VAr$$

$$R = \frac{U^2}{P} = \frac{\left(100\sqrt{3}\right)^2}{1500} = 20\,\Omega$$

$$X_C = \frac{U^2}{Q_1} = \frac{\left(100\sqrt{3}\right)^2}{866} = 20\sqrt{3}\,\Omega = 34{,}64\,\Omega$$

$$C = \frac{1}{X_C\,\omega} = \frac{1}{34{,}64 * 2\pi * 50} = 92\,\mu F$$

Cálculo de L. Para la fuente se tienen las potencias:

$$S = E\,I = 300 * 10 = 3000VA \qquad \overline{S} = P + jQ$$

$$Q = \sqrt{S^2 - P^2} = \sqrt{3000^2 - 1500^2} = 2600VAr$$

La potencia reactiva de la bobina L será:

$$Q_L = Q - Q_1 = X_L\,I^2 = 2600 - (-866) = 3466VAr$$

En el diagrama se representa el balance de potencias del sistema:

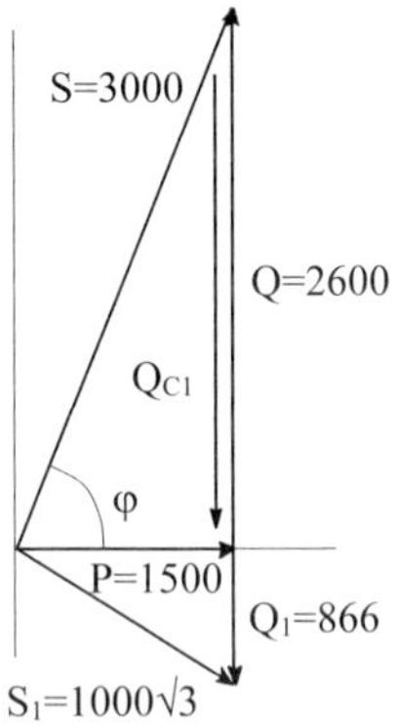

Y la impedancia:

$$X_L = \frac{Q_L}{I^2} = \frac{3466}{10^2} = 34{,}66\ \Omega \qquad \text{O bien :}$$

$$Z = \frac{300}{10} = jX_L + \frac{20\left(-j20\sqrt{3}\right)}{20-j20\sqrt{3}} \qquad X_L = 34{,}66\Omega$$

$$L = \frac{X_L}{\omega} = 0{,}11H$$

Cálculo de C_1

$$Q_{C1} = 2600\ VAr = \frac{E^2}{X_{C1}} \qquad X_{C1} = \frac{1}{C_1\omega} = \frac{E^2}{2600} = 20\sqrt{3}\,\Omega$$

$$C_1 = \frac{1}{X_{C1}\omega} = \frac{1}{20\sqrt{3}*314} = 92\mu F$$

Nuevo valor I' de la lectura del amperímetro

Si $\overline{Z}$ y $\overline{Z}'$ son las impedancias del circuito antes y después de conectar C_1, se tiene:

$$\overline{Z} = jX_L + \frac{20\left(-j20\sqrt{3}\right)}{20-j20\sqrt{3}} = jX_L - j5\sqrt{3} + 15 = 15 + j15\sqrt{3}$$

$$\overline{Z}' = \frac{\overline{Z}\left(-jX_{C1}\right)}{\overline{Z} - jX_{C1}} = \frac{\left(15+j15\sqrt{3}\right)\left(-j20\sqrt{3}\right)}{15+j15\sqrt{3}-j20\sqrt{3}} = 60\Omega$$

$$I' = \frac{300}{60} = 5A$$

Diagrama vectorial (antes de conectar C_1)

Se toma $\overline{U}$ como referencia:

$$I_R = \frac{100\sqrt{3}}{20} = 5\sqrt{3} \qquad \overline{I}_C = j\,\frac{100\sqrt{3}}{20\sqrt{3}} = j5 \qquad \overline{I} = 5\sqrt{3} + j5$$

$$U_L = X_L\,10 = 200\sqrt{3} \qquad \overline{U}_L = j20\sqrt{3}\left(5\sqrt{3}+j5\right) = -100\sqrt{3} + j300$$

$$\overline{E} = 100\sqrt{3} + \overline{U}_L = 100\sqrt{3} - 100\sqrt{3} + j300 = j300$$

Y para los nuevos valores después de colocar C_1 se tiene:

$$\bar{I}'_{C1} = \frac{300}{X_{C1}} = 5\sqrt{3} \qquad \bar{I}' = j5$$

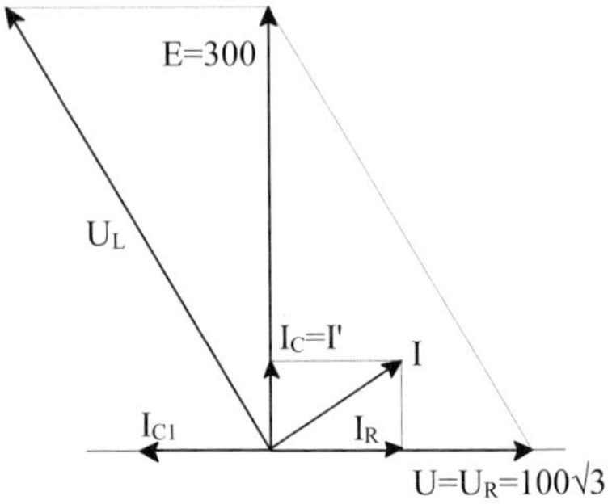

PROBLEMA 5.16

En el circuito de la figura se varía el condensador hasta que la intensidad se hace mínima y de valor 1A. La lectura que registra el voltímetro en esas condiciones es 50V. Calcúlese:

a) Las tensiones U_R, U_L y U_C.
b) Las intensidades I, I_1 e I_2.
c) Los valores de R, L y C.
d) Balance de potencias.

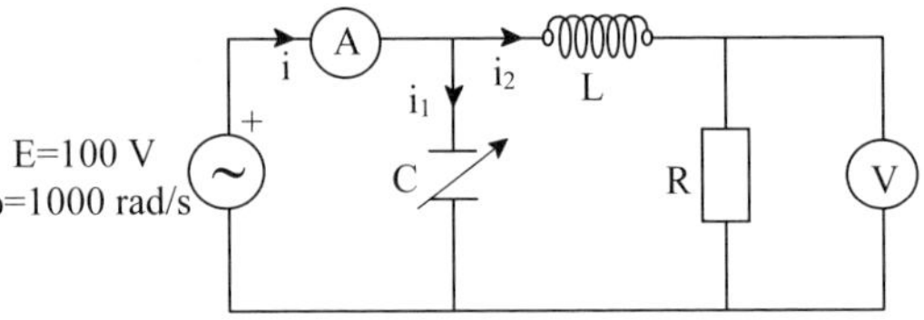

La intensidad se hace mínima cuando la impedancia del conjunto sea puramente resistiva y la intensidad $\bar{I}$ está en fase con la tensión $\bar{E}$. El diagrama vectorial será:

$$\bar{Z} = \frac{(R + jX_L)(-jX_C)}{R + j(X_L - X_L)} = \frac{\bar{E}}{\bar{I}} = 100\,\Omega$$

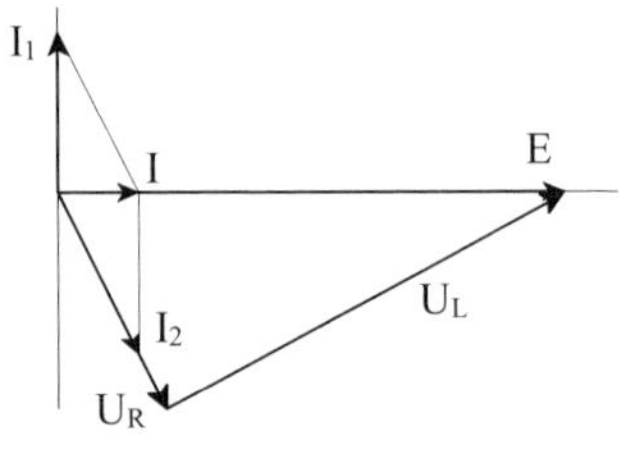

Por otro lado, $\bar{I}_2$ y $\bar{U}_R$ no se ven afectadas por la variación de C pues el conjunto está sometido a la misma tensión.

$\bar{I}_1$ está 90º adelantada respecto de $\bar{E}$ y por tanto respecto de $\bar{I}$ (que está en fase con $\bar{E}$).

$\bar{I}_2$ está retrasada un ángulo φ respecto de $\bar{E}$ y en fase con $\bar{U}_R$.

$$\bar{I} = \bar{I}_1 + \bar{I}_2 \qquad \cos\varphi = \frac{U_R}{E} = \frac{50}{100} = 0{,}5 \qquad \varphi = -60^\circ$$

Por ello, y según puede verse en el diagrama vectorial, debe ser:

$$I = I_2 \cos\varphi = \frac{1}{2} I_2 \qquad I_2 = 2\, I = 2\, A \qquad \bar{I}_2 = 2\angle\varphi = 2\angle -60^\circ\, A$$

$$I_1 = -I_2 \operatorname{sen}\varphi = -2\left(-\frac{\sqrt{3}}{2}\right) = \sqrt{3}\, A \qquad \bar{I}_1 = \sqrt{3}\angle 90^\circ\, A$$

Cálculo de los valores de R, L y C

$$E = \frac{I_1}{\omega C} \qquad C = \frac{I_1}{\omega E} = \frac{\sqrt{3}}{10^3 * 10^2} = 17{,}3\ \mu F$$

$$U_R = R I_2 \qquad R = \frac{U_R}{I_2} = \frac{50}{2} = 25\ \Omega$$

$$U_L = \frac{100}{2}\sqrt{3} = 50\sqrt{3} = \omega L I_2 \qquad L = \frac{50\sqrt{3}}{10^3 * 2} = 43{,}3\ mH$$

Otra forma de plantear la resolución puede ser la siguiente:

$$\bar{Z} = \frac{\bar{E}}{\bar{I}} = 100\,\Omega = \frac{(R + jX_L)(-jX_C)}{R + j(X_L - X_C)} = \frac{(R + jX_L)(-jX_C)[R - j\,(X_L - X_C)]}{R^2 + (X_L - X_C)^2} =$$

$$= \frac{(-jRX_C + X_C X_L)[R - j(X_L - X_C)]}{R^2 + (X_L - X_C)^2} =$$

$$= \frac{X_C R\,(X_C - X_L) + RX_C X_L + j\left[-R^2 X_C + X_C X_L\,(X_C - X_L)\right]}{R^2 + (X_L - X_C)^2}$$

Teniendo en cuenta que Z solo tiene parte real será:

1) $$\frac{X_C R\,(X_C - X_L) + RX_C X_L}{R^2 + (X_L - X_C)^2} = 100$$

2) $$-R^2 X_C + X_C X_L\,(X_C - X_L) = 0$$

3) $$50 = \frac{R}{\sqrt{R^2 + X_L^2}}\,100$$

de 3) se tiene $R^2 + X_L^2 = 4\,R^2$ y $X_L = \sqrt{3}R$

de 2) $R^2 = X_L X_C - X_L^2 = X_C\sqrt{3}R - 3R^2$ y $X_C = \frac{4}{\sqrt{3}}\,R$

Sustituyendo en la ecuación 1)

$$X_C^2 R - X_L X_C R + R X_L X_C = 100\left[R^2 + (X_L - X_C)^2\right]$$

$$\frac{16}{300}\,R^2 R = R^2 + \left(\sqrt{3}R - \frac{4}{\sqrt{3}}R\right)^2 = \left(1 + 3 + \frac{16}{3} - 8\right)R^2 = \frac{4}{3}\,R^2$$

$$R = \frac{400}{16} = 25\ \Omega$$

$$X_L = L\omega = \sqrt{3}\,R = \sqrt{3}\ 25 = 43{,}3\Omega \qquad L = \frac{X_L}{\omega} = \frac{43{,}3}{10^3} = 43{,}3\,mH$$

$$X_C = \frac{1}{C\omega} = \frac{4}{\sqrt{3}}R = \frac{4}{\sqrt{3}}25 = 57{,}73\Omega \qquad C = \frac{1}{X_C\omega} = \frac{1}{10^3\ 57{,}73} = 17{,}3\,\mu F$$

Balance de potencias

$$P_E = E\,I\,\cos 0^\circ = 100*1 = 100W \qquad P_R = RI_2^2 = 25*2^2 = 100W$$

$$Q_L = X_L I_2^2 = 43{,}3*2^2 = 173{,}2VAr \qquad Q_C = X_C I_1^2 = 57{,}73*\left(\sqrt{3}\right)^2 = 173{,}2VAr$$

Puede comprobarse que: $P_E = P_R$ y $Q_E = Q_L - Q_C = 0$

PROBLEMA 5.17

El circuito de la figura está alimentado por una fuente de tensión alterna senoidal y los equipos de medida instalados registran las siguientes lecturas: A_2 =25A, A_3=15A, V_{R2} =175V, V_{R3}=375V y V_{C2} =600V. Determínese:

a) Las lecturas que registrarán los instrumentos V_1, V_{L3}, A_1 y W_1.

b) El diagrama vectorial de todas las tensiones e intensidades leídas por los instrumentos.

c) La energía reactiva suministrada por el generador y la consumida por cada rama.

d) Valores de R_2, R_3, L y C.

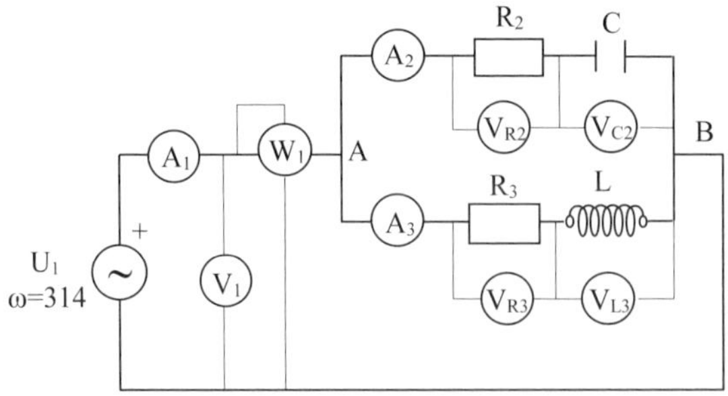

Se tiene:

$$A_2 = 25A \qquad A_3 = 15A \qquad f = 50Hz$$
$$U_{R2} = 175V \qquad U_{R3} = 375V \qquad U_{C2} = 600V$$

Lectura de V1 = tensión de la fuente.

$$U_{AB} = U_1 = \sqrt{U_{R2}^2 + U_C^2} = \sqrt{175^2 + 600^2} = 625V$$

Lectura de VL3

$$U_{L3} = \sqrt{U_1^2 - U_{R3}^2} = \sqrt{625^2 - 375^2} = 500V$$

Desfase en la rama 2:

$$\cos\varphi_2 = \frac{U_{R2}}{U_1} = \frac{175}{625} = 0{,}28 \qquad \text{sen}\varphi_2 = \frac{U_{C2}}{U_1} = \frac{600}{625} = 0{,}96$$

Desfase en la rama 3:

$$\cos\varphi_3 = \frac{U_{R3}}{U_1} = \frac{375}{625} = 0{,}6 \qquad \text{sen}\varphi_3 = \frac{U_{L3}}{U_1} = \frac{500}{625} = 0{,}8$$

Intensidades:

$$\left.\begin{array}{l} \overline{I}_2 = 25\mathbf{cos}\varphi_2 + j25\text{sen}\varphi_2 = 7 + j24 \\ \overline{I}_3 = 15\mathbf{cos}\varphi_3 - j15\text{sen}\varphi_3 = 9 - j12 \end{array}\right\} \qquad \overline{I}_1 = \overline{I}_2 + \overline{I}_3 = 16 + j12$$

Lecturas de A1 y W1

$$I_1 = \sqrt{16^2 + 12^2} = 20A$$
$$W_1 = P = U I_1 \cos(U, I_1) = 625 * 16 = 10000W = 10Kw$$

Diagrama vectorial

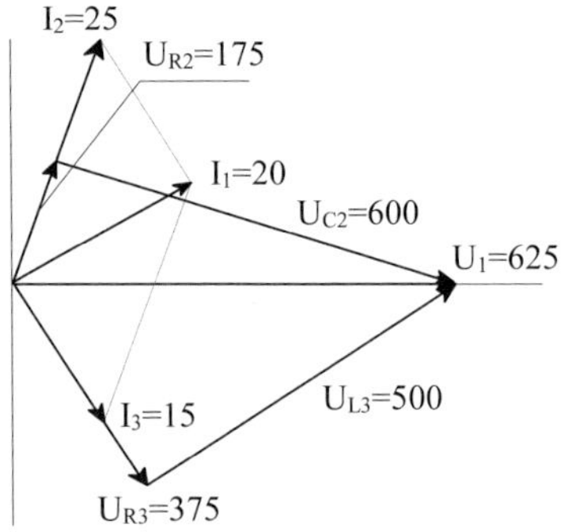

Cálculo de las energías reactivas

$$Q_1 = 625 I_1 \operatorname{sen}\varphi = 625(-12) = -7500\,VAr \ (\text{Capacitiva})$$
$$Q_2 = 625 I_2 \operatorname{sen}\varphi_2 = 625(-24) = -15000\,VAr \ (\text{Capacitiva})$$
$$Q_3 = 625 I_3 \operatorname{sen}\varphi_3 = 625 * 12 = 7500\,VAr \ (\text{Inductiva})$$
$$Q_1 = Q_2 + Q_3 = -15000 + 7500 = -7500\,VAr$$

Valores de R₂, R₃, C y L

$$R_2 = \frac{U_{R2}}{I_2} = \frac{175}{25} = 7\Omega \qquad \frac{1}{C\,\omega} = \frac{600}{25} = \frac{U_C}{I_2} = 24\Omega$$
$$C = 132{,}6 * 10^{-6}\,F$$
$$R_3 = \frac{U_{R3}}{I_3} = \frac{375}{15} = 25\Omega \qquad L\omega = \frac{500}{15} = \frac{U_{L3}}{I_3} = 33{,}3\Omega$$
$$L = 0{,}106\,H$$

PROBLEMA 5.18

Para el circuito de la figura, determínense los valores de R, L y C y represéntese el diagrama vectorial de tensiones e intensidades. Se conoce el valor eficaz de la fuente, así como las lecturas de los aparatos: E =250V, W=10000W, A=50A y V=250V. Las dos bobinas son iguales.

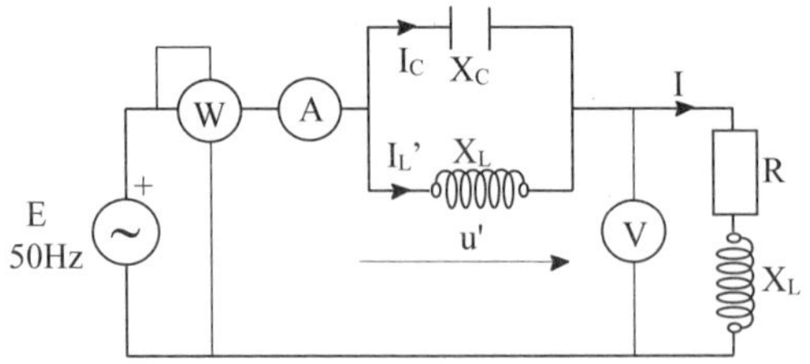

Para el conjunto formado por R y X_L, se tiene:

La potencia activa es consumida por la **resistencia R** y:

$$P = U\,I\cos\varphi = R\,I^2$$

$$R = \frac{P}{I^2} = \frac{10000}{50^2} = \frac{100}{25} = 4\Omega$$

Impedancias:

$$Z_1 = \frac{U}{I} = \frac{250}{50} = 5\Omega \qquad Z_1^2 = R^2 + X_L^2$$

$$X_L = \sqrt{Z_1^2 - R^2} = \sqrt{5^2 - 4^2} = 3\Omega \qquad \overline{Z}_1 = 4 + j3 \qquad \cos\varphi_1 = \frac{4}{5} = 0{,}8 \qquad \operatorname{sen}\varphi_1 = \frac{3}{5} = 0{,}6$$

Tensiones:

$$\left.\begin{aligned} U_R &= U\cos\varphi_1 = R\,I = 4*50 = 200V \\ U_{XL1} &= U\operatorname{sen}\varphi_1 = X_L\,I = 3*50 = 150V \end{aligned}\right\} \qquad \overline{U} = \overline{U}_R + \overline{U}_{XL1} = 200 + j150$$

Potencia compleja, aparente y reactiva:

$$\overline{S}_1 = \overline{U}\,\overline{I}^* = 250*50\angle\varphi_1 = 12500\angle\varphi_1\,VA = 10000 + j7500 \qquad Q_1 = 7500VAr$$

$$\overline{S}_g = \overline{E}\,\overline{I}^* = 250*50\angle\varphi_g = 12500\angle\varphi_g\,VA = 10000 \pm j7500 \qquad Q_g = \pm 7500VAr$$

Como el conjunto en paralelo de X_L y X_C es $\neq 0$, debe ser Q_g =- 7500 VAr

$$\cos\varphi_g = \frac{P}{S_g} = \frac{10.000}{12.500} = 0{,}8 \qquad \operatorname{sen}\varphi_g = \frac{-Q_g}{S_g} = -0{,}6$$

Diagrama vectorial

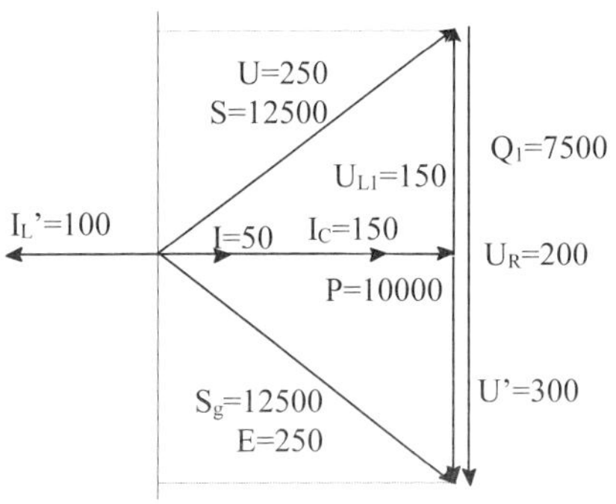

Tensión de la carga en paralelo:

$$\overline{U}' = \overline{E} - \overline{U} = (250*0{,}8 - j250*0{,}6) - (250*0{,}8 + j250*0{,}6) =$$
$$= 200 - 200 - j150 - j150 = -j300 \qquad U' = 300V$$

Impedancia de la carga en paralelo:

$$\overline{Z}_2 = \frac{\overline{U}'}{\overline{I}} = \frac{-j300}{50} = -j6 = \frac{(jX_L)(-jX_C)}{j(X_L - X_C)} = \frac{3X_C}{j(3 - X_C)}$$
$$6\,(3 - X_C) = 3\,X_C \qquad \overline{X}_C = -j2\Omega$$

Intensidades de las ramas de la carga paralelo:

$$\overline{I}_C = \frac{\overline{U}'}{\overline{X}_C} = \frac{-j300}{-j2} = 150A \qquad \overline{I}'_L = \frac{\overline{U}'}{\overline{X}_L} = \frac{-j300}{j3} = -100A$$

Puede comprobarse que:

$$\overline{I} = \overline{I}_C + \overline{I}'_L = 150 - 100 = 50A$$
$$Q_C = -X_C I_C^2 = -45000VAr \qquad Q_{XL'} = X_L I_L'^2 = 30000VAr$$
$$Q_g = Q_{XL} + Q_{XL'} + Q_C = 7500 + 30000 - 45000 = -7500VAr$$

Valores de L y C

$$\omega = 2\pi f = 314 \qquad X_L = L\omega \qquad L = \frac{X_L}{\omega} = \frac{3}{314} = 9{,}55\ mH$$
$$X_C = \frac{1}{C\omega} \qquad C = \frac{1}{X_C\,\omega} = \frac{1}{2*314} = 1{,}6\ mF$$

PROBLEMA 5.19

En el circuito de la figura se conoce que la fuente suministra 20812W y la lectura del voltímetro V_1 es 176V. Determínese:

a) Los valores de las lecturas de los voltímetros V_2 y V_3.

b) Valores de R y L.

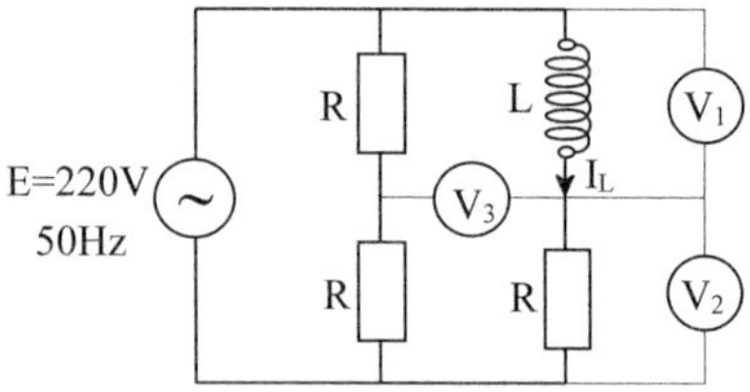

La tensión $\overline{U}_{R1}$ en cada una de las resistencias R, de la rama en que están en serie, será la mitad de $\overline{E}$, es decir:

$$\overline{U}_{R1} = \frac{1}{2}\overline{E} = 110\angle 0^{o} V$$

Las tensiones $\overline{U}_1$ y $\overline{U}_2$ deben estar en cuadratura entre ellas, $\overline{U}_2$ en fase con $\overline{I}_L$ y $\overline{U}_1$ 90º en adelanto.

$$U_2 = \sqrt{220^2 - 176^2} = 132V$$

Se tendrá el siguiente diagrama vectorial de tensiones:

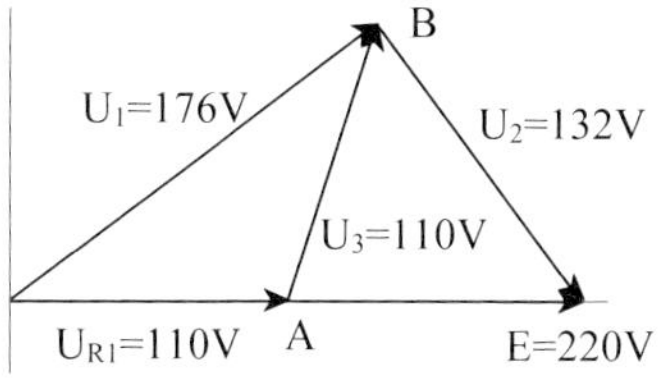

El lugar geométrico de las posibles posiciones del punto B es la semicircunferencia de diámetro 220V. Por tanto **la tensión $\overline{U}_3$ debe ser 110V**.

Considerando la potencia activa suministrada por la fuente, se tiene:

$$P = 20812W = \frac{U^2}{2R} + \frac{U_2^2}{R} = \frac{U^2 + 2U_2^2}{2R} = \frac{220^2 + 2*132^2}{2R} = \frac{83248}{2R}$$

Y se obtiene el valor de R

$$R = \frac{83248}{2*20812} = 2\Omega$$

Cálculo de L

$$I_L = \frac{132}{2} = \frac{U_2}{R} = 66A \qquad U_1 = X_L\, I_L \qquad 176 = L\omega\, 66$$

$$\omega = 2\pi f = 2*3{,}14*50 = 314 \qquad L = \frac{176}{314*66} = 0{,}0085H = 8{,}5mH$$

PROBLEMA 5.20

En el circuito de la figura y utilizando el operador D, determínese:
a) El sistema de ecuaciones correspondiente al análisis por lazos básicos, para que aparezcan de forma explícita i_2 e i_3.

b) Valor de las ecuaciones para: e_g =200cosωt, i_g = 20cosωt, L_1 =10/π mH, L_2=20/π mH, L_3=30/π mH, M=20/π mH, C=10/π mF, f = 50 Hz, R_1 =2Ω, R_2 =3Ω, R_3 =5Ω.

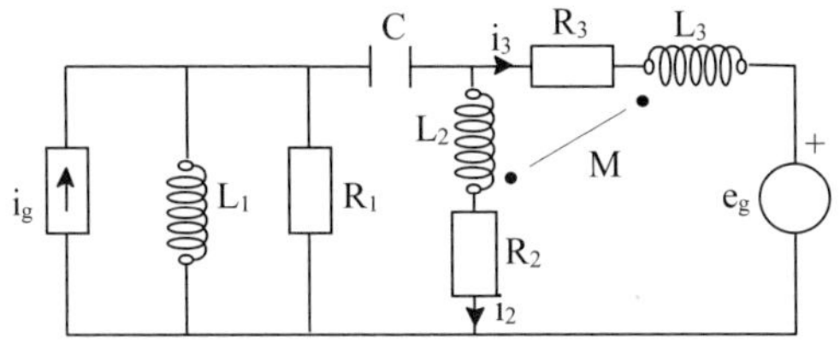

Se transforma la rama de fuente de intensidad en rama de fuente de tensión:

$$Z(D) = \frac{R_1 * L_1 D}{R_1 + L_1 D} \qquad e = \frac{R_1 * L_1 D}{R_1 + L_1 D} i_g$$

Y se tiene su circuito equivalente, en el que para que aparezcan como incógnitas i_2 e i_3 en las ecuaciones que se planteen para su resolución, se escoge un árbol de forma que las ramas 2 y 3 sean eslabones:

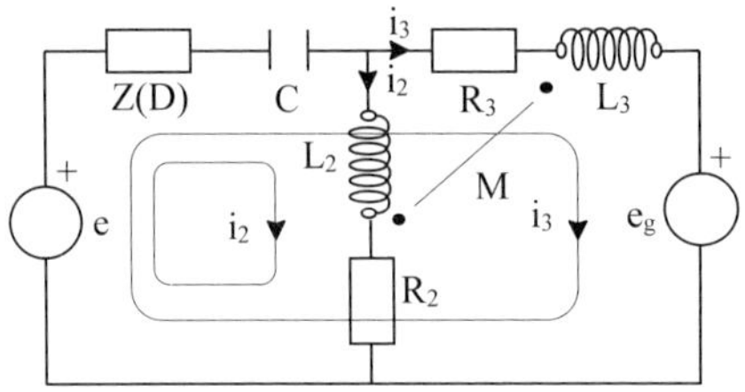

Se tienen las ecuaciones:

$$Z_{aa}\, i_a + Z_{ab}\, i_b = e_{ga}$$
$$Z_{ba}\, i_a + Z_{bb}\, i_b = e_{gb}$$

Donde: $i_2 = i_a$ e $i_3 = i_b$

Las tensiones de excitación de mallas son:

$$e_{ga} = \frac{R_1 * L_1 D}{R_1 + L_1 D} i_g \qquad e_{gb} = \frac{R_1 * L_1 D}{R_1 + L_1 D} i_g - e_g$$

Y las impedancias propias y comunes de mallas:

$$Z_{aa} = \frac{R_1 * L_1 D}{R_1 + L_1 D} + \frac{1}{CD} + R_2 + L_2 D \qquad Z_{bb} = \frac{R_1 * L_1 D}{R_1 + L_1 D} + \frac{1}{CD} + R_3 + L_3 D$$

$$Z_{ab} = Z_{ba} = \frac{R_1 * L_1 D}{R_1 + L_1 D} + \frac{1}{CD} - MD \qquad \omega = 2\pi f = 314$$

Para los valores dados se sustituye el operador D por jω y, en las ecuaciones, los valores instantáneos de las intensidades y tensiones, por sus magnitudes complejas.

$$L_1D \Rightarrow \overline{X}_{L1} = jL_1\omega = j\frac{10^{-2}}{\pi}*2\pi*50 = j$$

$$L_2D \Rightarrow \overline{X}_{L2} = jL_2\omega = j\frac{2*10^{-2}}{\pi}2\pi*50 = j2 \qquad L_3D \Rightarrow \overline{X}_{L3} = j3$$

$$MD \Rightarrow \overline{X}_M = j2 \qquad \frac{1}{CD} \Rightarrow \overline{X}_C = \frac{1}{jC\omega} = -j\frac{1}{C\omega} = -j\frac{1}{\frac{10^{-2}}{\pi}*2\pi*50} = -j$$

$$e_{ga} \Rightarrow \overline{E}_{ga} = \frac{2j}{2+j}20 \qquad e_{gb} \Rightarrow \overline{E}_{gb} = \frac{2j}{2+j}20 - 200$$

Sustituyendo en las ecuaciones, se tiene:

$$\left(\frac{j2}{j+2} - j + 3 + j2\right)\overline{I}_2 + \left(\frac{j2}{j+2} - j - j2\right)\overline{I}_3 = \frac{j2}{j+2}\frac{20}{\sqrt{2}}$$

$$\left(\frac{j2}{j+2} - j - j2\right)\overline{I}_2 + \left(\frac{j2}{j+2} - j + 5 + j3\right)\overline{I}_3 = \frac{j2}{j+2}\frac{20}{\sqrt{2}} - \frac{200}{\sqrt{2}}$$

Operando y resumiendo se tienen las siguientes ecuaciones:

$$\left.\begin{array}{l}(5+j7)\overline{I}_2 + (3-j4)\overline{I}_3 = j28.285 \\ (3-j4)\overline{I}_2 + (8+j11)\overline{I}_3 = -56{,}57\,(5+j2)\end{array}\right\} \qquad \left.\begin{array}{l}\overline{I}_2 = -5{,}55 - j6{,}1 = 8{,}245\angle -132{,}3^{\circ} \\ \overline{I}_3 = -17{,}414 + j9{,}32 = 19{,}75\angle -151{,}85^{\circ}\end{array}\right\}$$

$$\overline{I}_1 = \overline{I}_2 + \overline{I}_3 = -22{,}96 + j3{,}22 = 23{,}18\angle 172^{\circ}$$

$$\overline{U}_{ig} = \overline{E}_{ga} - \overline{Z}_1\overline{I}_1 = \frac{j28{,}285}{2+j} - \frac{j2}{2+j}\overline{I}_1 = 17{,}414 + j28{,}4 = 33{,}31\angle 58{,}48^{\circ}$$

$$E_g = \frac{200}{\sqrt{2}} = 141{,}421V \qquad I_g = \frac{20}{\sqrt{2}} = 14{,}142A$$

Cálculo de las potencias:

$$P_{eg} = -E_gI_3\cos(-132{,}3^{\circ}) = 2463W \qquad P_{ig} = U_{ig}I_g\cos 58{,}48^{\circ} = 246{,}2W$$

$$P_R = \sum R_nI_n^2 = \frac{U_{ig}^2}{R_1} + R_2I_2^2 + R_3I_3^2 = 2709{,}2W = P_{eg} + P_{Ig}$$

PROBLEMA 5.21

Resuélvase el circuito de la figura por aplicación del método directo del sistema de ecuaciones de mallas. e_g =20cos ωt, i_g =10sen ωt, ω= 1000 rd/s, $L_1 = L_2$ = 1 mH, M = 0,5 mH, C = 1/3 mF. R=1Ω.

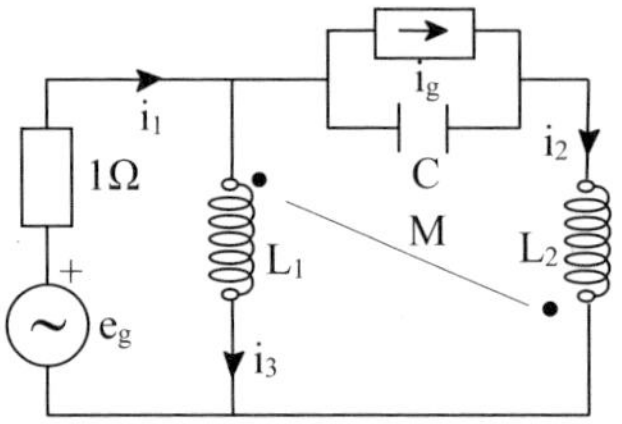

$$e_g = 20\cos\omega t \qquad E_g = 20\angle 0^\circ$$

$$i_g = 10\,\text{sen}\,\omega t = 10\cos\left(\omega t - \frac{\pi}{2}\right) \qquad I_g = 10\angle -\pi/2$$

En el siguiente circuito se han indicado las mallas y se ha sustituido la rama de fuente de intensidad por otra rama equivalente de fuente de tensión.

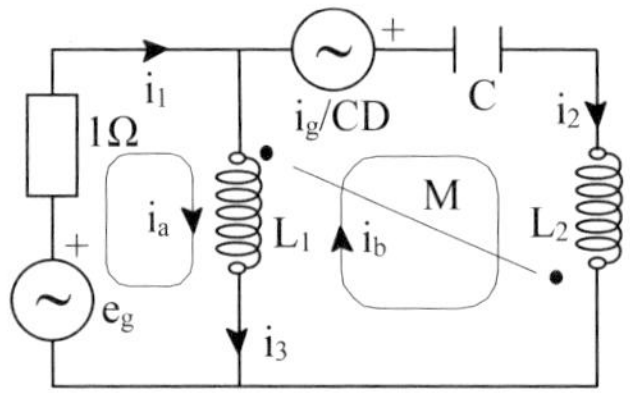

Las ecuaciones a utilizar son:

$$Z_{aa}\, i_a + Z_{ab}\, i_b = e_{ga}$$
$$Z_{ba}\, i_a + Z_{bb}\, i_b = e_{gb}$$

Valores de las impedancias y de las fuentes de excitación de mallas:

$$\overline{Z}_{aa} = 1 + L_1 D = 1 + jX_{L1} \qquad \overline{Z}_{ab} = \overline{Z}_{ba} = -(L_1 + M)D = -j(X_{L1} + X_M)$$

$$\overline{Z}_{bb} = \frac{1}{CD} + (L_1 + L_2 + 2M)D = j(-X_C + X_{L1} + X_{L2} + 2X_M)$$

$$\overline{X}_{L1} = jL_1\omega = j10^{-3} * 10^3 = j \qquad \overline{X}_{L2} = jL_2\omega = j \qquad \overline{X}_M = jM\omega = j0{,}5$$

$$\overline{X}_C = -j\,\frac{1}{C\omega} = -j\,\frac{3}{10^{-3} * 10^3} = -j3$$

$$\overline{E}_{ga} = 20\angle 0^\circ; \qquad \overline{E}_{gb} = -jX_C\,\overline{I}_g = -j3 * 10\angle -90^\circ = -30\angle 0^\circ$$

Sustituyendo, se tienen las ecuaciones:

$$\left.\begin{array}{l}(1 + j)\,\overline{I}_a - j(1 + 0{,}5)\,\overline{I}_b = 20\angle 0^\circ \\ -j(1 + 0{,}5)\,\overline{I}_a + j(-3 + 1 + 1 + 2 * 0{,}5)\,\overline{I}_b = -30\angle 0^\circ\end{array}\right\}$$

$$(1 + j)\,\overline{I}_a - j1{,}5\,\overline{I}_b = 20$$
$$-j1{,}5\,\overline{I}_a + j0\,\overline{I}_b = -30$$

De donde se calculan las intensidades:

$$\bar{I}_a = \frac{-30}{-j1{,}5} = -j20 = 20\angle -\pi/2 \qquad i_a = 20\left(\cos\omega t - \pi/2\right)$$

$$\bar{I}_b = \frac{20-(1+j)\,\bar{I}_a}{-j1{,}5} = \frac{20-(-j20+20)}{-j1{,}5} = \frac{j20}{-j1{,}5} = -\frac{40}{3}\angle 0^{\circ}$$

$$i_b = -\frac{40}{3}\cos\omega t$$

$$\bar{I}_3 = \bar{I}_a - \bar{I}_b = -j20 - \left(-\frac{40}{3}\right) = \frac{40}{3} - j20 \qquad I_3 = \sqrt{\left(\frac{40}{3}\right)^2 + 20^2} = 24$$

$$\varphi = \arctan\frac{-20}{\frac{40}{3}} = \arctan\left(-\frac{3}{2}\right) \qquad \varphi = -56{,}3^{\circ}$$

Los valores instantáneos, teniendo en cuenta que se ha trabajado con valores máximos, son:

$$i_1(t) = i_a(t) = 20\cos(\omega t - \pi/2)$$

$$i_2(t) = i_b(t) = -\frac{40}{3}\cos\omega t$$

$$i_3(t) = 24\cos\left(\omega t - 56{,}3^{\circ}\right)$$

PROBLEMA 5.22

En el circuito de la figura, determínense las lecturas del amperímetro y del vatímetro, en los siguientes casos:

a) $i_1(t) = i_2(t) = 10\,A$

b) $i_1(t) = i_2(t) = 10\sqrt{2}\cos(\omega t + \varphi)$

c) $i_1(t) = 10\sqrt{2}\cos\omega t$ e $i_2(t) = 10\sqrt{2}\cos\left(\omega t + \pi/3\right)$

c) $i_1(t) = 10\sqrt{2}\cos\omega_1 t$ e $i_2(t) = 10\sqrt{2}\cos\omega_2 t$ siendo: $\omega_1 \neq \omega_2$

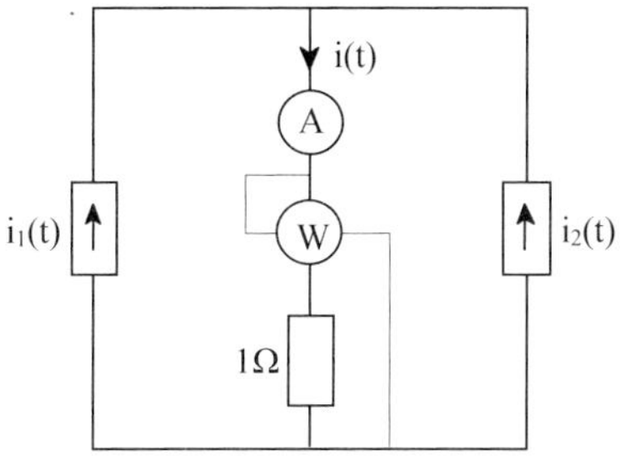

Se tienen en cuenta las ecuaciones:

$$i(t)=i_1(t)+i_2(t) \qquad P=RI^2$$

Se realiza el análisis para cada uno de los casos:

a) Las intensidades son de corriente continua.

$$i(t)=10+10=20A \qquad P=1*20^2=400W$$

b) Las intensidades son de corriente alterna, de la misma frecuencia y fase.

$$i(t)=2*10\sqrt{2}\cos(\omega t+\varphi)$$

$$I=\frac{20\sqrt{2}}{\sqrt{2}}=20A \qquad P=1*20^2=400W$$

c) Las intensidades son de corriente alterna, de la misma frecuencia pero distinta fase.

$$\bar{I}_1=\frac{10\sqrt{2}}{\sqrt{2}}\angle 0^\circ \qquad \bar{I}_2=\frac{10\sqrt{2}}{\sqrt{2}}\angle \pi/3$$

$$\bar{I}=10+10\angle\pi/3=10\sqrt{3}\angle 30^\circ \qquad I=10\sqrt{3}A$$

$$P=RI^2=1*\left(10\sqrt{3}\right)^2=300W$$

d) Las intensidades son en corriente alterna y de distinta frecuencia.

Aplicando el teorema de superposición:

$$P=P_1+P_2=RI_1^2+RI_2^2=R\left(I_1^2+I_2^2\right)=RI^2$$

$$I=\sqrt{I_1^2+I_2^2}=\sqrt{10^2+10^2}=10\sqrt{2}\,A$$

$$P=RI^2=1\left(10\sqrt{2}\right)^2=200W$$

PROBLEMA 5.23

Calcúlese el valor de la reactancia X del circuito de la figura, para los siguientes casos:
a) Cuando la lectura del vatímetro es 0W.
b) Cuando la lectura del vatímetro es 1W.
c) Cuando la lectura del vatímetro es - 0,2W.

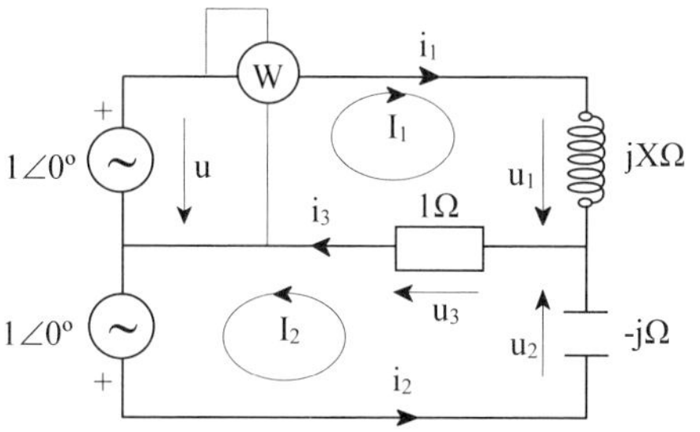

La lectura del vatímetro será:

$$W = U\,I_1 \cos(U, I_1) \quad \text{Y} \quad \text{como: } \overline{U} = 1\angle 0^{\circ}$$
$$W = 1\,I_1 \cos(1, I_1) = \text{Re}\left\{\overline{I}_1\right\}$$

Es decir, el valor de la potencia registrada por el vatímetro es igual a la componente real del vector intensidad.

Analizando el circuito por ecuaciones circulares se tiene:

$$\left.\begin{aligned} (1 + jX)\,\overline{I}_1 + 1\,\overline{I}_2 &= 1 \\ 1\,\overline{I}_1 + (1 - j)\,\overline{I}_2 &= 1 \end{aligned}\right\}$$

$$\overline{I}_1 = \frac{j}{-X + j(1-X)} = \frac{j\left[-X - j(1-X)\right]}{X^2 + (1-X)^2} =$$
$$= \frac{-jX + (1-X)}{X^2 + (1-X)^2} = \frac{1-X}{X^2 + (1-X)^2} - j\,\frac{X}{X^2 + (1-X)^2}$$

Y se tiene para la potencia la expresión:

$$W = \text{Re}\left\{\overline{I}_1\right\} = \frac{1-X}{X^2 + (1-X)^2}$$

a) Para W = 0

$$W = 0 = \frac{1-X}{X^2 + (1-X)^2} \qquad X = 1\Omega$$

b) Para W = 1

$$W = 1 = \frac{1-X}{X^2 + (1-X)^2}$$

$$X^2 + (1-X)^2 = 1 - X \qquad 2X^2 - X = 0 \qquad \begin{cases} X = 0\Omega \\ X = \dfrac{1}{2}\Omega \end{cases}$$

c) Para W = - 0,2

$$W = -0{,}2 = \frac{1 - X}{X^2 + (1 - X)^2}$$

$$2X^2 - 7X + 6 = 0 \qquad \begin{cases} X = 2\Omega \\ X = 1{,}5\Omega \end{cases}$$

PROBLEMA 5.24

Para el circuito de la figura:
a) Escríbanse las matrices que intervienen en su resolución por lazos básicos.
b) Plantéese el sistema de ecuaciones para su resolución por el método directo de los nudos.
c) Resuélvase el circuito según el apartado b) si: e_g =10π01, ω =1000 rad/s., R_1 =R_2 =R_3=1Ω C_1=C_2 =1mF, L =2mH, K = 5

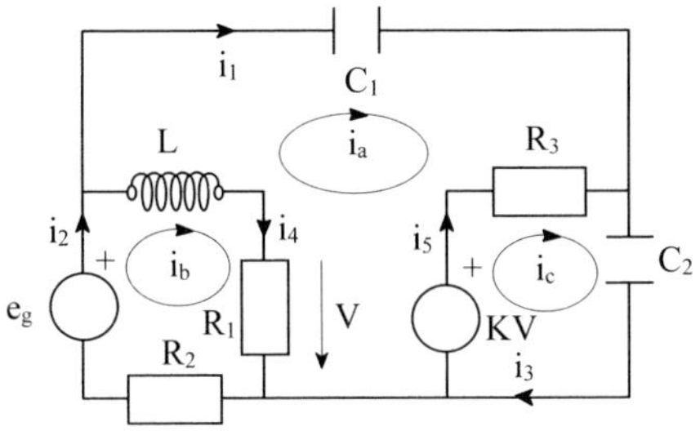

a) Se considera el árbol formado por las ramas 4 y 5. Se tiene que:

$$i_a = i_1 \qquad i_b = i_2 \qquad i_c = i_3$$

El valor de la fuente dependiente en función de las intensidades será:

$$KV = K\,R_1\,i_4 = K\,R_1\,(i_b - i_a)$$

La ecuación matricial para el cálculo del circuito por lazos básicos es:

$$(B)^t (Z^r)(B)(i^l) = (B)^t \left[(e_g^r) - (Z^r)(i_g^r) \right]$$

Y las matrices que intervienen:

$$\left(Z^r\right)=\begin{bmatrix} \dfrac{1}{C_1 D} & 0 & 0 & 0 & 0 \\ 0 & R_2 & 0 & 0 & 0 \\ 0 & 0 & \dfrac{1}{C_2 D} & 0 & 0 \\ 0 & 0 & 0 & LD+R_1 & 0 \\ 0 & 0 & 0 & 0 & R_3 \end{bmatrix} \qquad \left(e_g^r\right)=\begin{bmatrix} 0 \\ e_{g1} \\ 0 \\ 0 \\ KV \end{bmatrix}=\begin{bmatrix} 0 \\ e_{g1} \\ 0 \\ 0 \\ KR_1 i_4 \end{bmatrix}$$

$$\left(B\right)=\begin{bmatrix} 1 & 0 & 0 \\ 0 & 1 & 0 \\ 0 & 0 & 1 \\ -1 & 1 & 0 \\ -1 & 0 & 1 \end{bmatrix} \qquad \left(i_g^r\right)=\begin{bmatrix} 0 \\ 0 \\ 0 \\ 0 \\ 0 \end{bmatrix} \qquad \left(i^l\right)=\begin{bmatrix} i_a \\ i_b \\ i_c \end{bmatrix}$$

b) Para aplicar el método de los nudos se transforman las ramas de tensión en ramas de intensidad. Queda el circuito siguiente:

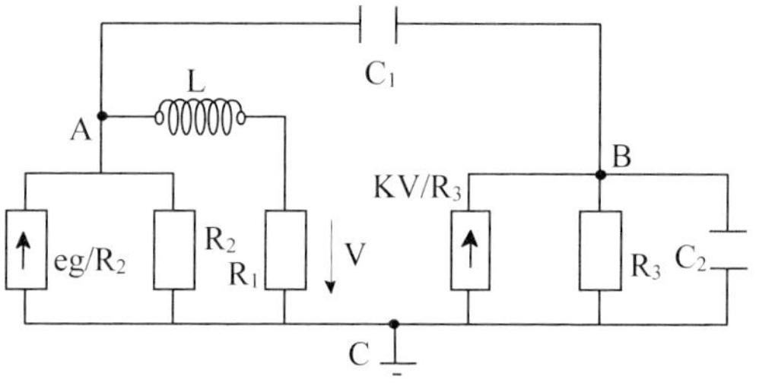

Se toma el nudo C como referencia:

Las ecuaciones son:

$$Y_{AA}\,U_A - Y_{AB}\,U_B = i_{gA}$$
$$-Y_{BA}\,U_A + Y_{BB}\,U_B = i_{gB}$$

Las intensidades de excitación y las admitancias propias y comunes de los nudos son:

$$i_{gA} = \frac{e_g}{R_2} \qquad i_{gB} = \frac{KV}{R_3} = \frac{KR_1}{R_3\left(LD + R_1\right)}\, u_A \qquad Y_{AB} = Y_{BA} = C_1 D$$

$$Y_{AA} = C_1 D + \frac{1}{LD + R_1} + \frac{1}{R_2} \qquad Y_{BB} = C_1 D + C_2 D + \frac{1}{R_3}$$

Sustituyendo y ordenando términos, se tiene:

$$\left(C_1 D + \frac{1}{LD + R_1} + \frac{1}{R_2} \right) u_A - C_1 D\, u_B = \frac{e_g}{R_2}$$

$$-\left(C_1 D + \frac{KR_1}{R_3\,(LD + R_1)} \right) u_A + \left(C_1 D + C_2 D + \frac{1}{R_3} \right) u_B = 0$$

c) Particularizando para los valores dados, se sustituye el operador D por jω y los valores instantáneos por las magnitudes complejas. Se tiene:

$$\overline{B}_{C1} = jC\omega = 10^{-3} * 10^3 = j \qquad \overline{B}_{C2} = j2$$

$$\overline{X}_L = jL\omega = j2 * 10^{-3} * 10^3 = j2$$

$$\left.\begin{array}{l} \left(j + \dfrac{1}{j2+1} + 1 \right) \overline{U}_A - j\overline{U}_B = 10 \\ -\left(j + \dfrac{5*1}{1*(j2+1)} \right) \overline{U}_A + \left(j + j2 + 1 \right) \overline{U}_B = 0 \end{array}\right\}$$

Operando:

$$\left(1 - j\right) \overline{U}_A = \left(1 + j3\right) \overline{U}_B \qquad \overline{U}_A = \frac{1 + j3}{1 - j} \overline{U}_B = \left(-1 + j2\right) \overline{U}_B$$

$$\left(j + \frac{1 - j2}{5} + 1 \right) \left(-1 + j2\right) \overline{U}_B - j\overline{U}_B = 10$$

$$\left(6 - j3\right)\left(-1 + j2\right) \overline{U}_B - j5\overline{U}_B = 50 \qquad j15\overline{U}_B - j5\overline{U}_B = 50$$

Y finalmente:

$$\overline{U}_B = \frac{50}{j} 10 = -j5 \qquad \overline{U}_B = \left(-1 + j2\right)\left(-j5\right) = 10 + j5$$

PROBLEMA 5.25

El circuito de la figura se encuentra en régimen permanente senoidal. Cuando solo actúa la fuente $e_1(t)$, suministra una potencia reactiva de 1000VAr y el amperímetro marca 30A. Si actúa solamente la fuente $e_2(t)$, esta suministra una potencia reactiva de 4000VAr y el amperímetro marca 40A. Calcúlese:

a) Lectura del amperímetro y potencia activa consumida por el dipolo pasivo cuando $e_1(t)$ y $e_2(t)$ actúan simultáneamente.

b) Factor de potencia que presenta el dipolo ante la excitación simultanea de $e_1(t)$ y $e_2(t)$.

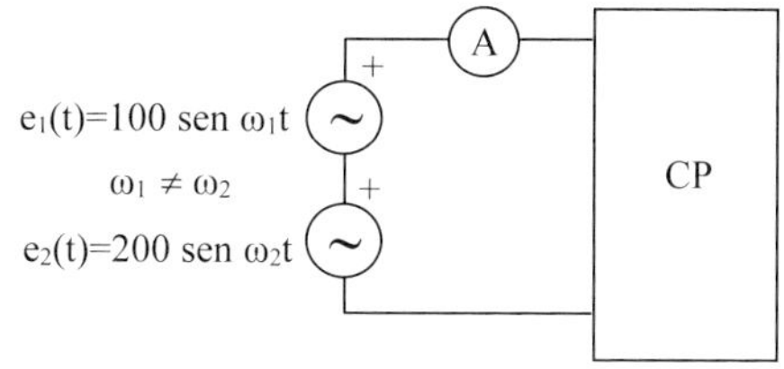

Cuando solo actúa $e_1(t)$

$$1000=\frac{100}{\sqrt{2}}\,30\,\mathrm{sen}\varphi_1 \qquad \mathrm{sen}\varphi_1=\frac{1000\sqrt{2}}{100*30}=0{,}471 \qquad \varphi_1=28{,}12^{\circ}$$

$$P_1=\frac{100}{\sqrt{2}}\,30\cos\,28{,}12^{\circ}=1871W$$

Cuando solo actúa $e_2(t)$

$$4000=\frac{200}{\sqrt{2}}\,40\,\mathrm{sen}\varphi_2 \qquad \mathrm{sen}\varphi_2=\frac{4000\sqrt{2}}{200*40}=\frac{1}{\sqrt{2}} \qquad \varphi_2=45^{\circ}$$

$$P_2=\frac{200}{\sqrt{2}}\,40\cos 45^{\circ}=4000W$$

Actuación simultánea de las dos fuentes. Se plantean las ecuaciones de potencia:

$$P=P_1+P_2=1871+4000=5871W$$
$$Q=Q_1+Q_2=1000+4000=5000VAr$$

Valor eficaz de la tensión:

$$U=\sqrt{\frac{1}{T}\int_0^T u(t)^2\,dt}=\sqrt{\left(\frac{100}{\sqrt{2}}\right)^2+\left(\frac{200}{\sqrt{2}}\right)^2}=158{,}11V$$

Valor eficaz de la intensidad:

$$I = \sqrt{\frac{1}{T}\int_0^T i(t)^2 dt} = \sqrt{(30)^2 + (40)^2} = 50\,A$$

La lectura del amperímetro es 50A.

Potencia aparente:

$$S = U\,I = 158{,}11 * 50 = 7905{,}5\ VA$$

Factor de potencia. Por definición es la relación entre la potencia activa y la aparente.

$$K = \frac{P}{S} = \frac{5871}{7905{,}5} = 0{,}743 \qquad \text{es distinto de :} \qquad \frac{P}{\sqrt{P^2 + Q^2}} = \frac{5871}{7711{,}6} = 0{,}761$$

El factor de potencia (0,743) es menor que el que se obtendría (0,761) si las dos fuentes fuesen de la misma pulsación ($\omega_1 = \omega_2$). Este aspecto se entenderá mejor cuando se estudien los circuitos excitados por señales periódicas no senoidales (capítulo 9, armónicos), donde se verá que aparece un nuevo concepto de potencia reactiva, denominada de distorsión.

PROBLEMA 5.26

El vatímetro del circuito de la figura registra una lectura de 500W y la lectura del amperímetro A_L es el doble que la del A_C. Calcúlense los valores de R y C.

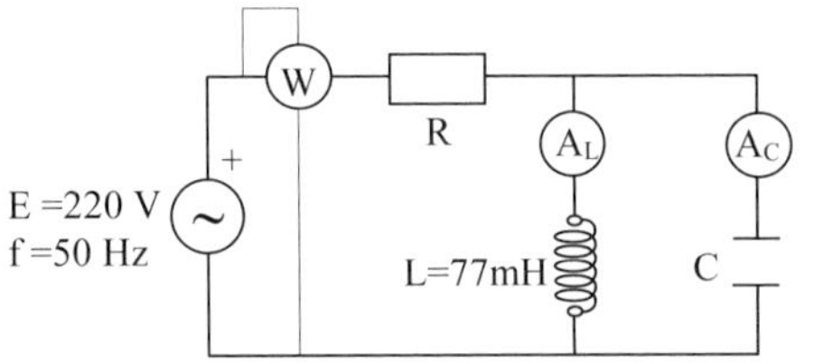

$$P = 500W \quad e \quad I_L = 2I_C$$

Las intensidades $\bar{I}_L$ e $\bar{I}_C$ están en oposición de fase, la primera 90º en retardo respecto de $\bar{U}$ y la segunda 90º en adelanto. Además se tiene que:

$$\bar{I} = \bar{I}_L + \bar{I}_C = -2\bar{I}_C + \bar{I}_C \qquad \text{Y por lo tanto :} \qquad I = I_C$$

$\bar{U}_R$ está en fase con $\bar{I}$

Se tiene el diagrama vectorial:

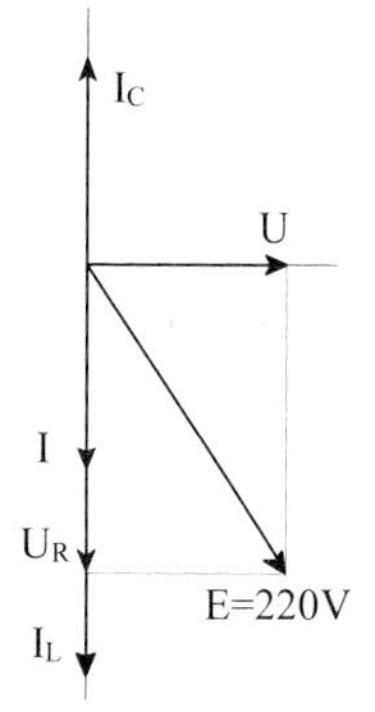

$$E = \overline{U}_R + \overline{U}$$

$$220^2 = U_R^2 + U^2 = R^2 I^2 + X_L^2 I_L^2$$
$$500W = RI^2$$

$$X_L = L\omega = 77 * 10^{-3} * 314 = 24{,}2\Omega$$

$$220^2 = 500R + 4 * 24{,}2^2 I^2 = 500R + 4 * 24{,}2^2 \frac{500}{R}$$

$$\left.\begin{array}{l} 500R^2 - 220^2 R + 2000 * 24{,}2^2 = 0 \\ 5R^2 - 22^2 R + 11712{,}8 = 0 \end{array}\right\}$$

$$R = \frac{484 \pm \sqrt{484^2 - 20 * 11712{,}8}}{10} = \frac{484}{10} = 48{,}4\Omega$$

$$U = X_L I_L = X_C I_C \qquad X_C = 2X_L = 48{,}4\Omega$$

$$\text{y} \quad C = \frac{1}{X_C \omega} = \frac{1}{15198} = 66\mu F$$

PROBLEMA 5.27

El circuito de la figura está alimentado por una tensión alterna senoidal de 240V de valor eficaz y 50Hz de frecuencia. La lectura que registra el amperímetro A_1 es de 16A y la del vatímetro es 3200W. Calcúlese:

a) La lectura de los amperímetros A_2 y A_3, y los valores de C_1 y de L_1.

b) Diagrama vectorial de tensiones e intensidades.

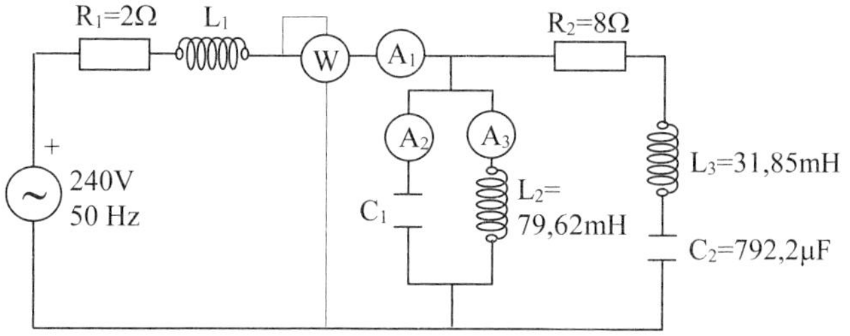

Reactancias de bobinas y condensador:

$$X_{L2} = L_2\omega = L_2 2\pi f = 79{,}62*10^{-3}*314 = 25\Omega$$
$$X_{L3} = L_3\omega = 31{,}85*10^{-3}*314 = 10\Omega$$
$$X_{C2} = \frac{1}{C_2\omega} = \frac{1}{796{,}2*10^{-6}*314} = 4\Omega$$

La potencia registrada por el vatímetro se consume en la resistencia R_2. La intensidad que circula por la rama $R_2L_3C_2$ será:

$$P = 3200 = R_2 I_4^2 \qquad I_4 = \sqrt{\frac{P}{R_2}} = \sqrt{\frac{3200}{8}} = 20A$$

Y las tensiones en los elementos de la rama tomando como referencia $\overline{I}_4$:

$$U_{R2} = RI_4 = 8*20 = 160V \qquad U_{L3} = X_{L3}I_4 = 10*20 = 200V \qquad \overline{U}_{L3} = j200$$
$$U_{C2} = X_{C2}I_4 = 4*20 = 80V \qquad \overline{U}_{C2} = -j80$$
$$\overline{U} = U_{R2} + j(U_{L3} - U_{C2}) = 160 + j120 = 200\angle\varphi_4 = 200\angle 36{,}87^{\circ}$$

$$\varphi_4 = \arctan\frac{U_X}{U_{R2}} = \arctan\frac{120}{200} = 36{,}87^{\circ}$$

Si se toma como referencia esta tensión:

$$\overline{U} = 200\angle 0^{\circ} \qquad \overline{I}_4 = 20\angle -36{,}87^{\circ} = 16 - j12$$

Potencia aparente para el conjunto de la rama serie $R_2L_3C_2$ y las ramas paralelo $L_2//C_1$:

$$S = UI_1 = 200*16 = 3200VA$$

La potencia aparente es igual a la potencia activa registrada por el vatímetro. Esto significa que esta parte del circuito es puramente resistiva y la intensidad de la ramas paralelo $L_2//C_1$ debe ser igual a la parte imaginaria de la intensidad $\overline{I}_4$. Se tiene:

$$\overline{I}_3 = \frac{\overline{U}}{\overline{X}_{L2}} = \frac{200}{j25} = -j8 \qquad I_3 = 8A$$
$$\overline{I}_1 = \overline{I}_2 + \overline{I}_3 + \overline{I}_4 \qquad \overline{I}_2 = \overline{I}_1 - \overline{I}_3 - \overline{I}_4 = 16 - (-j8) - (16 - j12) = j20 \qquad I_2 = 20A$$
$$X_{C1} = \frac{1}{C_1\omega} = \frac{U}{I_2} = \frac{200}{20} = 10\Omega \qquad C_1 = \frac{1}{10\omega} = 3{,}185*10^{-4}F$$

Potencia suministrada por la fuente:

$$S_g = 240I_1 = 240*16 = 3840VA$$
$$P_g = P + R_1I_1^2 = 3200 + 2*16^2 = 3712W$$
$$Q_g = \sqrt{S_g^2 - P_g^2} = \sqrt{3840^2 - 3712^2} = 983{,}2\,VAr$$

$$\varphi = \arccos\frac{Q_g}{S_g} = \arccos\frac{3712}{3840} = 14{,}84^o$$

La potencia reactiva Q_g es consumida en la bobina L_1 pues el resto del circuito es puramente resistivo.

$$Q_g = X_{L1} I_1^2 = L_1 \omega I_1^2 \qquad X_{L1} = \frac{Q_g}{I_1^2} = \frac{983{,}2}{16^2} = 3{,}84\Omega$$

$$L_1 = \frac{X_{L1}}{\omega} = \frac{3{,}84}{314} = 0{,}01223H = 12{,}23mH$$

Diagrama vectorial de tensiones e intensidades:

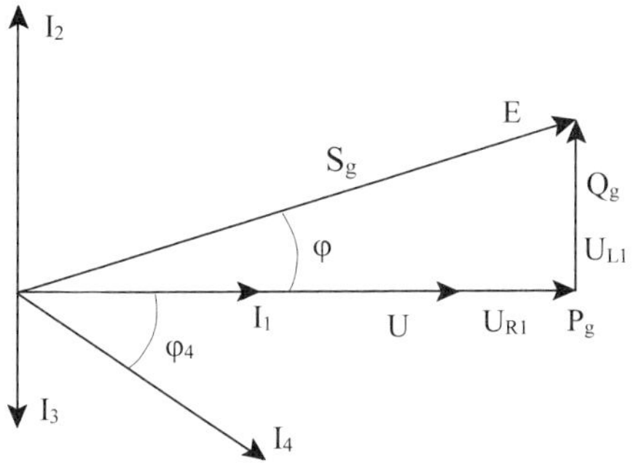

PROBLEMA 5.28

En el circuito de la figura se conocen las lecturas de A_1 =7A, A_2 = A_3 =10A, V =200V. Se sabe que el conjunto CP (parte del circuito entre los puntos A y B) es puramente resistivo (cosφ=1) y W_1=3000W. Calcúlense los valores de L_1, C, potencia del motor y su factor de potencia, lectura de W_2, así como los valores de la resistencia R e inductancia L de la línea de alimentación. Dibújese el diagrama vectorial.

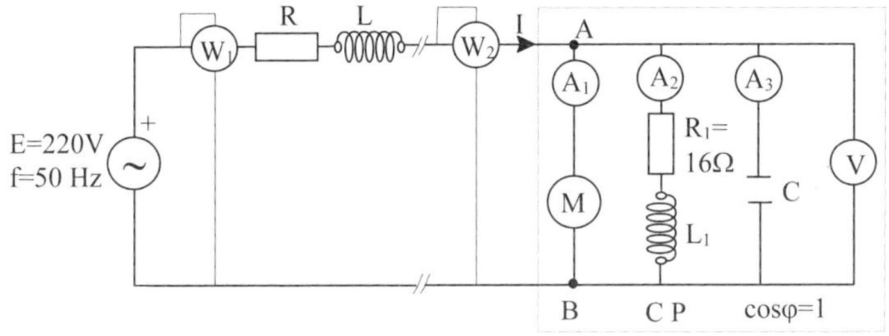

$$I_1 = 7A \qquad I_2 = I_3 = 10A \qquad U = 200V \qquad \cos\varphi = 1 \qquad W_1 = 3000W$$

La tensión en la resistencia R_1 y en la bobina L_1 está en cuadratura y $\overline{U} = \overline{U}_{R1} + \overline{U}_{L1}$

$$U_{R1} = RI_2 = 16*10 = 160V \qquad U_{L1} = \sqrt{U^2 - U_{R1}^2} = \sqrt{200^2 - 160^2} = 120V$$

$$\varphi_2 = \arccos\frac{U_{R1}}{U} = 36{,}87^\circ \qquad X_{L1} = \frac{U_{L1}}{I_2} = \frac{120}{10} = 12\Omega \qquad L_1 = \frac{X_{L1}}{\omega} = \frac{12}{314} = 38{,}22mH$$

$$X_C = \frac{U}{I_3} = \frac{200}{10} = 20\Omega \qquad C = \frac{1}{X_C\omega} = \frac{1}{20*314} = 159{,}2\mu F$$

Tomando como referencia la tensión $\overline{U} = U\angle 0^\circ$ se tienen las siguientes magnitudes vectoriales:

$$\overline{I}_2 = 10\angle -36{,}87^\circ \qquad \overline{U}_{R1} = 160\angle -36{,}87^\circ \qquad \overline{X}_{L1} = j12 \qquad \overline{U}_{L1} = 120\angle 53{,}13^\circ$$

$$\overline{X}_C = -j20\overline{I}_3 = 10\angle 90^\circ \qquad \overline{U}_C = 200\angle 0^\circ$$

Potencias

$$P_{R1} = R_1 I_2^2 = 16*10^2 = 1600W \qquad Q_{L1} = X_{L1} I_2^2 = 12*10^2 = 1200VAr$$

$$Q_C = -X_C I_3^2 = -20*10^2 = -2000VAr$$

Puesto que el conjunto CP es puramente resistivo con $\cos\varphi = 1$, se tiene:

$$Q_M + Q_{L1} + Q_C = 0 \qquad Q_M = -Q_{L1} - Q_C = -1200 + 2000 = 800VAr$$

$$S_M = UI_1 = 200*7 = 1400VA \qquad P_M = \sqrt{S_M^2 - Q_M^2} = \sqrt{1400^2 - 800^2} = 1149W$$

Y el factor de potencia del motor:

$$\cos\varphi_M = \frac{P_M}{S_M} = \frac{1149}{1400} = 0{,}8207 \qquad \varphi_M = 34{,}85^\circ$$

La lectura del vatímetro W_2 y la intensidad I total del conjunto CP serán:

$$W_2 = P_{R1} + P_M = 1600 + 1149 = 2749W \qquad I = \frac{W_2}{U} = \frac{2749}{200} = 13{,}745A$$

Cálculo de la impedancia de la línea (R y L)

La resistencia R de la línea se obtiene a través de la potencia que disipa (diferencia entre la lectura de los vatímetros W_1 y W_2).

$$P_R = RI^2 = W_1 - W_2 = 3000 - 2749 = 251W \qquad R = \frac{251}{13{,}475^2} = 1{,}329\Omega$$

Y la inductancia L por la potencia reactiva que suministra la fuente, pues CP es puramente resistivo.

$$S = EI = 220*13,745 = 3023,9VA \qquad Q_L = \sqrt{S^2 - P^2} = 379,94VA$$

$$Q_L = X_L * I^2 \qquad X_L = \frac{Q_L}{I^2} = \frac{379,94}{13,745^2} = 2\Omega$$

$$L = \frac{X_L}{\omega} = \frac{2}{314} = 6,4mH$$

Caídas de tensión en la línea y tensión E de la fuente:

$$U_R = RI = 1,329*13,745 = 18,267V \qquad \overline{U}_R = 18,267\angle 0^o$$

$$U_L = X_L I = 2*13,745 = 27,49V \qquad \overline{U}_L = 27,49\angle 90^o$$

Se comprueba que :

$$E = \sqrt{(U+U_R)^2 + U_L^2} = \sqrt{(200+18,267)^2 + 27,49^2} = 220$$

Diagrama vectorial

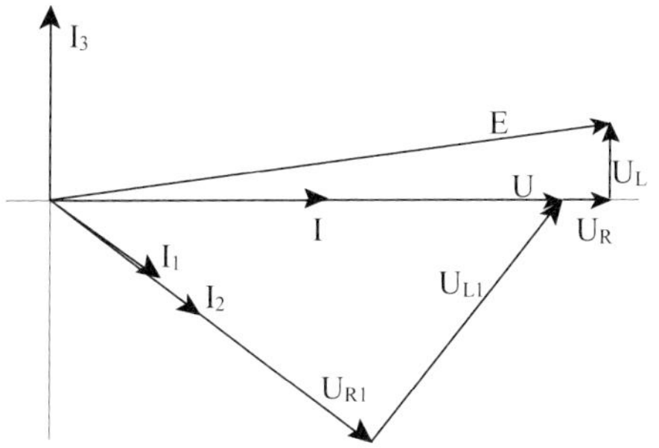


```
%PROGRAMA EN MATLAB

%DATOS
R1=16; I1m=7; I2m=10; I3m=10; U=200; W1=3000; E=220; f=50;
w=2*pi*f;

%CÁLCULOS (m = Módulo;   M = Motor)
UR1m=R1*I2m; UL1m=sqrt(U^2-UR1m^2);
phi2=acos(UR1m/U); phi2m=phi2*180/pi; I2=I2m*exp(phi2*i);
UR1=UR1m*exp(phi2*i);
XL1=UL1m/I2m; L1=XL1/w; % Valor de L1
XC=U/I3m; C=1/(XC*w); % Valor de C
% POTENCIAS
PR1=R1*I2m^2; QL1=XL1*I2m^2; QC=-XC*I3m^2;
QM=-QL1-QC; SM=U*I1m; PM=sqrt(SM^2-QM^2);
phiM=acos(PM/SM); phiMm=phiM*180/pi;
W2=PR1+PM; Im=W2/U;
% Valores de R y L
R=(W1-W2)/Im^2;
S=E*Im; QL=sqrt(S^2-W1^2);
XL=QL/Im^2; L=XL/w;
% Caídas de tensión
URm=R*Im; UR=URm*exp(0*i);
ULm=XL*Im; UL=ULm*exp(i*pi/2);
E1=sqrt((U+URm)^2+ULm^2);
```

PROBLEMA 5.29

Analícese el circuito de la figura y calcúlense las potencias activas y reactivas suministradas por las fuentes de alimentación y las consumidas por los elementos pasivos.
$e_1(t) = \sqrt{2}\ 100$ sen ωt; $e_2(t) = \sqrt{2}\ 60$ sen (ωt-30º); f =50Hz.

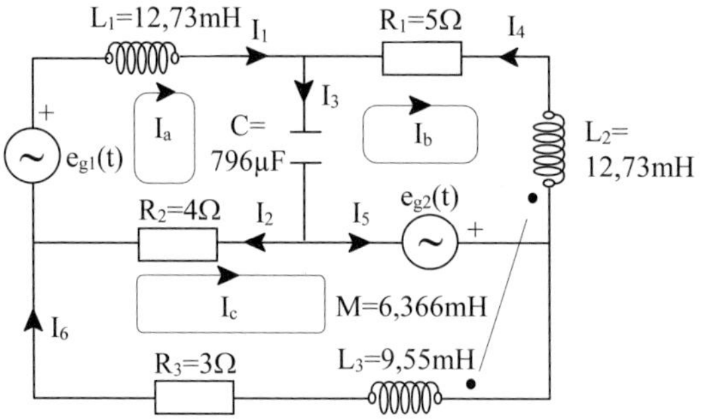

$$e_1(t) = \sqrt{2}100\,\text{sen}\,\omega t$$
$$e_2(t) = \sqrt{2}60\,\text{sen}(\omega t - 30^{\circ})$$
$$f = 50Hz$$

Se tiene un circuito con tres mallas y por lo tanto un sistema de tres ecuaciones y tres incógnitas:

$$\overline{Z}_{aa}\overline{I}_a + \overline{Z}_{ab}\overline{I}_b + \overline{Z}_{ac}\overline{I}_c = \overline{E}_{g1}$$
$$\overline{Z}_{ba}\overline{I}_a + \overline{Z}_{bb}\overline{I}_b + \overline{Z}_{bc}\overline{I}_c = \overline{E}_{g2}$$
$$\overline{Z}_{ca}\overline{I}_a + \overline{Z}_{cb}\overline{I}_b + \overline{Z}_{cc}\overline{I}_c = \overline{E}_{g3}$$

Reactancias de bobinas y condensador:

$$X_{L1} = L_1\omega = L_1 2\pi f = 12{,}73*10^{-3}*314 = 4\Omega \qquad X_{L2} = L_2\omega = X_{L1} = 4\,\Omega$$
$$X_{L3} = L_3\omega = 9{,}55*10^{-3}*314 = 3\Omega; \qquad X_M = M\omega = 6{,}366*10^{-3}*314 = 2\,\Omega$$
$$X_C = \frac{1}{C\omega} = \frac{1}{796*10^{-6}*314} = 4\Omega$$

Ecuaciones en función de las impedancias y variables complejas:

$$(R_2 + j(X_{L1} - X_C))\overline{I}_a - (-jX_c)\overline{I}_b - R_2\overline{I}_c = \overline{E}_1$$
$$-(-jX_c)\overline{I}_a + (R_1 + j(X_{L2} - X_C))\overline{I}_b - jX_M\overline{I}_c = -\overline{E}_2$$
$$-R_2\overline{I}_a - jX_M\overline{I}_b + (R_2 + R_3 + jX_{L3})\overline{I}_c = \overline{E}_2$$

Sustituyendo:

$$(4 + j0)\overline{I}_a + j4\overline{I}_b - 4\overline{I}_c = 100$$
$$j4\overline{I}_a + (5 + j0)\overline{I}_b - j2\overline{I}_c = -30\sqrt{3} + j30$$
$$-4\overline{I}_a - j2\overline{I}_b + (7 + j3)\overline{I}_c = 30\sqrt{3} - j30$$

Resolviendo por Cramer:

$$\overline{I}_a = \frac{\begin{vmatrix} 100 & j4 & -4 \\ -30\sqrt{3}+j30 & 5 & -j2 \\ 30\sqrt{3}+j30 & -j2 & 7+3j \end{vmatrix}}{\begin{vmatrix} 4 & j4 & -4 \\ j4 & 5 & -j2 \\ -4 & -j2 & 7+3j \end{vmatrix}} = 32{,}68 - j11{,}86 = 34{,}76\angle -19{,}95^{o}$$

$$\overline{I}_b = \frac{\begin{vmatrix} 4 & 100 & -4 \\ j4 & -30\sqrt{3}+j30 & -j2 \\ -4 & 30\sqrt{3}+j30 & 7+3j \end{vmatrix}}{\begin{vmatrix} 4 & j4 & -4 \\ j4 & 5 & -j2 \\ -4 & -j2 & 7+3j \end{vmatrix}} = -10{,}81 - j12{,}19 = 16{,}29\angle -131{,}58^{o}$$

$$\overline{I}_c = \frac{\begin{vmatrix} 4 & j4 & 100 \\ j4 & 5 & -30\sqrt{3}+j30 \\ -4 & -j2 & 30\sqrt{3}+j30 \end{vmatrix}}{\begin{vmatrix} 4 & j4 & -4 \\ j4 & 5 & -j2 \\ -4 & -j2 & 7+3j \end{vmatrix}} = 19{,}86 - j22{,}67 = 30{,}14\angle -48{,}77^{o}$$

Intensidades de ramas:

$$\overline{I}_1 = \overline{I}_a = 34{,}76\angle -19{,}95^{o} \qquad \overline{I}_2 = \overline{I}_a - \overline{I}_c = 12{,}81 + j10{,}8 = 16{,}76\angle 40{,}14^{o}$$

$$\overline{I}_3 = \overline{I}_a - \overline{I}_b = 43{,}489 + j0{,}33 = 43{,}49\angle 0{,}43^{o} \qquad \overline{I}_4 = -\overline{I}_b = 16{,}29\angle 48{,}42^{o}$$

$$\overline{I}_5 = \overline{I}_c - \overline{I}_b = 30{,}68 - j10{,}48 = 32{,}42\angle -18{,}86^{o} \qquad \overline{I}_6 = \overline{I}_c = 30{,}14\angle -48{,}77^{o}$$

Potencias suministradas por las fuentes:

$$\overline{S}_{E1} = \overline{E}_1 \overline{I}_1^{*} = P_{E1} + jQ_{E1} = 100 * 34{,}76\angle 19{,}95^{o} = 3267{,}8 + j1185{,}9$$

$$\overline{S}_{E2} = \overline{E}_2 \overline{I}_5^{*} = P_{E2} + jQ_{E2} = 60\angle -30^{o} * 32{,}42\angle 18{,}86^{o} = 1908{,}3 - j375{,}9$$

$$P = P_{E1} + P_{E2} = 3267{,}8 + 1908{,}3 = 5176{,}1W$$

$$Q = Q_{E1} + Q_{E2} = 1185{,}9 - 375{,}9 = 810VA$$

Potencia activa consumida en las resistencias:

$$P_R = R_1 I_4^2 + R_2 I_2^2 + R_3 I_6^2 = 5*16{,}29^2 + 4*16{,}76^2 + 3*30{,}14^2 = 5176{,}1\,W$$

Potencia reactiva consumida por el circuito:

Tensión en las bobinas magnéticamente acopladas:

$$\overline{U}_{L2} = jX_{L2}\overline{I}_4 + jX_M\overline{I}_6 = j\left(X_{L2}\overline{I}_4 + X_M\overline{I}_6\right)$$
$$\overline{U}_{L3} = jX_M\overline{I}_4 + jX_{L3}\overline{I}_6 = j\left(X_M\overline{I}_4 + X_{L3}\overline{I}_6\right)$$

Potencia en el acoplamiento magnético:

$$\overline{S} = \overline{U}_{L2}I_4^* + \overline{U}_{L3}I_6^* = j\left(X_{L2}\overline{I}_4 + X_M\overline{I}_6\right)I_4^* + j\left(X_M\overline{I}_4 + X_{L3}\overline{I}_6\right)I_6^*$$
$$= j\left(X_{L2}\overline{I}_4 I_4^* + X_M\overline{I}_6 I_4^* + X_M\overline{I}_4 I_6^* + X_{L3}\overline{I}_6 I_6^*\right) = jQ_X$$
$$Q_X = X_{L2}I_4^2 + X_{L3}I_6^2 + X_M\left(I_6 * I_4^* + I_4 * I_6^*\right) = X_{L2}I_4^2 + X_{L3}I_6^2 +$$
$$+ X_M\left(I_6 I_4 \angle\varphi_6 - \varphi_4 + I_4 I_6 \angle\varphi_4 - \varphi_6\right) = X_{L2}I_4^2 + X_{L3}I_6^2 + 2X_M I_6 I_4 \cos(\varphi_4 - \varphi_6)$$

Para el conjunto del circuito se tiene:

$$Q_X = X_{L1}I_1^2 + X_{L2}I_4^2 + X_{L3}I_6^2 - X_C I_3^2 + 2X_M I_4 I_6 \cos(\varphi_4 - \varphi_6) =$$
$$= 4*34{,}76^2 + 4*16{,}29^2 + 3*30{,}14^2 - 4*43{,}49^2 +$$
$$+ 2*2*30{,}14*16{,}29\cos(48{,}42^\circ + 48{,}77^\circ) = 810\,VAr$$

Balance de potencias. Se comprueba que la potencia activa y reactiva cedida por las fuentes es igual a la consumida por los elementos pasivos.

```
%PROGRAMA EN MATLAB

%DATOS
R1=5; R2=4; R3=3; L1=0.01273; L2=L1; L3=0.00955; C=0.000796; M=0.006366;
E1=100; E2=60*exp(-30*pi*i/180); f=50;

%CÁLCULOS
w=2*pi*f; XL1=L1*w; XL2=L2*w; XL3=L3*w; XM=M*w; XC=1/(C*w);
Zaa=R2+(XL1-XC)*i; Zbb=R1+(XL2-XC)*i; Zcc=R2+R3+XL3*i;
Zab=XC*i; Zba=Zab; Zac=-R2; Zca=Zac; Zbc=-XM*i; Zcb=Zbc;
% Intensidades de mallas
Z=[Zaa Zab Zac;Zba Zbb Zbc;Zca Zcb Zcc];
Eg=[E1;-E2;E2];
I=inv(Z)*(Eg);
Ia=I(1,1); Iam=abs(Ia); phiIa=angle(Ia)*180/pi;
Ib=I(2,1); Ibm=abs(Ib); phiIb=angle(Ib)*180/pi;
Ic=I(3,1); Icm=abs(Ic); phiIc=angle(Ic)*180/pi;
% Intensidades de las ramas
I1=Ia; I1m=abs(I1);
I2=Ia-Ic; I2m=abs(I2); phiI2=angle(I2)*180/pi;
I3=Ia-Ib; I3m=abs(I3); phiI3=angle(I3)*180/pi;
```

```
I4=-Ib; I4m=abs(I4);
I5=Ic-Ib; I5m=abs(I5); phiI5=angle(I5)*180/pi;
I6=Ic; I6m=abs(I6);
% Tensión en la bobina 2
UL2=XL2*i*I4+XM*i*I6; UL2m=abs(UL2); phiUL2=angle(UL2)*180/pi;
% Tensión en la bobina 3
UL3=XL3*i*I6+XM*i*I4; UL3m=abs(UL3); phiUL3=angle(UL3)*180/pi;
% Potencias suministradas por las fuentes
SE1=E1*conj(I1);
SE2=E2*conj(I5);
P=real(SE1)+real(SE2); Q=imag(SE1)+imag(SE2);
% Potencias consumidas por el circuito
P1=R1*I4m^2+R2*I2m^2+R3*I6m^2;
Q1=XL1*I1m^2+XL2*I4m^2+XL3*I6m^2-XC*I3m^2+XM*(I6*conj(I4)+I4*conj(I6));
```

PROBLEMA 5.30

El circuito de la figura es resonante para la frecuencia f_0 de la fuente de tensión. En estas condiciones el voltímetro V_1 registra una lectura de 1000V y el V_2 de 1005V. Si se varía la frecuencia de la fuente a $f_1 = f_0 - 25/2\pi$ Hz, manteniendo su valor eficaz E, la potencia disipada en la resistencia es la mitad de la disipada a la frecuencia f_0. Calcúlnese: E, f_0, R_1 y L.

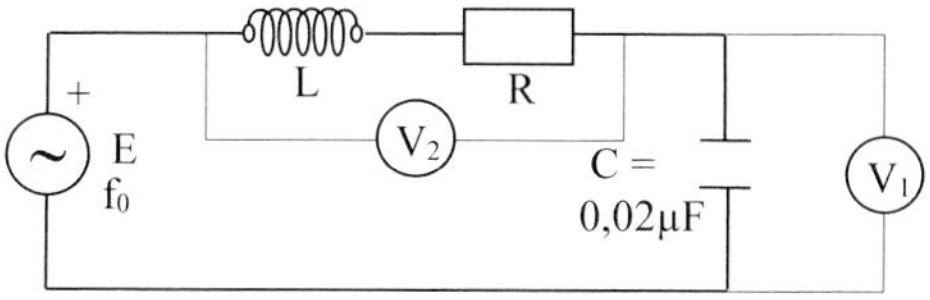

En las condiciones de resonancia la tensión E será la que hay en R.
El diagrama vectorial será:

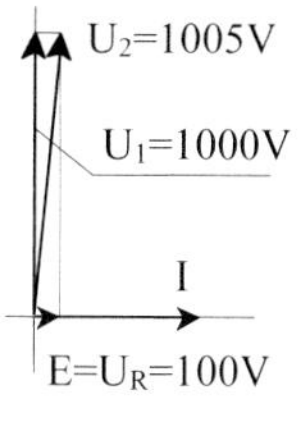

$$f_0 \Rightarrow \omega_0 \Rightarrow L\omega_0 = \frac{1}{C\omega_0} \qquad \omega_0^2 = \frac{1}{LC} = \frac{1}{L\,0{,}02*10^{-6}} = \frac{5*10^7}{L}$$

$$\omega_0 = \sqrt{5\,\frac{10^7}{L}} \qquad L = \frac{5*10^7}{\omega_0^2}$$

$$E = U_R = \sqrt{1005^2 - 1000^2} \approx 100V \qquad I = \frac{U_R}{R} = \frac{100}{R}$$

$$P_{f0} = P_0 = R\,I^2 = R\,\frac{100^2}{R^2} = \frac{100^2}{R}$$

$$U_L = L\omega_0 I = L\omega_0 \frac{100}{R} = 1000V \qquad L\sqrt{5\frac{10^7}{L}}\frac{1}{R} = 10$$

$$\sqrt{5\ 10^7\ L} = 10\ R \qquad L = \frac{R^2}{5\ 10^5}$$

$$f = f_1 = f_0 - \frac{25}{2\pi} \Rightarrow \omega_1 = 2\pi f_1 = \omega_0 - 25 \qquad I_1 = \frac{E}{\sqrt{R^2 + \left(L\omega_1 - \frac{1}{C\omega_1}\right)^2}}$$

$$P_1 = \frac{1}{2}P_0 = R\frac{E^2}{R^2 + \left(L\omega_1 - \frac{1}{C\omega_1}\right)^2} = \frac{1}{2}\frac{E^2}{R} \quad \text{y} \quad R = L\omega_1 - \frac{1}{C\omega_1}$$

Se tiene así un sistema de tres ecuaciones y tres incógnitas: L, R y ω_0.

$$R = L(\omega_0 - 25) - \frac{10^8}{2(\omega_0 - 25)}$$

$$\omega_0 = \sqrt{5\frac{10^7}{L}} \qquad L = \frac{R^2}{5\ 10^5}$$

$$2R(\omega_0 - 25) = 2L(\omega_0 - 25)^2 - 10^8$$

$$2R\omega_0 - 50R = 2L(\omega_0^2 + 625 - 50\omega_0) - 10^8$$

$$(2R + 100L)\sqrt{\frac{5*10^7}{L}} - 2L\frac{5*10^7}{L} - 1250L - 50R + 10^8 = 0$$

$$2R\sqrt{\frac{5*10^7}{L}} + 100\sqrt{5*10^7\ L} - 1250L - 50R = 0$$

$$2R\sqrt{\frac{5\ 10^7}{L}} + 950R - 1250L = 0 \qquad 2R\sqrt{\frac{5\ 10^7}{\frac{R^2}{5\ 10^5}}} + 950R - 1250\frac{R^2}{5\ 10^5} = 0$$

$$\frac{R^2}{4\ 10^2} - 950R - 10^7 = 0$$

$R_1 = 39*10^4\ \Omega$ Válido

$R_2 = -10^4\ \Omega$ No válido

$$L = \frac{39*10^4}{5*10^5} = 0{,}78H \qquad \omega_0 = \sqrt{5*\frac{10^7}{0{,}78}} = 8006\,Hz$$

Puede comprobarse que: $\omega_0^2 = 1/LC$

PROBLEMA 5.31

Para el circuito de la figura, calcúlese la potencia consumida por la resistencia R, para los casos de R=2Ω y de R=3Ω. Utilícense los teoremas de Thevenin y/o de Norton.

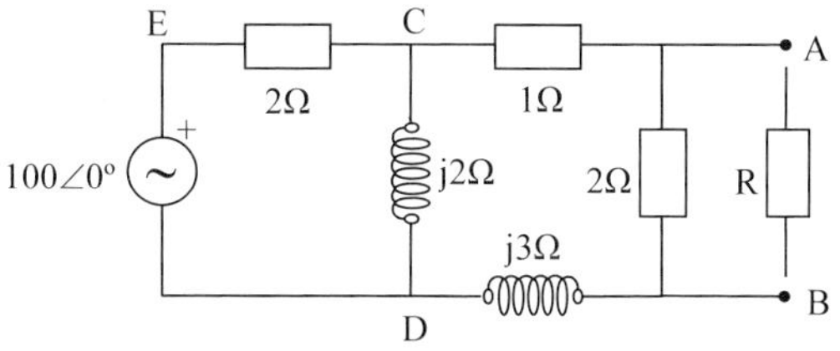

El circuito equivalente de Thevenin entre los puntos A y B, del circuito dado, será:

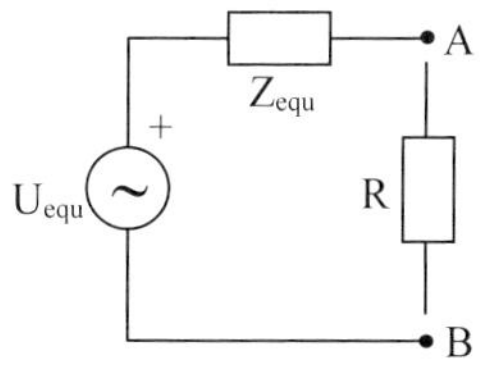

U_{equ} = Tensión a circuito abierto entre A y B.
Z_{equ} = Impedancia del circuito pasivo visto desde A y B.

Impedancia equivalente Z_{equ}

$$\overline{Z}_{equ} = \frac{\left(\frac{2*j2}{2+j2}+1+j3\right)2}{\frac{2*j2}{2+j2}+1+j3+2} = \frac{2(2+j4)}{4(1+j)} = 1{,}5 + j0{,}5$$

Tensión equivalente $U_{equ} = U_{AB0}$

Se plantean las ecuaciones de las dos mallas del circuito y se tiene:

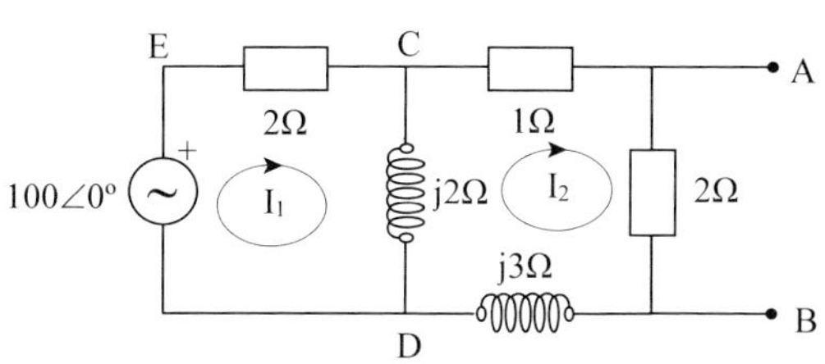

$$(2+j2)\overline{I}_1 - j2\overline{I}_2 = 100$$
$$-j2\overline{I}_1 + (3+j5)\overline{I}_2 = 0$$
$$\overline{U}_{AB0} = 2*\overline{I}_2$$

Resolviendo el sistema de ecuaciones se tiene que:

$$\left.\begin{array}{l}\overline{I}_1 = 31{,}25 - j18{,}75 \\ \overline{I}_2 = 12{,}5 + j0 = 12{,}5\end{array}\right\} \quad \text{y} \quad \overline{U}_{equ} = \overline{U}_{AB0} = 2 * \overline{I}_2 = 25$$

Cálculo de la potencia para R = 2Ω

$$\overline{I}_{R2} = \frac{\overline{U}_{equ}}{2 + \overline{Z}_{equ}} = \frac{25}{3{,}5 + j0{,}5} = 7 - j \qquad I_{R2} = 7{,}07\,A$$

$$P_{R2} = 2\, I_{R2}^2 = 2 * 7{,}07^2 = 100W$$

Calculo de la potencia para R = 3Ω

$$\overline{I}_{R3} = \frac{\overline{U}_{equ}}{2 + \overline{Z}_{equ}} = \frac{25}{4{,}5 + j0{,}5} = 5{,}49 - j0{,}61 \qquad I_{R3} = 5{,}52\,A$$

$$P_{R3} = 3\, I_{R3}^2 = 3 * 5{,}52^2 = 91{,}5W$$

PROBLEMA 5.32

En el circuito de la figura, haciendo uso del teorema de Thevenin, hállase:

a) Tensión e intensidad en la impedancia Z.

b) Potencias: activa, reactiva y aparente en la impedancia Z.

c) Representación vectorial de intensidades y tensiones referidas a la tensión $\overline{U}$.

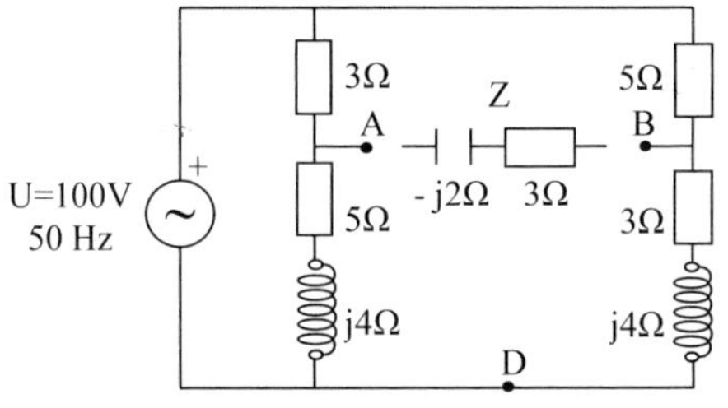

Tensión equivalente (considerando el circuito abierto entre A y B).

$$\overline{U}_{AB0} = \overline{U}_{AD0} - \overline{U}_{BD0}$$

$$\overline{U}_{AD0} = \overline{U}\,\frac{5 + j4}{8 + j4} = 100\frac{56 + j12}{80} = 70 + j15$$

$$\overline{U}_{BD0} = \overline{U}\,\frac{3 + j4}{8 + j4} = 100\frac{40 + j20}{80} = 50 + j25$$

$$\overline{U}_{AB} = (70 + j15) - (50 + j25) = 20 - j10 \qquad U_{AB} = \sqrt{20^2 + 10^2} = 22{,}36$$

$$\overline{U}_{AB} = 22{,}36\angle \arctan(-1/2)$$

Impedancia equivalente (la del circuito pasivo visto entre A y B).

$$\overline{Z}_{equ} = \frac{3\,(5+j4)}{8+j4} + \frac{5\,(3+j4)}{8+j4} = \frac{30+j32}{8+j4} = 4{,}6 + j1{,}7$$

El circuito equivalente de Thevenin será:

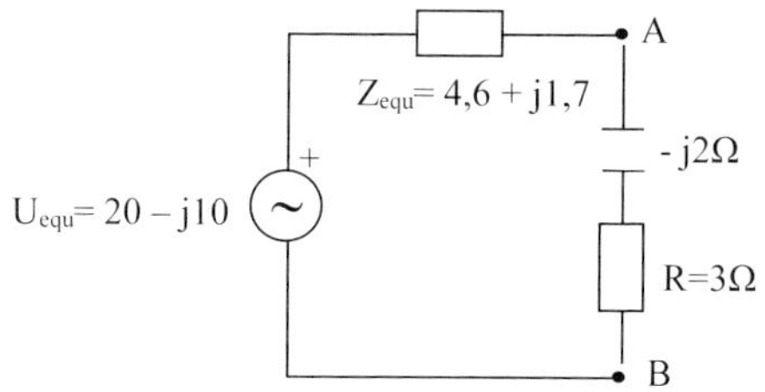

Tensión e intensidad en la impedancia Z:

$$\overline{U}_Z = \overline{U}_{equ}\,\frac{3-j2}{4{,}6+j1{,}7+3-j2} = (20-j10)\,\frac{23{,}4-j14{,}3}{57{,}85} = \frac{325-j520}{57{,}85} = 5{,}62 - j9$$

$$U_Z = 10{,}61V$$

$$\overline{I}_Z\left(\text{referido a } \overline{U}\right) = \frac{5{,}62-j9}{3-j2} = 2{,}68 - j1{,}21 \qquad I_Z = 2{,}94A$$

$$\overline{I}'_Z\left(\text{referido a } \overline{U}_Z\right) = \frac{10{,}61}{3-j2} = 10{,}61\,\frac{3+j2}{13} = 2{,}45 + j1{,}63 \qquad I_Z = 2{,}94\,A$$

Potencias:

$$\overline{S} = \overline{U}_Z\,\overline{I}_Z^{*} = (5{,}62-j9)(2{,}68+j1{,}21) = 26 - j17{,}3 \qquad \text{O bien :}$$

$$\overline{S} = U_Z\,\overline{I}_Z^{'*} = 10{,}61\,(2{,}45 - j1{,}63) = 26 - j17{,}3$$

$$P = 26\;W \qquad Q = -17{,}3\;VAr$$

Diagrama vectorial:

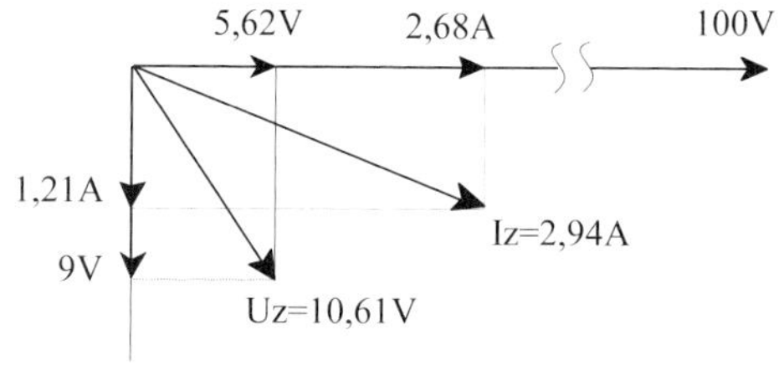

PROBLEMA 5.33

En el circuito de la figura, haciendo uso de los teoremas de Thevenin y/o Norton, hállese:
a) Tensión entre los puntos A y B.
b) Intensidad en la impedancia Z.
c) Potencias: activa, reactiva y aparente consumida por Z.

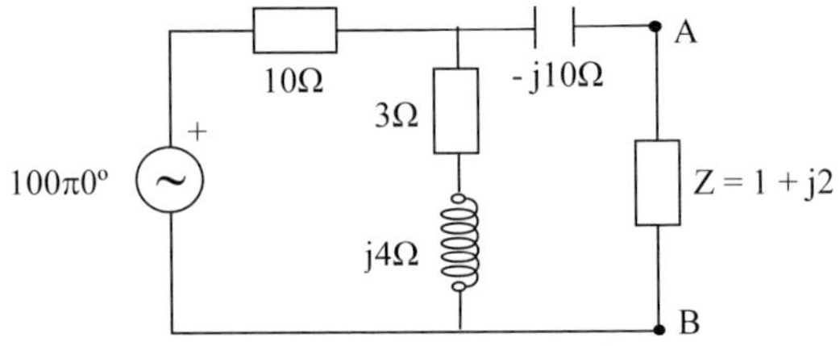

Impedancia equivalente

$$\overline{Z}_{equ} = \frac{10(3+j4)}{10+3+j4} - j10 = \frac{10(3+j4)(13-j4)}{(13+j4)(13-j4)} - j10 =$$

$$= \frac{10(55+j40)}{185} - j10 = 2{,}97 - j7{,}84 \qquad Z_{equ} = 8{,}38\Omega$$

Tensión equivalente

$$\overline{U}_{equ} = 100\,\frac{3+j4}{13+j4} = 100\,\frac{(3+j4)(13-j4)}{185} = 29{,}73 + j21{,}6$$

$$\overline{U}_{equ} = 36{,}5\angle 36^{o}$$

Intensidad de cortocircuito

$$\overline{I}_{CC} = \left[\frac{100}{10+\dfrac{(-j10)(3+j4)}{-j10+3+j4}}\right]\frac{(-j10)(3+j4)}{3-j6}\,\frac{1}{-j10} = -1{,}154 + j4{,}23$$

$$\overline{I}_{CC} = 4{,}39\angle 105{,}26^{o}$$

Los circuitos equivalentes serán:

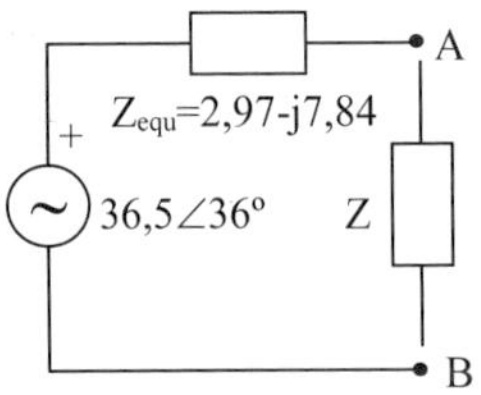

Circ. equ. Thevenin

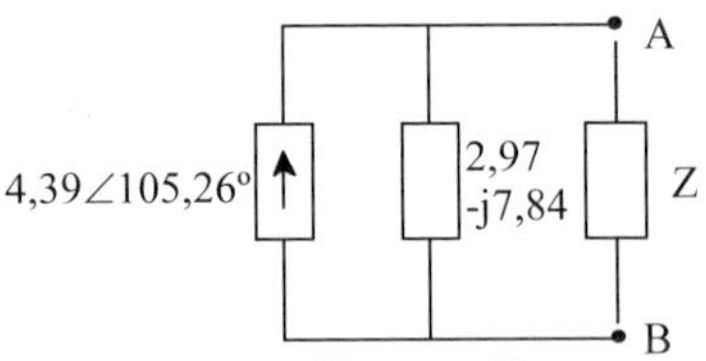

Circ. equ. Norton

Tensión entre los puntos A y B

$$\overline{U}_{AB}=\frac{29{,}73+j21{,}6}{1+j2+2{,}97-j7{,}84}(1+j2)=-10{,}53+j4{,}86 \qquad U_{AB}=11{,}6V$$

I_{AB} referida a la fuente $100\angle 0^{o}$

$$\overline{I}_{AB}=\frac{\overline{U}_{AB}}{1+j2}=\frac{-10{,}53+j4{,}86}{1+j2}=-0{,}162+j5{,}164 \qquad I_{AB}=\sqrt{0{,}162^2+5{,}164^2}=5{,}17A$$

$\overline{I}_{AB}$ referida a la fuente $\overline{U}_{AB}=11{,}6\angle 0^{o}$

$$\overline{I}_{AB}=\frac{11{,}6}{1+j2}=2{,}32-j4{,}64 \qquad I_{AB}=\frac{11{,}6}{\sqrt{5}}=5{,}17$$

$$\cos\varphi=\frac{1}{\sqrt{5}}=0{,}45 \qquad \operatorname{sen}\varphi=\frac{2}{\sqrt{5}}=0{,}9$$

Potencias:

$$P=11{,}6*5{,}17*0{,}45=27\,W$$
$$Q=11{,}6*5{,}17*0{,}9=54\,VAr$$
$$S=11{,}6*5{,}17=60VA$$

O bien:

$$\overline{S}=\overline{U}\,\overline{I}^{*}=(-10{,}53+j4{,}86)\,(-0{,}162-j5{,}164)=27+j54$$

PROBLEMA 5.34

Calcúlese u(t) para el circuito de la figura, siendo e_g=50 sen 1000t.

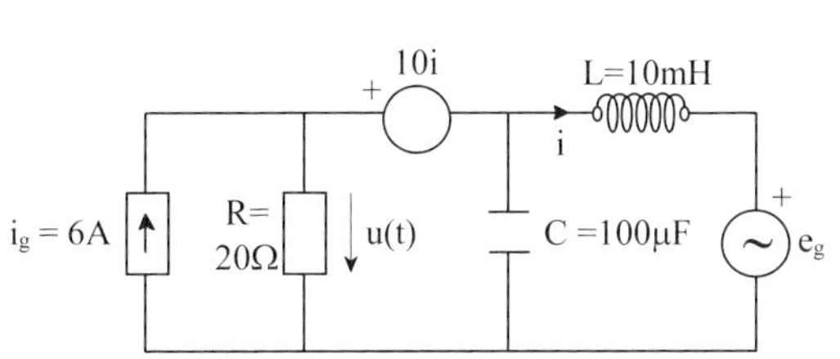

El circuito está alimentado por fuentes de corriente continua y de corriente alterna. Por ello se aplica el teorema de superposición. Se obtienen los dos circuitos siguientes:

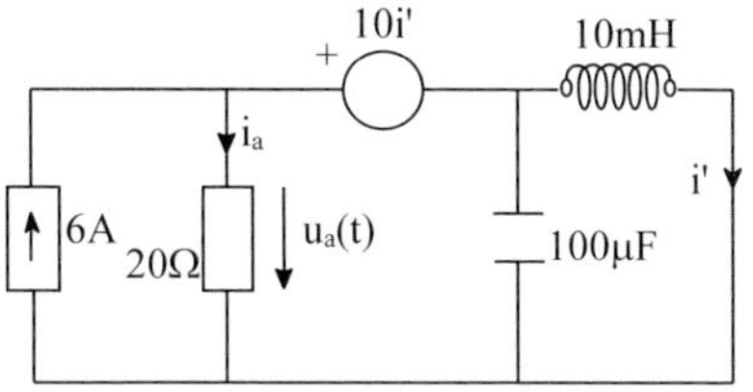

Circuito a

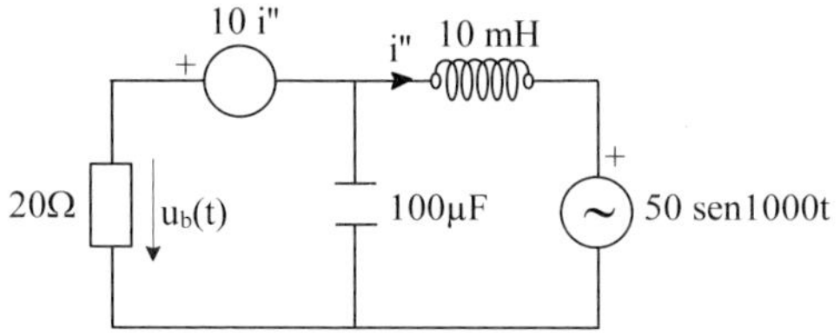

Circuito b

La tensión será la suma de la que hay en esa rama en los dos circuitos:

$$u(t) = u_a(t) + u_b(t)$$

Circuito a. Al ser las fuentes de corriente continua, la bobina se comporta como un cortocircuito y el condensador como un circuito abierto. Se transforma la rama de intensidad en rama de tensión.

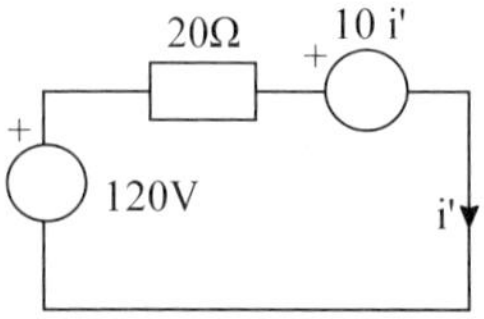

$$6A * 20\Omega = 120V$$

$$20i' = 120 - 10i' \qquad i' = \frac{120}{30} = 4A$$

$$i_a = 6 - i' = 6 - 4 = 2A$$

$$u_a(t) = 20 * i_a = 20 * 2 = 40V$$

Circuito b.

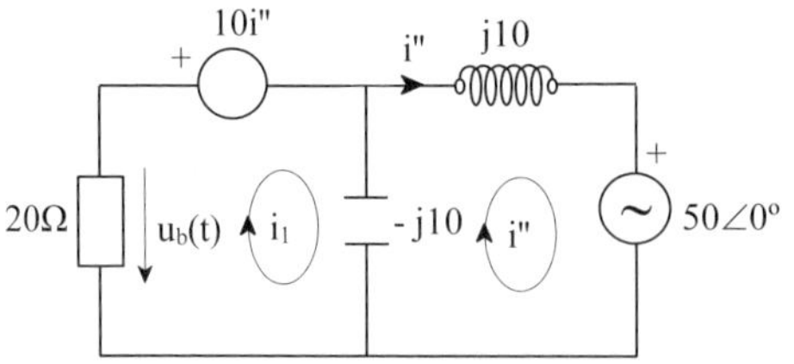

$$X_L = L\omega \quad 10^{-2} * 10^3 = 10\Omega$$

$$X_C = \frac{1}{C\omega} = \frac{1}{10^{-4} * 10^3} = 10\Omega$$

$$\left.\begin{array}{l}(20\text{-}j10)\,\bar{I}_1-(-j10)\,\bar{I}''=-10\,\bar{I}''\\-(-j10)\bar{I}_1+(j10-j10)\,\bar{I}''=-50\end{array}\right\}\qquad\left.\begin{array}{l}(20-j10)\,\bar{I}_1+(10+j10)\,\bar{I}''=0\\-(-j10)\,\bar{I}_1=-50\end{array}\right\}$$

$$\bar{I}_1=\frac{-50}{j10}=j5=5\angle\pi/2\qquad\bar{I}''=\frac{-(20-j10)\,\bar{I}_1}{10(1+j)}=\frac{5}{2}(-1-j3)$$

$$\bar{U}_b=-20\,\bar{I}_1=-j100=100\angle-\pi/2$$

$$u_b(t)=100\text{sen}\left(1000t-\frac{\pi}{2}\right)$$

La **tensión u(t)** buscada es:

$$u(t)=u_a(t)+u_b(t)=40+100\ \text{sen}\left(1000t-\frac{\pi}{2}\right)$$

PROBLEMA 5.35

Para el circuito de la figura, obténganse los circuitos equivalentes de Thevenin y de Norton entre los puntos A y B y calcúlese la potencia activa, reactiva y aparente consumida por la carga Z=2 +j2 conectada entre A y B.

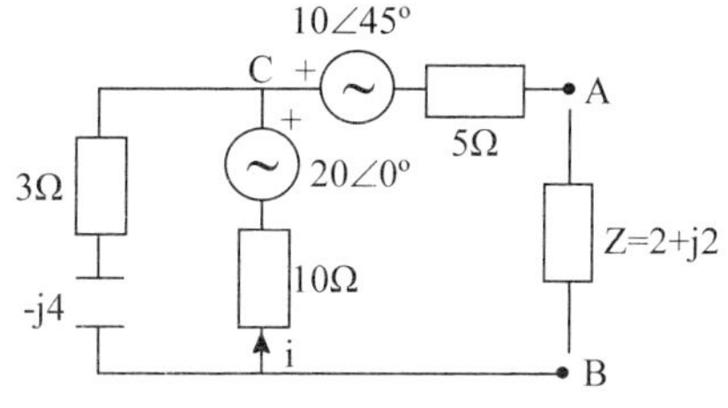

Tensión equivalente.

$$\bar{U}_{equ}=\bar{U}_{AB0}=\bar{U}_{AC}+\bar{U}_{CB}$$

$$\bar{U}_{CB}=20-10i=20-10\ \frac{20}{13-j4}=20-200\frac{13+j4}{185}=6-j4{,}32$$

$$\bar{U}_{equ}=-10\angle45°+6-j4{,}32=-7{,}07-j7{,}07+6-j4{,}32=-1{,}07-j11{,}39$$

$$\tan\varphi'=10{,}64\qquad\varphi'=84{,}6°\qquad\varphi=-180°+\varphi'=-95{,}4°$$

$$\bar{U}_{equ}=\sqrt{1{,}07^2+11{,}39^2}\ \angle-95{,}4°=11{,}44\angle-95{,}4°$$

Impedancia equivalente.

$$\overline{Z}_{equ} = 5 + \frac{10(3-j4)}{10+3-j4} = 5 + \frac{10(3-j4)(13+j4)}{185} = 8 - j2{,}16$$

$$Z_{equ} = \sqrt{8^2 + 2{,}16^2} = 8{,}28 \qquad \tan\varphi'' = -0{,}27 \qquad \varphi'' = -15{,}1^\circ$$

$$\overline{Z}_{equ} = 8{,}28\angle -15{,}1^\circ$$

Intensidad de cortocircuito.

$$\overline{I}_{CC} = \frac{\overline{U}_{equ}}{\overline{Z}_{equ}} = \frac{-1{,}07 - j11{,}39}{8 - j2{,}16} = 0{,}23 - j1{,}36$$

$$\overline{I}_{CC} = 1{,}38\angle\arctan(-5{,}91) = 1{,}38\angle -80{,}04^\circ$$

Los circuitos buscados son:

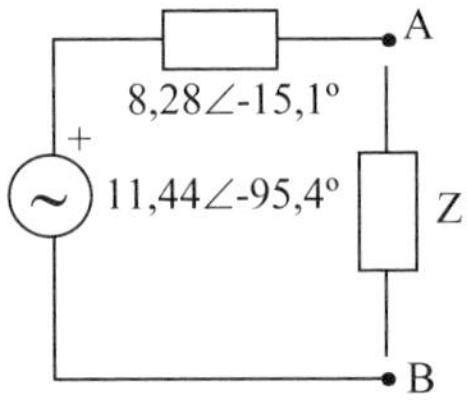

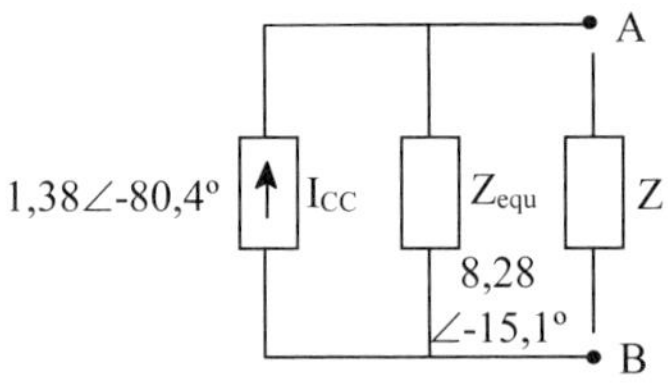

Considerando el circuito equivalente de Thevenin, se calcula la **intensidad y tensión en la impedancia Z**.

$$\overline{I} = \frac{\overline{U}_{equ}}{\overline{Z}_{equ} + \overline{Z}} = \frac{-1{,}07 - j11{,}39}{8 - j2{,}16 + 2 + j2} = \frac{(-1{,}07 - j11{,}39)(10 + j0{,}16)}{100} =$$

$$= -\ 0{,}09 - j1{,}14 \qquad I_Z = 1{,}144\,A$$

$$\overline{U}_{AB} = \overline{Z}\,\overline{I} = (2 + j2)(-0{,}09 - j1{,}14) = 2{,}1 - j2{,}46 \qquad U_{AB} = 3{,}234\,V$$

Potencias:

$$\overline{S} = P + jQ = \overline{U}_{AB}\,\overline{I}^* = (2{,}1 - j2{,}46)(-0{,}09 + j1{,}144) = 2{,}62 + j2{,}62$$

$$P = 2{,}62\,W \qquad Q = 2{,}62\,VAr \qquad S = \sqrt{P^2 + Q^2} = 3{,}7\,VA$$

PROBLEMA 5.36

Aplicando el teorema de Thevenin al circuito de la figura, hállense las intensidades correspondientes de la rama AB en los siguientes casos: a) $\overline{Z} = j$ y b) $\overline{Z} = -j2$.

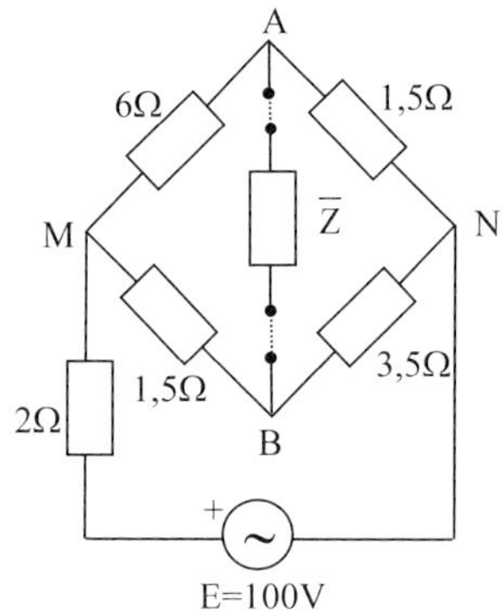

Para el cálculo de la tensión a circuito abierto, se consideran los circuitos equivalentes siguientes, que, al ser puramente resistivos, se operan con el módulo de la tensión:

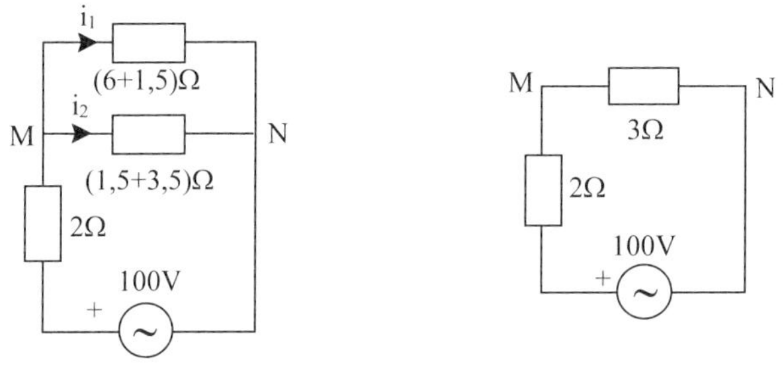

$$Z_{MN} = \frac{(6+1{,}5)(1{,}5+3{,}5)}{6+1{,}5+1{,}5+3{,}5} = 3\ \Omega \qquad U_{MN} = \frac{100}{3+2}\ 3 = 60V$$

Y para el circuito original se tiene:

$$U_{MA} = \frac{60}{7{,}5}\ 6 = 48V \qquad U_{MB} = \frac{60}{5}\ 1{,}5 = 18V$$

La tensión de Thevenin o a circuito abierto entre A y B es:

$$U_{AB0} = U_{AM} + U_{MB} = -48 + 18 = -30V \qquad U_{equ} = U_{BA0} = 30V$$

Para calcular la impedancia equivalente, se hace uso de la equivalencia entre la configuración de impedancias en triángulo y en estrella.

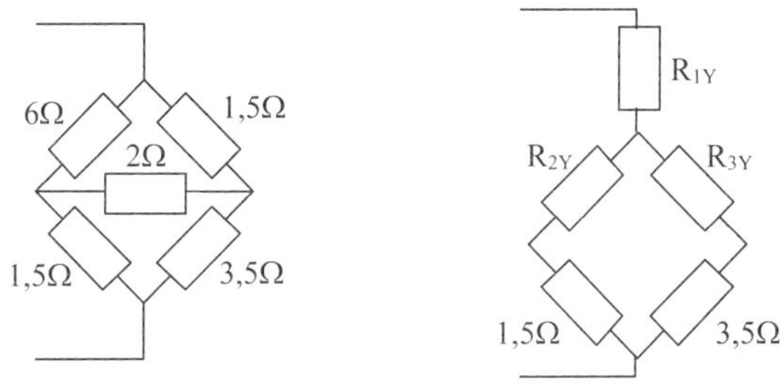

Las impedancias de la estrella equivalente son:

$$R_{1Y} = \frac{6*1,5}{9,5} = 0,95\Omega \qquad R_{2Y} = \frac{6*2}{9,5} = 1,26\Omega \qquad R_{3Y} = \frac{2*1,5}{9,5} = 0,32\ \Omega$$

Y la impedancia equivalente del circuito:

$$R_{equ} = 0,95 + \frac{(1,26+1,5)(0,32+3,5)}{1,26+1,5+0,32+3,5} = 0,95 + \frac{10,54}{6,58} = 2,55\ \Omega$$

El circuito equivalente de Thevenin es:

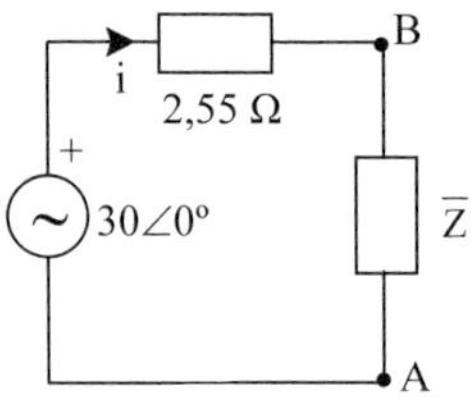

$$\overline{U}_{equ} = 30\angle 0^{o}$$
$$Z_{equ} = R_{equ} = 2,55\Omega$$

a) $\overline{Z} = j$. Se trata de una bobina de impedancia $X_L = 1\Omega$

La intensidad por la bobina será:

$$\overline{I}_L = \frac{30}{2,55+j} = \frac{30(2,55-j)}{7,5} = 10,2 - j4$$

Está en retraso respecto a la tensión y su módulo vale:

$$I_L = \sqrt{10,2^2 + 4^2} = 11\,A$$

b) $\overline{Z} = -j2$. Se trata de un condensador de impedancia $X_C = 2\Omega$

La intensidad por el condensador será:

$$\overline{I}_C = \frac{30}{2,55-j2} = \frac{30\,(2,55+j2)}{10,5} = 7,28 + j5,71$$

Está en adelanto respecto a la tensión y su módulo vale:

$$I_C = \sqrt{7,28^2 + 5,71^2} = 9,25\,A$$

PROBLEMA 5.37

Para el circuito de la figura, determínese la lectura del amperímetro, utilizando:
a) El teorema de superposición.
b) El análisis por mallas.

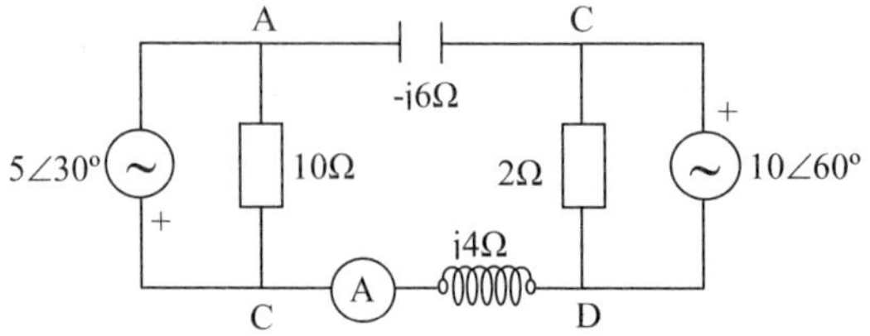

$$10\angle 60^\circ = 10\left(\frac{1}{2}+j\frac{\sqrt{3}}{2}\right) = 5\left(1+j\sqrt{3}\right)$$

$$5\angle 30^\circ = \frac{5}{2}\left(\sqrt{3}+j\right)$$

a) Por el teorema de superposición puede descomponerse el circuito en dos.

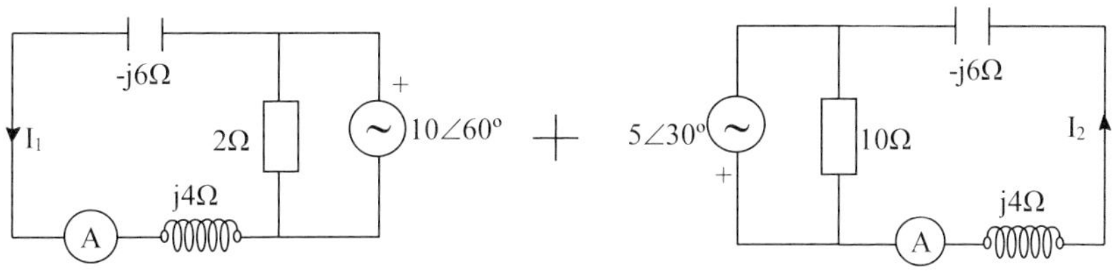

La intensidad en el circuito original será la suma vectorial de la que circula en cada uno de estos dos circuitos. En ninguno de ellos la lectura del amperímetro se ve afectada por la resistencia que hay en paralelo con la fuente:

$$\bar{I} = \bar{I}_1 + \bar{I}_2$$

$$\bar{I}_1 = \frac{10\angle 60^\circ}{j4 - j6} = \frac{5\left(1+j\sqrt{3}\right)}{-j2} = \frac{5}{2}\left(-\sqrt{3}+j\right)$$

$$\bar{I}_2 = \frac{5\angle 30^\circ}{-j2} = \frac{\frac{5}{2}\left(\sqrt{3}+j\right)}{-j2} = \frac{5}{4}\left(-1+j\sqrt{3}\right) = \frac{5}{2}\left(-\frac{1}{2}+j\frac{\sqrt{3}}{2}\right)$$

$$\bar{I} = \frac{5}{2}\left[-\sqrt{3}-\frac{1}{2}+j\left(1+\frac{\sqrt{3}}{2}\right)\right] = \frac{5}{2}\left[-\left(\sqrt{3}+\frac{1}{2}\right)+j\left(1+\frac{\sqrt{3}}{2}\right)\right]$$

b) Por mallas. Las resistencias de 10Ω y de 2Ω pueden ignorarse, pues están en paralelo con las fuentes de tensión y no intervienen en el valor de la intensidad que pasa por el amperímetro. Se puede pues considerar, a estos efectos, el siguiente circuito:

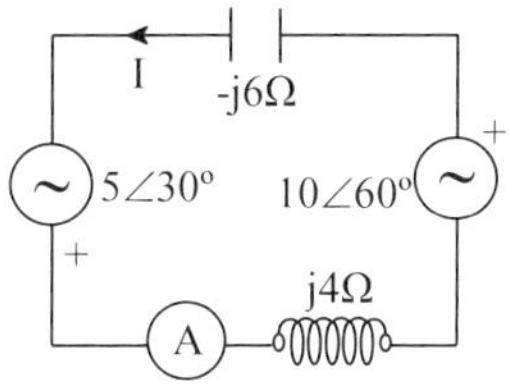

$$\overline{I}=\frac{10\angle 60^{\circ}+5\angle 30^{\circ}}{-j2}=\frac{5\left(1+j\sqrt{3}\right)+\frac{5}{2}\left(\sqrt{3}+j\right)}{-j2}=\frac{5}{2}\left[\left(-\sqrt{3}+j\right)+\left(-\frac{1}{2}+j\frac{\sqrt{3}}{2}\right)\right]=$$

$$=\frac{5}{2}\left[-\left(\sqrt{3}+\frac{1}{2}\right)+j\left(\frac{\sqrt{3}}{2}+1\right)\right]$$

Se obtiene la misma expresión:

El valor de I que registraría el amperímetro es:

$$I=\sqrt{\left[\frac{5}{2}\left(\sqrt{3}+\frac{1}{2}\right)\right]^{2}+\left[\frac{5}{2}\left(\frac{\sqrt{3}}{2}+1\right)\right]^{2}}=\sqrt{5{,}58^{2}+4{,}66^{2}}=7{,}27\,A$$

PROBLEMA 5.38

Para el circuito de la figura, determínese Z para que se obtenga la máxima transferencia de potencia, y calcúlese esta potencia máxima.

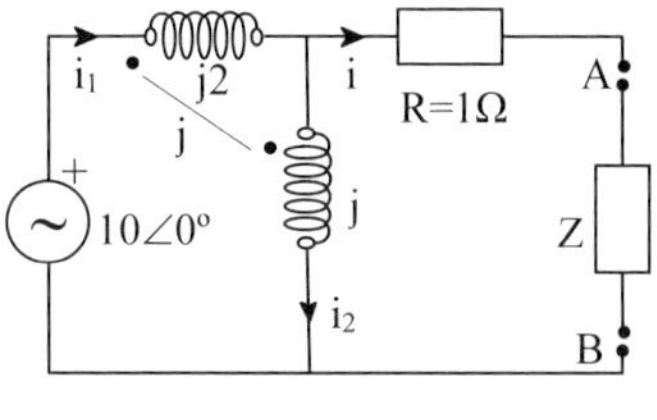

Se halla el circuito equivalente de Thevenin entre los puntos A y B:

$u_T = u_{AB0}(t)$ a circuito abierto

$$i=0 \qquad \overline{I}_1=\overline{I}_2$$

$$e_g(t)=\left(L_1+L_2+2M\right)D\,i_1(t) \qquad \overline{E}=10\angle 0^{\circ}=\left(L_1+L_2+2M\right)j\omega\; I_1\angle\varphi$$

$$10\angle 0^{\circ}=j\left(2+1+2*1\right)I_1\angle\varphi=j5I_1\angle\varphi \qquad I_1\angle\varphi=\frac{10\angle 0^{\circ}}{j}5=2\angle-\pi/2$$

$$u_{AB0}(t)=\left(L_2+M\right)D\,i_1(t) \qquad U_{AB0}\angle\varphi_{AB0}=\left(j+j\right)2\angle-\pi/2=4\angle 0^{\circ}$$

Para hallar la corriente de cortocircuito se considera el siguiente esquema:

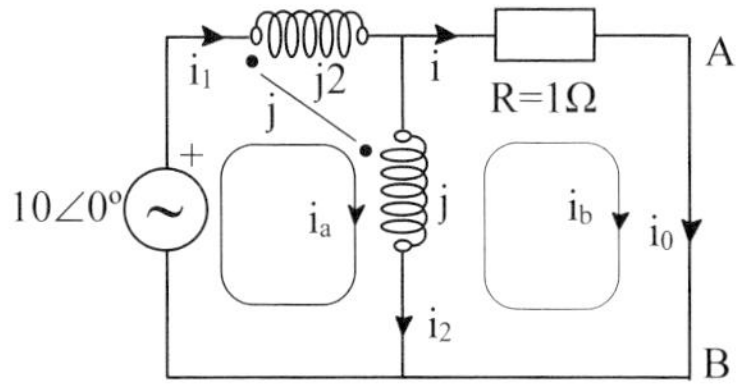

$$i_0 = i_b \quad \rightarrow \quad I_0\angle\varphi^o$$
$$i_a \quad \rightarrow \quad I_a\angle\varphi^o$$

Se plantean las ecuaciones:

$$\left.\begin{aligned} &(j2+j+2*j)\,I_a\angle\varphi_a-(j+j)\,I_0\angle\varphi_0=10\angle 0^o\\ &-(j+j)I_a\angle\varphi_a+(1+j)I_0\angle\varphi_0=0\end{aligned}\right\}$$

$$\left.\begin{aligned} &j5I_a\angle\varphi_a-j2I_0\angle\varphi_0=10\angle 0^o\\ &-j2I_a\angle\varphi_a+(1+j)I_0\angle\varphi_0=0\end{aligned}\right\}$$

Operando:

$$(1+j)\,I_0\angle\varphi_0=j2\,I_a\angle\varphi_a \qquad I_a\angle\varphi_a=\frac{(1+j)\,I_0\angle\varphi_0}{j}2=\frac{(1-j)\,I_0\angle\varphi_0}{2}$$

$$j5\left(\frac{(1-j)}{2}\,I_0\angle\varphi_0\right)-j2\,I_0\angle\varphi_0=\frac{5+j5-j4}{2}I_0\angle\varphi_0=\frac{5+j}{2}I_0\angle\varphi_0=10\angle 0^o$$

El circuito equivalente de Thevenin será:

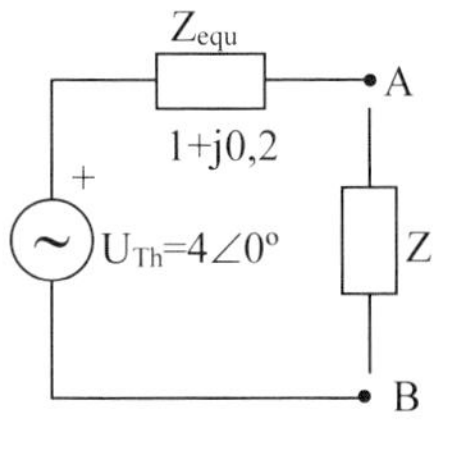

$$I_0\angle\varphi_0=\frac{2*10\angle 0^o}{5+j}=\frac{100-j20}{26}=3{,}85-j0{,}77$$

$$\overline{Z}_{equ}=\frac{\overline{U}_{Th}}{I_0\angle\varphi_0}=\frac{4\ \angle 0^o}{3{,}85-j0{,}77}=1+j0{,}2$$

Para que se dé la condición de máxima transferencia de potencia debe ser $\overline{Z}=\overline{Z}_{equ}^{*}=1-j0{,}2$

La potencia máxima será:

$$P_{max}=R\,I^2=R\left(\frac{\overline{U}_{Th}}{\overline{\overline{Z}_{equ}+\overline{Z}}}\right)^2=1\left(\frac{4}{2}\right)^2=4\ W$$

PROBLEMA 5.39

En el circuito de la figura e(t)=√2100cosωt e i(t)=√225senωt. R_1=4Ω; R_2=2Ω; L_1=L_2=12,74mH; M =9,55mH; C =1,06 mF; f =50 Hz. Determínese:

a) Potencia activa y reactiva suministrada por las fuentes de alimentación, y las consumidas por los elementos pasivos.

b) Cálculo de las tensiones en las bobinas y su representación vectorial.

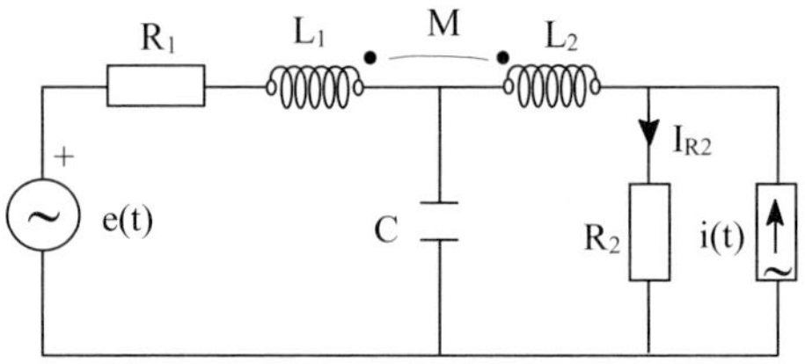

Para que las dos fuentes tengan el mismo tipo de expresión se va a poner i(t) en función del coseno, i(t) = 25 senωt = 25 cos(ωt-π/2), y se va a transformar la rama de fuente de intensidad en rama de fuente de tensión, $e_1(t)$ = R_2 25 cos(ωt-π/2). Se tiene:

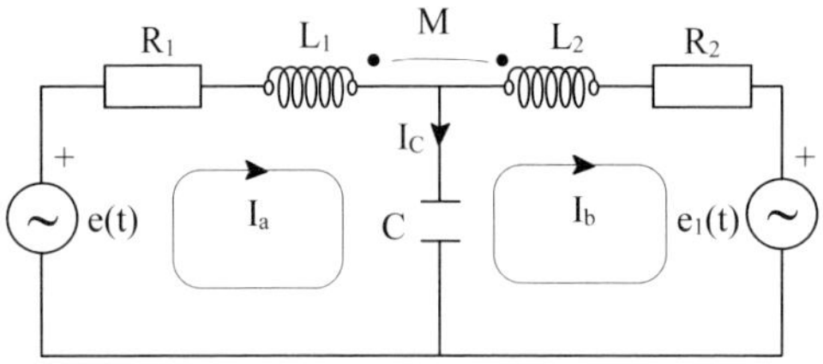

Vectorialmente:

$$\overline{E} = 100$$
$$\overline{I} = 25\angle -90^o = -j25$$
$$\overline{E}_1 = 2 * \overline{I} = -j50$$

Considerando el análisis por mallas se tienen las siguientes ecuaciones y expresiones vectoriales:

$$\left.\begin{aligned} \overline{Z}_{aa}\overline{I}_a + \overline{Z}_{ab}\overline{I}_b = \overline{E}_{ga} \\ \overline{Z}_{ba}\overline{I}_a + \overline{Z}_{bb}\overline{I}_b = \overline{E}_{gb} \end{aligned}\right\} \qquad \overline{E}_{ga} = \overline{E} = 100 \qquad \overline{E}_{gb} = -\overline{E}_1 = -50\angle -90^o = j50$$

$$(R_1 + jX_{L1} - jX_C)\overline{I}_a + (jX_C - jX_M)\overline{I}_b = \overline{E}$$
$$(jX_C - jX_M)\overline{I}_a + (R_2 + jX_{L2} - jX_C)\overline{I}_b = -\overline{E}_1$$

$$\omega = 2*\pi*f = 2*3{,}14*50 = 314 rad/s.$$
$$X_{L1} = X_{L2} = L_1\omega = 12{,}74*10^{-3}*314 = 4\Omega \qquad X_M = M\omega = 9{,}55*10^{-3}*314 = 3\Omega$$
$$X_C = \frac{1}{C\omega} = \frac{1}{1{,}06*10^{-3}*314} = 3\Omega$$

Sustituyendo:

$$\left.\begin{array}{l}(4+j4-j3)\overline{I}_a+(j3-j3)\overline{I}_b=100\\(j3-j3)\overline{I}_a+(2+j4-j3)\overline{I}_b=j50\end{array}\right\}\qquad\left\{\begin{array}{l}(4+j)\overline{I}_a=100\\(2+j)\overline{I}_b=j50\end{array}\right.$$

$$\overline{I}_a=\frac{100}{(4+j)}=23{,}54-j5{,}89=24{,}67\angle-14^{\circ}$$

$$\overline{I}_b=\frac{j50}{(2+j)}=10+j20=22{,}33\angle 63{,}47^{\circ}$$

$$\overline{I}_c=\overline{I}_a-\overline{I}_b=13{,}54-j25{,}89=29{,}2\angle-62{,}4^{\circ}$$

$$\overline{I}_{R2}=\overline{I}_b+\overline{I}=10-j5=11{,}17\angle-26{,}7^{\circ}$$

Tensión en bornas de la fuente de intensidad i(t)

$$\overline{U}_{ig}=R_2 I_{R2}=20-j10$$

Potencias activa y reactiva suministradas por las fuentes

$$\overline{S}_E=\overline{E}\,\overline{I}_a^{*}=100*(23{,}54+j5{,}89)=2354+j589$$

$$\overline{S}_I=\overline{U}_{ig}\overline{I}^{*}=(20-j10)(j25)=250+j500$$

$$P=2354+250=2604W \qquad Q=589+500=1089VAr$$

Potencia activa consumida por las resistencias

$$P_R=R_1 I_a^2+R_2 I_{R2}^2=4*24{,}67^2+2*11{,}17^2=2604W$$

Potencia reactiva en las bobinas y el condensador

A partir de las ecuaciones (teniendo en cuenta que X_C - X_M = 0).

$$Q_X=(X_{L1}-X_C)I_a^2+(X_{L2}-X_C)I_b^2=1*24{,}67^2+1*22{,}33^2=1089VAr$$

O bien teniendo en cuenta las intensidades que afectan a cada elemento

$$Q_X=X_{L1}I_a^2+X_{L2}I_b^2-X_C I_c^2-X_M\left(\overline{I}_a\overline{I}_b^{*}+\overline{I}_b\overline{I}_a^{*}\right)=1089VAr$$

Tensión en las bobinas

$$\overline{U}_1=jX_{L1}\overline{I}_a-jX_M\overline{I}_b=4\angle 90^{\circ}24{,}67\angle-14^{\circ}-3\angle 90^{\circ}22{,}33\angle 63{,}47^{\circ}=$$
$$=83{,}52+j64{,}29=105{,}4\angle 37{,}59^{\circ}$$

$$\overline{U}_2=jX_{L2}\overline{I}_b-jX_M\overline{I}_a=4\angle 90^{\circ}22{,}33\angle 63{,}47^{\circ}-3\angle 90^{\circ}24{,}67\angle-14^{\circ}=$$
$$=-97{,}64-j30{,}7=102{,}36\angle-162{,}6^{\circ}$$

Diagrama vectorial

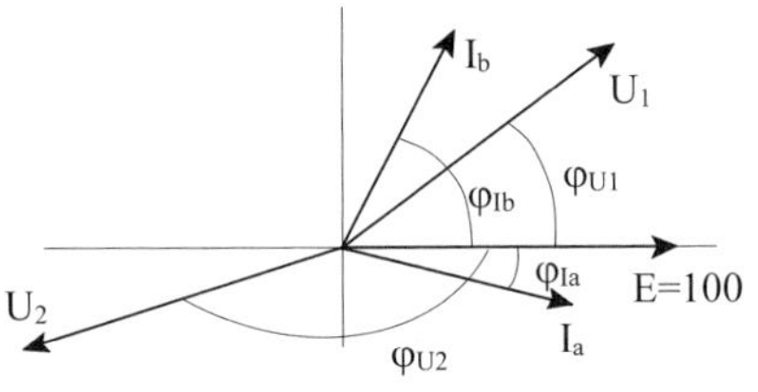


```
%PROGRAMA EN MATLAB

%DATOS
R1=4; R2=2; L1=12.74*10^-3; L2=L1; M=9.55*10^-3; C=1.06*10^-3; f=50;
E=100; Ig=-25*i;

%CÁLCULOS
w=2*pi*f; XL1=L1*w; XL2=XL1; XM=M*w; XC=1/(C*w);
E1=R2*Ig;
Zaa=R1+(XL1-XC)*i; Zbb=R2+(XL2-XC)*i; Zab=(XC-XM)*i;
Z=[Zaa Zab;Zab Zbb]; % Matriz de Impedancias
Eg=[E;-E1];
I=inv(Z)*Eg;
Ia=I(1,1); IaM=abs(Ia); phia=angle(Ia)*180/pi;
Ib=I(2,1); IbM=abs(Ib); phib=angle(Ib)*180/pi;
Ic=Ia-Ib; IcM=abs(Ic); phic=angle(Ic)*180/pi;
IR2=Ib+Ig; IR2M=abs(IR2); phiIR2=angle(IR2)*180/pi;
Uig=R2*IR2;
% POTENCIAS
SCF1=(E*conj(Ia)+Uig*conj(Ig))
PR=R1*IaM^2+R2*IR2M^2;
Q=(XL1-XC)*IaM^2+(XL2-XC)*IbM^2
Q1=XL1*IaM^2+XL2*IbM^2-XC*IcM^2-XM*(Ia*conj(Ib)+Ib*conj(Ia)) % Comprobación
% TENSIONES EN LAS BOBINAS
U1=XL1*i*Ia-XM*i*Ib; U1M=abs(U1); phiU1=angle(U1)*180/pi;
U2=XL2*i*Ib-XM*i*Ia; U2M=abs(U2); phiU2=angle(U2)*180/pi;
```

PROBLEMA 5.40

Para el circuito representado en la figura calcúlense las potencias activas y reactivas suministradas por las fuentes de energía y la consumida por los elementos pasivos. $e_{g1}=\sqrt{2}100\text{sen}\omega t$ (f=50H); e_{g2} = 64V e i_g = 15A.

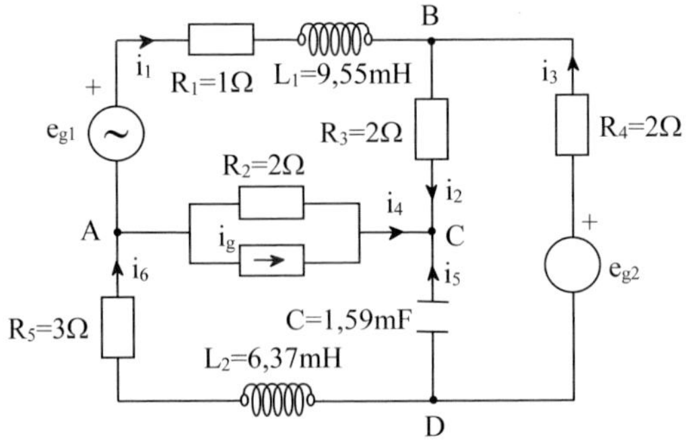

Como existen fuentes de distinta naturaleza (corriente continua y corriente alterna) se aplica el teorema de superposición, resolviendo el circuito para cada tipo de fuentes.

Para la fuente de corriente alterna. Se tiene un circuito con tres mallas, cuyas ecuaciones de resolución son:

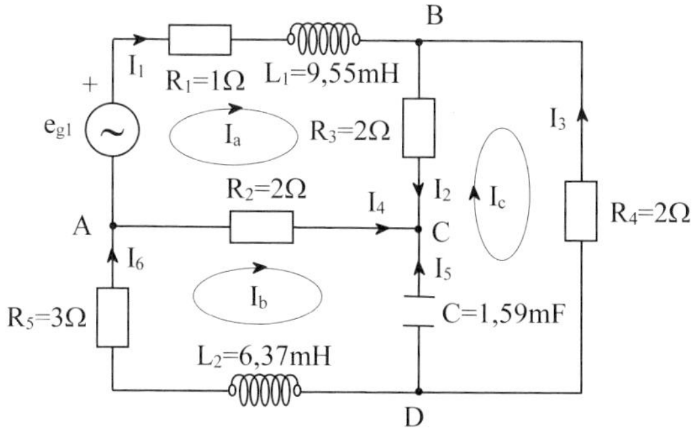

$$
\begin{aligned}
Z_{aa}i_a - Z_{ab}i_b - Z_{ac}i_c &= e_{ga}\\
-Z_{ba}i_a + Z_{bb}i_b - Z_{bc}i_c &= e_{gb}\\
-Z_{ca}i_a + Z_{cb}i_b - Z_{cc}i_c &= e_{gc}
\end{aligned}
$$

Reactancias de las bobinas y del condensador:

$$\overline{X}_{L1} = jL_1\omega = j9{,}55*10^{-3}*2*\pi*f = j3 \qquad \overline{X}_{L2} = jL_2\omega = j6{,}37*10^{-3}*2*\pi*f = j2$$

$$\overline{X}_C = -j\frac{1}{C\omega} = -j\frac{1}{1{,}59*10^{-3}*2*\pi*f} = -j2$$

Identificando términos:

$$
\begin{aligned}
&(5+j3)\overline{I}_a - 2\overline{I}_b - 2\overline{I}_c = 100\\
&-2\overline{I}_a + 5\overline{I}_b + j2\overline{I}_c = 0\\
&-2\overline{I}_a + j2\overline{I}_b + (4-j2)\overline{I}_c = 0
\end{aligned}
$$

Resolviendo por Cramer:

$$\overline{I}_a = \frac{\begin{vmatrix} 100 & -2 & -2 \\ 0 & 5 & j2 \\ 0 & j2 & 4-j2 \end{vmatrix}}{\begin{vmatrix} 5+j3 & -2 & -2 \\ -2 & 5 & j2 \\ -2 & j2 & 4-j2 \end{vmatrix}} = \frac{2400-j1000}{114+j46} = 15{,}06 - j14{,}85$$

$$\overline{I}_b = \frac{\begin{vmatrix} 5+j3 & 100 & -2 \\ -2 & 0 & j2 \\ -2 & 0 & 4-j2 \end{vmatrix}}{114+j46} = \frac{800-j800}{114+j46} = 3{,}6 - j8{,}47$$

$$\bar{I}_c = \frac{\begin{vmatrix} 5+j3 & -2 & 100 \\ -2 & 5 & 0 \\ -2 & j2 & 0 \end{vmatrix}}{114+j46} = \frac{1000-j400}{114+j46} = 6{,}33-j6{,}06$$

Intensidades de las ramas:

$$\bar{I}_1 = \bar{I}_a = 15{,}06 - j14{,}85 = 21{,}15\angle -44{,}6^{o}$$
$$\bar{I}_2 = \bar{I}_a - \bar{I}_c = 15{,}06 - j14{,}85 - 6{,}33 + j6{,}06 = 8{,}73 - j8{,}79 = 12{,}39\angle -45{,}2^{o}$$
$$\bar{I}_3 = -\bar{I}_c = -6{,}33 + j6{,}06 = 8{,}76\angle 136^{o}$$
$$\bar{I}_4 = -\bar{I}_a + \bar{I}_b = -15{,}06 + j14{,}85 + 3{,}6 - j8{,}47 = -11{,}46 + j6{,}38 = 13{,}11\angle 150{,}9^{o}$$
$$\bar{I}_5 = -\bar{I}_b + \bar{I}_c = -3{,}6 + j8{,}47 + 6{,}33 - j6{,}06 = 2{,}73 + j2{,}41 = 3{,}64\angle 41{,}44^{o}$$
$$\bar{I}_6 = \bar{I}_b = 3{,}6 - j8{,}47 = 9{,}2\angle -67^{o}$$

Potencia activa y reactiva suministrada por la fuente:

$$P_g = E_{g1}\, I_1 \cos 44{,}6^{o} = 100 * 21{,}15 \cos 44{,}6^{o} = 1506\, W$$
$$Q_g = E_{g1}\, I_1 \text{sen} 44{,}6^{o} = 100 * 21{,}15 \text{sen} 44{,}6^{o} = 1485\, VAr$$

Potencia activa y reactiva consumidas por los elementos pasivos:

$$P_R = R_1\, I_1^2 + R_2\, I_2^2 + R_3\, I_3^2 + R_4\, I_4^2 + R_5\, I_6^2 = 15056W$$
$$Q_X = X_{L1}\, I_1^2 + X_{L2}\, I_6^2 - X_C\, I_5^2 = 1485VAr$$

Para las fuentes de corriente continua. Las bobinas se comportan como cortocircuitos y el condensador como un circuito abierto. Transformando la fuente de intensidad real en una fuente de tensión equivalente, para aplicar el método de las mallas, se tiene el circuito:

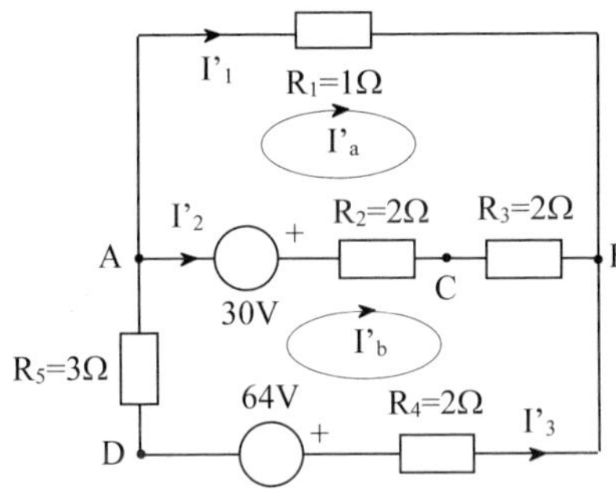

$$R_2\, i_g = 2 * 15 = 30V$$

$$Z_{aa} I_a - Z_{ab} I_b = E_{ga}$$
$$-Z_{ba} I_a + Z_{bb} I_b = E_{gb}$$

Identificando términos:

$$\left.\begin{array}{l} 5I_a^{'} - 4I_b^{'} = -30 \\ -4I_a^{'} + 9I_b^{'} = -34 \end{array}\right\} \qquad I_a^{'} = -14A \qquad I_b^{'} = -10A$$

Se tienen las intensidades de rama:

$$I_1^{'} = I_a^{'} = -14A \qquad I_2^{'} = -I_a^{'} + I_b^{'} = 4A \qquad I_3^{'} = -I_b^{'} = 10A$$

La tensión entre los extremos de la fuente de intensidad será:

$$U_{ig} = U_{CA} = 30 - R_2 I_2^{'} = 30 - 2 * 4 = 22V$$

Potencias suministradas por las fuentes y consumidas por las resistencias:

$$P_g = E_{g2}\, I'_3 + I_g\, U_{ig} = 64*10 + 15*22 = 970W$$

$$P_R = R_1\, I'^2_1 + \frac{U_{ig}^2}{R_2} + R_3\, I'^2_2 + (R_4 + R_5) I'^2_3 = 970W$$

PROBLEMA 5.41

Para el circuito de la figura calcúlese la intensidad i que circula por R_3, siendo e_{g1}= 100 cos 100t, e_{g2}=80V e i_g =16A.

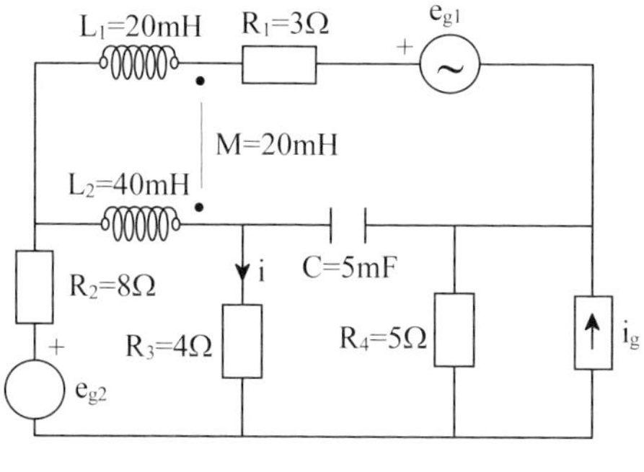

Por estar el circuito alimentado con fuentes de corriente continua y de corriente alterna se aplica el teorema de superposición.

Circuito en corriente alterna. Se tienen tres mallas y las siguientes ecuaciones:

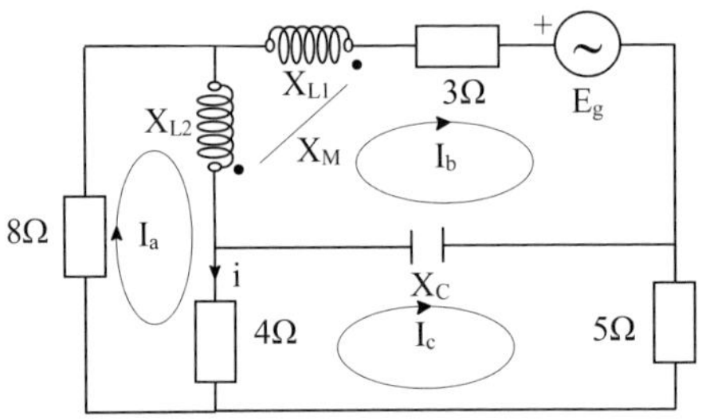

$$\overline{Z}_{aa}\overline{I}_a+\overline{Z}_{ab}\overline{I}_b+\overline{Z}_{ac}\overline{I}_c=\overline{E}_{ga}$$
$$\overline{Z}_{ba}\overline{I}_a+\overline{Z}_{bb}\overline{I}_b+\overline{Z}_{bc}\overline{I}_c=\overline{E}_{gb}$$
$$\overline{Z}_{ca}\overline{I}_a+\overline{Z}_{cb}\overline{I}_b+\overline{Z}_{cc}\overline{I}_c=\overline{E}_{gc}$$

Reactancias de las bobinas, del acoplamiento magnético y del condensador:

$$X_{L1}=L_1\omega=20*10^{-3}*100=2\Omega \qquad X_{L2}=L_2\omega=4\Omega \qquad X_M=M\omega=2\Omega$$
$$X_C=\frac{1}{C\omega}=\frac{1}{5*10^{-3}*100}=\frac{1000}{500}=2\Omega$$

Las impedancias de las anteriores ecuaciones son:

$$\overline{Z}_{aa}=R_2+R_3+jX_{L2}=8+4+j4=12+j4$$
$$\overline{Z}_{bb}=R_1+jX_{L1}+jX_{L2}-j2X_M-jX_C=3+j2+j4-j4-j2=3$$
$$\overline{Z}_{cc}=R_3+R_4-jX_C=4+5-j2=9-j2$$

$$\overline{Z}_{ab}=\overline{Z}_{ba}=-jX_{L2}+jX_M=-j4+j2=-j2$$
$$\overline{Z}_{ac}=\overline{Z}_{ca}=R_3=4\rightarrow-4 \qquad \overline{Z}_{cb}=\overline{Z}_{bc}=jX_C=j2$$

Sustituyendo se tiene:

$$(12+j4)\overline{I}_a-j2\overline{I}_b-4\overline{I}_c=0$$
$$-j2\overline{I}_a+3\overline{I}_b+j2\overline{I}_c=100$$
$$-4\overline{I}_a+j2\overline{I}_b+(9-j2)\overline{I}_c=0$$

Y resolviendo por Cramer:

$$\overline{I}_a=\frac{\begin{vmatrix}0 & -j2 & -4\\ 100 & 3 & j2\\ 0 & j2 & 9-j2\end{vmatrix}}{\begin{vmatrix}12+j4 & -j2 & -4\\ -j2 & 3 & j2\\ -4 & j2 & 9-j2\end{vmatrix}}=\frac{-j800+j200*(9-j2)}{348+j36-16-16-48+36-j8+48+j6}=$$
$$=\frac{400+j1000}{352+j44}$$

$$\overline{I}_b = \frac{\begin{vmatrix} 12+j4 & 0 & -4 \\ -j2 & 100 & j2 \\ -4 & 0 & 9-j2 \end{vmatrix}}{352+j44} = \frac{(12+j4)100(9-j2)-1600}{352+j44} = \frac{10000+j1200}{352+j44}$$

$$\overline{I}_c = \frac{\begin{vmatrix} 12+j4 & -j2 & 0 \\ -j2 & 3 & 100 \\ -4 & j2 & 0 \end{vmatrix}}{352+j44} = \frac{j800-j200*(12+j4)}{352+j44} = \frac{800-j1600}{352+j44}$$

La intensidad buscada es:

$$\overline{I}_{ca} = \overline{I}_a - \overline{I}_c = \frac{400+j1000}{352+j44} - \frac{800-j1600}{352+j44} = \frac{-400+j2600}{352+j44} =$$
$$= -0{,}21 + j7{,}41 = 7{,}42\angle 91{,}62^{\circ}$$

Y su valor instantáneo:

$$i_{ca}(t) = 7{,}42\cos(100t + 91{,}62^{\circ})$$

Circuito en corriente continua. Convirtiendo la fuente de intensidad i_g en fuente de tensión e_g.

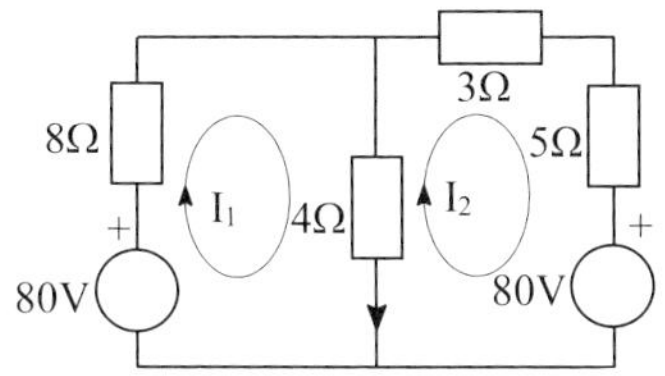

$$5\Omega * 16A = 80W$$

Se tienen dos mallas, cuyas ecuaciones son:

$$12I_1 - 4I_2 = 80$$
$$-4I_1 + 12I_2 = -80$$

$$\left.\begin{array}{l} 36I_1 - 12I_2 = 240 \\ -4I_1 + 12I_2 = -80 \\ ----------- \\ 32I_1 \qquad = 160 \end{array}\right\} \quad I_1 = \frac{160}{32} = 5A; \qquad I_2 = -\frac{80-12I_1}{4} = -5A$$

$$I_{cc} = I_1 - I_2 = 5 - (-5) = 10A$$

La solución completa será:

$$i(t) = i_{ca}(t) + i_{cc} = 7{,}42\cos(100t + 91{,}62^{\circ}) + 10$$

Representación gráfica:

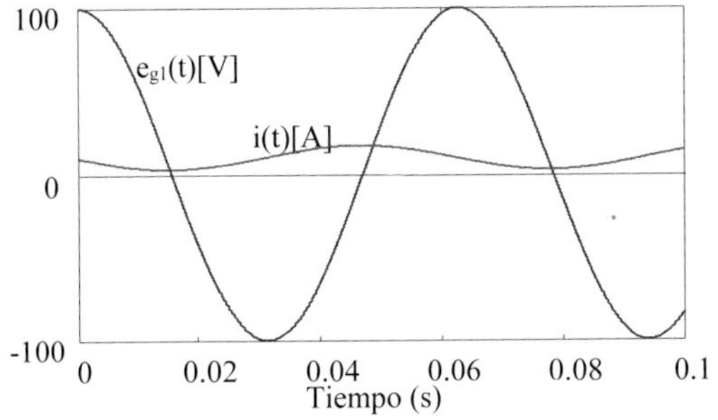


```
% PROGRAMA EN MATLAB

t=[0:0.0000001:0.1];
R1=3; R2=8; R3=4; R4=5; L1=20*10^-3; L2=40*10^-3; M=20*10^-3; C=5*10^-3;
Eg1=100; eg1=Eg1*cos(w*t); Eg2=80; ig=16; w=100;

% Circuito para corriente alterna
XL1=L1*w; XL2=L2*w; XM=M*w; XC=1/(C*w);
Zaa=R2+R3+XL2*i; Zbb=R1+(XL1+XL2-2*XM-XC)*i; Zcc=R3+R4-XC*i;
Zab=-(XL2-XC)*i; Zba=Zab; Zac=-R3; Zca=Zac; Zbc=XC*i; Zcb=Zbc;
Z=[Zaa Zab Zac;Zba Zbb Zbc;Zca Zcb Zcc]; % Impedancia de mallas
EgA=[0;100;0]; % Tensiones de malla
I=inv(Z)*(EgA); Ia=I(1,1); Ib=I(2,1); Ic=I(3,1);
IA=Ia-Ic; IAM=abs(IA); phiIca=angle(IA)*180/pi;
ica=IAM*cos(100*t+angle(IA)); % Componente de la intensidad en c. alterna

% Circuito para corriente continua
Eg3=R4*ig;
Z1=[R2+R3 -R3;-R3 R3+R1+R4]; % Impedancia de mallas
EgC=[Eg2;-Eg3]; % Tensiones de malla
I1=inv(Z1)*(EgC); I1a=I1(1,1); I1b=I1(2,1);
Icc=I1a-I1b; % Componente de la intensidad en c. continua
it=Icc+Ica; % Intensidad total (continua + alterna)
plot(t,eg1,t,it)
```

PROBLEMA 5.42

En el circuito de la figura: $e_g(t)= \sqrt{2}*100\text{sen}\omega t$, con f = 50 Hz; i_g = 15 A. $L_1 = L_2$ = 31,8 mH. El coeficiente de acoplamiento entre las dos bobinas es k=0,5; C=159μF; R_1=10Ω; R_2=5Ω; R_3=10Ω. Calcúlese:

a) La intensidad **i** que pasa por la resistencia R_2.

b) La potencia cedida por las fuentes $e_g(t)$ e i_g y la absorbida por las resistencias R_1, R_2 y R_3.

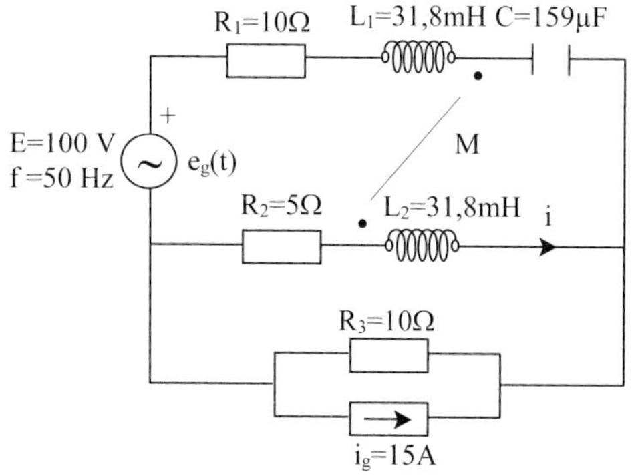

Por estar el circuito excitado por una fuente de corriente continua y otra de corriente alterna se utiliza el teorema de superposición.

Para la alimentación en CA se tiene el circuito:

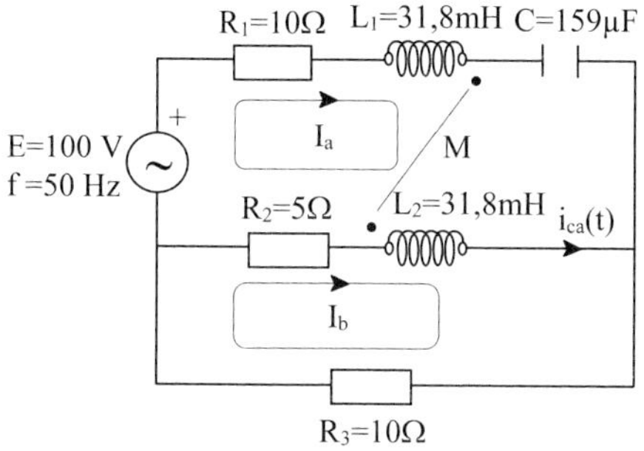

$$\overline{Z}_{aa}\ \overline{I}_a + \overline{Z}_{ab}\ \overline{I}_b = \overline{E}_{ga}$$
$$\overline{Z}_{ba}\ \overline{I}_a + \overline{Z}_{bb}\ \overline{I}_b = \overline{E}_{gb}$$

$$M = k\sqrt{L_1 L_2} = 0{,}5\sqrt{L_1 L_1} =$$
$$= 0{,}5 L_1 = 15{,}9\ mH$$

$$X_{L1} = X_{L2} = L_1\omega = 31{,}8 * 10^{-3} * 2\pi * 50 = 10\Omega$$
$$X_M = M\omega = 15{,}9 * 10^{-3} * 2\pi * 50 = 5\Omega$$
$$X_C = \frac{1}{C\omega} = \frac{1}{159 * 10^{-6} * 2\pi * 50} = 20\Omega$$

$$Z_{aa} = R_1 + R_2 + jX_{L1} + jX_{L2} + j2X_M - jX_C = 15 + j(10 + 10 + 2*5 - 20) = 15 + j10$$
$$Z_{bb} = R_2 + R_3 + jX_{L2} = 15 + j10$$
$$Z_{ab} = Z_{ba} = -(R_2 + jX_{L2} + jX_M) = -(5 + j10 + j5) = -(5 + j15)$$

Las ecuaciones serán:

$$(15 + j10)\overline{I}_a - (5 + j15)\overline{I}_b = 100$$
$$-(5 + j15)\overline{I}_a + (15 + j10)\overline{I}_b = 0$$

$$\bar{I}_a = \frac{\begin{vmatrix} 100 & -(5+j15) \\ 0 & 15+j10 \end{vmatrix}}{\begin{vmatrix} 15+j10 & -(5+j15) \\ -(5+j15) & 15+j10 \end{vmatrix}} = \frac{1500+j1000}{225-100+j300-25+225-j150} =$$

$$= \frac{1500+j1000}{325+j150} = \frac{1802{,}78\angle 33{,}69^o}{358\angle 24{,}77^o} = 5{,}04\angle 8{,}92^o = 4{,}95+j0{,}78$$

$$\bar{I}_b = \frac{\begin{vmatrix} 15+j10 & 100 \\ -(5+j15) & 0 \end{vmatrix}}{\begin{vmatrix} 15+j10 & -(5+j15) \\ -(5+j15) & 15+j10 \end{vmatrix}} = \frac{500+j1500}{325+j150} = \frac{1581{,}14\angle 71{,}56^o}{358\angle 24{,}77^o} =$$

$$= 4{,}42\angle 46{,}8^o = 3{,}03+j3{,}22$$

$$\bar{I} = \bar{I}_b - \bar{I}_a = (3{,}03+j3{,}22)-(4{,}95+j0{,}78) = -1{,}92+j2{,}44 = 3{,}1\angle 128{,}2^o$$

Para la fuente de excitación de corriente continua el condensador se comporta como un circuito abierto y las bobinas como cortocircuitos. Se tiene el circuito equivalente:

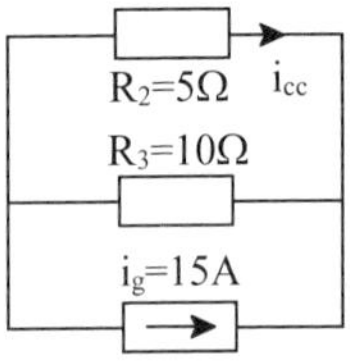

La intensidad que circula por la resistencia R_2 será:

$$i_{cc} = -i_g \frac{R_3}{R_2+R_3} = -15\frac{10}{5+10} = -10A$$

$$i(t) = i_{cc} + i_{ca}(t) = -10 + \sqrt{2}\,3{,}1\,\text{sen}(\omega t + 128{,}2^o)$$

Potencias suministradas por las fuentes:

$$P_{eg} = E * I_a * \cos\varphi_a = 100*5{,}04*\cos(8{,}92^o) = 497{,}9W$$

$$P_{ig} = U_{ig} * i_g = (5*10)*15 = 750W$$

Las potencias consumidas en las resistencias son:

$$P_R = \sum R_i I_i^2 = 10*5{,}04^2 + 5(3{,}1^2+10^2) + 10(4{,}22^2+5^2) = 1247{,}43W$$

Balance de potencias: $P_{eg} + P_{ig} = \sum R_i I_i^2$

PROBLEMA 5.42.M

En el circuito de la figura: $e_g(t)= \sqrt{2} * 100 \text{sen}\omega t$, con f = 50 Hz; i_g = 15 A. Calcúlese:
a) La intensidad **i** que pasa por la resistencia R_2.
b) La potencia cedida por las fuentes $e_g(t)$ e i_g y la absorbida por las resistencias R_1, R_2 y R_3.

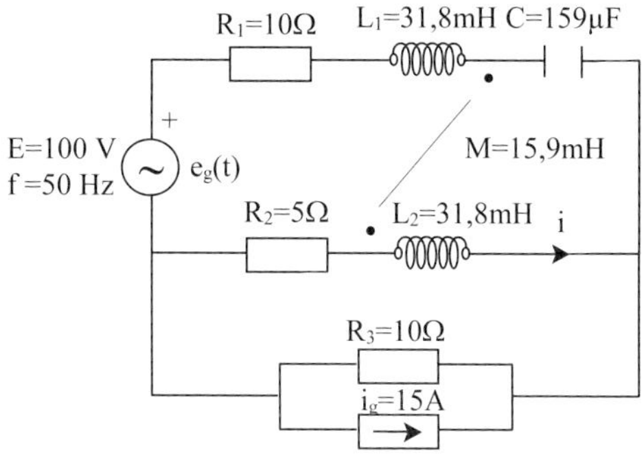

Por estar el circuito excitado por una fuente de corriente continua y otra de corriente alterna se utiliza el teorema de superposición:

Para la alimentación en CA se tiene el circuito:

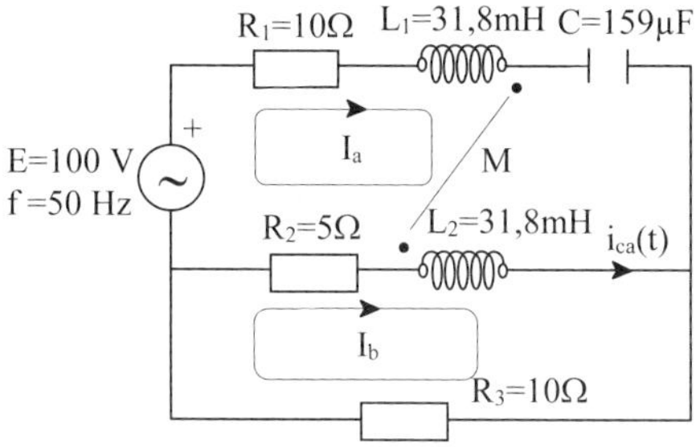

$$\overline{Z}_{aa}\,\overline{I}_a + \overline{Z}_{ab}\,\overline{I}_b = \overline{E}_{ga}$$
$$\overline{Z}_{ba}\,\overline{I}_a + \overline{Z}_{bb}\,\overline{I}_b = \overline{E}_{gb}$$

$$X_{L1} = X_{L2} = L_1\omega = 31{,}8*10^{-3}*2\pi*50 = 10\Omega$$
$$X_M = M\omega = 15{,}9*10^{-3}*2\pi*50 = 5\Omega$$
$$X_C = \frac{1}{C\omega} = \frac{1}{159*10^{-6}*2\pi*50} = 20\Omega$$

$$Z_{aa} = R_1 + R_2 + jX_{L1} + jX_{L2} + j2X_M - jX_C = 15 + j(10+10+2*5-20) = 15 + j10$$
$$Z_{bb} = R_2 + R_3 + jX_{L2} = 15 + j10$$
$$Z_{ab} = Z_{ba} = -(R_2 + jX_{L2} + jX_M) = -(5 + j10 + j5) = -(5 + j15)$$

Las ecuaciones serán:

$$(15+j10)\overline{I}_a - (5+j15)\overline{I}_b = 100$$
$$-(5+j15)\overline{I}_a + (15+j10)\overline{I}_b = 0$$

$$\bar{I}_a = \frac{\begin{vmatrix} 100 & -(5+j15) \\ 0 & 15+j10 \end{vmatrix}}{\begin{vmatrix} 15+j10 & -(5+j15) \\ -(5+j15) & 15+j10 \end{vmatrix}} = \frac{1500+j1000}{225-100+j300-25+225-j150} = \frac{1802{,}78\angle 33{,}69^o}{358\angle 24{,}77^o} =$$

$$= 5{,}04\angle 8{,}92^o = 4{,}95 + j0{,}78$$

$$\bar{I}_b = \frac{\begin{vmatrix} 15+j10 & 100 \\ -(5+j15) & 0 \end{vmatrix}}{\begin{vmatrix} 15+j10 & -(5+j15) \\ -(5+j15) & 15+j10 \end{vmatrix}} = \frac{500+j1500}{325+j150} = \frac{1581{,}14\angle 71{,}56^o}{358\angle 24{,}77^o} =$$

$$= 4{,}42\angle 46{,}8^o = 3{,}03 + j3{,}22$$

$$\bar{I} = \bar{I}_b - \bar{I}_a = (3{,}03 + j3{,}22) - (4{,}95 + j0{,}78) = -1{,}92 + j2{,}44 = 3{,}1\angle 128{,}2^o$$

Para la fuente de excitación de corriente continua el condensador se comporta como un circuito abierto y las bobinas como cortocircuitos. Se tiene el circuito equivalente:

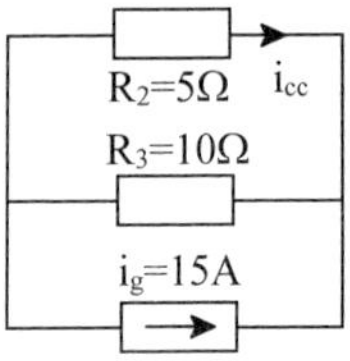

La intensidad que circula por la resistencia R_2 será:

$$i_{cc} = -i_g \frac{R_3}{R_2 + R_3} = -15\frac{10}{5+10} = -10A$$

$$i(t) = i_{cc} + i_{ca}(t) = -10 + \sqrt{2}\, 3{,}1 \operatorname{sen}(\omega t + 128{,}2^o)$$

Potencias suministradas por las fuentes:

$$P_{eg} = E * I_a * \cos\varphi_a = 100 * 5{,}04 * \cos(8{,}92^o) = 497{,}9W$$

$$P_{ig} = U_{ig} * i_g = (5*10)*15 = 750W$$

Las potencias consumidas en las resistencias son:

$$P_R = \sum R_i I_i^2 = 10*5{,}04^2 + 5(3{,}1^2 + 10^2) + 10(4{,}22^2 + 5^2) = 1247{,}43W$$

Balance de potencias: $P_{eg} + P_{ig} = \sum R_i I_i^2$

PROBLEMA 5.43

Hállese el circuito equivalente de Thevenin del circuito de la figura visto desde los puntos A y B y calcúlese la intensidad que pasa por la carga $\overline{Z}$ y la potencia activa consumida por esta en los siguientes casos: a) para Z=R=10Ω; b) para Z compuesta por R=5*√3 y L=15,9mH; c) para Z compuesta por R=5*√3 y C=636,9μF.

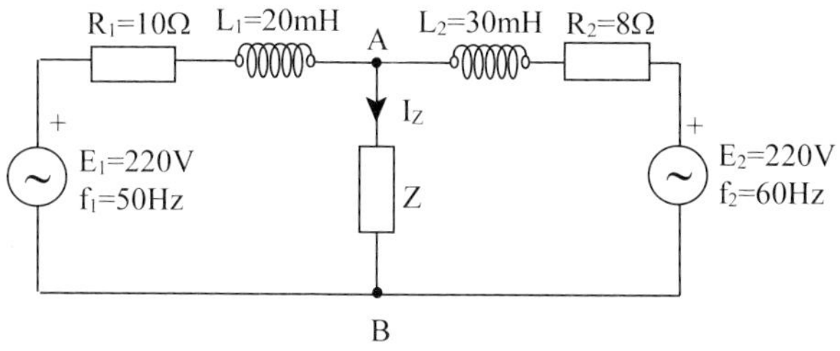

Se va a considerar que la fase inicial de las dos fuentes es cero y que sus expresiones temporales son las siguientes:

$$e_1(t) = \sqrt{2}\,220\,\text{sen}\omega_1 t \qquad e_2(t) = \sqrt{2}\,220\,\text{sen}\,\omega_2 t$$

Por ser las fuentes de alimentación $e_1(t)$ y $e_2(t)$ de distinta frecuencia, se aplica el **teorema de superposición**. Las pulsaciones de las fuentes son:

$$\omega = 2\pi f = 6{,}28 f \quad \begin{cases} \text{para } f_1 = 50Hz & \omega_1 = 314\,rad/s \\ \text{para } f_2 = 60Hz & \omega_2 = 376{,}8\,rad/s \end{cases}$$

Impedancia equivalente de Thevenin

$$\overline{Z}_{Th} = \frac{(R_1 + jX_{L1})(R_2 + jX_{L2})}{R_1 + jX_{L1} + R_2 + jX_{L2}} = \frac{(R_1 + jL_1\omega)(R_2 + jL_2\omega)}{R_1 + R_2 + j(L_1 + L_2)\omega} =$$

$$= \frac{R_1R_2 - L_1L_2\omega^2 + j(R_1L_2 + R_2L_1)\omega}{R_1 + R_2 + j(L_1 + L_2)\omega} = \frac{80 - 6*10^{-4}\omega^2 + j46*10^{-2}\omega}{18 + j5*10^{-2}\omega}$$

Particularizando para cada una de las frecuencias de las fuentes de alimentación:

$$\text{Para } \omega_1 \quad \overline{Z}_{Th1} = \frac{80 - 6*10^{-4}*314^2 + j46*10^{-2}*314}{18 + j5*10^{-2}*314} = 6{,}11\angle 40{,}7^\circ$$

$$\text{Para } \omega_2 \quad \overline{Z}_{Th2} = \frac{80 - 6*10^{-4}*376{,}8^2 + j46*10^{-2}*376{,}8}{18 + j5*10^{-2}*376{,}8} = 6{,}66\angle 45{,}42^\circ$$

Tensión equivalente de Thevenin. Se calcula la tensión entre A y B a circuito abierto, considerando aplicada solamente la fuente $e_1(t)$ y después lo mismo con la fuente $e_2(t)$.

Para $e_1(t)$ $\overline{U}_{Th1} = \dfrac{R_2 + jL_2\omega_1}{R_1 + R_2 + j(L_1 + L_2)\omega_1}\overline{E}_1 = \dfrac{8 + j3*10^{-2}314}{18 + j5*10^{-2}314}220 = 113{,}84\angle 8{,}56^o$

Para $e_2(t)$ $\overline{U}_{Th2} = \dfrac{R_1 + jL_1\omega_2}{R_1 + R_2 + j(L_1 + L_2)\omega_2}\overline{E}_2 = \dfrac{10 + j2*10^{-2}376{,}6}{18 + j5*10^{-2}376{,}6}220 = 105{,}71\angle -9{,}3^o$

Se tiene el **circuito equivalente** buscado:

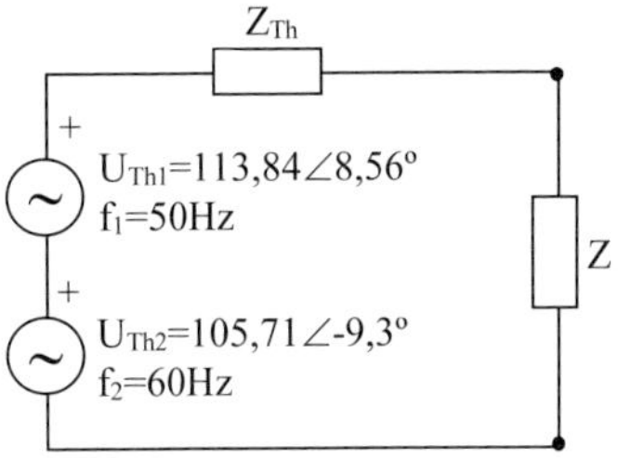

$$\begin{cases} \text{para } f_1 = 50Hz & \overline{Z}_{Th1} = 6{,}11\angle 40{,}7^o\,\Omega \\ \text{para } f_2 = 60Hz & \overline{Z}_{Th2} = 6{,}66\angle 45{,}42^o\,\Omega \end{cases}$$

a) Para Z=R=10Ω

Para $\overline{U}_{Th1}$ $\overline{I}_{1a} = \dfrac{\overline{U}_{Th1}}{\overline{Z}_{T1} + \overline{Z}_a} = \dfrac{113{,}84\angle 8{,}56^o}{6{,}11\angle 40{,}7^o + 10} = 7{,}5\angle -6{,}67^o$

Para $\overline{U}_{Th2}$ $\overline{I}_{2a} = \dfrac{\overline{U}_{Th2}}{\overline{Z}_{T2} + \overline{Z}_a} = \dfrac{105{,}71\angle -9{,}3^o}{6{,}66\angle 45{,}42^o + 10} = 6{,}86\angle -27{,}21^o$

Valor instantáneo de la intensidad:

$$i_a(t) = i_{1a}(t) + i_{2a}(t) = \sqrt{2}\,7{,}5\,\text{sen}(\omega_1 t - 6{,}67^o) + \sqrt{2}\,6{,}86\,\text{sen}(\omega_2 t - 27{,}21^o)$$

Potencia activa:

$$P_a = 10 * I_{1a}^2 + 10 * I_{2a}^2 = 10(I_{1a}^2 + I_{2a}^2) = 1033{,}5W$$

b) Para Z compuesta por R=5*√3 y L=15,9mH

$X_{L1} = L\omega_1 = 15{,}9*10^{-3}*314 = 5$ $\overline{Z}_{b1} = R + jX_{L1} = 5\sqrt{3} + j5 = 10\angle 30^o$

$X_{L2} = L\omega_2 = 15{,}9*10^{-3}*376{,}9 = 6$ $\overline{Z}_{b2} = R + jX_{L2} = 5\sqrt{3} + j6 = 10{,}54\angle 34{,}71^o$

Para $\overline{U}_{Th1}$ $\overline{I}_{1b} = \dfrac{\overline{U}_{Th1}}{\overline{Z}_{Th1} + \overline{Z}_{b1}} = \dfrac{113{,}84\angle 8{,}56^o}{6{,}11\angle 40{,}7^o + 10\angle 30^o} = 7{,}1\angle -25{,}5^o$

Para $\overline{U}_{Th2}$ $\overline{I}_{2b} = \dfrac{\overline{U}_{Th2}}{\overline{Z}_{Th2} + \overline{Z}_{b2}} = \dfrac{105{,}71\angle -9{,}3^o}{6{,}66\angle 45{,}42^o + 10{,}54\angle 34{,}71^o} = 6{,}18\angle -48{,}15^o$

Valor instantáneo de la intensidad:

$$i_b(t) = i_{1b}(t) + i_{2b}(t) = \sqrt{2}\,7{,}1\,\text{sen}(\omega_1 t - 25{,}5^o) + \sqrt{2}\,6{,}18\,\text{sen}(\omega_2 t - 48{,}15^o)$$

Potencia activa:

$$P_b = 5*\sqrt{3}\left(I_{1b}^2 + I_{2b}^2\right) = 766{,}41W$$

c) Para Z compuesta por R=5*√3 y C=636,9μF

$$X_{C1} = \frac{1}{C\omega_1} = \frac{1}{636{,}9*10^{-6}*314} = 5 \qquad \overline{Z}_{c1} = R - jX_{C1} = 5\sqrt{3} - j5 = 10\angle -30^{\circ}$$

$$X_{C2} = \frac{1}{C\omega_2} = \frac{1}{636{,}9*10^{-6}*376{,}8} = 4{,}166 \qquad \overline{Z}_{c2} = R - jX_{C2} = 5\sqrt{3} - j4{,}166 = 9{,}6\angle -25{,}68^{\circ}$$

$$\text{Para } \overline{U}_{Th1} \quad \overline{I}_{1c} = \frac{\overline{U}_{Th1}}{\overline{Z}_{Th1} + \overline{Z}_{c1}} = \frac{113{,}84\angle 8{,}56^{\circ}}{6{,}11\angle 40{,}7^{\circ} + 10\angle -30^{\circ}} = 8{,}54\angle 12{,}93^{\circ}$$

$$\text{Para } \overline{U}_{Th2} \quad \overline{I}_{2c} = \frac{\overline{U}_{Th2}}{\overline{Z}_{Th2} + \overline{Z}_{c2}} = \frac{105{,}71\angle -9{,}3^{\circ}}{6{,}66\angle 45{,}42^{\circ} + 9{,}6\angle -25{,}68^{\circ}} = 7{,}92\angle -11{,}78^{\circ}$$

Valor instantáneo de la intensidad:

$$i_c(t) = i_{1c}(t) + i_{2c}(t) = \sqrt{2}\, 8{,}54\,\mathrm{sen}\left(\omega_1 t + 12{,}93^{\circ}\right) + \sqrt{2}\, 7{,}92\,\mathrm{sen}\left(\omega_2 t - 11{,}78^{\circ}\right)$$

Potencia activa:

$$P_c = 5*\sqrt{3}\left(I_{1c}^2 + I_{2c}^2\right) = 1175W$$

```
%PROGRAMA EN MATLAB

%DATOS
R1=10; R2=8; L1=0.02; L2=0.03; f1=50; f2=60; E1=220; E2=220;
Za=10; R=5*sqrt(3); L=0.0159; C=0.0006369;

%CÁLCULOS

% Para E1 con f1
w1=2*pi*f1; XL11=L1*w1; XL21=L2*w1;
ZT1=(R1+XL11*i)*(R2+XL21*i)/(R1+XL11*i+R2+XL21*i);
ZT1m=abs(ZT1); phiZT1=angle(ZT1)*180/pi;
UT1=E1*(R2+XL21*i)/(R1+R2+(XL11+XL21)*i);
UT1m=abs(UT1); phiUT1=angle(UT1)*180/pi;
I1a=UT1/(ZT1+Za); I1am=abs(I1a); phiI1a=angle(I1a)*180/pi;
Zb1=R+L*w1*i; Zb1m=abs(Zb1); phiZb1=angle(Zb1)*180/pi;
I1b=UT1/(ZT1+Zb1); I1bm=abs(I1b); phiI1b=angle(I1b)*180/pi;
Zc1=R-i*1/(C*w1); Zc1m=abs(Zc1); phiZc1=angle(Zc1)*180/pi;
I1c=UT1/(ZT1+Zc1); I1cm=abs(I1c); phiI1c=angle(I1c)*180/pi;

% Para E2 con f2
w2=2*pi*f2; XL12=L1*w2; XL22=L2*w2;
ZT2=(R1+XL12*i)*(R2+XL22*i)/(R1+XL12*i+R2+XL22*i);
ZT2m=abs(ZT2); phiZT2=angle(ZT2)*180/pi;
```

```
UT2=E2*(R1+XL12*i)/(R1+R2+(XL12+XL22)*i);
UT2m=abs(UT2); phiUT2=angle(UT2)*180/pi;
I2a=UT2/(ZT2+Za); I2am=abs(I2a); phiI2a=angle(I2a)*180/pi;
Zb2=R+L*w2*i; Zb2m=abs(Zb2); phiZb2=angle(Zb2)*180/pi;
I2b=UT2/(ZT2+Zb2); I2bm=abs(I2b); phiI2b=angle(I2b)*180/pi;
Zc2=R-i*1/(C*w2); Zc2m=abs(Zc2); phiZc2=angle(Zc2)*180/pi;
I2c=UT2/(ZT2+Zc2); I2cm=abs(I2c); phiI2c=angle(I2c)*180/pi;

% POTENCIAS
Pa=Za*(I1am^2+I2am^2); % Para el caso a
Pb=5*sqrt(3)*(I1bm^2+I2bm^2); % Para el caso
bçPc=5*sqrt(3)*(I1cm^2+I2cm^2); % Para el caso b
```

PROBLEMA 5.44

Las expresiones de las fuentes de tensión e intensidad que alimentan el circuito de la figura son: $e_g(t)=\sqrt{2}\ 100\cos\omega t$ e $i_g(t)=\sqrt{2}\ 20\ \text{sen}\omega t$. (f = 50Hz). Calcúlese:

a) Los circuitos equivalentes de Thevenin y Norton entre los puntos A y B.

b) Potencia activa y reactiva en la impedancia Z para los casos en que $\overline{Z}=10\angle 0^{\circ}$; $\overline{Z}=10\angle 30^{\circ}$ y $\overline{Z}=10\angle -60^{\circ}$.

b) Diagrama vectorial de tensiones e intensidades en los tres casos del apartado b.

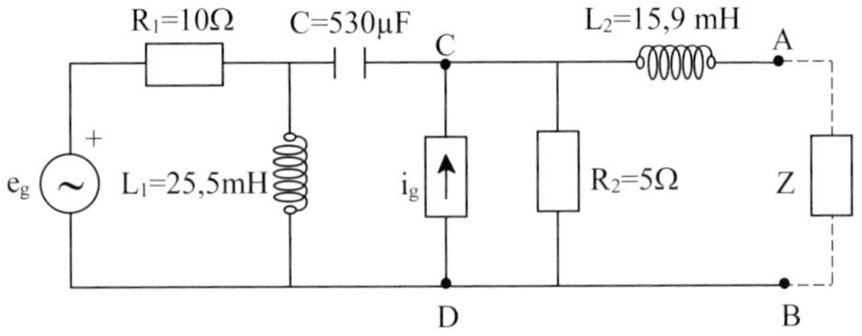

$$e_g(t)=\sqrt{2}\,100\cos\omega t \qquad \overline{E}_g=100\angle 0^{\circ}$$

$$i_g(t)=\sqrt{2}\,20\,\text{sen}\omega t=\sqrt{2}\,20\cos(\omega t-\pi/2) \qquad \overline{I}_g=20\angle -90^{\circ}$$

Las impedancias de las dos bobinas y del condensador son:

$$X_{L1}=L_1\omega=L_1*2*\pi*f=25{,}5*10^{-3}*314=8\,\Omega$$

$$X_{L2}=L_2\omega=L_1*2*\pi*f=15{,}9*10^{-3}*314=5\,\Omega$$

$$X_{C1}=\frac{1}{C_1\omega}=\frac{1}{C_1*2*\pi*f}=\frac{1}{530*10^{-6}*314}=6\,\Omega$$

Se va a transformar la parte del circuito formada por la fuente de tensión, la resistencia R_1, la reactancia $\overline{X}_{L1}$ y la reactancia $\overline{X}_C$, de la siguiente forma:

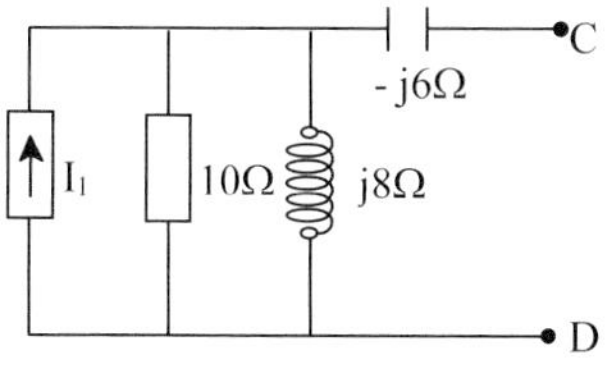

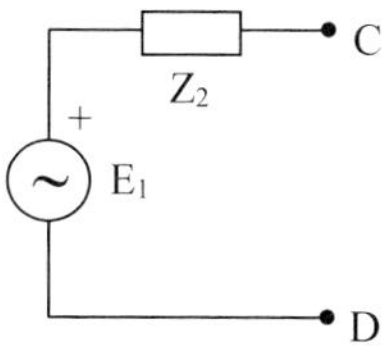

Donde:

$$\overline{I}_1 = \frac{\overline{E}_g}{R_1} = \frac{100\angle 0^o}{10} = 10\angle 0^o$$

$$\overline{Z}_1 = \frac{R_1 * \overline{X}_{L1}}{R_1 + \overline{X}_{L1}} = \frac{10 * j8}{10 + j8} = \frac{j80(10 - j8)}{10^2 + 8^2} = 3{,}9 + j4{,}88$$

$$\overline{E}_1 = \overline{Z}_1 \overline{I}_1 = (3{,}9 + j4{,}88)10 = 39 + j48{,}8$$

$$\overline{Z}_2 = \overline{Z}_1 + \overline{X}_C = 3{,}9 + j4{,}88 - j6 = 3{,}9 - j1{,}12$$

A continuación se transforma este conjunto de rama de fuente de tensión en rama de fuente de intensidad, que quedará en paralelo con la fuente de intensidad $\overline{I}_g$ y la resistencia R_2.

$$\overline{I}_2 = \frac{\overline{E}_1}{\overline{Z}_2} = \frac{39 + j48{,}8}{3{,}9 - j1{,}13} = \frac{(39 + j48{,}8)(3{,}9 + j1{,}13)}{16{,}55} = 5{,}91 + j14{,}19$$

Se obtiene a continuación una fuente de intensidad suma de las dos $(\overline{I}_2 \text{ e } \overline{I}_g)$. Se calcula la impedancia en paralelo de $\overline{Z}_2$ y R_2 y finalmente se obtiene el siguiente circuito equivalente para el conjunto.

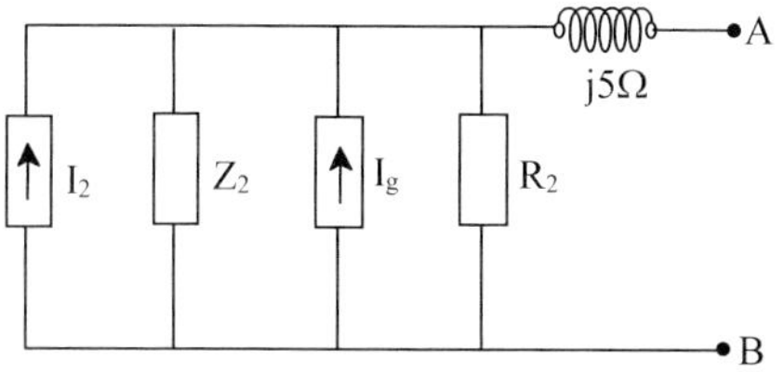

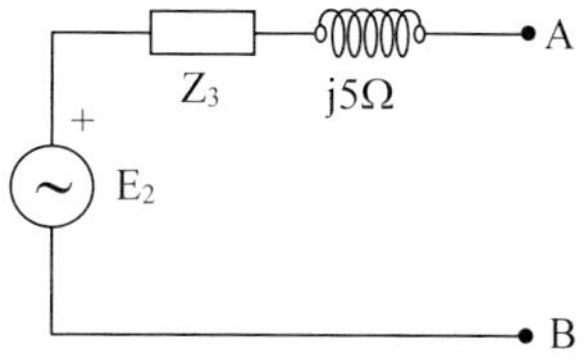

$$\overline{I}_3 = \overline{I}_2 + \overline{I}_g = 5{,}91 + j14{,}19 - j20 = 5{,}91 - j5{,}81$$

$$\overline{Z}_3 = \frac{\overline{Z}_2 * R_2}{\overline{Z}_2 + R_2} = \frac{(3{,}9 - j1{,}13) * 5}{3{,}9 - j1{,}13 + 5} = \frac{19{,}5 - j5{,}65}{8{,}9 - j1{,}13} = 2{,}24 - j0{,}35$$

$$\overline{E}_2 = \overline{E}_{TH} = \overline{Z}_3 \overline{I}_3 = (2{,}24 - j0{,}35)(5{,}91 - j5{,}81) = 11{,}2 - j15{,}07$$

$$\overline{Z}_{TH} = \overline{Z}_3 + \overline{X}_{L2} = 2{,}24 - j0{,}35 + j5 = 2{,}24 + j4{,}65$$

Para el circuito equivalente de Norton el valor de la fuente de intensidad será:

$$\bar{I}_N = \frac{\bar{E}_{TH}}{Z_{TH}} = \frac{11{,}2 - j15{,}07}{2{,}24 + j465} = -1{,}69 - j3{,}22$$

Se tienen los circuitos equivalentes:

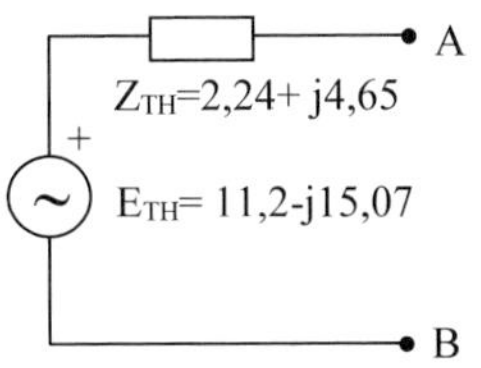

Equivalente de Thevenin

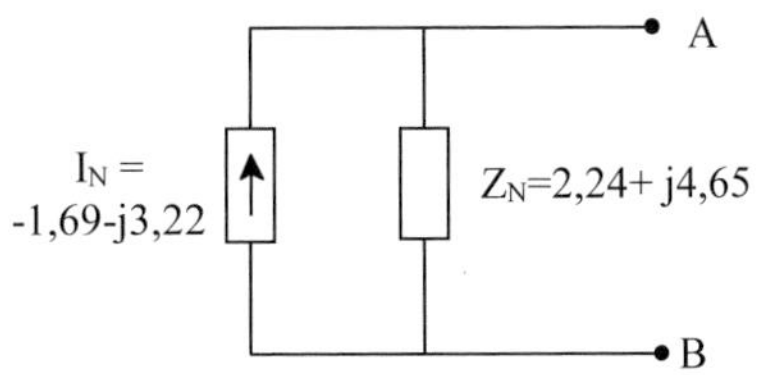

Equivalente de Norton

Haciendo uso del circuito equivalente de Thevenin:

1) Para $\bar{Z} = 10\angle 0^{o}$.

$$\bar{I} = \frac{\bar{E}_{TH}}{\bar{Z}_{TH} + \bar{Z}} = \frac{11{,}2 - j15{,}07}{2{,}24 + j4{,}65 + 10} = 0{,}39 - j1{,}38 = 1{,}435\angle -74{,}17^{o}$$

$$P = 10I^2 = 10 * 1{,}435^2 = 20{,}59W \qquad Q = 0$$

2) Para $\bar{Z} = 10\angle 30^{o}$.

$$\bar{I} = \frac{\bar{E}_{TH}}{\bar{Z}_{TH} + \bar{Z}} = \frac{11{,}2 + j15{,}07}{2{,}24 + j4{,}65 + 10\angle 30^{o}} = -0{,}11 - j1{,}286 = 1{,}29\angle -94{,}9^{o}$$

$$P = 10\frac{\sqrt{3}}{2}I^2 = 5\sqrt{3} * 1{,}29^2 = 14{,}42W \qquad Q = 10\frac{1}{2}I^2 = 5 * 1{,}29^2 = 8{,}33VAr$$

3) Para $\bar{Z} = 10\angle -60^{o}$.

$$\bar{I} = \frac{\bar{E}_{TH}}{\bar{Z}_{TH} + \bar{Z}} = \frac{11{,}2 + j15{,}07}{2{,}24 + j4{,}65 + 10\angle -60^{o}} = 2{,}07 - j0{,}94 = 2{,}27\angle -24{,}37^{o}$$

$$P = 10\frac{1}{2}I^2 = 5 * 2{,}27^2 = 25{,}75W \qquad Q = 10\left(-\frac{\sqrt{3}}{2}\right)I^2 = -5\sqrt{3} * 2{,}27^2 = -44{,}6VAr$$

```
%PROGRAMA EN MATLAB

t=[0:0.01:0.5];
f=50; w=2*pi*f; Eg=100; Igm=20; Z1=10; Z2=10*exp(i*pi/6); Z3=10*exp(-i*pi/3);
R1=10; R2=5; C=530*10^-6; L1=25.5*10^-3; L2=15.9*10^-3;

% Impedancias
XL1=L1*w; XL2=L2*w; XC=1/(C*w);
% Transformación del circuito
I11=Eg/R1; Z11=(R1*XL1*i)/(R1+XL1*i); Z11m=abs(Z11);
E1=Z11*I11; Z21=Z11-XC*i;
I21=E1/Z21; Ig=Igm*exp(-i*pi/2);
I31=I21+Ig; Z31=(R2*Z21)/(R2+Z21); Z31m=abs(Z31);
% Equivalente de Thevenin y Norton
ET=Z31*I31; ZT=Z31+XL2*i;
IN=ET/ZT;
% Para Z=Z1
I1=ET/(ZT+Z1); I1m=abs(I1); phiI1=angle(I1)*180/pi;
P1=Z1*I1m^2; Q1=0;
% Para Z=Z2
I2=ET/(ZT+Z2); I2m=abs(I2); phiI2=angle(I2)*180/pi;
S2=Z2*I2m^2;
% Para Z=Z3
I3=ET/(ZT+Z3); I3m=abs(I3); phiI3=angle(I3)*180/pi;
S3=Z3*I3m^2;
```

PROBLEMA 5.45

Para el circuito representado en la figura, hállese el circuito equivalente de Thevenin entre los puntos A y B y calcúlese la potencia consumida por la carga Z, para los casos de: $\overline{Z} = 2\angle 0°\Omega$ y $\overline{Z} = 2\sqrt{2}\angle 60°\Omega$. e(t) = 100cos100t.

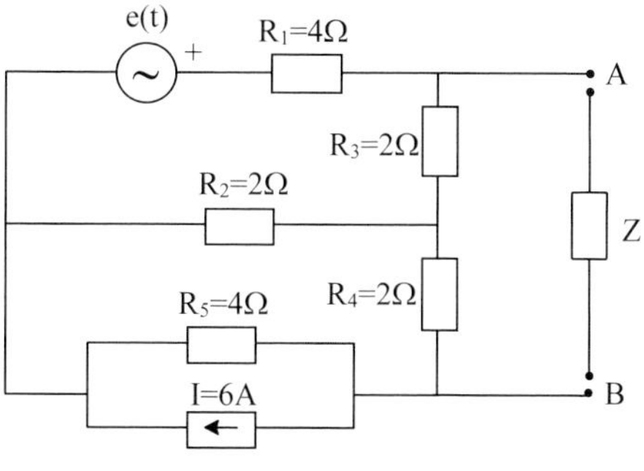

Se transforma la fuente de intensidad en fuente de tensión:

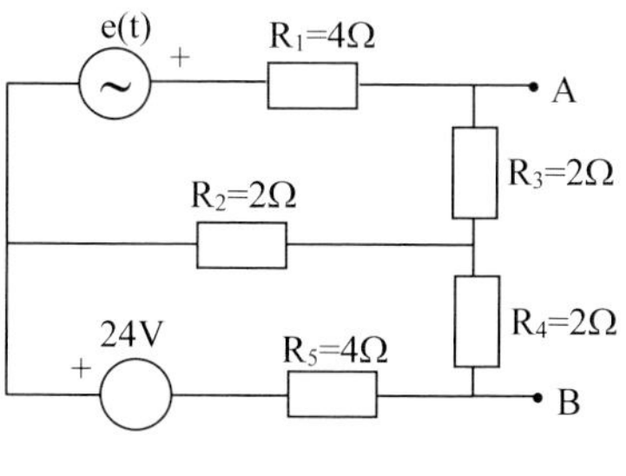

Se hace la transformación de la configuración estrella formada por las resistencias R_2, R_3 y R_4 a triángulo (R_2', R_3' y R_4') y se calcula la impedancia equivalente del circuito de Thevenin.

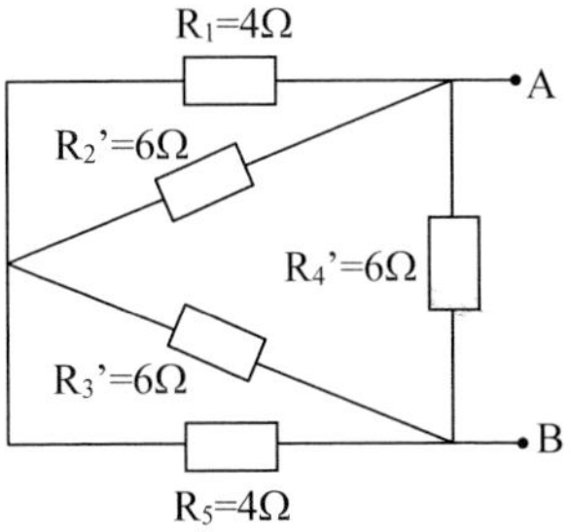

$$R_{equAB} = \frac{\left(\frac{4*6}{4+6}+\frac{4*6}{4+6}\right)*6}{\left(\frac{4*6}{4+6}+\frac{4*6}{4+6}\right)+6} = 2{,}67\,\Omega$$

Para calcular la tensión a circuito abierto se utiliza el teorema de superposición (aunque no haría falta por ser el circuito resistivo).

Para corriente continua se tiene:

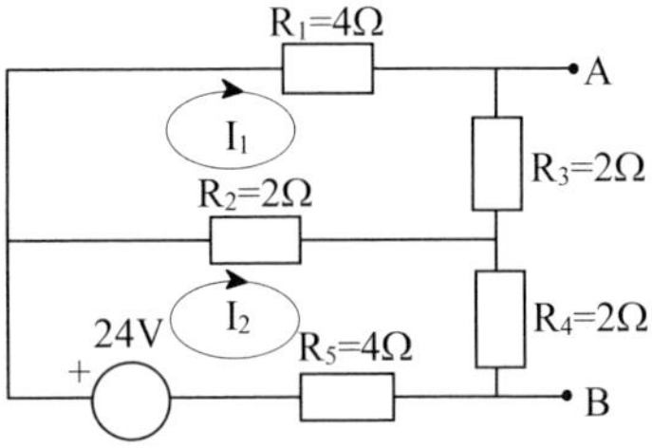

$$8I_1 - 2I_2 = 0$$
$$-2I_1 + 8I_2 = 24$$

$$I_1 = \frac{\begin{vmatrix} 0 & -2 \\ 24 & 8 \end{vmatrix}}{\begin{vmatrix} 8 & -2 \\ -2 & 8 \end{vmatrix}} = \frac{48}{60} = 0{,}8A \qquad I_2 = \frac{\begin{vmatrix} 8 & 0 \\ -2 & 24 \end{vmatrix}}{\begin{vmatrix} 8 & -2 \\ -2 & 8 \end{vmatrix}} = \frac{192}{60} = 3{,}2A$$

$$U_{TCC} = 2I_1 + 2I_2 = 8\,V$$

Para corriente alterna. Por ser el circuito puramente resistivo se pueden plantear las ecuaciones con los módulos de las intensidades en lugar de con sus valores vectoriales.

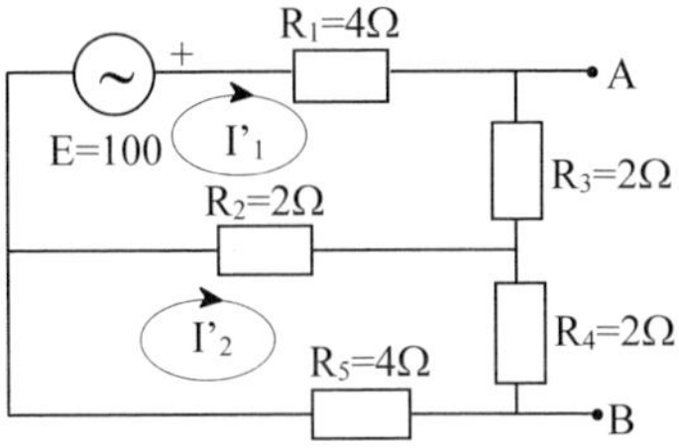

$$8I_1' - 2I_2' = 100$$
$$-2I_1' + 8I_2' = 0$$

$$I_1' = \frac{\begin{vmatrix} 100 & -2 \\ 0 & 8 \end{vmatrix}}{\begin{vmatrix} 8 & -2 \\ -2 & 8 \end{vmatrix}} = \frac{800}{60} = 13{,}3A \qquad I_2' = \frac{\begin{vmatrix} 8 & 100 \\ -2 & 0 \end{vmatrix}}{\begin{vmatrix} 8 & -2 \\ -2 & 8 \end{vmatrix}} = \frac{200}{60} = 3{,}33A$$

$$U_{TCA} = 2I_1' + 2I_2' = 33{,}33V \qquad u_{TCA}(t) = 33{,}33\cos 100t$$

Se tiene el **circuito equivalente de Thevenin**, siendo:

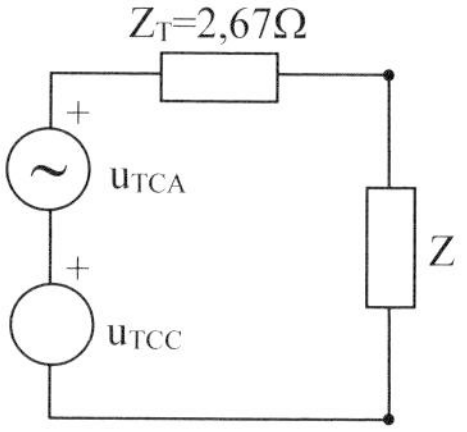

$$u_T(t) = U_{TCC} + u_{TCA}(t) = 8 + 33{,}33\cos 100t$$
$$Z_T = R_{equAB} = 2{,}67\Omega$$

Potencia consumida por la carga Z

Para $\overline{Z} = 2\angle 0^o\,\Omega$

$$I_{1CC} = \frac{U_{TCC}}{R_{equ} + Z} = \frac{8}{2{,}67 + 2} = 1{,}714A \qquad \text{Intensidad en corriente continua}$$

$$I_{1CA} = \frac{U_{TCA}/\sqrt{2}}{R_{equ} + Z} = \frac{23{,}57}{2{,}67 + 2} = 5{,}05A \qquad \text{Intensidad en corriente alterna}$$

$$P_1 = Z\left(I_{1CC}^2 + I_{1CA}^2\right) = 2\left(1{,}714^2 + 5{,}05^2\right) = 56{,}9W$$

Para $\overline{Z} = 2\sqrt{2}\angle 60^o\,\Omega$

$$I_{2CC} = \frac{U_{TCC}}{R_{equ} + Z\cos 60^o} = \frac{8}{2{,}67 + 2\sqrt{2} * 1/2} = 1{,}96A \qquad \text{Int. en corriente continua}$$

$$I_{2CA} = \frac{U_{TCA}/\sqrt{2}}{\sqrt{\left(R_{equ} + Z\cos 60^o\right)^2 + \left(Z\mathrm{sen} 60^o\right)^2}} = \frac{23{,}57}{4{,}76} = 4{,}95A \qquad \text{Int. en corriente alterna}$$

$$P_2 = Z\cos 60^o\left(I_{2CC}^2 + I_{2CA}^2\right) = 2\left(1{,}96^2 + 4{,}95^2\right) = 40{,}12W$$

```
% PROGRAMA EN MATLAB

R1=4; R2=2; R3=2; R4=2; R5=4; ig=6; Eg=100; w=100;
Z1=2; Z2=2*sqrt(2)*exp(i*pi/3);

% CIRCUITO EQUIVALENTE THEVENIN
R23=R2+R3+(R2*R3)/R4; R24=R2+R4+(R2*R4)/R3; R34=R3+R4+(R3*R4)/R2;
% Resistencia equivalente Thevenin
RT=((R1*R23)/(R1+R23)+(R24*R5)/(R24+R5))*R34/((R1*R23)/(R1+R23)+(R24*R5)/(R24+
R5)+R34);
Eig=R5*ig;
M=[8 -2;-2 8]; ECC=[0;Eig]; ICC=inv(M)*ECC;
% Tensión equivalente Thevenin
UTCC=R3*ICC(1,1)+R4*ICC(2,1);
ECA=[Eg;0]; ICA=inv(M)*ECA; % En CC
UTCA=R3*ICA(1,1)+R4*ICA(2,1); % En CA = uTCA=UTCA*cos(w*t)
% CÁLCULO DE POTENCIAS
% Para Z=Z1
I1CC=UTCC/(RT+Z1);
I1CA=(UTCA/sqrt(2))/(RT+Z1);
P1=Z1*(I1CC^2+I1CA^2)
% Para Z=Z2
I2CC=UTCC/(RT+real(Z2));
I2CA=(UTCA/sqrt(2))/sqrt((RT+real(Z2))^2+(imag(Z2))^2);
P2=real(Z2)*(I2CC^2+I2CA^2)
% Ecuación de la tensión
syms t;
uT=UTCC+UTCA*cos(w*t);
```

PROBLEMA 5.46

En el circuito de la figura, calcúlese la intensidad y la potencia absorbida por la carga Z en los siguientes casos: a) Z es una resistencia de valor R =3 Ω; b) Z es un condensador de capacidad C= 1,062 mF; c) Z es una bobina de valor L = 9,55 mH.

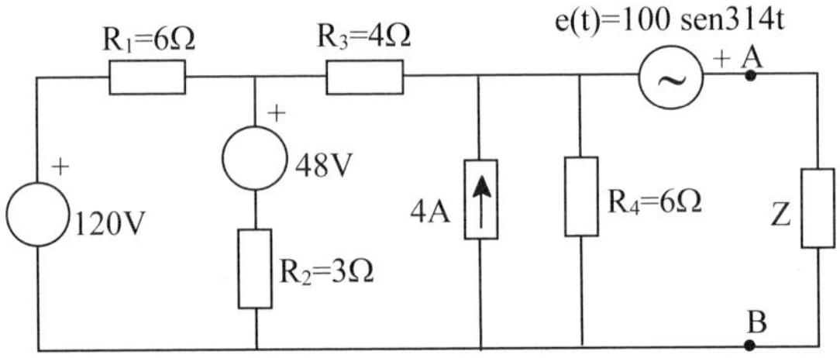

Como se ha de aplicar el mismo circuito a tres cargas distintas interesa obtener su circuito equivalente de Thevenin.

Tensión entre A y B a circuito abierto u_{AB0}

Las fuentes de corriente continua de 120V y 48V en serie con las resistencias de 6Ω y 3Ω respectivamente, se transforman en dos fuentes equivalentes de intensidad con sus resistencias en paralelo:

$$I_1 = \frac{120}{6} = 20A \qquad I_2 = \frac{48}{3} = 16A$$

Posteriormente se suman estas dos fuentes y se obtiene la resistencia en paralelo de R_1 y R_2:

$$I = I_1 + I_2 = 20 + 16 = 36A \qquad R = \frac{6*3}{6+3} = 2\Omega$$

A continuación se transforma la fuente de intensidad resultante en una fuente de tensión equivalente, y entre A y B se tiene el circuito:

$$E = 36*2 = 72V$$

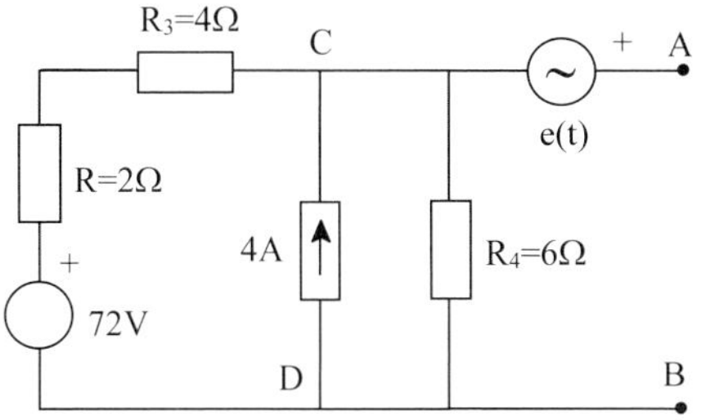

Se transforma la rama de tensión CD en una rama de fuente de intensidad:

$$I' = \frac{72}{6} = 12A$$

Por último se obtiene el paralelo entre esta rama '12A y 6 Ω' con la de '4A y 6 Ω':

$$I_{DC} = 12 + 4 = 16A \qquad R' = \frac{6*6}{6+6} = 3\Omega$$

Y se transforma a fuente de tensión. Se obtiene entre A y B el circuito:

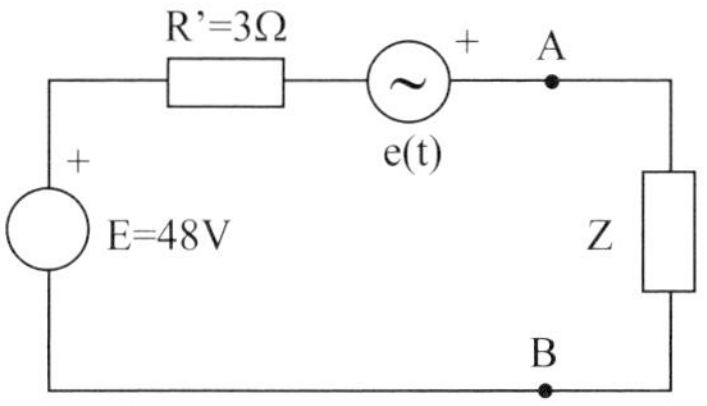

$$E = 16*3 = 48V$$

La tensión a circuito abierto será pues $\mathbf{u_{AB0} = 48 + e(t)}$ y la resistencia equivalente de Thevenin será $\mathbf{R_{equ} = R = = 3\Omega}$. Para calcular la intensidad que circula por Z se aplica el teorema de superposición.

a) Z = R = 3 Ω

$$I_{CC} = \frac{48}{3+3} = 8A \qquad I_{CA} = \frac{100/\sqrt{2}}{3+3} = 11{,}78A$$

$$i(t) = 8 + \sqrt{2} * 11{,}78 \text{ sen} 314t$$

Potencia activa consumida: $P = R * I_{CC}^2 + R * I_{CA}^2 = 3\left(8^2 + 11{,}78^2\right) = 608{,}3W$

b) Para Z = Condensador $\overline{X}_C = -j\dfrac{1}{C\omega} = -j\dfrac{1}{1{,}062 * 10^{-3} * 314} = -j3$

En CC el condensador se comporta como un circuito abierto e Icc = 0. Para la fuente de alterna se tiene:

$$I_{CA} = \frac{100/\sqrt{2}}{3 - j3} = \frac{100/\sqrt{2}}{\sqrt{2} * 3\angle -45^{o}} = 16{,}67\angle 45^{o}$$

$$i(t) = \sqrt{2} * 16{,}67\text{sen}\left(314t + 45^{o}\right)$$

La potencia activa consumida por Z será cero.

c) Para Z = Bobina $\overline{X}_L = jL\omega = j9{,}55 * 10^{-3} * 314 = j3$

En corriente continua la bobina se comporta como un cortocircuito. Se tiene:

$$I_{CC} = \frac{48}{3} = 16A \qquad I_{CA} = \frac{100/\sqrt{2}}{3 + j3} = \frac{100/\sqrt{2}}{\sqrt{2} * 3\angle 45^{o}} = 16{,}67\angle -45^{o}$$

$$i(t) = 16 + \sqrt{2} * 16{,}67\text{sen}\left(314t - 45^{o}\right)$$

La potencia activa consumida por Z será cero.

PROBLEMA 5.47

Los circuitos pasivos CP de las figuras 1 y 2 son iguales y tienen la forma indicada en la figura 3. Las fuentes de alimentación valen $i_g = \sqrt{2}\ 10\text{sen}\ \omega t$, $e_{g1} = \sqrt{2}\ 100\text{sen}\ (\omega t + 30^{o})$ y $e_{g2} = \sqrt{2}\ 120\ \text{sen}\ (\omega t + 60^{o})$. Si se desconecta la fuente e_{g1} la tensión que se mide entre los puntos A y B vale $u_1 = \sqrt{2}\ 12\ \text{sen}\ (\omega t + 30^{o})$. También se conoce la tensión $u_2 = \sqrt{2}10\text{sen}\ (\omega t + 45^{o})$. Con esta información y los datos indicados en las figuras calcúlese para la figura 1 la potencia cedida por las fuentes i_g y e_{g1}, la consumida por las resistencias R_1 y R_2 y por el circuito pasivo CP.

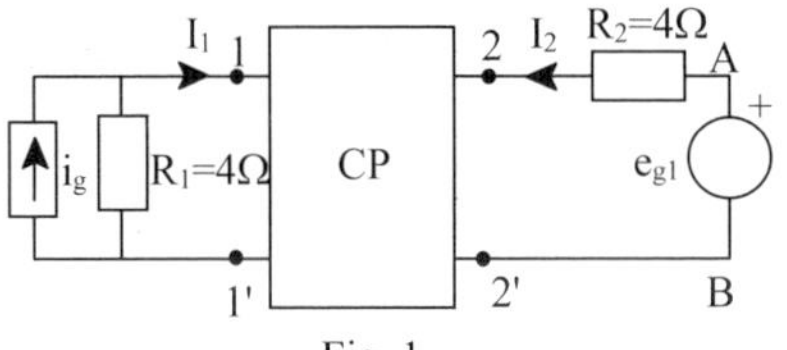

Fig. 1

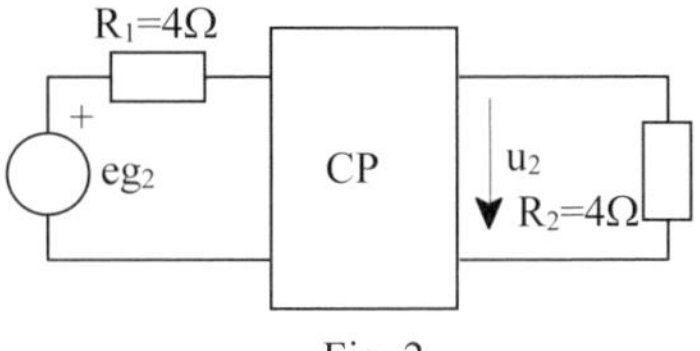

Fig. 2

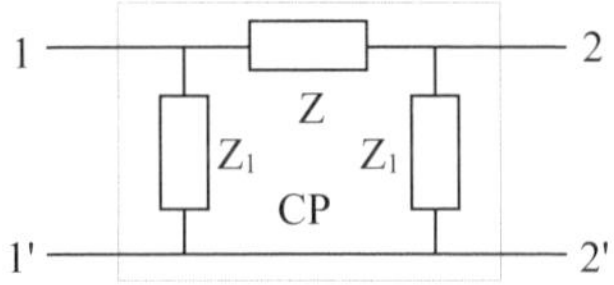

Fig. 3

Considerando la notación vectorial para las fuentes y tensiones conocidas se tiene:

$$\overline{I}_g = 10\angle 0^{\circ} \qquad \overline{E}_{g1} = 100\angle 30^{\circ} \qquad \overline{E}_{g2} = 120\angle 60^{\circ}$$
$$\overline{U}_1 = 12\angle 30^{\circ} \qquad \overline{U}_2 = 10\angle 45^{\circ}$$

Se transforma la rama de fuente de intensidad del circuito de la figura 1 en rama de fuente de tensión y se tiene el circuito:

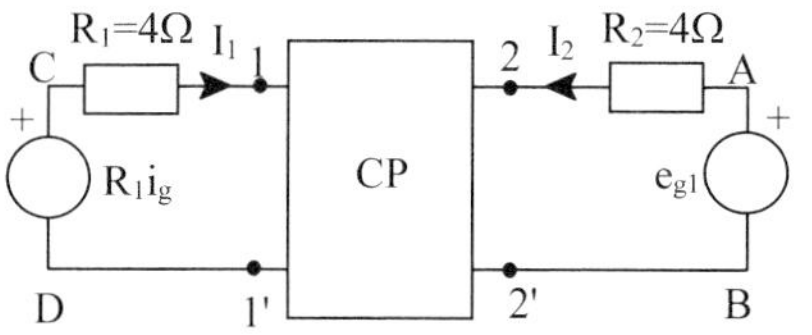

$$R_1\overline{I}_g = 40\angle 0^{\circ}$$

Fig. 1'

Debido a la simetría de CP, la impedancia del circuito pasivo completo (incluidas las resistencias R_1 y R_2) es la misma vista desde los puntos A y B que desde los puntos C y D. Los circuitos equivalentes de Thevenin considerados desde ambas parejas de puntos tienen la misma impedancia equivalente y pueden considerarse con ello los siguientes circuitos:

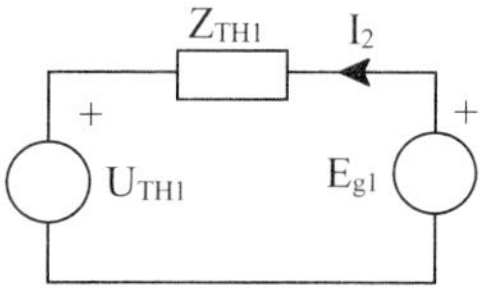

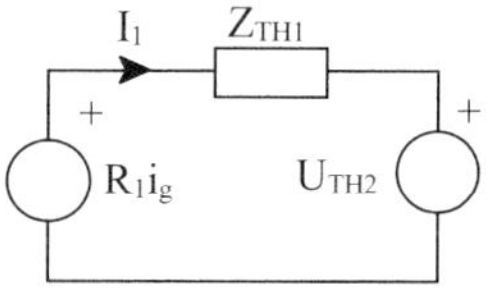

La tensión U_{TH1} es la medida entre los puntos A y B del circuito de la figura 1 con las fuente E_{g1} desconectada $(U_1 = 12\angle 30^{\circ})$. Aplicando reciprocidad y proporcionalidad para la tensión U_{TH2} se tiene:

$$\overline{U}_{TH2} = \frac{\overline{U}_{TH1}}{R_1\overline{I}_g}\overline{E}_{g1} = \frac{12\angle 30^{\circ}}{40\angle 0^{\circ}}100\angle 30^{\circ} = 30\angle 60^{\circ}$$

Se considera también el circuito equivalente de Thevenin de la figura 2 (en cortocircuito). La intensidad $\overline{I}_0$ se obtiene a partir de la tensión $\overline{U}_2$ que hay en la resistencia R_2.

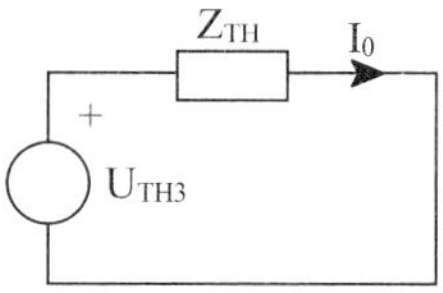

$$\overline{U}_{TH3} = \frac{\overline{U}_{TH1}}{R_1\overline{I}_g}\overline{E}_{g2} = \frac{12\angle 30^{\circ}}{40\angle 0^{\circ}}120\angle 60^{\circ} = 36\angle 90^{\circ}$$

$$\overline{I}_0 = \frac{\overline{U}_2}{R_2} = \frac{10\angle 45^{\circ}}{4} = 2{,}5\angle 45^{\circ}$$

La impedancia de Thevenin Z_{TH} de estos circuitos será:

$$\overline{Z}_{TH} = \frac{\overline{U}_{TH3}}{\overline{I}_0} = \frac{36\angle 90^o}{2{,}5\angle 45^o} = 14{,}4\angle 45^o$$

Cálculo de las intensidades $\overline{I}_1$ e $\overline{I}_2$ del circuito de la figura 1. Se plantean las ecuaciones:

$$R_1\overline{I}_g - \overline{U}_{TH2} = \overline{Z}_{TH}\overline{I}_1 \qquad \overline{E}_{g1} - \overline{U}_{TH1} = \overline{Z}_{TH}\overline{I}_2$$

$$\overline{I}_1 = \frac{R_1\overline{I}_g - \overline{U}_{TH2}}{\overline{Z}_{TH}} = \frac{40\angle 0^o - 30\angle 60^o}{14{,}4\angle 45^o} = \frac{36{,}06\angle -46{,}1^o}{14{,}4\angle 45^o} = 2{,}5\angle -91{,}1^o$$

$$\overline{I}_2 = \frac{\overline{E}_{g1} - \overline{U}_{TH1}}{\overline{Z}_{TH}} = \frac{100\angle 30^o - 12\angle 30^o}{14{,}4\angle 45^o} = 6{,}11\angle -15^o$$

La intensidad $\overline{I}_{R1}$ que circula por la resistencia R_1 del circuito de la figura 1 y su tensión valdrán:

$$\overline{I}_{R1} = \overline{I}_g - \overline{I}_1 = 10\angle 0^o - 2{,}5\angle -91{,}1^o = 10{,}05 + j2{,}5 = 10{,}36\angle 14^o$$
$$\overline{U}_{R1} = R_1\overline{I}_{R1} = 4 * 10{,}36\angle 14^o = 41{,}44\angle 14^o$$

Potencia suministrada por las fuentes i_g e e_{g1}:

$$\overline{S}_{Eg1} = \overline{E}_{g1}\overline{I}_2^* = 100\angle 30^o * 6{,}11\angle 15^o = 611\angle 45^o = 432{,}15 + j432{,}16$$
$$\overline{S}_{Ig} = \overline{U}_{R1}\overline{I}_g^* = 41{,}44\angle 14^o * 10\angle 0^o = 414{,}4\angle 14^o = 401{,}9 + j100{,}1$$
$$P = P_{Eg1} + P_{Ig} = 834{,}05W \qquad Q = Q_{Eg1} + Q_{Ig} = 532{,}26VAr$$

Potencia consumida por las resistencias R_1 y R_2:

$$P_{R1} = R_1 I_{R1}^2 = 4 * 10{,}36^2 = 428{,}93W$$
$$P_{R2} = R_2 I_2^2 = 4 * 6{,}11^2 = 149{,}38VA$$

Potencia activa y reactiva consumida por el circuito pasivo:

$$P_{CP} = P - P_{R1} - P_{R1} = 255{,}73W$$
$$Q_{CP} = Q = 532{,}26VA$$

```
% PROGRAMA EN MATLAB

% DATOS
R1=4; R2=4;
Ig=10; Eg1=100*exp(i*pi/6); Eg2=120*exp(i*pi/3);
U1=12*exp(i*pi/6);  U2=10*exp(i*pi/4);

% CÁLCULOS
Eg3=R1*Ig;
UT1=U1;
```

```
UT2=UT1*Eg1/Eg3;
I0=U2/R2;
UT3=Eg2*UT1/Eg3;
ZT=UT3/I0;
I1=(Eg3-UT2)/ZT;
I2=(Eg1-UT1)/ZT;
IR1=Ig-I1;
UR1=R1*IR1;
SEg1=Eg1*conj(I2);
SIg=UR1*conj(Ig);
P=real(SEg1)+real(SIg);
Q=imag(SEg1)+imag(SIg);
PR1=R1*(abs(IR1))^2;
PR2=R2*(abs(I2))^2;
PCP=P-PR1-PR2;
```

PROBLEMA 5.48

Los circuitos pasivos (CP) de las figuras 1 y 2 son iguales. A partir de los datos indicados en ambas figuras, calcúlese la intensidad I en la figura 1.

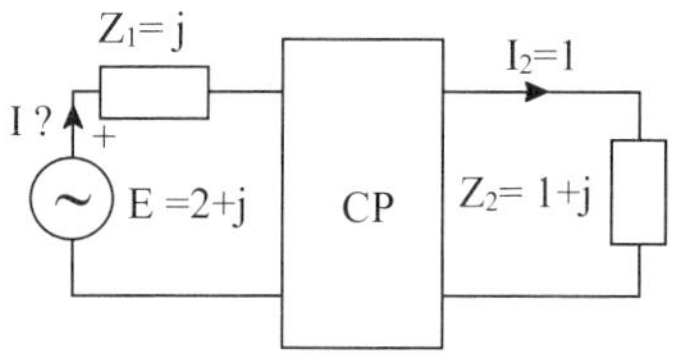

Fig 1

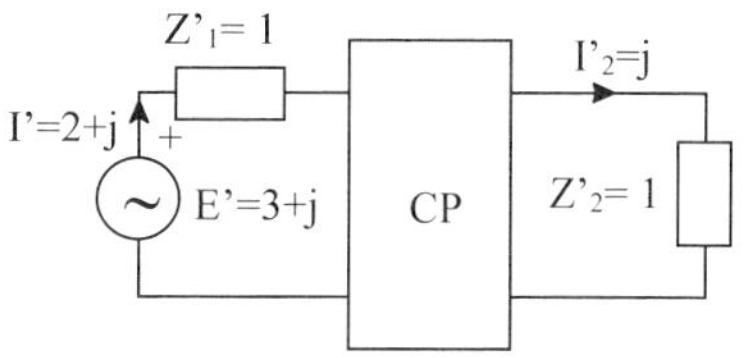

Fig 2

Se aplica el teorema de Telleguen:

- Producto de las tensiones del circuito 1 por las intensidades del circuito 2 = 0.
- Producto de las tensiones del circuito 2 por las intensidades del circuito 1 = 0.

Se tienen las ecuaciones:

$$-(2+j)(2+j)+j\,\overline{I}\,(2+j)+\sum_{k=0}^{k=n}\overline{U}_k\overline{I}'_k+\ (1+j)j=0$$

$$-(3+j)\overline{I}+(2+j)\overline{I}+\sum_{k=0}^{k=n}\overline{U}'_k\overline{I}_k+j*1=0$$

Como los circuitos pasivos (CP) son iguales, se tiene:

$$\overline{U}_k=\overline{Z}_k\overline{I}_k \qquad \sum_{k=0}^{k=n}\overline{U}_k\overline{I}'_k=\sum_{k=0}^{k=n}\overline{Z}_k\overline{I}_k\overline{I}'_k$$

$$\overline{U}'_k=\overline{Z}_k\overline{I}'_k \qquad \sum_{k=0}^{k=n}\overline{U}'_k\overline{I}_k=\sum_{k=0}^{k=n}\overline{Z}_k\overline{I}'_k\overline{I}_k$$

Sustituyendo en las dos ecuaciones anteriores:

$$-3 - j4 + j2\,\bar{I} - \bar{I} + j - 1 + \sum_{k=0}^{k=n} \bar{Z}\,\bar{I}_k\,\bar{I}_k' = 0$$

$$-3\,\bar{I} - j\bar{I} + 2\,\bar{I} + j\bar{I} + j + \sum_{k=0}^{k=n} \bar{Z}\,\bar{I}_k'\,\bar{I}_k = 0$$

Restando las dos últimas ecuaciones:

$$-4 - j4 + j2\,\bar{I} = 0$$

Se tiene la intensidad:

$$\bar{I} = \frac{2 + j2}{j} = 2 - j2$$

$$I = \sqrt{2^2 + 2^2} = 2\,\sqrt{2}\,A \qquad \tan\varphi = \frac{-2}{2} = -1 \qquad \varphi = -45^{\circ}$$

Y su expresión i(t):

$$i(t) = \sqrt{2} * 2\sqrt{2}\cos(\omega t - 45^{\circ}) = 4\ \cos(\omega t - 45^{\circ})$$

PROBLEMA 5.49

En el circuito de la figura $\bar{I}_3 = 8 - j6$.

a) Calcúlense los incrementos de intensidad en todas las ramas del circuito si la impedancia $\bar{Z}$ pasa del valor 3+j3 a 5+j3.

b) Si se anulan las tensiones $\bar{E}_1$ y $\bar{E}_2$, cuánto debería valer $\bar{E}_4$ e $\bar{I}_5$ para que $\bar{I}_3$ continúe valiendo 8 - j6, sabiendo que el generador de intensidad aporta doble corriente que el de tensión (en sus componentes activa y reactiva).

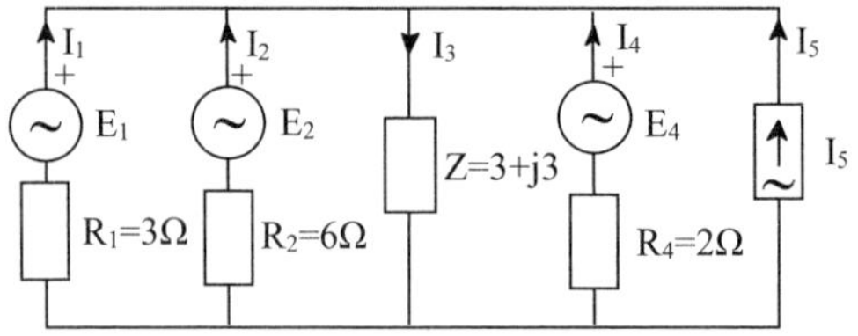

a) Tal como se plantea el problema, se ve una clara aplicación del teorema de compensación. Se considera, para su estudio, el circuito:

$$\Delta\overline{Z} = (5+j3)-(3+j3) = 2\Omega$$
$$\Delta\overline{E} = \Delta\overline{Z}\ \overline{I}_3 = 16-j12$$

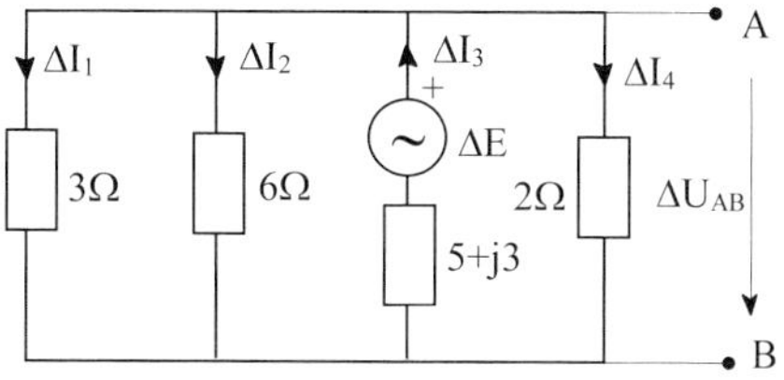

El incremento de intensidad en la rama que sufre la variación es:

$$\Delta\overline{I}_3 = \frac{16-j12}{\dfrac{1}{\dfrac{1}{3}+\dfrac{1}{6}+\dfrac{1}{2}}+5+j3} = \frac{4\,(4-j3)}{3\,(2+j)} = \frac{4}{3}\,(1-j2)$$

El incremento de tensión entre los puntos A y B vale:

$$\Delta\overline{U}_{AB} = \Delta\overline{E} - (5+j3)\ \frac{4}{3}\ (1-j2) = (16-j12) - \frac{4}{3}\ (11-j7) = \frac{4}{3}\,(1-j2)$$

Y los incrementos de intensidad en las ramas 1, 2 y 4 valen:

$$\Delta\overline{I}_1 = \frac{\Delta\overline{U}_{AB}}{3} = \frac{4}{9}\,(1-j2) \qquad \Delta\overline{I}_2 = \frac{\Delta\overline{U}_{AB}}{6} = \frac{2}{9}(1-j2) \qquad \Delta\overline{I}_4 = \frac{\Delta\overline{U}_{AB}}{2} = \frac{2}{3}(1-j2)$$

b) Se considera el siguiente circuito equivalente:

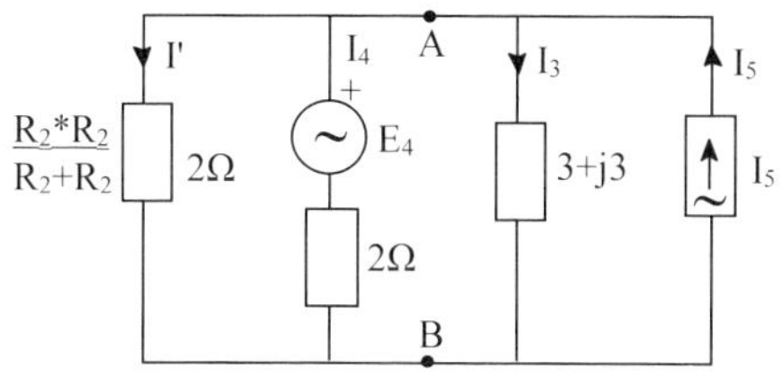

$$\overline{U}_{AB} = \overline{Z}\ \overline{I}_3 = (8-j6)\ (3+j3) = 6\,(7+j)$$
$$\overline{I}' = \frac{\overline{U}_{AB}}{2} = \frac{6\,(7+j)}{2} = 3\ (7+j)$$

Aplicando la primera ley de Kirchhoff al nudo A:

$$\overline{I}_4 + \overline{I}_5 = \overline{I}' + \overline{I}_3 \qquad \overline{I}_4 + 2\,\overline{I}_4 = \overline{I}' + \overline{I}_3$$

Y sustituyendo:

$$3\,\overline{I}_4 = 3\,(7+j)+(8-j6) = 21+j3+8-j6 = 29-j3$$

$$\overline{I}_4 = \frac{29-j3}{3} = \frac{29}{3} - j \qquad \overline{I}_5 = 2\,\overline{I}_4 = \frac{58}{3} - j2$$

$$\overline{E}_4 = \overline{U}_{AB} - 2\,\overline{I}_4 = 6\,(7+j) - 2\left(\frac{29}{3} - j\right) = \frac{68}{3} + j8$$

PROBLEMA 5.50

En el circuito de la figura, el amperímetro registra una lectura de 10A y el factor de potencia del motor es cosφ=0,8. Calcúlese la potencia P consumida por el motor y las lecturas registradas por el vatímetro W y el voltímetro V.

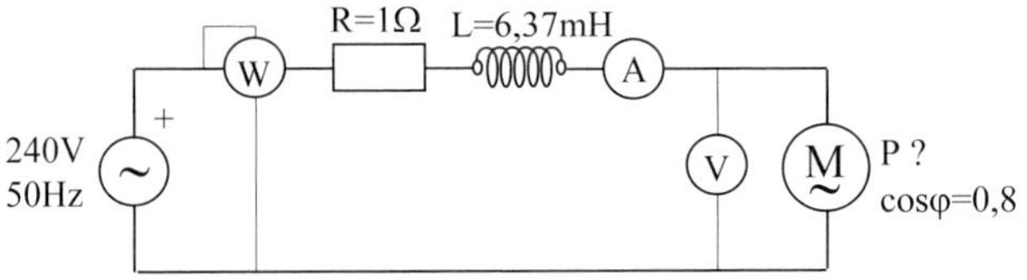

Para la potencia activa (P) y reactiva (Q) del motor se tiene:

$$\cos\varphi = 0{,}8 \qquad \operatorname{sen}\varphi = 0{,}6 \qquad \varphi = 36{,}87^{\circ}$$

$$P = U\ I\ \cos\varphi = U\ 10 * 0{,}8 = 8\,U$$

$$Q = U\ I\ \operatorname{sen}\varphi = U\ 10 * 0{,}6 = 6\,U$$

Datos de la línea $\begin{cases} R_L = 1\Omega \\ X_L = L\omega = L*2\pi f = 0{,}00637*314 = 2\,\Omega \end{cases}$ $\qquad \overline{X}_L = j2$

Si S_g, P_g y Q_g son la potencia aparente activa y reactiva suministradas por la fuente de tensión, se tiene el balance de potencias:

$$S_g = E\,I = 240*10 = 2400\,VA$$

$$P_g = P + R\,I^2 = P + 1*10^2 = 8\,U + 100$$

$$Q_g = Q + X_L\,I^2 = Q + 2*10^2 = 6\,U + 200$$

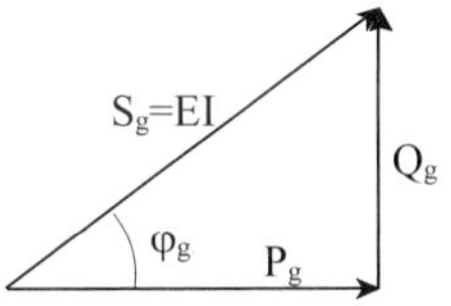

$$S_g = P_g + jQ_g \qquad S_g^2 = P_g^2 + Q_g^2$$

$$240^2 = (8\,U + 100)^2 + (6\,U + 200)^2 = 100U^2 + 4000U + 50000$$

$$U^2 + 40U - 57100 = 0$$

$$U = \frac{-40 \pm \sqrt{40^2 + 4 * 57100}}{2} = \begin{cases} 219{,}8 \\ -259{,}8 \end{cases} \Rightarrow U = 219{,}8V$$

La lectura del voltímetro es: 219,8V. Las potencias, P consumida por el motor y P_g registrada por el vatímetro, serán:

$$P = U\ I\ \mathbf{cos}\varphi = 8\,U = 1758{,}4W$$
$$P_g = P + R\,I^2 = 1758{,}4 + 1 * 10^2 = 1858{,}4\,W$$

También se puede hacer el análisis de tensiones. Tomando como referencia la tensión $\overline{U} = U\angle 0^{\circ}$ se tiene para la intensidad $\overline{I} = I\angle -36{,}87^{\circ}$:

$$\overline{I} = 10\,\mathbf{cos}\varphi - j10\,\mathrm{sen}\varphi = 8 - j6$$

$$\overline{E} = 240\angle\varphi' = \overline{U} + \overline{U}_R + \overline{U}_X = U + \left(R + \overline{X}_L\right)\overline{I} = U + (1 + j2)(8 - j6) = U + 20 + j10$$

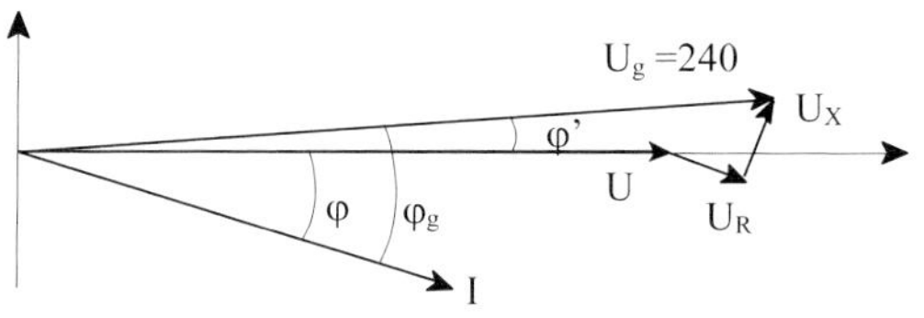

$$240 = \sqrt{(U + 20)^2 + 10^2} \quad \Rightarrow \quad 240^2 = U^2 + 40U + 500$$
$$U^2 + 40U - 57500 = 0 \quad \Rightarrow \quad U = 219{,}8\,V$$

A partir de aquí se calculan las potencias P y P_g.

PROBLEMA 5.51

En el circuito de la figura, las lecturas del vatímetro W y del amperímetro A son 3700W y 20A respectivamente y el factor de potencia de la carga Z es cosφ=0,8. Calcúlese:

a) La potencia P consumida por la carga y la lectura registrada por el voltímetro V.
b) El valor de la resistencia de la línea (R_L), así como los valores de R y X de la carga Z.

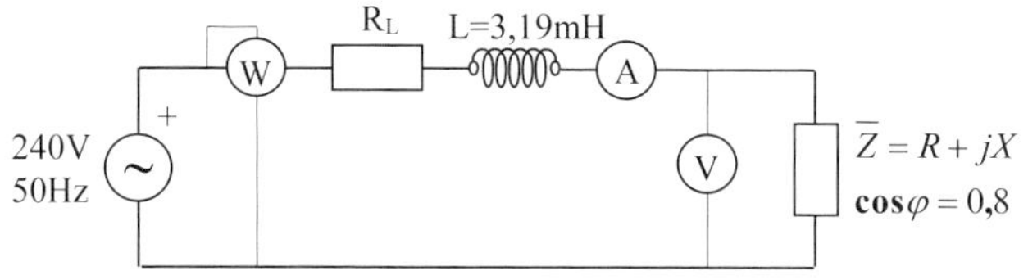

Para la potencia activa (P) y reactiva (Q) de la carga se tiene:

$$\cos\varphi = 0{,}8 \qquad \operatorname{sen}\varphi = 0{,}6 \qquad \varphi = 36{,}87^{\circ}$$
$$P = U\ I\ \cos\varphi = U\ 20 * 0{,}8 = 16\,U$$
$$Q = U\ I\ \operatorname{sen}\varphi = U\ 20 * 0{,}6 = 12\,U$$

$$\text{Datos de la línea} \begin{cases} R_L = ¿? \\ X_L = L\omega = L * 2\pi\, f = 0{,}00319 * 314 = 1\,\Omega \qquad \overline{X}_L = j \end{cases}$$

Si S_g, P_g y Q_g son la potencia aparente activa y reactiva suministradas por la fuente de tensión, se tiene el balance de potencias:

$$S_g = E\ I = 240 * 20 = 4800\,VA$$
$$P_g = 3700 = P + R_L\ I^2 = 16\,U + R_L * 400$$
$$S_g = P_g + jQ_g \qquad S_g^2 = P_g^2 + Q_g^2$$
$$Q_g = \sqrt{4800^2 - 3700^2} = 3057{,}8\,VAr$$

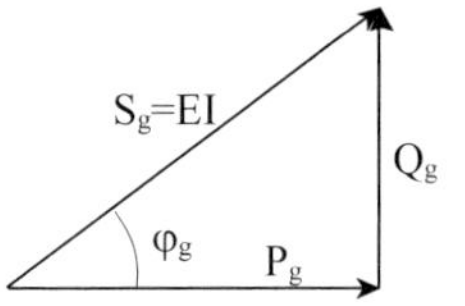

$$3057{,}8 = Q + X_L\ I^2 = Q + 1 * 20^2 \ \Rightarrow\ Q = 3057{,}8 - 400 = 2657{,}8\ VAr$$
$$Q = 12U \qquad U = \frac{2657{,}8}{12} = 221{,}5\,V$$

La lectura del voltímetro es: 221,5V. La potencia P consumida por la carga y la resistencia R_L de la línea serán:

$$P = U\ I\ \mathbf{cos}\varphi = 16\,U = 3543{,}7\,W$$
$$P_R = R_L\ I^2 = P_g - P = 3700 - 3543{,}7 = 156{,}3\ W$$
$$R_L = \frac{P_R}{I^2} = \frac{156{,}3}{400} = 0{,}39\Omega$$

Valores de la impedancia Z del circuito pasivo:

$$\overline{Z} = Z\angle\varphi = R + jX$$

Por potencias:

$$P = 3543{,}7 = R\ I^2 \qquad R = \frac{P}{I^2} = \frac{3543{,}7}{400} = 8{,}86\,\Omega$$
$$Q = 12U = X\ I^2 \qquad X = \frac{Q}{I^2} = \frac{2657{,}8}{400} = 6{,}64\,\Omega$$

O bien:

$$Z = \frac{U}{I} = \frac{221{,}5}{20} = 11{,}075 \qquad \begin{cases} R = Z\,\mathbf{cos}\varphi = 11{,}075 * 0{,}8 = 8{,}86\,\Omega \\ X = Z\operatorname{sen}\varphi = 11{,}075 * 0{,}6 = 6{,}64\,\Omega \end{cases}$$

PROBLEMA 5.52

El circuito de la figura está alimentado por una fuente de tensión de corriente continua de 50V y otra de corriente alterna de 230V de valor eficaz y 50 Hz de frecuencia. Calcúlese la tensión $u_C(t)$ en el condensador, así como la potencia que está suministrando cada fuente.

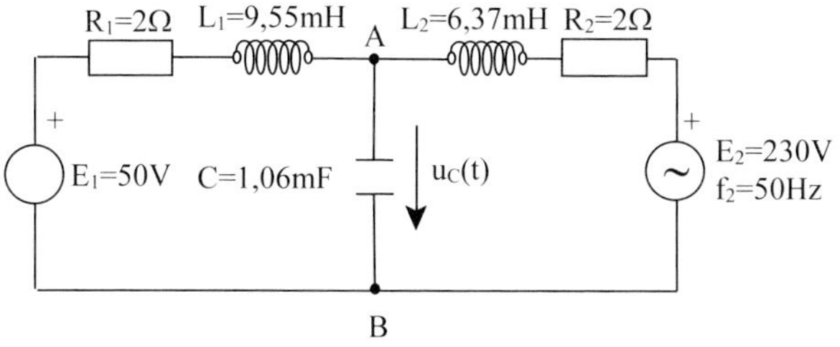

Al estar el circuito alimentado por fuentes de distinta naturaleza (CC y CA) se aplica el teorema de superposición, pues para CC las bobinas y el condensador se comportan como cortocircuito y circuito abierto respectivamente y para CA presentan una reactancias. Se tienen los circuitos:

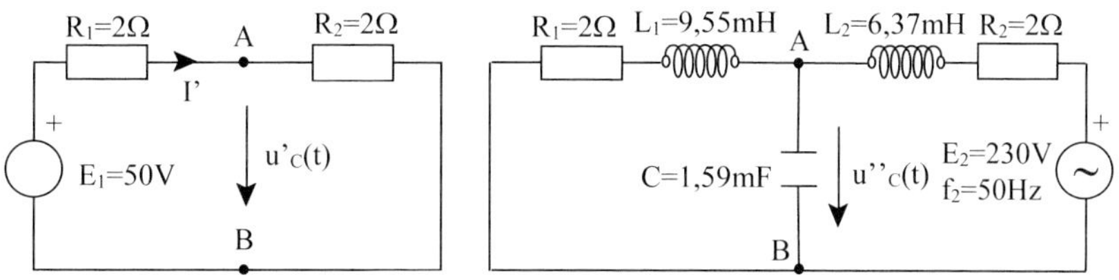

Y $u_C(t) = u_C'(t) + u_C''(t)$

Para el circuito de corriente continua se tiene:

$$I' = \frac{E_1}{R_1 + R_2} = \frac{50}{2+2} = 12{,}5A \qquad U_C' = U_{R2} = R_2 * I' = 2 * 12{,}5 = 25V$$

$$P_{E1} = E_1\ I' = 50 * 12{,}5 = 625W$$

Para el circuito de alterna:

$$X_1 = L_1\omega = 9{,}55 * 10^{-3} 2\pi f = 9{,}55 * 10^{-3} * 314 = 3\Omega \qquad \overline{X}_{L1} = j3$$

$$X_2 = L_2\omega = 6{,}37 * 10^{-3} 2\pi f = 6{,}37 * 10^{-3} * 314 = 2\Omega \qquad \overline{X}_{L1} = j2$$

$$X_C = \frac{1}{C\omega} = \frac{1}{1{,}59 * 10^{-3} * 314} = 2\Omega \qquad \overline{X}_C = -j2$$

En el estudio por mallas se tiene:

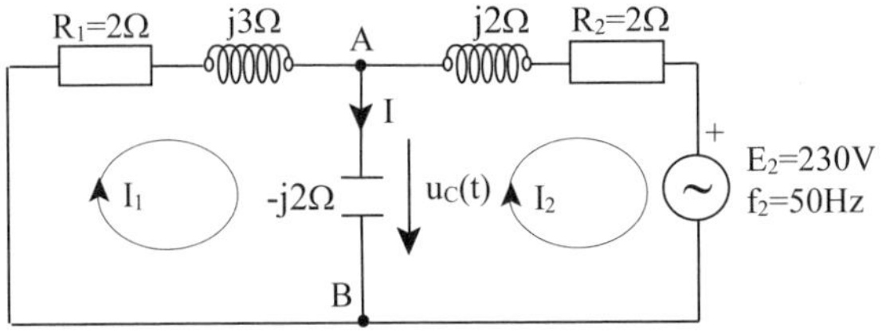

Las ecuaciones para su resolución por mallas son:

$$(2+j3-j2)\overline{I}_1-(-j2)\overline{I}_2=0 \qquad (2+j)\overline{I}_1+j2\overline{I}_2=0$$

$$-(-j2)\overline{I}_1+(2+j2-j2)\overline{I}_2=-\overline{E} \qquad j2\overline{I}_1+2\overline{I}_2=-230$$

$$\overline{I}_1=\frac{\begin{vmatrix}0 & j2\\ -230 & 2\end{vmatrix}}{\begin{vmatrix}2+j & j2\\ j2 & 2\end{vmatrix}}=\frac{j460}{8+j2}=\frac{j460(8-j2)}{(8+j2)(8-j2)}=\frac{920+j3680}{68}=13,53+j54,12$$

$$\overline{I}_2=\frac{\begin{vmatrix}2+j & 0\\ j2 & -230\end{vmatrix}}{\begin{vmatrix}2+j & j2\\ j2 & 2\end{vmatrix}}=\frac{-460-j230}{8+j2}=\frac{(-460-j230)(8-j2)}{(8+j2)(8-j2)}=-60,88-j13,53$$

$$\overline{I}=\overline{I}_1-\overline{I}_2=13,53+j54,12+60,88+j13,53=74,41+67,65=100,56\angle\varphi_C$$

$$\varphi_C=\arctan\frac{67,65}{74,41}=42,27^{o}$$

La tensión de CA en el condensador será:

$$\overline{U}''_C=\overline{X}_C\overline{I}=2\angle-90^{o}*100,56\angle 42,27^{o}=201,12\angle-47,73^{o}$$

$$u'_C(t)=\sqrt{2}\,201,12\,\mathrm{sen}(\omega t-47,73^{o})$$

Y la tensión total:

$$u_C(t)=u'_C(t)+u''_C(t)=25+\sqrt{2}\,201,12\,\mathrm{sen}(\omega t-47,73^{o})$$

Para la potencia suministrada por la fuente se tiene:

$$\overline{S}_{E2}=P_{E2}=E_2*(-I)^*=230*(60,88-j13,53)=14002,4-j3111,9$$

$$P_{E2}=14002,4W \qquad Q_{E2}=-3111,9W$$

```
%PROGRAMA EN MATLAB

% Para E1 con f1
w1=2*pi*f1; XL11=L1*w1; XL21=L2*w1;
ZT1=(R1+XL11*i)*(R2+XL21*i)/(R1+XL11*i+R2+XL21*i);
ZT1m=abs(ZT1); phiZT1=angle(ZT1)*180/pi;
UT1=E1*(R2+XL21*i)/(R1+R2+(XL11+XL21)*i);
UT1m=abs(UT1); phiUT1=angle(UT1)*180/pi;
I1a=UT1/(ZT1+Za); I1am=abs(I1a); phiI1a=angle(I1a)*180/pi;
Zb1=R+L*w1*i; Zb1m=abs(Zb1); phiZb1=angle(Zb1)*180/pi;
I1b=UT1/(ZT1+Zb1); I1bm=abs(I1b); phiI1b=angle(I1b)*180/pi;
Zc1=R-i*1/(C*w1); Zc1m=abs(Zc1); phiZc1=angle(Zc1)*180/pi;
I1c=UT1/(ZT1+Zc1); I1cm=abs(I1c); phiI1c=angle(I1c)*180/pi;

% Para E2 con f2
w2=2*pi*f2; XL12=L1*w2; XL22=L2*w2;
ZT2=(R1+XL12*i)*(R2+XL22*i)/(R1+XL12*i+R2+XL22*i);
ZT2m=abs(ZT2); phiZT2=angle(ZT2)*180/pi;
UT2=E2*(R1+XL12*i)/(R1+R2+(XL12+XL22)*i);
UT2m=abs(UT2); phiUT2=angle(UT2)*180/pi;
I2a=UT2/(ZT2+Za); I2am=abs(I2a); phiI2a=angle(I2a)*180/pi;
Zb2=R+L*w2*i; Zb2m=abs(Zb2); phiZb2=angle(Zb2)*180/pi;
I2b=UT2/(ZT2+Zb2); I2bm=abs(I2b); phiI2b=angle(I2b)*180/pi;
Zc2=R-i*1/(C*w2); Zc2m=abs(Zc2); phiZc2=angle(Zc2)*180/pi;
I2c=UT2/(ZT2+Zc2); I2cm=abs(I2c); phiI2c=angle(I2c)*180/pi;

% POTENCIAS
Pa=Za*(I1am^2+I2am^2); % Para el caso a
Pb=5*sqrt(3)*(I1bm^2+I2bm^2); % Para el caso b
Pc=5*sqrt(3)*(I1cm^2+I2cm^2); % Para el caso b
```

CAPÍTULO 6

Corrientes alternas trifásicas, sistemas equilibrados y desequilibrados

PROBLEMA 6.11

A una línea trifásica equilibrada de 380V de tensión compuesta y 50Hz de frecuencia, están conectados tres receptores cuyos valores se indican en la figura. Se desea conocer:
a) Intensidad de cada uno de los receptores y de la línea.
b) Potencias: aparente, activa y reactiva proporcionadas por la línea.
c) Cálculo de la batería de condensadores, a conectar en triángulo, para que el factor de potencia sea la unidad.

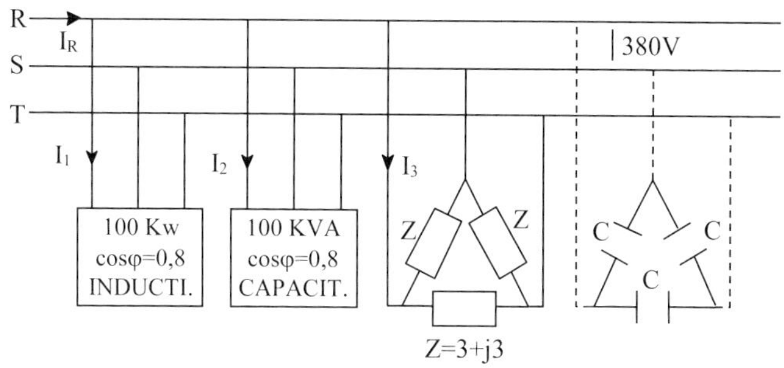

Cálculo de intensidades:

Receptor 1 (inductivo)

$$P_1 = 10^5 = \sqrt{3} * 380 * I_1 * 0{,}8 \qquad I_1 = 190\,A$$
$$\overline{I}_1 = 190 * 0{,}8 - j190 * 0{,}6 = 152 - j114 = 190\angle -37^{\circ}$$

Receptor 2 (capacitivo)

$$S_2 = 10^5 = \sqrt{3} * 380 * I_2 \qquad I_2 = 152\,A$$
$$\overline{I}_2 = 152 * 0{,}8 + j152 * 0{,}6 = 121{,}6 + j91{,}2 = 152\angle\, 37^{\circ}$$

Receptor 3 (inductivo)

$$Z_{\Delta} = \sqrt{3^2 + 3^2} = 4{,}24\Omega \qquad \varphi = \arctan\frac{-3}{3} = -45^{\circ}$$

Transformando el triángulo de impedancias en su estrella equivalente, se tiene:

$$\overline{Z}_Y = \frac{Z_{\Delta}}{3} = \frac{3 + j3}{3} = 1 + j$$
$$\overline{I}_3 = \frac{\dfrac{380}{\sqrt{3}}}{1 + j} = 110\,(1 - j) = 155\angle -45^{\circ}$$

Intensidad de línea del conjunto:

$$\overline{I}_L = \overline{I}_1 + \overline{I}_2 + \overline{I}_3 = 152 + 121{,}6 + 110 + j\left(-114 + 91{,}2 - 110\right) =$$
$$= 383{,}6 - j132{,}8 = 406\angle -19^{\circ} \qquad \cos\varphi = \frac{383{,}6}{406} = 0{,}945$$

Cálculo de potencias

$$S_1 = \frac{100}{0{,}8} = 125\,KVA \qquad P_1 = 100\,Kw \qquad Q_1 = 125 * 0{,}6 = 75\,KVAr$$
$$S_2 = 100\,KVA \qquad P_2 = 100 * 0{,}8 = 80\,Kw \qquad Q_2 = 100 * \left(-0{,}6\right) = -60\,KVAr$$
$$S_3 = 3\frac{380^2}{4{,}24} = 102\,KVA \qquad P_3 = 102\cos 45^{\circ} = 72\,Kw \qquad Q_3 = 102 * \text{sen}45^{\circ} = 72\,KVAr$$

$$P = P_1 + P_2 + P_3 = 252\,Kw \qquad Q = Q_1 + Q_2 + Q_3 = 87\,KVAr$$
$$S = \sqrt{P^2 + Q^2} = 266{,}5\,KVA$$

Puede comprobarse que: $S = \sqrt{3}\,U\,I = \sqrt{3} * 380 * 406 = 266{,}5\,KVA \neq \sum S_i$

Cálculo de la batería de condensadores a conectar en triángulo

Para que el factor de potencia del sistema sea 1 debe conectarse una batería de condensadores que aporten una potencia reactiva de 87 KVAr.

$$Q_C = Q = 3\frac{U^2}{X_C} = 3\frac{U^2}{\frac{1}{C\omega}} = 3\,U^2 C\omega$$

Como la conexión es en triángulo debe considerarse la tensión de línea U=380V, y se tiene:

$$87000 = 3 * 380^2 * C\omega = 3 * 380^2 * 314C$$
$$C = \frac{87000}{3 * 380^2 * \omega} = 6{,}4 * 10^{-4}\,F = 0{,}64\,mF$$

PROBLEMA 6.12

En el circuito trifásico equilibrado de la figura, el generador cede una potencia activa de 10000W. Se pide:

a) Intensidad de línea del generador.

b) Pérdidas de potencia activa y reactiva en la línea.

c) Tensión de línea del generador y en bornas de la carga 1.

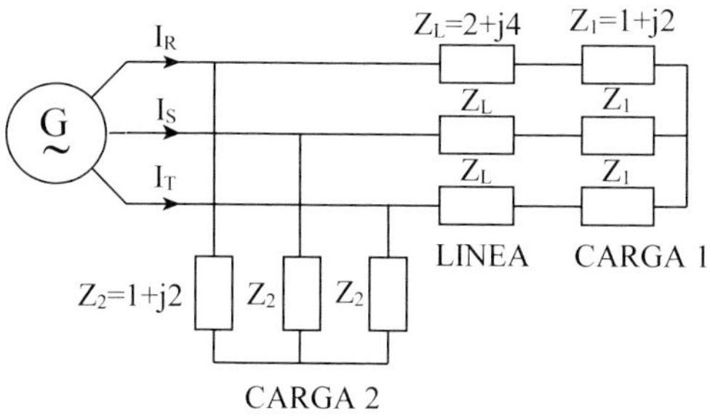

Por ser el sistema totalmente equilibrado, los neutros de la carga 1, de la carga 2 y del generador están al mismo potencial. Por ello el estudio se reduce al de un sistema monofásico.
Se consideran los siguientes circuitos:

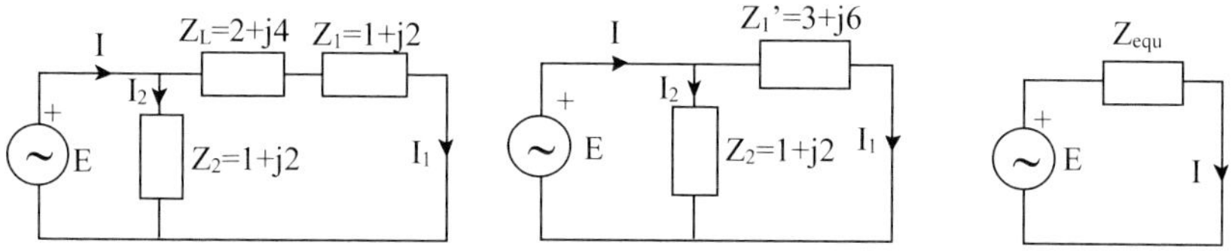

Impedancia equivalente del conjunto:

$$\overline{Z}_{equ} = \frac{(3+j6)(1+j2)}{3+j6+1+j2} = \frac{-9+j12}{4+j8} = \frac{60+j120}{80} = \frac{3}{4} + j\frac{6}{4} = R + jX$$

Intensidad de línea del generador

$$P_f = \frac{10000}{3}\ W = R\,I^2 = \frac{3}{4}\,I^2 \qquad I = \frac{2}{3}\,10^2\ A$$

Tensión de fase del generador

$$E = Z_{equ}\ I = \sqrt{R^2+X^2}\ I = \sqrt{\left(\frac{3}{4}\right)^2 + \left(\frac{6}{4}\right)^2}\ \frac{2}{3}\ 10^2 = \frac{3}{4}\sqrt{5}*\frac{2}{3}10^2 = 50\sqrt{5}\ V$$

Intensidad de las cargas:

$$\overline{Z}_1' = \sqrt{3^2+6^2} = 3\ \sqrt{5} \qquad Z_2 = \sqrt{1^2+2^2} = \sqrt{5}$$

$$E = Z_1' I_1 \qquad I_1 = \frac{E}{Z_1'} = \frac{50\sqrt{5}}{3\sqrt{5}} = \frac{50}{3} A$$

$$E = Z_2 I_2 \qquad I_2 = \frac{E}{Z_2} = \frac{50\sqrt{5}}{\sqrt{5}} = 50\ A$$

Pérdidas de potencia activa y reactiva en la línea

$$P_L = 3\, R_L\, I_1^2 = 3*2*\left(\frac{50}{3}\right)^2 = 1666{,}7W$$

$$Q_L = 3\, X_L\, I_1^2 = 3*4*\left(\frac{50}{3}\right)^2 = 3333{,}4VAr$$

Tensión de línea en el generador

$$U_{f2} = 50\sqrt{5} \qquad U_{L2} = \sqrt{3}\, U_{f2} = \sqrt{3}*50*\sqrt{5} = 50\,\sqrt{15}\,V$$

Tensión de línea en la carga 1

$$U_{f1} = Z_1\, I_1 = \sqrt{5}\,\frac{50}{3}V \qquad U_{L1} = \sqrt{3}\, U_{f1} = \sqrt{3}*\sqrt{5}*\frac{50}{3} = 50\,\sqrt{\frac{5}{3}}\,V$$

PROBLEMA 6.13

Un sistema trifásico equilibrado de tensiones, de 380V de tensión de línea, alimenta a un motor trifásico conectado en triángulo, y un sistema de impedancias conectado en estrella.
Los vatímetros W_1 y W_2 miden respectivamente: 12390W y 4896W. Se pide:
a) Intensidad, factor de potencia e impedancia de cada fase del motor.
b) Circuito del triángulo equivalente del conjunto.
c) Potencia activa y reactiva suministrada por el sistema.

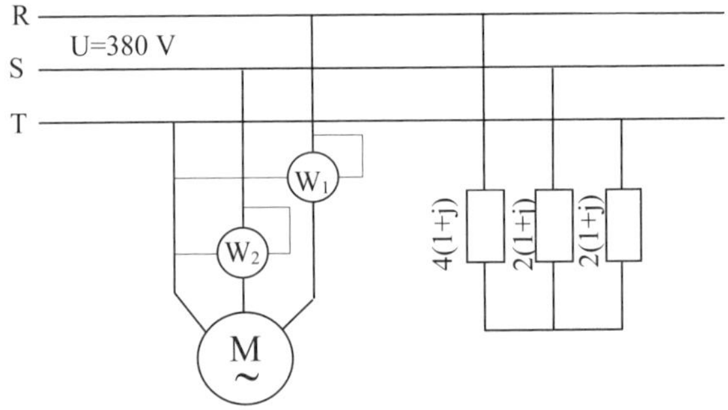

Para el motor se tiene:

$$W_1 = 12390W \qquad W_2 = 4896W$$

El sistema es de tres hilos y los vatímetros están conectados en conexión Aron. Se plantean las ecuaciones:

$$\left.\begin{array}{l} W_1 + W_2 = \sqrt{3}\, U I\, \cos\varphi \\ W_1 - W_2 = U I\, \text{sen}\varphi \end{array}\right\} \qquad \left.\begin{array}{l} 17286 = \sqrt{3}\; 380\, I \cos\varphi \\ 7494 = 380 I\, \text{sen}\varphi \end{array}\right\}$$

Cálculo de la intensidad de línea del motor

$$I\ \cos\varphi = 26{,}3\ A \qquad I\ \mathrm{sen}\varphi = 19{,}72\ A$$

$$I = \sqrt{26{,}3^2 + 19{,}72^2} = 32{,}87\ A \qquad I_f = \frac{I}{\sqrt{3}} = 19\ A$$

Cálculo de la impedancia y del factor de potencia

$$Z_M = \frac{380}{19} = 20\Omega \qquad \cos\varphi = \frac{26{,}3}{32{,}87} = 0{,}8 \qquad \mathrm{sen}\varphi = \frac{19{,}72}{32{,}87} = 0{,}6$$

$$R_M = 20\cos\varphi = 20 * 0{,}8 = 16\Omega$$

$$X_M = 20\mathrm{sen}\varphi = 20 * 0{,}6 = 12\Omega$$

$$\overline{Z}_M = 16 + j12 = 4(4 + j3)$$

Conversión de la carga en estrella a su configuración triángulo equivalente (de Z_Y a Z_Δ):

$$\overline{Z}'_{RS} = 4\ (1+j) + 2\ (1+j) + \frac{4(1+j) * 2(1+j)}{2(1+j)} = 10(1+j) \qquad \overline{Z}'_{TR} = 10(1+j)$$

$$\overline{Z}'_{ST} = 2(1+j) + 2(1+j) + \frac{2(1+j) * 2(1+j)}{4(1+j)} = 5(1+j)$$

Impedancias en triángulo equivalentes del conjunto

$$\overline{Z}_{RS} = \frac{4\ (4+j3) * 10(1+j9)}{4(4+j3) + 10(1+j)} = 6{,}2 + j5{,}5$$

$$Z_{RS} = 8{,}32\Omega \qquad \cos\varphi_{RS} = 0{,}74 \qquad \mathrm{sen}\varphi_{RS} = 0{,}67$$

$$\overline{Z}_{ST} = \frac{4(4+j3) * 5(1+j)}{4(4+j3) + 5(1+j)} = 3{,}83 + j3{,}56$$

$$Z_{ST} = 5{,}23\Omega \qquad \cos\varphi_{ST} = 0{,}73 \qquad \mathrm{sen}\varphi_{ST} = 0{,}68$$

$$\overline{Z}_{TR} = \overline{Z}_{RS} = 6{,}2 + j5{,}5 \qquad Z_{TR} = 8{,}32\Omega \qquad \cos\varphi_{TR} = 0{,}74 \qquad \mathrm{sen}\varphi_{TR} = 0{,}67$$

Potencias suministradas. Las intensidades de fase del conjunto son:

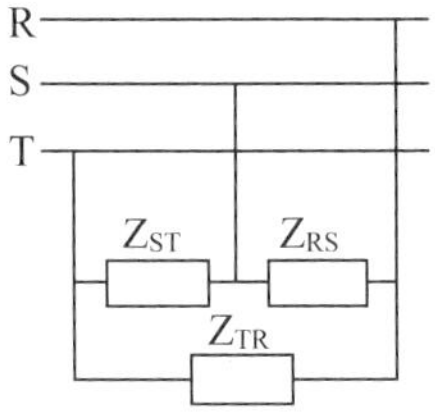

$$I_{RS} = I_{TR} = \frac{380}{8{,}32} = 45{,}7\ A$$

$$I_{TR} = \frac{380}{5{,}23} = 72{,}66\ A$$

Y las potencias activa y reactiva:

$$P = 2\ (380 * 45{,}7 * 0{,}74) + 380 * 72{,}66 * 0{,}73 = 45858\,W$$

$$Q = 2\ (380 * 45{,}7 * 0{,}67) + 380 * 72{,}66 * 0{,}68 = 42046\,VAr$$

PROBLEMA 6.14

En la figura se representa una red trifásica equilibrada de tensiones, de secuencia directa RST, a la que pueden conectarse los consumos a y b mediante sus correspondientes interruptores S_a y S_b.
a) Con el interruptor S_a cerrado y S_b abierto se registran las lecturas $A_1 = 60A$, $V_{1R} = 150\sqrt{3}V$, $V_{1L} = 150V$. Calcúlense las lecturas que deberán registrar los restantes aparatos.
b) Con S_a y S_b cerrados, la red suministra unas potencias activas y reactivas dobles que en el caso anterior. Calcúlense las lecturas de los aparatos A_R, A_S, A_T, W_1 y W_2.

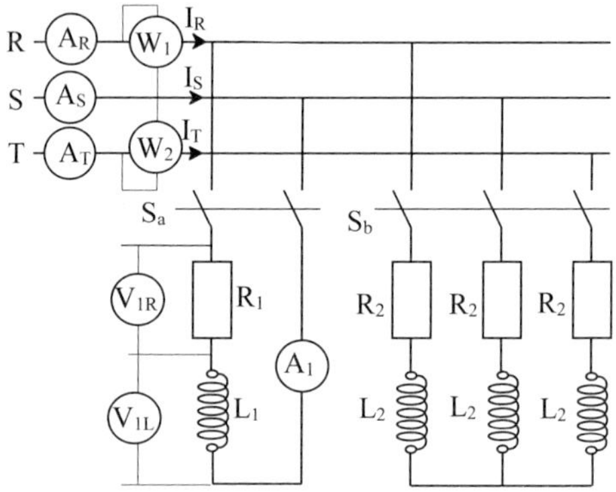

S_a cerrado y S_b abierto

$$A_1 = 60\,A \qquad U_{1R} = 150\sqrt{3}\,V \qquad U_{1L} = 150V$$
$$I_R = -I_S = 60\,A \qquad I_T = 0$$

La lectura de los amperímetros será: $\mathbf{A_R = A_S = 60\,A}$ **y** $\mathbf{A_T = 0\,A}$

$$\overline{U}_{RS} = 150\sqrt{3} + j150 \qquad U_{RS} = U = 300V$$

La tensión de línea es de 300 V.

$$\cos\varphi_a = \frac{150\sqrt{3}}{300} = \frac{\sqrt{3}}{2} \qquad \varphi_a = 30^o$$

$$U_{RN} = U_f = \frac{300}{\sqrt{3}} = 100\sqrt{3}\,V \qquad W_2 = 0 \quad \text{pues} \quad I_T = 0$$

$$W_1 = U_{RS} I_R \cos\varphi_a = 300*60*\frac{\sqrt{3}}{2} = 9000\sqrt{3}\ W \qquad P = W_1 + W_2 = 9000\sqrt{3}\ W$$

$$Q = P\ \tan\varphi_a = 9000\sqrt{3}*\frac{\sqrt{3}}{3} = 9000\,VAr$$

La lectura de los vatímetros es: **W_1 = 9000√3 A y W_2 = 0**

S_a y S_b cerrados

$$P = P_a + P_b = 2P_a \qquad \text{y} \qquad Q = 2Q_a$$

Por tanto debe ser:

$$P_a = P_b = 9000\sqrt{3}\,W \qquad \text{y} \qquad Q_a = Q_b = 9000\,VAr$$

Para las potencias activa y reactiva del consumo b, por ser este trifásico equilibrado, se plantean las relaciones:

$$P_b = 9000\sqrt{3} = \sqrt{3}*300*I_2\cos\varphi_b \qquad I_2\cos\varphi_b = \frac{9000\ \sqrt{3}}{300\ \sqrt{3}} = 30\,A$$

$$Q_b = 9000\sqrt{3} = \sqrt{3}*300*I_2\text{sen}\varphi_b \qquad I_2\text{sen}\varphi_b = \frac{9000}{300\ \sqrt{3}} = \frac{30}{\sqrt{3}}\,A$$

Y se obtiene su intensidad y su ángulo de desfase:

$$I = \sqrt{30^2 + \left(\frac{30}{\sqrt{3}}\right)^2} = 20\sqrt{3}\,A \qquad \cos\varphi_b = \frac{\sqrt{3}}{2} \qquad \text{sen}\varphi_b = \frac{1}{2} \qquad \varphi_b = 30^{\circ}$$

Las intensidades de línea para la carga trifásica son:

$$\bar{I}_{Rb} = 20\ \sqrt{3}\ \angle -30^{\circ} \qquad \bar{I}_{Sb} = 20\ \sqrt{3}\ \angle -150^{\circ} \qquad \bar{I}_{Tb} = 20\ \sqrt{3}\ \angle\ 90^{\circ}$$

Para obtener las intensidades totales de la línea se han de sumar vectorialmente, para cada fase, las intensidades del consumo a y del b. Se obtiene:

$$\bar{I}_R = \bar{I}_{Ra} + \bar{I}_{Rb} = 60 + 30 - j\frac{30}{\sqrt{3}} = 90 - j\frac{30}{\sqrt{3}} \qquad I_R = 91{,}7\,A$$

$$\bar{I}_S = \bar{I}_{Sa} + \bar{I}_{Sb} = -60 - 30 - j\frac{30}{\sqrt{3}} = -90 - j\frac{30}{\sqrt{3}} \qquad I_S = 91{,}7\,A$$

$$\bar{I}_T = \bar{I}_{Ta} + \bar{I}_{Tb} = 0 + j20\sqrt{3} \qquad I_T = 20\sqrt{3}\,A$$

Las lecturas serán: **A_R =A_S = 91,7 y A_T = 20√3**

Para las lecturas de los vatímetros se tiene:

$$W_1 = 300*60\cos 30^o + 300*20\sqrt{3}\cos 60^o = U_{RS}\, I_R \cos\left(U_{RS}, I_R\right) = 20760W$$
$$W_2 = U_{TS}\, I_T\, \cos 0^o = 300*20\sqrt{3}\, \cos 0^o = 10380W$$
$$W_1 + W_2 = 31140W = 2*9000\sqrt{3}\, A$$

La lectura serán: **W_1 = 20760W y W_2 = 10380W**

Diagrama vectorial

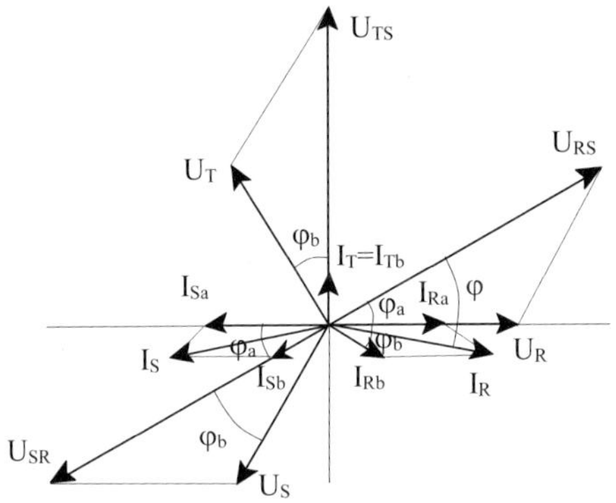

PROBLEMA 6.15

El circuito de la figura representa un sistema trifásico totalmente equilibrado con 380V de tensión de línea. Hállese:

a) Tensión de línea en bornas de la carga en triángulo.

b) Tensión de línea en las bornas de la carga en estrella, si se desconecta la carga en triángulo.

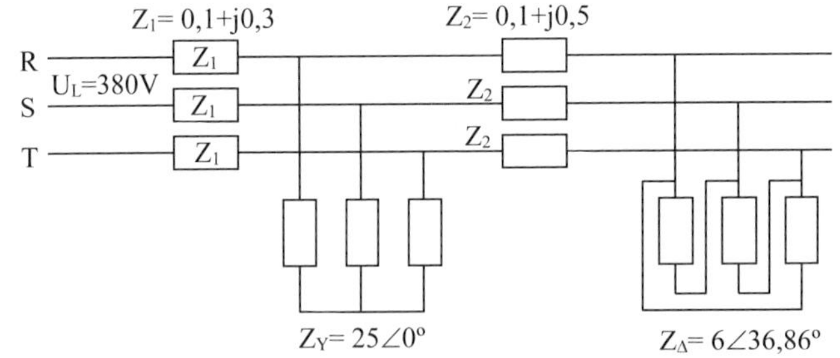

Transformando la carga en triángulo a su equivalente en estrella se tiene:

$$\overline{Z}'_Y = \frac{\overline{Z}_\Delta}{3} = \frac{6\angle 36{,}86^o}{3} = 2\angle 36{,}86^o = 1{,}6 + j1{,}2 \qquad U_f = \frac{380}{\sqrt{3}} = 220V$$

Por ser equilibrado el sistema se estudia como un circuito monofásico.

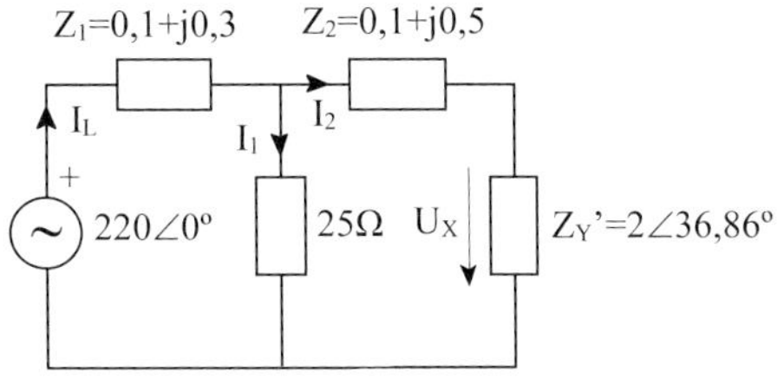

La impedancia equivalente que ve la fuente es:

$$\overline{Z}_{equ} = \overline{Z}_1 + \frac{\left(\overline{Z}_2 + \overline{Z}_Y'\right)\overline{Z}_Y}{\overline{Z}_2 + \overline{Z}_Y' + \overline{Z}_Y} = 0{,}1 + j0{,}3 + \frac{(0{,}1 + j0{,}5 + 1{,}6 + j1{,}2)25}{26{,}7 + j1{,}7} =$$
$$= 0{,}1 + j0{,}3 + 1{,}68 + j1{,}484 = 1{,}78 + j1{,}78 = 2{,}52\angle 45^o$$

Cálculo de la tensión de línea en las bornas de la carga en triángulo:

$$\overline{I}_L = \frac{220}{2{,}52\angle 45^o} = 87\angle -45^o$$
$$\overline{U}_X = \overline{Z}_Y'\,\overline{I}_2 = \overline{Z}_Y'\frac{\overline{Z}_Y}{\overline{Z}_Y + \overline{Z}_Y' + \overline{Z}_2}\overline{I}_L = \frac{2\angle 36{,}86^o * 25 * 87\angle -45^o}{25 + 1{,}6 + j1{,}2 + 0{,}1 + j0{,}5} = 162{,}6\angle -11{,}78^o$$
$$\overline{U}_{XL} = \sqrt{3}\,\overline{U}_X\,\angle 30^o = \sqrt{3} * 162{,}6\ \angle -11{,}78^o + 30^o = 281{,}6\ \angle 18{,}22^o$$

Si se desconecta la carga en triángulo, se tiene el circuito monofásico siguiente:

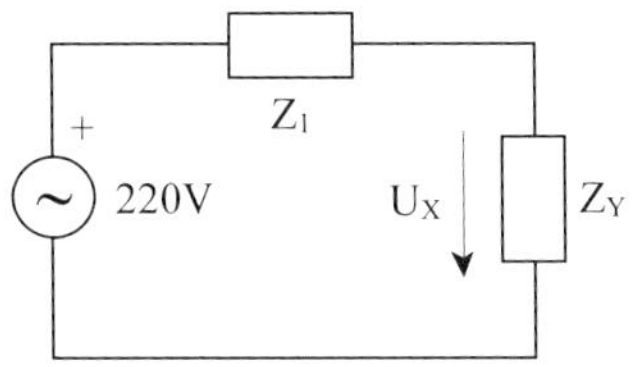

Tensión de fase de la carga:

$$\overline{U}_X = \frac{\overline{Z}_Y}{\overline{Z}_1 + \overline{Z}_Y}220 = \frac{25}{25 + 0{,}1 + j0.3}220 = 218{,}5\angle -0{,}68^o$$

Tensión de línea:

$$\overline{U}_{XL} = \sqrt{3}\,\overline{U}_X\,\angle 30^o = \sqrt{3} * 218{,}5\ \angle -0{,}68^o + 30^o = 378{,}5\angle 29{,}32^o$$

PROBLEMA 6.16

El circuito de la figura está alimentado por un sistema equilibrado de tensiones de 380V de tensión de línea. La carga Z es equilibrada de carácter inductivo, con cosφ = 0,9, y consume una potencia de 3Kw cuando en la línea es R = 0. Hállese:

a) Valor de Z, así como el valor máximo de R para que la tensión de línea en la carga no sea inferior a 360V.

b) Potencia consumida por la carga Z en estas condiciones.

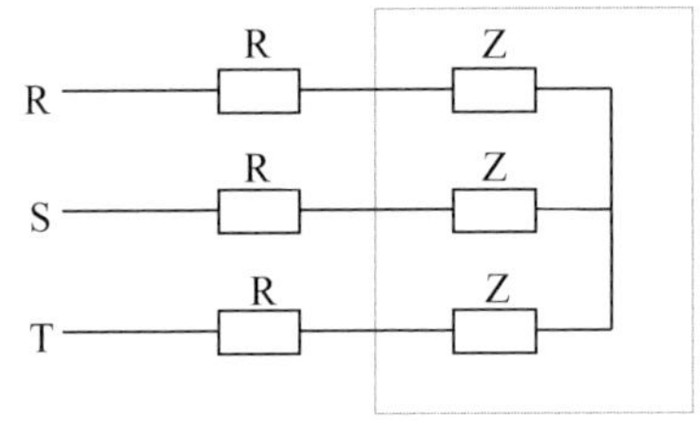

$$\overline{U}_{RS} = 380\angle 0^{\circ}$$
$$\overline{U}_{ST} = 380\angle -120^{\circ}$$
$$\overline{U}_{TR} = 380\angle\ 120^{\circ}$$
$$\cos\varphi = 0{,}9 \quad (\text{inductivo}) \quad \varphi = 25{,}84^{0}$$

a) Tensión de fase:

$$U_f = \frac{U}{\sqrt{3}} = \frac{380}{\sqrt{3}} = 220V \qquad \text{Potencia por fase} = P_f = \frac{3000}{3} = 1000W$$

Por ser equilibrado el sistema, se puede estudiar como un circuito monofásico.

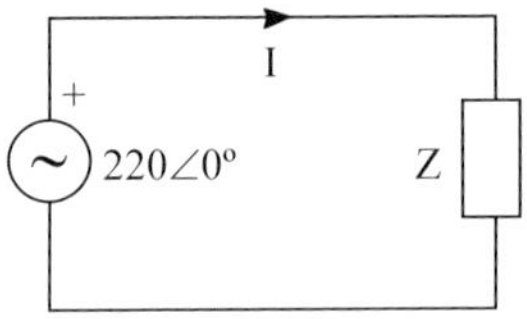

$$I = \frac{P_f}{U_f \cos\varphi} = \frac{1000}{220 * 0{,}9} = 5{,}05A$$

La potencia reactiva de cada fase es:

$$Q_f = U_f\, I \operatorname{sen}\varphi = 220 * 5{,}05 * 0{,}435 = 483{,}33VAr$$

$$R_1 = \frac{P_f}{I^2} = \frac{1000}{5{,}05^2} = 39{,}21\Omega \qquad X = \frac{Q_f}{I^2} = \frac{483{,}33}{5{,}05^2} = 19\Omega$$

El valor de la **impedancia Z** es:

$$\overline{Z} = R_1 + jX = 39{,}21 + j19 \qquad Z = \sqrt{R_1^2 + X^2} = 43{,}6\Omega \qquad \overline{Z} = 43{,}6\angle 25{,}85^{\circ}$$

b) Con la resistencia R conectada, para que la tensión de línea en la carga sea como mínimo 360 V, ha de ser (considerando la nueva intensidad I_1 como referencia de fases):

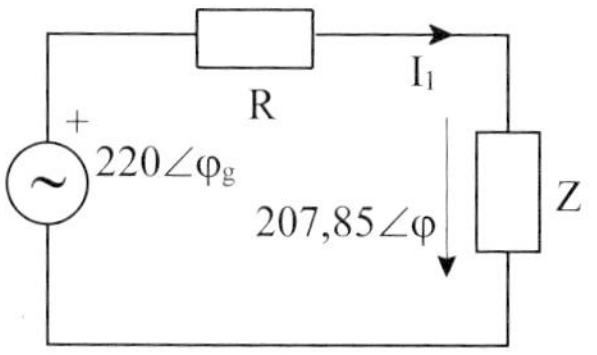

$$\overline{U} = \frac{360}{\sqrt{3}}\angle\varphi = 207{,}85\angle\varphi$$
$$I_1 = \frac{207{,}85}{Z} = \frac{207{,}85}{43{,}6} = 4{,}77\,A$$

Las caídas de tensión en la parte resistiva e inductiva de Z son:

$$U_{R1} = R_1\, I_1 = 39{,}21 * 4{,}77 = 187{,}03V$$
$$U_X = X\, I_1 = 19 * 4{,}77 = 90{,}63V$$

Se tienen las relaciones:

$$220^2 = \left(187{,}03 + R\, I_1\right)^2 + 90{,}63^2$$
$$U_R = R\, I_1 = \sqrt{220^2 - 90{,}63^2} - 187{,}03 = 13{,}43V$$
$$R = \frac{U_R}{I_1} = \frac{13{,}43}{4{,}77} = 2{,}82\,\Omega$$

La potencia consumida por la carga Z en estas condiciones será:

$$P_1 = \sqrt{3} * 360 * 0{,}9 * 4{,}77 = 2676{,}85W$$

y: $$\varphi_g = \arctan\frac{90{,}63}{13{,}43 + 187{,}03} = \frac{90{,}63}{200{,}46} = 24{,}33^0$$

Considerando $\bar{I}_1$ como origen de fases, se tiene el siguiente diagrama vectorial:

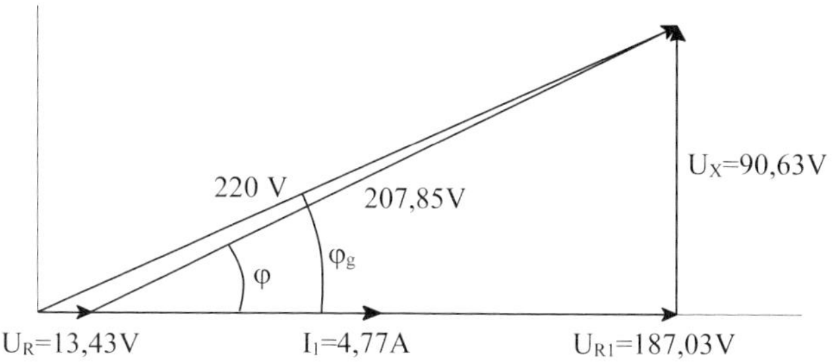

PROBLEMA 6.16.M

El circuito de la figura está alimentado por un sistema equilibrado de tensiones de 400V de tensión de línea. La carga Z es equilibrada de carácter inductivo, con cosφ = 0,9, y consume una potencia de 3Kw cuando en la línea es R=0. Hállese:

a) Valor de Z, así como el valor máximo de R para que la tensión de línea en la carga no sea inferior a 380V.

b) Potencia consumida por la carga Z en estas condiciones.

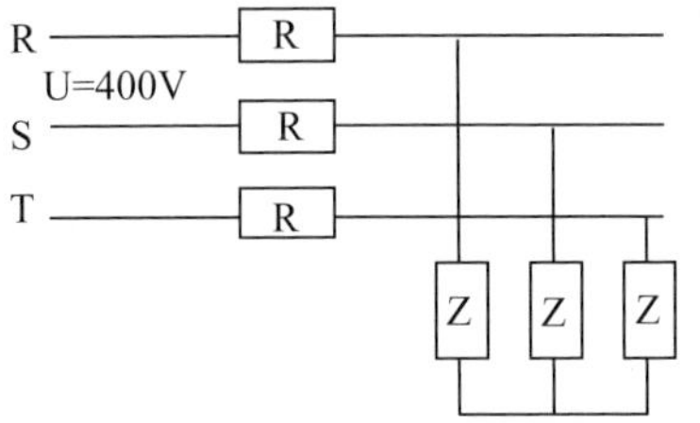

$$\overline{U}_{RS} = 400\angle 0^{o}$$
$$\overline{U}_{ST} = 400\angle -120^{o}$$
$$\overline{U}_{TR} = 400\angle 120^{o}$$
$$\cos\varphi = 0{,}9 \quad (\text{inductivo})$$

a) Con valor de R=0Ω. Por ser equilibrado el sistema, se puede estudiar como un circuito monofásico. La tensión de fase y la intensidad de línea serán:

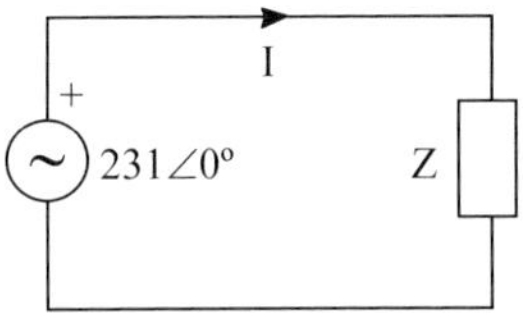

$$U_f = \frac{U}{\sqrt{3}} = \frac{400}{\sqrt{3}} = 231V$$

$$I = \frac{P_f}{U_f \cos\varphi} = \frac{3000/3}{231*0{,}9} = 4{,}81A$$

La potencia reactiva de cada fase es:

$$Q_f = U_f\, I \,\text{sen}\varphi = 231*4{,}81*0{,}435 = 483{,}33VAr$$

Cálculo de la impedancia Z:

$$R_1 = \frac{P_f}{I^2} = \frac{1000}{4{,}81^2} = 43{,}22\Omega \qquad X = \frac{Q_f}{I^2} = \frac{483{,}33}{4{,}81^2} = 20{,}89\Omega$$

$$\overline{Z} = R_1 + jX = 43{,}22 + j20{,}89 \qquad Z = \sqrt{R_1^2 + X^2} = 48\Omega \qquad \overline{Z} = 48\angle 25{,}84^{o}$$

b) Con la resistencia R conectada, para que la tensión de línea en la carga sea como mínimo 380V, ha de ser (considerando la nueva intensidad I_1 como referencia de fases):

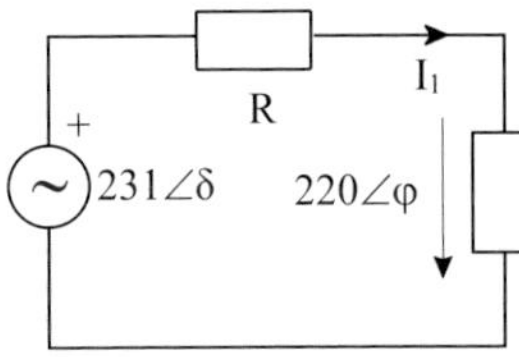

$$\overline{U} = \frac{380}{\sqrt{3}}\angle\varphi = 220\angle\varphi$$

$$I_1 = \frac{220}{Z} = \frac{220}{48} = 4{,}58A$$

Las caídas de tensión en la parte resistiva e inductiva de Z son:

$$U_{R1} = R_1 I_1 = 43{,}22 * 4{,}58 = 197{,}95V$$
$$U_X = X I_1 = 20{,}89 * 4{,}58 = 95{,}68V$$

Se tienen las relaciones:

$$231^2 = (197{,}95 + R I_1)^2 + 95{,}68^2$$
$$U_R = R I_1 = \sqrt{231^2 - 95{,}68^2} - 197{,}95 = 12{,}3V$$
$$R = \frac{U_R}{I_1} = \frac{12{,}3}{4{,}58} = 2{,}69\Omega$$

La potencia consumida por la carga Z en estas condiciones será:

$$P_1 = \sqrt{3} * 380 * 4{,}58 * 0{,}9 = 2713W$$

Considerando $\bar{I}_1$ como origen de fases, se tiene el siguiente diagrama vectorial:

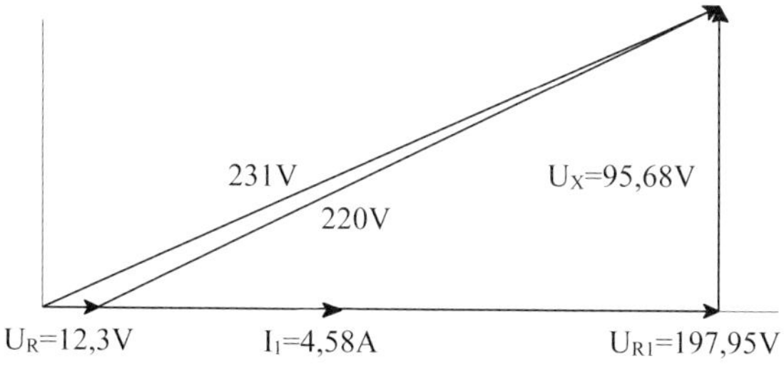

PROBLEMA 6.17

En el circuito de la figura se representa un sistema trifásico equilibrado de 380V de tensión de línea, que alimenta una carga equilibrada conectada en triángulo. La lectura de los vatímetros es $W_1 = 4752W$ y $W_2 = 1586W$. Calcúlense los valores de la intensidad, del factor de potencia y de la impedancia. Represéntese el diagrama vectorial de tensiones e intensidades.

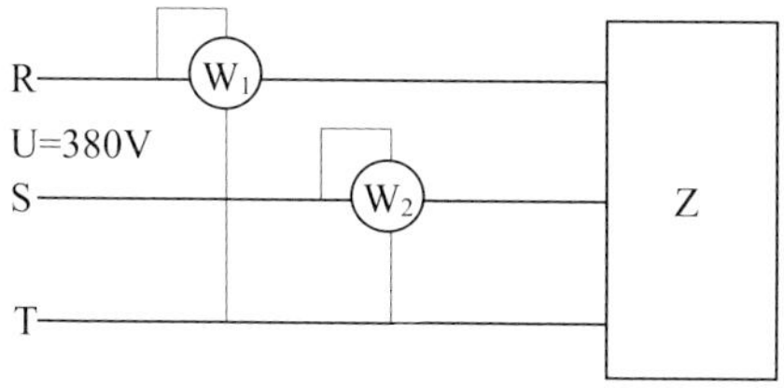

Por ser el sistema totalmente equilibrado y tener la conexión de los dos vatímetros, se plantea:

$$W_1 + W_2 = P = \sqrt{3}\, U\, I \cos\varphi$$

$$W_1 - W_2 = \frac{Q}{\sqrt{3}} = U\, I \,\text{sen}\varphi$$

$$\left.\begin{array}{l} 4752 + 1586 = \sqrt{3} * 380\, I \cos\varphi \\ 4752 - 1586 = 380\, I \,\text{sen}\varphi \end{array}\right\} \quad \begin{array}{l} 6338 = 658{,}2\, I \cos\varphi \\ 3166 = 380\, I \,\text{sen}\varphi \end{array}$$

Y se obtiene la **intensidad** y el **ángulo de desfase**, entre la tensión e intensidad de fase, en la carga Z.

$$\left.\begin{array}{l} I \cos\varphi = \dfrac{6338}{658{,}2} = 9{,}63 \\ I \,\text{sen}\varphi = \dfrac{3166}{380} = 8{,}33 \end{array}\right\} \quad I = \sqrt{9{,}63^2 + 8{,}33^2} = 12{,}73\, A$$

$$\cos\varphi = \frac{9{,}63}{12{,}73} = 0{,}76 \qquad \text{sen}\varphi = \frac{8{,}33}{12{,}73} = 0{,}65 \qquad \varphi = 40{,}5^{\circ}$$

Representación vectorial. Se tienen las tensiones e intensidades siguientes:

$$U = 380V \qquad I = 12{,}73\, A \qquad I_f = \frac{12{,}73}{\sqrt{3}} = 7{,}35\, A$$

$$\bar{I}_{RS} = 7{,}35\angle -40{,}5^{\circ} \qquad \bar{I}_{ST} = 7{,}35\angle -160{,}5^{\circ} \qquad \bar{I}_{TR} = 7{,}35\angle 79{,}5^{\circ}$$

Diagrama vectorial:

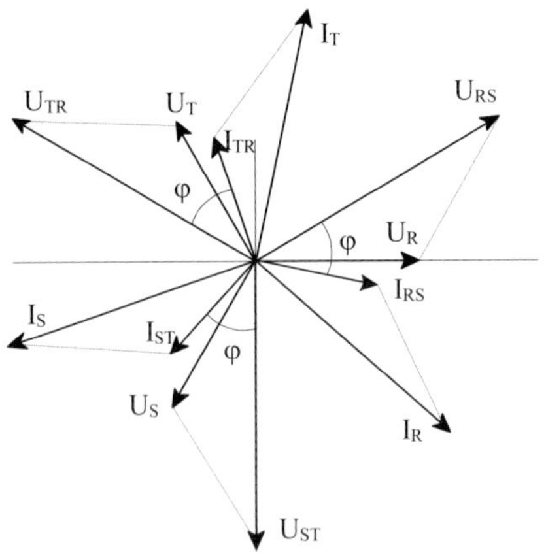

Cálculo de la impedancia Z

$$P_f = U\,I_f \cos\varphi = \frac{4752+1586}{3} = 2112{,}67W = R\,I_f^2$$

$$R = \frac{2112{,}67}{7{,}35^2} = 39{,}1\Omega \qquad Z = \frac{R}{\cos\varphi} = \frac{39{,}1}{0{,}76} = 51{,}46\Omega$$

$$X = Z\,\text{sen}\varphi = 51{,}46 * 0{,}65 = 33{,}45\Omega$$

$$\overline{Z} = R + jX = 39{,}1 + j33{,}45$$

PROBLEMA 6.18

En el circuito de la figura, el consumo de los motores es P_1 = 125CV y P_2 = 100CV, ambos con un factor de potencia de 0,8. Se conoce que el factor de potencia del conjunto es 0,5. Calcúlese cuál será la lectura de los instrumentos de medida W_1, W_2, A_1, A_2 y V_2, así como el valor de L.

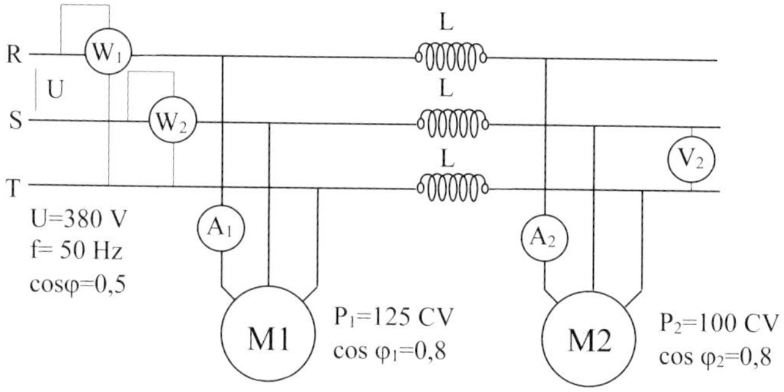

$$P_1 = 125 * 736 = 92000\,W \qquad P_2 = 100 * 736 = 73600\,W$$

Por ser un sistema a tres hilos y totalmente equilibrado, se plantean las ecuaciones:

$$W_1 + W_2 = P_1 + P_2$$

$$\sqrt{3}\,(W_1 - W_2) = Q$$

Para cada vatímetro se tiene:

$$W_1 = U\,I\,\cos(U_{RT}, I_R) = U\,I\,\cos\,(30^\circ - \varphi) = U\,I\cos(-30^\circ)$$

$$W_2 = U\,I\,\cos(U_{ST}, I_S) = U\,I\,\cos(30^\circ + \varphi) = U\,I\,\cos\,90^\circ = 0$$

Las lecturas serán:

$$W_2 = 0 \qquad W_1 = P_1 + P_2 = 165600\,W$$

Las intensidades de línea para el sistema y para el motor M1 son:

$$W_1 = 165000 = 380 I \cos\left(-30^o\right)$$
$$I = \frac{165000}{380 * 0{,}866} = 501{,}4\,A$$

$$I_1 = \frac{P_1}{\sqrt{3}\,U\,\cos\varphi_1} = \frac{92000}{\sqrt{3}\;380 * 0{,}8} = 175A$$

Se tiene el diagrama vectorial:

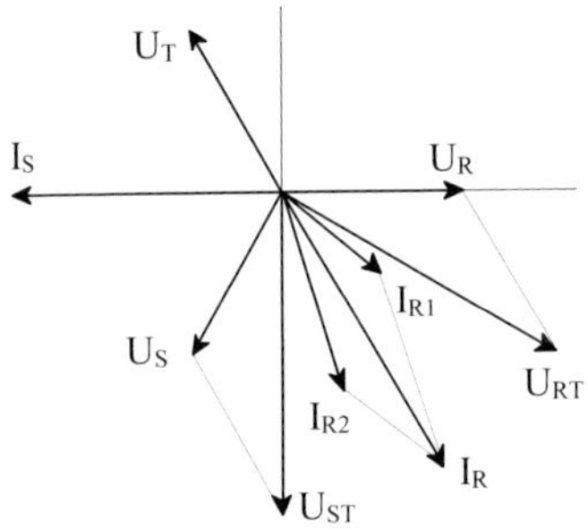

Se cumplirá que:

$$I\angle\varphi = I_1\angle\varphi_1 + I_2\angle\varphi_2'$$

Y se tienen las relaciones:

$$I\cos\varphi = I_1\cos\varphi_1 + I_2\cos\varphi_2' \qquad I\,\text{sen}\varphi = I_1\,\text{sen}\varphi_1 + I_2\,\text{sen}\varphi_2'$$
$$I_2\cos\varphi_2' = I\cos\varphi - I_1\cos\varphi_1 = 501{,}4 * 0{,}5 - 175 * 0{,}8 = 110{,}6$$
$$I_2\,\text{sen}\varphi_2' = I\,\text{sen}\varphi - I_1\,\text{sen}\varphi_1 = 501{,}4 * \frac{\sqrt{3}}{2} - 175 * 0{,}6 = 329{,}2$$

Intensidad y tensión de línea en el motor M2.

$$I_2 = \sqrt{110{,}6^2 + 329{,}2^2} = 347{,}3\,A$$
$$P_2 = \sqrt{3}\,U_2 I_2\cos\varphi_2 \qquad U_2 I_2 = \frac{P_2}{\sqrt{3}\;0{,}8} = 53118 \qquad U_2 = \frac{53118}{347{,}3} = 153V$$

Para el conjunto de la línea con el motor M2 puede considerarse el siguiente circuito monofásico equivalente para su estudio:

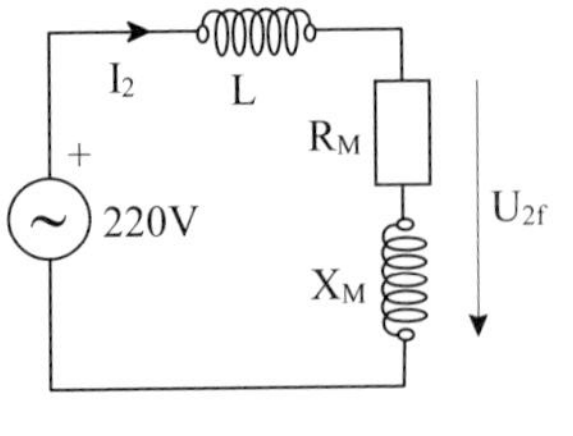

$$U_{1f} = \frac{380}{\sqrt{3}} = 220V$$
$$U_{2f} = \frac{153}{\sqrt{3}} = 88{,}34V$$

Se plantean las relaciones:

$$U_{RM} = U_{2f} \cos\varphi_2 = 88{,}34 * 0{,}8 = 70{,}67V$$
$$U_{XM} = U_{2f} \operatorname{sen}\varphi_2 = 88{,}34 * 0{,}6 = 53V$$

Cálculo de L. Se considera el diagrama vectorial:

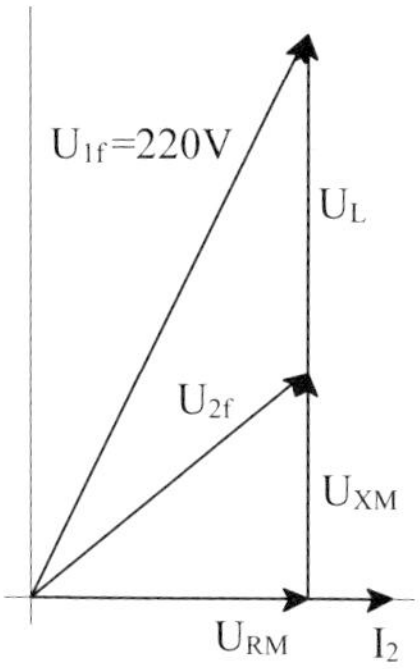

$$U_L = \sqrt{220^2 - 70{,}67^2} - 53 = 155{,}3V$$
$$U = L\,I\,\omega$$
$$L = \frac{U}{I\,\omega} = \frac{155{,}3}{347{,}3 * 314} = 1{,}424\ 10^{-3}\ H = 1{,}424mH$$

PROBLEMA 6.19

Para el sistema trifásico de la figura, del que no se sabe si es equilibrado o no, se conocen las lecturas de los vatímetros W_1 y W_2. Razónese si es posible deducir los valores de la potencia activa y/o reactiva consumida por la carga trifásica a partir de las lecturas W_1 y W_2 en los casos siguientes (indicando dichos valores en los casos posibles):

a) Si mediante medidas con voltímetro se comprueba que $U_{RS} = U_{ST} = U_{TR}$.
b) Si mediante medidas con amperímetro se comprueba que $I_R = I_S = I_T$.
c) Si mediante lecturas con voltímetro se comprueba que $U_{RN} = U_{SN} = U_{TN}$.
d) Si se tienen las comprobaciones a) y b).
e) Si se tienen las comprobaciones b) y c).
f) Repítase el razonamiento para los anteriores casos, en el supuesto de que las tres impedancias de la carga en estrella fuesen iguales.

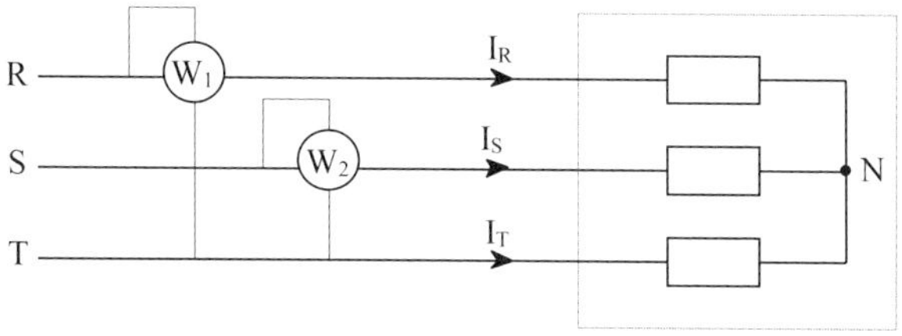

a)

Por ser un sistema a tres hilos, la potencia activa valdrá $P = W_1 + W_2$. La potencia reactiva Q no se puede calcular si el sistema no es totalmente equilibrado y con la información disponible no puede asegurarse que lo sea.

b)
Igual que en el caso anterior, la potencia activa vale $P = W_1 + W_2$ y no puede calcularse la potencia reactiva Q si el sistema no es totalmente equilibrado (en este caso tampoco hay garantía de que lo sea).

c)
Sucede igual que en los dos casos anteriores, la potencia activa vale $P = W_1 + W_2$ y la potencia reactiva Q no puede calcularse si el sistema no es totalmente equilibrado.

d)
La potencia activa vale $P = W_1 + W_2$
Se trata de un sistema equilibrado también en cargas, pues las tensiones e intensidades de línea forman un sistema equilibrado. La potencia reactiva valdrá:

$$Q = \sqrt{3}\left(W_1 - W_2\right)$$

e)
El sistema es totalmente equilibrado.

$$P = W_1 + W_2 \qquad y \qquad Q = \sqrt{3}\left(W_1 - W_2\right)$$

f)
Suponiendo que las tres impedancias fuesen iguales, en los casos anteriores se tendría:

a) $P = W_1 + W_2$ y $Q = \sqrt{3}\left(W_1 - W_2\right)$

b) Solo puede asegurarse el cálculo de $P = W_1 + W_2$

c) Solo puede asegurarse el cálculo de $P = W_1 + W_2$

d) $P = W_1 + W_2$ y $Q = \sqrt{3}\left(W_1 - W_2\right)$

e) $P = W_1 + W_2$ y $Q = \sqrt{3}\left(W_1 - W_2\right)$

PROBLEMA 6.20

En el circuito de la figura se conoce que el sistema de tensiones es trifásico equilibrado de secuencia directa y que la carga es de carácter inductivo. La lectura de los aparatos de medida es **A** = 24,5A, W_1 = 9561W y W_2 = 1243,5W. Determínese:
a) Potencia activa y reactiva consumida por la carga.
b) Lectura de los voltímetros V_1 y V_2.
c) La batería de condensadores a conectar en triángulo y en paralelo con la carga para que el conjunto carga batería presente un factor de potencia igual a la unidad.
d) Potencia activa consumida por la carga y lectura de V_2 después de conectar la batería de condensadores.

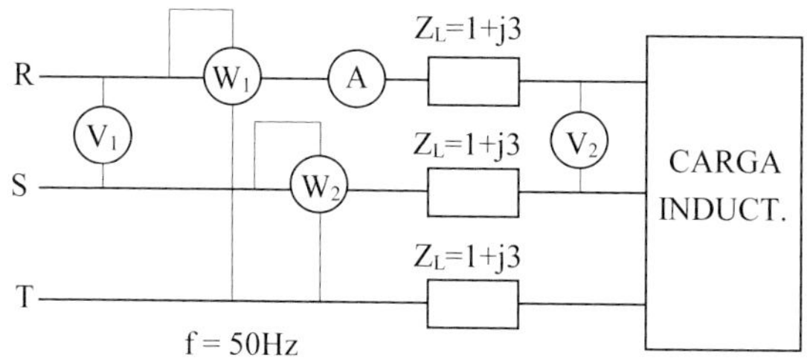

La intensidad de fase está retrasada un ángulo ν respecto de la tensión de fase.
El diagrama vectorial será de la forma:

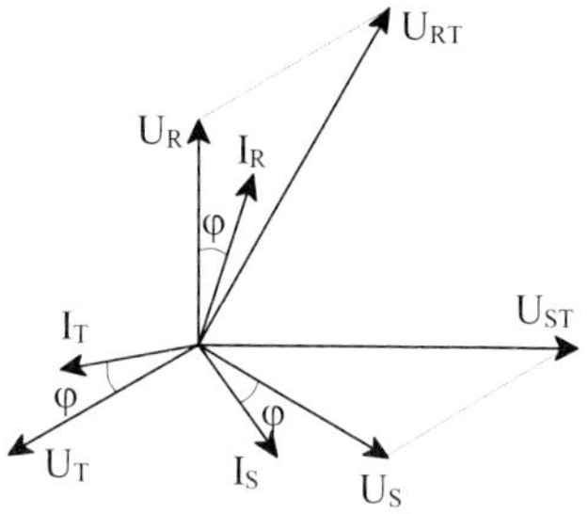

Para las potencias se tiene el balance:

$$P = P_1 + P_L$$
$$Q = Q_1 + Q_L$$

Por ser equilibrado el sistema, con la lectura de los dos vatímetros puede conocerse la potencia activa y la reactiva del conjunto.

$$W_1 + W_2 = P = 9561 + 1243{,}5 = 10804{,}5W$$
$$\sqrt{3} * (W_1 + W_2) = Q = \sqrt{3}\,(9561 - 1243{,}5) = 14406{,}33VAr$$

Potencias en la línea y en la carga:

$$P_L = 3\,R\,I^2 = 3*1*24{,}5^2 = 1800{,}75W$$
$$Q_L = 3X_L I^2 = 3*3*24{,}5^2 = 5402{,}25VAr$$
$$P_1 = P - P_L = 9004\,W \qquad Q_1 = Q - Q_L = 9004\,VAr$$

Tensión de línea del conjunto (**lectura del voltímetro V_1**):

$$S = \sqrt{P^2 + Q^2} = \sqrt{10804{,}5^2 + 14406{,}33^2} = 18007{,}8 = \sqrt{3}\;U_1 I$$
$$U_1 = \frac{18007{,}8}{\sqrt{3}*24{,}5} = 424{,}4V \qquad U_{1f} = \frac{U_1}{\sqrt{3}} = 244{,}8V$$

Tensión de línea de la carga (**lectura del voltímetro V₂**):

$$S_1 = \sqrt{P_1^2 + Q_1^2} = 12733 = \sqrt{3}\, U_2\, I$$

$$U_2 = \frac{12733}{\sqrt{3}\ 24{,}5} = 300V$$

Batería de condensadores a colocar en triángulo:

$$P_1 = S_1 \cos\varphi_1 \qquad \cos\varphi_1 = \frac{P_1}{S_1} = \frac{9004}{12733} = 0{,}7 \qquad \tan\varphi_1 = \frac{9004}{9004} = 1$$

$$C = \frac{P_1\left(\tan\varphi_1 - \tan\varphi_1^{'}\right)}{3\omega U_1^2} = \frac{P_1\left(\tan\varphi_1 - 0\right)}{3\omega U_1^2} = \frac{9004}{3 * 2 * \pi * f * 300^2} = 1{,}06 * 10^{-4} F$$

Se considera el siguiente circuito monofásico con la carga Z formada por una resistencia y una inductancia en paralelo:

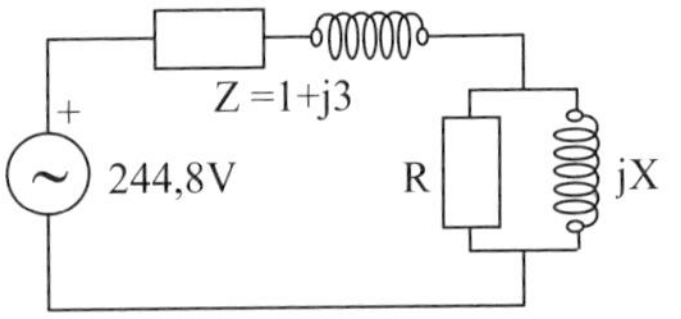

$$\cos\varphi = 0{,}7$$
$$\text{sen}\varphi = 0{,}7$$

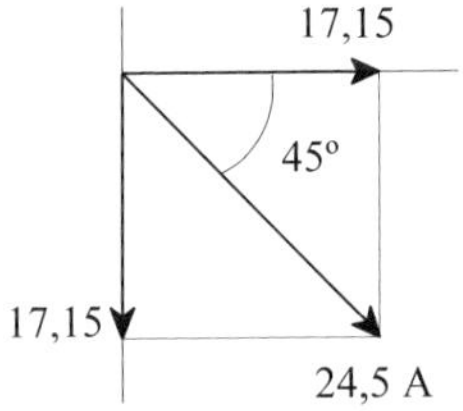

Se tiene:

$$\overline{I} = 24{,}5\cos\varphi - j24{,}5\ \text{sen}\varphi = I_a - jI_r = 17{,}15 - j17{,}15$$

$$R = \frac{\frac{P_1}{3}}{17{,}15^2} = 10{,}2\,\Omega$$

Después de conectarle la batería:

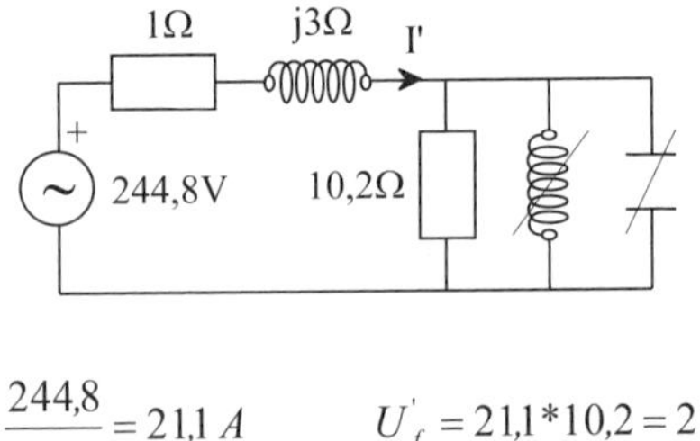

$$I^{'} = \frac{244{,}8}{\sqrt{11{,}2^2 + 3^2}} = \frac{244{,}8}{11{,}6} = 21{,}1\,A \qquad U_f^{'} = 21{,}1 * 10{,}2 = 215{,}2V$$

$$P_C^{'} = 3 * 10{,}2 * 21{,}1^2 = 13623{,}4\,W$$

Y la nueva lectura del voltímetro V_2 será:

$$U_2' = \frac{13623{,}4}{\sqrt{3}*21{,}1} = 372{,}8V \qquad \text{o bien:} \qquad U_2' = 215{,}2*\sqrt{3} = 372{,}8V$$

PROBLEMA 6.21

Un motor de inducción de 50CV de potencia y 850 rpm de velocidad nominal, está conectado a una red trifásica de 380V de tensión de línea. Está trabajando al 50% de su carga, tiene un rendimiento del 87 % y un factor de potencia de 0,71. Determínese:

a) La potencia de entrada del motor.

b) La corriente de línea.

c) Las lecturas de los vatímetros W_1 y W_2.

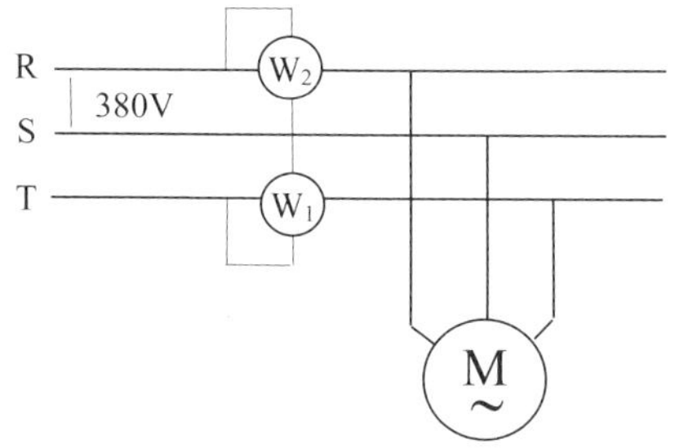

$$P_N = 50CV \qquad \omega = 850\,rpm \qquad Carga = 50\%$$
$$\rho = 0{,}87 \qquad \cos\varphi = 0{,}71$$

La potencia eléctrica P consumida por el motor es:

$$P_m = \frac{1}{2}P_N = 25CV = 18400W \qquad P = \frac{18400}{0{,}87} = 21149W$$

Intensidad de línea:

$$P = 21149 = \sqrt{3}\,U\,I\,\cos\varphi = \sqrt{3}*380*I*0{,}71$$
$$I = \frac{21149}{\sqrt{3}*380*0{,}71} = 45{,}35A$$

Se tiene el diagrama vectorial:

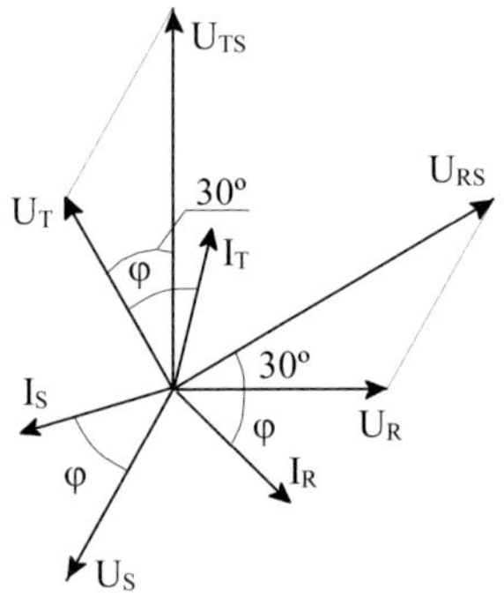

Lectura de los vatímetros:

$$W_1 = U_{TS} I_T \cos(U_{TS}, I_T) = 380 * 45{,}35 \cos(30^\circ - \varphi)$$
$$W_2 = U_{RS} I_R \cos(U_{RS}, I_S) = 380 * 45{,}35 \cos(30^\circ + \varphi)$$

También puede hacerse:

$$S = \sqrt{3}\, U I = \sqrt{3} * 380 * 45{,}35 = 29848 VA$$
$$Q = \sqrt{S^2 - P^2} = \sqrt{29848^2 - 21149^2} = 21063 VAr$$

$$\left.\begin{aligned} W_1 + W_2 &= 21149 = P \\ W_1 - W_2 &= \frac{21063}{\sqrt{3}} = \frac{Q}{\sqrt{3}} \end{aligned}\right\} \qquad \left.\begin{aligned} W_1 + W_2 &= 21149 \\ W_1 - W_2 &= 12161 \end{aligned}\right\}$$

$$2W_1 = 33310 \qquad W_1 = \frac{33310}{2} = 16655 W$$

$$2W_2 = 8988 \qquad W_2 = \frac{9004}{2} = 4494 W$$

PROBLEMA 6.22

En el circuito de la figura se representa un sistema trifásico de tensiones, de 380V de tensión de línea, alimentando un motor que consume una intensidad de 20A con un factor de potencia de 0,8.

a) Calcúlense las lecturas de los vatímetros W_1, W_2, W_3, y la total del sistema.

b) Suponiendo que se desconectan los vatímetros W_1 y W_2 y se deja el W_3, cómo habrá de conectarse un cuarto vatímetro para que, juntamente con este, midan la potencia activa del motor.

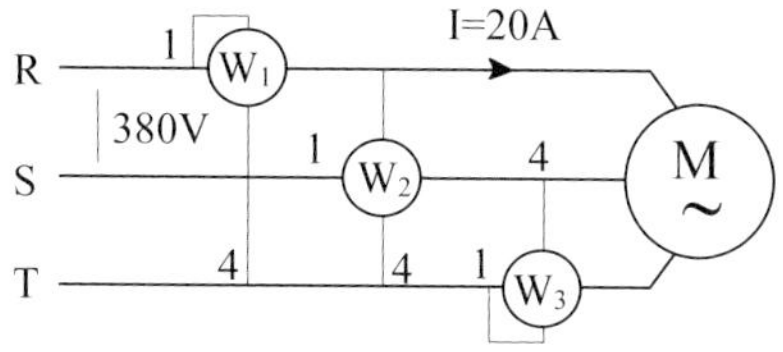

Las lecturas de los vatímetros, teniendo en cuenta las relaciones vectoriales del diagrama son:

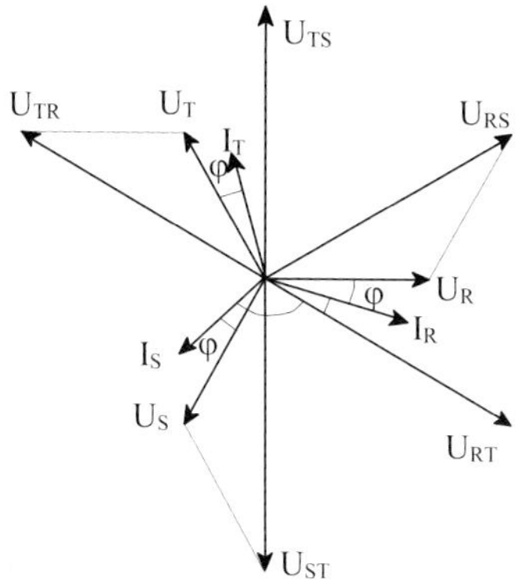

$$\cos\varphi = 0{,}8 \qquad \operatorname{sen}\varphi = 0{,}6$$

$$W_1 = U_{RT} I_R \cos\left(U_{RT}, I_R\right) = U\,I\,\cos(30^\circ - \varphi)$$
$$W_2 = U_{RT} I_S \cos\left(U_{RT}, I_S\right) = U\,I\,\cos(90^\circ + \varphi)$$
$$W_3 = U_{TS} I_T \cos\left(U_{TS}, I_T\right) = U\,I\,\cos(30^\circ - \varphi)$$

La suma de las lecturas de los tres vatímetros vale:

$$\begin{aligned} W_1 + W_2 + W_3 &= 2\,U\,I\,\cos(30^\circ - \varphi) + U\,I\,\cos(90^\circ + \varphi) = \\ &= 2\,U\,I\left(\cos 30^\circ \cos\varphi + \operatorname{sen} 30^\circ \operatorname{sen}\varphi\right) + U\,I\left(\cos 90^\circ \cos\varphi - \operatorname{sen} 90^\circ \operatorname{sen}\varphi\right) = \\ &= U\,I\left[\left(2\,\frac{\sqrt{3}}{2}\,\cos\varphi + 2\,\frac{1}{2}\,\operatorname{sen}\varphi\right) + 0\cos\varphi - 1\,\operatorname{sen}\varphi\right] = \\ &= U\,I\left(\sqrt{3}\,\cos\varphi + \operatorname{sen}\varphi - \operatorname{sen}\varphi\right) = \sqrt{3}\,U\,I\,\cos\varphi = P \qquad (1) \end{aligned}$$

Para los vatímetros W_1 y W_3 se tiene:

$$\begin{aligned} W_1 = W_3 &= U\,I\,\cos(30^\circ - \varphi) = U\,I\left(\cos 30^\circ \cos\varphi + \operatorname{sen} 30^\circ \operatorname{sen}\varphi\right) = \\ &= 380 * 20\left(\frac{\sqrt{3}}{2} 0{,}8 + \frac{1}{2}\,0{,}6\right) = 7545W \end{aligned}$$

Y para el vatímetro W_2:

$$W_2 = U\,I\,\cos\left(90^\circ - \varphi\right) = U\,I\,\operatorname{sen}\left(-\varphi\right) = 380 * 20 * \left(-0{,}6\right) = -4560W$$

Y la potencia consumida por el sistema:

$$P = \sqrt{3}\,U\,I\,\cos\varphi = \sqrt{3} * 380 * 20 * 0{,}8 = 10530W$$

Puede comprobarse, como se vio en (1), que: $P = W_1 + W_2 + W_3 = 10530W$.

El vatímetro W_4 que habría de conectarse para que juntamente con el W_3 midiesen la potencia activa del sistema, estaría así: la bobina voltimétrica entre las fases R y S y la bobina amperimétrica en la fase R. Estarían formando la conexión de los dos vatímetros.

PROBLEMA 6.23

Un sistema equilibrado de tensiones de secuencia R S T, alimenta una carga trifásica, según se representa en el circuito de la figura. Sabiendo que $W_1 = W_2 = 100W$, determínense las lecturas del vatímetro W_A y del amperímetro A y si la carga es de tipo inductivo o capacitivo.

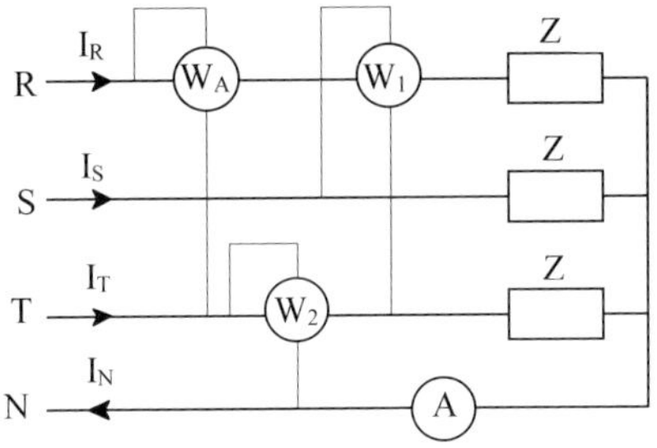

Por ser equilibrado el sistema:

$I_N = 0$, y por lo tanto la lectura del amperímetro debe ser 0. La lectura del vatímetro W_1, dada la conexión que tiene, será $Q/\sqrt{3}$.

La lectura del vatímetro W_2 por estar conectado entre fase y neutro es la tercera parte de la potencia activa total.

Se tienen las ecuaciones:

$$\left.\begin{aligned} W_1 &= U_{ST} I_R \cos(U_{ST}, I_R) = 100 = \frac{Q}{\sqrt{3}} \\ W_2 &= U_{TN} I_T \cos(U_{TN}, I_T) = 100 = \frac{P}{3} \end{aligned}\right\}$$

$$P = 300\ W \qquad Q = \sqrt{3}\ 100 VAr$$

$$\varphi = \arctan\frac{Q}{P} = \arctan\frac{\sqrt{3}\ 100}{300} = 30^{\circ}$$

En el diagrama vectorial puede analizarse cuáles deben ser las posiciones de los vectores $\bar{I}_R$ e $\bar{I}_T$ para que la carga sea inductiva o capacitiva.

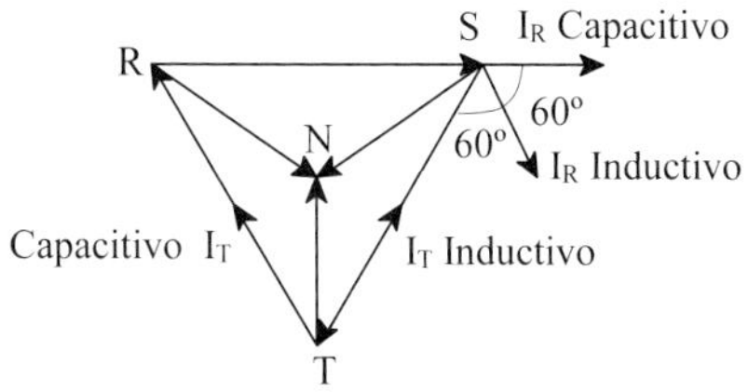

Por ser $W_1 = W_2$ se tendrá:

$$\left. \begin{aligned} U_{ST} I_R \cos\left(U_{ST}, I_R\right) &= U_{TN} I_T \cos\left(U_{TN}, I_T\right) \\ U_{ST} I_R \cos\left(U_{ST}, I_R\right) &= \frac{U_{ST}}{\sqrt{3}} I_R \cos\left(U_{TN}, I_T\right) \end{aligned} \right\}$$

$$\sqrt{3}\ \cos\left(U_{ST}, I_R\right) = \cos\left(U_{TN}, I_T\right)$$

Se hace el siguiente análisis:

Si Z es capacitiva $\quad \sqrt{3}\left(-\frac{1}{2}\right) \neq \frac{\sqrt{3}}{2}$

Si Z es inductiva $\quad \sqrt{3}\ \frac{1}{2} = \frac{\sqrt{3}}{2}$

Luego la carga debe ser inductiva y según el diagrama vectorial $\overline{U}_T$ está en serie con $\overline{I}_R$. La lectura del vatímetro W_A, será:

$$W_A = U_{RT} I_R\ \cos\left(U_{RT}, I_R\right) = \frac{100}{\frac{1}{2}} \cos 0^{\circ} = 200W$$

PROBLEMA 6.24

Las lecturas registradas por los instrumentos de medida del circuito de la figura 1 son: V = 254V, A=5A y W=635W.

a) Hállese el factor de potencia, potencia reactiva, valores de R y L, así como los diagramas vectoriales de impedancia, tensiones y potencia.

b) Si la carga RL es la impedancia de fase en un sistema trifásico equilibrado en estrella, con 254V de tensión de fase (figura 2):

1. Calcúlese cuál será la lectura de los vatímetros W_1 y W_2.
2. Hállese el valor de la batería de condensadores a conectar en estrella para que el factor de potencia sea la unidad.

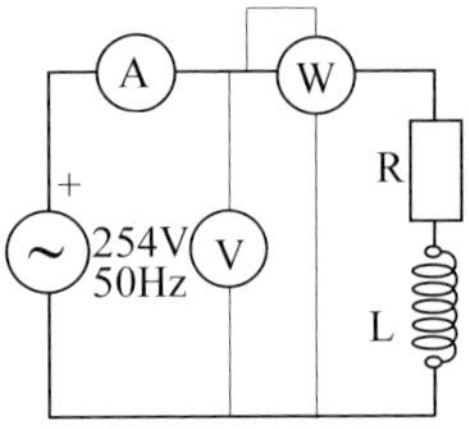

Fig.1

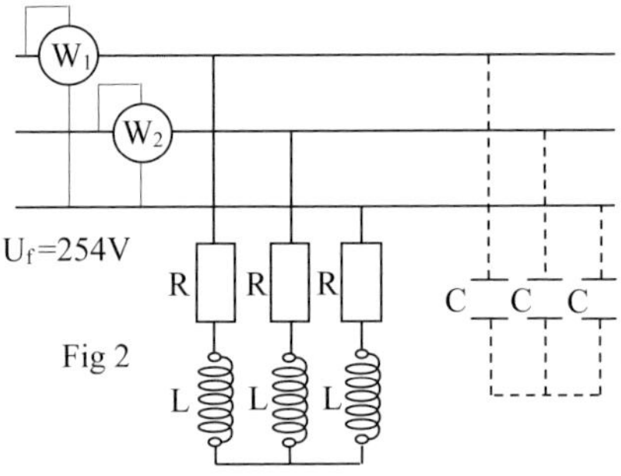

Fig 2

Para el sistema monofásico de la figura 1

$$S = 254*5 = 1270VA \qquad P = 635W = UI\cos\varphi = S\cos\varphi$$

$$Q = \sqrt{S^2 - P^2} = \sqrt{1270^2 - 635^2} = 1100VAr$$

$$\cos\varphi = \frac{635}{1270} = 0{,}5 \qquad \text{sen}\varphi = \frac{1100}{1270} = 0{,}866 \qquad \varphi = 60^{\circ}$$

Los diagramas vectoriales de impedancias, tensiones y potencias son semejantes. Se representan a continuación:

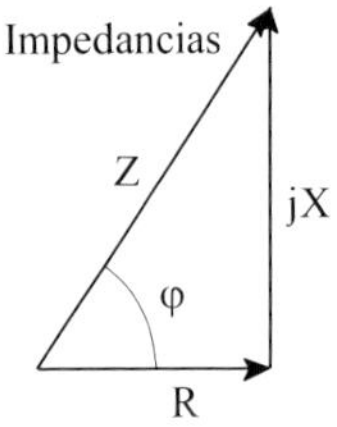

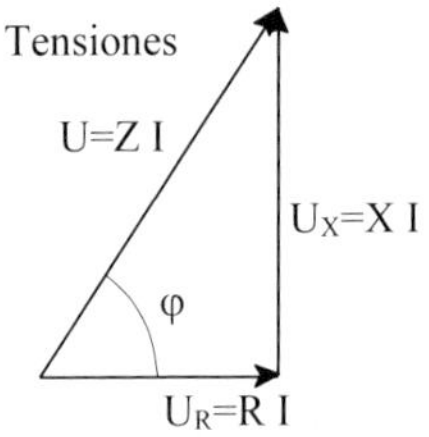

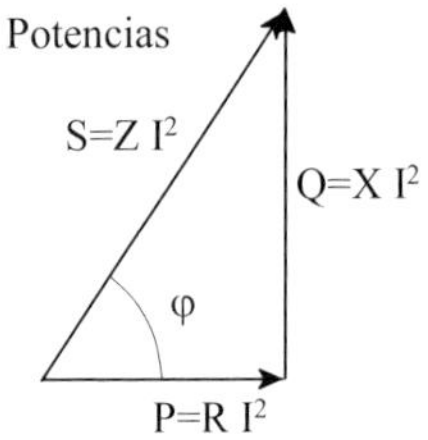

Cálculo de R y L

$$Z = \frac{U}{I} = \frac{254}{5} = 50{,}8\Omega$$

$$R = 50{,}8*\cos\varphi = 50{,}8*0{,}5 = 25{,}4\Omega \qquad U_R = RI = 127V$$

$$X = 50{,}8*\text{sen}\varphi = 50{,}8*0{,}866 = 44\Omega \qquad U_X = XI = 220V$$

$$X = L\omega = 314L \qquad L = \frac{44}{314} = 0{,}14H$$

Para el circuito trifásico de la figura 2

Por ser inductivo el sistema y φ = 60º, será $W_2 = 0$. Se plantean las ecuaciones:

$$W_1 + W_2 = 3\ U_f\ I_f\ \cos\varphi = 3 * 635 = 1905$$

$$W_1 - W_2 = \frac{Q_T}{\sqrt{3}} = \sqrt{3}\ U_f\ I_f\ \text{sen}\varphi = \sqrt{3} * 1100 = 1905$$

Las lecturas de los vatímetros serán:

$$2\ W_1 = 2 * 1905 \qquad W_1 = 1905W \qquad W_2 = 0$$

Para que el factor de potencia sea la unidad deben conectarse condensadores tal que en cada fase:

$$Q_C = Q_f = 1100VAr = \omega C U^2$$

$$C = \frac{Q}{\omega U^2} = \frac{1100}{314 * 254^2} = 0{,}000054F = 54\mu F$$

PROBLEMA 6.25

A una línea trifásica equilibrada de 380V de tensión de línea se conectan los siguientes consumos:
1) Un motor de 10CV, 380V de tensión de fase y cos φ_M =0,8. 2) Una carga trifásica de carácter capacitivo de 3000W, cosφ =√2/2 y 220V de tensión de fase. 3) 120 lámparas incandescentes de 60 W/unidad (tensión = 220V) formando una carga equilibrada. Se pide:
a) Intensidad de fase de cada uno de los consumos y total de la línea.
b) Diagrama vectorial de tensiones e intensidades.
c) Indicar la conexión de los 2 vatímetros para medir la potencia del sistema y calcular la lectura de cada uno de ellos.
d) Análisis de la situación en los casos en que el neutro se interrumpa por los puntos A y B y las nuevas lecturas de los vatímetros.

Según los datos indicados, las conexiones de las cargas a la línea trifásica deben ser las siguientes:

Motor. Por ser de 380V de tensión de fase debe conectarse en triángulo, coincidiendo así la tensión de fase y la de la línea.

Carga trifásica. Debe conectarse en estrella para que la tensión de fase de la carga coincida con la del sistema trifásico, es decir, $U_f = 380/\sqrt{3} = 220V$.

Lámparas. Serán de 220V y deben conectarse entre cada fase y el neutro. Para que el sistema sea equilibrado se conectarán 20 lámparas entre cada fase y el neutro.

El sistema completo es equilibrado y la corriente de neutro será cero. Con la conexión Aron de los dos vatímetros en estas circunstancias se medirá la potencia total del conjunto. El circuito será el siguiente:

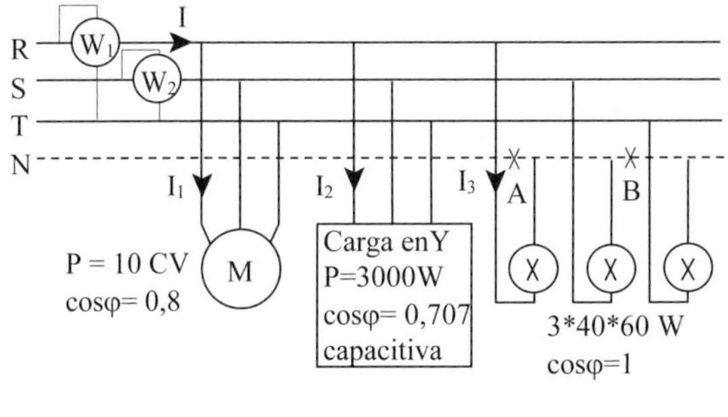

Motor

$$\cos\varphi_M = 0{,}8 \qquad \text{sen}\varphi_M = 0{,}6 \qquad \tan\varphi_M = 0{,}75 \qquad \varphi_M = 36{,}87^\circ$$

$$P_M = 10*736 = 3*U*I_{Mf}*\cos\varphi_M = 3*380*I_{Mf}*0{,}8$$

$$I_{Mf} = \frac{7360}{3*380*0{,}8} = 8A \qquad \overline{I}_{Mf} = 8\angle -36{,}87^\circ$$

La intensidad I_{Mf} está referida a la tensión de línea (por ejemplo U_{RS}) que para el motor es su tensión de fase. Tomando como referencia la tensión de fase U_R del sistema de tensiones, se tendrá un desfase de -36,87° + 30° = - 6,87°. La intensidad de línea estará 30° en retardo respecto a la de fase y se tendrá para esta:

$$\overline{I}_M = \sqrt{3}*\overline{I}_{Mf}\angle -30^\circ = \sqrt{3}*8\angle -36{,}87^\circ = 13{,}86\angle -36{,}87^\circ$$

$$\overline{I}_1 = \overline{I}_M = I_M*\cos\varphi_1 - jI_M*\text{sen}\varphi_1 = 11{,}2 - j8{,}4$$

Carga trifásica (capacitiva)

$$\cos\varphi_2 = \frac{\sqrt{2}}{2} \qquad \text{sen}\varphi_2 = \frac{\sqrt{2}}{2} \qquad \tan\varphi_2 = 1 \qquad \varphi_2 = 45^\circ$$

$$P_2 = 3000 = 3*U_f*I_2*\cos\varphi_2 = 3*220*I_2*\frac{\sqrt{2}}{2}$$

$$I_2 = \frac{3000*\sqrt{2}}{3*220} = 6{,}43A \qquad \overline{I}_2 = 6{,}43\angle 45^\circ$$

$$\overline{I}_2 = 6{,}43*\cos\varphi_2 + j6{,}43*\text{sen}\varphi_2 = 4{,}55 + j4{,}55$$

Conjunto de 120 lámparas incandescentes

$$\cos\varphi_3 = 1 \qquad \text{sen}\varphi_3 = 0 \qquad \varphi_3 = 0^\circ$$

$$P_3 = 120*60 = 3*U_f*I_3*\cos\varphi_3 = 3*220*I_3$$

$$I_3 = \frac{120*60}{3*220} = 10{,}9A \qquad \overline{I}_3 = 10{,}9\angle 0^\circ$$

La intensidad del sistema será:

$$\overline{I} = \overline{I}_1 + \overline{I}_2 + \overline{I}_3 = (11,2 - j8,4) + (4,55 + j4,55) + 10,9 =$$
$$= 26,64 - j3,84 = 26,91\angle -8,2^\circ$$

Diagrama vectorial. Se representa solo para la fase R:

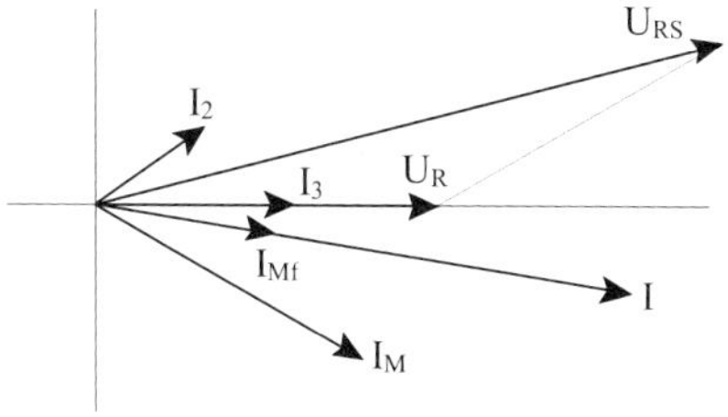

La potencia suministrada por la línea es:

$$P = P_M + P_2 + P_3 = 7360 + 3000 + 7200 = 17560W$$
$$Q = P\tan\varphi = 17560 * \tan(8,2^\circ) = 2532,3\,VAr$$

$$\left.\begin{aligned} W_1 + W_2 &= P = 17560 \\ W_1 - W_2 &= \frac{Q}{\sqrt{3}} = \frac{2532,3}{\sqrt{3}} = 1462 \end{aligned}\right\} \quad W_1 = 9511W \qquad W_2 = 8049W$$

Si el neutro se rompe por el punto A, el sistema que queda es equilibrado a tres hilos y las lecturas de los equipos de medida son las mismas que antes.

Si el neutro se rompe por el punto B, el conjunto de lámparas conectadas entre el neutro y esta fase quedan fuera de servicio y su intensidad es cero. Para las lámparas conectadas a las otras dos fases se mantiene la misma intensidad. Ahora se tiene:

Para la fase R

$$\overline{I}_R = \overline{I}_{1R} + \overline{I}_{2R} + \overline{I}_{3R} = (11,2 - j8,4) + (4,55 + j4,55) + 10,9 =$$
$$= 26,64 - j3,84 = 26,91\angle -8,2^\circ$$

Para la fase S

$$\overline{I}_S = \overline{I}_R\angle -120^\circ = 26,91\angle -128,2^\circ = -16,64 - j21,15$$

Fase T

$$\overline{I}_T = \overline{I}_{1T} + \overline{I}_{2T} + 0 = 13,86\angle -36,87^\circ + 120^\circ + 6,43\angle 45^\circ + 120^\circ =$$
$$= -4,54 + j15,54 = 16,2\angle 106,3^\circ$$

Los vatímetros continúan registrando las mismas lecturas.

```
% PROGRAMA EN MATLAB

U=380; Uf=220; PM=10*736; phiM=acos(0.8); P2=3000; phi2=-acos(sqrt(2)/2);
P3=120*60; phi3=acos(1);

% Motor. Notas: f = fase; M = motor; m = módulo
% Motor
P1=PM;
IMfm=P1/(3*U*cos(phiM)); IMf=IMfm*exp(-phiM*i);
I1=sqrt(3)*IMf;
% Carga trifásico
I2m=P2/(3*Uf*cos(phi2)); I2=I2m*exp(-phi2*i);
% Conjunto de lámparas
I3m=P3/(3*Uf*cos(phi3)); I3=I3m*exp(-phi3*i);
% Sistema completo
I=I1+I2+I3; Im=abs(I); phi=angle(I)*180/pi;
P=P1+P2+P3; Q=P*tan(-angle(I));
M=[1 1;1 -1]; N=[P;Q/sqrt(3)];
W=inv(M)*(N); W1=W(1,1); W2=W(2,1);
% Rotura del neutro por el punto B
IR=I1+I2+I3; IRm=abs(IR); phiR=angle(IR)*180/pi;
IS=IR*exp(-i*2*pi/3);
IT=(I1+I2)*exp(i*2*pi/3); ITm=abs(IT); phiT=angle(IT)*180/pi;
```

PROBLEMA 6.26

El circuito de la figura está alimentado por una línea trifásica equilibrada de secuencia directa de 380V de tensión de línea. El vatímetro W registra una lectura de 1900W y el amperímetro A de 10A. El motor M_1 consume una potencia de 2Kw con un factor de potencia de 0,8. Calcúlese:
a) La lectura de los amperímetros A_1 y A_2.
b) Potencia consumida por el motor 2 y factor de potencia de este.
c) Diagrama vectorial de tensiones e intensidades.
d) Cálculo de la batería de condensadores a conectar en triángulo para que el factor de potencia de la línea sea la unidad.

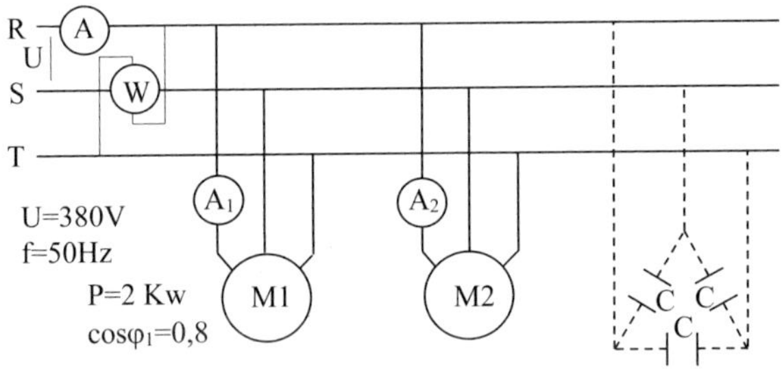

Teniendo en cuenta la conexión del vatímetro, así como que el sistema de tensiones es equilibrado y de secuencia directa, se tiene el diagrama vectorial siguiente:

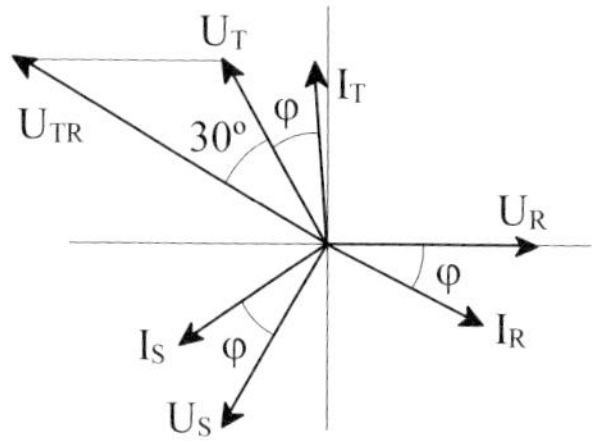

La lectura del vatímetro será:

$$W = U_{TR} I_S \cos(U_{TR}, I_S) = UI\cos(90^o - \varphi) =$$
$$= 380*10*\text{sen}\varphi = 1900$$

Factor de potencia, impedancia por fase e intensidad de línea del conjunto de la instalación

$$\text{sen}\varphi = \frac{1900}{380*10} = 0{,}5 \qquad \varphi = 30^o \qquad \cos\varphi = \frac{\sqrt{3}}{2} = 0{,}866$$

$$Z = \frac{U_f}{I} = \frac{380/\sqrt{3}}{10} = \frac{38}{\sqrt{3}}\Omega \qquad \overline{Z} = \frac{38}{\sqrt{3}}\frac{\sqrt{3}}{2} + j\frac{38}{\sqrt{3}}\frac{1}{2} = 19 + j10{,}97$$

$$\overline{I} = 10\cos\varphi - j10\text{sen}\varphi = 5\sqrt{3} - j5$$

Para el **motor M1** se tiene:

$$I_{M1} = \frac{P_1}{\sqrt{3}\,U\cos\varphi_1} = \frac{2000}{\sqrt{3}*380*0{,}8} = 3{,}8A$$
$$\overline{I}_{M1} = 3{,}8*0{,}8 - j3{,}8*0{,}6 = 3{,}04 - j2{,}28$$

La lectura del amperímetro **A1 será 3,8 A**.

Para el motor M2:

$$\overline{I}_{M2} = \overline{I} - \overline{I}_{M1} = \left(5\sqrt{3} - j5\right) - \left(3{,}04 - j2{,}28\right) = 5{,}62 - j2{,}72 = 6{,}24\angle\varphi_2$$
$$\cos\varphi_2 = \frac{5{,}62}{\sqrt{6{,}24}} = 0{,}9$$

La lectura del amperímetro **A2 será 6,24 A**.

Potencia consumida por el motor M2:

$$P_2 = \sqrt{3}UI_{M2}\cos\varphi_2 = \sqrt{3}*380*6{,}24*0{,}9 = 3700\,W$$

Potencia total consumida por el conjunto:

$$P = \sqrt{3}UI\cos\varphi = \sqrt{3}*380*10*0{,}866 = 5700\,W$$

Que, como puede comprobarse, es igual a la suma de la de los dos motores. A continuación se representa el **diagrama vectorial de intensidades para la fase R**.

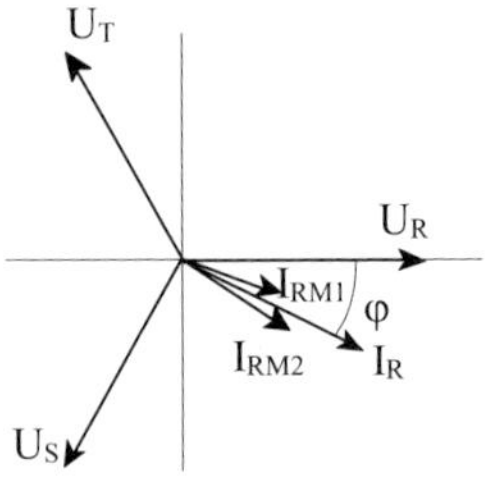

Compensación del factor de potencia del conjunto. Para tener un factor de potencia unidad se deberá instalar una batería de condensadores que aporten una potencia reactiva Qc tal que la potencia activa sea igual a la aparente.

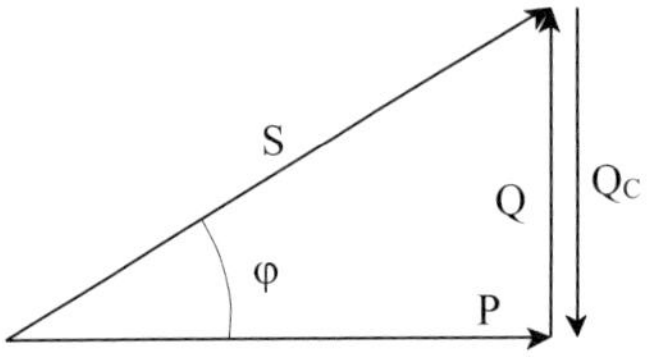

$$Q_C = Q = \sqrt{3}UI\text{sen}\varphi =$$
$$= \sqrt{3} * 380 * 10 * 0{,}5 = 3291VAr$$

Valor de la capacidad de los condensadores a conectar en triángulo:

$$Q_C = 3\frac{U^2}{X_C} = 3C\omega U^2$$

$$C = \frac{Q_C}{3\omega U^2} = \frac{3291}{3*314*380^2} = 2{,}42*10^{-5}F = 24{,}2\mu F$$

```
% PROGRAMA EN MATLAB

U=380; f=50; P1=2000; phi1=acos(0.8); IM=10;
W=1900; w=2*pi*f;

% Para el conjunto
phi=asin(W/(U*IM)); phiM=phi*180/pi;
ZM=U/(IM/sqrt(3)); Z=ZM*exp(phi*i);
I=IM*exp(-phi*i);
% Para el motor M1
I1M=P1/(sqrt(3)*U*cos(phi1));
I1=I1M*exp(-phi1*i);
%Para el motor M2
I2=I-I1; I2M=abs(I2);
phi2=acos(real(I2)/I2M); phi2M=phi2*180/pi;
P2=sqrt(3)*U*I2M*cos(phi2);
% Potencia total consumida
P=sqrt(3)*U*IM*cos(phi);
% Compensación del factor de potencia
Q=sqrt(3)*U*IM*sin(phi);
C=Q/(3*w*U^2);
```

PROBLEMA 6.27

En el circuito de la figura una red trifásica equilibrada de tensiones alimenta dos cargas. Una está compuesta por un conjunto de 10 motores que consumen una potencia de 5 CV cada uno, con un rendimiento mecánico de 0,85 y un factor de potencia de 0,8. La segunda es un equipo de soldadura de 30 KVA y un factor de potencia de 0,65. El voltímetro V_2 registra una lectura de 350V. Calcúlese:

a) Las lecturas del voltímetro V_1 y de los vatímetros W_1 y W_2.

b) La batería de condensadores que será necesario conectar al principio de la línea para conseguir un factor de potencia de 0,95. Nueva lectura de los vatímetros.

c) Diagrama vectorial de tensiones e intensidades.

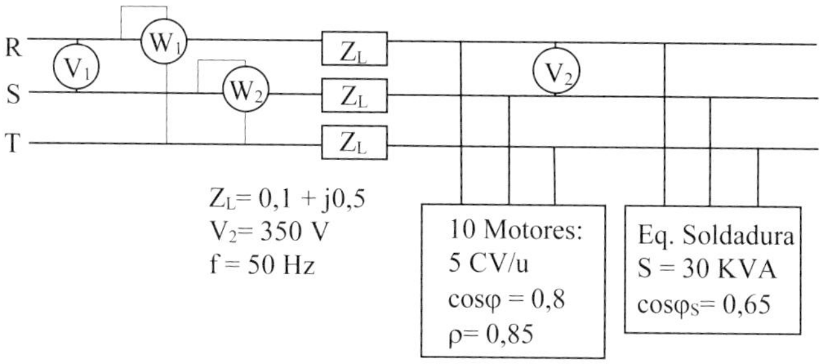

Motores:

$$\cos\varphi_M = 0{,}8 \qquad \operatorname{sen}\varphi_M = 0{,}6 \qquad \tan\varphi_M = 0{,}75$$

$$P_M = \frac{10*5*736}{0{,}85} = 43294W \qquad Q_M = P_M \tan\varphi_M = 43294*0{,}75 = 32471VAr$$

Equipo de soldadura:

$$\cos\varphi_S = 0{,}65 \qquad \operatorname{sen}\varphi_S = 0{,}76 \qquad \tan\varphi_S = 1{,}17$$

$$P_S = S\cos\varphi_S = 30000*0{,}65 = 19500W \qquad Q_S = S\operatorname{sen}\varphi_S = 30000*0{,}76 = 22800VAr$$

Potencias del conjunto:

$$P_1 = P_M + P_S = 43294 + 19500 = 62794W$$

$$Q_1 = Q_M + Q_S = 32471 + 22800 = 55271VAr$$

$$S_1 = \sqrt{P_1^2 + Q_1^2} = \sqrt{62794^2 + 55271^2} = 83654VA$$

$$\cos\varphi_1 = \frac{P_1}{S_1} = \frac{62794}{83654} = 0{,}75 \qquad \tan\varphi_1 = 0{,}88$$

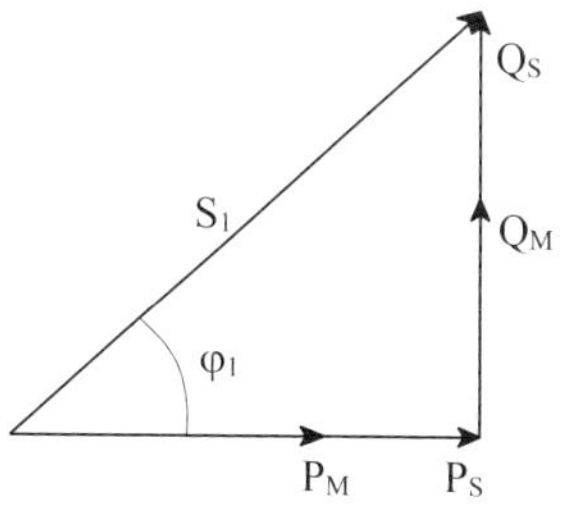

Intensidad del conjunto:

$$S_1 = \sqrt{3}U_2 I \qquad I = \frac{83654}{\sqrt{3}350} = 138A \qquad Z_1 = \frac{U_2}{\sqrt{3}\,I} = \frac{350}{138\sqrt{3}} = 1{,}46\Omega$$

$$R_1 = Z_1 \cos\varphi_1 = 1{,}1\Omega \qquad X_1 = Z_1 \operatorname{sen}\varphi_1 = 0{,}97\Omega \qquad \overline{Z}_1 = 1{,}1 + j0{,}97$$

Potencias activas y reactivas consumidas en la línea:

$$P_L = 3R_L I^2 = 3*0{,}1*138^2 = 5713\,W$$

$$Q_L = 3X_L I^2 = 3*0{,}5*138^2 = 28562\,VAr$$

Las potencias activa y reactiva totales suministradas al sistema serán:

$$P = P_1 + P_L = 62794 + 5713 = 68507W$$

$$Q = Q_1 + Q_L = 55271 + 28562 = 83833VAr$$

$$S = \sqrt{P^2 + Q^2} = \sqrt{68507^2 + 83833^2} = 108262VA$$

$$\cos\varphi = \frac{68507}{108262} = 0{,}63 \qquad \tan\varphi = 1{,}22$$

Lectura de los vatímetros. Por ser equilibrado el sistema se tiene que:

$$\left.\begin{aligned} W_1 + W_2 &= P = 68507 \\ W_1 - W_2 &= \frac{Q}{\sqrt{3}} = 48400 \end{aligned}\right\} \quad W_1 = 58453{,}5W \qquad W_2 = 10053{,}5W$$

Tensión U₁ al principio de la línea:

$$S = \sqrt{3}\,U_1 I \qquad U_1 = \frac{S}{\sqrt{3}I} = \frac{108262}{138\sqrt{3}} = 453V$$

Compensación del factor de potencia (hasta cosφ'=0,95):

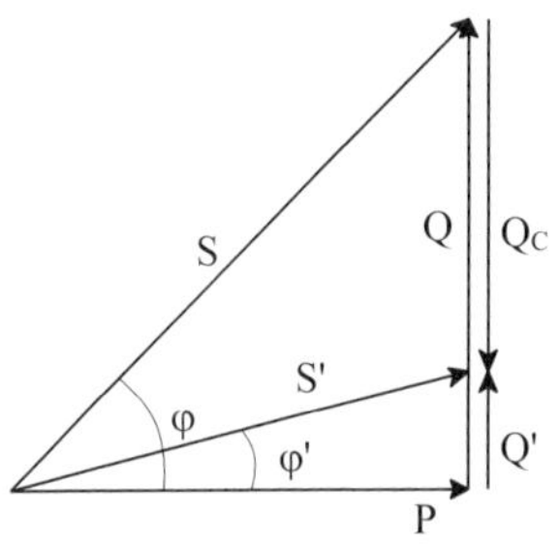

$$\cos\varphi' = 0{,}95 \qquad \tan\varphi' = 0{,}33$$

$$Q_C = Q - Q' = P(\tan\varphi - \tan\varphi') =$$
$$= 68507(1{,}22 - 0{,}33) = 61314VAr$$

$$Q_C = 61314 = 3\,C\,\omega\,U_1^2 \qquad C = \frac{61314}{3*314*453^2} = 3{,}17*10^{-4}F = 0{,}317mF$$

Lectura de los vatímetros después de la compensación del factor de potencia:

$$Q' = 68507*0{,}33 = 22607 VAr$$

$$\left. \begin{array}{l} W_1 + W_2 = P = 68507 \\ W_1 - W_2 = \dfrac{Q'}{\sqrt{3}} = 13000 \end{array} \right\} \quad W_1 = 40753{,}5W \qquad W_2 = 27753{,}5W$$

```
% PROGRAMA EN MATLAB

U2=350; f=50; n =10; PM1=5; r=0.85; phiM=acos(0.8); SS=30;
phiS=acos(0.65); RL=0.1; XL=0.5; ZL=RL+XL*i; phic=acos(0.95);
w=2*pi*f;

% Potencia consumida por los motores
PM=PM1*n*736/r;
QM=PM*tan(phiM);
% Potencia consumida por el equipo de soldadura
PS=SS*10^3*cos(phiS);
QS=SS*10^3*sin(phiS);
% Potencia consumida por el conjunto
P1=PM+PS; Q1=QM+QS;
S1=sqrt(P1^2+Q1^2);
phi1=acos(P1/S1); phi1M=phi1*180/pi;
% Intensidad de línea e impedancia del conjunto
I=S1/(sqrt(3)*U2);
Z1M=U2/(sqrt(3)*I);
Z1=Z1M*(cos(phi1)+sin(phi1)*i);
% Potencia activa y reactiva consumida por la línea
PL=3*RL*I^2; QL=3*XL*I^2;
% Potencia activa y reactiva suministrada por el sistema
P=P1+PL; ; Q=Q1+QL; S=sqrt(P^2+Q^2);
phi=acos(P/S); phiM=phi*180/pi;
% Lectura de los vatímetros
M=[1 1;1 -1]; N=[P;Q/sqrt(3)]; W=inv(M)*(N);
% Tensión de línea en la alimentación
U1=S/(sqrt(3)*I);
% Compensación del factor de potencia
QC=Q-P*tan(phic);
C=QC/(3*w*U1^2);
% Nueva lectura de los vatímetros
N1=[P;P*tan(phic)/sqrt(3)];
WC=inv(M)*(N1);
```

PROBLEMA 6.28

A una línea trifásica equilibrada de tensión de línea U se conectan los siguientes consumos: 5 motores trifásicos de 10CV de potencia cada uno y un factor de potencia $\cos\varphi_{M1} = 0{,}85$; 10 motores trifásicos de 8CV de potencia cada uno y un factor de potencia $\cos\varphi_{M2} = 0{,}82$; una carga trifásica equilibrada de carácter inductivo (3). Las lecturas de los vatímetros W_1 y W_2 son, respectivamente, 88385W y 35295W y la lectura del amperímetro A_1 es 67A. Calcúlense:

a) Características de la carga 3 (potencia y factor de potencia).

b) Tensión de alimentación de la línea U.

b) Diagrama vectorial de tensiones e intensidades.

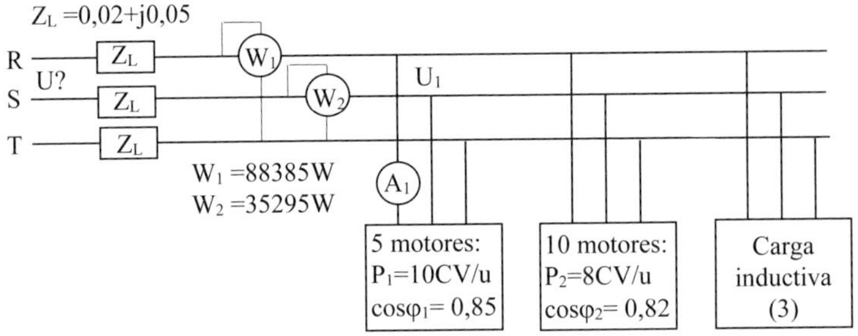

Motores 10 CV

$$\cos\varphi_{M1} = 0{,}85 \qquad \text{sen}\varphi_{M1} = 0{,}527 \qquad \varphi_{M1} = 31{,}8^{\circ}$$

$$P_{M1} = 5*10*736 = 36800W = \sqrt{3}\,U_1\,I_1\cos\varphi_{M1} \qquad I_1 = 67\,A$$

$$U_1 = \frac{36800}{\sqrt{3}*67*0{,}85} = 373{,}08\,V \qquad U_{1f} = \frac{U_1}{\sqrt{3}} = \frac{373{,}08}{\sqrt{3}} = 215{,}4\,V$$

Motores 8 CV

$$\cos\varphi_{M2} = 0{,}82 \qquad \text{sen}\varphi_{M2} = 0{,}572 \qquad \varphi_{M1} = 34{,}92^{\circ}$$

$$P_{M2} = 10*8*736 = 58880W = \sqrt{3}\,U_1\,I_2\cos\varphi_{M2} \qquad U_1 = 373{,}08V$$

$$I_2 = \frac{58880}{\sqrt{3}*373{,}08*0{,}82} = 111{,}12V$$

Para el conjunto de las tres cargas se tiene:

$$\left.\begin{array}{l} P = W_1 + W_2 = 123680W \\ Q = \sqrt{3}\left(W_1 - W_2\right) = 91992VA \end{array}\right\} \quad \tan\varphi = \frac{Q}{P} = 0{,}744 \qquad \varphi = 36{,}64^{\circ} \qquad \cos\varphi = 0{,}802$$

$$I = \frac{P}{\sqrt{3}*U_1*\cos\varphi} = \frac{123680}{\sqrt{3}*373{,}08*0{,}802} = 238{,}54\,A$$

Tomando como referencia la tensión de fase $\overline{U}_{R1}$ con ángulo de fase inicial cero, se tiene:

$$\overline{I} = 238{,}54\angle -36{,}64^{\circ} = I\cos\varphi - jI\,\text{sen}\varphi = 191{,}4 - j142{,}36$$

$$\overline{I}_{M1} = 67\angle -31{,}8^{\circ} = I_{M1}\cos\varphi_{M1} - jI_{M1}\,\text{sen}\varphi_{M1} = 56{,}95 - j35{,}31$$

$$\overline{I}_{M2} = 111{,}12\angle -34{,}92^{\circ} = I_{M2}\cos\varphi_{M1} - jI_{M2}\,\text{sen}\varphi_{M2} = 91{,}12 - j63{,}56$$

Carga trifásica (3)

$$P_3 = P - (P_{M1} + P_{M2}) = 123680 - (36800 + 58880) = 28000W$$

$$\bar{I}_3 = \bar{I} - \bar{I}_{M1} - \bar{I}_{M2} = 43{,}33 - j43{,}49 = 61{,}4\angle 45{,}1^o$$

$$\cos\varphi_3 = \frac{43{,}33}{61{,}4} = 0{,}706 \qquad \operatorname{sen}\varphi_3 = 0{,}708 \qquad \tan\varphi_3 = 1 \qquad \varphi_3 = 45{,}1^o$$

Comprobación:

$$P_3 = \sqrt{3}\,U_1\,I_3\cos\varphi_3 = 28011W$$

Cálculo de la tensión de línea de alimentación. Teniendo en cuenta que se ha tomado $\bar{U}_{R1}$ como vector de referencia, la tensión de fase de la alimentación será:

$$\bar{U}_{RL} = R\bar{I} = 0{,}02 * 238{,}54\angle -36{,}64 = 4{,}77\angle -36{,}64 = 3{,}83 - j2{,}85$$

$$\bar{U}_{XL} = jX\bar{I} = j0{,}05 * 238{,}54\angle -36{,}64 = 11{,}93\angle 53{,}36 = 7{,}12 + j9{,}57$$

$$\bar{U}_f = \bar{U}_R = \bar{U}_{R1} + \bar{U}_{RL} + \bar{U}_{XL} = 215{,}4\angle 0^o + 4{,}77\angle -36{,}64^o + 11{,}93\angle 53{,}36^o =$$
$$= 226{,}35 + j6{,}72 = 226{,}45\angle 1{,}7^o$$

Y la tensión de línea:

$$U = \sqrt{3}\,U_f = 392{,}21V$$

Diagrama vectorial. Se representa solo para una fase:

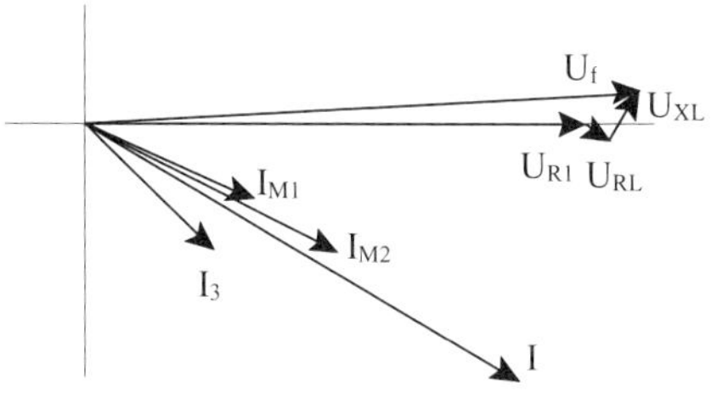

PROBLEMA 6.28.M

A una línea trifásica equilibrada de tensiones se conectan tres consumos trifásicos equilibrados de carácter inductivo: 1) Carga de 40 Kw con $\cos\varphi_1 = 0{,}86$; 2) Carga de 60 Kw con $\cos\varphi_2 = 0{,}82$; 3) Carga de la que se desconoce su potencia y factor de potencia. Las lecturas de los vatímetros W_1 y W_2 son, respectivamente, 92200W y 38300W y la lectura del amperímetro A_1 es 73A. Calcúlense:

a) Características de la carga 3 (potencia y factor de potencia).

b) Tensión de alimentación de la línea U.

b) Diagrama vectorial de tensiones e intensidades.

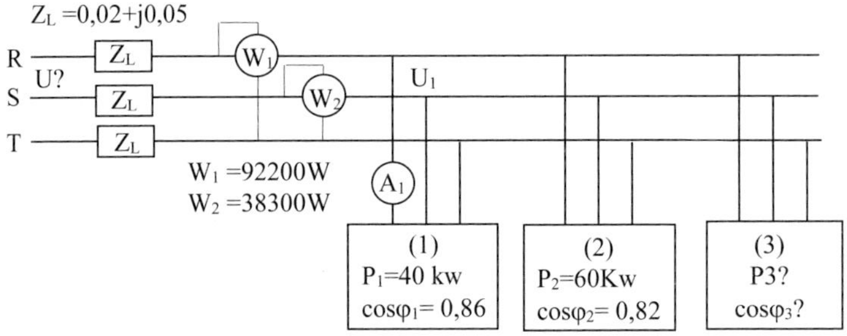

Carga 1) de 40 kw

$$\cos\varphi_1 = 0{,}86 \qquad \text{sen}\varphi_1 = 0{,}51 \qquad \varphi_1 = 30{,}68^{\text{o}}$$

$$P_1 = 40000W = \sqrt{3}\,U_1\,I_1\cos\varphi_1 \qquad I_1 = 73\,A$$

$$U_1 = \frac{40000}{\sqrt{3}*73*0{,}86} = 367{,}9\,V \qquad U_{1f} = \frac{U_1}{\sqrt{3}} = \frac{367{,}9}{\sqrt{3}} = 212{,}4\,V$$

Carga 2) de 60 kw

$$\cos\varphi_2 = 0{,}82 \qquad \text{sen}\varphi_2 = 0{,}572 \qquad \varphi_1 = 34{,}92^{\text{o}}$$

$$P_2 = 60000W = \sqrt{3}\,U_1\,I_2\cos\varphi_2 \qquad U_1 = 373{,}08\,V$$

$$I_2 = \frac{60000}{\sqrt{3}*367{,}9*0{,}82} = 114{,}83\,V$$

Para el conjunto de las tres cargas se tiene:

$$\left.\begin{aligned} P &= W_1 + W_2 = 130500W \\ Q &= \sqrt{3}\left(W_1 - W_2\right) = 93354{,}8\,VA \end{aligned}\right\} \quad \mathbf{tan}\,\varphi = \frac{Q}{P} = 0{,}715 \qquad \varphi = 35{,}58^{\text{o}} \qquad \mathbf{cos}\,\varphi = 0{,}813$$

$$I = \frac{P}{\sqrt{3}*U_1*\mathbf{cos}\,\varphi} = \frac{130500}{\sqrt{3}*367{,}9*0{,}813} = 251{,}9\,A$$

Tomando como referencia la tensión de fase $\overline{U}_{R1}$ con ángulo de fase inicial cero, se tiene:

$$\overline{I} = 251{,}9\angle -35{,}58^{\text{o}} = I\cos\varphi - jI\,\text{sen}\varphi = 204{,}87 - j146{,}57$$

$$\overline{I}_1 = 73\angle -30{,}68^{\text{o}} = I_1\cos\varphi_1 - jI_1\,\text{sen}\varphi_1 = 62{,}78 - j37{,}25$$

$$\overline{I}_2 = 114{,}83\angle -34{,}92^{\text{o}} = I_2\cos\varphi_1 - jI_2\,\text{sen}\varphi_2 = 94{,}15 - j65{,}73$$

Carga 3)

$$P_3 = P - (P_1 + P_2) = 130500 - (40000 + 60000) = 30500W$$
$$\overline{I}_3 = \overline{I} - \overline{I}_1 - \overline{I}_2 = 47{,}94 - j43{,}59 = 64{,}8\angle -42{,}28^{o}$$
$$\cos\varphi_3 = \frac{47{,}94}{64{,}8} = 0{,}74 \qquad \text{sen}\varphi_3 = 0{,}673 \qquad \tan\varphi_3 = 091 \qquad \varphi_3 = 42{,}28^{o}$$

Comprobación:

$$P_3 = \sqrt{3}\,U_1\, I_3 \cos\varphi_3 = 30500W$$

Cálculo de la tensión de línea de alimentación. Teniendo en cuenta que se ha tomado $\overline{U}_{R1}$ como vector de referencia, la tensión de fase de la alimentación será:

$$\overline{U}_{RL} = R\overline{I} = 0{,}02 * 238{,}54\angle -36{,}64 = 4{,}77\angle -36{,}64 = 3{,}83 - j2{,}85$$
$$\overline{U}_{XL} = jX\overline{I} = j0{,}05 * 238{,}54\angle -36{,}64 = 11{,}93\angle 53{,}36 = 7{,}12 + j9{,}57$$
$$\overline{U}_f = \overline{U}_R = \overline{U}_{R1} + \overline{U}_{RL} + \overline{U}_{XL} = 215{,}4\angle 0^{o} + 4{,}77\angle -36{,}64^{o} + 11{,}93\angle 53{,}36^{o} =$$
$$= 226{,}35 + j6{,}72 = 226{,}45\angle 1{,}7^{o}$$

Y la tensión de línea

$$U = \sqrt{3}\,U_f = 392{,}21V$$

Diagrama vectorial. Se representa solo para una fase:

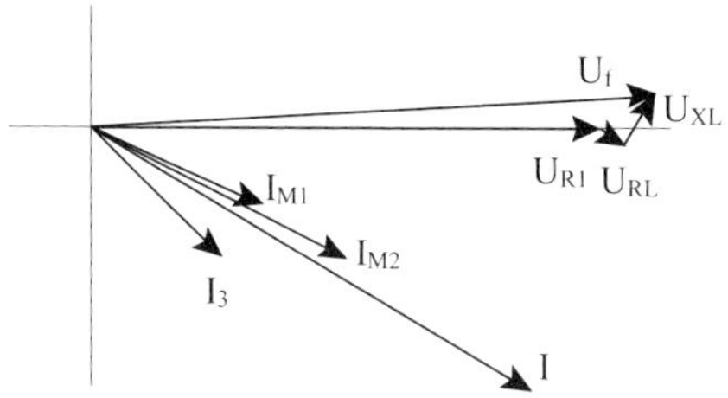

PROBLEMA 6.29

En el circuito de la figura una línea trifásica equilibrada de secuencia directa de 380V de tensión de línea alimenta un motor de 50CV, que trabaja al 90% de su carga y una carga resistiva equilibrada de 15Kw. El vatímetro W registra una lectura de 30788W. Calcúlese:

a) La lectura de los amperímetros A, A_1 y A_2.

b) Factor de potencia del motor M.

c) Diagrama vectorial de tensiones e intensidades.

d) Cálculo de la lectura que deberán registrar los equipos en el caso de que se produzca una rotura del conductor de la fase S por el punto X.

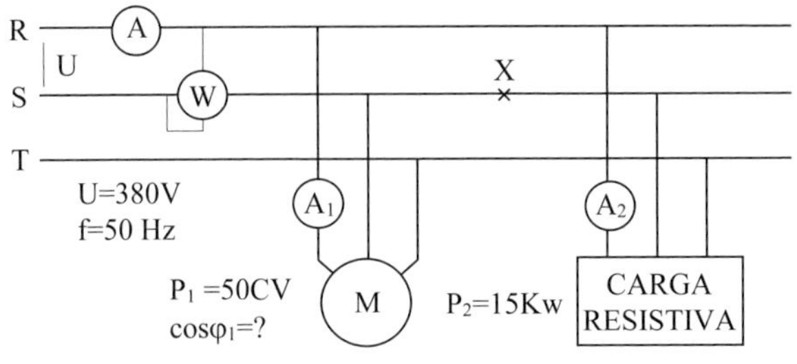

Potencias:

$$P_1 = 50CV * 736\frac{W}{CV} * \frac{90}{100} = 33120W \qquad P_2 = 15000W$$

$$P = P_1 + P_2 = 33120 + 15000 = 48120W$$

Se tiene secuencia directa de fases (R, S, T, R, S, T...) y el vatímetro está conectado entre las fases S y T. Así, para esta conexión se puede considerar la secuencia STR y el vatímetro W sería el primero (W_1) de la conexión de los dos vatímetros. El segundo (W_2) estaría conectado entre las fases T y R.

$$W_2 = P - W_1 = 48120 - 30788 = 17332W$$

Como el sistema es totalmente equilibrado:

$$\tan\varphi = \frac{\sqrt{3}(W_1 - W_2)}{W_1 + W_2} = 0{,}484 \qquad \varphi = -25{,}84^{\circ} \qquad \cos\varphi = 0{,}9 \qquad \text{sen}\varphi = -0{,}436$$

$$I = \frac{P}{\sqrt{3}\,U\cos\varphi} = \frac{48120}{\sqrt{3} * 380 * 0{,}9} = 81{,}23A$$

$$\bar{I} = 81{,}23 * 0{,}9 - j81{,}23 * 0{,}436 = 73{,}11 - j35{,}41$$

La lectura del **amperímetro A será 81,23 A**. Para la carga resistiva se tiene:

$$I = \frac{P_2}{\sqrt{3}\,U\cos\varphi} = \frac{15000}{\sqrt{3} * 380 * 1{,}0} = 22{,}79A$$

La lectura del **amperímetro A_2 será 22,79 A**. Suponiendo la carga conectada en estrella, el valor de la resistencia R será:

$$R = \frac{U_f}{I_2} = \frac{380}{\sqrt{3} * 22{,}79} = 9{,}63\Omega$$

Intensidad del motor y su factor de potencia:

$$\overline{I}_1 = \overline{I} - \overline{I}_2 = 73{,}11 - j35{,}41 - 22{,}79 = 50{,}32 - j35{,}41 = 61{,}53\angle -\varphi_1$$

$$\cos\varphi_1 = \frac{50{,}32}{61{,}53} = 0{,}8177 \qquad \varphi_1 = 35{,}13^\circ \qquad \text{sen}\varphi_1 = 0{,}576$$

La lectura del **amperímetro A₁ será 61,53 A**.

La potencia consumida por el motor M será:

$$P_1 = \sqrt{3}\,U I_1 \cos\varphi_1 = \sqrt{3} * 380 * 61{,}53 * 0{,}8177 = 33120W$$

Que coincide con lo que previamente se había calculado.

Para el caso en que el conductor de la fase S se interrumpa en X, suponiendo que la carga resistiva estuviese conectada en estrella (daría igual si estuviese en triángulo), se tendría el siguiente circuito equivalente:

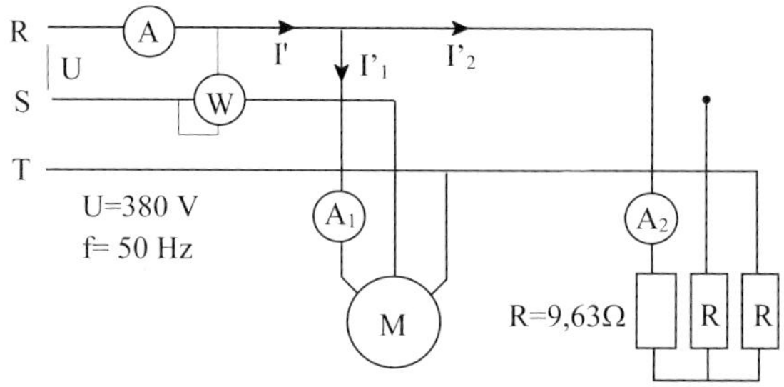

Tomando como referencia la tensión de fase:

$$\left.\begin{aligned} \overline{I}'_1 &= \overline{I}_1 = 50{,}32 - j35{,}41 = 61{,}53\angle -35{,}13^\circ \\ \overline{I}'_2 &= \frac{\overline{U}_{RT}}{2*R} = \frac{380\angle -30^\circ}{2*9{,}63} = 19{,}73\angle -30^\circ = 17{,}1 - j9{,}87 \end{aligned}\right\}$$

$$\overline{I}' = \overline{I}'_1 + \overline{I}'_2 = 67{,}42 - j45{,}28 = 81{,}21\angle -33{,}88^\circ$$

Las lecturas de los amperímetros ahora son:

$$\mathbf{A = 81{,}21A} \qquad \mathbf{A_1 = 61{,}53A} \qquad \mathbf{A_2 = 19{,}73A}$$

Tomando como referencia la tensión de fase se representa el diagrama vectorial para cada uno de los casos (antes y después de la rotura del conductor):

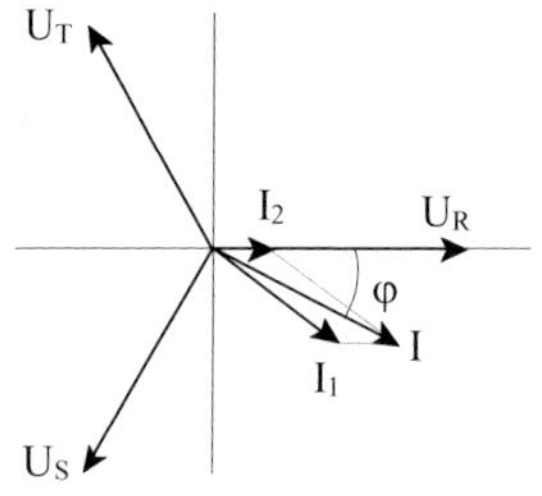

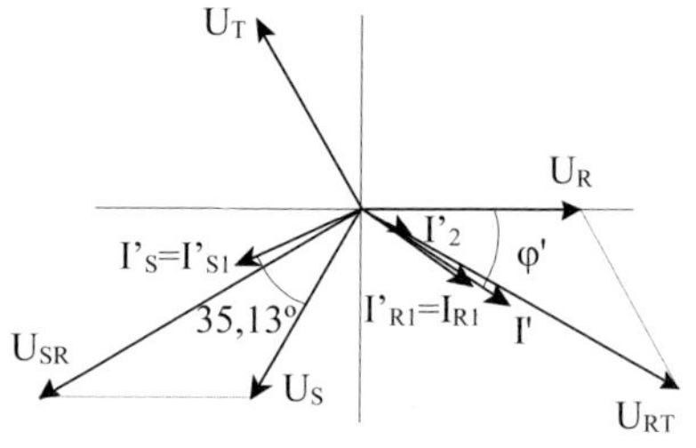

La lectura del vatímetro en esta situación será:

$$W'=U_{SR}I_S^{'}\cos\left(U_{SR},I_S^{'}\right)=380*61{,}53*\cos(35{,}13^{o}-30^{o})=23288W$$

```
% PROGRAMA EN MATLAB

U=380; f=50; PM1=50; c=0.9; P2=15000; W1=30788; w=2*pi*f;

% Potencias e intensidad del conjunto
P1=50*736*c; P=P1+P2;
W2=P-W1;
phi=atan(sqrt(3)*(W1-W2)/(W1+W2)); phiM=phi*180/pi;
IM=P/(sqrt(3)*U*cos(phi));
I=IM*exp(-phi*i);
% Intensidad de la carga resistiva
I2=P2/(sqrt(3)*U);
R=U/(I2*sqrt(3));
% Intensidad del motor
I1=I-I2; I1M=abs(I1);
phi1=angle(I1); phi1M=phi1*180/pi;
P1=sqrt(3)*U*I1M*cos(phi1); % Comprobación de la potencia del motor
% Caso de rotura del conductor S
I1n=I1; I2n=U*exp(-i*pi/6)/(2*R); I2nM=abs(I2n); % Nueva lectura de A2
In=I1n+I2n; InM=abs(In); % Nueva lectura de A
phiIn=angle(In)*180/pi;
Wn=U*I1M*cos(phi1+pi/6); % Nueva lectura de W
```

PROBLEMA 6.30

En el circuito de la figura, una red trifásica de tensiones equilibrada de secuencia directa y de 380V de tensión de línea alimenta: un motor trifásico conectado en estrella y una carga conectada en triángulo de impedancia $Z_C = 12\angle 90^{o}\Omega$. Se conoce que cuando S está abierto las lecturas de los vatímetros son: $W_1 = 16674$W y $W_2 = 8337$W. Calcúlese:

a) Impedancia por fase del motor.

b) Si se cierra S, tensión de línea en bornes de la carga.

c) Lectura de los vatímetros si se rompe la fase T por A.

d) Diferencia de potencial del neutro del motor respecto del neutro del generador.

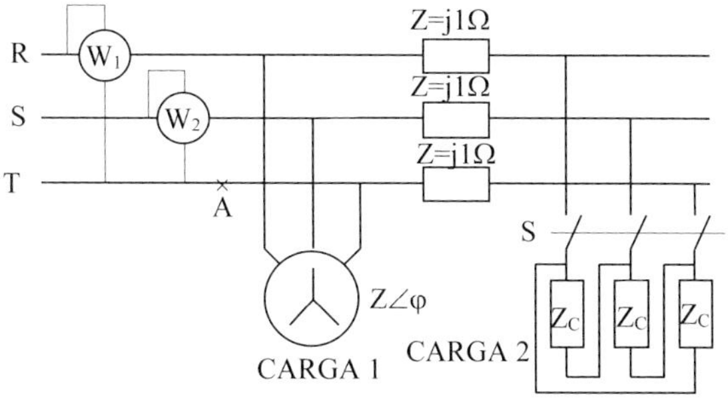

$$\left.\begin{array}{l} W_1 + W_2 = P = 16674 + 8337 = 25011W \\ \sqrt{3}\,(W_1 - W_2) = Q = \sqrt{3}\,(16674 - 8337) = 14440\ VAr \end{array}\right\}$$

$$S = \sqrt{P^2 + Q^2} = 28880VA \qquad \varphi = 30^o$$

$$\mathbf{cos}\varphi = \frac{25011}{28880} = 0{,}866 \qquad \text{sen}\,\varphi = 0{,}5$$

Por ser un sistema totalmente equilibrado a tres hilos y tener la conexión de los 2 vatímetros, para la situación de S abierto (conectado solo el motor), se tendrá:

Cálculo de la **intensidad e impedancia del motor**.

$$P = \sqrt{3}\ U_L I_L \cos\varphi \qquad I_L = \frac{25011}{\sqrt{3} * 380 * \frac{\sqrt{3}}{2}} = 43{,}87\,A$$

$$Z = \frac{U_f}{I_L} = \frac{\frac{380}{\sqrt{3}}}{43{,}87} = 5\Omega \qquad Z\angle\varphi = 5\angle 30^o\ \Omega \quad (\text{por fase})$$

Con S cerrado, transformando la carga en triángulo a su equivalente en estrella, y siendo el sistema totalmente equilibrado, se puede considerar el siguiente circuito monofásico:

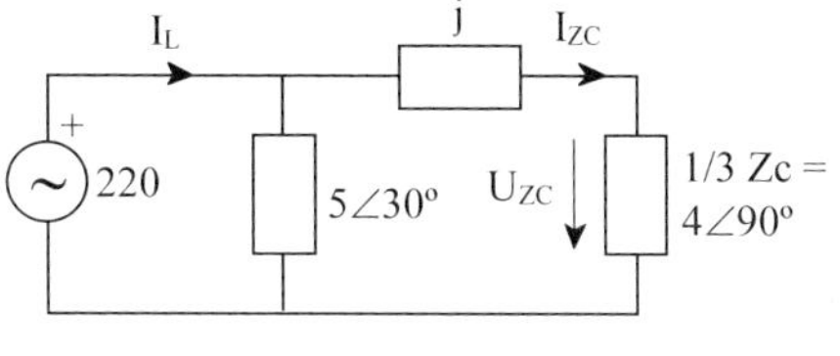

Las intensidades totales de la línea y de la carga son:

$$\bar{I}_L = \frac{220\angle 0^o}{\dfrac{5\angle 30^o * j5}{5\angle 30^o + j5}} = 220\ \frac{\sqrt{3}\angle 60^o}{5\angle 120^o} = 76\angle -60^o$$

$$\bar{I}_{ZC} = \frac{220\angle 0^o}{j5} = \frac{220\angle 0^o}{5\angle 90^o} = 44\angle -90^o$$

Y la tensión de línea de la carga:

$$\bar{U}_{ZC} = 4\angle 90^o\ 44\ \angle -90^o = 175{,}5\angle 0^o \qquad \bar{U}_L = 175{,}5\ \sqrt{3} = 304\ V$$

Si la fase T se interrumpe por el punto A, se tendrá el siguiente circuito equivalente:

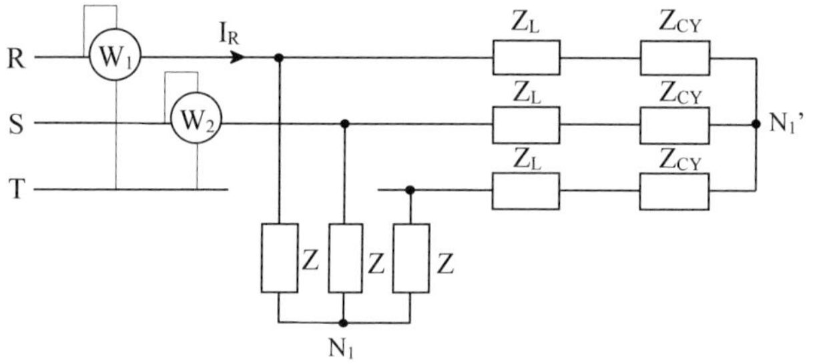

Por la simetría del circuito y por ser las dos cargas en estrella equilibradas, los puntos N_1 y N'_1 están a la misma tensión y por la fase T no pasa corriente. Puede considerarse el siguiente circuito:

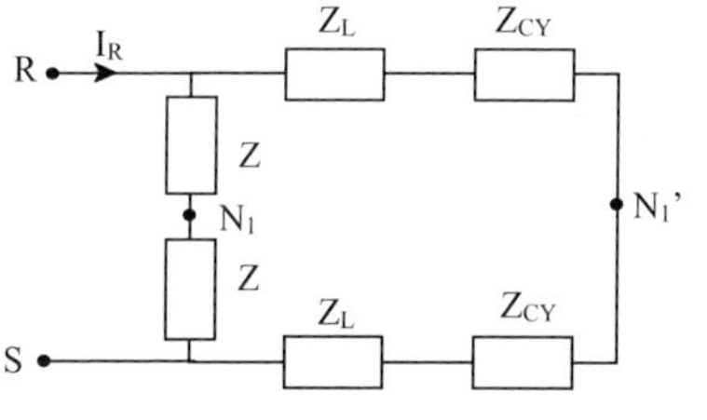

Su impedancia equivalente es:

$$\bar{Z}_{equ} = \frac{\left(2\bar{Z}_L + 2\bar{Z}_{CY}\right)2\bar{Z}}{2\left(\bar{Z}_L + \bar{Z}_{CY} + \bar{Z}\right)} = \frac{(j2 + j8)\ 5\angle 30^o}{j + j4 + 5\angle 30^o} =$$

$$= \frac{50\angle 120^o}{j5 + 5\angle 30^o} = \frac{10\angle 120^o}{j + \dfrac{\sqrt{3}}{2} + j\dfrac{1}{2}} = \frac{10\angle 120^o}{\sqrt{3}\angle 60^o} = \frac{10}{\sqrt{3}}\ \angle 60^o$$

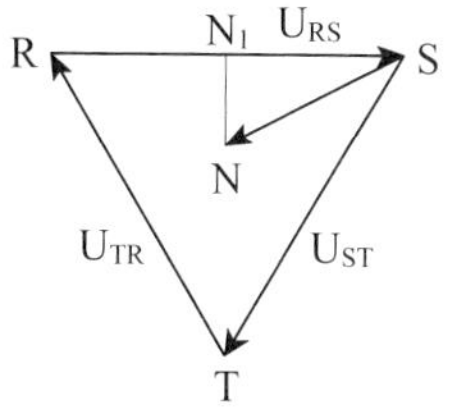

Y la intensidad que circula por las fases R y S:

$$\bar{I}_R = \frac{\bar{U}_{RS}}{\bar{Z}_{eqv}} = \frac{380\angle 0^o}{\frac{10}{\sqrt{3}}\angle 60^o} = 65{,}81\angle -60^o$$

$$\bar{I}_S = -\bar{I}_R = 65{,}81\angle 120^o \qquad \bar{U}_{RS} = 380\angle 0^o \qquad \bar{U}_{RT} = 380\angle -60^o$$

Las lecturas de los vatímetros serán ahora:

$$W_1 = U_{RT}\ I_R \cos(U_{RT}\ I_R) = 380 * 65{,}81 \cos(-60 - (-60)) = 25008\,W$$
$$W_2 = U_{ST}\ I_S \cos(U_{ST}\ I_S) = 380 * 65{,}81 \cos(-120 - 120) = -12504\,W$$

La diferencia de potencial del neutro del motor respecto del neutro del generador es:

$$U_{N'N} = \frac{1}{3}U_{N'T} = \frac{1}{3}\sqrt{380^2 - \frac{380^2}{4}} = \frac{380}{3}\sqrt{1-\frac{1}{4}} = \frac{380}{3}\ \frac{\sqrt{3}}{2} =$$
$$= \frac{380}{2\sqrt{3}} = 110V$$

PROBLEMA 6.31

En el circuito trifásico de la figura las tensiones son equilibradas, de secuencia directa y 380V de tensión de línea. Calcúlense:

a) Las intensidades de línea I_R, I_S e I_T.

b) Lectura de cada uno de los vatímetros.

c) Si el vatímetro W_2 se conectase después de la carga monofásica, cuál sería su indicación.

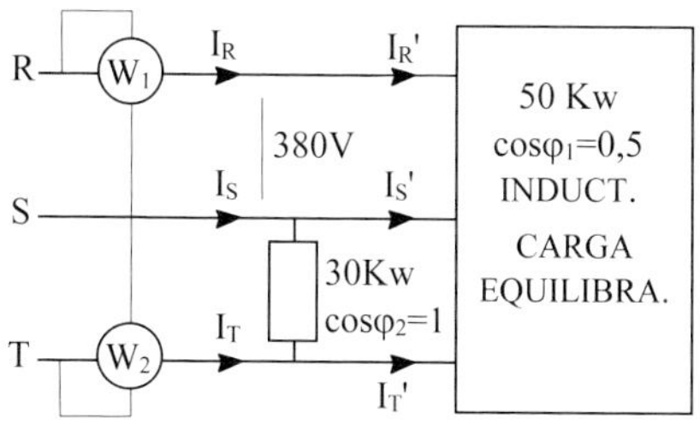

$$\bar{U}_{RS} = 380\angle 0^o$$
$$\bar{U}_{ST} = 380\angle\text{-}120^o$$
$$\bar{U}_{TR} = 380\angle 120^o$$

Para la carga trifásica: cos φ_1= 0,5; $\varphi_1 = 60^o$

A partir de la potencia se calcula la intensidad de fase:

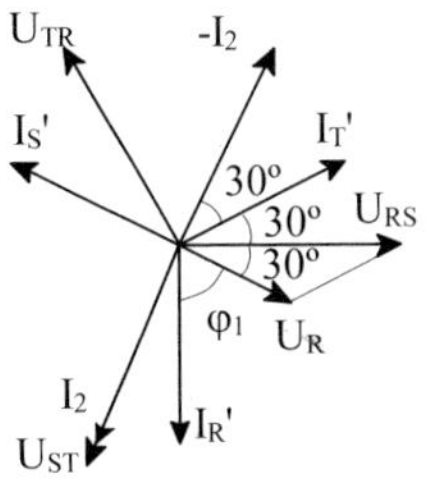

$$P = 50000 = \sqrt{3}\, U I' \cos\varphi_1$$

$$I' = \frac{50000}{\sqrt{3}*380*0,5} = \frac{10^5}{\sqrt{3}*380}\, A$$

Y vectorialmente, para cada fase, se tiene:

$$\bar{I}'_R = \frac{10^5}{\sqrt{3}*380} \angle -(30^o + \varphi_1) = -j151,94$$

$$\bar{I}'_S = \frac{10^5}{\sqrt{3}*380} \angle -210^o = -131,65 + j72,01$$

$$\bar{I}'_T = \frac{10^5}{\sqrt{3}*380} \angle 30^o = 131,65 + j76,01$$

Para la carga conectada entre las fases S y T:

$$P_2 = U_{ST} I_2 \cos\varphi_2 = 380 I_2 \qquad I_2 = \frac{3*10^4}{380} \qquad (\text{en fase con } U_{ST})$$

$$\bar{I}_2 = \frac{3*10^4}{380} \angle -120^o = 78,95 \angle -120^o = -39,47 - j68,37$$

Las intensidades de línea del sistema se obtienen sumando vectorialmente las de los dos consumos, para cada fase:

$$\bar{I}_R = \bar{I}'_R = -j151,93 \qquad I_R = 151,93\, A$$

$$\bar{I}_S = \bar{I}'_S + \bar{I}_2 = -131,65 + j76,02 - 39,47 - j68,37 = -171,12 + j7,65 \qquad I_S = 171,3\, A$$

$$\bar{I}_T = \bar{I}'_T - \bar{I}_2 = 171,12 + j144,39 \qquad I_T = 223,9\, A$$

Potencias registradas por los vatímetros:

$$W_1 = U_{RS}\, I_R \cos(U_{RS}, I_R) = 380 \frac{10^5}{\sqrt{3}\, 380} \cos 90^o = 0$$

$$W_2 = U_{TS} I_T \cos(U_{TR}, I_T) = 380\left(|I_2| + I'_T \cos 30^o\right) =$$

$$= 380\left(\frac{3*10^4}{380} + \frac{10^5}{\sqrt{3}\, 380}\frac{\sqrt{3}}{2}\right) = 80000\, W$$

$$W_1 = 0 \qquad P = W_1 + W_2 = W_2 = 80000\, W$$

Como $W_1 = 0$, si W_2 se instala después de la carga monofásica, su lectura será:

$$W_2 = 380 I_T^{'} \cos 30^{\circ} = 50000 W = 50 Kw$$

PROBLEMA 6.32

El circuito de la figura está alimentado por un sistema equilibrado de tensiones de secuencia directa, de 380V de tensión de línea. La potencia de las cargas es: 200KVA con cos φ = 0,866 para Z (inductiva), 50KVAr para el condensador y 20Kw para la resistencia. Calcúlese:
a) Valores de la intensidad de cada fase y del neutro.
b) Lecturas de los vatímetros. Razónese si estos miden la potencia total consumida por el sistema.

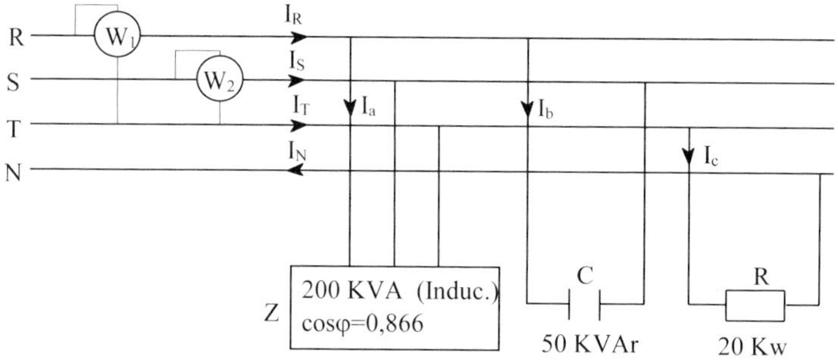

Se toma $U_{RN} = U_R$ como referencia de fases.

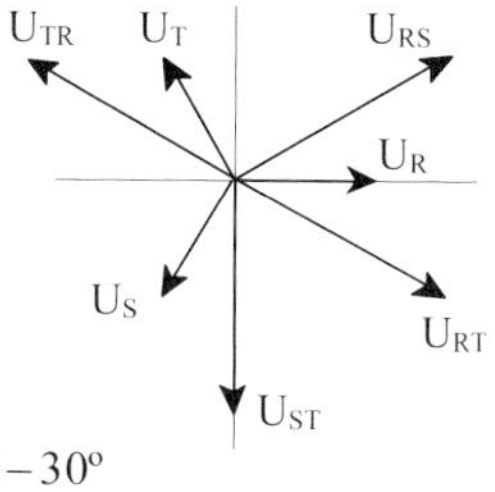

Cálculo de intensidades

Carga trifásica equilibrada:

$$I_a = \frac{S}{\sqrt{3}\, U} = \frac{200000}{\sqrt{3} * 380} = 303{,}86 A \qquad \bar{I}_a = 303{,}86 \angle -30^{\circ}$$

Condensador. La intensidad estará 90º en adelanto respecto de $\overline{U}_{RS}$ y 120º respecto de $\overline{U}_R$.

$$Q_C = \frac{U^2}{X_C} \qquad X_C = \frac{380^2}{50000} = 2{,}888 \Omega \qquad Q_C = X_C\, I_b^2$$

$$I_b = \sqrt{\frac{Q_C}{X_C}} = \sqrt{\frac{50000}{2{,}888}} = 131{,}57 A \qquad \bar{I}_b = 131{,}57 \angle 90^{\circ} + 30^{\circ} = 131{,}57 \angle 120^{\circ}$$

Resistencia. La intensidad estará en fase con $\overline{U}_T$.

$$P_R = R\,I_c^2 = \frac{\left(\frac{U}{\sqrt{3}}\right)^2}{R} \qquad R = \frac{220^2}{20000} = 2{,}4\,\Omega$$

$$I_c = \sqrt{\frac{P_R}{R}} = \sqrt{\frac{20000}{2{,}4}} = 91{,}28\,A \qquad \overline{I}_c = 91{,}28\ \angle 120^{\circ}$$

Intensidades de línea del sistema. Se obtienen sumando vectorialmente las de las tres cargas para cada fase.

$$\overline{I}_R = \overline{I}_a + \overline{I}_b = 303{,}86\angle -30^{\circ} + 131{,}57\angle 120^{\circ} = 263{,}15 - j151{,}93 -$$
$$-65{,}78 + j113{,}95 = 197{,}36 - j38 = 201\angle -10{,}9^{\circ}$$

$$\overline{I}_S = \overline{I}_a\angle -120^{\circ} - \overline{I}_b = 303{,}86\angle -150^{\circ} - 131{,}57\angle 120^{\circ} = -263{,}15 - j151{,}93 +$$
$$+65{,}78 - j113{,}95 = -197{,}36 - j265{,}88 = 331{,}12\angle -126{,}6^{\circ}$$

$$\overline{I}_T = \overline{I}_a\angle 120^{\circ} + \overline{I}_c = 303{,}86\angle 90^{\circ} + 91{,}28\angle 120^{\circ} = j303{,}86 - 45{,}64 + j79{,}05 =$$
$$= -45{,}64 + j382{,}91 = 385{,}62\angle 96{,}79^{\circ}$$

Intensidad de neutro.

$$\overline{I}_N = \overline{I}_R + \overline{I}_S + \overline{I}_T = 197{,}36 - j38 - 197{,}36 - j265{,}88 - 45{,}64 + j382{,}91 =$$
$$= -45{,}64 + j79{,}03 = 91{,}28\angle 120^{\circ}$$

Como cabía esperar, esta intensidad es igual a $\overline{I}_C$, pues la resistencia es la única carga conectada al neutro.

$$W_1 = U_{RT}\,I_R\,\cos\left(U_{RT}, I_R\right) = 380 * 201 * \cos\left[-30 - (-10{,}9)\right] = 72175\,W$$
$$W_2 = U_{ST}\,I_R\,\cos\left(U_{ST}, I_R\right) = 380 * 331{,}12 * \cos\left[-90 - (-126{,}6)\right] = 101015\,W$$
$$W_1 + W_2 = 72175 + 101015 = 173190\,W$$

Lectura de los vatímetros:
Como puede comprobarse, no miden la potencia del conjunto, pues la resistencia está conectada entre una fase y el neutro y el sistema no es de tres hilos.

PROBLEMA 6.33

El circuito de la figura está alimentado por un sistema trifásico equilibrado de tensiones alternas senoidales de 380V de tensión de línea. La lectura del vatímetro W_3 es 3872W. Determínense:
a) Las lecturas de los restantes instrumentos de medida.
b) La potencia total consumida.
c) El diagrama vectorial de tensiones e intensidades de línea.
d) Si el circuito se interrumpe por el punto A, calcúlese de nuevo los apartados a, b y c.

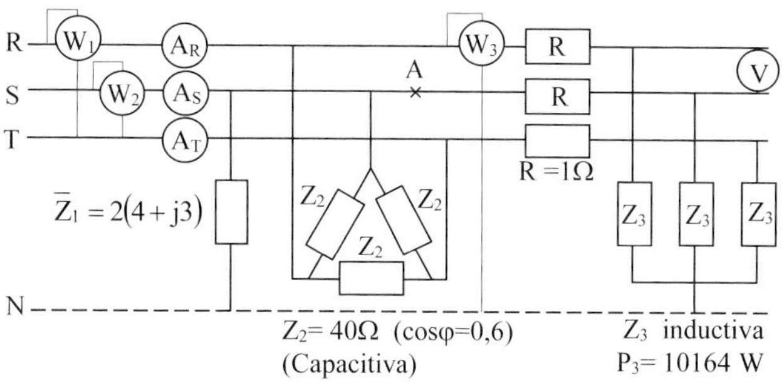

Para la carga $\overline{Z}_3 = R_3 + jX_3$ **en estrella**, llamando P_R a la potencia consumida por la resistencia R de la línea y $\overline{Z}_{R3}$ a la impedancia del conjunto de $\overline{Z}_3$ y la resistencia R, se tiene:

$$P_R = W_3 - \frac{P_3}{3} = 3872 - \frac{10164}{3} = 484 = RI_{R3}^2 = 1I_{R3}^2$$

$$I_{R3} = \sqrt{484} = 22A \qquad I_{R3} = 22\angle -\varphi_3$$

$$Z_{R3} = \frac{U_{R3}}{I_{R3}} = \frac{220}{22} = 10\Omega \qquad R_3 I_{R3}^2 = \frac{10164}{3} = 3388W$$

$$R_3 = \frac{3388}{22^2} = 7\Omega \qquad \overline{Z}_{R3} = (R + R_3) + jX_3 \qquad X_3 = \sqrt{10^2 - (1+7)^2} = 6\Omega$$

$$\cos\varphi_3' = \frac{8}{10} = 0{,}8 \qquad \operatorname{sen}\varphi_3' = 0{,}6 \qquad \overline{I}_{R3} = 22 * 0{,}8 - j22 * 0{,}6 = 17{,}6 - j13{,}2$$

Y para la impedancia $\overline{Z}_3$:

$$\overline{Z}_3 = R_3 + jX_3 = 7 + j6 = 9{,}22\angle\varphi_3 \qquad \cos\varphi_3 = \frac{7}{9{,}22} = 0{,}76$$

$$P_3 = \sqrt{3}\,U_3 I_3 \cos\varphi_3 = \sqrt{3}\,U_3 22 * 0{,}76 \qquad U_3 = \frac{10164}{\sqrt{3} * 22 * 0{,}76} = 315V$$

El voltímetro V registrará una lectura de 315V.

La impedancia $\overline{Z}_2$ **en triángulo** (capacitiva, φ_2 = - arccos 0,6 = - 53,13°) se transforma en su equivalente en estrella.

$$\overline{Z}_{2Y} = \frac{\overline{Z}_{2\Delta}}{3} = \frac{40}{3}\angle\varphi_2 = \frac{40}{3}\angle -53{,}13^\circ \qquad \overline{I}_{R2} = \frac{220\angle 0^\circ}{\frac{40}{3}\angle -53{,}13^\circ} = 16{,}5\angle 53{,}13^\circ$$

$$\overline{I}_{R2} = 16{,}5 * 0{,}6 + j16{,}5 * 0{,}8 = 9{,}9 + j13{,}2$$

Para la carga monofásica $\overline{Z}_1$ se tiene:

$$\overline{I}_{S1} = \frac{220\angle -120^o}{2(4+j3)} = \frac{\left(-110-j110\sqrt{3}\right)(8-j6)}{10} = -20{,}23 - j8{,}64 = 22\angle -156{,}9^o$$

Intensidades de línea:

$$\overline{I}_R = \overline{I}_{R2} + \overline{I}_{R3} = 17{,}6 - j13{,}2 + 9{,}9 + j13{,}2 = 27{,}5A$$
$$\overline{I}_S^{'} = \overline{I}_R\angle -120^o = 27{,}5\angle -120^o = -13{,}75 - j23{,}8$$
$$\overline{I}_S = \overline{I}_S^{'} + \overline{I}_{S1} = -13{,}75 - j23{,}8 - 20{,}23 - j8{,}64 = -34 - j32{,}44 = 47\angle -136{,}34^o$$
$$\overline{I}_T = \overline{I}_R\angle 120^o = 27{,}5\angle 120^o = -13{,}75 + j23{,}8$$

Las lecturas de los amperímetros son:

$$\mathbf{A_R = 27{,}5A} \qquad \mathbf{A_S = 47A} \qquad \mathbf{A_T = 27{,}5A}$$

Diagrama vectorial:

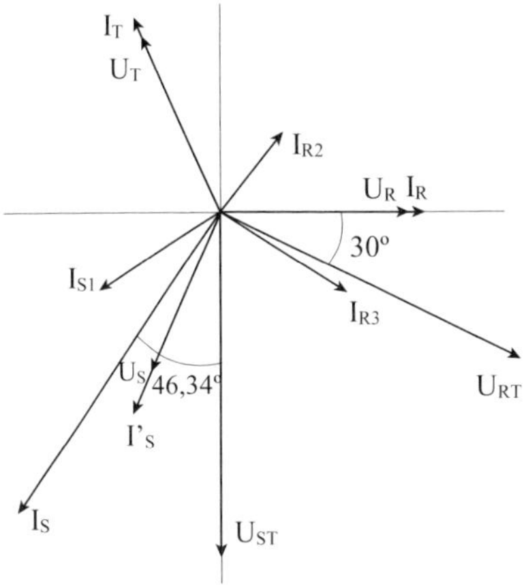

Y las **lecturas de los vatímetros**:

$$W_1 = U_{RT} I_R \cos(U_{RT}, I_R) = 380 * 27{,}5 * \cos 30^o = 9048W$$

$$W_2 = U_{ST} I_S \cos(U_{ST}, I_S) = 380 * 47 * \cos 46{,}34^o = 12330W$$

Si la fase T se interrumpe por el punto A se tiene el circuito equivalente simplificado siguiente:

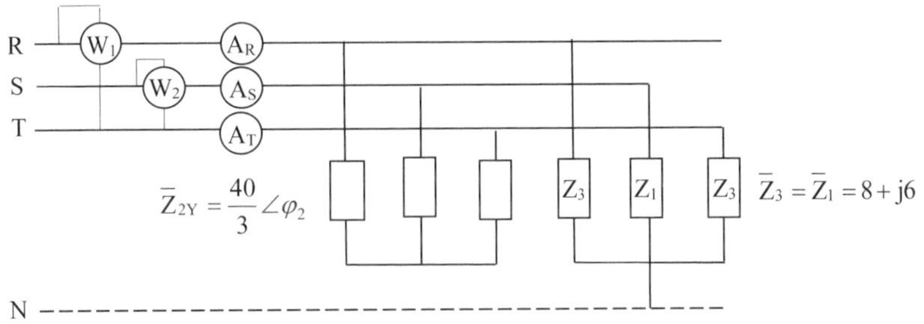

El sistema que queda son dos cargas trifásicas equilibradas pues la fase S de $\overline{Z}_3$ es igual que la carga monofásica $\overline{Z}_1$ que está conectada a esa fase. Según lo obtenido antes, las intensidades son:

$$\overline{I}_R = 27{,}5\angle 0^{\circ} \qquad A_R = 27{,}5A$$
$$\overline{I}_S = 27{,}5\angle -120^{\circ} \qquad A_S = 27{,}5A$$
$$\overline{I}_T = 27{,}5\angle 120^{\circ} \qquad A_T = 27{,}5A$$

El circuito resultante es puramente resistivo (φ= 0º). Las lecturas de los vatímetros son iguales:

$$W_1 = U_{RT} I_R \cos(U_{RT}, I_R) = 380*27{,}5*\cos 30^{\circ} = 9050W$$
$$W_2 = U_{ST} I_S \cos(U_{ST}, I_S) = 380*27{,}5*\cos 30^{\circ} = 9050W$$

```
% PROGRAMA EN MATLAB

U=380; W3=3872; P3=10164; Z1=8+6*i; Z2M=40; R=1;
cosphi2=0.6; phi2=acos(0.6); % Z2 capacitiva y Z3 inductiva

% Intensidad de línea en la carga 3
IR3M=sqrt((W3-P3/3)/R);
ZR3M=(U/sqrt(3))/IR3M;
R3=(P3/3)/IR3M^2;
X3=sqrt(ZR3M^2-(R+R3)^2);
ZR3=R+R3+X3*i;
phi31=angle(ZR3); phi31M=phi31*180/pi;
IR3=IR3M*exp(-phi31*i);
% Tensión de línea de la carga 3
Z3=R3+X3*i; Z3M=abs(Z3);
phi3=angle(Z3); phi3M=phi3*180/pi;
U3=P3/(sqrt(3)*IR3M*cos(phi3));
% Intensidad de línea en la carga 2
Z2=Z2M*exp(-phi2*i);
Z2Y=Z2/3;
IR2=(U/sqrt(3))/Z2Y;
% Intensidad en la carga monofásica 1
IS1=(U/sqrt(3))*exp(-2*pi/3*i)/Z1;
IS1M=abs(IS1); phiIS1=angle(IS1)*180/pi;
% Intensidades totales de línea
IR=IR2+IR3; IRM=abs(IR); phiIR=angle(IR)*180/pi; % En la línea R
IS23=IR*exp(-2*pi/3*i); IS23M=abs(IS23);
IS=IS23+IS1; ISM=abs(IS); phiIS=angle(IS)*180/pi; % En la línea S
IT=IR*exp(2*pi/3*i); ITM=abs(IT); phiIT=angle(IT)*180/pi; % En la línea S
% Lectura de los vatímetros
W1=U*IRM*cos(pi/6);
W2=U*ISM*cos(angle(IS)+pi/2);
% Si la fase T se interrumpe en el punto A
W11=U*IRM*cos(pi/6);
W22=U*IS23M*cos(pi/6);
```

PROBLEMA 6.34

El circuito de la figura está alimentado por un sistema trifásico de tensiones de 380V de tensión de línea y una frecuencia de 50Hz. El motor consume una potencia de 24 Kw, con un factor de potencia de 0,8. Se pide:

a) Calcular las lecturas del amperímetro y del voltímetro.

b) Dibujar el diagrama vectorial de tensiones e intensidades.

c) Calcular la batería de condensadores a conectar en triángulo al principio de la línea, para que el factor de potencia del conjunto sea de 0,95.

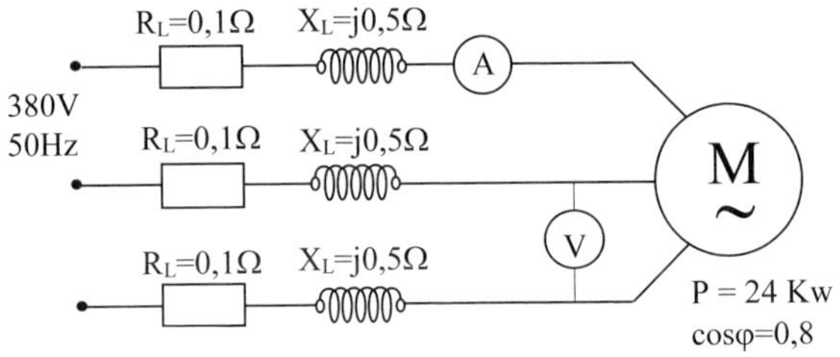

Suponiendo el motor conectado en estrella, se puede estudiar el circuito monofásico siguiente, donde:

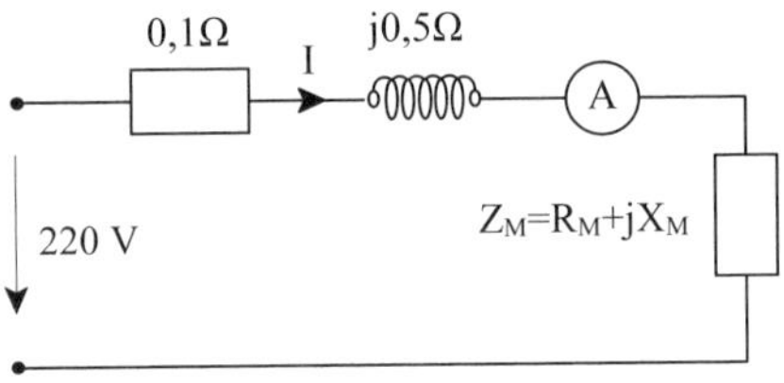

$$U_f = \frac{U_L}{\sqrt{3}} = \frac{380}{\sqrt{3}} = 220\ V$$

Impedancia equivalente:

$$\overline{Z}_M = R_M + j X_M \qquad R_M = Z_M \cos\varphi = 0{,}8 Z_M \qquad X_M = Z_M \operatorname{sen}\varphi = 0{,}6 Z_M$$

$$Z_f = \sqrt{(0{,}1+0{,}8 Z_M)^2 + (0{,}5+0{,}6 Z_M)^2}$$

Se plantean las dos ecuaciones siguientes (una para la tensión y otra para la potencia):

$$\begin{cases} Z_f\, I = 220 \\ R_M\, I^2 = 8000 \end{cases}$$

Y teniendo en cuenta las relaciones anteriores de las impedancias:

$$\left.\begin{array}{l} \left[(0{,}1+0{,}8 Z_M)^2 + (0{,}5+0{,}6\, Z_M)^2\right] I^2 = 220^2 \\ 0{,}8\, Z_M\, I^2 = 8000 \end{array}\right\} \quad \text{Donde:}$$

$$I^2 = \frac{8000}{0{,}8 Z_M} = \frac{220^2}{(0{,}1+0{,}8 Z_M)^2 + (0{,}5+0{,}6\, Z_M)^2}$$

$$\frac{220^2}{10000} Z_M = (0{,}1 + 0{,}8 Z_M)^2 + (0{,}5 + 0{,}6 Z_M)^2 \quad \text{y} \quad Z_M^2 - 4{,}08 Z_M + 0{,}26 = 0$$

$$Z_M = \frac{4{,}08 \pm \sqrt{4{,}08^2 - 4 * 0{,}26}}{2} = \begin{cases} Z_{M1} = 4\Omega \\ Z_{M2} = 0{,}065\Omega \end{cases}$$

A continuación se analiza la posibilidad de ambas soluciones:

$$\text{Con} \quad Z_{M1} = 4\Omega \qquad I_1 = \sqrt{\frac{8000}{0{,}8 * Z_{M1}}} = 50\,A \quad \text{y} \quad U_1 = 4 * 50 = 200V \quad (\text{próximo a } 220V)$$

$$\text{Con} \quad Z_{M2} = 0{,}065\Omega \qquad I_2 = \sqrt{\frac{8000}{0{,}8 * Z_{M2}}} = 392A \quad \text{y} \quad U_2 = 0{,}065 * 392 = 25{,}48V \quad (<< 220\text{V})$$

La solución válida lógica debe ser la de $Z_{M1} = 4\Omega$, siendo la lectura del amperímetro 50A. La lectura del voltímetro será: $U_{ML} = \sqrt{3}\ 200 = 346V$.

Se tiene el siguiente **diagrama vectorial**:

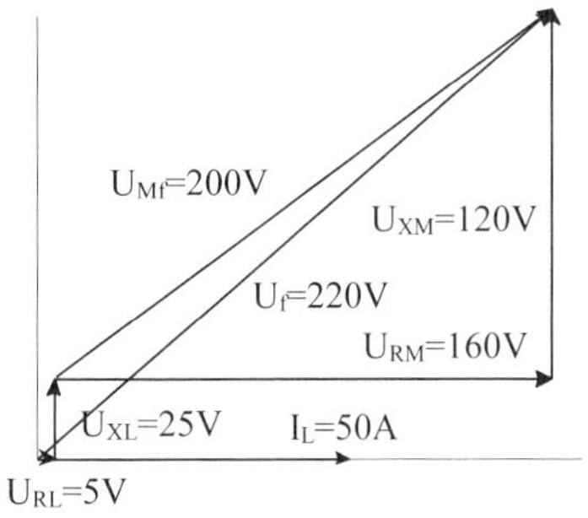

$$U_{RM} = 0{,}8 * 4 * I = 160V$$
$$U_{XM} = j\,0{,}6 * 4 * I = j120V$$
$$U_{Mf} = \sqrt{160^2 + 120^2} = 200V$$

$$U_{RL} = 0{,}1 I = 5V$$
$$U_{XL} = j0{,}5\,I = j25V$$

Para la tensión de fase, se tiene:

$$\overline{U}_f = U_{RL} + U_{RM} + j\,(U_{XL} + U_{XM}) = 5 + 160 + j(25 + 120) = 165 + j145$$

$$U_f = \sqrt{165^2 + 145^2} = 220V \qquad \tan\varphi_g = \frac{145}{165} = 0{,}88 \qquad \cos\varphi_g = 0{,}75 \qquad \text{sen}\varphi_g = 0{,}66$$

Potencia reactiva suministrada por la línea:

$$S_g = \sqrt{3} * 380 * 50 = 32908VA \qquad P_g = S_g \cos\varphi_g = 24681W$$
$$Q_g = S_g\,\text{sen}\varphi_g = 21719VAr$$

Corrección del factor de potencia.

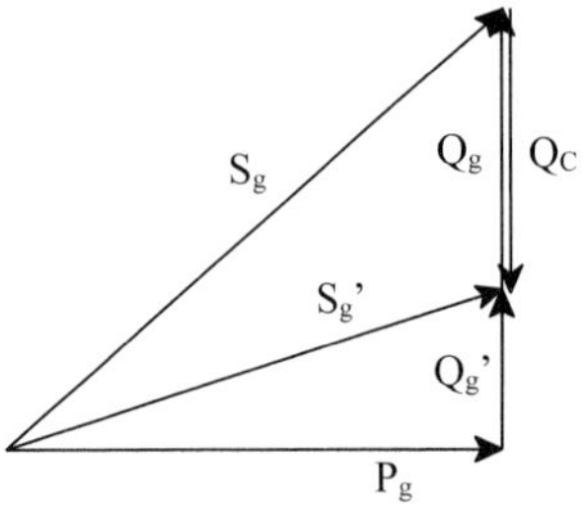

La potencia reactiva Q_C que deberán suministrar los condensadores, será:

$$\text{Para } \cos\varphi_g' = 0{,}95 \qquad \tan\varphi_g' = 0{,}33$$

$$Q_g' = P_g\ 0{,}33 = 8145 VAr$$

$$Q_C = Q_g - Q_g' = 13.574 VAr$$

Valor de la capacidad de los condensadores a conectar en triángulo:

$$Q_C = 3\ \frac{U^2}{X_C} = 3C\omega U^2$$

$$C = \frac{Q_C}{3\omega U^2} = \frac{13574}{3*314*380^2} = 10^{-4} F = 100\mu F$$

PROBLEMA 6.35

El circuito de la figura está alimentado por un sistema trifásico equilibrado de tensiones de 380V de tensión de línea. Se conoce: la impedancia conectada en triángulo (Z=24-j18), la potencia y factor de potencia del motor monofásico (P_{M1}=2Kw, $\cos\varphi_{M1}$=0,85), el factor de potencia del motor trifásico ($\cos\varphi_{M2}$=0,8) y la potencia total consumida por el sistema (P=22 Kw). Calcúlese:
a) La lectura de los equipos de medida.
b) La potencia consumida por el motor trifásico M2.
c) El diagrama vectorial de tensiones e intensidades.

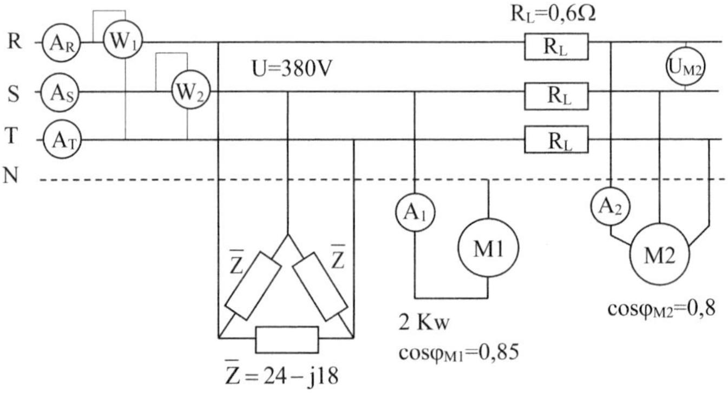

Impedancias $\overline{Z}$ conectadas en triángulo. Su equivalente en estrella valdrá:

$$\overline{Z}_Y = \frac{\overline{Z}_\Delta}{3} = 8 - j6 = 10\angle\varphi_Z$$

$$\tan\varphi_Z = 0{,}75 \qquad \cos\varphi_Z = 0{,}8 \qquad \operatorname{sen}\varphi_Z = -0{,}6 \qquad \varphi_Z = -36{,}87^\circ$$

Intensidad de línea de las cargas Z:

$$I_Z = \frac{U_f}{Z_Y} = \frac{380}{\sqrt{3}Z_Y} = 22A \qquad \overline{I}_Z = I_Z\angle -\varphi_Z = 22\angle 36{,}87^o$$

Potencia consumida por las cargas Z:

$$P_Z = \sqrt{3}\,U I_Z \cos\varphi_1 = \sqrt{3}*380*22*0{,}8 = 11584W$$

Motor M1. La potencia consumida vale 2000W ($\cos\varphi_{M1}$ = 0,85; φ_{M1} = 31,81º) y la intensidad será:

$$I_{M1} = \frac{P_{M1}}{U_f \cos\varphi_2} = \frac{2000}{220*0{,}85} = 10{,}7A \qquad \overline{I}_{M1} = 10{,}7\angle -31{,}8^o$$

La potencia consumida por el conjunto de las tres resistencias de línea y el motor M2 será:

$$P_2^{'} = P - P_Z - P_{M1} = 22000 - 11584 - 2000 = 8416W$$

Motor M2. Suponiendo que está conectado en estrella, su impedancia Z_{M2} y la impedancia por fase del conjunto motor y resistencias de línea, Z', serán:

$$\overline{Z}_{M2} = Z_{M2}\cos\varphi_{M2} + jZ_{M2}\operatorname{sen}\varphi_{M2} = 0{,}8Z_{M2} + j0{,}6Z_{M2}$$
$$\overline{Z}' = (0{,}6 + 0{,}8Z_{M2}) + j0{,}6Z_{M2}$$
$$Z' = \sqrt{(0{,}6 + 0{,}8Z_{M2})^2 + 0{,}36Z_{M2}^2}$$

La intensidad del motor I_{M2} será el cociente entre la tensión de fase (380/√3) y la impedancia Z'. Así, para la potencia de este conjunto se puede poner:

$$P'_2 = 8416 = \sqrt{3}\,U\frac{U_f}{Z'}\cos\varphi_{Z'} = \frac{U^2}{Z'}\,\frac{0{,}6 + 0{,}8Z_{M2}}{Z'} =$$
$$= \frac{380^2}{\sqrt{(0{,}6 + 0{,}8Z_{M2})^2 + 0{,}36Z_{M2}^2}}\,\frac{0{,}6 + 0{,}8Z_{M2}}{\sqrt{(0{,}6 + 0{,}8Z_{M2})^2 + 0{,}36Z_{M2}^2}}$$

Operando se tiene una ecuación de segundo grado con Z_{M2} como incógnita:

$$8416\left[(0{,}6 + 0{,}8Z_{M2})^2 + 0{,}36Z_{M2}^2\right] = 380^2\,(0{,}6 + 0{,}8Z_{M2})$$
$$8416Z_{M2}^2 - 107441Z_{M2} - 83610 = 0$$

Las soluciones de esta ecuación son Z_{M21} =13,5Ω y Z_{M22} =-0,736Ω. La segunda no tiene sentido y se considera como correcta $Z_{M2} = Z_{M21}$ = 13,5Ω y será:

$$\overline{Z}_{M2} = 13{,}5 * 0{,}8 + j13{,}5 * 0{,}6 = 10{,}8 + j8{,}1$$

$$\overline{Z}' = 0{,}6 + 10{,}8 + j8{,}1 = 11{,}4 + j8{,}1 = Z'\angle\varphi_{Z'} = 14\angle 35{,}4^{\circ}$$

$$I_{M2} = \frac{220}{14} = 15{,}71A \qquad \overline{I}_{M2} = 15{,}71\angle -35{,}4^{\circ} \qquad \cos\varphi_{Z'} = 0{,}8152 \qquad \text{sen}\varphi_{Z'} = 0{,}58$$

Comprobación:

$$P'_2 = \sqrt{3} * 380 * 15{,}71 * 0{,}8152 = 8416W$$

Para el conjunto de resistencias de línea y el motor M2 se puede considerar el circuito monofásico siguiente:

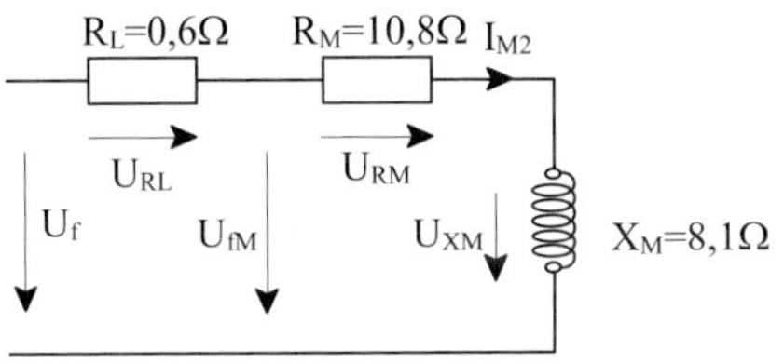

Tomando como referencia la intensidad I_2, para la tensión de fase del motor se tiene:

$$\overline{U}_{fM2} = \overline{U}_{RM} + \overline{U}_{XM} = R_M I_2 + jX_M I_2 = 10{,}8 * 15{,}71 + j8{,}1 * 15{,}71 =$$
$$= 169{,}7 + j127{,}25 = 212{,}11\angle 36{,}87^{\circ}$$

Y para la tensión de línea:

$$U_{M2} = \sqrt{3}\, U_{fM2} = \sqrt{3} * 212{,}11 = 367{,}4V$$

La potencia consumida por el motor es:

$$P_{M2} = \sqrt{3} U_{M2} I_{M2} \cos\varphi_{M2} = \sqrt{3} * 367{,}4 * 15{,}71 * 0{,}8 = 8000W$$

Intensidades de línea del sistema

Tomando como referencia la tensión de la fase R del sistema, se tienen las siguientes intensidades para las distintas cargas:

Carga Z: $\overline{I}_{ZR} = 22\angle 36{,}87^{\circ}$ $\quad \overline{I}_{ZS} = 22\angle -83{,}13^{\circ}$ $\quad \overline{I}_{ZT} = 22\angle 156{,}87^{\circ}$

Motor M1: $\overline{I}_{M1S} = 10{,}7\angle -151{,}8^{\circ}$

Motor M2: $\overline{I}_{M2R} = 15{,}71\angle -35{,}4^{\circ}$ $\quad \overline{I}_{M2S} = 15{,}71\angle -155{,}4^{\circ}$ $\quad \overline{I}_{M2T} = 15{,}71\angle 84{,}6^{\circ}$

Siendo las intensidades de línea:

$$\overline{I}_R = \overline{I}_{ZR} + \overline{I}_{M2R} = 22\angle 36{,}87^{\circ} + 15{,}71\angle -35.4^{\circ} = 22 * 0{,}8 + j22 * 0{,}6 +$$
$$+ 15{,}71 * 0{,}8152 - j15{,}71 * 0{,}58 = 30{,}4 + j4{,}088 = 30{,}67\angle 7{,}66^{\circ} = I_R\angle\varphi_R$$

$$\overline{I}'_S = \overline{I}_R\angle -120^{\circ} = 30{,}67\angle -112{,}34^{\circ}$$

$$\overline{I}_T = \overline{I}_R\angle 120^{\circ} = 30{,}67\angle 127{,}66^{\circ} = I_T\angle\varphi_T$$

$$\bar{I}_S = \bar{I}'_S + \bar{I}_{M1S} = 30{,}67\angle -112{,}34^o + 10{,}7\angle -151{,}8^o =$$
$$= -21{,}08 - j33{,}42 = 39{,}52\angle -122{,}24^o = I_S \angle \varphi_S$$

Representación vectorial:

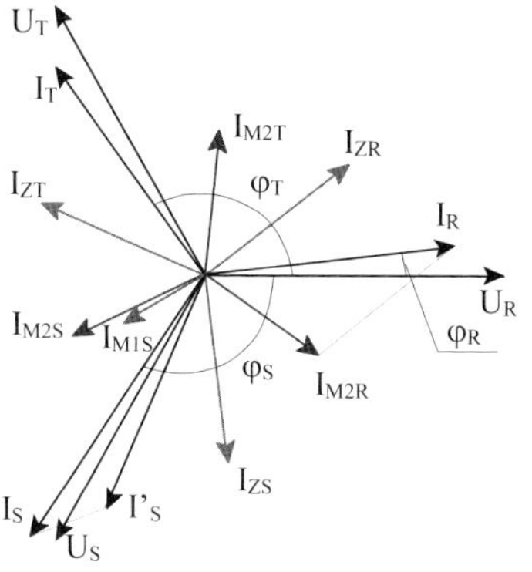

Lectura registrada por los vatímetros:

$$W_1 = U_{RT} I_R \cos(U_{RT}, I_R) = 380 * 30{,}67 \cos(30 + \varphi_R) = 9226{,}37 W$$
$$W_2 = U_{ST} I_S \cos(U_{ST}, I_S) = 380 * 39{,}52 \cos(90 + \varphi_S) = 12702{,}2 W$$

```
% PROGRAMA EN MATLAB

U=380; Uf=220; PM1=2000; phiM1=acos(0.85); phiM2=acos(0.8); P=22000; ZT=24-
18*i; RL=0.6;

% Impedancias Z
ZY=ZT/3; phiZ=atan(imag(ZT)/real(ZT)); phiZM=phiZ*180/pi;
IZ=Uf/ZY; IZM=abs(IZ);
PZ=sqrt(3)*U*IZM*cos(phiZ);
% Motor M1
IM1M=PM1/(Uf*cos(phiM1)); IM1=IM1M*exp(-phiM1*i);
% Motor M2
P21=P-PZ-PM1;
a=8416; b=-107441; c=-83610;
ZM21=(-b+sqrt(b^2-4*a*c))/(2*a);
ZM22=(-b-sqrt(b^2-4*a*c))/(2*a);
ZM2=ZM21*exp(phiM2*i);
ZM2L=RL+ZM2; ZM2LM=abs(ZM2L);
IM2M=Uf/ZM2LM; IM2=IM2M*exp(-angle(ZM2L)*i);
UfM2=ZM2*IM2M; UfM2M=abs(UfM2); UM2=sqrt(3)*UfM2M;
PM2=sqrt(3)*UM2*IM2M*cos(phiM2);
% Intensidades totales de línea
IR=IZ+IM2; IRM=abs(IR); phiIR=angle(IR)*180/pi;
IS1=IR*exp(-i*2*pi/3);
IT=IR*exp(i*2*pi/3);
IS=IS1+IM1*exp(-i*2*pi/3); ISM=abs(IS); phiIS=angle(IS)*180/pi;
```

```
% Lectura de los vatímetros
W1=U*IRM*cos(pi/6+angle(IR))
W2=U*ISM*cos(pi/2+angle(IS))
```

PROBLEMA 6.36

El circuito de la figura está alimentado por un sistema trifásico equilibrado de tensiones, de 220V de tensión de línea. Calcúlese:

a) Lectura de los amperímetros: A_R, A_S y A_T y de los vatímetros W_1 y W_2.

b) Potencia activa y reactiva total suministrada por el sistema.

c) Diagrama vectorial de tensiones e intensidades.

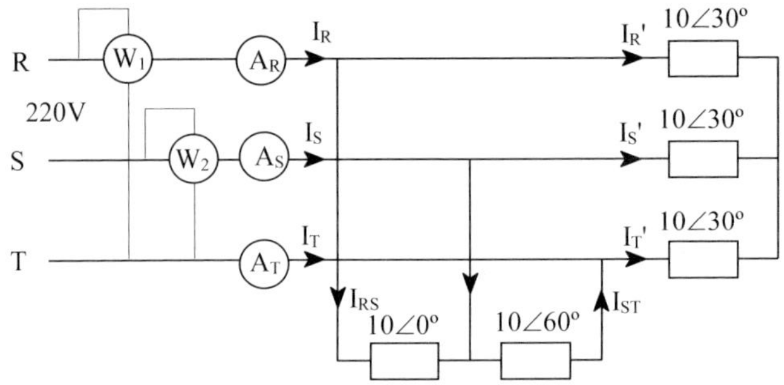

Por ser equilibrado el sistema de tensiones de alimentación, se tienen las relaciones:

$$\overline{U}_f = \frac{\overline{U}}{\sqrt{3}} \angle -30^o \qquad \overline{U}_{RS} = \overline{U}_R \sqrt{3} \angle 30^o$$

Tomando como referencia $\overline{U}_R$: $\overline{U}_R = 127 \angle 0^o \qquad \overline{U}_{RS} = 220 \angle 30^o$

Para la carga equilibrada en estrella, las intensidades forman también un sistema equilibrado de vectores:

$$\overline{I}'_R = \frac{\overline{U}_R}{\overline{Z}_R} = \frac{127\angle 0^o}{10\angle 30^o} = 12{,}7\angle -30^o = 12{,}7\frac{\sqrt{3}}{2} - j12{,}7\,\frac{1}{2}$$

$$\overline{I}'_S = \overline{I}'_R \angle -120^o = 12{,}7\angle -30^o \,\angle -120^o = -12{,}7\frac{\sqrt{3}}{2} - j12{,}7\,\frac{1}{2}$$

$$\overline{I}'_T = \overline{I}'_R \angle 120^o = 12{,}7\angle -30^o \,\angle 120^o = j12{,}7$$

Para la carga desequilibrada, se tienen las intensidades:

$$\overline{I}_{RS} = \frac{\overline{U}_{RS}}{10\angle 0^o} = \frac{220\angle 30^o}{10} = 22\angle 30^o = 22\,\frac{\sqrt{3}}{2} + j22\,\frac{1}{2}$$

$$\overline{I}_{ST} = \frac{\overline{U}_{ST}}{10\angle 60^o} = \frac{220\angle -90^o}{10\angle 60^o} = 22\angle -150^o = -22\,\frac{\sqrt{3}}{2} - j22\,\frac{1}{2}$$

Intensidades totales de línea. Sumando vectorialmente para cada fase las intensidades de los dos consumos:

$$\overline{I}_R = \overline{I}'_R + \overline{I}_{RS} = 12{,}7\frac{\sqrt{3}}{2} - j12{,}7\frac{1}{2} + 22\frac{\sqrt{3}}{2} + j22\frac{1}{2} = 30 + j4{,}65$$

$$I_R = \sqrt{30^2 + 4{,}65^2} = 30{,}38\,A$$

$$\overline{I}_S = \overline{I}'_S - \overline{I}_{RS} + \overline{I}_{ST} = -12{,}7\frac{\sqrt{3}}{2} - j12{,}7\frac{1}{2} - 22\frac{\sqrt{3}}{2} - j22\frac{1}{2} - 22\frac{\sqrt{3}}{2} - j22\frac{1}{2} =$$

$$= -49{,}1 - j28{,}35 \qquad I_S = 56{,}7\,A$$

$$\overline{I}_T = \overline{I}'_T - \overline{I}_{ST} = j12{,}7 + 22\frac{\sqrt{3}}{2} + j22\frac{1}{2} = 19 + j23{,}7 \qquad I_T = 30{,}38\,A$$

Cálculo de potencias

$$W_1 = U_{RT} I_R \cos(U_{RT}, I_R) = U\left(I'_R \cos 0^\circ + I_{RS} \cos 60^\circ\right) = 5214W$$

$$W_2 = U_{ST} I_S \cos(U_{ST}, I_S) = 220 * 56{,}7 \cos 60^\circ = 6237W$$

$$P = W_1 + W_2 = 11451W \quad \text{(pues es un sistema a tres hilos)}$$

$$Q = \sqrt{3}\,U\,I'\,\text{sen}30^\circ + U_{ST} I_{ST}\,\text{sen}60^\circ = 6611VAr$$

Diagrama vectorial:

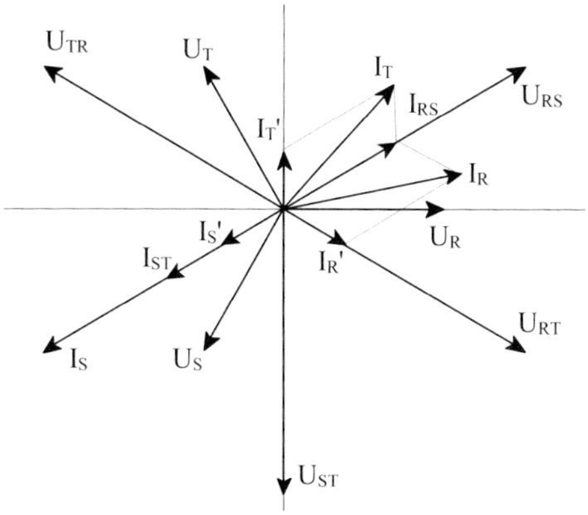

PROBLEMA 6.37

El circuito de la figura está alimentado por un sistema trifásico equilibrado de tensiones, de 380V de tensión de línea. Las lecturas de los vatímetros son: $W_1 = 3722W$ y $W_2 = -170W$. Se sabe que la carga trifásica consume 2792W de potencia activa y es de carácter inductivo, con $\cos\varphi_a = 0{,}707$. Calcúlese la potencia activa consumida por la carga b (que también es inductiva) y su factor de potencia.

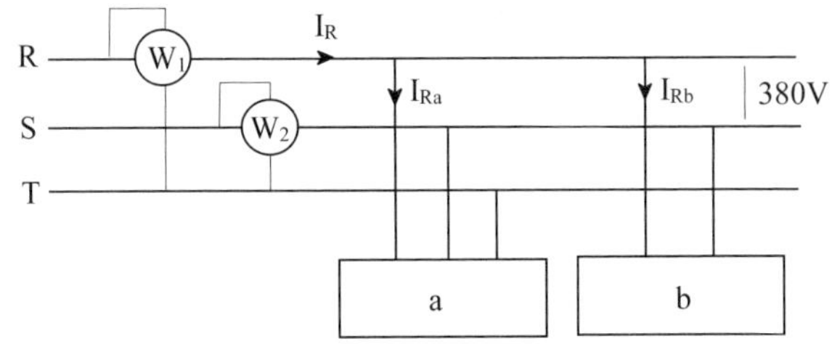

Considerando $\overline{U}_{RS}$ como referencia, se tiene el diagrama vectorial:

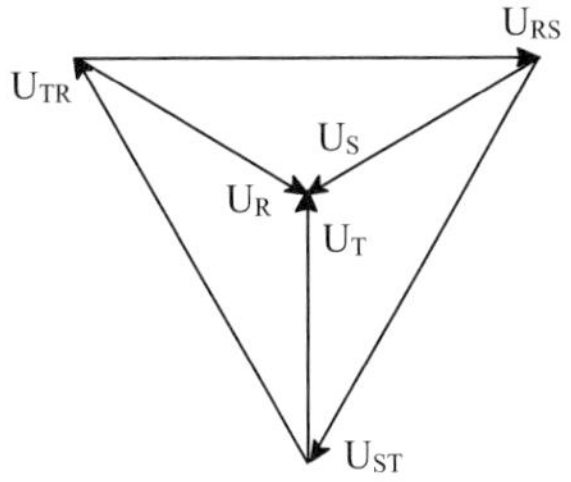

Por ser un sistema a tres hilos, la suma de las lecturas de los dos vatímetros dará la potencia total del sistema.

$$P = W_1 + W_2 = 3722 - 170 = 3552W$$

$$P = P_a + P_b \qquad P_b = P - P_a = 3552 - 2792 = 760W$$

Intensidad en la carga equilibrada:

$$I_{Ra} = \frac{P_a}{\sqrt{3}U\cos\varphi_a^{'}} = \frac{2792}{\sqrt{3}*380*0{,}707} = 6A \qquad \overline{I}_{Ra} = 6\angle 75^{\circ} \quad (\text{referido a } \overline{U}_{RS})$$

$$\cos\varphi_a^{'} = \text{sen}\varphi_a^{'} = 0{,}707 \qquad \varphi_a^{'} = 45^{\circ} \ (\text{referido a } \overline{U}_R) \qquad \varphi_a = 75^{\circ} \ (\text{referido a } \overline{U}_{RS})$$

Intensidad de línea en la fase R. Se tienen las relaciones:

$$I_R\angle\varphi = I_{Ra}\angle\varphi_a + I_{Rb}\angle\varphi_b$$

$$I_R\cos\varphi = I_{Ra}\cos\varphi_a + I_{Rb}\cos\varphi_b \qquad I_{Ra}\cos\varphi_a = 6*\cos 75^{\circ} = 1{,}553$$

$$I_R\,\text{sen}\varphi = I_{Ra}\,\text{sen}\varphi_a + I_{Rb}\ \varphi_b \qquad I_{Ra}\,\text{sen}\varphi_a = 6*\text{sen}75^{o} = 5{,}97$$

Relaciones de potencia:

$$W_1 = 3722 = U I_R\cos(U_{RT}, I_R) = U I_R\cos(\varphi - 60^{o}) = U I_R\left(\frac{1}{2}\cos\varphi + \frac{\sqrt{3}}{2}\text{sen}\varphi\right)$$

De la medición del vatímetro 1

$$\frac{W_1}{U} = \frac{3722}{380} = 9{,}795 = I_R\left(\frac{1}{2}\cos\varphi + \frac{\sqrt{3}}{2}\text{sen}\varphi\right)$$

De la potencia de la carga b

$$\frac{P_b}{U_{RS}} = \frac{760}{380} = 2 = I_{Rb}\cos\varphi_b$$

Se obtienen las componentes de la intensidad de fase I_R

$$I_R \cos\varphi = 1{,}553 + 2 = 3{,}553 \qquad I_R \operatorname{sen}\varphi = \frac{9{,}795 - \frac{1}{2}\,3{,}553}{\sqrt{3}/2} = 9{,}26$$

$$\varphi = \arctan\frac{9{,}26}{3{,}553} = 69^\circ \qquad I_R = \frac{3{,}553}{\cos\varphi} = \frac{3{,}553}{0{,}358} = 9{,}914\,A$$

Y finalmente:

$$I_{Rb}\angle\varphi_b = I_R\angle 69^\circ - I_{Ra}\angle 75^\circ = 3{,}553 - j9{,}26 - 1{,}553 + j5{,}97 = 2 - j3{,}457$$

$$\varphi_b = \arctan\frac{3{,}457}{2} = 60^\circ \qquad \cos\varphi_b = 0{,}5$$

Diagrama vectorial:

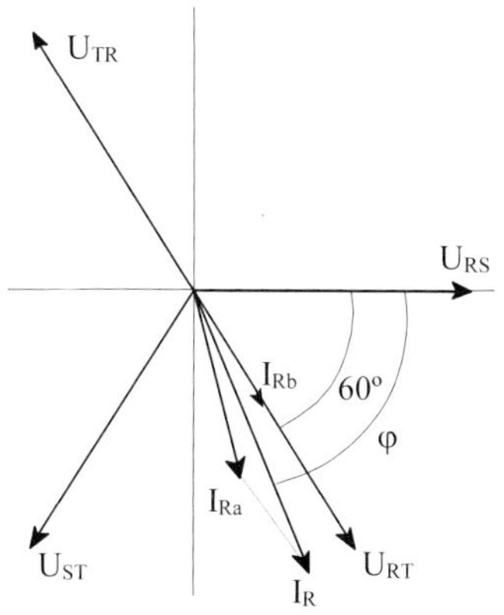

PROBLEMA 6.38

En el circuito de la figura se representa un sistema trifásico equilibrado de tensiones, de 380V de tensión de línea, que alimenta una carga desequilibrada conectada en estrella. Calcúlense las tensiones e intensidades en cada una de las fases de la carga y la potencia consumida por esta. Hágase la representación vectorial respecto al sistema equilibrado de tensiones.

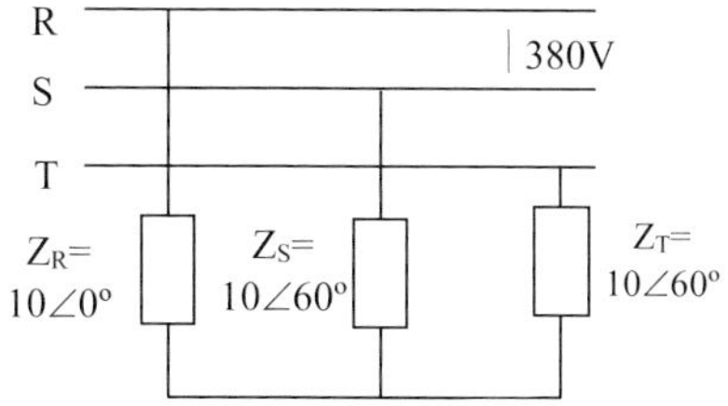

Se considera el circuito siguiente:

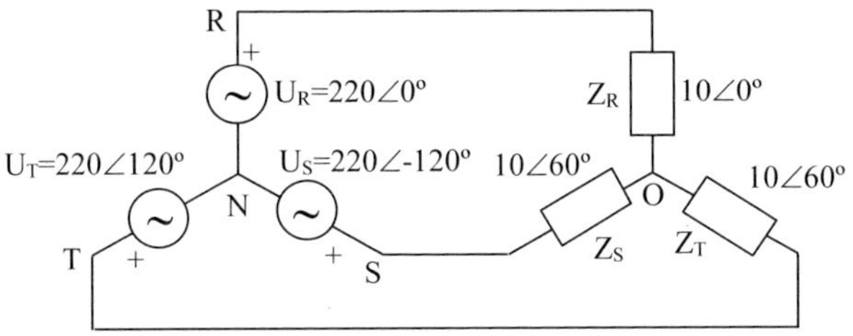

$$U_f = \frac{U}{\sqrt{3}} = \frac{380}{\sqrt{3}} = 220V$$

Se toma como referencia $\overline{U}_R = 220V\angle 0^o$

Se aplica el teorema de Millman para hallar $\overline{U}_{ON}$.

$$\overline{U}_{ON} = \frac{\overline{Y}_R\overline{U}_R + \overline{Y}_S\overline{U}_S + \overline{Y}_T\overline{U}_T}{\overline{Y}_R + \overline{Y}_S + \overline{Y}_T} =$$

$$= \frac{\frac{1}{10}\angle 0^o * 220\angle 0^o + \frac{1}{10}\angle -60^o * 220\angle -120^o + \frac{1}{10}\angle -60^o * 220\angle 120^o}{\frac{1}{10}\angle 0^o + \frac{1}{10}\angle -60^o + \frac{1}{10}\angle -60^o} =$$

$$= \frac{\frac{220}{10}\left[1\angle 0^o + 1\angle -180^o + 1\angle 60^o\right]}{\frac{1}{10}\left[1\angle 0^o + 2\angle -60^o\ \right]} = \frac{110\left(1 + j\sqrt{3}\right)\left(2 + j\sqrt{3}\right)}{7} =$$

$$= -15{,}71 + j81{,}65 \qquad U_{ON} = 83{,}2V$$

Las tensiones de fase son:

$$\overline{U}_{RO} = \overline{U}_{RN} - \overline{U}_{ON} = 220 - (-15{,}71 + j81{,}65) = 235{,}71 - j81{,}65 = 249{,}45\angle -19{,}1^o$$

$$\overline{U}_{SO} = \overline{U}_{SN} - \overline{U}_{ON} = 220\left(-1/2 - j\sqrt{3}/2\right) - \overline{U}_{ON} = -94{,}29 - j272{,}18 = 288{,}05\angle -109{,}1^o$$

$$\overline{U}_{TO} = \overline{U}_{TN} - \overline{U}_{ON} = 220\left(-1/2 + j\sqrt{3}/2\right) - \overline{U}_{ON} = -94{,}29 + j108{,}85 = 144\angle 130{,}9^o$$

Y las intensidades de fase:

$$\overline{I}_R = \frac{\overline{U}_{RO}}{\overline{Z}_R} = \frac{249{,}45\angle -19{,}1^o}{10} = 24{,}95\angle -19{,}1^o$$

$$\overline{I}_S = \frac{\overline{U}_{SO}}{\overline{Z}_S} = \frac{288{,}05\angle -109{,}1^o}{10\angle 60^o} = 28{,}8\angle -169{,}1^o$$

$$\overline{I}_T = \frac{\overline{U}_{TO}}{\overline{Z}_T} = \frac{144\angle 130{,}9^o}{10\angle 60^o} = 14{,}4\angle 70.9^o$$

Cálculo de potencias. Por ser desequilibrado el sistema de cargas, la potencia total será la suma de las potencias de cada fase.

Potencias complejas:

$$\overline{S}_R = \overline{U}_{RO}\ \overline{I}_R^* = 249{,}45\angle -19{,}1^o * 24{,}95\angle 19{,}1^o = 6222{,}5 - j0$$

$$\overline{S}_S = \overline{U}_{SO}\ \overline{I}_S^* = 288{,}05\angle -109{,}1^o * 28{,}8\angle 169{,}1^o = 4148{,}64 - j7185{,}44$$

$$\overline{S}_T = \overline{U}_{TO}\ \overline{I}_T^* = 144\angle 130{,}9^o * 14{,}4\angle -70{,}9^o = 1036{,}8 + j1795{,}74$$

Potencias activa y reactiva:

$$P = P_R + P_S + P_T = 11407{,}94\,W$$

$$Q = Q_R + Q_S + Q_T = 8981{,}18\,VAr$$

Diagrama vectorial:

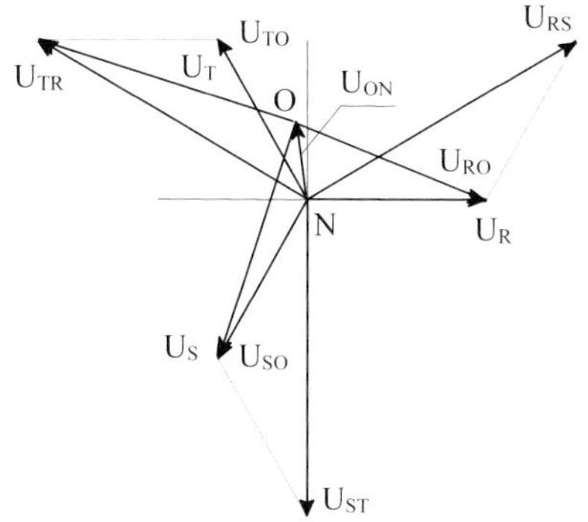

PROBLEMA 6.39

En la figura se representa un sistema trifásico desequilibrado en tensiones y cargas. Se conoce que $\overline{U}_{RS} = 200\angle 0^o$ y $\overline{U}_{ST} = 200\angle -\pi/2$. Calcúlese:

a) Tensión e intensidad de fase en cada carga.

b) Potencia activa y reactiva consumida por el sistema.

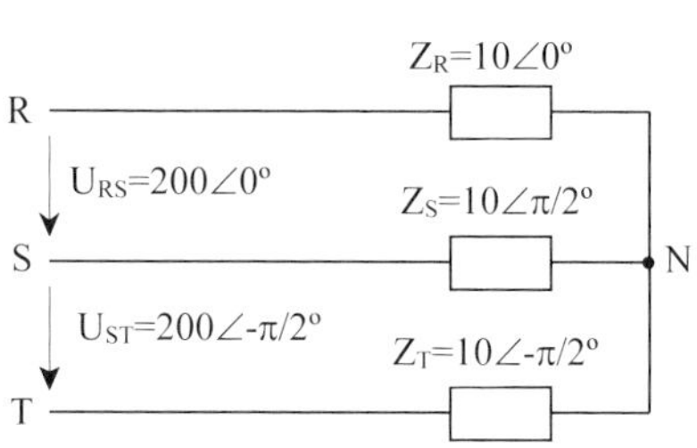

Se tiene la siguiente composición vectorial:

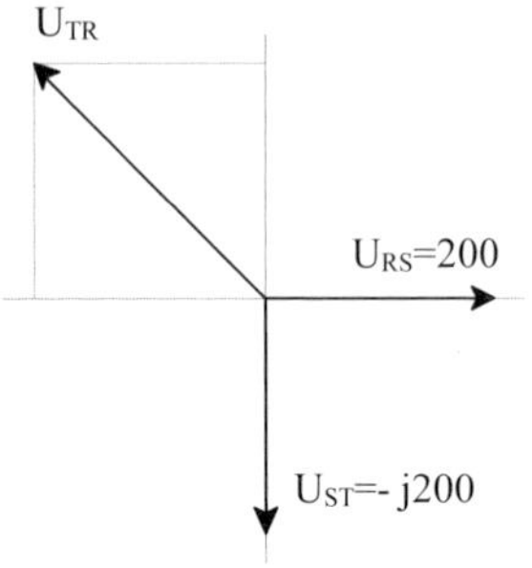

$$\overline{U}_{RS} + \overline{U}_{ST} + \overline{U}_{TR} = 0$$
$$\overline{U}_{TR} = -\overline{U}_{RS} - \overline{U}_{ST}$$
$$\overline{U}_{TR} = -200\angle 0^o - 200\angle -\pi/2 =$$
$$= -200(1-j) = \sqrt{2}\ 200\angle +135^o$$

Para el cálculo de las tensiones de fase se hace uso del teorema de Millman:

$$\overline{U}_{RN} = \frac{\frac{1}{10\angle 90^o} * 200\angle 0^o - \frac{1}{10\angle -90^o} * 200\sqrt{2}\angle 135^o}{\frac{1}{10\angle 0^o} + \frac{1}{10\angle 90^o} + \frac{1}{10\angle -90^o}} =$$
$$= \frac{\frac{1}{10}\left(200\angle -90^o - 200\sqrt{2}\angle 225^o\right)}{\frac{1}{10}\left(1 + 1\angle 90^o + 1\angle -90^o\right)} = -j200 - 200(-1-j) = 200\angle 0^o$$

$$\overline{U}_{SN} = \frac{\frac{1}{10}\left(\frac{200\angle -90^o}{1\angle -90^o} - \frac{200\angle 0^o}{1\angle 0^o}\right)}{\frac{1}{10}\left(1 + 1\angle 90^o + 1\angle -90^o\right)} = 200 - 200 = 0$$

$$\overline{U}_{TN} = \frac{-200\angle -90^o}{1\angle 90^o} + \frac{200\sqrt{2}\angle 135^o}{1\angle 0^o} = 200 - 200(1-j) = j200 = 200\angle 90^o$$

Intensidades de fase:

$$\overline{I}_R = \frac{\overline{U}_{RN}}{\overline{Z}_R} = \frac{200}{10} = 20\angle 0^o\ A$$
$$\overline{I}_S = \frac{\overline{U}_{SN}}{\overline{Z}_S} = 0$$
$$\overline{I}_T = \frac{\overline{U}_{TN}}{\overline{Z}_T} = \frac{j200}{-j10} = -20\ A$$

El diagrama vectorial completo es:

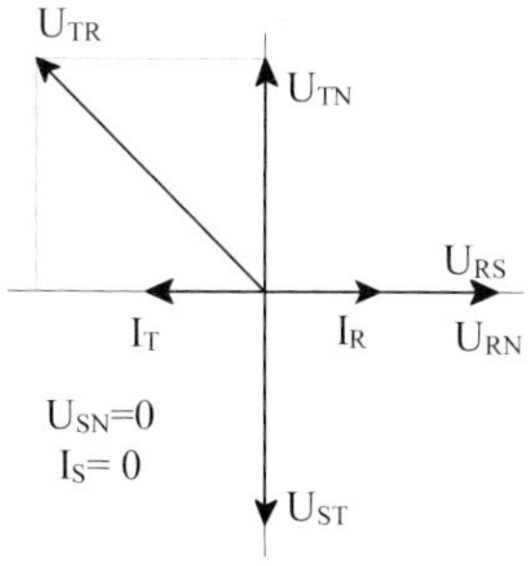

Cálculo de potencias:

$$\overline{S} = \overline{U}_{RN}\,\overline{I}_R^* + \overline{U}_{SN}\,\overline{I}_S^* + \overline{U}_{TN}\,\overline{I}_T^* = 200\angle 0^o * 20\angle 0^o + 0 + 200\angle 90^o * (-20\angle 0^o) =$$
$$= 4000 + j4000$$
$$P = 4000W \qquad Q = -4000VAr$$

PROBLEMA 6.40

Para el sistema trifásico representado en la figura, de 380V de tensión de línea y secuencia directa, calcúlese la lectura de los vatímetros en los siguientes casos:

a) Según se indica en la figura.
b) Si se desconecta la fase T en A.
c) Si se desconecta la fase T en B.

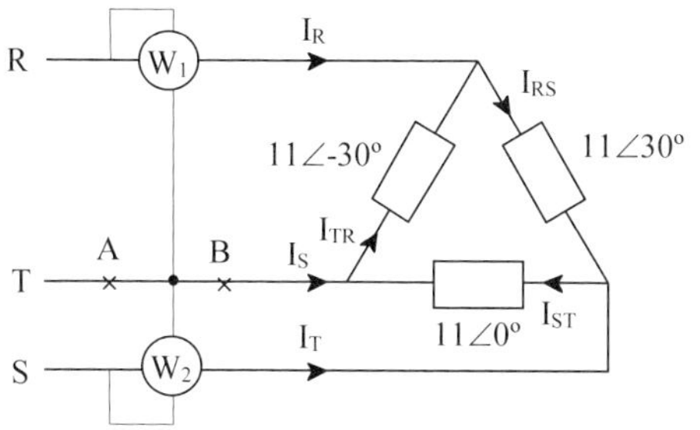

Se toma $\overline{U}_{RN}$ como referencia.

a) Cálculo de las intensidades que atraviesan los dos vatímetros.

Intensidad en la línea R

$$\overline{I}_R=\overline{I}_{RS}-\overline{I}_{TR}=\frac{\overline{U}_{RS}}{11\angle 30^o}-\frac{\overline{U}_{TR}}{11\angle -30^o}=\frac{380\angle 30^o}{11\angle 30^o}-\frac{380\angle 150^o}{11\angle -30^o}=$$
$$=34{,}55\angle 0^o-34{,}55\angle 180^o=69{,}1\angle 0^o\ A$$

Intensidad en la línea S

$$\overline{I}_S=\overline{I}_{ST}-\overline{I}_{RS}=\frac{\overline{U}_{ST}}{11\angle 0^o}-\frac{\overline{U}_{RS}}{11\angle 30^o}=\frac{380\angle -90^o}{11\angle 0^o}-\frac{380\angle 30^o}{11\angle 30^o}=$$
$$=34{,}55\angle -90^o-34{,}55\angle 0^o=48{,}85\angle -135^o\ A$$

Se tiene el siguiente diagrama vectorial:

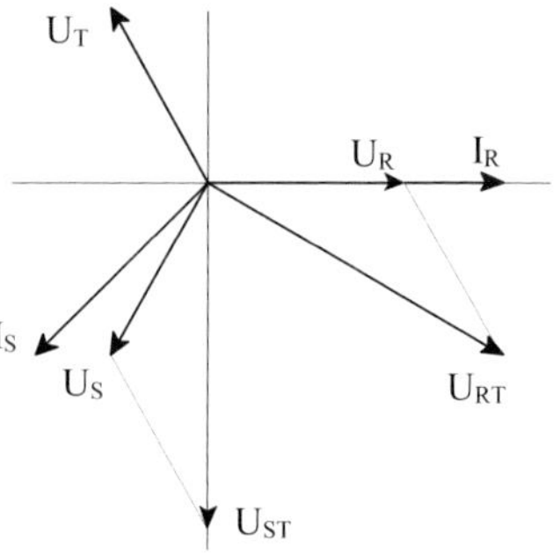

Potencia medida por los vatímetros.

$$W_1=U_{RT}\ I_R\ \mathbf{cos}(U_{RT},I_R)=380*69{,}1*\mathbf{cos}(-30^o)=380*69{,}1*\frac{\sqrt{3}}{2}=22740{,}1W$$
$$W_2=U_{ST}\ I_S\ \mathbf{cos}(U_{ST},I_S)=380*48{,}85*\mathbf{cos}45^o=380*48{,}85*\frac{\sqrt{2}}{2}=13127{,}3W$$

b) Si se desconecta la fase T por el punto A, la carga queda alimentada por la tensión $\overline{U}_{RS}$ y se tendrá:

$$\overline{I}_R=-\overline{I}_S=\frac{\overline{U}_{RS}}{\overline{Z}_{equ}}=\frac{380\angle 30^o}{\dfrac{11\angle 30^o\left(11\angle\text{-}30^o+11\angle 0^o\right)}{11\left(1+\sqrt{3}\right)\angle 0^o}}=\frac{380\left(1+\sqrt{3}\right)}{21{,}25\angle -15^o}=48{,}86\angle 15^o\ A$$

$$\overline{U}_{RT}=\frac{11\angle -30^o}{11\angle -30^o+11\angle 0^o}\ 380\angle 30^o=\frac{380}{1+\dfrac{\sqrt{3}}{2}-j0{,}5}=\frac{380}{1{,}93\angle -15^o}=196{,}9\angle 15^o\ V$$

$$\overline{U}_{ST}=\frac{11\angle 0^o}{11\angle -30^o+11\angle 0^o}\ 380\angle -150^o=\frac{380}{1{,}93}\ \angle -135^o=196{,}9\angle -135^o\ V$$

En este caso las lecturas de los vatímetros son:

$$\left.\begin{array}{l} W_1 = 196{,}9 * 48{,}86 \cos 0^o = 9620{,}5\,W \\ W_2 = 196{,}9 * 48{,}86 \cos\left[-135^o - (-165^o)\right] = 8331{,}6\,W \end{array}\right\} \quad P = W_1 + W_2 = 17952{,}1\,W$$

c) Si se desconecta la fase T por el punto B, la situación es la misma que en el caso anterior, en lo que al consumo de la carga se refiere, pues está conectada también entre las fases R y S. La lectura de cada vatímetro puede ser distinta que la de antes. Se tiene:

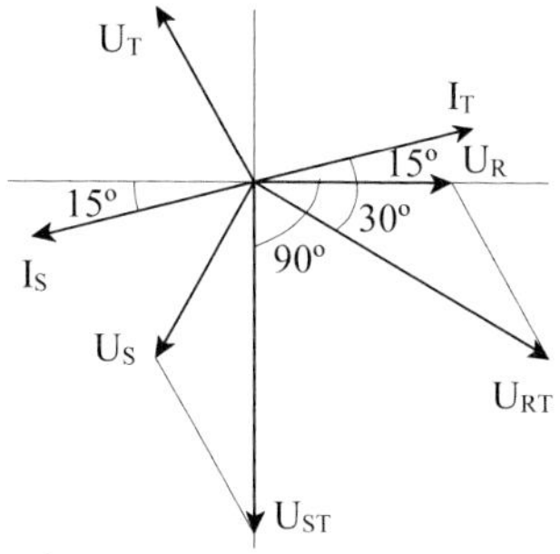

$$\overline{U}_{RT} = 380\angle -30^o$$
$$\overline{U}_{ST} = 380\angle -90^o$$
$$\overline{I}_R = 48{,}86\angle 15^o$$
$$\overline{I}_S = 48{,}86\angle -165^o$$

Y las potencias:

$$\left.\begin{array}{l} W_1 = 380 * 48{,}86 \cos(-30^o - 15^o) = 13127{,}7\,W \\ W_2 = 380 * 48{,}86 \cos\left[-90^o - (-165^o)\right] = 4804{,}4\,W \end{array}\right\} \quad P = W_1 + W_2 = 17932{,}1\,W$$

PROBLEMA 6.41

En el circuito de la figura se representa una carga trifásica desequilibrada, alimentada por un sistema trifásico equilibrado de tensiones a cuatro hilos, cuya tensión de línea es 380V. Calcúlese:

a) Intensidades de cada una de las fases y del neutro.

b) Potencia activa y reactiva consumida por la carga y lectura de los vatímetros.

c) Si se rompe el hilo neutro, calcúlense las nuevas intensidades de fase y las potencias activas y reactivas y las nuevas lecturas de los vatímetros.

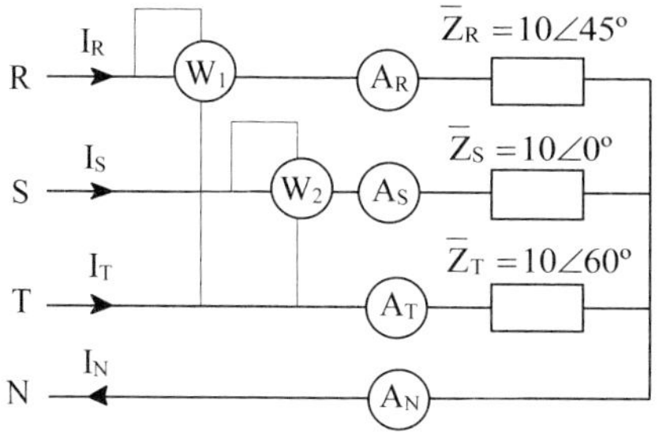

a) Con hilo de neutro

Se toma como referencia $\overline{E}_R = 220\angle 0^\circ$

$$E_R = E = U_f = \frac{U}{\sqrt{3}} = \frac{380}{\sqrt{3}} = 220V$$

Intensidades de fase:

$$\overline{I}_R = \frac{\overline{E}_R}{\overline{Z}_R} = \frac{220\angle 0^\circ}{10\angle 45^\circ} = 22\angle -45^\circ$$

$$\overline{I}_S = \frac{\overline{E}_S}{\overline{Z}_S} = \frac{220\angle -120^\circ}{10\angle 0^\circ} = 22\angle -120^\circ$$

$$\overline{I}_T = \frac{\overline{E}_T}{\overline{Z}_T} = \frac{220\angle 120^\circ}{10\angle 60^\circ} = 22\angle 60^\circ$$

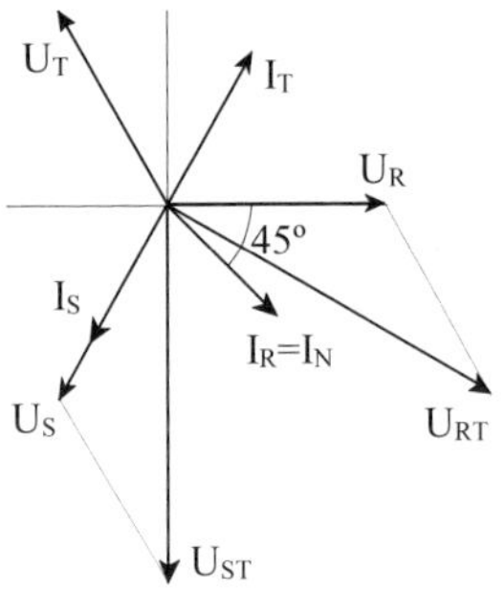

Intensidad de neutro:

$$\overline{I}_N = \overline{I}_R + \overline{I}_S + \overline{I}_T = 22\angle -45^\circ + 22\angle -120^\circ + 22\angle 60^\circ =$$
$$= 22\angle -45^\circ = \overline{I}_R$$

Potencias complejas, activa y reactiva:

$$\overline{S}_R = \overline{E}_R \overline{I}_R^* = 220\angle 0^\circ * 22\angle 45^\circ = 4840\angle 45^\circ = 3422{,}4 + j3422{,}4 = P_R + jQ_R$$
$$\overline{S}_S = \overline{E}_S \overline{I}_S^* = 220\angle -120^\circ * 22\angle 120^\circ = 4840\angle 0^\circ = 4840 + j0 = P_S + jQ_S$$
$$\overline{S}_T = \overline{E}_T \overline{I}_T^* = 220\angle 120^\circ * 22\angle -60^\circ = 4840\angle 60^\circ = 2420 + j4191{,}6 = P_T + jQ_T$$
$$P = P_R + P_S + P_T = 10682{,}4W \qquad Q = Q_R + Q_S + Q_T = 7614VAr$$

Lectura de los vatímetros:

$$W_1 = U_{RT} I_R \cos(U_{RT}, I_R) = 380 * 22 * \cos(45^\circ - 30^\circ) = 8075{,}14W$$
$$W_2 = U_{ST} I_S \cos(U_{ST}, I_S) = 380 * 22 * \cos(120^\circ - 90^\circ) = 7240W$$

Puede comprobarse que la suma de las lecturas de los dos vatímetros no coincide con la total, pues el sistema es a cuatro hilos.

b) Rotura del hilo del neutro. Se considera el circuito equivalente siguiente:

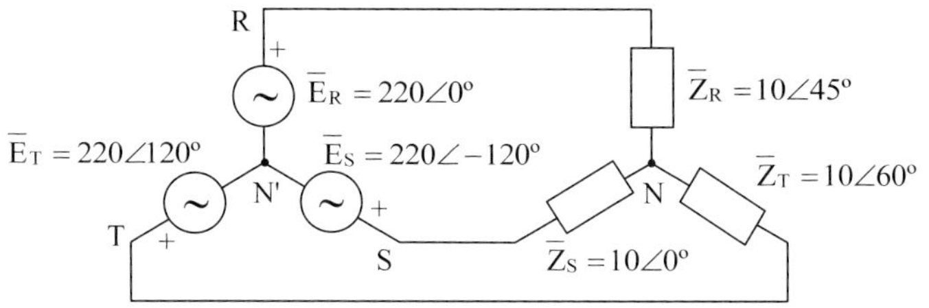

Se aplica el teorema de Millman para hallar $\overline{U}_{NN'}$

$$\overline{U}_{NN'} = \frac{\overline{Y}_R * \overline{E}_R + \overline{Y}_S * \overline{E}_S + \overline{Y}_T * \overline{E}_T}{\overline{Y}_R + \overline{Y}_S + \overline{Y}_T} =$$

$$= \frac{\frac{1}{10}\angle -45^o * 220\angle 0^o + \frac{1}{10}\angle 0^o * 220\angle -120^o + \frac{1}{10}\angle -60^o * 220\angle 120^o}{\frac{1}{10}\angle -45^o + \frac{1}{10}\angle 0^o + \frac{1}{10}\angle -60^o} =$$

$$= 220\frac{\frac{\sqrt{2}}{2} - j\frac{\sqrt{2}}{2}}{\frac{\sqrt{2}}{2} - j\frac{\sqrt{2}}{2} + 1 + \frac{1}{2} - j\frac{\sqrt{3}}{2}} = 220\frac{1{,}4142 - j1{,}4142}{1{,}4142 - j3{,}146} = 80 - j13{,}42$$

Tensiones de fase de la carga

$$\overline{U}_R = \overline{E}_R - \overline{U}_{NN'} = 220 - 80 + j13{,}42 = 140 + j13{,}42$$

$$\overline{U}_S = \overline{E}_S - \overline{U}_{NN'} = 220(-0{,}5 - j0{,}866) - 80 + j13{,}42 = -190 - j177{,}1$$

$$\overline{U}_T = \overline{E}_T - \overline{U}_{NN'} = 220(-0{,}5 + j0{,}866) - 80 + j13{,}42 = -190 + j293{,}95$$

Intensidades de fase

$$\overline{I}_R = \frac{\overline{U}_R}{\overline{Z}_R} = \frac{140 + j13{,}42}{7{,}07 + j7{,}07} = 10{,}85 - j8{,}95 = 14{,}06\angle -39{,}52^o$$

$$\overline{I}_S = \frac{\overline{U}_S}{\overline{Z}_S} = \frac{-190 - j177{,}1}{10} = -19 - j17{,}71 = 26\angle -137^o$$

$$\overline{I}_T = \frac{\overline{U}_T}{\overline{Z}_T} = \frac{-190 + j203{,}95}{5 + j8{,}66} = 8{,}16 - j26{,}65 = 27{,}87\angle 73^o$$

Cálculo de potencias. Por ser desequilibrado el sistema de cargas, la potencia total será la suma de las potencias de cada fase.

Potencias complejas

$$\overline{S}_R = \overline{U}_R \overline{I}_R^* = (140 + j13{,}42)(10{,}85 + j8{,}95) = 1399 + j1399 = P_R + jQ_R$$

$$\overline{S}_S = \overline{U}_S \overline{I}_S^* = (-190 + j177{,}1)(-19 + j17{,}71) = 6746 + j0 = P_S + jQ_S$$

$$\overline{S}_T = \overline{U}_T \overline{I}_T^* = (-190 + j203{,}95)(8{,}16 - j26{,}65) = 3885 + j6729 = P_T + jQ_T$$

Potencias activa y reactiva

$$P = P_R + P_S + P_T = 12030W$$

$$Q = Q_R + Q_S + Q_T = 8128VAr$$

Diagrama vectorial

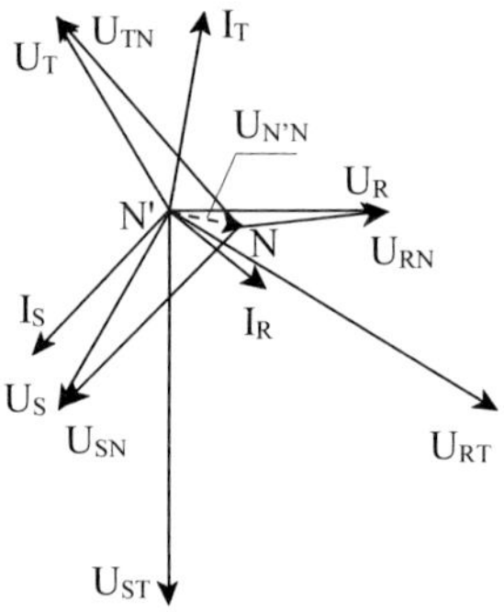

Lectura de los vatímetros

$$W_1 = U_{RT} I_R \cos(U_{RT}, I_R) = 380 * 14{,}06 * \cos(39{,}52^o - 30^o) = 5272W$$

$$W_2 = U_{ST} I_S \cos(U_{ST}, I_S) = 380 * 26 * \cos(137^o - 90^o) = 6738W$$

$$P = W_1 + W_2 = 12010W$$

```
% PROGRAMA EN MATLAB PARA EL CASO CON ROTURA DE HILO DE NEUTRO

ZR=7.07+7.07*i; ZS=10; ZT=5+8.66*i;
ER=220;
ES=-110-190.525*i;
ET=-110+190.525*i;
UNN=((1/ZR)*ER+(1/ZS)*ES+(1/ZT)*ET)/(1/ZR+1/ZS+1/ZT); % Tensión entre Neutros
UR=ER-UNN; % Tensión en la fase R de la carga
US=ES-UNN; % Tensión en la fase S de la carga
UT=ET-UNN; % Tensión en la fase T de la carga
IR=UR/ZR; % Intensidad en la fase R de la carga
abs(IR); (angle(IR))*180/pi;
IS=US/ZS; % Intensidad en la fase S de la carga
abs(IS); (angle(IS))*180/pi;
IT=UT/ZT; % Intensidad en la fase T de la carga
```

```
abs(IT); (angle(IT))*180/pi;
SR=UR*conj(IR);
SS=US*conj(IS);
ST=UT*conj(IT);
P=real(SR)+real(SS)+real(ST) % Potencia activa total de la carga (Calculada)
Q=imag(SR)+imag(SS)+imag(ST); % Potencia reactiva total de la carga
(calculada)
W1=380*abs(IR)*cos(angle(IR)+pi/6);
W2=380*abs(IS)*cos(angle(IS)+pi/2);
P1=W1+W2 % Potencia activa total de la carga (Leída por los vatímetros)
```

PROBLEMA 6.42

El circuito de la figura está alimentado por un sistema trifásico equilibrado de tensiones de secuencia directa, de 380V de tensión de línea. Se pide:

a) Calcular las tensiones e intensidades a que está sometido cada elemento pasivo.

b) Dibujar el diagrama vectorial de tensiones e intensidades.

c) Calcular la potencia activa y reactiva total que suministra el sistema de tensiones.

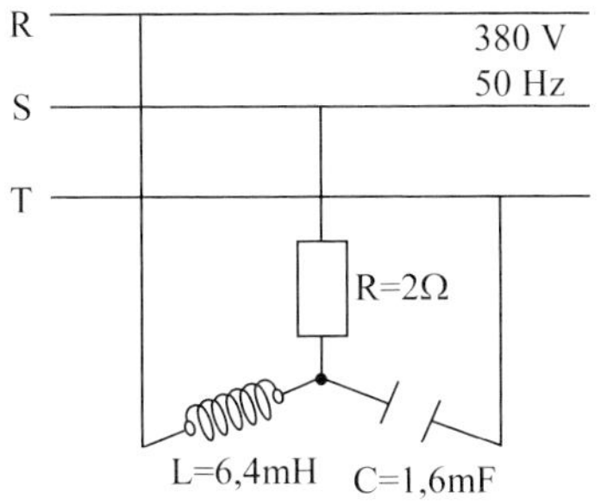

Impedancias de la bobina y del condensador

$$X_L = L\omega = 6{,}4*10^{-3}*2\pi*50 = 2\Omega \qquad \overline{X}_L = 2\angle 90^o = j2$$

$$X_C = \frac{1}{C\omega} = \frac{1}{1{,}6*10^{-3}*2\pi*50} = 2\Omega \qquad \overline{X}_C = 2\angle -90^o = -j2$$

Cálculo de las tensiones de fase. Por ser un sistema desequilibrado se aplica el teorema de Millman para calcular las tensiones de fase. Se considera el circuito de la siguiente forma:

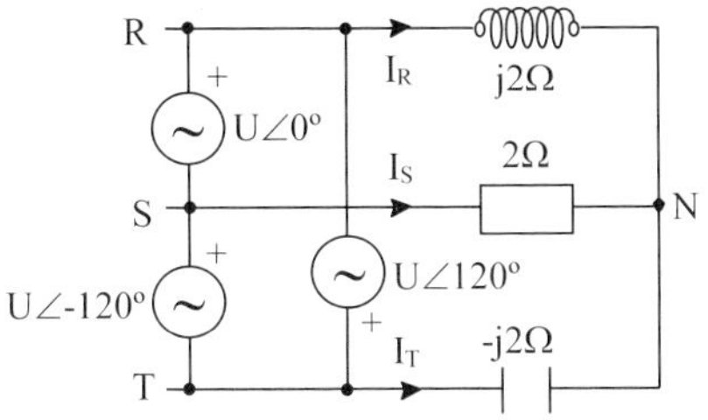

Se tienen las tensiones:

$$\overline{U}_{RN} = \frac{\frac{1}{2}U\angle 0^{o} - \frac{1}{-j2}U\angle 120^{o}}{\frac{1}{2}+\frac{1}{j2}+\frac{1}{-j2}} = \frac{\frac{1}{2}\left[U\angle 0^{o} - U\angle 210^{o}\right]}{\frac{1}{2}} = U\angle 0^{o} - U\angle 210^{o} =$$

$$= 380 + 380\frac{\sqrt{3}}{2} + j380\frac{1}{2} = 709 + j190 = 734\angle 15^{o}$$

$$\overline{U}_{SN} = \frac{\frac{1}{-j2}U\angle -120^{o} - \frac{1}{j2}U\angle 0^{o}}{\frac{1}{2}} = U\angle -30^{o} - U\angle -90^{o} =$$

$$= U\angle -30^{o} + U\angle 90^{o} = U\angle 30^{o} = 380\angle 30^{o}$$

$$\overline{U}_{TN} = \frac{\frac{1}{j2}U\angle 120^{o} - \frac{1}{2}U\angle -120^{o}}{\frac{1}{2}} = U\angle 30^{o} + U\angle 60^{o} =$$

$$= 380\left(\frac{\sqrt{3}}{2}+j\right) + 380\left(\frac{1}{2}+j\frac{\sqrt{3}}{2}\right) = 519 + j519 = 734\angle 45^{o}$$

Cálculo de intensidades:

$$\overline{I}_R = \frac{\overline{U}_{RN}}{j2} = \frac{734\angle 15^{o}}{2\angle 90^{o}} = 367\angle -75^{o}$$

$$\overline{I}_S = \frac{\overline{U}_{SN}}{2} = \frac{380\angle 30^{o}}{2} = 190\angle 30^{o}$$

$$\overline{I}_T = \frac{\overline{U}_{TN}}{-j2} = \frac{734\angle 45^{o}}{2\angle -90^{o}} = 367\angle 135^{o}$$

Obviamente $\overline{I}_R + \overline{I}_S + \overline{I}_T = 0$

Se tiene el diagrama vectorial:

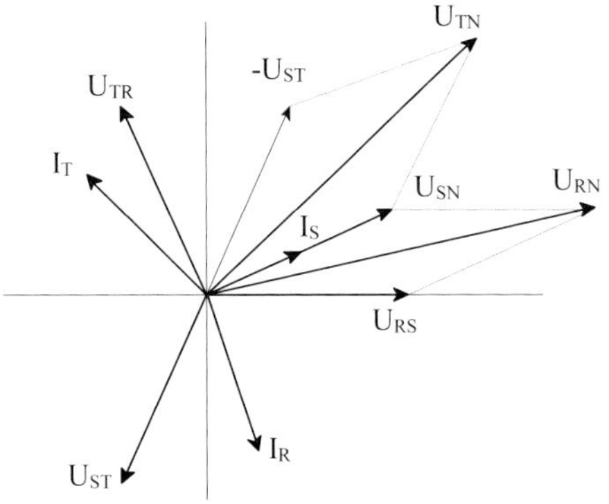

Cálculo de potencias:

$$P = R\,I_S^2 = 2*190^2 = 72200W$$
$$Q = X_L\,I_R^2 - X_C\,I_T^2 = 2*367^2 - 2*367^2 = 0$$

NOTA.- También se puede resolver el problema aplicando el teorema de Millman al sistema equilibrado equivalente de tensiones de fase. Se tiene el circuito siguiente, para el que se calcula la tensión entre los neutros $U_{NN'}$.

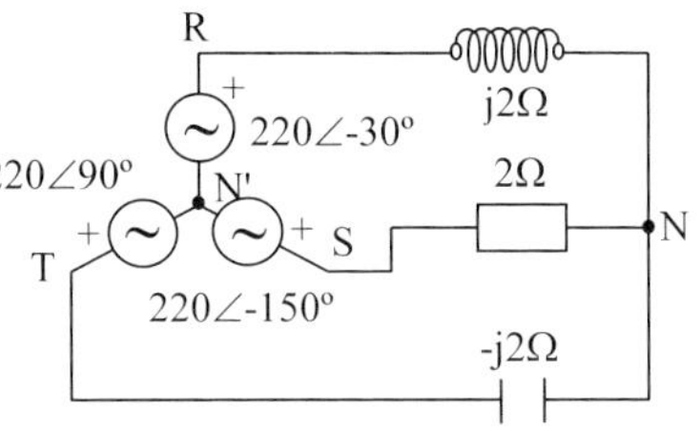

$$\overline{U}_{NN'} = \frac{\frac{1}{j2}\,220\angle-30^o - \frac{1}{2}\,220\angle-150^o + \frac{1}{-j2}\,220\angle 90^o}{\frac{1}{2}} =$$
$$= 220\angle-120^o + 220\angle-150^o + 220\angle 180^o = -520 - j300 = 600\angle-150^o$$

A partir de aquí se calculan el resto de tensiones e intensidades.

PROBLEMA 6.43

En el circuito de la figura se han considerado los elementos pasivos como admitancias (conductancias y suceptancias). Demuéstrese que cuando B = G/√3, es: $\overline{I}_R = G\,\overline{E}_R$, $\overline{I}_S = G\,\overline{E}_S$ e $\overline{I}_T = G\,\overline{E}_T$.

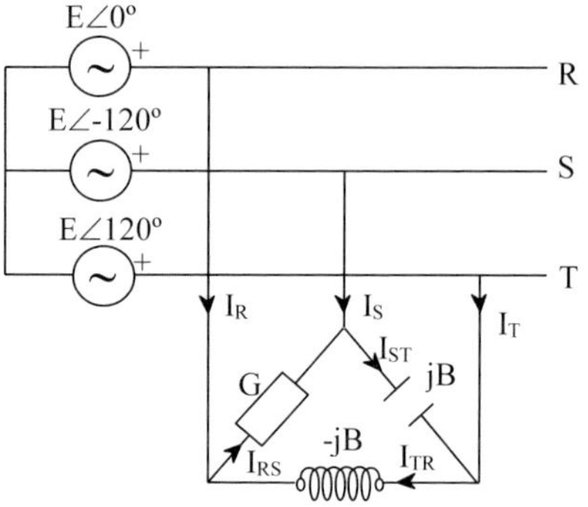

$$\overline{E}_R = E\angle 0^\circ$$
$$\overline{E}_S = E\angle -120^\circ$$
$$\overline{E}_T = E\angle 120^\circ$$

Se tienen las relaciones de tensiones e intensidades siguientes:

$$1)\ \begin{cases} \overline{U}_{RS} = \overline{E}_R - \overline{E}_S \\ \overline{U}_{ST} = \overline{E}_S - \overline{E}_T \\ \overline{U}_{TR} = \overline{E}_T - \overline{E}_R \end{cases} \qquad 2)\ \begin{cases} \overline{I}_R = \overline{I}_{RS} - \overline{I}_{TR} \\ \overline{I}_S = \overline{I}_{ST} - \overline{I}_{RS} \\ \overline{I}_T = \overline{I}_{TR} - \overline{I}_{ST} \end{cases}$$

Teniendo en cuenta la relación dada B = G/√3:

$$G\,\overline{U}_{RS} = \overline{I}_{RS} = G\,\overline{U}_{RS} \qquad \overline{E}_R = E\angle 0^\circ = E\left(\cos 0^\circ + j\operatorname{sen} 0^\circ\right) = E$$

$$jB\,\overline{U}_{ST} = \overline{I}_{ST} = j\frac{G}{\sqrt{3}}\overline{U}_{ST} \qquad \overline{E}_S = E\angle -120^\circ = E\left[\cos(-120^\circ) + j\operatorname{sen}(-120^\circ)\right] = E\left(-\frac{1}{2} + j\frac{\sqrt{3}}{2}\right)$$

$$-jB\,\overline{U}_{TR} = \overline{I}_{TR} = -\frac{jG}{\sqrt{3}}\overline{U}_{TR} \qquad \overline{E}_T = E\angle 120^\circ = E\left(-\frac{1}{2} + j\frac{\sqrt{3}}{2}\right)$$

Considerando las relaciones 1), se tiene:

$$\overline{I}_{RS} = G\left(\overline{E}_R - \overline{E}_S\right) = G\left(E + \frac{1}{2}E + jE\frac{\sqrt{3}}{2}\right) = G\,E\left(\frac{3}{2} + j\frac{\sqrt{3}}{2}\right)$$

$$\overline{I}_{ST} = j\frac{G}{\sqrt{3}}\left(\overline{E}_S - \overline{E}_T\right) = j\frac{G}{\sqrt{3}}\left(-\frac{1}{2}E - j\frac{\sqrt{3}}{2}E + \frac{1}{2}E - j\frac{\sqrt{3}}{2}E\right) = j\frac{G}{\sqrt{3}}E\left(-j\sqrt{3}\right) = G\,E$$

$$\overline{I}_{TR} = -j\frac{G}{\sqrt{3}}\left(\overline{E}_T - \overline{E}_R\right) = -j\frac{G}{\sqrt{3}}\left(-\frac{1}{2}E - j\frac{\sqrt{3}}{2}E + E\right) = G\,E\left(\frac{1}{2} + j\frac{\sqrt{3}}{2}\right)$$

Considerando las relaciones 2), se tendrá:

$$\overline{I}_R = \overline{I}_{RS} - \overline{I}_{TR} = G\,E\left(\frac{3}{2}+j\frac{\sqrt{3}}{2}\right) - G\,E\left(\frac{1}{2}+j\frac{\sqrt{3}}{2}\right) = G\,E\left(\frac{3}{2}-\frac{1}{2}\right) = G\,E = G\,\overline{E}_R$$

$$\overline{I}_S = \overline{I}_{ST} - \overline{I}_{RS} = G\,E - G\,E\left(-\frac{3}{2}+j\frac{\sqrt{3}}{2}\right) = G\,E\left(-\frac{1}{2}-j\frac{\sqrt{3}}{2}\right) = G\,E\,\angle -120^{\circ} = G\,\overline{E}_S$$

$$\overline{I}_T = \overline{I}_{TR} - \overline{I}_{ST} = G\,E\left(\frac{1}{2}+j\frac{\sqrt{3}}{2}\right) - G\,E = G\,E\left(-\frac{1}{2}+j\frac{\sqrt{3}}{2}\right) = G\,E\,\angle 120^{\circ} = G\,\overline{E}_T$$

Como se quería demostrar.

PROBLEMA 6.44

El circuito de la figura está alimentado por un sistema trifásico equilibrado de tensiones de 380V de tensión de línea. Calcúlese:

a) La tensión e intensidad de cada una de las fases de la carga trifásica.
b) La lectura de cada vatímetro.
c) La potencia activa y reactiva del sistema.
d) Diagrama vectorial de tensiones e intensidades.

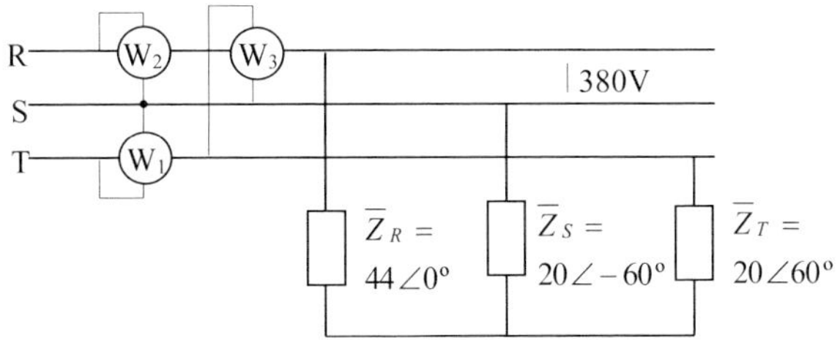

Se puede considerar el circuito equivalente:

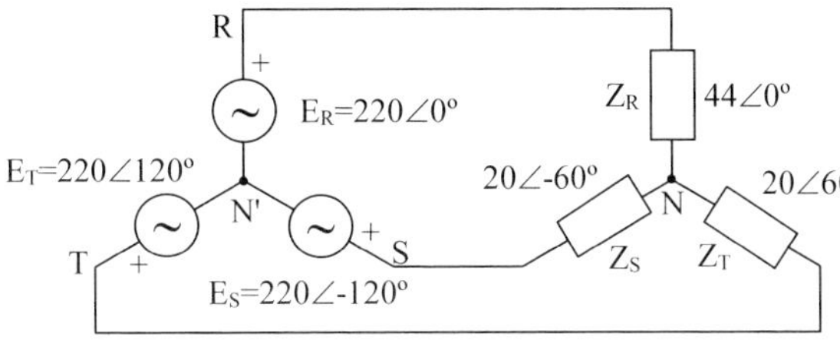

Donde:

$$E = \frac{U}{\sqrt{3}} = \frac{380}{\sqrt{3}} = 220V \qquad \text{Se toma como referencia:} \quad \overline{E}_R = 220\angle 0^{\circ}$$

Se aplica el teorema de Millman para hallar $\overline{U}_{NN'}$.

$$\overline{U}_{NN'} = \frac{\overline{Y}_R * \overline{E}_R + \overline{Y}_S * \overline{E}_S + \overline{Y}_T * \overline{E}_T}{\overline{Y}_R + \overline{Y}_S + \overline{Y}_T} =$$

$$= \frac{\frac{1}{44}\angle 0^\circ * 220\angle 0^\circ + \frac{1}{20}\angle 60^\circ * 220\angle -120^\circ + \frac{1}{20}\angle -60^\circ * 220\angle 120^\circ}{\frac{1}{44}\angle 0^\circ + \frac{1}{20}\angle 60^\circ + \frac{1}{20}\angle -60^\circ} =$$

$$= \frac{5\angle 0^\circ + 11\angle -60^\circ + 11\angle 60^\circ}{\frac{1}{44} + \frac{1}{20}} = \frac{16}{\frac{16}{220}} = 220\angle 0^\circ$$

Tensiones de fase en la carga:

$$\overline{U}_R = \overline{E}_R - \overline{U}_{NN'} = 220\angle 0^\circ - 220\angle 0^\circ = 0$$

$$\overline{U}_S = \overline{E}_S - \overline{U}_{NN'} = 220\angle -120^\circ - 220\angle 0^\circ = 380\angle -150^\circ$$

$$\overline{U}_T = \overline{E}_T - \overline{U}_{NN'} = 220\angle 120^\circ - 220\angle 0^\circ = 380\angle 150^\circ$$

Intensidades de fase (o de línea):

$$\overline{I}_R = \frac{\overline{U}_R}{\overline{Z}_R} = \frac{0}{44} = 0$$

$$\overline{I}_S = \frac{\overline{U}_S}{\overline{Z}_S} = \frac{380\angle -150^\circ}{20\angle -60^\circ} = 19\angle -90^\circ$$

$$\overline{I}_T = \frac{\overline{U}_T}{\overline{Z}_T} = \frac{380\angle 150^\circ}{20\angle 60^\circ} = 19\angle 90^\circ$$

Puede comprobarse que por ser el sistema a tres hilos: $\overline{I}_R + \overline{I}_S + \overline{I}_T = 0$

Cálculo de potencias de los vatímetros:

Como los vatímetros W_2 y W_3 están conectados en la fase R y la intensidad de esta es cero, sus lecturas serán: $W_2 = 0$ y $W_3 = 0$.

Para el vatímetro W_1 se tendrá:

$$W_1 = U_{TS} I_T \cos(U_{TS}, I_T) = 380 * 19 * \cos 0^\circ = 7220 W$$

Cálculo de las potencias:

Desde el punto de vista de la energía consumida por la carga trifásica se tiene:

$$\overline{S} = \overline{U}_R \overline{I}_R^* + \overline{U}_S \overline{I}_S^* + \overline{U}_T \overline{I}_T^* = 0 * 0 + 380\angle -150^\circ * 19\angle 90^\circ + 380\angle 150^\circ * 19\angle -90^\circ =$$

$$= 380 * 19\angle -60^\circ + 380 * 19\angle 60^\circ = 2 * 380 * 19 * \frac{1}{2} + j380 * 19\left(\frac{\sqrt{3}}{2} - \frac{\sqrt{3}}{2}\right) = 7220 + j0$$

Igual resultado se obtiene si se contempla desde el punto de vista de la energía suministrada por el sistema trifásico de tensiones de alimentación.

$$\overline{S} = \overline{E}_R \overline{I}_R^* + \overline{E}_S \overline{I}_S^* + \overline{E}_T \overline{I}_T^* = 220\angle 0^o * 0 + 220\angle -120^o * 19\angle 90^o + 220\angle 120^o * 19\angle -90^o =$$

$$= 220*19\angle -30^o + 220*19\angle 30^o = 2*220*19*\frac{\sqrt{3}}{2} + j220*19\left(\frac{1}{2}-\frac{1}{2}\right) = 7220 + j0$$

Es decir, **P=7220W** y **Q=0VAr**, que coincide con lo calculado anteriormente para la potencia activa, pues el vatímetro W_1 forma con el W_2 la conexión Aron. También para la reactiva si se tiene en cuenta la instalación del vatímetro W_3.

Razónese que es lógico que esto sea así, pues la impedancia $\overline{Z}_S$ no consume potencia (la intensidad que circula por ella es cero) y las impedancias $\overline{Z}_S$ y $\overline{Z}_T$ son iguales en módulo pero conjugadas (una de tipo capacitivo y otra de tipo inductivo).

Diagrama vectorial:

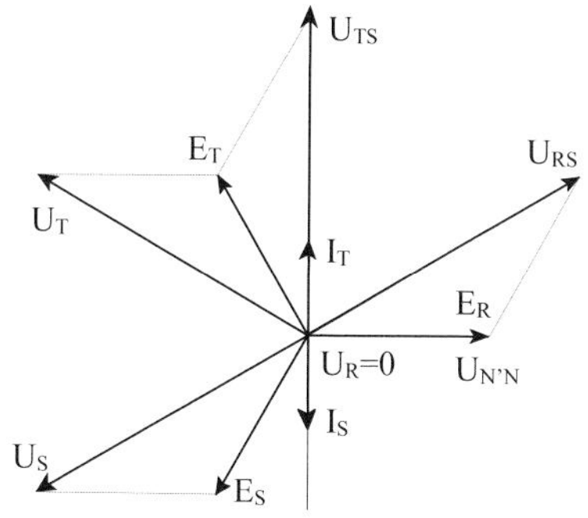


```
% PROGRAMA EN MATLAB

U=380; ZR=44; ZS=20*exp(-i*pi/3); ZT=20*exp(i*pi/3);
Uf=U/sqrt(3);

% Tensiones entre los neutros (Teorema de Millman)
ER=Uf; ES=Uf*exp(-i*2*pi/3); ET=Uf*exp(i*2*pi/3);
YR=1/ZR; YS=1/ZS; YT=1/ZT;
UNN=(YR*ER+YS*ES+YT*ET)/(YR+YS+YT);
% Tensiones de fase de la carga
UR=ER-UNN; URM=abs(UR); phiUR=angle(UR)*180/pi;
US=ES-UNN; USM=abs(US); phiUS=angle(US)*180/pi;
UT=ET-UNN; UTM=abs(UT); phiUT=angle(UT)*180/pi;
% Intensidades
IR=UR/ZR; IRM=abs(IR); phiIR=angle(IR)*180/pi;
IS=US/ZS; ISM=abs(IS); phiIS=angle(IS)*180/pi;
IT=UT/ZT; ITM=abs(IT); phiIT=angle(IT)*180/pi;
% Lectura del vatímetro W1
```

```
W1=U*ITM*cos(angle(ET)-pi/6-angle(IT));
% Cálculo de potencias
S=UR*conj(IR)+US*conj(IS)+UT*conj(IT);
P=real(S); Q=imag(S);
```

PROBLEMA 6.45

El circuito de la figura está alimentado por un sistema trifásico equilibrado de tensiones de 380V de tensión de línea. Se pide:

a) Calcular la lectura de los instrumentos de medida y la potencia activa y reactiva del sistema.

b) Lo mismo que en el apartado anterior, si el circuito se interrumpe por el punto A.

c) Los diagramas vectoriales de tensión e intensidad en los casos a y b.

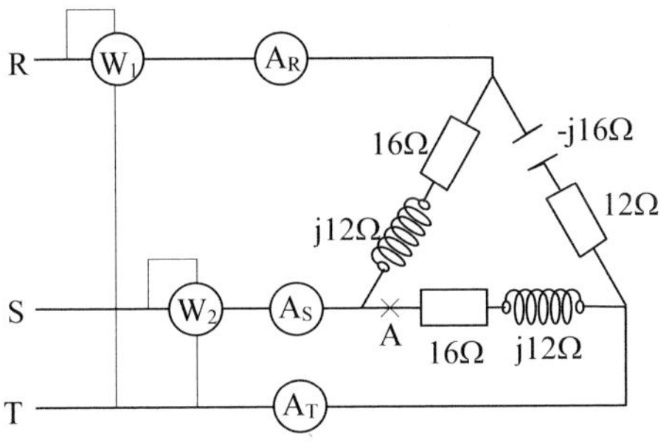

$$\varphi_{RS} = \varphi_{ST} = \arctan\frac{12}{16} = 36{,}87^{\circ} \qquad \varphi_{TR} = \arctan\frac{-16}{12} = -53{,}13^{\circ}$$

$$\overline{Z}_{RS} = \overline{Z}_{ST} = 16 + j12 = 20\angle 36{,}87^{\circ} \qquad \overline{Z}_{TR} = 12 - j16 = 20\angle -53{,}13^{\circ}$$

a) Circuito inicial

Intensidades de fase:

$$\overline{I}_{RS} = \frac{\overline{U}_{RS}}{\overline{Z}_{RS}} = \frac{380\angle 0^{\circ}}{20\angle 36{,}87^{\circ}} = 19\angle -36{,}87^{\circ} = 15{,}2 - j11{,}4$$

$$\overline{I}_{ST} = \frac{\overline{U}_{ST}}{\overline{Z}_{ST}} = \frac{380\angle -120^{\circ}}{20\angle 36{,}87^{\circ}} = 19\angle -156{,}87^{\circ} = -17{,}47 - j7{,}46$$

$$\overline{I}_{TR} = \frac{\overline{U}_{TR}}{\overline{Z}_{TR}} = \frac{380\angle 120^{\circ}}{20\angle -53{,}13^{\circ}} = 19\angle 173{,}13^{\circ} = -18{,}86 + j2{,}27$$

Intensidades de línea:

$$\overline{I}_{R} = \overline{I}_{RS} - \overline{I}_{TR} = 15{,}2 - j11{,}4 - (-18{,}86 + j2{,}27) = 34{,}06 - j13{,}67 = 36{,}7\angle -21{,}87^{\circ}$$

$$\overline{I}_{S} = \overline{I}_{ST} - \overline{I}_{RS} = -17{,}47 - j7{,}46 - (15{,}2 - j11{,}4) = -32{,}67 + j3{,}94 = 32{,}9\angle 173{,}13^{\circ}$$

$$\overline{I}_{T} = \overline{I}_{TR} - \overline{I}_{ST} = -18{,}86 + j2{,}27 - (-17{,}47 - j7{,}46) = -1{,}4 + j9{,}73 = 9{,}83\angle 98{,}13^{\circ}$$

Diagrama vectorial:

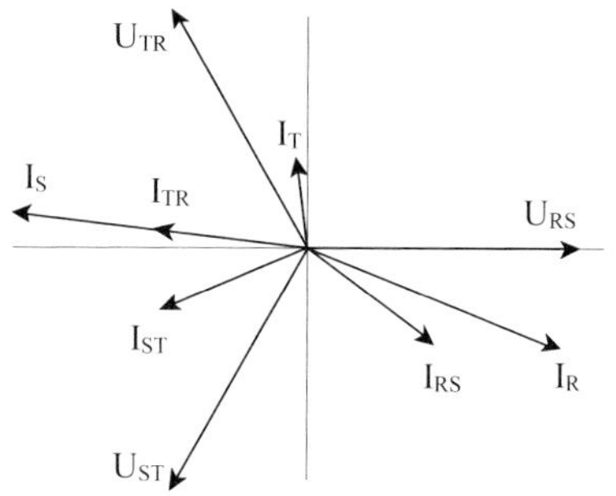

Lectura de los vatímetros. Por ser un sistema a tres hilos:

$$W_1 = U_{RT} I_R \cos(\overline{U}_{RT}, \overline{I}_R) = 380 * 36{,}7 * \cos(-38{,}13)^{\circ} = 10971{,}6\,W$$
$$W_2 = U_{ST} I_S \cos(\overline{U}_{ST}, \overline{I}_S) = 380 * 32{,}9 * \cos 66{,}87^{\circ} = 4912{,}4\,W$$
$$P = W_1 + W_2 = 10971{,}6 + 4912{,}4 = 15884W$$

Potencia reactiva del sistema:

$$Q_1 = U_{RT} I_R \operatorname{sen}(\overline{U}_{RT}, \overline{I}_R) = 380 * 36{,}7 * \operatorname{sen}(-38{,}13^{\circ}) = -8612{,}2\,VAr$$
$$Q_2 = U_{ST} I_S \operatorname{sen}(\overline{U}_{ST}, \overline{I}_S) = 380 * 32{,}9 * \operatorname{sen} 66{,}87^{\circ} = 11500{,}2\,VAr$$
$$Q = Q_1 + Q_2 = -8612{,}2 + 11500 = 2888VAr$$

b) Caso de rotura de la fase ST. Se tiene el siguiente circuito:

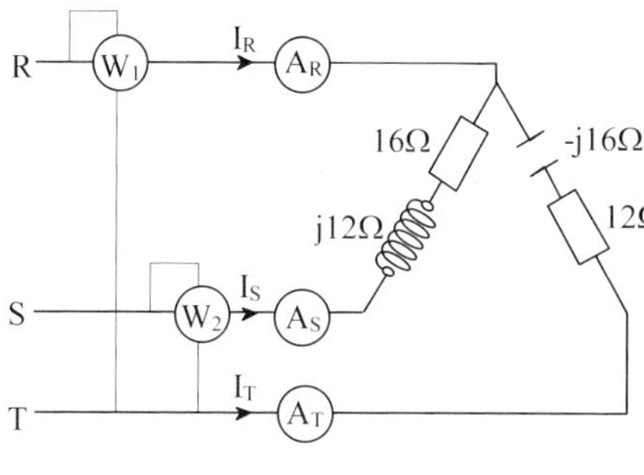

Intensidades:

$$\overline{I}_S = \frac{\overline{U}_{SR}}{\overline{Z}_{RS}} = \frac{380\angle 180^{\circ}}{20\angle 36{,}87^{\circ}} = 19\angle 143{,}13^{\circ} = -15{,}2 + j11{,}4$$
$$\overline{I}_T = \frac{\overline{U}_{TR}}{\overline{Z}_{TR}} = \frac{380\angle 120^{\circ}}{20\angle -53{,}13^{\circ}} = 19\angle 173{,}13^{\circ} = -18{,}86 + j2{,}27$$
$$\overline{I}_R = -\overline{I}_S - \overline{I}_T = -(-15{,}2 + j11{,}4) - (-18{,}86 + j2{,}27) = 34{,}06 - j13{,}67 = 36{,}7\angle -21{,}87^{\circ}$$

Diagrama vectorial:

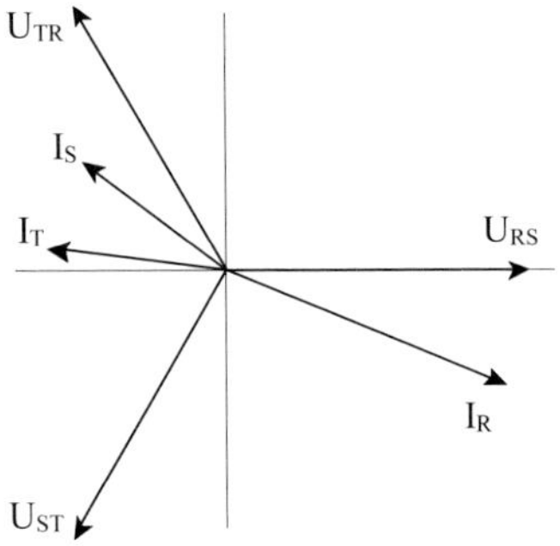

Lectura de los vatímetros:

$$W_1 = U_{RT} I_R \cos\left(\overline{U}_{RT}, \overline{I}_R\right) = 380 * 36{,}7 * \cos\left(-38{,}13\right)^{o} = 10971{,}6\,W$$
$$W_2 = U_{ST} I_S \cos\left(\overline{U}_{ST}, \overline{I}_S\right) = 380 * 19 * \cos 96{,}87^{o} = -863{,}6\,W$$
$$P = W_1 + W_2 = 10972{,}6 - 863{,}6 = 10108\,W$$

Potencia reactiva del sistema:

$$Q_1 = U_{RT} I_R \operatorname{sen}\left(\overline{U}_{RT}, \overline{I}_R\right) = 380 * 36{,}7 * \operatorname{sen}\left(-38{,}13^{o}\right) = -8612{,}2\,VAr$$
$$Q_2 = U_{ST} I_S \operatorname{sen}\left(\overline{U}_{ST}, \overline{I}_S\right) = 380 * 19 * \operatorname{sen} 96{,}87^{o} = 7168{,}2\,VAr$$
$$Q = Q_1 + Q_2 = -8612{,}2 + 7168{,}2 = -1444\,VAr$$

```
% PROGRAMA EN MATLAB

U=380; URS=U; UST=U*exp
(-2*i*pi/3); UTR=U*exp(2*i*pi/3);
ZRS=16+12*i; ZST=ZRS; ZTR=12-16*i;

% CIRCUITO INICIAL
ZRSM=abs(ZRS); phiZRS=(angle(ZRS))*180/pi;
ZSTM=abs(ZST); phiZST=phiZRS;
% Intensidades de fase
IRS=URS/ZRS; IRSM=abs(IRS); phiIRS=(angle(IRS))*180/pi;
IST=UST/ZST; ISTM=abs(IST); phiIST=(angle(IST))*180/pi;
ITR=UTR/ZTR; ITRM=abs(ITR); phiITR=(angle(ITR))*180/pi;
% Intensidades de línea
IR=IRS-ITR; IRM=abs(IR); phiIR=(angle(IR))*180/pi;
IS=IST-IRS; ISM=abs(IS); phiIS=(angle(IS))*180/pi;
IT=ITR-IST; ITM=abs(IT); phiIT=(angle(IT))*180/pi;
% Potencias
W1=U*IRM*cos(-angle(IR)-pi/3);
W2=U*ISM*cos(2*pi-angle(IS)-2*pi/3);
P=W1+W2; % Potencia activa
Q1=U*IRM*sin(-angle(IR)-pi/3);
Q2=U*ISM*sin(2*pi-angle(IS)-2*pi/3);
```

```
Q=Q1+Q2; % Potencia reactiva
% ROTURA DE LA FASE ST
% Intensidades
IS1=-URS/ZRS; IS1M=abs(IS1); phiIS1=angle(IS1)*180/pi;
IT1=UTR/ZTR; IT1M=abs(IT1); phiIT1=angle(IT1)*180/pi;
IR1=-IS1-IT1; IR1M=abs(IR1); phiIR1=angle(IR1)*180/pi;
% Potencias
W11=U*IR1M*cos(-angle(IR1)-pi/3);
W21=U*IS1M*cos(2*pi-angle(IS1)-2*pi/3);
P1=W11+W21; % Potencia activa
Q11=U*IR1M*sin(-angle(IR1)-pi/3)
Q21=U*IS1M*sin(2*pi-angle(IS1)-2*pi/3)
QN=Q11+Q21; % Potencia reactiva
```

PROBLEMA 6.46

El circuito de la figura está alimentado por un sistema trifásico equilibrado de tensiones de secuencia directa, de 380V de tensión de línea y 50Hz de frecuencia. Se pide:
a) Calcular las tensiones e intensidades a que está sometido cada elemento pasivo.
b) Calcular la potencia activa y reactiva total que suministra el sistema de tensiones.
c) Dibujar el diagrama vectorial de tensiones e intensidades.

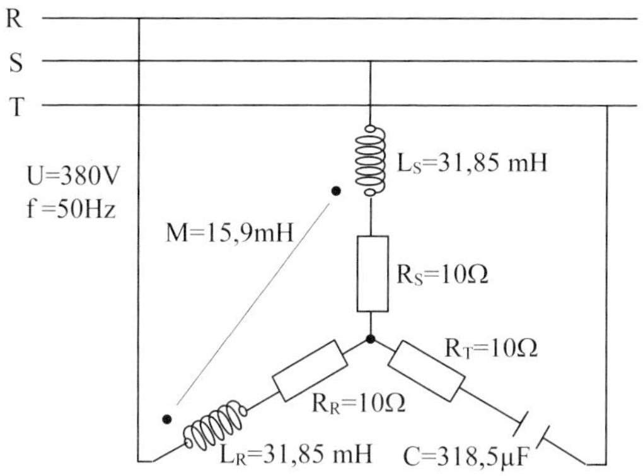

Al ser equilibrado el sistema de tensiones se puede considerar la alimentación como un conjunto de tres tensiones conectadas en estrella $\overline{E}_R$, $\overline{E}_S$ y $\overline{E}_T$ desfasadas entre sí 120º y cuyo valor será:

$$U_f = E = \frac{380}{\sqrt{3}} = 220V$$

Tomando como fase de referencia la R se tiene el siguiente circuito:

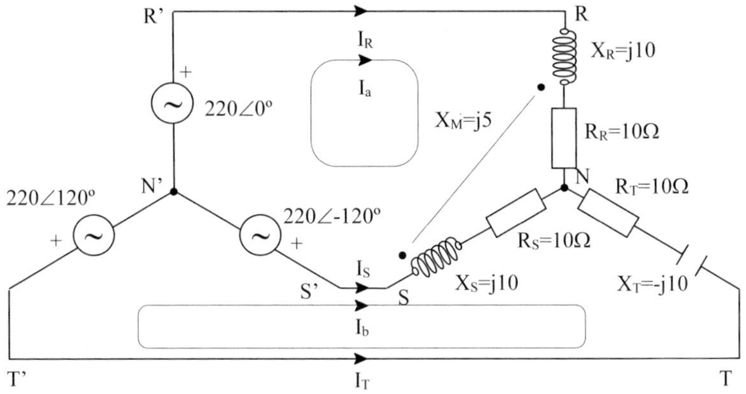

Los valores de las reactancias son:

$$X_R = X_S = L_R\omega = L_S\omega = 31{,}85*10^{-3}*314 = 10\Omega \qquad \overline{X}_R = \overline{X}_S = j10\Omega$$

$$X_M = M\omega = 15{,}9*10^{-3}*314 = 5\Omega \qquad \overline{X}_M = j5\Omega$$

$$X_T = \frac{1}{C_T\omega} = \frac{1}{318{,}5*10^{-6}*314} = 10\Omega \qquad \overline{X}_T = -j10\Omega$$

Se va a realizar un análisis considerando el circuito como dos mallas, cuyas corrientes son $\overline{I}_a$ e $\overline{I}_b$ y plantear las siguientes ecuaciones:

$$\left.\begin{array}{l} Z_{aa}i_a + Z_{ab}i_b = e_{ga} \\ Z_{ba}i_a + Z_{bb}i_b = e_{gb} \end{array}\right\} \qquad \left.\begin{array}{l} \overline{Z}_{aa}\overline{I}_a + \overline{Z}_{ab}\overline{I}_b = \overline{E}_a \\ \overline{Z}_{ab}\overline{I}_b + \overline{Z}_{bb}\overline{I}_b = \overline{E}_b \end{array}\right\}$$

Identificando términos:

$$\overline{Z}_{aa} = R_R + R_S + jX_R + jX_S + j2X_M = 10 + 10 + j10 + j10 + j10 = 20 + j30$$

$$\overline{Z}_{bb} = R_S + R_T + jX_S - jX_T = 10 + 10 + j10 - j10 = 20$$

$$\overline{Z}_{ab} = \overline{Z}_{ba} = -R_S - jX_S - jX_M = -(10 + j10 + j5) = -(10 + j15)$$

$$\overline{E}_a = \overline{E}_R - \overline{E}_S = 220\angle 0º - 220\angle -120º = 380\angle 30º$$

$$\overline{E}_b = \overline{E}_S - \overline{E}_T = 220\angle -120º - 220\angle 120º = 380\angle -90º$$

Y sustituyendo en las ecuaciones:

$$(20 + j30)\overline{I}_a - (10 + j15)\overline{I}_b = 380\angle 30º = 190\sqrt{3} + j190$$

$$-(10 + j15)\overline{I}_a + 20\overline{I}_b = 380\angle -90º = -j380$$

$$\overline{I}_a = \frac{\begin{vmatrix} 190\sqrt{3} + j190 & -10 - j15 \\ -j380 & 20 \end{vmatrix}}{\begin{vmatrix} 20 + j30 & -10 - j15 \\ -10 - j15 & 20 \end{vmatrix}} = \frac{12281{,}8}{525 + j300} = 17{,}63 - j10{,}08$$

$$\overline{I}_b = \frac{(10+j15)\overline{I}_a - j380}{20} = \frac{(10+j15)(17{,}63-j10{,}08)-j380}{20} = 16{,}375 - j10{,}82$$

Intensidades de línea:

$$\overline{I}_R = \overline{I}_a = 17{,}63 - j10{,}08$$
$$\overline{I}_T = -\overline{I}_b = -16{,}375 + j10{,}82$$
$$\overline{I}_S = \overline{I}_b - \overline{I}_a = 16{,}375 - j10{,}82 - 17{,}63 + j10{,}08 = -1{,}255 - j0{,}74$$

Tensiones de fase en la carga:

$$\overline{U}_R = (R_R + jX_R)\overline{I}_R - jX_M\overline{I}_S = (10+j10)(17{,}63-j10{,}08) - j5(-1{,}255+j0{,}74) = \\ = 273{,}4 + j81{,}775$$

$$\overline{U}_S = (R_S + jX_S)\overline{I}_S - jX_M\overline{I}_R = (10+j10)(-1{,}255-j0{,}74) - j5(17{,}63-j10{,}08) = \\ = -55{,}95 - j108{,}1$$

$$\overline{U}_T = (R_R - jX_T)\overline{I}_T = (10-j10)(-16{,}375+j10{,}82) = -55{,}55 + j271{,}95$$

Se puede comprobar que:

$$\overline{U}_{RS} = \overline{U}_R - \overline{U}_S \approx 380\angle 30^{\circ}$$
$$\overline{U}_{ST} = \overline{U}_S - \overline{U}_T \approx 380\angle -90^{\circ}$$

Cálculo de la potencia activa y reactiva total del sistema:

$$\overline{S}_R = \overline{U}_R\overline{I}_R^* = (273{,}4+j81{,}775)(17{,}63+j10{,}08) = 3995{,}75 + j4197{,}6$$
$$\overline{S}_S = \overline{U}_S\overline{I}_S^* = (-55{,}95-j108{,}1)(-1{,}255+j0{,}74) = 150{,}21 + j94{,}3$$
$$\overline{S}_T = \overline{U}_T\overline{I}_T^* = (-55{,}55+j271{,}95)(-16{,}375-j10{,}82) = 3852{,}13 - j3852{,}13$$
$$P = P_R + P_S + P_T = 7998{,}1\,W$$
$$Q = Q_R + Q_S + Q_T = 439{,}77\,VAr$$

Diagrama vectorial:

La diferencia entre las tensiones de fase en la línea y en la carga debe ser la misma para las tres fases, es decir:

$$\overline{E}_R - \overline{U}_R = \overline{E}_S - \overline{U}_S = \overline{E}_T - \overline{U}_T = \overline{U}_{NN'}$$

Esto puede comprobarse analítica y gráficamente en el diagrama vectorial.

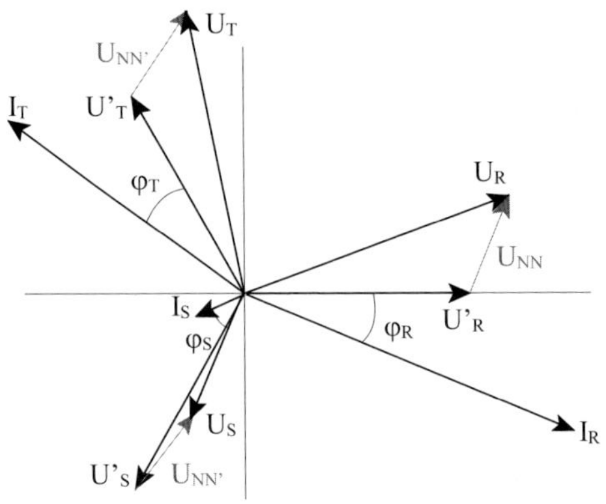


```
%PROGRAMA EN MATLAB

U=380; f=50; w=2*pi*f; RR=10; RS=10; RT=10; C=318.5*10^-6; LR=31.85*10^-3;
LS=LR;
M=15.9*10^-3;
ER=U/sqrt(3)*exp(0*i);        ES=U/sqrt(3)*exp(-i*2*pi/3);
ET=U/sqrt(3)*exp(i*2*pi/3);

% Impedancias
XR=LR*w*i; XS=LS*w*i; XM=M*w*i; XT=-i/(C*w);
Zaa=RR+RS+XR+XS+2*XM; % Impedancia de la malla a
Zbb=RS+RT+XS+XT; % Impedancia de la malla b
Zab=-RS-XS-XM; Zba=Zab; % Impedancias mutuas de mallas
Z=[Zaa Zab;Zba Zbb]; Eg=[ER-ES;ES-ET];
% Cálculo de intensidades
I=inv(Z)*(Eg); Ia=I(1,1); Ib=I(2,1);
IR=Ia; IT=-Ib; IS=Ib-Ia;
% Tensiones de fase
UR=(RR+XR)*IR-XM*IS;
US=(RS+XS)*IS-XM*IR;
UT=(RR+XT)*IT;
% Potencias
SR=UR*conj(IR); SS=US*conj(IS); ST=UT*conj(IT);
P=real(SR+SS+ST); % Potencia activa
Q=imag(SR+SS+ST); % Potencia reactiva
```

PROBLEMA 6.47

El circuito de la figura está alimentado por un sistema trifásico equilibrado de tensiones de 380V de tensión de línea. Se pide:

a) Calcular la lectura de los instrumentos de medida.

b) Diagramas vectoriales de tensiones e intensidades.

c) Potencia activa y reactiva suministrada por el sistema.

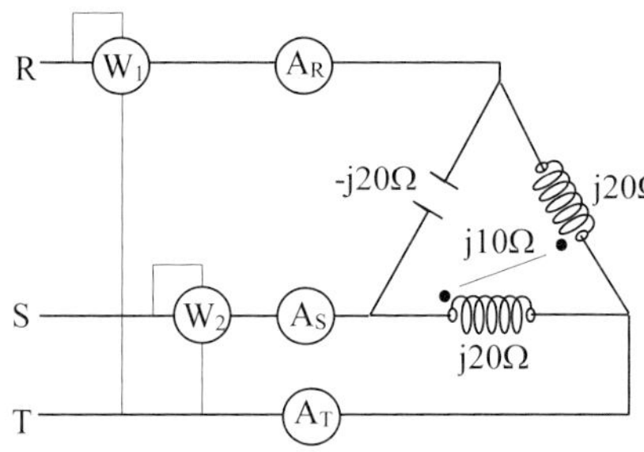

Intensidades de fase

Para la fase RS se tiene:

$$\overline{I}_{RS} = \frac{\overline{U}_{RS}}{\overline{Z}_{RS}} = \frac{380\angle 0^o}{20\angle -90^o} = 19\angle 90^o$$

Para las fases ST y TR por estar acopladas se plantea:

$$\left.\begin{aligned} u_{ST} &= L_{ST}Di_{ST} + MDi_{TR} \\ u_{TR} &= MDi_{ST} + L_{TR}Di_{TR} \end{aligned}\right\}$$

Y pasando a la notación compleja (con impedancias complejas) se tiene:

$$\left.\begin{aligned} \overline{U}_{ST} &= \overline{X}_{ST}\overline{I}_{ST} + \overline{X}_{M}\overline{I}_{TR} \\ \overline{U}_{TR} &= \overline{X}_{M}\overline{I}_{ST} + \overline{X}_{TR}\overline{I}_{TR} \end{aligned}\right\}$$

Sustituyendo y poniéndolo en forma matricial:

$$\begin{vmatrix} \overline{U}_{ST} \\ \overline{U}_{TR} \end{vmatrix} = \begin{vmatrix} 380\angle -120^o \\ 380\angle 120^o \end{vmatrix} = \begin{vmatrix} j20 & j10 \\ j10 & j20 \end{vmatrix} * \begin{vmatrix} \overline{I}_{ST} \\ \overline{I}_{TR} \end{vmatrix} = \left|\overline{Z}\right| * \begin{vmatrix} \overline{I}_{ST} \\ \overline{I}_{TR} \end{vmatrix}$$

Despejando la matriz de intensidades, se tiene:

$$\begin{vmatrix} \overline{I}_{ST} \\ \overline{I}_{TR} \end{vmatrix} = \left|\overline{Z}\right|^{-1} \begin{vmatrix} 380\angle -120^o \\ 380\angle 120^o \end{vmatrix} = \frac{1}{30} \begin{vmatrix} 2\angle -90^o & 1\angle 90^o \\ 1\angle 90^o & 2\angle -90^o \end{vmatrix} * \begin{vmatrix} 380\angle -120^o \\ 380\angle 120^o \end{vmatrix} =$$

$$= \frac{1}{30} \begin{vmatrix} 760\angle -210^o + 380\angle 210^o \\ 380\angle -30^o + 760\angle 30^o \end{vmatrix} = \frac{1}{30} \begin{vmatrix} -(760+380)\cos 30^o + j(760-380)\text{sen} 30^o \\ (760+380)\cos 30^o + j(760-380)\text{sen} 30^o \end{vmatrix}$$

Así, las intensidades $\overline{I}_{ST}$ e $\overline{I}_{TR}$ son:

$$\overline{I}_{ST} = -32{,}91 + j6{,}33 = 33{,}51\angle 169{,}19^o$$

$$\overline{I}_{TR} = 32{,}91 + j6{,}33 = 33{,}51\angle 10{,}9^o$$

Intensidades de línea:

$$\overline{I}_{R} = \overline{I}_{RS} - \overline{I}_{TR} = j19 - (32{,}91 + j6{,}33) = -32{,}91 + j12{,}67 = 35{,}26\angle 158{,}94^o$$

$$\overline{I}_{S} = \overline{I}_{ST} - \overline{I}_{RS} = -32{,}91 + j6{,}33 - j19 = -32{,}91 - j12{,}67 = 35{,}26\angle -158{,}94^o$$

$$\overline{I}_{T} = \overline{I}_{TR} - \overline{I}_{ST} = 32{,}91 + j6{,}33 - (-32{,}91 + j6{,}33) = 65{,}82 + j0 = 65{,}82\angle 0^o$$

Otra forma de resolverlo. Analizando el siguiente circuito por mallas, donde $\bar{I}_1 = \bar{I}_R$, $\bar{I}_3 = -\bar{I}_{T3}$ e $\bar{I}_S = -\bar{I}_R - \bar{I}_T$.

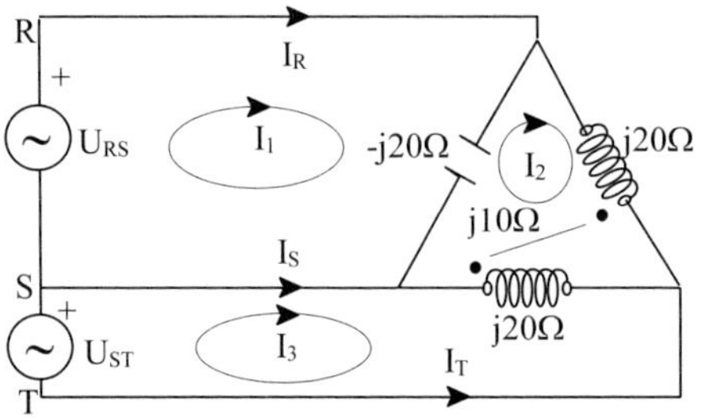

Ecuaciones generales:

$$\bar{Z}_{11}\bar{I}_1 + \bar{Z}_{12}\bar{I}_2 + \bar{Z}_{13}\bar{I}_3 = \bar{E}_{g1}$$
$$\bar{Z}_{21}\bar{I}_1 + \bar{Z}_{22}\bar{I}_2 + \bar{Z}_{23}\bar{I}_3 = \bar{E}_{g2}$$
$$\bar{Z}_{31}\bar{I}_1 + \bar{Z}_{32}\bar{I}_1 + \bar{Z}_{33}\bar{I}_3 = \bar{E}_{g3}$$

Se identifican las impedancias de mallas y fuentes de alimentación:

$$\bar{Z}_{11} = -j20 \qquad \bar{Z}_{22} = -j20 + j20 + j20 + j20 = j40 \qquad \bar{Z}_{33} = j20$$
$$\bar{Z}_{12} = \bar{Z}_{21} = j20 \qquad \bar{Z}_{13} = \bar{Z}_{31} = 0 \qquad \bar{Z}_{23} = \bar{Z}_{32} = -j20 - j10 = -j30$$
$$\bar{E}_{g1} = \bar{U}_{RS} = 380\angle 0^\circ \qquad \bar{E}_{g2} = 0 \qquad \bar{E}_{g3} = \bar{U}_{ST} = 380\angle -120^\circ$$

Sustituyendo se tienen las ecuaciones:

$$-j20\bar{I}_1 + j20\bar{I}_2 + 0\bar{I}_3 = 380$$
$$j20\bar{I}_1 + j40\bar{I}_2 - j30\bar{I}_3 = 0$$
$$0\bar{I}_1 - j30\bar{I}_2 + j20\bar{I}_3 = -380\frac{1}{2} - j380\frac{\sqrt{3}}{2}$$

Y resolviendo:

$$\bar{I}_R = \bar{I}_1 = -32{,}91 + j12{,}67 = 35{,}26\angle 158{,}94^\circ$$
$$\bar{I}_T = -\bar{I}_3 = 65{,}82 + j0 = 65{,}82\angle 0^\circ$$
$$\bar{I}_S = -\bar{I}_R - \bar{I}_T = -32{,}91 - j12{,}67 = 35{,}26\angle -158{,}94^\circ$$

Diagrama vectorial:

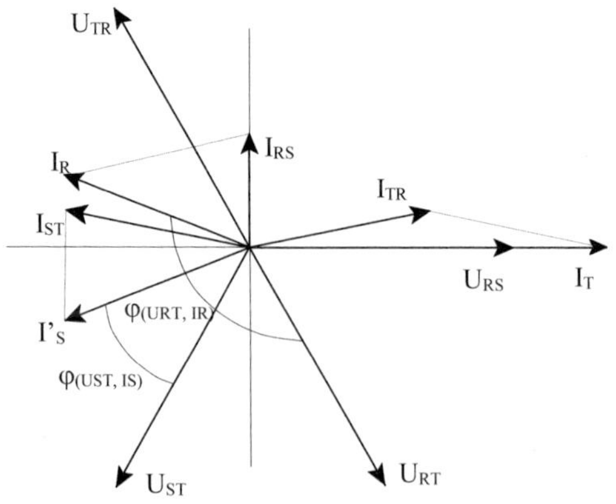

Lectura de los vatímetros:

$$W_1 = U_{RT} I_R \cos(U_{RT}, I_R) = 380 * 35{,}26 * \cos(158{,}94 + 60) = -10.421{,}65$$
$$W_2 = U_{ST} I_S \cos(U_{ST}, I_S) = 380 * 35{,}26 * \cos(158{,}94 - 120) = 10.421{,}65$$

La potencia consumida por el sistema será:

$$P = W_1 + W_2 = -10412{,}65 + 10421{,}65 = 0$$

Como era de esperar pues en el circuito no existe ningún elemento resistivo.

Potencia reactiva del sistema:

$$\overline{S}_{RS} = \overline{U}_{RS} \overline{I}_{RS}^{*} = 380 * 19\angle -90^{o} = -j7220$$
$$\overline{S}_{ST} = \overline{U}_{ST} \overline{I}_{ST}^{*} = 380\angle -120^{o} * 33{,}51\angle -169{,}1 = 12733{,}8\angle 70{,}9^{o} =$$
$$= 4166{,}73 + j12032{,}8$$
$$\overline{S}_{TR} = \overline{U}_{TR} \overline{I}_{TR}^{*} = 380\angle 120^{o} * 33{,}51\angle -10{,}9^{o} = 12733{,}8\angle 109{,}1^{o} =$$
$$= -4166{,}73 + j12032{,}8$$
$$Q = \sum Q_i = -j7220 + j12032{,}8 + j12032{,}8 = 16845{,}6VAr$$

Puede comprobarse de nuevo que la potencia activa total es cero:

$$P = 4166{,}73 - 4166{,}73 = 0$$

```
%PROGRAMA EN MATLAB

U=380; XRS=-20*i; XST=20*i; XTR=XST; XM=10*i;
URS=U; UST=U*exp(-i*2*pi/3);  UTR=U*exp(i*2*pi/3);

% Cálculo de intensidades
Z=[XST XM;XM XTR]; Eg=[UST;UTR];
IRS=U/XRS; IRSm=abs(IRS); phiRS=angle(IRS)*180/pi;
I=inv(Z)*(Eg);
IST=I(1,1); ISTm=abs(IST); phiST=angle(IST)*180/pi;
ITR=I(2,1); ITRm=abs(ITR); phiTR=angle(ITR)*180/pi;
IR=IRS-ITR; IRm=abs(IR); phiR=angle(IR)*180/pi;
IS=IST-IRS; ISm=abs(IS); phiS=angle(IS)*180/pi;
IT=ITR-IST; ITm=abs(IT); phiT=angle(IT)*180/pi;
% Lectura de los vatímetros
W1=U*IRm*cos(angle(IR)+pi/3);
W2=U*ISm*cos(angle(IS)+2*pi/3);
% Potencias
SRS=URS*conj(IRS); SST=UST*conj(IST); STR=UTR*conj(ITR);
P=real(SRS+SST+STR); % Potencia activa
Q=imag(SRS+SST+STR); % Potencia reactiva
```

PROBLEMA 6.48

Dado el sistema trifásico de vectores: U_R =100, U_S =- 60-j80 y U_T =- 80+j60. Hállese:
a) Las componentes simétricas básicas: directa, inversa y homopolar.
b) Representación vectorial de los tres sistemas de componentes.
c) Compruébese que sumando los tres sistemas de componentes simétricas se obtiene el sistema desequilibrado original.

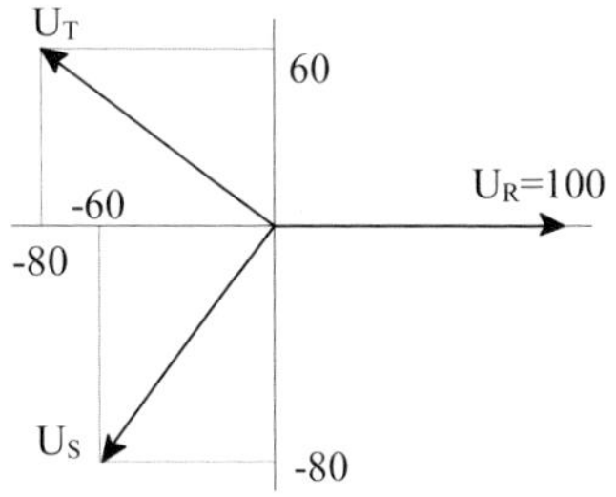

$$\overline{U}_R = 100 \qquad \overline{U}_S = -60 - j80 \qquad \overline{U}_T = -80 + j60$$

Se aplica el teorema de Sotkvis.

Los vectores unitarios **a** y **a** ^{2} valen:

$$a = -0{,}5 + j0{,}866$$
$$a^2 = -0{,}5 - j0{,}866$$

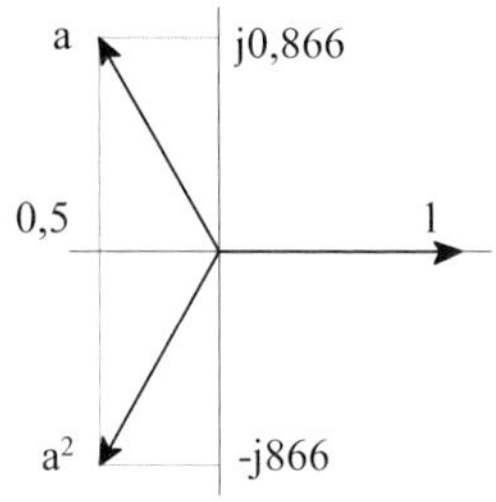

Componente básica homopolar:

$$\overline{U}_0 = \frac{1}{3}\left(\overline{U}_R + \overline{U}_S + \overline{U}_T\right) = \frac{1}{3}\left(100 - 60 - 80 \text{ - } j80 + j60\right) =$$
$$= \frac{1}{3}\left(-40 - j20\right) = -13{,}33 - j6{,}66 = 14{,}9\angle -153{,}4^{\circ}$$

Componente básica directa:

$$\overline{U}_1 = \frac{1}{3}\left(\overline{U}_R + a\,\overline{U}_S + a^2\,\overline{U}_T\right) =$$
$$= \frac{1}{3}\left[100 + \left(-0{,}5 + j0{,}866\right)\left(-60 - j80\right) + \left(-0{,}5 - j0{,}866\right)\left(\text{- }80 + j60\right)\right] =$$
$$= \frac{1}{3}\left(100 + 99{,}28 - j11'96 + 91{,}96 + j39{,}28\right) = 97{,}1 + j9{,}1$$
$$\overline{U}_1 = 97{,}5\angle 5{,}36^{\circ}$$

Componente básica inversa:

$$\overline{U}_2 = \frac{1}{3}\left(\overline{U}_R + a^2\,\overline{U}_S + a\,\overline{U}_T\right) =$$

$$= \frac{1}{3}\left[100 + (-0{,}5 - j0{,}866)(-60 - j80) + (-0{,}5 + j0{,}866)(-80 + j60)\right] =$$

$$= \frac{1}{3}\left(48{,}76 - j7{,}32\right) = 16{,}25 - j2{,}44$$

$$\overline{U}_2 = 16{,}43\angle -8{,}34^{\circ}$$

Representación vectorial:

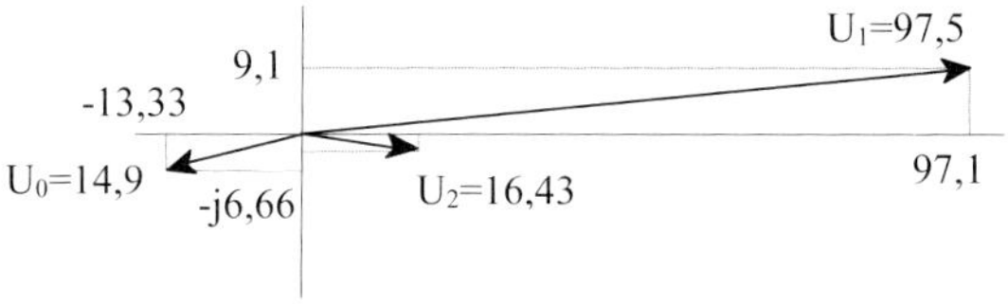

Comprobación:

$$\left.\begin{aligned} \overline{U}_R &= \overline{U}_0 + \overline{U}_1 + \overline{U}_2 \\ \overline{U}_S &= \overline{U}_0 + a\,\overline{U}_1 + a^2\,\overline{U}_2 \\ \overline{U}_T &= \overline{U}_0 + a^2\,\overline{U}_1 + a\,\overline{U}_2 \end{aligned}\right\} = \begin{bmatrix} 1 & 1 & 1 \\ 1 & a^2 & a \\ 1 & a & a^2 \end{bmatrix} * \begin{bmatrix} \overline{U}_0 \\ \overline{U}_1 \\ \overline{U}_2 \end{bmatrix}$$

Y sustituyendo valores:

$$\begin{bmatrix} \overline{U}_R \\ \overline{U}_S \\ \overline{U}_T \end{bmatrix} = \begin{bmatrix} 1 & 1 & 1 \\ 1 & -0{,}5 - j0{,}866 & -0{,}5 + j0{,}866 \\ 1 & -0{,}5 + j0{,}866 & -0{,}5 - j0{,}866 \end{bmatrix} * \begin{bmatrix} -13{,}33 - j6{,}66 \\ 97{,}1 + j9{,}1 \\ 16{,}25 - j2{,}44 \end{bmatrix}$$

Realizando el producto matricial se tiene que efectivamente:

$$\overline{U}_R = 100 \qquad \overline{U}_S = -60 - j80 \qquad \overline{U}_T = -80 + j60$$

PROBLEMA 6.48.M

En el circuito de la figura las tensiones de fase de la alimentación son: $\overline{U}_R = 100$, $\overline{U}_S = -60 - j80$ y $\overline{U}_T = -80 + j60$. La carga está compuesta por tres impedancias iguales de valor: $\overline{Z} = 10\angle 30^{o}$. Haciendo uso de las componentes simétricas calcúlese la potencia consumida por la carga, así como las intensidades de línea (lectura de los amperímetros A_R, A_S y A_T).

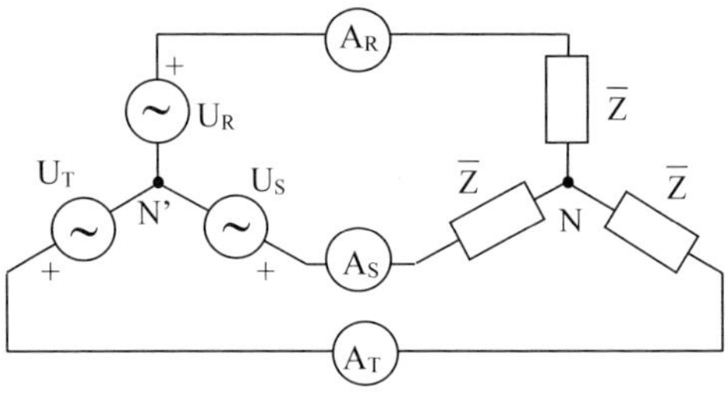

$\overline{U}_R = 100 = 100\angle 0^{o}$

$\overline{U}_S = -60 - j80 = 100\angle -120{,}87^{o}$

$\overline{U}_T = -80 + j60 = 100\angle 143{,}13^{o}$

$\overline{Z} = 10\angle 30^{o}$

Se aplica el teorema de Sotkvis para el cálculo de las componentes simétricas de las tensiones de alimentación $a = 1\angle 120^{o} = -0{,}5 + j0{,}866$ $\quad a^2 = 1\angle -120^{o} = -0{,}5 - j0{,}866$.

Componente básica homopolar:

$$\overline{U}_0 = \frac{1}{3}\left(\overline{U}_R + \overline{U}_S + \overline{U}_T\right) = \frac{1}{3}\left(100 - 60 - 80 - j80 + j60\right) = -13{,}33 - j6{,}66 = 14{,}9\angle -153{,}4^{o}$$

Componente básica directa:

$$\overline{U}_1 = \frac{1}{3}\left(\overline{U}_R + a\,\overline{U}_S + a^2\,\overline{U}_T\right) = \frac{1}{3}\left[100 + (-0{,}5 + j0{,}866)(-60 - j80) + \right.$$
$$\left. + (-0{,}5 - j0{,}866)(-80 + j60)\right] = 97{,}1 + j9{,}1 = 97{,}5\angle 5{,}36^{o}$$

Componente básica inversa:

$$\overline{U}_2 = \frac{1}{3}\left(\overline{U}_R + a^2\,\overline{U}_S + a\,\overline{U}_T\right) = \frac{1}{3}\left[100 + (-0{,}5 - j0{,}866)(-60 - j80) + \right.$$
$$\left. + (-0{,}5 + j0{,}866)(-80 + j60)\right] = 16{,}25 - j2{,}44 = 16{,}43\angle -8{,}34^{o}$$

Representación vectorial:

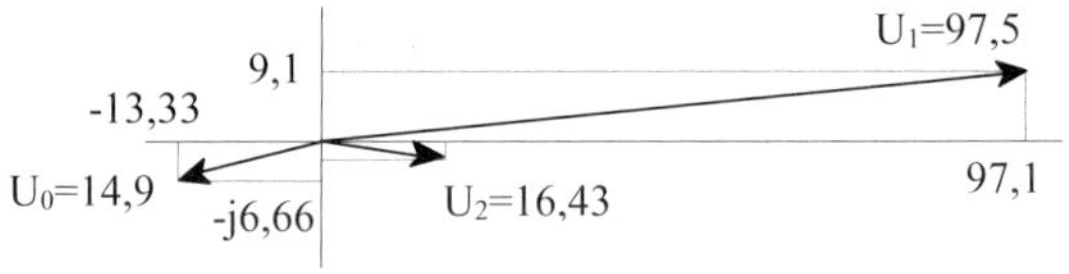

S. Homopolar: $\overline{U}_{R0} = \overline{U}_{S0} = \overline{U}_{T0} = 14{,}9\angle -153{,}4^{o}$

S. Directo: $\begin{cases} \overline{U}_{R1} = 97{,}5\angle 5{,}36^{o} \\ \overline{U}_{S1} = 97{,}5\angle -114{,}64^{o} \\ \overline{U}_{T1} = 97{,}5\angle 125{,}36^{o} \end{cases}$ S. Inverso: $\begin{cases} \overline{U}_{R2} = 16{,}43\angle -8{,}34^{o} \\ \overline{U}_{S2} = 16{,}43\angle 111{,}66^{o} \\ \overline{U}_{T2} = 16{,}43\angle -128{,}34^{o} \end{cases}$

Cálculo de intensidades:

La componente homopolar es cero pues no existe neutro y la impedancia homopolar es infinita.

$$\overline{I}_{R1} = \frac{97{,}5\angle 5{,}36^{o}}{10\angle 30^{o}} = 9{,}75\angle -24{,}64^{o} A \qquad \overline{I}_{R2} = \frac{16{,}43\angle -8{,}34^{o}}{10\angle 30^{o}} = 1{,}643\angle -38{,}34^{o} A$$

Los sistemas de intensidades serán:

$$\text{S. Directo:} \begin{cases} \overline{I}_{R1} = 9{,}75\angle -24{,}64^{o} \\ \overline{I}_{S1} = 9{,}75\angle -144{,}64^{o} \\ \overline{I}_{T1} = 9{,}75\angle 95{,}36^{o} \end{cases} \qquad \text{S. Inverso :} \begin{cases} \overline{I}_{R2} = 1{,}643\angle -38{,}34^{o} \\ \overline{I}_{S2} = 1{,}643\angle 81{,}66^{o} \\ \overline{I}_{T2} = 1{,}643\angle -158{,}34^{o} \end{cases}$$

Cálculo de las potencias:

$$\overline{S} = 3\left[\overline{U}_0 * \overline{I}_0^{*} + \overline{U}_1 * \overline{I}_1^{*} + \overline{U}_2 * \overline{I}_2^{*}\right] = 3\ [14{,}9\angle -153{,}4^{o} * 0 + 97{,}5\angle 5{,}36^{o} * 9{,}75\angle 24{,}64^{o} +$$
$$+ 16{,}43\angle -8{,}34^{o} * 1{,}643\angle 38{,}34^{o}] = 3\left[0 + 950{,}625\angle 30^{o} + 27\angle 30^{o}\right] = 864{,}65 + j488{,}81$$

Las potencias activa y reactiva son: $P = 864{,}65 W$ $\qquad Q = 488{,}81 VAr$

Cálculo de intensidades de línea:

$$\overline{I}_R = \overline{I}_{R1} + \overline{I}_{R2} = 9{,}75\angle -24{,}64^{o} + 1{,}643\angle -38{,}34^{o} = 8{,}86 - j4{,}07 + 1{,}29 - j1{,}02 =$$
$$= 10{,}15 - j5{,}09 = 11{,}35\angle -26{,}63^{o}$$
$$\overline{I}_S = \overline{I}_{S1} + \overline{I}_{S2} = 9{,}75\angle -144{,}64^{o} + 1{,}643\angle 81{,}66^{o} = -7{,}95 - j5{,}64 + 0{,}24 + j1{,}64 =$$
$$= -7{,}7 - j4 = 8{,}69\angle -152{,}6^{o}$$
$$\overline{I}_T = \overline{I}_{T1} + \overline{I}_{T2} = 9{,}75\angle 95{,}36^{o} + 1{,}643\angle -158{,}34^{o} = -0{,}91 + j9{,}7 - 1{,}53 - j0{,}606 =$$
$$= -2{,}44 + j8{,}17 = 8{,}53\angle 106{,}63^{o}$$

Las lecturas de los amperímetros serán: **A_R=11,35A; A_S=8,68A** y **A_T=8,53A.**

PROBLEMA 6.49

El generador de la figura proporciona una tensión de 1000V de valor eficaz a una línea en la que se origina un cortocircuito entre las fases S y T. Las resistencias y reactancias internas del generador y de la línea hasta el punto de la falta se representan localizadas en la línea. Determínese:

a) La corriente permanente de cortocircuito.
b) Sus componentes simétricas.
c) Las potencias: activas, reactivas y aparentes totales, correspondientes a cada uno de los sistemas directo, inverso y homopolar.

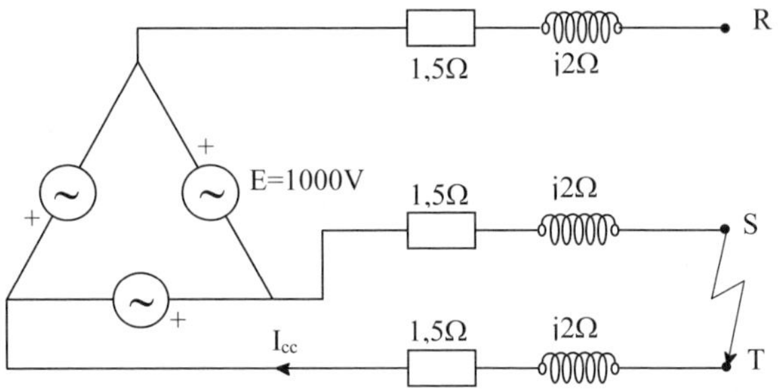

Corriente de cortocircuito:

$$\overline{I}_{cc} = \frac{\overline{U}}{\overline{Z}_{cc}} = \frac{1000}{3 + j4} = 40(3 - j4) \qquad I_{cc} = \sqrt{120^2 + 160^2} = 200\,A$$

$$\cos\varphi = \frac{120}{200} = 0{,}6 \qquad \text{sen}\varphi = \frac{160}{200} = 0{,}8 \qquad \varphi = 53{,}13^{\text{o}}$$

Se tiene el diagrama vectorial de tensiones e intensidades, donde:

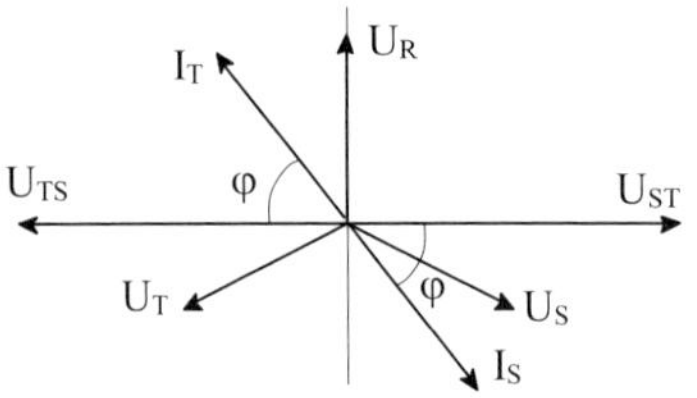

$$\overline{I}_S = -\overline{I}_T = \overline{I}_{cc} = 200\angle -53{,}13^{\text{o}}$$
$$\overline{I}_R = 0$$

Se hace uso del teorema de Stokvis para el cálculo de las componentes simétricas del sistema de intensidades.

El vector **a** vale: $a = 1\angle 120^{\text{o}} = -0{,}5 + j0{,}866$

y $a^2 = 1\angle -120^{\text{o}} = -0{,}5 - j0{,}866$

Componente básica homopolar:

$$\overline{I}_0 = \frac{1}{3}\left(\overline{I}_R + \overline{I}_S + \overline{I}_T\right) = \frac{1}{3}\left(0 + \overline{I}_{cc} - \overline{I}_{cc}\right) = 0$$

Valor lógico de esperar, pues se tiene un sistema a tres hilos.

Componente básica directa:

$$\overline{I}_1 = \frac{1}{3}\left(\overline{I}_R + a\overline{I}_S + a^2\,\overline{I}_T\right) = \frac{1}{3}\,\left[(-0{,}5 + j0{,}866)(120 - j160) + \right.$$

$$\left. + (-0{,}5 - j0{,}866)(-120 + j160)\right] = \frac{1}{3}(277{,}1 + j207{,}8) = 92{,}4 + j69{,}3$$

$$\tan\varphi_1 = \frac{69{,}3}{92{,}4} \qquad \varphi_1 = 36{,}86^{\text{o}} \qquad \overline{I}_1 = 115{,}5\angle 36{,}86^{\text{o}}$$

Componente básica inversa:

$$\overline{I}_2=\frac{1}{3}\left(\overline{I}_R+a^2\ \overline{I}_S+a\ \overline{I}_T\right)=\frac{1}{3}\left[\left(-0{,}5-j0{,}866\right)\left(120-j160\right)+\right.$$

$$\left.+\left(-0{,}5+j0{,}866\right)\left(-120+j160\right)\right]=\frac{1}{3}\left(-277{,}1-j207{,}8\right)=-92{,}4-j69{,}3$$

$$\tan\varphi_2=\frac{-69{,}3}{-92{,}4}\qquad \varphi_2=-180^o+36{,}86=-143{,}14^o\qquad \overline{I}_2=115{,}5\angle-143{,}14^o$$

Vectorialmente se tiene la representación:

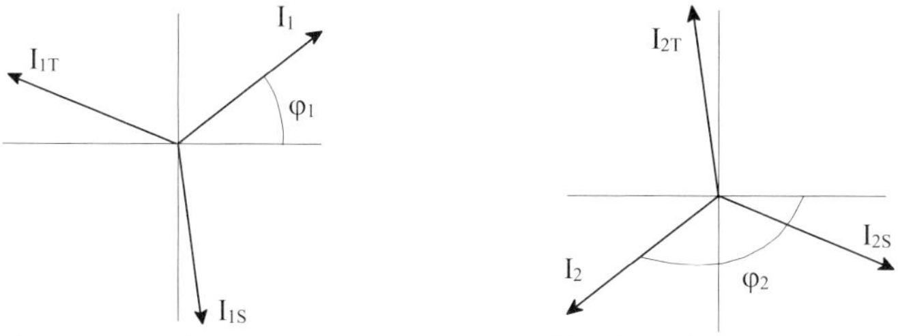

El sistema de tensiones de alimentación, por ser equilibrado, solo tiene componente directa que es la representada por $\left(\overline{U}_R, \overline{U}_S, \overline{U}_T\right)$ en el primer diagrama vectorial.

Cálculo de potencias:

$$\overline{S}=P+jQ=3\left(\overline{U}_0\ \overline{I}_0^*+\overline{U}_1\ \overline{I}_1^*+\overline{U}_2\ \overline{I}_2^*\right)=3\left(0*0+\overline{U}_R\ \overline{I}_1^*+0*\overline{I}_2^*\right)=$$

$$=3*\frac{1000}{\sqrt{3}}\angle 90^o*115{,}5\ \angle-36{,}86^o=200000\angle 53{,}14^o=120000+j160000$$

Si se hubiese calculado directamente teniendo en cuenta la corriente de cortocircuito se tendría:

$$\overline{S}=P+jQ=\overline{U}\ \overline{I}_{cc}^*=1000*40\left(3+j4\right)=120000+j160000$$

El resultado lógicamente es el mismo. Se tiene pues que:

$$P=12*10^4\ W \qquad \text{y} \qquad Q=16*10^4\ VAr$$

PROBLEMA 6.50

El circuito de la figura está alimentado por un sistema trifásico de tensiones, de 220V de tensión de línea, con secuencia directa. Si se desconecta la fase T, calcúlese para el estado de régimen permanente (tomando como referencia la tensión $\overline{U}_{RN}$):

a) Las intensidades $\overline{I}_R, \overline{I}_S$ e $\overline{I}_T$.

b) Las componentes simétricas básicas de las intensidades de línea.

c) Las componentes simétricas básicas de las intensidades de fase.

d) Intensidades de fase a partir de las componentes simétricas de fase.

e) Potencia activa y reactiva total, consumida por el triángulo de impedancias por medio de las componentes simétricas.

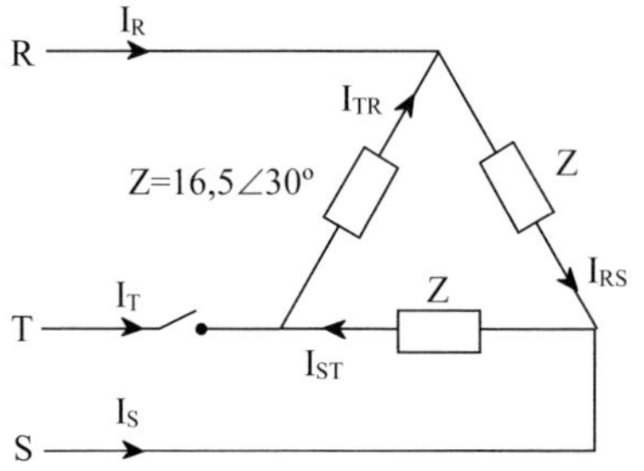

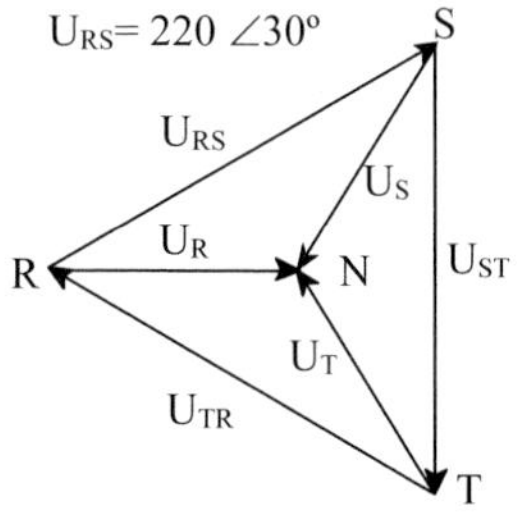

Con la fase T desconectada: $\bar{I}_R = \bar{I}_S$ e $\bar{I}_T = 0$

La impedancia del circuito equivalente entre las fases R y S es:

$$\bar{Z}_{equ} = \frac{\bar{Z} * 2\bar{Z}}{\bar{Z} + 2\bar{Z}} = \frac{2}{3}\ \bar{Z} = 11\angle 30^o\ \Omega$$

a) Intensidades de línea.

$$\bar{I}_R = \frac{\bar{U}_{RS}}{\bar{Z}_{equ}} = \frac{220\angle 30^o}{11\angle 30^o} = 20\angle 0^o A \qquad \bar{I}_S = -20\angle 0^o A$$

Se aplica el teorema de Stokvis para el cálculo de las componentes simétricas básicas.

Se recuerdan los valores y relaciones siguientes:

$$a = 1\angle 120^o = -0{,}5 + j0{,}866 \qquad a^2 = 1\angle -120^o = -0{,}5 - j0{,}866$$

$$\bar{I}_{R1} = \sqrt{3}\ \bar{I}_{RS1}\angle -30^o \qquad \bar{I}_{R2} = \sqrt{3}\ \bar{I}_{RS2}\angle 30^o$$

b) Componentes simétricas básicas de las corrientes de línea.

$$\begin{bmatrix} \bar{I}_{R0} \\ \bar{I}_{R1} \\ \bar{I}_{R2} \end{bmatrix} = \frac{1}{3}\begin{bmatrix} 1 & 1 & 1 \\ 1 & a & a^2 \\ 1 & a^2 & a \end{bmatrix}\begin{bmatrix} \bar{I}_R \\ \bar{I}_S \\ \bar{I}_T \end{bmatrix} = \frac{1}{3}\begin{bmatrix} 1 & 1 & 1 \\ 1 & a & a^2 \\ 1 & a^2 & a \end{bmatrix}\begin{bmatrix} 20\angle 0^o \\ -20\angle 0^o \\ 0 \end{bmatrix} = \begin{bmatrix} 0 \\ \frac{20}{\sqrt{3}}\angle -30^o \\ \frac{20}{\sqrt{3}}\angle 30^o \end{bmatrix}$$

c) Componentes simétricas básicas de las corrientes de fase.

$$\begin{bmatrix} \overline{I}_{RS0} \\ \overline{I}_{RS1} \\ \overline{I}_{RS2} \end{bmatrix} = \begin{bmatrix} 0 \\ \dfrac{\overline{I}_{R1}}{\sqrt{3}}\angle 30^{o} \\ \dfrac{\overline{I}_{R2}}{\sqrt{3}}\angle -30^{o} \end{bmatrix} = \begin{bmatrix} 0 \\ \dfrac{20}{3}\angle 0^{o} \\ \dfrac{20}{3}\angle 0^{o} \end{bmatrix}$$

d) Intensidades de fase en función de las componentes simétricas de fase.

$$\begin{bmatrix} \overline{I}_{RS} \\ \overline{I}_{ST} \\ \overline{I}_{TR} \end{bmatrix} = \begin{bmatrix} 1 & 1 & 1 \\ 1 & a^{2} & a \\ 1 & a & a^{2} \end{bmatrix} \begin{bmatrix} \overline{I}_{RS0} \\ \overline{I}_{RS1} \\ \overline{I}_{RS2} \end{bmatrix} = \begin{bmatrix} \dfrac{2}{3}20\angle 0^{o} \\ \dfrac{20}{3}\angle 180^{o} \\ \dfrac{20}{3}\angle 180^{o} \end{bmatrix}$$

También se podían haber obtenido directamente del divisor de tensión del circuito.

e) Potencias.

En función de las componentes simétricas:

$$\overline{S} = 3\left(\overline{U}_{RS0}\ \overline{I}^{*}_{RS0} + \overline{U}_{RS1}\ \overline{I}^{*}_{RS1} + \overline{U}_{RS2}\ \overline{I}^{*}_{RS2}\right) = 3\left(0 + 220\angle 30^{o} * \frac{20}{3}\angle 0^{o} + 0\right) =$$

$$= 4400\angle 30^{o} = 3810 + j2200$$

$$P = 3810W \qquad Q = 2200VAr$$

Directamente, sin considerar las componentes simétricas:

$$\overline{S} = \overline{U}_{RS}\ \overline{I}^{*}_{RS} + 2\ \overline{Z}\ I^{2}_{SR} = 220\angle 30^{o} * \frac{2}{3}\ 20\angle 0^{o} + 2 * 16{,}5\angle 30^{o} * \left(\frac{20}{3}\right)^{2} =$$

$$= 4400\angle 30^{o} = 3810 + j2200$$

$$P = 3810W \qquad Q = 2200VAr$$

PROBLEMA 6.51

En el circuito de la figura: $\overline{E}_S = 230\angle -90^{o}V$, $\overline{E}_T = 230\angle 180^{o}V$, $\overline{I}_R = 10\angle -10^{o}A$ y $\overline{E}_R + \overline{E}_S + \overline{E}_T = 0$. Utilizando el procedimiento de las componentes simétricas, calcúlese la potencia activa y reactiva que absorbe la carga trifásica Z, así como el valor de esta.

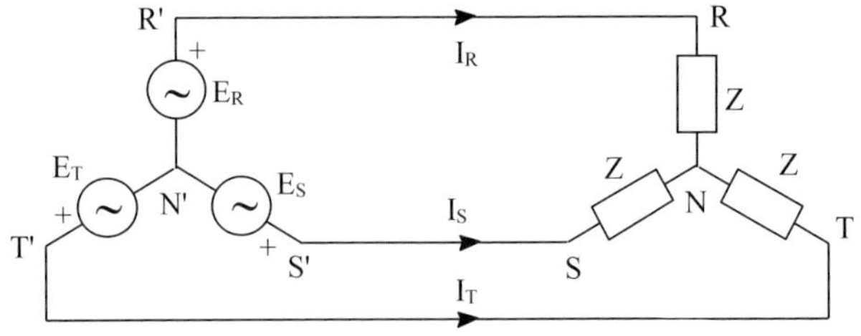

$$\overline{E}_S = 230\angle -90^o V$$
$$\overline{E}_T = 230\angle 180^o V$$
$$\overline{I}_R = 10\angle -10^o A$$
$$\overline{E}_R + \overline{E}_S + \overline{E}_T = 0$$

$$\text{Si}: \ \overline{E}_R + \overline{E}_S + \overline{E}_T = 0 \qquad \overline{E}_R = 230 + j230 = \sqrt{2}\,230\angle 45^o$$

Haciendo uso del teorema de Stokvis se calculan las componentes simétricas básicas de las tensiones de fase.

$$\begin{bmatrix} \overline{E}_{R0} \\ \overline{E}_{R1} \\ \overline{E}_{R2} \end{bmatrix} = \frac{1}{3}\begin{bmatrix} 1 & 1 & 1 \\ 1 & a & a^2 \\ 1 & a^2 & a \end{bmatrix}\begin{bmatrix} \overline{E}_R \\ \overline{E}_S \\ \overline{E}_T \end{bmatrix} = \frac{1}{3}\begin{bmatrix} 1 & 1 & 1 \\ 1 & a & a^2 \\ 1 & a^2 & a \end{bmatrix}\begin{bmatrix} 230 + j230 \\ -j230 \\ -230 \end{bmatrix} = \frac{230}{3}\begin{bmatrix} 0 \\ \frac{3+\sqrt{3}}{2}(1+j) \\ \frac{3-\sqrt{3}}{2}(1+j) \end{bmatrix}$$

Se tienen las tensiones:

$$\overline{E}_{R0} = 0 \qquad \overline{E}_{R1} = \frac{230(3+\sqrt{3})}{6}\sqrt{2}\angle 45^o \qquad \overline{E}_{R2} = \frac{230(3-\sqrt{3})}{6}\sqrt{2}\angle 45^o$$

Además de ser cero la componente homopolar de la tensión, por ser un sistema a tres hilos: $\overline{I}_{R0} = 0$. Las componentes básicas directa e inversa de las intensidades serán:

$$\overline{I}_{R1} = \frac{\overline{E}_{R1}}{\overline{Z}} = \frac{230(3+\sqrt{3})}{6\,\overline{Z}}(1+j) \qquad \overline{I}_{R2} = \frac{\overline{E}_{R2}}{\overline{Z}} = \frac{230(3-\sqrt{3})}{6\,\overline{Z}}(1+j)$$

Para la intensidad de la fase R se tiene:

$$\overline{I}_R = \overline{I}_{R0} + \overline{I}_{R1} + \overline{I}_{R2} = \frac{230(1+j)}{\overline{Z}} = \frac{230\sqrt{2}\angle 45^o}{\overline{Z}} = 10\angle -10^o$$

$$\overline{Z} = \frac{230\sqrt{2}\angle 45^o}{10\angle -10^o} = 23\sqrt{2}\angle\ 55^o$$

Las intensidades $\overline{I}_{R1}$ e $\overline{I}_{R2}$ valdrán:

$$\overline{I}_{R1} = \frac{\overline{E}_{R1}}{\overline{Z}} = \frac{230(3+\sqrt{3})\sqrt{2}\angle 45^o}{6\ 23\sqrt{2}\angle 55^o} = 10\frac{(3+\sqrt{3})}{6}\angle -10^o$$

$$\overline{I}_{R1} = \frac{\overline{E}_{R2}}{\overline{Z}} = \frac{230(3-\sqrt{3})\sqrt{2}\angle 45^o}{6\ 23\sqrt{2}\angle 55^o} = 10\frac{(3-\sqrt{3})}{6}\angle -10^o$$

También se tienen las relaciones:

$$\left.\begin{aligned}\overline{E}_R &= \overline{Z}\,\overline{I}_R + \overline{U}_{NN'}\\ \overline{E}_S &= \overline{Z}\,\overline{I}_T + \overline{U}_{NN'}\\ \overline{E}_T &= \overline{Z}\,\overline{I}_T + \overline{U}_{NN'}\end{aligned}\right\}\qquad \begin{aligned}&\overline{E}_R + \overline{E}_S + \overline{E}_T = \overline{Z}\left(\overline{I}_R + \overline{I}_S + \overline{I}_T\right) + 3\,\overline{U}_{NN'}\\ &\text{y como: } \overline{I}_R + \overline{I}_S + \overline{I}_T = 0 \qquad \overline{U}_{NN'} = 0\\ &\text{luego: } \overline{U}_R = \overline{E}_R \qquad \overline{U}_S = \overline{E}_S \qquad \overline{U}_T = \overline{E}_T\end{aligned}$$

Es decir, por ser la suma vectorial de las fuentes de excitación igual a cero y el sistema a tres hilos, la tensión entre los neutros es cero.

Potencias:

$$\overline{S} = 3\left(\overline{E}_{R0}\,\overline{I}^{*}_{R0} + \overline{E}_{R1}\,\overline{I}^{*}_{R1} + \overline{E}_{R2}\,\overline{I}^{*}_{R2}\right) = 3\left(\overline{E}_{R1}\,\overline{I}^{*}_{R1} + \overline{E}_{R2}\,\overline{I}^{*}_{R2}\right) =$$

$$3\left(230\frac{\left(3+\sqrt{3}\right)}{6}\sqrt{2}\,\angle 45^{o} * 10\frac{\left(3+\sqrt{3}\right)}{6}\angle 10^{o} + 230\frac{\left(3-\sqrt{3}\right)}{6}\sqrt{2}\,\angle 45^{o} * 10\frac{\left(3-\sqrt{3}\right)}{6}\angle 10^{o}\right) =$$

$$= 3 * 2300\sqrt{2}\left[\left(\frac{3+\sqrt{3}}{6}\right)^{2} + \left(\frac{3-\sqrt{3}}{6}\right)^{2}\right]\angle 55^{o} = 6505\angle 55^{o} = 3731{,}3 + j5328{,}85$$

$$P = 3731{,}3\,W \qquad Q = 5328{,}85\,VAr$$

PROBLEMA 6.52

El circuito de la figura está alimentado por un sistema trifásico equilibrado de tensiones de 380V de tensión de línea. Calcúlese:

a) Intensidades de línea y de neutro (estando este conectado).

b) Intensidades de línea en el caso de que no esté conectado el neutro (sistema a tres hilos).

c) Componentes simétricas de las corrientes línea y de las tensiones de fase de la carga en el caso b.

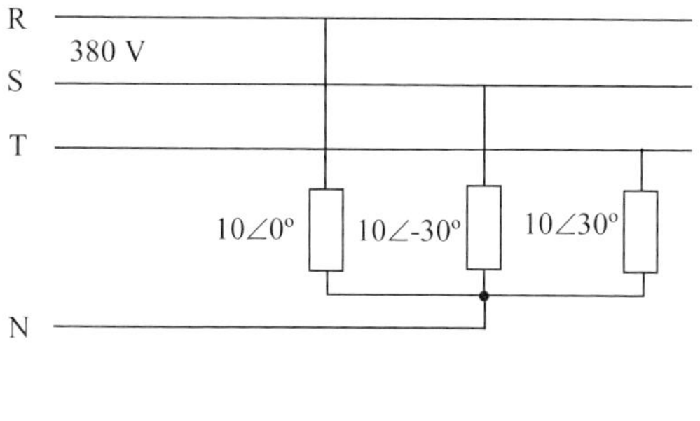

$$U_f = \frac{U_L}{\sqrt{3}} = \frac{380}{\sqrt{3}} = 220V$$

a) Tomando $\overline{U}_R$ como vector de referencia, se tienen las intensidades de línea:

$$\overline{I}_R = \frac{220\angle 0^o}{10\angle 0^o} = 22A \qquad \overline{I}_S = \frac{220\angle -120^o}{10\angle -30^o} = 22\angle -90^o A$$

$$\overline{I}_T = \frac{220\angle 120^o}{10\angle 30^o} = 22\angle 90^o$$

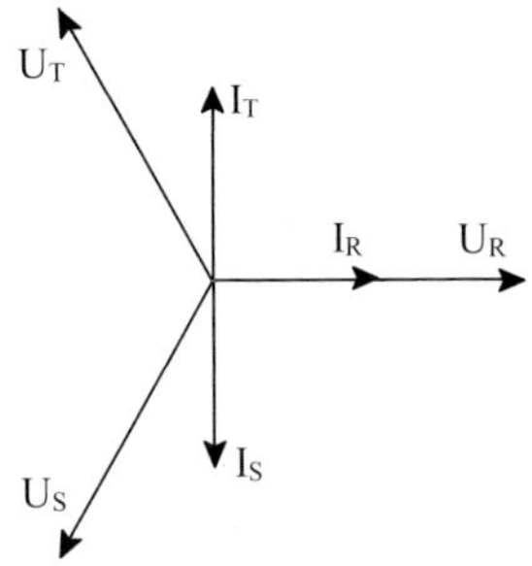

Y la intensidad de neutro:

$$\overline{I}_N = \overline{I}_R + \overline{I}_S + \overline{I}_T = 22 - j22 + j22 = 22A$$

Se tiene la representación gráfica:

b) Se considera el sistema de alimentación equilibrado en estrella equivalente al sistema de tensiones de línea y se tiene el circuito:

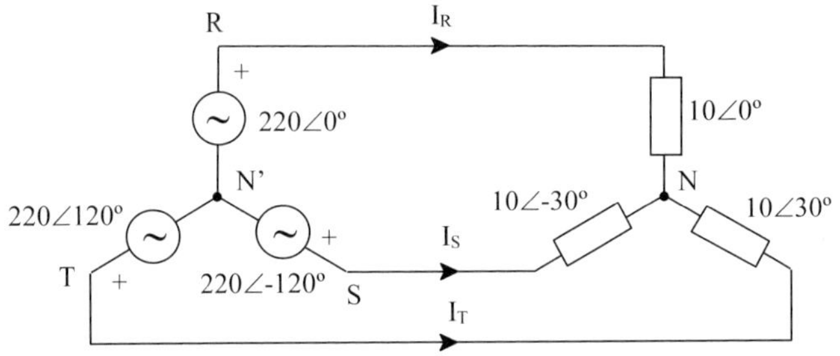

Aplicando el teorema de Millman se calcula la tensión $U_{NN=}$.

$$\overline{U}_{NN'} = \frac{\frac{1}{10\angle 0^o}220\angle 0^o + \frac{1}{10\angle -30^o}220\angle -120^o + \frac{1}{10\angle 30^o}220\angle 120^o}{\frac{1}{10\angle 0^o} + \frac{1}{10\angle -30^o} + \frac{1}{10\angle 30^o}} =$$

$$= \frac{220}{1+1\angle 30+1\angle -30} = \frac{220}{1+\sqrt{3}} = 80{,}53\angle 0^o V$$

Las tensiones de fase de la carga serán:

$$\overline{U}_R = 220\angle 0^o - 80{,}53\angle 0^o = 139{,}47\angle 0^o V$$

$$\overline{U}_S = 220\angle -120^o - 80{,}53\angle 0^o = 220\left(-\frac{1}{2} - j\frac{\sqrt{3}}{2}\right) - 80{,}53 =$$

$$= -190{,}53 - j110\sqrt{3} = 269{,}5\angle -135^o$$

$$\overline{U}_T = 220\angle 120^o - 80{,}53\angle 0^o = 220\left(-\frac{1}{2} + j\frac{\sqrt{3}}{2}\right) - 80{,}53 =$$

$$= -190{,}53 + j110\sqrt{3} = 269{,}5\angle 135^o$$

Intensidades de línea:

$$\overline{I}_R = \frac{\overline{U}_R}{\overline{Z}_R} = \frac{139{,}5}{10} = 13{,}95A$$

$$\overline{I}_S = \frac{\overline{U}_S}{\overline{Z}_S} = \frac{269{,}5\angle -135}{10\angle -30} = 26{,}95\angle -105^o\, A$$

$$\overline{I}_T = \frac{\overline{U}_T}{\overline{Z}_T} = \frac{269{,}5\angle 135}{10\angle 30} = 26{,}95\angle 105^o\, A$$

Se tiene el diagrama vectorial:

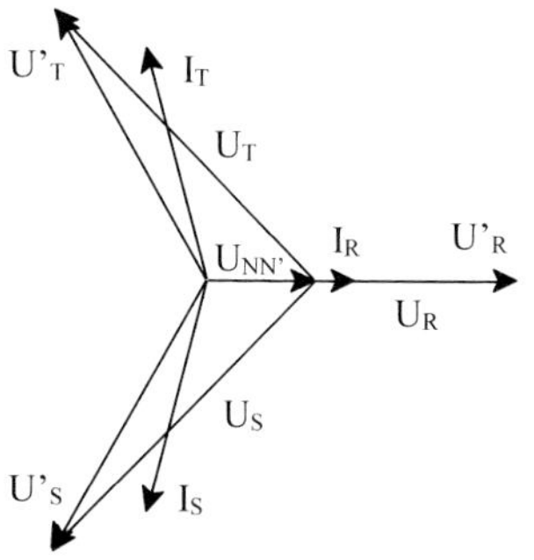

c) Componentes simétricas para el caso de que no exista neutro

De las tensiones de fase de la carga:

$$\overline{U}_0 = \frac{1}{3}\left(\overline{U}_R + \overline{U}_S + \overline{U}_T\right) = \frac{1}{3}\left(139{,}5 + 269{,}5\angle -135 + 269{,}5\angle 135\right) = -80{,}54V$$

$$\overline{U}_1 = \frac{1}{3}\left(\overline{U}_R + a\overline{U}_S + a^2\overline{U}_T\right) =$$

$$= \frac{1}{3}\left(139{,}5 + 1\angle 120^o 269{,}5\angle -135 + 1\angle -120^o 269{,}5\angle 135\right) =$$

$$= \frac{1}{3}\left(139{,}5 + 269{,}5\left(1\angle -15^o + 1\angle 15^o\right)\right) = 220\angle 0^o$$

$$\overline{U}_2 = \frac{1}{3}\left(\overline{U}_R + a^2\overline{U}_S + a\overline{U}_T\right) =$$

$$= \frac{1}{3}\left(139{,}5 + 1\angle -120^o 269{,}5\angle -135 + 1\angle 120^o 269{,}5\angle 135\right) =$$

$$= \frac{1}{3}\left(139{,}5 + 269{,}5\left(1\angle -255^o + 1\angle 255^o\right)\right) = 0$$

Se observa que la componente homopolar coincide con la tensión entre los neutros $U_{NN'}$, el sistema directo coincide con el de alimentación y no tiene sistema inverso. Esto coincide con lo estudiado en este capítulo, pues son dos sistemas de vectores en estrella, que tienen distinto centro y los mismos extremos.

De las intensidades de línea:

$$\bar{I}_0 = \frac{1}{3}\left(\bar{I}_R + \bar{I}_s + \bar{I}_T\right) = \frac{1}{3}(13{,}95 + 26{,}95\angle -105 + 26{,}95\angle 105) = 0$$

$$\bar{I}_1 = \frac{1}{3}\left(\bar{I}_R + a\bar{I}_s + a^2\bar{I}_T\right) = \frac{1}{3}(13{,}95 + 1\angle 120^{\circ} 26{,}95\angle -105 + 1\angle -120^{\circ} 26{,}95\angle 105) =$$

$$= \frac{1}{3}(13{,}95 + 26{,}95(1\angle 15^{\circ} + 1\angle -15^{\circ})) = 22\angle 0^{\circ}$$

$$\bar{I}_2 = \frac{1}{3}\left(\bar{I}_R + a^2\bar{I}_S + a\bar{I}_T\right) = \frac{1}{3}(13{,}95 + 1\angle -120^{\circ} 26{,}95\angle -105 + 1\angle 120^{\circ} 26{,}95\angle 105) =$$

$$= \frac{1}{3}(13{,}95 + 26{,}95(1\angle -225^{\circ} + 1\angle 225^{\circ})) = -8{,}054$$

Como es obvio, la componente homopolar de la intensidad es cero, pues el sistema es a tres hilos.

```
% PROGRAMA EN MATLAB

U=380; f=50; ZR=10; ZS=10*exp(-i*pi/6); ZT=10*exp(i*pi/6); w=2*pi*f;

% CON EL NEUTRO CONECTADO
Uf=U/sqrt(3); ER=Uf; ES=Uf*exp(-i*2*pi/3); ET=Uf*exp(i*2*pi/3);
IR=ER/ZR; IRM=abs(IR); phiIR=angle(IR)*180/pi;
IS=ES/ZS; ISM=abs(IS); phiIS=angle(IS)*180/pi;
IT=ET/ZT; ITM=abs(IT); phiIT=angle(IT)*180/pi;
IN=IR+IS+IT;
% SIN CONECTAR EL NEUTRO
% Tensiones entre los neutros (teorema de Millman)
YR=1/ZR; YS=1/ZS; YT=1/ZT;
UNN=(YR*ER+YS*ES+YT*ET)/(YR+YS+YT);
% Tensiones de fase de la carga
UR=ER-UNN; URM=abs(UR); phiUR=angle(UR)*180/pi;
US=ES-UNN; USM=abs(US); phiUS=angle(US)*180/pi;
UT=ET-UNN; UTM=abs(UT); phiUT=angle(UT)*180/pi;
% Intensidades
IR1=UR/ZR; IR1M=abs(IR1); phiIR=angle(IR1)*180/pi;
IS1=US/ZS; IS1M=abs(IS1); phiIS=angle(IS1)*180/pi;
IT1=UT/ZT; IT1M=abs(IT1); phiIT=angle(IT1)*180/pi;
% Componentes simétricas de las tensiones
a=1*exp(i*2*pi/3);
U0=1/3*(UR+US+UT); % Componente básica homopolar
U0M=abs(U0); phiU0=angle(U0)*180/pi;
U1=1/3*(UR+a*US+a^2*UT); % Componente básica directa
U1M=abs(U1); phiU1=angle(U1)*180/pi;
U2=1/3*(UR+a^2*US+a*UT); % Componente básica inversa
U2M=abs(U2); phiU2=angle(U2)*180/pi;
% Componentes simétricas de las intensidades
```

```
I0=1/3*(IR1+IS1+IT1); % Componente básica homopolar
I0M=abs(I0); phiI0=angle(I0)*180/pi;
I1=1/3*(IR1+a*IS1+a^2*IT1); % Componente básica directa
I1M=abs(I1); phiI1=angle(I1)*180/pi;
I2=1/3*(IR1+a^2*IS1+a*IT1); % Componente básica inversa
I2M=abs(I2); phiI2=angle(I2)*180/pi;
```

PROBLEMA 6.52.M

Para el circuito de la figura, calcúlese:

a) Intensidades de línea y de neutro, estando este conectado.

b) Intensidades de línea en el caso de que no esté conectado el neutro (sistema a tres hilos).

c) Componentes simétricas de las corrientes línea y tensiones de fase de la carga en el caso b.

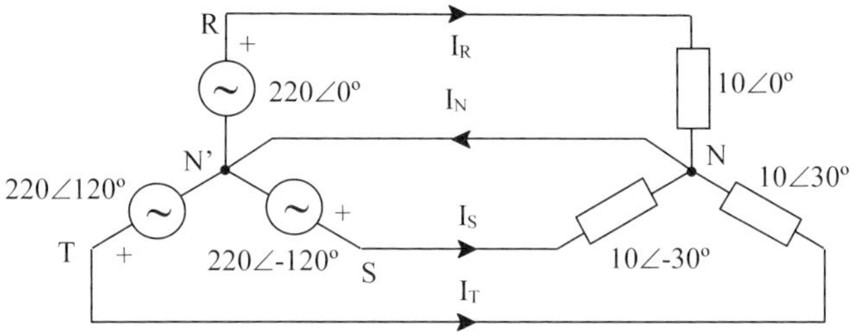

a) Tomando $\overline{U}_R$ como vector de referencia, se tienen las intensidades de línea:

$$\overline{I}_R = \frac{220\angle 0^\circ}{10\angle 0^\circ} = 22A \qquad \overline{I}_S = \frac{220\angle -120^\circ}{10\angle -30^\circ} = 22\angle -90^\circ A$$

$$\overline{I}_T = \frac{220\angle 120^\circ}{10\angle 30^\circ} = 22\angle 90^\circ$$

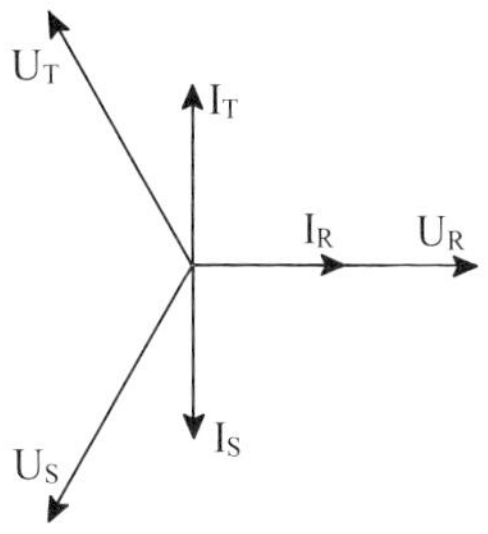

Y la intensidad de neutro:

$$\overline{I}_N = \overline{I}_R + \overline{I}_S + \overline{I}_T = 22 - j22 + j22 = 22A$$

b) Si el neutro no está conectado. Aplicando el teorema de Millman se calcula la tensión $U_{NN'}$.

$$\overline{U}_{NN'} = \frac{\frac{1}{10\angle 0^\circ}220\angle 0^\circ + \frac{1}{10\angle -30^\circ}220\angle -120^\circ + \frac{1}{10\angle 30^\circ}220\angle 120^\circ}{\frac{1}{10\angle 0^\circ} + \frac{1}{10\angle -30^\circ} + \frac{1}{10\angle 30^\circ}} =$$

$$= \frac{220}{1+1\angle 30 + 1\angle -30} = \frac{220}{1+\sqrt{3}} = 80{,}53\angle 0^\circ V$$

Las tensiones de fase de la carga serán:

$$\overline{U}_R = 220\angle 0^{\circ} - 80{,}53\angle 0^{\circ} = 139{,}47\angle 0^{\circ}\,V$$

$$\overline{U}_S = 220\angle -120^{\circ} - 80{,}53\angle 0^{\circ} = 220\left(-\frac{1}{2} - j\frac{\sqrt{3}}{2}\right) - 80{,}53 =$$

$$= -190{,}53 - j110\sqrt{3} = 269{,}5\angle -135^{\circ}$$

$$\overline{U}_T = 220\angle 120^{\circ} - 80{,}53\angle 0^{\circ} = 220\left(-\frac{1}{2} + j\frac{\sqrt{3}}{2}\right) - 80{,}53 =$$

$$= -190{,}53 + j110\sqrt{3} = 269{,}5\angle 135^{\circ}$$

Intensidades de línea:

$$\overline{I}_R = \frac{\overline{U}_R}{\overline{Z}_R} = \frac{139{,}5}{10} = 13{,}95A$$

$$\overline{I}_S = \frac{\overline{U}_S}{\overline{Z}_S} = \frac{269{,}5\angle -135}{10\angle -30} = 26{,}95\angle -105^{\circ}\,A$$

$$\overline{I}_T = \frac{\overline{U}_T}{\overline{Z}_T} = \frac{269{,}5\angle 135}{10\angle 30} = 26{,}95\angle 105^{\circ}\,A$$

Se tiene el diagrama vectorial:

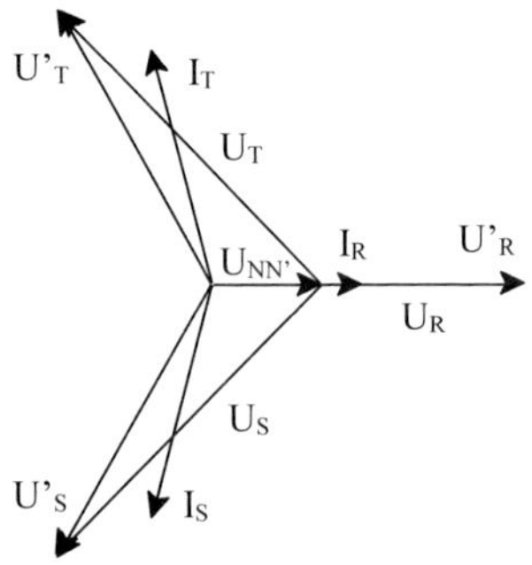

c) Componentes simétricas para el caso de que no exista neutro

De las tensiones de fase de la carga:

$$\overline{U}_0 = \frac{1}{3}\left(\overline{U}_R + \overline{U}_S + \overline{U}_T\right) = \frac{1}{3}\left(139{,}5 + 269{,}5\angle -135 + 269{,}5\angle 135\right) = -80{,}54V$$

$$\overline{U}_1=\frac{1}{3}\left(\overline{U}_R+a\overline{U}_S+a^2\overline{U}_T\right)=$$

$$=\frac{1}{3}\left(139{,}5+1\angle 120^{o}269{,}5\angle-135+1\angle-120^{o}269{,}5\angle 135\right)=$$

$$=\frac{1}{3}\left(139{,}5+269{,}5\left(1\angle-15^{o}+1\angle 15^{o}\right)\right)=220\angle 0^{o}$$

$$\overline{U}_2=\frac{1}{3}\left(\overline{U}_R+a^2\overline{U}_S+a\overline{U}_T\right)=$$

$$=\frac{1}{3}\left(139{,}5+1\angle-120^{o}269{,}5\angle-135+1\angle 120^{o}269{,}5\angle 135\right)=$$

$$=\frac{1}{3}\left(139{,}5+269{,}5\left(1\angle-255^{o}+1\angle 255^{o}\right)\right)=0$$

Se observa que la componente homopolar coincide con la tensión entre los neutros $U_{NN'}$, el sistema directo coincide con el de alimentación y no tiene sistema inverso. Esto coincide con lo estudiado en este capítulo, pues son dos sistemas de vectores en estrella, que tienen distinto centro y los mismos extremos.

De las intensidades de línea:

$$\overline{I}_0=\frac{1}{3}\left(\overline{I}_R+\overline{I}_s+\overline{I}_T\right)=\frac{1}{3}\left(13{,}95+26{,}95\angle-105+26{,}95\angle 105\right)=0$$

$$\overline{I}_1=\frac{1}{3}\left(\overline{I}_R+a\overline{I}_s+a^2\overline{I}_T\right)=\frac{1}{3}\left(13{,}95+1\angle 120^{o}26{,}95\angle-105+1\angle-120^{o}26{,}95\angle 105\right)=$$

$$=\frac{1}{3}\left(13{,}95+26{,}95\left(1\angle 15^{o}+1\angle-15^{o}\right)\right)=22\angle 0^{o}$$

$$\overline{I}_2=\frac{1}{3}\left(\overline{I}_R+a^2\overline{I}_S+a\overline{I}_T\right)=\frac{1}{3}\left(13{,}95+1\angle-120^{o}26{,}95\angle-105+1\angle 120^{o}26{,}95\angle 105\right)=$$

$$=\frac{1}{3}\left(13{,}95+26{,}95\left(1\angle-225^{o}+1\angle 225^{o}\right)\right)=-8{,}054$$

Como es obvio, la componente homopolar de la intensidad es cero, pues el sistema es a tres hilos.

PROBLEMA 6.53

Resolución del problema 6.42 por análisis de mallas y cálculo de componentes simétricas.
El circuito de la figura está alimentado por un sistema trifásico equilibrado de tensiones de secuencia directa, de 380V de tensión de línea. Se pide:

a) Calcular las tensiones e intensidades a que está sometido cada elemento pasivo.
b) Dibujar el diagrama vectorial de tensiones e intensidades.
c) Calcular la potencia activa y reactiva total que suministra el sistema de tensiones.
d) Cálculo de las componentes simétricas de las tensiones e intensidades de fase de la carga y de la potencia activa y reactiva en función de las componentes simétricas.

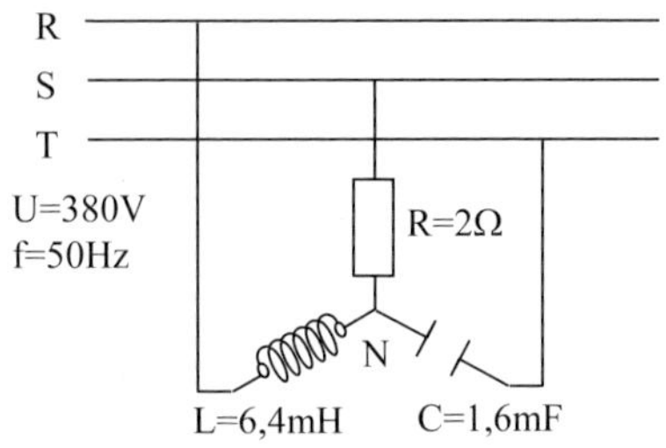

Impedancias de la bobina y del condensador:

$$X_L = L\omega = 6{,}4*10^{-3}*2*\pi*50 = 2\,\Omega \qquad \overline{X}_L = 2\angle 90^{\circ} = j2\,\Omega$$

$$X_C = \frac{1}{C\omega} = \frac{1}{1{,}6*10^{-3}*2*\pi*50} = 2\,\Omega \qquad \overline{X}_C = 2\angle -90^{\circ} = -j2\,\Omega$$

Se puede considerar, para el análisis por mallas, el siguiente circuito y sus correspondientes ecuaciones:

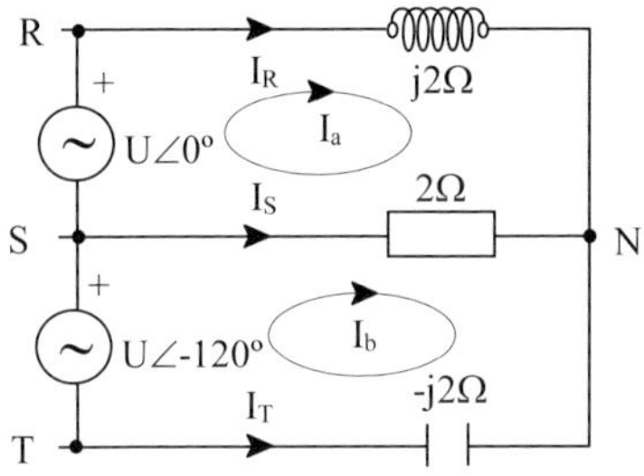

$$\left.\begin{array}{l} Z_{aa}i_a - Z_{ab}i_b = e_{ga} \\ -Z_{ba}i_a + Z_{bb}i_b = e_{gb} \end{array}\right\}$$

Y vectorialmente:

$$\left.\begin{array}{l} \overline{Z}_{aa}\overline{I}_a - \overline{Z}_{ab}\overline{I}_b = \overline{E}_a \\ -\overline{Z}_{ab}\overline{I}_b + \overline{Z}_{bb}\overline{I}_b = \overline{E}_b \end{array}\right\}$$

$$\overline{Z}_{aa} = R + jX_L = 2 + j2 \qquad \overline{Z}_{bb} = R - jX_C = 2 - j2 \qquad \overline{Z}_{ab} = Z_{ba} = R = 2$$

$$\overline{E}_a = \overline{U}_{RS} = 380\angle 0^{\circ} = 380 \qquad \overline{E}_b = \overline{U}_{ST} = 380\angle -120^{\circ} = -190 - j\sqrt{3}190$$

Y sustituyendo en las ecuaciones:

$$(2+j2)\overline{I}_a - 2\overline{I}_b = 380\angle 0^{\circ} = 380$$
$$-2\overline{I}_a + (2-j2)\overline{I}_b = 380\angle -120^{\circ} = -190 - j190\sqrt{3}$$

$$\overline{I}_a = \frac{\begin{vmatrix} 380 & -2 \\ -190 - j190\sqrt{3} & 2-j2 \end{vmatrix}}{\begin{vmatrix} 2+j2 & -2 \\ -2 & 2-j2 \end{vmatrix}} = \frac{380 - j1038{,}2}{4} = 95 - j354{,}5$$

$$\overline{I}_b = \frac{(2+j2)\overline{I}_a - 380}{2} = \frac{(2+j2)(95-j354{,}5)-380}{2} = 259{,}5 - j259{,}5$$

Intensidades de fase:

$$\overline{I}_R = \overline{I}_a = 95 - j354{,}5 = 367\angle -75^{\circ}$$
$$\overline{I}_T = -\overline{I}_b = -259{,}5 + j259{,}5 = 367\angle 135^{\circ}$$
$$\overline{I}_S = \overline{I}_b - \overline{I}_a = 259{,}5 - j259{,}5 - 95 + j354{,}5 = 164{,}5 + j95 = 190\angle 30^{\circ}$$

Obviamente $\overline{I}_R + \overline{I}_S + \overline{I}_T = 0$.

Tensiones de fase en la carga:

$$\overline{U}_{RN} = j2\overline{I}_R = j2(95 - j354{,}5) = 709 + j190 = 734\angle 15^{\circ}$$
$$\overline{U}_{SN} = 2\overline{I}_S = 2(164{,}5 + j95) = 329 + j190 = 380\angle 30^{\circ}$$
$$\overline{U}_{TN} = -j2\overline{I}_T = -j2(-259{,}5 + j259{,}5) = 519 + j519 = 734\angle 45^{\circ}$$

Se puede comprobar que:

$$\overline{U}_{RS} = \overline{U}_{RN} - \overline{U}_{SN} \approx 380\angle 30^{\circ}$$
$$\overline{U}_{ST} = \overline{U}_{SN} - \overline{U}_{TN} \approx 380\angle -90^{\circ}$$

Potencia activa y reactiva total del sistema:

$$\overline{S}_R = \overline{U}_{RN}\,\overline{I}_R^{\,*} = (709 + j190)(95 + j354{,}5) = 0 + j269390{,}5$$
$$\overline{S}_S = \overline{U}_{SN}\,\overline{I}_S^{\,*} = (329 + j190)(164{,}5 - j95) = 72170{,}5 + j0$$
$$\overline{S}_T = \overline{U}_{TN}\,\overline{I}_T^{\,*} = (519 + j519)(-259{,}5 - j259{,}5) = 0 - j269361$$
$$P = P_R + P_S + P_T = 0 + 72170{,}5 + 0 = 72170{,}5W$$
$$Q = Q_R + Q_S + Q_T = 269390{,}5 + 0 - 269361 \approx 0VAr$$
$$\text{pues: } \quad Q = 2*367^2 - 2*367^2 = 0$$

Se tiene el **diagrama vectorial**:

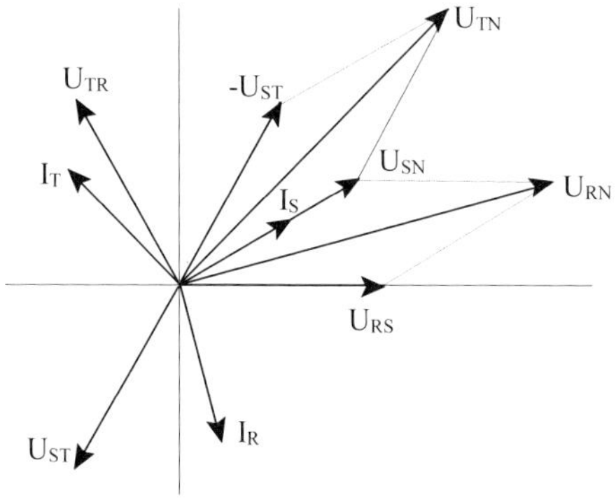

COMPONENTES SIMÉTRICAS

Se utilizan las ecuaciones

$$\begin{vmatrix} \overline{U}_0 \\ \overline{U}_1 \\ \overline{U}_2 \end{vmatrix} = \frac{1}{3} \begin{vmatrix} 1 & 1 & 1 \\ 1 & a & a^2 \\ 1 & a^2 & a \end{vmatrix} * \begin{vmatrix} \overline{U}_{RN} \\ \overline{U}_{SN} \\ \overline{U}_{TN} \end{vmatrix} \qquad \text{Siendo}: \begin{cases} a = 1\angle 120^o \\ a^2 = 1\angle -120^o \end{cases}$$

Aplicándola **a las tensiones de fase** se tendrá:

$$\overline{U}_0 = \frac{1}{3}\left(734\angle 15^o + 380\angle 30^o + 734\angle 45^o\right) = 600\angle 30^o$$

$$\overline{U}_1 = \frac{1}{3}\left(734\angle 15^o + 1\angle 120^o * 380\angle 30^o + 1\angle -120^o * 734\angle 45^o\right) = 220\angle -30^o$$

$$\overline{U}_2 = \frac{1}{3}\left(734\angle 15^o + 1\angle -120^o * 380\angle 30^o + 1\angle 120^o * 734\angle 45^o\right) = 0$$

Sistemas equilibrados de componentes:

S. Homopolar:

$$\overline{U}_{R0} = \overline{U}_{S0} = \overline{U}_{T0} = 600\angle 30^o$$

$$\text{S. Directo}: \begin{cases} \overline{U}_{R1} = 220\angle -30^o \\ \overline{U}_{S1} = 220\angle -150^o \\ \overline{U}_{T1} = 220\angle 90^o \end{cases}$$

Que se corresponden lógicamente con la tensión obtenida en el problema 6.26 entre los neutros por el teorema de Thevenin (para el sistema homopolar $\overline{U}_{N'N} = -\overline{U}_{NN'}$) y el sistema trifásico equilibrado de tensiones de fase de la alimentación para el sistema directo. Por ello la componente inversa es cero.

Representación gráfica:

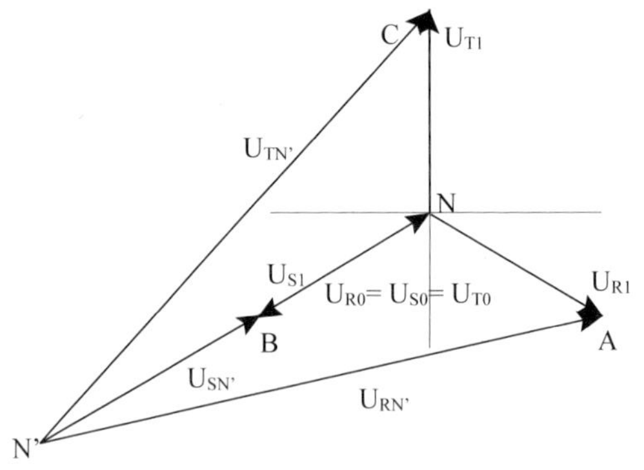

También puede comprobarse que los dos conjuntos de vectores en estrella: ($\overline{U}_{R1}, \overline{U}_{S1}, \overline{U}_{T1}$ con centro en N) y ($\overline{U}_{RN'}, \overline{U}_{SN'}, \overline{U}_{TN'}$ con centro en N=) tienen los mismos afijos A, B y C. Por ello poseen la misma componente directa y la misma componente inversa (que en este caso es cero). La componente homopolar es el vector que une los centros de las estrellas, es decir $\overline{N'N}$.

Aplicando las ecuaciones anteriores **a las intensidades** se tiene:

$$\overline{I}_0 = \frac{1}{3}\left(367\angle-75^o + 190\angle30^o + 367\angle135^o\right) = 0$$

$$\overline{I}_1 = \frac{1}{3}\left(367\angle-75^o + 1\angle120^o * 190\angle30^o + 1\angle-120^o * 367\angle135^o\right) = 109{,}7\angle-30^o$$

$$\overline{I}_2 = \frac{1}{3}\left(367\angle-75^o + 1\angle-120^o * 190\angle30^o + 1\angle120^o * 367\angle135^o\right) = 299{,}66\angle-90^o$$

Sistemas de intensidades:

$$\text{S. Directo: } \begin{cases} \overline{I}_{R1} = 109{,}7\angle-30^o \\ \overline{I}_{S1} = 109{,}7\angle-150^o \\ \overline{I}_{T1} = 109{,}7\angle+90^o \end{cases} \qquad \text{S. Inverso: } \begin{cases} \overline{I}_{R2} = 299{,}66\angle-90^o \\ \overline{I}_{S2} = 299{,}66\angle30^o \\ \overline{I}_{T2} = 299{,}66\angle150^o \end{cases}$$

Representación gráfica:

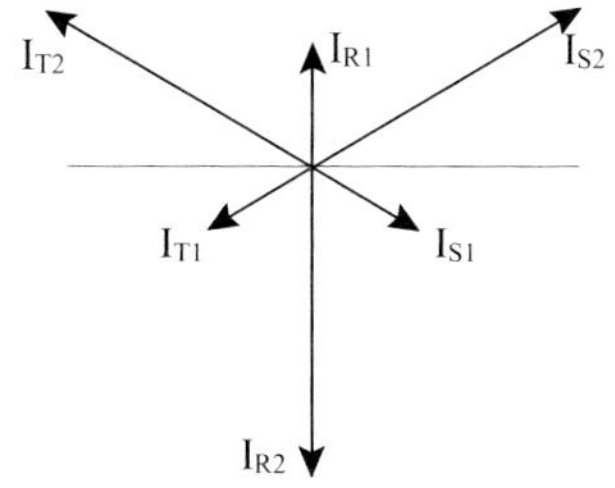

Cálculo de la potencia en función de las componentes simétricas:

$$\overline{S} = 3\left[\overline{U}_0 * \overline{I}_0^* + \overline{U}_1 * \overline{I}_1^* + \overline{U}_2 * \overline{I}_2^*\right] =$$
$$= 3\left[600\angle30^o * 0 + 220\angle-30^o * 109{,}7\angle30^o + 0 * 299{,}66\angle90^o\right] =$$
$$\approx 72170{,}5\angle0^o = 72170{,}5 + j0$$

$$P = 72170{,}5\,W \qquad Q = 0\,VAr$$

```
%PROGRAMA EN MATLAB

U=380; f=50; w=2*pi*f; R=2; C=1.6*10^-3; L=6.4*10^-3;
ER=U/sqrt(3)*exp(-i*pi/6); ES=ER*exp(-i*2*pi/3);  ET=ER*exp(i*2*pi/3);

% ANÁLISIS POR MALLAS
XL=L*w*i; XC=-i/(C*w);
```

```
Zaa=R+XL; Zbb=R+XC; % Impedancias propias de mallas
Zab=-R; Zba=Zab; % Impedancias mutuas de mallas
Z=[Zaa Zab;Zba Zbb]; Eg=[U;U*exp(-i*2*pi/3)];
% Cálculo de intensidades
I=inv(Z)*(Eg); Ia=I(1,1); Ib=I(2,1);
IR=Ia; IT=-Ib; IS=Ib-Ia;
% Tensiones de fase
UR=XL*IR; US=R*IS; UT=XC*IT;
% Potencias
SR=UR*conj(IR); SS=US*conj(IS); ST=UT*conj(IT);
P=real(SR+SS+ST); % Potencia activa
Q=imag(SR+SS+ST); % Potencia reactiva
%COMPONENTES SIMÉTRICAS
a=1*exp(i*2*pi/3);
% De las tensiones
U0=1/3*(UR+US+UT); % Componente básica homopolar
U0m=abs(U0); phiU0=angle(U0)*180/pi;
U1=1/3*(UR+a*US+a^2*UT); % Componente básica directa
U1m=abs(U1); phiU1=angle(U1)*180/pi;
U2=1/3*(UR+a^2*US+a*UT); % Componente básica inversa
U2m=abs(U2); phiU2=angle(U2)*180/pi;
% De las intensidades
I0=1/3*(IR+IS+IT); % Componente básica homopolar
I0m=abs(I0); phiI0=angle(I0)*180/pi;
I1=1/3*(IR+a*IS+a^2*IT); % Componente básica directa
I1m=abs(I1); phiI1=angle(I1)*180/pi;
I2=1/3*(IR+a^2*IS+a*IT); % Componente básica inversa
I2m=abs(I2); phiI2=angle(I2)*180/pi;
% Potencias en función de las comp. simétricas
S=3*(U0*conj(I0)+U1*conj(I1)+U2*conj(I2));
P1=real(S); % Potencia activa
Q1=imag(S); % Potencia reactiva
```

PROBLEMA 6.54

En el circuito de la figura se desprecia la impedancia interna del generador G, que genera una tensión trifásica equilibrada de 440V de valor eficaz de tensión de línea. El generador está conectado en estrella con el neutro puesto a tierra a través de una resistencia de 2Ω. La carga es puramente resistiva con el neutro conectado a tierra. Calcúlese:

a) Valor de R, sabiendo que la potencia total consumida en el circuito es 180Kw.

b) Cuánto consume la resistencia colocada en el hilo neutro de G.

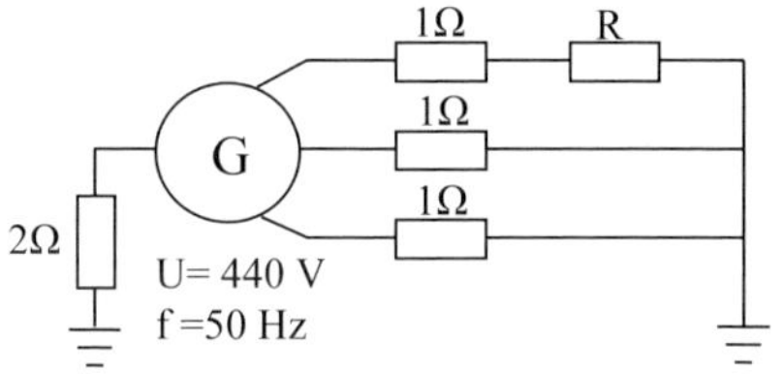

La tensiones de fase del generador, tomando como referencia la fase R, serán:

$$U_f = E = \frac{U}{\sqrt{3}} = \frac{440}{\sqrt{3}} = 254V \qquad \begin{cases} \overline{E}_R = 254\angle 0^{\circ} \\ \overline{E}_S = 254\angle -120^{\circ} \\ \overline{E}_T = 254\angle 120^{\circ} \end{cases}$$

Resolución por análisis de circuitos.

1) Aplicando el teorema de Millman para calcular la tensión entre los neutros N' y N de la carga y del generador.

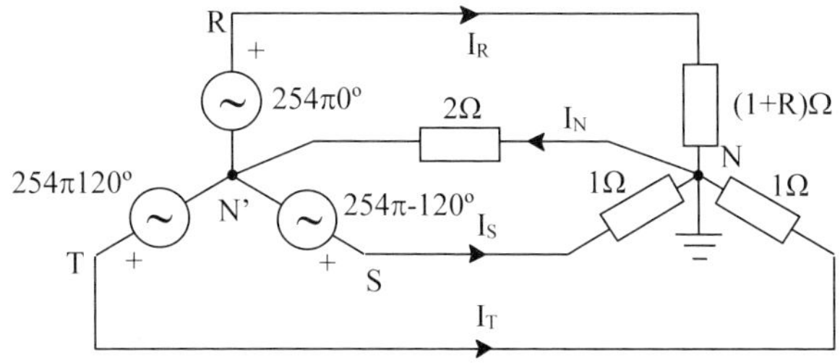

$$\overline{U}_{NN'} = \frac{\overline{Y}_R\overline{E}_R + \overline{Y}_S\overline{E}_S + \overline{Y}_T\overline{E}_T}{\overline{Y}_R + \overline{Y}_S + \overline{Y}_T + \overline{Y}_N} = \frac{\frac{1}{(1+R)}E\angle 0^o + 1E\angle -120^o + 1E\angle 120^o}{\frac{1}{1+R} + 1 + 1 + \frac{1}{2}} =$$

$$= \frac{\frac{E\angle 0^o + E\angle -120^o + U\angle 120^o + R\left(E\angle -120^o + E\angle 120^o\right)}{1+R}}{\frac{7+5R}{2(1+R)}} = -\frac{2RE\angle 0^o}{7+5R}$$

Cálculo de las tensiones de fase de la carga:

$$\overline{U}_R = \overline{E}_R - \overline{U}_{NN'} = 254\angle 0^o + \frac{2R}{7+5R}254\angle 0^o = \frac{7(1+R)}{7+5R}254\angle 0^o$$

$$\overline{U}_S = \overline{E}_S - \overline{U}_{NN'} = 254\angle -120^o + \frac{2R}{7+5R}254\angle 0^o = \left(-254\frac{1}{2} - j254\frac{\sqrt{3}}{2}\right) + \frac{2R}{7+5R}254 =$$

$$= \left(-\frac{7+R}{2(7+5R)} - j\frac{\sqrt{3}}{2}\right)254$$

$$\overline{U}_T = \overline{E}_T - \overline{U}_{NN'} = 254\angle 120^o + \frac{2R}{7+5R}254\angle 0^o = \left(-254\frac{1}{2} + j254\frac{\sqrt{3}}{2}\right) + \frac{2R}{7+5R}254 =$$

$$= \left(-\frac{7+R}{2(7+5R)} + j\frac{\sqrt{3}}{2}\right)254$$

Cálculo de las intensidades de línea y del neutro:

$$\overline{I}_R=\frac{\overline{U}_R}{1+R}=\frac{1}{1+R}\frac{7(1+R)}{7+5R}254\angle 0^o=\frac{7}{7+5R}254\angle 0^o$$

$$\overline{I}_S=\frac{\overline{U}_S}{1}=\left(-\frac{7+R}{2(7+5R)}-j\frac{\sqrt{3}}{2}\right)254=254\sqrt{\left(\frac{7+R}{2(7+5R)}\right)^2+\frac{3}{4}}\angle\varphi_S$$

$$\overline{I}_T=\frac{\overline{U}_T}{1}=\left(-\frac{7+R}{2(7+5R)}+j\frac{\sqrt{3}}{2}\right)254=254\sqrt{\left(\frac{7+R}{2(7+5R)}\right)^2+\frac{3}{4}}\angle\varphi_T$$

$$\overline{I}_N=\overline{I}_R+\overline{I}_S+\overline{I}_T=\frac{7}{7+5R}254-\frac{2(7+R)}{2(7+5R)}254=-\frac{R}{7+5R}254$$

Potencia consumida:

$$W=(1+R)I_R^2+1I_S^2+1I_T^2+2I_N^2=$$

$$=(1+R)\left(\frac{7}{7+5R}254\right)^2+2\left[\left(\frac{R+7}{2(7+5R)}\right)^2+\frac{3}{4}\right]254^2+\frac{2R^2}{(7+5R)^2}254^2=18*10^4$$

Se tiene una ecuación con una sola incógnita, la resistencia R. Operando:

$$\left.\begin{array}{l}98+98R+(R+7)^2+4R^2=\left(\dfrac{36*10^4}{254^2}-3\right)(7+5R)^2\\ 59{,}5R^2+68{,}6R-20{,}58=0\end{array}\right\}\quad R=0{,}247\Omega$$

Potencia consumida por la resistencia de 2Ω del neutro del generador:

$$P_N=2I_N^2=2\left(-\frac{R}{7+5R}254\right)^2=2\left(-\frac{0{,}247}{7+5*0{,}247}254\right)^2=116{,}8W$$

2) Resolución por el método de análisis de circuitos por mallas. Se identifican las tres mallas que se representan en la siguiente figura.

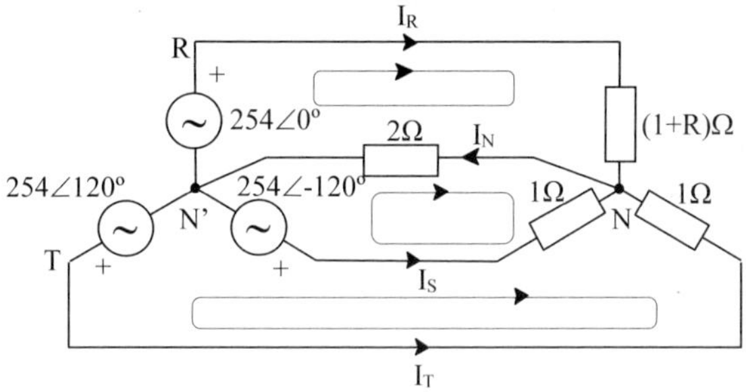

Se plantean las ecuaciones:

$$\left.\begin{array}{l} 254\angle 0^o = (1+R)\overline{I}_R + 2\overline{I}_N \\ 254\angle -120^o = 1\overline{I}_S + 2\overline{I}_N \\ 254\angle 120^o = 1\overline{I}_T + 2\overline{I}_N \\ \overline{I}_N = \overline{I}_R + \overline{I}_S + \overline{I}_T \\ (1+R)I_R^2 + 1I_S^2 + 1I_T^2 + 2I_N^2 = 18*10^4 \end{array}\right\} \quad \left\{\begin{array}{l} 254\angle 0^o = (R-1)\overline{I}_R - 2\overline{I}_S - 2\overline{I}_T \\ 254\angle -120^o = -2\overline{I}_R - 1\overline{I}_S - 2\overline{I}_T \\ 254\angle 120^o = -2\overline{I}_R - 2\overline{I}_S - 1\overline{I}_T \\ \sum R_n I_n^2 = 18*10^4 \end{array}\right.$$

Resolviéndolo se obtienen las mismas soluciones:

$$R = 0{,}247\Omega$$
$$P_N = 116{,}8\,W$$

PROBLEMA 6.55

En el circuito de la figura se desprecia la impedancia interna del generador G, que genera una tensión trifásica equilibrada de 440V de valor eficaz de tensión de línea. El generador está conectado en estrella con el neutro puesto a tierra a través de una resistencia de 2Ω. La carga es puramente resistiva con el neutro conectado a tierra. Haciendo uso de las componentes simétricas, calcúlese:
a) Valor de R, sabiendo que la potencia total consumida en el circuito es 180Kw.
b) Cuánto consume la resistencia colocada en el hilo neutro de G.

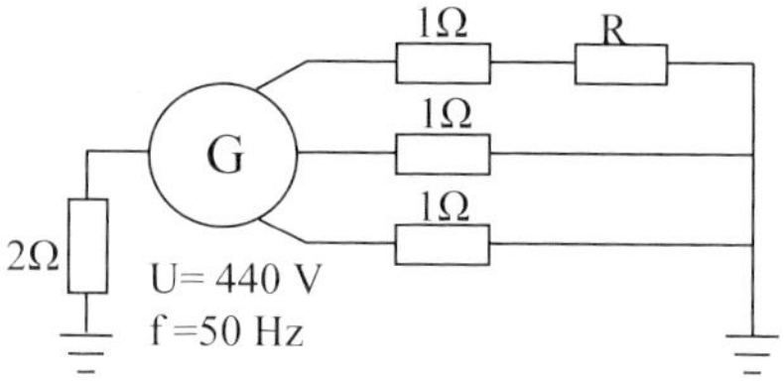

Resolución por medio de las componentes simétricas.

La tensiones de fase del generador, tomando como referencia la fase R, serán:

$$U_f = E = \frac{U}{\sqrt{3}} = \frac{440}{\sqrt{3}} = 254V \qquad \left\{\begin{array}{l} \overline{E}_R = 254\angle 0^o \\ \overline{E}_S = 254\angle -120^o \\ \overline{E}_T = 254\angle 120^o \end{array}\right.$$

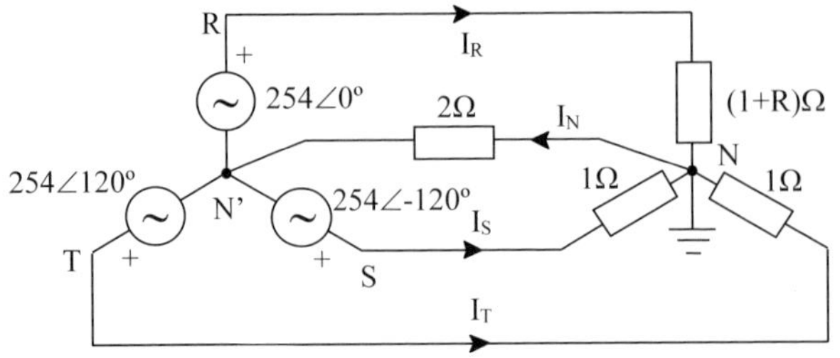

Por ser la carga trifásica desequilibrada sus tensiones de fase formarán un sistema desequilibrado de valores:

$$\overline{U}_R = U_R\angle\varphi_R \qquad \overline{U}_S = U_S\angle\varphi_S \qquad \overline{U}_T = U_T\angle\varphi_T$$

Se recuerdan algunos conceptos y propiedades de las componentes simétricas.

1) Todos los conjuntos de tres vectores que al representarlos en estrella en el plano complejo tengan sus extremos comunes (aun siendo distinto el centro de la estrella), tienen las mismas componentes directa e inversa.

Las tensiones de línea (compuestas) son las mismas para los dos sistemas de tensiones de fase y ambos tendrán la misma componente directa e inversa. Como el sistema de generación es equilibrado de secuencia directa y su componente inversa es nula, también será nula esta para las tensiones de fase de la carga.

2) En un sistema trifásico de vectores desequilibrados representados en estrella en el plano complejo, el vector que une el centro de la estrella con el baricentro del triángulo que forman sus extremos es la componente simétrica básica homopolar.

Si se dibujasen los dos sistemas de tensiones de fase, el de generación tendría su centro (tensión de N') en el baricentro del triángulo equilátero que formarían las tensiones de línea. El vector que une este punto con el centro de las tensiones de fase de la carga (N) será la componente homopolar. Se tienen las ecuaciones:

$$\left.\begin{aligned}\overline{U}_R &= \overline{U}_{R0} + \overline{U}_{R1} + \overline{U}_{R2}\\ \overline{U}_S &= \overline{U}_{R0} + a^2\overline{U}_{R1} + a\overline{U}_{R2}\\ \overline{U}_T &= \overline{U}_{R0} + a\overline{U}_{R1} + a^2\overline{U}_{R2}\end{aligned}\right\} \qquad \begin{cases} a = 1\angle 120^\circ \qquad a^2 = 1\angle -120^\circ \\ 1 + a + a^2 = 0\end{cases}$$

Según lo anterior:

$$\overline{U}_{R1} = \overline{E}_R = 254\angle 0^\circ \qquad \overline{U}_{R2} = 0 \qquad \overline{U}_{R0} = \overline{U}_{N'N} = -\overline{U}_{NN'}$$

Se plantean las ecuaciones:

$$\overline{U}_R = (1+R)\overline{I}_R \qquad \overline{U}_S = 1\overline{I}_S \qquad \overline{U}_T = 1\overline{I}_T$$

$$\overline{I}_N = 3\overline{I}_0$$

Y en función de las componentes simétricas de las corrientes de línea se tiene:

$$\overline{U}_R = 254\angle 0^o - \overline{U}_{NN'} = (1+R)\overline{I}_R = (1+R)(\overline{I}_0 + \overline{I}_1 + \overline{I}_2)$$
$$\overline{U}_S = 254\angle -120^o - \overline{U}_{NN'} = 1\overline{I}_S = (\overline{I}_0 + a^2\overline{I}_1 + a\overline{I}_2)$$
$$\overline{U}_S = 254\angle +120^o - \overline{U}_{NN'} = 1\overline{I}_S = (\overline{I}_0 + a\overline{I}_1 + a^2\overline{I}_2)$$
$$\overline{U}_{NN'} = 2\overline{I}_N = 6\overline{I}_0$$

Ordenando:

$$254\angle 0^o = (1+R)(\overline{I}_0 + \overline{I}_1 + \overline{I}_2) + 6\overline{I}_0 = (7+R)\overline{I}_0 + (1+R)\overline{I}_1 + (1+R)\overline{I}_2$$
$$254\angle -120^o = (\overline{I}_0 + a^2\overline{I}_1 + a\overline{I}_2) + 6\overline{I}_0 = 7\overline{I}_0 + a^2\overline{I}_1 + a\overline{I}_2$$
$$254\angle +120^o = (\overline{I}_0 + a\overline{I}_1 + a^2\overline{I}_2) + 6\overline{I}_0 = 7\overline{I}_0 + a\overline{I}_1 + a^2\overline{I}_2$$

Multiplicando la segunda y la tercera ecuación por (1+R) y sumando:

$$254\angle 0^o = (7+R)\overline{I}_0 + (1+R)\overline{I}_1 + (1+R)\overline{I}_2$$
$$(1+R)254\angle -120^o = (1+R)7\overline{I}_0 + (1+R)a^2\overline{I}_1 + (1+R)a\overline{I}_2$$
$$\underline{(1+R)254\angle +120^o = (1+R)7\overline{I}_0 + (1+R)a\overline{I}_1 + (1+R)a^2\overline{I}_2}$$
$$-R\,254\angle 0^o = 3(7+5R)\overline{I}_0$$

Se tiene:

$$\overline{I}_0 = -\frac{R254\angle 0^o}{3(7+5R)} = -\frac{R254}{3(7+5R)} \qquad \overline{I}_N = -\frac{R254}{(7+5R)} \qquad \overline{U}_{NN'} = -2\frac{R254}{(7+5R)}$$

Diagrama vectorial con representación de las tensiones de línea, tensiones de fase en el generador, en la carga y tensión entre los neutros:

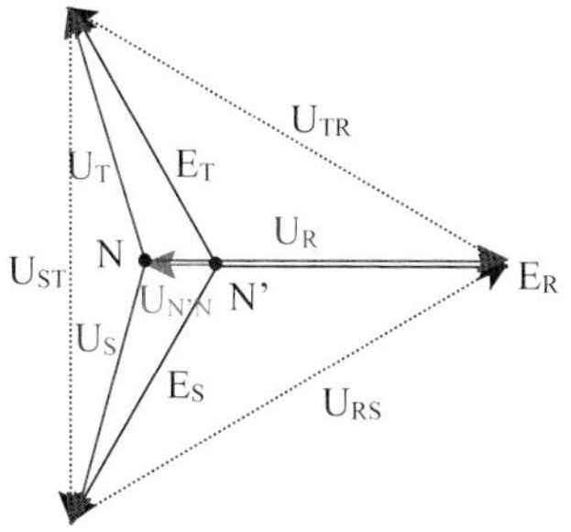

Multiplicando la segunda ecuación por a(1+R) y la tercera por a^2 (1+R) y sumando:

$$254\angle 0^o = (7+R)\overline{I}_0 + (1+R)\overline{I}_1 + (1+R)\overline{I}_2$$
$$a(1+R)254\angle -120^o = a(1+R)7\overline{I}_0 + (1+R)\overline{I}_1 + a^2(1+R)\overline{I}_2$$
$$\underline{a^2(1+R)254\angle +120^o = a^2(1+R)7\overline{I}_0 + (1+R)\overline{I}_1 + a(1+R)\overline{I}_2}$$
$$(3+2R)254\angle 0^o = -6R\overline{I}_0 + 3(1+R)\overline{I}_1$$

$$(3+2R)254-\frac{2R^2 254}{(7+5R)}=3(1+R)\bar{I}_1 \qquad \boxed{\bar{I}_1=254\frac{8R^2+29R+21}{3(7+5R)(1+R)}}$$

Multiplicando la segunda ecuación por $a^2(1+R)$ y la tercera por $a(1+R)$ y sumando:

$$\begin{aligned}
&254\angle 0^\circ=(7+R)\bar{I}_0+(1+R)\bar{I}_1+(1+R)\bar{I}_2\\
&a^2(1+R)254\angle -120^\circ=a^2(1+R)7\bar{I}_0+a(1+R)\bar{I}_1+(1+R)\bar{I}_2\\
&\underline{a(1+R)254\angle +120^\circ=a(1+R)7\bar{I}_0+a^2(1+R)\bar{I}_1+(1+R)\bar{I}_2}\\
&R254\angle 180^\circ=-6R\bar{I}_0+3(1+R)\bar{I}_2
\end{aligned}$$

$$-R254-\frac{2R^2 254}{(7+5R)}=3(1+R)\bar{I}_2 \qquad \boxed{\bar{I}_2=-254\frac{7R}{3(7+5R)}}$$

NOTA. Puede comprobarse que los datos de las componentes simétricas de las intensidades concuerdan con los obtenidos para las intensidades de fase calculados en el problema 6.54.

$$\begin{aligned}
\bar{I}_R&=\bar{I}_0+\bar{I}_1+\bar{I}_2=-254\frac{R}{3(7+5R)}+254\frac{8R^2+29R+21}{3(7+5R)(1+R)}-254\frac{7R}{3(7+5R)}=\\
&=254\frac{R}{3(7+5R)}\left[-8R+\frac{8R^2+29R+21}{(1+R)}\right]=254\frac{R}{3(7+5R)}\frac{21(1+R)}{(1+R)}=\\
&=\frac{7R}{(7+5R)}254
\end{aligned}$$

Se recuerda la expresión del cálculo de la potencia activa en función de las componentes simétricas.

$$P=3\,\mathrm{Re}\left\{\bar{U}_0\bar{I}_0^*+\bar{U}_1\bar{I}_1^*+\bar{U}_2\bar{I}_2^*\right\}$$

Toda la potencia consumida es suministrada por el generador y como este solo tiene componente directa de tensiones se tendrá el balance:

$$\begin{aligned}
&P=3\,\mathrm{Re}\left\{0\bar{I}_0^*+\bar{U}_{RN}\bar{I}_1^*+0*\bar{I}_2^*\right\}=3*254^2\frac{8R^2+29R+21}{15R^2+36R+21}=18*10^4\\
&8R^2+29R+21=\frac{6*10^4}{254^2}\left(15R^2+36R+21\right)\\
&-5{,}95R^2-4{,}48R+1{,}469=0 R=0{,}247\Omega
\end{aligned}$$

Para la potencia consumida por la resistencia del neutro del generador se tiene:

$$P_N = 2I_N^2 = 2*(3I_0^2) = 18*\left(\frac{254R}{3(7+5R)}\right)^2 = 116{,}082W$$

PROBLEMA 6.56

En el circuito de la figura se desprecia la impedancia interna de los tres generadores. Las fuerzas electromotrices $\overline{E}_R$, $\overline{E}_S$ y $\overline{E}_T$ forman un sistema directo con 120º de desfase entre ellas, pero presentan un ligero desequilibrio en los módulos: $E_R = 90V$, $E_S = 100V$, $E_T = 100V$. Debido a la carga trifásica a la que están conectados, las intensidades que circulan por el circuito forman un sistema equilibrado de secuencia directa. Calcúlese:

a) La impedancia Z de la carga en la fase T.
b) El potencial del neutro del receptor respecto a tierra.
c) La potencia activa disipada por el circuito.
d) La potencia activa si el neutro del receptor se pone a tierra.

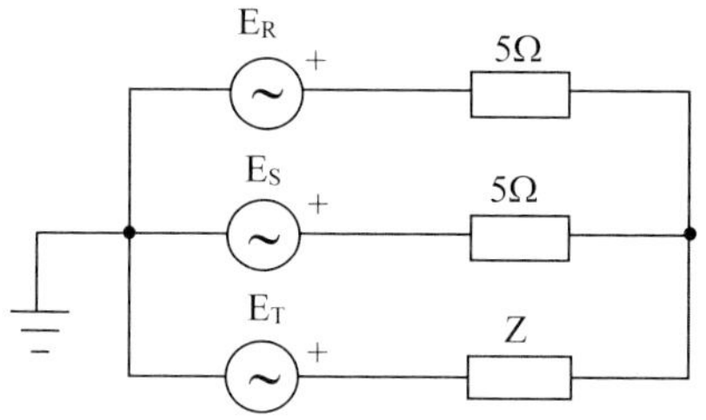

Tensiones de fase del generador, tomando como referencia la fase R:

$$\begin{cases} \overline{E}_R = 90\angle 0^{\circ} \\ \overline{E}_S = 100\angle -120^{\circ} \\ \overline{E}_T = 100\angle 120^{\circ} \end{cases}$$

Se considera el circuito:

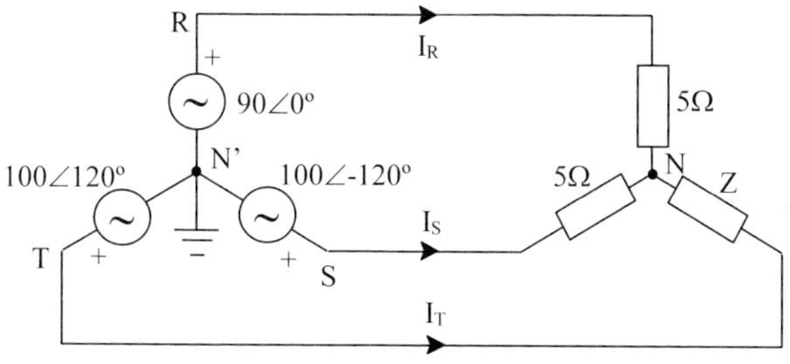

Resolución por componentes simétricas:

Componentes simétricas básicas de las tensiones de alimentación

$$\begin{bmatrix}\overline{U}_0\\ \overline{U}_1\\ \overline{U}_2\end{bmatrix}=\frac{1}{3}\begin{bmatrix}1 & 1 & 1\\ 1 & a & a^2\\ 1 & a^2 & a\end{bmatrix}\begin{bmatrix}\overline{E}_R\\ \overline{E}_S\\ \overline{E}_T\end{bmatrix}=\frac{1}{3}\begin{bmatrix}1 & 1 & 1\\ 1 & 1\angle 120^o & 1\angle -120^o\\ 1 & 1\angle -120^o & 1\angle 120^o\end{bmatrix}\begin{bmatrix}90\angle 0^o\\ 100\angle -120^o\\ 100\angle 120^o\end{bmatrix}$$

$$\overline{U}_0=\frac{1}{3}\left(90\angle 0^o+100\angle -120^o+100\angle 120^o\right)=\frac{1}{3}\left(10\angle -120^o+10\angle 120^o\right)=-\frac{10}{3}\angle 0^o$$

$$\overline{U}_1=\frac{1}{3}\left(90\angle 0^o+1\angle 120^o*100\angle -120^o+1\angle -120^o*100\angle 120^o\right)=\frac{1}{3}290\angle 0^o$$

$$\overline{U}_2=\frac{1}{3}\left(90\angle 0^o+1\angle -120^o*100\angle -120^o+1\angle 120^o*100\angle 120^o\right)=-\frac{10}{3}\angle 0^o$$

Las tensiones de fase de la carga trifásica tienen las mismas tensiones de línea que las del generador y tendrán las mismas componentes simétricas directa e inversa. La componente homopolar no se conoce pues no se sabe a qué tensión está el neutro N'.

$$\overline{U}_1^{'}=\frac{1}{3}290\angle 0^o \qquad \overline{U}_2^{'}=-\frac{10}{3}\angle 0^o \qquad \overline{U}_0^{'}=?$$

Las intensidades de fase forman un sistema equilibrado de secuencia directa, siendo por lo tanto nulos los sistemas inverso y homopolar, es decir: $\overline{I}_R=\overline{I}_1$, $\overline{I}_S=\overline{I}_1\angle -120^o$ e $\overline{I}_T=\overline{I}_1\angle 120^o$. Se plantean las ecuaciones:

$$\overline{U}_R=5\overline{I}_R=5\overline{I}_1 \qquad \overline{U}_S=5\overline{I}_S=5\overline{I}_1\angle -120^o$$

$$\overline{U}_T=\overline{Z}\,\overline{I}_T=\overline{Z}\,\overline{I}_1\angle -120^o \qquad \overline{I}_R+\overline{I}_S+\overline{I}_T=0$$

$$\overline{U}_R=90\angle 0^o-\overline{U}_{NN'}=5\overline{I}_R=5\overline{I}_1$$

$$\overline{U}_S=100\angle -120^o-\overline{U}_{NN'}=5\overline{I}_S=5\overline{I}_1\angle -120^o$$

$$\overline{U}_T=100\angle 120^o-\overline{U}_{NN'}=\overline{Z}\,\overline{I}_{T1}=\overline{Z}\,\overline{I}_1\angle 120^o$$

Restando la segunda ecuación de la primera:

$$90\angle 0^o-\overline{U}_{NN'}=5\overline{I}_1$$

$$100\angle 60^o+\overline{U}_{NN'}=5\overline{I}_1\angle 60^o$$

$$90+50+j\sqrt{3}\,50=\sqrt{3}\,5\overline{I}_1\angle 30^o=\sqrt{3}\,5I_1\angle\varphi+30^o$$

$$I_1\angle\varphi+30^o=\frac{140+j\sqrt{3}50}{\sqrt{3}\,5}=19\angle 31{,}74 \qquad \varphi=1{,}74^o \qquad \overline{I}_1=19\angle 1{,}74^o$$

$$U_{NN'}=90-5\overline{I}_1=90-5*19\angle 1{,}74^o=-4{,}9562-j2{,}8854=-5{,}7735\angle 30^o$$

O bien multiplicando la segunda ecuación por $1\angle 120^o$ y restándosela a la primera:

$$\left.\begin{array}{l} 90\angle 0^o = \overline{U}_{NN'} + 5\overline{I}_1 \\ -100\angle 0^o = -\overline{U}_{NN'}\angle 120^o - 5\overline{I}_1 \\ \hline -10 = \sqrt{3}\,\overline{U}_{NN'}\angle -30^o \end{array}\right\} \quad \overline{U}_{NN'} = \frac{-10}{\sqrt{3}\angle -30^o} = -5{,}7735\angle 30^o V$$

Se comprueba que:

$$\overline{I}_1 = \frac{90\angle 0^o - \overline{U}_{NN'}}{5} = \frac{90 + 5{,}7735\angle 30^o}{5} = \frac{94{,}999851 + j2{,}88675}{5} = 19\angle 1{,}74^o$$

Multiplicando la segunda ecuación por a, la tercera por a^2 y sumando:

$$\left.\begin{array}{l} 90\angle 0^o - \overline{U}_{NN'} = 5\overline{I}_1 \\ a100\angle -120^o - a\overline{U}_{NN'} = a5\overline{I}_1\angle -120^o \\ a^2 100\angle +120^o - a^2\overline{U}_{NN'} = a^2\overline{Z}\overline{I}_1\angle 120^o \\ \hline 290\angle 0^o = \left(10 + \overline{Z}\right)\overline{I}_1\angle 0^o \end{array}\right\}$$

$$\overline{Z} = \frac{290}{\overline{I}_1} - 10 = 15{,}263\angle 1{,}74^o - 10 = 5{,}25 - j0{,}4634 = 5{,}27\angle -5{,}05^o$$

Potencia activa del sistema. Como la única componente de la intensidad es la de secuencia directa, se tiene:

$$P = 3\,\mathrm{Re}\left\{\overline{U}_0\overline{I}_0^* + \overline{U}_1\overline{I}_1^* + \overline{U}_2\overline{I}_2^*\right\} = 3\,\mathrm{Re}\left\{0 + \overline{U}_1\overline{I}_1^* + 0\right\} = 3\left\{\frac{290\angle 0^o}{3}19\angle -1{,}74^o\right\} =$$

$$= 290 * 19 * \cos 1{,}74^o = 5510W$$

O bien:

$$P = 5I_1^2 + 5I_1^2 + 5{,}256 I_1^2 = 15{,}256 I_1^2 = 15{,}256 * 19^2 =$$
$$= 5510W$$

Si el **neutro de la carga estuviese conectado a tierra** las tensiones de fase de la carga y del generador serían iguales y puede estudiarse cada fase por separado:

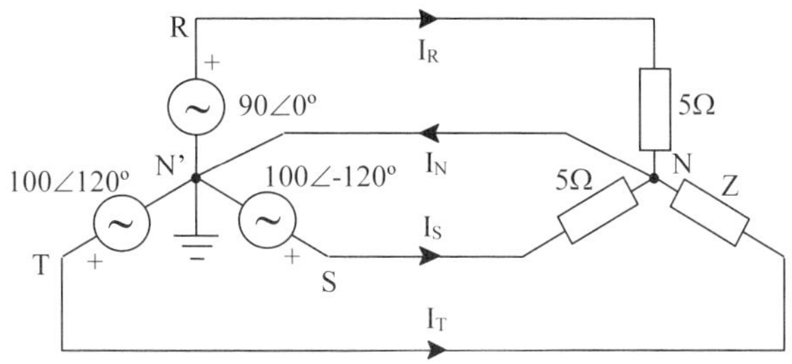

$$\overline{I}_R = \frac{\overline{E}_R}{5} = \frac{90\angle 0^\circ}{5} = 18\angle 0^\circ$$

$$\overline{I}_S = \frac{\overline{E}_S}{5} = \frac{100\angle -120^\circ}{5} = 20\angle -120^\circ$$

$$\overline{I}_T = \frac{\overline{E}_T}{\overline{Z}} = \frac{100\angle 120^\circ}{5{,}276\angle -5{,}036^\circ} = 18{,}977\angle 125{,}05^\circ$$

$$\overline{I}_N = \overline{I}_R + \overline{I}_S + \overline{I}_T = 18 - 10 - j10\sqrt{3} + 18{,}977\cos(125{,}05^\circ) +$$
$$+ j18{,}977\mathrm{sen}(125{,}05^\circ) = -2{,}897 - j1{,}78 = 3{,}4\angle -148{,}4^\circ$$

Y la potencia consumida en este caso:

$$P = \mathrm{Re}\left\{\overline{E}_R\overline{I}_R^* + \overline{E}_S\overline{I}_S^* + \overline{E}_T\overline{I}_T^*\right\} =$$
$$= \mathrm{Re}\left\{90\angle 0^\circ * 18\angle 0^\circ + 100\angle -120^\circ * 20\angle 120^\circ + 100\angle 120^\circ * 18{,}954\angle -125{,}036^\circ\right\}$$
$$= 90*18 + 100*20 + 100*18{,}954\cos 5{,}036^\circ = 5510W$$

```
% PROGRAMA EN MATLAB

ER=90+0*i; ES=-100/2-sqrt(3)*100/2*i; ET=-100/2+sqrt(3)*100/2*i; % Tensiones
de fase de la alimentación
% Componentes simétricas de las tensiones de fase de la alimentación
a=-0.5+0.866*i; a2=-0.5-0.866*i;
U0=1/3*(ER+ES+ET); % Componente básica homopolar
U0A=abs(U0);
phiU0=angle(U0)*180/pi;
U1=1/3*(ER+a*ES+a2*ET); % Componente básica directa
U1A=abs(U1);
phiU1=angle(U1)*180/pi;
U2=1/3*(ER+a2*ES+a*ET); % Componente básica inversa
U2A=abs(U2);
phiU2=angle(U2)*180/pi;
% b) Potencial del neutro de la carga respecto a tierra
Eg=[ER;ES];
ZM=[1 5;1 -5/2-5*sqrt(3)/2*i];
A=(inv(ZM)*(Eg));
UNN=A(1);
UNNA=abs(UNN);
phiUNN=angle(UNN)*180/pi;
I1=A(2);
I1A=abs(I1);
phiI1=angle(I1)*180/pi;
% a) Impedancia Z
Z=290/I1-10;
ZA=abs(Z);
phiZ=angle(Z)*180/pi;
% c) Potencia activa disipada por el circuito
P=3*real(U1*conj(I1));
% d) Con el neutro conectado a tierra
IR=ER/5;
IRA=abs(IR);
phiIR=angle(IR)*180/pi;
IS=ES/5;
ISA=abs(IS);
phiIS=angle(IS)*180/pi;
```

```
IT=ET/Z;
ITA=abs(IT);
phiIT=angle(IT)*180/pi;
IN=IR+IS+IT;
P1=real(ER*conj(IR)+ES*conj(IS)+ET*conj(IT));
```

PROBLEMA 6.57

Un generador trifásico G está desarrollando una fuerza electromotriz directa de valor U (entre fases) y alimenta una carga desequilibrada conectada en estrella, que presenta las siguientes impedancias: Fase 1: Impedancia $\overline{Z}$; Fase 2: Impedancia R_1; Fase 3: Impedancia R_2.

a) Determinar $\overline{Z}$ en función de R_1 y R_2 para que G solo suministre corriente directa.

b)Suponiendo cumplida la condición anterior, calcular la potencia activa consumida en la carga en el caso particular siguiente:

U = 380V; X_S (de G) = 11,55Ω; R_1 = 10Ω; R_2 = 30Ω;

a) Según lo indicado, se tiene el circuito de la figura, con los sistemas de alimentación e intensidades siguientes:

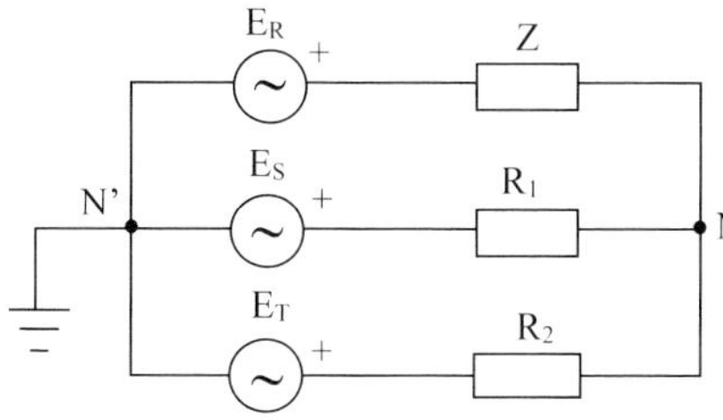

$$\begin{cases} \overline{E}_R = E\angle 0^o \\ \overline{E}_S = E\angle -120^o \\ \overline{E}_T = E\angle 120^o \end{cases} \qquad \begin{cases} \overline{I}_R = \overline{I}_1 \\ \overline{I}_S = \overline{I}_1\angle -120^o \\ \overline{I}_T = \overline{I}_1\angle 120^o \end{cases}$$

Se plantean las ecuaciones:

$$E\angle 0^o - \overline{U}_{NN'} = \overline{Z}\overline{I}_R = \overline{Z}\overline{I}_1$$
$$E\angle -120^o - \overline{U}_{NN'} = R_1\overline{I}_S = R_1\overline{I}_1\angle -120^o$$
$$E\angle 120^o - \overline{U}_{NN'} = R_2\overline{I}_T = R_2\overline{I}_1\angle 120^o$$

Multiplicando la segunda ecuación por **a**, la tercera por $\mathbf{a^2}$ y sumando las tres, se tiene:

$$E\angle 0^o - \overline{U}_{NN'} = \overline{Z}\overline{I}_1$$
$$a^2E\angle -120^o - a^2\overline{U}_{NN'} = a^2R_1\overline{I}_1\angle -120^o$$
$$aE\angle 120^o - a\overline{U}_{NN'} = aR_2\overline{I}_1\angle 120^o$$
$$0 - 0 = \overline{Z}\overline{I}_1 + aR_1\overline{I}_1 + a^2R_2\overline{I}_1 = \left(\overline{Z} + aR_1 + a^2R_2\right)\overline{I}_1$$

Puesto que $I_1 \neq 0$, se deduce que:

$$\overline{Z} + aR_1 + a^2R_2 = 0 \quad \text{y} \quad \boxed{\overline{Z} = -aR_1 - a^2R_2 = R_1\angle -60^o + R_2\angle 60^o}$$

b) Cálculo de la potencia activa consumida en la carga en el caso particular siguiente:
U=380V X_S de G: 11,55Ω R₁ = 10Ω R₂ = 30Ω.

$$U_f = E = \frac{380}{\sqrt{3}} = 220V$$

$$\overline{Z} = 10\angle-60^\circ + 30\angle60^\circ = 5 - j5\sqrt{3} + 15 + j15\sqrt{3} = 20 + j10\sqrt{3} = 26{,}46\angle40{,}89^\circ$$

Las impedancias de cada línea (incluyendo la reactancia del generador) son:

$$\overline{Z}_R = \overline{Z} + jX_S = 20 + j10\sqrt{3} + j11{,}55 = 20 + j28{,}87 = 35{,}12\angle55{,}29^\circ$$

$$\overline{Z}_S = 10 + jX_S = 10 + j11{,}55 = 15{,}28\angle49{,}11^\circ$$

$$\overline{Z}_T = 30 + jX_S = 30 + j11{,}55 = 32{,}15\angle21{,}06^\circ$$

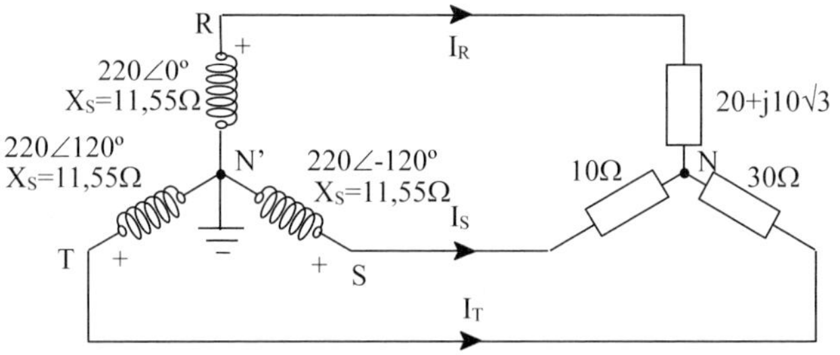

1) Por el teorema de Millman se calcula la tensión $\overline{U}_{NN'}$ entre los neutros.

$$\overline{U}_{NN'} = \frac{\frac{1}{\overline{Z}_R}\overline{E}_R + \frac{1}{\overline{Z}_S}\overline{E}_S + \frac{1}{\overline{Z}_T}\overline{E}_T}{\frac{1}{\overline{Z}_R} + \frac{1}{\overline{Z}_S} + \frac{1}{\overline{Z}_T}} = \frac{220\left(\frac{1\angle0^\circ}{35{,}12\angle55{,}29^\circ} + \frac{1\angle-120^\circ}{15{,}28\angle49{,}11^\circ} + \frac{1\angle120^\circ}{32{,}15\angle21{,}06^\circ}\right)}{\left(\frac{1}{35{,}12\angle55{,}29^\circ} + \frac{1}{15{,}28\angle49{,}11^\circ} + \frac{1}{32{,}15\angle21{,}06^\circ}\right)} =$$

$$= \frac{220(0{,}02847\angle-55{,}29^\circ + 0{,}06544\angle-169{,}11^\circ + 0{,}0311\angle98{,}94^\circ)}{(0{,}02847\angle-55{,}29^\circ + 0{,}06544\angle-49{,}11^\circ + 0{,}0311\angle-21{,}06^\circ)} = \frac{220(-0{,}053 - j0{,}005)}{0{,}088 - j0{,}084} =$$

$$= \frac{11{,}713\angle-174{,}56^\circ}{0{,}1216\angle-43{,}66^\circ} = 96\angle-130{,}9^\circ$$

Y las tensiones de fase de la carga:

$$\overline{U}_R = \overline{E}_R - \overline{U}_{NN'} = 220\angle0^\circ - 96\angle-130{,}9^\circ = 282{,}86 + j72{,}57 =$$
$$= 292{,}02\angle14{,}4^\circ$$

$$\overline{U}_S = \overline{E}_S - \overline{U}_{NN'} = 220\angle-120^\circ - 96\angle-130{,}9^\circ = -47{,}14 - j117{,}96 =$$
$$= 127{,}02\angle-111{,}78^\circ$$

$$\overline{U}_T = \overline{E}_T - \overline{U}_{NN'} = 220\angle120^\circ - 96\angle-130{,}9^\circ = -47{,}14 + j263{,}1 =$$
$$= 267{,}24\angle100{,}16^\circ$$

Cálculo de intensidades de línea:

$$\overline{I}_R=\frac{\overline{U}_R}{\overline{Z}_R}=\frac{292{,}02\angle 14{,}4^o}{35{,}12\angle 55{,}29^o}=8{,}31\angle -40{,}9^o$$
$$\overline{I}_S=\frac{\overline{U}_S}{\overline{Z}_S}=\frac{127{,}02\angle -111{,}78^o}{15{,}28\angle 49{,}11^o}=8{,}31\angle -160{,}9^o$$
$$\overline{I}_T=\frac{\overline{U}_T}{\overline{Z}_T}=\frac{267{,}24\angle 100{,}16^o}{32{,}15\angle 21{,}06^o}=8{,}31\angle 79{,}1^o$$

Cálculo de la potencia activa:

$$P=\text{Re}\left\{\overline{U}_R\overline{I}_R^{*}+\overline{U}_S\overline{I}_S^{*}+\overline{U}_T\overline{I}_T^{*}\right\}=$$
$$=292{,}02*8{,}31\cos 55{,}29^o+127{,}02*8{,}31\cos 49{,}11^o+267{,}24*8{,}31\cos 21{,}06^o=$$
$$=4148W$$

2) Aplicando componentes simétricas. Por ser un sistema a tres hilos la corriente de neutro es cero y por lo tanto también será cero la componente homopolar $(\overline{I}_0=0)$. Además, como se especifica que solo existe corriente directa, $\overline{I}_2=0$. Se tiene:

$$\overline{I}_R=\overline{I}_1 \qquad \overline{I}_S=a^2\overline{I}_1 \qquad \overline{I}_T=a\overline{I}_1 \qquad \overline{I}_0=\overline{I}_2=0$$
$$220\angle 0^o-\overline{U}_{NN'}=\overline{Z}_R\overline{I}_R=\overline{Z}_R\overline{I}_1$$
$$220\angle -120^o-\overline{U}_{NN'}=\overline{Z}_S\overline{I}_S=\overline{Z}_S a^2\overline{I}_1$$
$$220\angle 120^o-\overline{U}_{NN'}=\overline{Z}_T\overline{I}_T=\overline{Z}_T a\overline{I}_1$$

Multiplicando la primera ecuación por **a**, la segunda por **a²** y sumando:

$$220\angle 0^o-\overline{U}_{NN'}=\overline{Z}_R\overline{I}_1$$
$$a220\angle -120^o-a\overline{U}_{NN'}=a\overline{Z}_S a^2\overline{I}_1$$
$$a^2 220\angle 120^o-a^2\overline{U}_{NN'}=a^2\overline{Z}_T\, a\overline{I}_1$$
$$3*220\angle 0^o=\left(\overline{Z}_R+\overline{Z}_S+\overline{Z}_T\right)\overline{I}_1=\overline{Z}_C\overline{I}_1$$

Operando:

$$\overline{Z}_C=\overline{Z}_R+\overline{Z}_S+\overline{Z}_T=20+j28{,}87+10+j11{,}55+30+j11{,}55=60+j51{,}97=79{,}38\angle 40{,}9^o$$
$$\overline{I}_1=\frac{660}{\overline{Z}_C}=\frac{660}{79{,}38\angle 40{,}9^o}=8{,}31\angle -40{,}9^o$$

Cálculo de la potencia activa

$$P=3\,\text{Re}\left\{\overline{U}_0\overline{I}_0^{*}+\overline{U}_1\overline{I}_1^{*}+\overline{U}_2\overline{I}_2^{*}\right\}=$$
$$=3\,\left\{0+220*8{,}31\cos 40{,}9^o+0\right\}=4148W$$

Como puede observarse, los resultados obtenidos por los dos métodos son iguales.

```
% PROGRAMA EN MATLAB

ER=220+0*i; ES=-220/2-sqrt(3)*220/2*i; ET=-220/2+sqrt(3)*220/2*i; % Tensiones
de fase de la alimentación
Z=10*(cos(-60*pi/180)+sin(-60*pi/180)*i)+30*(cos(60*pi/180)+sin(60*pi/180)*i);
Xs=11.55*i; R1=10; R2=30;
ZR=Z+Xs;
ZS=R1+Xs;
ZT=R2+Xs;

% 1) Aplicando el teorema de Millman
UNN=(ER/ZR+ES/ZS+ET/ZT)/(1/ZR+1/ZS+1/ZT);
UNNA=abs(UNN);
phiUNN=angle(UNN)*180/pi;
URN=ER-UNN;
URNA=abs(URN);
phiURN=angle(URN)*180/pi;
USN=ES-UNN;
USNA=abs(USN);
phiUSN=angle(USN)*180/pi;
UTN=ET-UNN;
UTNA=abs(UTN);
phiUTN=angle(UTN)*180/pi;
IR=URN/ZR;
IRA=abs(IR);
phiIR=angle(IR)*180/pi;
IS=USN/ZS;
ISA=abs(IS);
phiIS=angle(IS)*180/pi;
IT=UTN/ZT;
ITA=abs(IT);
phiIT=angle(IT)*180/pi;
P=real(URN*conj(IR)+USN*conj(IS)+UTN*conj(IT));

% 2) Por componentes simétricas (cálculos auxiliares)
a=-0.5+0.866*i; a2=-0.5-0.866*i;
ZC=ZR+ZS+ZT;
I1=660/ZC;
I1A=abs(I1);
phiI1=angle(I1)*180/pi;
U1=ER;
P1=3*real(0+U1*conj(I1)+0)
```

PROBLEMA 6.58

Una carga trifásica desequilibrada se conecta a un generador también desequilibrado con neutro aislado como se indica en la figura, siendo los valores de las tensiones de línea y de las cargas los siguientes:

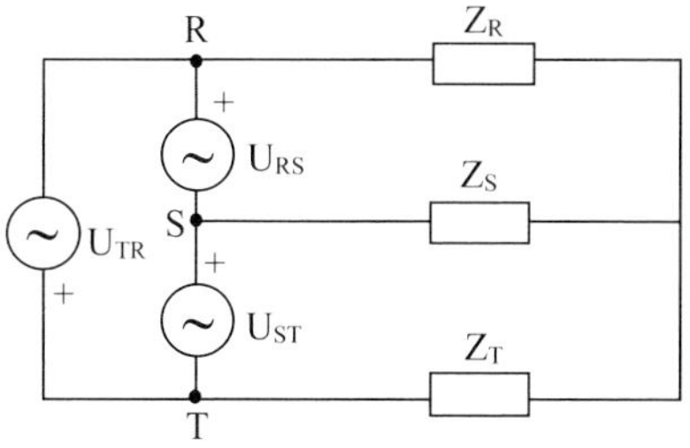

$$\begin{cases} U_{RS} = 130V \\ U_{ST} = 130V \\ U_{TR} = 110V \end{cases} \qquad \begin{cases} \overline{Z}_R = 8 - j2 \\ \overline{Z}_S = 2 + j0{,}25 \\ \overline{Z}_T = 5 + j1{,}5 \end{cases}$$

a) Calcúlese el valor de la impedancia $\overline{Z}$ que habría que conectar en serie con $\overline{Z}_S$ de modo que las corrientes entregadas por la red formen un sistema equilibrado de secuencia directa.
b) Cálculo de la potencia activa absorbida por las cargas.

Solo se conocen los valores de los módulos de las tensiones de línea, pero estas deben formar vectorialmente una línea poligonal cerrada (un triángulo). Se toma U_{RS} como referencia, con ángulo 0º y la secuencia R, S, T. Como $U_{RS} = U_{ST} = 130V$ el triángulo será isóceles.

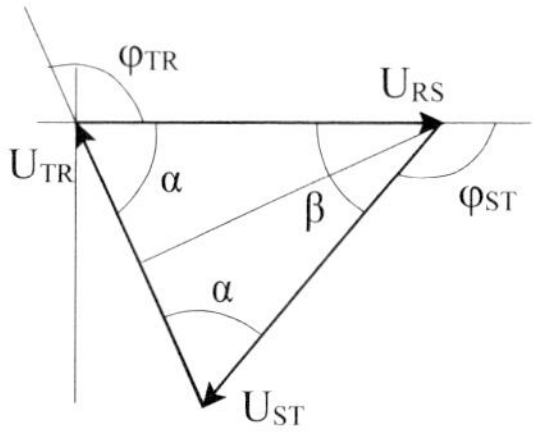

$$\cos\alpha = \frac{U_{TR}/2}{U_{ST}} = \frac{U_{TR}}{2U_{ST}} = \frac{110}{260} = 0{,}423$$

$$\alpha = 65^o \qquad \beta = 180^o - 2\alpha = 50^o$$

$$\varphi_{ST} = -180^o + \beta = -130^o$$

$$\varphi_{TR} = 180^o - \alpha = 115^o$$

Así pues se tiene el sistema vectorial:

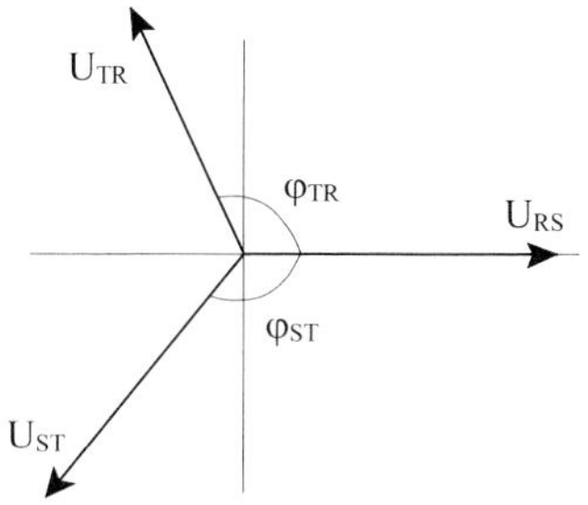

$$\begin{cases} \overline{U}_{RS} = 130\angle 0^o V \\ \overline{U}_{ST} = 130\angle -130^o V \\ \overline{U}_{TR} = 110\angle 115^o V \end{cases}$$

Análisis por mallas del circuito. Para facilitar los cálculos se considera el siguiente esquema que es igual que el anterior pero la impedancia $\overline{Z}$ solo va a aparecer en la ecuación de la malla b.

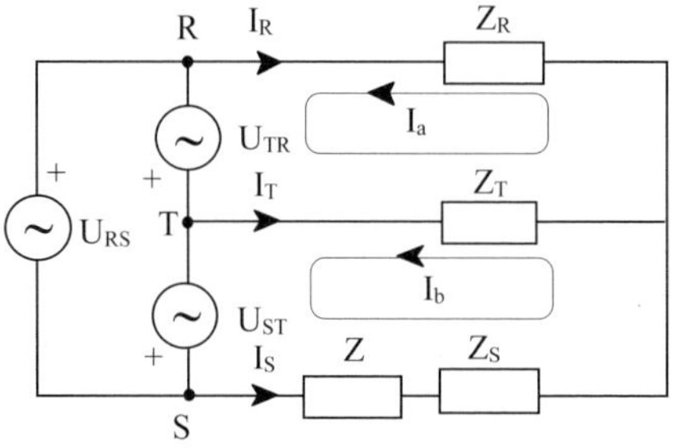

$$\overline{Z}_{aa}\overline{I}_a - \overline{Z}_{ab}\overline{I}_b = \overline{E}_{ga}$$
$$-\overline{Z}_{ba}\overline{I}_a + \overline{Z}_{bb}\overline{I}_b = \overline{E}_{gb}$$
$$\overline{I}_a = -\overline{I}_R \qquad \overline{I}_b = \overline{I}_S$$

Las intensidades de línea forman un sistema trifásico equilibrado de secuencia directa y serán:

$$\overline{I}_R = I\angle\varphi_R \qquad \overline{I}_S = I\angle\varphi_S = \overline{I}_R\angle-120^o \qquad \overline{I}_T = I\angle\varphi_T = \overline{I}_R\angle 120^o$$

Se plantean las ecuaciones de las dos mallas:

$$\overline{U}_{TR} = -\left(\overline{Z}_R + \overline{Z}_T\right)\overline{I}_R - \overline{Z}_T\overline{I}_S = -\left(\overline{Z}_R + \overline{Z}_T + \overline{Z}_T\angle-120^o\right)\overline{I}_R$$
$$\overline{U}_{ST} = \left(\overline{Z} + \overline{Z}_S + \overline{Z}_T\right)\overline{I}_S + \overline{Z}_T\overline{I}_R = \left(\overline{Z} + \overline{Z}_S + \overline{Z}_T\right)\overline{I}_R\angle-120^o + \overline{Z}_T\overline{I}_R$$

De la primera ecuación:

$$\overline{I}_R = -\frac{\overline{U}_{TR}}{\overline{Z}_R + \overline{Z}_T + \overline{Z}_T\angle-120^o} = \frac{110\angle-65^o}{\overline{Z}_R + \overline{Z}_T\angle-60^o} = \frac{110\angle-65^o}{8 - j2 + 3{,}8 - j3{,}58} =$$
$$= \frac{110\angle-65^o}{13{,}05\angle-25{,}8^o} = 8{,}43\angle-39{,}7^o$$

Y con la segunda ecuación:

$$\overline{U}_{ST} = \left[\left(\overline{Z} + \overline{Z}_S + \overline{Z}_T\right)\angle-120^o + \overline{Z}_T\right]\overline{I}_R$$
$$\overline{Z} = \frac{\overline{U}_{ST}\angle 120^o}{\overline{I}_R} - \overline{Z}_S - \left(\overline{Z}_T + \overline{Z}_T\angle+120^o\right) = \frac{U_{ST}\angle-10^o}{\overline{I}_R} - \overline{Z}_S - \overline{Z}_T\angle+60^o =$$
$$= 15{,}42\angle 29{,}7^o - 2 - j0{,}25 - 1{,}2 - j5{,}08 = 10{,}19 + j2{,}31$$

La impedancia a conectar en la fase S será: $\overline{Z} = 10{,}19 + j2{,}31$

Valores de las intensidades de línea:

$$\overline{I}_R = 8{,}43\angle-39{,}7^o \overline{I}_S = 8{,}43\angle-159{,}7^o \overline{I}_T = 8{,}43\angle 80{,}3^o$$

Potencia consumida por el sistema:

$$P = \sum R_n I_n^2 = \left(R_R + R_S + R_T\right)I^2 = \left(8 + 12{,}19 + 5\right)8{,}43^2 = 1790W$$

Análisis de las componentes simétricas:

Componentes simétricas de las tensiones de línea:

$$\begin{bmatrix} \overline{U}_0 \\ \overline{U}_1 \\ \overline{U}_2 \end{bmatrix} = \frac{1}{3}\begin{bmatrix} 1 & 1 & 1 \\ 1 & a & a^2 \\ 1 & a^2 & a \end{bmatrix}\begin{bmatrix} \overline{U}_{RS} \\ \overline{U}_{ST} \\ \overline{U}_{TR} \end{bmatrix} = \frac{1}{3}\begin{bmatrix} 1 & 1 & 1 \\ 1 & 1\angle 120^o & 1\angle -120^o \\ 1 & 1\angle -120^o & 1\angle 120^o \end{bmatrix}\begin{bmatrix} 130\angle 0^o \\ 130\angle -130^o \\ 110\angle 115^o \end{bmatrix}$$

La componente homopolar $\overline{U}_0$ es nula, pues las tensiones de línea carecen de ella.

$$\overline{U}_1 = \frac{1}{3}\left(130\angle 0^o + 1\angle 120^o * 130\angle -130^o + 1\angle -120^o * 110\angle 115^o\right) =$$
$$= 122{,}54 - j10{,}7 = 123\angle -5^o$$
$$\overline{U}_2 = \frac{1}{3}\left(130\angle 0^o + 1\angle -120^o * 130\angle -130^o + 1\angle 120^o * 110\angle 115^o\right) =$$
$$= 7{,}46 + j10{,}66 = 13\angle 55^o$$

Para las componentes simétricas de las tensiones de fase se tienen las relaciones:

$$\overline{U}_{f1} = \frac{\overline{U}_1}{\sqrt{3}}\angle -30^o = \frac{123\angle -35^o}{\sqrt{3}} = 71{,}02\angle -35^o$$
$$\overline{U}_{f2} = \frac{\overline{U}_2}{\sqrt{3}}\angle 30^o = \frac{13{,}04\angle 85^o}{\sqrt{3}} = 7{,}51\angle 85^o$$

Solo proporcionará potencia el sistema de secuencia directa, pues es el único que existe para las intensidades, donde: $\overline{I}_1 = \overline{I}_R$

$$P = 3\,\mathrm{Re}\left\{\overline{U}_{f0}\overline{I}_0^* + \overline{U}_{f1}\overline{I}_1^* + \overline{U}_{f2}\overline{I}_2^*\right\} = 3\mathrm{Re}\left\{\overline{U}_{f0}0 + \overline{U}_{f1}\overline{I}_R^* + \overline{U}_{f2}0\right\} =$$
$$= 3\left\{71{,}02\angle -35^o * 8{,}43\angle 39{,}7^o\right\} = 3 * 71{,}02 * 8{,}43 * \cos 4{,}7^o = 1790W$$

```
% PROGRAMA EN MATLAB

URSM=130; USTM=130; UTRM=110; ZR=8-2*i; ZS=2+0.25*i; ZT=5+1.5*i;
a=-0.5+0.866*i; a2=-0.5-0.866*i;
alfa=acos(UTRM/(2*USTM))*180/pi;
beta=180-2*alfa;
phiST=-180+beta;
phiTR=180-alfa;
URS=URSM+0*i; % Tensión URS
UST=USTM*(cos(phiST*pi/180)+sin(phiST*pi/180)*i); % Tensión UST
UTR=UTRM*(cos(phiTR*pi/180)+sin(phiTR*pi/180)*i); % Tensión UTR
IR=-UTR/(ZR+ZT+a2*ZT); % Intensidad de fase (igual también a la componente
básica directa)
IRA=abs(IR);
```

```
phiIR=angle(IR)*180/pi;
Z=(a*UST/IR)-ZS-ZT-a*ZT; % Impedancia Z
ZA=abs(Z);
phiZ=angle(Z)*180/pi;
P=(real(ZR)+real(ZS)+real(Z)+real(ZT))*IRA^2; % Potencia activa disipada por
el circuito

% Componentes simétricas de las tensiones de alimentación
U1=1/3*(URS+a*UST+a2*UTR); % Componente básica directa de la tensión de línea
U1A=abs(U1);
phiU1=angle(U1)*180/pi;
U2=1/3*(URS+a2*UST+a*UTR); % Componente básica inversa
U2A=abs(U2);
phiU2=angle(U2)*180/pi;
U1F=U1/sqrt(3)*(cos(-30*pi/180)+(sin(-30*pi/180)*i)); % Componente directa de
la tensión de fase
U1FA=abs(U1F);
phiU1F=angle(U1F)*180/pi;
U2F=U2/sqrt(3)*(cos(30*pi/180)+(sin(30*pi/180)*i)); % Componente inversa de la
tensión de fase
U2FA=abs(U2F);
phiU2F=angle(U2F)*180/pi;
P=3*real(U1F*conj(IR)); % Potencia activa disipada por el circuito
```

PROBLEMA 6.59

En el circuito de la figura se representa un sistema trifásico formado por un generador ideal alimentando una carga equilibrada (de impedancia $Z\angle\varphi$ por fase) en la conexión estrella-estrella. Las fems del generador presentan un ligero desequilibrio, de forma que cuando el interruptor S está cerrado, el amperímetro registra una lectura de 2A. Se sabe que el sistema de las tres fems tiene una componente homopolar de 10V. Calcúlese:

a) El módulo Z de la carga.

b) La diferencia de potencial que aparece entre N y N' cuando se abre S.

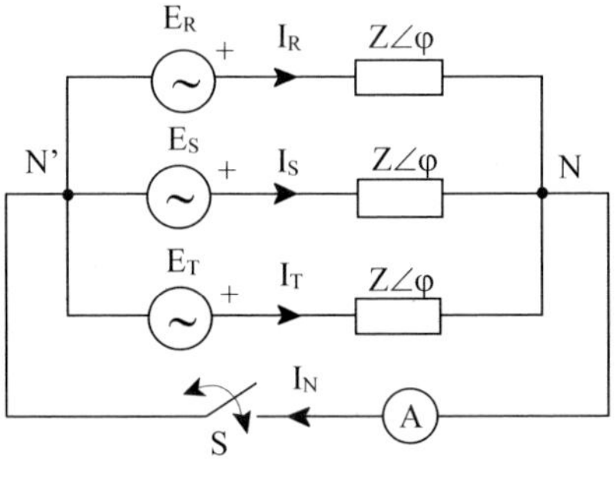

a) Con el neutro conectado. Los potenciales de N y N' son iguales y aun cuando las cargas sean equilibradas, al no serlo las tensiones las intensidades tampoco formarán un sistema equilibrado. Se tendrá:

$$\overline{I}_R + \overline{I}_S + \overline{I}_T = \overline{I}_N \neq 0 \qquad \overline{U}_{NN'} = 0$$

La descomposición del conjunto de intensidades en sus tres sistemas equilibrados: homopolar (0), directo (1) e inverso (2) da:

$$\overline{I}_{R0} = \overline{I}_{S0} = \overline{I}_{T0} = \overline{I}_0 \angle \varphi_0 \qquad \begin{cases} \overline{I}_{R1} = \overline{I}_1 = I_1 \angle \varphi_1 \\ \overline{I}_{S1} = \overline{I}_1 \angle -120^o \\ \overline{I}_{T1} = \overline{I}_1 \angle 120^o \end{cases} \qquad \begin{cases} \overline{I}_{R2} = \overline{I}_2 = I_2 \angle \varphi_2 \\ \overline{I}_{S2} = \overline{I}_2 \angle 120^o \\ \overline{I}_{T2} = \overline{I}_2 \angle -120^o \end{cases}$$

En los sistemas directo e inverso las sumas de las intensidades de las tres fases es cero. Por el contrario, las corrientes del sistema homopolar están en fase en las tres líneas y la suma de las tres es igual a la corriente que retorna por el neutro. Se tiene:

$$\overline{I}_N = \overline{I}_{R0} + \overline{I}_{S0} + \overline{I}_{T0} = 3\overline{I}_0 = 3I_0 \angle \varphi_0$$

$$I_N = 3I_0 = 3\frac{U_0}{Z} \qquad Z = \frac{3U_0}{I_N} = \frac{3*10}{2} = 15\Omega$$

b) Con el neutro desconectado. Siendo las cargas equilibradas, si el sistema de tensiones fuese equilibrado los potenciales de los neutros N' y N serían iguales. En este caso estarán a distinto potencial. Se recuerda que **en un sistema trifásico de vectores desequilibrados representados en estrella en el plano complejo, el vector que une el centro de la estrella con el baricentro del triángulo que forman sus extremos es la componente simétrica básica homopolar**.

En este caso N sería el baricentro del triángulo de los extremos de las tensiones de fase de la carga (cuyos lados son las tensiones de línea) y el vector $\overline{N'N}$ sería la tensión entre los neutros y la componente homopolar.

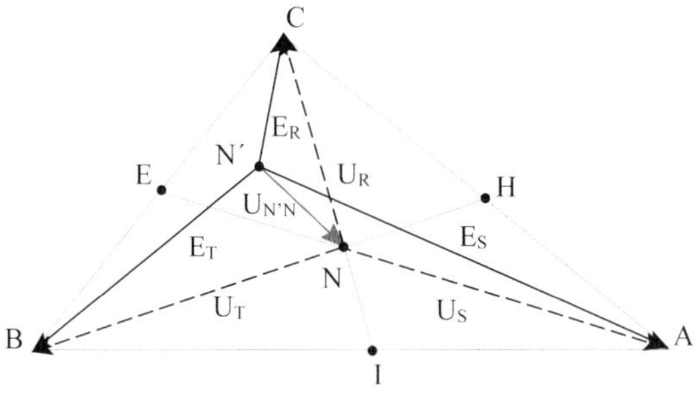

$$\overline{U}_0 = \overline{U}_{N'N} = 10V$$

PROBLEMA 6.60

El circuito pasivo CP de la figura está alimentado por un sistema trifásico equilibrado de tensiones, de secuencia directa, de 380V de tensión de línea. Las lecturas de los vatímetros son W_1=11318W y W_2= 4478W. Calcúlese:

a) La potencia activa y reactiva, consumida por el circuito, así como las intensidades de línea y el factor de potencia.
b) Si se produce un cortocircuito entre la fase S y el neutro, haciendo uso de las componentes simétricas calcúlense las nuevas potencias activa y reactiva y las intensidades de línea.

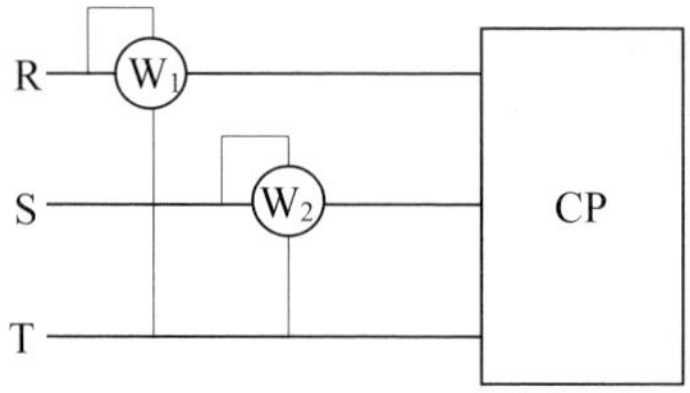

Fig. 1

a) Tomando $\overline{U}_R = 220\angle 0^o$ como referencia:

$$\left.\begin{aligned} P &= W_1 + W_2 = 11318 + 4478 = 15796 \\ Q &= \sqrt{3}(W_1 - W_2) = 11847 \end{aligned}\right\} \quad \tan\varphi = \frac{Q}{P} = \frac{11847}{15796} = 0{,}75$$

$$\varphi = 36{,}87^o \qquad \cos\varphi = 0{,}8 \qquad \mathrm{sen}\varphi = 0{,}6$$

$$P = \sqrt{3}\, U I \cos\varphi = \sqrt{3}\ 380\, I\ 0{,}8 \qquad I = \frac{15796}{\sqrt{3}\ 380 * 0{,}8} = 30A$$

$$\overline{I}_R = 30\angle -36{,}87^o \qquad \overline{I}_S = 30\angle -156{,}87^o \qquad \overline{I}_T = 30\angle 83{,}13^o$$

Considerando la carga conectada en estrella se tiene:

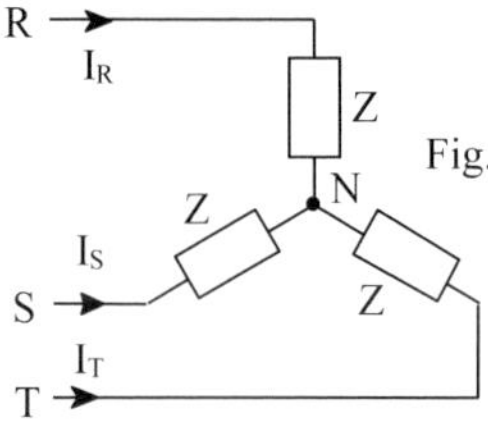

Fig. 2

$$\overline{Z} = \frac{\overline{U}_R}{\overline{I}_R} = \frac{220\angle 0^o}{30\angle -36{,}87^o} = 7{,}33\angle 36{,}87^o$$

b) Si se produce un cortocircuito entre la fase S y el neutro se tendrá el circuito siguiente con el sistema de tensiones de alimentación:

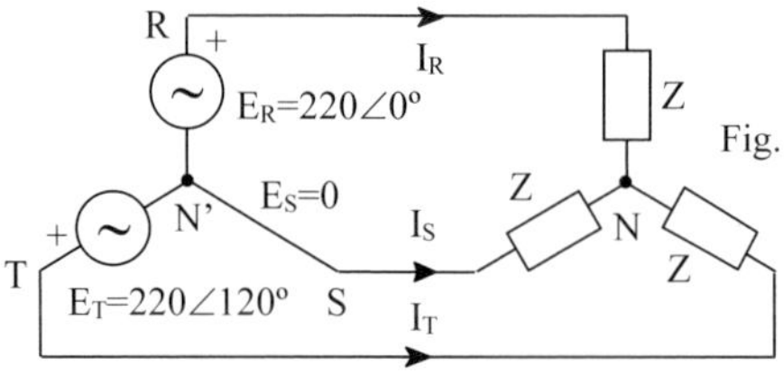

Fig. 3

$$\overline{E}_R = 220\angle 0^o$$
$$\overline{U}_S = 0$$
$$\overline{E}_T = 220\angle 120^o$$

Cálculo de las componentes simétricas de las tensiones de fase de la alimentación:

Ecuaciones de cálculo de las componentes simétricas:

$$\begin{vmatrix} \overline{U}_0 \\ \overline{U}_1 \\ \overline{U}_2 \end{vmatrix} = \frac{1}{3} \begin{vmatrix} 1 & 1 & 1 \\ 1 & a & a^2 \\ 1 & a^2 & a \end{vmatrix} * \begin{vmatrix} \overline{E}_R \\ \overline{E}_S \\ \overline{E}_T \end{vmatrix} = \frac{1}{3} \begin{vmatrix} 1 & 1 & 1 \\ 1 & 1\angle 120^o & 1\angle -120^o \\ 1 & 1\angle -120^o & 1\angle 120^o \end{vmatrix} * \begin{vmatrix} 220\angle 0^o \\ 0 \\ 220\angle 120^o \end{vmatrix} =$$

$$= \frac{1}{3} \begin{vmatrix} 220\angle 60^o \\ 440\angle 0^o \\ 220\angle -60^o \end{vmatrix} \qquad \begin{cases} \overline{U}_0 = 73{,}33\angle 60^o \\ \overline{U}_1 = 146{,}7\angle 0^o \\ \overline{U}_2 = 73{,}33\angle -60^o \end{cases}$$

$$\text{S. Directo:} \begin{cases} \overline{U}_{R1} = 146{,}7\angle 0^o \\ \overline{U}_{S1} = 146{,}7\angle -120^o \\ \overline{U}_{T1} = 146{,}7\angle 120^o \end{cases} \qquad \text{S. Inverso:} \begin{cases} \overline{U}_{R2} = 73{,}33\angle -60^o \\ \overline{U}_{S2} = 73{,}33\angle 60^o \\ \overline{U}_{T2} = 73{,}33\angle 180^o \end{cases}$$

$$\text{S. Homopolar:} \quad \overline{U}_{R0} = \overline{U}_{S0} = \overline{U}_{T0} = 73{,}33\angle 60^o$$

Componentes simétricas de las intensidades de línea:

$$\overline{I}_1 = \frac{\overline{U}_1}{\overline{Z}} = \frac{146{,}7\angle 0^o}{7{,}33\angle 36{,}87^o} = 20\angle -36{,}87^o A \qquad \overline{I}_2 = \frac{\overline{U}_2}{\overline{Z}} = \frac{73{,}33\angle -60^o}{7{,}33\angle 36{,}87^o} = 10\angle -96{,}87^o A$$

Los sistemas de intensidades serán:

$$\text{S. Directo:} \begin{cases} \overline{I}_{R1} = 20\angle -36{,}87^o \\ \overline{I}_{S1} = 20\angle -156{,}87^o \\ \overline{I}_{T1} = 20\angle 83{,}13^o \end{cases} \qquad \text{S. Inverso:} \begin{cases} \overline{I}_{R2} = 10\angle -96{,}87^o \\ \overline{I}_{S2} = 10\angle 23{,}13^o \\ \overline{I}_{T2} = 10\angle 143{,}13^o \end{cases}$$

La impedancia homopolar es infinita y por lo tanto la intensidad homopolar es cero.

Potencias:

En función de las componentes simétricas:

$$\overline{S} = 3\left(\overline{U}_0\ \overline{I}_0^* + \overline{U}_1\ \overline{I}_1^* + \overline{U}_2\ \overline{I}_2^*\right) = 3\left(\overline{U}_0 * 0 + 146{,}7\angle 0^o * 20\angle 36{,}87^o + 73{,}33\angle -60^o * 10\angle 96{,}87^o\right) =$$

$$= 11000\angle 36{,}87^o = 11000 * 0{,}8 + j11000 * 0{,}6 = 8800 + j6600$$

$$P = 8800W \qquad Q = 6600VAr$$

Directamente, sin considerar las componentes simétricas. Aplicando el método de análisis por mallas al circuito de la figura 3, se tiene:

$$\left.\begin{array}{l} 2\overline{Z}\,\overline{I}_R + \overline{Z}\,\overline{I}_T = 220\angle 0^{o} \\ \overline{Z}\,\overline{I}_R + 2\overline{Z}\,\overline{I}_T = 220\angle 120^{o} \end{array}\right\} \quad \left.\begin{array}{l} 2*7{,}33\angle 36{,}87^{o}\,\overline{I}_R + 7{,}33\angle 36{,}87^{o}\,\overline{I}_T = 220\angle 0^{o} \\ 7{,}33\angle 36{,}87^{o}\,\overline{I}_R + 2*7{,}33\angle 36{,}87^{o}\,\overline{I}_T = 220\angle 120^{o} \end{array}\right\}$$

Resolviendo:

$$\overline{I}_R = 26{,}46\angle -55{,}97^{o} \qquad \overline{I}_T = 26{,}46\angle 102{,}23^{o}$$

$$\overline{I}_S = -\overline{I}_R - \overline{I}_T = 10{,}04\angle -156{,}85^{o}$$

Cálculo de las potencias:

$$P = \left(I_R^2 + I_S^2 + I_T^2\right)Z * \cos 36{,}87^{o} = 8800W$$

$$Q = \left(I_R^2 + I_S^2 + I_T^2\right)Z * \mathrm{sen}36{,}87^{o} = 6600W$$

PROBLEMA 6.61

A una línea trifásica equilibrada de tensión de línea U se conectan tres consumos trifásicos equilibrados de carácter inductivo: 1) Carga de 40 Kw con $\cos\varphi_1$=0,84; 2) Carga de 60 Kw con $\cos\varphi_2$=0,82; 3) Carga de la que se desconoce su potencia y factor de potencia. Las lecturas de los vatímetros W_1 y W_2 son, respectivamente, 92200W y 38300W, y la lectura del amperímetro A_1 es 73A. Calcúlense:

a) Tensión U e intensidad I (lectura de amperímetro A) de línea.

b) Características de la carga 3 (potencia, factor de potencia e intensidad).

c) Valor de los condensadores a poner en triángulo para que el factor de potencia del conjunto sea 0,95.

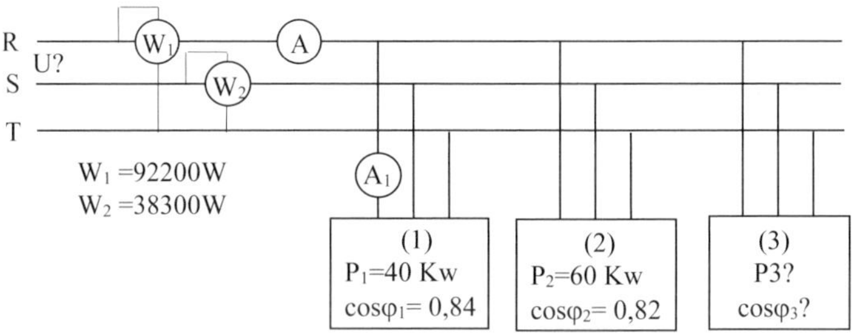

Carga 1) de 40 Kw

$$\cos\varphi_1 = 0{,}84 \qquad \mathrm{sen}\varphi_1 = 0{,}543 \qquad \varphi_1 = 32{,}86^{o}$$

$$P_1 = 40000W = \sqrt{3}\,U\,I_1\cos\varphi_1 \qquad I_1 = 73\,A$$

$$U = \frac{40000}{\sqrt{3}*73*0{,}84} = 376{,}63V \qquad U_f = \frac{U_1}{\sqrt{3}} = \frac{367{,}9}{\sqrt{3}} = 217{,}45V$$

Carga 2) de 60 Kw

$$\cos\varphi_2 = 0{,}82 \qquad \operatorname{sen}\varphi_2 = 0{,}572 \qquad \varphi_1 = 34{,}92^o$$

$$P_2 = 60000W = \sqrt{3}\,U\,I_2\cos\varphi_2 \qquad U = 376{,}63V$$

$$I_2 = \frac{60000}{\sqrt{3}*376{,}63*0{,}82} = 112{,}17V$$

Para el conjunto de las tres cargas se tiene:

$$\left.\begin{array}{l} P = W_1 + W_2 = 130500W \\ Q = \sqrt{3}\left(W_1 - W_2\right) = 93354{,}8VA \end{array}\right\} \quad \tan\varphi = \frac{Q}{P} = 0{,}715 \qquad \varphi = 35{,}58^o \qquad \cos\varphi = 0{,}813$$

$$I = \frac{P}{\sqrt{3}*U*\cos\varphi} = \frac{130500}{\sqrt{3}*376{,}63*0{,}813} = 246{,}07\,A$$

Tomando como referencia la tensión de fase $\overline{U}_R$ con ángulo de fase inicial cero, se tiene:

$$\overline{I} = 246{,}07\angle -35{,}58^o = I\,\mathbf{cos}\varphi - jI\,\operatorname{sen}\varphi = 200{,}13 - j143{,}17$$

$$\overline{I}_1 = 73\angle -32{,}86^o = I_1\,\mathbf{cos}\varphi_1 - jI_1\,\operatorname{sen}\varphi_1 = 61{,}32 - j39{,}61$$

$$\overline{I}_2 = 112{,}17\angle -34{,}92^o = I_2\,\mathbf{cos}\varphi_2 - jI_2\,\operatorname{sen}\varphi_2 = 91{,}97 - j64{,}21$$

Carga 3)

$$P_3 = P - \left(P_1 + P_2\right) = 130500 - \left(40000 + 60000\right) = 30500W$$

$$\overline{I}_3 = \overline{I} - \overline{I}_1 - \overline{I}_2 = 46{,}84 - j39{,}35 = 61{,}17\angle -40{,}03^o$$

$$\cos\varphi_3 = \frac{47{,}94}{64{,}8} = 0{,}766 \qquad \operatorname{sen}\varphi_3 = 0{,}643 \qquad \tan\varphi_3 = 084 \qquad \varphi_3 = 40{,}03^o$$

Comprobación:

$$P_3 = \sqrt{3}\,U\,I_3\cos\varphi_3 = \sqrt{3}\,376{,}63*61{,}17*0{,}766 = 30500W$$

Compensación del factor de potencia

$$P = 130500W \qquad Q = 93354{,}8VA$$

$$\cos\varphi_N = 0{,}95 \qquad \tan\varphi_N = 0{,}329$$

$$Q_C = Q - P\tan\varphi_N =$$

$$= 93354{,}8 - 130500*0{,}329 = 50420{,}3VAr$$

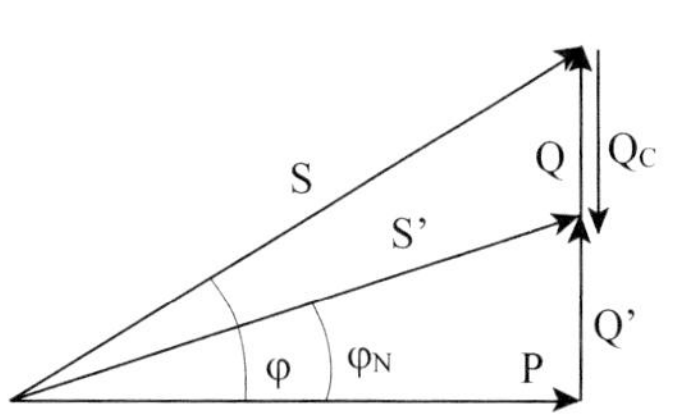

$$Q_C = 3\frac{U^2}{X_C} = 3C\,\omega U^2 \qquad C = \frac{50420{,}3}{3*314*376{,}83^2} = 3{,}77*10^{-4}F = 0{,}377mF$$

Diagrama vectorial. Se representa solo para una fase.

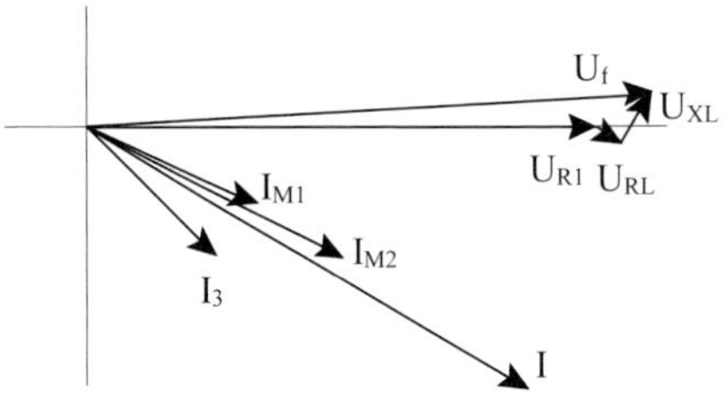

PROBLEMA 6.62

A una línea trifásica equilibrada de tensiones se conectan: 1) Un motor trifásico que consume 15 Kw con $\cos\varphi_M$=0,82; 2) Tres impedancias inductivas iguales en estrella de valor Z=12Ω y $\cos\varphi_Z$=0,85. La lectura del amperímetro A_1 es 28,5A. Calcúlense:

a) Lectura de la intensidad de línea (amperímetro A_L).

b) Valor de la capacidad C de los condensadores a instalar en triángulo para que el factor de potencia del conjunto sea la unidad y nuevo valor de la intensidad de la línea (lectura de A'_L).

c) Valor de la tensión U al principio de la línea después de conectar los condensadores.

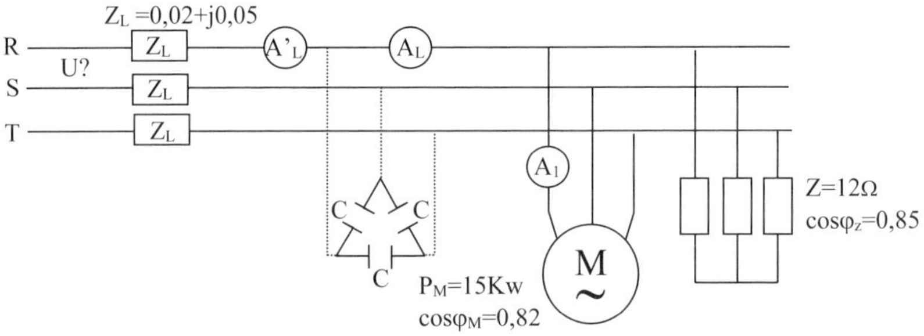

Motor de 15 Kw

$$\cos\varphi_M = 0{,}82 \qquad \varphi_M = 34{,}9^{\circ} \qquad \text{sen}\varphi_M = 0{,}57 \qquad \tan\varphi_M = 0{,}698$$

$$P_M = 15000W = \sqrt{3}\,U_1\,I_M \cos\varphi_M \qquad I_M = 28{,}5\,A$$

$$U_1 = \frac{15000}{\sqrt{3}*28{,}5*0{,}82} = 370{,}6V \qquad U_{1f} = \frac{U_1}{\sqrt{3}} = \frac{370{,}6}{\sqrt{3}} = 214V$$

$$\overline{I}_M = I_M \cos\varphi_M - jI_M \text{sen}\varphi_M = 23{,}37 - j16{,}24 \qquad Q_M = P_M \tan\varphi_M = 10470VAr$$

Carga Z (inductiva)

$$\cos\varphi_Z = 0{,}85 \qquad \varphi_Z = 31{,}79^o \qquad \text{sen}\varphi_Z = 0{,}527 \qquad \tan\varphi_Z = 0{,}62$$
$$I_Z = \frac{U_{1f}}{Z} = 17{,}83A \qquad \bar{I}_Z = I_Z\cos\varphi_Z - jI_Z\text{sen}\varphi_Z = 15{,}16 - j9{,}40$$
$$P_Z = \sqrt{3}\,U_1\,I_2\cos\varphi_2 = \sqrt{3}\,370{,}6*17{,}83*0{,}85 = 9728{,}3W$$
$$Q_Z = \sqrt{3}\,U_1\,I_2\,\text{sen}\varphi_2 = \sqrt{3}\,370{,}6*17{,}83*0{,}527 = 6031{,}54VAr$$

$$\bar{I}_L = \bar{I}_M + \bar{I}_Z = 38{,}53 - j25{,}64 = 46{,}3\angle - 33{,}64^{oo}$$
$$\cos\varphi_L = \frac{38{,}53}{46{,}28} = 0{,}832 \qquad \text{sen}\varphi_L = 0{,}554 \qquad \tan\varphi_L = 0{,}665$$

$$P = P_M + P_Z = 15000 + 9728{,}3 = 24728{,}3W$$
$$Q = Q_M + Q_Z = 10470 + 6031{,}54 = 16501{,}54W$$

Puede comprobarse que:

$$I_L = \frac{24728{,}3}{\sqrt{3}*U_1*\cos\varphi} = \frac{130500}{\sqrt{3}*370{,}6*0{,}832} = 46{,}3\,A$$

Compensación del factor de potencia

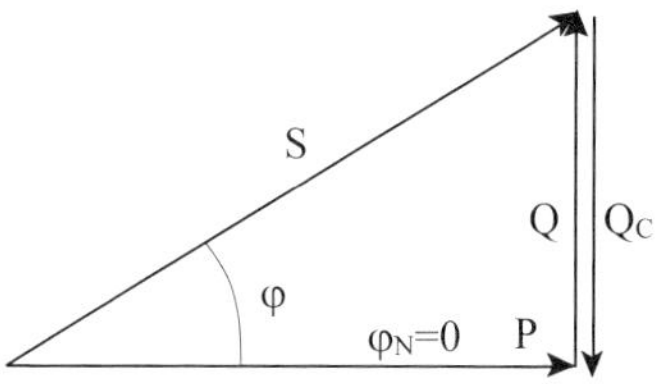

$$\cos\varphi_N = 1 \qquad \tan\varphi_N = 0$$
$$Q_C = Q - P\tan\varphi_N = Q = 16501{,}54VAr$$

$$Q_C = 3\frac{U^2}{X_C} = 3C\,\omega U^2 \qquad C = \frac{16501{,}54}{3*314*370{,}6^2} = 1{,}28*10^{-4}F = 128\mu F$$

La intensidad de la línea antes de los condensadores I'$_L$ (y lectura del amperímetro A'$_L$) será la parte real de I$_L$, es decir 38,53A, en fase con la tensión U$_{1f}$

Cálculo de la tensión de línea de alimentación (con los condensadores conectados). La tensión de fase y la intensidad de línea están en fase por tener un factor de potencia unidad. Tomado $\bar{I}'_L = I'_L\angle 0^o$ como vector de referencia, será $\bar{U}_{R1} = U_{R1}\angle 0^o$.

$$\bar{U}_{RL} = R\,\bar{I} = 0{,}1*38{,}53\angle 0^o = 3{,}853$$
$$\bar{U}_{XL} = jX\,\bar{I} = j0{,}2*38{,}53\angle 0^o = j7{,}7$$
$$\bar{U}_f = \bar{U}_R = \bar{U}_{R1} + \bar{U}_{RL} + \bar{U}_{XL} = 214 + 3{,}853 + j7{,}7 = 221{,}7 + j7{,}7 = 221{,}84\angle 2^o$$

Y la tensión de línea:

$$U = \sqrt{3}\,U_f = 384{,}23V$$

Diagrama vectorial. Se representa solo para una fase.

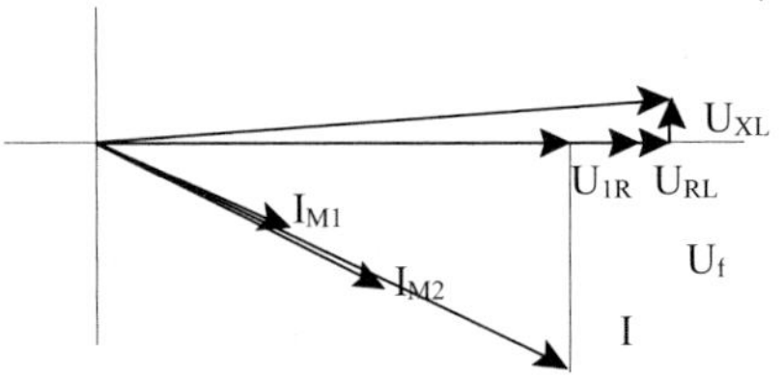

PROBLEMA 6.63

A una sistema trifásico equilibrado de alimentación, de tensión de línea U, se conectan dos consumos trifásicos equilibrados de carácter inductivo: 1) Carga de 80 Kw con $\cos\varphi_1=0{,}84$; 2) Carga de la que se desconoce su potencia y factor de potencia. Las lecturas de los vatímetros son: $W_1=92200W$ y $W_2=38300W$ y la lectura del amperímetro A_1 es 140A. Calcúlense:

a) Tensión U e intensidad I (lectura de amperímetro A) de línea.

b) Características de la carga 2 (potencia, factor de potencia e intensidad).

c) Si se produce un cortocircuito entre la fase T y el neutro N' de la alimentación, haciendo uso de las componentes simétricas calcúlense las nuevas potencias activa y reactiva consumidas por cada una de las cargas.

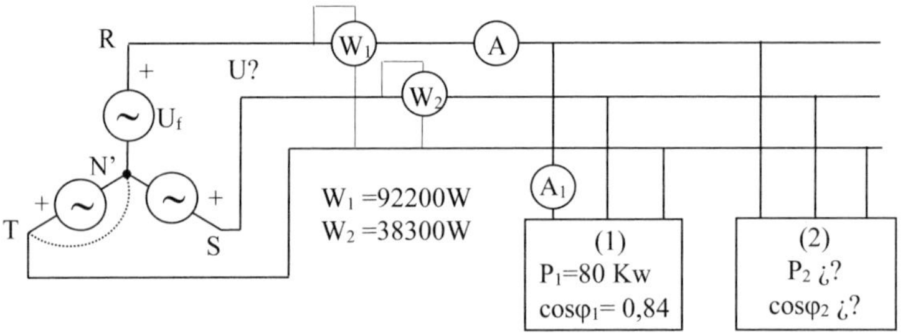

Tomando $\overline{U}_R = U_f\angle 0^\circ$ como referencia:

Para la carga 1) de 80 Kw:

$$\cos\varphi_1 = 0{,}84 \qquad \operatorname{sen}\varphi_1 = 0{,}543 \qquad \varphi_1 = 32{,}86^\circ \qquad I_1 = 140A$$

$$P_1 = 80000W = \sqrt{3}\,U\,I_1\cos\varphi_1 \qquad U = \frac{80000}{\sqrt{3}*140*0{,}84} = 392{,}76V$$

$$U_f = \frac{U_1}{\sqrt{3}} = \frac{392{,}76}{\sqrt{3}} = 226{,}76V \qquad \overline{Z}_1 = \frac{\overline{U}_f}{\overline{I}_1} = \frac{226{,}76\angle 0^\circ}{140\angle -32{,}86^\circ} = 1{,}62\angle 32{,}86^\circ$$

$$\overline{I}_1 = 140\angle-32{,}86^o = I_1\ \mathbf{cos}\varphi_1 - jI_1\ \mathrm{sen}\varphi_1 = 117{,}6 - j75{,}96$$

Para el sistema completo (conjunto de las dos cargas) se tiene:

$$\left.\begin{array}{l} P = W_1 + W_2 = 130500W \\ Q = \sqrt{3}\left(W_1 - W_2\right) = 93354{,}8VA \end{array}\right\} \quad \tan\varphi = \frac{Q}{P} = 0{,}715 \qquad \varphi = 35{,}58^o \qquad \cos\varphi = 0{,}813$$

$$I = \frac{P}{\sqrt{3} * U * \cos\varphi} = \frac{130500}{\sqrt{3} * 392{,}76 * 0{,}813} = 235{,}96\ A$$

$$\overline{I} = 235{,}96\angle-35{,}58^o = I\ \mathbf{cos}\varphi - jI\ \mathrm{sen}\varphi = 191{,}83 - j137{,}3$$

Para la carga 2):

$$P_2 = P - P_1 = 130500 - 80000 = 50500W$$

$$\overline{I}_2 = \overline{I} - \overline{I}_1 = 74{,}23 - j61{,}34 = 92{,}3\angle-36{,}46^o$$

$$\cos\varphi_2 = \frac{74{,}23}{92{,}3} = 0{,}804 \qquad \mathrm{sen}\varphi_2 = 0{,}594 \qquad \tan\varphi_2 = 074 \qquad \varphi_2 = 36{,}46^o$$

$$\overline{Z}_2 = \frac{\overline{U}_f}{\overline{I}_2} = \frac{226{,}76\angle0^o}{92{,}3\angle-36{,}46^o} = 2{,}46\angle36{,}46^o$$

Comprobación:

$$P_2 = \sqrt{3}\,U\,I_2\cos\varphi_2 = \sqrt{3}\,392{,}76 * 92{,}3 * 0{,}804 = 50500W$$

c) Si se produce un cortocircuito entre la fase T y el neutro se tendrá el circuito siguiente con el sistema de tensiones de alimentación: Considerando la carga conectada en estrella se tiene:

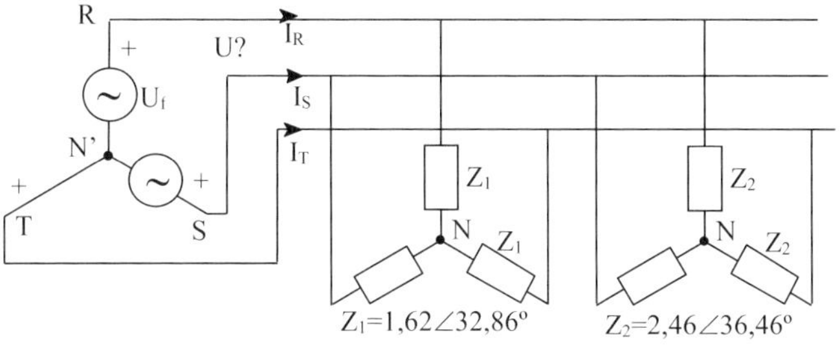

$$\overline{E}_R = 226{,}76\angle0^o$$
$$\overline{E}_S = 226{,}76\angle-120^o$$
$$\overline{E}_T = 0$$

Cálculos de las componentes simétricas de las tensiones de fase de la alimentación:

Ecuaciones de cálculo de las componentes simétricas:

$$\begin{vmatrix}\overline{U}_0\\\overline{U}_1\\\overline{U}_2\end{vmatrix}=\frac{1}{3}\begin{vmatrix}1&1&1\\1&a&a^2\\1&a^2&a\end{vmatrix}*\begin{vmatrix}\overline{E}_R\\\overline{E}_S\\\overline{E}_T\end{vmatrix}=\frac{1}{3}\begin{vmatrix}1&1&1\\1&1\angle 120^o&1\angle -120^o\\1&1\angle -120^o&1\angle 120^o\end{vmatrix}*\begin{vmatrix}226{,}76\angle 0^o\\226{,}76\angle -120^o\\0\end{vmatrix}=$$

$$=\frac{1}{3}\begin{vmatrix}226{,}76\angle -60^o\\453{,}52\angle 0^o\\226{,}76\angle 60^o\end{vmatrix}\qquad\begin{cases}\overline{U}_0=75{,}6\angle -60^o\\\overline{U}_1=151{,}17\angle 0^o\\\overline{U}_2=75{,}6\angle 60^o\end{cases}$$

$$\text{S. Directo: }\begin{cases}\overline{U}_{R1}=151{,}17\angle 0^o\\\overline{U}_{S1}=151{,}17\angle -120^o\\\overline{U}_{T1}=151{,}17\angle 120^o\end{cases}\qquad\text{S. Inverso: }\begin{cases}\overline{U}_{R2}=75{,}6\angle 60^o\\\overline{U}_{S2}=75{,}6\angle 180^o\\\overline{U}_{T2}=75{,}6\angle -60^o\end{cases}$$

$$\text{S. Homopolar: }\ \overline{U}_{R0}=\overline{U}_{S0}=\overline{U}_{T0}=75{,}6\angle -60^o$$

Componentes simétricas de las intensidades de línea:

$$\overline{I}_{1Z1}=\frac{\overline{U}_1}{\overline{Z}_1}=\frac{151{,}17\angle 0^o}{1{,}62\angle 32{,}86^o}=93{,}31\angle -32{,}86^o\qquad \overline{I}_{1Z2}=\frac{\overline{U}_1}{\overline{Z}_2}=\frac{151{,}17\angle 0^o}{2{,}46\angle 36{,}46^o}=61{,}45\angle -36{,}46^o$$

$$\overline{I}_{2Z1}=\frac{\overline{U}_2}{\overline{Z}_1}=\frac{75{,}6\angle 60^o}{1{,}62\angle 32{,}86^o}=46{,}67\angle 27{,}14^o\qquad \overline{I}_{2Z2}=\frac{\overline{U}_2}{\overline{Z}_1}=\frac{75{,}6\angle 60^o}{2{,}46\angle 36{,}46^o}=30{,}73\angle 23{,}54^o$$

Los sistemas de intensidades serán:

$$\left.\begin{matrix}\text{S. Directo}\\\text{Carga 1}\end{matrix}\right\}:\begin{cases}\overline{I}_{R11}=93{,}31\angle -32{,}86^o\\\overline{I}_{S11}=93{,}31\angle -152{,}86^o\\\overline{I}_{T11}=93{,}31\angle 87{,}14^o\end{cases}\qquad\left.\begin{matrix}\text{S. Directo}\\\text{Carga 2}\end{matrix}\right\}:\begin{cases}\overline{I}_{R12}=61{,}45\angle -36{,}46^o\\\overline{I}_{S12}=61{,}45\angle -156{,}46^o\\\overline{I}_{T12}=61{,}45\angle 83{,}54^o\end{cases}$$

$$\left.\begin{matrix}\text{S. Inverso}\\\text{Carga 1}\end{matrix}\right\}:\begin{cases}\overline{I}_{R21}=46{,}67\angle 27{,}14^o\\\overline{I}_{S21}=46{,}67\angle 147{,}14^o\\\overline{I}_{T21}=46{,}67\angle -92{,}86^o\end{cases}\qquad\left.\begin{matrix}\text{S. Inverso}\\\text{Carga 2}\end{matrix}\right\}:\begin{cases}\overline{I}_{R12}=30{,}73\angle 23{,}54^o\\\overline{I}_{S12}=30{,}73\angle -143{,}54^o\\\overline{I}_{T12}=30{,}73\angle 96{,}46^o\end{cases}$$

La impedancia homopolar es infinita y por lo tanto la intensidad homopolar para las dos cargas es cero.

Potencias

En función de las componentes simétricas:

$$\overline{S}_1 = 3\left(\overline{U}_0\ \overline{I}^*_{01} + \overline{U}_1\ \overline{I}^*_{1Z1} + \overline{U}_2\ \overline{I}^*_{2Z1}\right) =$$

$$3\left(\overline{U}_0 * 0 + 151{,}17\angle 0^o * 93{,}31\angle 32{,}86^o + 75{,}6\angle 60^o * 46{,}67\angle -27{,}14^o\right) =$$

$$= 17634\angle 32{,}86^o = 14812{,}5 + j9567{,}8 \qquad P_1 = 14812{,}5W \qquad Q_1 = 9567{,}8VAr$$

$$\overline{S}_2 = 3\left(\overline{U}_0\ \overline{I}^*_{02} + \overline{U}_1\ \overline{I}^*_{1Z2} + \overline{U}_2\ \overline{I}^*_{2Z2}\right) =$$

$$3\left(\overline{U}_0 * 0 + 151{,}17\angle 0^o * 61{,}45\angle 36{,}46^o + 75{,}6\angle 60^o * 30{,}73\angle 23{,}54^o\right) =$$

$$= 11612{,}6\angle 36{,}46^o = 9280{,}4 + j6900{,}9 \qquad P_2 = 11612{,}6W \qquad Q_2 = 6900{,}9VAr$$

PROBLEMA 6.64

A una línea trifásica equilibrada de tensiones de 50 Hz de frecuencia se conectan dos motores trifásicos, uno consume una potencia activa P_1=50Kw con $\cos\varphi_1$=0,82 y otro una potencia aparente S_2=80KVA con $\cos\varphi_2$=0,85. La lectura del amperímetro A_2 es 123A. Calcúlense:
a) Tensión de línea U_2 de los motores, intensidad de la línea (lectura de amperímetro A_L) y lectura del vatímetro W.
b) Valor de la capacidad C de los condensadores a instalar en triángulo para que el factor de potencia del conjunto sea la unidad, así como el nuevo valor de la intensidad de la línea (lectura de A'$_L$).
c) Valor de la tensión U1 al principio de la línea después de conectar los condensadores.

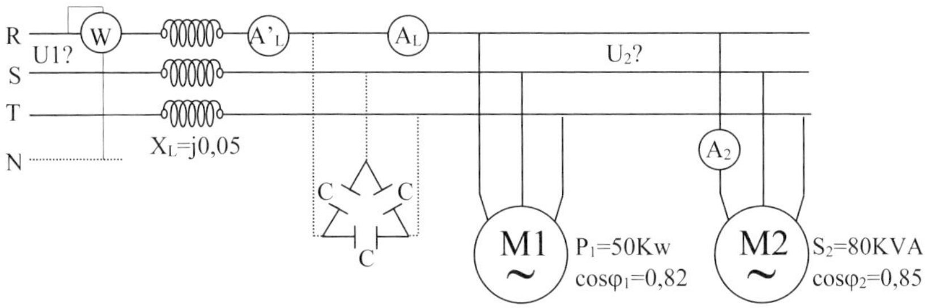

Motor M2

$$\cos\varphi_2 = 0{,}85 \qquad \varphi_2 = 31{,}79^o \qquad \text{sen}\varphi_2 = 0{,}527 \qquad \tan\varphi_2 = 0{,}62$$

$$S_2 = \sqrt{3}U_2 I_2 \qquad U_2 = \frac{S_2}{\sqrt{3}I} = \frac{80000}{\sqrt{3}123} = 375{,}5V \qquad U_{2f} = \frac{U_2}{\sqrt{3}} = 216{,}8V$$

$$\overline{I}_2 = I_2\cos\varphi_2 - jI_2\text{sen}\varphi_2 = 104{,}55 - j6{,}48$$

$$P_2 = S_2\cos\varphi_2 = 68000W \qquad Q_2 = S_2\text{sen}\varphi_2 = 42144{,}6VAr$$

Motor M1

$$\cos\varphi_1 = 0{,}82 \qquad \varphi_1 = 34{,}91^o \qquad \text{sen}\varphi_1 = 0{,}572 \qquad \tan\varphi_M = 0{,}698$$

$$P_1 = 50000W = \sqrt{3}\,U_2\,I_1\cos\varphi_1 \qquad I_1 = \frac{50000}{\sqrt{3}\,U_2\cos\varphi_1} = 93{,}75\,A$$

$$\overline{I}_1 = I_1\cos\varphi_1 - jI_1\text{sen}\varphi_1 = 76{,}88 - j53{,}66$$

$$Q_1 = P_1\tan\varphi_1 = 34893{,}5\,VAr$$

$$\overline{I}_L = I_L\angle\varphi_L = \overline{I}_1 + \overline{I}_2 = 181{,}43 - j118{,}46 = 216{,}68\angle -33{,}14^o$$

$$\cos\varphi_L = \frac{181{,}43}{216{,}68} = 0{,}837 \qquad \text{sen}\varphi_L = 0{,}546 \qquad \tan\varphi_L = 0{,}653$$

$$P = P_1 + P_2 = 50000 + 68000 = 118000W$$

$$Q = Q_1 + Q_2 = 34893{,}5 + 42144{,}6 = 77038{,}1\,VAr$$

Puede comprobarse que:

$$I_L = \frac{118000}{\sqrt{3} * U_2 * \cos\varphi} = \frac{118000}{\sqrt{3} * 375{,}5 * 0{,}837} = 216{,}68\,A$$

El vatímetro está conectado entre una fase y el neutro. Por ser el sistema equilibrado su lectura P_W será la tercera parte de la potencia total.

$$P_W = \frac{P}{3} = \frac{118000}{3} = 39333{,}3\,W$$

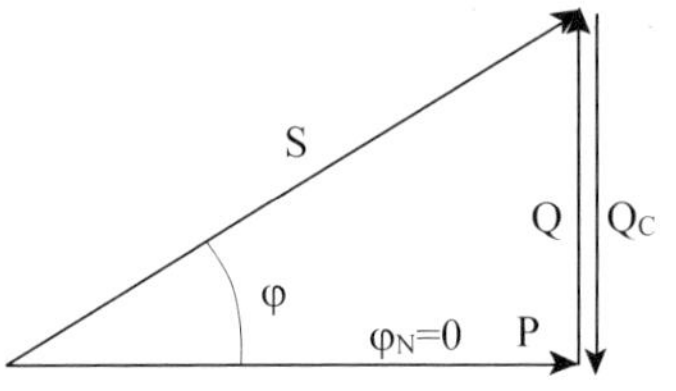

Compensación del factor de potencia

$$\cos\varphi_N = 1 \qquad \tan\varphi_N = 0$$

$$Q_C = Q - P\tan\varphi_N = Q = 77038{,}1\,VAr$$

$$Q_C = 3\frac{U^2}{X_C} = 3C\omega U^2 \qquad C = \frac{77038{,}1}{3*314*375{,}5^2} = 5{,}8*10^{-4}F = 0{,}58mF$$

La intensidad de la línea antes de los condensadores I'_L (y lectura del amperímetro A'_L) será la parte real de I_L, es decir 181,43A, en fase con la tensión U_{1f}

Cálculo de la tensión de línea de alimentación (con los condensadores conectados). La tensión de fase y la intensidad de línea están en fase por tener un factor de potencia unidad. Tomado $\overline{I}'_L = I'_L\angle 0^o$ como vector de referencia, será $\overline{U}_{R1} = U_{R1}\angle 0^o$.

$$\overline{U}_{XL} = jX\overline{I} = j0{,}3*181{,}43\angle 0^o = j54{,}43$$

$$\overline{U}_{1f} = \overline{U}_{2f} + \overline{U}_{XL} = 216{,}8 + j54{,}43 = 223{,}53\angle 14{,}1^o$$

Y la tensión de línea:

$$U = \sqrt{3}\,U_f = 387{,}16V$$

Diagrama vectorial. Se representa solo para una fase.

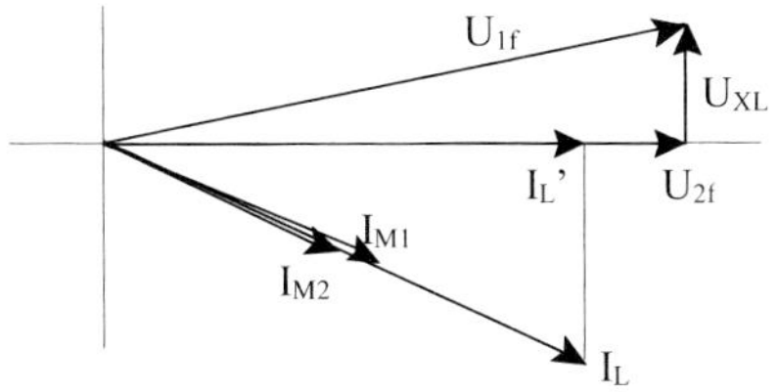

PROBLEMA 6.65

En el circuito de la figura se representa el secundario de un transformador trifásico que suministra un sistema equilibrado de tensiones, de 400V de tensión de línea, a una carga trifásica equilibrada inductiva de cosφ=0,9. La lectura del vatímetro es: W=20000W. Calcúlese:

a) Potencia consumida por la carga trifásica, tensión de fase e intensidades de línea y de neutro en los dos casos, con el neutro conectado y desconectado.

b) Si ocurre una avería en el transformador y en las fases S y T queda cortocircuitado el 50% de las espiras, haciendo uso de las componentes simétricas, calcúlese de nuevo la potencia del conjunto, las tensiones de fase de la carga y las intensidades de línea y de neutro en los dos casos con el neutro conectado y desconectado.

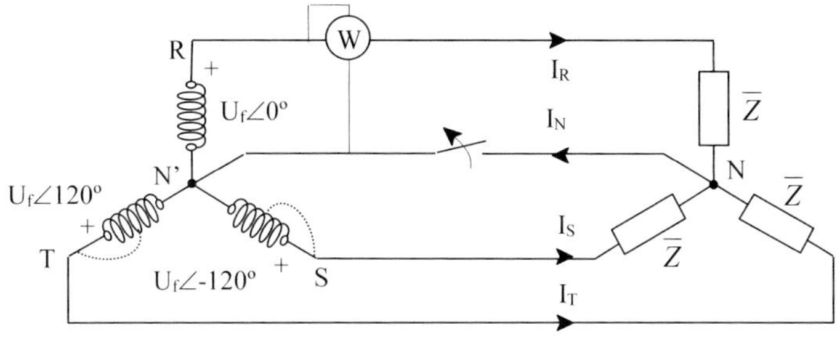

a) Sistema equilibrado:

$$\cos\varphi_1 = 0{,}9 \qquad \text{sen}\varphi_1 = 0{,}435 \qquad \varphi_1 = 25{,}84^{\circ}$$

$$P = 3 * W_1 = 60000W = \sqrt{3}\,U\,I\cos\varphi \qquad I = \frac{60000}{\sqrt{3} * 400 * 0{,}9} = 96{,}23\,A$$

$$U_f = \frac{U}{\sqrt{3}} = \frac{400}{\sqrt{3}} = 231V \qquad \overline{Z} = \frac{\overline{U}_f}{\overline{I}_1} = \frac{231\angle 0^{\circ}}{96{,}23\angle -25{,}84^{\circ}} = 2{,}4\angle 25{,}84^{\circ}$$

$$\overline{I} = 96{,}23\angle -25{,}84^{\circ} = 96{,}23\cos\varphi - j96{,}23\,\text{sen}\varphi = 86{,}6 - j41{,}86$$

Por ser el sistema equilibrado, tanto las tensiones de fase (231V) e intensidades de línea (96,23A) serán las mismos y la intensidad de neutro es cero, en los dos casos.

b) Si se produce un cortocircuito en el 50% de las espiras de las fases S y T se tendrá el siguiente sistema de tensiones de alimentación:

$$\overline{E}_R = 231\angle 0^o \qquad \overline{E}_S = \frac{1}{2}231\angle -120^o \qquad \overline{E}_T = \frac{1}{2}231\angle +120^o$$

Componentes simétricas de las tensiones de fase de la alimentación:

$$\begin{vmatrix} \overline{U}_0 \\ \overline{U}_1 \\ \overline{U}_2 \end{vmatrix} = \frac{1}{3}\begin{vmatrix} 1 & 1 & 1 \\ 1 & a & a^2 \\ 1 & a^2 & a \end{vmatrix} * \begin{vmatrix} \overline{E}_R \\ \overline{E}_S \\ \overline{E}_T \end{vmatrix} = \frac{1}{3}\begin{vmatrix} 1 & 1 & 1 \\ 1 & 1\angle 120^o & 1\angle -120^o \\ 1 & 1\angle -120^o & 1\angle 120^o \end{vmatrix} * \begin{vmatrix} 231\angle 0^o \\ \frac{1}{2}231\angle -120^o \\ \frac{1}{2}231\angle +120^o \end{vmatrix} = \frac{1}{3}\begin{vmatrix} \frac{1}{2}231\angle 0^o \\ 2*231\angle 0^o \\ \frac{1}{2}231\angle 0^o \end{vmatrix}$$

Se obtienen los valores:

$$\overline{U}_0 = \frac{1}{6}231\angle 0^o = 38{,}5\angle 0^o \qquad \overline{U}_1 = \frac{2}{3}231\angle 0^o = 154\angle 0^o \qquad \overline{U}_2 = \frac{1}{6}231\angle 0^o = 38{,}5\angle 0^o$$

$$\text{S. Homopolar: } \overline{U}_{R0} = \overline{U}_{S0} = \overline{U}_{T0} = 38{,}5\angle 0^o$$

$$\text{S. Directo: } \begin{cases} \overline{U}_{R1} = 154\angle 0^o \\ \overline{U}_{S1} = 154\angle -120^o \\ \overline{U}_{T1} = 154\angle 120^o \end{cases} \qquad \text{S. Inverso: } \begin{cases} \overline{U}_{R2} = 38{,}5\angle 0^o \\ \overline{U}_{S2} = 38{,}5\angle 120^o \\ \overline{U}_{T2} = 38{,}5\angle -120^o \end{cases}$$

b1) Con el neutro conectado:

$$\overline{I}_0 = \frac{\overline{U}_0}{\overline{\overline{Z}}} = \frac{38{,}5\angle 0^o}{2{,}4\angle 25{,}84^o} = 16{,}04\angle -25{,}84^o \qquad \overline{I}_{R0} = \overline{I}_{S0} = \overline{I}_{T0} = 16{,}04\angle -25{,}84^o$$

$$\overline{I}_1 = \frac{\overline{U}_1}{\overline{\overline{Z}}} = \frac{154\angle 0^o}{2{,}4\angle 25{,}84^o} = 64{,}16\angle -25{,}84^o \qquad \begin{cases} \overline{I}_{R1} = 64{,}16\angle -25{,}84^o \\ \overline{I}_{S1} = 64{,}16\angle -145{,}84^o \\ \overline{I}_{T1} = 64{,}16\angle 94{,}16^o \end{cases}$$

$$\overline{I}_2 = \frac{\overline{U}_2}{\overline{\overline{Z}}} = \frac{38{,}5\angle 0^o}{2{,}4\angle 25{,}84^o} = 16{,}04\angle -25{,}84^o \qquad \begin{cases} \overline{I}_{R2} = 16{,}04\angle -25{,}84^o \\ \overline{I}_{S2} = 16{,}04\angle 94{,}16^o \\ \overline{I}_{T2} = 16{,}04\angle -145{,}84^o \end{cases}$$

$$\overline{I}_R = \overline{I}_{R0} + \overline{I}_{R1} + \overline{I}_{R2} = \frac{\overline{E}_R}{\overline{\overline{Z}}} = \frac{231\angle 0^o}{2{,}4\angle 25{,}84^o} = 96{,}24\angle -25{,}84^o$$

$$\overline{I}_S = \overline{I}_{S0} + \overline{I}_{S1} + \overline{I}_{S2} = \frac{\overline{E}_S}{\overline{\overline{Z}}} = \frac{1}{2}\frac{231\angle -120^o}{2,4\angle 25,84^o} = 48,12\angle -145,84^o$$

$$\overline{I}_T = \overline{I}_{T0} + \overline{I}_{T1} + \overline{I}_{T2} = \frac{\overline{E}_R}{\overline{\overline{Z}}} = \frac{231\angle +120^o}{2,4\angle 25,84^o} = 48,12\angle 94,16^o$$

$$\overline{I}_N = \overline{I}_{R0} + \overline{I}_{S0} + \overline{I}_{T0} = 3\overline{I}_{S0} = 3*16,04\angle -25,84^o = 48,12\angle -25,84^o$$

$$\text{O bien}: \quad \overline{I}_N = \overline{I}_R + \overline{I}_S + \overline{I}_T = 48,12\angle -25,84^o$$

Potencias. En función de las componentes simétricas:

$$\overline{S} = 3\left(\overline{U}_0\ \overline{I}_0^* + \overline{U}_1\ \overline{I}_1^* + \overline{U}_2\ \overline{I}_2^*\right) =$$

$$3\left(38,5\angle 0^o * 16,04\angle 25,84^o + 154\angle 0^o * 64,16\angle 25,84^o + 38,5\angle 0^o * 16,04\angle 25,84^o\right) =$$

$$= 33347,16\angle 25,84^o = 30012,93 + j14534,68 \qquad P = 30012,93W \qquad Q_1 = 14534,68VAr$$

b2) Si no está conectado el neutro la impedancia homopolar es infinita y la intensidad homopolar es cero. Se tiene:

$$\overline{I}_1 = \frac{\overline{U}_1}{\overline{\overline{Z}}} = \frac{154\angle 0^o}{2,4\angle 25,84^o} = 64,16\angle -25,84^o \qquad \begin{cases} \overline{I}_{R1} = 64,16\angle -25,84^o \\ \overline{I}_{S1} = 64,16\angle -145,84^o \\ \overline{I}_{T1} = 64,16\angle 94,16^o \end{cases}$$

$$\overline{I}_2 = \frac{\overline{U}_2}{\overline{\overline{Z}}} = \frac{38,5\angle 0^o}{2,4\angle 25,84^o} = 16,04\angle -25,84^o \qquad \begin{cases} \overline{I}_{R2} = 16,04\angle -25,84^o \\ \overline{I}_{S2} = 16,04\angle 94,16^o \\ \overline{I}_{T2} = 16,04\angle -145,84^o \end{cases}$$

$$\overline{I}_R = \overline{I}_{R1} + \overline{I}_{R2} = 64,16\angle -25,84^o + 16,04\angle -25,84^o = 80,2\angle -25,84^o$$

$$\overline{I}_S = \overline{I}_{S1} + \overline{I}_{S2} = 64,16\angle -145,84^o + 16,04\angle 94,16^o = 57.83\angle -159,74^o$$

$$\overline{I}_T = \overline{I}_{T1} + \overline{I}_{T2} = 64,16\angle 94,16^o + 16,04\angle -145,84^o = 57,83\angle 108,06^o$$

Potencias: En función de las componentes simétricas:

$$\overline{S} = 3\left(\overline{U}_0\ \overline{I}_0^* + \overline{U}_1\ \overline{I}_1^* + \overline{U}_2\ \overline{I}_2^*\right) =$$

$$3\left(38,5\angle 0^o * 0 + 154\angle 0^o * 64,16\angle 25,84^o + 38,5\angle 0^o * 16,04\angle 25,84^o\right) =$$

$$= 31536,12\angle 25,84^o = 28383 + j13745,32 \qquad P = 28383W \qquad Q_1 = 13745,32VAr$$

CAPÍTULO 7

Régimen transitorio: sistemas de primer orden

PROBLEMA 7.8

El interruptor S de la figura lleva cerrado un tiempo lo suficientemente largo como para considerar que el sistema está estabilizado. En el instante t =0 se abre y 0,2s más tarde vuelve a cerrarse. Hállense las expresiones de la tensión y de la intensidad en el condensador, así como sus representaciones gráficas, para t≥0.

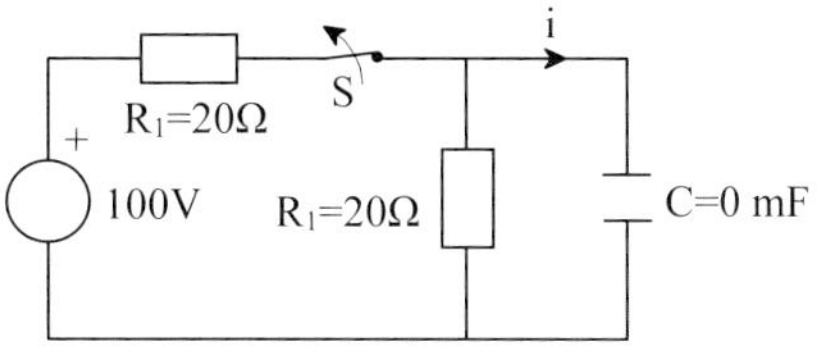

1) Apertura del interruptor S en t = 0.

El condensador está cargado a la tensión u(0$^-$) y se descargará a través de la resistencia R_2.

La constante de tiempo es:

$$\tau_1 = R_2 C = 20*10^{-2} = 0{,}2\ s = 200\ ms$$

Los valores iniciales de la tensión y la intensidad, teniendo en cuenta la tendencia del condensador a mantener su tensión, son:

Para t = 0 $\quad u_C(0^+) = u_C(0^-) = 100\ \dfrac{20}{40} = 50V$

$$i_C(0^-) = 0\ A \qquad i_C(0^+) = -\frac{u_C(0^+)}{R_2} = -2{,}5\ A$$

Y los valores de régimen permanente

Para t = ∞ $\quad u_C(\infty) = 0\ V \qquad i_C(\infty) = 0\ A$

Por ser la excitación en corriente continua, las ecuaciones de la tensión e intensidad en el condensador serán de la forma:

$$f(t) = f(\infty) - [\,f(\infty) - f(0)\,]e^{-\frac{t}{\tau}}$$

Son:

$$i_C(t) = -2{,}5\ e^{-\frac{t}{\tau}} = -2{,}5\ e^{-5t}\ A \qquad u_C(t) = 50\ e^{-5t}\ V$$

Después de transcurridos 0,2s se alcanzan los valores:

$$\text{Para t} = 0{,}2\,\text{s} \quad i_C\left(0{,}2^-\right) = -2{,}5\, e^{-1} = -0{,}92\,A$$
$$u_C\left(0{,}2^-\right) = 50\, e^{-1} = 18{,}4\,V$$

2) Cierre del interruptor S en t = 0,2 s.

Se tiene el diagrama equivalente que se representa en la figura, donde se ha sustituido el condensador cargado a la tensión de 21,1V por una fuente de tensión de este valor y un condensador descargado.

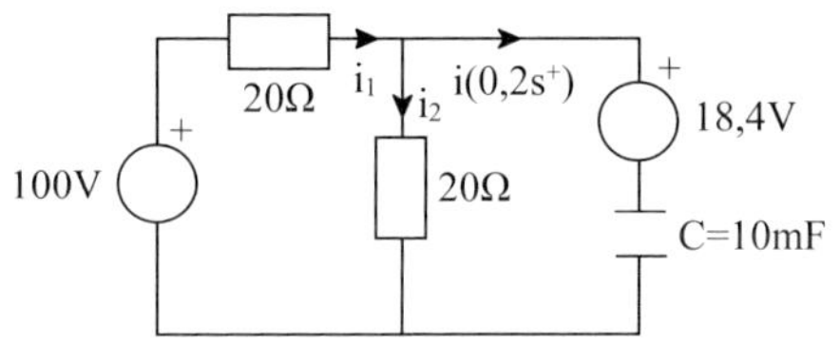

Al cambiar de régimen de funcionamiento, el condensador no puede variar bruscamente su tensión en un instante. Sí puede hacerlo su intensidad. La constante de tiempo para la nueva situación es:

$$\tau_2 = \frac{R_1\, R_2}{R_1 + R_2} C = 10 * 10^{-2} = 0{,}1\, s = 100 ms$$

Los valores iniciales ahora son:

$$u_C\left(0{,}2^+\right) = 18{,}4\,V \qquad i_1 = \frac{100 - 18{,}4}{20} = 4{,}08\,A \qquad i_2 = \frac{18{,}4}{20} = 0{,}92\,A$$
$$i_C\left(0{,}2^+\right) = i_1 - i_2 = 4{,}08 - 0{,}92 = 3{,}16\,A$$

Y los nuevos valores de régimen permanente:

$$\text{Para t} = \infty \quad u_C(\infty) = 50\,V \qquad i_C(\infty) = 0\,A$$

Las ecuaciones de la tensión y la intensidad para t ≥ 0,2 s son:

$$u_C(t - 0{,}2) = 50 - [50 - 18{,}4]\, e^{-10(t-0{,}2)} = 50 - 31{,}6\, e^{-10(t-0{,}2)}\, V$$
$$i_C(t - 0{,}2) = 3{,}16\, e^{-10(t-0{,}2)}\, A$$

Representaciones gráficas:

En las siguientes gráficas se representa la evolución de la intensidad y tensión del condensador para t≥0.

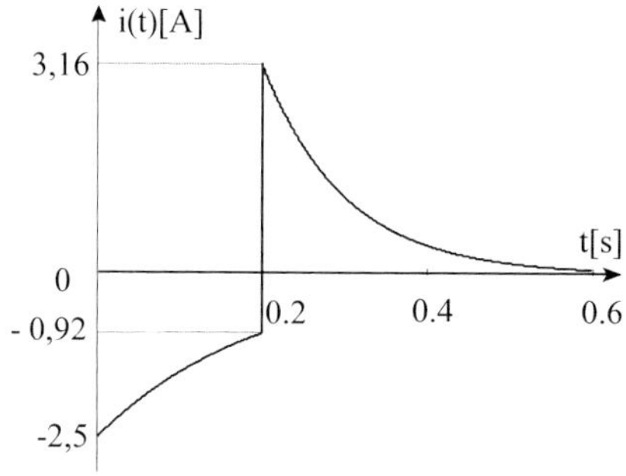

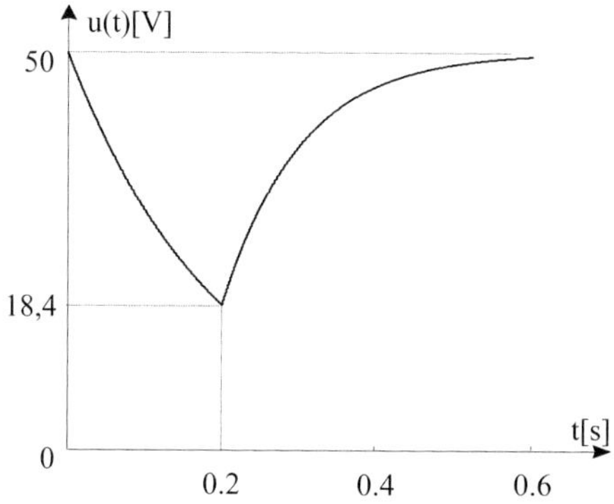

PROBLEMA 7.9

En el circuito de la figura el interruptor S pasa de la posición 1 a la 2 en el instante t = 0 y al cabo de un tiempo de 250μs pasa a la posición 3. Hállense las expresiones y representaciones gráficas de la carga e intensidad en el condensador para t≥0.

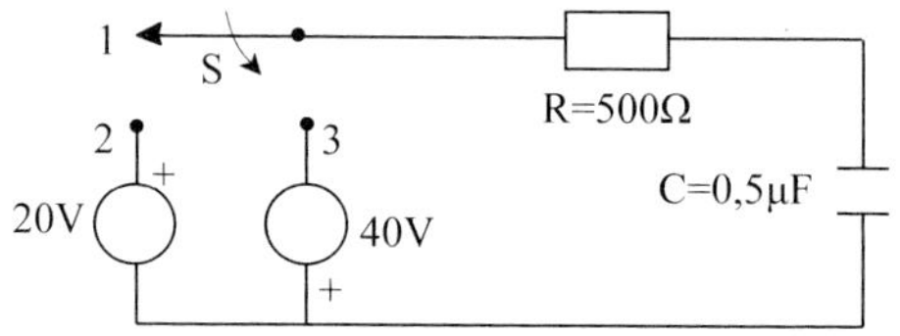

1) Paso del interruptor S de la posición 1 a la 2.

El condensador está inicialmente descargado y se empezará a cargar a través de la resistencia. La constante de tiempo es:

$$\tau_1 = R\,C = 500*0{,}5*10^{-6} = 250\mu s$$

Valores iniciales:

$$\text{Para t} = 0 \quad q_C(0) = 0C \qquad i_C(0) = \frac{20}{500} = 40mA \qquad u_C(0) = 0V$$

Valores finales:

$$\text{Para t} = \infty \qquad u_C(\infty) = 20V$$
$$i_C(\infty) = 0\,A \qquad q_C(\infty) = C\,20 = 20*0{,}5*10^{-6}C = 10\mu C$$

La excitación es de corriente continua y las ecuaciones serán de la forma:

$$f(t) = f(\infty) - [f(\infty) - f(0)]\,e^{-\frac{t}{\tau}}$$

Son:

$$u_C(t) = 20\left(1 - e^{-\frac{t}{250*10^{-6}}}\right) = 20\left(1 - e^{-4000t}\right)V$$
$$i_C(t) = 40e^{-4000t}\,mA$$
$$q_C(t) = 10\left(1 - e^{-4000t}\right)\mu\,C$$

Para t = 250 µs se alcanzarán los valores:

$$u_C(250\mu s^-) = 20\,(1 - e^{-1}) = 12{,}6V$$
$$i_C(250\mu s^-) = 40e^{-1} = 14{,}8\,mA$$
$$q_C(250\mu s^-) = 10\,(1 - e^{-1}) = 6{,}3\mu C$$

2) Paso del interruptor S de la posición 2 a la 3. En la nueva situación el condensador se descargará a través de R y se cargará en sentido contrario. Se sustituye el condensador por su equivalente de Thevenin y se tiene el circuito siguiente.

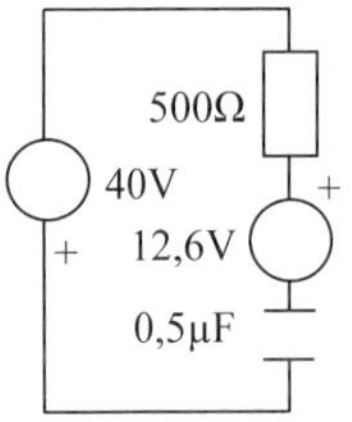

Constante de tiempo: $\tau_2 = R\,C = 500*0{,}5*10^{-6} = 250\mu s$

Valores iniciales:

$$\text{Para t} = 250\mu s^+$$
$$u_C(250\mu s^+) = u_C(250\mu s^+) = 12{,}6V$$
$$i_C(250\mu s^+) = -\frac{52{,}6}{500} = -105{,}2mA$$
$$q_C(250\mu s^+) = 6{,}3\,\mu C$$

Valores finales:

Para $t=\infty \qquad u_C(\infty)=-40V \qquad i_C(\infty)=0\,A \qquad q_C(\infty)=-20\mu C$

Las ecuaciones serán:

$$u_C(t-0{,}00025)=-40-(-40-12{,}6)e^{-\frac{t-0{,}00025}{0{,}00025}}=-40+52{,}6\;e^{-4000(t-0{,}00025)}\;V$$

$$i_C(t-0{,}00025)=-105{,}2\;e^{-4000(t-0{,}00025)}\;mA$$

$$q_C(t-0{,}00025)=-20-(-20-6{,}3)e^{-4000(t-0{,}00025)}=-20+26{,}3e^{-4000(t-0{,}00025)}\;\mu C$$

Representaciones gráficas:

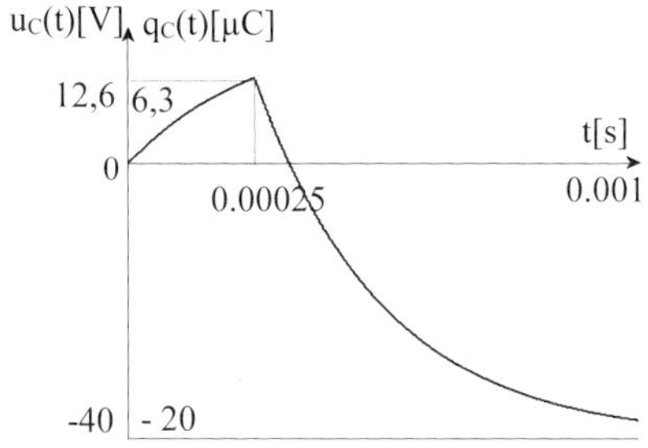

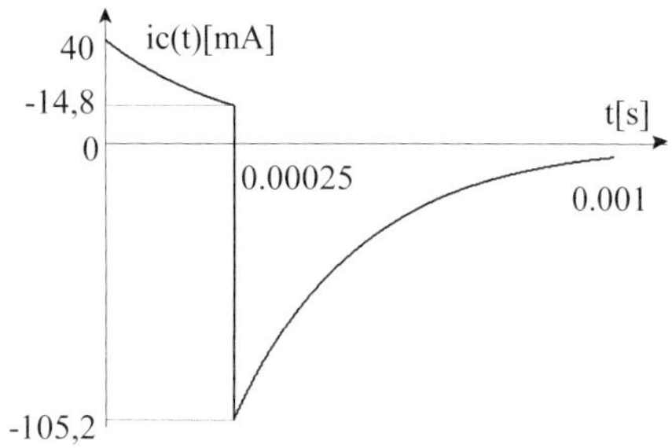

PROBLEMA 7.10

En el circuito de la figura el interruptor S está inicialmente abierto y el condensador descargado. En el instante t =0 se cierra S, se abre a los 100 ms y vuelve a cerrarse 100 ms más tarde. Calcúlense las funciones y representaciones gráficas de la tensión e intensidad en el condensador para t≥0.

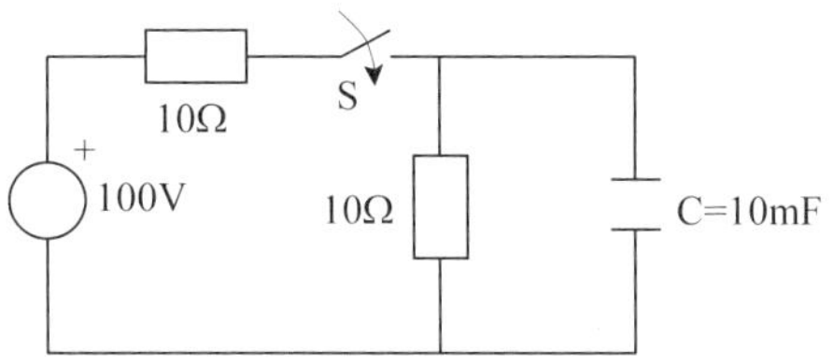

1) t = 0 s (se cierra S)

Constante de tiempo del circuito:

$$\tau=R_{equ}\;C=\frac{10*10}{20}10^{-2}=0{,}05s$$

Valores iniciales y de régimen permanente de la intensidad y de la tensión. Se recuerda que un condensador descargado se comporta como un cortocircuito y para corriente continua un condensador en estado de régimen se comporta como un circuito abierto. Según esto, se tiene:

$$i(0)=\frac{100}{10}=10\,A \qquad u_C(0)=0V$$

$$i(\infty)=0\,A \qquad u(\infty)=100\,\frac{10}{20}=50V$$

Las ecuaciones de i(t) y u(t) serán:

$$f(t)=f(\infty)-[f(\infty)-f(0)]\,e^{-\frac{t}{\tau}}$$

$$i(t)=10\,e^{-\frac{t}{\tau}}=10\,e^{-20t}$$

$$u(t)=50\left(1-e^{-\frac{t}{\tau}}\right)=50\left(1-e^{-20t}\right)$$

Transcurrido un tiempo t = 0,1 s se alcanzarán los valores:

$$i\left(0{,}1s^-\right)=10\,e^{-2}=1{,}35\,A$$

$$u\left(0{,}1s^-\right)=50\left(1-e^{-2}\right)=43{,}22V$$

2) t = 0,1 s (se abre S). Sustituyendo el condensador por su equivalente de Thevenin, se tiene el siguiente circuito:

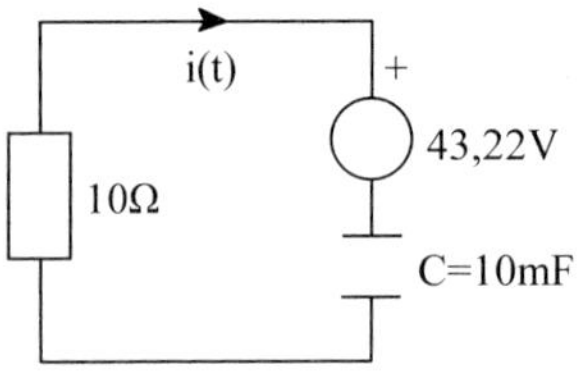

La nueva constante de tiempo es:

$$\tau' = R'_{equ}\,C=10*10^{-2}=0{,}1s$$

Y los nuevos valores iniciales y finales, teniendo en cuenta el comportamiento del condensador:

$$u\left(0{,}1s^+\right)=u\left(0{,}1s^-\right)=43{,}22V \qquad u(\infty)=0V$$

$$i\left(0{,}1s^+\right)=-\frac{u\left(0{,}1s^+\right)}{10}=-4{,}32\,A \qquad i(\infty)=0\,A$$

Las ecuaciones serán:

$$i(t-0{,}1)=-4{,}32\,e^{-10(t-0{,}1)}$$

$$u(t-0{,}1)=43{,}22\,e^{-10(t-0{,}1)}$$

Transcurrido un tiempo de 100 ms, es decir para t = 0,002 s, se tendrán los valores:

$$i\left(0{,}2s^-\right) = -4{,}32\, e^{-1} = -1{,}6\, A$$
$$u\left(0{,}2s^-\right) = 43{,}22\, e^{-1} = 16V$$

3) t = 0,2 s (se cierra S)

Se tiene el siguiente esquema:

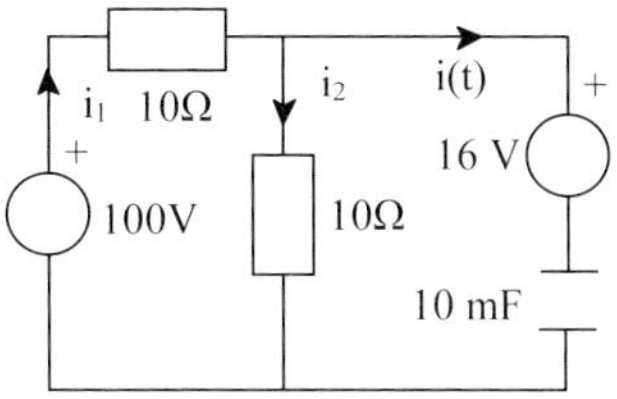

La constante de tiempo es:

$$\tau'' = R''_{equ}\, C = 0{,}05s$$

Analizando el circuito, se tiene para el instante t = 0,2s ⁻:

$$i = i_1 - i_2 \qquad i_2 = \frac{16}{10} = 1{,}6\, A \qquad i_1 = \frac{100-16}{10} = 8{,}4\, A$$

Y los valores iniciales y finales para esta etapa son:

$$u\left(0{,}2s^+\right) = u\left(0{,}2s^-\right) = 16V \qquad u(\infty) = 50V$$
$$i\left(0{,}2s^+\right) = 8{,}4 - 1{,}6 = 6{,}8\, A \qquad i(\infty) = 0\, A$$

Las ecuaciones en este período serán:

$$i\left(t-0{,}2\right) = 6{,}8\, e^{-20(t-0{,}2)}$$
$$u\left(t-0{,}2\right) = 50 - \left(50-16\right) e^{-20(t-0{,}2)} = 50 - 34\, e^{-20(t-0{,}2)}$$

Las representaciones gráficas de i(t) y u(t) son:

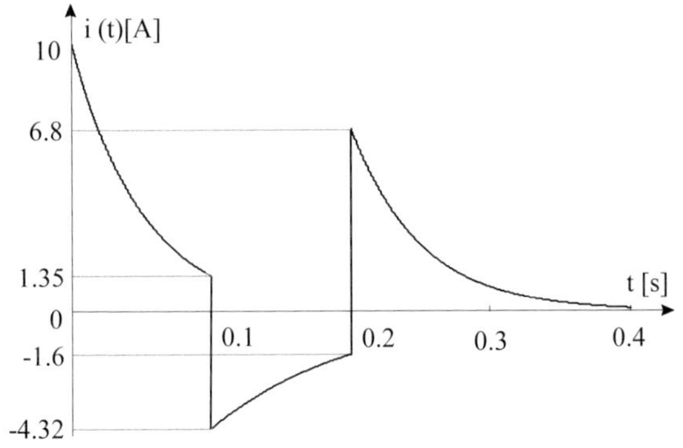

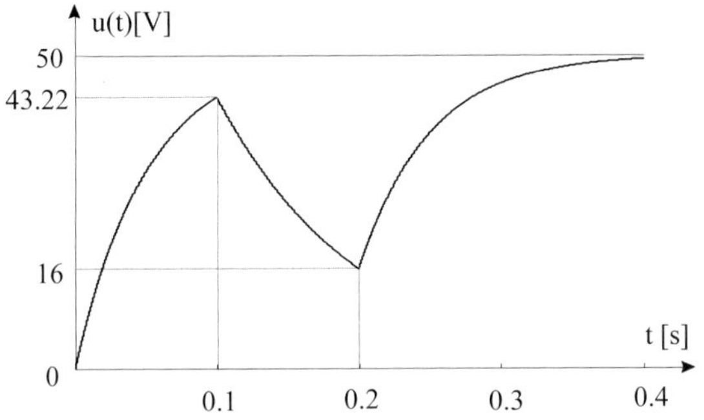

PROBLEMA 7.11

En el circuito de la figura, está inicialmente abierto el interruptor S_1 y cerrado el S_2. En el instante $t = 0$ se cierra S_1, permaneciendo S_2 cerrado y 4 ms más tarde se abre S_2, continuando S_1 cerrado. Hállense las expresiones y representaciones gráficas de la intensidad y tensión de la bobina para $t \geq 0$. ($e = 2{,}7166$ y $e^{-2} = 0{,}1355$).

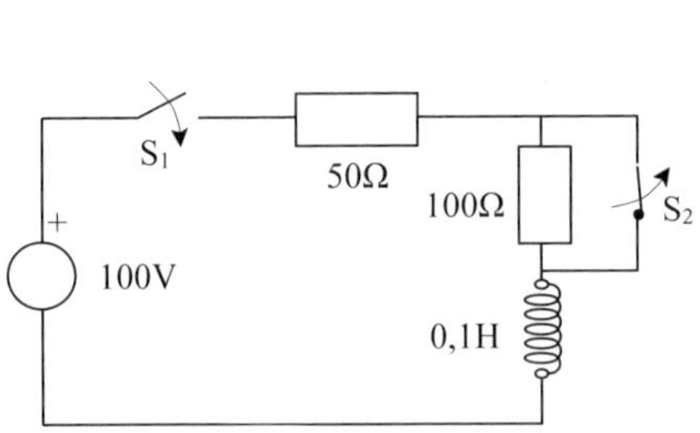

Para t=0 (cierre de S_1)

La constante de tiempo del circuito en estas condiciones es:

$$\tau_1 = \frac{L}{R} = \frac{0,1}{50} = 0,002s = 2\ ms$$

Y los valores iniciales y finales para la tensión y la intensidad son:

$$i(0^+) = i(0^-) = 0 \qquad u(0^-) = 0 \qquad u(0^+) = 100V$$

$$i(\infty) = \frac{100}{50} = 2A \qquad u(\infty) = 0$$

Por ser de corriente continua la fuente de excitación, las ecuaciones serán:

$$f(t) = f(\infty) - [f(\infty) - f(0)]\, e^{-\frac{t}{\tau}}$$

$$i(t) = 2 - 2\, e^{-\frac{t}{0,002}} = 2\left(1 - e^{-500t}\right)$$

$$u(t) = 100\, e^{-\frac{t}{0,002}} = 100\, e^{-500t}$$

Transcurrido un tiempo t = 0,004 s, se tienen los valores:

$$i(0,004^-) = 2\left(1 - e^{-2}\right) = 1,729\,A$$

$$u(0,004^-) = 100e^{-2} = 13,55V$$

Para t =4 ms (con S_1 cerrado y S_2 abierto). Sustituyendo la bobina por su equivalente de Norton, se tiene el siguiente circuito equivalente:

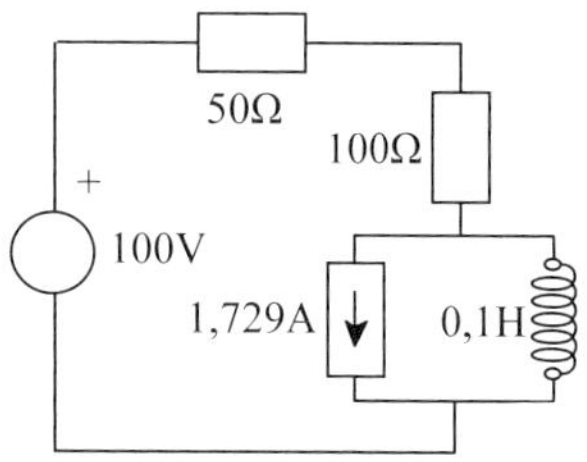

Su constante de tiempo es:

$$\tau_2 = \frac{L}{R_{equ}} = \frac{0,1}{150} = 0,000667s = 0,667ms$$

Y sus valores iniciales y finales, teniendo en cuenta el comportamiento de la bobina:

$$i\left(0{,}004^{+}\right)=i\left(0{,}004^{-}\right)=1{,}729\,A$$
$$u\left(0{,}004^{+}\right)=100\ V-R_{equ}\ i\left(0{,}004^{+}\right)=100\text{-}\ 150{*}1{,}729=-159{,}35V$$
$$i\left(\infty\right)=\frac{100}{150}=0{,}667\,A \qquad u\left(\infty\right)=0$$

Las ecuaciones serán:

$$i\left(t-0{,}004\right)=0{,}667-\left(0{,}667-1{,}729\right)e^{-\frac{t-0{,}004}{0{,}000667}}=$$
$$=0{,}667+1{,}062\ e^{-1500\left(t-0{,}004\right)}$$
$$u\left(t-0{,}004\right)=-159{,}35\ e^{-1500\left(t-0{,}004\right)}$$

Representaciones gráficas:

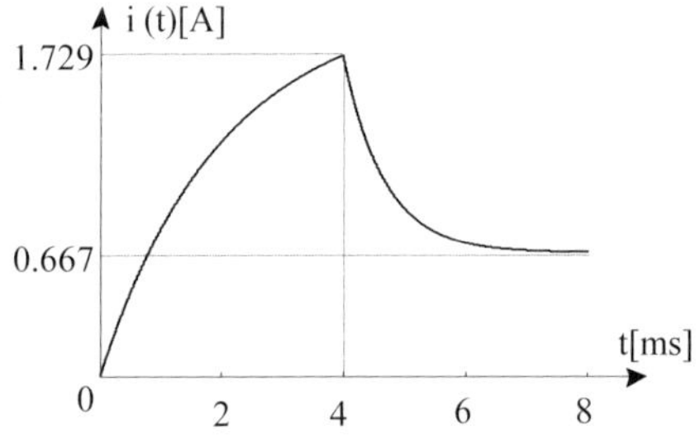

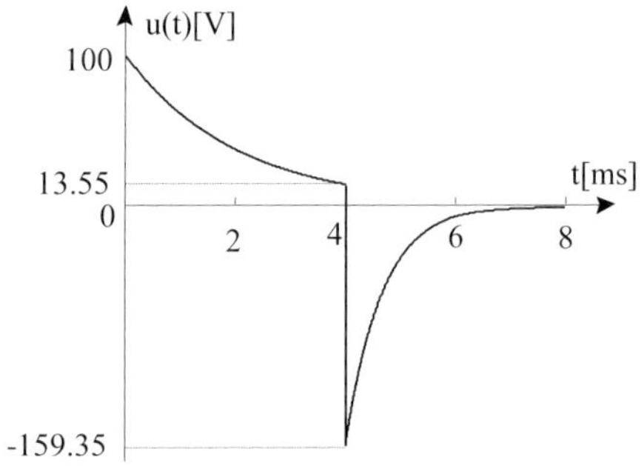

PROBLEMA 7.12

En el circuito de la figura, los interruptores S_1 y S_3 están inicialmente abiertos y el S_2 cerrado. En el instante t = 0 se cierra el interruptor S_1, sin modificarse los otros. A los 4 ms se abre el S_2 y 4 ms más tarde se cierra el S_3, y se abre el S_1, permaneciendo abierto el S_2. Hállense las expresiones y representaciones gráficas de la evolución de la intensidad, la carga y la tensión en el condensador para t≥0.

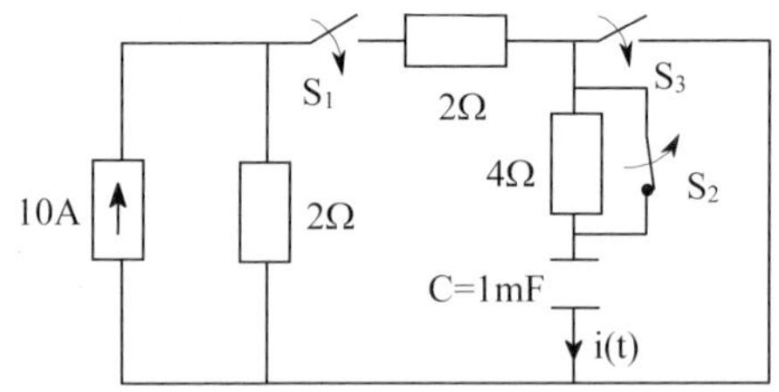

1) S_1 y S_2 cerrados y S_3 abierto (t = 0).

Constante de tiempo del circuito en estas circunstancias:

$$\tau_1 = R_{equ1}\, C = (2+2)*10^{-3} = 0{,}004s = 4ms$$

Valores iniciales (para t = 0^+) y finales (para t = ∞) de la tensión, la intensidad y la carga, teniendo en cuenta el comportamiento del condensador y que este está inicialmente descargado:

$$u_C(0) = 0\,V \qquad i_C(0) = 10\,\frac{2}{2+2} = 5\,A \qquad q_C(0) = 0\,C$$

$$u_C(\infty) = 10*2 = 20V \qquad i_C(\infty) = 0A \qquad q_C(\infty) = C\,u_C(\infty) = 20*10^{-3} = 0{,}02C$$

La excitación es en corriente continua y las ecuaciones serán:

$$f(t) = f(\infty) - [f(\infty) - f(0)]e^{-\frac{t}{\tau}}$$

$$u_C(t) = 20\left(1 - e^{-\frac{t}{0{,}004}}\right) = 20\left(1 - e^{-250t}\right)$$

$$i_C(t) = 5\,e^{-250t}$$

$$q_C(t) = 0{,}02\left(1 - e^{-250t}\right)$$

Para t = 4 ms se alcanzarán los valores:

$$u_C(0{,}004^-) = 12{,}64V \qquad i_C(0{,}004^-) = 1{,}84A \qquad q_C(0{,}004^-) = 0{,}0126C$$

2) S_1 cerrado, S_2 y S_3 abiertos (t = 4 ms). Se tiene el diagrama equivalente que se representa en la figura, en el que se ha sustituido el condensador cargado por su equivalente de Thevenin.

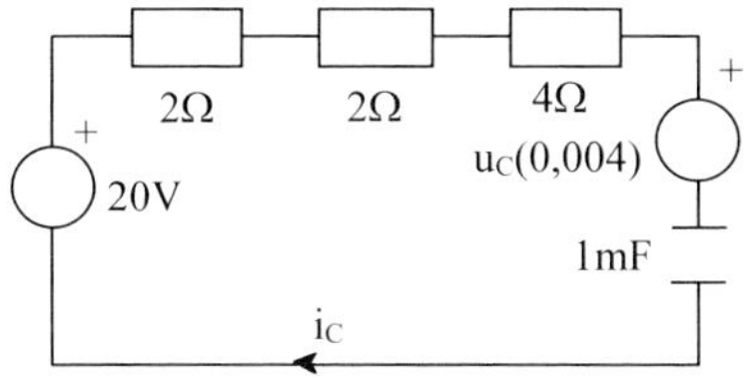

Constante de tiempo:

$$\tau_2 = R_{equ2}\, C = 8*10^{-3} = 0{,}008s = 8ms$$

En el instante inicial de la nueva situación, el condensador mantiene su tensión y carga, empezando con ellos su evolución. La intensidad tiene que adaptarse para que se cumplan las leyes de Kirchhoff del circuito. Se tiene así, para los valores iniciales y finales de esta etapa:

$$u_C\left(0{,}004^+\right) = u_C\left(0{,}004^-\right) = 12{,}64\,V$$
$$i_C\left(0{,}004^+\right) = \frac{20-12{,}64}{8} = 0{,}92\,A$$
$$q_C\left(0{,}004^+\right) = 0{,}0126C$$
$$u_C(\infty) = 20V \qquad i_C(\infty) = 0\,A \qquad q_C(\infty) = 0{,}02C$$

Las ecuaciones son:

$$u_C(t-0{,}004) = 20 - [20-12{,}64]\,e^{-\frac{t-0{,}004}{0{,}008}} = 20 - 7{,}36\,e^{-\frac{t-0{,}004}{0{,}008}}\,V$$
$$i_C(t-0{,}004) = 0{,}92\,e^{-\frac{t-0{,}004}{0{,}008}}\,A$$
$$q_C(t-0{,}004) = 0{,}02 - 0{,}0074\,e^{-\frac{t-0{,}004}{0{,}008}}\,C$$

Transcurridos otros 4 ms (para t = 8 ms) se tendrán los valores:

$$u_C\left(0{,}008^-\right) = 20 - 7{,}36\,e^{-\frac{1}{2}} = 15{,}51\,V$$
$$i_C\left(0{,}008^-\right) = 0{,}92\,e^{-\frac{1}{2}} = 0{,}56\,A$$
$$q_C\left(0{,}008^-\right) = 0{,}02 - 0{,}0074\,e^{-\frac{1}{2}} = 0{,}0155C$$

3) S_1 y S_2 abiertos y S_3 cerrado (t = 8 ms). No existe fuente de excitación y el condensador se descarga a través de la resistencia de 4 Ω. Se tiene el siguiente circuito y la constante de tiempo, y valores iniciales y finales:

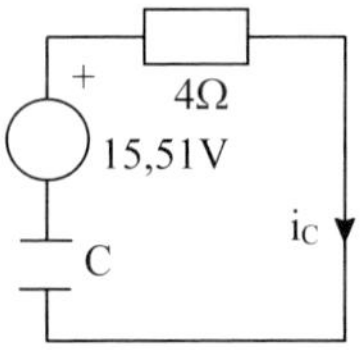

$$\tau = R_{equ}\,C = 4*10^{-3} = 0{,}004\,s = 4\,ms$$
$$u_C\left(0{,}008^+\right) = u_C\left(0{,}008^-\right) = 15{,}51V$$
$$i_C\left(0{,}008^+\right) = -\frac{15{,}51}{4} = -\,3{,}88\,A$$
$$q_C\left(0{,}008^+\right) = 0{,}0155C$$

Para t = ∞ $\qquad u_C(\infty) = 0V \qquad i_C(\infty) = 0\,A \qquad q_C(\infty) = 0C$

Las ecuaciones son:

$$u_C(t-0{,}008) = 15{,}51e^{-\frac{t-0{,}008}{0{,}004}}\,V$$
$$i_C(t-0{,}008) = -3{,}88\,e^{-\frac{t-0{,}008}{0{,}004}}\,A$$
$$q_C(t-0{,}008) = 0{,}0155e^{-\frac{t-0{,}008}{0{,}004}}\,C$$

Representaciones gráficas:

Las ecuaciones de la carga y de la tensión (al margen de las unidades) son las mismas, pues hay que tener en cuenta que q(t) =Cu(t). Se utiliza la misma gráfica para representar ambas variables.

Se tiene:

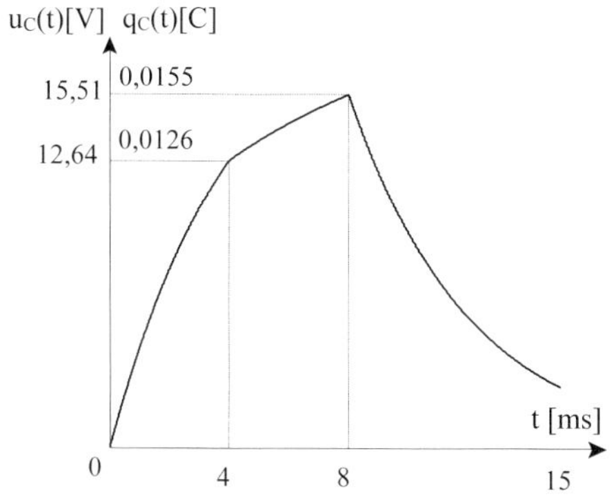

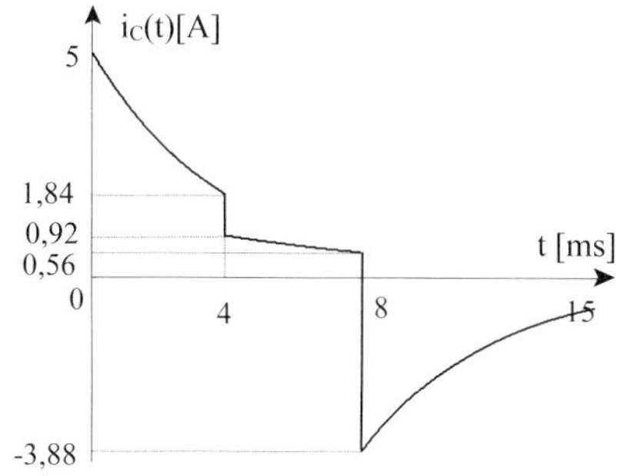

PROBLEMA 7.13

En el circuito de la figura, el interruptor S está inicialmente en la posición 1 (estando la bobina descargada). En el instante t=0 pasa a la posición 2, después de 0,2 segundos vuelve a la posición 1 y 0,2 segundos más tarde conmuta de nuevo a la posición 2. Hállense las funciones y representaciones gráficas de la evolución de la tensión e intensidad en la bobina para t≥0.

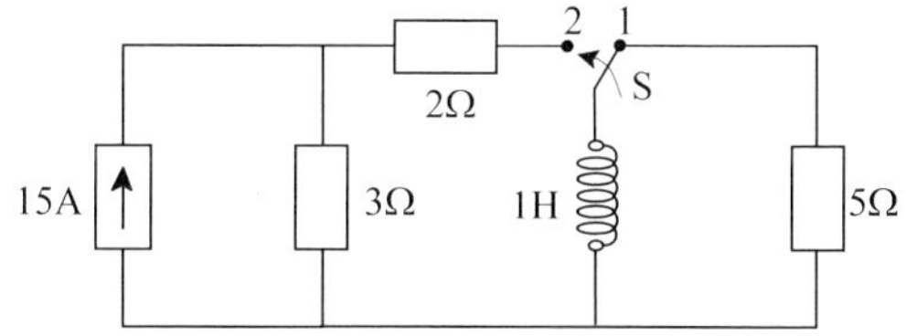

1) Conmutación de la posición 1 a la 2 (para t=0).

La constante de tiempo del circuito para esta configuración es:

$$\tau_1 = \frac{L}{R_{equ1}} = \frac{1}{3+2} = 0{,}2\,s = 200\,ms$$

Teniendo en cuenta el comportamiento de una bobina y que está inicialmente descargada, los valores iniciales (para t=0) y finales (para t=∞) de la tensión y de la intensidad serán:

$$u_L(0)=15*3=45\,V \qquad i_L(0)=0\,A$$

$$u_L(\infty)=0V \qquad i_L(\infty)=15\,\frac{3}{5}\,A=9\,A$$

Las ecuaciones de la tensión e intensidad en la bobina son:

$$f(t)=f(\infty)-[f(\infty)-f(0)]\,e^{-5t}$$

$$u_L(t)=45\,e^{-5t}\,V$$

$$i_L(t)=9\,(1-e^{-5t})A$$

Para t = 0,2 s se habrán alcanzado los valores:

$$u_L(0{,}2^-)=45\,e^{-1}=16{,}65\,V \qquad i_L(0{,}2^-)=9\,(1-e^{-1})=5{,}67\,A$$

2) Conmutación de S a la posición 1 (t=0,2 s). Se sustituye la bobina cargada por su equivalente de Thevenin y se tiene el circuito que se representa en la figura.

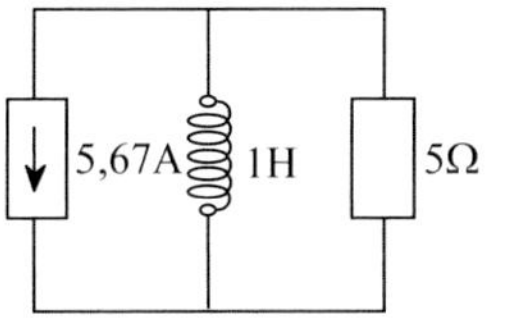

La constante de tiempo es:

$$\tau_2=\frac{L}{R_{equ2}}=\frac{1}{5}=0{,}2s=200ms$$

Valores iniciales y finales. En el instante inicial de esta nueva situación, la bobina mantiene su intensidad, teniendo que adaptarse la tensión para que se cumplan las leyes de Kirchhoff del circuito.

$$i_L(0{,}2s^+)=i_L(0{,}2s^-)=5{,}67\,A$$

$$u_L(0{,}2s^+)=-5*5{,}67=-28{,}35\,V$$

$$\text{Para t}=\infty \qquad u_L(\infty)=0\,V \qquad i_L(\infty)=0\,A$$

Las ecuaciones de la tensión e intensidad en la bobina ahora son:

$$u_L(t-0{,}2)=-28{,}35\,e^{-5(t-0{,}2)}\,V$$

$$i_L(t-0{,}2)=5{,}67\,e^{-5(t-0{,}2)}\,A$$

Y transcurridos 0,2 s, es decir para t = 0,4 s, se tendrán los valores:

$$u_L(0{,}4s^-)=-28{,}35e^{-1}=-10{,}5V \qquad i_L(0{,}4s^-)=5.67e^{-1}=2{,}1A$$

3) Conmutación de S de nuevo a la posición 2 (t=0,4s). Se tiene el circuito inicial. La constante de tiempo es $\tau_2=\tau=0{,}2s=200$ ms. Los valores iniciales y finales ahora son:

$$i_L(0{,}4s^+)=i_L(0{,}4s^-)=2{,}1\,A \qquad u_L(0{,}4s^+)=(15-2{,}1)*3-2{,}1*2=34{,}5V$$

$$\text{Para t}=\infty \qquad u_L(\infty)=0\,V \qquad i_L(\infty)=9\,A$$

Las ecuaciones son:

$$u_L(t-0{,}4)=34{,}5\; e^{-5(t-0{,}4)}\; V$$
$$i_L(t-0{,}4)=9-6{,}9\; e^{-5(t-0{,}4)}\; A$$

Representaciones gráficas:

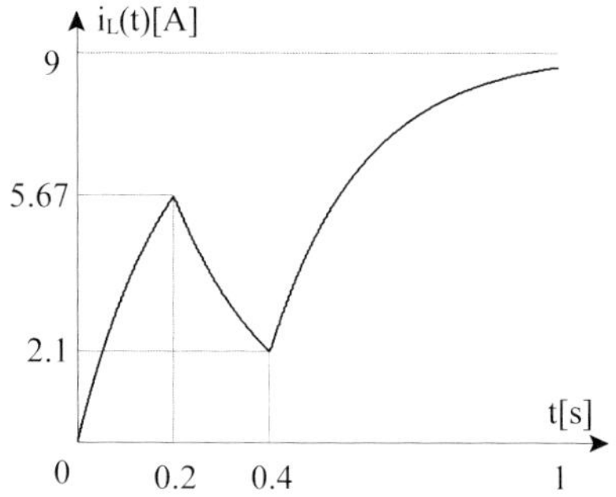

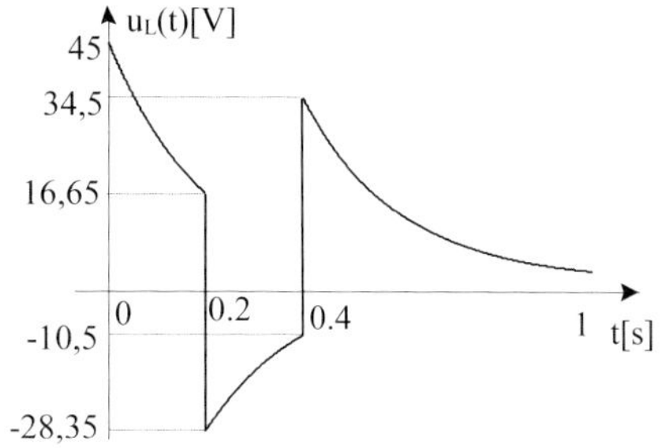

PROBLEMA 7.14

En el circuito de la figura los interruptores S_1 y S_2 están inicialmente abiertos. En el instante t=0 se cierra el interruptor S_1 y 250 ms más tarde se cierra el S_2, permaneciendo cerrado también el S_1. Hállense las expresiones y representaciones gráficas de la intensidad y la tensión en la bobina para t≥0.

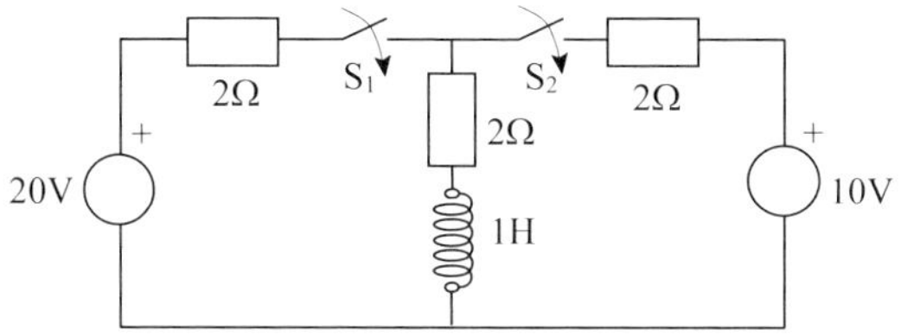

1) Se cierra S_1, permaneciendo S_2 abierto (t=0).

La constante de tiempo del circuito es:

$$\tau_1=\frac{L}{R_{equ1}}=\frac{1}{2+2}=0{,}25s=250\,ms$$

Y los valores iniciales y finales, recordando el comportamiento de una bobina, son:

Para t = 0 $\quad u_L(0)=10\,V \quad i_L(0)=0\,A$

Para t = ∞ $\quad u_L(\infty)=0V \quad i_L(\infty)=\frac{10}{4}=2{,}5\,A$

Por ser las excitaciones en corriente continua, las ecuaciones serán:

$$f(t)=f(\infty)-[f(\infty)-f(0)]\,e^{-\frac{t}{\tau}}$$

$$i_L(t)=2{,}5\left(1-e^{-\frac{t}{0{,}25}}\right)=2{,}5\left(1-e^{-4t}\right)$$

$$u_L(t)=10e^{-4t}$$

Transcurridos 250 ms se habrán alcanzado los valores:

$$i_L(0{,}25^-)=1{,}575A \qquad u_L(0{,}25^-)=3{,}7V$$

2) Se cierra S_2, permaneciendo cerrado S_1 (t =250 ms). La bobina intenta conservar su intensidad a pesar del cambio instantáneo de situación de funcionamiento. Se tiene el circuito equivalente que se representa en la figura.

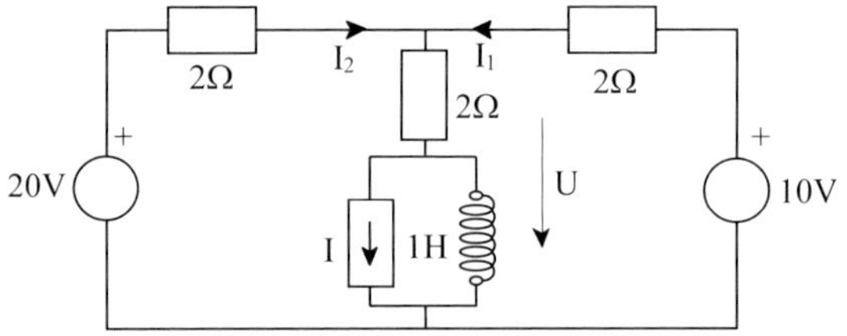

La constante de tiempo es:

$$\tau_2=\frac{L}{R_{equ2}}=\frac{1}{2+\frac{2*2}{4}}=\frac{1}{3}=0{,}33\,s=330ms$$

Aplicando el sistema de resolución de circuitos por mallas:

$$\left.\begin{array}{l}20-2I_2=U\\10-2I_1=U\\I_1+I_2=I=1{,}575\end{array}\right\}\qquad \begin{array}{l}20-2I_2=U\\10-2\,(1{,}575-I_2)=U\end{array}$$

$$U=13{,}425V \qquad U_L=13{,}425-2*1{,}575=10{,}275\,V$$

Así, los valores iniciales son:

$$\text{Para t}=250\,\text{ms}^+ \qquad u_L(0{,}25^+)=10{,}275V \qquad i_L(0{,}25^+)=1{,}575A$$

Para t = ∞, se puede considerar el esquema:

$$u_L(\infty) = 0V$$
$$i_L(\infty) = \frac{10+5}{3} = 5A$$

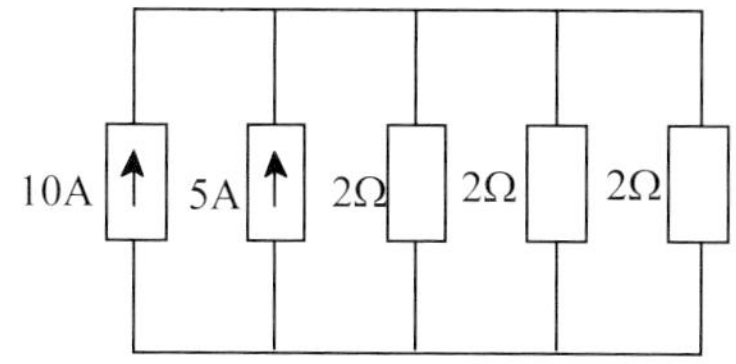

Y las ecuaciones son:

$$i_L(t-0,25) = 5 - [5 - 1,575\ ]\, e^{-\frac{t-0,25}{0,33}} = 5 - 3,425\, e^{-\frac{t-0,25}{0,33}}\ A$$

$$u_L(t-0,25) = 10,275\, e^{-\frac{t-0,25}{0,33}}\ V$$

Representaciones gráficas:

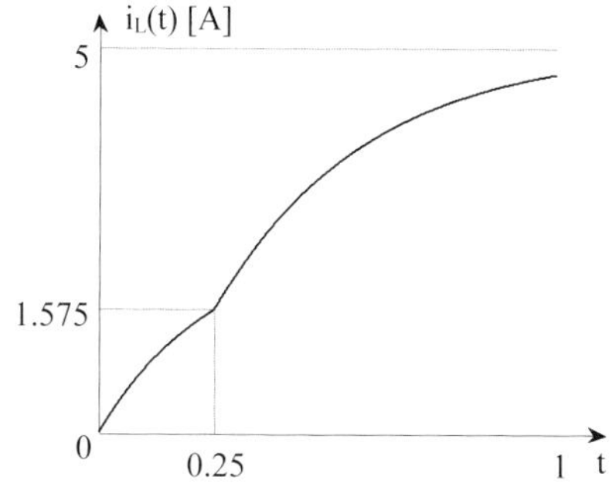

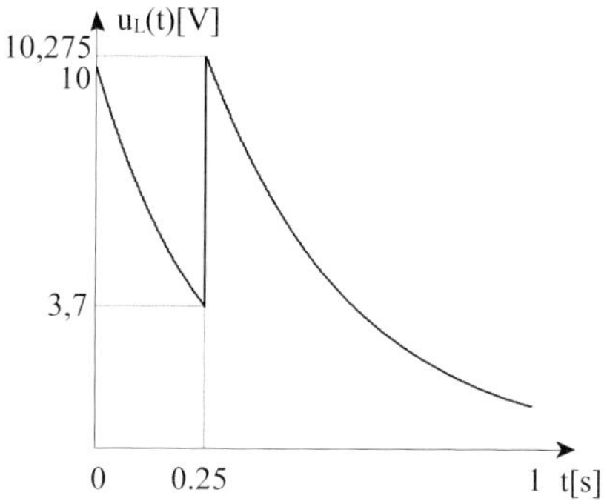

PROBLEMA 7.15

El interruptor S del circuito de la figura está inicialmente en la posición 0. En el instante t=0 pasa a la posición 1 y 6 ms más tarde pasa a la posición 2. Hállense las expresiones y representaciones gráficas de la evolución de la intensidad y de la tensión en cada una de las bobinas para t≥0.

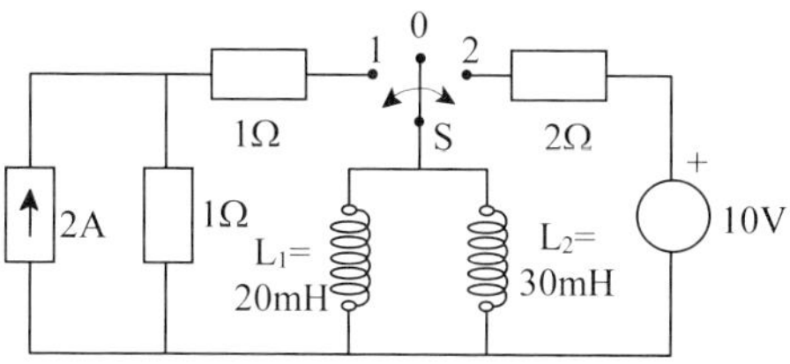

Las dos bobinas están sometidas a la misma tensión y respecto a la corriente forman un divisor de intensidad. Se puede tratar como una sola bobina equivalente y luego aplicar el reparto de intensidad inversamente proporcional a sus valores.

Conmutación a la posición 1 (para t = 0).

La constante de tiempo es:

$$L_{equ}=\frac{L_1\ L_2}{L_1+L_2}=\frac{20*30}{50}=12\ mH \qquad \tau=\frac{L_{equ}}{1+1}=\frac{0{,}012}{2}=0{,}006s$$

Valores iniciales:

$$i_{L1}(0)=i_{L2}(0)=i_{Lequ}(0)=0$$
$$u_{L1}(0)=u_{L2}(0)=u_{Lequ}(0)=2A*1\Omega=2V$$

Valores finales:

Para t = ∞ $\quad i_{Lequ}(\infty)=\frac{2}{2}=1A \qquad i_{L1}(\infty)=\frac{1}{5}3=0{,}6\,A$

$$i_{L2}(\infty)=\frac{2}{5}=0{,}4\,A \qquad u_{L1}(\infty)=u_{L2}(\infty)=0V$$

Por ser las fuentes de CC se aplicará la siguiente ecuación:

$$f(t)=f(\infty)-[f(\infty)-f(0)]\ e^{-\frac{t}{\tau}}$$

Y se tienen las ecuaciones:

$$i_{Lequ}(t)=1\left(1-e^{-\frac{t}{0{,}006}}\right) \qquad u(t)=2\ e^{-\frac{t}{0{,}006}}$$
$$i_{L1}(t)=0{,}6\left(1-e^{-\frac{t}{0{,}006}}\right) \qquad i_{L2}(t)=0{,}4\left(1-e^{-\frac{t}{0{,}006}}\right)$$

Transcurridos 6 ms se tendrán los valores:

$$i_{Lequ}(0{,}006^-)=0{,}63A \qquad i_{L1}(0{,}006^-)=0{,}378A$$
$$i_{L2}(0{,}006^-)=0{,}252\,A \qquad u(0{,}006^-)=\ 0{,}74V$$

Conmutación a la posición 2 (t =6 ms$^+$). Se sustituye la bobina cargada por su equivalente de Norton. Se considera el siguiente circuito equivalente:

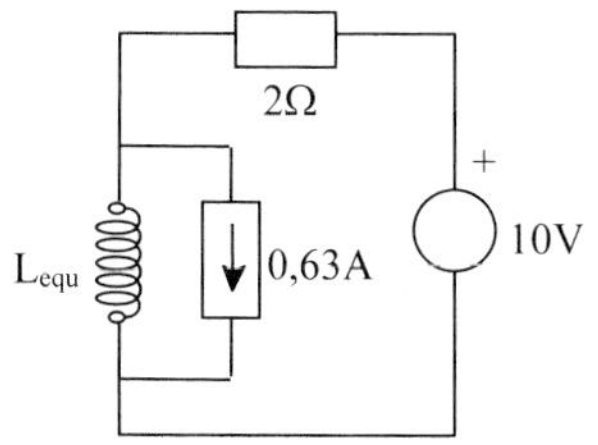

Constante de tiempo:

$$\tau = \frac{L_{equ}}{2} = \frac{0,012}{2} = 0,006s$$

Valores iniciales y finales:

$$i_{Lequ}\left(0,006^{+}\right) = i_{Lequ}\left(0,006^{-}\right) = 0,63\,A \qquad u\left(0,006^{+}\right) = 10 - 2\,i\left(0,006^{+}\right) = 8,74V$$

$$i_{Lequ}\left(\infty\right) = \frac{10}{2} = 5A \qquad u\left(\infty\right) = 0V$$

Las ecuaciones son:

$$i_{Lequ}\left(t - 0,006\right) = 5 - \left(5 - 0,63\right)e^{-\frac{t\,-\,0,006}{0,006}} \qquad u\left(t - 0,006\right) = 8,74^{-\frac{t\,-\,0,006}{0,006}}$$

$$i_{L1}\left(t - 0,006\right) = 0,6\,i_{Lequ}\left(t - 0,006\right) \qquad i_{L2}\left(t - 0,006\right) = 0,4\,i_{Lequ}\left(t - 0,006\right)$$

Representaciones gráficas:

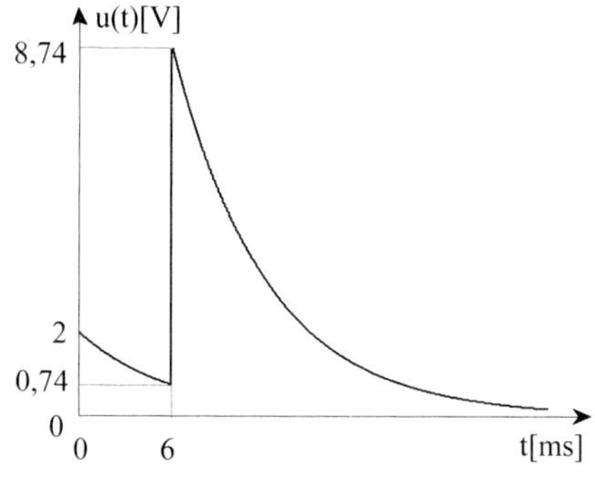

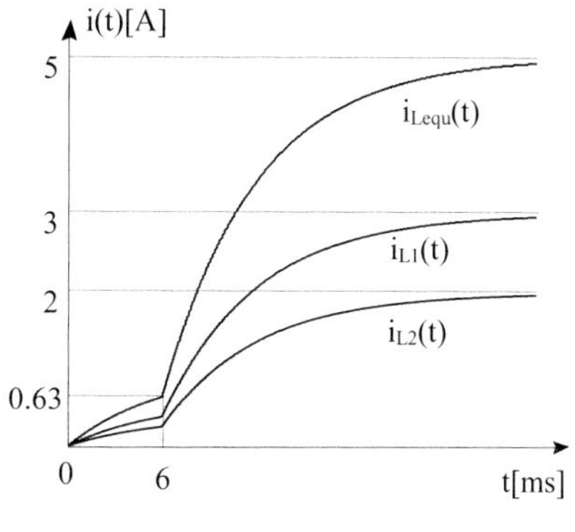

PROBLEMA 7.16

En el circuito de la figura el condensador C está inicialmente cargado con $Q_1 = 300\ \mu C$ y en el instante t = 0 se cierra el interruptor S. Hállense las ecuaciones de la tensión y de la intensidad en cada uno de los condensadores y su representación gráfica para $t \geq 0$.

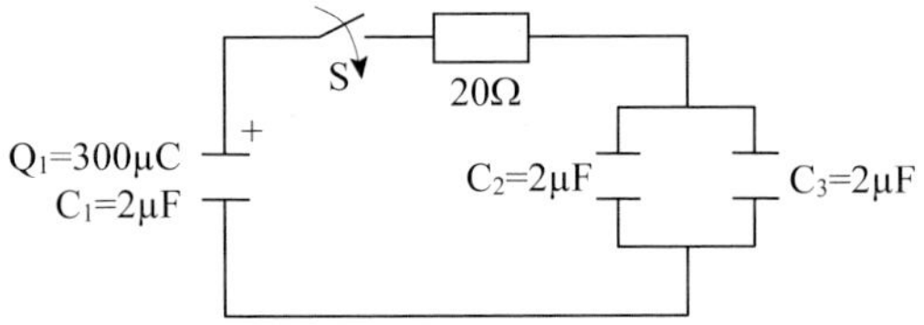

El condensador C_1 está cargado con una carga de 300 μC y tendrá una tensión de:

$$u_{C1}(0)=\frac{300\mu C}{6\mu F}=50V$$

Y se sustituye por su equivalente de Thevenin (una fuente de tensión de 50 V y el condensador descargado). Puede considerarse el circuito:

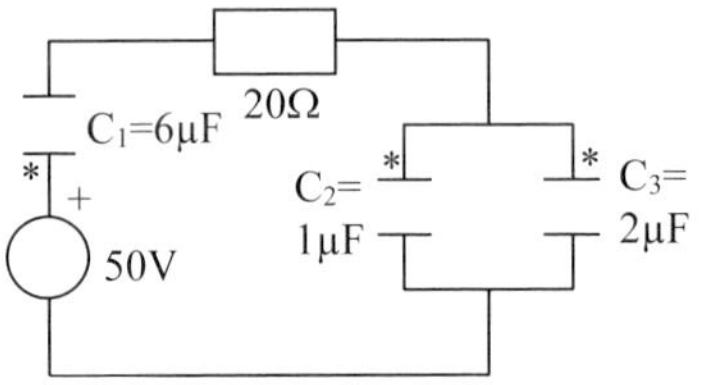

La capacidad equivalente y la constante de tiempo del circuito son:

$$C_{equ}=\frac{(1+2)*6}{1+2+6}=2\mu F$$

$$\tau=RC=20*2*10^{-6}=40\mu s$$

Valores iniciales, para t = 0. Se tiene:

$$u_{C1}(0)=50V \qquad u_{C2}(0)=u_{C3}(0)=0 \qquad i_{C1}(0)=\frac{50}{R}=\frac{50}{20}=2{,}5\,A$$

$$i_{C2}(0)=\frac{2{,}5}{C_2+C_3}C_2=0{,}833\,A \qquad i_{C3}(0)=\frac{2{,}5}{C_2+C_3}C_3=1{,}66\,A$$

Valores finales, para t = ∞. Los 50 V se reparten de manera inversamente proporcional a la capacidad C_1 y a la capacidad equivalente de los otros dos (C_{equ}). El positivo de los condensadores será la placa marcada con (*). La tensión total de C_1 será la que le corresponda en este reparto más la que tenía inicialmente. La intensidad en los condensadores 2 y 3 se reparte en relación directa a sus valores.

$$u_{C1}(\infty)=50-\frac{50}{C_{equ}+C_1}C_{equ}=50-16{,}66=33{,}33V$$

$$u_{C2}(\infty)=u_{C3}(\infty)=\frac{50}{C_{equ}+C_1}C_1=33{,}33\ V \qquad i_{C1}(\infty)=i_{C2}(\infty)=i_{C3}(\infty)=0$$

Las ecuaciones de las tensiones son:

$$u_{C1}(t)=u_{C1}(\infty)-[\ u_{C1}(\infty)-u_{C1}(0)\ ]e^{-\frac{t}{\tau}}=$$
$$=33{,}33-[33{,}33-50]e^{-25000t}=33{,}33+16{,}66\ e^{-25000t}\ V$$

$$u_{C2}(t)=u_{C3}(t)=33{,}33-[33{,}33-0]\ e^{-\frac{t}{\tau}}\ =33{,}33(1-e^{-25000t})V$$

Se puede comprobar que para t = ∞ los tres condensadores tienen la misma tensión entre sus placas.

Para las intensidades se tienen las ecuaciones:

$$i_{C1}(t) = 2{,}5\ e^{-25000t}\ A$$
$$i_{C2}(t) = 0{,}83\ e^{-25000t}\ A$$
$$i_{C3}(t) = 1{,}66\ e^{-25000t}\ A$$

La intensidad del condensador 1 es igual a la suma de las intensidades de los condensadores 2 y 3.

Representaciones gráficas:

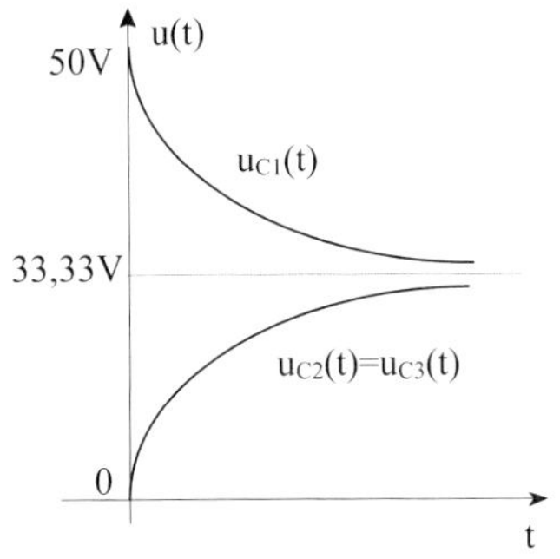

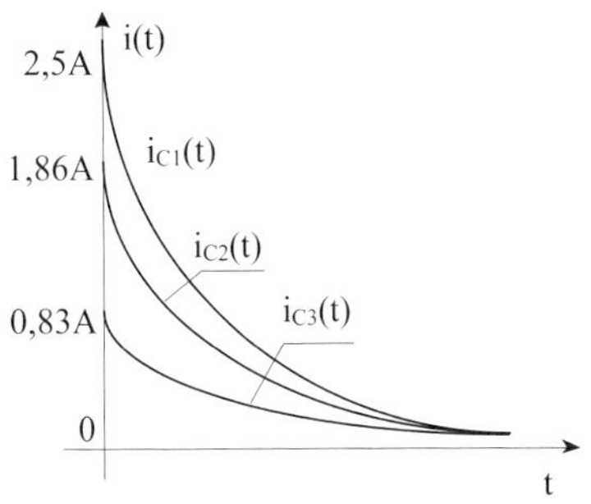

PROBLEMA 7.17

En el circuito de la figura, el condensador C_1 tiene una tensión U_0 con el interruptor S abierto. Este se cierra en el instante t = 0. Calcúlense las expresiones de la tensión, la intensidad y la carga en cada condensador para t ≥0.

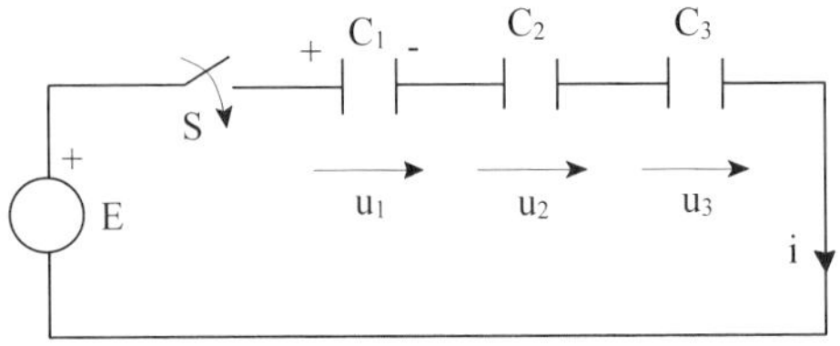

Antes de cerrar el interruptor, para $t = 0^-$, los valores de la tensión, la intensidad y la carga en los condensadores son:

$$u_1(0^-) = U_0 \qquad u_2(0^-) = 0 \qquad u_3(0^-) = 0 \qquad i(0^-) = 0$$
$$q(t) = C\,u(t) \qquad q_1(0^-) = C_1\,u_1(0^-) = C_1\,U_0$$
$$q_2(0^-) = C_2\,u_2(0^-) = 0 \qquad q_3(0^-) = C_3\,u_3(0^-) = 0$$

Sustituyendo el condensador por su equivalente de Thevenin, se puede considerar el siguiente circuito:

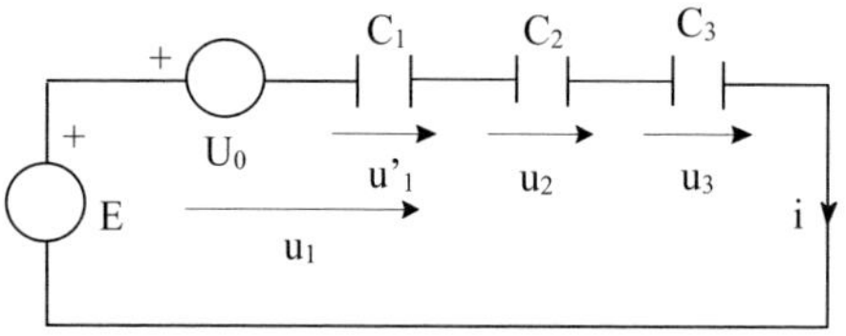

La capacidad equivalente del conjunto de condensadores en serie es:

$$C_{equ} = \frac{1}{\frac{1}{C_1} + \frac{1}{C_2} + \frac{1}{C_3}}$$

Después de cerrar el interruptor, para t = 0 $^+$ se tienen los valores:

$$u_1'(0^+) = u_1'(\infty) = (E - U_0)\frac{C_{equ}}{C_1}$$

$$E = u_1(0^+) + u_2(0^+) + u_3(0^+)$$

Balance de cargas. Por estar en serie, la variación de cargas es la misma en los tres condensadores. Se tiene:

$$\Delta q_1 = \Delta q_2 = \Delta q_3 \qquad C_1\left[u_1(0^+) - U_0\right] = C_2 u_2(0^+) = C_3 u_3(0^+)$$

La tensión en los condensadores se reparte en relación inversa al valor de su capacidad. Al condensador 1 hay que sumarle además la que tenía al principio. Se tiene:

$$u_1(0^+) = u_1'(0^+) + U_0 = (E - U_0)\frac{C_{equ}}{C_1} + U_0 = u_1(\infty)$$

$$u_2(0^+) = (E - U_0)\frac{C_{equ}}{C_2} = u_2(\infty)$$

$$u_3(0^+) = (E - U_0)\frac{C_{equ}}{C_3} = u_3(\infty)$$

Y la carga:

$$q_1(0^+) = C_1\, u_1(0^+) = (E - U_0)C_{equ} + C_1 U_0$$

$$q_2(0^+) = C_2\, u_2(0^+) = (E - U_0)C_{equ}$$

$$q_3(0^+) = C_3\, u_3(0^+) = (E - U_0)C_{equ}$$

Para la intensidad se tiene la expresión:

$$i(t) = (E - U_0)C_{equ}\delta(t)$$

Puede comprobarse que el balance de tensiones es:

$$u_1(0^+)+u_2(0^+)+u_3(0^+)=(E-U_0)C_{equ}\left(\frac{1}{C_1}+\frac{1}{C_2}+\frac{1}{C_3}\right)+U_0=$$

$$=(E-U_0)C_{equ}\frac{1}{C_{equ}}+U_0=E$$

Y el balance de cargas:

$$q_T(0^+)=q_1(0^+)+q_2(0^+)+q_3(0^+)=C_1u_1(0^+)+C_2u_2(0^+)+\ C_3u_3(0^+)=$$
$$=3\ (E-U_0)C_{equ}+C_1U_0$$

PROBLEMA 7.18

En el circuito de la figura se cierra el interruptor S en el instante t = 0.

a) Calcúlense las tensiones $u_1(t)$, $u_2(t)$ y la intensidad i(t) para t≥0, siendo las condiciones iniciales: $u_1(0^-) = U_1$ y $u_2(0^-) = 0$.

b) Si los condensadores están inicialmente descargados, determínese C_1 para que la respuesta $u_2(t)$ sea un escalón a una entrada escalón.

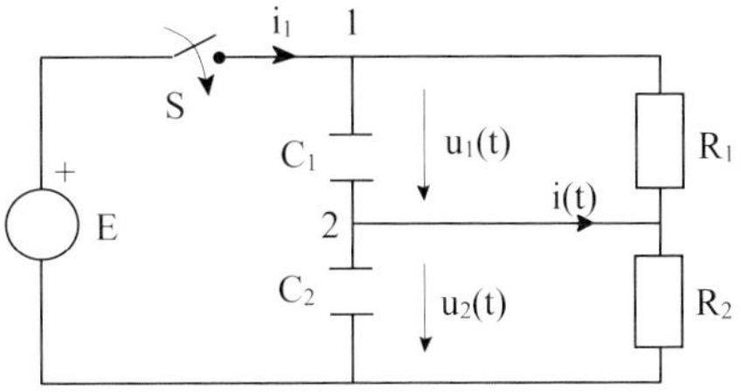

a) De la ecuación de conservación de la energía se obtiene que el incremento de carga de los dos condensadores debe ser el mismo, pues forman un divisor de tensión.

$$\Delta q_1=\Delta q_2$$

Para t = 0 (cierre del interruptor), se calculan los valores de la tensión y de la intensidad i(t).

$$\left.\begin{array}{l} C_1\left[u_1(0^+)-U_1\right]=C_2\left[u_2(0^+)-0\right] \\ E=u_1(0^+)+u_2(0^+) \end{array}\right\}$$

$$u_1(0^+)=\frac{C_1U_1+C_2E}{C_1+C_2} \qquad u_2(0^+)=\frac{C_1E-C_1U_1}{C_1+C_2}$$

$$i(0^-) = -\frac{U_1}{R_1} \qquad i(0^+) = \frac{u_2(0^+)}{R_2} - \frac{u_1(0^+)}{R_1} = \frac{C_1E - C_1U_1}{R_2(C_1 + C_2)} - \frac{C_1U_1 + C_2E}{R_1(C_1 + C_2)}$$

La impedancia operacional equivalente vista por la fuente de tensión es:

$$Z_{equ} = \frac{\frac{1}{C_1D}R_1}{\frac{1}{C_1D} + R_1} + \frac{\frac{1}{C_2D}R_2}{\frac{1}{C_2D} + R_2} = \frac{R_1}{1 + R_1C_1D} + \frac{R_2}{1 + R_2C_2D} =$$

$$= \frac{R_1(1 + R_2C_2D) + R_2(1 + R_1C_1D)}{(1 + R_1C_1D)(1 + R_2C_2D)}$$

Y la intensidad i que proporciona la fuente:

$$i_1 = \frac{E}{Z_{equ}} = \frac{(1 + R_1C_1D)*(1 + R_2C_2D)}{1 + \frac{R_1R_2}{R_1 + R_2}(C_1 + C_2)D} \frac{E}{R_1 + R_2}$$

La constante de tiempo del circuito es:

$$\tau = \frac{R_1R_2}{R_1 + R_2}(C_1 + C_2)$$

De las ecuaciones anteriores se deduce que el circuito es de primer orden.

Para t = ∞ (estado de régimen permanente), los condensadores se comportan como circuitos abiertos y se tiene:

$$u_1(\infty) = \frac{R_1}{R_1 + R_2}E \qquad u_2(\infty) = \frac{R_2}{R_1 + R_2}E \qquad i(\infty) = 0$$

Y se tienen las ecuaciones:

$$u_1(t) = \frac{R_1}{R_1 + R_2}E - \left[\frac{R_1}{R_1 + R_2}E - \frac{C_1U_1 + C_2E}{C_1 + C_2}\right]e^{-\frac{t}{\tau}}$$

$$u_2(t) = \frac{R_2}{R_1 + R_2}E - \left[\frac{R_2}{R_1 + R_2}E - \frac{C_1E - C_1U_1}{C_1 + C_2}\right]e^{-\frac{t}{\tau}}$$

$$i(t) = \left[\frac{C_1E - C_1U_1}{R_2(C_1 + C_2)} - \frac{C_1U_1 + C_2E}{R_1(C_1 + C_2)}\right]e^{-\frac{t}{\tau}}$$

Se indica la representación gráfica de $u_1(t)$ (la de $u_2(t)$ es similar) y de $i(t)$.

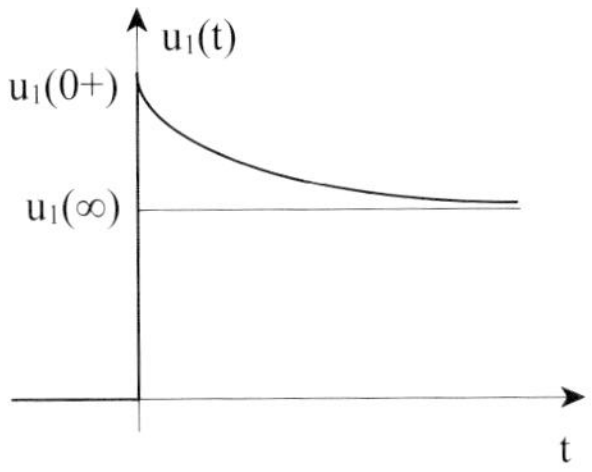

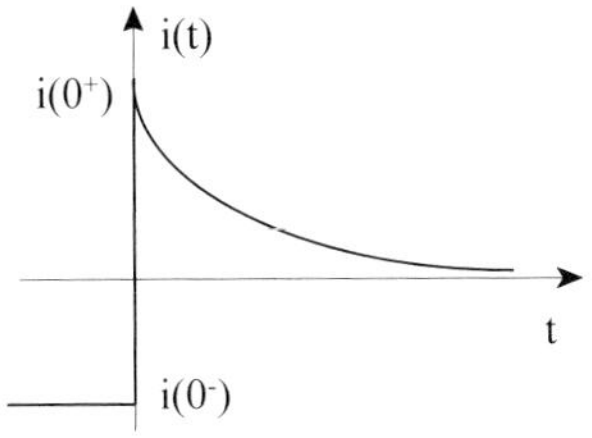

b) Si los condensadores están inicialmente descargados se tiene:

$$u_2(0^+)=u_2(0^-)=0$$

Las ecuaciones anteriores para estas condiciones iniciales son:

$$u_1(t)=\frac{R_1}{R_1+R_2}E-\left[\frac{R_1}{R_1+R_2}E-\frac{C_2}{C_1+C_2}E\right]e^{-\frac{t}{\tau}}$$

$$u_2(t)=\frac{R_2}{R_1+R_2}E-\left[\frac{R_2}{R_1+R_2}E-\frac{C_1}{C_1+C_2}E\right]e^{-\frac{t}{\tau}}$$

$$i(t)=\frac{E}{(C_1+C_2)}\left[\frac{C_1}{R_2}-\frac{C_2}{R_1}\right]e^{-\frac{t}{\tau}}$$

Para que $u_2(t)$ sea un escalón, no puede depender de t. Por tanto debe ser:

$$\frac{R_2}{R_1+R_2}E-\frac{C_1}{C_1+C_2}E=0 \qquad R_2\left(C_1+C_2\right)=C_1\left(R_1+R_2\right)$$

$$R_1C_1=R_2C_2 \qquad C_1=\frac{R_2}{R_1}C_2$$

Si esta condición se cumple, será:

$$u_2(t)=\frac{R_2}{R_1+R_2}E$$

PROBLEMA 7.19

Para el circuito de la figura 1 calcúlese la forma de onda de la tensión en el condensador, conociendo que la onda de tensión e(t) en la fuente evoluciona según la figura 2.

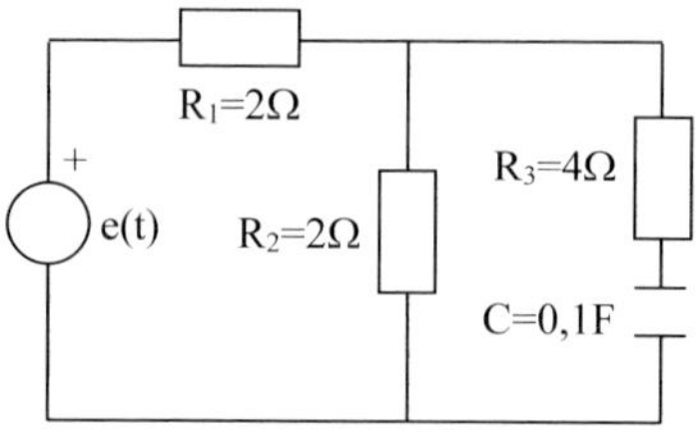

Fig.1

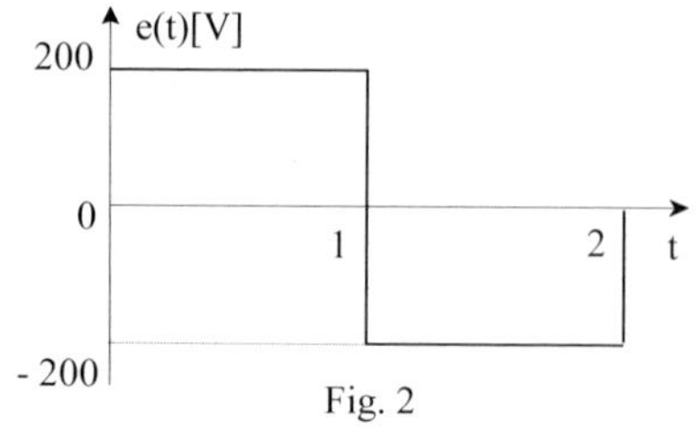

Fig. 2

Aunque la señal de tensión es de tipo periódico, estudiando la respuesta por tramos, se puede considerar que en cada uno de ellos se está aplicando una fuente de corriente continua. Así, la función a aplicar es:

$$u(t) = u(\infty) - [u(\infty) - u(\infty)]\, e^{-\frac{t}{\tau}}$$

La constante de tiempo del circuito es:

$$\tau = R_{equ}\, C = \left(4 + \frac{2*2}{2+2}\right) 0{,}1 = 0{,}5\, s$$

Para 0≤t≤1s está aplicada la tensión de 200V. Se tienen los valores inicial y final (considerando la tensión continuamente aplicada):

$$u_C(0) = 0V \qquad u_C(\infty) = 200\,\frac{2}{2+2} = 100V$$

Y se tiene la ecuación:

$$u_C(t) = 100\left(1 - e^{-2t}\right)$$

Transcurrido un tiempo t = 1 s, se alcanzará el valor:

$$u_C(1^-) = 100\left(1 - e^{-2}\right) = 86{,}5\ V$$

Para 1≤ t ≤ 2 s, está aplicada la tensión de - 200V. La constante de tiempo del circuito es la misma. Los valores inicial y final (considerando la tensión continuamente aplicada) son:

$$u_C(1^+) = u_C(1^-) = 86{,}5\ V \qquad u_C(\infty) = -100\ V$$

La ecuación es:

$$u_C(t-1) = -100 - (-100 - 86{,}5)\, e^{-\frac{t-1}{0{,}5}} = -100 + 186{,}5\, e^{-2(t-1)}$$

Que después de 1s (para t = 2s), alcanzará el valor:

$$u_C(2^-) = -100 + 186{,}5\, e^{-2} = -74{,}75\ V$$

Para t≥2 s no se aplica ninguna tensión. El condensador se descarga a través de las resistencias. La constante de tiempo continúa siendo 0,5s. Los valores inicial y final y la ecuación para este período son:

$$u_C(2^+) = u_C(2^-) = -74{,}75\ V \qquad u_C(\infty) = 0\ V$$

$$u_C(t-2) = 0 - [0 - (-74{,}75)]\, e^{-\frac{t-2}{0{,}5}} = -74{,}75\, e^{-2(t-2)}$$

Representación gráfica de la forma de onda:

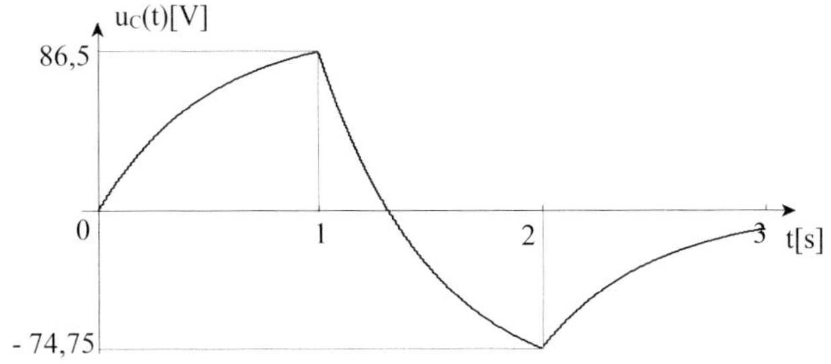

PROBLEMA 7.20

En el circuito de la figura se tiene que: e(t) =0 para t≤0 y e(t) =E_0 para t≥0. Calcúlese la tensión en bornas del condensador para t > 0.

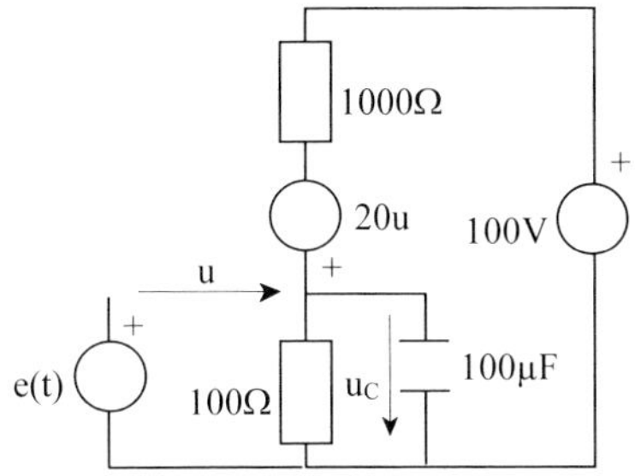

$$e(t) = 0 \qquad \text{para} \quad t < 0$$
$$e(t) = E_0 \qquad \text{para} \quad t \geq 0$$

Para t_0^- t < 0, se tiene el siguiente circuito, donde:

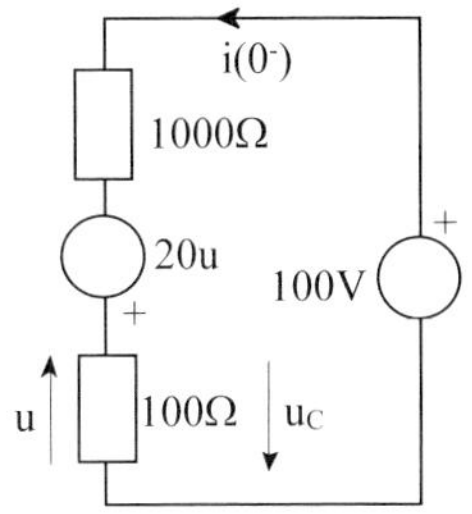

$$i(0^-) = \frac{100 + 20\,u}{1100}$$

Se plantea la ecuación:

$$-u = u_C(0^-) = 100\,i(0^-) = \frac{100 + 20\,u}{11}\,V \qquad -11u = 100 + 20u$$

$$u = -\frac{100}{31}\,V \qquad u_C(0^-) = 3{,}23V$$

Para t ≤ 0 se tiene el circuito:

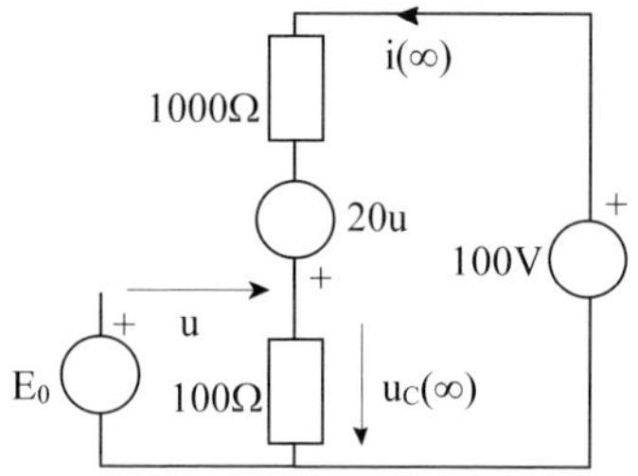

Para $t = 0^+$

$$u_C(0^+) = u_C(0^-) = 3{,}23V$$

Se plantean las ecuaciones:

$$\left.\begin{aligned} i(\infty) &= \frac{20u + 100}{1100} \\ u &= E_0 - 100\,i(\infty) \end{aligned}\right\} \qquad \begin{aligned} \frac{E_0 - u}{100} &= \frac{20u + 100}{1100} \\ 11E_0 - 11u &= 20u + 100 \end{aligned}$$

$$u = \frac{11E_0 - 100}{31} \qquad u_C(\infty) = -u + E_0 = E_0 - \frac{11E_0 - 100}{31} = \frac{20E_0 + 100}{31}\,V$$

Para calcular la constante de tiempo τ se considera el circuito equivalente de Thevenin:

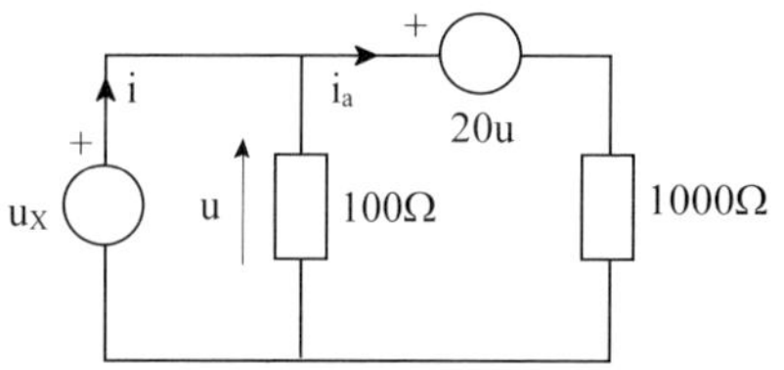

$$i_a = \frac{u}{100} + i$$

Se tiene la ecuación:

$$-u = u_x = 20u + 1000\left(\frac{u}{100} + i\right)$$

$$-21u = 10u + 1000i$$

Y la impedancia equivalente:

$$\frac{u}{i} = -\frac{1000}{31} \qquad Z_{equ} = -\frac{u}{i} = \frac{1000}{31}\Omega$$

La constante de tiempo será:

$$\tau = R_{equ} C = \frac{1000}{31}\ 10*10^{-6}\ s \qquad \frac{1}{\tau} = 3100 s^{-1}$$

La expresión de la tensión en el condensador es:

$$u_C(t) = \frac{20E_0 + 100}{31} - \left[\frac{20E_0 + 100}{31} - 3{,}23\right] e^{-3100t}$$

PROBLEMA 7.21

En el circuito de la figura, la fuente de excitación vale e(t) = 10V para t < 0 y e(t) = -10V para t ≥0. Hállese el valor del condensador C, para que la tensión u_x (t) alcance el 90 % de su valor final para t = 1s.

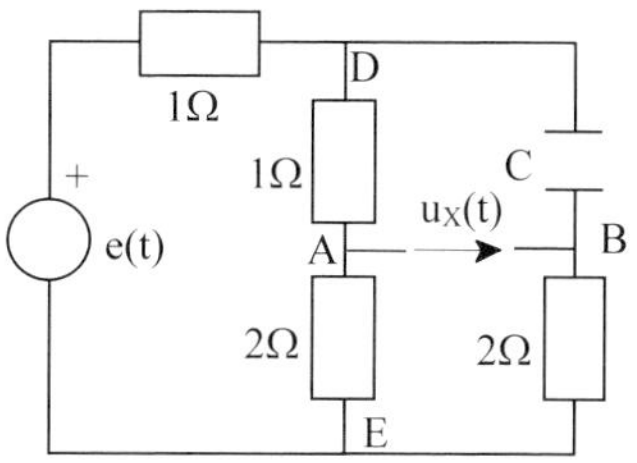

$$e(t) = 10V \qquad \text{para } t < 0$$
$$e(t) = -10V \qquad \text{para } t > 0$$

Constante de tiempo del circuito:

$$\tau = \left(2 + \frac{1*3}{4}\right) C = \frac{11}{4} C\ (s)$$

La ecuación de la tensión, dado el tipo de señal a aplicar, entre A y B será:

$$u_x(t) = u_x(\infty) - [u_x(\infty) - u_x(0)]\, e^{-\frac{t}{\tau}}$$

La situación del circuito para t < 0 es:

$$t = 0^- \qquad i_C(0^-) = 0 \qquad u_{DE}(0^-) = u_C(0^-) = 10\ \frac{3}{4} = \frac{30}{4}\ V$$

$$u_{AE}(0^-) = \frac{2}{3}\ u_{DE}(0^-) = 5V$$

Para t = 0^+ se puede considerar el siguiente circuito equivalente, donde se ha sustituido el condensador cargado por una fuente de tensión y un cortocircuito (condensador descargado):

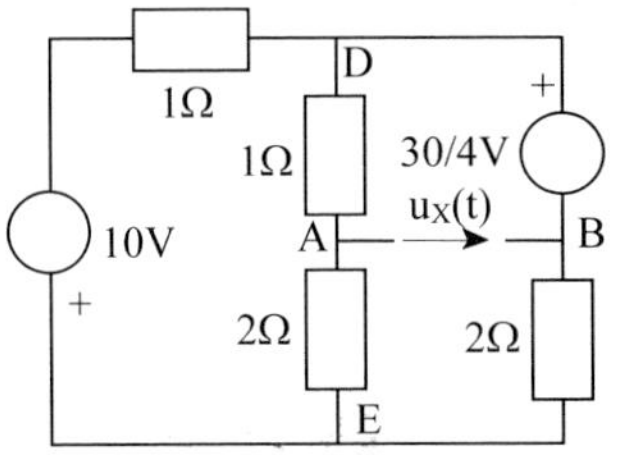

$$u_C(0^+) = \frac{30}{4}V$$

Por el teorema de Millman:

$$u_{DE}(0^+) = \frac{-10*1+\frac{30}{4}*\frac{1}{2}}{1+\frac{1}{2}+\frac{1}{3}} = -\frac{\frac{25}{4}}{\frac{11}{6}} = -\frac{75}{22}V$$

Se tienen las tensiones:

$$u_{AE}(0^-) = \frac{2}{3}\left(-\frac{75}{22}\right) = -\frac{50}{22}V$$

$$u_{BE}(0^+) = u_{DE}(0^+) - \frac{30}{4} = -\frac{75}{22} - \frac{30}{4} = -\frac{240}{22}V$$

Y finalmente:

$$u_x(0^+) = u_{AE}(0^+) - u_{BE}(0^+) = -\frac{50}{22} + \frac{240}{22} = \frac{95}{11} = 8{,}64V$$

Para t = 4:

$$i_C(\infty) = 0 \qquad u_{BE}(\infty) = 0 \qquad u_{DE}(\infty) = -10\,\frac{3}{4} = -\frac{30}{4}V$$

$$u_{AE}(\infty) = -\frac{30}{4}\frac{2}{3} = -5V$$

Sustituyendo:

$$u_x(t) = -5 - \left[-5 - \frac{95}{11}\right] e^{-\frac{t}{\frac{11}{4}C}} = -5 + \frac{150}{11}\,e^{-\frac{4t}{11C}}$$

Para que se alcance el 90% del valor final en 1 segundo, debe cumplirse que:

$$\text{Para t = 1s} \qquad u_x(1) = 0{,}9\,u_x(\infty) = -4{,}5 = -5 + \frac{150}{11}\,e^{-\frac{4}{11C}}$$

$$\frac{0{,}5*11}{150} = e^{-\frac{4}{11C}} \qquad -\frac{4}{11C} = L_n\,\frac{0{,}5*11}{150} \qquad C = 0{,}11\,\mu F$$

Representación gráfica:

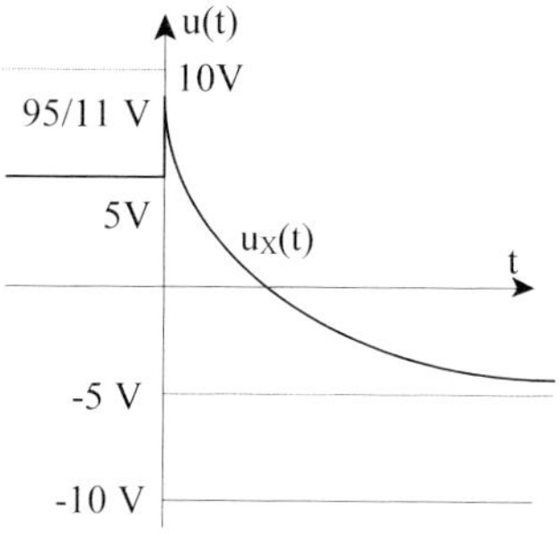

PROBLEMA 7.22

En el circuito de la figura se cierra el interruptor S en el instante t = 0. Calcúlense las funciones y representaciones gráficas de la intensidad y tensión en la bobina para t ≥ 0, siendo: i(t)=12sen100t.

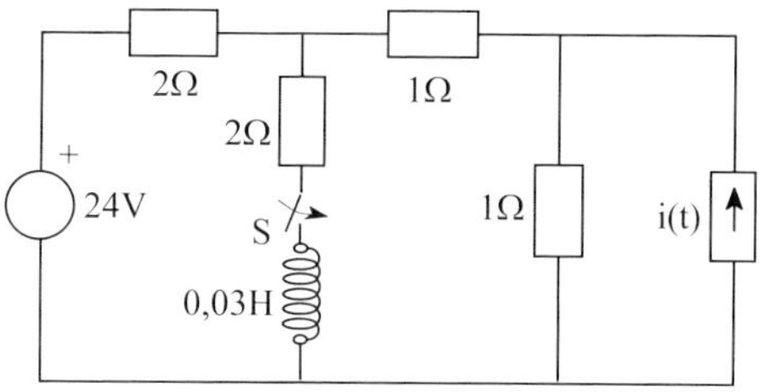

Por tener excitaciones de corriente alterna, se utilizará la siguiente ecuación para la solución:

$$f(t) = f_{\infty}(t) - [f_{\infty}(0) - f(0)]\, e^{-\frac{t}{\tau}}$$

La constante de tiempo es:

$$\tau = \frac{L}{R_{equ}} = \frac{0{,}03}{2 + \dfrac{2*2}{4}} = 0{,}01s = 10ms$$

Se transforma la fuente de intensidad real en una fuente de tensión real:

$$u(t) = 1 * i(t) = 12\text{sen}100t$$

En el instante t = 0, la bobina, que está inicialmente descargada, se comporta como un circuito abierto y se tiene el circuito:

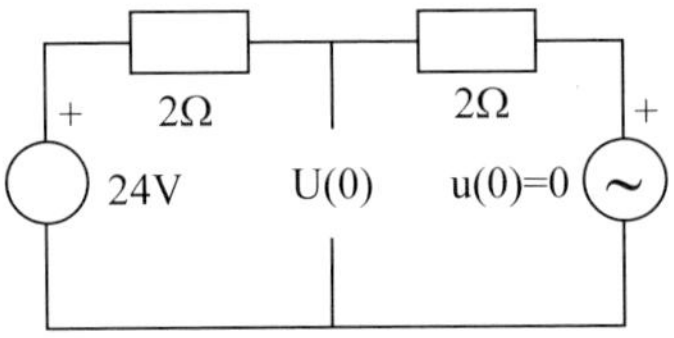

Siendo los valores iniciales:

$$i(0)=0$$
$$u(0)=12 \text{ sen } 0^{\circ}=0$$
$$U(0)=\frac{24}{2+2}2=12\,V$$

Para t = ∞ (valores finales) se aplica el teorema de superposición, considerando por separado el efecto de las dos fuentes de excitación.

Para la fuente de corriente continua:

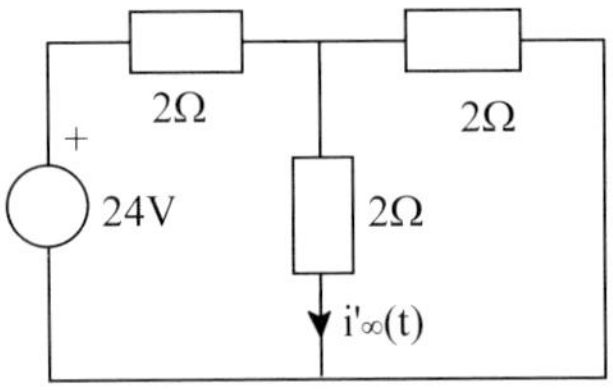

$$i'_{\infty}(t)=i'(\infty)=\frac{24}{2+\frac{2*2}{4}}\frac{1}{2}=\frac{24}{6}=4\,A$$
$$u'_{\infty}(t)=u'(\infty)=0\,V$$

Para la fuente de corriente alterna:

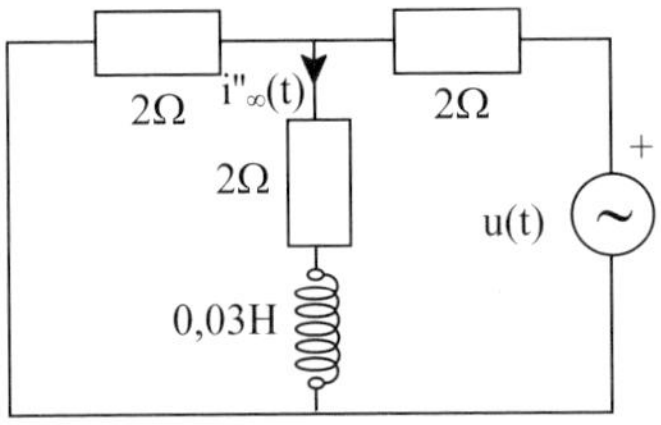

$$u(t)=12 \text{ sen } 100t$$
$$\overline{X}_L=jL\omega=j*0{,}03*100=j3$$

La intensidad y la tensión de la bobina en corriente alterna para estado de régimen permanente es:

$$\overline{I}''_{\infty}(t)=\frac{12\angle 0^{\circ}}{2+\frac{2\,(2+j3)}{4+j3}}\frac{2}{4+j3}=\frac{24}{8+j6+4+j6}=\frac{24}{12\,(1+j)}=1-j=\sqrt{2}\angle-45^{\circ}$$
$$\overline{U}''_{\infty}(t)=\overline{X}_L\,\overline{I}''_{\infty}(t)=j3\,(1-j)=3\,(1+j)=3\,\sqrt{2}\,\angle 45^{\circ}$$

La intensidad y tensión totales de la bobina, en estado de régimen permanente, se obtiene sumando las de los dos circuitos anteriores.

$$i_\infty(t)=i'_\infty(t)+i''_\infty(t)=4+\sqrt{2}\ \text{sen}\left(100t-45^\circ\right)$$
$$u_\infty(t)=u'_\infty(t)+u''_\infty(t)=0+3\sqrt{2}\ \text{sen}\left(100t+45^\circ\right)$$

Para t = 0 se obtiene el valor de $i_4(0)$ y $u_4(0)$:

$$i_\infty(0)=4+\sqrt{2}\ \text{sen}\left(-45^\circ\right)=3\ A$$
$$u_\infty(0)=3\sqrt{2}\ \text{sen}\ 45^\circ=3\ V$$

Así pues **las expresiones finales de la tensión y de la intensidad son**:

$$i(t)=4+\sqrt{2}\ \text{sen}\left(100t-45^\circ\right)-3\ e^{-\frac{t}{0{,}01}}$$
$$u(t)=3\sqrt{2}\ \text{sen}\left(100t+45^\circ\right)-\left(3-12\right)e^{-\frac{t}{0{,}01}}$$

Representaciones gráficas:

Intensidad

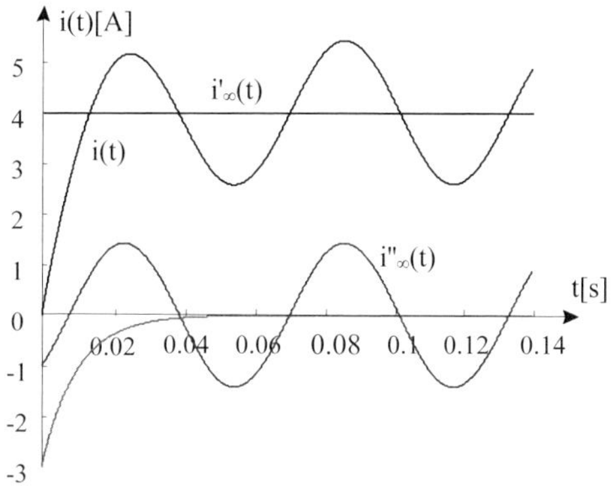

Tensión

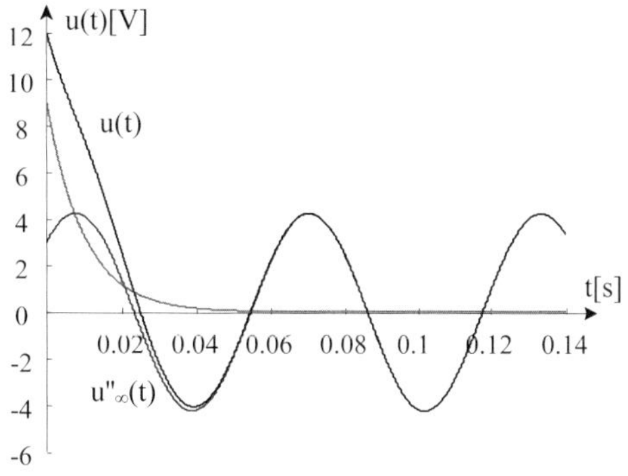

PROBLEMA 7.23

En el circuito de la figura se cierra el interruptor S en el instante t = 0, estando en ese momento el condensador con una carga de 250μC. Hállese la expresión de la intensidad en el condensador y su representación gráfica para t ≥ 0.

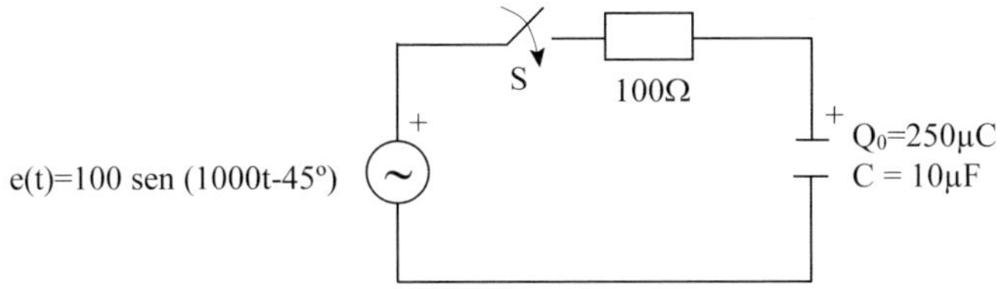

Por ser de corriente alterna la excitación, se aplicará la ecuación:

$$f(t) = f_{\infty}(t) - [f_{\infty}(0) - f(0)]\, e^{-\frac{t}{\tau}}$$

Como consecuencia de la carga de 250 μC, la tensión inicial del condensador (para t = 0) valdrá:

$$u_C(0) = \frac{Q_0}{C} = \frac{250\mu C}{10\mu F} = 25\ V$$

Constante de tiempo del circuito: $\tau = 100 * 10^{-6}$ s = 1000 μs

Impedancia del condensador:

$$X_C = \frac{1}{C\omega} = \frac{1}{1000 * 10^{-5}} = 100\Omega$$

La tensión de la fuente en el instante t = 0, valdrá:

$$e(0) = 100\text{sen}\,(-45°) = -\frac{\sqrt{2}}{2}100 = -70{,}7V \qquad U = -70{,}7V$$

Para el momento inicial puede considerarse el siguiente circuito, en el que se ha sustituido el condensador cargado por su equivalente de Thevenin:

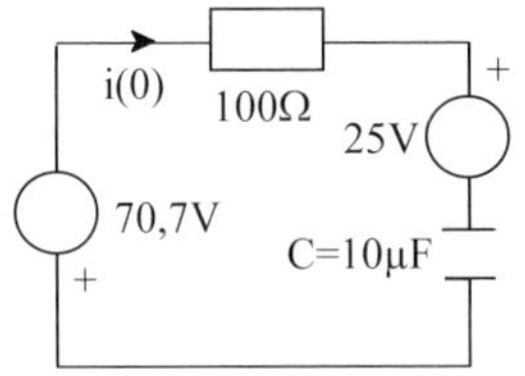

$$i(0) = \frac{-95{,}7}{100} = -0{,}96A$$

Para t = 4 se tiene la solución de régimen:

$$\bar{I}_\infty(t)=\frac{100\angle-45^\circ}{100-j100}=\frac{100\angle-45^\circ}{100\sqrt{2}\angle-45^\circ}=\frac{1}{\sqrt{2}}\angle 0^\circ$$

$$i_\infty(t)=\frac{1}{\sqrt{2}}\,\text{sen}\,1000t \qquad \text{e} \qquad i_\infty(0)=0$$

La ecuación que representa la evolución de **la intensidad en el condensador es**:

$$i(t)=i_\infty(t)-\left[i_\infty(0)-\,i\,(0)\right]e^{-\frac{t}{\tau}}=\frac{1}{\sqrt{2}}\,\text{sen}\,1000t-0{,}96\,e^{-1000t}$$

Representación gráfica:

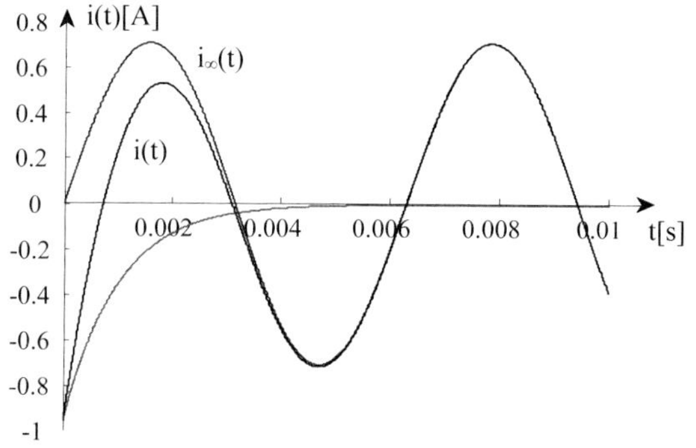

PROBLEMA 7.24

En el circuito de la figura el interruptor S_1 está inicialmente abierto y el S_2 cerrado. En el momento en que e(t) alcanza su valor máximo positivo, simultáneamente se cierra S_1 y se abre S_2. Calcúlense las expresiones de la tensión e intensidad de la bobina y su representación gráfica a partir de ese instante. (e(t) =100sen 500t).

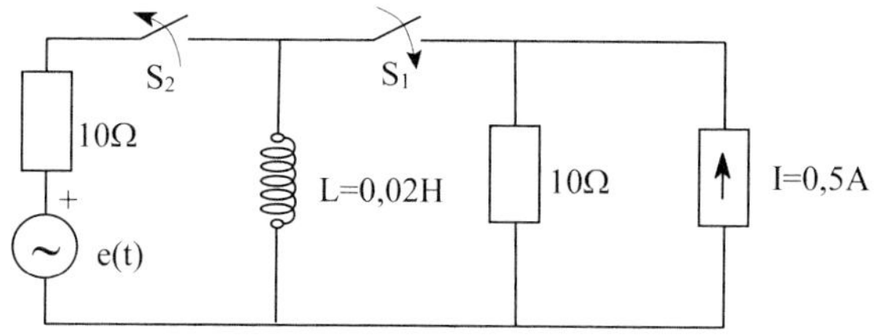

Antes de conmutar los interruptores. Para la tensión e intensidad en la bobina, se tiene:

$$i_L(t) = \sqrt{2}\, I_L \text{ sen } (500t - \varphi_i)$$
$$u_L(t) = \sqrt{2}\, U_L \text{ sen } (500t - \varphi_u)$$

La impedancia de la bobina es:

$$\overline{X}_L = jL\omega = j0{,}02 * 500 = j10$$

Las soluciones particulares o de régimen son:

$$I_L \angle \varphi_i = \frac{\frac{100}{\sqrt{2}}}{10 + j10} = \frac{100\angle 0^\circ}{\sqrt{2} * 10\,\sqrt{2}\angle 45^\circ} = 5\angle -45^\circ$$
$$\overline{U}_L = \overline{X}_L\, \overline{I}_L = j10 * 5\,\angle -45^\circ = 50\,\angle\, 45^\circ$$

$$i_L\,(t) = \sqrt{2}\; 5 \text{ sen} (500t - 45^\circ)$$
$$u_L(t) = \sqrt{2}\; 50 \text{sen } (500t + 45^\circ)$$

e(t) alcanzará su valor máximo para $\omega t_0 = \pi/2$, siendo:

$$i_L(t_0) = \sqrt{2}\; 5 \text{ sen } (90^\circ - 45^\circ) = 5\,\sqrt{2}\left(\frac{\sqrt{2}}{2}\right) = 5\,A$$

$$u_L(t_0) = \sqrt{2}\; 50 \text{sen } (90^\circ + 45^\circ) = 50\,\sqrt{2}\left(\frac{\sqrt{2}}{2}\right) = 50\,V$$

Conmutación de interruptores en el instante t = t_0 (S_1 se cierra y S_2 se abre).

Sustituyendo la bobina cargada por su equivalente de Thevenin, se tiene el circuito:

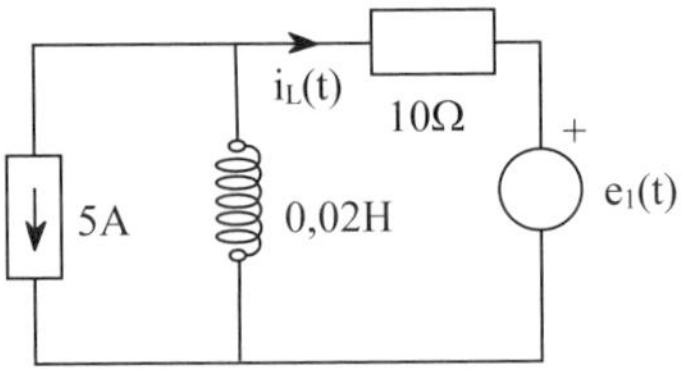

La constante de tiempo es:

$$\tau = \frac{L}{R} = \frac{0{,}02}{10} = 0{,}002s$$

Para t = t0:

$$e_1(t)=10*0{,}5=5V \qquad i_L\left(t_0^+\right)=5\ A$$
$$u_L\left(t_0^+\right)=5V-R\,i_L\left(t_0^+\right)=5-10*5=-45V$$

Para t = ∞, se tiene:

$$i_L(\infty)=\frac{5}{10}=0{,}5\,A \qquad u_L(\infty)=0\,V$$

Las ecuaciones serán:

$$f(t)=f(\infty)-\left[f(\infty)-f(0)\right]e^{-\frac{t}{\tau}}$$

$$i_L(t-t_0)=0{,}5-\left[0{,}5-5\ \right]e^{-\frac{t-t_0}{0{,}002}}=0{,}5+4{,}5\ e^{-500(t-t_0)}$$

$$u_L(t-t_0)=0-\left[0+45\ \right]e^{-\frac{t-t_0}{0{,}002}}=-45\ e^{-500(t-t_0)}$$

Representaciones gráficas:

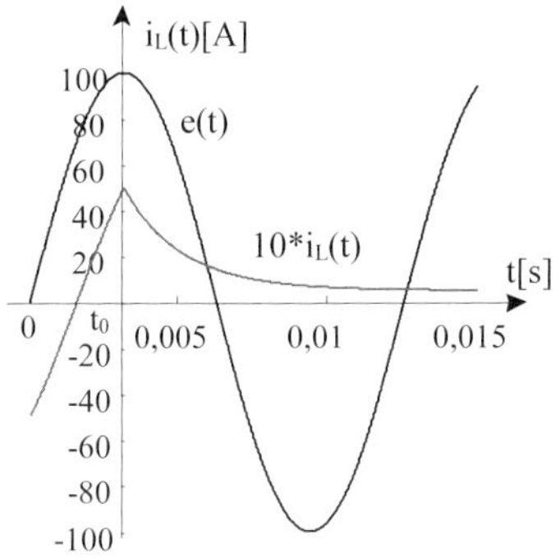

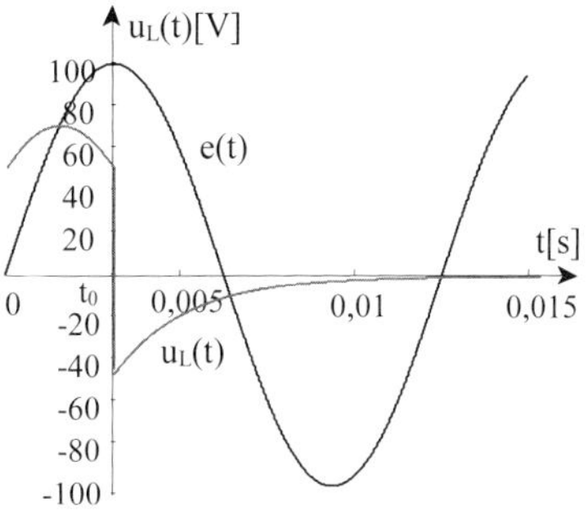

PROBLEMA 7.25

En el circuito de la figura, en el instante t = 0 simultáneamente se abre el interruptor S_1 y se cierra el S_2, alcanzando en ese momento e(t) su valor máximo 100V. Calcúlense las funciones y representaciones gráficas de la intensidad y tensión en el condensador para $t \geq 0$.

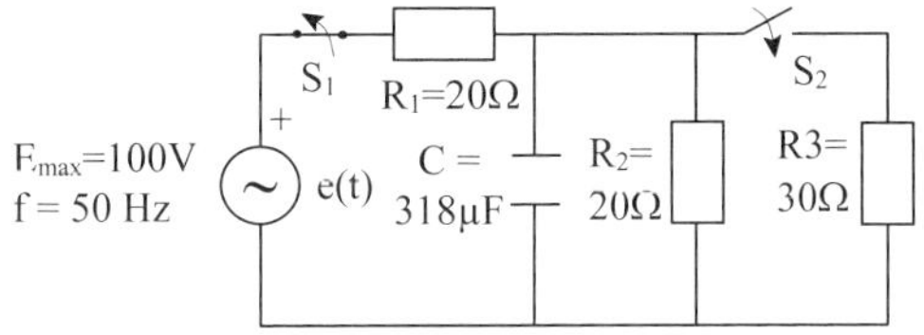

Si la conmutación de los interruptores se realiza cuando e(t) alcanza el valor máximo se puede considerar la expresión para la fuente de tensión:

$$e(t) = 100\cos\omega t$$

La reactancia del condensador vale:

$$X_C = \frac{1}{C\omega} = \frac{1}{318*10^{-6}*314} = 10\Omega \qquad \overline{X}_C = -j10$$

Tensión en el condensador antes de la conmutación de los interruptores (**t = 0**$^-$)

$$\overline{U}_C = \frac{100}{R_1 + \frac{R_2(-jX)}{R_2 - jX}} \frac{R_2(-jX)}{R_2 - jX} = \frac{-j100R_2X}{R_1R_2 - jR_1X - jR_2X} = \frac{-j20000}{400 - j400} =$$

$$= \frac{-j50}{1-j} = \frac{-j50(1+j)}{2} = 25(1-j) = 25\sqrt{2}\angle -45^{\circ}$$

Se tiene la expresión:

$$u_C(t) = 25\sqrt{2}\cos(\omega t - 45^{\circ}) \qquad \text{y para t = 0} \quad u_C(0) = 25\sqrt{2}\frac{\sqrt{2}}{2} = 25V$$

Después de conmutar los interruptores (**t = 0**$^+$) el condensador queda cargado con una tensión de 25V. Se tiene el siguiente circuito:

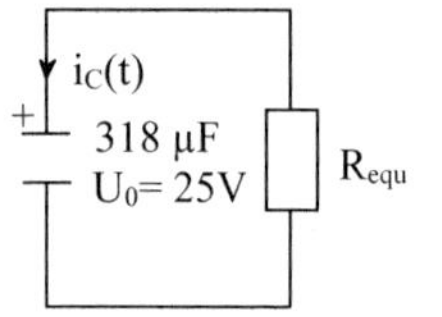

$$u(0^+) = u(0^-) = U_0 = 25V$$

$$i(0^+) = -\frac{25}{12} = -2{,}1A$$

$$R_{equ} = \frac{R_2 * R_3}{R_2 + R_3} = \frac{20*30}{20+30} = 12\Omega$$

$$\tau = R_{equ}C = 12*318*10^{-6}s = 3{,}8\,ms$$

Las expresiones de $u_C(t)$ e $i_C(t)$ corresponden a la respuesta natural del circuito (descarga del condensador a través de la resistencia equivalente). Será:

$$f(t) = f(0)\,e^{-\frac{t}{\tau}}$$

Tensión

$$u_C(t) = 25\,e^{-\frac{t}{3{,}8*10^{-3}}}$$

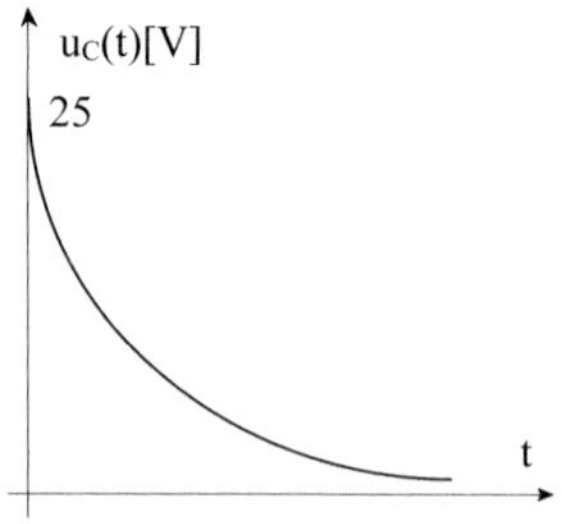

Intensidad

$$i_C(t) = -2{,}1\ e^{-\frac{t}{3{,}8 \cdot 10^{-3}}}$$

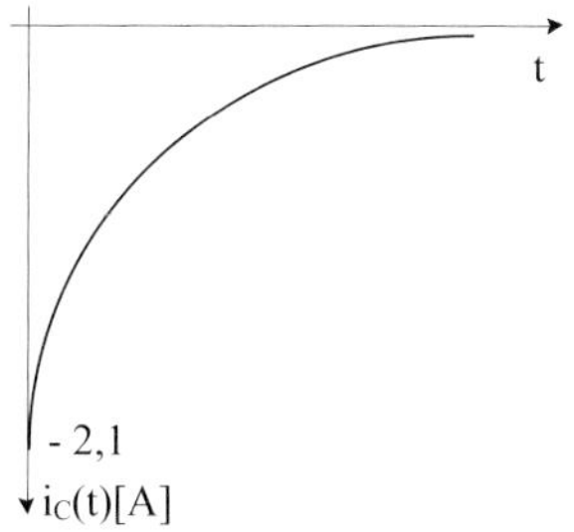

PROBLEMA 7.26

En el circuito de la figura el conmutador S pasa de la posición 0 a la 1en el instante t = 0 y 0,25s más tarde pasa a la posición 2. Calcúlese la intensidad y la tensión de cada bobina para t ≥ 0.

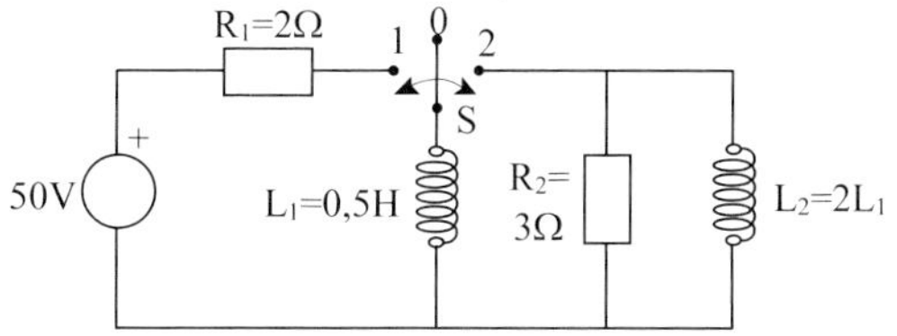

a) (t = 0). Conmutación del interruptor S a la posición 1.

La constante de tiempo para el circuito con esa conexión es:

$$\tau_1 = \frac{L_1}{R_1} = \frac{0{,}5}{2} = 0{,}25\,s$$

Para t = 0 $\quad i_{L1}(0) = 0A \qquad u_{L1}(0) = 50\,V$

Para t = ∞ $\quad i_{L1}(\infty) = \dfrac{50}{2} = 25A \qquad u_{L1}(\infty) = 0\,V$

Se tienen las ecuaciones:

$$i_{L1}(t) = i(\infty) - [i(\infty) - i(0)]\,e^{-\frac{t}{\tau_1}} = 25\left[1 - e^{-\frac{t}{0{,}25}}\right]$$

$$u_{C1}(t) = u(\infty) - [u(\infty) - u(0)]\,e^{-\frac{t}{\tau_1}} = 50\ e^{-\frac{t}{0{,}25}}$$

Para t = 0,25s se habrán alcanzado los valores:

$$i_{L1}\left(0{,}25^-\right)=25\left[1-\frac{1}{e}\right]=15{,}8A \qquad u_{L1}\left(0{,}25^-\right)=50\,e^{-1}=\frac{50}{e}=18{,}4V$$

b) (t = 0,25 s $^+$). Conmutación del interruptor S de la posición 1 a la 2. Se tiene el siguiente circuito equivalente (aplicando el teorema de Norton a la bobina cargada):

La constante de tiempo ahora será:

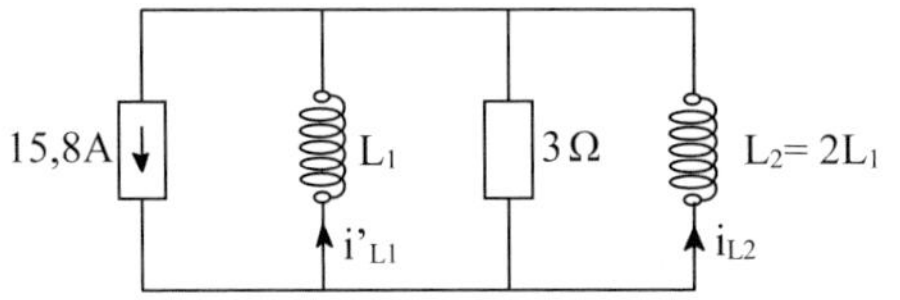

$$\tau_2=\frac{\dfrac{L_1 * L_2}{L_1+L_2}}{R_2}=\frac{2L_1}{3R_2}=0{,}11s$$

Para t = 0,25s $^+$ $\quad i_{L1}\left(0{,}25^+\right)=i_{L1}\left(0{,}25^-\right)=15{,}8A \qquad i_{L2}\left(0{,}25^+\right)=0A$

$$u_{L1}\left(0{,}25^+\right)=u_{L2}\left(0{,}25^+\right)=-15{,}8*3=-47{,}4V$$

Para t = ∞ $\quad u_{L1}(\infty)=u_{L2}(\infty)=0\,V$

$$\left.\begin{array}{l} i'_{L1}(\infty)=\dfrac{15{,}8}{L_1+L_2}L_2=\dfrac{15{,}8}{3}2=10{,}53A \\ i_{L2}(\infty)=\dfrac{15{,}8}{L_1+L_2}L_1=\dfrac{15{,}8}{3}1=5{,}27A \end{array}\right\} \quad \begin{cases} i_{L1}(\infty)=15{,}8-i'_{L1}(\infty)=5{,}27A \\ i_{L1}(\infty)=i_{L2}(\infty)=5{,}27A \end{cases}$$

Se tendrán las ecuaciones:

$$i_{L1}(t-0{,}25)=5{,}27-\left[5{,}27-15{,}8\right]e^{-\frac{t-0{,}25}{\tau_2}}=5{,}27+12{,}53\,e^{-\frac{t-0{,}25}{0{,}11}}$$

$$i_{L2}(t-0{,}25)=5{,}27\left[1-e^{-\frac{t-0{,}25}{0{,}11}}\right]=5{,}27\left[1-e^{-\frac{t-0{,}25}{\tau_2}}\right]$$

$$u_{L1}(t-0{,}25)=u_{L2}(t-0{,}25)=-47{,}4\,e^{-\frac{t-0{,}25}{\tau_2}}=-47{,}4\,e^{-\frac{t-0{,}25}{0{,}11}}$$

Representaciones gráficas:

Intensidades

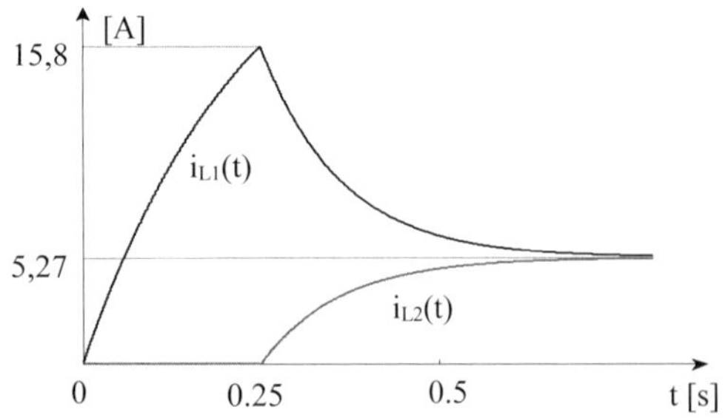

Tensiones

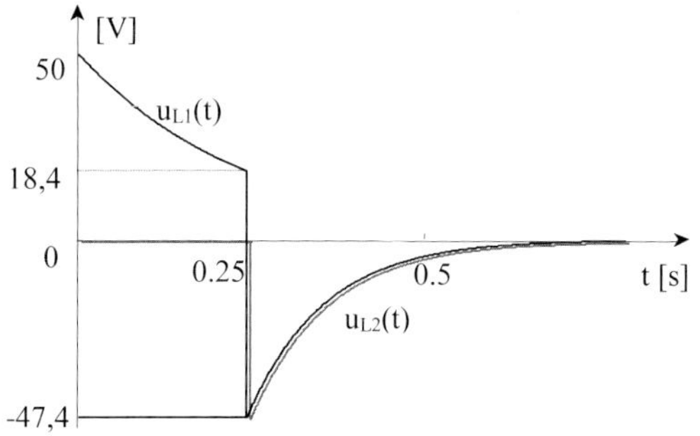


```
% PROGRAMA EN MATLAB

U=50; R1=2; R2=3; L1=0.5; L2=2*L1;

% a) Para t=0, conmutación de S a la posición 1
t1=[0:0.001:0.25];
tau1=L1/R1;
iL1a0=0; uL1a0=U;
iL1ainf=U/R1; uL1ainf=0;
iL1a=iL1ainf*(1-exp(-t1/tau1));
uL1a=uL1a0*exp(-t1/tau1);
t11=0.25; iL1a025=iL1ainf*(1-exp(-t11/tau1)); uL1a025=uL1a0*exp(-t11/tau1);

% b) Para t=0.25s, conmutación de S a la posición 2
t2=[0.25:0.001:0.80]; tau2=((L1*L2)/(L1+L2))/R2;
% Valores iniciales para t=0.25s
iL1b025=iL1a025; iL2b02=0;
uL1b025=-iL1b025*R2; uL2b025=uL1b025;
% Valores para t=infinito
uL1binf=0; uL2binf=0;
iL1binf=iL1b025-L2*iL1b025/(L1+L2);
iL2binf=L1*iL1b025/(L1+L2);
% Ecuaciones finales
iL1b=iL1binf-(iL1binf-iL1b025)*exp(-(t2-0.25)/tau2);
iL2b=iL2binf*(1-exp(-(t2-0.25)/tau2));
uL1b=uL1b025*exp(-(t2-0.25)/tau2);
uL2b=uL1b;
plot(t1,iL1a,'r',t2,iL1b,'r',t2,iL2b,'k')
pause
plot(t1,uL1a,'b',t2,uL1b,'b',t2,uL2b,'y')
pause
plot(t1,iL1a,'r',t1,uL1a,'b',t2,iL1b,'r',t2,iL2b,'k',t2,uL1b,'b',t2,uL2b,'y')
```

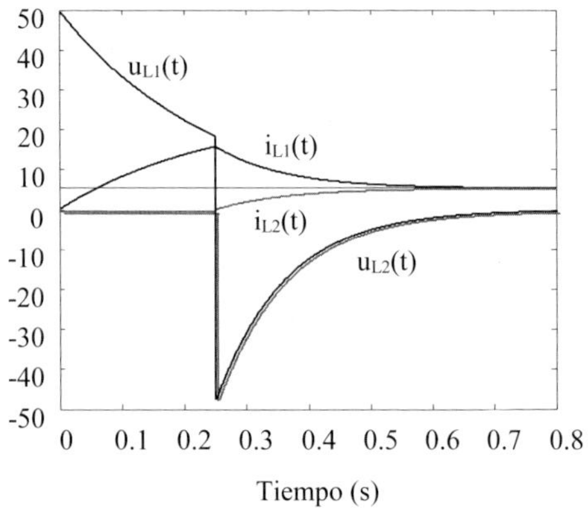

PROBLEMA 7.27

En el circuito de la figura la fuente de tensión e(t) es senoidal de 220V de valor eficaz y 50 Hz de frecuencia. El interruptor S_1 está inicialmente en la posición 0 y el S_2 abierto. En el instante t =0, cuando e(t) alcanza su valor máximo, S_1 conmuta a la posición 1 permaneciendo S_2 abierto. Posteriormente, en el instante t = 25ms, conmuta S_1 a la posición 2 y se cierra S_2. Calcúlese la expresión de las corrientes i(t) e $i_L(t)$ y la tensión $u_C(t)$ en el condensador, para t≥0. El condensador y la bobina están inicialmente descargados.

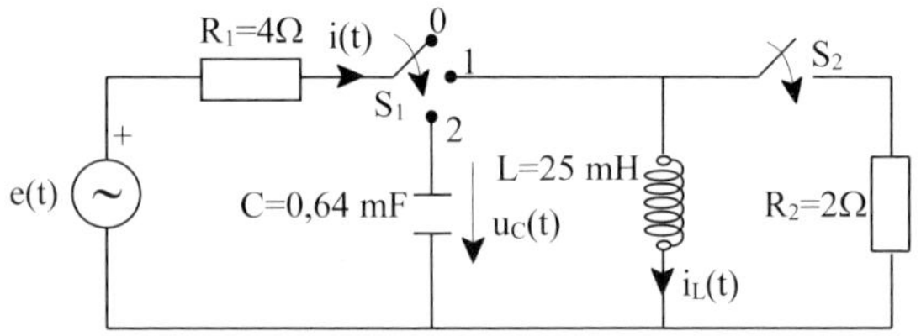

a) Conmutación en t =0 de S_1 a la posición 1, permaneciendo S_2 abierto. Se tiene el circuito:

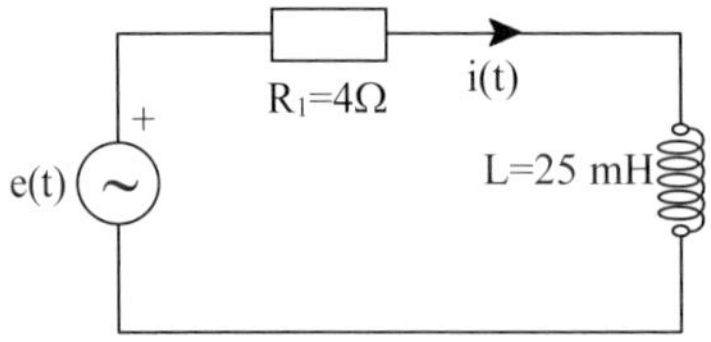

Para t = 0 $\quad e(t)_{max} = \sqrt{2}\,220V$

y:

$e(t) = \sqrt{2}\,220\cos\omega t$

Es un sistema de primer orden RL con una fuente de tensión senoidal, cuya solución vendrá dada por la ecuación:

$$i(t)=i_{\infty}(t)-[i_{\infty}(0)-i(0)]e^{-\frac{t}{\tau}} \qquad \text{Siendo :}\quad \tau_1=\frac{L}{R_1}=\frac{0{,}025}{4}=0{,}00625s=6{,}25ms$$

Para t = 0 $\quad i(0)=0$

Para t = ∞ $\quad \overline{I}_{\infty}=\frac{\overline{E}}{\overline{Z}}=\frac{220\angle 0^{\circ}}{\sqrt{R_1^2+X_L^2}\angle\varphi}=\frac{220\angle 0^{\circ}}{\sqrt{4^2+7{,}85^2}\angle\varphi}=\frac{220\angle 0^{\circ}}{8{,}81\angle 63^{\circ}}=25\angle-63^{\circ}$

Siendo : $\quad X_L=L\omega=0{,}025*314=7{,}85\Omega \qquad \varphi=\arctan\frac{X_L}{R_1}=\arctan\frac{7{,}85}{4}=63^{\circ}$

$$i_{\infty}(t)=\sqrt{2}\,25\cos(\omega t-63^{\circ}) \qquad i_{\infty}(0)=\sqrt{2}\,25\cos(-63^{\circ})=16A$$

Se tiene la solución:

$$i(t)=i_L(t)=\sqrt{2}\,25\cos(\omega t-63^{\circ})-[16-0]e^{-\frac{t}{\tau_1}}=35{,}35\cos(\omega t-63^{\circ})-16e^{-160t}$$

Para t = 25 ms, se tiene:

$$i(0{,}025)=35{,}35\cos\left(\frac{314*0{,}025}{2\pi}*360^{\circ}-63^{\circ}\right)-16e^{-4}=31{,}2A$$

b) t =25 ms. Conmutación de S_1 a la posición 2 y cierre de S_2. Se tienen los circuitos RC y RL siguientes:

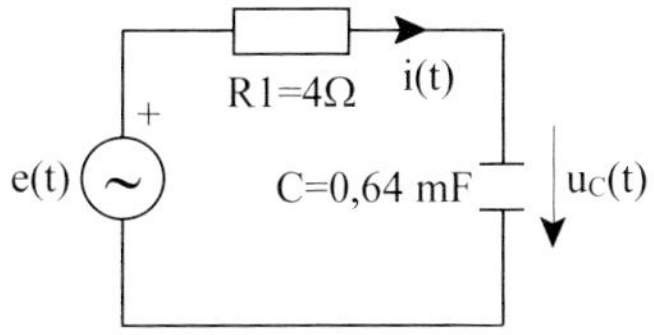

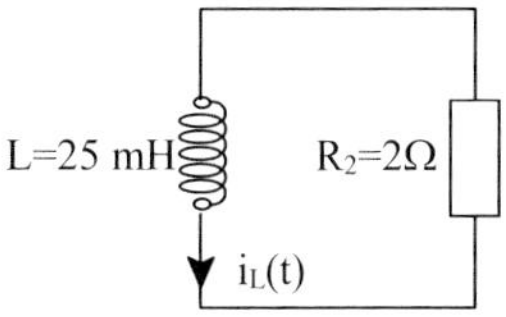

Circuito RC. Está alimentado por una fuente de corriente alterna que responde a la siguiente expresión: (t'= t-0,025)

$$e(t')=\sqrt{2}220\cos\omega(t+0{,}025)=\sqrt{2}220\cos\left(\omega t+\frac{2\pi}{T}0{,}025\right)=$$

$$=\sqrt{2}\,220\cos\left(\omega t+\frac{\pi}{2}\right) \qquad e(0{,}025)=\sqrt{2}\,220\cos\left(+\frac{\pi}{2}\right)=0$$

Y la solución vendrá dada por la ecuación:

$$i(t-0{,}025)=i_{\infty}(t-0{,}025)-[i_{\infty}(0{,}025)-i(0{,}025)]e^{-\frac{t}{\tau}}$$

$$\text{Siendo}: \quad \tau_2 = R_1C = 4*0.64*10^{-3} = 2{,}56*10^{-3}s = 2{,}56ms$$

$$X_C=\frac{1}{C\omega}=\frac{1}{0{,}64*10^{-3}*314}=4{,}97\Omega \qquad \varphi=-\mathbf{arctan}\frac{X_C}{R_1}=-\mathbf{arctan}\frac{4{,}98}{4}=-51{,}2^{\circ}$$

$$\overline{I}_{\infty}=\frac{\overline{E}}{\overline{Z}}=\frac{220\angle 90^{\circ}}{\sqrt{R_1^2+X_C^2}\angle\varphi}=\frac{220\angle 90^{\circ}}{\sqrt{4^2+4{,}97^2}\angle\varphi}=\frac{220\angle 90^{\circ}}{6{,}23\angle-51{,}2^{\circ}}=34{,}47\angle 141{,}2^{\circ}$$

$$\text{Para t} = 0{,}025^{+} \qquad i(0{,}025^{+})=\frac{e(0{,}025)}{R_1}=0$$

$$i_{\infty}(t-0{,}025)=\sqrt{2}\,34{,}47\,\mathbf{cos}[\omega(t-0{,}025)+141{,}2^{\circ}]$$

$$i_{\infty}(0{,}025)=\sqrt{2}\,34{,}47\mathbf{cos}\,(+141{,}2^{\circ})=-37{,}98A$$

$$i(t-0{,}025)=\sqrt{2}34{,}47\mathbf{cos}[\omega(t-0{,}025)+141{,}2^{\circ}]-[-37{,}98-0]e^{-\frac{t-0{,}025}{\tau_2}}=$$

$$=\sqrt{2}\,34{,}47\mathbf{cos}[\omega(t-0{,}025)+141{,}2^{\circ}]+37{,}98\,e^{-\frac{1000(t-0{,}025)}{2{,}56}}$$

La tensión del condensador puede obtenerse así:

$$\overline{U}_{C\infty}=\overline{X}_C\overline{I}_{\infty}=4{,}97\angle-90^{\circ}*34{,}47\angle 141{,}2^{\circ}=171{,}44\angle 51{,}2^{\circ}$$

$$u_{C\infty}(t-0{,}025)=\sqrt{2}\,171{,}44\mathbf{cos}[\omega(t-0{,}025)+51{,}2^{\circ}]$$

$$u_{C\infty}(0{,}025)=\sqrt{2}\,171{,}44\mathbf{cos}\,(51{,}2^{\circ})=151{,}94V \qquad u_C(0{,}025^{+})=0$$

$$u_C(t-0{,}025)=\sqrt{2}\,171{,}44\,\mathbf{cos}[\omega(t-0{,}025^{+})+51{,}2^{\circ}]-[151{,}94-0]e^{-\frac{t-0{,}025}{\tau_2}}=$$

$$=\sqrt{2}\,171{,}44\,\mathbf{cos}[\omega(t-0{,}025^{+})+51{,}2^{\circ}]+151{,}94\,e^{-\frac{1000(t-0{,}025)}{2{,}56}}$$

Circuito RL sin fuente de excitación. Por él circulará intensidad hasta que se agote la energía almacenada en la bobina. Se tiene la respuesta natural del circuito.

$$\tau_3=\frac{L}{R_2}=\frac{0{,}025}{2}=0{,}0125s=12{,}5ms \qquad i_L(0{,}025^{+})=i_L(0{,}025^{-})=31{,}2A$$

$$i_L(t-0{,}025)=i_L(0{,}025^{+})e^{-\frac{t-0{,}025}{\tau_3}}=31{,}2\,e^{-\frac{1000(t-0{,}025)}{12{,}5}}$$

Representaciones gráficas:

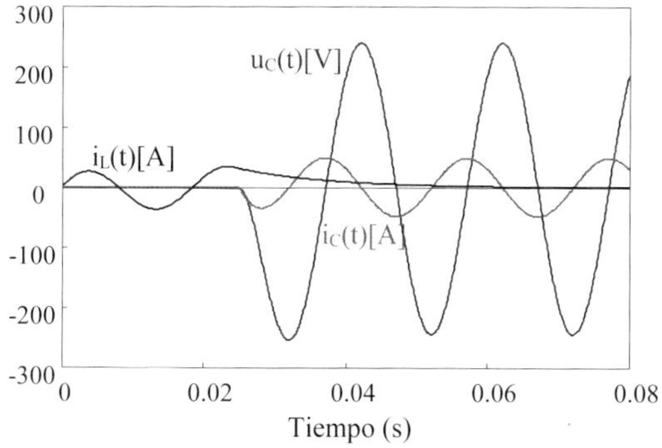

PROBLEMA 7.28

En el circuito de la figura la fuente de tensión e(t) es senoidal de 220V de valor eficaz y 50 Hz de frecuencia. El interruptor S_1 está inicialmente en la posición 0 y el S_2 abierto. En el instante t =0, cuando e(t) alcanza su valor máximo, S_1 conmuta a la posición 1 permaneciendo S_2 abierto. Posteriormente, en el instante t = 2,56 ms, conmuta S_1 a la posición 2 y se cierra S_2. Calcúlense las expresiones de las corrientes y tensiones en la bobina ($i_L(t)$, $u_L(t)$) y condensador ($i_C(t)$, $u_C(t)$) para $t \geq 0$. Ambos elementos están inicialmente descargados.

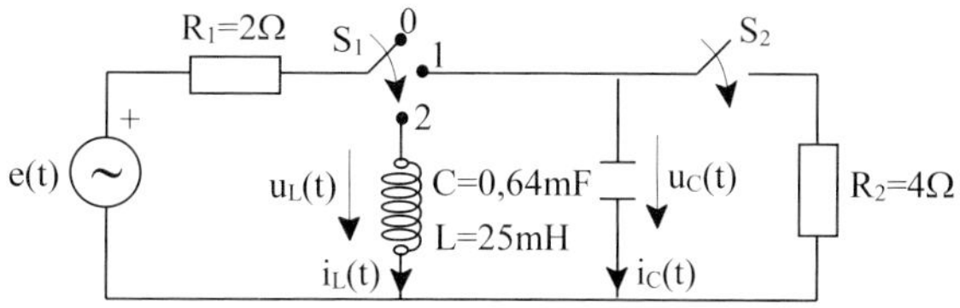

a) Conmutación en t =0 de S_1 a la posición 1, permaneciendo S_2 abierto. Se tiene el circuito:

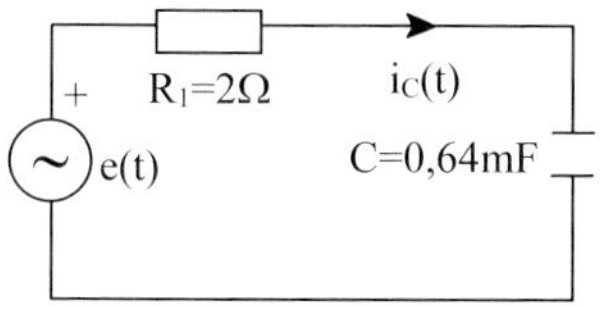

Para t = 0 $e(t)_{\max} = \sqrt{2}\,220V$

y :

$e(t) = \sqrt{2}\,220\cos\omega t$

Es un sistema de primer orden RC con una fuente de tensión senoidal, cuya solución vendrá dada por la ecuación:

$$i(t) = i_\infty(t) - (i_\infty(0) - i(0))e^{-\frac{t}{\tau}} \qquad \text{Siendo : } \tau_1 = R_1 C = 2 * 0{,}64 * 10^{-3} s = 1{,}28 ms$$

Para t = 0 $\quad u_C(0)=0 \qquad i(0)=\dfrac{e(0)}{R_1}=\dfrac{\sqrt{2}\,220\cos 0^\circ}{2}=155{,}56A$

$$X_C=\frac{1}{C\omega}=\frac{1}{0{,}64*10^{-3}*314}=4{,}97\Omega \qquad \varphi=-\arctan\frac{X_C}{R_1}=-\arctan\frac{4{,}98}{2}=-68{,}1^\circ$$

$$\overline{I}_\infty=\frac{\overline{E}}{\overline{Z}_1}=\frac{220}{\sqrt{R_1^2+X_C^2}\angle\varphi}=\frac{220}{\sqrt{2^2+4{,}97^2}\angle\varphi}=\frac{220}{5{,}36\angle-68{,}1^\circ}=41{,}04\angle 68{,}1^\circ$$

$$i_\infty(t)=\sqrt{2}\,41{,}04\cos(\omega t+68{,}1^\circ) \qquad i_\infty(0)=\sqrt{2}\,41{,}04\cos(68{,}1^\circ)=21{,}65A$$

$$\overline{U}_{C\infty}=\overline{X}_C\overline{I}_\infty=4{,}97\angle-90^\circ*41{,}04\angle 68{,}1^\circ=204{,}1\angle-21{,}9^\circ$$

$$u_{C\infty}(t)=\sqrt{2}\,204{,}1\cos(\omega t-21{,}9^\circ) \qquad u_{C\infty}(0)=\sqrt{2}\,204{,}1\cos(-21{,}9^\circ)=267{,}82V$$

Se tienen las soluciones:

$$i_C(t)=\sqrt{2}\,41{,}04\cos(\omega t+68{,}1^\circ)-[21{,}65-155{,}56]e^{-\frac{t}{\tau_1}}=$$

$$=58{,}04\cos\left(\omega t+68{,}1^\circ)\right)+133{,}91e^{-\frac{1000t}{1{,}28}}$$

$$u_C(t)=\sqrt{2}204{,}1\cos\left(\omega t-21{,}9^\circ\right)-[267{,}82-0]\,e^{-\frac{t}{\tau_1}}=$$

$$=\sqrt{2}\,204{,}1\cos(\omega t-21{,}9^\circ)-267{,}82e^{-\frac{1000t}{1{,}28}}$$

Para t = 2,56 ms, se tiene:

$$i_C(0{,}00256)=58{,}04\cos\left(\frac{314*0{,}00256}{2\pi}*360^\circ+68{,}1^\circ\right)+133{,}91e^{-2}=-5{,}64A$$

$$u_C(0{,}00256)=288{,}7\cos\left(\frac{314*0{,}00256}{2\pi}*360^\circ-21{,}9^\circ\right)-267{,}82e^{-2}=227{,}1V$$

b) t =2,56 ms. Conmutación de S_1 a la posición 2 y cierre de S_2. Se tienen los circuitos RC y RL siguientes:

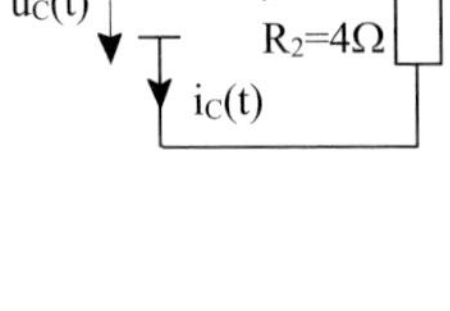

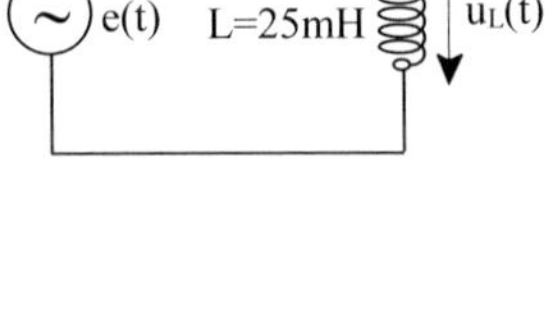

Circuito RC sin fuente de excitación. Por la resistencia R_2 circulará corriente hasta que se disipe la energía almacenada en el condensador. Se tiene la respuesta natural del circuito.

$$\tau_2 = R_2 C = 4*0,64*10^{-3} = 2,56*10^{-3}s = 2,56\,ms$$

$$u_C(0,00256^+) = u_C(0,00256^-) = 227,1\,V$$

$$i_C(0,00256^+) = -\frac{u_C(0,00256^+)}{R_2} = -56,78A \qquad u_{C\infty} = 0 \qquad i_{C\infty} = 0$$

$$i_C(t-0,00256) = i_C(0,00256^+)e^{-\frac{t-0,00256}{\tau_2}} = -56,78\,e^{-\frac{1000(t-0,00256)}{2,56}}$$

$$u_C(t-0,00256) = u_C(0,00256^+)e^{-\frac{t-0,00256}{\tau_2}} = 227,1\,e^{-\frac{1000(t-0,00256)}{2,56}}$$

Circuito RL. Está alimentado por una fuente de corriente alterna que responde a la siguiente expresión: (t'= t+0,00256).

$$e(t') = \sqrt{2}220\cos\omega\,(t+0,00256) = \sqrt{2}\,220\cos\left(\omega t + \frac{2\pi}{T}0,00256\right) =$$

$$= \sqrt{2}\,220\cos(\omega t + 46^o) \qquad \overline{E}_2 = 220\angle 46^o$$

Para t = 0,00256 $\quad i_L(0,00256) = 0$

$$\tau_3 = \frac{L}{R_1} = \frac{25*10^{-3}}{2} = 0,0125s = 12,5ms$$

$$X_L = L\omega = 0,025*314 = 7,85\Omega \qquad \varphi = \arctan\frac{X_L}{R_1} = \arctan\frac{7,85}{2} = 75,71^o$$

Para t = ∞ $\quad \overline{I}_{L\infty} = \frac{\overline{E}_1}{\overline{Z}_2} = \frac{220\angle 46^o}{\sqrt{R_1^2 + X_L^2}\angle\varphi} = \frac{220\angle 46^o}{\sqrt{2^2 + 7,85^2}\angle\varphi} = 27,14\angle -29,71^o$

$$i_{L\infty}(t-0,00256) = \sqrt{2}\,27,14\cos(\omega(t-0,00256) - 29,71^o)$$

$$i_{L\infty}(0,00256) = \sqrt{2}\,27,14\cos(-29,71^o) = 33,37A$$

$$\overline{U}_{L\infty} = \overline{X}_L\overline{I}_{L\infty} = 7,85\angle 90^o * 27,14\angle -29,71^o = 213,2\angle 60,29^o$$

$$u_{L\infty}(t) = \sqrt{2}\,213,2\cos(\omega(t-0,00256) + 60,29^o)$$

$$u_{L\infty}(0,00256) = \sqrt{2}213,2\cos(60,29^o) = 149,08V$$

$$u_L(0,00256^+) = e(0,00256^+) = \sqrt{2}\,220\cos(46^o) = 215,81V$$

Las soluciones vendrán dadas por las ecuaciones:

$$i_L(t-0,00256) = \sqrt{2}27,14\cos(\omega(t-0,00256) - 29,71^o) - [33,37-0]e^{-\frac{(t-0,00256)}{\tau_3}}$$

$$= \sqrt{2}27,14\cos(\omega(t-0,00256) - 29,71^o) - 33,37e^{-\frac{1000(t-0,00256)}{12,5}}$$

$$u_L(t-0{,}00256)=\sqrt{2}213{,}2\cos(\omega(t-0{,}00256)+60{,}29^{o})-[149{,}08-215{,}81]e^{-\frac{(t-0{,}00256)}{\tau_3}}$$
$$=\sqrt{2}213{,}2\cos(\omega(t-0{,}00256)+60{,}29^{o})+66{,}73e^{-\frac{1000(t-0{,}00256)}{12{,}5}}$$

Representaciones gráficas:

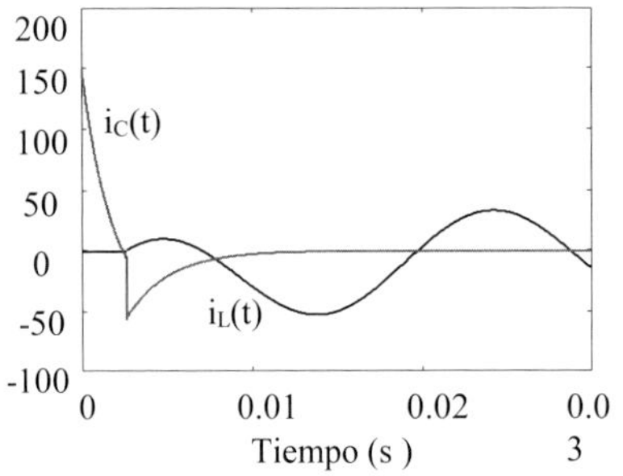

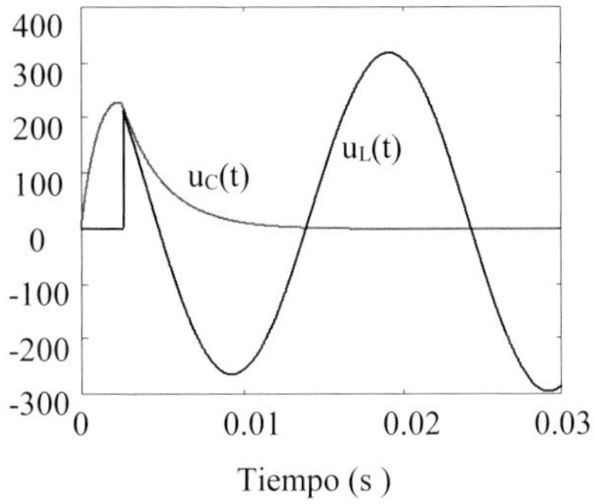

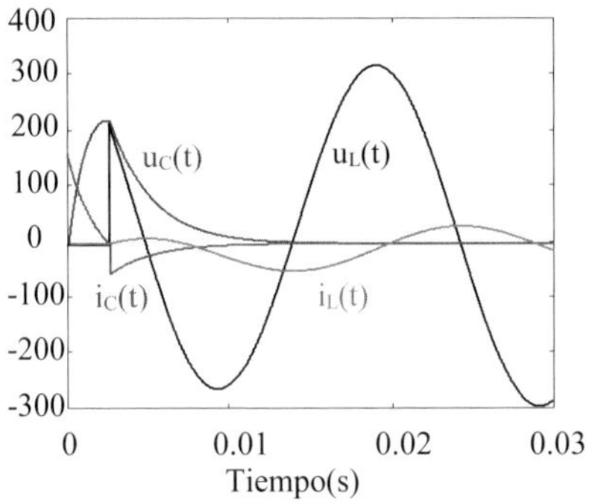


```
% PROGRAMA EN MATLAB

% DATOS
R1=2; R2=4; L=25*10^-3; C=0.64*10^-3;
E=220; f=50; w=2*pi*f; T=2*pi/w;
XL=L*w*i; XC=-(1/(C*w))*i;

% a) Conmutación de S1 a la posición 1 en t=0. Circuito de primer orden.
t1=[0.00:0.00001:0.00256]; % Periodo de análisis
e1=sqrt(2)*E*cos(w*t1);
tau1=R1*C; ic10=sqrt(2)*E/R1;  uc10=0;
Z1=R1+XC;
```

```
I1=E/Z1; I1M=abs(I1); phiI1=angle(I1)*180/pi;
ic1inf=sqrt(2)*I1M*cos(w*t1+angle(I1)); ic1inf0=sqrt(2)*I1M*cos(angle(I1));
ic1=ic1inf-(ic1inf0-ic10)*exp(-t1/tau1);
UC1=XC*I1; UC1M=abs(UC1); phiUC1=angle(UC1)*180/pi;
uc1inf=sqrt(2)*UC1M*cos(w*t1+angle(UC1));
uc1inf0=sqrt(2)*UC1M*cos(angle(UC1));
uc1=uc1inf-(uc1inf0-uc10)*exp(-t1/tau1);
iL1=0*t1; uL1=0*t1; uL1=0*t1;
plot(t1,ic1,'r',t1,uc1,'b',t1,uc1,'k',t1,uL1,'g');
pause
t11=0.00256;
i100256=sqrt(2)*I1M*cos(w*t11+angle(I1))-(ic1inf0-ic10)*exp(-t11/tau1);
uc100256=sqrt(2)*UC1M*cos(w*t11+angle(UC1))-(uc1inf0-uc10)*exp(-t11/tau1);

% b) t=2,56 ms. Conmutación de S1 a la posición 2 y cierre de S2. Circuitos de
primer orden.
t2=[0.00256:0.00001:0.030]; % Periodo de análisis
% Circuito RC (sin fuente de excitación)
tau2=R2*C;
uc200256=uc100256;
ic200256=-uc200256/R2;
ic2inf=0; uc2inf=0;
ic2=ic2inf-(ic2inf-ic200256)*exp(-(t2-t11)/tau2);
uc2=uc2inf-(uc2inf-uc200256)*exp(-(t2-t11)/tau2);
plot(t2,ic2,'r',t2,uc2,'b');
pause
% Circuito RL
e2=sqrt(2)*E*cos(w*(t1+t11)); e200256=sqrt(2)*E*cos(w*t11); phiE2=w*t11;
tau3=L/R1; i200256=0;
Z2=R1+XL; E2=E*exp(phiE2*i); IL2=E2/Z2; IL2M=abs(IL2);
phiIL2=angle(IL2)*180/pi;
iL2inf=sqrt(2)*IL2M*cos(w*(t2-t11)+angle(IL2));
iL2inf0=sqrt(2)*IL2M*cos(angle(IL2));
iL2=iL2inf-(iL2inf0-i200256)*exp(-(t2-t11)/tau3);
uL200256=e200256;
UL2=XL*IL2; UL2M=abs(UL2); phiUL2=angle(UL2)*180/pi;
uL2inf=sqrt(2)*UL2M*cos(w*(t2-t11)+angle(UL2));
uL2inf0=sqrt(2)*UL2M*cos(angle(UL2));
uL2=uL2inf-(uL2inf0-uL200256)*exp(-(t2-t11)/tau3);
plot(t1,ic1,'r',t1,iL1,'g',t2,ic2,'r',t2,iL2,'g')
pause
plot(t1,uc1,'b',t1,uL1,'k',t2,uc2,'b',t2,uL2,'k')
pause
plot(t1,ic1,'r',t1,uc1,'b',t1,iL1,'g',t1,uL1,'k',t2,ic2,'r',t2,uc2,'b',t2,iL2,
'g',t2,uL2,'k')
```

PROBLEMA 7.29

En el circuito de la figura las fuentes de tensión $e_1(t)$ y $e_2(t)$ son senoidales de 220V y 100V de valor eficaz respectivamente, y de 50 Hz de frecuencia. $e_2(t)$ va desfasada 30º respecto a $e_1(t)$. El interruptor S_1 está inicialmente cerrado y el S_2 abierto. En el instante t=0, cuando $e_1(t)$ alcanza su valor máximo, simultáneamente S_1 se abre y S_2 se cierra. Calcúlense las expresiones de la corriente y de la tensión en la bobina, $i_L(t)$ y $u_L(t)$, para $t \geq 0$.

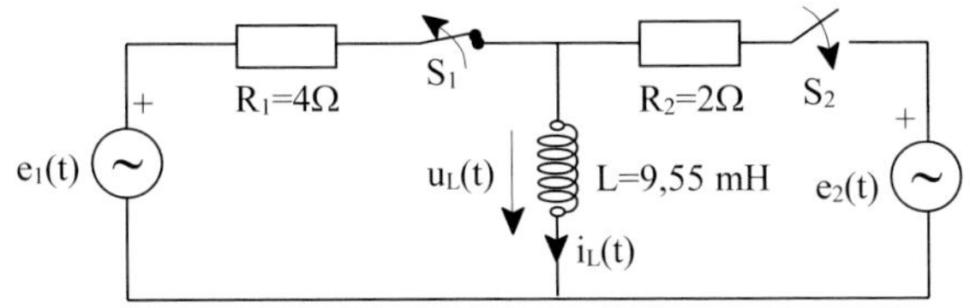

Como $e_1(t)$ alcanza el valor máximo para t=0, se tiene la expresión: $e_1(t)=\sqrt{2}\,220\mathbf{cos}\,\omega t$. Se calcula la tensión e intensidad antes de la conmutación:

$$X_L = L\omega = 9{,}55*10^{-3}*314 = 3\Omega \qquad \varphi = \arctan\frac{X_L}{R_1} = \arctan\frac{3}{4} = 36{,}87^o$$

$$\overline{I}_1 = \frac{\overline{E}}{\overline{Z}} = \frac{220\angle 0^o}{\sqrt{R_1^2 + X_L^2}\angle\varphi} = \frac{220\angle 0^o}{\sqrt{4^2+3^2}\angle\varphi} = \frac{220\angle 0^o}{5\angle 36{,}87^o} = 44\angle -36{,}87^o$$

$$\overline{U}_L = \overline{X}_L\overline{I}_1 = j3*44\angle -36{,}87^o = 132\angle 90 - 3687^o = 132\angle 53{,}13^o$$

Sus valores en función del tiempo son:

$$\left.\begin{array}{l} i_L(t)=\sqrt{2}\,44\mathbf{cos}(\omega t - 36{,}87^o) \\ u_L(t)=\sqrt{2}\,132\mathbf{cos}(\omega t + 53{,}13^o) \end{array}\right\} \qquad \text{Para t} = 0^- \left\{\begin{array}{l} i(0^-)=\sqrt{2}\,44\mathbf{cos}(-36{,}87^o)=49{,}78A \\ u_L(0^-)=\sqrt{2}\,132\mathbf{cos}(53{,}13^o)=112\,V \end{array}\right.$$

Después de la conmutación se tiene el siguiente circuito de primer orden RL alimentado por la fuente de corriente alterna $e_2(t)$ con un valor inicial de la intensidad de la bobina de I_0=49,78A. Las ecuaciones a plantear son:

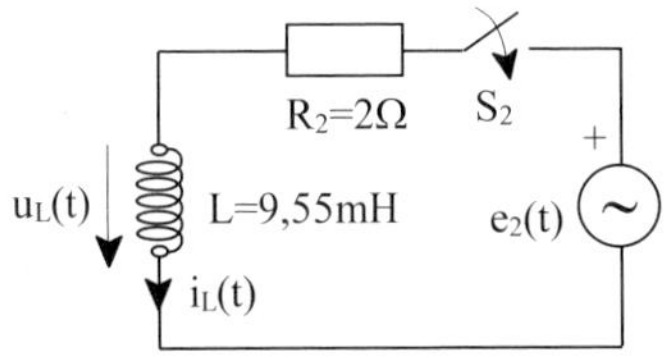

$$i(t)=i_\infty(t)-[i_\infty(0)-i(0)]e^{-\frac{t}{\tau}}$$

$$u(t)=u_\infty(t)-[u_\infty(0)-u(0)]e^{-\frac{t}{\tau}}$$

$$\text{Siendo:}\quad \tau = \frac{L}{R_2} = \frac{0{,}00955}{2} = 0{,}00477s = 4{,}77ms$$

Como $e_2(t)$ va 30º en retardo respecto a $e_1(t)$ su expresión será: $e_2(t)=\sqrt{2}\,100\mathbf{cos}(\omega t - 30^o)$ y su valor en el instante t=0 será $e_2(0)=\sqrt{2}\,100\mathbf{cos}(-30^o)=122{,}5V$.

Valores iniciales ($t=0^+$)

$$i(0^+)=i(0^-)=49{,}78A \qquad e_2(0)=122{,}5V \qquad u_L(0^-)=112V$$

$$u_L(0^+)=e_2(0)-R_2I_0=122{,}5-2*49{,}78=22{,}94V$$

Solución para t=∞ (régimen permanente)

$$\overline{I}_\infty = \frac{\overline{E}}{\overline{Z}} = \frac{100\angle -30^o}{\sqrt{R_2^2+X_L^2}\angle\varphi} = \frac{100\angle -30^o}{\sqrt{2^2+3^2}\angle\varphi} = \frac{100\angle -30^o}{3{,}6\angle 56{,}13^o} = 27{,}77\angle -86{,}13^o$$

$$\overline{U}_\infty = \overline{X}_L \overline{I}_\infty = 3\angle 90^o * 27{,}77\angle -83{,}2^o = 83{,}3\angle 3{,}7^o$$

$$\varphi = \textbf{arctan}\frac{X_L}{R_2} = \textbf{arctan}\frac{3}{2} = 56{,}13^o \qquad \varphi_i = \varphi_u - \varphi = -86{,}13$$

$$i_\infty(t) = \sqrt{2}\,27{,}77\textbf{cos}(\omega t - 86{,}13^o) \qquad i_\infty(0) = \sqrt{2}\,27{,}77\textbf{cos}(-86{,}13^o) = 2{,}6A$$

$$u_{L\infty}(t) = \sqrt{2}\,83{,}3\textbf{cos}(\omega t + 3{,}7^o) \qquad u_{L\infty}(0) = \sqrt{2}\,83{,}3\textbf{cos}(3{,}7^o) = 117{,}5\ V$$

Sustituyendo:

$$i(t) = \sqrt{2}\,27{,}77\textbf{cos}(\omega t - 86{,}13^o) - [2{,}6 - 49{,}78]e^{-\frac{t}{\tau}} = \sqrt{2}\,27{,}77\textbf{cos}(\omega t - 86{,}3^o) + 47{,}2\,e^{-209{,}4t}$$

$$u(t) = \sqrt{2}\,83{,}3\textbf{cos}(\omega t + 3{,}7^o) - [117{,}5 - 22{,}94]e^{-\frac{t}{\tau}} = \sqrt{2}\,83{,}3\,\textbf{cos}(\omega t + 3{,}7^o) - 94{,}56\,e^{-209{,}4t}$$

Representación gráfica:

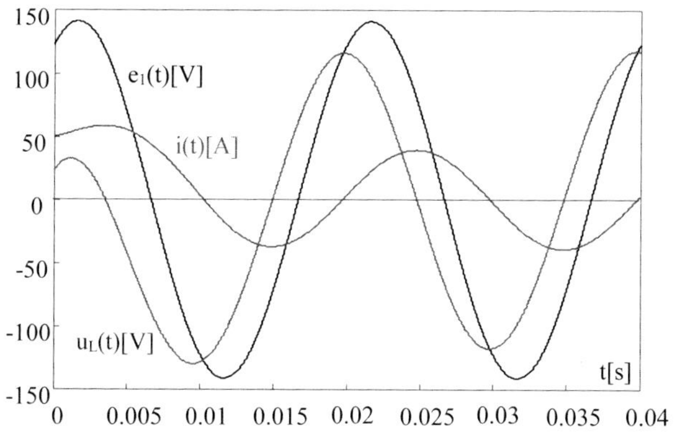


```
% PROGRAMA EN MATLAB


% DATOS
R1=4; R2=2; L=9.55*10^-3;
E1=220; E2=100; f=50; w=2*pi*f; T=2*pi/w;
XL=L*w*i;
```

```
t=[0.0:0.00001:0.040]; % Periodo de análisis
% a) Antes de conmutar en t=0.
Z1=R1+XL;
I1=E1./Z1; I1M=abs(I1); phiI1=angle(I1)*180/pi;
iL1inf=sqrt(2)*I1M*cos(w*t+angle(I1)); iL1inf0=sqrt(2)*I1M*cos(angle(I1));
UL1=XL*I1; UL1M=abs(UL1); phiUL1=angle(UL1)*180/pi;
uL1inf=sqrt(2)*UL1M*cos(w*t+angle(UL1)); uL1inf0=sqrt(2)*UL1M*cos(angle(UL1));
% b) t=0s. Conmutación de S. Circuitos de primer orden RL.
e2=sqrt(2)*E2*cos(w*t-30*pi/180); e20=sqrt(2)*E2*cos(-30*pi/180);
tau=L/R2; i20=iL1inf0;
uL20=e20-R2*i20;
Z2=R2+XL; E2V=E2*(cos(-30*pi/180)+sin(-30*pi/180)*i);
I2=E2V/Z2;  I2M=abs(I2);
UL2=I2*XL; UL2M=abs(UL2);
phiI2=angle(I2)*180/pi;
phiUL2=angle(UL2)*180/pi;
iL2inf=sqrt(2)*I2M*cos(w*t+angle(I2));
iL2inf0=sqrt(2)*I2M*cos(angle(I2));
iL2=iL2inf-(iL2inf0-i20)*exp(-t/tau);
uL2inf=sqrt(2)*UL2M*cos(w*t+angle(UL2));
uL2inf0=sqrt(2)*UL2M*cos(angle(UL2));
uL2=uL2inf-(uL2inf0-uL20)*exp(-t/tau);
pause
plot(t,e2,'k',t,iL2,'r',t,uL2,'b')
```

CAPÍTULO 8

Régimen transitorio: sistemas de segundo orden

PROBLEMA 8.9

(Problema 8.8 completo)

En el circuito de la figura se cierra el interruptor S en el instante t=0. Obténganse las expresiones de la intensidad i(t) y de la tensión en el condensador $u_C(t)$, haciendo uso de la transformada de Laplace, para $t \geq 0$.

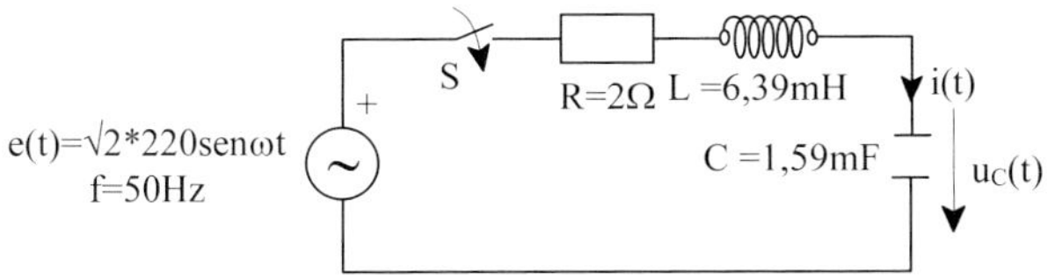

La ecuación del circuito es:

$$e(t) = R\, i(t) + L\frac{di(t)}{dt} + \frac{1}{C}\int i(t)dt = \left(R + LD + \frac{1}{CD} \right) i(t)$$

Al aplicar la transformada de Laplace se sustituye el operador D por la frecuencia compleja **s** y las variables y fuentes de excitación por sus transformadas. Se tiene:

$$I(s) = \frac{E(s)}{R + Ls + \dfrac{1}{Cs}} \qquad L\left[\sqrt{2}\,220\text{sen}\omega t\right] = \sqrt{2}\,220\frac{\omega}{s^2 + \omega^2}$$

Sustituyendo y operando:

$$I(s) = \frac{\sqrt{2}220\dfrac{\omega}{s^2+\omega^2}}{2 + 0{,}00639s + \dfrac{1}{0{,}00159s}} = \sqrt{2}220\omega\frac{157s}{\left(s^2 + 314^2\right)\left[(s+157)^2 + 3*157^2\right]}$$

Las raíces de los polinomios del denominador son números complejos y se puede desarrollar la expresión de la siguiente forma:

$$\frac{157s}{\left(s^2+314^2\right)\left[(s+157)^2+3*157^2\right]} = \left[\frac{As+B}{s^2+314^2} + \frac{Cs+D}{(s+157)^2+3*157^2}\right]$$

Operando:

$$\left.\begin{array}{l} 157s = (As+B)\left((s+157)^2+3*157^2\right) + \\ +(Cs+D)\left(s^2+314^2\right) = (A+C)s^3 + (A314+B+D)s^2 + \\ +\left(A*314^2+B314+C314^2\right)s + \left(B314^2+D314^2\right) \end{array}\right\} \quad \left\{\begin{array}{l} A+C=0 \\ A314+B+D=0 \\ A314^2+B314+C314^2=157 \\ B314^2+D314^2=0 \end{array}\right.$$

$$A = 0 \qquad B = 0{,}5 \qquad C = 0 \qquad D = -0{,}5$$

Y sustituyendo:

$$I(s) = \sqrt{2}110\left[\frac{314}{s^2+314^2} - \frac{314}{(s+157)^2+3*157^2}\right] = \sqrt{2}110\left[\frac{\omega}{s^2+\omega^2} - \frac{2}{\sqrt{3}}\frac{157\sqrt{3}}{(s+157)^2+\left(157\sqrt{3}\right)^2}\right]$$

Consultando en la tabla de transformadas de Laplace, para buscar la transformación inversa de estas funciones, se tiene que:

$$L[\text{sen}\omega t]=\frac{\omega}{s^2+\omega^2} \qquad L\left[e^{-at}\text{sen}\omega_1 t\right]=\frac{\omega_1}{(s+a)^2+\omega_1^2} \qquad \omega_1=157\sqrt{3} \quad \text{y} \quad a=157$$

Y la ecuación para la intensidad del circuito (antitransformada) será:

$$i(t)=\sqrt{2}110\left(\text{sen}\omega t-\frac{2}{\sqrt{3}}e^{-157\,t}\,\text{sen}157\sqrt{3}\;t\right)=\sqrt{2}110\text{sen}\omega t-e^{-157t}\,179{,}6\;\text{sen}157\sqrt{3}\;t$$

La expresión de la tensión del condensador puede obtenerse integrando la intensidad obtenida anteriormente a través de la relación:

$$u_C(t)=\frac{1}{C}\int i(t)dt=\frac{1}{0{,}00159}\int\left(\sqrt{2}110\text{sen}\omega t-e^{-157t}\,179{,}6\text{sen}\;157\sqrt{3}\;t\right)dt$$

Integrando por partes, se tiene:

$$u_C(t)=\sqrt{2}\,220\text{sen}\,(\omega t-90^{\circ})+e^{-157t}\left(311{,}13\cos 157\sqrt{3}\,t+179{,}6\text{sen}157\sqrt{3}\,t\right)$$

Puede obtenerse también utilizando las transformadas de Laplace:

$$U_C(s)=\frac{1}{Cs}I(s)=\sqrt{2}220\frac{314*157*628{,}93}{\left(s^2+314^2\right)\left[(s+157)^2+3*157^2\right]}=$$

$$=\sqrt{2}220\left[\frac{A_1s+B_1}{s^2+314^2}+\frac{C_1s+D_1}{(s+157)^2+3*157^2}\right]$$

Siguiendo un procedimiento igual al anterior (se sugiere al lector realizarlo) se obtienen los coeficientes A_1=-1, B_1=0, C_1=1 y D_1=314. Así:

$$U_C(s)=\sqrt{2}220\left[\frac{-s}{s^2+314^2}+\frac{s+314}{(s+157)^2+3*157^2}\right]=$$

$$=\sqrt{2}220\left[\frac{-s}{s^2+314^2}+\frac{s+157}{(s+157)^2+3*157^2}+\frac{1}{\sqrt{3}}\frac{157\sqrt{3}}{(s+157)^2+\left(157\sqrt{3}\right)^2}\right]$$

Consultando las tablas se tienen las antitransformadas:

$$L^{-1}\left[\frac{-s}{s^2+314^2}\right]=\cos 314t=\text{sen}(314t-90^{\circ}) \qquad L^{-1}\left[\frac{s+157}{(s+157)^2+3*157^2}\right]=e^{-157t}\cos 157\sqrt{3}\,t$$

$$L^{-1}\left[\frac{1}{\sqrt{3}}\frac{157\sqrt{3}}{(s+157)^2+\left(157\sqrt{3}\right)^2}\right]=\frac{1}{\sqrt{3}}e^{-157t}\text{sen}157\sqrt{3}\,t$$

Y se obtiene el resultado final para $u_C(t)$, que coincide con el anterior.

Las representaciones gráficas son:

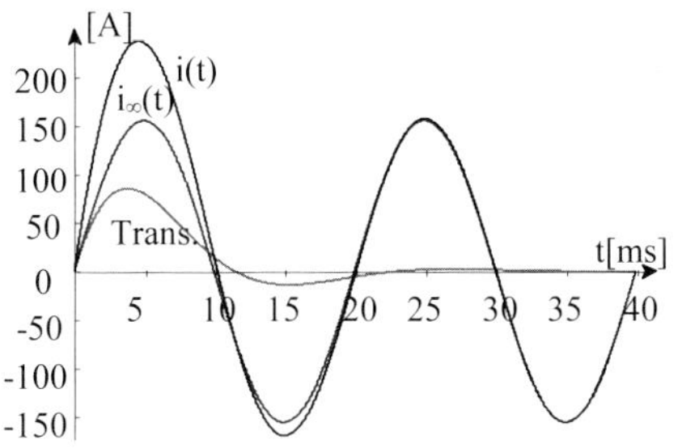

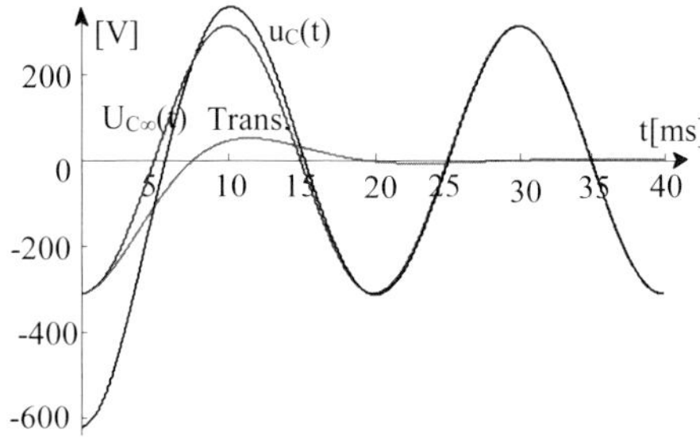

PROBLEMA 8.10

En el circuito de la figura, en el instante t = 0, el condensador está cargado con una tensión de 40V. Hállense las expresiones de:

a) La tensión u(t) si la intensidad en la bobina para t =0 fuese $i_L(0)$ =8A.

b) Intensidad en la bobina, si la intensidad en el condensador para t =0 fuese $i_C(0)$ =8A.

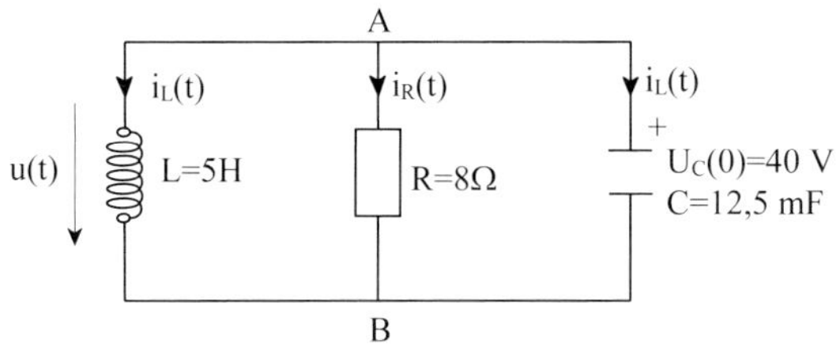

a) Aplicando la primera ley de Kirchhoff al nudo A o al B se tiene que:

$$i_L(t)+i_R(t)+i_C(t)=0$$

$$\text{Siendo :} \quad i_L(t)=\frac{1}{L}\int u(t)\,dt \qquad i_R(t)=\frac{u(t)}{R} \qquad i_C(t)=C\,\frac{du(t)}{dt}$$

Sustituyendo:

$$\frac{1}{L}\int u(t)\,dt+\frac{u(t)}{R}+C\,\frac{du(t)}{dt}=0$$

Derivando para eliminar la integral y dividiendo por C, se tiene:

$$\frac{d^2u(t)}{dt^2}+\frac{1}{RC}\frac{du(t)}{dt}+\frac{1}{LC}\,u(t)=0$$

Ecuación diferencial de segundo orden sin término independiente. Su ecuación característica es:

$$s^2 + 2\alpha\, s + \omega_0^2 = 0 \qquad \text{Donde:} \qquad \alpha = \frac{1}{2\,R\,C} \quad \text{y} \quad \omega_0 = \frac{1}{\sqrt{L\,C}}$$

Dando valores, se tiene:

$$\alpha = \frac{1}{2\,R\,C} = \frac{1}{2*8*12{,}5*10^{-3}} = 5\ s^{-1}$$

$$\omega_0 = \frac{1}{\sqrt{L\,C}} = \frac{1}{\sqrt{5*12{,}5*10^{-3}}} = 4\ s^{-1}$$

$$s = -5 \pm \sqrt{5^2 - 4^2} = -5 \pm 3 \qquad \begin{cases} s_1 = -5+3 = -2 \\ s_2 = -5-3 = -8 \end{cases}$$

Tiene dos raíces reales y distintas. En este caso la solución es:

$$u(t) = K_1\, e^{s_1 t} + K_2\, e^{s_2 t} = K_1\, e^{-2t} + K_2\, e^{-0{,}8t}$$

Las constantes de integración K_1 y K_2 se obtienen de las condiciones iniciales, considerando para t = 0 el valor de la función y de su primera derivada. Se tiene que:

$$u_C(0^+) = u_C(0^-) = 40V \qquad i_L(0^+) = i_L(0^-) = 8\,A \qquad i_R(0^+) = \frac{40}{8} = 5\,A$$

$$i_C(t) = C\,\frac{du(t)}{dt} \qquad \left(\frac{du(t)}{dt}\right)_{t=0} = \frac{i_C(0^+)}{C} = \frac{-i_R(0^+) - i_L(0^+)}{C} = \frac{-5-8}{12{,}5*10^{-3}} = -1040$$

Particularizando para t = 0 en la ecuación anterior y en su primera derivada, se tiene:

$$\left.\begin{aligned} u_C(0^+) &= K_1 + K_2 = 40 \\ \left(\frac{du(t)}{dt}\right)_{t=0} &= -2K_1 - 8K_2 = -1040 \end{aligned}\right\} \qquad K_1 = -120 \qquad K_2 = 160$$

La solución es pues:

$$u(t) = -120\, e^{-2t} + 160\, e^{-0{,}8t}$$

Y su representación gráfica:

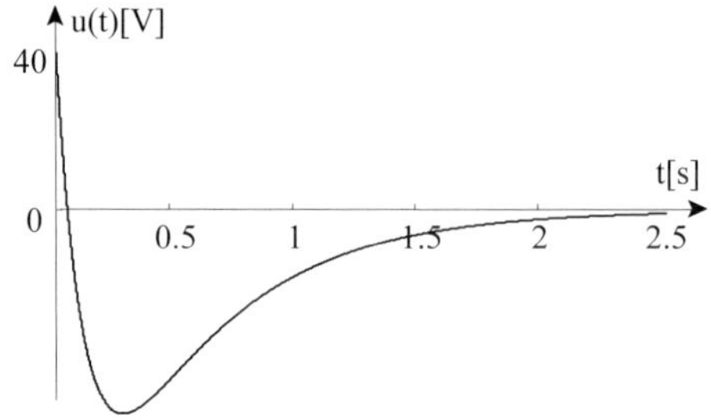

b) Para este caso ($i_L(t)$) se tienen las mismas ecuaciones diferencial y característica, así como los mismos valores para α, ω_0 s_1 y s_2 y por lo tanto el mismo tipo de solución. Solo cambian las condiciones iniciales, que ahora son:

$$i_L(t) = K_1\, e^{s_1 t} + K_2\, e^{s_2 t} = K_1\, e^{-2t} + K_2\, e^{-0,8t}$$

$$u_L(0^+) = u_L(0^-) = 40V \qquad i_C(0^+) = 8A \quad i_R(0^+) = \frac{40}{8} = 5A \qquad i_L(0^+) = -8-5 = -13A$$

$$u_L(t) = L\,\frac{di_L(t)}{dt} \qquad \left(\frac{di_L(t)}{dt}\right)_{t=0} = \frac{u_L(0^+)}{L} = \frac{40}{5} = 8$$

Particularizando para t = 0 en la ecuación anterior y en su primera derivada, se tiene:

$$\left.\begin{aligned} i_L(0^+) &= K_1 + K_2 = -13 \\ \left(\frac{di}{dt}\right)_{t=0} &= -2K_1 - 8K_2 = 8 \end{aligned}\right\} \quad K_1 = -16 \quad K_2 = 3$$

Y la solución es:

$$i_L(t) = -16\, e^{-2t} + 3\, e^{-0,8t}$$

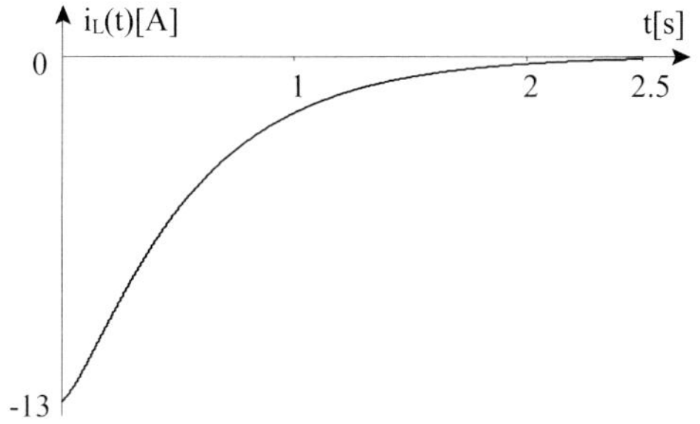

PROBLEMA 8.11

El circuito de la figura ha permanecido mucho tiempo en las condiciones en que se representa. En el instante t =0 se cierra el interruptor S. Hállense las expresiones de la intensidad $i_L(t)$ en la bobina y de la tensión $u_C(t)$ en el condensador para t ≥ 0.

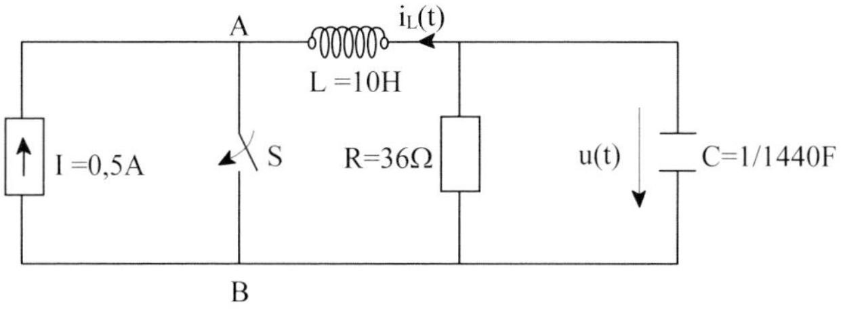

Después de cerrar el interruptor S (cortocircuitar los puntos A y B) se tiene una configuración RLC paralelo sin fuentes de excitación, estando la bobina y el condensador inicialmente cargados. Aplicando la primera ley de Kirchhoff al nudo A o al B, se tiene:

$$i_L(t)+i_R(t)+i_C(t)=0 \qquad \text{Siendo :}$$

$$u_L(t)=L\,\frac{di_L(t)}{dt} \qquad i_R(t)=\frac{u(t)}{R}=\frac{L}{R}\frac{di_L(t)}{dt} \qquad i_C(t)=C\,\frac{du(t)}{dt}=LC\frac{d^2i_L(t)}{dt^2}$$

Operando, se tiene la ecuación diferencial de segundo orden siguiente:

$$\frac{d^2i_L(t)}{dt^2}+\frac{1}{RC}\frac{di_L(t)}{dt}+\frac{1}{LC}i_L(t)=0$$

La ecuación característica para su resolución es:

$$s^2+2\alpha s+\omega_0^2=0 \qquad \text{Donde :} \quad \alpha=\frac{1}{2RC} \qquad \text{y :} \quad \omega_0=\frac{1}{\sqrt{LC}}$$

Dando valores, se tiene:

$$\alpha=\frac{1}{2RC}=\frac{1}{2*36*\dfrac{1}{1440}}=20s^{-1}$$

$$\omega_0=\frac{1}{\sqrt{LC}}=\frac{1}{\sqrt{10*\dfrac{1}{1440}}}=12s^{-1}$$

$$s=-20\pm\sqrt{20^2-12^2}=-20\pm16 \qquad \begin{cases} s_1=-20+16=-4 \\ s_2=-20-16=-36 \end{cases}$$

Tiene dos raíces reales y distintas y su solución es de la forma:

$$i_L(t)=K_1e^{s_1t}+K_2e^{s_2t}=K_1e^{-4t}+K_2e^{-36t}$$

Analizando el circuito antes de la conmutación del interruptor S, y teniendo en cuenta el comportamiento de la bobina y del condensador, se tienen las condiciones iniciales:

$$u_C(0^+)=u_C(0^-)=0{,}5*36=18V \qquad i_L(0^+)=i_L(0^-)=-0{,}5\,A$$

$$u_L(t)=L\frac{di_L(t)}{dt} \qquad \left(\frac{di_L(t)}{dt}\right)_{t=0}=\frac{u_L(0^+)}{L}=\frac{u_C(0^+)}{L}=\frac{18}{10}=1{,}8$$

Particularizando para t = 0 en la ecuación anterior y en su primera derivada:

$$\left.\begin{aligned} i_L(0^+)&=K_1+K_2=-0{,}5 \\ \left(\frac{di_L(t)}{dt}\right)_{t=0}&=-4K_1-36K_2=1{,}8 \end{aligned}\right\} \qquad K_1=-0{,}50625 \qquad K_2=0{,}00625$$

Y finalmente se tiene la solución:

$$i_L(t) = -0{,}50625e^{-4t} + 0{,}00625e^{-36t}$$

Para $u_C(t)$ se tiene la misma ecuación que para $i_L(t)$, pero las condiciones de integración serán distintas. Ahora se tendrá:

$$u_C(0^+) = 18\ V \qquad i_C = C\,\frac{du_C(t)}{dt}$$

$$\left(\frac{du_C(t)}{dt}\right)_{t=0} = \frac{i_C(0^+)}{C} = \frac{-i_L(0^+) - i_R(0^+)}{C} = \frac{0{,}5 - \dfrac{18}{36}}{\dfrac{1}{1440}} = 0$$

Y particularizando también en la ecuación de solución y en su primera derivada, con estas condiciones, se tiene:

$$\left.\begin{array}{l} u_C(0^+) = K_1 + K_2 = 18 \\ \left(\dfrac{du_C(t)}{dt}\right)_{t=0} = -4K_1 - 36K_2 = 0 \end{array}\right\} \qquad K_1 = 20{,}25 \qquad K_2 = -2{,}25$$

La solución es:

$$u_C(t) = 20{,}25\,e^{-4t} - 2{,}25\,e^{-36t}$$

Puede comprobarse que:

$$u_C(t) = u_L(t) = L\frac{di_L(t)}{dt}$$

Representaciones gráficas:

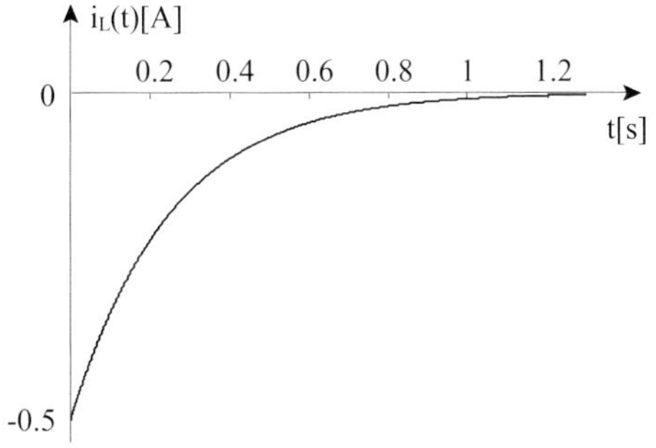

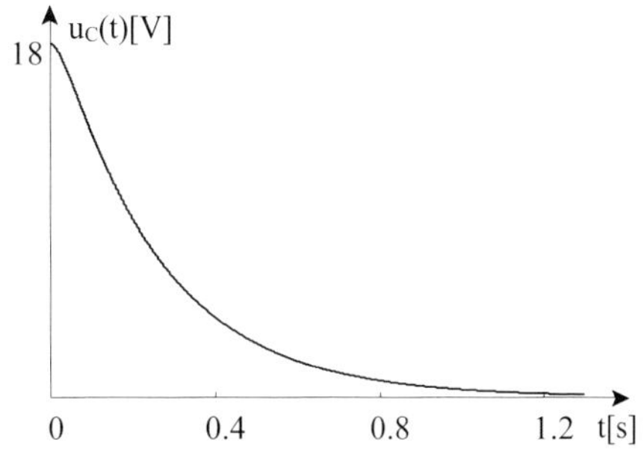

PROBLEMA 8.12

El circuito de la figura 1 está alimentado por una fuente de tensión, cuya ley de variación se representa en la figura 2. Obténgase la expresión de la intensidad $i_L(t)$ en la bobina.

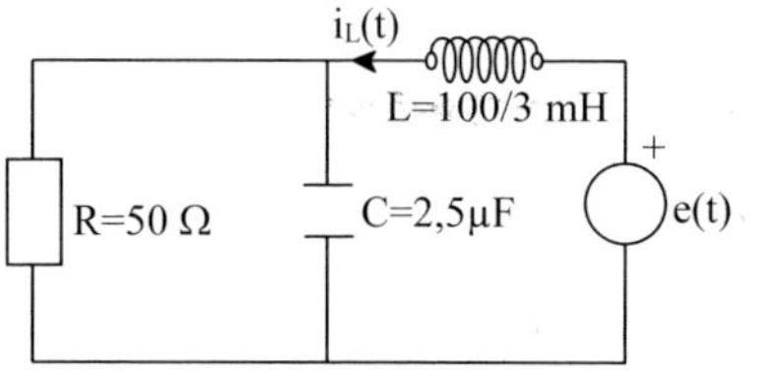

Fig. 1

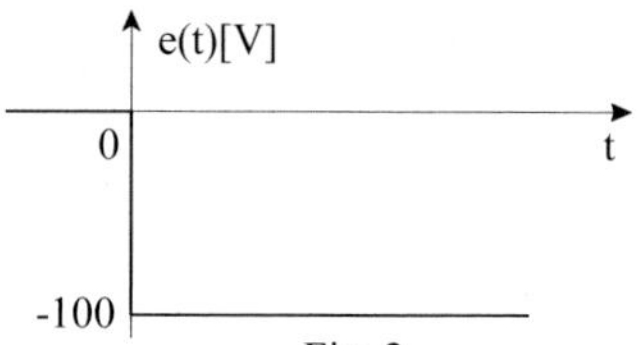

Fig. 2

Planteando la ecuación diferencial del circuito con impedancias operacionales se tiene:

$$e(t) = LD\, i_L(t) + \frac{R\dfrac{1}{CD}}{R+\dfrac{1}{CD}}\, i_L(t) = L D i_L(t) + \frac{R}{RCD+1}\, i_L(t)$$

$$R\,C\,D\,e(t) + e(t) = L\,R\,C\,D^2\, i_L(t) + L\,D\,i_L(t) + R\,i_L(t)$$

Dividiendo por L R C y sustituyendo el operador D, se tiene:

$$\frac{1}{L}\frac{de(t)}{dt} + \frac{e(t)}{L\,R\,C} = \frac{d^2 i_L(t)}{dt^2} + \frac{1}{R\,C}\frac{di_L(t)}{dt} + \frac{1}{L\,C}\, i_L(t)$$

El segundo miembro igualado a cero es la ecuación homogénea y corresponde, como puede comprobarse, a la ecuación diferencial del circuito RLC paralelo sin fuentes de excitación.

La solución del circuito completo se compone de dos partes:

- La respuesta natural del circuito, que es la solución de la ecuación homogénea.
- Una solución particular, que depende del tipo de excitación (en este caso corriente continua).

Solución de la ecuación homogénea.

Su ecuación característica es: $s^2 + 2\alpha\, s + \omega_0^2 = 0$

Donde:

$$\alpha = \frac{1}{2RC} = \frac{1}{2*50*2{,}5\ 10^{-6}} = 4000 s^{-1}$$

$$\omega_0 = \frac{1}{\sqrt{LC}} = \frac{1}{\sqrt{\frac{100}{3}*10^{-3}*2{,}5*10^{-6}}} = 2000\sqrt{3}\, s^{-1}$$

$$s = -4000 \pm \sqrt{4000^2 - 3*2000^2} = -4000 \pm 2000 \quad \begin{cases} s = -2000 \\ s_2 = -6000 \end{cases}$$

Dos raíces reales y distintas y la solución será de la forma:

$$i_{Lh}(t) = K_1 e^{s_1 t} + K_2 e^{s_2 t} = K_1 e^{-2000\,t} + K_2 e^{-6000\,t}$$

Las constantes de integración K_1 y K_2 no se calculan hasta que no se tenga planteada la solución completa.

Solución particular. En régimen permanente, para la excitación en corriente continua, la bobina se comportará como un cortocircuito y el condensador como un circuito abierto. Se tiene el circuito equivalente:

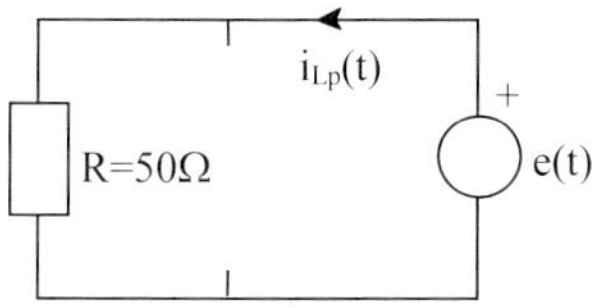

La intensidad que pasa por la bobina es:

$$i_{Lp}(t) = \frac{e(t)}{R} = \frac{-100}{50} = -2\,A$$

Y la **solución completa** será:

$$i_L(t) = i_{Lh}(t) = i_{Lp}(t) = K_1 e^{-2000\,t} + K_2 e^{-6000\,t} - 2$$

Las constantes de integración K_1 y K_2 se calculan teniendo en cuenta las condiciones iniciales.

Condiciones iniciales. En el instante t=0 la intensidad de la bobina y la tensión en el condensador serán cero, estando toda la tensión de la fuente en bornas de la bobina. Se tiene:

$$u_L(0^+) = -100\,V \qquad i_L(0^+) = 0\,A \qquad \left(\frac{di_L(t)}{dt}\right)_{t=0} = \frac{u_L(0^+)}{L} = \frac{-100}{\frac{100}{3}*10^{-3}} = -3000$$

Particularizando para t = 0 en la ecuación anterior, de la solución completa, y en su primera derivada, se tiene:

$$\left.\begin{array}{l} i_L(0^+) = K_1 + K_2 - 2 = 0 \\ \left(\frac{di_L(t)}{dt}\right)_{t=0} = -2000K_1 - 6000K_2 = -3000 \end{array}\right\} \quad K_1 = 2{,}25 \qquad K_2 = -0{,}25$$

La solución completa es:

$$i_L(t) = 2{,}25\, e^{-2000t} - 0{,}25\, e^{-2000t} - 2 \ (A)$$

Representación gráfica:

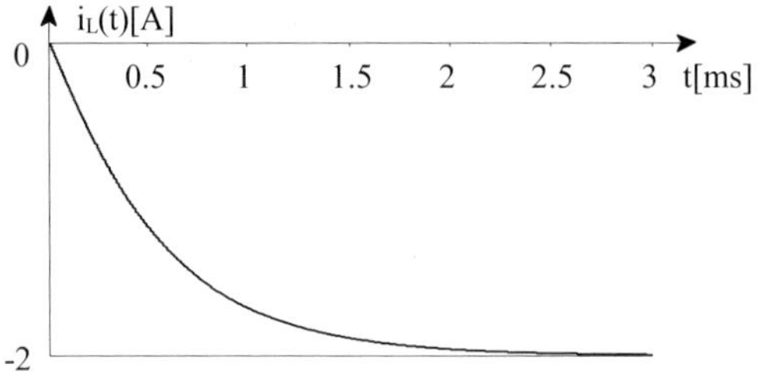

PROBLEMA 8.13

Obténganse las expresiones de la intensidad $i_L(t)$ en la bobina y de la tensión $u_C(t)$ en el condensador del circuito de la figura, para $t \geq 0$, siendo la fuente de intensidad $i_g(t) = 1/2\ U(-t)$.

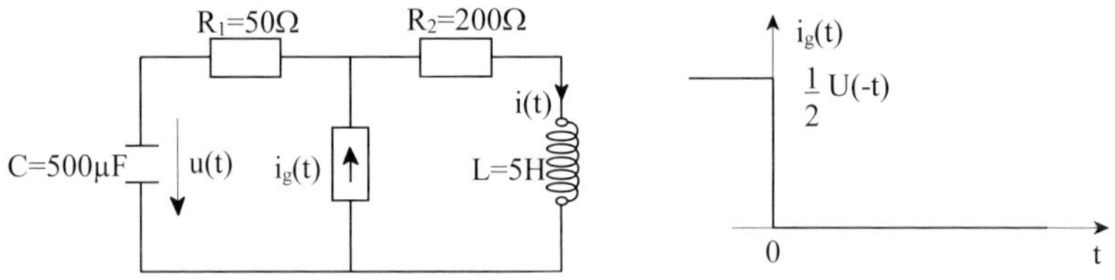

Por ser un circuito RLC con una fuente de intensidad, puede plantearse directamente la solución como la suma de la respuesta natural del circuito RLC serie sin excitación más una solución particular debida a la excitación. No obstante, se va a deducir la ecuación diferencial del circuito, lo cual además servirá como comprobación.

$$i_L(t) = \frac{1}{R_2 + LD + R_1 + \dfrac{1}{CD}} \left(R_1 + \frac{1}{CD} \right) i_g(t) =$$

$$= \frac{1}{(R_1 + R_2)CD + LCD^2 + 1} \left(R_1 CD + 1 \right) i_g(t)$$

$$\left[(R_1 + R_2)CD + LCD^2 + 1 \right] i_L(t) = \left(R_1 CD + 1 \right) i_g(t)$$

Dividiendo por LC y sustituyendo el operador D, se tiene:

$$\frac{d^2 i_L(t)}{dt^2}+\frac{R_1+R_2}{L}\frac{di_L(t)}{dt}+\frac{1}{LC}i_L(t)=\frac{R_1}{L}\frac{di_g(t)}{dt}+\frac{1}{LC}i_g(t)$$

Puede comprobarse que la ecuación homogénea corresponde a la ecuación diferencial del circuito RLC serie que se obtiene si se elimina la fuente de intensidad.

La fuente de intensidad está actuando con un valor de 0,5A hasta el instante t = 0, en que pasa a valer cero. Por ello se puede estudiar el circuito como RLC serie sin fuentes de excitación en el que existen unas condiciones iniciales creadas por la situación anterior. En definitiva, la solución del circuito será la de la ecuación homogénea.

Su ecuación característica es: $s^2+2\alpha s+\omega_0^2=0$

Donde: $\alpha=\frac{R}{2L}=\frac{250}{2*5}=25s^{-1}$ $\omega_0=\frac{1}{\sqrt{LC}}=\frac{1}{\sqrt{5*500*10^{-6}}}=20s^{-1}$

$$s=-25\pm\sqrt{25^2-20^2}=-25\pm 15 \quad \begin{cases} s_1=-10 \\ s_2=-40 \end{cases}$$

Se tienen dos soluciones reales y distintas y se está en situación de **régimen sobreamortiguado**. La solución es:

$$i_L(t)=K_1 e^{s_1 t}+K_2 e^{s_2 t}=K_1 e^{-10t}+K_2 e^{-40t}$$

Condiciones iniciales. Antes de t = 0 el circuito está en régimen estable, el condensador se comporta como un circuito abierto y la bobina como un cortocircuito, pasando por ella toda la corriente de la fuente de intensidad. Así se tiene:

$$u_C(0^+)=u_C(0^-)=0{,}5*200=100V \qquad i_L(0^+)=i_L(0^-)=0{,}5A$$

$$u_L(0^+)=100-250*0{,}5=-25V \qquad i_C(0^+)=-i_L(0^+)=-0{,}5A$$

$$\left(\frac{di_L(t)}{dt}\right)_{t=0}=\frac{u_L(0^+)}{L}=\frac{-25}{5}=-5 \qquad \left(\frac{du_C(t)}{dt}\right)_{t=0}=\frac{i_C(0^+)}{C}=\frac{-0{,}5}{5*10^{-4}}=-1000$$

Particularizando para t = 0 en la ecuación anterior y en su primera derivada, se calculan las constantes de integración K_1 y K_2.

a) Expresión de la intensidad $i_L(t)$

$$\left.\begin{aligned} i_L(0^+)&=K_1+K_2=0{,}5A \\ \left(\frac{di_L(t)}{dt}\right)_{t=0}&=-10K_1-40K_2=-5 \end{aligned}\right\} \qquad K_1=0{,}5 \qquad K_2=0$$

La solución es:

$$i_L(t) = \frac{1}{2}\, e^{-10t} \; [A]$$

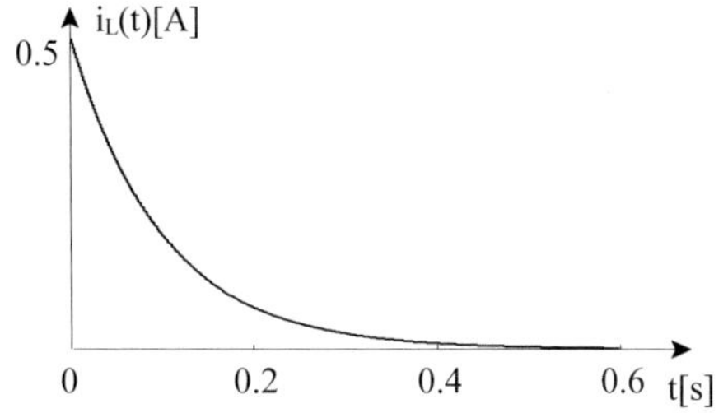

b) Expresión de la tensión $u_C(t)$

$$\left.\begin{aligned} u_C(0^+) &= K_1 + K_2 = 100 \\ \left(\frac{du_C(t)}{dt}\right)_{t=0} &= -10\,K_1 - 40\,K_2 = -1000 \end{aligned}\right\} \qquad K_1 = 100 \qquad K_2 = 0$$

Y la solución es:

$$u_C(t) = 100\, e^{-10t}\, [V]$$

Teniendo en cuenta que $i_C(t) = -\, i_L(t)$, se puede comprobar que:

$$i_L(t) = -i_C(t) = -C\,\frac{du_C(t)}{dt} = -5 * 10^{-4} * 100 * (-10)\, e^{-10t} = 0{,}5\, e^{-10t}$$

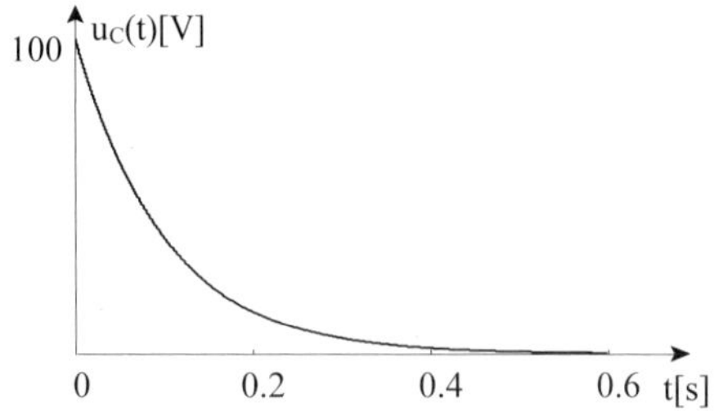

PROBLEMA 8.14

El interruptor S, que lleva un tiempo muy largo cerrado, se abre en el instante t =0. Hállese la expresión de la tensión u(t) en el condensador y de la intensidad i(t) en la bobina para t ≥ 0.

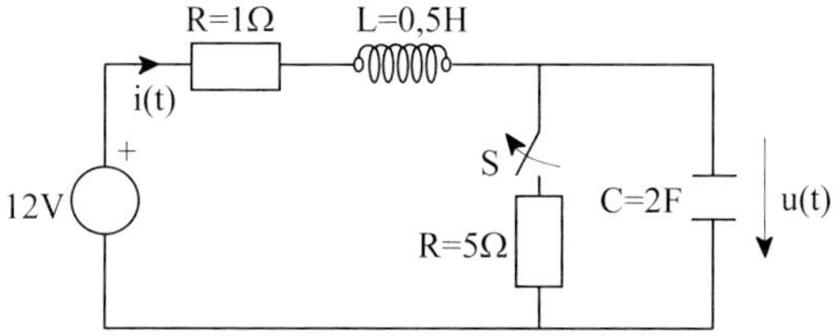

Después de abrir el interruptor se tiene un circuito RLC serie, alimentado por una fuente de tensión de 12 V de corriente continua, en el que la bobina y el condensador están cargados como consecuencia del régimen anterior. Se tiene:

Para la tensión en el condensador:

$$12 = R_1\, i(t) + L\frac{di(t)}{dt} + u(t) = R_1\, C\,\frac{du(t)}{dt} + L\,C\,\frac{d^2u(t)}{dt^2} + u(t)$$

$$\frac{d^2u(t)}{dt^2} + \frac{R_1}{L}\frac{du(t)}{dt} + \frac{1}{LC}u(t) = \frac{12}{LC}$$

Para la intensidad en la bobina:

$$12 = R_1\, i(t) + L\frac{di(t)}{dt} + \frac{1}{C}\int i(t)\,dt$$

Derivando y ordenando : $\frac{d^2i(t)}{dt^2} + \frac{R_1}{L}\frac{di(t)}{dt} + \frac{1}{LC}i(t) = 0$

Como puede comprobarse, las ecuaciones homogéneas se corresponden con las ecuaciones diferenciales de la tensión en el condensador e intensidad en la bobina, del circuito RLC serie que resulta de eliminar la fuente de tensión.

Las soluciones buscadas para la tensión e intensidad serán suma de dos: la solución de estas ecuaciones homogéneas y las particulares que se obtendrán en el estado de régimen.

Soluciones de las ecuaciones homogéneas.

La ecuación característica es: $s^2 + 2\alpha\, s + \omega_0^2 = 0$

Donde: $\alpha = \frac{R}{2L} = \frac{1}{2*0,5} = 1\ s^{-1}$ $\qquad \omega_0 = \frac{1}{\sqrt{LC}} = \frac{1}{\sqrt{0,5*2}} = 1\ s^{-1}$

$s = -1 \pm \sqrt{1-1} = -1 \qquad s_1 = s_2 = -1$

Se tienen dos raíces reales e iguales y régimen con **amortiguamiento crítico**. Las soluciones son:

$$i_{Lh}(t) = (K_1 + k_2\, t)\, e^{st} = (K_1 + K_2\, t)\, e^{-t}$$
$$u_{Ch}(t) = (K_1^{'} + K_2^{'}\, t)\, e^{st} = (K_1^{'} + K_2^{'}\, t)\, e^{-t}$$

Soluciones particulares.

En la solución de régimen permanente, con el interruptor abierto, al ser la excitación en CC, la bobina se comporta como un cortocircuito y el condensador como un circuito abierto. La tensión en el condensador será la misma que la de la fuente y no circulará corriente.

$$u_p(t) = u_C(\infty) = 12V \qquad i_p(t) = i_L(\infty) = 0\ A$$

Las soluciones completas serán:

$$i(t) = i_{Lh}(t) = i_p(t) = (K_1 + K_2\, t)\, e^{-t} + 0$$
$$u(t) = u_{Ch}(t) = u_p(t) = (K_1^{'} + K_2^{'}\, t)\, e^{-t} + 12$$

Condiciones iniciales. Antes de t=0, el circuito está en régimen estable, y también el condensador se comporta como un circuito abierto y la bobina como un cortocircuito. Así se tiene:

$$u_C(0^+) = u_C(0^-) = \frac{12}{1+5} * 5 = 10\ V \qquad i_L(0^+) = i_L(0^-) = \frac{12}{6} = 2\ A$$
$$u_L(0^+) = 12 - 10 - 1 * 2 = 0V \qquad i_C(0^+) = i_L(0^+) = 2\ A$$
$$\left(\frac{di_L(t)}{dt}\right)_{t=0} = \frac{u_L(0^+)}{L} = \frac{0}{0{,}5} = 0 \qquad \left(\frac{du_C(t)}{dt}\right)_{t=0} = \frac{i_C(0^+)}{C} = \frac{2}{2} = 1$$

Particularizando para t = 0 en las ecuaciones anteriores y en sus primeras derivadas, se calculan las constantes de integración.

a) Expresión de la intensidad i (t):

$$\left.\begin{aligned} i(0^+) &= K_1 = 2\ A \\ \left(\frac{di(t)}{dt}\right)_{t=0^+} &= -K_1 + K_2 = 0 \end{aligned}\right\} \quad K_1 = 2 \quad K_2 = 2$$

La solución es:

$$i(t) = (2 + 2t)\, e^{-t}\ [A]$$

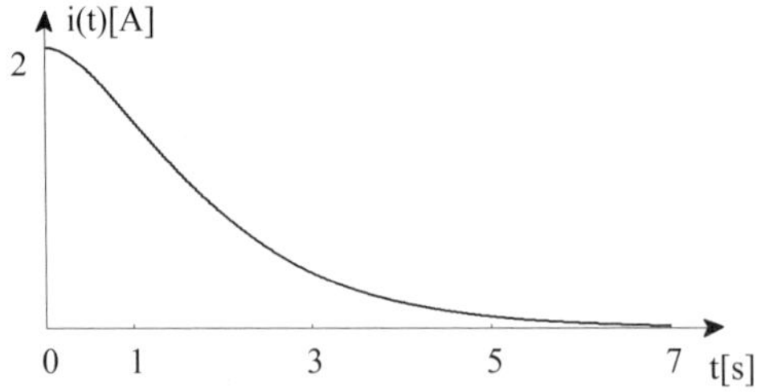

b) Expresión de la tensión u(t):

$$\left.\begin{aligned} u(0^+) &= K_1^{'} + 12 = 10 \\ \left(\frac{du(t)}{dt}\right)_{t=0} &= -K_1^{'} + K_2^{'} = 1 \end{aligned}\right\} \qquad K_1^{'} = -2 \qquad K_2^{'} = -1$$

La solución es:

$$u(t) = (-2-t)\,e^{-t} + 12\;[V]$$

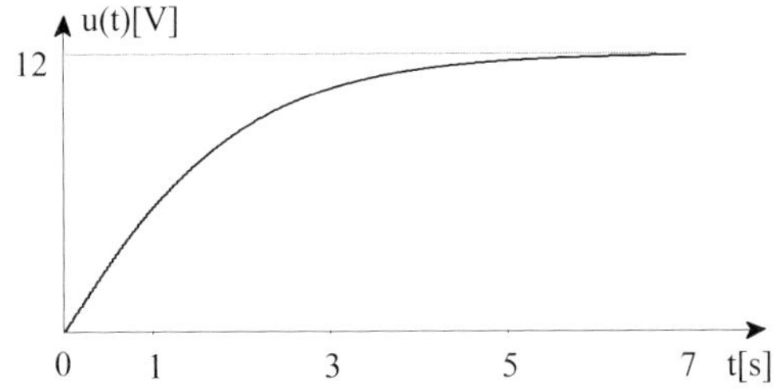

PROBLEMA 8.15

En el circuito de la figura se cierra el interruptor S en el instante t =0. Hállese la expresión de la tensión u(t) en el condensador para t ≥ 0.

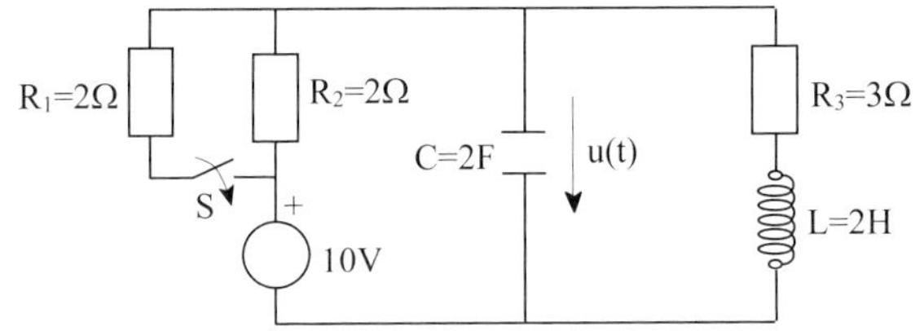

Después de cerrar el interruptor S y de transformar la rama de tensión en rama de intensidad, se tiene el circuito equivalente:

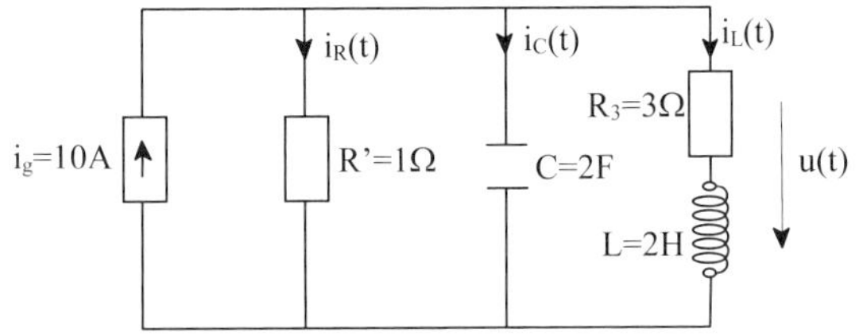

$$R^{'} = \frac{R_1 * R_2}{R_1 + R_2} = 1\Omega$$

$$i_g = \frac{10}{1} = 10A$$

Se plantea la ecuación con impedancias operacionales:

$$i_g(t)=i_R(t)+i_C(t)+i_L(t)=\frac{u(t)}{R'}+C\,D\,u(t)+\frac{u(t)}{R_3+L\,D}$$

$$(R_3+L\,D)\,i_g(t)=\left(\frac{R_3+L\,D}{R'}\right)u(t)+(R_3+L\,D)C\,D\,u(t)+u(t)=$$

$$=\left(\frac{R_3}{R'}+1\right)u(t)+\left(\frac{L}{R'}+R_3\,C\right)D\,u(t)+L\,C\,D^2\,u(t)$$

Dividiendo por LC y ordenando se tiene:

$$\frac{d^2u(t)}{dt^2}+\left(\frac{R_3}{L}+\frac{1}{R'\,C}\right)\frac{du(t)}{dt}+\left(\frac{R'+R_3}{R'L\,C}\right)u(t)=\frac{R_3}{L\,C}i_g(t)+\frac{1}{C}\frac{di_g(t)}{dt}$$

La ecuación homogénea coincidiría con la de un circuito RLC paralelo, si R_3 fuese cero.

Como ya se sabe, la solución se compone de dos partes: la solución de la ecuación homogénea y una solución particular que es la respuesta del circuito en estado de régimen permanente.

Solución de la ecuación homogénea. Su ecuación característica es:

$$s^2+2\alpha\,s+\omega_0^2=0 \qquad \text{Donde:}$$

$$\alpha=\frac{1}{2}\left(\frac{R_3}{L}+\frac{1}{R'C}\right)=\frac{1}{2}\left(\frac{3}{2}+\frac{1}{2}\right)=1\,s^{-1} \qquad \omega_0=\sqrt{\frac{R'+R_3}{R'}\frac{1}{LC}}=\sqrt{\frac{1+3}{1*2*2}}=1\,s^{-1}$$

$$s=-1\pm\sqrt{1-1}=-1 \qquad s_1=s_2=-1$$

Dos raíces reales e iguales. Se está en situación de régimen con **amortiguamiento crítico** y la solución es:

$$u_h(t)=(K_1+K_2\,t)\,e^{st}=(K_1+K_2\,t)\,e^{-t}$$

Solución particular. En régimen permanente, con el interruptor cerrado, se puede considerar el siguiente circuito equivalente:

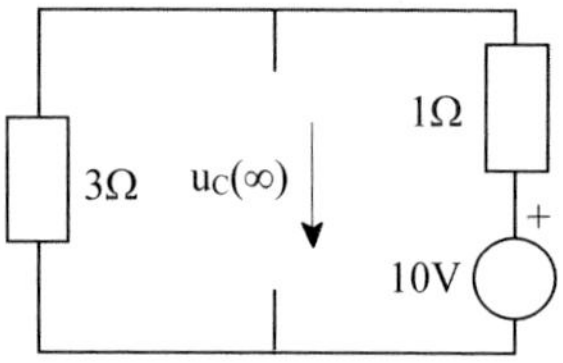

$$u_p(t)=u_C(\infty)=\frac{10}{3+1}3=7{,}5V$$

La solución completa será:

$$u(t)=u_h(t)=u_p(t)=(K_1+K_2\,t)\,e^{-t}+7{,}5$$

Condiciones iniciales. Antes de conmutar el interruptor el sistema está también en régimen estable, teniéndose el siguiente circuito equivalente:

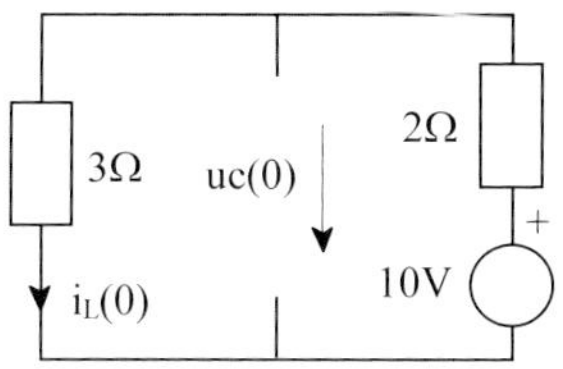

$$u_C(0^+) = u_C(0^-) = \frac{10}{3+2} * 3 = 6\ V$$

$$i_L(0^+) = i_L(0^-) = \frac{10}{5} = 2\ A$$

$$i_g = 10\,A \qquad i_R(0^+) = \frac{u_C(0^+)}{R'} = \frac{6}{1} = 6\,A$$

$$\left(\frac{du_C(t)}{dt}\right)_{t=0} = \frac{i_C(0^+)}{C} = \frac{i_g(0^+) - i_R(0^+) - i_L(0^+)}{C} = \frac{10-6-2}{2} = 1$$

Particularizando para t=0 en la ecuación anterior y en su primera derivada, se calculan las constantes de integración.

$$\left.\begin{aligned} u_C(0^+) &= K_1 + 7{,}5 = 6 \\ \left(\frac{du_C(t)}{dt}\right)_{t=0} &= -K_1 + K_2 = 1 \end{aligned}\right\} \qquad K_1 = -1{,}5 \qquad K_2 = -0{,}5$$

Y la solución es:

$$u_C(t) = 7{,}5 - (1{,}5 + 0{,}5t)\,e^{-t}\ [V]$$

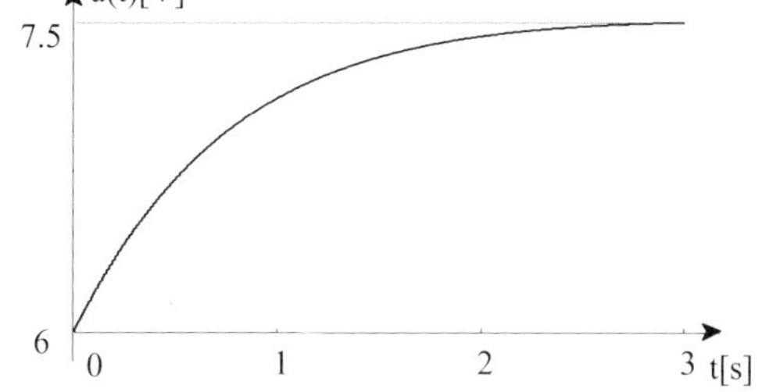

PROBLEMA 8.16

El interruptor S del circuito de la figura lleva cerrado un tiempo muy largo y se abre en el instante t=0. Hállese la expresión de $i_L(t)$ en la bobina para $t \geq 0$.

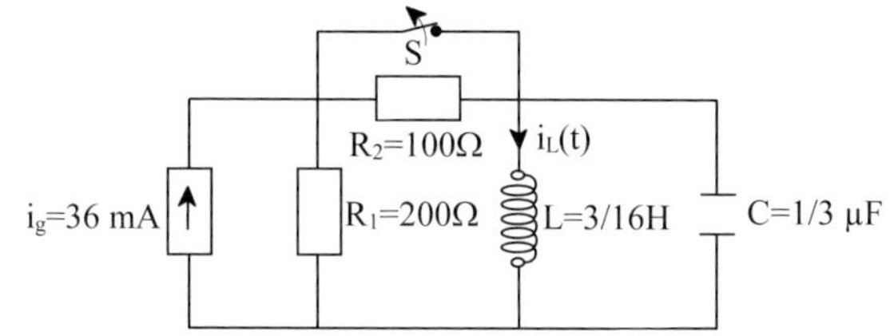

Antes y después de conmutar el interruptor se tiene un circuito RLC paralelo alimentado por una fuente de intensidad. La diferencia entre una y otra situación es el valor de R, que en el primer caso vale 200Ω, y en el segundo vale 300Ω.

La respuesta que se busca (intensidad $i_L(t)$) será la suma de la solución de la ecuación diferencial homogénea y de la respuesta del circuito en estado de régimen permanente (considerado este después de la conmutación).

La ecuación diferencial homogénea es:

$$\frac{d^2 i_L(t)}{dt^2} + \frac{1}{RC}\frac{di_L(t)}{dt} + \frac{1}{LC} i_L(t) = 0 \qquad \text{Siendo}: \quad R = R_1 + R_2$$

Su ecuación característica es: $s^2 + 2\alpha s + \omega_0^2 = 0$ Donde :

$$\alpha = \frac{1}{2RC} = \frac{1}{2*300*\frac{10^{-6}}{3}} = 5000 s^{-1} \qquad \omega_0 = \frac{1}{\sqrt{LC}} = \frac{1}{\sqrt{\frac{3}{16}*\frac{10^{-6}}{3}}} = 4000 s^{-1}$$

$$s = -5000 \pm \sqrt{5000^2 - 4000^2} = -5000 \pm 3000 \quad \begin{cases} s_1 = -2000 \\ s_2 = -8000 \end{cases}$$

La solución de la homogénea es:

$$i_{Lh}(t) = K_1\, e^{s_1 t} + K_2\, e^{s_1 t} = K_1\, e^{-2000\, t} + K_2\, e^{-8000\, t}$$

Solución particular. En régimen permanente, con el interruptor cerrado, al ser la excitación en corriente continua, se tiene el siguiente circuito equivalente:

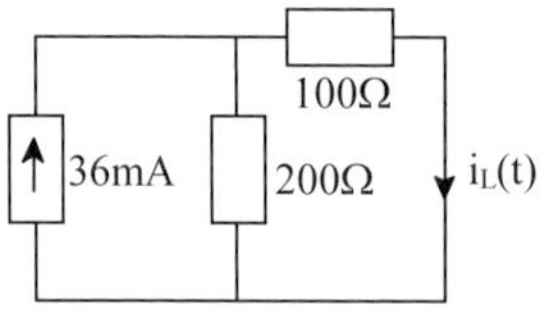

$$i_{Lp}(t) = i_L(\infty) = \frac{36}{300} * 200 = 24 mA$$

Y la **solución completa** será:

$$i_L(t) = i_{Lh}(t) = i_{Lp}(t) = K_1\ e^{-2000\,t} + K_2\ e^{-8000\,t} + 24mA$$

Condiciones iniciales (valores de la tensión y de la intensidad en el instante de la conmutación).

$$u_L(0^+) = u_C(0^+) = 0\,V \qquad i_L(0^+) = 36\,mA \qquad \left(\frac{di_L(t)}{dt}\right)_{t=0} = \frac{u_L(0^+)}{L} = \frac{0}{\frac{3}{16}} = 0$$

Particularizando para t = 0 en la ecuación anterior y en su primera derivada, se tiene:

$$\left.\begin{aligned} i_L(0^+) &= K_1 + K_2 + 24 = 36 \\ \left(\frac{di_L(t)}{dt}\right)_{t=0} &= -2000\,K_1 - 8000 K_2 = 0 \end{aligned}\right\} \qquad K_1 = 16 \qquad K_2 = -4$$

La solución completa es:

$$i_L(t) = 16\ e^{-2000\,t} - 4\ e^{-8000\,t} + 24mA$$

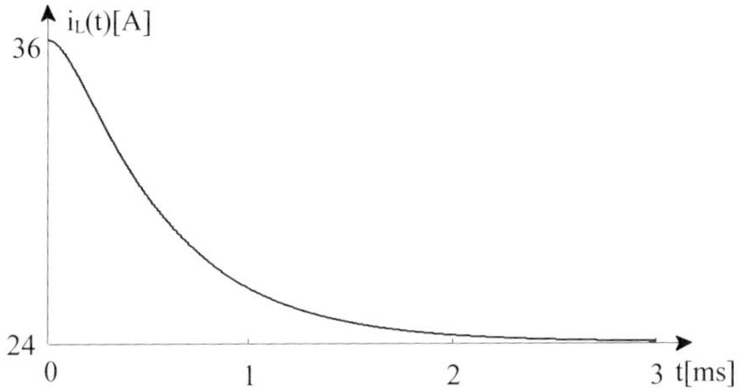

PROBLEMA 8.17

En el circuito de la figura se cierra el interruptor S en el instante t=0. Obténganse las expresiones de la intensidad i(t) y de la tensión en el condensador $u_C(t)$, para $t \geq 0$.

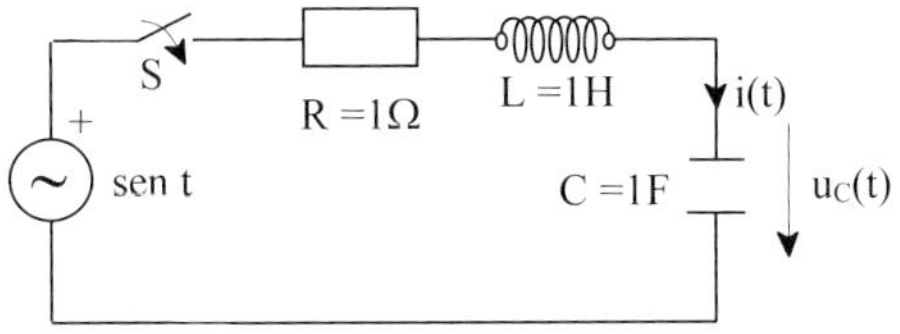

Se tiene un circuito RLC serie alimentado por una fuente de tensión alterna senoidal. Las respuestas buscadas serán las sumas de la soluciones de las ecuaciones diferenciales homogéneas (respuesta natural del circuito sin fuentes de excitación) y de las respuestas del circuito en régimen permanente, después de conectar el interruptor.

Las ecuaciones homogéneas son:

$$\frac{d^2 i(t)}{dt^2}+\frac{R}{L}\frac{di(t)}{dt}+\frac{1}{LC}i(t)=0 \quad \text{y} \quad \frac{d^2 u_C(t)}{dt^2}+\frac{R}{L}\frac{du_C(t)}{dt}+\frac{1}{LC}u_C(t)=0$$

Su ecuación característica es: $s^2+2\alpha\, s+\omega_0^2=0$ Donde :

$$\alpha=\frac{R}{2L}=\frac{1}{2*1}\;0{,}5s^{-1} \qquad \omega_0=\frac{1}{\sqrt{LC}}=\frac{1}{\sqrt{1*1}}=1s^{-1}$$

$$s=-0{,}5\pm\sqrt{0{,}5^2-1}=-0{,}5\pm\sqrt{-0{,}75}=-0{,}5\pm j\frac{\sqrt{3}}{2} \quad \begin{cases} s_1=-0{,}5+j\dfrac{\sqrt{3}}{2} \\ s_2=-0{,}5-j\dfrac{\sqrt{3}}{2} \end{cases}$$

Dos raíces complejas conjugadas. Se tiene la situación de **régimen subamortiguado** y **las soluciones de las ecuaciones diferenciales homogéneas son**:

$$i_h(t)=e^{-\alpha t}\left(K_1\cos\omega_a t+K_2\,\text{sen}\omega_a t\right)=e^{-0{,}5t}\left(K_1\cos\frac{\sqrt{3}}{2}t+K_2\,\text{sen}\frac{\sqrt{3}}{2}t\right)$$

$$u_{Ch}(t)=e^{-\alpha t}\left(K_1'\cos\omega_a t+K_2'\,\text{sen}\omega_a t\right)=e^{-0{,}5t}\left(K_1'\cos\frac{\sqrt{3}}{2}t+K_2'\,\text{sen}\frac{\sqrt{3}}{2}t\right)$$

Solución particular. En régimen permanente, después de conmutar el interruptor, al ser la excitación en corriente alterna senoidal, las respuestas serán:

$$i_p(t)=i_\infty(t)=\sqrt{2}\,I\,\text{sen}(t+\varphi_i)$$
$$u_{Cp}(t)=u_{C\infty}(t)=\sqrt{2}\,U\,\text{sen}(t+\varphi_u)$$

Debe calcularse I, U, φ_i y φ_u.

$$\overline{X}_L=jL\omega=j*1*1=j \qquad \overline{X}_C=-j\frac{1}{C\omega}=\frac{-j}{1*1}=-j$$

$$\overline{I}=\frac{\overline{E}}{R+\overline{X}_L+\overline{X}_C}=\frac{\overline{E}}{1+j1-j1}=\overline{E}=\frac{1}{\sqrt{2}}\angle 0^\circ \qquad \varphi_i=0 \qquad i_\infty(t)=\text{sen}t$$

$$\overline{U}=\overline{X}_C\,\overline{I}=-j\,\overline{I}=\frac{1}{\sqrt{2}}\angle -90^\circ \qquad \varphi_u=-90^\circ \qquad u_{C\infty}(t)=\text{sen}\left(t-\frac{\pi}{2}\right)$$

Y las **soluciones completas** son:

$$i(t)=i_h(t)=i_p(t)=e^{-0,5t}\left(K_1\cos\frac{\sqrt{3}}{2}t+K_2\,\text{sen}\frac{\sqrt{3}}{2}t\right)+\text{sen}t$$

$$u_C(t)=u_{Ch}(t)=u_{Cp}(t)=e^{-0,5t}\left(K_1^{'}\cos\frac{\sqrt{3}}{2}t+K_2^{'}\,\text{sen}\frac{\sqrt{3}}{2}t\right)+\text{sen}\left(t+\frac{\pi}{2}\right)$$

Las constantes de integración se calculan en función de las condiciones iniciales, es decir, de los valores que toman la tensión y la intensidad en el instante de la conmutación.

Se tiene:

$$u_C(0^+)=u_C(0^-)=u_L(0^-)=0\ V \qquad u_L(0^+)=(\text{sen}\,t)_{t=0}=0V \qquad i(0^+)=i(0^-)=0\,A$$

$$\left(\frac{di(t)}{dt}\right)_{t=0}=\frac{u_L(0^+)}{L}=\frac{0}{1}=0 \qquad \left(\frac{du_C(t)}{dt}\right)_{t=0}=\frac{i_C(0^+)}{C}=\frac{0}{1}=0$$

Derivando i(t):

$$\frac{di(t)}{dt}=-0,5\,e^{-0,5t}\left(K_1\cos\frac{\sqrt{3}}{2}t+K_2\,\text{sen}\frac{\sqrt{3}}{2}t\right)+$$

$$+\,e^{-0,5t}\left(-\frac{\sqrt{3}}{2}K_1\,\text{sen}\frac{\sqrt{3}}{2}t+\frac{\sqrt{3}}{2}K_2\cos\frac{\sqrt{3}}{2}t\right)+\cos t$$

Y para t = 0:

$$\left(\frac{di(t)}{dt}\right)_{t=0}=-0,5K_1+\frac{\sqrt{3}}{2}K_2+1$$

Derivando $u_C(t)$:

$$\frac{du_C(t)}{dt}=-0,5\,e^{-0,5t}\left(K_1^{'}\cos\frac{\sqrt{3}}{2}t+K_2^{'}\,\text{sen}\frac{\sqrt{3}}{2}t\right)+$$

$$+\,e^{-0,5t}\left(-\frac{\sqrt{3}}{2}K_1^{'}\,\text{sen}\frac{\sqrt{3}}{2}t+\frac{\sqrt{3}}{2}K_2^{'}\cos\frac{\sqrt{3}}{2}t\right)+\cos\left(t-\frac{\pi}{2}\right)$$

Y para t = 0:

$$\left(\frac{du_C(t)}{dt}\right)_{t=0}=-0,5K_1^{'}+\frac{\sqrt{3}}{2}K_2^{'}$$

Particularizando para t=0 en la ecuaciones anteriores y en sus primeras derivadas, se calculan las constantes: K_1, K_2, K_1' y K_2'.

a) Expresión de la intensidad i(t)

$$\left.\begin{aligned} & i(0^+) = K_1 = 0 \\ & \left(\frac{di_L(t)}{dt}\right)_{t=0^+} = -0{,}5\,K_1 + \frac{\sqrt{3}}{2}K_2 + 1 = 0 \end{aligned}\right\} \qquad K_1 = 0 \qquad K_2 = -1{,}155$$

La solución completa es:

$$i(t) = -e^{-0{,}5t}\left(1{,}155\,\mathrm{sen}\frac{\sqrt{3}}{2}t\right) + \mathrm{sen}\,t$$

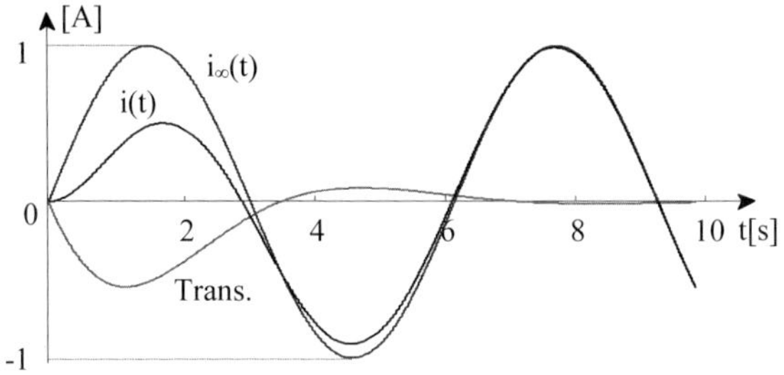

b) Expresión de la tensión $u_C(t)$

$$\left.\begin{aligned} & u_C(0^+) = K_1^{'} - 1 = 0 \\ & \left(\frac{du_C(t)}{dt}\right)_{t=0} = -0{,}5\,K_1^{'} + \frac{\sqrt{3}}{2}K_2^{'} + 1 = 0 \end{aligned}\right\} \qquad K_1^{'} = 1 \qquad K_2^{'} = 0{,}557$$

La solución completa es:

$$u_C(t) = e^{-0{,}5t}\left(\cos\frac{\sqrt{3}}{2}t + 0{,}557\,\mathrm{sen}\frac{\sqrt{3}}{2}t\right) + \mathrm{sen}\left(t - \frac{\pi}{2}\right)$$

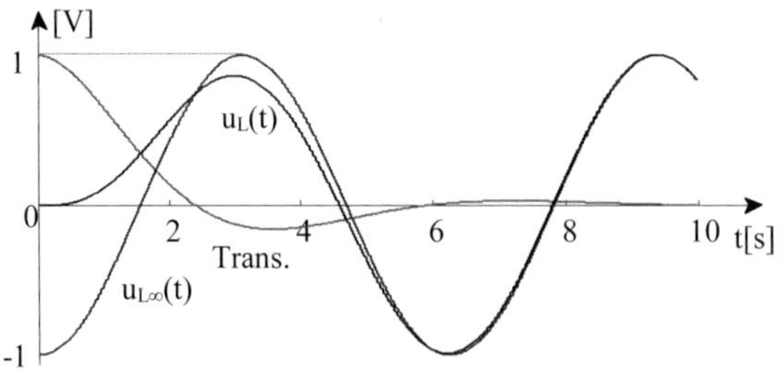

PROBLEMA 8.17.M

En el circuito de la figura se cierra el interruptor S en el instante t=0. Obténganse las expresiones de la intensidad i(t) y de la tensión en el condensador $u_C(t)$, para $t \geq 0$.

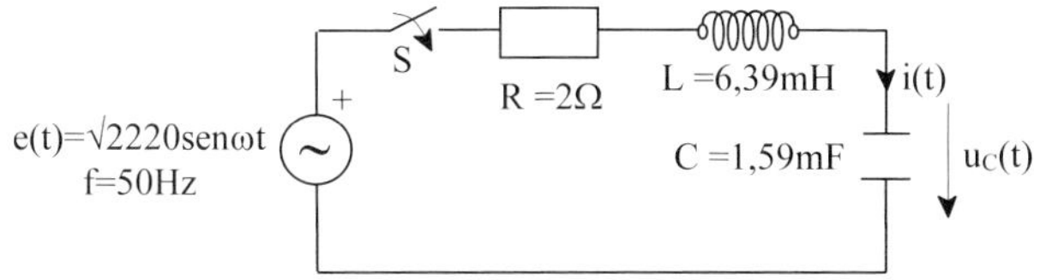

Se tiene un circuito RLC serie alimentado por una fuente de tensión alterna senoidal. Las respuestas buscadas serán las sumas de la soluciones de las ecuaciones diferenciales homogéneas (respuesta natural del circuito sin fuentes de excitación) y de las del circuito en régimen permanente, después de conectar el interruptor. Las ecuaciones homogéneas son:

$$\frac{d^2 i(t)}{dt^2}+\frac{R}{L}\frac{di(t)}{dt}+\frac{1}{LC}i(t)=0 \qquad \text{y} \qquad \frac{d^2 u_C(t)}{dt^2}+\frac{R}{L}\frac{du_C(t)}{dt}+\frac{1}{LC}u_C(t)=0$$

Su ecuación característica es: $s^2+2\alpha\, s+\omega_0^2=0$ Donde :

$$\alpha=\frac{R}{2L}=\frac{2}{2*0{,}00639}=157\,s^{-1} \qquad \omega_0=\frac{1}{\sqrt{0{,}00639*0{,}00159}}=314\,s^{-1}$$

$$s=-157\pm\sqrt{157^2-314^2}=-157\pm j157\sqrt{3} \qquad \begin{cases} s_1=-157+j157\sqrt{3} \\ s_2=-157-j157\sqrt{3} \end{cases}$$

Dos raíces complejas conjugadas. Se tiene la situación de **régimen subamortiguado** y **las soluciones de las ecuaciones diferenciales homogéneas son**:

$$i_h(t)=e^{-\alpha t}\left(K_1\,\mathbf{cos}\,\omega_a t+K_2\,\text{sen}\,\omega_a t\right)=e^{-157t}\left(K_1\,\mathbf{cos}157\sqrt{3}\,t+K_2\,\text{sen}157\sqrt{3}\,t\right)$$
$$u_{Ch}(t)=e^{-\alpha t}\left(K_1'\,\mathbf{cos}\,\omega_a t+K_2'\,\text{sen}\,\omega_a t\right)=e^{-157t}\left(K_1'\,\mathbf{cos}157\sqrt{3}\,t+K_2'\,\text{sen}157\sqrt{3}\,t\right)$$

Solución particular. En régimen permanente, después de conmutar el interruptor, al ser la excitación en corriente alterna senoidal, las respuestas serán:

$$\overline{X}_L=j\,L\,\omega=j*0{,}00639*314=j2 \qquad \overline{X}_C=-j\,\frac{1}{0{,}00159*314}=-j2$$

$$\overline{I}=\frac{\overline{E}}{R+\overline{X}_L+\overline{X}_C}=\frac{220}{2+j2-j2}=110\angle 0^{\circ} \qquad i_\infty(t)=i_p(t)=\sqrt{2}\,110\,\text{sen}(\omega t)$$

$$\overline{U}=\overline{X}_C\,\overline{I}=-j2\;110\angle 0^{\circ}=220\angle -90^{\circ} \qquad u_{C\infty}(t)=u_p(t)=\sqrt{2}\,220\,\text{sen}\,(\omega t-90^{\circ})$$

Y las **soluciones completas** son:

$$i(t)=i_h(t)=i_p(t)=e^{-157t}\left(K_1\cos 157\sqrt{3}\,t+K_2\,\text{sen}157\sqrt{3}\,t\right)+\sqrt{2}110\text{sen}(\omega t)$$
$$u_C(t)=u_{Ch}(t)=u_{Cp}(t)=e^{-157t}\left(K_1'\cos 157\sqrt{3}\,t+K_2'\,\text{sen}157\sqrt{3}\,t\right)+\sqrt{2}\,220\text{sen}\,(\omega t-90^\circ)$$

Las constantes de integración se calculan en función de las condiciones iniciales, es decir, de los valores que toman la tensión y la intensidad en el instante de la conmutación. Se tiene:

$$u_C(0^+)=u_C(0^-)=u_L(0^-)=0\ V \qquad u_L(0^+)=\left(\sqrt{2}\,220\text{sen}\omega\,t\right)_{t=0}=0V \qquad i(0^+)=i(0^-)=0\,A$$
$$\left(\frac{di(t)}{dt}\right)_{t=0}=\frac{u_L(0^+)}{L}=\frac{0}{0{,}00639}=0 \qquad \left(\frac{du_C(t)}{dt}\right)_{t=0}=\frac{i_C(0^+)}{C}=\frac{0}{0{,}00159}=0$$

Derivando i(t) y u_C(t):

$$\frac{di(t)}{dt}=-157\,e^{-157t}\left(K_1\cos 157\sqrt{3}\,t+K_2\,\text{sen}157\sqrt{3}\,t\right)+$$
$$+\ e^{-157t}\left(-157\sqrt{3}\,K_1\,\text{sen}157\sqrt{3}\,t+157\sqrt{3}\,K_2\cos 157\sqrt{3}\,t\right)+\sqrt{2}110*314\cos\omega t$$

$$\frac{du_C(t)}{dt}=-157\,e^{-157t}\left(K_1'\cos 157\sqrt{3}\,t+K_2'\,\text{sen}157\sqrt{3}\,t\right)+$$
$$+\ e^{-0{,}5t}\left(-157\sqrt{3}\,K_1'\,\text{sen}\,157\sqrt{3}\,t+157\sqrt{3}\,K_2'\cos 157\sqrt{3}\,t\right)+\sqrt{2}\,220*314\cos(\omega t-90^\circ)$$

Y para t = 0:

$$\left(\frac{di(t)}{dt}\right)_{t=0}=-157K_1+157\sqrt{3}\,K_2+\sqrt{2}110*314 \qquad \left(\frac{du_C(t)}{dt}\right)_{t=0}=-157K_1'+157\sqrt{3}\,K_2'$$

a) Expresión de la intensidad i(t)

$$\left.\begin{array}{l} i(0^+)=K_1=0 \\ \left(\dfrac{di_L(t)}{dt}\right)_{t=0^+}=0=-157K_1+157\sqrt{3}\,K_2+\sqrt{2}110*314 \end{array}\right\}\quad K_1=0 \qquad K_2=-179{,}6$$

La solución completa es:

$$i(t)=\sqrt{2}110\text{sen}\omega t-e^{-157t}\ 179{,}6\ \text{sen}157\sqrt{3}\,t$$

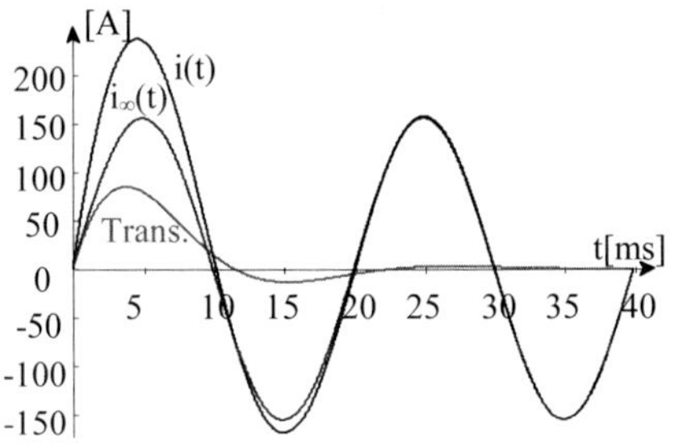

b) Expresión de la tensión $u_C(t)$

$$\left.\begin{array}{l} u_C(0^+) = K_1' - \sqrt{2}\,220 = 0 \\ \left(\dfrac{du_C(t)}{dt}\right)_{t=0} = -157K_1' + 157\sqrt{3}\,K_2' = 0 \end{array}\right\} \quad K_1' = 311{,}13 \qquad K_2' = 179{,}6$$

La solución completa es:

$$u_C(t) = \sqrt{2}\,220\mathrm{sen}\left(\omega t - 90^{\circ}\right) + $$
$$+ e^{-157t}\left(311{,}13\cos 157\sqrt{3}\,t + 179{,}6\,\mathrm{sen}157\sqrt{3}\,t\right)$$

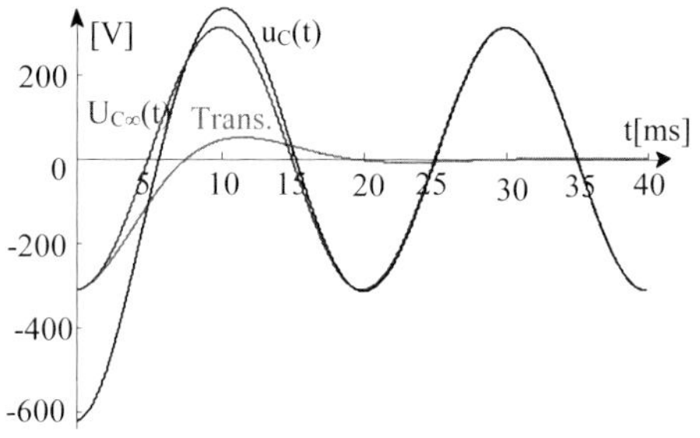

PROBLEMA 8.18

En el circuito de la figura se cierra el interruptor S en el instante t=0. Haciendo uso de la transformada de Laplace, calcúlense las expresiones de la tensión y de la intensidad en la bobina para t ≥ 0.

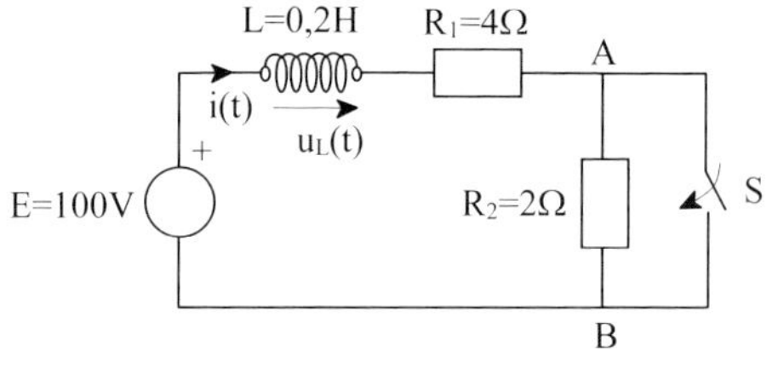

La intensidad que circula por la bobina será la misma que circule entre A y B cuando se cortocircuite la resistencia R_2 (cierre del interruptor S).

A continuación se calcula el circuito equivalente de Thevenin visto desde los puntos A y B. En régimen permanente la bobina se comporta como un cortocircuito:

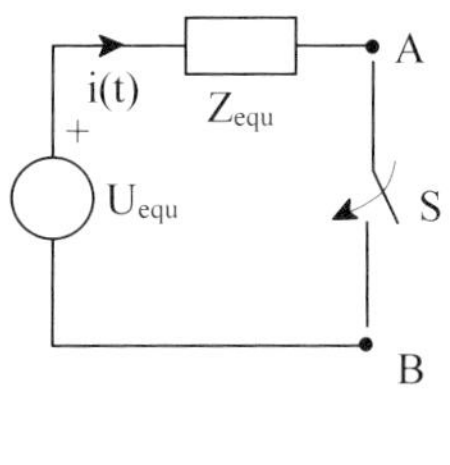

$$U_{equ} = U_{AB0} = \frac{E}{R_1 + R_2} R_2$$

$$Z_{equ} = \frac{(R_1 + LD)R_2}{R_1 + R_2 + LD}$$

La intensidad de cortocircuito será:

$$i_{CC}(t)=i(t)=\frac{U_{equ}}{Z_{equ}}=\frac{E}{R_1+R_2}R_2\frac{R_1+R_2+LD}{R_1R_2+LR_2D}=\frac{E\,R_2}{L\,(R_1+R_2)}\frac{\frac{L}{R_2}D+\frac{R_1}{R_2}+1}{D+\frac{R_1}{L}}$$

Particularizando para los valores del circuito, se tiene:

$$i(t)=\frac{100*2}{0{,}2(4+2)}\frac{\frac{0{,}2}{2}D+\frac{4}{2}+1}{D+\frac{4}{0{,}2}}U(t)=\frac{200}{1{,}2}\frac{0{,}1D+3}{D+20}U(t)$$

Pasando a las transformadas de Laplace:

$$L[i]=\frac{200}{1{,}2}\frac{0{,}1\,s+3}{s+20}\frac{1}{s}=\frac{200}{1{,}2}\frac{0{,}1\,s+3}{s\,(s+20)}$$

Se tiene un cociente de polinomios, que se puede descomponer en fracciones simples.

$$L[i]=\frac{200}{1{,}2}\left[\frac{A}{s}+\frac{B}{s+20}\right]=\frac{200}{1{,}2}L_1[i]$$

Cálculo de los residuos A y B:

$$A=s\,L[i]\Big]_{s=0}=\frac{s\,(0{,}1s+3)}{s\,(s+20)}\Bigg]_{s=0}=\frac{3}{20}$$

$$B=(s+20)L_1[i]\Big]_{s=-20}=\frac{(s+20)\,(0{,}1s+3)}{s\,(s+20)}\Bigg]_{s=-20}=-\frac{1}{20}$$

Se tiene la expresión:

$$L[i]=\frac{200}{1{,}2}\frac{1}{20}\left[\frac{3}{s}-\frac{1}{s+20}\right]=\frac{100}{12}\left[\frac{3}{s}-\frac{1}{s+20}\right]$$

Consultando en las tablas de transformadas de Laplace, se tiene la siguiente antitransformada:

$$i(t)=\frac{100}{12}\left[3-e^{-20t}\right]$$

Y su representación gráfica:

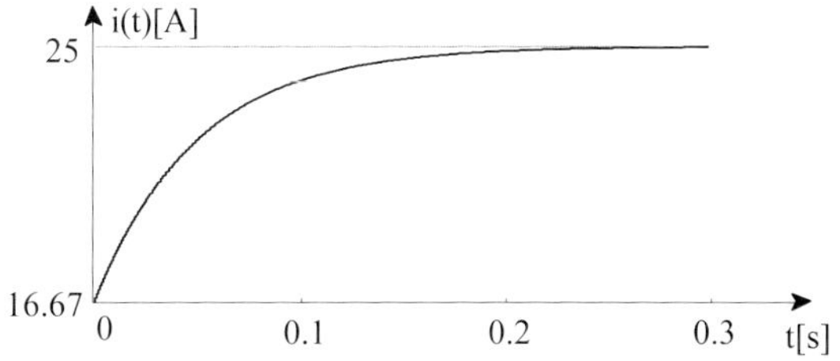

Para la tensión en la bobina se puede hacer uso de la relación: $u_L(t) = L\dfrac{di_L(t)}{dt}$

Y se tiene:

$$u_L(t) = 0{,}2 * 20\frac{100}{12}e^{-20t} = \frac{100}{3}e^{-20t}$$

Y su representación gráfica:

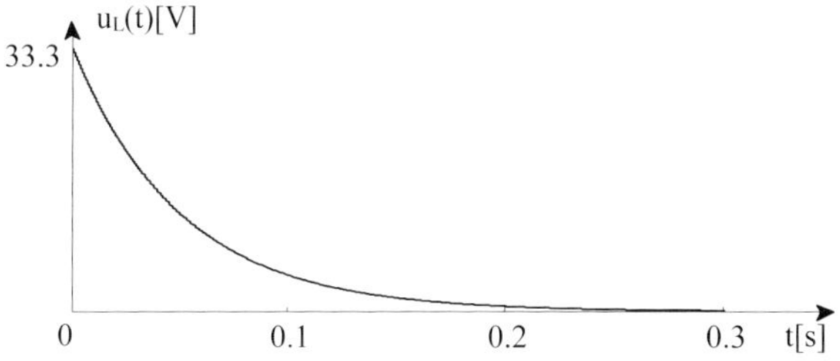

PROBLEMA 8.19

La fuente de excitación del circuito de la figura es e(t)=8tU(t). Hállese la expresión de la tensión en el condensador (su valor inicial para t=0 es $U_c(0)$=5V).

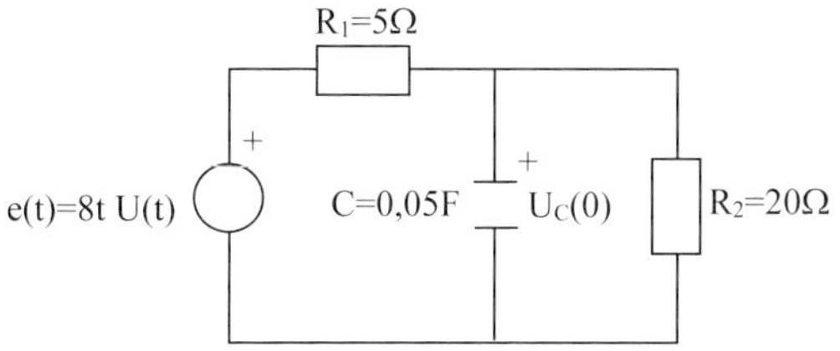

Se sustituye el condensador cargado por su equivalente según el teorema de Thevenin y aplicando la transformada de Laplace se puede considerar el siguiente esquema, en el que se pone la impedancia del condensador en función de la frecuencia compleja s.

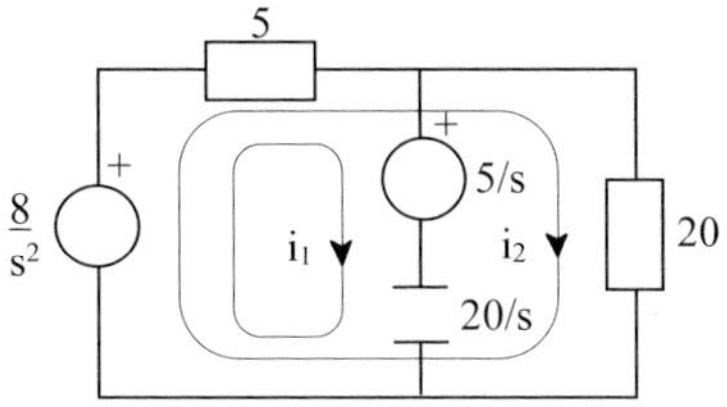

Estudiando el circuito por lazos básicos, se tienen las ecuaciones:

$$\left.\begin{aligned}\frac{8}{s^2}-\frac{5}{s}&=\left(5+\frac{20}{s}\right)L[i_1]+5\,L[i_2]\\ \frac{8}{s^2}&=5\,L[i_1]+25\,L[i_2]\end{aligned}\right\}\qquad \text{Y operando:}$$

$$\left.\begin{aligned}\frac{40}{s^2}-\frac{25}{s}&=5\left(5+\frac{20}{s}\right)L[i_1]+25\,L[i_2]\\ -\frac{8}{s^2}&=-5\,L[i_1]-25\,L[i_2]\end{aligned}\right\}$$

$$\frac{32}{s^2}-\frac{25}{s}=\left(20+\frac{100}{s}\right)L[i_1]$$

Se tiene la transformada de la intensidad que circula por la rama del condensador:

$$L[i_1]=\frac{\dfrac{32}{s^2}-\dfrac{25}{s}}{20+\dfrac{100}{s}}=\frac{32-25s}{20s\,(s+5)}$$

Para la tensión en el condensador hay que considerar la carga inicial y la caída de tensión debida a la intensidad i. En transformadas de Laplace será:

$$L[u_C]=\frac{5}{s}+\frac{20}{s}L[i_1]=\frac{5}{s}+\frac{32-25s}{s^2\,(s+5)}=\frac{5\,(s^2+6{,}4)}{s^2\,(s+5)}$$

Se tiene el cociente de dos polinomios y se descompone en fracciones simples.

$$L[u_C]=\frac{5\,(s^2+6{,}4)}{s^2\,(s+5)}=\frac{A}{s}+\frac{B}{s^2}+\frac{C}{s+5}$$

Cálculo de los residuos A, B y C.

$$B=s^2\,L[u_C]\Big]_{s=0}=\frac{s^2\,5\,(s^2+6{,}4)}{s^2\,(s+5)}\Bigg]_{s=0}=\frac{32}{5}=6{,}4$$

$$A = \frac{d}{ds} s^2 L\left[u_C\right]\Bigg]_{s=0} = \frac{d}{ds}\frac{s^2\ 5\left(s^2+6{,}4\right)}{s^2\left(s+5\right)}\Bigg]_{s=0} = \frac{10s}{s+5} - \frac{5\left(s^2+6{,}4\right)}{\left(s+5\right)^2}\Bigg]_{s=0} = -\frac{32}{25} = -1{,}28$$

$$C = \left(s+5\right) L\left[u_C\right]\Big]_{s=-5} = \frac{\left(s+5\right) 5\left(s^2+6{,}4\right)}{s^2\left(s+5\right)}\Bigg]_{s=-5} = \frac{31{,}4}{5} = 6{,}28$$

Se tiene la expresión:

$$L\left[u\right] = \frac{-1{,}28}{s} + \frac{6{,}4}{s^2} + \frac{6{,}28}{s+5}$$

Consultando las tablas de transformadas de Laplace, se tienen las antitransformadas:

$$L^{-1}\left[\frac{-1{,}28}{s}\right] = -1{,}28\ U(t)$$

$$L^{-1}\left[\frac{6{,}4}{s^2}\right] = 6{,}4t\ U(t)$$

$$L^{-1}\left[\frac{6{,}28}{s+5}\right] = 6{,}28\ e^{-5t}\ U(t)$$

La solución buscada es:

$$u_C(t) = \left[-1{,}28 + 6{,}4t + 6{,}28\ e^{-5t}\right]U(t)$$

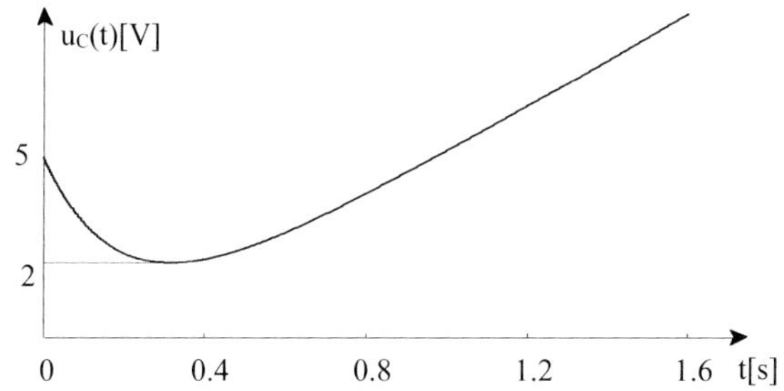

PROBLEMA 8.20

El circuito de la figura está excitado por un impulso de tensión δ(t). Calcúlese la función de transferencia H(t) en los casos siguientes:

a) Considerando como salida i(t).

b) Considerando como salida $u_L(t)$.

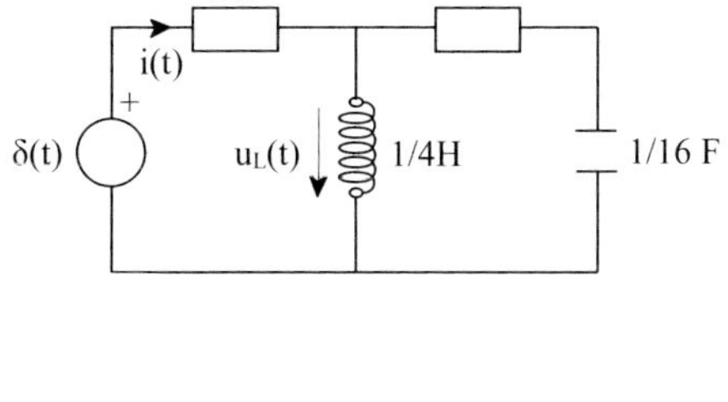

En función de las impedancias operacionales, se tiene la ecuación:

$$\delta(t)=\left[2+\frac{LD\left(6+\dfrac{1}{CD}\right)}{LD+6+\dfrac{1}{CD}}\right]i(t)=\left[2+\frac{\dfrac{D}{4}\left(6+\dfrac{16}{D}\right)}{\dfrac{D}{4}+6+\dfrac{16}{D}}\right]i(t)$$

Pasando a la transformada de Laplace:

$$L\ [\delta(t)]=1=\left[2+\frac{\dfrac{s}{4}\left(6+\dfrac{16}{s}\right)}{\dfrac{s}{4}+6+\dfrac{16}{s}}\right]L\ [i]=\left[\frac{\dfrac{s}{2}+12+\dfrac{32}{s}+\dfrac{3}{2}s+4}{\dfrac{s}{4}+6+\dfrac{16}{s}}\right]L\ [i]$$

$$1=\frac{8s^2+64s+128}{s^2+24s+64}\,L\ [i]$$

La transformada de la intensidad será:

$$L\ [i]=\frac{s^2+24s+64}{8\left(s^2+8s+16\right)}=\frac{1}{8}\ \frac{(s+4)^2+16s+48}{(s+4)^2}=$$

$$=\frac{1}{8}+2\left[\frac{3}{(s+4)^2}+\frac{s}{(s+4)^2}\right]$$

Consultando las tablas de las transformadas de Laplace, se tiene:

$$L^{-1}\ [\ 0{,}125\ ]=0{,}125\ \delta(t)$$

$$L^{-1}\left[\frac{3}{(s+4)^2}\right]=3\,t\,e^{-4t}$$

$$L^{-1}\left[\frac{s}{(s+4)^2}\right]=[1\ -\ 4t\ ]e^{-4t}$$

La expresión de la antitransformada, es decir de i(t), es:

$$i(t)=0{,}125\ \delta(t)+2\ (1-t)e^{-4t}\,U(t)$$

La ecuación, en función de las impedancias operacionales, para u(t) es:

$$u(t)=\frac{\delta(t)}{2+\dfrac{\dfrac{D}{4}\left(6+\dfrac{16}{D}\right)}{\dfrac{D}{4}+6+\dfrac{16}{D}}}\ \frac{\dfrac{D}{4}\left(6+\dfrac{16}{D}\right)}{\dfrac{D}{4}+6+\dfrac{16}{D}}=\frac{\dfrac{3}{2}D+\ 4}{2D+\dfrac{32}{D}+16}\delta(t)$$

Y operando:

$$u(t) = \frac{3D^2 + 8D}{4\,(D+4)^2}\;\delta(t)$$

Pasando a las transformadas de Laplacc, se tiene la expresión:

$$L[u] = \frac{3s^2 + 8s}{4\,(s+4)^2} * 1$$

Sumando y restando 16s + 48 en el numerador:

$$L\,[u] = \frac{3(s+4)^2 - (16s + 48)}{4(s+4)^2} = \frac{3}{4} - 4\left[\frac{s}{(s+4)^2} + \frac{3}{(s+4)^2}\right]$$

Procediendo igual que con la intensidad, se tiene la antitransformada, es decir, u(t):

$$i\,(t) = 0{,}75\;\delta(t) + 4\;(t-1)\,e^{-4t}\;U\,(t)$$

PROBLEMA 8.21

En el circuito de la figura se cierra el interruptor S en el instante t = 0. El condensador está cargado inicialmente a una tensión de 10V. Haciendo uso de la transformada de Laplace, hállese la expresión de la intensidad y de la tensión en el condensador para t ≥ 0.

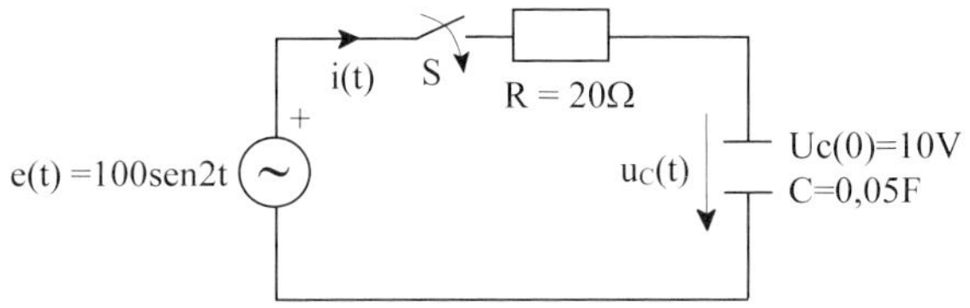

Para los valores instantáneos se tiene la ecuación:

$$R\,i(t) + U_C\,(0) + \frac{1}{C}\int i(t)\,dt = E_0\;\mathrm{sen}\,\omega t$$

Para el estudio por la transformada de Laplace, teniendo en cuenta los parámetros del circuito, se puede considerar el siguiente esquema:

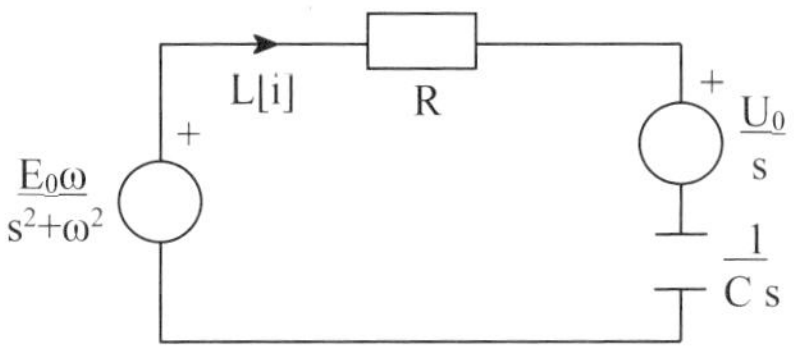

La ecuación anterior en función de la frecuencia compleja se puede poner ahora así:

$$R\,L[i]+\frac{1}{C\,s}\,L[i]=\frac{E_0\,\omega}{s^2+\omega^2}-\frac{U_0}{s}$$

Despejando L[i]:

$$L[i]=\frac{\dfrac{E_0\,\omega}{s^2+\omega^2}-\dfrac{U_0}{s}}{R+\dfrac{1}{C\,s}}=\frac{\dfrac{E_0\,\omega}{R}\,\dfrac{s}{s^2+\omega^2}-\dfrac{U_0}{s}}{s+\dfrac{1}{R\,C}}=$$

$$=\frac{E_0\,\omega}{R}\,\frac{s}{\left(s^2+\omega^2\right)\left(s+\dfrac{1}{R\,C}\right)}-\frac{U_0}{R}\,\frac{1}{s+\dfrac{1}{R\,C}}$$

Particularizando para los valores del circuito:

$$L[i]=\frac{100{*}2}{20}\,\frac{s}{\left(s^2+4\right)\left(s+1\right)}-\frac{10}{20}\,\frac{1}{s+1}=10\,\frac{s}{\left(s^2+4\right)\left(s+1\right)}-\frac{1}{2}\,\frac{1}{s+1}$$

Descomposición de la función racional $F[s]=\dfrac{s}{\left(s^2+4\right)\left(s+1\right)}$ en otras más simples:

Se puede hacer de la siguiente forma:

$$F[s]=\frac{s}{\left(s^2+4\right)\left(s+1\right)}=\frac{A\,s+B}{\left(s^2+4\right)}+\frac{C}{\left(s+1\right)}$$

Y operando para quitar denominadores:

$$s=\left(A\,s+B\right)\left(s+1\right)+C\left(s^2+4\right)$$

$$\left(A+C\right)s^2+\left(A+B-1\right)s+4\,C+B=0$$

Aplicando el método de los coeficientes indeterminados, sea cual sea el valor de s, se debe cumplir:

$$\left.\begin{array}{l} A+C=0 \\ A+B-1=0 \\ 4C+B=0 \end{array}\right\} \qquad \begin{array}{l} A=-C \\ -C+B=1 \\ 4C+B=0 \end{array} \qquad 5C=-1$$

Se tiene:

$$C=-\frac{1}{5}\qquad A=\frac{1}{5}\qquad B=\frac{4}{5}$$

Y la ecuación: $L[i]=\frac{10}{5}\left[\frac{s}{(s^2+4)}+\frac{4}{(s^2+4)}-\frac{1}{(s+1)}\right]-\frac{1}{2}\frac{1}{s+1}$

Consultando las tablas de transformadas de Laplace, se tienen las antitransformadas:

$$L^{-1}\left[\frac{s}{s^2+4}\right]=\cos 2t \qquad L^{-1}\left[\frac{1}{s^2+4}\right]=\frac{1}{2}\operatorname{sen} 2t \qquad L^{-1}\left[\frac{1}{s+1}\right]=e^{-t}$$

La función i(t) buscada es:

$$i(t)=2\cos 2t+4\operatorname{sen} 2t-2e^{-t}-\frac{1}{2}e^{-t}$$

Que se puede poner de la forma:

$$i(t)=\sqrt{20}\left[\frac{2}{\sqrt{20}}\cos 2t+\frac{4}{\sqrt{20}}\operatorname{sen} 2t\right]-\left[\frac{1}{2}+2\right]e^{-t}$$

Considerando el ángulo φ de desfase entre la tensión e(t) y la intensidad i(t):

$$\tan\varphi=\frac{\frac{1}{C\omega}}{R}=\frac{\frac{1}{2*0{,}05}}{20}=\frac{1}{2} \qquad \cos\varphi=\frac{4}{\sqrt{20}} \qquad \operatorname{sen}\varphi=\frac{2}{\sqrt{20}} \qquad \varphi=26{,}56^{\circ}$$

Se puede poner:

$$i(t)=\sqrt{20}\,[\operatorname{sen}\varphi\cos 2t+\cos\varphi\operatorname{sen} 2t]-\frac{5}{2}e^{-t}=\sqrt{20}\operatorname{sen}(2t+26{,}56^{\circ})-\frac{5}{2}e^{-t}$$

Si se hubiese resuelto el circuito por ecuaciones diferenciales, se hubiese obtenido el mismo resultado. Se tendría:

$$i(t)=i_{\infty}(t)-[i_{\infty}(0)-i(0)]\,e^{-\frac{t}{\tau}}$$

La constante de tiempo es: $\tau = RC = 20 * 0{,}05 = 1$s.

Valor inicial:

$$i(0)=-\frac{U_0}{R}=-\frac{10}{20}=-\frac{1}{2}$$

Solución particular o de régimen permanente:

$$\bar{I}=\frac{E_0}{R-j\frac{1}{C\omega}}=\frac{100}{20-j10}=\frac{100}{\sqrt{500}}\angle\varphi=\arctan\frac{1}{2}$$

$$i_{\infty}(t)=\frac{100}{\sqrt{500}}\ \text{sen}\,(2t+\varphi)=\sqrt{20}\ \text{sen}\,(2t+\varphi) \qquad \varphi=26{,}56^{\circ}$$

$$i_{\infty}(0)=\sqrt{20}\ \text{sen}\ \varphi=\sqrt{20}\ \frac{2}{\sqrt{20}}=2$$

NOTA. Se ha de tener claro que el ángulo φ es negativo, pues el sistema es capacitivo.

La ecuación de régimen para el valor instantáneo es:

$$\cos\varphi=\frac{R}{\sqrt{R^2+\left(\frac{1}{C\omega}\right)^2}}=\frac{20}{\sqrt{500}}=\frac{4}{\sqrt{20}} \qquad \text{sen}\ \varphi=\frac{\frac{1}{C\omega}}{\sqrt{R^2+\left(\frac{1}{C\omega}\right)^2}}=\frac{10}{\sqrt{500}}=\frac{2}{\sqrt{20}}$$

Se tendrá la solución:

$$i\,(t)=\sqrt{20}\ \text{sen}\,(2t+\varphi)-\left[2-\left(-\frac{1}{2}\right)\right]e^{-t}=\sqrt{20}\ \text{sen}\,(2t+\varphi)-\frac{5}{2}\ e^{-t}$$

Para la tensión en el condensador, se hace uso de la relación:

$$u_C\,(t)=\frac{1}{C}\int i(t)\,dt=\frac{1}{0{,}05}\left[-\frac{\sqrt{20}}{2}\cos(2t+\varphi)+\frac{5}{2}\ e^{-t}\right]=$$
$$=-\ 10\sqrt{20}\cos(2t+26{,}56^{\circ})+50\,e^{-t}$$

Para t = 0 se comprueba el valor de $u_C(0)$:

$$u_C\,(0)=-10\ \sqrt{20}\ \cos\varphi+50\,e^{-t}=-\ 10\ \sqrt{20}\ \frac{4}{\sqrt{20}}+50=10V$$

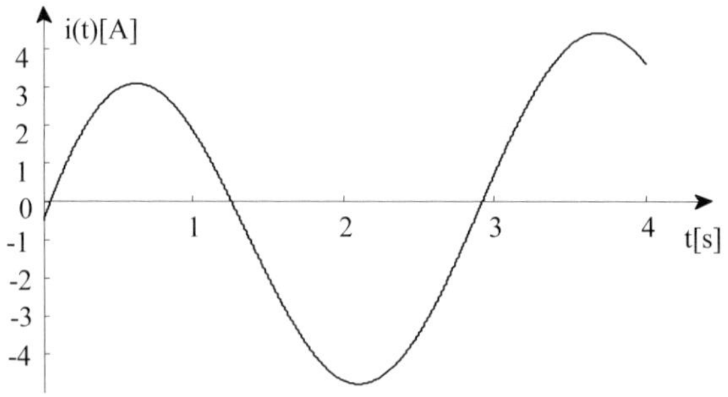

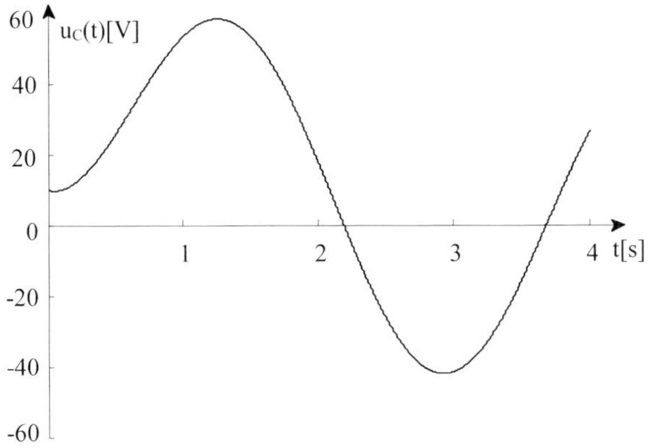

PROBLEMA 8.22

En el circuito de la figura se cierra el interruptor S en el instante t = 0. Haciendo uso de las transformadas de Laplace, hállese la expresión de la intensidad en la bobina para t ≥ 0.

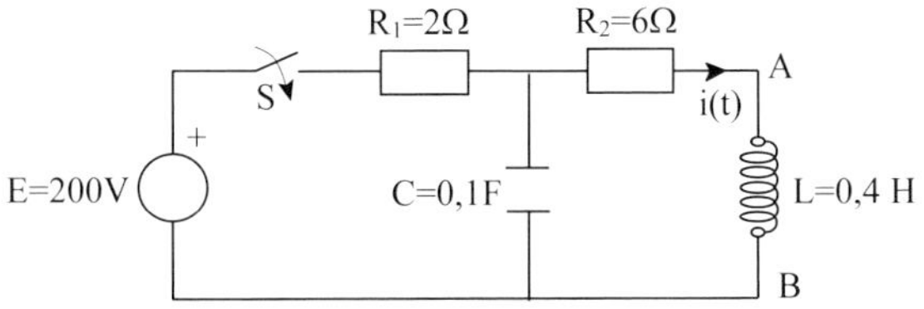

A continuación se representa el circuito con los parámetros en función de la frecuencia compleja y se calcula su circuito equivalente de Thevenin entre los puntos A y B.

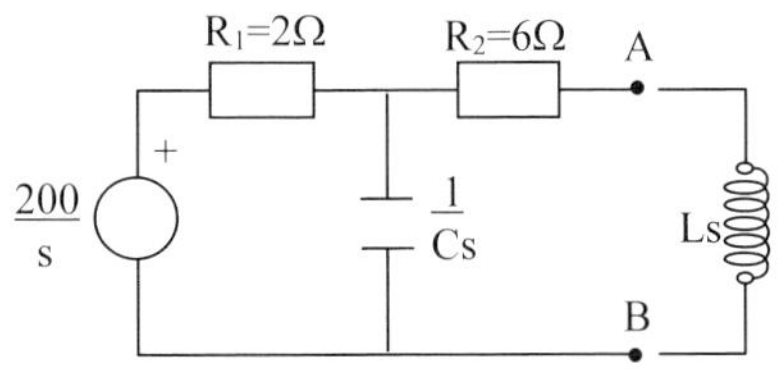

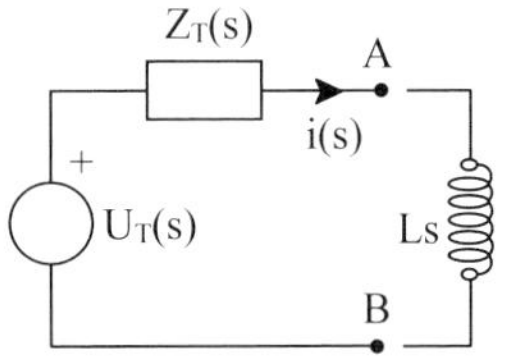

Cálculo de la tensión e impedancia equivalente:

$$U_T(s)=U_{AB0}(s)=\frac{200}{s}\frac{\frac{1}{Cs}}{R_1+\frac{1}{Cs}}=\frac{200}{s}\frac{1}{R_1 C s+1}=\frac{200}{s\,(R_1 C s+1)}$$

$$Z_T(s) = Z_{AB0}(s) = R_2 + \frac{R_1 \frac{1}{Cs}}{R_1 + \frac{1}{Cs}} = R_2 + \frac{R_1}{R_1\,Cs + 1} = \frac{R_1\,R_2\,Cs + R_1 + R_2}{R_1\,Cs + 1}$$

Para la intensidad i(t) se tiene:

$$L[i] = \frac{U_T(s)}{Z_T(s) + Ls} = \frac{\frac{200}{s\,(R_1\,Cs + 1)}}{\frac{R_1 R_2 Cs + R_1 + R_2}{R_1 Cs + 1} + Ls} = \frac{200}{s\left[L\,R_1 C\,s^2 + (L + R_1\,R_2\,C)\,s + R_1 + R_2\right]}$$

Dando valores a R_1, R_2, L y C, se tiene:

$$L[i] = \frac{200}{s\left[0{,}4 * 2 * 10^{-1}\,s^2 + (0{,}4 + 2 * 6 * 10^{-1})\,s + 2 + 6\right]} =$$

$$= \frac{200}{s\left[8 * 10^{-2}\,s^2 + 16 * 10^{-1}\,s + 8\right]} = \frac{2500}{s\left[s^2 + 20\,s + 100\right]}$$

Las raíces de $s^2 + 20\,s + 100 = 0$ son:

$$s = -\frac{-20 \pm \sqrt{20^2 - 4*1*100}}{2} = -10$$

Luego:

$$L[i] = \frac{2500}{s\,(s+10)^2}$$ Que se descompone en fracciones racionales simples:

$$L[i] = \frac{2500}{s\,(s+10)^2} = \frac{A}{s} + \frac{B}{(s+10)^2} + \frac{C}{s+10}$$

Cálculo de los residuos A, B y C.

$$A = \left.\frac{s\,2500}{s\,(s+10)^2}\right]_{s=0} = \frac{2500}{100} = 25$$

$$B = \left.\frac{(s+10)^2\,2500}{s\,(s+10)^2}\right]_{s=-10} = \frac{2500}{-10} = -250$$

$$C = \left.\frac{d}{ds}\,\frac{(s+10)^2\,2500}{s\,(s+10)^2}\right]_{s=-10} = -\left.\frac{2500}{s^2}\right]_{s=-10} = -25$$

Se tiene así:

$$L\left[i\right]=\frac{25}{s}-\frac{250}{\left(s+10\right)^2}-\frac{25}{s+10}$$

Consultando las tablas de transformadas de Laplace, se tienen las antitransformadas:

$$L^{-1}\left[\frac{25}{s}\right]=25\,U\left(t\right)=25$$

$$L^{-1}\left[\frac{250}{\left(s+10\right)^2}\right]=250\,t\,e^{-10t}$$

$$L^{-1}\left[\frac{25}{s+10}\right]=25\,e^{-10t}$$

Y la expresión de i(t):

$$i\left(t\right)=25-250\,t\,e^{-10t}-25\,e^{-10t}=25-25\left(10t+1\right)e^{-10t}$$

Para la tensión en la bobina se tiene:

$$u_L\left(t\right)=L\,\frac{di}{dt}=0{,}4\frac{d}{dt}\left[25-25\left(10t+1\right)e^{-10t}\right]=100\left(10t+1\right)e^{-10t}-100\,e^{-10t}=$$
$$=1000t\,e^{-10t}$$

Representaciones gráficas:

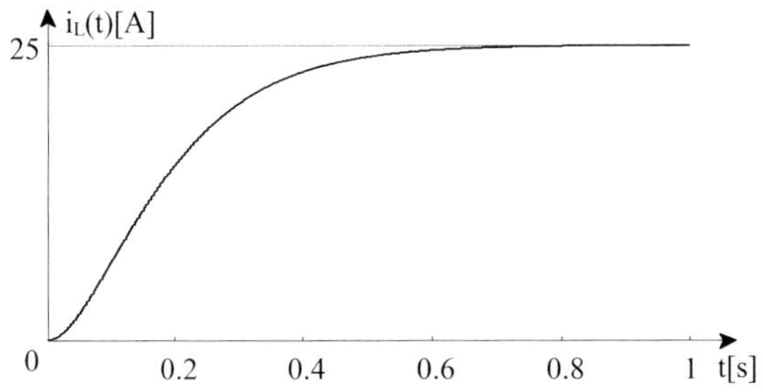

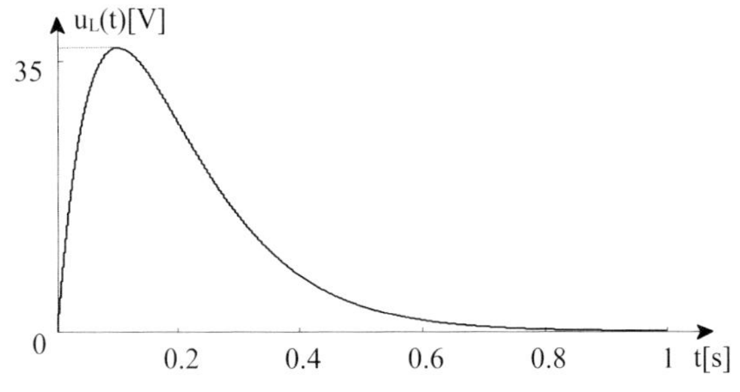

PROBLEMA 8.23

Resolución del problema 8.22 aplicando transformadas de Laplace.

Hállese i(t), $u_C(t)$ y $u_L(t)$ en el circuito de la figura para $t \geq 0$ si e(t) = - 10 U(t). U(t) es la función escalón unidad.

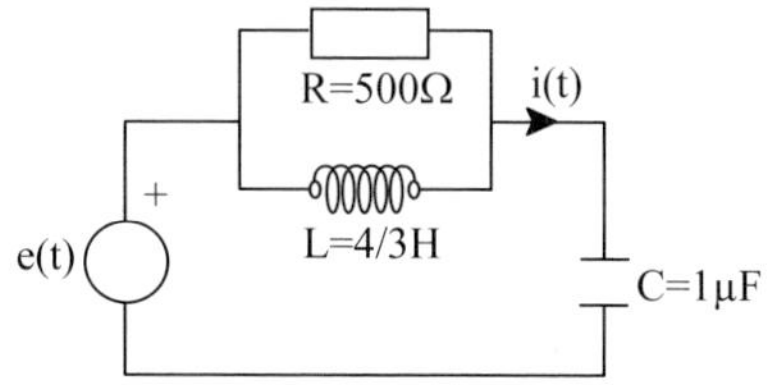

La representación gráfica de la señal -10U(t) y las transformadas de Laplace de la fuente y de los elementos pasivos son:

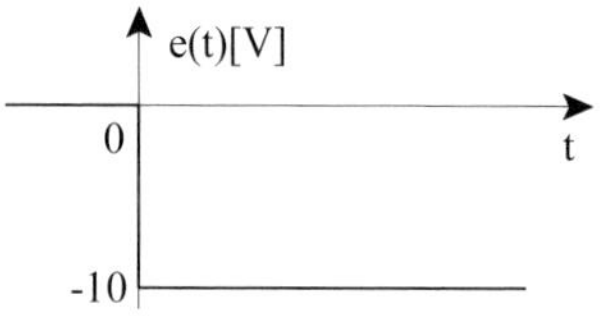

$$u_L(t) = L\frac{di_L(t)}{dt} \qquad U_L(s) = LsI_L(s)$$

$$u_C(t) = \frac{1}{C}\int i_C(t)dt \qquad U_C(s) = \frac{1}{Cs}I(s)$$

$$U_R(s) = U_L(s) \qquad E(s) = -10\frac{1}{s}$$

La ecuación del circuito para los valores de las transformadas será:

$$E(s) = \left(\frac{RLs}{R+Ls} + \frac{1}{Cs}\right)I(s) = \frac{RCLs^2 + Ls + R}{LCs^2 + RCs}I(s)$$

$$I(s) = \frac{-\frac{10}{s}\left(LCs^2 + RCs\right)}{RCLs^2 + Ls + R} = -\frac{10\left(\frac{4}{3}10^{-6}s + 500*10^{-6}\right)}{500\frac{4}{3}10^{-6}s^2 + \frac{4}{3}s + 500} = -\frac{0{,}02s + 7{,}5}{s^2 + 2*10^3 s + 7{,}5*10^5}$$

Se calculan las raíces del denominador.

$$s = \frac{-2000 \pm \sqrt{2000^2 - 30*10^5}}{2} = \begin{cases} s_1 = -500 \\ s_2 = -1500 \end{cases}$$

La expresión se puede poner así:

$$I(s) = -\frac{0{,}02s + 7{,}5}{s^2 + 2*10^3 s + 7{,}5*10^5} = \frac{A}{(s+500)} + \frac{B}{(s+1500)}$$

Cálculo de los coeficientes A, B y C:

$$A = (s+500)I(s)\big]_{s=-500} = -\frac{0{,}02s + 7{,}5}{(s+1500)}\Bigg]_{s=-500} = 0{,}0025$$

$$B = (s+1500)I(s)\big]_{s=-1500} = -\frac{0{,}02s + 7{,}5}{(s+500)}\Bigg]_{s=-1500} = -0{,}0225$$

Se tiene:

$$I(s)=0{,}0025\frac{1}{(s+500)}-0{,}0225\frac{1}{(s+1500)}$$

Consultando la tabla de transformadas se tiene que:

$$i(t)=0{,}0025\,e^{-500t}-0{,}0225\,e^{-1500t}$$

Cálculo de la tensión $u_C(t)$

$$U_C(s)=\frac{1}{Cs}I(s)=-\frac{1}{10^{-6}s}\frac{0{,}02s+7{,}5}{s^2+2*10^3s+7{,}5*10^5}=-\frac{2*10^4s+75*10^5}{s(s+500)(s+1500)}$$

$$=\frac{C}{s}+\frac{D}{(s+500)}+\frac{E}{(s+1500)}$$

Coeficientes C, D y E

$$C=s\,U(s)\Big]_{s=0}=-10^6\frac{0{,}02s+7{,}5}{(s+500)(s+1500)}\Bigg]_{s=0}=-10$$

$$D=(s+500)U(s)\Big]_{s=-500}=-10^6\frac{0{,}02s+7{,}5}{s\,(s+1500)}\Bigg]_{s=-500}=-5$$

$$E=(s+1500)U(s)\Big]_{s=-1500}=-10^6\frac{0{,}02s+7{,}5}{s\,(s+500)}\Bigg]_{s=-1500}=15$$

Se tiene:

$$U_C(s)=-\frac{10}{s}-5\frac{1}{(s+500)}+15\frac{1}{(s+1500)}$$

Consultando la tabla de transformadas se tiene la solución:

$$u_C(t)=-5e^{-500t}+15e^{-1500t}-10$$

Puede comprobarse que:

$$i_C(t)=C\frac{du_C(t)}{dt}=10^{-6}\left[5*500e^{-500t}-15*1500e^{-6000t}\right]$$

$$=0{,}0025e^{-500t}-0{,}0225e^{-1500t}$$

Cálculo de la tensión en la bobina.

$$U_L(s)=LsI_L(s)=Ls\frac{R}{Ls+R}I(s)=\frac{Rs}{s+\frac{R}{L}}I(s)=\frac{500s}{s+375}I(s)$$

$$=-\frac{10s(s+375)}{(s+375)(s+500)(s+1500)}=-\frac{10s}{(s+500)(s+1500)}=\frac{A_1}{(s+500)}+\frac{B_1}{(s+1500)}$$

$$A_1 = (s+500)I(s)\Big]_{s=-500} = -\frac{10s}{(s+1500)}\Bigg]_{s=-500} = 5$$

$$B_1 = (s+1500)I(s)\Big]_{s=-1500} = -\frac{10s}{(s+500)}\Bigg]_{s=-1500} = -15$$

Se tiene la ecuación:

$$U_L(s) = 5\frac{1}{(s+500)} - 15\frac{1}{(s+1500)}$$

Y la solución:

$$u_L(t) = 5e^{-500t} - 15e^{-1500t}$$

Puede comprobarse que:

$$u_L(t) = e(t) - u_C(t) = -10 - \left(-5e^{-500t} + 15e^{-1500t} - 10\right) =$$
$$= 5e^{-500t} + 15e^{-1500t}$$

Representación gráfica:

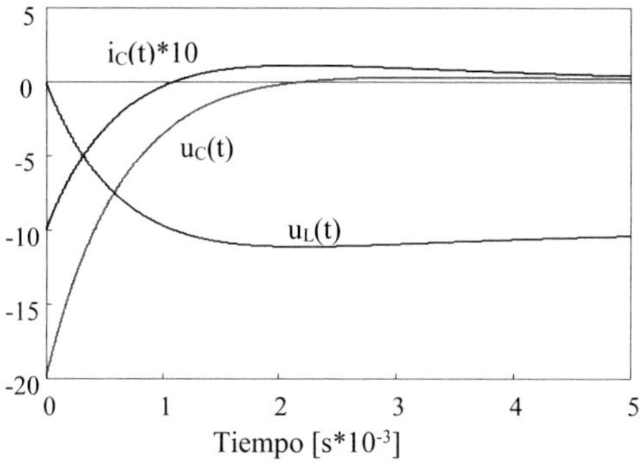


```
% PROGRAMA EN MATLAB

e=-10
t=[0.00:0.0001:0.005]; % Periodo de análisis

% Intensidad en el condensador
a=1; b=2000; c=7.5*10^5;
s1=(-b+sqrt(b^2-4*a*c))/(2*a); s2=(-b-sqrt(b^2-4*a*c))/(2*a); % Raíces
s=s1; A=-(0.02*s+7.5)/(s-s2);
s=s2; B=-(0.02*s+7.5)/(s-s1);
iC=A*exp(s1*t)+B*exp(s2*t);
plot(t,iC,'r')
%pause
```

```
% Tensión en el condensador
s=0; C=-10^6*(0.02*s+7.5)/((s-s1)*(s-s2));
s=s1; D=-10^6*(0.02*s+7.5)/(s*(s-s2));
s=s2; E=-10^6*(0.02*s+7.5)/(s*(s-s1));
uC=D*exp(s1*t)+E*exp(s2*t)+C;
plot(t,uC,'b')
pause;
% Tensión en la bobina
s=s1; A1=-10*s/(s-s2);
s=s2; B1=-10*s/(s-s1);
uL=A1*exp(s1*t)+B1*exp(s2*t); % O bien uL=e-uC;
uL1=e-uC;
plot(t,uL,'k')
pause;
plot(t,10^3*iC,'r',t,uC,'b',t,uL,'k')
```

PROBLEMA 8.24

El circuito de la figura está funcionando en régimen permanente con la fuente $e_1(t)$ conectada y la $e_2(t)$ desconectada. Las fuentes son de corriente alterna senoidal de 220V de valor eficaz y 50Hz de frecuencia, estando $e_2(t)$ desfasada 30º respecto a $e_1(t)$). En el instante t=0 (cuando $e_1(t)$ alcanza su valor máximo positivo) se abre el interruptor S_1 y se cierra el S_2. Calcúlense las expresiones de la intensidad y la tensión del condensador para $t \geq 0$.

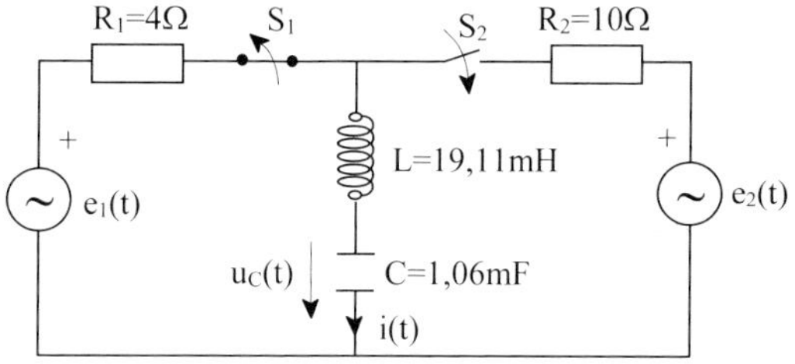

Tomando como referencia el valor de las tensiones de las fuentes para t=0, se tendrán las ecuaciones:

$$e_1(t) = \sqrt{2}\ 220 \cos\omega t \quad \text{y}$$
$$e_2(t) = \sqrt{2}\ 220 \cos(\omega t - 30^o)$$
$$\omega = 2\pi f = 2*3{,}14*50 = 314$$

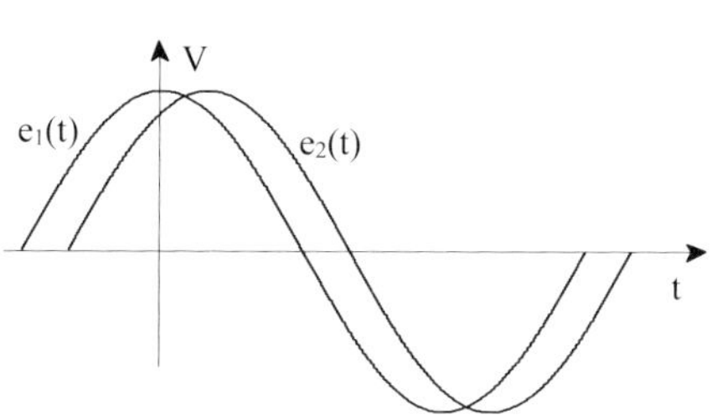

Para el funcionamiento en régimen permanente con la fuente $e_1(t)$ conectada se tiene:

$$\overline{X}_L = jL\omega = j19{,}1*10^{-3}*314 = j6\Omega = 6\angle 90^o$$

$$\overline{X}_C = -j\frac{1}{C\omega} = -j\frac{1}{1{,}06*10^{-3}*314} = -j3\Omega = 3\angle -90^o$$

$$\bar{I}_1 = \frac{220\angle 0^{\circ}}{4+j6-j3} = \frac{220\angle 0^{\circ}}{4+j3} = \frac{220\angle 0^{\circ}}{5\angle 36{,}87^{\circ}} = 44\angle -36{,}87^{\circ} A$$

$$\bar{U}_{2C} = \bar{X}_C \bar{I} = -j3 * 44\angle -36{,}87^{\circ} = 132{,}1\angle -126{,}87^{\circ}$$

$$i_1(t) = \sqrt{2} * 44\cos(\omega t - 36{,}87^{\circ})$$

$$u_{1C}(t) = \sqrt{2} * 132{,}1\cos(\omega t - 126{,}87^{\circ})$$

Al abrirse el interruptor S_1 y cerrarse el S_2 se tiene de nuevo un circuito RLC serie alimentado por una fuente de corriente alterna senoidal. Para conocer el comportamiento de este nuevo circuito a partir de t=0 se analiza su ecuación característica y se tiene que:

$$s = -\alpha \pm \sqrt{\alpha^2 - \omega_0^2} \qquad \text{Siendo:}$$

$$\alpha = \frac{R_2}{2L} = \frac{10}{2 * 19{,}11 * 10^{-3}} = 261{,}64 s^{-1} \qquad \omega_0 = \frac{1}{\sqrt{LC}} = 222{,}19 s^{-1}$$

Como $\alpha > \omega_0$ se tiene una respuesta en régimen transitorio sobreamortiguada, con las soluciones:

$$s = -261{,}64 \pm \sqrt{261{,}64^2 - 222{,}19^2} = \begin{cases} s_1 = -123{,}5 s^{-1} \\ s_2 = -400 s^{-1} \end{cases}$$

$$i_2(t) = K_1 e^{-123{,}5t} + K_2 e^{-400t} + i_{2p}(t)$$

$$u_{2C}(t) = K_1' e^{-123{,}5t} + K_2' e^{-400t} + u_{2Cp}(t)$$

Cálculo de la solución particular. Se corresponde con la solución de régimen permanente y será:

$$\bar{I}_2 = \frac{220\angle -30^{\circ}}{10+j3} = \frac{220\angle -30^{\circ}}{10{,}44\angle 16{,}7^{\circ}} = 21{,}07\angle -46{,}7^{\circ} A$$

$$\bar{U}_{2C} = \bar{X}_C \bar{I}_2 = -j3 * 21{,}07\angle -47{,}07^{\circ} = 63{,}28\angle -136{,}7^{\circ}$$

$$i_{2p}(t) = \sqrt{2}\, 21{,}07\cos(\omega t - 46{,}7^{\circ})$$

$$u_{2Cp}(t) = \sqrt{2}\, 63{,}28\cos(\omega t - 136{,}7^{\circ})$$

Y la solución completa:

$$i_2(t) = K_1 e^{-123{,}5t} + K_2 e^{-400t} + \sqrt{2} 21{,}07\cos(\omega t - 46{,}7^{\circ})$$

$$u_{2C}(t) = K_1' e^{-123{,}5t} + K_2' e^{-400t} + \sqrt{2} 63{,}28\cos(\omega t - 136{,}7^{\circ})$$

Cálculo de las constantes de integración K_1, K_2, K_1' y K_2'. Las derivadas de $i_2(t)$ y $e_{2C}(t)$ son:

$$\frac{di_2(t)}{dt} = -123{,}5 K_1 e^{-123{,}5t} - 400 K_2 e^{-400t} - \sqrt{2}\,\omega\, 21{,}07 \text{sen}(\omega t - 46{,}7^{\circ})$$

$$\frac{du_{2C}(t)}{dt} = -123{,}5 K_1' e^{-123{,}5t} - 400 K_2' e^{-400t} - \sqrt{2}\,\omega\, 63{,}28 \text{sen}(\omega t - 136{,}7^{\circ})$$

Para t=0 los valores de la intensidad del circuito y de las tensiones en el condensador y en la bobina son:

$$i_2(0^+)=i_1(0^-)=62{,}28\cos(-36{,}87)=49{,}78A$$
$$u_{2C}(0^+)=u_{1C}(0^-)=186{,}68\cos(-126{,}87)=-112{,}12V$$
$$u_{2L}(0^+)=e_2(0^+)-R_2 i_2(0^+)-u_{2C}(0^+)=\sqrt{2}220\cos(-30^o)-497{,}8+112{,}12=-116{,}16V$$

Para el cálculo de la derivada de la intensidad en el instante t=0 se utiliza la relación entre la tensión e intensidad en la bobina.

$$\left.\frac{di_2(t)}{dt}\right]_{t=0}=\left.\frac{u_{2L}(t)}{L}\right]_{t=0}=\frac{-116{,}16}{19{,}11*10^{-3}}=-6078{,}42$$

Para el cálculo de la derivada de la tensión del condensador en el instante t=0 se hace uso de la relación entre la tensión e intensidad en el mismo.

$$\left.\frac{du_{2C}(t)}{dt}\right]_{t=0}=\left.\frac{i_2(t)}{C}\right]_{t=0}=\frac{49{,}78}{1{,}06*10^{-3}}=46955{,}12$$

Se tienen los sistemas de ecuaciones:

$$49{,}78=K_1+K_2+\sqrt{2}21{,}07\cos(-46{,}7^o)$$
$$-6078{,}42=-123{,}5K_1-400K_2-\sqrt{2}\,\omega 21{,}07\text{sen}(-46{,}7^o)$$

$$-112{,}12=K_1^{'}+K_2^{'}+\sqrt{2}63{,}28\cos(-136{,}7^o)$$
$$46955{,}12=-123{,}5K_1^{'}-400K_2^{'}-\sqrt{2}\,\omega 63{,}28\text{sen}(-136{,}7^o)$$

Operando:

$$\left.\begin{aligned}29{,}34&=K_1+K_2\\-12892{,}1&=-123{,}5K_1-400K_2\end{aligned}\right\}\qquad\left.\begin{aligned}-46{,}99&=K_1^{'}+K_2^{'}\\27675{,}5&=-123{,}5K_1^{'}-400K_2^{'}\end{aligned}\right\}$$

Se obtienen los valores:

$$K_1=-4{,}2\qquad K_2=33{,}54\qquad K_1^{'}=32{,}16\qquad K_2^{'}=-79{,}15$$

$$i_2(t)=-4{,}2e^{-123{,}5t}+33{,}54e^{-400t}+\sqrt{2}21{,}07\cos(\omega t-46{,}7^o)$$
$$u_{2C}(t)=32{,}16e^{-123{,}5t}-79{,}15e^{-400t}+\sqrt{2}63{,}28\cos(\omega t-136{,}7^o)$$

Puede comprobarse que:

$$i_2(t) = C\frac{du_{2C}(t)}{dt} = 1{,}06*10^{-3}\left[-123{,}5*32{,}16e^{-123{,}5t} - (-400)79{,}15e^{-400t} - \right.$$
$$\left. -\sqrt{2}*314*63{,}28\mathrm{sen}(\omega t - 136{,}7^\circ)\right] =$$
$$= -4{,}2e^{-123{,}5t} + 33{,}54e^{-400t} + \sqrt{2}21{,}07\cos(\omega t - 46{,}7^\circ)$$

Representación gráfica:

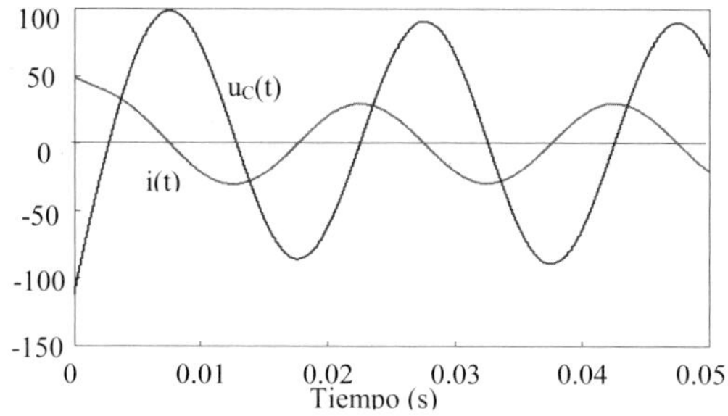


```
% PROGRAMA EN MATLAB

%DATOS
t=[0:0.0001:0.05]; % Periodo de análisis
U=220; f=50; R1=4; R2=10; L=19.11*10^-3; C=1.06*10^-3; w=2*pi*f;
e1=sqrt(2)*220*cos(w*t); % Fuente de tensión e1(t)
e2=sqrt(2)*220*cos(w*t-30/180*pi); % Fuente de tensión e2(t)
plot(t,e1,'r',t,e2,'b')
pause

% CÁLCULOS
XL=L*w; XC=1/(C*w);
% Intensidad y tensión antes de la conmutación
XL=L*w; XC=1/(C*w); X=XL-XC; % Reactancias
I1=U/(R1+X*i); I1M=abs(I1); phiI1=angle(I1)*180/pi; % Intensidad
UC1=(-XC*i)*I1; UC1M=abs(UC1); phiUC1=angle(UC1)*180/pi; % Tensión en el
condensador
i10=sqrt(2)*I1M*cos(angle(I1)); u10=sqrt(2)*UC1M*cos(angle(UC1)); % Valores
para t=0-
a=R2/(2*L); w0=1/sqrt(L*C);
s1=-a+sqrt(a^2-w0^2); s2=-a-sqrt(a^2-w0^2);
% Intensidad y tensión después de la conmutación
I2=220*exp(-i*pi/6)/(R2+X*i);    I2M=abs(I2);    phiI2=angle(I2)*180/pi;    %
Intensidad
UC2=(-XC*i)*I2; UC2M=abs(UC2); phiUC2=angle(UC2)*180/pi; % Tensión en el
condensador
i2p=sqrt(2)*I2M*cos(w*t+angle(I2)); % Solución particular para la intensidad
u2p=sqrt(2)*UC2M*cos(w*t+angle(UC2)); % Solución particular para la tensión
del condensador
% Valores iniciales para t=0+ (después de la conmutación)
i20=i10; u20=u10;
uL20=sqrt(2)*U*cos(-pi/6)-R2*i20-u20;
di2t0=uL20/L; du2t0=i20/C; % Derivadas de la intensidad y tensión para t=0
% Cálculo de los coeficientes
M=[1 1;s1 s2];
CI=[i20-sqrt(2)*I2M*cos(angle(I2));di2t0+sqrt(2)*I2M*w*sin(angle(I2))];
CU=[u20-sqrt(2)*UC2M*cos(angle(UC2));du2t0+sqrt(2)*UC2M*w*sin(angle(UC2))];
KI=inv(M)*(CI); K1I=KI(1,1); K2I=KI(2,1); % Coeficientes para la intensidad
```

```
KU=inv(M)*(CU); K1U=KU(1,1); K2U=KU(2,1); % Coeficientes para la tensión
% Ecuaciones finales
i2=K1I*exp(s1*t)+K2I*exp(s2*t)+i2p; % Intensidad en el circuito
plot(t,i2,'r')
pause
uC=K1U*exp(s1*t)+K2U*exp(s2*t)+u2p; % Tensión en el condensador
plot(t,uC,'b')
pause
plot(t,i2,'r',t,uC,'b')
```

PROBLEMA 8.25

Resolución del problema 8.24 aplicando transformadas de Laplace.

El circuito de la figura está funcionando en régimen permanente con la fuente $e_1(t)$ conectada y la $e_2(t)$ desconectada. Las fuentes son de corriente alterna senoidal de 220V de valor eficaz y 50Hz de frecuencia, estando $e_2(t)$ desfasada 30º respecto a $e_1(t)$. En el instante t=0 (cuando $e_1(t)$ alcanza su valor máximo positivo) se abre el interruptor S_1 y se cierra el S_2. Calcúlense las expresiones de la intensidad y la tensión del condensador para $t \geq 0$.

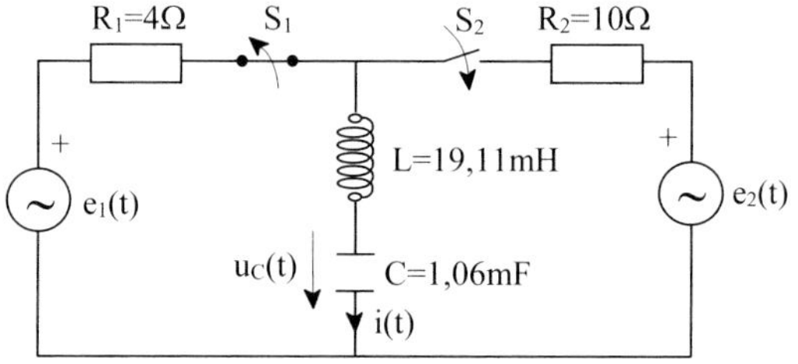

Tomando como referencia el valor de las tensiones de las fuentes para t=0, se tendrán las ecuaciones:

$$e_1(t) = \sqrt{2}\, 220 \cos\omega t \quad \text{y}$$
$$e_2(t) = \sqrt{2}\, 220 \cos(\omega t - 30^o)$$
$$\omega = 2\pi f = 2*3{,}14*50 = 314$$

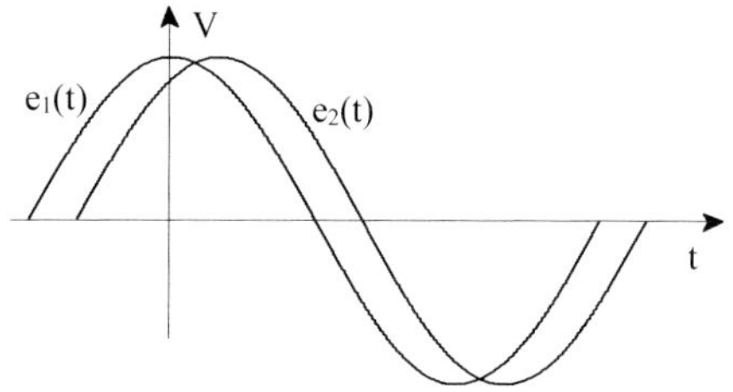

Cálculo del valor de intensidad en la bobina y de la tensión en el condensador en el instante de la conmutación del interruptor. Serán los valores iniciales de estas variables con la fuente $e_2(t)$.

$$\overline{X}_L = jL\omega = j19{,}11*10^{-3}*314 = j6\Omega = 6\angle 90^o$$
$$\overline{X}_C = -j\frac{1}{C\omega} = -j\frac{1}{1{,}06*10^{-3}*314} = -j3\Omega = 3\angle -90^o$$

$$\overline{I}_1 = \frac{220\angle 0^o}{4+j6-j3} = \frac{220\angle 0^o}{4+j3} = \frac{220\angle 0^o}{5\angle 36{,}87^o} = 44\angle -36{,}87^o A$$
$$\overline{U}_{1C} = \overline{X}_C \overline{I} = -j3*44\angle -36{,}87^o = 132{,}1\angle -126{,}87^o V$$

$$i_2(0^+)=i_1(0^-)=\sqrt{2}44\cos(-36{,}87)=49{,}78A$$
$$u_{2C}(0^+)=u_{1C}(0^-)=\sqrt{2}132{,}1\cos(-126{,}87)=-112{,}12V$$

El circuito a analizar es el representado en la siguiente figura, en la que se ha sustituido la bobina y el condensador por sus equivalentes de Norton y Thevenin respectivamente.

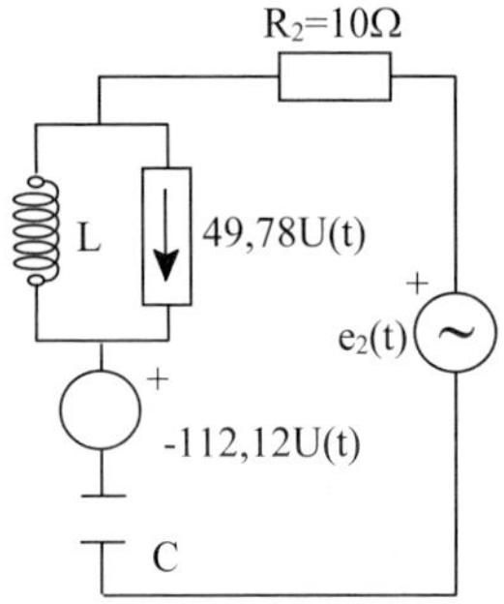

$$L\frac{d(49{,}78*U(t))}{dt}=$$
$$=L*49{,}78*\delta(t)$$

Y aplicando transformadas:

$$L[49{,}78*L*\delta(t)]=49{,}78L$$

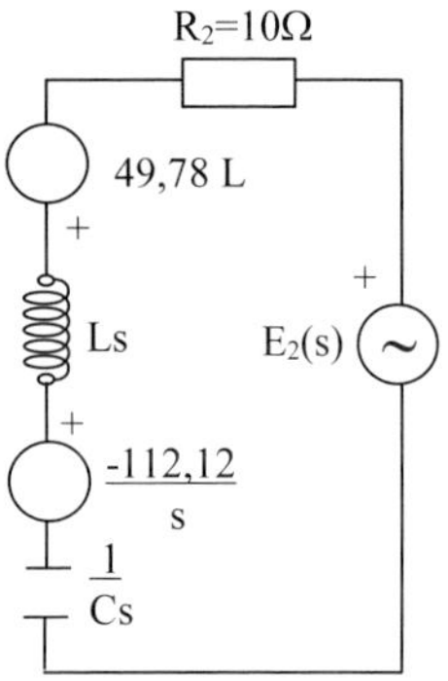

U(t) es la función escalón unidad y δ(t) la función impulso de Dirac. Consultando las tablas de transformada de Laplace para $E_2(s)$ se tiene:

$$E_2(s)=L\left[\sqrt{2}\,220\cos(\omega t-\varphi)\right]=\sqrt{2}\,220\frac{s\cos30^{\circ}+\omega\,\mathrm{sen}30^{\circ}}{s^2+\omega^2}=\sqrt{2}\,110\frac{\sqrt{3}s+\omega}{s^2+\omega^2}$$

Se plantea la ecuación del circuito:

$$E(s)+49{,}78L-\left(\frac{-112}{s}\right)=\left(R_2+Ls+\frac{1}{Cs}\right)I(s)$$

$$I(s)=\frac{\sqrt{2}110\dfrac{\sqrt{3}s+\omega}{s^2+\omega^2}+49{,}78L+\dfrac{112}{s}}{R_2+Ls+\dfrac{1}{Cs}}=$$

$$=\frac{\dfrac{\sqrt{2}110(\sqrt{3}s+\omega)s+49{,}78L(s^2+\omega^2)s+112(s^2+\omega^2)}{(s^2+\omega^2)s}}{\dfrac{R_2s+Ls^2+943{,}4}{s}}$$

Y se tiene la función:

$$I(s)=\frac{49{,}78s^3+19970{,}36s^2+746567{,}225s+578154555}{(s^2+\omega^2)(s^2+523{,}56s+49392{,}67)}$$

Operando para obtener las raíces del denominador, se tiene:

$$s=\frac{-523{,}56\pm\sqrt{523{,}56^2-4*49392{,}67}}{2}=\begin{cases}s_1=-123{,}5\\ s_2=-400\end{cases}$$

Y se puede poner así:

$$I(s)=\frac{49{,}78s^3+19970{,}36s^2+746567{,}225s+578154555}{\left(s^2+314^2\right)(s+123{,}5)(s+400)}=$$
$$=\frac{As+B}{\left(s^2+314^2\right)}+\frac{C}{(s+123{,}5)}+\frac{D}{(s+400)}$$

Desarrollando:

$$(As+B)(s+123{,}5)(s+400)+C\left(s^2+314^2\right)(s+400)+D\left(s^2+314^2\right)(s+123{,}5)=$$
$$=(A+C+D)s^3+(523{,}56A+B+400C+123{,}5D)s^2+\left(49393{,}6A+523{,}56B+314^2C+314^2D\right)s+$$
$$+\left(49393{,}6B+314^2*400B+314^2*123{,}5D\right)$$

Y se plantean los sistemas de ecuaciones:

$$\begin{bmatrix}1&0&1&1\\523{,}56&1&400&123{,}5\\49393{,}6&523{,}56&314^2&314^2\\0&49393{,}6&314^2*400&314^2*123{,}5\end{bmatrix}*\begin{bmatrix}A\\B\\C\\D\end{bmatrix}=\begin{bmatrix}49{,}78\\19970{,}36\\746567{,}225\\578154555\end{bmatrix}=[M]*[K]=[N]$$

Siendo [K] la matriz de los coeficientes A, B, C y D.

$$[K]=[M]^{-1}*[N]=\begin{bmatrix}20{,}455\\6807\\-4{,}2\\33{,}54\end{bmatrix}\qquad A=20{,}46\quad B=6803\quad C=-4{,}2\quad D=33{,}54$$

Se tiene:

$$I(s)=\frac{20{,}46s+6803}{\left(s^2+314^2\right)}-\frac{4{,}2}{(s+123{,}5)}+\frac{33{,}54}{(s+400)}=$$
$$=29{,}79\frac{s\cos 46{,}7^\circ+314\,\mathrm{sen}\,46{,}7^\circ}{\left(s^2+314^2\right)}-4{,}2\frac{1}{(s+123{,}5)}+33{,}54\frac{1}{(s+400)}$$

Consultando las tablas de transformadas de Laplace se tiene:

$$i_2(t)=-4{,}2e^{-123{,}5t}+33{,}54e^{-400t}+29{,}79\cos(\omega t-46{,}7^\circ)$$

La tensión en el condensador se puede obtener por transformadas de Laplace teniendo en cuenta que:

$$U_C(s)=\frac{1}{Cs}I(s)$$

O también a partir de la expresión anterior:

$$u_{2C}(t)=\frac{1}{C}\int i_2(t)dt=\frac{1}{C}\int\left(-4{,}2e^{-123{,}5t}+33{,}54e^{-400t}+29{,}79\cos(\omega t-46{,}7^{\circ})\right)dt$$

$$=\frac{1}{C}\left[\frac{1}{123{,}5}*4{,}2e^{-123{,}45t}-\frac{1}{400}*33{,}54e^{-400{,}11t}-\frac{1}{314}29{,}79\operatorname{sen}(\omega t-46{,}7^{\circ})\right]$$

$$=32{,}28e^{-123{,}5t}-79{,}22e^{-400t}+89{,}4\cos(\omega t-136{,}7^{\circ})$$

Ambas soluciones coinciden con las obtenidas en el problema 8.24.

Representación gráfica:

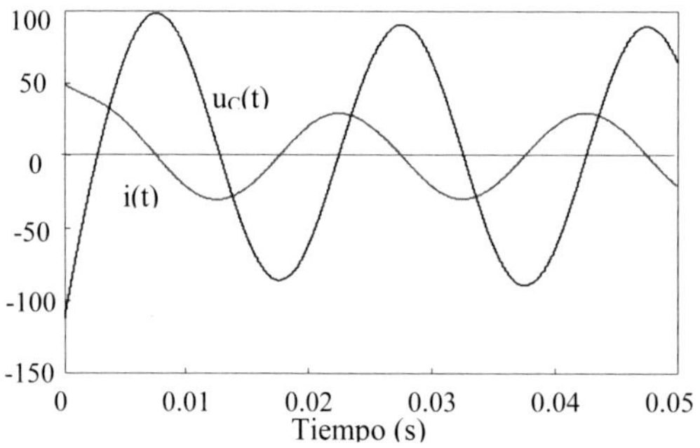


```
% PROGRAMA EN MATLAB

%DATOS
t=[0:0.0001:0.05]; % Periodo de análisis
U=220; f=50; R1=4; R2=10; L=19.11*10^-3; C=1.06*10^-3; w=2*pi*f;
e1=sqrt(2)*220*cos(w*t); % Fuente de tensión e1(t)
e2=sqrt(2)*220*cos(w*t-30/180*pi); % Fuente de tensión e2(t)
plot(t,e1,'r',t,e2,'b')
% Pause

% CÁLCULOS
XL=L*w; XC=1/(C*w);
% Intensidad y tensión antes de la conmutación
XL=L*w; XC=1/(C*w); X=XL-XC; % Reactancias
I1=U/(R1+X*i); I1M=abs(I1); phiI1=angle(I1)*180/pi; % Intensidad
UC1=(-XC*i)*I1; UC1M=abs(UC1); phiUC1=angle(UC1)*180/pi; % Tensión en el
condensador
i10=sqrt(2)*I1M*cos(angle(I1));
u10=sqrt(2)*UC1M*cos(angle(UC1)); % Valores iniciales (para t=0-)
iL0=i10; uC0=u10; % Valores iniciales para equivalente Thevenin y Norton
```

```
b=523.56; c=49392.67;
s1=(-b+sqrt(b^2-4*c))/2; s2=(-b-sqrt(b^2-4*c))/2;
% Cálculo de los coeficientes
M=[1 0 1 1;b 1 -s2 -s1;c b w^2 w^2;0 c -w^2*s2 -w^2*s1];
N=[49.78;19970.36;7465672.25;578154555];
K=inv(M)*(N)
% Ecuaciones finales
iC=-4.2*exp(s1*t)+33.54*exp(s2*t)+29.79*cos(w*t-46.7*pi/180); % Intensidad en
el circuito
plot(t,iC,'r')
pause
uC=32.16*exp(s1*t)-79.15*exp(s2*t)+89.4*cos(w*t-136.7*pi/180); % Tensión en el
condensador
plot(t,uC,'b')
pause
plot(t,iC,'r',t,uC,'b')
```

PROBLEMA 8.26

En el circuito de la figura la situación inicial de los interruptores es: S_1 en la posición 0, S_2 cerrado y S_3 abierto. La fuente de tensión e(t) es senoidal de 220V de valor eficaz y 50 Hz de frecuencia. En el instante t = 0, cuando e(t) alcanza su valor máximo, S_1 conmuta a la posición 1. En el instante t=25ms, simultáneamente se abre el interruptor S_2 y se cierra el S_3, permaneciendo S_1 en 1. En t = 50 ms, conmuta S_1 a la posición 2 permaneciendo los otros dos interruptores en su última posición. Calcúlese la expresión de la corriente i(t) en la bobina y la tensión $u_C(t)$ en el condensador para t ≥ 0.

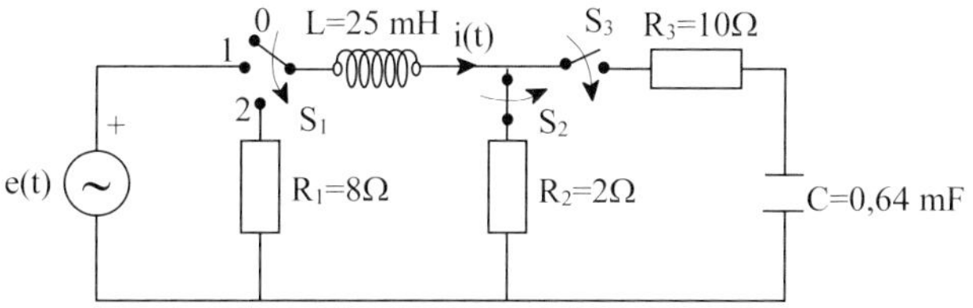

a) Conmutación en t =0 de S_1 a la posición 1, permaneciendo S_2 cerrado y S_3 abierto. Se tiene el circuito:

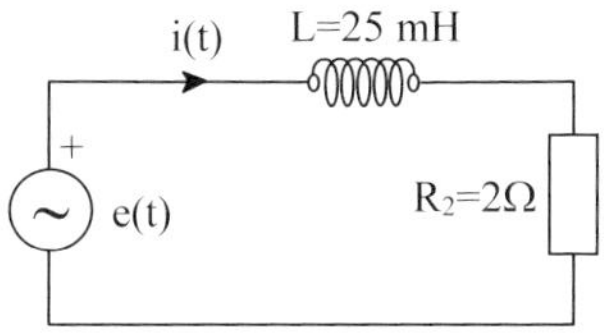

Para t = 0 $\quad e(t)_{max} = \sqrt{2}\ 220V$

y se tiene:

$e(t) = \sqrt{2}\ 220 \cos \omega t$

Es un sistema de primer orden RL con una fuente de tensión senoidal, cuya solución vendrá dada por la ecuación:

$$i(t) = i_\infty(t) - \left(i_\infty(0) - i(0)\right) e^{-\frac{t}{\tau}} \qquad \text{Siendo: } \tau = \frac{L}{R} = \frac{0{,}025}{2} = 0{,}0125 s = 12{,}5\, ms$$

Para t = 0 $\quad i(0)=0$

Para t = ∞ $\quad \overline{I}_{\infty}=\dfrac{\overline{E}}{\overline{Z}}=\dfrac{220\angle 0^{o}}{\sqrt{R_2^2+X_L^2}\angle\varphi}=\dfrac{220\angle 0^{o}}{\sqrt{2^2+7{,}85^2}\angle\varphi}=\dfrac{220\angle 0^{o}}{8{,}1\angle 75{,}71^{o}}=27{,}15\angle -75{,}71^{o}$

Siendo : $\quad \overline{X}_L=jL\omega=j0{,}025*314=j7{,}85\Omega$

$$i_{\infty}(t)=\sqrt{2}27{,}15\cos(\omega t-75{,}71^{o}) \qquad i_{\infty}(0)=\sqrt{2}27{,}15\cos(-75{,}71^{o})=9{,}47A$$

Se tiene la solución:

$$i(t)=\sqrt{2}\,27{,}15\cos(\omega t-75{,}71^{o})-[9{,}47-0]\,e^{-\frac{t}{0{,}0125}}=$$
$$=38{,}4\cos(\omega t-75{,}71^{o})-9{,}47\,e^{-80t}$$

Para t = 25 ms, se tiene:

$$i(0{,}025)=38{,}4\cos\left(\frac{314*0{,}025}{2\pi}*360^{o}-75{,}71^{o}\right)-9{,}47e^{-2}=35{,}92A$$

b) t =25 ms. Apertura de S_2 y cierre de S_3, permaneciendo S_1 en la posición 1.

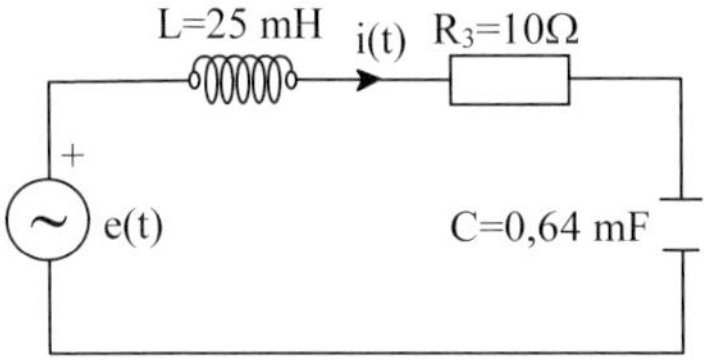

Se tiene el circuito RLC de segundo orden de la figura. Las soluciones de la ecuación característica son:

$$s=-\alpha\pm\sqrt{\alpha^2-\omega_0^2}$$

$$\alpha=\frac{R_3}{2L}=\frac{10}{2*0{,}025}=200s^{-1} \qquad \omega_0=\frac{1}{\sqrt{LC}}=\frac{1}{\sqrt{25*0{,}64*10^{-6}}}=250s^{-1}$$

$$s=-200\pm\sqrt{200^2-250^2}=-200\pm j150=\begin{cases}s_1=-200+j150\\ s_2=-200-j150\end{cases}$$

El régimen de comportamiento es subamortiguado. La solución puesta en forma exponencial para la intensidad del circuito será:

Haciendo : $\quad t'=t-0{,}025$

$$i(t')=K_1\,e^{(-200+j150)t'}+K_2\,e^{(-200-j150)t'}+i_p(t')=e^{-200t'}\left(K_1e^{j150t'}+K_2e^{-j150t'}\right)+i_p(t')$$

Y en forma trigonométrica se puede poner para esta intensidad y también para la tensión en el condensador:

$$i(t') = e^{-200t'} K_I \,\text{sen}\,(150t' + \varphi_I) + i_p(t')$$
$$u_C(t') = e^{-200t'} K_U \,\text{sen}\,(150t' + \varphi_U) + u_{pC}(t')$$

Cálculo de la solución particular. La expresión de e(t) para t≥0,025s es:

$$e(t) = \sqrt{2}\, 220 \cos \omega (t' + 0{,}025) = \sqrt{2} 220 \cos\left(\omega t + \frac{5\pi}{2}\right) = \sqrt{2} 220 \cos\left(\omega t + \frac{\pi}{2}\right)$$

$$\overline{X}_C = -j\frac{1}{C\omega} = -j\frac{1}{0{,}64 * 10^{-3} * 314} = -j4{,}97\Omega = 4{,}97\angle -90^\circ$$

$$\overline{I}_p = \frac{220\angle +90^\circ}{10 + j(7{,}85 - 4{,}97)} = \frac{220\angle +90^\circ}{10{,}4\angle 16{,}07^\circ} = 21{,}14\angle 73{,}93^\circ A$$
$$\overline{U}_{pC} = \overline{X}_C \overline{I}_p = 4{,}97\angle -90^{\circ} * 21{,}14\angle 73{,}93^\circ = 105{,}14\angle -16{,}07^\circ$$

$$i_p(t') = \sqrt{2}\, 21{,}14 \cos(\omega t' + 73{,}93^\circ)$$
$$u_{pC}(t') = \sqrt{2}\, 105{,}14 \cos(\omega t' - 16{,}07^\circ)$$

Las soluciones completas son:

$$i(t') = e^{-200t'} K_I \,\text{sen}(150t' + \varphi_I) + \sqrt{2}\, 21{,}14 \cos(314t' + 73{,}93^\circ)$$
$$u_C(t') = e^{-200t'} K_U \,\text{sen}(150t' + \varphi_U) + \sqrt{2}\, 105{,}14 \cos(314t' - 16{,}07^\circ)$$

Y sus derivadas:

$$\frac{di(t')}{dt} = e^{-200t'} K_I\left(-200\text{sen}(150t' + \varphi_I) + 150\cos(150t' + \varphi_I)\right) - \sqrt{2}\, 21{,}14 * 314\text{sen}(314t' + 73{,}93^\circ)$$
$$\frac{du_C(t')}{dt} = e^{-200t'} K_U\left(-200\text{sen}(150t' + \varphi_U) + 150\cos(150t' + \varphi_U)\right) - \sqrt{2}\, 105{,}14 * 314\text{sen}(314t' - 16{,}07^\circ)$$

Para t' = 0:

$$i(0{,}025) = 35{,}92 = K_I \text{sen}\varphi_I + 8{,}27$$
$$\left.\frac{di(t')}{dt}\right]_{t'=0} = \frac{u_L(0{,}025^+)}{L} = -14367{,}5 = -200K_I \text{sen}\varphi_I + 150K_I \cos\varphi_I - 9025{,}5$$

$$u_C(0{,}025) = 0 = K_U \text{sen}\varphi_U + 142{,}88$$
$$\left.\frac{du_C(\text{t}')}{dt}\right]_{t'=0} = \frac{i(0{,}025^+)}{C} = 56124 = -200K_U \text{sen}\varphi_U + 150K \cos\varphi_U + 12930$$

Valores iniciales:

$$i(0{,}025^+) = i(0{,}025^-) = 35{,}92A \qquad u_C(0{,}025^+) = u_C(0{,}025^-) = 0V$$
$$e(0{,}025) = 0 = u_L(0{,}025^+) + u_C(0{,}025^+) + Ri(0{,}025^+)$$
$$u_L(0{,}025^+) = -Ri(0{,}025^+) = -10 * 35{,}92 = -359{,}2V$$

Se obtienen las ecuaciones:

$$\left.\begin{aligned} 27{,}64 &= K_I \operatorname{sen}\varphi_I \\ -5342 &= -200K_I \operatorname{sen}\varphi_I + 150K_I \cos\varphi_I \end{aligned}\right\} \quad \begin{cases} K_I = 27{,}67 \\ \varphi_I = 87{,}42^\circ \end{cases}$$

$$\left.\begin{aligned} -142{,}88 &= K_U \operatorname{sen}\varphi_U \\ 43194 &= -200K_U \operatorname{sen}\varphi_U + 150K_U \cos\varphi_U \end{aligned}\right\} \quad \begin{cases} K_U = 172{,}95 \\ \varphi_U = -55{,}7^\circ \end{cases}$$

Finalmente:

$$i(t') = e^{-200t'}27{,}67\operatorname{sen}(150t'+87{,}42^\circ) + \sqrt{2}21{,}14\cos(314t'+73{,}93^\circ)$$
$$u_C(t') = e^{-200t'}172{,}95\operatorname{sen}(150t'-55{,}7^\circ) + \sqrt{2}105{,}14\cos(314t'-16{,}07^\circ)$$

Si t =50 ms, t= = 50-25 =25ms y se tiene:

$$i(0{,}05) = e^{-5}27{,}67\operatorname{sen}\left(\frac{150*0{,}025}{2\pi}360^\circ+87{,}42^\circ\right) + \sqrt{2}21{,}14\cos\left(\frac{314*0{,}025}{2\pi}360^\circ+73{,}93^\circ\right) = -28{,}54A$$

$$u_C(0{,}05) = e^{-5}172{,}95\operatorname{sen}\left(\frac{150*0{,}025}{2\pi}360^\circ-55{,}7^\circ\right) + \sqrt{2}105{,}14\cos\left(\frac{314*0{,}025}{2\pi}360^\circ-16{,}07^\circ\right) = 40{,}17V$$

c) Para t ≥ 50 ms. S_1 conmuta a la posición 2 con S_2 abierto y S_3 cerrado.

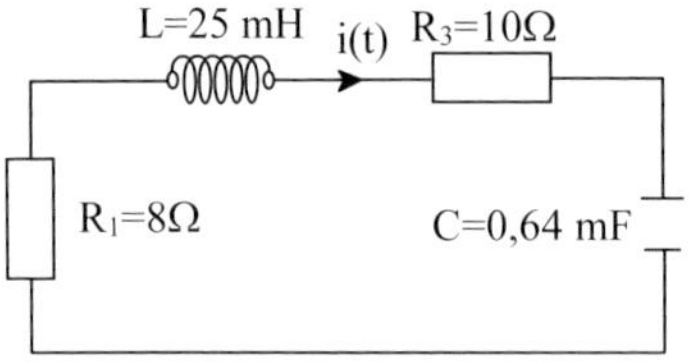

Se tiene un circuito de segundo orden RLC sin fuente de excitación. Las soluciones de la ecuación característica son:

$$s = -\alpha \pm \sqrt{\alpha^2 - \omega_0^2}$$

$$\alpha = \frac{R_1 + R_3}{2L} = \frac{18}{2*0{,}025} = 360s^{-1} \qquad \omega_0 = \frac{1}{\sqrt{LC}} = \frac{1}{\sqrt{25*0{,}64*10^{-6}}} = 250s^{-1}$$

$$s = -360 \pm \sqrt{360^2 - 250^2} = -360 \pm 259 = \begin{cases} s_1 = -101 \\ s_2 = -619 \end{cases}$$

Se tiene un régimen de comportamiento sobreamortiguado. Haciendo t'' = t-0,05 la solución será:

$$i(t'') = K_1 e^{-101t''} + K_2 e^{-619t''}$$
$$u_C(t'') = K_1^{'} e^{-101t''} + K_2^{'} e^{-619t''}$$

$$\left.\begin{aligned} i(0{,}05) &= -28{,}54 = K_1 + K_2 \\ \left.\frac{di(t'')}{dt}\right]_{t=0{,}05} &= \frac{u_L(0{,}05^+)}{L} = 18944 = -101K_1 - 619K_2 \end{aligned}\right\} \quad K_1 = 2{,}46 \quad K_2 = -31$$

Para t = 50 ms:

$$i(0{,}05^+) = i(0{,}05^-) = -28{,}54A \qquad u_C(0{,}05^+) = u_C(0{,}05^-) = 40{,}1\,V$$
$$0 = u_L(0{,}05^+) + u_C(0{,}05^+) + (R_1 + R_3)i(0{,}05^+)$$
$$u_L(0{,}05^+) = -(8+10)(-28{,}54) - 40{,}1 = 473{,}6\,V$$

$$\left.\begin{aligned} & u_C(0{,}025) = 40{,}1 = K_1^{'} + K_2^{'} \\ & \left.\frac{du_C(t'')}{dt}\right]_{t=0,05} = \frac{i(0{,}025^+)}{C} = -44599 = -101K_1^{'} - 619K_2^{'} \end{aligned}\right\} \quad K_1^{'} = -38{,}1 \quad K_2^{'} = 78{,}26$$

Se tienen:

$$i(t'') = 2{,}46e^{-101t''} - 31e^{-619t''}$$
$$u_C(t'') = -38{,}1e^{-101t''} + 78{,}26e^{-619t''}$$

Puede comprobarse que:

$$i(t'') = C\frac{du_C(t'')}{dt}$$

Representación gráfica:

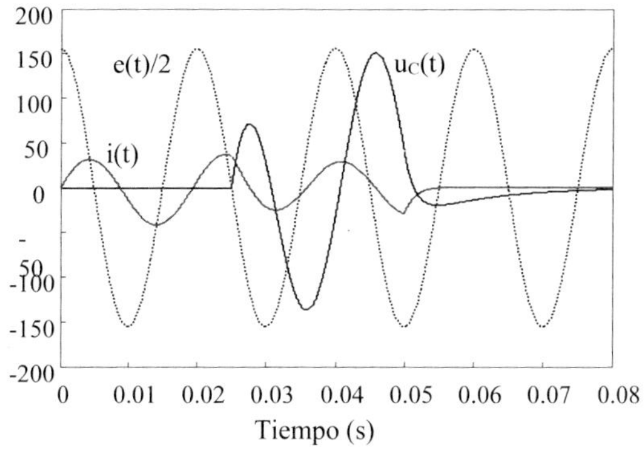


```
% PROGRAMA EN MATLAB

% DATOS
R1=8; R2=2; R3=10; L=25*10^-3; C=0.64*10^-3;
E=220; f=50; w=2*pi*f; T=2*pi/w;
XL=L*w*i; XC=-(1/(C*w))*i;

% a) Conmutación de S1 a la posición 1 en t=0. Circuito de primer orden.
t1=[0.00:0.0001:0.025]; % Periodo de análisis
tau=L/R2; i0=0;
Z1=R2+XL;
```

```
I1=E/Z1; I1M=abs(I1); phiI1=angle(I1)*180/pi;
iinf=sqrt(2)*I1M*cos(w*t1+angle(I1)); iinf0=sqrt(2)*I1M*cos(angle(I1));
i1=iinf-(iinf0-i0)*exp(-t1/tau);
uc1=0*t1;
plot(t1,i1,'r',t1,uc1,'b');
pause
t11=0.025; i10025=sqrt(2)*I1M*cos(w*t11+angle(I1))-(iinf0-i0)*exp(-t11/tau);

% b) Apertura de S2 y cierre de S3 en t=25 ms
t2=[0.025:0.0001:0.05]; % Periodo de análisis
alfa=R3/(2*L); w0=1/sqrt(L*C); % alfa < wo. Sistema subamortiguado
s1=-alfa+sqrt(alfa^2-w0^2); s2=-alfa-sqrt(alfa^2-w0^2);
phi=2*pi*t11/T-2*pi;
wa=abs(sqrt(alfa^2-w0^2));
e0025=sqrt(2)*220*cos(w*t11); % Valor de e(t) para t=25 ms
E2=E*exp(phi*i); Z2=R3+XL+XC;
I2=E2/Z2; I2M=abs(I2); phiI2=angle(I2)*180/pi;
UC2=XC*I2; UC2M=abs(UC2); phiUC2=angle(UC2)*180/pi;
i2p=sqrt(2)*I2M*cos(w*(t2-0.025)+angle(I2)); % Solución particular para la
intensidad
uc2p=sqrt(2)*UC2M*cos(w*(t2-0.025)+angle(UC2)); % Solución particular para la
tensión
% Valores iniciales
i20025=i10025; uc20025=0; uL20025=e0025-uc20025-R3*i20025;
di2t0=uL20025/L; duc2t0=i20025/C;
% Coeficientes para la intensidad
A=i20025-sqrt(2)*I2M*cos(angle(I2)); % A=Ki*sin(phiI)
B=di2t0+sqrt(2)*I2M*w*sin(angle(I2)); N=(B+200*A)/150; % M=Ki*cos(phiI)
Ki=sqrt(A^2+N^2); phiI=atan(A/N)*180/pi;
% Coeficientes para la tensión
D=uc20025-sqrt(2)*UC2M*cos(angle(UC2)); % D=Ku*sin(phiU)
E=duc2t0+sqrt(2)*UC2M*w*sin(angle(UC2)); F=(E+200*D)/150; % F=Ku*cos(phiU)
Ku=sqrt(D^2+F^2); phiU=atan(D/F)*180/pi;
% Ecuaciones completas para la tensión e intensidad
i2=Ki*exp(-alfa*(t2-0.025)).*sin(w0*(t2-0.025)+atan(A/N))+i2p;
uc2=Ku*exp(-alfa*(t2-0.025)).*sin(w0*(t2-0.025)+atan(D/F))+uc2p;
plot(t2,i2,'r',t2,uc2,'b');
pause
% Valores para t=50 ms
t22=0.050-t11;
i2005=Ki*exp(-alfa*t22)*sin(wa*t22+atan(A/N))+sqrt(2)*I2M*
*cos(w*t22+angle(I2));
uc2005=Ku*exp(-alfa*t22)*sin(wa*t22+atan(D/F))+sqrt(2)*UC2M*
*cos(w*t22+angle(UC2));

% c) S1 conmuta a la posición 2 con S2 abierto y S3 cerrado en t=50 ms
t3=[0.05:0.0001:0.08]; % Periodo de análisis
alfa1=(R1+R3)/(2*L); w01=w0; % alfa > wo. Sistema sobreamortiguado
s3=-alfa1+sqrt(alfa1^2-w01^2); s4=-alfa1-sqrt(alfa1^2-w01^2);
% Valores iniciales
i3005=i2005; uc3005=uc2005; uL3005=-uc3005-(R1+R3)*i3005;
di3t0=uL3005/L; duc3t0=i3005/C;
% Cálculo de coeficientes
CI=[i3005;di3t0]; CU=[uc3005;duc3t0];
M=[1 1;s3 s4];
KI=inv(M)*(CI); KI1=KI(1,1); KI2=KI(2,1);
KU=inv(M)*(CU); KU1=KU(1,1); KU2=KU(2,1);
% Ecuaciones completas para la tensión e intensidad
i3=KI1*exp(s3*(t3-0.03))+KI2*exp(s4*(t3-0.05));
uc3=KU1*exp(s3*(t3-0.05))+KU2*exp(s4*(t3-0.05));
plot(t3,i3,'r',t3,uc3,'b');
pause
plot(t1,i1,'r',t2,i2,'r',t3,i3,'r',t1,uc1,'b',t2,uc2,'b',t3,uc3,'b')
```

PROBLEMA 8.27

Resolución del problema 8.26 por transformadas de Laplace.

En el circuito de la figura la situación inicial de los interruptores es: S_1 en la posición 0, S_2 cerrado y S_3 abierto. La fuente de tensión e(t) es senoidal de 220V de valor eficaz 50 Hz de frecuencia. En el instante t = 0, cuando e(t) alcanza su valor máximo, S_1 conmuta a la posición 1. En el instante t =25ms, simultáneamente se abre el interruptor S_2 y se cierra el S_3, permaneciendo S_1 en 1. En t = 50 ms, conmuta S_1 a la posición 2 permaneciendo los otros dos interruptores en su última posición. Calcúlese la expresión de la corriente i(t) en la bobina y la tensión $u_C(t)$ en el condensador para $t \geq 0$.

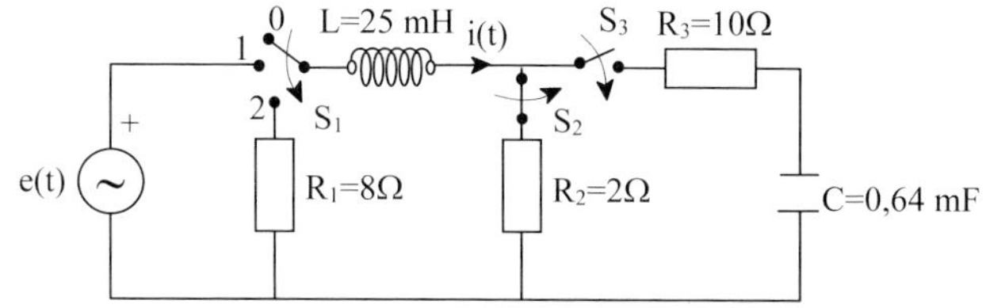

a) Conmutación en t =0 de S_1 a la posición 1, permaneciendo S_2 cerrado y S_3 abierto. Se tiene el circuito:

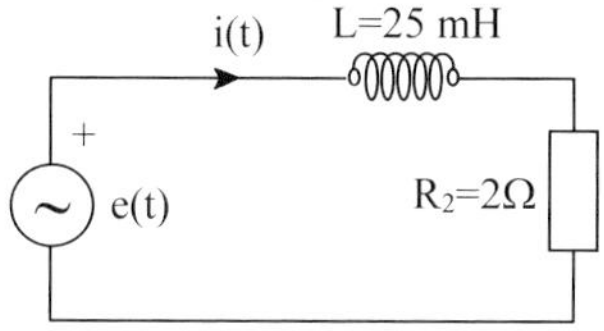

Para $t = 0 \quad e(t)_{\max} = \sqrt{2}\,220V$

Y se tiene:

$e(t) = \sqrt{2}\,220\cos\omega t$

Se tiene la ecuación: $$e(t) = L\frac{di(t)}{dt} + Ri(t)$$

Aplicando transformadas: $$E(s) = (Ls + R_2)I(s)$$

La transformada de la fuente es: $$E(s) = \sqrt{2}220\frac{s}{s^2 + \omega^2}$$

Y se tiene:

$$I(s) = \frac{E(s)}{Ls + R_2} = \sqrt{2}220\frac{\frac{s}{s^2+\omega^2}}{Ls + R_2} = \sqrt{2}220\,\frac{s}{(s^2 + 314^2)(0{,}025s + 2)} =$$

$$= 12445{,}08\frac{s}{(s^2 + 314^2)(s + 80)} = 12445{,}08\left(\frac{As + B}{s^2 + 314^2} + \frac{C}{s + 80}\right)$$

$$\left.\begin{array}{l}(As + B)(s + 80) + C(s^2 + 314^2) = s \\ (A + C)s^2 + (80A + B)s + 80B + 314^2 C = s\end{array}\right\} \quad \begin{cases} A + C = 0 \\ 80A + B = 1 \\ 80B + 314^2 C = 0 \end{cases}$$

$A = 0{,}000761 \qquad B = 0{,}939 \qquad C = -0{,}000761$

$$I(s) = 12445{,}08\left(\frac{0{,}000761s + 0{,}939}{s^2 + 314^2} - 0{,}000761\frac{1}{s+80}\right) =$$

$$= 38{,}4\,\frac{0{,}2466s + 314 * 0{,}969}{s^2 + 314^2} - 9{,}47\,\frac{1}{s+80}$$

Consultando la tabla de transformadas se tiene la solución:

$$i(t) = 38{,}4\cos(\omega t - 75{,}71^\circ) - 9{,}47e^{-80t}$$

Para t = 25 ms:

$$i(0{,}025) = 38{,}4\cos\left(\frac{314 * 0{,}025}{2\pi} * 360^\circ - 75{,}71^\circ\right) - 9{,}47e^{-2} = 35{,}92A$$

b) t =25 ms. Apertura de S_2 y cierre de S_3 permaneciendo S_1 en la posición 1.

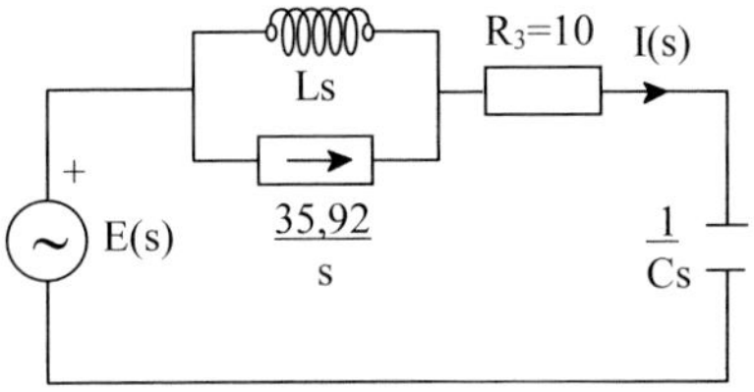

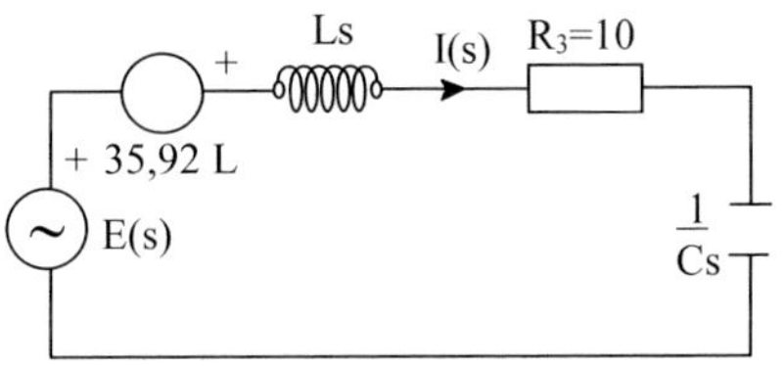

La expresión de la tensión para t ≥ 0,025s (t'= t -0,025) es:

$$e(t') = \sqrt{2}\,220\cos(\omega t + 450^\circ) = \sqrt{2}\,220\cos(\omega t' + 90^\circ)$$

Y su transformada:

$$E(s) = \sqrt{2}\,220\,\frac{s\cos 90^\circ - 314\mathrm{sen}90^\circ}{s^2 + \omega^2} = -\sqrt{2}220\,\frac{314}{s^2 + \omega^2} = -\sqrt{2}220\,\frac{\omega}{s^2 + \omega^2}$$

$$I(s) = \frac{E(s) + 35{,}92L}{R_3 + Ls + \dfrac{1}{Cs}} = \frac{\left(-\sqrt{2}220 * 314 + 35{,}92L\left(s^2 + 314^2\right)\right)s}{\left(s^2 + 314^2\right)\left(Ls^2 + R_3 s + \dfrac{1}{C}\right)} = \frac{35{,}92s^3 - 3622053s}{\left(s^2 + 314^2\right)\left(s^2 + 400s + 62500\right)} =$$

$$= \frac{As + B}{s^2 + 314^2} + \frac{Cs + D}{s^2 + 400s + 62500} = \frac{35{,}92s^3 - 3622053s}{\left(s^2 + 314^2\right)\left((s+200)^2 + 150^2\right)} \qquad \text{Pues:}$$

$$s = \frac{-400 \pm \sqrt{400^2 - 4 * 62500^2}}{2} = -200 \pm j150 = \begin{cases} s_1 = -200 + j150 \\ s_2 = -200 - j150 \end{cases}$$

Operando:

$$(As + B)\left(s^2 + 400s + 62500\right) + (Cs + D)\left(s^2 + 314^2\right) = 24{,}23s^3 - 1518736{,}4s$$

$$(A + C)s^3 + (400A + B + D)s^2 + \left(62500A + 400B + 314^2 C\right)s + 62500B + 314^2 D =$$

$$= 35{,}96s^3 - 3622053\,s$$

Y matricialmente:

$$\begin{bmatrix} 1 & 0 & 1 & 0 \\ 400 & 1 & 0 & 1 \\ 62500 & 400 & 314^2 & 0 \\ 0 & 62500 & 0 & 314^2 \end{bmatrix} * \begin{bmatrix} A \\ B \\ C \\ D \end{bmatrix} = \begin{bmatrix} 35{,}96 \\ 0 \\ -362205{,}4 \\ 0 \end{bmatrix} \Rightarrow [M]*[K]=[N]$$

$$[M]^{-1}*[N]=[K]$$
$$A=8{,}25 \qquad B=-9014{,}9 \qquad C=27{,}7 \qquad D=5714{,}5$$

Sustituyendo y operando:

$$I(s)=\frac{8{,}25s-314*28{,}71}{s^2+314^2}+\frac{27{,}7s+5714{,}5}{(s+200)^2+150^2}=$$
$$=29{,}88\frac{s\cos 73{,}93^o-314*\operatorname{sen}73{,}93^o}{s^2+314^2}+27{,}67\frac{(s+200)\operatorname{sen}87{,}42^o+150*\cos 87{,}42^o}{(s+200)^2+150^2}$$

En las tablas de transformadas se tiene que:

$$L[\cos(\omega t\pm\varphi)]=\frac{s\cos\varphi\mp\omega\operatorname{sen}\varphi}{s^2+\omega^2} \qquad L\left[e^{-at}\operatorname{sen}(\omega t\pm\varphi)\right]=\frac{\omega\cos\varphi\pm(s+a)\operatorname{sen}\varphi}{(s+a)^2+\omega^2}$$

Identificando esto con las soluciones obtenidas:

$$i(t')=e^{-200t'}27{,}67\operatorname{sen}(150t'+87{,}42^o)+29{,}88\cos(314t'+73{,}93^o)$$

Cálculo de la tensión en el condensador:

$$U_C(s)=\frac{1}{Cs}I(s)=\frac{56125s^2-5659457813}{(s^2+314^2)((s+200)^2+150^2)}=\frac{A's+B'}{s^2+314^2}+\frac{C's+D'}{s^2+400s+62500}$$

$$(A's+B')(s^2+400s+62500)+(C's+D')(s^2+314^2)=56125s^2-5659457813$$
$$(A'+C')s^3+(400A'+B'+D')s^2+(62500A'+400B'+314^2C')s+62500B+314^2D'=$$
$$=56125s^2-5659457813$$

$$\begin{bmatrix} 1 & 0 & 1 & 0 \\ 400 & 1 & 0 & 1 \\ 62500 & 400 & 314^2 & 0 \\ 0 & 62500 & 0 & 314^2 \end{bmatrix} * \begin{bmatrix} A' \\ B' \\ C' \\ D' \end{bmatrix} = \begin{bmatrix} 0 \\ 56125 \\ 0 \\ -5659457813 \end{bmatrix} \Rightarrow [M]*[K]=[N]$$

$$[M]^{-1}*[N]=[K]$$
$$A'=143 \qquad B'=12892 \qquad C'=-143 \qquad D'=-13912{,}3$$

$$U_C(s)=\frac{143s+314*41{,}06}{s^2+314^2}-\frac{+143s+139123}{(s+200)^2+150^2}=$$

$$148{,}7\,\frac{s\cos 16{,}07^o-314*sen16{,}07^o}{s^2+314^2}+172{,}95\frac{(s+200)sen(-55{,}7^o)+150*\cos(-55{,}7^o)}{(s+200)^2+150^2}$$

Consultando las tablas de transformadas se tiene:

$$u_C(t')=e^{-200t'}172{,}95sen(150t'-55{,}7^o)+148{,}7\cos(314t'-16{,}07^o)$$

Si t = 50 ms, t= = 50-25 = 25ms y se tiene:

$$i(0{,}05)=e^{-5}27{,}67sen\left(\frac{150*0{,}025}{2\pi}360^o+87{,}42^o\right)+29{,}88\cos\left(\frac{314*0{,}025}{2\pi}360^o+73{,}93^o\right)=-28{,}54A$$

$$u_C(0{,}05)=e^{-5}172{,}95sen\left(\frac{150*0{,}025}{2\pi}360^o-55{,}7^o\right)+148{,}7\cos\left(\frac{314*0{,}025}{2\pi}360^o-16{,}07^o\right)=40{,}17V$$

c) Para t ≥ 50 ms. S_1 conmuta a la posición 2 con S_2 abierto y S_3 cerrado. Se tiene el siguiente circuito y su equivalente. Se hace t''= t - 0,05.

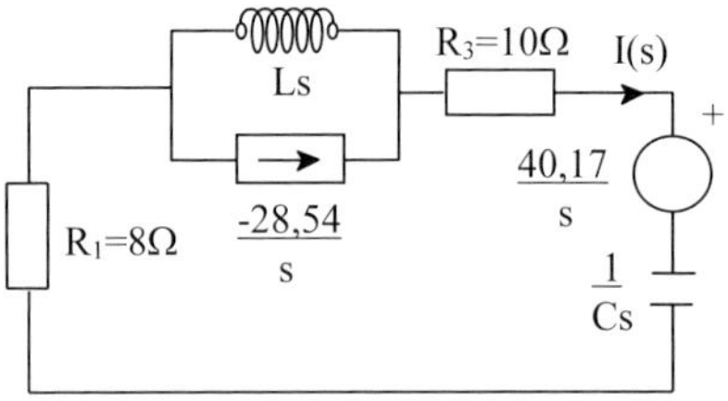

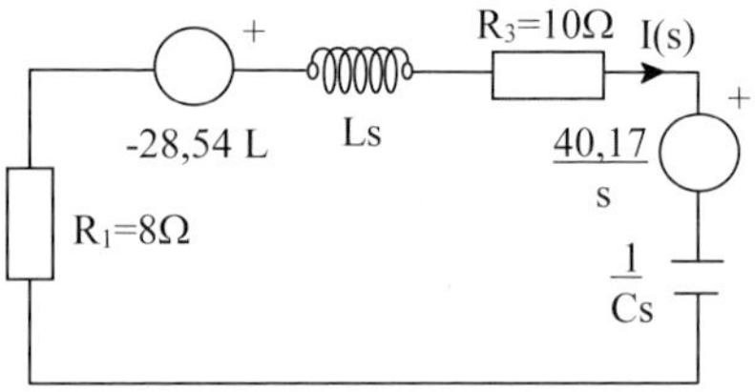

Se plantea la ecuación:

$$I(s)=\frac{-28{,}54L-\dfrac{40{,}17}{s}}{R_1+R_3+Ls+\dfrac{1}{Cs}}=\frac{-28{,}54Ls-40{,}17}{Ls^2+(R_1+R_3)s+\dfrac{1}{C}}=-\frac{28{,}54s+1606{,}8}{s^2+720s+62500}=$$

$$=\frac{A}{s+101}+\frac{B}{s+619}\qquad \text{Pues:}$$

$$s=\frac{-720\pm\sqrt{720^2-4*62500}}{2}=\begin{cases}s_1=-101\\ s_2=-619\end{cases}$$

$$A=(s+101)I(s)\Big]_{s=-101}=-\frac{28{,}54s+1606{,}8}{(s+619)}\Bigg]_{S=-101}=2{,}46$$

$$B=(s+619)I(s)\Big]_{s=-619}=-\frac{28{,}54s+1606{,}8}{(s+101)}\Bigg]_{S=-619}=-31$$

$$I(s) = 2{,}46\frac{1}{s+101} - 31\frac{1}{s+619}$$

Y su antitransformada:

$$i(t'') = 2{,}46e^{-101t''} - 31e^{-619t''}$$

Para la tensión del condensador:

$$U_C(s) = \frac{U_0}{s} + \frac{1}{Cs}I(s) = \frac{40{,}17}{s} - \frac{44593{,}75s + 2510625}{s(s+101)(s+619)} =$$

$$= \frac{40{,}17(s^2 + 720s + 62500) - 44593{,}75s - 2510625}{s(s+101)(s+619)} = \frac{40{,}17s - 15671{,}35}{(s+101)(s+619)} = \frac{A'}{s+101} + \frac{B'}{s+619}$$

$$A' = (s+101)I(s)\Big]_{s=-101} = \frac{40{,}17s - 15671{,}35}{(s+619)}\Bigg]_{s=-101} = -38{,}1$$

$$B' = (s+619)I(s)\Big]_{s=-619} = \frac{40{,}17s - 15671{,}35}{(s+101)}\Bigg]_{s=-619} = 78{,}26$$

$$U_C(s) = -38{,}1\frac{1}{s+101} + 78{,}26\frac{1}{s+619}$$

Y su antitransformada:

$$u_C(t'') = -38{,}1e^{-101t''} + 78{,}26e^{-619t''}$$

Representación gráfica:

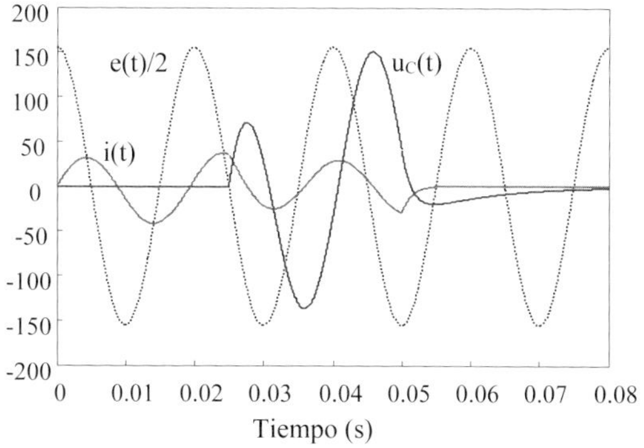

Puede observarse que las soluciones coinciden con las del problema 8.26.

```
% PROGRAMA EN MATLAB

% DATOS
R1=8; R2=2; R3=10; L=25*10^-3; C=0.64*10^-3;
E=220; f=50; w=2*pi*f; T=2*pi/w;
XL=L*w*i; XC=-(1/(C*w))*i;

% Conmutación de S1 a la posición 1 en t=0
t1=[0.00:0.0001:0.025]; % Periodo de análisis
M1=[1 0 1;80 1 0;0 80 w^2];
N1=[0;1;0];
K1=inv(M1)*N1;
i1=-9.47*exp(-80*t1)+38.4*cos(314*t1-75.71*pi/180);
uc1=0.*t1;
plot(t1,i1,'r',t1,uc1,'b')
pause
t11=0.025; i10025=-9.47*exp(-80*t11)+38.4*cos(314*t11-75.71*pi/180);

% b) Apertura de S2 y cierre de S3 en t=25 ms
t2=[0.025:0.0001:0.05]; % Periodo de análisis
s1=(-400+sqrt(400^2-4*62500))/2;
s2=(-400-sqrt(400^2-4*62500))/2;
M2=[1 0 1 0;400 1 0 1; 62500 400 314^2 0;0 62500 0 314^2];
Ni=[35.92;0;-362205.3;0];
K2i=inv(M2)*(Ni);
i2=27.67*exp(real(s1)*(t2-0.025)).*sin(imag(s1)*(t2-
0.025)+87.42*pi/180)+29.88*cos(314*(t2-0.025)+73.93*pi/180);
Nu=[0;56125;0;-565945781.3];
K2u=inv(M2)*(Nu);
uc2=172.95*exp(real(s1)*(t2-0.025)).*sin(imag(s1)*(t2-0.025)-
55.7*pi/180)+148.7*cos(314*(t2-0.025)-16.07*pi/180);
plot(t2,i2,'r',t2,uc2,'b')
pause
t22=0.050-t11;
i2005=27.67*exp(real(s1)*t22).*sin(imag(s1)*t22+87.42*pi/180)+29.88*cos(314*t2
2+73.93*pi/180);
uc2005=172.95*exp(real(s1)*t22).*sin(imag(s1)*t22-
55.7*pi/180)+148.7*cos(314*t22-16.07*pi/180);

% c) S1 conmuta a la posición 2 con S2 abierto y S3 cerrado en t=50 ms
t3=[0.05:0.0001:0.08]; % Periodo de análisis
s3=(-720+sqrt(720^2-4*62500))/2;
s4=(-720-sqrt(720^2-4*62500))/2;
s=s3; Ai=-(28.54*s+1606.8)/(s-s4); Au=(40.71*s-15671.35)/(s-s4);
s=s4; Bi=-(28.54*s+1606.8)/(s-s3); Bu=(40.71*s-15671.35)/(s-s3);
i3=Ai*exp(s3*(t3-0.05))+Bi*exp(s4*(t3-0.05));
uc3=Au*exp(s3*(t3-0.05))+Bu*exp(s4*(t3-0.05));
plot(t3,i3,'r',t3,uc3,'b')
pause
plot(t1,i1,'r',t2,i2,'r',t3,i3,'r',t1,uc1,'b',t2,uc2,'b',t3,uc3,'b');
```

PROBLEMA 8.28

La fuente de tensión e(t) del circuito de la figura es senoidal de 220V de valor eficaz y 50 Hz de frecuencia. El interruptor S se cierra el instante t=0s, cuando e(t) pasa por cero, estando en ese momento la bobina cargada con una intensidad I_{L0}=36A. Calcúlese la expresión de la corriente i(t) en el circuito y la tensión $u_C(t)$ en el condensador para t ≥ 0.

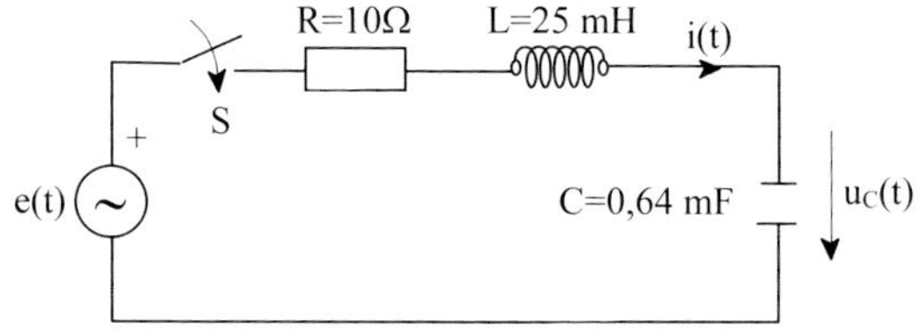

Al pasar e(t) por cero en el instante t=0 se puede considerar la expresión:

$$e(t)=\sqrt{2}\ 220\operatorname{sen}\omega t \qquad \text{Siendo } I_{L0}=36A$$

El circuito es RLC de segundo orden. Las soluciones de la ecuación característica son:

$$s=-\alpha\pm\sqrt{\alpha^2-\omega_0^2} \qquad \begin{cases}\alpha=\dfrac{R}{2L}=\dfrac{10}{2*0{,}025}=200s^{-1}\\ \omega_0=\dfrac{1}{\sqrt{LC}}=\dfrac{1}{\sqrt{25*0{,}64*10^{-6}}}=250s^{-1}\end{cases}$$

$$s=-200\pm\sqrt{200^2-250^2}=-200\pm j150= \begin{cases}s_1=-200+j150\\ s_2=-200-j150\end{cases}$$

El régimen de comportamiento es subamortiguado. La solución puesta en forma exponencial para la intensidad del circuito será:

$$i(t)=K_1\,e^{(-200+j150)t}+K_2\,e^{(-200-j150)t}+i_p(t)=e^{-200t}\left(K_1e^{j150t}+K_2e^{-j150t}\right)+i_p(t)$$

Y en forma trigonométrica se puede poner para esta intensidad y también para la tensión en el condensador:

$$i(t)=e^{-200t}K_I\operatorname{sen}(150t+\varphi_I)+i_p(t)$$
$$u_C(t)=e^{-200t}K_U\operatorname{sen}(150t+\varphi_U)+u_{pC}(t)$$

Cálculo de las soluciones particulares para estas variables (solución de régimen permanente en corriente alterna).

$$\overline{X}_L=jL\omega=j0{,}25*10^{-3}*314=j7{,}85=7{,}85\angle 90^{\circ}$$
$$\overline{X}_C=-j\frac{1}{C\omega}=-j\frac{1}{0{,}64*10^{-3}*314}=-j4{,}97\Omega=4{,}97\angle-90^{\circ}$$

$$\overline{I}_p = \frac{220\angle 0^o}{10 + j(7{,}85 - 4{,}97)} = \frac{220\angle 0^o}{10{,}4\angle 16{,}07^o} = 21{,}14\angle -16{,}07^o$$

$$\overline{U}_{pC} = \overline{X}_C \overline{I}_p = 4{,}97\angle -90^o * 21{,}14\angle -16{,}07^o = 105{,}14\angle -106{,}07^o$$

Expresiones temporales:

$$i_p(t) = \sqrt{2}\, 21{,}14 \operatorname{sen}(\omega t - 16{,}07^o)$$

$$u_{pC}(t) = \sqrt{2}\, 105{,}14 \operatorname{sen}(\omega t - 106{,}07^o)$$

Las soluciones completas son:

$$i(t) = e^{-200t} K_I \operatorname{sen}(150t + \varphi_I) + \sqrt{2}\, 21{,}14 \operatorname{sen}(314t - 16{,}07^o)$$

$$u_C(t) = e^{-200t} K_U \operatorname{sen}(150t + \varphi_U) + \sqrt{2}\, 105{,}14 \operatorname{sen}(314t - 106{,}07^o)$$

Y sus derivadas:

$$\frac{di(t)}{dt} = e^{-200t} K_I\left(-200\operatorname{sen}(150t + \varphi_I) + 150\mathbf{cos}(150t + \varphi_I)\right) + \sqrt{2}\, 21{,}14 * 314\mathbf{cos}(314t - 16{,}07^o)$$

$$\frac{du_C(t)}{dt} = e^{-200t} K_U\left(-200\operatorname{sen}(150t + \varphi_U) + 150\mathbf{cos}(150t + \varphi_U)\right) + \sqrt{2}\, 105{,}14 * 314\mathbf{cos}(314t - 106{,}07^o)$$

Para t = 0 los valores iniciales son:

$$i_C(0^+) = i_L(0^-) = 36A \qquad u_C(0^+) = u_C(0^-) = 0V$$

$$e(0) = 0 = u_L(0) + u_C(0) + Ri(0)$$

$$u_L(0) = -Ri(0) = -10 * 36 = -360V$$

Se tienen los sistemas de ecuaciones:

$$i(0) = 36 = K_I \operatorname{sen}\varphi_I - 8{,}27$$

$$\left.\frac{di(t)}{dt}\right]_{t=0} = \frac{u_L(0)}{L} = -14400 = -200 K_I \operatorname{sen}\varphi_I + 150 K_I \cos\varphi_I + 9025{,}5$$

$$u_C(0) = 0 = K_U \operatorname{sen}\varphi_U - 142{,}88$$

$$\left.\frac{du_C(\mathrm{t})}{dt}\right]_{t=0} = \frac{i(0)}{C} = 56250 = -200 K_U \operatorname{sen}\varphi_U + 150 K_U \mathbf{cos}\varphi_U - 12930$$

Simplificando y resolviendo. Resolver las ecuaciones con los nuevos valores:

$$\left.\begin{array}{l} 44{,}27 = K_I \operatorname{sen}\varphi_I \\ -23425{,}5 = -200 K_I \operatorname{sen}\varphi_I + 150 K_I \mathbf{cos}\varphi_I \end{array}\right\} \quad \left\{\begin{array}{l} K_I = -106{,}75 \\ \varphi_I = -24{,}5^o \end{array}\right.$$

$$\left.\begin{array}{l}142{,}88 = K_U \,\text{sen}\varphi_U \\ 69180 = -200K_U \,\text{sen}\varphi_U + 150K_U \,\mathbf{cos}\varphi_U\end{array}\right\} \left\{\begin{array}{l}K_U = 667{,}2 \\ \varphi_U = 12{,}37^{\circ}\end{array}\right.$$

Finalmente:

$$i(t) = e^{-200t}\left(-106{,}75\right)\text{sen}\left(150t - 24{,}5^{\circ}\right) + \sqrt{2}\,21{,}14\text{sen}\left(314t - 16{,}07^{\circ}\right)$$

$$u_C(t) = e^{-200t}\,667{,}2\,\text{sen}\left(150t + 12{,}37^{\circ}\right) + \sqrt{2}\,105{,}14\text{sen}\left(314t - 106{,}07^{\circ}\right)$$

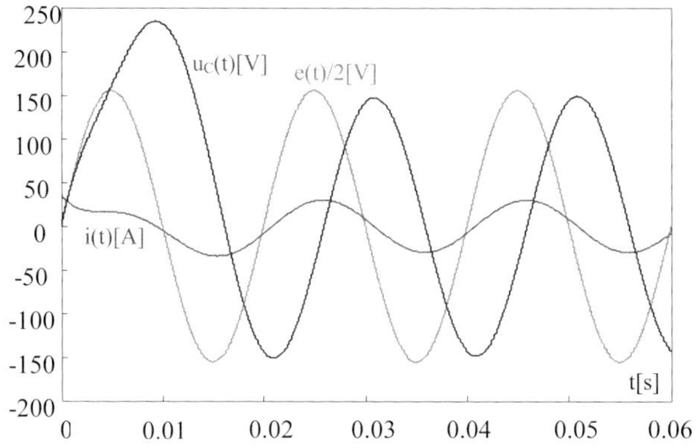


```
% PROGRAMA EN MATLAB


% DATOS
R=10; L=25*10^-3; C=0.64*10^-3;
E=220; f=50; w=2*pi*f; T=2*pi/w;
i0=36;
% Conmutación de S en t=0. Circuito RLC serie de segundo orden.
t=[0.00:0.0000001:0.06]; % Periodo de análisis
e=sqrt(2)*220*sin(w*t);
alfa=R/(2*L); w0=1/sqrt(L*C); % alfa < wo. Sistema subamortiguado
s1=-alfa+sqrt(alfa^2-w0^2); s2=-alfa-sqrt(alfa^2-w0^2);
wa=abs(sqrt(alfa^2-w0^2));
e0=sqrt(2)*220*sin(w*0); % Valor de e(t) para t=0s
XL=L*w*i; XC=-(1/(C*w))*i;
Z=R+XL+XC;
I=E./Z; IM=abs(I); phiI=angle(I)*180/pi;
UC=XC.*I; UCM=abs(UC); phiUC=angle(UC)*180/pi;
ip=sqrt(2)*IM*sin((w*t)+angle(I)); % Solución particular para la intensidad
ucp=sqrt(2)*UCM*sin(w*t+angle(UC)); % Solución particular para la tensión
% Valores iniciales
uc0=0; uL0=e0-uc0-R*i0;
dit0=uL0/L; duct0=i0/C;
% Coeficientes para la intensidad
A=i0-sqrt(2)*IM*sin(angle(I)); % A=Ki*sin(phiI2)
B=dit0-sqrt(2)*IM*w*cos(angle(I)); N=(B+200*A)/150; % N=Ki*cos(phiI2)
Ki=A/sin(atan(A/N)); phiI2=atan(A/N)*180/pi;
```

```
% Coeficientes para la tensión
D=uc0-sqrt(2)*UCM*sin(angle(UC)); % D=Ku*sin(phiU2)
E=duct0-sqrt(2)*UCM*w*cos(angle(UC)); F=(E+200*D)/150; % F=Ku*cos(phiU2)
Ku=D/sin(atan(D/F)); phiU2=atan(D/F)*180/pi;
% Ecuaciones completas para la tensión e intensidad
i=Ki*exp(-alfa*t).*sin(wa*t+atan(A/N))+ip;
uc=Ku*exp(-alfa*t).*sin(wa*t+atan(D/F))+ucp;
plot(t,ip,'r',t,ucp,'b');
pause
plot(t,e/2,'g',t,i,'r',t,uc,'b')
```

PROBLEMA 8.29

Resolución del problema 8.28 por transformadas de Laplace.

La fuente de tensión e(t) del circuito de la figura es senoidal de 220V de valor eficaz y 50 Hz de frecuencia. El interruptor S se cierra el instante t=0s, cuando e(t) pasa por cero, estando en ese momento la bobina cargada con una intensidad I_{L0}=36A. Calcúlese la expresión de la corriente i(t) en la bobina y la tensión u_C(t) en el condensador para t ≥ 0.

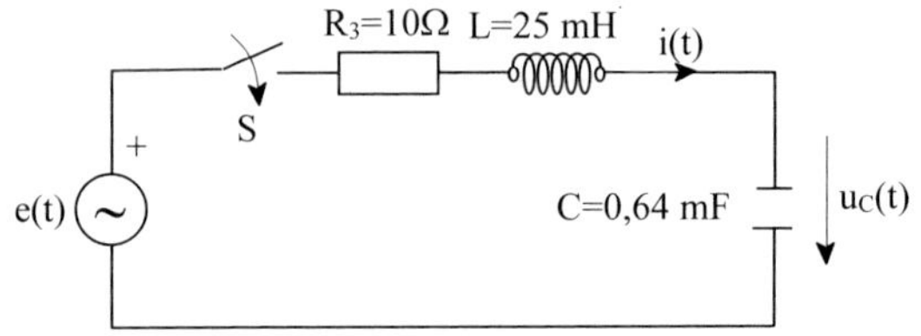

Al pasar e(t) por cero en el instante t=0 se puede considerar la expresión: $e(t)=\sqrt{2}\,220\,\mathrm{sen}\,\omega t$.
Se tienen los circuitos equivalentes siguientes utilizando el teorema de Norton y posterior conversión a fuente de tensión.

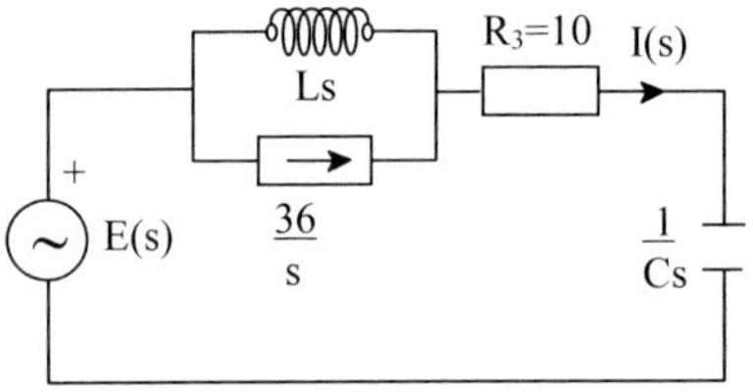

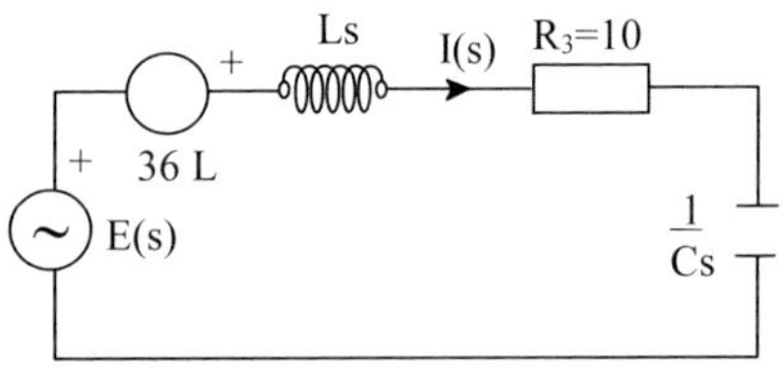

Y su transformada. Recalcular con la nueva situación:

$$E(s)=\sqrt{2}\,220\,L[\mathrm{sen}\,\omega t]=\sqrt{2}220\frac{\omega}{s^2+\omega^2}$$

$$I(s)=\frac{E(s)+36L}{R_3+Ls+\dfrac{1}{Cs}}=\frac{\left(\sqrt{2}220*314+36L\left(s^2+314^2\right)\right)s}{\left(s^2+314^2\right)\left(Ls^2+R_3s+\dfrac{1}{C}\right)}=\frac{36s^3+7457211s}{\left(s^2+314^2\right)\left(s^2+400s+62500\right)}=$$

$$=\frac{As+B}{s^2+314^2}+\frac{Cs+D}{s^2+400s+62500}=\frac{36s^3+7457211s}{\left(s^2+314^2\right)\left((s+200)^2+150^2\right)}\qquad \text{Pues:}$$

$$s=\frac{-400\pm\sqrt{400^2-4*62500^2}}{2}=-200\pm j150=\begin{cases}s_1=-200+j150\\ s_2=-200-j150\end{cases}$$

Operando:

$$\begin{aligned}&(As+B)(s^2+400s+62500)+(Cs+D)(s^2+314^2)=36s^3+7457211s\\&(A+C)s^3+(400A+B+D)s^2+(62500A+400B+314^2C)s+62500B+314^2D=\\&=36s^3+7457211s\end{aligned}$$

Y matricialmente:

$$\begin{bmatrix}1&0&1&0\\400&1&0&1\\62500&400&314^2&0\\0&62500&0&314^2\end{bmatrix}*\begin{bmatrix}A\\B\\C\\D\end{bmatrix}=\begin{bmatrix}36\\0\\7457211\\0\end{bmatrix}\Rightarrow [M]*[K]=[N]$$

$$[M]^{-1}*[N]=[K]$$

$$A=-8{,}26\qquad B=9024\qquad C=44{,}3\qquad D=-5720{,}5$$

Sustituyendo y operando se tiene:

$$I(s)=\frac{-8{,}26s+314*28{,}74}{s^2+314^2}+\frac{44{,}3s-5720{,}5}{(s+200)^2+150^2}=$$

$$=29{,}88\frac{314\cos(-16{,}07^{o})-s\,\text{sen}(-16{,}07^{o})}{s^2+314^2}-106{,}75\frac{150*\cos(-24{,}5^{o})-(s+200)\text{sen}(-24{,}5^{o})}{(s+200)^2+150^2}$$

En las tablas de transformadas se tiene que:

$$L[\text{sen}(\omega t\pm\varphi)]=\frac{\omega\cos\varphi\pm s\,\text{sen}\varphi}{s^2+\omega^2}\qquad L\left[e^{-at}\text{sen}(\omega_1 t\pm\varphi_1)\right]=\frac{\omega_1\cos\varphi_1\pm(s+a)\text{sen}\varphi_1}{(s+a)^2+\omega_1^2}$$

Identificando:

$$\omega=314;\qquad \omega_1=150;\qquad a=200;\qquad \varphi=-16{,}7^{o};\qquad \varphi_I=-24{,}5^{o};$$

Con esto, la solución será:

$$i(t)=e^{-200t}(-106{,}75)\text{sen}(150t-24{,}5^{o})+29{,}88sen(314t-16{,}07^{o})$$

Cálculo de la tensión en el condensador:

$$U_C(s)=\frac{1}{Cs}I(s)=\frac{56250s^2+1165189218{,}7}{(s^2+314^2)((s+200)^2+150^2)}=\frac{A's+B'}{s^2+314^2}+\frac{C's+D'}{s^2+400s+62500}$$

$$(A's+B')(s^2+400s+62500)+(C's+D')(s^2+314^2)=56250s^2+1165189218{,}7$$

$$(A'+C')s^3+(400A'+B'+D')s^2+(62500A'+400B'+314^2C')s+62500B'+314^2D'=$$
$$=56250s^2+1165189218{,}7$$

Se tiene la ecuación matricial:

$$\begin{bmatrix}1&0&1&0\\400&1&0&1\\62500&400&314^2&0\\0&62500&0&314^2\end{bmatrix}*\begin{bmatrix}A'\\B'\\C'\\D'\end{bmatrix}=\begin{bmatrix}0\\56250\\0\\1165189218{,}7\end{bmatrix}\Rightarrow[M]*[K]=[N]$$

$$[M]^{-1}*[N]=[K]$$
$$A'=-143\qquad B'=-12905\qquad C'=143\qquad D'=126358{,}7$$

$$U_C(s)=-\frac{143s+314*41{,}06}{s^2+314^2}+\frac{143s+126358{,}7}{(s+200)^2+150^2}=$$
$$148{,}7\,\frac{314*\cos(-16{,}07°)+s\,\mathrm{sen}(-16{,}07°)}{s^2+314^2}+667{,}2\,\frac{150*\cos 12{,}37°+(s+200)\mathrm{sen}\,12{,}37°}{(s+200)^2+150^2}$$

Consultando las tablas de transformadas se tiene:

$$u_C(t)=e^{-200t}\,667{,}2\mathrm{sen}(150t+12{,}37°)+148{,}7\mathrm{sen}(314t-106{,}07°)$$

Representación gráfica:

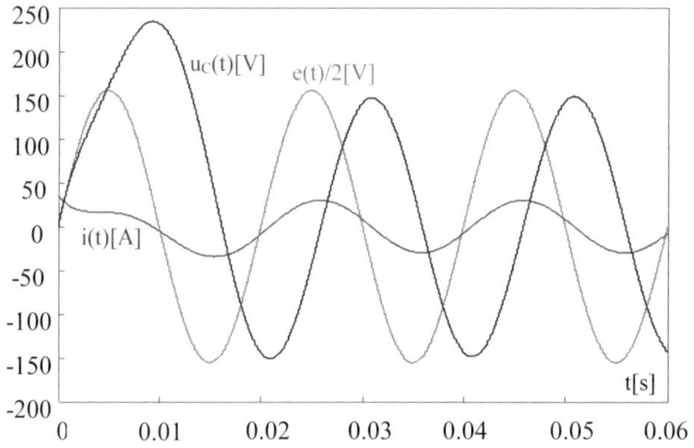

Puede observarse que las soluciones coinciden con las del problema 8.28.

```
% PROGRAMA EN MATLAB

% DATOS
R=10; L=25*10^-3; C=0.64*10^-3;
E=220; f=50; w=2*pi*f; T=2*pi/w;
XL=L*w*i; XC=-(1/(C*w))*i;
% Conmutación de S en t=0
t=[0.00:0.0000001:0.06]; % Periodo de análisis
s1=(-400+sqrt(400^2-4*62500))/2;
s2=(-400-sqrt(400^2-4*62500))/2;
M=[1 0 1 0;400 1 0 1;62500 400 314^2 0;0 62500 0 314^2];
Ni=[36;0;7457211;0];
Ki=inv(M)*(Ni);
iL=(-106.75)*exp(real(s1)*t).*sin(imag(s1)*t-24.5*pi/180)+29.88*sin(314*t-
16.07*pi/180);
Nu=[0;56250;0;11651892187];
Ku=inv(M)*(Nu);
uc=667.2*exp(real(s1)*t).*sin(imag(s1)*t+12.37*pi/180)+148.7*sin(314*t-
106.07*pi/180);
```

PROBLEMA 8.30

En el circuito de la figura, la fuente de tensión $e_1(t)$ es senoidal de 230V de valor eficaz y 50 Hz de frecuencia. $e_2(t)$ es de corriente continua de valor 100V. Los interruptores S_1 y S_2 están inicialmente abiertos. En el instante t=0, cuando $e_1(t)$ alcanza su valor máximo, se cierra S_1 permaneciendo S_2 abierto y 5,12 ms más tarde simultáneamente se abre S_1 y se cierra S_2. Calcúlense las expresiones de la tensión en el condensador, $u_C(t)$, para t≥0. (e = 2,7166).

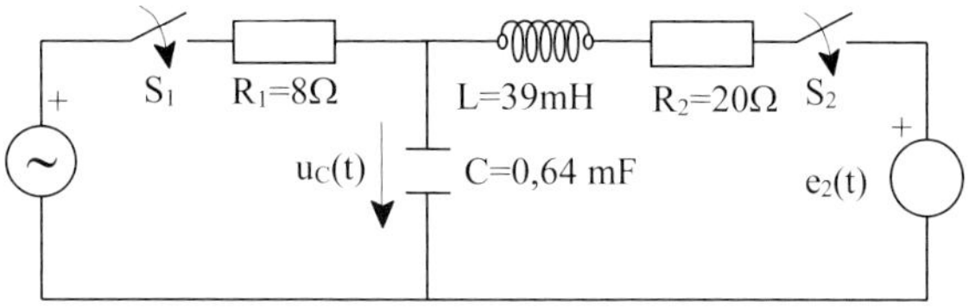

a) Conmutación en t =0 de S_1, permaneciendo S_2 abierto. Se tiene el circuito:

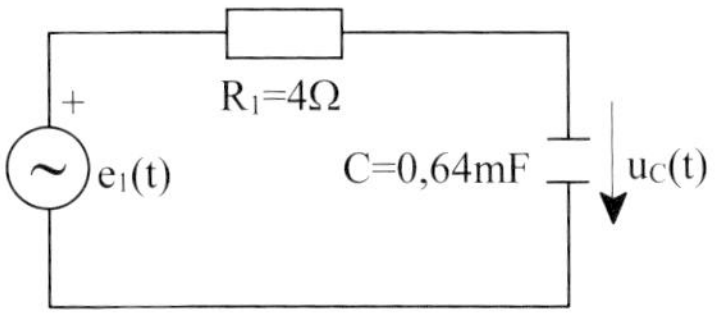

$$e_1(t) = \sqrt{2}\,230\cos\omega t$$

Para t = 0 $\overline{E}_1 = 230\angle 0^{\circ}$

Es un sistema de primer orden RC con una fuente de tensión senoidal, cuya solución vendrá dada por la ecuación:

$$u(t) = u_{\infty}(t) - [u_{\infty}(0) - u(0)]e^{-\frac{t}{\tau}} \qquad \text{Siendo: } \tau = R_1 C = 8 * 0{,}64 * 10^{-3} s = 5{,}12\, ms$$

$$\overline{X}_C = -j\frac{1}{C\omega} = -j\frac{1}{0{,}64*10^{-3}*314} = -j4{,}98\Omega \qquad \varphi = -\arctan\frac{X_C}{R_1} = -31{,}88^{\circ}$$

$$\overline{U}_\infty = \frac{\overline{E}}{\overline{Z}_1}\overline{X}_C = \frac{230\angle 0^{\circ}}{R_1+\overline{X}_C}\overline{X}_C = \frac{230}{\sqrt{8^2+4{,}98^2}\angle -31{,}88^{\circ}}4{,}98\angle -90^{\circ} = 121{,}55\angle -58{,}12^{\circ}$$

$$u_{C\infty}(t) = \sqrt{2}\,121{,}55\cos(\omega t - 58{,}12^{\circ}) \qquad u_{C\infty}(0) = \sqrt{2}\,121{,}55\cos(-58{,}12^{\circ}) = 90{,}8V$$

$$\text{Para t} = 0 \quad u_C(0) = 0$$

Se tiene la solución:

$$u_C(t) = \sqrt{2}121{,}55\cos(\omega t - 58{,}12^{\circ}) - [90{,}8 - 0]e^{-\frac{t}{\tau_1}} = \sqrt{2}121{,}55\cos(\omega t - 58{,}12^{\circ}) - 90{,}8\,e^{-\frac{1000t}{5{,}12}}$$

El valor para t = 5,12 ms es:

$$u_C(0{,}00512) = 171{,}9\cos\left(\frac{314*0{,}00512}{2\pi}*360^{\circ} - 58{,}12^{\circ}\right) - 90{,}8e^{-1} = 84{,}61V$$

a) Conmutación en t =0 de S₁, permaneciendo S₂ abierto. Se tiene un circuito de segundo orden RLC serie, alimentado por una fuente de corriente continua:

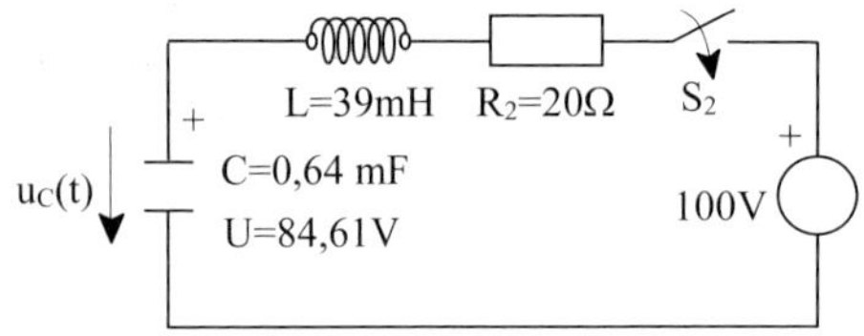

Su ecuación característica es:

$$s^2 + 2\alpha s + \omega_0^2 = 0$$

Donde:
$$\alpha = \frac{R_2}{2L} = \frac{20}{2*0{,}039} = 256, s^{-1} \qquad \omega_0 = \frac{1}{\sqrt{LC}} = \frac{1}{\sqrt{39*0{,}64*10^{-6}}} = 200s^{-1}$$

$$s = -256 \pm \sqrt{256^2 - 200^2} = -250 \pm 159{,}8 \qquad \begin{cases} s_1 = -90{,}2 \\ s_2 = -409{,}8 \end{cases}$$

Se tienen dos soluciones reales y distintas y se está en situación de **régimen sobreamortiguado**. La solución particular es la de régimen permanente para corriente continua, u_{Cp}=100V:

$$u_C(t-0{,}00512) = K_1\,e^{s_1(t-0{,}00512)} + K_2\,e^{s_2(t-0{,}00512)} + u_{Cp}(t-0{,}00512) =$$
$$= K_1\,e^{-90{,}2(t-0{,}00512)} + K_2\,e^{-409{,}8(t-0{,}00512)} + 100$$

Condiciones iniciales. De la etapa anterior el condensador queda cargado a una tensión de 84,61V. La bobina está descargada y se comporta como un circuito abierto. Así se tiene:

$$u_C(0{,}00512^+) = u_C(0{,}00512^-) = 84{,}61V \qquad i_C(0^+) = i_L(0^+) = i_L(0^-) = 0\,A$$

$$\left(\frac{du_C(t)}{dt}\right)_{t=0} = \frac{i_C(0^+)}{C} = \frac{0}{0{,}00064} = 0 \qquad u_{Cp}(t-0{,}00512) = 100$$

Particularizando para t=0,00512s en la ecuación anterior y en su primera derivada, se calculan las constantes de integración K_1 y K_2.

b) Expresión de la tensión $u_C(t)$.

$$\left.\begin{array}{l} u_C\left(0{,}00512^+\right) = 84{,}61 = K_1 + K_2 + 100 \\ \left(\dfrac{du_C(t)}{dt}\right)_{t=0} = 0 = -90{,}2\,K_1 - 409{,}8\,K_2 \end{array}\right\} \qquad K_1 = -18{,}17 \qquad K_2 = 2{,}78$$

Y la solución es:

$$u_C(t - 0{,}00512) = -18{,}17\,e^{-90{,}2(t-0{,}00512)} + 2{,}78\,e^{-409{,}8(t-0{,}00512)} + 100$$

CAPÍTULO 9

Cuadripolos

PROBLEMA 9.9

Para el cuadripolo en T de la figura calcúlensen los parámetros impedancia [z], los híbridos [h] y los de transmisión directa [a]. Particularícense para el caso en que las impedancias sean: $Z_1(D)=R_1=220\Omega$, $Z_2(D)=R_2=820\Omega$ y $Z_3(D)=R_3=330\Omega$.

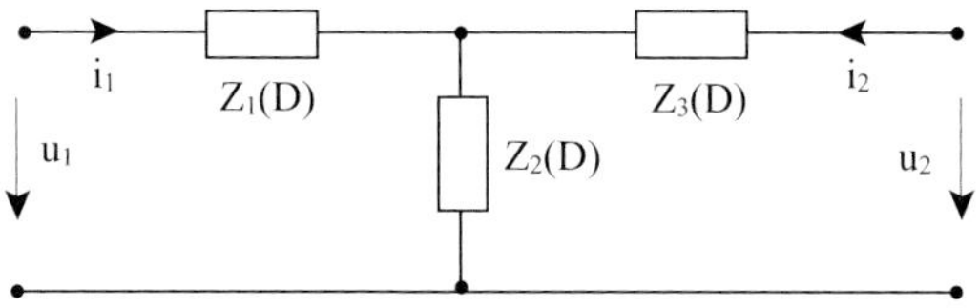

Parámetros impedancias [z]

Las ecuaciones que relacionan las tensiones de entrada u_1 y salida u_2 con las intensidades de entrada i_1 y salida i_2, a través de los parámetros impedancia, son:

$$u_1 = z_{11}\, i_1 + z_{12}\, i_2$$
$$u_2 = z_{21}\, i_1 + z_{22}\, i_2$$

Para la determinación de cada uno de estos parámetros se tiene:

$$z_{11} = \left.\frac{u_1}{i_1}\right]_{i_2=0} = Z_1(D)+Z_2(D) \qquad z_{12} = \left.\frac{u_1}{i_2}\right]_{i_1=0} = \frac{u_2\dfrac{Z_2(D)}{Z_2(D)+Z_3(D)}}{\dfrac{u_2}{Z_2(D)+Z_3(D)}} = Z_2(D)$$

$$z_{22} = \left.\frac{u_2}{i_2}\right]_{i_1=0} = Z_2(D)+Z_3(D) \qquad z_{21} = \left.\frac{u_2}{i_1}\right]_{i_2=0} = \frac{u_1\dfrac{Z_2(D)}{Z_1(D)+Z_2(D)}}{\dfrac{u_1}{Z_1(D)+Z_2(D)}} = Z_2(D)$$

El cuadripolo es recíproco y puede comprobarse que $z_{12}=z_{21}$.

Para el caso en que las impedancias sean resistivas, con los valores dados, se tiene que:

$$\left.\begin{matrix} z_{11}=1040\Omega \quad z_{22}=1150\Omega \\ z_{12}=z_{21}=820\Omega \end{matrix}\right\} \text{ Y la matriz de impedancias es: } [z]=\begin{bmatrix} 1040 & 820 \\ 820 & 1150 \end{bmatrix}$$

Parámetros híbridos [h]

Pueden calcularse directamente o por sus relaciones con los parámetros [z].

Teniendo en cuenta las ecuaciones:

$$u_1 = h_{11}\, i_1 + h_{12}\, u_2$$
$$i_2 = h_{21}\, i_1 + h_{22}\, u_2$$

Se realiza el cálculo directo de los parámetros híbridos [h]:

$$h_{11} = \left.\frac{u_1}{i_1}\right]_{u_2=0} = Z_1(D) + \frac{Z_2(D) * Z_3(D)}{Z_2(D)+Z_3(D)} \qquad h_{22} = \left.\frac{i_2}{u_2}\right]_{i_1=0} = \frac{1}{Z_2(D)+Z_3(D)}$$

$$h_{12} = \left.\frac{u_1}{u_2}\right]_{i_1=0} = \frac{Z_2(D)}{Z_2(D)+Z_3(D)}$$

$$h_{21} = \left.\frac{i_2}{i_1}\right]_{u_2=0} = \frac{-\dfrac{u_1}{Z_1(D)+\dfrac{Z_2(D)*Z_3(D)}{Z_2(D)+Z_3(D)}}\dfrac{Z_2(D)}{Z_2(D)+Z_3(D)}}{\dfrac{u_1}{Z_1(D)+\dfrac{Z_2(D)*Z_3(D)}{Z_2(D)+Z_3(D)}}} = -\frac{Z_2(D)}{Z_2(D)+Z_3(D)}$$

Para el caso de las impedancias resistivas dadas se tiene:

$$h_{11} = 455{,}3\,\Omega \qquad h_{22} = 0{,}87*10^{-3}\, S$$
$$h_{21} = 0{,}713 \qquad h_{21} = -0{,}713$$

Cálculo en función de los parámetros [z]:

$$h_{11} = \frac{\Delta_Z}{z_{22}} = \frac{1040*1150 - 820*820}{1150} = 455{,}5\,\Omega \qquad h_{22} = \frac{1}{z_{22}} = \frac{1}{1150} = 0{,}87*10^{-3}\, S$$

$$h_{12} = \frac{z_{12}}{z_{22}} = \frac{820}{1150} = 0{,}713 \qquad h_{21} = \frac{-z_{21}}{z_{22}} = \frac{-820}{1150} = -0{,}713$$

Se ve que en los dos casos la matriz es la misma y por ser recíproco $h_{12} =- h_{21}$.

$$[h] = \begin{bmatrix} 455{,}5 & 0{,}713 \\ -0{,}713 & 0{,}87*10^{-3} \end{bmatrix}$$

Parámetros de transmisión directa [a]

Pueden calcularse también directamente o por sus relaciones con los parámetros [z].

Teniendo en cuenta las relaciones:

$$u_1 = A\, u_2 - B\, i_2$$
$$i_1 = C\, u_2 - D\, i_2$$

Se realiza el cálculo directo de los parámetros [a]:

$$A = \left.\frac{u_1}{u_2}\right]_{i_2=0} = \frac{Z_1(D)+Z_2(D)}{Z_2(D)} \qquad C = \left.\frac{i_1}{u_2}\right]_{i_2=0} = \frac{\dfrac{u_1}{Z_1(D)+Z_2(D)}}{\dfrac{u_1}{Z_1(D)+Z_2(D)}Z_2(D)} = \frac{1}{Z_2(D)}$$

$$B = \left.\frac{u_1}{-i_2}\right]_{u_2=0} = \frac{u_1}{\dfrac{u_1}{Z_1(D)+\dfrac{Z_2(D)*Z_3(D)}{Z_2(D)+Z_3(D)}}\dfrac{Z_2(D)}{Z_2(D)+Z_3(D)}} = Z_1(D)+Z_3(D)+\frac{Z_1(D)*Z_3(D)}{Z_2(D)}$$

$$D = \left.\frac{i_1}{-i_2}\right]_{u_2=0} = \frac{Z_2(D)+Z_3(D)}{Z_2(D)}$$

Para el caso de las impedancias resistivas dadas se tiene:

$$A = 1{,}268 \qquad B = 638{,}5\,\Omega$$
$$C = 1{,}22*10^{-3}S \qquad D = 1{,}4$$

En función de los parámetros [z]:

$$A = \frac{z_{11}}{z_{21}} = \frac{1040}{820} = 1{,}268 \qquad B = \frac{\Delta_z}{z_{21}} = \frac{1040*1150-820*820}{820} = 638{,}5\,\Omega$$

$$C = \frac{1}{z_{21}} = \frac{1}{820} = 1{,}22*10^{-3}S \qquad D = \frac{z_{22}}{z_{21}} = \frac{1150}{820} = 1{,}4$$

En los dos casos se obtiene la misma matriz:

$$[a] = \begin{bmatrix} 1{,}268 & 638{,}5 \\ 1{,}22*10^{-3} & 1{,}4 \end{bmatrix}$$

Y se cumple también, por ser recíproco el cuadripolo, que :

$$|a| = \begin{vmatrix} \mathrm{A} & \mathrm{D} \\ C & \mathrm{D} \end{vmatrix} = \begin{vmatrix} 1{,}268 & 638{,}5 \\ 1{,}22*10^{-3} & 1{,}4 \end{vmatrix} = 1$$

PROBLEMA 9.10

Para el cuadripolo en Π (PI) de la figura calcúlensen los parámetros admitancia [y], los parámetros híbridos [h] y los de transmisión directa [a]. Particularícense para el caso en que las impedancias sean: $Z_1(D)=R_1=1000\Omega$, $Z_2(D)=R_2=820\Omega$ y $Z_3(D)=R_3=1500\Omega$.

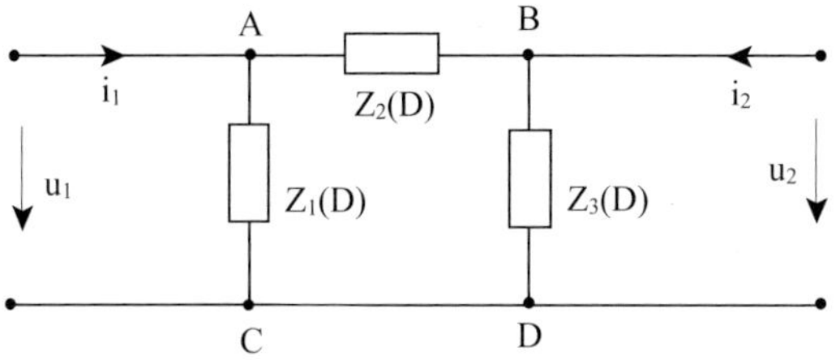

Parámetros admitancias [y]

Los ecuaciones que relacionan las intensidades de entrada i_1 y salida i_2 con las tensiones de entrada u_1 y salida u_2, a través de los parámetros admitancia, son:

$$i_1 = y_{11}\, u_1 + y_{12}\, u_2$$
$$i_2 = y_{21}\, u_1 + y_{22}\, u_2$$

Para la determinación de cada uno de estos parámetros se tiene:

$$y_{11} = \left.\frac{i_1}{u_1}\right]_{u_2=0} = \frac{Z_1(D)+Z_2(D)}{Z_1(D)*Z_2(D)} \qquad y_{12} = \left.\frac{i_1}{u_2}\right]_{u_1=0} = \frac{-\dfrac{u_2}{\dfrac{Z_2(D)*Z_3(D)}{Z_2(D)+Z_3(D)}}\,\dfrac{Z_3(D)}{Z_2(D)+Z_3(D)}}{u_2} = -\frac{1}{Z_2(D)}$$

$$y_{22} = \left.\frac{i_2}{u_2}\right]_{u_1=0} = \frac{Z_2(D)+Z_3(D)}{Z_2(D)*Z_3(D)} \qquad y_{21} = \left.\frac{i_2}{u_1}\right]_{u_2=0} = \frac{-\dfrac{u_2}{\dfrac{Z_1(D)*Z_2(D)}{Z_1(D)+Z_2(D)}}\,\dfrac{Z_1(D)}{Z_1(D)+Z_2(D)}}{u_2} = -\frac{1}{Z_2(D)}$$

El cuadripolo es recíproco y puede comprobarse que $y_{12} = y_{21}$

Para el caso en que las impedancias sean resistivas, con los valores dados, se tiene:

$$\left.\begin{aligned} &y_{11} = 2{,}2*10^{-3}\,S \quad y_{22} = 1{,}89*10^{-3}\,S \\ &y_{12} = y_{21} = -1{,}22*10^{-3}\,S \end{aligned}\right\} \quad \text{Y la matriz es:} \quad [y] = 10^{-3} * \begin{bmatrix} 2{,}2 & -1{,}22 \\ -1{,}22 & 1{,}89 \end{bmatrix}$$

Parámetros híbridos [h]

Pueden calcularse estos directamente o por sus relaciones con los parámetros [y].

Teniendo en cuenta las ecuaciones:

$$u_1 = h_{11}\, i_1 + h_{12}\, u_2$$
$$i_2 = h_{21}\, i_1 + h_{22}\, u_2$$

Se realiza el cálculo directo de los parámetros híbridos [h]:

$$h_{11} = \left.\frac{u_1}{i_1}\right]_{u_2=0} = \frac{Z_1(D)*Z_2(D)}{Z_1(D)+Z_2(D)} \qquad h_{22} = \left.\frac{i_2}{u_2}\right]_{i_1=0} = \frac{Z_1(D)+Z_2(D)+Z_3(D)}{Z_3(D)(Z_1(D)+Z_2(D))}$$

$$h_{12} = \left.\frac{u_1}{u_2}\right]_{i_1=0} = \frac{u_2 \dfrac{Z_1(D)}{Z_1(D)+Z_2(D)}}{u_2} = \frac{Z_1(D)}{Z_1(D)+Z_2(D)}$$

$$h_{21} = \left.\frac{i_2}{i_1}\right]_{u_2=0} = \frac{-i_1 \dfrac{Z_1(D)}{Z_1(D)+Z_2(D)}}{i_1} = -\frac{Z_1(D)}{Z_1(D)+Z_2(D)}$$

Para el caso en que las impedancias sean resistivas se tiene:

$$h_{11} = 450{,}5\,\Omega \qquad h_{22} = 1{,}22*10^{-3}\,S$$
$$h_{21} = 0{,}55 \qquad h_{21} = -\,0{,}55$$

En función de los parámetros [y]:

$$h_{11} = \frac{1}{y_{11}} = \frac{1}{2{,}2*10^{-3}} = 450{,}5\,\Omega \qquad h_{22} = \frac{\Delta_y}{y_{11}} = \frac{(2{,}2*1{,}89-1{,}22*1{,}22)*10^{-6}}{2{,}2*10^{-3}} = 1{,}22*10^{-3}$$

$$h_{12} = \frac{-y_{12}}{y_{11}} = \frac{1{,}22*10^{-3}}{2{,}2*10^{-3}} = 0{,}55 \qquad h_{21} = \frac{y_{21}}{y_{11}} = \frac{-1{,}22*10^{-3}}{2{,}2*10^{-3}} = -0{,}55$$

Por los dos sistemas la matriz es la misma, y por ser recíproco el cuadripolo $h_{12} =- h_{21}$:

$$[h] = \begin{bmatrix} 450{,}5 & 0{,}55 \\ -0{,}55 & 1{,}22*10^{-3} \end{bmatrix}$$

Parámetros de transmisión directa [a]

Pueden calcularse también directamente o por sus relaciones con los parámetros [z].

Teniendo en cuenta las relaciones:

$$u_1 = A\,u_2 - B\,i_2$$
$$i_1 = C\,u_2 - D\,i_2$$

Se realiza el cálculo directo de los parámetros [a]:

$$A = \left.\frac{u_1}{u_2}\right]_{i_2=0} = \frac{u_1}{u_1\dfrac{Z_3(D)}{Z_2(D)+Z_3(D)}} = \frac{Z_2(D)+Z_3(D)}{Z_3(D)} \qquad B = \left.\frac{u_1}{-i_2}\right]_{u_2=0} = \frac{u_1}{\dfrac{u_1}{Z_2(D)}} = Z_2(D)$$

$$C = \left.\frac{i_1}{u_2}\right]_{i_2=0} = \frac{u_1\dfrac{Z_1(D)+Z_2(D)+Z_3(D)}{Z_1(D)(Z_2(D)+Z_3(D))}}{u_1\dfrac{Z_3(D)}{Z_2(D)+Z_3(D)}} = \frac{Z_1(D)+Z_2(D)+Z_3(D)}{Z_1(D)*Z_3(D)}$$

$$D = \left.\frac{i_1}{-i_2}\right]_{u_2=0} = \frac{u_1\dfrac{Z_1(D)+Z_2(D)}{Z_1(D)*Z_2(D)}}{\dfrac{u_1}{Z_2(D)}} = \frac{Z_1(D)+Z_2(D)}{Z_1(D)}$$

Para el caso de las impedancias resistivas dadas se tiene:

$$A = 1{,}547 \qquad B = 820\Omega$$
$$C = 2{,}21*10^{-3}S \qquad D = 1{,}82$$

En función de los parámetros [z]:

$$A = \frac{-y_{22}}{y_{21}} = \frac{-1{,}89}{-1{,}22} = 1{,}547 \qquad B = \frac{-1}{y_{21}} = \frac{-1}{-1{,}22*10^{-3}} = 820\Omega$$

$$C = \frac{-\Delta_y}{y_{21}} = \frac{-(2{,}2*1{,}89-1{,}22*1{,}22)*10^{-6}}{-1{,}22*10^{-3}} = 2{,}21*10^{-3}S \qquad D = \frac{-y_{11}}{y_{21}} = \frac{-2{,}2}{-1{,}22} = 1{,}82$$

Se ve que en los dos casos la matriz es la misma:

$$[a] = \begin{bmatrix} 1{,}547 & 820 \\ 2{,}21*10^{-3} & 1{,}82 \end{bmatrix}$$

Y se cumple también, por ser recíproco el cuadripolo, que :

$$|a| = \begin{vmatrix} A & D \\ C & D \end{vmatrix} = \begin{vmatrix} 1{,}547 & 820 \\ 2{,}21*10^{-3} & 1{,}82 \end{vmatrix} = 1$$

PROBLEMA 9.11

Para el problema 9.2 se pide:

a) Calcular la matriz de transmisión inversa [a'] de cada uno de los cuadripolos simples (M y N).

b) Calcular la matriz de transmisión inversa [a'] del cuadripolo en Π, utilizando las matrices obtenidas para los cuadripolos M y N.

c) A partir de esta matriz [a'] calcular la matriz de admitancias [y] y comparar con la obtenida en el problema 9.4.

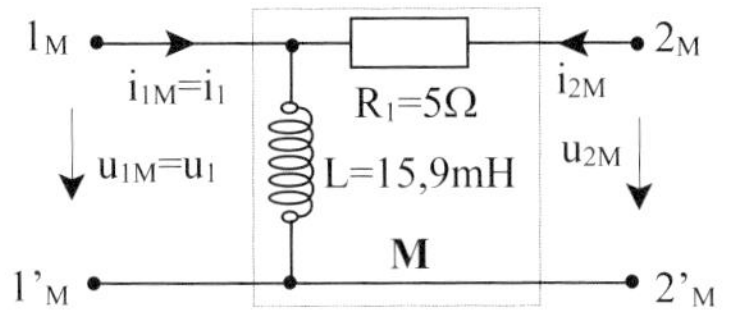

Fig. 1

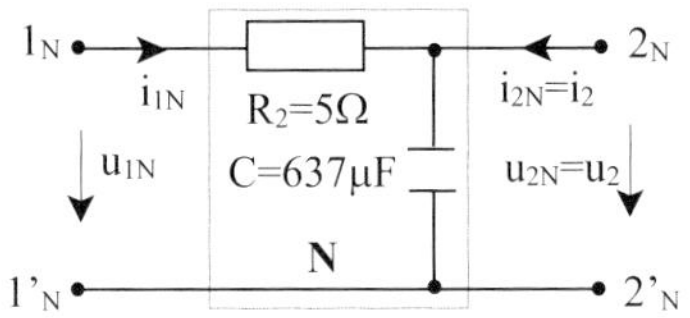

Fig. 2

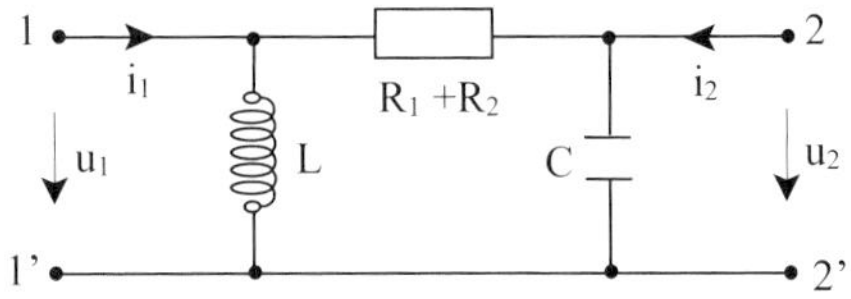

Fig. 3

Parámetros de transmisión inversa de los cuadripolos M y N. Se tienen en cuenta las relaciones:

$$\left.\begin{aligned} u_2 &= A'\,u_1 - B'\,i_1 \\ i_2 &= C'\,u_1 - D'\,i_1 \end{aligned}\right\} \quad \text{Y la matriz de parámetros de transmisión:} \begin{bmatrix} A' & B' \\ C' & D' \end{bmatrix}$$

Para el cuadripolo M:

$$A'_M = \left.\frac{u_{2M}}{u_{1M}}\right]_{i_{1M}=0} = \frac{R_1 + \overline{X}_L}{\overline{X}_L} \qquad B'_M = \left.\frac{u_{2M}}{-i_{1M}}\right]_{u_{1M}=0} = \frac{u_{1M}}{\dfrac{u_{1M}}{R_1}} = R_1$$

$$C'_M = \left.\frac{i_{2M}}{u_{1M}}\right]_{i_{1M}=0} = \frac{\dfrac{u_{2M}}{R_1 + \overline{X}_L}}{\dfrac{u_{2M}}{R_1 + \overline{X}_L}\,\overline{X}_L} = \frac{1}{\overline{X}_L} \qquad D'_M = \left.\frac{i_{2M}}{-i_{1M}}\right]_{u_{1M}=0} = \frac{i_{2M}}{i_{2M}} = 1$$

$$\text{Matriz de transmisión:} \quad [a'_M] = \begin{bmatrix} \dfrac{R_1 + \overline{X}_L}{\overline{X}_L} & R_1 \\ \dfrac{1}{\overline{X}_L} & 1 \end{bmatrix}$$

Para el cuadripolo N:

$$A'_N = \left.\frac{u_{2N}}{u_{1N}}\right]_{i_{1N}=0} = \frac{u_{2n}}{u_{2n}} = 1 \qquad B'_N = \left.\frac{u_{2N}}{-i_{1N}}\right]_{u_{1N}=0} = \frac{u_{2N}}{\dfrac{u_{2N}}{R_2}} = R_2$$

$$C'_N = \left.\frac{i_{2N}}{u_{1N}}\right]_{i_{1N}=0} = \frac{\dfrac{u_{2N}}{\overline{X}_C}}{u_{2N}} = \frac{1}{\overline{X}_C} \qquad D'_N = \left.\frac{i_{2N}}{-i_{1N}}\right]_{u_{1N}=0} = \frac{\dfrac{u_{2N}}{\dfrac{R_2 * \overline{X}_C}{R_2 + \overline{X}_C}}}{\dfrac{u_{2N}}{R_2}} = \frac{R_2 + \overline{X}_C}{\overline{X}_C}$$

$$\text{Matriz de transmisión}: \quad [a'_N] = \begin{bmatrix} 1 & R_2 \\ \dfrac{1}{\overline{X}_C} & \dfrac{R_2 + \overline{X}_C}{\overline{X}_C} \end{bmatrix}$$

La matriz de transmisión inversa del cuadripolo en Π será:

$$[a'] = [a'_N] * [a'_M] = \begin{bmatrix} 1 & R_2 \\ \dfrac{1}{\overline{X}_C} & \dfrac{R_2 + \overline{X}_C}{\overline{X}_C} \end{bmatrix} * \begin{bmatrix} \dfrac{R_1 + \overline{X}_L}{\overline{X}_L} & R_1 \\ \dfrac{1}{\overline{X}_L} & 1 \end{bmatrix} =$$

$$= \begin{bmatrix} \dfrac{R_1 + \overline{X}_L}{\overline{X}_L} + \dfrac{R_2}{\overline{X}_L} & R_1 + R_2 \\ \dfrac{R_1 + \overline{X}_L}{\overline{X}_L \, \overline{X}_C} + \dfrac{R_2 + \overline{X}_C}{\overline{X}_L \, \overline{X}_C} & \dfrac{R_1}{\overline{X}_C} + \dfrac{R_2 + \overline{X}_C}{\overline{X}_C} \end{bmatrix} = \begin{bmatrix} \dfrac{R_1 + R_2 + \overline{X}_L}{\overline{X}_L} & R_1 + R_2 \\ \dfrac{R_1 + R_2 + \overline{X}_L + \overline{X}_C}{\overline{X}_L \, \overline{X}_C} & \dfrac{R_1 + R_2 + \overline{X}_C}{\overline{X}_C} \end{bmatrix}$$

Particularizando para $R_1 = R_2 = 5\ \Omega$, $\overline{Z}_L = j5$ y $\overline{Z}_C = -j5$, se tiene:

$$[a'] = \begin{bmatrix} \dfrac{10 + j5}{j5} & 10 \\ 0{,}4 & \dfrac{10 - j5}{-j5} \end{bmatrix}$$

Parámetros admitancias [y]

La matriz de los parámetros admitancia en función de los de transmisión inversa, para el cuadripolo en Π, se calcula teniendo en cuenta las relaciones entre estos tipos de parámetros.

$$[y] = \begin{bmatrix} y_{11} & y_{12} \\ y_{21} & y_{22} \end{bmatrix} = \begin{bmatrix} \dfrac{A'}{B'} & \dfrac{1}{B'} \\ \dfrac{\Delta_{a'}}{B'} & \dfrac{A'}{B'} \end{bmatrix}$$

$$y_{11}=\frac{A'}{B'}=\frac{\dfrac{10+j5}{j5}}{10}=\frac{10+j5}{j50}=0{,}1-j0{,}2 \qquad y_{12}=\frac{-1}{B'}=\frac{-1}{10}=-0{,}1$$

$$y_{22}=\frac{D'}{B'}=\frac{\dfrac{10-j5}{-j5}}{10}=\frac{10-j5}{-j50}=0{,}1+j0{,}2 \qquad y_{21}=\frac{-\Delta_a}{B'}=\frac{-\left(\dfrac{10+j5}{j5}\,\dfrac{10-j5}{-j5}-4\right)}{10}=-0{,}1$$

Puede comprobarse que se obtiene la misma matriz de admitancias que en el problema 9.2:

$$[y]=\begin{bmatrix} y_{11} & y_{12} \\ y_{21} & y_{22} \end{bmatrix}=\begin{bmatrix} 0{,}1-j0{,}2 & -0{,}1 \\ -0{,}1 & 0{,}1+j0{,}2 \end{bmatrix}$$

Puede comprobarse que, efectivamente, el cuadripolo es recíproco pues:

$$|a'|=\begin{vmatrix} A' & B' \\ C' & D' \end{vmatrix}=\begin{vmatrix} \dfrac{10+j5}{j5} & 10 \\ 0{,}4 & \dfrac{10-j5}{-j5} \end{vmatrix}=\frac{10+j5}{j5}\,\frac{10-j5}{-j5}-4=1$$

También se verifica (ver problema 9.2) que entre las matrices [a] y [a'] se cumple:

$$A'=D=\frac{10+j5}{j5} \qquad B=B'=10 \qquad C'=C=0{,}4 \qquad D'=A=\frac{10-j5}{-j5}$$

PROBLEMA 9.12

Sean un cuadripolo en T y otro en serie, representados en las figuras 1 y 2, respectivamente. Conéctense en paralelo y compruébese si se cumple que la admitancia del conjunto es igual a la suma de las admitancias de los dos cuadripolos, es decir si $[y]=[y_A]+[y_B]$. Realícese como comprobación el test de Brune.

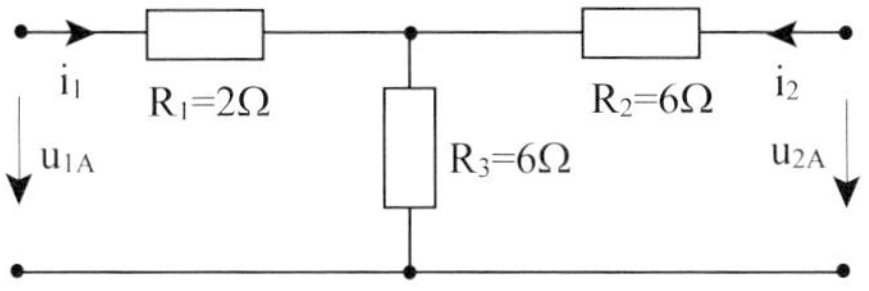

Fig. 1

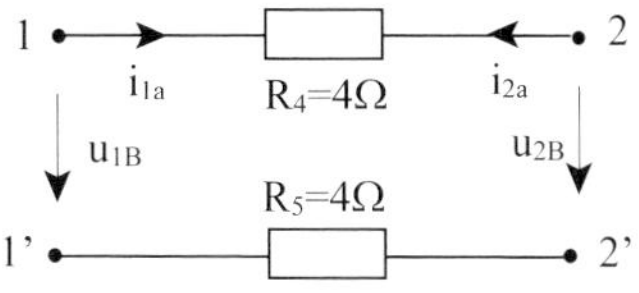

Fig. 2

La conexión en paralelo de los dos cuadripolos se representa en la figura 3 que puede resumirse en el circuito de la figura 4.

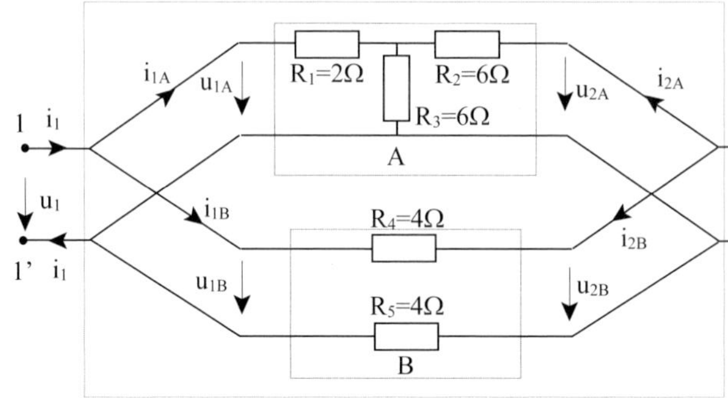

Fig. 3

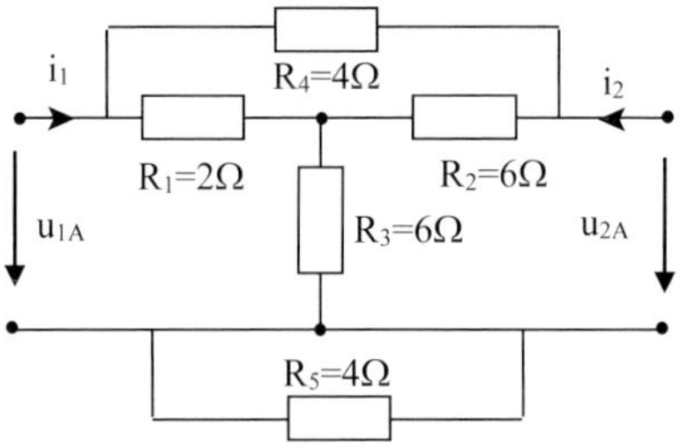

Fig. 4

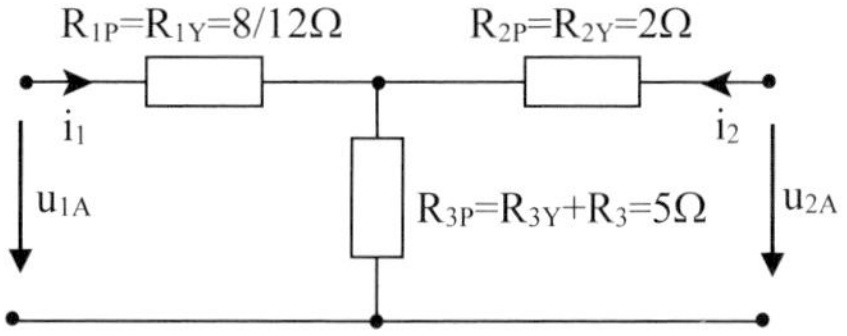

Fig. 5

Se observa en la figura 4 que con esta conexión los cuadripolos van a tener un comportamiento distinto del que tienen por separado. Concretamente la resistencia R_4 del cuadripolo B queda cortocircuitada y anulada.

Haciendo uso del teorema de Rosen se transforma el conjunto de resistencias R_1, R_2 y R_4 en formación triángulo a la formación estrella formada por las resistencias R_{1Y}, R_{2Y} y R_{3Y} y finalmente al de la figura 5, formado por las resistencias $R_{1P}=R_{1Y}$, $R_{2P}=R_{2Y}$ y $R_{3P}= R_3+R_{3Y}$.

$$R_{1Y} = \frac{R_1 * R_4}{R_1 + R_2 + R_4} = \frac{8}{12}\Omega \qquad R_{2Y} = \frac{R_2 * R_4}{R_1 + R_2 + R_4} = \frac{24}{12} = 2\Omega$$

$$R_{3Y} = \frac{R_1 * R_4}{R_1 + R_2 + R_4} = \frac{12}{12} = 1\Omega \qquad R_{3P} = R_{2Y} + R_2 = 5\Omega$$

Las ecuaciones que relacionan las intensidades de entrada y de salida con las tensiones de entrada y salida son:

$$i_1 = y_{11}\, u_1 + y_{12}\, u_2$$
$$i_2 = y_{21}\, u_1 + y_{22}\, u_2$$

A partir de aquí se obtienen los parámetros admitancias. Para el cuadripolo A se tiene:

$$y_{11A} = \left.\frac{i_{1A}}{u_{1A}}\right]_{u_{2A}=0} = \frac{1}{R_1 + \dfrac{R_2 * R_3}{R_2 + R_3}} = \frac{1}{5} S \qquad y_{12A} = \left.\frac{i_{1A}}{u_2}\right]_{u_{1A}=0} = \frac{-1}{R_2 + \dfrac{R_1 * R_3}{R_1 + R_3}} \frac{R_3}{R_1 + R_3} = \frac{-1}{10} S$$

$$y_{22A} = \left.\frac{i_{2A}}{u_{2A}}\right]_{u_{1A}=0} = \frac{1}{R_2 + \dfrac{R_1 * R_3}{R_1 + R_3}} = \frac{2}{15} S \qquad y_{21A} = \left.\frac{i_{2A}}{u_{1A}}\right]_{u_{2A}=0} = \frac{-1}{R_1 + \dfrac{R_2 * R_3}{R_2 + R_3}} \frac{R_2}{R_2 + R_3} = \frac{-1}{10} S$$

Y para el cuadripolo B:

$$y_{11B} = \left.\frac{i_{1B}}{u_{1B}}\right]_{u_{2B}=0} = \frac{1}{R_4 + R_5} = \frac{1}{8} S \qquad y_{12B} = \left.\frac{i_{1B}}{u_{2B}}\right]_{u_{1B}=0} = -\frac{1}{R_4 + R_5} = -\frac{1}{8} S$$

$$y_{22B} = \left.\frac{i_{2B}}{u_{2B}}\right]_{u_{1B}=0} = \frac{1}{R_4 + R_5} = \frac{1}{8} S \qquad y_{21B} = \left.\frac{i_{2B}}{u_{1B}}\right]_{u_{2B}=0} = -\frac{1}{R_4 + R_5} = -\frac{1}{8} S$$

Para la conexión en paralelo (figura 3) se tiene que:

$$\begin{bmatrix} u_1 \\ u_2 \end{bmatrix} = \begin{bmatrix} u_{1A} \\ u_{2A} \end{bmatrix} = \begin{bmatrix} u_{1B} \\ u_{2B} \end{bmatrix} \qquad \begin{bmatrix} i_1 \\ i_2 \end{bmatrix} = \begin{bmatrix} i_{1A} \\ i_{2A} \end{bmatrix} + \begin{bmatrix} i_{1B} \\ i_{2B} \end{bmatrix}$$

La suma de las matrices de las admitancias de los cuadripolos A y B es:

$$[y] = [y_A] + [y_B] = \begin{bmatrix} \frac{1}{5} & -\frac{1}{10} \\ -\frac{1}{10} & \frac{2}{15} \end{bmatrix} + \begin{bmatrix} \frac{1}{8} & -\frac{1}{8} \\ -\frac{1}{8} & \frac{1}{8} \end{bmatrix} = \begin{bmatrix} \frac{13}{40} & -\frac{9}{40} \\ -\frac{9}{40} & \frac{31}{120} \end{bmatrix} = \begin{bmatrix} 0{,}325 & -0{,}225 \\ -0{,}225 & 0{,}2583 \end{bmatrix}$$

Para la matriz de admitancias del cuadripolo resultante, de los dos conectados en paralelo, se tiene:

$$y_{11} = \left.\frac{i_1}{u_1}\right]_{u_2=0} = \frac{1}{R_{1P} + \dfrac{R_{2P} * R_{3P}}{R_{2P} + R_{3P}}} S \qquad y_{12} = \left.\frac{i_1}{u_2}\right]_{u_1=0} = \frac{-1}{R_{2P} + \dfrac{R_{1P} * R_{3P}}{R_{1P} + R_{3P}}} \frac{R_{3P}}{R_{1P} + R_{3P}} S$$

$$y_{22} = \left.\frac{i_2}{u_2}\right]_{u_1=0} = \frac{1}{R_{2P} + \dfrac{R_{1P} * R_3}{R_{1P} + R_{3P}}} S \qquad y_{21} = \left.\frac{i_2}{u_1}\right]_{u_2=0} = \frac{-1}{R_{1P} + \dfrac{R_{2P} * R_{3P}}{R_{2P} + R_{3P}}} \frac{R_{2P}}{R_{2P} + R_{3P}} S$$

Realizando los cálculos:

$$[y] = \begin{bmatrix} y_{11} & y_{12} \\ y_{21} & y_{22} \end{bmatrix} = \begin{bmatrix} 0{,}45 & -0{,}35 \\ -0{,}35 & 0{,}3833 \end{bmatrix}$$

Se ve que la matriz del conjunto no es igual a la suma de las matrices de los dos primeros cuadripolos, es decir: $[y] \neq [y_A] + [y_B]$.

Se comprueba que esto es así con el test de Brune:

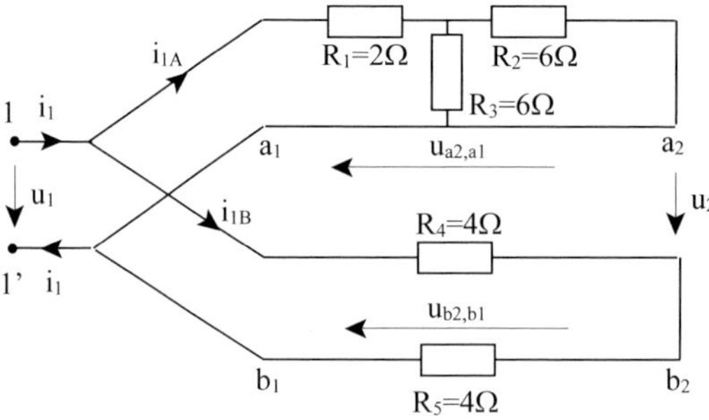

Fig. 6

$$u_2' = u_{a2,a1} - u_{b2,b1} = 0 - R_5\, i_{1B} = 0 - \frac{u_1}{2} = -\frac{u_1}{2} \neq 0$$

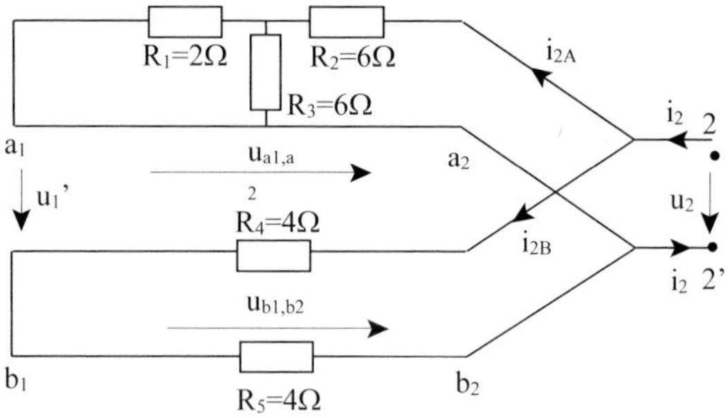

Fig. 7

$$u_1' = u_{a1,a2} - u_{b1,b2} = 0 - R_5\, i_{2B} = 0 - \frac{u_2}{2} = -\frac{u_2}{2} \neq 0$$

Con la realización de estas pruebas se ve que las tensiones u'1 y u'2 son distintas de cero y por tanto queda también demostrado que la matriz de admitancias del cuadripolo final no es igual a la suma de las admitancias de los cuadripolos iniciales, es decir que $[y] \neq [y_A] + [y_B]$. Para que se dé esta igualdad debería hacerse un montaje como el de la figura 15 de este tema.

PROBLEMA 9.13

Del cuadripolo representado en la figura se sabe que es recíproco y simétrico, y se conocen los parámetros híbridos $h_{11} = 1,725 - j\,0,69$ y $h_{12} = 0,862 - j0,345$. Calcúlese el circuito (cuadripolo) en Π equivalente representado por sus admitancias e impedancias.

$$h_{11} = 1,725 - j0,69$$
$$h_{12} = 0,862 - j0,345$$

Para conocer los parámetros del cuadripolo en Π equivalente deben conocerse los parámetros admitancia del cuadripolo original. Estos se van a obtener de los parámetros híbridos [h] de este cuadripolo.

Por ser el cuadripolo recíproco y simétrico entre los parámetros híbridos existen las siguientes relaciones:

$$h_{21} = -h_{12} \qquad \Delta_h = |h| = \begin{vmatrix} h_{11} & h_{12} \\ h_{21} & h_{22} \end{vmatrix} = h_{11}h_{22} - h_{12}h_{21} = 1$$

Así se tiene:

$$h_{11} = 1,725 - j0,69$$
$$h_{12} = 0,862 - j0,345 \qquad h_{21} = -h_{12} = -(0,862 - j0,345) = -0,862 + j0,345$$

Operando:

$$\Delta_h = h_{11}h_{22} - h_{12}h_{21} = h_{11}h_{22} + h_{12}^2 = 1$$
$$h_{22} = \frac{1 - h_{12}^2}{h_{11}} = \frac{1 - (0,862 - j0,345)^2}{1,725 - j0,69} = \frac{0,376 + j0,594}{1,725 - j0,69} = 0,069 + j0,372$$

Y la matriz de parámetros híbridos [h] es:

$$[h] = \begin{bmatrix} h_{11} & h_{12} \\ h_{21} & h_{22} \end{bmatrix} = \begin{bmatrix} 1,725 - j0,69 & 0,862 - j0,345 \\ -0,862 + j0,345 & 0,069 + j0,372 \end{bmatrix}$$

Las relaciones entre los parámetros admitancia [y] y los parámetros híbridos [h] son:

$$[y] = \begin{bmatrix} y_{11} & y_{12} \\ y_{21} & y_{22} \end{bmatrix} = \begin{bmatrix} \dfrac{1}{h_{11}} & \dfrac{-h_{12}}{h_{11}} \\ \dfrac{h_{21}}{h_{11}} & \dfrac{\Delta_h}{h_{11}} \end{bmatrix}$$

Y:

$$y_{11} = \frac{1}{h_{11}} = \frac{1}{1{,}725 - j0{,}69} = 0{,}5 + j0{,}2 \qquad y_{12} = \frac{-h_{12}}{h_{11}} = -\frac{0{,}862 - j0{,}345}{1{,}725 - j0{,}69} = -0{,}5$$

$$y_{21} = \frac{h_{21}}{h_{11}} = \frac{-0{,}862 + j0{,}345}{1{,}725 - j0{,}69} = -0{,}5 \qquad y_{22} = \frac{\Delta_h}{h_{11}} = \frac{1}{1{,}725 - j0{,}69} = 0{,}5 + j0{,}2$$

La matriz de admitancias es:

$$[y] = \begin{bmatrix} y_{11} & y_{12} \\ y_{21} & y_{22} \end{bmatrix} = \begin{bmatrix} 0{,}5 + j0{,}2 & -0{,}5 \\ -0{,}5 & 0{,}5 + j0{,}2 \end{bmatrix}$$

Como cabía esperar $y_{11} = y_{22}$ e $y_{12} = y_{21}$. El cuadripolo equivalente en Π se representa en la siguiente figura, con las admitancias: $\overline{Y}_A, \overline{Y}_B$ y $\overline{Y}_C$.

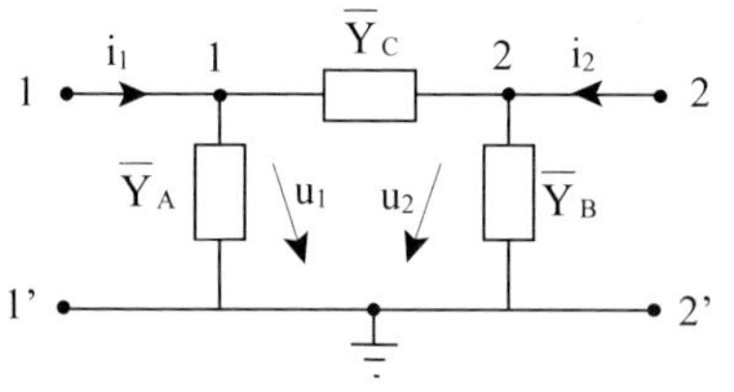

Analizando por el método de los nudos este circuito:

$$\left.\begin{aligned} \overline{I}_1 &= \left(\overline{Y}_A + \overline{Y}_C\right)\overline{U}_1 - \overline{Y}_C\,\overline{U}_2 \\ \overline{I}_2 &= -\overline{Y}_C\,\overline{U}_1 + \left(\overline{Y}_B + \overline{Y}_C\right)\overline{U}_2 \end{aligned}\right\} \quad \Rightarrow \quad \left.\begin{aligned} y_{11} &= \overline{Y}_A + \overline{Y}_C \\ y_{22} &= \overline{Y}_B + \overline{Y}_C \\ y_{12} &= y_{21} = -\overline{Y}_C \end{aligned}\right\}$$

Y para las admitancias $\overline{Y}_A, \overline{Y}_B$ y $\overline{Y}_C$:

$$\begin{aligned} \overline{Y}_A &= y_{11} + y_{12} = 0{,}5 + j0{,}2 - 0{,}5 = j0{,}2 \\ \overline{Y}_B &= y_{22} + y_{12} = j0{,}2 \\ \overline{Y}_C &= -y_{12} = 0{,}5 \end{aligned}$$

Las impedancias del cuadripolo en Π serán:

$$\overline{Z}_A = \frac{1}{\overline{Y}_A} = \frac{1}{j0{,}2} = -j5\Omega \qquad \overline{Z}_B = \frac{1}{\overline{Y}_B} = \frac{1}{j0{,}2} = -j5\Omega \qquad \overline{Z}_C = \frac{1}{\overline{Y}_C} = \frac{1}{0{,}5} = 2\Omega$$

El circuito equivalente buscado es:

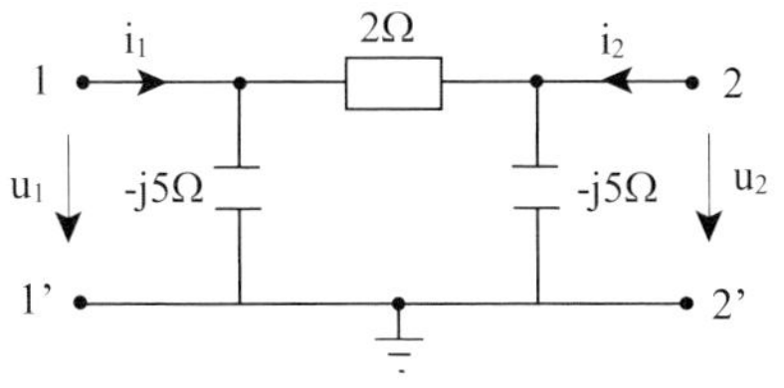

PROBLEMA 9.14

Para el cuadripolo de la figura (es el del problema 9.4 del libro) se conocen los parámetros impedancia [z]. Si se conecta una fuente de tensión de 220V de valor eficaz a 50 Hz entre los terminales 1,1', calcúlense los circuitos equivalentes de Thevenin y de Norton de este cuadripolo visto desde los terminales 2, 2'. Utilícense los parámetros impedancia.

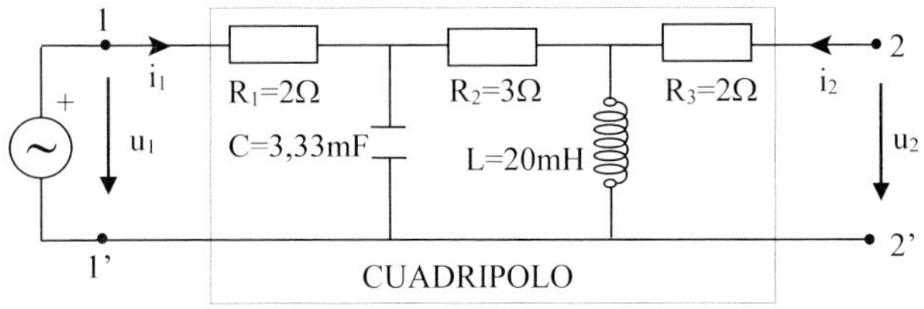

La matriz de impedancias obtenida en el problema 9.4 es:

$$|z| = \begin{vmatrix} z_{11} & z_{12} \\ z_{21} & z_{22} \end{vmatrix} = \begin{vmatrix} \dfrac{12-j11}{3-j} & \dfrac{6}{3-j} \\ \dfrac{6}{3-j} & \dfrac{12+j4}{3-j} \end{vmatrix}$$

Los circuitos equivalentes a determinar son:

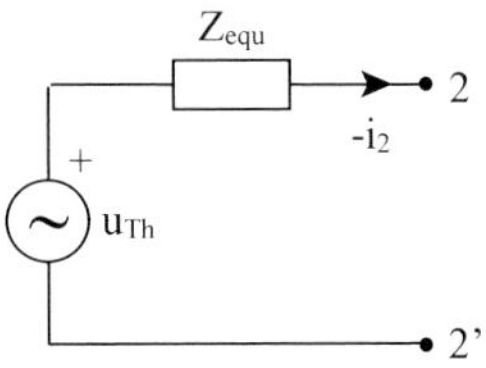

Circuito equivalente de Thevenin

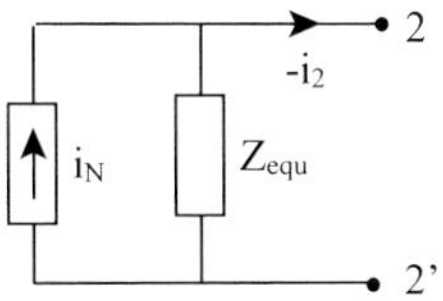

Circuito equivalente de Norton

Se parte de las ecuaciones de tensiones en función de las intensidades en el cuadripolo.

$$u_1 = z_{11}\, i_1 + z_{12}\, i_2$$
$$u_2 = z_{21}\, i_1 + z_{22}\, i_2$$

Cálculo de la **tensión a circuito abierto entre los terminales 2 y 2', U_{Th}**. Para $i_2 = 0$:

$$\left.\begin{array}{l} u_1 = z_{11}\, i_1 \\ u_2 = z_{21}\, i_1 \end{array}\right\} \quad i_1 = \frac{u_1}{z_{11}} \qquad u_{Th} = u_2 = z_{21}\frac{u_1}{z_{11}} = u_1 \frac{z_{21}}{z_{11}} = g_{21}\, u_1$$

Cálculo de la **intensidad de cortocircuito i_N entre los terminales 2 y 2'**. Para $u_2 = 0$ se tienen las ecuaciones:

$$\left.\begin{array}{l} u_1 = z_{11}\, i_1 + z_{12}\, i_2 \\ 0 = z_{21}\, i_1 + z_{22}\, i_2 \end{array}\right\} \quad \left.\begin{array}{l} z_{21}\, i_1 = -z_{22}\, i_2 \qquad i_1 = -\dfrac{z_{22}}{z_{21}}\, i_2 \\ u_1 = z_{11}\left(-\dfrac{z_{22}}{z_{21}}\, i_2\right) + z_{12}\, i_2 = \left(z_{12} - \dfrac{z_{11}\, z_{22}}{z_{21}}\right) i_2 = \dfrac{-\Delta_z}{z_{21}}\, i_2 \end{array}\right\}$$

Despejando i_2:

$$i_N = i_{cc} = -i_2 = \frac{z_{21}}{\Delta_z}\, u_1 = \frac{1}{B}\, u_1$$

Impedancia equivalente Z_{equ}:

$$Z_{equ} = \frac{u_{Th}}{i_N} = \frac{u_2}{i_2} = \frac{u_1 \dfrac{z_{21}}{z_{11}}}{u_1 \dfrac{z_{21}}{\Delta_z}} = \frac{\Delta_z}{z_{11}} = \frac{1}{y_{22}} = g_{22}$$

Sustituyendo valores para la fuente de tensión alterna senoidal y teniendo en cuenta los resultados obtenidos en el problema 9.4:

$$\overline{U}_{Th} = \overline{E}_1 \frac{z_{21}}{z_{11}} = 220\angle 0^{\circ} \frac{\dfrac{6}{3-j}}{\dfrac{12-j11}{3-j}} = 220\angle 0^{\circ} \frac{6}{12-j11} = 59{,}77 + j54{,}79 = 81{,}1\angle 42{,}5^{\circ}$$

$$\overline{I}_N = \overline{E}_1 \frac{z_{21}}{\Delta_z} = 220\angle 0^{\circ} \frac{6(3-j)}{152-j84} = 23{,}634 + j4{,}377 = 24\angle 10{,}5^{\circ}$$

$$\overline{Z}_{equ} = \frac{\overline{U}_{Th}}{\overline{I}_N} = \frac{81{,}1\angle 42{,}5^{\circ}}{24\angle 10{,}5^{\circ}} = 3{,}38\angle 32^{\circ}$$

Así, los circuitos buscados serán:

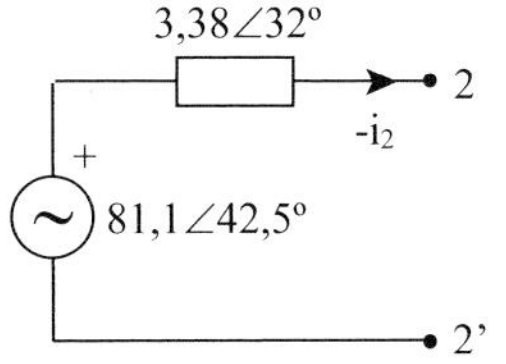

Circuito equivalente de Thevenin

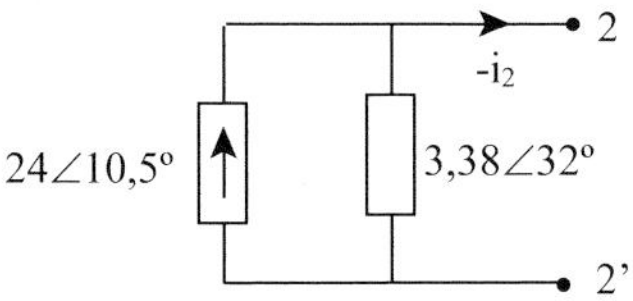

Circuito equivalente de Norton

También se podía haber utilizado otro tipo de parámetros.

En este caso el camino más directo es la utilización de los parámetros de transmisión directa o inversa. Utilizando solo la primera de las ecuaciones de los parámetros de transmisión directa: $u_1 = A\,u_2 - B\,i_2$, se tiene:

Tensión U_{Th}, para $i_2 = 0$:

$$u_1 = A\,u_2 \qquad u_2 = u_{Th} = \frac{u_1}{A} \qquad \text{Compruébese que :} \quad \frac{1}{\text{A}} = \frac{z_{21}}{z_{11}} = g_{21}$$

Intensidad de cortocircuito i_N, para $u_2 = 0$:

$$u_1 = -B\,i_2 \qquad -i_2 = i_N = \frac{u_1}{B} \qquad \text{Compruébese que :} \quad \frac{1}{\text{B}} = \frac{z_{21}}{\Delta_Z}$$

Impedancia equivalente Z_{equ}.

$$Z_{equ} = \frac{u_{Th}}{i_N} = \frac{u_2}{i_2} = \frac{\frac{u_1}{A}}{\frac{u_1}{B}} = \frac{B}{A} = g_{22}$$

Si la fuente que se conecta entre los terminales 1, 1' fuese de intensidad, se hubiese utilizado la segunda ecuación $i_1 = C\,u_2 - D\,i_2$ y se tendría:

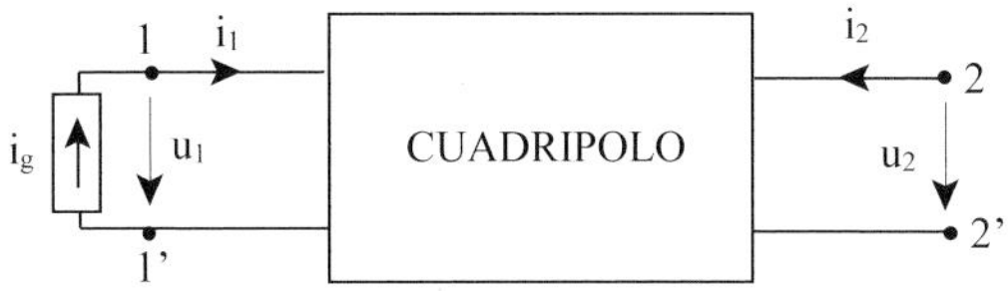

Tensión U_{Th}, para $i_2 = 0$:

$$i_1 = C\,u_2 \qquad u_2 = u_{Th} = \frac{i_1}{C} \qquad \text{Compruébese que :} \quad \frac{1}{\text{C}} = z_{21} = \frac{g_{21}}{g_{11}}$$

Intensidad de cortocircuito i_N, para $u_2 = 0$:

$$i_1 = -D i_2 \qquad -i_2 = i_N = \frac{i_1}{D} \qquad \text{Compruébese que : } \quad \frac{1}{D} = \frac{z_{21}}{z_{22}}$$

Impedancia equivalente Z_{equ}.

$$Z_{equ} = \frac{u_{Th}}{i_N} = \frac{u_2}{i_2} = \frac{\dfrac{i_1}{C}}{\dfrac{u_1}{D}} = \frac{D}{C} = z_{22}$$

PROBLEMA 9.15

Para el cuadripolo de la figura calcúlensen los parámetros híbridos [g], y a partir de ellos la matriz de parámetros impedancia [z] y la de transmisión directa [a]. Particularícense para el caso en que las impedancias sean: R_1=4Ω, R_2=R_3=2Ω y C=6,37 mF y la frecuencia de la señal sea 50 Hz.

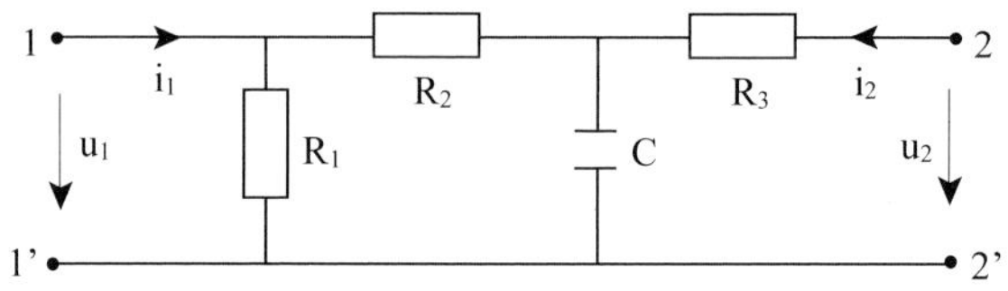

Parámetros híbridos [g]

Las ecuaciones que relacionan la intensidad de entrada i_1 y la tensión de salida u_2 con la tensión de entrada u_1 y la intensidad de salida i_2, son:

$$i_1 = g_{11}\, u_1 + g_{12}\, i_2$$
$$u_2 = g_{21}\, u_1 + g_{22}\, i_2$$

Para la determinación de cada uno de estos parámetros se tiene:

$$g_{11} = \left.\frac{i_1}{u_1}\right]_{i_2=0} = \text{admitancia de entrada con la salida a circuito abierto} =$$

$$= \frac{\dfrac{u_1}{\dfrac{R_1\left(R_2 + \dfrac{1}{CD}\right)}{R_1 + R_2 + \dfrac{1}{CD}}}}{u_1} = \frac{(R_1 + R_2)CD + 1}{R_1(R_2 CD + 1)}$$

$$g_{12} = \left.\frac{i_1}{i_2}\right]_{u_1=0} = \frac{-i_2 \dfrac{\dfrac{1}{CD}}{R_2 + \dfrac{1}{CD}}}{i_2} = -\frac{1}{R_2 CD + 1} \qquad g_{21} = \left.\frac{u_2}{u_1}\right]_{i_2=0} = \frac{u_1 \dfrac{\dfrac{1}{CD}}{R_2 + \dfrac{1}{CD}}}{u_1} = \frac{1}{R_2 CD + 1}$$

$$g_{22}=\left.\frac{u_2}{i_2}\right]_{u_1=0} = \text{impedancia de salida con la entrada en cortocircuito} =$$

$$= R_3+\frac{R_2*\frac{1}{CD}}{R_2+\frac{1}{CD}} = R_3+\frac{R_2}{R_2CD+1}$$

El cuadripolo es recíproco y puede comprobarse que $g_{21} = -g_{12}$.

Particularizando para los valores: $R_1=4\Omega$, $R_2=R_3=2\Omega$, C=6,37mF y f=50Hz:

$$CD \;\Rightarrow\; jC\omega = jC*2*\pi*f = j6{,}37*10^{-3}*2*3{,}14*50 = j2$$

$$g_{11}=\frac{(R_1+R_2)CD+1}{R_1(R_2CD+1)}=\frac{1+j12}{4(1+j4)}=0{,}72+j0{,}118$$

$$g_{12}=-\frac{1}{R_2CD+1}=-\frac{1}{1+j4}=-0{,}059+j0{,}235 \qquad g_{21}=-g_{12}=\frac{1}{1+j4}=0{,}059-j0{,}235$$

$$g_{22}=R_3+\frac{R_2}{R_2CD+1}=2+\frac{2}{1+j4}=\frac{4+j8}{1+j4}=2{,}118-j0{,}47$$

Se tiene la matriz de parámetros: $[g]=\begin{bmatrix}0{,}72+j0{,}118 & -0{,}059+j0{,}235\\ 0{,}059-j0{,}235 & 2{,}118-j0{,}47\end{bmatrix}$

Parámetros impedancia a partir de los parámetros [g]: $\Rightarrow\; [z]=\begin{bmatrix}\frac{1}{g_{11}} & \frac{-g_{12}}{g_{11}}\\ \frac{g_{21}}{g_{11}} & \frac{\Delta_g}{g_{11}}\end{bmatrix}$

$$z_{11}=\frac{1}{g_{11}}=\frac{1}{0{,}72+j0{,}118}=1{,}352-j0{,}22$$

$$z_{22}=\frac{\Delta_g}{g_{11}}=\frac{g_{11}g_{22}-g_{12}g_{21}}{0{,}72+j0{,}118}=\frac{1{,}53-j0{,}118}{0{,}72+j0{,}118}=2{,}041-j0{,}50$$

$$z_{12}=\frac{-g_{12}}{g_{11}}=-\frac{-0{,}059+j0{,}235}{0{,}72+j0{,}118}=0{,}028-j0{,}331$$

$$z_{21}=\frac{g_{21}}{g_{11}}=\frac{0{,}059-j0{,}235}{0{,}72+j0{,}118}=0{,}028-j0{,}331=z_{21}$$

Y la matriz buscada: $[z]=\begin{bmatrix} 1{,}352-j0{,}22 & 0{,}028-j0{,}331 \\ 0{,}028-j0{,}331 & 2{,}041-j0{,}50 \end{bmatrix}$

Se cumple que $z_{12}=z_{21}$.

Parámetros de transmisión directa $[a]=\begin{bmatrix} \dfrac{1}{g_{21}} & \dfrac{g_{22}}{g_{21}} \\ \dfrac{-g_{11}}{g_{21}} & \dfrac{\Delta_g}{g_{21}} \end{bmatrix}$

$$A=\frac{1}{g_{21}}=\frac{1}{0{,}059-j0{,}235}=1+j4$$

$$D=\frac{\Delta_g}{g_{21}}=\frac{g_{11}g_{22}-g_{12}g_{21}}{0{,}059-j0{,}235}=\frac{1{,}53-j0{,}118}{0{,}059-j0{,}235}=2+j6$$

$$B=\frac{g_{22}}{g_{21}}=\frac{2{,}118-j0{,}47}{0{,}059-j0{,}235}=4+j8$$

$$C=\frac{g_{11}}{g_{21}}=-\frac{0{,}72+j0{,}118}{0{,}059-j0{,}235}=0{,}25+j3$$

Y la matriz buscada: $[a]=\begin{bmatrix} 1+j4 & 4+j8 \\ 0{,}25+j3 & 2+j6 \end{bmatrix}$

Puede comprobarse que, como cuadripolo recíproco, se cumple que:

$$|\Delta_a|=\begin{vmatrix} 1+j4 & 4+j8 \\ 0{,}25+j3 & 2+j6 \end{vmatrix}=1$$

PROBLEMA 9.16

Del cuadripolo de la figura se sabe que es recíproco y simétrico y se conoce que, con la tensión de entrada en cortocircuito ($u_1=0$), la relación entre la tensión y la intensidad de salida vale: 1,92-j5,44 y la relación entre la intensidad de entrada y la de salida vale -0,36-j0,48. Se pide:

a) Calcular la matriz de impedancias.
b) Impedancia característica del cuadripolo.
c) Cuadripolo equivalente en T.

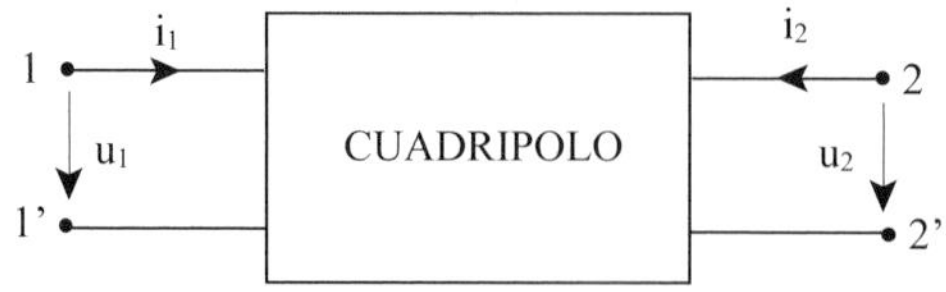

Los datos conocidos son:

$$\left.\frac{u_2}{i_2}\right|_{u_1=0} = \text{impedancia de salida con la entrada en cortocircuito} = g_{22}$$

$$\left.\frac{i_1}{i_2}\right|_{u_1=0} = \text{función de transferencia de intensidad con la entrada en cortocircuito} = g_{12}$$

Por ser el cuadripolo recíproco y simétrico entre los parámetros híbridos [g] existen las siguientes relaciones:

$$g_{21} = -g_{12} \qquad \Delta_g = |g| = \begin{vmatrix} g_{11} & g_{12} \\ g_{21} & g_{22} \end{vmatrix} = g_{11}g_{22} - g_{12}g_{21} = 1$$

Así se tiene:

$$g_{22} = 1{,}92 - j5{,}44$$
$$g_{12} = -0{,}36 - j0{,}48 \qquad g_{21} = -g_{12} = 0{,}36 + j0{,}48$$

Operando, se despeja g_{11}:

$$g_{11} = \frac{1 + g_{12}g_{21}}{g_{22}} = \frac{1 - (0{,}36 + j0{,}48)^2}{1{,}92 - j5{,}44} = 0{,}12 + j0{,}16$$

Y la matriz de parámetros híbridos [g] es:

$$[g] = \begin{bmatrix} g_{11} & g_{12} \\ g_{21} & g_{22} \end{bmatrix} = \begin{bmatrix} 0{,}12 + j0{,}16 & -0{,}36 - j0{,}48 \\ 0{,}36 + j0{,}48 & 1{,}92 - j5{,}44 \end{bmatrix}$$

Las relaciones entre los parámetros impedancia [z] y los parámetros híbridos [g] son:

$$[z] = \begin{bmatrix} z_{11} & z_{12} \\ z_{21} & z_{22} \end{bmatrix} = \begin{bmatrix} \dfrac{1}{g_{11}} & \dfrac{-g_{12}}{g_{11}} \\ \dfrac{g_{21}}{g_{11}} & \dfrac{\Delta_g}{g_{11}} \end{bmatrix}$$

Y:

$$z_{11} = \frac{1}{g_{11}} = \frac{1}{0{,}12 + j0{,}16} = 3 - j4 \qquad z_{12} = \frac{-g_{12}}{g_{11}} = \frac{0{,}36 + j0{,}48}{0{,}12 + j0{,}16} = 3$$

$$z_{21} = \frac{g_{21}}{g_{11}} = \frac{0{,}36 + j0{,}48}{0{,}12 + j0{,}16} = 3 \qquad g_{22} = \frac{\Delta_g}{g_{11}} = \frac{1}{0{,}12 + j0{,}16} = 3 - j4$$

Puede comprobarse que por ser el cuadripolo recíproco y simétrico: $z_{12}=z_{21}$ y $z_{11}=z_{22}$.

La matriz de impedancias es:

$$[z]=\begin{bmatrix} z_{11} & z_{12} \\ z_{21} & z_{22} \end{bmatrix}=\begin{bmatrix} 3-j4 & 3 \\ 3 & 3-j4 \end{bmatrix}$$

La impedancia característica Z_c, de un cuadripolo recíproco y simétrico es aquella que, conectada a la salida del mismo, da lugar a que desde la entrada se vea una impedancia igual a ella. Se sabe que:

$$Z_e = z_{11} - \frac{z_{12}^2}{z_{11}+Z_s} \qquad \text{Y será:} \quad Z_C = z_{11} - \frac{z_{12}^2}{z_{11}+Z_C}$$

Operando:

$$Z_C^2 + z_{11} Z_C = \Delta_Z + z_{11} Z_C \qquad Z_C^2 = \Delta_Z$$

$$\overline{Z}_C = \sqrt{\Delta_Z} = \sqrt{\begin{vmatrix} 3-j4 & 3 \\ 3 & 3-j4 \end{vmatrix}} = \sqrt{(3-j4)^2 - 9} = 2{,}534 - j4{,}735$$

El cuadripolo equivalente en T se representa en la siguiente figura, con las impedancias: $\overline{Z}_1, \overline{Z}_2$ y $\overline{Z}_3$.

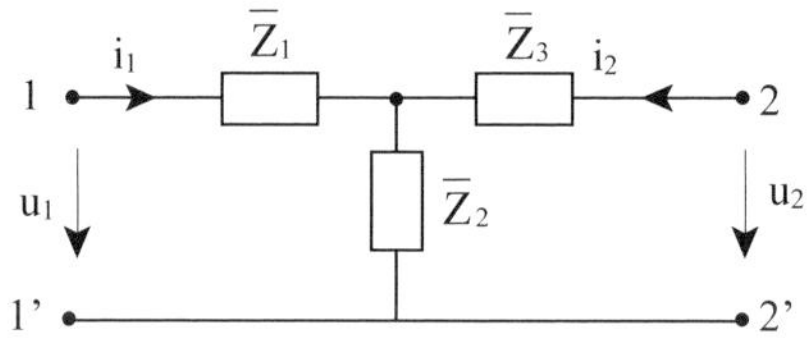

Las relaciones entre las impedancias [z] del cuadripolo y las $\overline{Z}_1, \overline{Z}_2$ y $\overline{Z}_3$, del circuito equivalente en T, son:

$$\overline{Z}_1 = z_{11} - z_{12} = 3 - j4 - 3 = -j4\Omega$$
$$\overline{Z}_2 = z_{12} = 3\Omega$$
$$\overline{Z}_3 = z_{22} - z_{12} = 3 - j4 - 3 = -j4\Omega$$

El circuito equivalente buscado es:

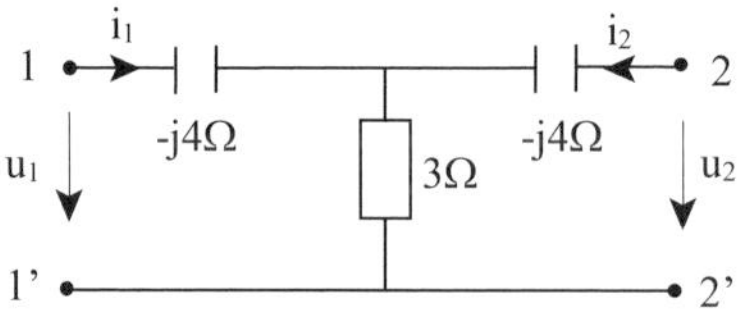

Puede comprobarse que si se conecta la impedancia característica a la salida entre los terminales 2, 2' se tiene que:

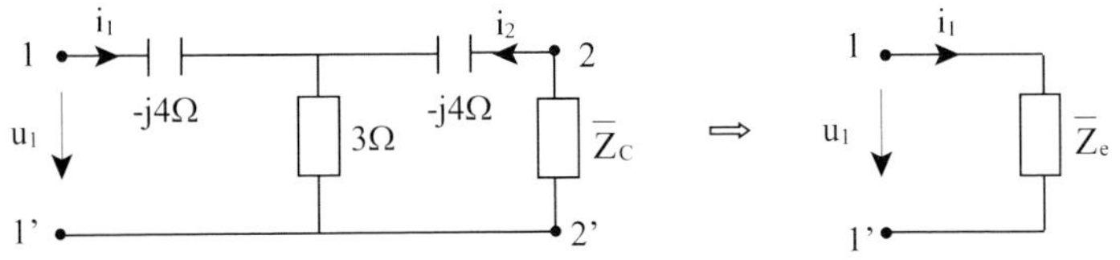

$$\overline{Z}_e=\overline{Z}_1+\frac{\overline{Z}_2\left(\overline{Z}_3+\overline{Z}_C\right)}{\overline{Z}_2+\overline{Z}_3+\overline{Z}_C}=-j4+\frac{3\left(-j4+2{,}534-j4{,}735\right)}{3-j4+2{,}534-j4{,}735}=2{,}534-j4{,}735=\overline{Z}_C$$

PROBLEMA 9.17

Una línea aérea trifásica de 100 Km. de longitud, de 50 Hz de frecuencia y 132 KV al final de la misma, suministra una potencia de 40 MVA con un factor de potencia inductivo de 0,85. Los valores de los parámetros de la línea son: R=0,1Ω/Km.; L=1,2mH/Km.; C=6,4*10^{-9} F/Km; se desprecian las pérdidas por la conductancia G. Calcúlese:

a) La relación entre las tensiones e intensidades de salida y de entrada utilizando su esquema equivalente en Π.

b) Caída de tensión total en la línea y en %.

c) Pérdidas de potencia activa total y en %.

El circuito monofásico equivalente en Π, entre una fase y el neutro, que representaría a la línea sería:

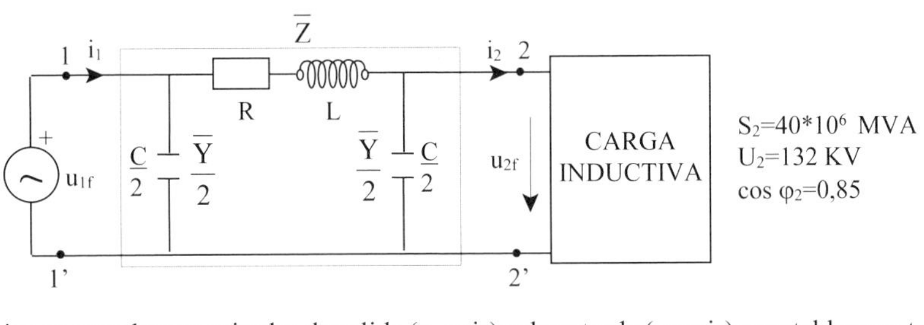

Las relaciones entre las magnitudes de salida (u_{2f} e i_2) y de entrada (u_{1f} e i_1) se establecen a través de los parámetros de transmisión directa [a]. Para un planteamiento vectorial y considerando que del cuadripolo sale la intensidad i_2, se tiene:

$$\begin{bmatrix}\overline{U}_{1f}\\ \overline{I}_1\end{bmatrix}=\left[\overline{a}\right]*\begin{bmatrix}\overline{U}_{2f}\\ \overline{I}_2\end{bmatrix}=\begin{bmatrix}\overline{A} & \overline{B}\\ \overline{C} & \overline{D}\end{bmatrix}*\begin{bmatrix}\overline{U}_{2f}\\ \overline{I}_2\end{bmatrix}$$

La matriz de parámetros de transmisión deducida para este cuadripolo es:

$$[\overline{a}]=\begin{bmatrix}\overline{A} & \overline{B}\\ \overline{C} & \overline{D}\end{bmatrix}=\begin{bmatrix}1+\dfrac{\overline{Z}\,\overline{Y}}{2} & \overline{Z}\\ \overline{Y}+\dfrac{\overline{Z}\,\overline{Y}^2}{4} & 1+\dfrac{\overline{Z}\,\overline{Y}}{2}\end{bmatrix}$$

Para los valores dados de la característica de la línea:

$$\overline{Z}=R+jX_L=\begin{cases}R=0{,}1\Omega/Km*100Km=10\Omega\\ jX_L=j*L*\omega*l=j*1{,}2*10^{-3}*314\Omega/Km*100Km=j37{,}7\,\Omega\end{cases}$$

$$\overline{Y}=jB_C=j*C*\omega*l=j*6{,}4*10^{-9}*314S/Km*100Km=j0{,}0002S$$

Sustituyendo:

$$[\overline{a}]=\begin{bmatrix}1+\dfrac{(10+j37{,}7)(j2*10^{-4})}{2} & (10+j37{,}7)\\ (j2*10^{-4})+\dfrac{(10+j37{,}7)(j2*10^{-4})^2}{4} & 1+\dfrac{(10+j37{,}7)(j2*10^{-4})}{2}\end{bmatrix}=$$

$$=\begin{bmatrix}0{,}9962+j0{,}001 & 10+37{,}7\\ j0{,}0002 & 0{,}9962+j0{,}001\end{bmatrix}$$

La carga de 40 MVA a 132 KV consumirá una intensidad:

$$I_2=\frac{S_2}{\sqrt{3}\,U_2}=\frac{40*10^6}{\sqrt{3}\,132*10^3}=174{,}95\,A$$

Se toma la tensión de fase de la carga como referencia:

$$U_{2f}=\frac{U_2}{\sqrt{3}}=\frac{132000}{\sqrt{3}}=76210V \qquad \overline{U}_{2f}=76210\angle 0^{\circ} \qquad \overline{I}_2=174{,}95\angle -31{,}79^{\circ}$$

Como es inductiva con $\cos\varphi_2=0{,}85$, será $\operatorname{sen}\varphi_2=-0{,}527$ y se tiene vectorialmente la intensidad:

$$\overline{I}_2=174{,}95*0{,}85-j174{,}95*0{,}527=148{,}71-j92{,}16$$

La relación entre las magnitudes de salida y de entrada es:

$$\begin{bmatrix}\overline{U}_{1f}\\ \overline{I}_1\end{bmatrix}=\begin{bmatrix}0{,}9962+j0{,}001 & 10+37{,}7\\ j0{,}0002 & 0{,}9962+j0{,}001\end{bmatrix}\begin{bmatrix}76210\\ 148{,}71-j96{,}16\end{bmatrix}=$$

$$=\begin{bmatrix}80883+j4761\\ 148{,}2-j76{,}37\end{bmatrix}=\begin{bmatrix}81023\angle 3{,}37^{\circ}\\ 166{,}75\angle -27{,}26^{\circ}\end{bmatrix}$$

La intensidad al principio de la línea es I_1 = 166,75A y es menor que en la carga debido al efecto de compensación (intensidad reactiva) de la capacidad existente entre sus conductores. La tensión de línea al principio de la misma será:

$$U_1 = \sqrt{3}\, U_{1f} = \sqrt{3}\; 81023 = 140336V$$

Debido al efecto capacitivo entre los conductores, el ángulo de desfase entre la tensión e intensidad al principio de la línea (φ_1=3,37º+27,26º=30,53º), es algo más pequeño que el de final de la misma (φ_2=31,79º).

La caída de tensión, en módulo y en porcentaje, será:

$$\Delta U = 140336 - 132000 = 8336V$$

$$\Delta U\% = \frac{\Delta U}{U_1} * 100 = \frac{8336}{140336} * 100 = 5{,}94\%$$

La potencia aparente suministrada al principio de la línea será:

$$S_1 = \sqrt{3}\, U_1 * I_1 = \sqrt{3}\; 140336 * 166{,}75 = 40531627VA$$

Comparando las potencias activas se tiene:

$$P_2 = S_2 * \cos\varphi_2 = 40 * 10^6 * 0{,}85 = 34000000W$$

$$P_1 = S_1 \cos(30{,}53^{\circ}) = 40531627 * 0{,}86 = 34877668W$$

La pérdida de potencia activa total y en porcentaje es:

$$\Delta P = 34877668 - 34000000 = 877668W$$

$$\Delta P\% = \frac{\Delta P}{P_1} * 100 = \frac{877668}{34877668} * 100 = 2{,}52\%$$

PROBLEMA 9.18

Resuélvase el problema 9.17, despreciando el efecto capacitivo de la línea. Se tiene, pues, una línea aérea trifásica de 100 Km. de longitud, de 50 Hz de frecuencia y 132 KV al final de la misma, suministrando una potencia de 40 MVA con un factor de potencia inductivo de 0,85. Los valores de los parámetros de la línea son: R=0,1Ω/Km.; L=1,2mH/Km. Calcúlese:

a) La relación entre las tensiones e intensidades de salida y de entrada.
b) Caída de tensión total en la línea y en %.
c) Pérdidas de potencia activa total y en %.
d) Análisis comparativo con los resultados obtenidos considerando el cuadripolo en Π.

El circuito monofásico equivalente, entre una fase y el neutro, a considerar ahora sería un cuadripolo serie:

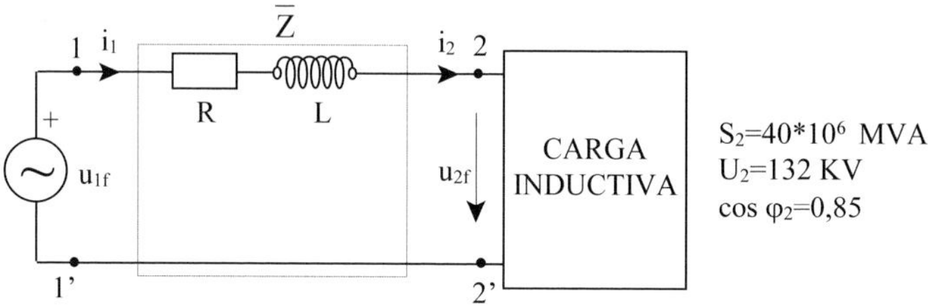

Aunque este circuito se resuelve normalmente como se hizo en los capítulos 5 y 6, se van a establecer también aquí las relaciones entre las magnitudes de salida (u_{2f} e i_2) y de entrada (u_{1f} e i_1) a través de los parámetros de transmisión directa [a] del cuadripolo. Para un planteamiento vectorial y considerando que de este sale la intensidad i_2, se tiene:

$$\begin{bmatrix} \overline{U}_{1f} \\ \overline{I}_1 \end{bmatrix} = \left[\overline{a}\right] * \begin{bmatrix} \overline{U}_{2f} \\ \overline{I}_2 \end{bmatrix}$$

La matriz de parámetros de transmisión deducida para este cuadripolo es:

$$\left[\overline{a}\right] = \begin{bmatrix} \overline{A} & \overline{B} \\ \overline{C} & \overline{D} \end{bmatrix} = \begin{bmatrix} 1 & \overline{Z} \\ 0 & 1 \end{bmatrix}$$

Para los valores dados de la característica de la línea:

$$R = 0{,}1\Omega / Km * 100Km = 10\Omega$$

$$X = L * \omega * l = 1{,}2 * 10^{-3} * 314\Omega / Km * 100Km = 37{,}7\Omega$$

$$\overline{Z} = R + jX = 10 + j37{,}7$$

Sustituyendo:

$$\left[\overline{a}\right] = \begin{bmatrix} 1 & 10 + j37{,}7 \\ 0 & 1 \end{bmatrix}$$

La carga de 40 MVA a 132 KV consumirá una intensidad:

$$I_2 = \frac{S_2}{\sqrt{3}\, U_2} = \frac{40*10^6}{\sqrt{3}\, 132*10^3} = 174{,}95\, A$$

Se toma la tensión de fase de la carga como referencia:

$$U_{2f} = \frac{U_2}{\sqrt{3}} = \frac{132000}{\sqrt{3}} = 76210V \qquad \overline{U}_{2f} = 76210\angle 0^{\circ} \qquad \overline{I}_2 = 174{,}95\angle -31{,}79^{\circ}$$

Como es inductiva con $\cos\varphi_2=0{,}85$ será $\mathrm{sen}\varphi_2=-0{,}527$ y se tiene vectorialmente la intensidad:

$$\overline{I}_2 = 174{,}95*0{,}85 - j174{,}95*0{,}527 = 148{,}71 - j92{,}16$$

La relación entre las magnitudes de salida y de entrada es:

$$\begin{bmatrix} \overline{U}_{1f} \\ \overline{I}_1 \end{bmatrix} = \begin{bmatrix} 1 & 10+j37{,}7 \\ 0 & 1 \end{bmatrix} * \begin{bmatrix} 76210 \\ 148{,}71 - j96{,}12 \end{bmatrix} =$$

$$= \begin{bmatrix} 81172 + j4685 \\ 148{,}71 - j92{,}16 \end{bmatrix} = \begin{bmatrix} 81307\angle 3{,}3^{o} \\ 174{,}95\angle -31{,}79^{o} \end{bmatrix}$$

La intensidad al principio de la línea, $I_1 = 174{,}95A$, es la misma que la de la carga, pues no existe ningún elemento en derivación. La tensión de línea al principio de la misma será:

$$U_1 = \sqrt{3}\, U_{1f} = \sqrt{3}\, 81307 = 140828V$$

El ángulo de desfase entre la tensión e intensidad al principio de la línea (φ_1=3,37º+31,79º=35,16º) es ahora mayor que el de final de la misma (φ_2=31,79º).

La caída de tensión, en módulo y en porcentaje, será:

$$\Delta U = 140828 - 132000 = 8828V$$

$$\Delta U\% = \frac{\Delta U}{U_1} * 100 = \frac{8828}{140828} * 100 = 6{,}27\%$$

La potencia aparente suministrada al principio de la línea será:

$$S_1 = \sqrt{3}\, U_1 * I_1 = \sqrt{3}\, 140828 * 174{,}95 = 42675048VA$$

Comparando las potencias activas se tiene:

$$P_2 = S_2 * \cos\varphi_2 = 40*10^6 * 0{,}85 = 34000000W$$

$$P_1 = S_1 \cos(35{,}16^{o}) = 42675048 * 0{,}818 = 34918274W$$

La pérdida de potencia activa total y en porcentaje es:

$$\Delta P = 34918274 - 34000000 = 918274W$$

$$\Delta P\% = \frac{\Delta P}{P_1} * 100 = \frac{918274}{34918274} * 100 = 2{,}63\%$$

Se ve que con este modelo de línea se comete más error, pues son mayores las caídas de tensión y las pérdidas de potencia:

$$\Delta U\% \quad \begin{cases} \text{para el cuadripolo serie} = 6{,}27\% \\ \text{para el cuadripolo en } \Pi = 5{,}94\% \end{cases}$$

$$\Delta P\% \quad \begin{cases} \text{para el cuadripolo serie} = 2{,}63\% \\ \text{para el cuadripolo en } \Pi = 2{,}52\% \end{cases}$$

PROBLEMA 9.19

Para el circuito de la figura 1 realícese un análisis de la ganancia de tensión $G_u(f)$, del ángulo de fase $\varphi(f)$ y calcúlese la frecuencia de corte, suponiendo que se alimenta con una tensión alterna senoidal de frecuencia variable, en los dos casos siguientes:

a) Para: $Z_1 = R = 5\Omega$ y $Z_2 = L \Rightarrow 20\,\text{mH}$.

b) Para: $Z_1 \Rightarrow L = 20\,\text{mH}$ y $Z_2 = R = 5\Omega$.

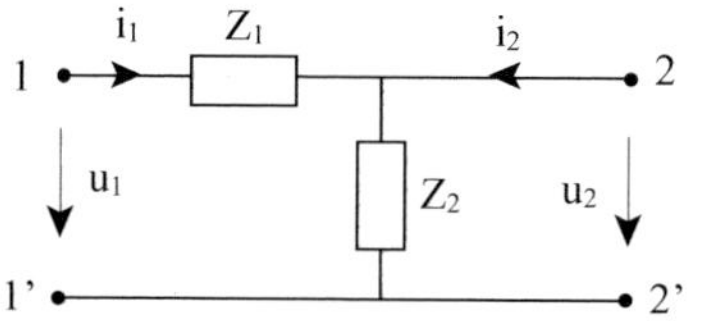

Fig. 1

Igual que para el problema 9.7, la función de transferencia de tensión en el cuadripolo es la relación entre las tensiones de salida y de entrada:

$$H = \frac{u_2}{u_1} = \frac{Z_2}{Z_1 + Z_2}$$

a) Si las impedancias son: $Z_1 = R = 5\Omega$ y $Z_2 \Rightarrow L = 20\,\text{mH}$, se tendrá el circuito de la figura 2. Para alimentación senoidal se sustituye el operador D por $j\omega = j2\pi f$ y, si se supone la frecuencia variable, se tiene la expresión de la función de transferencia $H(j\omega)$:

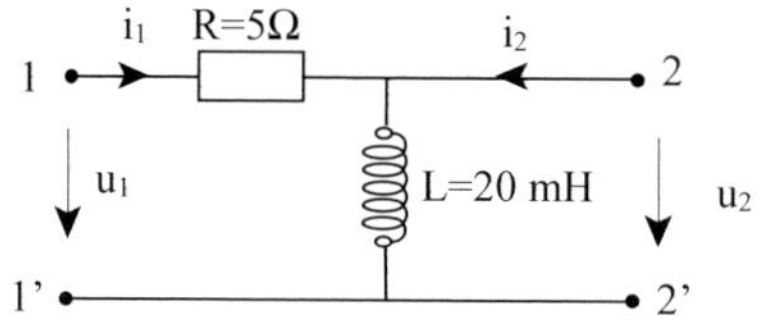

Fig. 2

$$H(j\omega) = \frac{\overline{U}_2}{\overline{U}_1} = \frac{jL\omega}{R + jL\omega} = \frac{1}{1 - j\dfrac{R}{L2\pi f}} \qquad \text{y} \qquad \begin{cases} G_u(f) = \dfrac{1}{\sqrt{1 + \left(\dfrac{5}{0{,}1256 f}\right)^2}} \\ \varphi(f) = \arctan \dfrac{5}{0{,}1256 f} \end{cases}$$

En las figuras 3 y 4 pueden verse sus representaciones gráficas para f de 0 ÷ 300 Hz.

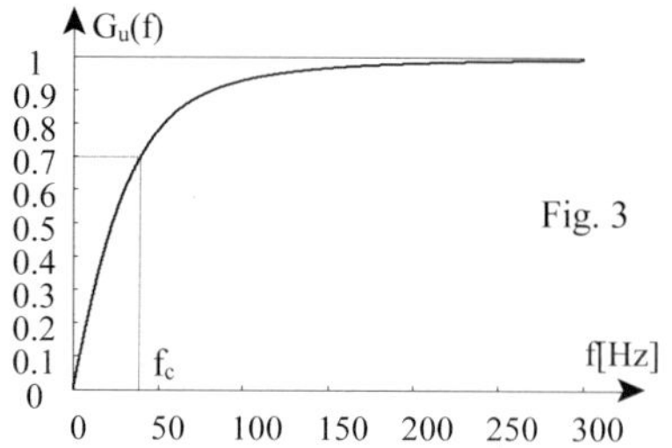

Fig. 3

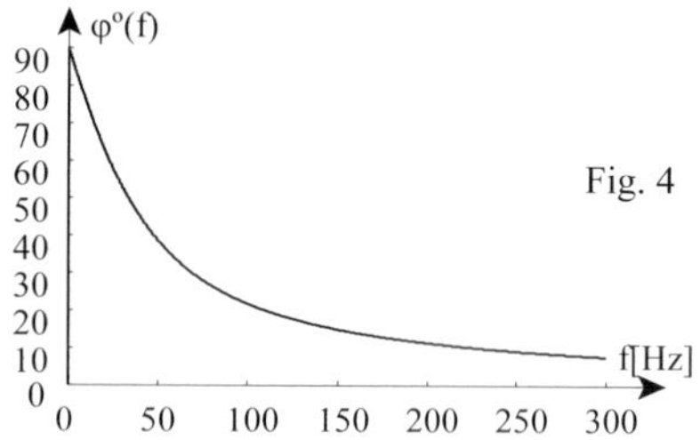

Fig. 4

La frecuencia de corte es aquella a partir de la cual $G_u(f)$ es superior a $1/\sqrt{2}$.

$$\frac{1}{\sqrt{2}}=\frac{1}{\sqrt{1+\left(\dfrac{5}{0{,}1256 f_c}\right)^2}} \qquad 2=1+\left(\frac{5}{0{,}1256 f_c}\right)^2 \qquad f_c=\frac{5}{0{,}1256}=39{,}8Hz$$

b) Para el caso en que las impedancias sean: $Z_1 \Rightarrow \mathrm{L}=20\mathrm{mF}$ y $Z_2=\mathrm{R}=5\Omega$, se tendrá el circuito de la figura 5. Para alimentación senoidal y frecuencia variable se tiene la expresión de la función de transferencia H(jω):

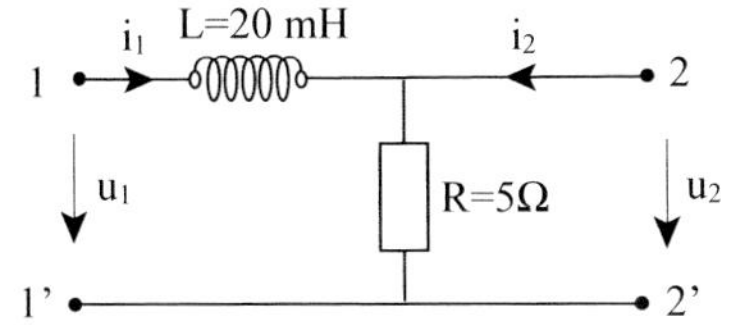

Fig. 5

$$H(j\omega)=\frac{\overline{U}_2}{\overline{U}_1}=\frac{R}{R+jL\omega}=\frac{1}{1+j\dfrac{L2\pi f}{R}} \qquad \text{y} \qquad \begin{cases} G_u(f)=\dfrac{1}{\sqrt{1+\left(\dfrac{0{,}1256 f}{5}\right)^2}} \\ \varphi(f)=-\arctan\dfrac{0{,}1256 f}{5}\end{cases}$$

En las figura 6 y 7 pueden verse sus representaciones gráficas para f de 0 ÷ 300 Hz.

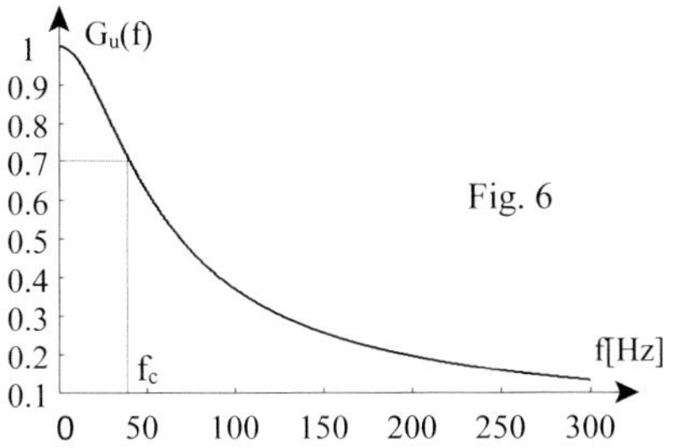

Fig. 6

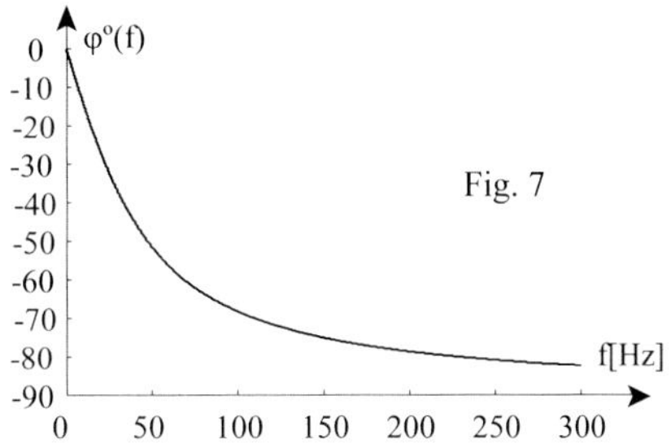

Fig. 7

En este caso la frecuencia de corte es aquella a partir de la cual $G_u(f)$ es inferior a $1/\sqrt{2}$.

$$f_c=\frac{5}{0{,}1256}=39{,}8Hz$$

Las figuras 3 y 6 reflejan un comportamiento distinto y dual de los circuitos de las figuras 2 y 5, respecto de la frecuencia. En el de la figura 2 la ganancia G_u es pequeña para frecuencias bajas, parte de cero y va creciendo a medida que aumenta esta. Por el contrario, en el de la figura 5 la ganancia es próxima a la unidad a frecuencias bajas y va disminuyendo a medida que esta aumenta. En estos casos el circuito de la figura 2 sería un **filtro pasa-altos** y el de la figura 4 un **filtros pasa-bajos** y la frecuencia de corte es la misma para los dos. Se observa que, a su vez, el comportamiento de estos circuitos es dual a los del problema 9.7.

CAPÍTULO 10

Armónicos

PROBLEMA 10.7

El circuito de la figura 1 está excitado con una fuente de tensión e(t) cuya ley de variación se representa en la figura 2. El interruptor S se cierra en el instante t = 0. Hállense las expresiones de la intensidad i(t) del circuito y de la tensión u(t) en el condensador para t ≥ 0.

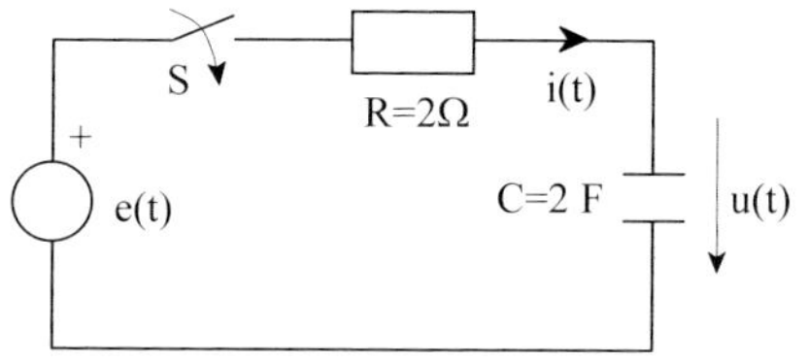

Fig. 1

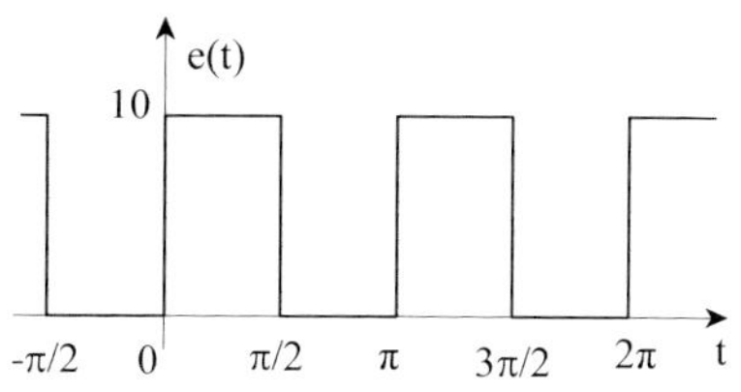

Fig. 2

La expresión analítica de la tensión de excitación es:

$$e(t) = 10V \quad \text{para} \quad 0 < t < \pi/2 \quad \text{y} \quad \pi < t < 3\pi/2 \ldots..$$
$$e(t) = 0V \quad \text{para} \quad \pi/2 < t < \pi \quad \text{y} \quad 3\pi/2 < t < 2\pi \ldots..$$

Se tiene que: $\pi/2 = T/2$ $\pi = T$ y $\omega = 2\pi/T$

Puede considerarse que e(t) es una función impar y con simetría de media onda, desplazada 10/2=5V en el eje de ordenadas. En el desarrollo en serie de Fourier tendrá por tanto solo términos **seno** e **impares**, además del valor medio que será igual al desplazamiento. Así pues tendrá la forma siguiente:

$$e(t) = \frac{a_0}{2} + b_1 \operatorname{sen}\omega t + b_3 \operatorname{sen}3\omega t + b_5 \operatorname{sen}5\omega t + \ldots = \frac{a_0}{2} + \sum_{\substack{n=1\\ impar}}^{n=\infty} b_n \operatorname{sen} n\omega t$$

Cálculo de los coeficientes

$$a_0 = \frac{2}{T}\int_0^T e(t)dt = \frac{2}{T}\int_0^{\frac{T}{2}} 10dt = \frac{20}{T}t\Big]_0^{\frac{T}{2}} = \frac{20}{T}\frac{T}{2} = 10V \quad \text{y} \quad U_0 = \frac{a_0}{2} = 5V$$

U_0 es el valor medio de la función, que en este caso es la componente de corriente continua de la tensión aplicada, que como se ve coincide con el desplazamiento antes comentado.

$$b_n = \frac{2}{T}\int_0^T e(t)\operatorname{sen} n\omega t\, dt = \frac{2}{T}\int_0^{\frac{T}{2}} 10 \operatorname{sen}\, 2nt dt = \frac{20}{T}\frac{1}{2n}\left[-\cos 2nt\right]_0^{T/2} =$$

$$= \frac{10}{\pi}\frac{1}{n}\left[-\cos 2n\frac{\pi}{2} + \cos 0^{\circ}\right] = \frac{10}{\pi}\frac{1}{n}[1+1] = \frac{20}{\pi}\frac{1}{n} \qquad \text{Si n = par} \quad b_n = 0$$

Se comprueba que efectivamente solo tiene términos impares.

El desarrollo de la función es:

$$e(t)=5+\frac{20}{\pi}\sum_{\substack{n=1 \\ impar}}^{n=\infty}\frac{1}{n}\operatorname{sen}2nt=5+\frac{20}{\pi}\left(\operatorname{sen}2t+\frac{1}{3}\operatorname{sen}6t+\frac{1}{5}\operatorname{sen}10t+\ldots\right)$$

En la siguiente figura se representa gráficamente este desarrollo considerando hasta el armónico de orden 9. Con ello el error que se comete es pequeño.

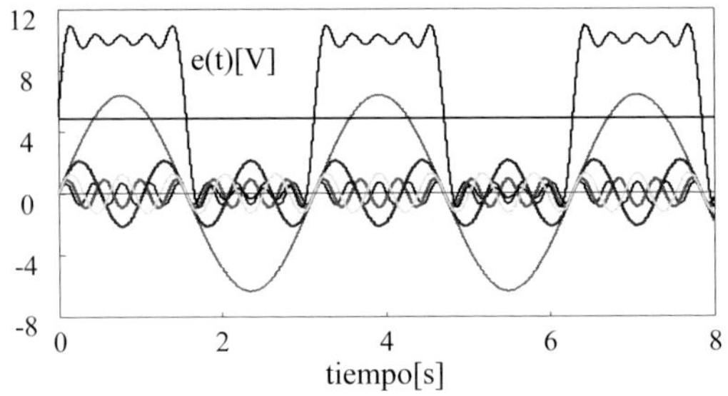

Cálculo de las intensidades

Impedancia del circuito para cada frecuencia:

$$\overline{Z}_n=R+\overline{X}_n=R+\frac{1}{jC\omega_n}=2-\frac{j}{2*2n}=2-\frac{j}{4n}$$

Para la componente de corriente continua de la tensión el condensador se comporta como un circuito abierto en el régimen permanente. Se tiene $Z_0=\infty$ e $I_0=0$.

Para las demás componentes de la intensidad se tiene:

$$\overline{I}_n=\frac{\overline{U}_n}{\overline{Z}_n}=\frac{\frac{20}{\pi n}}{2-\frac{j}{4n}}=\frac{\frac{20}{\pi n}}{\frac{8n-j}{4n}}=\frac{80}{\pi(8n-j)}=\frac{80}{\pi}\frac{1}{\sqrt{64n^2+1}}\angle\arctan\frac{1}{8n}$$

Y el valor instantáneo de $i_n(t)$ es:

$$i_n(t)=\frac{80}{\pi}\frac{1}{\sqrt{64n^2+1}}\operatorname{sen}(2nt+\varphi_n)\qquad\cos\varphi_n=\frac{8n}{\sqrt{64n^2+1}}\qquad\operatorname{sen}\varphi_n=\frac{1}{\sqrt{64n^2+1}}$$

Desarrollando seno ($2nt+\varphi_n$), se tiene:

$$i_n(t)=\frac{80}{\pi}\frac{1}{\sqrt{64n^2+1}}\left(\frac{8n}{\sqrt{64n^2+1}}\operatorname{sen}2nt+\frac{1}{\sqrt{64n^2+1}}\cos 2nt\right)=$$

$$=\frac{640n}{\pi\left(64n^2+1\right)}\left(\operatorname{sen}2nt+\frac{0{,}125}{n}\cos 2nt\right)$$

La expresión de la intensidad del circuito será:

$$i(t)=\sum_{\substack{n=1\\ impar}}^{n=\infty}\frac{640n}{\pi\left(64n^2+1\right)}\left(\operatorname{sen}2nt+\frac{0{,}125}{n}\cos 2nt\right)$$

Y su representación gráfica considerando hasta el armónico 9:

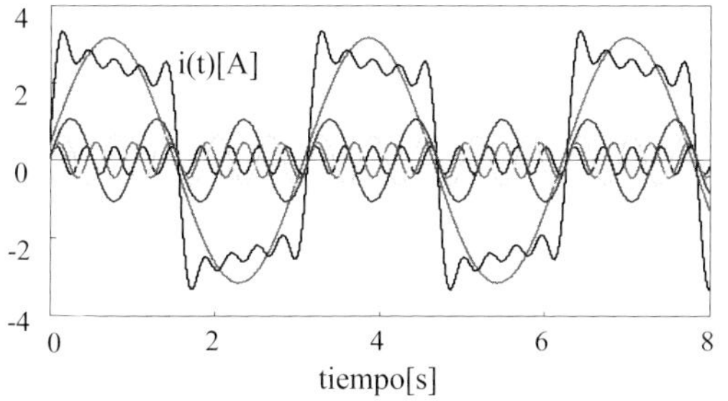

Tensión en el condensador

La componente de corriente continua será la misma que la de la fuente por la razón antes explicada.

Para el resto de las frecuencias se tiene:

$$\overline{U}_n=\overline{X}_n\,\overline{I}=-\frac{j}{4n}\frac{80}{\pi}\frac{1}{\sqrt{64n^2+1}}\angle\arctan\frac{1}{8n}=\frac{20}{\pi n}\frac{1}{\sqrt{64n^2+1}}\angle\left(\arctan\frac{1}{8n}-90^{\circ}\right)$$

Siendo su valor instantáneo:

$$u_n(t)=\frac{20}{\pi n}\frac{1}{\sqrt{64n^2+1}}\operatorname{sen}\left(2nt+\arctan\frac{1}{8n}-90^{\circ}\right)=-\frac{20}{\pi n}\frac{1}{\sqrt{64n^2+1}}\cos\left(2nt+\arctan\frac{1}{8n}\right)$$

Y desarrollando el coseno de la suma:

$$u_n(t) = -\frac{20}{\pi n}\,\frac{1}{\sqrt{64n^2+1}}\left(\frac{8n}{\sqrt{64n^2+1}}\cos 2nt - \frac{1}{\sqrt{64n^2+1}}\,\text{sen}\,2nt\right) =$$

$$= \frac{20}{\pi n}\,\frac{1}{64n^2+1}\,(\text{sen}\,2nt - 8n\cos 2nt)$$

La tensión en el condensador será:

$$u_C(t) = 5 + \sum_{\substack{n=1 \\ impar}}^{n=\infty} \frac{20}{\pi\left(64n^2+1\right)}\left(\frac{1}{n}\,\text{sen}\,2nt - 8\cos 2nt\right)$$

Y su representación gráfica:

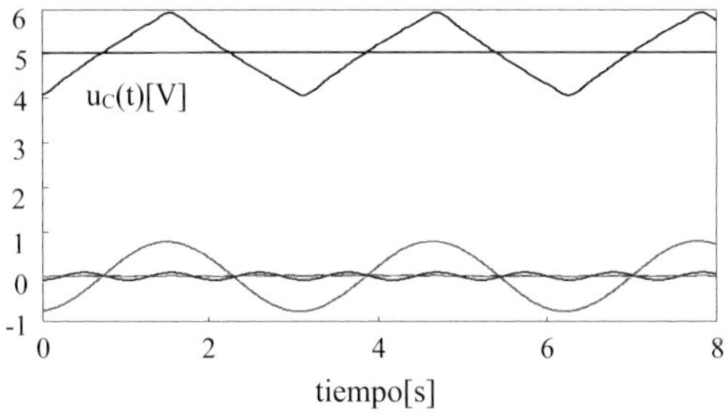

Puede comprobarse que:

$$i(t) = C\,\frac{du(t)}{dt} = \sum_{\substack{n=1 \\ impar}}^{n=\infty} \frac{640n}{\pi\left(64n^2+1\right)}\left(\text{sen}\,2nt + \frac{0{,}125}{n}\cos 2nt\right)$$

En la siguiente figura se representan las tres señales e(t), i(t) y $u_C(t)$:

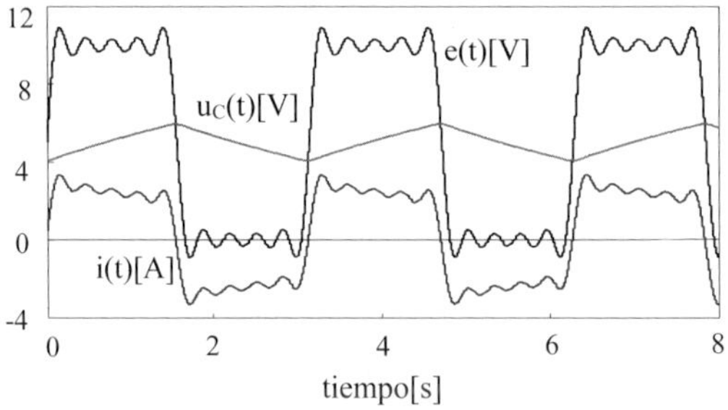

PROBLEMA 10.8

El circuito de la figura 1 está excitado con una fuente de tensión e(t) cuya ley de variación se representa en la figura 2. El interruptor S se cierra en el instante t = 0. Hállense las expresiones de la intensidad i(t) del circuito y de la tensión u(t) en la bobina para t ≥ 0.

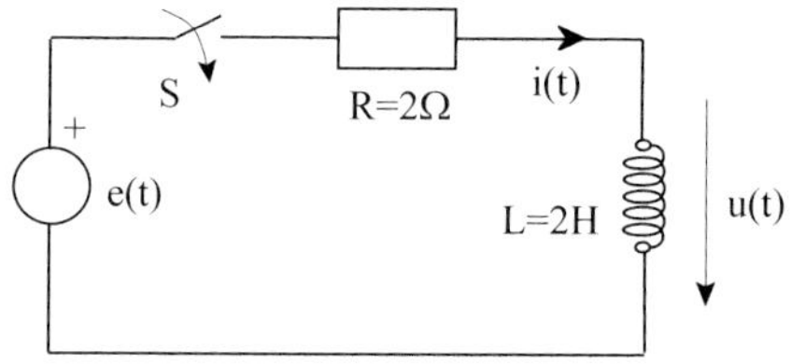

Fig. 1

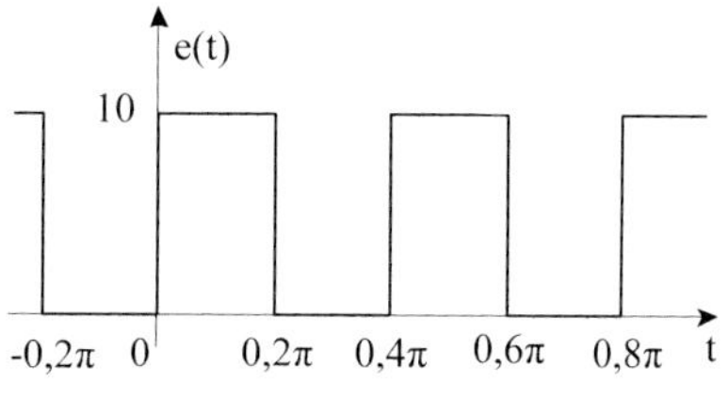

Fig. 2

La expresión analítica de la tensión de excitación es:

$e(t)=10V$ para $n*0{,}2\pi < t < (n+1)0{,}2\pi$ $(n = 0{,}2\ 4{,}6{,}8\ldots..)$

$e(t)=0V$ para $(n+1)*0{,}2\pi < t < (n+2)0{,}2\pi$ $(n = 0{,}2\ 4{,}6{,}8\ldots..)$

Se tiene que: $0{,}2\pi = T/2$ $0{,}4\pi = T$ y $\omega = 2\pi/T = 5$

Puede considerarse que e(t) es una función impar y con simetría de media onda, desplazada 10/2=5V en el eje de ordenadas. En el desarrollo en serie de Fourier tendrá por tanto términos en **seno** e **impares**, además del valor medio que será igual al desplazamiento. Así pues tendrá la forma siguiente:

$$e(t)=\frac{a_0}{2}+b_1\,\text{sen}\omega t+b_3\,\text{sen}3\omega t+b_5\,\text{sen}5\omega t+\ldots=\frac{a_0}{2}+\sum_{\substack{n=1\\ impar}}^{n=\infty} b_n\,\text{sen}\,n\omega t$$

Cálculo de los coeficientes

$$a_0=\frac{2}{T}\int_0^T e(t)dt=\frac{2}{T}\int_0^{\frac{T}{2}}10dt=\frac{20}{T}t\Big]_0^{\frac{T}{2}}=\frac{20}{T}\frac{T}{2}=10V \qquad \text{y} \qquad U_0=\frac{a_0}{2}=5V$$

U_0 es el valor medio de la función, que en este caso es la componente de corriente continua de la tensión aplicada, que como se ve coincide con el desplazamiento antes comentado.

$$b_n=\frac{2}{T}\int_0^T e(t)\text{sen}\,n\omega t\,dt=\frac{2}{T}\int_0^{\frac{T}{2}}10\,\text{sen}\,5nt\,dt=\frac{20}{T}\frac{1}{2n}\left[-\cos 5nt\right]_0^{T/2}=$$

$$=\frac{20}{0{,}4\pi}\frac{1}{5n}\left[-\cos 5n\frac{\pi}{5}+\cos 0^\circ\right]=\frac{20}{2\pi}\frac{1}{n}[1+1]=\frac{20}{\pi}\frac{1}{n} \qquad \text{Si n = par} \quad b_n=0$$

Solo existen términos impares. El desarrollo de la función es:

$$e(t)=5+\frac{20}{\pi}\sum_{\substack{n=1\\ impar}}^{n=\infty}\frac{1}{n}\,\text{sen}5nt=5+\frac{20}{\pi}\left(\text{sen }5t+\frac{1}{3}\text{sen }15t+\frac{1}{5}\text{sen }25t+\ldots\right)$$

En la siguiente figura se representa el desarrollo considerando hasta el armónico 9:

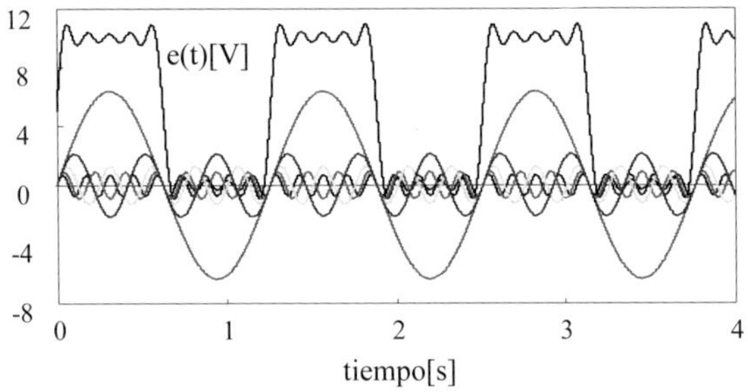

Cálculo de las intensidades

Impedancia del circuito para cada frecuencia:

$$\overline{Z}_n=R+\overline{X}_n=R+jL\omega_n=4+j2*5\;n=4+j10n$$

Para la componente de corriente continua la bobina se comporta como un cortocircuito en el régimen permanente. Se tiene:

$$X_0=0 \qquad \text{e} \qquad I_0=\frac{U_0}{R}=\frac{5}{4}=1{,}25\,A$$

Para las demás componentes de la intensidad se tiene:

$$\overline{I}_n=\frac{\overline{U}_n}{\overline{Z}_n}=\frac{\dfrac{20}{\pi n}}{4+j10n}=\frac{20}{\pi n}\frac{1}{10}\frac{1}{0{,}4+jn}=\frac{2}{\pi n}\frac{1}{\sqrt{0{,}4^2+n^2}}\angle\varphi$$

$$\tan\varphi=-\frac{n}{0{,}4}=-0{,}25n \qquad \cos\varphi=\frac{0{,}4}{\sqrt{0{,}4^2+n^2}} \qquad \text{sen}\varphi=-\frac{n}{\sqrt{0{,}4^2+n^2}}$$

Y su valor instantáneo $i_n(t)$, es:

$$i_n(t)=\frac{2}{\pi n}\frac{1}{\sqrt{0{,}16+n^2}}\,\text{sen}(5nt+\varphi_n)=\frac{2}{\pi n}\frac{1}{\sqrt{0{,}16+n^2}}\left[\text{sen}5nt\cos\varphi_n+\cos5nt\,\text{sen}\varphi_n\right]$$

$$=\frac{2}{\pi n}\frac{1}{\sqrt{0{,}16+n^2}}\left[\frac{0{,}4}{\sqrt{0{,}16+n^2}}\text{sen }5nt-\frac{n}{\sqrt{0{,}16+n^2}}\cos5nt\right]=$$

$$=\frac{0{,}8}{\pi}\frac{1}{0{,}16+n^2}\left[\frac{1}{n}\text{ sen }5nt+2{,}5\cos5nt\right]$$

La expresión de la intensidad del circuito será:

$$i(t)=1{,}25+\sum_{\substack{n=1\\impar}}^{n=\infty}\frac{0{,}8}{\pi}\frac{1}{0{,}16+n^2}\left[\frac{1}{n}\operatorname{sen}5nt-2{,}5\cos 5nt\right]$$

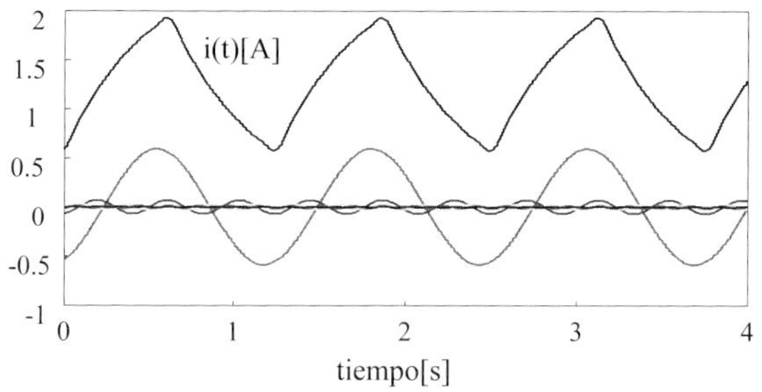

Tensión en la bobina

Para la componente de corriente continua la caída de tensión en la bobina será 0, pues como se ha comentado antes, esta se comporta como un cortocircuito. Así pues $U_0 = 0$.

Para el resto de las frecuencias se tiene:

$$\overline{U}_n=\overline{X}_n\,\overline{I}=j10n\,\overline{I}_n=10n\angle 90^\circ\frac{2}{\pi n}\frac{1}{\sqrt{0{,}4^2+n^2}}\angle\varphi=\frac{20n}{\pi n}\frac{1}{\sqrt{0{,}4^2+n^2}}\angle 90^\circ+\varphi$$

Y su valor instantáneo:

$$u_n(t)=\frac{20}{\pi}\frac{1}{0{,}16+n^2}\operatorname{sen}(5nt+90^\circ+\varphi)=\frac{20}{\pi}\frac{1}{\sqrt{0{,}16+n^2}}\cos(5nt+\varphi)$$

Desarrollando el coseno de la suma:

$$u_n(t)=\frac{20}{\pi}\frac{1}{\sqrt{0{,}16+n^2}}(\cos\varphi\cos 5nt-\operatorname{sen}\varphi\operatorname{sen}5nt)=$$

$$=\frac{20}{\pi}\frac{1}{0{,}16+n^2}(0{,}4\cos 5nt+n\operatorname{sen}5nt)=\frac{8}{\pi}\frac{1}{0{,}16+n^2}(\cos 5nt+2{,}5n\operatorname{sen}5nt)$$

La tensión en la bobina es:

$$u(t)=\sum_{\substack{n=1\\impar}}^{n=\infty}\frac{8}{\pi}\frac{1}{0{,}16+n^2}(\cos 5nt+2{,}5n\operatorname{sen}5nt)$$

Representación gráfica:

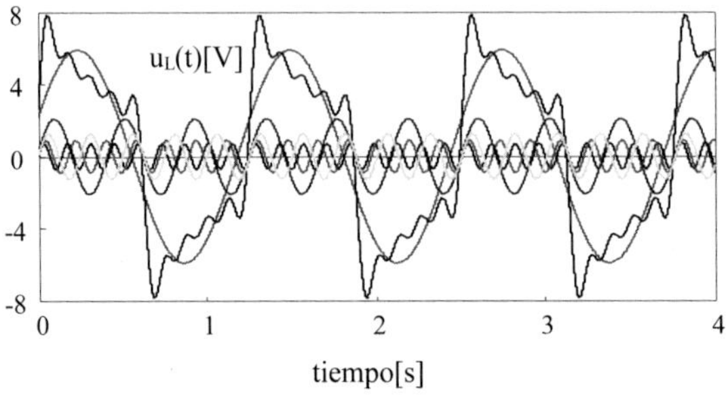

Puede comprobarse que:

$$u(t) = L\,\frac{di(t)}{dt} = 2\,\frac{d}{dt}\left[1{,}25 + \sum_{\substack{n=1\\impar}}^{n=\infty} \frac{0{,}8}{\pi}\,\frac{1}{0{,}16+n^2}\left(\frac{1}{n}\,\mathrm{sen}\,5nt - 2{,}5\,\cos 5nt\right)\right] =$$

$$= \sum_{\substack{n=1\\impar}}^{n=\infty} \frac{1{,}6}{\pi}\,\frac{1}{0{,}16+n^2}\left(\frac{5n}{n}\,\cos 5nt + 5n\,2{,}5\,\mathrm{sen}\,5nt\right) =$$

$$= \sum_{\substack{n=1\\impar}}^{n=\infty} \frac{8}{\pi}\,\frac{1}{0{,}16+n^2}\left(\cos 5nt + 2{,}5n\,\mathrm{sen}\,5nt\right)$$

Representación gráfica de las tres señales:

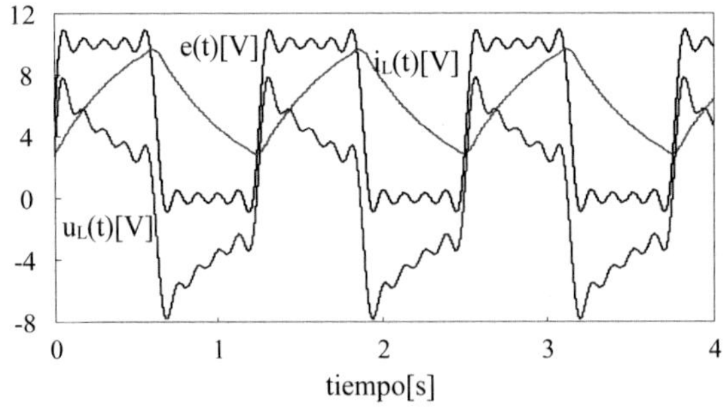

PROBLEMA 10.9

En la figura 2 se representa la gráfica de la fuente de tensión e(t) que alimenta la carga Z en el circuito de la figura 1. Z = 5Ω para la frecuencia de la onda periódica. Se pide:

a) Seleccionar los ejes de referencia adecuados para que en el desarrollo en series de Fourier no aparezcan términos senoidales y el término de continua sea 50V.

a) Expresión de la intensidad i(t), así como de los valores eficaces de i(t) y e(t).

c) Potencia activa y aparente del sistema y factor de potencia.

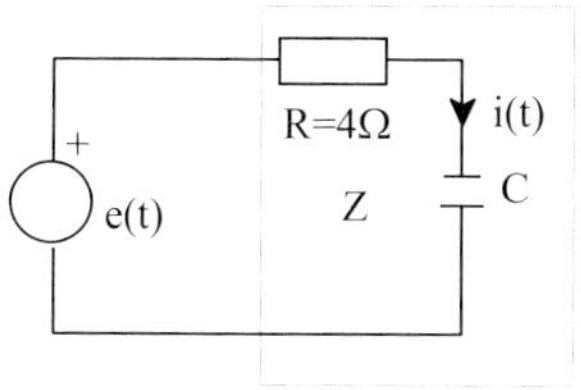

Fig. 1

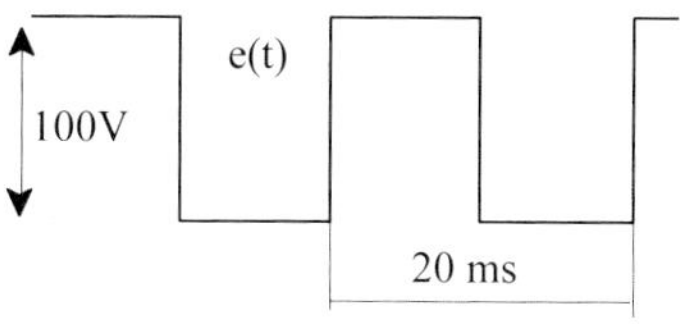

Fig. 2

Se tiene que:

$$\omega = 2\pi f = \frac{2\pi}{T} = \frac{2\pi}{20*10^{-3}} = 100\pi = 314\,rad/s \qquad f = \frac{1}{T} = 50Hz$$

Para que no aparezcan términos en seno la función debe ser par, es decir que f(t) = f(-t) y los coeficientes b_n serán cero. Puesto que el término de continua $a_0/2$ vale 50 V, la mitad del valor de pico a pico de la función, se puede considerar esta con simetría de media onda con ese valor de desplazamiento y los términos pares serán cero. Su gráfica deberá ser así:

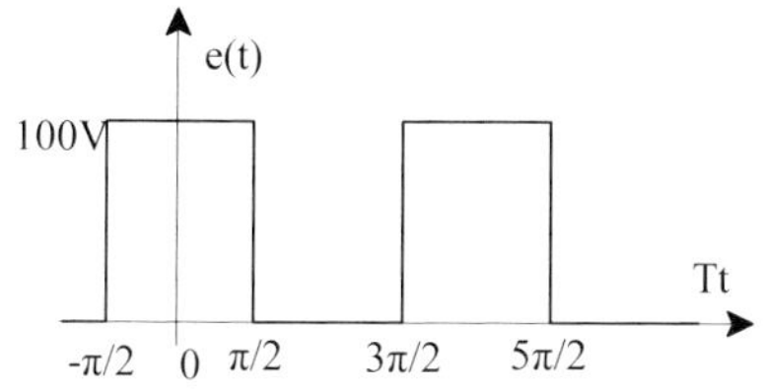

La función tendrá un desarrollo de la forma:

$$e(t) = \frac{a_0}{2} + a_1 \cos \omega t + a_3 \cos 3\omega t + .. =$$

$$= \frac{a_0}{2} + \sum_{\substack{n=0 \\ n=impar}}^{n=\infty} a_n \cos n\omega t$$

La expresión analítica de la tensión de excitación es:

$$e(t) = 100\,V \quad \text{para} \quad (2n - 1/2)\pi < \omega t < (2n + 1/2)\pi \qquad (n = 0, 1, 2, 3, 4, ...)$$

$$e(t) = 0\,V \quad \text{para} \quad (2n + 1/2)\pi < \omega t < (2n + 3/2)\pi \qquad (n = 0, 1, 2, 3, 4, ...)$$

Comprobación del valor de a_0

$$a_0 = \frac{2}{T}\int_0^T e(t)dt = \frac{2}{T}\int_{-T/4}^{T/4} 100dt = \frac{200}{T}\left[t\right]_{-T/4}^{T/4} = 100 \qquad \frac{a_0}{2} = 50V$$

Cálculo de los coeficientes a_n

$$a_n = \frac{2}{T}\int_0^T e(t)\cos n\omega t\, dt = \frac{2}{T}\int_{-T/4}^{T/4} 100\cos n\omega t\, dt =$$

$$= \frac{200}{T}\frac{1}{n\omega}\left[\text{sen}\, n\omega t\right]_{-T/4}^{T/4} = \frac{200}{T}\frac{1}{n\omega}\left[2\text{sen}\, n\frac{\pi}{2}\right] = \frac{200}{\pi}\frac{1}{n}$$

Solo existen términos impares que van cambiando alternativamente de signo.

El desarrollo de la función es:

$$e(t) = 50 \pm \frac{200}{\pi}\sum_{\substack{n=0 \\ n=impar}}^{n=\infty} \frac{1}{n}\cos 314nt =$$

$$= 50 + \frac{200}{\pi}\left(\cos 314t - \frac{1}{3}\cos 942t + \frac{1}{5}\cos 1570t - \frac{1}{7}\cos 2198t + ..\right)$$

Representación gráfica considerando hasta el armónico de orden 7:

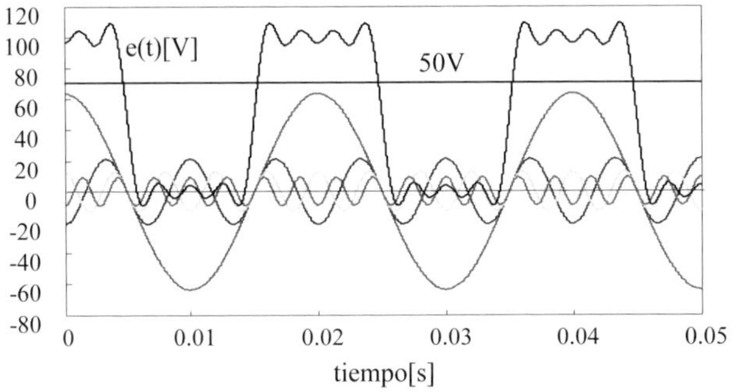

Cálculo de las intensidades.

Impedancia del circuito para cada frecuencia:

$$\overline{Z}_1 = R - jX_1 \qquad X_1 = \sqrt{Z_1^2 - R^2} = \sqrt{5^2 - 4^2} = 3\Omega$$

$$\overline{Z}_n = R - jX_n = R - j\frac{X_1}{n} = 4 - j\frac{3}{n}$$

Para la componente de corriente continua el condensador se comporta como un circuito abierto en el régimen permanente. $Z_0 = \infty$; $I_0 = 0$. Para las demás componentes de la intensidad se tiene:

$$\bar{I}_n = \frac{\bar{U}_n}{\bar{Z}_n} = \frac{\frac{200}{\pi n}}{4 - j\frac{3}{n}} = \frac{200}{\pi}\frac{4n + j3}{16n^2 + 9} = \frac{200}{\pi}\frac{1}{\sqrt{16n^2 + 9}}\angle\varphi_n$$

$$\tan\varphi_n = \frac{0{,}75}{n} \qquad \cos\varphi_n = \frac{4n}{\sqrt{16n^2+9}} \qquad \mathrm{sen}\varphi_n = \frac{3}{\sqrt{16n^2+9}}$$

El valor instantáneo $i_n(t)$ de un término genérico, desarrollado en función de estos valores, es:

$$i_n(t) = I_n \mathrm{sen}(314nt + \varphi_n) = I_n[\mathrm{sen}\,314nt\cos\varphi_n + \cos 314nt\ \mathrm{sen}\varphi_n] =$$

$$= \frac{200}{\pi}\frac{1}{\sqrt{16n^2+9}}\left[\frac{4n}{\sqrt{16n^2+9}}\mathrm{sen}314nt + \frac{3}{\sqrt{16n^2+9}}\cos 314nt\right] =$$

$$= \frac{800}{\pi}\frac{1}{16n^2+9}[n\,\mathrm{sen}314nt + 0{,}75\cos 314nt]$$

Y la expresión de la intensidad del circuito será:

$$i(\mathrm{t}) = \sum_{\substack{n=0 \\ n=impar}}^{n=\infty} \frac{800}{\pi(16n^2+9)}[n\,\mathrm{sen}314nt + 0{,}75\cos 314nt]$$

Los valores máximos de intensidad y los ángulos de desfase para distintos valores de n son:

n = 1	$I_{1\max} = 12{,}73A$	$\varphi_1 = 36{,}87^o$
n = 3	$I_{3\max} = 5{,}15A$	$\varphi_3 = 14{,}04^o$
n = 5	$I_{5\max} = 2{,}26A$	$\varphi_5 = 8{,}53^o$
n = 7	$I_{1\max} = 1{,}76A$	$\varphi_7 = 6{,}11^o$

Así, la expresión desarrollada de la intensidad y su representación gráfica, considerando estos cuatro términos, será:

$$i(\mathrm{t}) = 12{,}73\cos(\omega t + 36{,}87^o) - 5{,}15\cos(3\omega t + 14{,}04^o) + 2{,}26\cos(5\omega t + 8{,}53^o) -$$
$$- 1{,}76\cos(7\omega t + 6{,}11^o) + \ldots$$

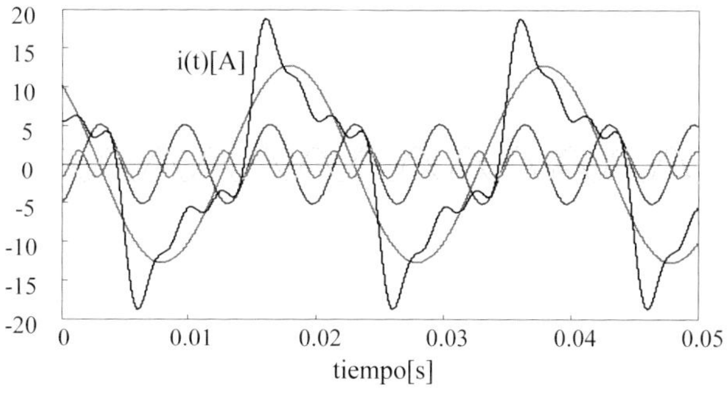

Representación gráfica de la tensión y de la intensidad:

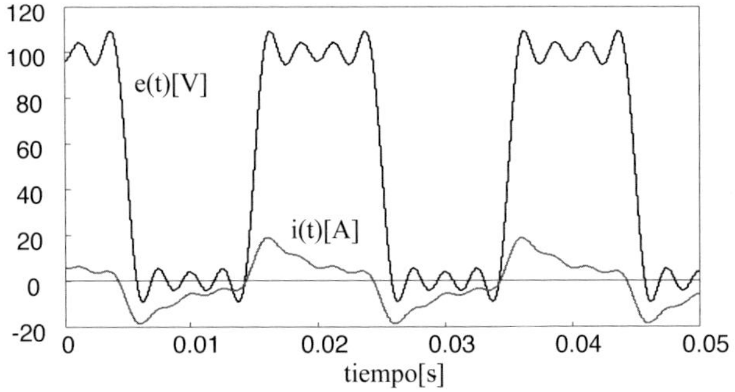

Valores eficaces de la tensión y de la intensidad:

$$E=\sqrt{50^2+\frac{1}{2}\left[\left(\frac{200}{\pi}\right)^2+\left(\frac{200}{3\pi}\right)^2+\left(\frac{200}{5\pi}\right)^2+\left(\frac{200}{7\pi}\right)^2+...\right]}=69{,}53\,V$$

$$I=\sqrt{\frac{1}{2}\left(12{,}53^2+5{,}15^2+2{,}26^2+1{,}76^2+...\right)}=9{,}97A$$

Potencia activa cedida por la fuente:

$$P=\sum_{\substack{n=0\\ n=impar}}^{n=\infty}\frac{U_n}{\sqrt{2}}\frac{I_n}{\sqrt{2}}\cos\varphi_n=\frac{100}{\pi}\left(12{,}73*\cos 36{,}87^{o}+\frac{1}{3}5{,}15*\cos 14{,}04^{o}+\frac{1}{5}2{,}26*\cos 8{,}53^{o}+\right.$$

$$\left.+\frac{1}{7}1{,}76*\cos 6{,}11^{o}+..\right)=324{,}23+52{,}98+14{,}31+7.98=399{,}5\,W$$

Potencia aparente:

$$S=E\,I=69{,}53*9{,}97=693{,}41\,VA$$

Factor de potencia:

$$K=\frac{P}{S}=\frac{399{,}5}{693{,}41}=0{,}576$$

```
% PROGRAMA EN MATLAB

t=[0:0.0001:0.030]; % Tiempo para representación gráfica
f=50; R=4; Z1=5; e1=100; e2=0;
T=1/f; w=2*pi*f; X1=sqrt(Z1^2-R^2);

% (VER CÓMO CALCULAR LOS COEFICIENTES CON MATLAB)
n=[1 3 7 9 11]; % Orden de los armónicos
Un=200./(pi*n); % Solo términos impares
U0M=50;
U1M=abs(Un(1,1));   U3M=abs(Un(1,2));   U5M=abs(Un(1,3));   U7M=abs(Un(1,4));
U9M=abs(Un(1,5));
Zn=R-i*X1./n;
In=Un./Zn;
I1=In(1,1); I1M=abs(I1); phi1=angle(I1)*180/pi;
I3=In(1,2); I3M=abs(I3); phi3=angle(I3)*180/pi;
I5=In(1,3); I5M=abs(I5); phi5=angle(I5)*180/pi;
I7=In(1,4); I7M=abs(I7); phi7=angle(I7)*180/pi;
I9=In(1,5); I9M=abs(I9); phi9=angle(I9)*180/pi;
E=sqrt(U0M^2+(U1M^2+U3M^2+U5M^2+U7M^2+U9M^2)/2);
I=sqrt((I1M^2+I3M^2+I5M^2+I7M^2+I9M^2)/2);
P=100/pi*(I1M*cos(angle(I1))+I3M*cos(angle(I3))/3+I5M*cos(angle(I5))/5+I7M*cos
(angle(I7))/7);
S=E*I; F=P/S;
```

PROBLEMA 10.10

La fuente de tensión e(t) de circuito de la figura 1 tiene una ley de variación que se representa en la figura 2 (en diente de sierra). Hállense:

a) La intensidad i(t) del circuito y los valores eficaces de e(t) e i(t).

b) La potencia activa suministrada por la fuente.

c) Potencia aparente y factor de potencia.

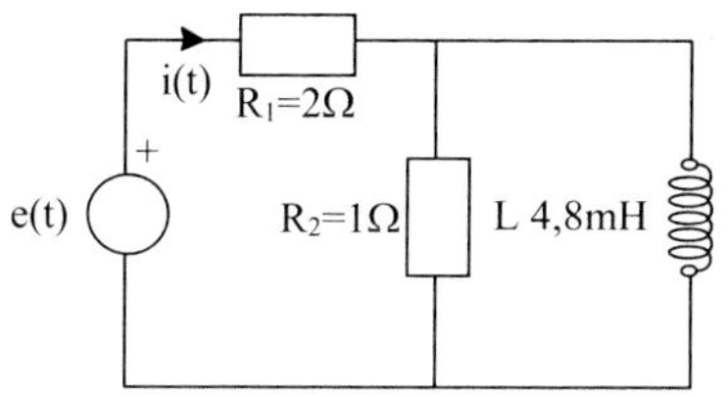

Fig. 1

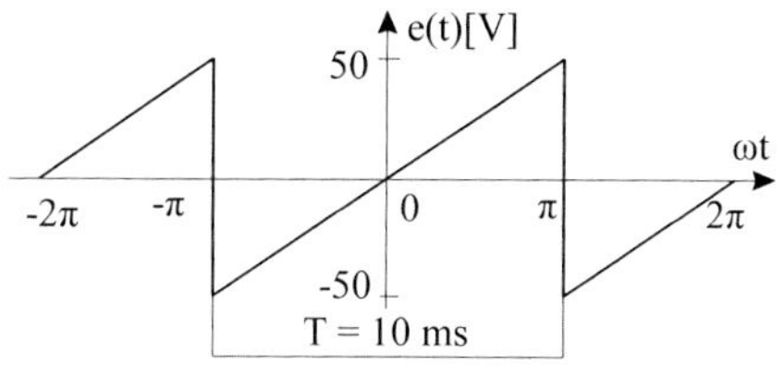

Fig. 2

La expresión analítica de la tensión de excitación es:

$$e(t) = K\,t = \frac{100}{T}\,t \quad \text{para} \quad -\pi < \omega t < \pi$$

También se tiene:

$$\pi - (-\pi) = 2\pi \qquad T = 10ms \qquad \omega = \frac{2\pi}{T} = \frac{2\pi}{10^{-2}} = 200\,\pi$$

Se trata de una función impar y por lo tanto el desarrollo en serie de Fourier tendrá solo términos seno. Los coeficientes a_0 y a_n son nulos. Así pues tendrá la forma siguiente:

$$e(t) = b_1 \text{sen}\,\omega t + b_2 \text{sen}\,2\omega t + b_3 \text{sen}3\omega t + \,...\, = \sum_{n=1}^{n=\infty} b_n \text{sen}\,n\omega t$$

Cálculo de los coeficientes

$$b_n = \frac{2}{T}\int_{-\frac{T}{2}}^{\frac{T}{2}} e(t)\text{sen}\,n\omega t\,dt = \frac{2K}{T}\int_{-\frac{T}{2}}^{\frac{T}{2}} t\,\text{sen}\,n\omega t\,dt$$

Se integra por partes, haciendo los cambios de variables:

$$\left.\begin{array}{ll} u = t & du = dt \\ v = -\dfrac{1}{n\,\omega}\cos n\omega t & dv = \text{sen}\,n\omega t\,dt \end{array}\right\} \quad \int u\,dv = uv - \int v\,du$$

Se tiene:

$$b_n = \frac{2K}{T}\left[-t\frac{1}{n\omega}\cos n\omega t\right]_{-\frac{T}{2}}^{\frac{T}{2}} + \frac{2K}{T}\int_{-\frac{T}{2}}^{\frac{T}{2}} \frac{1}{n\omega}\cos n\omega t\,dt = \frac{2K}{T}\left[-t\frac{1}{n\omega}\cos n\omega t\right]_{-\frac{T}{2}}^{\frac{T}{2}} + 0 =$$

$$= \frac{2K}{n\omega}\left[-\cos n\pi\right] = \begin{cases} = -\dfrac{2K}{n\omega} & \text{para} \quad \text{n = par} \\ = \dfrac{2K}{n\omega} & \text{para} \quad \text{n = impar} \end{cases}$$

Es decir:

$$b_n = (-1)^{n-1}\frac{2K}{n\omega} = (-1)^{n-1}\,2\frac{100}{T}\frac{1}{n\dfrac{2\pi}{T}} = (-1)^{n-1}\frac{200}{2\pi\,n}$$

El desarrollo de la función es:

$$e(t) = (-1)^{n-1}\frac{100}{\pi}\sum_{n=1}^{n=\infty}\frac{1}{n}\,\text{sen}\,200n\pi t =$$

$$= \frac{100}{\pi}\text{sen}\,200\pi t - \frac{100}{\pi}\,\frac{1}{2}\,\text{sen}\,400\pi t + \frac{100}{\pi}\frac{1}{3}\,\text{sen}\,600\pi t - ..$$

Representación gráfica considerando hasta el armónico de orden 5:

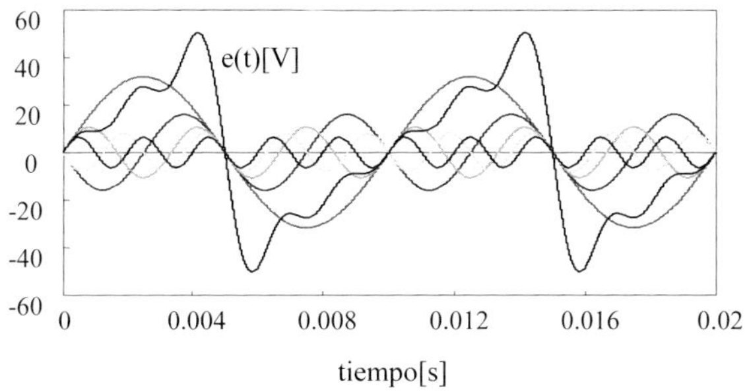

Impedancia del circuito para cada frecuencia

$$\overline{X}_n = jL\omega_n = j4{,}8*10^{-3}\ n\,200\pi = j3n \qquad \overline{Z}_n = R_1 + \frac{R_2\,\overline{X}_n}{R_2 + \overline{X}_n}$$

$$\overline{Z}_n = 2 + \frac{1\,jL\omega_n}{1 + jL\omega_n} = 2 + \frac{j3n}{1 + j3n} = 2 + \frac{j3n\,(1 - j3n)}{9n^2 + 1} = \frac{27n^2 + 2 + j3n}{9n^2 + 1}$$

Dando valores a n:

$$n = 1 \quad \overline{Z}_1 = \frac{29 + j3}{10} = 2{,}9 + j0{,}3 = 2{,}92\ \angle \arctan 0{,}1 = 2{,}92\ \angle 5{,}71^{\circ}$$

$$n = 2 \quad \overline{Z}_2 = \frac{110 + j6}{37} = 2{,}973 + j0{,}162 = 2{,}977\ \angle \arctan\ 0{,}054 = 2{,}977\ \angle 3{,}1^{\circ}$$

$$n = 3 \quad \overline{Z}_3 = \frac{245 + j9}{82} = 2{,}988 + j0{,}109 = 2{,}99\ \angle \arctan\ 0{,}0365 = 2{,}99\ \angle 2{,}1^{\circ}$$

$$n = 4 \quad \overline{Z}_4 = \frac{434 + j12}{145} = 2{,}993 + j0{,}083 = 2{,}993\ \angle \arctan\ 0{,}028 = 2{,}993\ \angle 1{,}6^{\circ}$$

$$n = 5 \quad \overline{Z}_5 = \frac{677 + j15}{226} = 2{,}996 + j0{,}066 = 2{,}996\ \angle \arctan\ 0{,}022 = 2{,}996\ \angle 1{,}27^{\circ}$$

Cálculo de las intensidades

$$\overline{I}_1 = \frac{\overline{U}_1}{\overline{Z}_1} = \frac{\frac{100}{\pi}}{2{,}92\ \angle 5{,}71^o} = \frac{31{,}85}{2{,}92} \angle -5{,}71^o = 10{,}91 \angle -5{,}71^o$$

$$\overline{I}_2 = \frac{\overline{U}_2}{\overline{Z}_2} = \frac{-\frac{100}{\pi}\frac{1}{2}}{2{,}977\ \angle 3{,}1^o} = \frac{-15{,}925}{2{,}977} \angle -3{,}1^o = -5{,}35 \angle -3{,}1^o$$

$$\overline{I}_3 = \frac{\overline{U}_3}{\overline{Z}_3} = \frac{\frac{100}{\pi}\frac{1}{3}}{2{,}99\ \angle 2{,}1^o} = \frac{10{,}615}{2{,}99} \angle -2{,}1^o = 3{,}55 \angle -2{,}1^o$$

$$\overline{I}_4 = \frac{\overline{U}_4}{\overline{Z}_4} = \frac{-\frac{100}{\pi}\frac{1}{4}}{2{,}993\ \angle 1{,}6^o} = \frac{-7{,}962}{2{,}993} \angle -1{,}6^o = -2{,}66 \angle -1{,}6^o$$

$$\overline{I}_5 = \frac{\overline{U}_5}{\overline{Z}_5} = \frac{\frac{100}{\pi}\frac{1}{5}}{2{,}996\angle 1{,}27^o} = \frac{6{,}37}{2{,}996} \angle -1{,}27^o = 2{,}13 \angle -1{,}27^o$$

Y su valor instantáneo y representación gráfica son:

$$i(t) = 10{,}91\ \text{sen}\left(200\pi t - 5{,}71^o\right) - 5{,}35\ \text{sen}\left(400\pi t - 3{,}1^o\right) + 3{,}55\ \text{sen}\left(600\pi t - 2{,}1^o\right) - 2{,}66\ \text{sen}\left(800\pi t - 1{,}6^o\right) + 2{,}13\ \text{sen}\left(1000\pi t - 1{,}27^o\right)$$

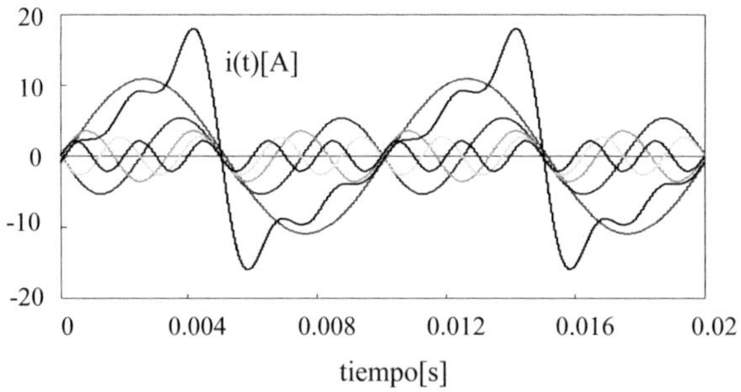

Representación gráfica de la tensión y de la intensidad:

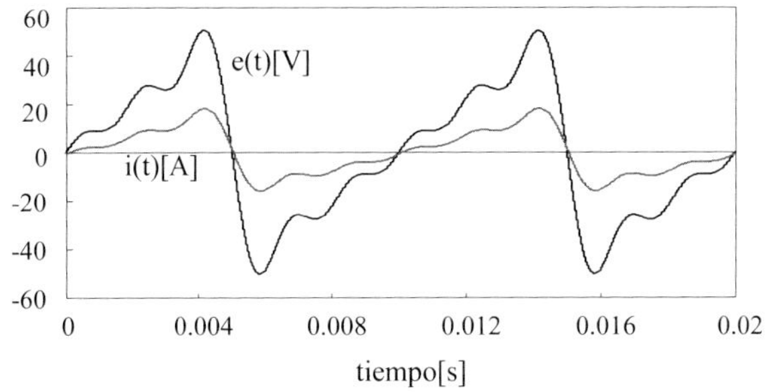

Valores eficaces de la tensión y de la corriente

$$U=\sqrt{\frac{1}{2}\left[\left(\frac{100}{\pi}\right)^2+\left(-\frac{100}{2\pi}\right)^2+\left(\frac{100}{3\pi}\right)^2+\left(-\frac{100}{4\pi}\right)^2+\left(\frac{100}{5\pi}\right)^2\right]}=27{,}25V$$

$$I=\sqrt{\frac{1}{2}\left[10{,}91^2+(-5{,}35)^2+3{,}55^2+(-2{,}66)^2+2{,}13^2\right]}=9{,}27\,A$$

Cálculo de potencias

Potencia activa:

$$P=\sum_{n=1}^{n=\infty}\frac{U_n}{\sqrt{2}}\frac{I_n}{\sqrt{2}}\cos\varphi_n=\frac{1}{2}\left(\frac{100}{\pi}*10{,}91\cos 5{,}71^{\circ}+\frac{100}{2\pi}*5{,}35\cos 3{,}1^{\circ}+\right.$$
$$\left.+\frac{100}{3\pi}*3{,}55\cos 2{,}1^{\circ}+\frac{100}{4\pi}*2{,}66\cos 1{,}6^{\circ}+\frac{100}{5\pi}*2{,}13\cos 1{,}23^{\circ}\right)=$$
$$=172{,}7+42{,}5+18{,}825+10{,}59+6{,}76=251{,}355W$$

Potencia aparente:

$$S=UI=27{,}5*9{,}27=252{,}6\,VA$$

Factor de potencia

$$K=\frac{P}{S}=\frac{251{,}356}{252{,}6}=0{,}995$$

PROBLEMA 10.11

Al circuito de la figura 1 se aplica la intensidad i(t), cuya ley de variación se representa en la figura 2. Hállese:
a) Tensión u(t) en bornas de la fuente de intensidad.
b) Valores eficaces de i(t) y u(t).
c) Potencia activa suministrada por la fuente y factor de potencia.

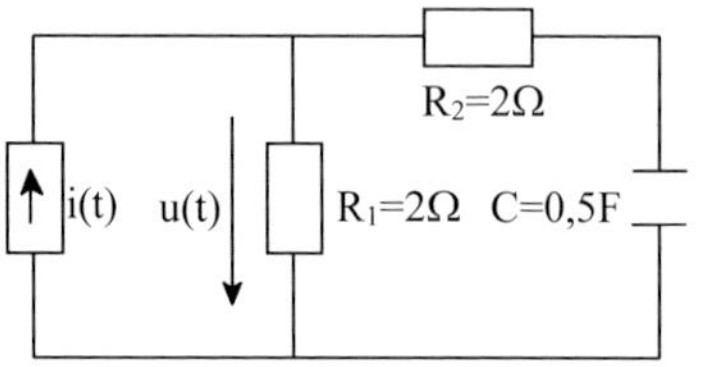

Fig. 1

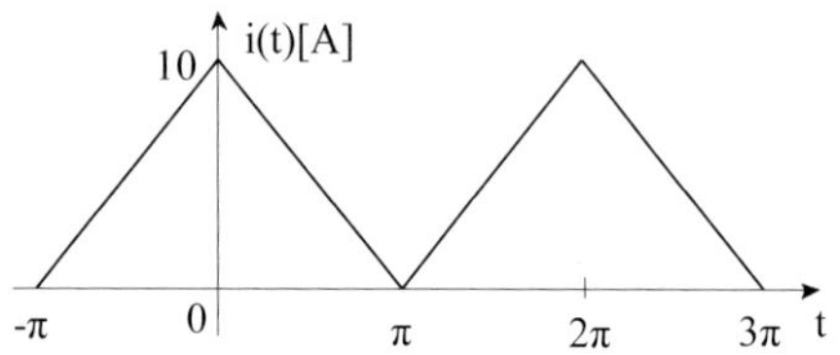

Fig. 2

La expresión analítica de i(t) es:

$$i(t) = mt + n = \frac{20}{T}t + 10 \qquad \text{para} \quad -\frac{T}{2} < t < 0$$

$$i(t) = -mt + n = -\frac{20}{T}t + 10 \quad \text{para} \quad 0 < t < \frac{T}{2}$$

Y la pulsación:

$$T = 2\pi \qquad f = \frac{1}{2\pi} \qquad \omega = 2\pi f = \frac{2\pi}{2\pi} = 1$$

Cálculo de los coeficientes para el desarrollo en serie de i(t).

Se trata de una función de simetría par y los coeficientes b_n son nulos.

Para la componente de continua se tiene:

$$a_0 = 2\frac{2}{T}\int_0^{\frac{T}{2}} i(t)\,dt + \frac{4}{T}\int_0^{\frac{T}{2}}\left(-\frac{20}{T}t + 10\right)dt = \frac{4}{T}\left(-\frac{20}{T}\frac{t^2}{2} + 10t\right)_0^{\frac{T}{2}} =$$

$$= \frac{4}{T}\left(-\frac{5}{2}T + 5T\right) = 10 \qquad I_0 = \frac{a_0}{2} = 5A$$

Puede comprobarse que si se desplaza la señal de este valor I_0 en sentido descendiente, respecto al eje de tiempos, se tendrían también las simetrías de onda alterna pura, y de media onda, tal como se indica en la figura 3.

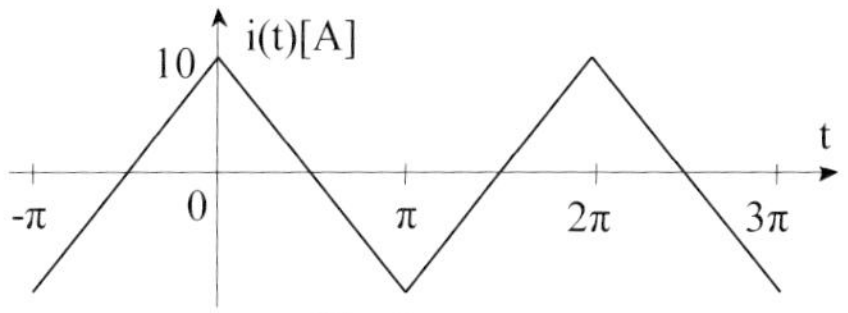

Fig. 3

Por ello tampoco tendrá armónicos pares. Para los coeficientes a_n se tiene:

$$a_n = \frac{2}{T}\left[\int_{-\frac{T}{2}}^{0}\left(\frac{20}{T}t+10\right)\cos n\omega t\,dt + \int_{0}^{\frac{T}{2}}\left(-\frac{20}{T}t+10\right)\cos n\omega t\,dt\right] =$$

$$= \frac{2}{T}\left[\int_{-\frac{T}{2}}^{0}\frac{20}{T}t\cos nt\,dt - \int_{0}^{\frac{T}{2}}\frac{20}{T}t\cos nt\,dt\right] = 2*\frac{40}{T^2}\int_{0}^{\frac{T}{2}}t\cos nt\,dt$$

Se integra por partes, haciendo los cambios de variables:

$$\left.\begin{array}{ll} u = t & du = dt \\ v = \frac{1}{n}\operatorname{sen} nt & dv = \cos nt\,dt \end{array}\right\} \qquad \int u\,dv = u\,v - \int v\,du$$

Se tiene:

$$a_n = \frac{80}{T^2}\left(t\frac{1}{n}\operatorname{sen} nt\Big]_0^{\frac{T}{2}} - \frac{1}{n^2}\cos nt\Big]_0^{\frac{T}{2}}\right) =$$

$$= \frac{80}{T^2 n^2}\left[-\cos nt\right]_0^{\pi} = \begin{cases} = 0 & \text{para n = par} \\ = \dfrac{40}{\pi^2 n^2} & \text{para n = impar} \end{cases}$$

Confirma lo dicho anteriormente de que los términos pares son cero.

Así pues, el desarrollo es:

$$i(t) = 5 + \frac{40}{\pi^2}\left[\cos t + \frac{1}{9}\cos 3t + \frac{1}{25}\cos 5t + \ldots\right]$$

Y su representación gráfica considerando hasta el armónico 9:

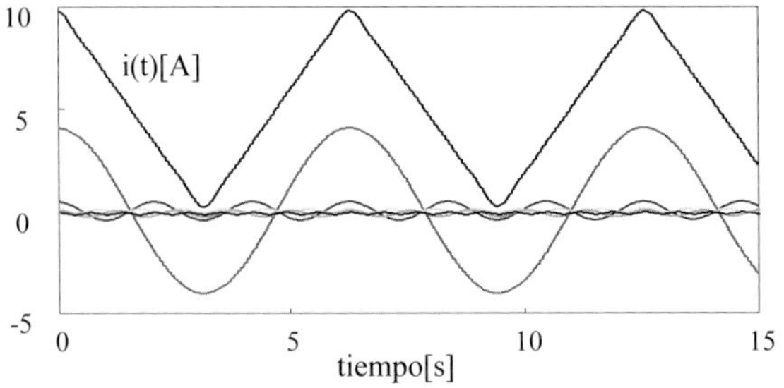

Impedancia del circuito para cada frecuencia:

$$\overline{X}_n = \frac{1}{jC\omega_n} = -\frac{j}{0{,}5n} = \frac{-j2}{n} \qquad \overline{Z}_n = \frac{R_1\left(R_2 + \overline{X}_n\right)}{R_1 + R_2 + \overline{X}_n}$$

$$\overline{Z}_n = \frac{2\left(2 - \dfrac{j2}{n}\right)}{2 + 2 - \dfrac{j2}{n}} = \frac{2 - \dfrac{j2}{n}}{2 - \dfrac{j}{n}} = \frac{2n - j2}{2n - j} = \frac{4n^2 + 2 - j2n}{4n^2 + 1}$$

Y para los distintos armónicos, se tiene:

$$n = 0 \quad Z_0 = 2\Omega$$

$$n = 1 \quad \overline{Z}_1 = \frac{6\text{-}j2}{5} = 1{,}2 - j0{,}4 = 1{,}265\ \angle \arctan - 0{,}33 = 1{,}265\angle - 18{,}43^0$$

$$n = 3 \quad \overline{Z}_3 = \frac{38\text{-}j6}{37} = 1{,}027 - j0{,}162 = 1{,}04\ \angle \arctan - 0{,}16 = 1{,}04\angle - 9^0$$

$$n = 5 \quad \overline{Z}_5 = \frac{102 - j10}{101} = 1{,}001 - j0{,}1 = 1{,}006\ \angle \arctan - 0{,}1 = 1{,}006\angle - 5{,}7^0$$

Cálculo de las tensiones

$$\overline{U}_n = \overline{Z}_n I_n$$

$$U_0 = 2\, I_0 = 2 * 5 = 10V$$

$$\overline{U}_1 = \frac{40}{\pi^2}\ 1{,}265\ \angle\text{-}\ 18{,}43^{\text{o}} = \frac{50{,}6}{\pi^2}\ \angle\text{-}\ 18{,}43^0$$

$$\overline{U}_3 = \frac{40}{9\pi^2}\ 1{,}04\ \angle\text{-}\ 9^{\text{o}} = \frac{4{,}62}{\pi^2}\ \angle\text{-}\ 9^0$$

$$\overline{U}_5 = \frac{40}{25\pi^2}\ 1{,}006\ \angle - 5{,}7^{\text{o}} = \frac{1{,}61}{\pi^2}\ \angle - 5{,}7^0$$

Y su valor instantáneo y representación gráfica son:

$$u(t)=10+\frac{50,6}{\pi^2}\cos\left(t-18,43^0\right)+\frac{4,62}{\pi^2}\cos\left(3t-9^0\right)+\frac{1,61}{\pi^2}\cos\left(5t-5,7^0\right)+\ .$$

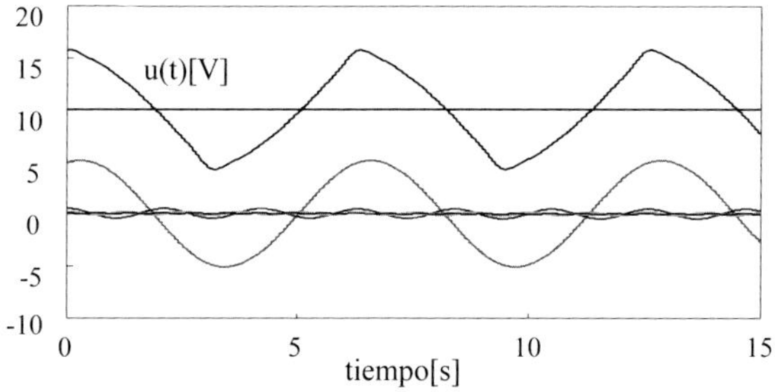

Representación gráfica de la intensidad y de la tensión:

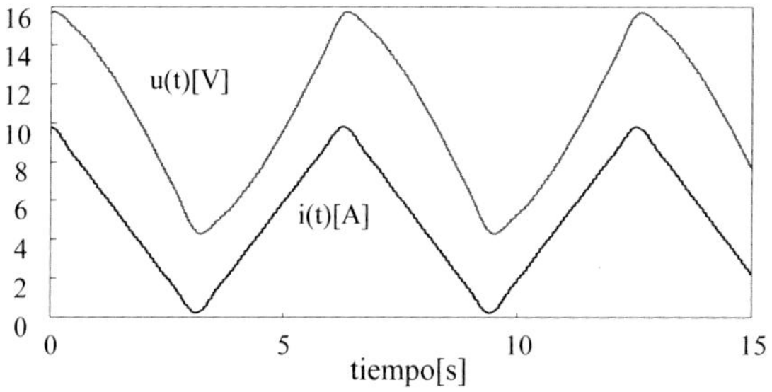

Valores eficaces de i(t) y e(t)

$$I=\sqrt{5^2+\frac{1}{2}\left[\left(\frac{40}{\pi^2}\right)^2+\left(\frac{40}{9\pi^2}\right)^2+\left(\frac{40}{25\pi^2}\right)^2\right]}=5,772A$$

$$U=\sqrt{10^2+\frac{1}{2}\left[\left(\frac{50,6}{\pi^2}\right)^2+\left(\frac{4,62}{\pi^2}\right)^2+\left(\frac{1,61}{\pi^2}\right)^2\right]}=10,642V$$

Cálculo de potencias

Potencia activa:

$$P=U_0I_0+\sum_{n=1}^{n=\infty}\frac{U_n}{\sqrt{2}}\frac{I_n}{\sqrt{2}}\cos\varphi_n=$$

$$=10*5+\frac{1}{2}\left(\frac{40}{\pi^2}\frac{50{,}6}{\pi^2}\cos 18{,}43^0+\frac{40}{9\pi^2}\frac{4{,}62}{\pi^2}\cos 9^0+\frac{40}{25\pi^2}\frac{1{,}61}{\pi^2}\cos 5{,}7^0\right)=$$

$$=50+\frac{1}{2}[19{,}68+0{,}208+0{,}026]\approx 60W$$

Potencia aparente:

$$S=UI=10{,}642*5{,}772=61{,}43\,VA$$

Factor de potencia

$$F=\frac{P}{S}=\frac{60}{61{,}43}=0{,}977$$

PROBLEMA 10.11.M

La señal periódica i(t) aplicada al circuito de la figura tiene simetría par y su desarrollo es: $i(t)=5+\frac{40}{\pi^2}\left[\cos t+\frac{1}{9}\cos 3t+\frac{1}{25}\cos 5t+\ ...\right]$. Hállese:

a) Tensión u(t) en bornas de la fuente de intensidad.
b) Valores eficaces de i(t) y u(t).
c) Potencia activa suministrada por la fuente y factor de potencia.

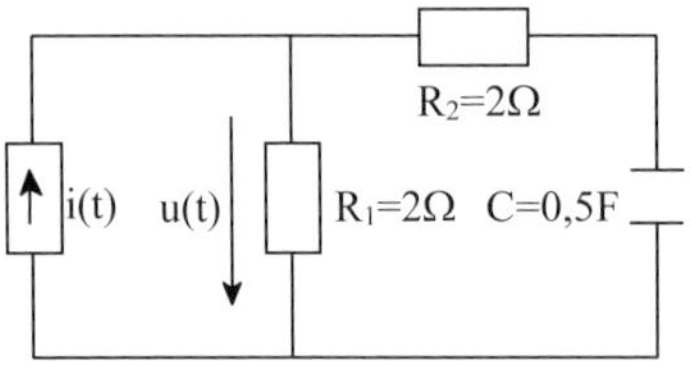

$$i(t)=5+\frac{40}{\pi^2}\left[\cos t+\frac{1}{9}\cos 3t+\frac{1}{25}\cos 5t+\ ...\right]$$

Impedancia del circuito para cada frecuencia:

$$\overline{X}_n=\frac{1}{jC\omega_n}=-\frac{j}{0{,}5n}=\frac{-j2}{n}\qquad \overline{Z}_n=\frac{R_1\left(R_2+\overline{X}_n\right)}{R_1+R_2+\overline{X}_n}$$

$$\overline{Z}_n=\frac{2\left(2-\frac{j2}{n}\right)}{2+2-\frac{j2}{n}}=\frac{2-\frac{j2}{n}}{2-\frac{j}{n}}=\frac{2n-j2}{2n-j}=\frac{4n^2+2-j2n}{4n^2+1}$$

Y para los distintos armónicos, se tiene:

$$n=0 \quad Z_0 = 2\Omega$$

$$n=1 \quad \overline{Z}_1 = \frac{6\text{-}j2}{5} = 1{,}2 - j0{,}4 = 1{,}265\ \angle \arctan -0{,}33 = 1{,}265\angle -18{,}43^0$$

$$n=3 \quad \overline{Z}_3 = \frac{38\text{-}j6}{37} = 1{,}027 - j0{,}162 = 1{,}04\ \angle \arctan -0{,}16 = 1{,}04\angle -9^0$$

$$n=5 \quad \overline{Z}_5 = \frac{102 - j10}{101} = 1{,}001 - j0{,}1 = 1{,}006\ \angle \arctan -0{,}1 = 1{,}006\angle -5{,}7^0$$

Cálculo de las tensiones

$$\overline{U}_n = \overline{Z}_n I_n$$

$$U_0 = 2\, I_0 = 2 * 5 = 10V$$

$$\overline{U}_1 = \frac{40}{\pi^2}\ 1{,}265\ \angle\text{-}\ 18{,}43^{\text{o}} = \frac{50{,}6}{\pi^2}\ \angle\text{-}\ 18{,}43^0$$

$$\overline{U}_3 = \frac{40}{9\pi^2}\ 1{,}04\ \angle\text{-}\ 9^{\text{o}} = \frac{4{,}62}{\pi^2}\ \angle\text{-}\ 9^0$$

$$\overline{U}_5 = \frac{40}{25\pi^2}\ 1{,}006\ \angle -5{,}7^{\text{o}} = \frac{1{,}61}{\pi^2}\ \angle -5{,}7^0$$

Y su valor instantáneo:

$$u(t) = 10 + \frac{50{,}6}{\pi^2}\cos\left(t - 18{,}43^0\right) + \frac{4{,}62}{\pi^2}\cos\left(3t - 9^0\right) + \frac{1{,}61}{\pi^2}\cos\left(5t - 5{,}7^0\right) + \ .$$

Valores eficaces de i(t) y e(t)

$$I = \sqrt{5^2 + \frac{1}{2}\left[\left(\frac{40}{\pi^2}\right)^2 + \left(\frac{40}{9\pi^2}\right)^2 + \left(\frac{40}{25\pi^2}\right)^2\right]} = 5{,}772A$$

$$U = \sqrt{10^2 + \frac{1}{2}\left[\left(\frac{50{,}6}{\pi^2}\right)^2 + \left(\frac{4{,}62}{\pi^2}\right)^2 + \left(\frac{1{,}61}{\pi^2}\right)^2\right]} = 10{,}642V$$

Cálculo de potencias

Potencia activa:

$$P = U_0 I_0 + \sum_{n=1}^{n=\infty} \frac{U_n}{\sqrt{2}}\frac{I_n}{\sqrt{2}}\cos\varphi_n =$$

$$= 10 * 5 + \frac{1}{2}\left(\frac{40}{\pi^2}\frac{50{,}6}{\pi^2}\cos\ 18{,}43^0 + \frac{40}{9\pi^2}\frac{4{,}62}{\pi^2}\cos\ 9^0 + \frac{40}{25\pi^2}\frac{1{,}61}{\pi^2}\cos 5{,}7^0\right) =$$

$$= 50 + \frac{1}{2}\left[19{,}68 + 0{,}208 + 0{,}026\right] \approx 60W$$

Potencia aparente:

$$S = UI = 10{,}642 * 5{,}772 = 61{,}43\,VA$$

Factor de potencia

$$F = \frac{P}{S} = \frac{60}{61{,}43} = 0{,}977$$

PROBLEMA 10.12

Complemento del problema 10.3

En la figura se representa un circuito R L C paralelo, alimentado por una tensión alterna de 220V de valor eficaz y 50Hz de frecuencia. Se conoce que la tensión está formada por la onda fundamental y los armónicos de orden 3 y 5, de forma que $U_3 = 0{,}2U_1$ y $U_5 = 0{,}1U_1$. Se desea conocer:

a) Error cometido al calcular los valores de R, L y C basados en la medición de la tensión e intensidad eficaz de cada elemento pasivo.

b) Suponiendo los valores de R =10Ω, L =32mH y C =320μF, calcúlese:

- Intensidad en cada uno de los elementos y su valor eficaz.
- Factor de armónicas en la tensión y en la intensidad de cada elemento.

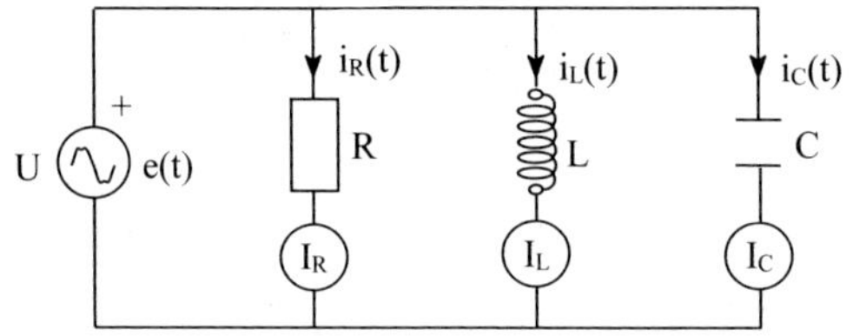

$$U = 220V \quad \text{y} \quad 50Hz$$
$$U_3 = 0{,}2\,U_1$$
$$U_5 = 0{,}1\,U_1$$

a) Si la tensión de 220 V de valor eficaz y 50 Hz fuese senoidal pura, se tendría:

$$R = \frac{U}{I_R} \qquad L = \frac{U}{I_L\omega} \qquad C = \frac{I_C}{U\omega}$$

Como la tensión no es senoidal pura, será:

$$U = 220V = \sqrt{U_1^2 + U_3^2 + U_5^2} = \sqrt{U_1^2 + (0{,}2U_1)^2 + (0{,}1U_1)^2} = U_1\sqrt{1 + 0{,}2^2 + 0{,}1^2} = 1{,}025U_1$$

$$U_1 = \frac{220}{1{,}025} = 214{,}6V \qquad U_3 = 0{,}2U_1 = 42{,}92V \qquad U_5 = 0{,}1U_1 = 21{,}46V$$

La tensión u(t) será:

$$u(t) = 214{,}6\sqrt{2}\,(\mathrm{sen}\,\omega t + 0{,}2\,\mathrm{sen}3\omega t + 0{,}1\,\mathrm{sen}5\omega t)$$

El valor eficaz de la tensión es:

$$U = \sqrt{U_1^2 + U_3^2 + U_5^2} = U_1\sqrt{1 + \left(\frac{U_3}{U_1}\right)^2 + \left(\frac{U_5}{U_1}\right)^2}$$

Y el de la intensidad:

$$I = \sqrt{I_1^2 + I_3^2 + I_5^2 +} = \sqrt{\left(\frac{U_1}{Z_1}\right)^2 + \left(\frac{U_3}{Z_3}\right)^2 + \left(\frac{U_5}{Z_5}\right)^2} = U_1\sqrt{\frac{1}{Z_1^2} + \frac{1}{Z_3^2}\left(\frac{U_3}{U_1}\right)^2 + \frac{1}{Z_5^2}\left(\frac{U_5}{U_1}\right)^2}$$

Sean U, I_R, I_L, e I_C los valores eficaces registrados por los aparatos de medida cuando la tensión es alterna no senoidal. De acuerdo con ellos los valores de la resistencia (R'), la inductancia de la bobina (L') y la capacidad del condensador (C'), serán:

$$R' = \frac{U}{I_R} \qquad L' = \frac{U}{I_L\omega} \qquad C' = \frac{I_C}{U\omega}$$

Se analizarán estos valores, comparándolos con los reales obtenidos cuando la medición se hace aplicando una señal alterna senoidal pura de tensión de la misma frecuencia.

Resistencia

$$R' = \frac{U}{I} = \frac{U_1\sqrt{1 + \left(\frac{U_3}{U_1}\right)^2 + \left(\frac{U_5}{U_1}\right)^2}}{U_1\sqrt{\frac{1}{R^2} + \frac{1}{R^2}\left(\frac{U_3}{U_1}\right)^2 + \frac{1}{R^2}\left(\frac{U_5}{U_1}\right)^2}} = \frac{U_1\sqrt{1 + \left(\frac{U_3}{U_1}\right)^2 + \left(\frac{U_5}{U_1}\right)^2}}{\frac{U_1}{R}\sqrt{1 + \left(\frac{U_3}{U_1}\right)^2 + \left(\frac{U_5}{U_1}\right)^2}} = R$$

El valor de R medido en las dos circunstancias es el mismo.

Bobina

$$L' = \frac{U}{I\omega} = \frac{U_1 \sqrt{1 + \left(\frac{U_3}{U_1}\right)^2 + \left(\frac{U_5}{U_1}\right)^2}}{\omega U_1 \sqrt{\frac{1}{L^2\omega^2} + \frac{1}{9L^2\omega^2}\left(\frac{U_3}{U_1}\right)^2 + \frac{1}{25L^2\omega^2}\left(\frac{U_5}{U_1}\right)^{2\,2}}} =$$

$$= L \frac{\sqrt{1 + \left(\frac{U_3}{U_1}\right)^2 + \left(\frac{U_5}{U_1}\right)^2}}{\sqrt{1 + \frac{1}{9}\left(\frac{U_3}{U_1}\right)^2 + \frac{1}{25}\left(\frac{U_5}{U_1}\right)^2}} = L\, r \qquad L' = L\, r$$

El coeficiente r es mayor que la unidad. Por ello el valor L' obtenido, tomando como base de partida las medidas de los valores eficaces de la onda periódica no senoidal, es mayor que el valor L que se obtendría si la señal fuese senoidal pura.

Condensador

$$C' = \frac{I}{U\omega} = \frac{U_1 \sqrt{C^2\omega^2 + 9C^2\omega^2\left(\frac{U_3}{U_1}\right)^2 + 25C^2\omega^2\left(\frac{U_5}{U_1}\right)^2}}{\omega U_1 \sqrt{1 + \left(\frac{U_3}{U_1}\right)^2 + \left(\frac{U_5}{U_1}\right)^2}} =$$

$$= C \frac{\sqrt{1 + 9\left(\frac{U_3}{U_1}\right)^2 + 25\left(\frac{U_5}{U_1}\right)^2}}{\sqrt{1 + \left(\frac{U_3}{U_1}\right)^2 + \left(\frac{U_5}{U_1}\right)^2}} = C\, q \qquad C' = C\, q$$

El coeficiente q es mayor que la unidad e igual que en el caso anterior es $C' > C$.

Dando valores, se tiene:

$$L' = L \frac{\sqrt{1 + 0{,}2^2 + 0{,}1^2}}{\sqrt{1 + \frac{1}{3^2}\ 0{,}2^2 + \frac{1}{5^2}\ 0{,}1^2}} = L \frac{\sqrt{1{,}05}}{\sqrt{1{,}005}} = 1{,}023\, L$$

$$C' = C \frac{\sqrt{1 + 9 * 0{,}2^2 + 25 * 0{,}1^2}}{\sqrt{1 + 0{,}2^2 + 0{,}1^2}} = C \frac{\sqrt{1{,}61}}{\sqrt{1{,}05}} = 1{,}24 C$$

Puede comprobarse que el efecto sobre el incremento del valor de la capacidad (un 24%) es muy superior que el efecto sobre el incremento de la autoinducción (un 2,3 %).

b) Para los valores de R =10Ω, L =32mH y C =320μF, se tiene:

$$f_1 = 50\,Hz \qquad \omega_1 = 2\pi f_1 = 314$$

Las impedancias de la bobina y del condensador son:

$$X_{L1} = L\omega_1 = 32*10^{-3}*314 = 10\Omega \qquad \overline{X}_{L1} = j10\Omega$$

$$X_{C1} = \frac{1}{C\omega_1} = \frac{1}{320*10^{-6}*314} = 10\Omega \qquad \overline{X}_{C1} = -j10\Omega$$

Para tensión alterna senoidal pura se tendría:

$$I_R = \frac{U}{R} = \frac{220}{10} = 22\,A \qquad I_L = \frac{U}{X_L} = \frac{220}{10} = 22\,A \qquad I_C = \frac{U}{X_C} = \frac{220}{10} = 22\,A$$

Y para el caso que nos ocupa de señal periódica:

Resistencia

$$I_{R1} = \frac{U_1}{R} = \frac{214{,}6}{10} = 21{,}46\,A \qquad I_{R3} = \frac{0{,}2U_1}{R} = 4{,}292\,A \qquad I_{R5} = \frac{0{,}1U_1}{R} = 2{,}146\,A$$

$$I_R = \sqrt{I_{R1}^2 + I_{R3}^2 + I_{R5}^2} = 21{,}46\sqrt{1+0{,}2^2+0{,}1^2} = 21{,}46\sqrt{1{,}05} = 22\,A$$

Confirma lo ya visto en el punto anterior.

Bobina

$$I_{L1} = \frac{U_1}{X_{L1}} = \frac{214{,}6}{10} = 21{,}46\,A \qquad I_{L3} = \frac{0{,}2U_1}{3X_{L1}} = 1{,}43\,A \qquad I_{L5} = \frac{0{,}1U_1}{5X_{L1}} = 0{,}43\,A$$

$$\overline{I}_{L1} = 21{,}46\angle -90^o \qquad \overline{I}_{L3} = 1{,}43\angle -90^o \qquad \overline{I}_{L5} = 0{,}43\angle -90^o$$

$$I_L = \sqrt{I_{L1}^2 + I_{L3}^2 + I_{L5}^2} = \sqrt{21{,}46^2 + 1{,}43^2 + 0{,}43^2} = 21{,}51\,A \qquad \text{inferior a } 22\,A$$

Condensador

$$I_{C1}=\frac{U_1}{X_{C1}}=\frac{214{,}6}{10}=21{,}46A \qquad I_{C3}=\frac{0{,}2U_1}{\frac{X_{C1}}{3}}=12{,}88A \qquad I_{C5}=\frac{0{,}1U_1}{\frac{X_{C1}}{5}}=10{,}73\,A$$

$$\bar{I}_{C1}=21{,}46\angle 90^{\circ} \qquad \bar{I}_{C3}=12{,}88\angle 90^{\circ} \qquad \bar{I}_{C5}=10{,}73\angle 90^{\circ}$$

$$I_C=\sqrt{I_{C1}^2+I_{C3}^2+I_{C5}^2}=\sqrt{21{,}46^2+12{,}88^2+10{,}73^2}=27{,}23\,A \qquad \text{superior a } 22\,A$$

Las expresiones de las intensidades son:

$$i_R(t)=21{,}46\sqrt{2}\,(\operatorname{sen}\omega t+0{,}2\operatorname{sen}3\omega t+0{,}1\operatorname{sen}5\omega t)$$

$$i_L(t)=21{,}46\sqrt{2}\left(\operatorname{sen}\omega t-\frac{\pi}{2}\right)+1{,}43\sqrt{2}\left(\operatorname{sen}3\omega t-\frac{\pi}{2}\right)+0{,}43\sqrt{2}\left(\operatorname{sen}5\omega t-\frac{\pi}{2}\right)$$

$$i_C(t)=21{,}46\sqrt{2}\left(\operatorname{sen}\omega t+\frac{\pi}{2}\right)+12{,}88\sqrt{2}\left(\operatorname{sen}3\omega t+\frac{\pi}{2}\right)+10{,}73\sqrt{2}\left(\operatorname{sen}5\omega t+\frac{\pi}{2}\right)$$

Factores de armónica

$$TENSION \quad f_V=\frac{\sqrt{U_3^2+U_5^2}}{U}=\frac{\sqrt{(0{,}2*214{,}6)^2+(0{,}1*214{,}6)^2}}{220}=\frac{48}{220}=0{,}22$$

$$I_R \quad f_{IR}=\frac{\sqrt{I_{R3}^2+I_{R5}^2}}{I_R}=\frac{\sqrt{4{,}292^2+2{,}146^2}}{22}=0{,}22$$

$$I_L \quad f_{IL}=\frac{\sqrt{I_{L3}^2+I_{L5}^2}}{I_L}=\frac{\sqrt{1{,}43^2+0{,}43^2}}{21{,}51}=0{,}07$$

$$I_C \quad f_{IC}=\frac{\sqrt{I_{C3}^2+I_{C5}^2}}{I_C}=\frac{\sqrt{12{,}88^2+10{,}73^2}}{27{,}23}=0{,}616$$

El contenido en armónicos de la intensidad en la resistencia es el mismo que el de la tensión. En la intensidad de la bobina es menor (la onda está menos distorsionada) y en la intensidad del condensador es mayor (la onda está más distorsionada). Esto queda reflejado en el siguiente gráfico, en el que se representan las señales de tensión y de intensidad en cada elemento.

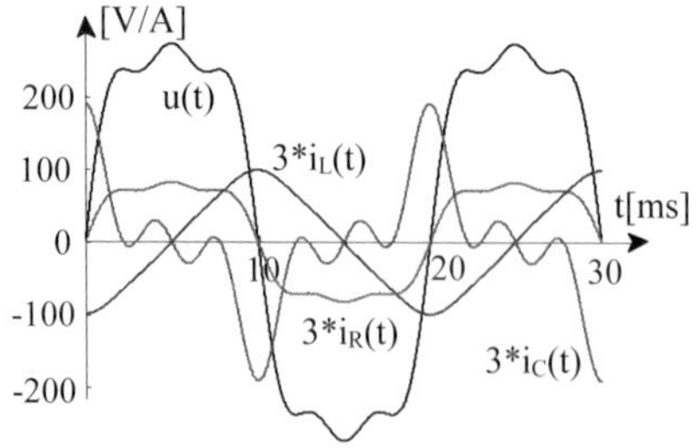

PROBLEMA 10.13

Al circuito de la figura 1se aplica la tensión de excitación periódica representada en la figura 2. Calcúlese:

a) Desarrollo en serie de Fourier de la tensión de excitación.

b) Intensidad i(t) que circula por la resistencia.

c) Potencia activa consumida en la resistencia.

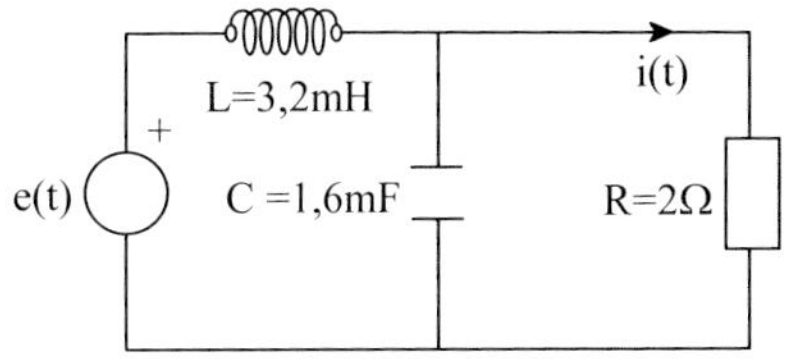

Fig. 1

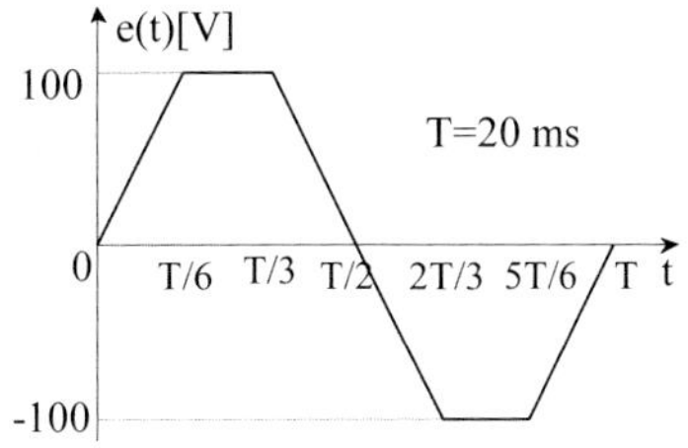

Fig. 2

La ecuación analítica de la excitación es:

$$e(t)=\frac{6E}{T}\,t \qquad \text{para} \quad 0<t<\frac{T}{6}$$

$$e(t)=E \qquad \text{para} \quad \frac{T}{6}<t<\frac{T}{3}$$

$$e(t)=3E-\frac{6E}{T}\,t \qquad \text{para} \quad \frac{T}{3}<t<\frac{2T}{3}$$

$$e(t)=-E \qquad \text{para} \quad \frac{2T}{3}<t<\frac{5T}{6}$$

$$e(t)=-6E+\frac{6E}{T}\,t \qquad \text{para} \quad \frac{5T}{6}<t<T$$

Desarrollo de la función en series de Fourier

Es una función impar, alterna pura y con simetría de media onda. Por lo tanto solo tendrá términos b_n impares.

Cálculo de los coeficientes b_n. Por tener simetría de media onda, se considera el doble de la integral de la función en un semiperiodo.

$$b_n=\frac{2}{T}\int_0^T e(t)\,\text{sen}\,n\omega t\,dt=$$

$$=2\,\frac{2}{T}\left[\int_0^{\frac{T}{6}}\frac{6E}{T}t\,\text{sen}\,n\omega t\,dt+\int_{\frac{T}{6}}^{\frac{T}{3}}E\,\text{sen}\,n\omega t\,dt+\int_{\frac{T}{3}}^{\frac{T}{2}}\left(3E-\frac{6E}{T}\,t\right)\text{sen}\,n\omega t\,dt\right]$$

Se calcula el valor de estas integrales:

Tramo 0 < t < T/6

$$\frac{6}{T}\int_0^{\frac{T}{6}} t \,\mathrm{sen}\, n\omega t\, dt = \frac{6}{T}\left[\left.-\frac{t}{n\omega} - \cos n\omega t\right)_0^{\frac{T}{6}} - \frac{1}{n\,\omega}\int_0^{\frac{T}{6}} \cos n\omega t\, dt\right] =$$

$$= -\frac{6}{T}\left[\frac{T^2}{6n2\pi}\cos n\frac{2\pi}{T}\frac{T}{6} + \frac{1}{(n\,\omega)^2}\,\mathrm{sen}\, n\frac{2\pi}{T}\frac{T}{6}\right] = -\left[\frac{T}{2n\pi}\cos n\frac{\pi}{3} + \frac{3T}{2n^2\pi^2}\,\mathrm{sen}\, n\frac{\pi}{3}\right]$$

Se ha integrado por partes, haciendo los cambios de variables:

$$\left.\begin{array}{ll} u = t & du = dt \\ v = -\dfrac{1}{n\,\omega}\cos n\omega t & dv = \mathrm{sen}\, n\omega t\, dt \end{array}\right\} \quad \int u\,dv = uv - \int v\,du$$

Tramo T/6 < t < T/3

$$\int_{\frac{T}{6}}^{\frac{T}{6}} \mathrm{sen}\, n\omega t\, dt = -\frac{1}{n\,\omega}\left[\cos n\omega t\right]_{\frac{T}{6}}^{\frac{T}{3}} = -\frac{T}{n\,2\pi}\left[\cos n\frac{2\pi}{T}\frac{T}{3} - \cos n\frac{2\,\pi}{T}\frac{T}{6}\right] =$$

$$= -\frac{T}{n\,2\pi}\left[\cos n\frac{2\pi}{3} - \cos n\frac{\pi}{3}\right]$$

Tramo T/3 < t < T/2

$$3\int_{\frac{T}{3}}^{\frac{T}{2}} \mathrm{sen}\, n\omega t\, dt = -\frac{3}{n\,\omega}\left[\cos n\omega t\right]_{\frac{T}{3}}^{\frac{T}{2}} = -\frac{3T}{n\,2\pi}\left[\cos n\frac{2\pi}{T}\frac{T}{2} - \cos n\frac{2\,\pi}{T}\frac{T}{3}\right] =$$

$$= -\frac{3T}{n2\pi}\left[\cos n\pi - \cos n\frac{2\pi}{3}\right]$$

$$-\frac{6}{T}\int_{\frac{T}{3}}^{\frac{T}{2}} t\,\mathrm{sen}\, n\omega t\, dt = -\frac{6}{T}\left[\left.-\frac{t}{n\omega} - \cos n\omega t\right)_{\frac{T}{3}}^{\frac{T}{2}} - \frac{1}{n\,\omega}\int_{\frac{T}{3}}^{\frac{T}{2}} \cos n\omega t\, dt\right] =$$

$$= -\frac{6}{T}\left[\frac{T^2}{2n2\pi}\cos n\frac{2\pi}{T}\frac{T}{2} - \frac{T^2}{3n2\pi}\cos n\frac{2\pi}{T}\frac{T}{3} + \frac{1}{(n\,\omega)^2}\,\mathrm{sen}\, n\frac{2\pi}{T}\frac{T}{2} - \frac{1}{(n\,\omega)^2}\,\mathrm{sen}\, n\frac{2\pi}{T}\frac{T}{3}\right] =$$

$$= \left[\frac{3T}{2n\pi}\cos n\,\pi - \frac{T}{n\pi}\cos n\,\frac{2\pi}{3} + \frac{3T}{2n^2\pi^2}\,\mathrm{sen}\, n\,\pi - \frac{3T}{2n^2\pi^2}\,\mathrm{sen}\, n\,\frac{2\pi}{3}\right]$$

Considerando los resultados parciales de las integrales, se tiene:

$$b_n = \frac{4E}{T}\left[-\frac{T}{2\,n\,\pi}\cos n\frac{\pi}{3} - \frac{3T}{2\,n^2\,\pi^2}\operatorname{sen} n\frac{\pi}{3} - \frac{T}{n2\pi}\cos n\frac{2\pi}{3} + \frac{T}{n\,2\pi}\cos n\frac{\pi}{3} - \right.$$

$$-\frac{3T}{n2\pi}\cos n\,\pi + \frac{3T}{n\,2\pi}\cos n\frac{2\pi}{3} + \frac{3T}{2\,n\,\pi}\cos n\pi - \frac{T}{n\,\pi}\cos n\frac{2\,\pi}{3} +$$

$$\left. + \frac{3T}{2\,n^2\,\pi^2}\operatorname{sen} n\pi - \frac{3T}{2\,n^2\,\pi^2}\operatorname{sen} n\frac{2\,\pi}{3}\right] = \frac{12\,E}{2\,n^2\,\pi^2}\left[-\operatorname{sen} n\frac{\pi}{3} - \operatorname{sen} n\frac{2\pi}{3}\right]$$

Dando valores a n se puede comprobar que efectivamente son cero los términos pares. En este caso también son cero el término 3 y los múltiplos de 3. Para el resto de los términos el valor del coeficiente es:

$$b_n = \frac{12E}{n^2\,\pi^2}\operatorname{sen} n\frac{\pi}{3}$$

El signo va cambiando alternativamente, de + a - en los términos no nulos: positivo para n = 1, negativo para n = 5, positivo para n = 7, negativo para n = 11, etc. El desarrollo de e(t) es:

$$e(t) = \frac{1200}{\pi^2}\left[\frac{\sqrt{3}}{2}\operatorname{sen}\,\omega t - \frac{1}{5^2}\frac{\sqrt{3}}{2}\operatorname{sen}\,5\omega t + \frac{1}{7^2}\frac{\sqrt{3}}{2}\operatorname{sen}\,7\omega t - \frac{1}{11^2}\frac{\sqrt{3}}{2}\operatorname{sen}\,11\omega t + \,.\right] =$$

$$= 105{,}3\left[\operatorname{sen}\,\omega t - \frac{1}{25}\operatorname{sen}\,5\omega t + \frac{1}{49}\operatorname{sen}7\omega t - \frac{1}{121}\operatorname{sen}\,11\omega t + \,..\right]$$

Representación gráfica considerando hasta el armónico 6:

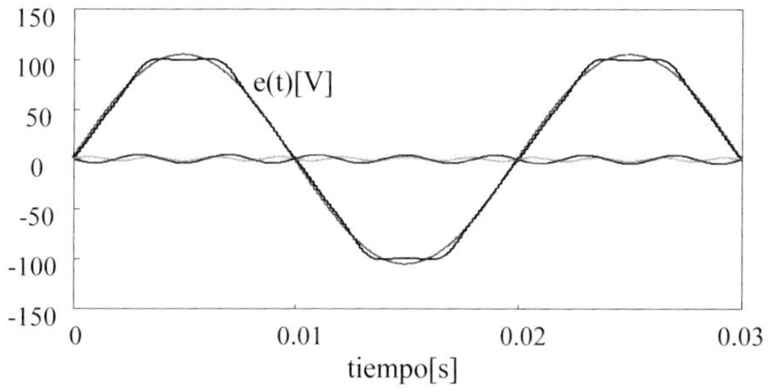

Y su valor eficaz:

$$U = \sqrt{\frac{1}{2}\left[105{,}3^2 + \left(-\frac{105{,}3}{25}\right)^2 + \left(\frac{105{,}3}{49}\right)^2 + \left(-\frac{105{,}3}{121}\right)^2 + \,..\right]} = 74{,}54V$$

Cálculo de intensidades

$$T = 20ms \qquad \omega = \frac{2\pi}{20*10^{-3}} = 314$$

$$\overline{I}_n = \overline{U}_n \frac{1}{jLn\omega + \frac{R\left(-\frac{j}{Cn\omega}\right)}{R - \frac{j}{Cn\omega}}} \frac{R\frac{-j}{Cn\omega}}{R - \frac{j}{Cn\omega}} \frac{1}{R} = \overline{U}_n \frac{1}{jn + \frac{2\left(-j\frac{2}{n}\right)}{2 - \frac{j2}{n}}} \frac{\frac{-j4}{n}}{2 - \frac{j2}{n}} \frac{1}{2}$$

$$= \overline{U}_n \frac{-j2}{j2n^2 + 2n - j4} = \overline{U}_n \frac{-n^2 + 2 - jn}{n^4 - 3n^2 + 4} = \overline{M}_n \overline{U}_n$$

Dando valores a n:

$$n = 1 \qquad \overline{M}_1 = \frac{1-j}{4} = 0{,}25 - j0{,}25 = 0{,}354 \angle -45^o$$

$$n = 5 \qquad \overline{M}_5 = \frac{-23 - j5}{554} = -0{,}0415 - j0{,}009 = 0{,}042 \angle -167{,}8^o$$

$$n = 7 \qquad \overline{M}_7 = \frac{-47 - j7}{2.258} = -0{,}02 - j0{,}0031 = 0{,}0202 \angle -171{,}2^o$$

$$n = 11 \qquad \overline{M}_{11} = \frac{-119 - j11}{14.282} = -0{,}0083 - j0{,}00077 = 0{,}00833 \angle -174{,}7^o$$

Se tienen los armónicos de intensidad:

$$\overline{I}_1 = \overline{M}_1 \overline{U}_1 = 105{,}3 * 0{,}354 \angle -45^o = 37{,}28 \angle -45^o$$

$$\overline{I}_5 = \overline{M}_5 \overline{U}_5 = \frac{-105{,}3}{25} * 0{,}042 \angle -167{,}8^o = -0{,}177 \angle -167{,}8^o$$

$$\overline{I}_7 = \overline{M}_7 \overline{U}_7 = \frac{105{,}3}{49} * 0{,}0202 \angle -171{,}2^o = 0{,}043 \angle -171{,}2^o$$

$$\overline{I}_{11} = \overline{M}_{11} \overline{U}_{11} = \frac{-105{,}3}{121} * 0{,}00833 \angle -174{,}7^o = -0{,}0073 \angle -174{,}7^o$$

Siendo el valor instantáneo de la intensidad:

$$i(t) = 37{,}28 \text{ sen}(\omega t - 45^o) - 0{,}177 \text{ sen}(5\omega t - 167{,}8^o) + 0{,}043 \text{ sen}(7\omega t - 171{,}2^o) -$$
$$- 0{,}0073 \text{ sen}(11\omega t - 174{,}7^o)$$

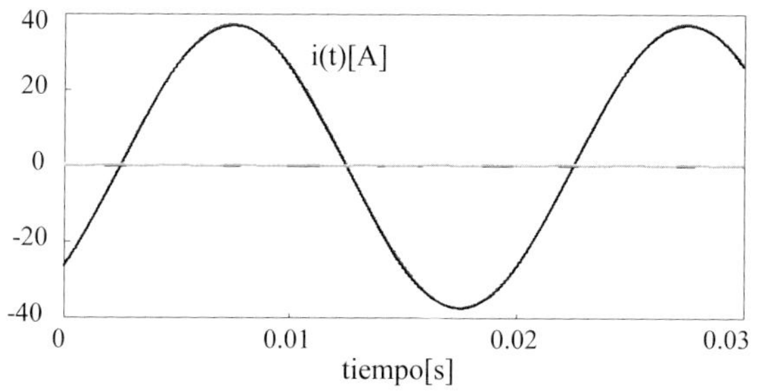

Y su valor eficaz:

$$I = \sqrt{\frac{1}{2}\left(37{,}28^2 + (-0{,}177)^2 + 0{,}043^2 + (-0{,}0073)^2 + .\right)} = 26{,}36\,A$$

Cálculo de la potencia activa consumida por la resistencia

$$P = R\sum_{n=1}^{n=\infty}\left(\frac{I_n}{\sqrt{2}}\right)^2 = R\,I^2 = 2 * 26{,}36^2 = 1390W$$

PROBLEMA 10.14

El circuito de la figura 1 está conectado a la salida de un rectificador monofásico de media onda, (señal representada en la figura 2), que se alimenta de una tensión alterna senoidal de 100V de valor eficaz y 50 Hz de frecuencia. Calcúlense:

a) Desarrollo en series de Fourier de la señal de salida del rectificador y su valor eficaz.
b) Intensidad suministrada a la carga y su valor eficaz.
c) Potencia activa suministrada a la carga.
d) Factor de potencia.

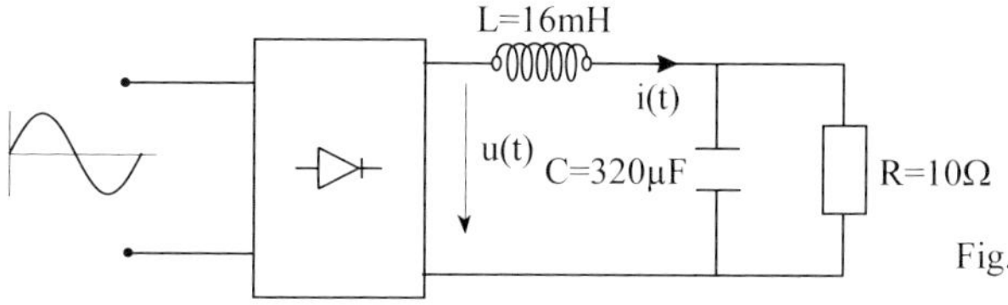

Fig. 1

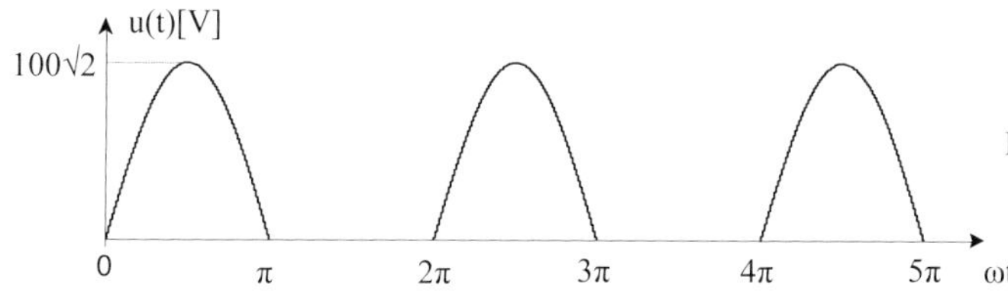

Fig. 2

La expresión analítica de la tensión de salida del rectificador es:

$$u(t)=100\sqrt{2}\,\text{sen}\,\omega t \qquad \text{para} \quad 0<t<\frac{T}{2}$$

$$u(t)=0 \qquad \text{para} \quad \frac{T}{2}<t<T$$

$$\omega=2\,\pi\,f=100\,\pi$$

Cálculo de los coeficientes

No se aprecia ningún tipo de simetría. Habría simetría par si se desplazase el eje de ordenadas en sentido positivo o negativo una distancia π/2.

Coeficiente a_0

$$a_0=2\frac{2}{T}\int_0^{\frac{T}{2}}u(t)dt=\frac{4}{T}\int_0^{\frac{T}{2}}100\sqrt{2}\,\text{sen}\,\omega t\,dt=\frac{200\sqrt{2}}{T\omega}\left[-\cos\omega t\right]_0^{\frac{T}{2}}=$$

$$=\frac{200\sqrt{2}}{2\pi}\left[-\cos\frac{2\pi}{T}\frac{T}{2}+\cos 0^{\circ}\right]=\frac{200\sqrt{2}}{\pi} \qquad E_0=\frac{a_0}{2}=\frac{30}{\pi}V$$

Coeficientes a_n

$$a_n=\frac{2}{T}\int_0^{T}u(t)\cos n\omega\,t dt=\frac{200\sqrt{2}}{T}\int_0^{\frac{T}{2}}\text{sen}\,\omega t\,\cos n\omega t\,dt$$

Para n = 1 la integral vale cero y por lo tanto $a_1 = 0$.

Teniendo en cuenta la relación trigonométrica:

$$2\,\text{sen}\,a\,\cos b=\text{sen}(a+b)+\text{sen}(a-b) \qquad \text{Y haciendo: } a=\omega t \ \text{ y } \ b=n\omega t$$
$$2\,\text{sen}\,\omega t\,\cos n\omega t=\text{sen}(n+1)\omega t+\text{sen}(1-n)\omega t$$

Y la integral será:

$$a_n=\frac{100\sqrt{2}}{T}\left[\int_0^{\frac{T}{2}}\text{sen}\,(n+1)\omega t\,dt+\int_0^{\frac{T}{2}}\text{sen}\,(1-n)\omega t\,dt\right]=$$

$$=\frac{100\sqrt{2}}{T}\left[\left(-\frac{1}{(n+1)\omega}\cos(n+1)\omega t\right)+\left(-\frac{1}{(1-n)\omega}\cos(1-n)\omega t\right)\right]_0^{\frac{T}{2}}=$$

$$=\frac{100\sqrt{2}}{T}\left[-\frac{T}{(n+1)2\pi}\left(\cos(n+1)\frac{2\pi}{T}\frac{T}{2}-1\right)-\frac{T}{(1-n)2\pi}\left(\cos(1-n)\frac{2\pi}{T}\frac{T}{2}-1\right)\right]=$$

$$=\frac{100\sqrt{2}}{2\pi}\left[-\frac{1}{n+1}\left(\cos(n+1)\pi-1\right)-\frac{1}{1-n}\left(\cos(1-n)\pi-1\right)\right]$$

Esta expresión se puede poner así:

$$a_n = \frac{100\sqrt{2}}{2\pi}\frac{2}{1-n^2}(\cos\pi n+1)=\frac{100\sqrt{2}}{\pi(1-n^2)}(\cos\pi n-1)$$

Para n = impar los coeficientes son cero (que corrobora lo dicho antes para a_1).

Coeficientes b_n

$$b_n = \frac{2}{T}\int_0^T u(t)\operatorname{sen} n\omega t\, dt = \frac{200\sqrt{2}}{T}\int_0^{\frac{T}{2}} \operatorname{sen}\omega t \; \operatorname{sen} n\omega t\, dt$$

Esta integral es cero para todos los valores de n excepto para n = 1 (coeficiente b_1).

Para el primer coeficiente se tiene:

$$b_1 = \frac{200\sqrt{2}}{T}\int_0^{\frac{T}{2}} \operatorname{sen}^2\omega t\, dt = \frac{200\sqrt{2}}{T}\left[\frac{t}{2}-\frac{\operatorname{sen} 2\omega t}{4\,\omega}\right]_0^{\frac{T}{2}} =$$

$$= \frac{200\sqrt{2}}{T}\left[\frac{T}{4}-\frac{T}{4*2\,\pi}\operatorname{sen} 2\,\frac{2\pi}{T}\frac{T}{2}\right] = 50\sqrt{2}$$

Así pues el desarrollo de u(t) es:

$$u(t) = \frac{100\sqrt{2}}{\pi} + 50\sqrt{2}\operatorname{sen}\omega t - \frac{200\sqrt{2}}{\pi}\left[\frac{1}{3}\cos 2\omega t + \frac{1}{15}\cos 4\omega t + \frac{1}{35}\cos 6\omega t + \ .\right]$$

Representación gráfica considerando hasta el armónico 6:

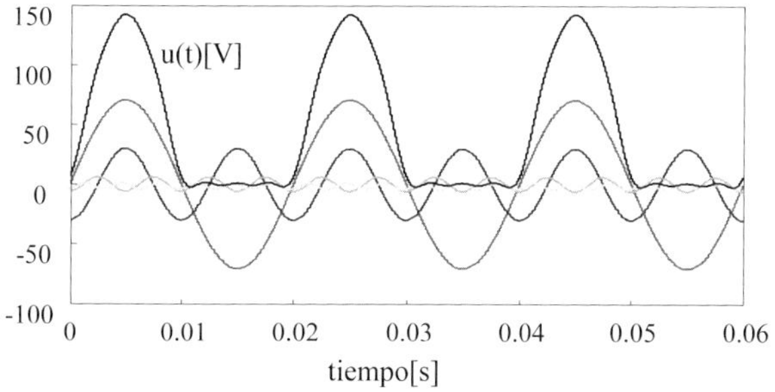

Y su valor eficaz:

$$U = \sqrt{\left(\frac{100\sqrt{2}}{\pi}\right)^2 + 50^2 + \left(-\frac{200}{3\pi}\right)^2 + \left(-\frac{200}{15\pi}\right)^2 + \left(-\frac{200}{35\pi}\right)^2 + \ldots} = 70{,}76V$$

Intensidad i(t)

Para su cálculo es necesario hallar el valor de la impedancia de la carga para cada armónico.

Se tiene:

$$\overline{X}_{Ln} = jLn\omega = j16*10^{-2}\ n\ 2\ \pi\ 50 = j5n$$

$$\overline{X}_{Cn} = \frac{1}{jCn\omega} = -\frac{j}{32*10^{-5}*314*n} = \frac{-j10}{n}$$

$$\overline{Z}_n = \overline{X}_{Ln} + \frac{R\ \overline{X}_{Cn}}{R+\overline{X}_{Cn}} = j5n + \frac{10\ \frac{-j10}{n}}{10-\frac{j10}{n}} = \frac{5n+j\left(5n^2-10\right)}{n-j} = \frac{10+j5\left(n^3-n\right)}{n^2+1}$$

Y para los valores de n en los que existen componentes armónicos:

$$n=0 \quad Z_0 = 10\ \Omega$$

$$n=1 \quad \overline{Z}_1 = 5\ \angle\ 0^{\circ}$$

$$n=2 \quad \overline{Z}_2 = 2+j6 = 6{,}32\ \angle\ 71{,}56^{\circ}$$

$$n=4 \quad \overline{Z}_4 = 0{,}6+j17{,}65 = 17{,}66\ \angle\ 88^{\circ}$$

$$n=6 \quad \overline{Z}_6 = 0{,}27+j28{,}4 = 28{,}4\ \angle\ 89{,}4^{\circ}$$

Cálculo de las intensidades:

$$n=0 \quad I_0 = \frac{U_0}{Z_0} = \frac{100\sqrt{2}}{10\ \pi} = 4{,}5\,A$$

$$n=1 \quad \overline{I}_1 = \frac{\overline{U}_1}{\overline{Z}_1} = \frac{50}{5\ \angle\ 0^{\circ}} = 10\ \angle\ 0^{\circ}\,A$$

$$n=2 \quad \overline{I}_2 = \frac{\overline{U}_2}{\overline{Z}_2} = \frac{-200}{3\ \pi\ 6{,}32\ \angle\ 71{,}56^{\circ}} = -3{,}36\ \angle -71{,}56^{\circ}\,A$$

$$n=4 \quad \overline{I}_4 = \frac{\overline{U}_4}{\overline{Z}_4} = \frac{-200}{15\ \pi\ 17{,}66\ \angle\ 88^{\circ}} = -0{,}24\ \angle -88^{\circ}\,A$$

$$n=6 \quad \overline{I}_6 = \frac{\overline{U}_6}{\overline{Z}_6} = \frac{-200}{35\ \pi\ 28{,}4\ \angle\ 89{,}4^{\circ}} = -0{,}064\ \angle -89{,}4^{\circ}\,A$$

Y su valor instantáneo y representación gráfica son:

$$i(t) = 4{,}5 + 10\sqrt{2}\ \mathrm{sen}\,\omega t - 3{,}36\sqrt{2}\cos(2\omega t - 71{,}56^{\circ}) - 0{,}24\sqrt{2}\cos(4\omega t - 88^{\circ}) -$$
$$-0{,}064\sqrt{2}\cos(6\omega t - 89{,}4^{\circ})$$

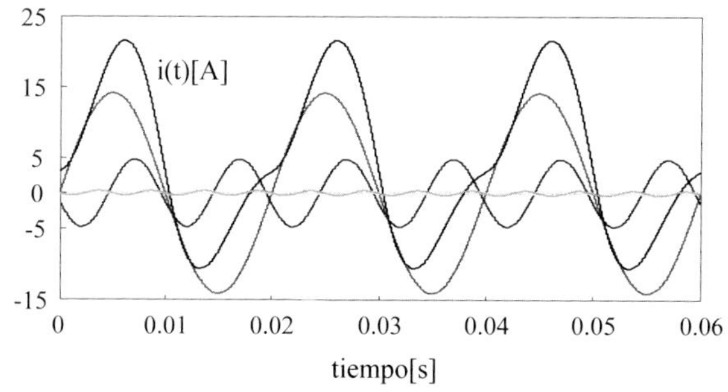

Representación gráfica de la tensión e intensidad:

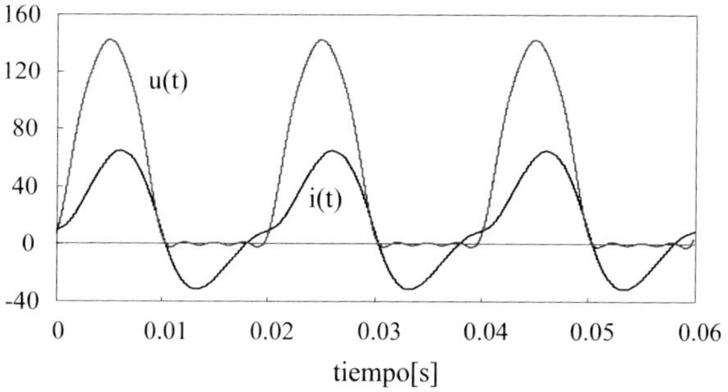

Su valor eficaz es:

$$I=\sqrt{4{,}5^2+10^2+(-3{,}36)^2+(-0{,}24)^2+(-0{,}064)^2+\,..}=11{,}5\,A$$

Potencia activa

$$P=\sum_{n=1}^{n=\infty}U_n\,I_n\cos\varphi_n=\frac{100\sqrt{2}}{\pi}*4{,}5+50*10\cos 0^\circ+\frac{200}{3\pi}*3{,}36\ \cos 71{,}56^\circ+$$
$$+\frac{200}{15\pi}\ 0{,}24\cos 88^\circ+\frac{200}{35\pi}\ 0{,}064\cos 89{,}4^\circ=$$
$$=202{,}5+500+22{,}5+0{,}035+0{,}0012=725W$$

Potencia aparente

$$S=UI=70{,}76*11{,}5=813{,}7VA$$

Factor de potencia

$$K=\frac{P}{S}=\frac{725}{813{,}7}=0{,}89$$

PROBLEMA 10.15

La fuente de tensión e(t) del circuito de la figura 1 tiene una ley de variación que se representa en la figura 2 (el período de la señal es 1/16 s). El circuito pasivo CP actúa de filtro, siendo su respuesta la indicada en la gráfica de la figura 3. Hállense:

a) Desarrollo en serie de Fourier de la señal e(t).

b) La potencia activa suministrada a la carga (después de pasar el filtro F).

c) Potencia aparente y factor de potencia.

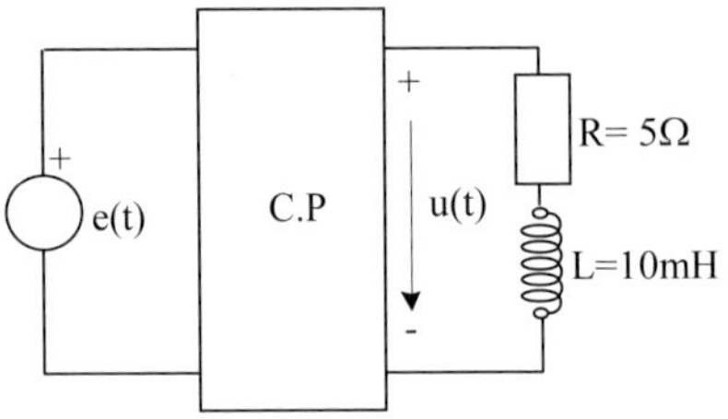

Fig. 1

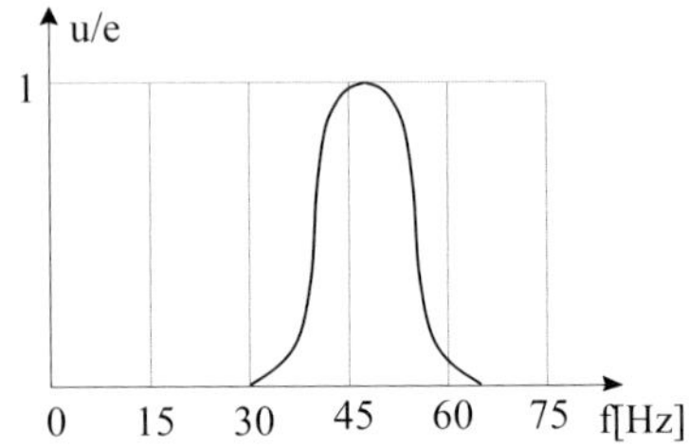

Fig. 2 Respuesta del circuito CP

Fig. 3

Analíticamente la tensión de excitación es:

$$e(t) = 40\ V \qquad \text{para} \qquad 0 < t < \frac{1}{96}$$

$$e(t) = 0\ V \qquad \text{para} \qquad \frac{1}{96} < t < \frac{1}{16}$$

Y para la pulsación se tiene:

$$T = \frac{1}{16}\ s \qquad f = \frac{1}{T} = 16\ Hz \qquad \omega = 2\pi f = 2\pi 16 = 32\pi\ rad/s$$

El desarrollo en series de Fourier tendrá la siguiente forma:

$$e(t) = \frac{a_0}{2} + \sum_{n=1}^{n=\infty} a_n \cos n\omega t + \sum_{n=1}^{n=\infty} b_n \operatorname{sen} n\omega t$$

Cálculo de los coeficientes

Componente de continua:

$$a_0 = \frac{2}{T}\int_0^T e(t)dt = \frac{2}{\frac{1}{16}}\int_0^{\frac{1}{96}} 40dt = 1280\,[t]_0^{\frac{1}{96}} = 13{,}333 \qquad E_0 = \frac{a_0}{2} = 6{,}666V$$

Coeficientes a_n para los términos en coseno:

$$a_n = \frac{2}{T}\int_0^T e(t)\cos n\omega t\,dt = \frac{2}{\frac{1}{16}}\int_0^{\frac{1}{96}} 40\cos n32\pi t\,dt = \frac{1280}{32\pi n}\,[sen\ n32\pi t]_0^{\frac{1}{96}} =$$

$$= \frac{1280}{32\pi n}\,\text{sen}\,\frac{n\pi}{3} = \frac{40}{\pi\, n}\,\text{sen}\, n*60^{\circ}$$

Los coeficientes a_n son cero para n = 3 o múltiplos de 3.

Coeficientes b_n para los términos en seno:

$$b_n = \frac{2}{T}\int_0^T e(t)\text{sen}\, n\omega t\,dt = \frac{2}{\frac{1}{16}}\int_0^{\frac{1}{96}} 40\,\text{sen}\, n32\pi t\,dt = \frac{1280}{32\pi n}\,[-\cos n32\pi t]_0^{\frac{1}{96}} =$$

$$= \frac{1280}{32\pi n}\left[1-\cos\frac{n\pi}{3}\right] = \frac{40}{\pi n}\,[1-\cos n*60^{\circ}]$$

Los coeficientes b_n son cero para n = 6 o múltiplos de 6.

El desarrollo de la función es:

$$e(t) = 6{,}66 + \frac{40}{\pi}\left[\sum_{n=1}^{n=\infty}\frac{1}{n}\,\text{sen}\frac{n\pi}{3}\cos n32\pi t + \sum_{n=1}^{n=\infty}\frac{1}{n}\left(1-\cos\frac{n\pi}{3}\right)\text{sen}\, n32\pi\, t\right]$$

Valor eficaz

Para las componentes **coseno** se tiene:

$$E_a = \sqrt{\frac{1}{2}\left(\frac{40}{\pi}\,\frac{\sqrt{3}}{2}\right)^2\left[1+\frac{1}{4}+\frac{1}{16}+\frac{1}{25}+\ \ldots\right]} = 9{,}1V$$

Y para las componentes **seno**:

$$E_b = \sqrt{\frac{1}{2}\left(\frac{40}{\pi}\right)^2\left[\left(1\ \frac{1}{2}\right)^2+\left(\frac{1}{2}\ \frac{3}{2}\right)^2+\left(\frac{1}{3}\ 2\right)^2+\left(\frac{1}{4}\ \frac{3}{2}\right)^2+\left(\frac{1}{5}\ \frac{1}{2}\right)^2\right]} = 10{,}69V$$

El valor eficaz de e(t) será:

$$E=\sqrt{E_0^2+E_a^2+E_b^2}=\sqrt{6{,}66^2+9{,}1^2+10{,}69^2}=15{,}54V$$

Según la gráfica de la figura 3 el dipolo pasivo CP actúa de filtro y solo deja pasar a la carga las frecuencias próximas a 45÷50 Hz (ello supone una pulsación ω=2π (45÷50) = 90π ÷100π). Quiere decir esto que solo pasará a la carga (y además íntegramente) el tercer armónico, que tiene una pulsación ω = 3 * 32π = 96π. Será:

$$u(t)=a_3\cos 96\pi t+b_3 \text{ sen } 96\pi t$$

Según la expresión anterior de a_n, para n =3, es a_3 =0.

Por tanto la expresión de la tensión que habrá en la carga será:

$$u(t)=\frac{40}{3\pi}\left[1-\cos 3*60^{\circ}\right]\text{sen } 3*32\pi t=\frac{40}{3\pi}2 \text{ sen } 96\pi t=8{,}5 \text{ sen } 96\pi t$$

Impedancia de la carga para este armónico:

$$\overline{Z}=R+\overline{X}=jL\omega_3=5+j\,10^{-2}\;96\pi=5+j3$$

Cálculo de la intensidad

$$\overline{I}=\frac{\overline{U}}{\overline{Z}}=\frac{8{,}5}{5+j3}=\frac{8{,}5}{\sqrt{34}}\angle\varphi \qquad \tan\varphi=-\frac{3}{5}$$

$$\cos\varphi=\frac{5}{\sqrt{34}} \qquad \varphi=-31^{\circ}$$

$$i(t)=\frac{8{,}5}{\sqrt{34}}\text{sen}(96\pi t-31^{\circ})$$

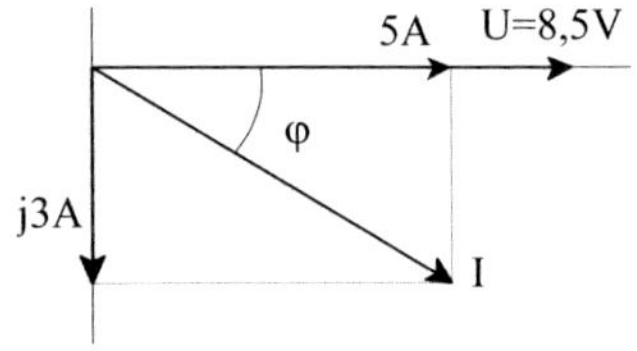

Potencia activa

$$P=RI^2=UI\cos\varphi=\frac{1}{2}\;8{,}5\;\frac{8{,}5}{\sqrt{34}}\frac{5}{\sqrt{34}}=5{,}3125W$$

Potencia aparente

$$S=UI=\frac{1}{2}\;8{,}5\;\frac{8{,}5}{\sqrt{34}}=6{,}1954VA$$

Factor de potencia

$$K=\frac{P}{S}=\cos\varphi=\frac{5{,}3125}{6{,}1954}=\frac{5}{\sqrt{34}}$$

PROBLEMA 10.16

Un transformador trifásico que trabaja en saturación proporciona una señal periódica con simetría de media onda que contiene, como más importantes, los armónicos de orden 5 y 7, con una influencia proporcionalmente inversa al orden del armónico. El valor eficaz entre fases de la onda fundamental es 380V. A él se conecta en triángulo un motor trifásico de 20 Kw de potencia, cosφ = 0,8 y 380V de tensión nominal. Analícese la influencia de los armónicos sobre el motor.

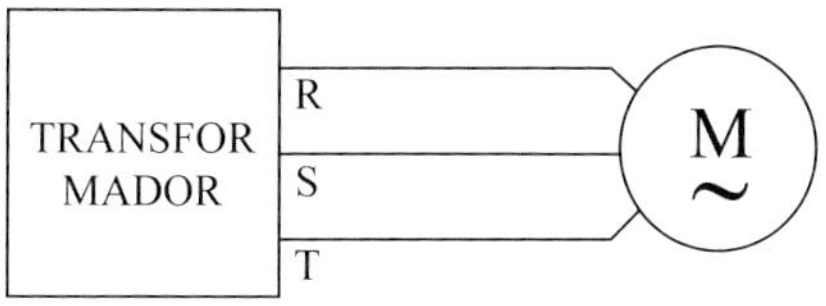

$$P = 20000\,\mathrm{W}$$
$$U_N = 380\,\mathrm{V}$$
$$\cos\varphi = 0{,}8$$

Se supone que la onda periódica es la misma en las tres fases, afectadas con los consiguientes 120º de desfase entre ellas. Sus tensiones serán:

$$U_1 = 380V \qquad U_{f1} = \frac{380}{\sqrt{3}} = 220V$$

$$u_R(t) = 220\sqrt{2}\left[\operatorname{sen}\omega t + \frac{1}{5}\operatorname{sen} 5\omega t + \frac{1}{7}\operatorname{sen} 7\omega t\right]$$

$$u_S(t) = 220\sqrt{2}\left[(\operatorname{sen}\omega t - 120^{o}) + \frac{1}{5}(\operatorname{sen} 5\omega t + 120^{o}) + \frac{1}{7}(\operatorname{sen} 7\pi t - 120^{o})\right]$$

$$u_T(t) = 220\sqrt{2}\left[(\operatorname{sen}\omega t + 120^{o}) + \frac{1}{5}(\operatorname{sen} 5\omega t - 120^{o}) + \frac{1}{7}(\operatorname{sen} 7\omega t + 120^{o})\right]$$

Características del motor

Si el motor estuviese alimentado por una tensión alterna senoidal pura de 380V de tensión entre fases, se tendría:

Intensidad de línea y de fase:

$$P = \sqrt{3}\, U I \cos\varphi \qquad I = \frac{20000}{\sqrt{3} * 380 * 0{,}866} = 38A$$

$$I_f = \frac{I}{\sqrt{3}} = \frac{38}{\sqrt{3}} = 21{,}94\,A \qquad \bar{I}_f = 21{,}94\ \angle -36{,}87^{o}$$

Impedancia del motor en triángulo:

$$Z_\Delta = \frac{U_L}{I_f} = \frac{380}{21{,}94} = 10\sqrt{3} \qquad \bar{Z}_\Delta = 10\sqrt{3}\ \angle 36{,}87^{o}$$

$$R = Z\cos\varphi = 10\sqrt{3} * 0{,}8 = 8\sqrt{3}\,\Omega$$

$$X = Z\operatorname{sen}\varphi = 10\sqrt{3} * 0{,}6 = 6\sqrt{3}\,\Omega$$

Con objeto de poder apreciar la influencia de los armónicos, en una aproximación se va a considerar que el valor del coeficiente de autoinducción L, de cada una de las fases del motor, no varía con la frecuencia de estos. Así, para la tensión periódica con componentes armónicos las impedancias del motor a cada frecuencia son:

$$\overline{Z}_1 = R + jL\omega_1 = 8\sqrt{3} + j6\sqrt{3} = 10\sqrt{3}\ \angle 36{,}87^\circ$$

$$\overline{Z}_5 = R + jL5\omega_1 = 8\sqrt{3} + j5 * 6\sqrt{3} = 53{,}77\angle 75^\circ$$

$$\overline{Z}_7 = R + jL7\omega_1 = 8\sqrt{3} + j7 * 6\sqrt{3} = 74\angle 79{,}2^\circ$$

Armónicos de las intensidades de fase referidas a los respectivos armónicos de la tensión.

$$\overline{I}_1 = \frac{380}{\overline{Z}_1} = \frac{380}{10\sqrt{3}\angle 36{,}87^\circ} = 21{,}94\ \angle -36{,}87^\circ$$

$$\overline{I}_5 = \frac{\overline{U}_5}{\overline{Z}_5} = \frac{\frac{380}{5}}{53{,}77\angle 75^\circ} = 1{,}41\ \angle -75^\circ$$

$$\overline{I}_7 = \frac{\overline{U}_7}{\overline{Z}_7} = \frac{\frac{380}{7}}{74\ \angle 79{,}2^\circ} = 0{,}73\ \angle -79{,}2^\circ$$

Valores eficaces de la tensión y de la intensidad

$$U = \sqrt{U_1^2 + U_5^2 + U_7^2} = 380\sqrt{1 + \frac{1}{25} + \frac{1}{49}} = 391{,}3V$$

$$I_f = \sqrt{I_1^2 + I_5^2 + I_7^2} = \sqrt{21{,}94^2 + 1{,}41^2 + 0{,}73^2} = 22A$$

Cálculo de potencias

Potencia activa:

$$P_1 = 3\ U_1 I_1\ \cos\varphi_1 = 20000W$$

$$P_5 = 3U_5 I_5\ \cos\varphi_5 = 3\frac{380}{5}1{,}41\cos 75^\circ = 83{,}2W$$

$$P_7 = 3U_7 I_7\ \cos\varphi_7 = 3\frac{380}{7}0{,}73\ \cos 79{,}2^\circ = 22{,}3W$$

$$P = \sum P_i = 20105{,}5W$$

Potencia aparente:

$$S = 3 * U\ I_f = 3 * 391{,}3 * 22 = 25826VA$$

Factor de potencia: $F = \frac{P}{S} = \frac{20105{,}5}{25826} = 0{,}778$

Se tiene un factor de potencia menor que si la onda fuese puramente senoidal.

PROBLEMA 10.17

La carga trifásica equilibrada de la figura 1 está alimentada por un sistema trifásico de tensiones iguales de 50 Hz de frecuencia: $u_R(t)$, $u_S(t)$ y $u_T(t)$ desfasadas entre sí 120º (de secuencia R,S,T), que tienen la forma indicada en la figura 2. Se conoce que para la frecuencia de 50Hz la impedancia es $Z = 20\Omega$ con $\cos\varphi = 0,8$, de carácter inductivo. Calcúlese:

a) El sistema de intensidades de línea y sus valores eficaces.
b) Potencia activa consumida por la carga.
c) Factor de potencia.

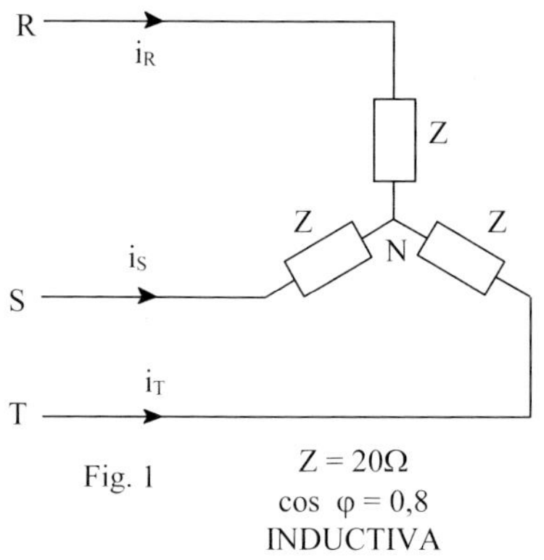

Fig. 1

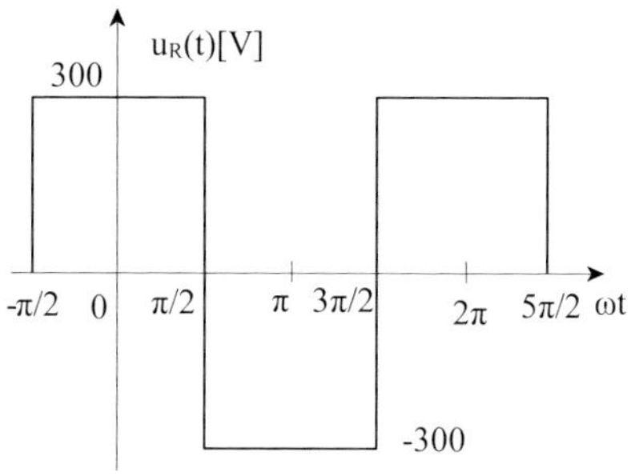

Fig. 2

La expresión analítica de la señal de tensión $u_R(t)$ es:

$$u_R(t) = 300 \qquad \text{para} \qquad -\frac{\pi}{2} < \omega t < \frac{\pi}{2}$$

$$u_R(t) = -300 \qquad \text{para} \qquad \frac{\pi}{2} < \omega t < \frac{3\pi}{2}$$

$$\omega = \frac{2\pi}{T} = 2\pi f$$

Por ser equilibrado el sistema trifásico, puede estudiarse como un sistema monofásico. Se va a considerar la fase **R** y los resultados que se obtengan en este análisis serán los mismos para las fases **S** y **T**, con sus correspondientes desfases.

Desarrollo de la función en series de Fourier

La señal $u_R(t)$ tiene simetría par y de media onda. Por tanto en el desarrollo en series de Fourier son nulos los coeficientes a_0 y b_n y los términos pares.

Coeficientes a_n

$$a_n = \frac{2}{T}\left[\int_{-\frac{\pi}{2}}^{\frac{\pi}{2}} u_R(t)\cos n\omega t\, dt + \int_{\frac{\pi}{2}}^{\frac{3\pi}{2}} u_R(t)\cos n\omega t\, dt\right] = \frac{2}{T}\ 4\int_0^{\frac{\pi}{2}} u_R(t)\cos n\omega t\, dt$$

$$= \frac{2400}{T}\int_0^{\frac{\pi}{2}} u_R(t)\cos n\omega t\, dt = \frac{2400}{T}\frac{1}{n\omega}\left[\operatorname{sen} n\pi t\right]_0^{\frac{\pi}{2}} = \frac{1200}{\pi n}\operatorname{sen} n\frac{\pi}{2} =$$

$$= \begin{cases} = 0 & \text{para n = par} \\ = \dfrac{1200}{\pi n} & \text{para n = impar} \quad \begin{cases} +\text{Si} & n = 4p+1 \\ -\text{Si} & n = 4p+3 \end{cases} \end{cases}$$

Así pues, el desarrollo para la tensión de la fase R es:

$$u_R(t) = \frac{1200}{\pi}\left[\cos\cos\omega t - \frac{1}{3}\cos 3\omega t + \frac{1}{5}\cos 5\omega t - \frac{1}{7}\cos 7\omega t + \frac{1}{9}\cos 9\omega t - .\right]$$

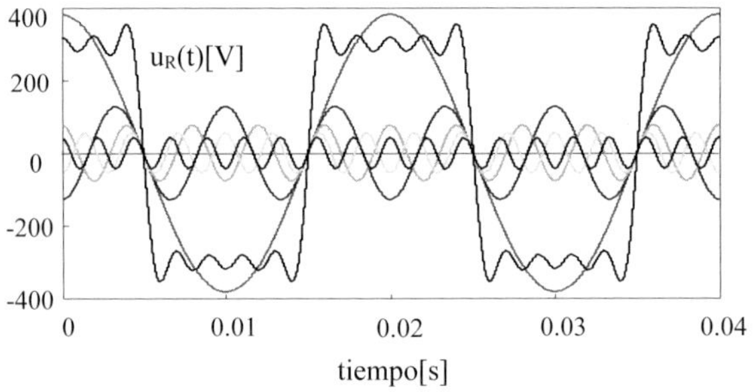

Cálculo de intensidades de línea. Para la fase **R** se tiene:

$$\overline{I}_n = \frac{\overline{U}_n}{\overline{Z}_n} = \frac{\overline{U}_n}{R_n + \overline{X}_n}$$

Se conoce la impedancia para la frecuencia de 50 Hz, es decir, para la pulsación ω.

$$Z = 20\Omega \qquad \cos\varphi = 0{,}8 \qquad \operatorname{sen}\varphi = 0{,}6$$

$$R = 20\cos\varphi = 16\Omega \qquad X = 20\operatorname{sen}\varphi = 12\Omega \qquad \overline{Z} = 16 + j12$$

De forma genérica para el armónico de orden n, se tiene:

$$\overline{Z}_n = R + j\,nX_1 = 16 + j\,n\,12$$

Para los distintos valores de n se tiene:

$$n=1 \qquad \overline{Z}_1 = 16 + j12 = 20\ \angle 36{,}87^{\circ}$$
$$n=3 \qquad \overline{Z}_3 = 16 + j36 = 39{,}4\ \angle 66^{\circ}$$
$$n=5 \qquad \overline{Z}_5 = 16 + j60 = 62{,}1\ \angle 75{,}06^{\circ}$$
$$n=7 \qquad \overline{Z}_7 = 16 + j84 = 85{,}5\ \angle 79{,}21^{\circ}$$
$$n=9 \qquad \overline{Z}_9 = 16 + j108 = 109{,}17\ \angle 81{,}57^{\circ}$$

Cálculo de los armónicos de la intensidad de fase:

$$\overline{I}_1 = \frac{\overline{U}_1}{\overline{Z}_1} = \frac{381{,}9}{20\ \angle 36{,}87^{\circ}} = 19{,}1\ \angle -36{,}87^{\circ}$$
$$\overline{I}_3 = \frac{\overline{U}_3}{\overline{Z}_3} = \frac{-127{,}32}{39{,}4\ \angle 66^{\circ}} = -3{,}23\ \angle -66^{\circ}$$
$$\overline{I}_5 = \frac{\overline{U}_5}{\overline{Z}_5} = \frac{76{,}39}{62{,}1\ \angle 75{,}06^{\circ}} = 1{,}23\ \angle -75{,}06^{\circ}$$
$$\overline{I}_7 = \frac{\overline{U}_7}{\overline{Z}_7} = \frac{-54{,}56}{85{,}5\ \angle 79{,}21^{\circ}} = -0{,}638\ \angle -79{,}21^{\circ}$$
$$\overline{I}_9 = \frac{\overline{U}_9}{\overline{Z}_9} = \frac{42{,}44}{109{,}17\ \angle 81{,}57^{\circ}} = 0{,}388\ \angle -81{,}57^{\circ}$$

Y su valor instantáneo es:

$$i_R(t) = 19{,}1\cos(\omega t - 36{,}87^{\circ}) - 3{,}23\cos(3\omega t - 66^{\circ}) + 1{,}23\cos(5\omega t - 75{,}06^{\circ}) -$$
$$- 0{,}638\cos(7\omega t - 79{,}21^{\circ}) + 0{,}388\cos(9\omega t - 81{,}57^{\circ})\ldots$$

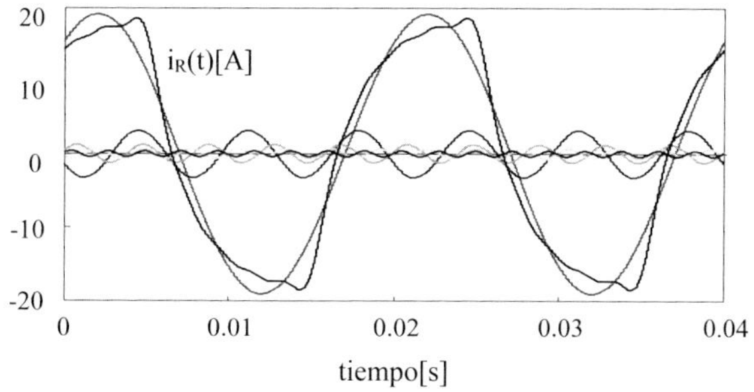

Para la fase S se tiene la expresión:

$$i_S(t) = 19{,}1\ \cos\left(\omega t - 36{,}87^{\circ} - \frac{2\pi}{3}\right) - 3{,}23\ \cos\left(3\omega t - 66^{\circ}\right) +$$
$$+ 1{,}23\ \cos\left(5\omega t - 75{,}06^{\circ} + \frac{2\pi}{3}\right) - 0{,}638\ \cos\left(7\omega t - 79{,}21^{\circ} - \frac{2\pi}{3}\right) +$$
$$+ 0{,}388\ \cos\left(9\omega t - 81{,}57^{\circ}\right)\ldots$$

Y para la fase T:

$$i_T(t) = 19{,}1\cos\left(\omega t - 36{,}87^{\circ} + \frac{2\pi}{3}\right) - 3{,}23\cos\left(3\omega t - 66^{\circ}\right) +$$
$$+1{,}23\cos\left(5\omega t - 75{,}06^{\circ} - \frac{2\pi}{3}\right) - 0{,}638\cos\left(7\omega t - 79{,}21^{\circ} + \frac{2\pi}{3}\right) +$$
$$+0{,}388\cos\left(9\omega t + 81{,}57^{\circ}\right)\,..$$

En la siguiente figura se representan las intensidades de las tres líneas:

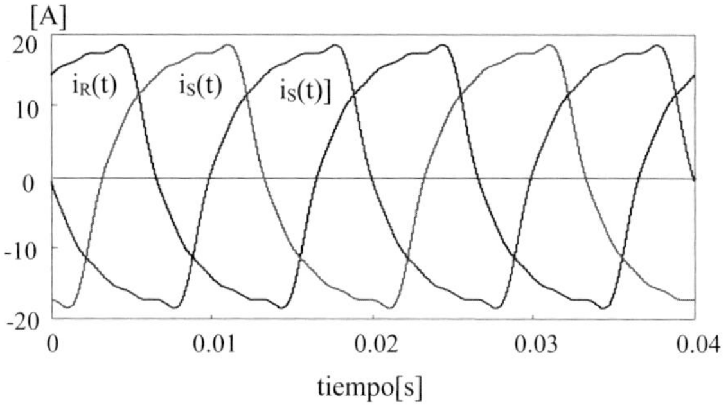

Valor eficaz de las intensidades de línea

$$I = \sqrt{\frac{1}{2}\left[19{,}1^2 + (-3{,}23)^2 + 1{,}23^2 + (-0{,}638)^2 + 0{,}388^2\,..\right]} = 13{,}73\,A$$

Valor eficaz de la tensión

$$U = \sqrt{\frac{1}{2}\left[381{,}9^2 + (-127{,}32)^2 + 76{,}39^2 + (-54{,}56)^2 + 42{,}44^2\,..\right]} = 293{,}83\,V$$

Potencia activa

$$P = 3\,P_f = 3\sum_{n=1}^{\infty} U_n I_n \cos\varphi_n = 3\,\frac{1}{2}\,\frac{1200}{\pi}\left(\frac{1}{1}*19{,}1\cos 36{,}87^{\circ} +\right.$$
$$+\frac{1}{3}*3{,}23\cos 66^{\circ} + \frac{1}{5}*1{,}23\cos 75{,}06^{\circ} + \frac{1}{7}*0{,}638\cos 79{,}21^{\circ} +$$
$$\left.+\frac{1}{9}*0{,}388\cos 81{,}57^{\circ}\right) = 9060\,W$$

Potencia aparente

$$S = 3\ UI = 3*293{,}83*13{,}73 = 12103\,VA$$

Factor de potencia

$$K = \frac{9060}{12103} = 0{,}749$$

PROBLEMA 10.17.M

La carga inductiva equilibrada de la figura está alimentada por un sistema trifásico de tensiones periódicas iguales, de 50 Hz de frecuencia, desfasadas entre sí 120º (de secuencia R,S,T) cuyo desarrollo en series de Fourier para la fase R es: $u_R(t) = \frac{1200}{\pi} \sum_{\substack{n=1 \\ n=impar}}^{n=\infty} \frac{1}{n} \cos n\omega t$. Se conoce que para la frecuencia de 50Hz la impedancia es Z=20Ω con cosφ=0,8. Calcúlese:

a) El sistema de intensidades de línea y sus valores eficaces.
b) Potencia activa consumida por la carga.
c) Factor de potencia.

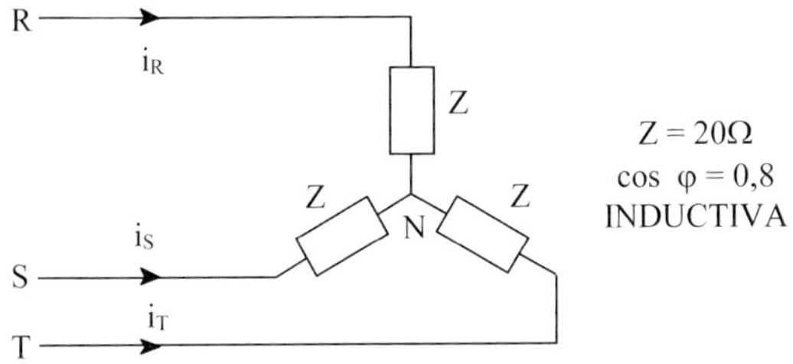

Por ser equilibrado el sistema trifásico, puede estudiarse como un sistema monofásico. Se va a considerar la fase **R** y los resultados que se obtengan en este análisis serán los mismos para las fases **S** y **T**, con sus correspondientes desfases. El desarrollo para la tensión de la fase R es:

$$u_R(t) = \frac{1200}{\pi}\left[\cos\cos\omega t - \frac{1}{3}\cos 3\omega t + \frac{1}{5}\cos 5\omega t - \frac{1}{7}\cos 7\omega t + \frac{1}{9}\cos 9\omega t - .\right]$$

Cálculo de intensidades de línea. Para la fase **R** se tiene: $\overline{I}_n = \frac{\overline{U}_n}{\overline{Z}_n} = \frac{\overline{U}_n}{R_n + \overline{X}_n}$

Se conoce la impedancia para la frecuencia de 50 Hz, es decir para la pulsación ω.

$$Z = 20\Omega \qquad \cos\varphi = 0{,}8 \qquad \operatorname{sen}\varphi = 0{,}6$$

$$R = 20\cos\varphi = 16\Omega \qquad X = 20\operatorname{sen}\varphi = 12\Omega \qquad \overline{Z} = 16 + j12$$

De forma genérica para el armónico de orden n, se tiene:

$$\overline{Z}_n = R + j\,nX_1 = 16 + j\,n\,12$$

Para los distintos valores de n se tiene:

$$n=1 \quad \overline{Z}_1 = 16 + j12 = 20\ \angle 36{,}87^{\circ}$$

$$n=3 \quad \overline{Z}_3 = 16 + j36 = 39{,}4\ \angle 66^{\circ}$$

$$n=5 \quad \overline{Z}_5 = 16 + j60 = 62{,}1\ \angle 75{,}06^{\circ}$$

$$n=7 \quad \overline{Z}_7 = 16 + j84 = 85{,}5\ \angle 79{,}21^{\circ}$$

$$n=9 \quad \overline{Z}_9 = 16 + j108 = 109{,}17\ \angle 81{,}57^{\circ}$$

Cálculo de los armónicos de la intensidad de fase:

$$\overline{I}_1 = \frac{\overline{U}_1}{\overline{Z}_1} = \frac{381{,}9}{20\ \angle 36{,}87^{\circ}} = 19{,}1\ \angle -36{,}87^{\circ}$$

$$\overline{I}_3 = \frac{\overline{U}_3}{\overline{Z}_3} = \frac{-127{,}32}{39{,}4\ \angle 66^{\circ}} = -3{,}23\ \angle -66^{\circ}$$

$$\overline{I}_5 = \frac{\overline{U}_5}{\overline{Z}_5} = \frac{76{,}39}{62{,}1\ \angle 75{,}06^{\circ}} = 1{,}23\ \angle -75{,}06^{\circ}$$

$$\overline{I}_7 = \frac{\overline{U}_7}{\overline{Z}_7} = \frac{-54{,}56}{85{,}5\ \angle 79{,}21^{\circ}} = -0{,}638\ \angle -79{,}21^{\circ}$$

$$\overline{I}_9 = \frac{\overline{U}_9}{\overline{Z}_9} = \frac{42{,}44}{109{,}17\ \angle 81{,}57^{\circ}} = 0{,}388\ \angle -81{,}57^{\circ}$$

Y su valor instantáneo es:

$$i_R(t) = 19{,}1\cos(\omega t - 36{,}87^{\circ}) - 3{,}23\cos(3\omega t - 66^{\circ}) + 1{,}23\cos(5\omega t - 75{,}06^{\circ}) -$$
$$- 0{,}638\cos(7\omega t - 79{,}21^{\circ}) + 0{,}388\cos(9\omega t - 81{,}57^{\circ})\ldots$$

Para la fase S se tiene la expresión:

$$i_S(t) = 19{,}1\ \cos\left(\omega t - 36{,}87^{\circ} - \frac{2\pi}{3}\right) - 3{,}23\ \cos\ (3\omega t - 66^{\circ}\ ) +$$
$$+ 1{,}23\ \cos\left(5\omega t - 75{,}06^{\circ} + \frac{2\pi}{3}\right) - 0{,}638\ \cos\left(7\omega t - 79{,}21^{\circ} - \frac{2\pi}{3}\right) +$$
$$+\ 0{,}388\ \cos\ (9\omega t - 81{,}57^{\circ})\ldots$$

Y para la fase T:

$$i_T(t) = 19{,}1\cos\left(\omega t - 36{,}87^{\circ} + \frac{2\pi}{3}\right) - 3{,}23\cos\ (3\omega t - 66^{\circ}) +$$
$$+ 1{,}23\cos\left(5\omega t - 75{,}06^{\circ} - \frac{2\pi}{3}\right) - 0{,}638\cos\left(7\omega t - 79{,}21^{\circ} + \frac{2\pi}{3}\right) +$$
$$+ 0{,}388\cos(9\omega t + 81{,}57^{\circ})\ldots$$

Valor eficaz de las intensidades de línea

$$I=\sqrt{\frac{1}{2}\left[19,1^2+(-3,23)^2+1,23^2+(-0,638)^2+0,388^2\ ..\ \right]}=13,73A$$

Valor eficaz de la tensión

$$U=\sqrt{\frac{1}{2}\left[381,9^2+(-127,32)^2+76,39^2+(-54,56)^2+42,44^2\ ..\ \right]}=293,83V$$

Potencia activa

$$P=3\,P_f=3\sum_{n=1}^{\infty}U_nI_n\cos\varphi_n=3\,\frac{1}{2}\frac{1200}{\pi}\left(\frac{1}{1}*19,1\cos 36,87^\circ+\right.$$

$$+\frac{1}{3}*3,23\cos 66^\circ+\frac{1}{5}*1,23\cos 75,06^\circ+\frac{1}{7}*0,638\cos 79,21^\circ+$$

$$\left.+\frac{1}{9}*0,388\cos 81,57^\circ\right)=9060W$$

Potencia aparente

$$S=3\,UI=3*293,83*13,73=12103VA$$

Factor de potencia

$$K=\frac{9060}{12103}=0,749$$

PROBLEMA 10.18

El circuito de la figura está alimentado por un sistema trifásico de tensiones equilibradas de 380 V de tensión de línea. Calcúlense:

a) Las lecturas de los amperímetros y el valor de la batería de condensadores a instalar para que el factor de potencia del conjunto sea 0,95.

b) Si la tensión de suministro tiene, además de la onda fundamental, los armónicos de orden 5 y 7 con valor inverso de este orden respecto a la fundamental, calcúlense de nuevo la lectura de los amperímetros, así como la potencia y el factor de potencia del conjunto (incluyendo la batería de condensadores).

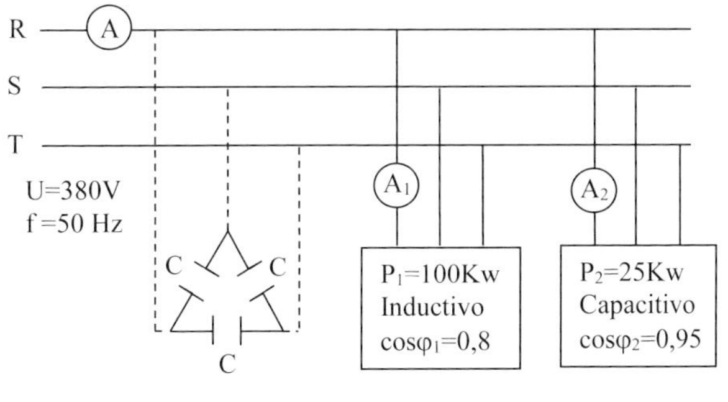

a) Para alimentación senoidal pura.

Intensidades:

$$I_1 = \frac{P_1}{\sqrt{3} * U \cos\varphi_1} = \frac{10^5}{\sqrt{3} * 380 * 0{,}8} = 190A \qquad \overline{I}_1 = 190\angle -36{,}87^{\circ}$$

$$I_2 = \frac{P_2}{\sqrt{3} * U \cos\varphi_2} = \frac{25 * 10^3}{\sqrt{3} * 380 * 0{,}95} = 40A \qquad \overline{I}_2 = 40\angle 18{,}2^{\circ}$$

$$\overline{I} = \overline{I}_1 + \overline{I}_2 = 190 * 0{,}8 - j190 * 0{,}6 + 40 * 0{,}95 + j40 * 0{,}31 =$$
$$= 190 - j101{,}6 = 215{,}5\angle -28{,}14^{\circ}$$

Potencia reactiva de cada carga y del conjunto:

$$Q_1 = P_1 \tan\varphi_1 = 10^5 * 0{,}75 = 75 * 10^3 VAr$$
$$Q_2 = P_2 \tan\varphi_2 = 25 * 10^3 * (-0{,}33) = -8220VAr$$
$$Q = Q_1 + Q_2 = 75000 - 8220 = 66780VAr$$

Batería de condensadores a conectar en triángulo para tener un factor de potencia de 0,95:

$$P = P_1 + P_2 = 100000 + 25000 = 125000W$$
$$Q_C = 3C\omega U^2 = Q - Q' = 66780 - 125000\tan\varphi' = 25694{,}5VAr$$

$$C = \frac{Q_C}{3 * \omega U^2} = \frac{25694{,}5}{3 * 314 * 380^2} = 1{,}9 * 10^{-4} F$$

b) Alimentación conteniendo los armónicos de orden 5 y 7. La expresión de la tensión de línea y su valor eficaz serán:

$$u(t) = \sqrt{2}\, 380 \left(\operatorname{sen}\omega t + \frac{1}{5}\operatorname{sen}5\omega t + \frac{1}{7}\operatorname{sen}7\omega t \right)$$

$$U' = \sqrt{380^2 + \left(\frac{380}{5}\right)^2 + \left(\frac{380}{7}\right)^2} = 380\sqrt{1 + \frac{1}{25} + \frac{1}{49}} = 391{,}3V$$

Considerando las cargas en estrella, las impedancias por fase para la frecuencia de 50 Hz serán:

$$\overline{Z}_{11} = \frac{\overline{U}_f}{\overline{I}_1} = \frac{220\angle 0^{\circ}}{190\angle -36{,}87^{\circ}} = 1{,}16\angle 36{,}87^{\circ} = 0{,}93 + j0{,}7$$

$$\overline{Z}_{21} = \frac{\overline{U}_f}{\overline{I}_2} = \frac{220\angle 0^{\circ}}{40\angle 18{,}2^{\circ}} = 5{,}5\angle -18{,}2^{\circ} = 5{,}225 - j1{,}72$$

$$\overline{Z}_{C\Delta} = -j\frac{1}{C\omega} = -j\frac{1}{1{,}9 * 10^{-4} * 314} = -j16{,}76\Omega \qquad \overline{Z}_{CY} = \frac{\overline{Z}_{\Delta}}{3} = -j5{,}59\Omega$$

$$\overline{I}_{CY1} = \frac{220\angle 0^{\circ}}{-j5{,}59} = 39{,}15\angle 90^{\circ}$$

En general, para un armónico genérico, las impedancias serán:

$$\overline{Z}_{1n} = R_1 + jX_{1n} = 0{,}93 + j0{,}7n; \qquad \overline{Z}_{2n} = R_2 - jX_{2n} = 5{,}225 - j\frac{1{,}72}{n}$$

$$\overline{Z}_{CYn} = -j\frac{1}{Cn\omega} = -j\frac{X_{C1}}{n} = -j\frac{5{,}59}{n}$$

Intensidades genéricas de las cargas para cada armónico:

$$\overline{I}_{1n} = \frac{\overline{U}_{fn}}{\overline{Z}_{1n}} \qquad \overline{I}_{2n} = \frac{\overline{U}_{fn}}{\overline{Z}_{2n}} \qquad \overline{I}_{CYn} = \frac{\overline{U}_{fn}}{\overline{Z}_{CYn}}$$

Para el armónico 5 se tiene:

$$\overline{I}_{15} = \frac{220/5}{0{,}93 + j3{,}5} = 12{,}24\angle -75{,}1^o \qquad \overline{I}_{25} = \frac{220/5}{5{,}225 - j0{,}344} = 8{,}4\angle 3{,}76^o$$

$$\overline{I}_{CY5} = \frac{220/5}{-5{,}59/5} = 39{,}15\angle 90^o$$

Y para el de orden 7:

$$\overline{I}_{17} = \frac{220/7}{0{,}93 + j4{,}9} = 6{,}35\angle -79{,}22^o \qquad \overline{I}_{27} = \frac{220/7}{5{,}225 - j0{,}246} = 6\angle 2{,}69^o$$

$$\overline{I}_{CY7} = \frac{220/7}{-j5{,}59/7} = 39{,}15\angle 90^o$$

Los valores eficaces de las intensidades de las cargas ahora serán:

$$I_1 = \sqrt{I_{11}^2 + I_{15}^2 + I_{17}^2} = \sqrt{190^2 + 12{,}24^2 + 6{,}35^2} = 190{,}42A$$

$$I_2 = \sqrt{I_{21}^2 + I_{25}^2 + I_{27}^2} = \sqrt{40^2 + 8{,}4^2 + 6^2} = 41{,}3A$$

$$I_C = \sqrt{I_{CY1}^2 + I_{CY5}^2 + I_{CY7}^2} = \sqrt{39{,}15^2 + 39{,}15^2 + 39{,}15^2} = 67{,}82A$$

Intensidad de fase del conjunto:

$$I_R = \sqrt{I_{R1}^2 + I_{R5}^2 + I_{R7}^2}$$

Para la onda fundamental se puede calcular así:

$$125000 = \sqrt{3} * 380 I_{R1} \cos\varphi' \qquad I_{R1} = \frac{125000}{\sqrt{3} * 380 * 0{,}95} = 199{,}91A$$

Para el armónico 5:

$$\overline{I}_{R5} = 12{,}24\angle -75{,}1^o + 8{,}4\angle 3{,}76^o + 39{,}15\angle 90^o = 11{,}53 + j27{,}88 =$$
$$= 30{,}17\angle 67{,}53^o$$

Para el armónico 7:

$$\bar{I}_{R7} = 6{,}35\angle -79{,}22^{o} + 6\angle 2{,}69^{o} + 39{,}15\angle 90^{o} = 7{,}2 + j33{,}2 = $$
$$= 34\angle 77{,}79^{o}$$

$$I_R = \sqrt{199{,}91^2 + 30{,}17^2 + 34^2} = 205A$$

Potencia activa

$$P = \sqrt{3}\sum_{\substack{n=1\\n=5\\n=7}} U_{fn} I_n \cos\varphi_n = 125000 + \sqrt{3}*380\left(\frac{1}{5}30{,}17\cos 67{,}53 + \frac{1}{7}34\cos 77{,}79\right) = 127194W$$

Potencia aparente

$$S = \sqrt{3}\,UI = \sqrt{3}*391{,}3*205 = 138950VA$$

Factor de potencia

$$K = \frac{P}{S} = \frac{127194}{138950} = 0{,}9$$

```
% PROGRAMA EN MATLAB

U=380; Uf=220; f=50; P1=100000; phi1=acos(0.8); P2=25000; phi2=-acos(0.95);
phiC=acos(0.95); w=2*pi*f; U5=U/5; U7=U/7;

% Sin armónicos
I11M=P1/(sqrt(3)*U*cos(phi1));; I11=I11M*exp(-i*phi1); phi1M=phi1*180/pi;
I21M=P2/(sqrt(3)*U*cos(phi2));; I21=I21M*exp(-i*phi2); phi2M=phi2*180/pi;
I=I11+I21; IM=abs(I); phi=angle(I); phiM=phi*180/pi;
Q1=P1*tan(phi1); Q2=P2*tan(phi2); Q=Q1+Q2;
P=P1+P2; QC=Q-P*tan(phiC); C=QC/(3*w*U^2);
% Con armónicos
n=[1 5 7]; % Orden de los armónicos
Z11=Uf/I11; Z1n=real(Z11)+imag(Z11)*n*i; % Impedancias de la carga 1 para cada
armónico
Z21=Uf/I21; Z2n=real(Z21)+i*imag(Z21)./n; % Impedancias de la carga 2 para
cada armónico
ZCT=-i/(C*w); ZCY=ZCT/3; IC1=Uf/ZCY; ZCn=ZCY./n; IC1M=abs(IC1);
Un=Uf./n; % Tensión de cada armónico
I1n=Un./Z1n; % Intensidades en la carga 1 para cada armónico
I15=I1n(1,2); I15M=abs(I15); phi15=angle(I15)*180/pi;
I17=I1n(1,3); I17M=abs(I17); phi17=angle(I17)*180/pi;
I2n=Un./Z2n; % Intensidades en la carga 2 para cada armónico
I25=I2n(1,2); I25M=abs(I25); phi25=angle(I25)*180/pi;
I27=I2n(1,3); I27M=abs(I27); phi27=angle(I27)*180/pi;
ICn=Un./ZCn; % Intensidades en la carga 2 para cada armónico
IC5=ICn(1,2); IC5M=abs(IC5); phiC5=angle(IC5)*180/pi;
IC7=ICn(1,3); IC7M=abs(IC7); phiC7=angle(IC7)*180/pi;
% Valores eficaces de la intensidad en cada carga y del conjunto
I1=sqrt(I11M^2+I15M^2+I17M^2);
I2=sqrt(I21M^2+I25M^2+I27M^2);
IC=sqrt(IC1M^2+IC5M^2+IC7M^2);
IR1M=P/(sqrt(3)*U*cos(phiC));
IR5=I15+I25+IC5; IR5M=abs(IR5); phiIR5=angle(IR5)*180/pi;
```

```
IR7=I17+I27+IC7; IR7M=abs(IR7); phiIR7=angle(IR7)*180/pi;
IRM=sqrt(IR1M^2+IR5M^2+IR7M^2);
% Potencias
PT=P+sqrt(3)*U*(IR5M*cos(angle(IR5))/5+IR7M*cos(angle(IR7))/7);
UT=U*sqrt(1+(1/5)^2+(1/7)^2);
S=sqrt(3)*UT*IRM;
F=P/S;
```

PROBLEMA 10.18.M

En el circuito de la figura un sistema trifásico de tensiones equilibradas, de 380 V de tensión de línea, alimenta una carga que consume 125Kw de potencia con un cosφ=0,88. Calcúlense:
a) El valor C de la batería de condensadores a instalar para que el factor de potencia del conjunto sea 0,95, así como la lectura de los amperímetros A_1, A_C y A, con la batería conectada.
b) Si la tensión de suministro tiene, además de la onda fundamental, los armónicos de orden 5 y 7 con valor inverso de este orden respecto a la fundamental, calcúlense de nuevo la lectura de los amperímetros, así como la potencia y el factor de potencia del conjunto (incluyendo la batería de condensadores).

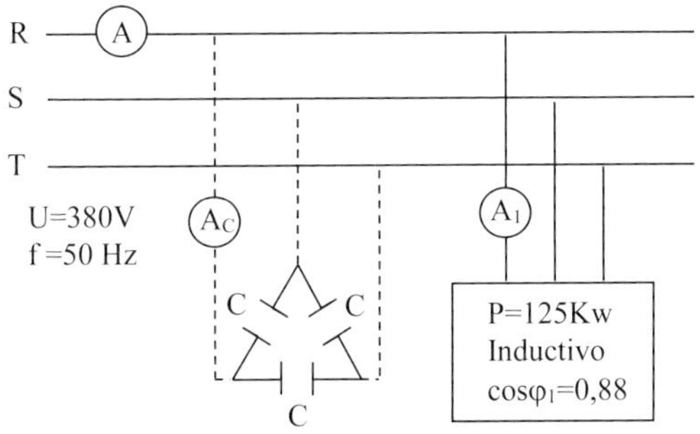

a) Para alimentación senoidal pura.

Intensidades:

$$I_1 = \frac{P}{\sqrt{3} * U \cos\varphi_1} = \frac{125+10^3}{\sqrt{3} * 380 * 0{,}88} = 215{,}82A \qquad \bar{I}_1 = 215{,}82\angle -28{,}36^\circ$$

$$Q = P \tan\varphi = 125 * 10^3 * 0{,}54 = 67468VAr$$

Batería de condensadores a conectar en triángulo para tener un factor de potencia de 0,95.

$$Q_C = 3C\omega U^2 = Q - Q' = 67468 - 125000\tan\varphi' = 26382{,}5VAr$$

$$C = \frac{Q_C}{3 * \omega U^2} = \frac{26382{,}5}{3 * 314 * 380^2} = 1{,}94 * 10^{-4} F = 194\mu F$$

b) Alimentación conteniendo los armónicos de orden 5 y 7. La expresión de la tensión de línea y su valor eficaz serán:

$$u(t) = \sqrt{2}\ 380\left(\operatorname{sen}\omega t + \frac{1}{5}\operatorname{sen}5\omega t + \frac{1}{7}\operatorname{sen}7\omega t\right)$$

$$U' = \sqrt{380^2 + \left(\frac{380}{5}\right)^2 + \left(\frac{380}{7}\right)^2} = 380\sqrt{1 + \frac{1}{25} + \frac{1}{49}} = 391{,}3\,V$$

Considerando las cargas en estrella, las impedancias por fase para la frecuencia de 50 Hz serán:

$$\overline{Z}_1 = \frac{\overline{U}_f}{\overline{I}_1} = \frac{220\angle 0^o}{215{,}82\angle -28{,}36^o} = 1{,}02\angle 28{,}36^o = 0{,}9 + j0{,}48$$

$$\overline{Z}_{C\Delta 1} = -j\frac{1}{C\omega} = -j\frac{1}{1{,}94 * 10^{-4} * 314} = -j16{,}42\Omega \qquad \overline{Z}_{CY} = \frac{\overline{Z}_\Delta}{3} = -j5{,}47\Omega$$

$$\overline{I}_{CY1} = \frac{220\angle 0^o}{-j5{,}47} = 40{,}22\angle 90^o$$

En general, para un armónico genérico, las impedancias serán:

$$\overline{Z}_n = R + jX_n = 0{,}9 + j0{,}48n; \qquad \overline{Z}_{CYn} = -j\frac{1}{Cn\omega} = -j\frac{X_{C1}}{n} = -j\frac{5{,}47}{n}$$

Intensidades genéricas de las cargas para cada armónico:

$$\overline{I}_{Zn} = \frac{\overline{U}_{fn}}{\overline{Z}_{1n}} \qquad \overline{I}_{CYn} = \frac{\overline{U}_{fn}}{\overline{Z}_{CYn}}$$

Para el armónico 5 se tiene:

$$\overline{I}_{Z5} = \frac{220/5}{0{,}9 + j2{,}4} = 17{,}17\angle -69{,}44^o \qquad \overline{I}_{CY5} = \frac{220/5}{-j5{,}47/5} = 40{,}22\angle 90^o$$

Y para el de orden 7:

$$\overline{I}_{Z7} = \frac{220/7}{0{,}9 + j3{,}36} = 9{,}04\angle -75^o \qquad \overline{I}_{CY7} = \frac{220/7}{-j5{,}47/7} = 40{,}22\angle 90^o$$

Los valores eficaces de las intensidades de las cargas ahora serán:

$$I_1 = \sqrt{I_{Z1}^2 + I_{Z5}^2 + I_{Z7}^2} = \sqrt{215{,}82^2 + 17{,}17^2 + 9{,}04^2} = 216{,}7A$$

$$I_C = \sqrt{I_{CY1}^2 + I_{CY5}^2 + I_{CY7}^2} = \sqrt{40{,}22^2 + 40{,}22^2 + 40{,}22^2} = 69{,}66A$$

Intensidad de fase del conjunto. Para la onda fundamental se puede calcular así:

$$125000 = \sqrt{3} * 380 I_{R1}\cos\varphi' \qquad I_{R1} = \frac{125000}{\sqrt{3} * 380 * 0{,}95} = 199{,}91A$$

Para el armónico 5:

$$\bar{I}_{R5} = 17{,}17\angle -69{,}44^{o} + 40{,}22\angle 90^{o} = 6{,}03 + j24{,}14 = 24{,}88\angle 76^{o}$$

Para el armónico 7:

$$\bar{I}_{R7} = 9{,}04\angle -75^{o} + 40{,}22\angle 90^{o} = 2{,}34 + j31{,}49 = 31{,}6\angle 85{,}74^{o}$$

$$I_R = \sqrt{I_{R1}^2 + I_{R5}^2 + I_{R7}^2} = \sqrt{199{,}91^2 + 24{,}88^2 + 31{,}6^2} = 203{,}9A$$

Potencia activa

$$P = \sqrt{3}\sum_{\substack{n=1\\n=5\\n=7}} U_{fn} I_n \cos\varphi_n = 125000 + \sqrt{3} * 380\left(\frac{1}{5}24{,}88\cos 76^{o} + \frac{1}{7}31{,}6\cos 85{,}74^{o}\right) = 126013W$$

Potencia aparente

$$S = \sqrt{3}\,UI = \sqrt{3} * 391{,}3 * 203{,}9 = 138193{,}5VA$$

Factor de potencia

$$K = \frac{P}{S} = \frac{126013}{138193{,}5} = 0{,}912$$

```
% PROGRAMA EN MATLAB

U=380; Uf=220; f=50; P1=100000; phi1=acos(0.8); P2=25000; phi2=-acos(0.95);
phiC=acos(0.95); w=2*pi*f; U5=U/5; U7=U/7;

% Sin armónicos
I11M=P1/(sqrt(3)*U*cos(phi1));; I11=I11M*exp(-i*phi1); phi1M=phi1*180/pi;
I21M=P2/(sqrt(3)*U*cos(phi2));; I21=I21M*exp(-i*phi2); phi2M=phi2*180/pi;
I=I11+I21; IM=abs(I); phi=angle(I); phiM=phi*180/pi;
Q1=P1*tan(phi1); Q2=P2*tan(phi2); Q=Q1+Q2;
P=P1+P2; QC=Q-P*tan(phiC); C=QC/(3*w*U^2);
% Con armónicos
n=[1 5 7]; % Orden de los armónicos
Z11=Uf/I11; Z1n=real(Z11)+imag(Z11)*n*i; % Impedancias de la carga 1 para cada
armónico
Z21=Uf/I21; Z2n=real(Z21)+i*imag(Z21)./n; % Impedancias de la carga 2 para
cada armónico
ZCT=-i/(C*w); ZCY=ZCT/3; IC1=Uf/ZCY; ZCn=ZCY./n; IC1M=abs(IC1);
Un=Uf./n; % Tensión de cada armónico
I1n=Un./Z1n; % Intensidades en la carga 1 para cada armónico
I15=I1n(1,2); I15M=abs(I15); phi15=angle(I15)*180/pi;
I17=I1n(1,3); I17M=abs(I17); phi17=angle(I17)*180/pi;
I2n=Un./Z2n; % Intensidades en la carga 2 para cada armónico
I25=I2n(1,2); I25M=abs(I25); phi25=angle(I25)*180/pi;
I27=I2n(1,3); I27M=abs(I27); phi27=angle(I27)*180/pi;
ICn=Un./ZCn; % Intensidades en la carga 2 para cada armónico
```

```
IC5=ICn(1,2); IC5M=abs(IC5); phiC5=angle(IC5)*180/pi;
IC7=ICn(1,3); IC7M=abs(IC7); phiC7=angle(IC7)*180/pi;
% Valores eficaces de la intensidad en cada carga y del conjunto
I1=sqrt(I11M^2+I15M^2+I17M^2);
I2=sqrt(I21M^2+I25M^2+I27M^2);
IC=sqrt(IC1M^2+IC5M^2+IC7M^2);
IR1M=P/(sqrt(3)*U*cos(phiC));
IR5=I15+I25+IC5; IR5M=abs(IR5); phiIR5=angle(IR5)*180/pi;
IR7=I17+I27+IC7; IR7M=abs(IR7); phiIR7=angle(IR7)*180/pi;
IRM=sqrt(IR1M^2+IR5M^2+IR7M^2);
% Potencias
PT=P+sqrt(3)*U*(IR5M*cos(angle(IR5))/5+IR7M*cos(angle(IR7))/7);
UT=U*sqrt(1+(1/5)^2+(1/7)^2);
S=sqrt(3)*UT*IRM;
F=P/S;
```

PROBLEMA 10.19

Problemas (10.4 +10.6 + otro) completos.

Sea un sistema trifásico de secuencia directa de tensiones de fase periódicas iguales, con simetría impar y de media onda, de 50Hz de frecuencia y desfasadas 120º entre sí. Las tensiones de fase están compuestas por una onda fundamental de 220V de valor eficaz, y armónicos con un peso inverso al número del mismo. A él se conectan las tres cargas equilibradas del circuito de la figura y se conoce que cuando está alimentada con un sistema de tensiones senoidales puras como el de las ondas fundamentales: la carga 1 consume 20Kw, la carga 2,30Kw y la 3,50Kw. Calcúlese:

a) Valor eficaz de las tensiones de fase y de línea.
b) Intensidades de fase y de línea para cada carga y del conjunto y sus valores eficaces.
c) Potencia activa consumida por cada carga y por el sistema.
d) Factor de potencia de la línea.

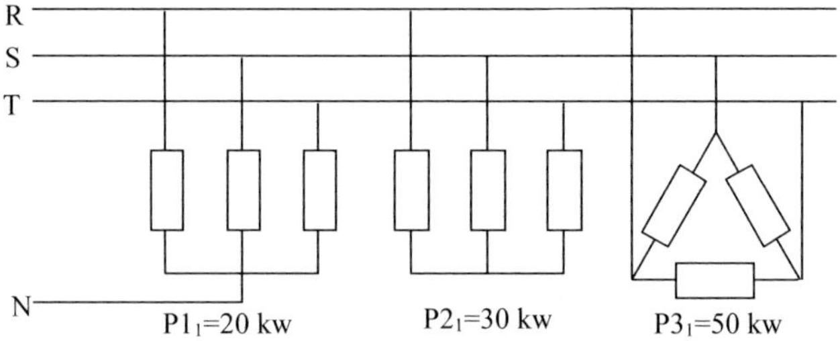

Por ser las tensiones de fase de simetría impar y de media onda serán cero los términos en coseno, los términos pares y la componente de continua. Su desarrollo será:

$$u_R(t)=\sum_{n=1}^{\infty}\sqrt{2}*220\frac{1}{n}\text{sen}n\omega t=\sqrt{2}*220\left[\text{sen}\omega t+\frac{1}{3}\text{sen}3\omega t+\frac{1}{5}\text{sen}5\omega t+\frac{1}{7}\text{sen}7\omega t+.\right]$$

$$u_S(t)=\sqrt{2}*220\left[\text{sen}(\omega t-120^{\circ})+\frac{1}{3}\text{sen}3\omega t+\frac{1}{5}\text{sen}(5\omega t+120^{\circ})+\frac{1}{7}\text{sen}(7\omega t-120^{\circ})+.\right]$$

$$u_T(t)=\sqrt{2}*220\left[\text{sen}(\omega t+120^{\circ})+\frac{1}{3}\text{sen}3\omega t+\frac{1}{5}\text{sen}(5\omega t-120^{\circ})+\frac{1}{7}\text{sen}7(\omega t+120^{\circ})+.\right]$$

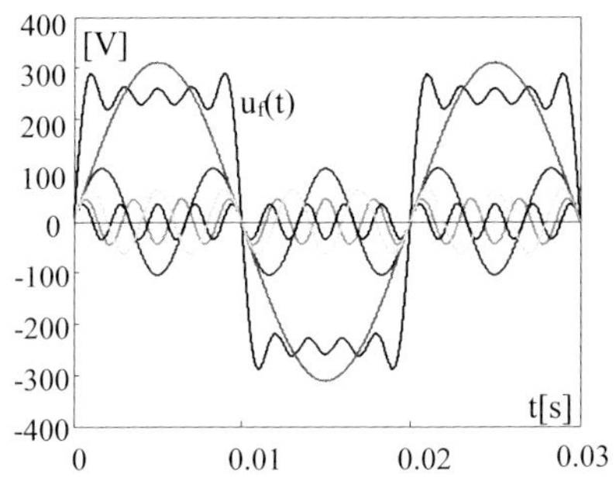

Tensión de fase y armónicos

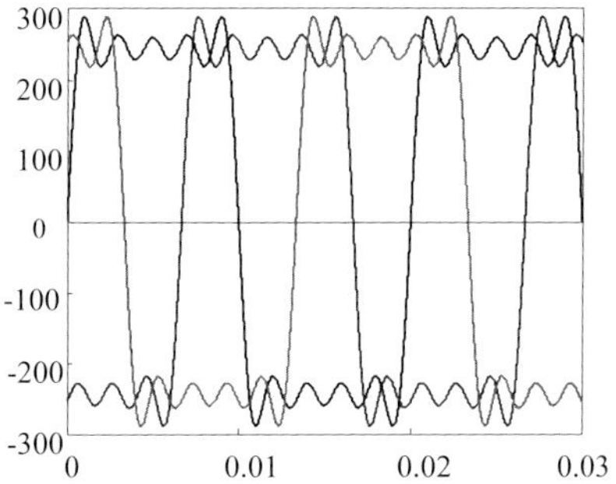

Tensiones de fase

Valor eficaz de la tensión de fase:

$$U_f = \sqrt{\sum_{n=1}^{\infty} U_{fn}^2} = \sqrt{220^2 + \left(220\frac{1}{3}\right)^2 + \left(220\frac{1}{5}\right)^2 + \left(220\frac{1}{7}\right)^2 + \left(220\frac{1}{9}\right)^2 + \ldots} =$$

$$= 220\sqrt{\left(1 + \frac{1}{9} + \frac{1}{25} + \frac{1}{49} + \frac{1}{81} + \ldots\right)} = 239{,}4V$$

En las tensiones de línea no aparecerán los armónicos 3 y múltiplos de 3 por ser homopolares. Para las secuencias directas las tensiones de línea adelantan 30º y las inversas retrasan 30º respecto a las de fase. Con las intensidades de línea y de fase ocurre lo contrario. Con ello los ángulos de desfase entre las intensidades y tensiones de línea son los mismos que entre las de fase y √3*220 = 380. Teniendo esto en cuenta:

$$u_{RS}(t) = \sqrt{2} * 380\left[\operatorname{sen}(\omega t + 30^{\circ}) + \frac{1}{5}\operatorname{sen}(5\omega t - 30^{\circ}) + \frac{1}{7}\operatorname{sen}(7\omega t + 30^{\circ}) + \ldots\right]$$

$$u_{ST}(t) = \sqrt{2} * 380\left[\operatorname{sen}(\omega t - 90^{\circ}) + \frac{1}{5}\operatorname{sen}(5\omega t + 90^{\circ}) + \frac{1}{7}\operatorname{sen}(7\omega t - 90^{\circ}) + \ldots\right]$$

$$u_{TR}(t) = \sqrt{2} * 380\left[\operatorname{sen}(\omega t + 150^{\circ}) + \frac{1}{5}\operatorname{sen}(5\omega t - 150^{\circ}) + \frac{1}{7}\operatorname{sen}7(\omega t + 150^{\circ}) + \ldots\right]$$

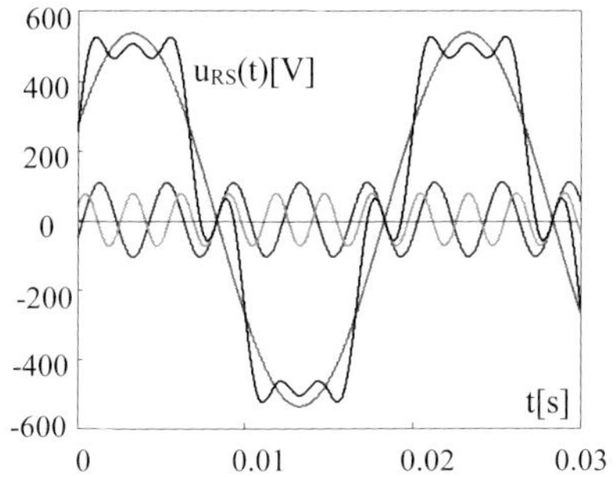

Tensión de línea y armónicos

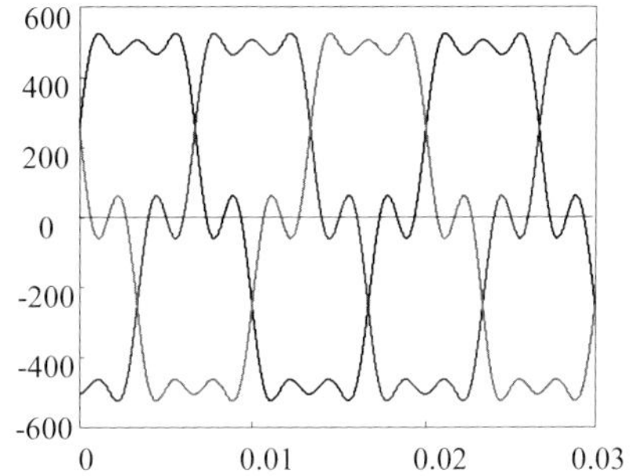

Tensiones de línea

Valor eficaz de la tensión de línea:

$$U = \sqrt{\sum_{n=1}^{\infty} U_n^2} = \sqrt{380^2 + \left(380\frac{1}{5}\right)^2 + \left(380\frac{1}{7}\right)^2 + \ldots} =$$

$$= 380\sqrt{\left(1 + \frac{1}{25} + \frac{1}{49} + \ldots\right)} = 391{,}31V$$

Puede apreciarse que $U \neq \sqrt{3}U_f$ pues al pasar a la tensión de línea no intervienen los armónicos 3 y múltiplos de 3.

Cálculo de las impedancias de las cargas para los sistemas trifásicos de las ondas fundamentales (para los que se conocen las potencias).

$$P_1 = 3U_1 I_1 \cos\varphi_1 = 3U_1 \frac{U_1}{Z_1}\cos\varphi_1 \qquad Z_1 = 3\frac{U_1^2}{P_1}\cos\varphi_1$$

Para la **carga 1** se tiene que $U_1 = U_{f1} = 220V$ y:

$$Z1_1 = 3\frac{220^2}{2*10^4}0{,}8 = \frac{116160}{20000} = 5{,}8\,\Omega \qquad \overline{Z1}_1 = 5{,}8*0{,}8 + j5{,}8*0{,}6 = 4{,}64 + j3{,}48$$

Y para el resto de los armónicos: $\overline{Z1}_n = 4{,}64 + jn*3{,}48$

Para la **carga 2** también $U_1 = U_{f1} = 220V$ y:

$$Z2_1 = 3\frac{220^2}{3*10^4}0{,}8 = \frac{116160}{30000} = 3{,}87\Omega \qquad \overline{Z2}_1 = 3{,}87*0{,}8 - j3{,}87*0{,}6 = 3{,}1 - j2{,}32$$

Y para el resto de los armónicos: $\overline{Z2}_n = R - j\frac{1}{Cn\omega} = 3{,}1 - j\frac{2{,}32}{n}$

Y para la **carga 3** $U_1 = U_{L1} = 380V$:

$$Z3_1 = 3\frac{380^2}{5*10^4}0{,}9 = \frac{389880}{50000} = 7{,}8\Omega \qquad \overline{Z3}_1 = 7{,}8*0{,}9 + j7{,}8*0{,}436 = 7{,}02 + j3{,}4$$

Y para el resto de los armónicos: $\overline{Z3}_n = 7{,}02 + jn3{,}4$

Cálculo de Intensidades

En general para cualquier carga: $\overline{I}_n = \frac{\overline{U}_n}{\overline{Z}_n}$

Carga 1

$$\overline{I1}_n = \frac{\overline{U}_{fn}}{\overline{Z1}_n} = \frac{220/n}{4{,}64 + jn3{,}48} = \begin{cases} \text{Para n} = 1 & \overline{I1}_1 = 37{,}88\angle -36{,}87^\circ \\ \text{Para n} = 3 & \overline{I1}_3 = 6{,}41\angle -66{,}04^\circ \\ \text{Para n} = 5 & \overline{I1}_5 = 2{,}44\angle -75{,}07^\circ \\ \text{Para n} = 7 & \overline{I1}_7 = 1{,}27\angle -79{,}22^\circ \\ \text{Para n} = 9 & \overline{I1}_9 = 0{,}77\angle -81{,}6^\circ \end{cases}$$

Se tiene el desarrollo:

$$i1_R(t) = \sqrt{2}\,[37{,}88\,\mathrm{sen}(\omega t - 36{,}87^o) + 6{,}41\,\mathrm{sen}(3\omega t - 66{,}04^o) + 2{,}44\,\mathrm{sen}(5\omega t - 75{,}07^o) + $$
$$+ 1{,}27\,\mathrm{sen}(7\omega t - 79{,}22^o) + 0{,}77\,\mathrm{sen}((9\omega t - 81{,}6^o) + ...]$$
$$i1_S(t) = \sqrt{2}[37{,}88\,\mathrm{sen}(\omega t - 156{,}87^o) + 6{,}41\,\mathrm{sen}(3\omega t - 66{,}04^o) + 2{,}44\,\mathrm{sen}(5\omega t + 44{,}73^o) + $$
$$+ 1{,}27\,\mathrm{sen}(7\omega t - 199{,}22^o) + 0{,}77\,\mathrm{sen}(9\omega t - 81{,}6^o) + ...]$$
$$i1_T(t) = \sqrt{2}[37{,}88\,\mathrm{sen}(\omega t + 83{,}13^o) + 6{,}41\,\mathrm{sen}(3\omega t - 66{,}04^o) + 2{,}44\,\mathrm{sen}(5\omega t - 195{,}07^o) + $$
$$+ 1{,}27\,\mathrm{sen}(7\omega t + 40{,}78^o) + 0{,}77\,\mathrm{sen}(9\omega t - 81{,}6^o) + ...]$$

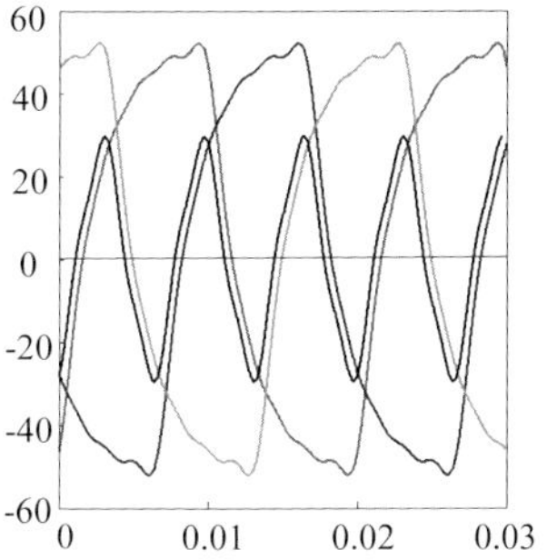

Intensidades de línea y de neutro en la carga 1 [A]

Valor eficaz de la intensidad de fase:

$$I1 = \sqrt{\sum_{n=1}^{\infty} I_n^2} =$$
$$= \sqrt{37{,}88^2 + 6{,}41^2 + 2{,}44^2 + 1{,}27^2 + 0{,}77^2 + ...} =$$
$$= 38{,}52\ A$$

Carga 2. Por no tener neutro serán cero los armónicos de orden 3 y múltiplos de 3.

$$\overline{I}2_n = \frac{\overline{U}_{fn}}{\overline{Z}2_n} = \frac{220/n}{3{,}1 - j\,2{,}32/n} = \begin{cases} \text{Para n} = 1 & \overline{I}2_1 = 56{,}82\angle 36{,}87^o \\ \text{Para n} = 5 & \overline{I}2_5 = 14{,}05\angle 8{,}53^o \\ \text{Para n} = 7 & \overline{I}2_7 = 10{,}09\angle 6{,}1^o \end{cases}$$

Se tiene el desarrollo:

$$i2_R(t) = \sqrt{2}\,[56{,}82\,\mathrm{sen}(\omega t + 36{,}87^o) + 14{,}05\,\mathrm{sen}(5\omega t + 8{,}53^o) + 10{,}09\,\mathrm{sen}(7\omega t + 6{,}1^o) + .]$$
$$i2_S(t) = \sqrt{2}\,[56{,}82\,\mathrm{sen}(\omega t - 83{,}13^o) + 14{,}05\,\mathrm{sen}(5\omega t + 128{,}53^o) + 10{,}09\,\mathrm{sen}(7\omega t - 113{,}9^o) + .]$$
$$i2_T(t) = \sqrt{2}\,[56{,}82\,\mathrm{sen}(\omega t + 156{,}87^o) + 14{,}05\,\mathrm{sen}(5\omega t - 111{,}47^o) + 10{,}09\,\mathrm{sen}(7\omega t + 126{,}1^o) + .]$$

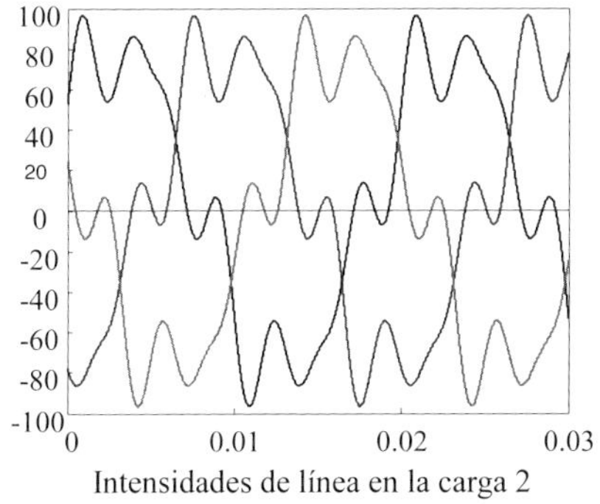

Intensidades de línea en la carga 2

Y el valor eficaz:

$$I2 = \sqrt{\sum_{n=1}^{\infty} I_n^2} =$$
$$= \sqrt{56{,}82^2 + 14{,}05^2 + 10{,}09^2 + ...} =$$
$$= 59{,}4A$$

Carga 3. (Respecto a las tensiones de línea)

$$\bar{I3}_n = \frac{\bar{U}_{Ln}}{\bar{Z3}_n} = \frac{380/n}{7{,}02 + jn3{,}4} = \begin{cases} \text{Para n} = 1 & \bar{I3}_1 = 48{,}73\angle -25{,}85^{\circ} \\ \text{Para n} = 5 & \bar{I3}_5 = 4{,}13\angle -67{,}57^{\circ} \\ \text{Para n} = 7 & \bar{I3}_7 = 2{,}19\angle -73{,}57^{\circ} \end{cases}$$

Con su desarrollo:

$$i3_{RS}(t) = \sqrt{2}\,[48{,}73\,\text{sen}(\omega t - 25{,}85^{\circ}) + 4{,}13\,\text{sen}(5\omega t - 67{,}57^{\circ}) + 2{,}19\,\text{sen}(7\omega t - 73{,}57^{\circ}) + .]$$

$$i3_{ST}(t) = \sqrt{2}\,[48{,}73\,\text{sen}(\omega t - 145{,}85^{\circ}) + 4{,}13\,\text{sen}(5\omega t + 52{,}43^{\circ}) + 2{,}19\,\text{sen}(7\omega t - 193{,}57^{\circ}) + .]$$

$$i3_{TR}(t) = \sqrt{2}\,[48{,}73\,\text{sen}(\omega t + 94{,}15^{\circ}) + 4{,}13\,\text{sen}(5\omega t - 187{,}57^{\circ}) + 2{,}19\,\text{sen}(7\omega t + 46{,}43^{\circ}) + .]$$

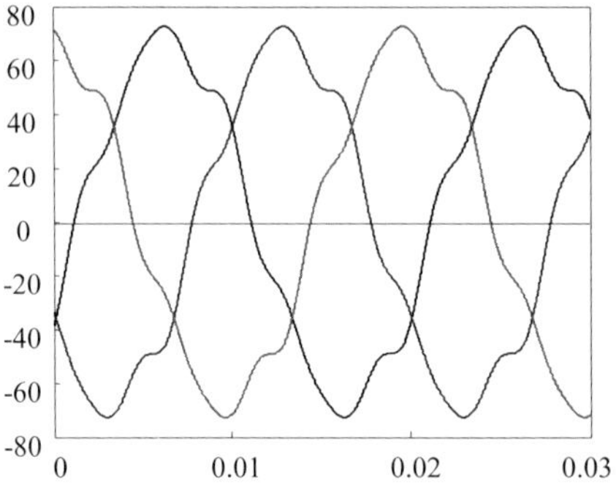

Intensidades de fase en la carga 3

Y su valor eficaz:

$$I3_f = \sqrt{\sum_{n=1}^{\infty} I_n^2} =$$
$$= \sqrt{48{,}73^2 + 4{,}13^2 + 2{,}19^2 + \dots} =$$
$$= 48{,}95A$$

Teniendo en cuenta la relación entre las intensidades de fase y de línea en los sistemas de secuencia directa $\left(\bar{I} = \sqrt{3}\ \bar{I}_f\angle -30^{\circ}\right)$ y en los de secuencia inversa $\left(\bar{I} = \sqrt{3}\ \bar{I}_f\angle 30^{\circ}\right)$, se tienen las intensidades de línea para la carga 3 (respecto a las tensiones de fase):

$$i3_R(t) = \sqrt{2}\,[84{,}4\,\text{sen}(\omega t - 25{,}85^{\circ}) + 7{,}16\,\text{sen}(5\omega t - 67{,}57^{\circ}) + 3{,}8\,\text{sen}(7\omega t - 73{,}57^{\circ}) + .]$$

$$i3_S(t) = \sqrt{2}\,[84{,}4\,\text{sen}(\omega t - 145{,}85^{\circ}) + 7{,}16\,\text{sen}(5\omega t + 52{,}43^{\circ}) + 3{,}8\,\text{sen}(7\omega t - 193{,}57^{\circ}) + .]$$

$$i3_T(t) = \sqrt{2}\,[84{,}4\,\text{sen}(\omega t + 94{,}15^{\circ}) + 7{,}16\,\text{sen}(5\omega t - 187{,}57^{\circ}) + 3{,}8\,\text{sen}(7\omega t + 46{,}43^{\circ}) + .]$$

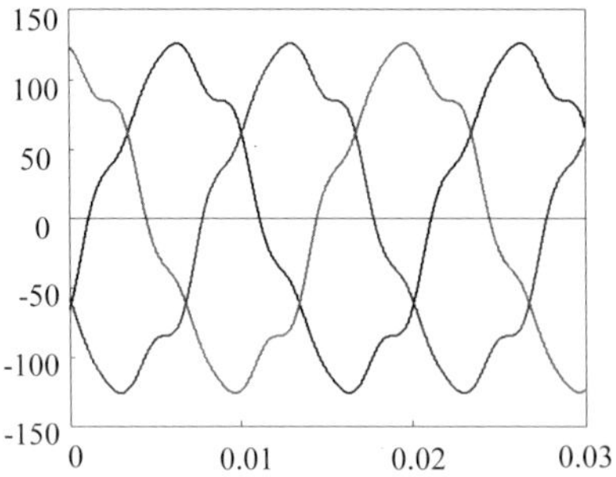

Intensidades de línea de la carga 3

Y su valor eficaz:

$$I3 = \sqrt{\sum_{n=1}^{\infty} I_n^2} =$$
$$= \sqrt{84{,}4^2 + 7{,}16^2 + 3{,}8^2 + \dots} =$$
$$= 84{,}79A$$

Se puede comprobar que en este caso sí se cumple que: $I_3 = \sqrt{3}\ I_F$.

Intensidades totales de línea. Se sumarán las intensidades de línea de cada carga correspondientes a cada armónico:

n = 1 $\bar{I}_{R1} = 37{,}88\angle -36{,}87^o + 56{,}82\angle 36{,}87^o + 84{,}4\angle -25{,}85^o = 153{,}83\angle -9{,}52^o$

n = 3 $\bar{I}_{R3} = 6{,}41\angle -66{,}04^o$

n = 5 $\bar{I}_{R5} = 2{,}44\angle -75{,}07^o + 14{,}05\angle 8{,}53^o + 7{,}16\angle -67{,}57^o = 18{,}58\angle -21{,}77^o$

n = 7 $\bar{I}_{R7} = 1{,}27\angle -79{,}22^o + 10{,}09\angle 6{,}1^o + 3{,}8\angle -73{,}57^o = 11{,}96\angle -18{,}54^o$

n = 9 $\bar{I}_{R9} = 0{,}77\angle -81{,}6^o$

Y se tienen las expresiones:

$$i_R(t) = \sqrt{2}\,[153{,}83\ \mathrm{sen}(\omega t - 9{,}52^o) + 6{,}41\ \mathrm{sen}(3\omega t - 66{,}04^o) + 18{,}58\ \mathrm{sen}(5\omega t - 21{,}77^o) + \\ + 11{,}96\ \mathrm{sen}(7\omega t - 18{,}54^o) + 0{,}77\ \mathrm{sen}(9\omega t - 81{,}6^o) + ...]$$

$$i1_S(t) = \sqrt{2}\,[153{,}83\ \mathrm{sen}(\omega t - 129{,}52^o) + 6{,}41\ \mathrm{sen}(3\omega t - 66{,}04^o) + 18{,}58\ \mathrm{sen}(5\omega t + 98{,}23^o) + \\ + 11{,}96\ \mathrm{sen}(7\omega t - 138{,}54^o) + 0{,}77\ \mathrm{sen}(9\omega t - 81{,}6^o) + ...]$$

$$i1_T(t) = \sqrt{2}\,[153{,}83\ \mathrm{sen}(\omega t + 110{,}48^o) + 6{,}41\ \mathrm{sen}(3\omega t - 66{,}04^o) + 18{,}58\ \mathrm{sen}(5\omega t - 141{,}77^o) + \\ + 11{,}96\ \mathrm{sen}(7\omega t + 101{,}46^o) + 0{,}77\ \mathrm{sen}(9\omega t - 81{,}6^o) + ...]$$

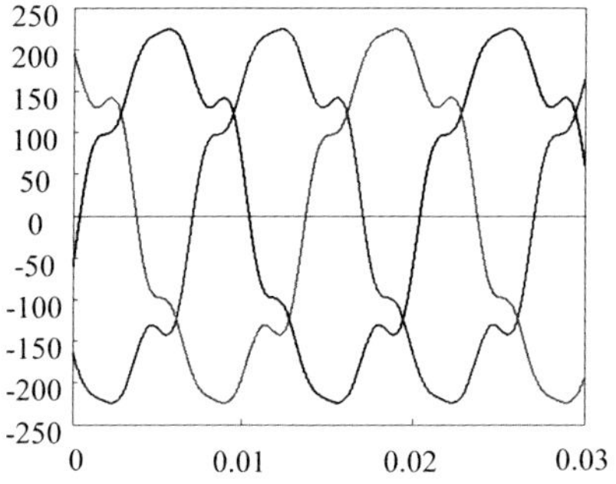

Intensidaes totales de línea del sistema

Y su valor eficaz:

$$I = \sqrt{\sum_{n=1}^{\infty} I_n^2} = \\ = \sqrt{153{,}83^2 + 6{,}41^2 + 18{,}58^2 + 11{,}96^2 + 0{,}77^2 + .} = \\ = 155{,}55A$$

Cálculo de las potencias

Carga 1

Potencia activa:

$$P1 = 3\sum_{n=1}^{\infty} U_n I_n \cos\varphi_n = 3\left[220 * 37{,}88\cos 36{,}87^o + \frac{220}{3} * 6{,}41\cos 66{,}04^o + \frac{220}{5} * 2{,}44\cos 75{,}07^o + \right. \\ \left. + \frac{220}{7} * 1{,}27\cos 79{,}22^o + \frac{220}{9} * 0{,}77\cos 81{,}6^o + ...\right] = 20686\,W$$

Potencia aparente:

$$S_1 = 3 * U_f I1 = 3 * 239{,}37 * 38{,}52 = 27664 VA$$

Carga 2

Potencia activa:

$$P2 = 3\sum_{n=1}^{\infty} U_n I_n \cos\varphi_n = 3\left[220 * 56{,}82\cos 36{,}87^o + \frac{220}{5} * 14{,}05\cos 8{,}53^o + \frac{220}{7} * 10{,}09\cos 6{,}1^o + .\right]$$
$$= 32780 W$$

Potencia aparente:

$$S_2 = 3 * U_f I2 = 3 * 239{,}37 * 59{,}4 = 42650 VA$$

Carga 3

Potencia activa:

$$P3 = 3\sum_{n=1}^{\infty} U_n I_n \cos\varphi_n = 3\left[380 * 48{,}73\cos 25{,}85^o + \frac{380}{5} * 4{,}13\cos 67{,}57^o + \frac{380}{7} * 2{,}19\cos 73{,}57^o + .\right]$$
$$= 50456 W$$

Potencia aparente:

$$S_3 = 3 * U I3_f = 3 * 391{,}31 * 48{,}95 = 57469 VA$$

Potencia activa total:

$$P = P_1 + P_2 + P_3 == 20686 + 32780 + 50456 = 103922 W$$

Cálculo de la potencia de la línea considerando las tensiones e intensidades de la misma.

Potencia activa:

$$P = 3\sum_{n=1}^{\infty} U_n I_n \cos\varphi_n = 3\left[220 * 153{,}83\cos 9{,}52^o + \frac{220}{3} * 6{,}41\cos 66{,}04^o + \frac{220}{5} * 18{,}58\cos 21{,}77^o) + \right.$$
$$\left. + \frac{220}{7} * 11{,}96\cos 18{,}54^o + \frac{220}{9} * 0{,}77\cos 81{,}6^o) + \ldots\right] = 103922\ W$$

Potencia aparente:

$$S = 3 * U_f I = 3 * 239{,}37 * 155{,}55 = 111702 VA$$

Factor de potencia de la línea:

$$K = \frac{P}{S} = \frac{103922}{111702} = 0{,}932$$

```
% PROGRAMA EN MATLAB

% DATOS
f=50; P1=2*10^4; P2=3*10^4; P3=5*10^4; w=2*pi*f;
Uf=220; U=380; % Tensiones de fase y de línea de la onda fundamental
n=[1 3 5 7 9]; % Orden de los armónicos
m=[1 1/3 1/5 1/7 1/9]; % Peso de los armónicos
t=[0:0.0000001:0.030]; % Tiempo para representación gráfica

% TENSIONES
% Valores vectoriales de los armónicos de la tensión de fase
URn=Uf.*m;
USn=[URn(1,1)*exp(-i*2*pi/3) URn(1,2) URn(1,3)*exp(+i*2*pi/3)
URn(1,4)*exp(-i*2*pi/3) URn(1,4)];
UTn=[URn(1,1)*exp(+i*2*pi/3) URn(1,2) URn(1,3)*exp(-i*2*pi/3)
URn(1,4)*exp(+i*2*pi/3) URn(1,4)];
UF=220*sqrt(1+(1/3)^2+(1/5)^2+(1/7)^2+(1/9)^2); % Valor eficaz de la
tensión de fase
% Valores temporales de los armónicos de la tensión de fase (para la fase
R)
ur1=sqrt(2)*Uf*sin(w*t); ur3=1/3*sqrt(2)*Uf*sin(3*w*t);
ur5=1/5*sqrt(2)*Uf*sin(5*w*t);
ur7=1/7*sqrt(2)*Uf*sin(7*w*t); ur9=1/9*sqrt(2)*Uf*sin(9*w*t);
% Tensiones de fase (desarrollo temporal)
ur=sqrt(2)*Uf*(sin(w*t)+1/3*sin(3*w*t)+1/5*sin(5*w*t)+1/7*sin(7*w*t)+1/9*si
n(9*w*t));
us=sqrt(2)*Uf*(sin(w*t-
2*pi/3)+1/3*sin(3*w*t)+1/5*sin(5*w*t+2*pi/3)+1/7*sin(7*w*t-
2*pi/3)+1/9*sin(9*w*t));
ut=sqrt(2)*Uf*(sin(w*t+2*pi/3)+1/3*sin(3*w*t)+1/5*sin(5*w*t-
2*pi/3)+1/7*sin(7*w*t+2*pi/3)+1/9*sin(9*w*t));
plot(t,ur1,'r',t,ur3,'b',t,ur5,'y',t,ur7,'g',t,ur9,'k',t,ur,'k'); %
Armónicos y tensión de fase
pause
plot(t,ur,'k',t,us,'b',t,ut,'r'); % Tensiones de fase
pause
% Valores temporales de los armónicos de la tensión de línea (para la
tensión urs)
urs1=sqrt(2)*U*sin(w*t+pi/6); urs5=sqrt(2)*U*1/5*sin(5*w*t-pi/6);
urs7=sqrt(2)*U*1/7*sin(7*w*t+pi/6);
UL=U*sqrt(1+(1/5)^2+(1/7)^2); % Valor eficaz de la tensión de línea
% Tensiones de línea (desarrollo temporal)
urs=sqrt(2)*U*(sin(w*t+pi/6)+1/5*sin(5*w*t-pi/6)+1/7*sin(7*w*t+pi/6));
ust=sqrt(2)*U*(sin(w*t-pi/2)+1/5*sin(5*w*t+pi/2)+1/7*sin(7*w*t-pi/2));
utr=sqrt(2)*U*(sin(w*t+5*pi/6)+1/5*sin(5*w*t-
5*pi/6)+1/7*sin(7*w*t+5*pi/6));
plot(t,urs1,'r',t,urs5,'b',t,urs7,'g',t,urs,'k'); % Armónicos y tensión de
línea
pause
plot(t,urs,'k',t,ust,'b',t,utr,'r'); % Tensiones de línea
pause
% CÁLCULO DE IMPEDANCIAS
Z11M=3*Uf^2*0.8/P1; % Módulo de la impedancia para la onda fundamental en
la carga 1
Z1n=Z11M*0.8+n*Z11M*0.6*i; % Impedancias para cada armónico en la carga 1
Z21M=3*Uf^2*0.8/P2; % Módulo de la impedancia para la onda fundamental en
la carga 2
Z2n=Z21M*0.8-(Z21M*0.6)./n*i; % Impedancias para cada armónico en la carga
2
Z31M=3*U^2*0.9/P3; % Módulo de la impedancia para la onda fundamental en la
carga 3
Z3n=Z31M*0.9+n*Z31M*0.436*i; % Impedancias para cada armónico en la carga 3
```

```
% CÁLCULO DE INTENSIDADES
% CARGA 1 (en estrella con conexión al neutro)
% Armónicos de la intensidad de fase (para la fase R)
I1n=URn./Z1n;
I11A=abs(I1n(1,1));
phiI11=angle(I1n(1,1))*180/pi;
I13A=abs(I1n(1,2));
phiI13=angle(I1n(1,2))*180/pi;
I15A=abs(I1n(1,3));
phiI15=angle(I1n(1,3))*180/pi;
I17A=abs(I1n(1,4));
phiI17=angle(I1n(1,4))*180/pi;
I19A=abs(I1n(1,5));
phiI19=angle(I1n(1,5))*180/pi;
I1=sqrt(I11A^2+I13A^2+I15A^2+I17A^2+I19A^2); % Valor eficaz de la
intensidad (y de línea)
% Intensidades de fase = intensidad de línea (desarrollo temporal)
ir1=sqrt(2)*(I11A*sin(w*t+angle(I1n(1,1)))+I13A*sin(3*w*t+angle(I1n(1,2)))+
I15A*sin(5*w*t+angle(I1n(1,3)))+I17A*sin(7*w*t+angle(I1n(1,4)))+I19A*sin(9*
w*t+angle(I1n(1,5))));
is1=sqrt(2)*(I11A*sin(w*t+angle(I1n(1,1))-
2*pi/3)+I13A*sin(3*w*t+angle(I1n(1,2)))+I15A*sin(5*w*t+angle(I1n(1,3))+2*pi
/3)+I17A*sin(7*w*t+angle(I1n(1,4))-
2*pi/3)+I19A*sin(9*w*t+angle(I1n(1,5))));
it1=sqrt(2)*(I11A*sin(w*t+angle(I1n(1,1))+2*pi/3)+I13A*sin(3*w*t+angle(I1n(
1,2)))+I15A*sin(5*w*t+angle(I1n(1,3))-
2*pi/3)+I17A*sin(7*w*t+angle(I1n(1,4))+2*pi/3)+I19A*sin(9*w*t+angle(I1n(1,5
))));
in1=ir1+is1+it1; % Intensidad de neutro
plot(t,ir1,'r',t,is1,'b',t,it1,'g',t,in1,'k'); % Intensidades de fase
pause
% CARGA 2 (en estrella sin conexión al neutro)
% Armónicos de la intensidad de fase (son cero los de orden 3 y sus
múltiplos)
I2n=URn./Z2n;
I21A=abs(I2n(1,1));
phiI21=angle(I2n(1,1))*180/pi;
I25A=abs(I2n(1,3));
phiI25=angle(I2n(1,3))*180/pi;
I27A=abs(I2n(1,4));
phiI27=angle(I2n(1,4))*180/pi;
I2=sqrt(I21A^2+I25A^2+I27A^2); % Valor eficaz de la intensidad de fase (y
de línea)
% Intensidades de fase = intensidades de línea (desarrollo temporal)
ir2=sqrt(2)*(I21A*sin(w*t+angle(I2n(1,1)))+I25A*sin(5*w*t+angle(I2n(1,3)))+
I27A*sin(7*w*t+angle(I2n(1,4))));
is2=sqrt(2)*(I21A*sin(w*t+angle(I2n(1,1))-
2*pi/3)+I25A*sin(5*w*t+angle(I2n(1,3))+2*pi/3)+I27A*sin(7*w*t+angle(I2n(1,4
))-2*pi/3));
it2=sqrt(2)*(I21A*sin(w*t+angle(I2n(1,1))+2*pi/3)+I25A*sin(5*w*t+angle(I2n(
1,3))-2*pi/3)+I27A*sin(7*w*t+angle(I2n(1,4))+2*pi/3));
plot(t,ir2,'k',t,is2,'b',t,it2,'r'); % Intensidades de fase
pause
% CARGA 3 (en triángulo)
% Armónicos de la intensidad de fase (son cero los de orden 3 y sus
múltiplos)
URSn=U.*m;
I3n=URSn./Z3n;
IF31A=abs(I3n(1,1));
phiIF31=angle(I3n(1,1))*180/pi;
IF35A=abs(I3n(1,3));
phiIF35=angle(I3n(1,3))*180/pi;
IF37A=abs(I3n(1,4));
```

```
phiIF37=angle(I3n(1,4))*180/pi;
IF3=sqrt(IF31A^2+IF35A^2+IF37A^2); % Valor eficaz de la intensidad de fase
% Intensidades de fase (desarrollo temporal)
ifrs3=sqrt(2)*(IF31A*sin(w*t+angle(I3n(1,1)))+IF35A*sin(5*w*t+angle(I3n(1,3
)))+IF37A*sin(7*w*t+angle(I3n(1,4))));
ifst3=sqrt(2)*(IF31A*sin(w*t+angle(I3n(1,1))-
2*pi/3)+IF35A*sin(5*w*t+angle(I3n(1,3))+2*pi/3)+IF37A*sin(7*w*t+angle(I3n(1
,4))-2*pi/3));
iftr3=sqrt(2)*(IF31A*sin(w*t+angle(I3n(1,1))+2*pi/3)+IF35A*sin(5*w*t+angle(
I3n(1,3))-2*pi/3)+IF37A*sin(7*w*t+angle(I3n(1,4))+2*pi/3));
plot(t,ifrs3,'k',t,ifst3,'b',t,iftr3,'r'); % Representación gráfica de las
intensidades de fase
pause
% Intensidades de línea (desarrollo temporal)
I31A=sqrt(3)*IF31A; I35A=sqrt(3)*IF35A; I37A=sqrt(3)*IF37A; % Iguales
ángulos que las intensidades de fase
I3=sqrt(I31A^2+I35A^2+I37A^2); % Valor eficaz de la intensidad de línea
irs3=sqrt(2)*(I31A*sin(w*t+angle(I3n(1,1)))+I35A*sin(5*w*t+angle(I3n(1,3)))
+I37A*sin(7*w*t+angle(I3n(1,4))));
ist3=sqrt(2)*(I31A*sin(w*t+angle(I3n(1,1))-
2*pi/3)+I35A*sin(5*w*t+angle(I3n(1,3))+2*pi/3)+I37A*sin(7*w*t+angle(I3n(1,4
))-2*pi/3));
itr3=sqrt(2)*(I31A*sin(w*t+angle(I3n(1,1))+2*pi/3)+I35A*sin(5*w*t+angle(I3n
(1,3))-2*pi/3)+I37A*sin(7*w*t+angle(I3n(1,4))+2*pi/3));
plot(t,irs3,'k',t,ist3,'b',t,itr3,'r'); % Intensidades de línea
pause
% INTENSIDADES TOTALES DE LÍNEA
% Valores vectoriales, eficaces y ángulos de desfase
IR1=I1n(1,1)+I2n(1,1)+sqrt(3)*I3n(1,1); IR1A=abs(IR1);
phiIR1=angle(IR1)*180/pi;
IR3=I1n(1,2); IR3A=abs(IR3); phiIR3=angle(IR3)*180/pi;
IR5=I1n(1,3)+I2n(1,3)+sqrt(3)*I3n(1,3); IR5A=abs(IR5);
phiIR5=angle(IR5)*180/pi;
IR7=I1n(1,4)+I2n(1,4)+sqrt(3)*I3n(1,4); IR7A=abs(IR7);
phiIR7=angle(IR7)*180/pi;
IR9=I1n(1,5); IR9A=abs(IR9); phiIR9=angle(IR9)*180/pi;
IR=sqrt(IR1A^2+IR3A^2+IR5A^2+IR7A^2+IR9A^2); % Valor eficaz de la
intensidad total de línea
% Desarrollo temporal
ir=sqrt(2)*(IR1A*sin(w*t+angle(IR1))+IR3A*sin(3*w*t+angle(IR3))+IR5A*sin(5*
w*t+angle(IR5))+IR7A*sin(7*w*t+angle(IR7))+IR9A*sin(9*w*t+angle(IR9)));
is=sqrt(2)*(IR1A*sin(w*t+angle(IR1)-
2*pi/3)+IR3A*sin(3*w*t+angle(IR3))+IR5A*sin(5*w*t+angle(IR5)+2*pi/3)+IR7A*s
in(7*w*t+angle(IR7)-2*pi/3)+IR9A*sin(9*w*t+angle(IR9)));
it=sqrt(2)*(IR1A*sin(w*t+angle(IR1)+2*pi/3)+IR3A*sin(3*w*t+angle(IR3))+IR5A
*sin(5*w*t+angle(IR5)-
2*pi/3)+IR7A*sin(7*w*t+angle(IR7)+2*pi/3)+IR9A*sin(9*w*t+angle(IR9)));
plot(t,ir,'k',t,is,'b',t,it,'r'); % Intensidades totales de línea

% CÁLCULO DE POTENCIAS
% Carga 1
PC1=3*real((URn.*conj(I1n)));
PC1T=PC1(1,1)+PC1(1,2)+PC1(1,3)+PC1(1,4)+PC1(1,5); % Potencia activa
S1=3*UF*I1; % Potencia aparente
% Carga 2
PC2=3*real((URn.*conj(I2n)));
PC2T=PC2(1,1)+PC2(1,3)+PC2(1,4); % Potencia activa
S2=3*UF*I2; % Potencia aparente
% Carga 3
PC3=3*real((URSn.*conj(I3n)));
PC3T=PC3(1,1)+PC3(1,3)+PC3(1,4); % Potencia activa
S3=3*UL*IF3; % Potencia aparente
P=PC1T+PC2T+PC3T; % Potencia activa total del sistema
```

```
% Comprobación de las potencias
I=[IR1 IR3 IR5 IR7 IR9];
Po=3*real((URn.*conj(I)));
P=Po(1,1)+Po(1,2)+Po(1,3)+Po(1,4)+Po(1,5); % Potencia activa total del
sistema
S=3*UF*IR; % Potencia aparente
FP=P/S; % Factor de potencia
```

PROBLEMA 10.20

Sea un sistema trifásico de secuencia directa de tensiones de fase periódicas iguales, de 50 Hz de frecuencia y desfasadas 120º entre sí y de simetría par. Las tensiones están compuestas por una onda fundamental de 220V de valor eficaz y los armónicos de orden 3, 7, 9 y 11 con valores eficaces del 30%, 25%, 20% y 15% respectivamente de la onda fundamental. A él se conecta la carga trifásica desequilibrada de la figura. Calcúlese:

a) Valor eficaz de las tensiones de fase y de línea.

b) Intensidades de línea, y sus valores eficaces, para el caso de neutro conectado y sin conectar.

c) Potencias activa y aparente y factor de potencia para cada fase y cada uno de los dos casos.

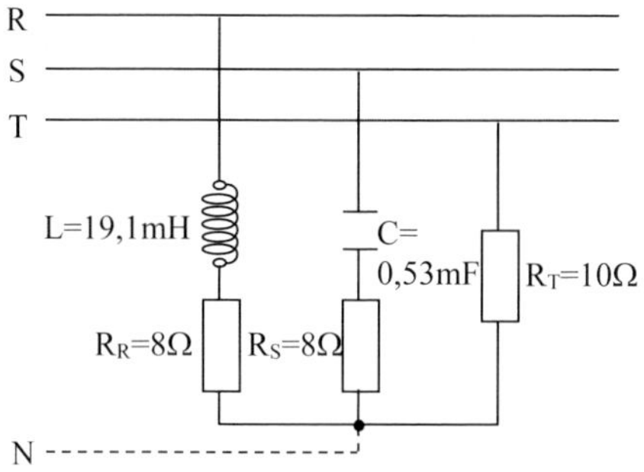

Por ser las tensiones de fase de simetría par serán cero los términos en seno. La onda fundamental y el armónico 7 forman sistemas trifásicos de la misma secuencia que la onda periódica. Los armónicos 3 y 9 forman sistemas homopolares y el 11 forma un sistema de secuencia inversa a la periódica. Su desarrollo será:

$$u_R(t)=\sqrt{2}*220\left[\cos\omega t+0{,}3\cos 3\omega t+0{,}25\cos 7\omega t+0{,}2\cos 9\omega t+0{,}15\cos 11\omega t.\right]$$

$$u_S(t)=\sqrt{2}*220\left[\cos(\omega t-120^{\circ})+0{,}3\cos 3\omega t+0{,}25\cos(7\omega t-120^{\circ})+0{,}2\cos 9\omega t+\right.$$
$$\left.+0{,}15\cos(11\omega t+120^{\circ})\right]$$

$$u_T(t)=\sqrt{2}*220\left[\cos(\omega t+120^{\circ})+0{,}3\cos 3\omega t+0{,}25\cos(7\omega t+120^{\circ})+0{,}2\cos 9\omega t+\right.$$
$$\left.+0{,}15\cos(11\omega t-120^{\circ})\right]$$

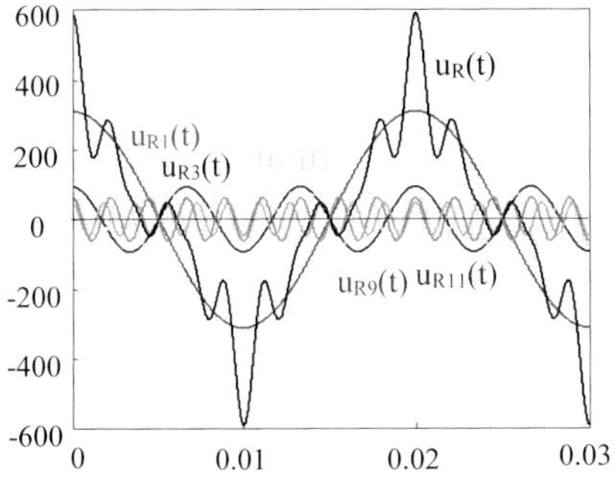

Armónicos y tensión de fase

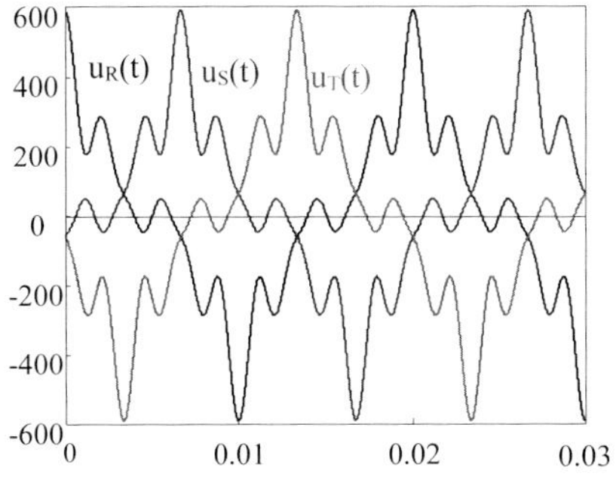

Tensiones de fase

Valor eficaz de la tensión de fase:

$$U_f = \sqrt{220^2 + (0{,}3*220)^2 + (0{,}25*220)^2 + (0{,}2*220)^2 + (0{,}15*220)^2} =$$
$$= 220\sqrt{1 + 0{,}3^2 + 0{,}25^2 + 0{,}2^2 + 0{,}15^2} = 242{,}5V$$

En las tensiones de línea no aparecerán los armónicos 3 y 9 por ser homopolares. Recordando que para las secuencias directas las tensiones de línea adelantan a las de fase en 30º, que las inversas retrasan a las mismas en 30º y que √3*220 = 380, se tendrá:

$$u_{RS}(t) = \sqrt{2}*380[\cos(\omega t + 30^\circ) + 0{,}25\cos(7\omega t + 30^\circ) + 0{,}15\cos(11\omega t - 30^\circ)]$$
$$u_{ST}(t) = \sqrt{2}*380[\cos(\omega t - 90^\circ) + 0{,}25\cos(7\omega t - 90^\circ) + 0{,}15\cos(11\omega t + 90^\circ)]$$
$$u_{TR}(t) = \sqrt{2}*380[\cos(\omega t + 150^\circ) + 0{,}25\cos(7\omega t + 150^\circ) + 0{,}15\cos(11\omega t - 150^\circ)]$$

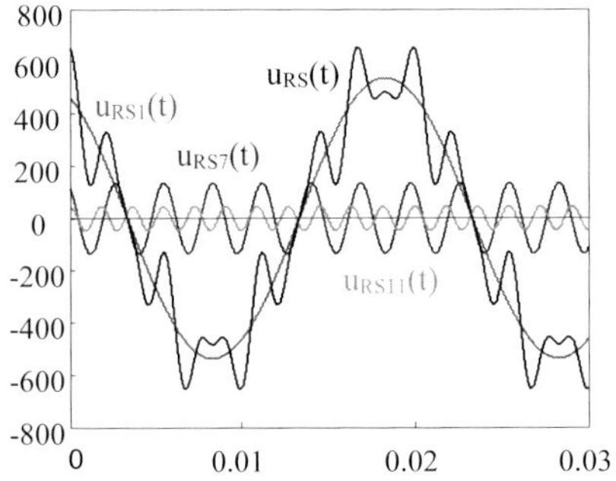

Armónicos y tensión de línea

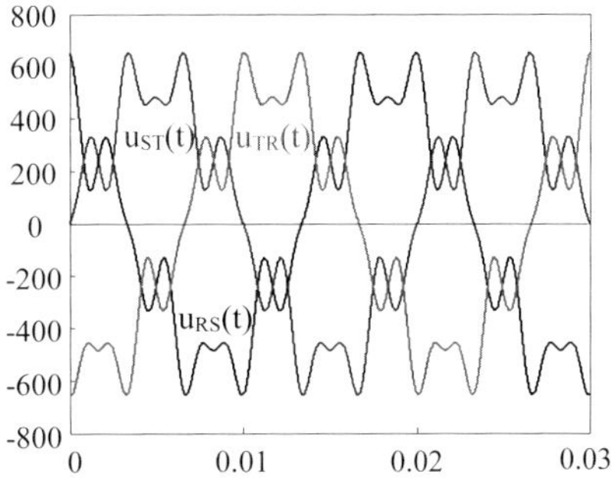

Tensiones de línea

Valor eficaz de la tensión de línea:

$$U = \sqrt{380^2 + (0{,}25*380)^2 + (0{,}15*380)^2} = 380\sqrt{1 + 0{,}25^2 + 0{,}15^2} = 395{,}82V$$

Puede apreciarse que $U \neq \sqrt{3}U_f$ pues al pasar a la tensión de línea no intervienen los armónicos 3 y 9.

Cálculo de las impedancias de fase para cada armónico:

Para la **fase R** se tiene:

$$\left.\begin{array}{l}\overline{Z}_{Rn} = R_R + jnL\omega = \\ \quad = 8 + jn19{,}1*10^{-3}*314 = 8 + jn6\end{array}\right\} \begin{cases} n=1 & \overline{Z}_{R1} = 8 + j6 = 10\angle 36{,}87^o \\ n=3 & \overline{Z}_{R3} = 8 + j18 = 19{,}7\angle 66^o \\ n=7 & \overline{Z}_{R7} = 8 + j42 = 42{,}76\angle 79{,}22^o \\ n=9 & \overline{Z}_{R9} = 8 + j54 = 54{,}6\angle 81{,}6^o \\ n=11 & \overline{Z}_{R11} = 8 + j66 = 66{,}5\angle 83^o \end{cases}$$

Para la **fase S**:

$$\left.\begin{array}{l}\overline{Z}_{Sn} = R_S - j\dfrac{1}{nC\omega} = \\ \quad = 8 - j\dfrac{1}{n53*10^{-5}*314} = 8 - j\dfrac{6}{n}\end{array}\right\} \begin{cases} n=1 & \overline{Z}_{S1} = 8 - j6 = 10\angle -36{,}87^o \\ n=3 & \overline{Z}_{S3} = 8 - j2 = 8{,}25\angle -14{,}05^o \\ n=7 & \overline{Z}_{S7} = 8 - j0{,}858 = 8{,}046\angle -6{,}12^o \\ n=9 & \overline{Z}_{S9} = 8 - j0{,}667 = 8{,}028\angle -4{,}77^o \\ n=11 & \overline{Z}_{S11} = 8 - j0{,}546 = 8{,}018\angle -3{,}9^o \end{cases}$$

Para la **fase T**:

$$\overline{Z}_T = R_{T1} = R_{T3} = R_{T7} = R_{T9} = R_{T11} = R_T = 10\Omega$$

1) Neutro conectado

Cálculo de intensidades. En general para cualquier fase se tiene: $\overline{I}_n = \dfrac{\overline{U}_n}{\overline{Z}_n}$

Fase R

$$\overline{I}_{Rn} = \frac{\overline{U}_{Rn}}{\overline{Z}_{Rn}} = \frac{\overline{U}_{Rn}}{8 + jn6} = \begin{cases} \text{Para n} = 1 & \overline{I}_{R1} = 22\angle -36{,}87^o \\ \text{Para n} = 3 & \overline{I}_{R3} = 3{,}35\angle -66^o \\ \text{Para n} = 7 & \overline{I}_{R7} = 1{,}29\angle -79{,}22^o \\ \text{Para n} = 9 & \overline{I}_{R9} = 0{,}8\angle -81{,}6^o \\ \text{Para n} = 11 & \overline{I}_{R11} = 0{,}5\angle -83^o \end{cases}$$

Fase S

$$\overline{I}_{Sn} = \frac{\overline{U}_{Sn}}{\overline{Z}_{Sn}} = \frac{\overline{U}_{Sn}}{8 - j\dfrac{6}{n}} = \begin{cases} \text{Para n} = 1 & \overline{I}_{S1} = 22\angle -83{,}14^o \\ \text{Para n} = 3 & \overline{I}_{S3} = 8\angle 14^o \\ \text{Para n} = 7 & \overline{I}_{S7} = 6{,}84\angle -113{,}89^o \\ \text{Para n} = 9 & \overline{I}_{S9} = 5{,}48\angle 4{,}76^o \\ \text{Para n} = 11 & \overline{I}_{S11} = 4{,}12\angle 123{,}9^o \end{cases}$$

Fase T

$$\overline{I}_{Tn}=\frac{\overline{U}_{Tn}}{\overline{Z}_{Tn}}=\frac{\overline{U}_{Tn}}{10}=\begin{cases}\text{Para n}=1 & \overline{I}_{T1}=22\angle 120^o\\ \text{Para n}=3 & \overline{I}_{T3}=6{,}6\angle 0^o\\ \text{Para n}=7 & \overline{I}_{T7}=5{,}5\angle 120^o\\ \text{Para n}=9 & \overline{I}_{T9}=4{,}4\angle 0^o\\ \text{Para n}=11 & \overline{I}_{T11}=3{,}3\angle -120^o\end{cases}$$

Y para el **neutro**

$$\overline{I}_{Nn}=\overline{I}_{Rn}+\overline{I}_{Sn}+\overline{I}_{Tn}=\begin{cases}\overline{I}_{N1}=22\angle -36{,}87^o+22\angle -83{,}14^o+22\angle 120^o=18{,}46\angle -60^o\\ \overline{I}_{N3}=3{,}35\angle -66^o+8\angle 14^o+6{,}6\angle 0^o=15{,}76\angle -4{,}1^o\\ \overline{I}_{N7}=1{,}29\angle -79{,}22^o+6{,}84\angle -113{,}89^o+5{,}5\angle 120^o=5{,}95\angle -152{,}5^o\\ \overline{I}_{N9}=0{,}8\angle -81{,}6^o+5{,}48\angle 4{,}76^o+4{,}4\angle 0^o=10\angle -1{,}96^o\\ \overline{I}_{N11}=0{,}5\angle -83^o+4{,}12\angle 123{,}9^o+3{,}3\angle -120^o=3{,}89\angle -179^o\end{cases}$$

Se tiene el desarrollo:

$$\begin{aligned}i_R(t)=&\sqrt{2}\ \left[22\cos(\omega t-36{,}87^o)+3{,}35\cos(3\omega t-66^o)+1{,}29\cos(7\omega t-79{,}22^o)+\right.\\&\left.+0{,}8\cos(9\omega t-81{,}6^o)+0{,}5\cos(11\omega t-83^o)\right]\\ i_S(t)=&\sqrt{2}\ \left[22\cos(\omega t-83{,}14^o)+8\cos(3\omega t+14^o)+6{,}84\cos(7\omega t-113{,}89^o)+\right.\\&\left.+5{,}48\cos(9\omega t+4{,}76^o)+4{,}12\cos(11\omega t+123{,}9^o)\right]\\ i_T(t)=&\sqrt{2}*22\left[\cos(\omega t+120^o)+0{,}3\cos 3\omega t+0{,}25\cos(7\omega t+120^o)+0{,}2\cos 9\omega t+\right.\\&\left.+0{,}15\cos(11\omega t-120^o)\right]\\ i_N(t)=&\sqrt{2}*\left[18{,}46\cos(\omega t-60^o)+15{,}76\cos(3\omega t-4{,}1^o)+5{,}91\cos(7\omega t-152{,}2^o)+\right.\\&\left.+9{,}98\cos(9\omega t-1{,}93^o)+3{,}89\cos(11\omega t-179^o)\right]\end{aligned}$$

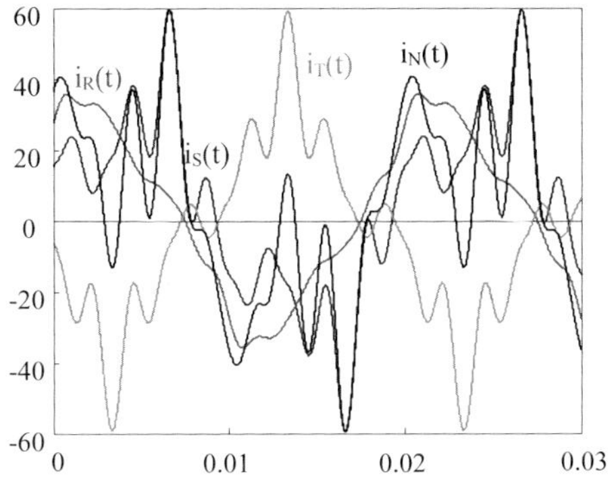

Intensidades de línea y de neutro

Y sus valores eficaces:

$$I_R = \sqrt{22^2 + 3{,}35^2 + 1{,}29^2 + 0{,}8^2 + 0{,}5^2} = 22{,}31A$$
$$I_S = \sqrt{22^2 + 8^2 + 6{,}84^2 + 5{,}48^2 + 4{,}12^2} = 25{,}33A$$
$$I_T = \sqrt{22^2 + 6{,}6^2 + 5{,}5^2 + 4{,}4^2 + 3{,}3^2} = 24{,}25A$$
$$I_N = \sqrt{18{,}46^2 + 15{,}76^2 + 5{,}95^2 + 10^2 + 3{,}89^2} = 27{,}19A$$

Cálculo de las potencias activas y aparentes y factor de potencia de cada fase:

Fase R

$$P_R = \sum_{n=1}^{\infty} U_{fRn} I_{Rn} \cos\varphi_{Rn} = 220*22\cos 36{,}87^\circ + 66*3{,}35\cos 66^\circ + 55*1{,}29\cos 79{,}22^\circ +$$
$$+ 44*0{,}8\cos 81{,}6^\circ + 33*0{,}5\cos 83^\circ = 3982{,}35W$$
$$S_R = U_f I_R = 242{,}5*22{,}31 = 5410{,}17VA$$
$$K_R = \frac{P_R}{S_R} = \frac{3982{,}35}{5410{,}17} = 0{,}736$$

Fase S

$$P_S = \sum_{n=1}^{\infty} U_{fSn} I_{Sn} \cos\varphi_{Sn} = 220*22\cos 36{,}87^\circ + 66*8\cos 14{,}05^\circ + 55*6{,}84\cos 6{,}12^\circ +$$
$$+ 44*5{,}48\cos 4{,}77^\circ + 33*4{,}12\cos 3{,}9^\circ = 5131{,}31W$$
$$S_S = U_f I_S = 242{,}5*25{,}33 = 6141{,}6VA$$
$$K_S = \frac{P_S}{S_S} = \frac{5131{,}31}{6141{,}6} = 0{,}836$$

Fase T

$$P_T = \sum_{n=1}^{\infty} U_{fTn} I_{Tn} \cos\varphi_{Tn} = 220*22\cos 0^\circ + 66*6{,}6\cos 0^\circ + 55*5{,}5\cos 0^\circ +$$
$$+ 44*4{,}4\cos 0^\circ + 33*3{,}3\cos 0^\circ = 5880{,}6W$$
$$S_T = U_f I_T = 242{,}5*24{,}25 = 5880{,}6VA$$
$$K_T = \frac{P_T}{S_T} = \frac{5880{,}6}{5880{,}6} = 1{,}0$$

2) Sin conexión de nuetro

Las intensidades de los armónicos 3 y 9 son cero. Para el cálculo de las intensidades de los otros armónicos se procederá como en el caso de cargas trifásicas desequilibradas alimentadas por sistemas de tensiones trifásicas equilibradas. Se aplica el teorema de Millman.

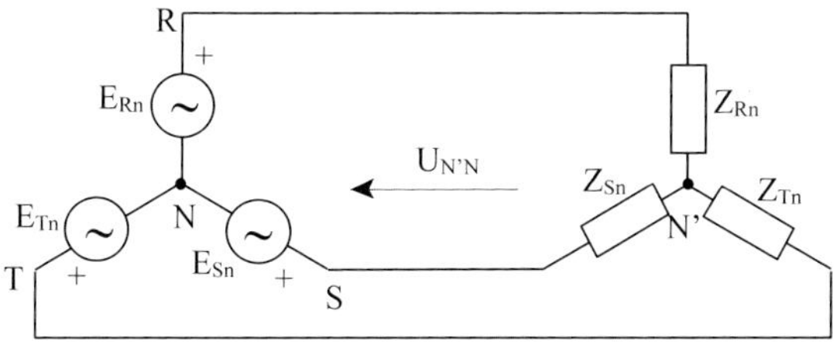

$$\overline{U}_{N'N} = \frac{\overline{Y}_{Rn}\overline{E}_{Rn} + \overline{Y}_{Sn}\overline{E}_{Sn} + \overline{Y}_{Tn}\overline{E}_{Tn}}{\overline{Y}_{Rn} + \overline{Y}_{Sn} + \overline{Y}_{Tn}} \qquad \overline{Y}_{Rn} = \frac{1}{\overline{Z}_{Rn}} \overline{Y}_{Sn} = \frac{1}{\overline{Z}_{Sn}} \overline{Y}_{Tn} = \frac{1}{\overline{Z}_{Tn}}$$

Para la onda fundamental:

$$\overline{U}_{N'N1} = \frac{\frac{1}{10\angle 36{,}87^o}220\angle 0^o + \frac{1}{10\angle -36{,}87^o}220\angle -120^o + \frac{1}{10\angle 0^o}220\angle 120^o}{\frac{1}{10\angle 36{,}87^o} + \frac{1}{10\angle -36{,}87^o} + \frac{1}{10\angle 0^o}} =$$

$$= \frac{184{,}6\angle -60^o}{1\angle -36{,}87^o + 1\angle 36{,}87^o + 1\angle 0^o} = 71\angle -60^o$$

$$\overline{I}_{R1} = \frac{\overline{U}_{R1}}{\overline{Z}_{R1}} = \frac{\overline{E}_{R1} - \overline{U}_{N'N1}}{\overline{Z}_{R1}} = \frac{220\angle 0^o - 71\angle -60^o}{10\angle 36{,}87^o} = \frac{194{,}47\angle 18{,}43^o}{10\angle 36{,}87^o} = 19{,}45\angle -18{,}44^o$$

$$\overline{I}_{S1} = \frac{\overline{U}_{S1}}{\overline{Z}_{S1}} = \frac{\overline{E}_{S1} - \overline{U}_{N'N1}}{\overline{Z}_{S1}} = \frac{220\angle -120^o - 71\angle -60^o}{10\angle -36{,}87^o} = \frac{194{,}47\angle -138{,}43^o}{10\angle -36{,}87^o} = 19{,}45\angle -101{,}54^o$$

$$\overline{I}_{T1} = \frac{\overline{U}_{T1}}{\overline{Z}_{T1}} = \frac{\overline{E}_{T1} - \overline{U}_{N'N1}}{\overline{Z}_{T1}} = \frac{220\angle 120^o - 71\angle -60^o}{10} = \frac{291\angle 120^o}{10} = 29{,}1\angle 120^o$$

Para el armónico de orden 7:

$$\overline{U}_{N'N7} = \frac{\frac{1}{42{,}76\angle 79{,}22^o}55\angle 0^o + \frac{1}{8{,}046\angle -6{,}12^o}55\angle -120^o + \frac{1}{10\angle 0^o}55\angle 120^o}{\frac{1}{42{,}76\angle 79{,}22^o} + \frac{1}{8{,}046\angle -6{,}12^o} + \frac{1}{10\angle 0^o}} =$$

$$= \frac{5{,}95\angle -152{,}47^o}{0{,}228\angle -2{,}44^o} = 26{,}1\angle -150{,}02^o$$

$$\overline{I}_{R7} = \frac{\overline{U}_{R7}}{\overline{Z}_{R7}} = \frac{\overline{E}_{R7} - \overline{U}_{N'N7}}{\overline{Z}_{R7}} = \frac{55\angle 0^o - 26{,}1\angle -150{,}03^o}{42{,}76\angle 79{,}22^o} = \frac{78{,}7\angle 9{,}54^o}{42{,}76\angle 79{,}22^o} = 1{,}84\angle -69{,}68^o$$

$$\overline{I}_{S7} = \frac{\overline{U}_{S7}}{\overline{Z}_{S7}} = \frac{\overline{E}_{S7} - \overline{U}_{N'N7}}{\overline{Z}_{S1}} = \frac{55\angle -120^o - 26{,}1\angle -150{,}03^o}{8{,}046\angle -6{,}12^o} = \frac{34{,}93\angle -98{,}05^o}{8{,}046\angle -6{,}12^o} = 4{,}34\angle -91{,}95^o$$

$$\overline{I}_{T7} = \frac{\overline{U}_{T7}}{\overline{Z}_{T7}} = \frac{\overline{E}_{T7} - \overline{U}_{N'N7}}{\overline{Z}_{T7}} = \frac{55\angle 120^o - 26{,}1\angle -150{,}03^o}{10\angle 0^o} = \frac{60{,}87\angle 93{,}38^o}{10\angle 0^o} = 6{,}09\angle 94{,}63^o$$

Para el armónico de orden 11:

$$\overline{U}_{N'N11}=\frac{\dfrac{1}{66{,}5\angle 83^{\circ}}33\angle 0^{\circ}+\dfrac{1}{8{,}018\angle -3{,}9^{\circ}}33\angle +120^{\circ}+\dfrac{1}{10\angle 0^{\circ}}33\angle -120^{\circ}}{\dfrac{1}{66{,}5\angle 83^{\circ}}+\dfrac{1}{8{,}018\angle -3{,}9^{\circ}}+\dfrac{1}{10\angle 0^{\circ}}}=$$

$$=\frac{3{,}88\angle -179^{\circ}}{0{,}226\angle -1{,}62^{\circ}}=17{,}17\angle -177{,}33^{\circ}$$

$$\overline{I}_{R11}=\frac{\overline{U}_{R11}}{\overline{Z}_{R11}}=\frac{\overline{E}_{R11}-\overline{U}_{N'N11}}{\overline{Z}_{R11}}=\frac{33\angle 0^{\circ}-17{,}17\angle -177{,}33^{\circ}}{66{,}5\angle 83^{\circ}}=\frac{50{,}156\angle 2{,}73^{\circ}}{66{,}5\angle 83^{\circ}}=0{,}754\angle -82{,}86^{\circ}$$

$$\overline{I}_{S11}=\frac{\overline{U}_{S11}}{\overline{Z}_{S11}}=\frac{\overline{E}_{S11}-\overline{U}_{N'N11}}{\overline{Z}_{S1}}=\frac{33\angle +120^{\circ}-17{,}17\angle -177{,}33^{\circ}}{8{,}018\angle -3{,}9^{\circ}}=\frac{29{,}37\angle 88{,}73^{\circ}}{8{,}018\angle -3{,}9^{\circ}}=3{,}59\angle 92{,}57^{\circ}$$

$$\overline{I}_{T11}=\frac{\overline{U}_{T11}}{\overline{Z}_{T11}}=\frac{\overline{E}_{T1}-\overline{U}_{N'N11}}{\overline{Z}_{T11}}=\frac{33\angle -120^{\circ}-17{,}17\angle -177{,}33^{\circ}}{10\angle 0^{\circ}}=\frac{27{,}8\angle -88{,}66^{\circ}}{10\angle 0^{\circ}}=2{,}84\angle -88{,}64^{\circ}$$

Se tienen las intensidades:

$$i_R(t)=\sqrt{2}\left[19{,}45\cos(\omega t-18{,}44^{\circ})+1{,}84\cos(7\omega t-69{,}68^{\circ})+0{,}754\cos(11\omega t-82{,}86^{\circ})\right]$$
$$i_S(t)=\sqrt{2}\left[19{,}45\cos(\omega t-101{,}54^{\circ})+4{,}34\cos(7\omega t+91{,}95^{\circ})+3{,}59\cos(11\omega t+92{,}57^{\circ})\right]$$
$$i_T(t)=\sqrt{2}\left[29{,}1\cos(\omega t+120^{\circ})+6{,}09(7\omega t+94{,}63^{\circ})+2{,}84\cos(11\omega t-88{,}64^{\circ})\right]$$

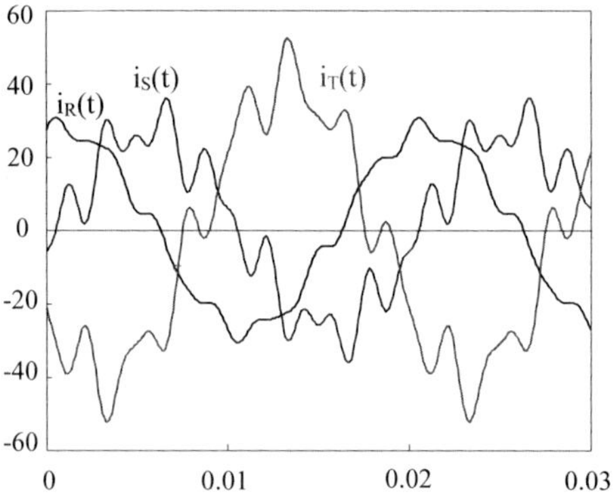

Intensidades de línea

Y la tensión del neutro de la carga:

$$u_{N'N}(t)=\sqrt{2}\left[71\cos(\omega t-60^{\circ})+26{,}1\cos(7\omega t-150{,}02^{\circ})+17{,}17\cos(11\omega t-177{,}33^{\circ})\right]$$

Valores eficaces de las tensiones de fase y de neutro:

$$U_R=\sqrt{194{,}5^2+78{,}7^2+50{,}156^2}=215{,}67V$$
$$U_S=\sqrt{194{,}5^2+34{,}93^2+29{,}37^2}=199{,}71V$$
$$U_T=\sqrt{291^2+60{,}87^2+27{,}8^2}=298{,}67V$$
$$U_{N'N}=\sqrt{71^2+26{,}1^2+17{,}17^2}=77{,}58V$$

Valores eficaces de las intensidades de fase:

$$I_R = \sqrt{19{,}45^2 + 1{,}84^2 + 0{,}754^2} = 19{,}54A$$
$$I_S = \sqrt{19{,}45^2 + 4{,}34^2 + 3{,}59^2} = 20{,}24A$$
$$I_T = \sqrt{29{,}1^2 + 6{,}09^2 + 2{,}84^2} = 29{,}87A$$

Cálculo de las potencias activa y aparente y factor de potencia de cada fase:

Fase R

$$P_R = 194{,}47 * 19{,}45 \cos 36{,}87^o + 78{,}7 * 1{,}84 \cos 79{,}22^o + 50{,}156 * 0{,}754 \cos 83^o =$$
$$= 3055{,}8W$$
$$S_R = U_R I_R = 215{,}67 * 19{,}54 = 4215VA$$
$$K_R = \frac{P_R}{S_R} = \frac{3055{,}8}{4215} = 0{,}725$$

Fase S

$$P_S = 194{,}47 * 19{,}45 \cos 36{,}87^o + 34{,}93 * 4{,}34 \cos 6{,}12^o + 29{,}37 * 3{,}59 \cos 3{,}9^o =$$
$$= 3278{,}7W$$
$$S_S = U_S I_S = 199{,}71 * 20{,}24 = 4043{,}1\, VA$$
$$K_S = \frac{P_S}{S_S} = \frac{3278{,}7}{4043{,}1} = 0{,}811$$

Fase T

$$P_T = 291 * 29{,}1 \cos 0^o + 60{,}9 * 6{,}09 \cos 0^o + 27{,}8 * 2{,}84 \cos 0^o = 8920W$$
$$S_T = U_T I_T = 298{,}67 * 29{,}87 = 8920VA$$
$$K_T = \frac{P_T}{S_T} = \frac{8920}{8920} = 1{,}0$$

```
% PROGRAMA EN MATLAB

% 1) CON EL NEUTRO CONECTADO

t=[0:0.0000001:0.030]; % Tiempo para representación gráfica
% DATOS
f=50; Rr=8; Rs=8; Rt=10; L=19.1*10^-3; C=53*10^-5; w=2*pi*f;
Uf=220; U=380; % Tensiones de fase y de línea de la onda fundamental
n=[1 3 7 9 11]; % Orden de los armónicos
m=[1 0.3 0.25 0.2 0.15]; % Peso de los armónicos

% CÁLCULOS
% Tensiones entre fases y neutro
URn=Uf.*m;
USn=[URn(1,1)*exp(-i*2*pi/3)   URn(1,2)   URn(1,3)*exp(-i*2*pi/3)   URn(1,4)
```

```
URn(1,5)*exp(+i*2*pi/3)];
UTn=[URn(1,1)*exp(+i*2*pi/3)  URn(1,2)  URn(1,3)*exp(+i*2*pi/3)  URn(1,4)
URn(1,5)*exp(-i*2*pi/3)];
% Armónicos de la tensión de la fase R
ur1=sqrt(2)*Uf*cos(w*t);                    ur3=0.3*sqrt(2)*Uf*cos(3*w*t);
ur7=0.25*sqrt(2)*Uf*cos(7*w*t);
ur9=0.2*sqrt(2)*Uf*cos(9*w*t); ur11=0.15*sqrt(2)*Uf*cos(11*w*t);
% Tensiones de fase (desarrollo temporal)
ur=sqrt(2)*Uf*(cos(w*t)+0.3*cos(3*w*t)+0.25*cos(7*w*t)+0.2*cos(9*w*t)+0.15*cos
(11*w*t));
us=sqrt(2)*Uf*(cos(w*t-2*pi/3)+0.3*cos(3*w*t)+0.25*cos(7*w*t-
2*pi/3)+0.2*cos(9*w*t)+0.15*cos(11*w*t+2*pi/3));
ut=sqrt(2)*Uf*(cos(w*t+2*pi/3)+0.3*cos(3*w*t)+0.25*cos(7*w*t+2*pi/3)+0.2*cos(9
*w*t)+0.15*cos(11*w*t-2*pi/3));
UF=220*sqrt(1+0.3^2+0.25^2+0.2^2+0.15^2); % Valor eficaz de la tensión de fase
plot(t,ur1,'r',t,ur3,'b',t,ur7,'y',t,ur9,'g',t,ur11,'c',t,ur,'k'); % Armónicos
y tensión de fase
pause
plot(t,ur,'k',t,us,'b',t,ut,'r'); % Tensiones de fase
pause
% Armónicos de la tensión de línea
urs1=sqrt(2)*U*cos(w*t+pi/6);          urs7=sqrt(2)*U*0.25*cos(7*w*t+pi/6);
urs11=sqrt(2)*U*0.15*cos(11*w*t-pi/6);
% Tensiones de línea (desarrollo temporal)
urs=sqrt(2)*U*(cos(w*t+pi/6)+0.25*cos(7*w*t+pi/6)+0.15*cos(11*w*t-pi/6));
ust=sqrt(2)*U*(cos(w*t-pi/2)+0.25*cos(7*w*t-pi/2)+0.15*cos(11*w*t+pi/2));
utr=sqrt(2)*U*(cos(w*t+5*pi/6)+0.25*cos(7*w*t+5*pi/6)+0.15*cos(11*w*t-
5*pi/6));
UL=380*sqrt(1+0.25^2+0.15^2); % Valor eficaz de la tensión de línea
plot(t,urs1,'r',t,urs7,'b',t,ur11,'g',t,urs,'k'); % Armónicos y tensión de
línea
pause
plot(t,urs,'k',t,ust,'b',t,utr,'r'); % Tensiones de línea
pause
% Cálculo de impedancias
ZRn=Rr+n*L*w*i; % Impedancias para cada armónico en la fase R
ZR1=ZRn(1,1); ZR3=ZRn(1,2); ZR7=ZRn(1,3); ZR9=ZRn(1,4); ZR11=ZRn(1,5);
ZSn=Rs-1./(n*C*w)*i; % Impedancias para cada armónico en la fase S
ZS1=ZSn(1,1); ZS3=ZSn(1,2); ZS7=ZSn(1,3); ZS9=ZSn(1,4); ZS11=ZSn(1,5);
ZTn=Rt; % Impedancias para cada armónico en la fase T
% Armónicos de la intensidad en la fase R
IRn=URn./ZRn;
IR1A=abs(IRn(1,1)); phiIR1=angle(IRn(1,1))*180/pi;
IR3A=abs(IRn(1,2)); phiIR3=angle(IRn(1,2))*180/pi;
IR7A=abs(IRn(1,3)); phiIR7=angle(IRn(1,3))*180/pi;
IR9A=abs(IRn(1,4)); phiIR9=angle(IRn(1,4))*180/pi;
IR11A=abs(IRn(1,5)); phiIR11=angle(IRn(1,5))*180/pi;
IR=sqrt(IR1A^2+IR3A^2+IR7A^2+IR9A^2+IR11A^2); % Valor eficaz de la intensidad
de la fase R
% Armónicos de la intensidad en la fase S
ISn=USn./ZSn;
IS1A=abs(ISn(1,1)); phiIS1=angle(ISn(1,1))*180/pi;
IS3A=abs(ISn(1,2)); phiIS3=angle(ISn(1,2))*180/pi;
IS7A=abs(ISn(1,3)); phiIS7=angle(ISn(1,3))*180/pi;
IS9A=abs(ISn(1,4)); phiIS9=angle(ISn(1,4))*180/pi;
IS11A=abs(ISn(1,5)); phiIS11=angle(ISn(1,5))*180/pi;
IS=sqrt(IS1A^2+IS3A^2+IS7A^2+IS9A^2+IS11A^2); % Valor eficaz de la intensidad
de la fase S
% Armónicos de la intensidad en la fase T
ITn=UTn./ZTn;
IT1A=abs(ITn(1,1)); phiIT1=angle(ITn(1,1))*180/pi;
IT3A=abs(ITn(1,2)); phiIT3=angle(ITn(1,2))*180/pi;
IT7A=abs(ITn(1,3)); phiIT7=angle(ITn(1,3))*180/pi;
```

```
IT9A=abs(ITn(1,4)); phiIT9=angle(ITn(1,4))*180/pi;
IT11A=abs(ITn(1,5)); phiIT11=angle(ITn(1,5))*180/pi;
IT=sqrt(IT1A^2+IT3A^2+IT7A^2+IT9A^2+IT11A^2); % Valor eficaz de la intensidad
de la fase T
% Armónicos de la intensidad en el neutro
INn=IRn+ISn+ITn;
IN1A=abs(INn(1,1)); phiIN1=angle(INn(1,1))*180/pi;
IN3A=abs(INn(1,2)); phiIN3=angle(INn(1,2))*180/pi;
IN7A=abs(INn(1,3)); phiIN7=angle(INn(1,3))*180/pi;
IN9A=abs(INn(1,4)); phiIN9=angle(INn(1,4))*180/pi;
IN11A=abs(INn(1,5)); phiIN11=angle(INn(1,5))*180/pi;
IN=sqrt(IN1A^2+IN3A^2+IN7A^2+IN9A^2+IN11A^2); % Valor eficaz de la intensidad
de neutro
% Intensidades (desarrollo temporal)
ir=sqrt(2)*(IR1A*cos(w*t+angle(IRn(1,1)))+IR3A*cos(3*w*t+angle(IRn(1,2)))+IR7A
*cos(7*w*t+angle(IRn(1,3)))+IR9A*cos(9*w*t+angle(IRn(1,4)))+IR11A*cos(11*w*t+a
ngle(IRn(1,5))));
is=sqrt(2)*(IS1A*cos(w*t+angle(ISn(1,1)))+IS3A*cos(3*w*t+angle(ISn(1,2)))+IS7A
*cos(7*w*t+angle(ISn(1,3)))+IS9A*cos(9*w*t+angle(ISn(1,4)))+IS11A*cos(11*w*t+a
ngle(ISn(1,5))));
it=sqrt(2)*(IT1A*cos(w*t+angle(ITn(1,1)))+IT3A*cos(3*w*t+angle(ITn(1,2)))+IT7A
*cos(7*w*t+angle(ITn(1,3)))+IT9A*cos(9*w*t+angle(ITn(1,4)))+IT11A*cos(11*w*t+a
ngle(ITn(1,5))));
in=sqrt(2)*(IN1A*cos(w*t+angle(INn(1,1)))+IN3A*cos(3*w*t+angle(INn(1,2)))+IN7A
*cos(7*w*t+angle(INn(1,3)))+IN9A*cos(9*w*t+angle(INn(1,4)))+IN11A*cos(11*w*t+a
ngle(INn(1,5))));
plot(t,ir,'r',t,is,'b',t,it,'g',t,in,'k'); % Representación gráfica de las
intensidades de línea
pause
% Potencias
SRC=URn.*conj(IRn); % Potencia compleja en la fase R
PR=real(SRC(1,1)+SRC(1,2)+SRC(1,3)+SRC(1,4)+SRC(1,5)); % Potencia activa en la
fase R
SR=UF*IR; % Potencia aparente en la fase R
FPR=PR/SR; % Factor de potencia en la fase R
SSC=USn.*conj(ISn); % Potencia compleja en la fase S
PS=real(SSC(1,1)+SSC(1,2)+SSC(1,3)+SSC(1,4)+SSC(1,5)); % Potencia activa en la
fase S
SS=UF*IS; % Potencia aparente en la fase S
FPS=PS/SS; % Factor de potencia en la fase S
STC=UTn.*conj(ITn); % Potencia compleja en la fase T
PT=real(STC(1,1)+STC(1,2)+STC(1,3)+STC(1,4)+STC(1,5)); % Potencia activa en la
fase T
ST=UF*IT; % Potencia aparente en la fase T
FPT=PT/ST; % Factor de potencia en la fase T

% 2) SIN CONECTAR EL NEUTRO

t=[0:0.0001:0.030]; % Tiempo para representación gráfica

% DATOS
f=50; Rr=8; Rs=8; Rt=10; L=19.1*10^-3; C=53*10^-5; w=2*pi*f;
Uf=220; % Tensión de fase de la onda fundamental
n=[1 7 11]; % Orden de los armónicos (solo para los armónicos 1, 7, 11)
m=[1 0.25 0.15]; % Peso de los armónicos

% CÁLCULOS
% Tensiones entre fases y neutro
URn=Uf.*m;
USn=[URn(1,1)*exp(-i*2*pi/3) URn(1,2)*exp(-i*2*pi/3) URn(1,3)*exp(+i*2*pi/3)];
UTn=[URn(1,1)*exp(+i*2*pi/3) URn(1,2)*exp(+i*2*pi/3) URn(1,3)*exp(-i*2*pi/3)];
```

```
% Cálculo de impedancias
ZRn=Rr+n*L*w*i; % Impedancias para cada armónico en la fase R
ZR1=ZRn(1,1); ZR7=ZRn(1,2); ZR11=ZRn(1,3);
ZSn=Rs-1./(n*C*w)*i; % Impedancias para cada armónico en la fase S
ZS1=ZSn(1,1); ZS7=ZSn(1,2); ZS11=ZSn(1,3);
ZTn=Rt; % Impedancias para cada armónico en la fase T
% Tensión entre los neutros (teorema de Millman)
UNN=(URn./ZRn+USn./ZSn+UTn./ZTn)./(1./ZRn+1./ZSn+1./ZTn);
UNN1A=abs(UNN(1,1)); phiUNN1=angle(UNN(1,1))*180/pi;
UNN7A=abs(UNN(1,2)); phiUNN7=angle(UNN(1,2))*180/pi;
UNN11A=abs(UNN(1,3)); phiUNN11=angle(UNN(1,3))*180/pi;
UNNA=sqrt((abs(UNN(1,1)))^2+(abs(UNN(1,2)))^2+(abs(UNN(1,3)))^2); % Valor
eficaz de UNN
% Tensión en las fases de la carga
URN=URn-UNN;
URNA=sqrt((abs(URN(1,1)))^2+(abs(URN(1,2)))^2+(abs(URN(1,3)))^2); % Valor
eficaz de URN
USN=USn-UNN;
USNA=sqrt((abs(USN(1,1)))^2+(abs(USN(1,2)))^2+(abs(USN(1,3)))^2); % Valor
eficaz de USN
UTN=UTn-UNN;
UTNA=sqrt((abs(UTN(1,1)))^2+(abs(UTN(1,2)))^2+(abs(UTN(1,3)))^2); % Valor
eficaz de UTN
% Armónicos de la intensidad en la fase R
IRn=URN./ZRn;
IR1A=abs(IRn(1,1)); phiIR1=angle(IRn(1,1))*180/pi;
IR7A=abs(IRn(1,2)); phiIR7=angle(IRn(1,2))*180/pi;
IR11A=abs(IRn(1,3)); phiIR11=angle(IRn(1,3))*180/pi;
IR=sqrt(IR1A^2+IR7A^2+IR11A^2); % Valor eficaz de la intensidad de la fase R
% Armónicos de la intensidad en la fase S
ISn=USN./ZSn;
IS1A=abs(ISn(1,1)); phiIS1=angle(ISn(1,1))*180/pi;
IS7A=abs(ISn(1,2)); phiIS7=angle(ISn(1,2))*180/pi;
IS11A=abs(ISn(1,3)); phiIS11=angle(ISn(1,3))*180/pi;
IS=sqrt(IS1A^2+IS7A^2+IS11A^2); % Valor eficaz de la intensidad de la fase S
% Armónicos de la intensidad en la fase T
ITn=UTN./ZTn;
IT1A=abs(ITn(1,1)); phiIT1=angle(ITn(1,1))*180/pi;
IT7A=abs(ITn(1,2)); phiIT7=angle(ITn(1,2))*180/pi;
IT11A=abs(ITn(1,3)); phiIT11=angle(ITn(1,3))*180/pi;
IT=sqrt(IT1A^2+IT7A^2+IT11A^2); % Valor eficaz de la intensidad de la fase T
IN=sqrt(IN1A^2+IN3A^2+IN7A^2+IN9A^2+IN11A^2); % Valor eficaz de la intensidad
de neutro
% Intensidades (desarrollo temporal)
ir=sqrt(2)*(IR1A*cos(w*t+angle(IRn(1,1)))+IR7A*cos(7*w*t+angle(IRn(1,2)))+IR11
A*cos(11*w*t+angle(IRn(1,3))));
is=sqrt(2)*(IS1A*cos(w*t+angle(ISn(1,1)))+IS7A*cos(7*w*t+angle(ISn(1,2)))+IS11
A*cos(11*w*t+angle(ISn(1,3))));
it=sqrt(2)*(IT1A*cos(w*t+angle(ITn(1,1)))+IT7A*cos(7*w*t+angle(ITn(1,2)))+IT11
A*cos(11*w*t+angle(ITn(1,3))));
plot(t,ir,'k',t,is,'b',t,it,'r'); % Representación gráfica de las intensidades
de fase
% Potencias
SRC=URN.*conj(IRn); % Potencia compleja en la fase R
PR=real(SRC(1,1)+SRC(1,2)+SRC(1,3)); % Potencia activa en la fase R
SR=URNA*IR; % Potencia aparente en la fase R
FPR=PR/SR % Factor de potencia en la fase R
SSC=USN.*conj(ISn); % Potencia compleja en la fase S
PS=real(SSC(1,1)+SSC(1,2)+SSC(1,3)); % Potencia activa en la fase S
SS=USNA*IS; % Potencia aparente en la fase S
FPS=PS/SS % Factor de potencia en la fase S
STC=UTN.*conj(ITn); % Potencia compleja en la fase T
PT=real(STC(1,1)+STC(1,2)+STC(1,3)); % Potencia activa en la fase T
```

```
ST=UTNA*IT; % Potencia aparente en la fase T
FPT=PT/ST % Factor de potencia en la fase T
```

PROBLEMA 10.21

El circuito de la figura representa la salida de un cuadro de baja tensión, de 400V de tensión de línea, que alimenta a 16 motores y una carga estática de las potencias y factores de potencia indicados. Calcúlese la batería de condensadores que se debería instalar para que el conjunto de la instalación tenga un factor de potencia de 0,95. Fracciónese la batería en bloques de un máximo de 60 KVAr y calcúlese la reactancia de protección para frecuencias superiores al 5º armónico (para una frecuencia de resonancia de 198 Hz) para uno de estos bloques, así como las resistencias de descarga para una constante de tiempo τ=RC=5s.

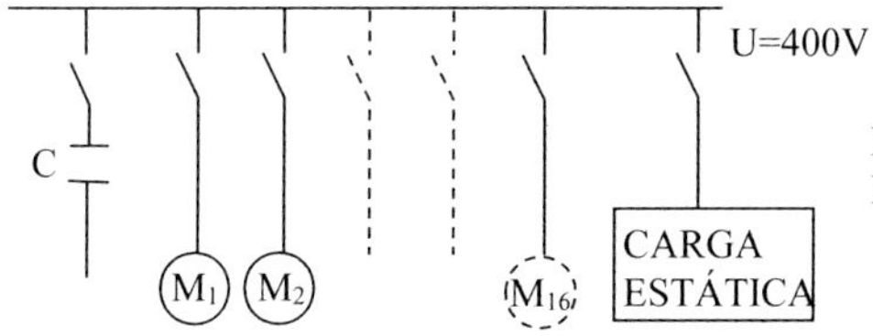

$P_1 \div P_{10} = 40$ Kw ; $\cos\varphi_m=0,8$
$P_{11} \div P_{16} = 50$ Kw; $\cos\varphi_m=0,8$
$P_E= 500$Kw; $\cos\varphi_E=0,9$

$$\cos\varphi_m = 0,8 \qquad \tan\varphi_m = 0,75 \qquad \cos\varphi_E = 0,9 \qquad \tan\varphi_E = 0,484$$
$$\cos\varphi' = 0,95 \qquad \tan\varphi' = 0,33$$

Se tienen las siguientes potencias:

De los motores:

$$P_m = 10*40+6*50 = 700Kw$$
$$Q_m = P_m \tan\varphi_m = 700*0,75 = 525KVAr$$

De la carga E:

$$P_E = 500Kw \qquad Q_E = P_E \tan\varphi_E = 500*0,48 = 240KVAr$$

Potencias totales:

$$P = P_m + P_E = 700+500 = 1200Kw$$
$$Q = Q_m + Q_E = 525+240 = 765KVAr$$

$$S = \sqrt{1200^2+765^2} = 1423\,KVA$$
$$\cos\varphi = \frac{1200}{1423} = 0,84 \qquad \tan\varphi = 0,64$$

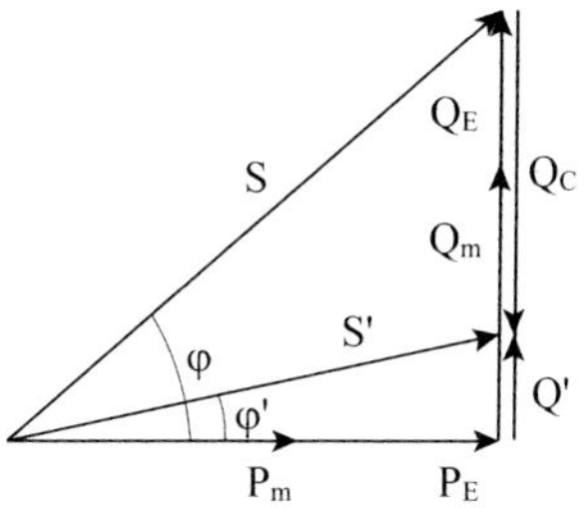

$$Q_C = Q - Q'$$
$$Q_C = 765 - P\tan\varphi' = 765-1200*0,33 = 369KVA$$

Se fracciona en bloques de un máximo de 60 KVAr y se obtiene una batería de 6 bloques. El esquema de conexión de los bloques de la batería será:

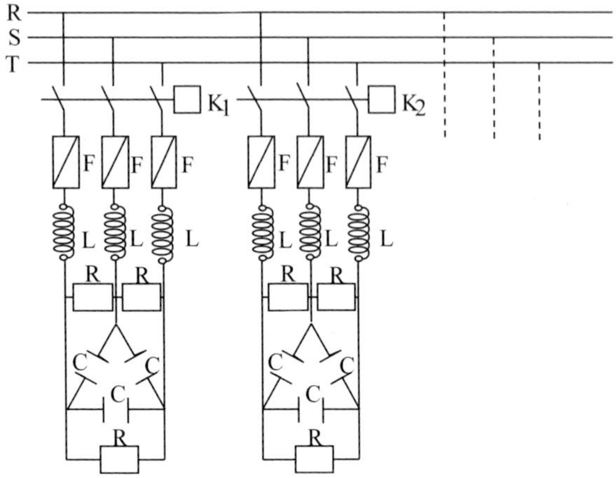

Cálculo para un bloque:

$$Q = 3\,C\omega U^2 \qquad C = \frac{60000}{3*314*400^2} = 0{,}396*10^{-3}F = 396\mu F$$

$$u(t) = Ue^{-\frac{t}{RC}} \qquad \tau = RC = 5$$

$$R = \frac{\tau}{C} = \frac{5}{396*10^{-6}} = 12627\Omega \approx 15K\Omega$$

$$P_R = \frac{(1{,}1U)^2}{R} = \frac{440^2}{12627} = 15{,}33W \qquad \Rightarrow 15W$$

Cálculo de la inductancia de compensación L:

$$f_r = \frac{1}{2\pi}\frac{1}{\sqrt{LC_Y}} \qquad C_Y = 3C_\Delta = 3*396 = 1188mF$$

$$L = \frac{1}{C(2\pi*198)^2} = 5{,}44*10^{-4}H = 0{,}544mH$$

Cálculo de la caída de tensión en el condensador Uc:

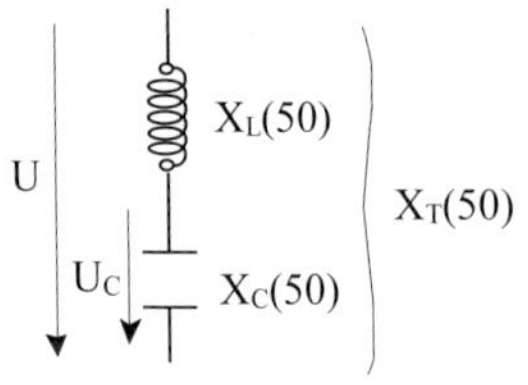

$$X_{L(198)} = X_{C(198)} \qquad \text{(A la frecuencia de resonancia)}$$

$$X_{L(198)} = L\omega_{198} = L\omega_{50}\frac{198}{50} = \frac{198}{50}X_{L(50)}$$

$$X_{C(198)} = \frac{1}{C\omega_{198}} = \frac{1}{C\omega_{50}\dfrac{198}{50}} = \frac{50}{198}X_{C(50)}$$

$$\frac{198}{50}X_{L(50)} = \frac{50}{198}X_{C(50)} \qquad X_{L(50)} = \frac{50^2}{198^2}X_{C(50)} = 0{,}064X_{C(50)}$$

$$X_{T(50)} = X_{C(50)} - X_{L(50)} = X_{C(50)}(1 - 0{,}064) = 0{,}936X_{C(50)}$$

$$I_C = \frac{U}{X_{T(50)}} = \frac{400}{0{,}936X_{C(50)}} \qquad U_C = X_{C(50)}I_C = X_{C(50)}\frac{400}{0{,}936X_{C(50)}} = 427{,}4V$$

Se va a considerar una tensión nominal para el condensador de 450V.

BIBLIOGRAFÍA

- Fernández Moreno, José; TEORÍA DE CIRCUITOS, Teoría y problemas resueltos; Paraninfo – Madrid – 2011.
- Parra Prieto, Valentín y otros; TEORÍA DE CIRCUITOS I y II; UNED; Madrid; 2000.
- Scott, Donald E.; INTRODUCCIÓN AL ANÁLISIS DE CIRCUITOS: un enfoque sistémico; McGraw-Hill; Madrid; 1988.
- Nilsson, James W.; CIRCUITOS ELÉCTRICOS; Addison-Wesley Iberoamericana; Wilmington, Delaware, EE.UU.; 1995.
- Gómez Expósito, Antonio y otros; FUNDAMENTOS DE TEORÍA DE CIRCUITOS; Thompson-Paraninfo; Madrid; 2007.
- Ras Oliva, Enrique; TEORÍA DE CIRCUITOS; Marcombo; Barcelona; 1988.
- Carlson, A. Bruce; TEORÍA DE CIRCUITOS; Thompson-Paraninfo; Madrid; 2002.
- Conejo Navarro, Antonio J. y otros; CIRCUITOS ELÉCTRICOS PARA LA INGENIERÍA; MacGraw-Hill; Madrid; 2004.
- Edminister, Joseph A.: Nahvi, Mahmood; CIRCUITOS ELÉCTRICOS; MacGraw-Hill; Madrid; 1997.
- Alabern Morera, X. y otros; PROBLEMAS DE ELECTROTECNIA, I, Teoría de Circuitos; Paraninfo; Madrid; 1991.
- Karris, Steven; CIRCUIT ANALYSIS No. 1: With MATLAB Applications; Orchard Publications; EE.UU.; 2004.
- Müller-Schwarz; FUNDAMENTOS DE ELECTROTECNIA; Siemens y Editorial Dossat; Madrid; 1975.

Producto Gráfico Andaluz Sostenible
eco-Aseigraf
Nº Reg.: 0065-06

FSC
www.fsc.org
MIXTO
Procedente de fuentes responsables
FSC® C127630